Zu allen Inhalten, die mit diesem Icon ▶ gekennzeichnet sind, steht Ihnen das **GIDA-Medienpaket** mit Filmen und Animationen zur Verfügung. Unter dem folgenden Link bieten wir außerdem interaktive Aufgaben sowie die Lösungen zu den Aufgaben der Rubriken „Sind Sie fit für dieses Kapitel?“ und „Testen-Sie-sich“ an. Rufen Sie dazu **www.westermann.de/chemie-heute-152079** auf oder nutzen Sie den QR-Code. Geben Sie anschließend den Online-Schlüssel ein:

Online-Schlüssel
WRWT-AXUW-CKGS

westermann

Chemie heute SII

Nordrhein-Westfalen
Qualifikationsphase

Chemie heute S II – Nordrhein-Westfalen Qualifikationsphase

Herausgegeben von
Dr. Steffen Menze, Ralf van Nek, Dr. Rolf Schulte-Coerne, Dr. Bernhard F. Sieve

Herausgegeben und bearbeitet von
Dr. Steffen Menze

Dieses Werk ist in Teilen eine Bearbeitung von Chemie heute:
ISBN 978-3-14-150038-7, 978-3-14-152072-9, 978-3-507-11255-1, 978-3-507-12225-3, 978-3-507-11342-8,978-3-507-88460-1

Autorinnen und Autoren der übernommenen Beiträge:
Wolfgang Asselborn, Dr. Peter Born, Prof. Dr. Andreas Dölle, Rosemarie Förster, Monika Kallfelz, Dr. Dr. Axel König, Marion Maybaum, Dr. Steffen Menze, Sebastian Neeb, Ralf van Nek, Gabriele Pölking, Dr. Rolf Schulte-Coerne, Dr. Bernhard F. Sieve, Robert Stephani, Dr. Sabine Struckmeier, Martina Tschiedel

Zu diesem Schülerband erscheinen:
Lösungen 978-3-14-**152080**-4
Gefährdungsbeurteilungen WEB-14-152081

Druck A[2] / Jahr 2024
Alle Drucke der Serie A sind im Unterricht parallel verwendbar.

Redaktion: Dr. Mario Puchner
Bildredaktion: Gabriele Popko
Layout: tiff.any GmbH, Berlin
Umschlaggestaltung: GINGCO.net Werbeagentur GmbH, Braunschweig
Grafiken: Beltz Bad Langensalza GmbH, Birgitt Biermann-Schickling, Enrico Casper, CMS – Cross Media Solutions GmbH, Brigitte Karnath, Karin Mall, Birgit und Olaf Schlierf, tiff.any GmbH
Druck und Bindung: Westermann Druck GmbH, Georg-Westermann-Allee 66, 38104 Braunschweig

ISBN 978-3-14-**152079**-8

So arbeiten Sie mit Chemie heute SII

Ihr Schulbuch soll Ihnen helfen, die Chemie und ihre Gesetze leicht zu lernen und zu verstehen. Die folgenden Hinweise zeigen Ihnen, wie Sie mit Ihrem Chemiebuch effektiv arbeiten können.

Aktivieren Sie Ihr Wissen. Aus dem Alltag und aus dem bisherigen Chemieunterricht wissen Sie sicherlich schon einiges über Chemie. Dieses Wissen erleichtert Ihnen die Erarbeitung eines neuen Themas. Um Ihr Wissen zu aktivieren, finden Sie vor einem Kapitel die Checkliste – **Was Sie schon kennen** –, mit der Sie Ihre Vorkenntnisse abschätzen können. Notieren Sie dazu einfach, ob Sie den einzelnen Aussagen **„kann ich"**, **„kann ich, bin aber nicht ganz sicher"** oder **„kann ich noch nicht"** zuordnen können. Je häufiger Sie „kann ich" eintragen können, desto besser sind Sie für das folgende Kapitel vorbereitet. Um sicher zu gehen, können Sie Ihre Einschätzung durch den Kompetenzcheck – **Sind Sie fit für dieses Kapitel?** – prüfen.
Unter dem Link www.westermann.de/chemie-heute-152079 finden Sie Musterlösungen zu den Aufgaben, die Sie mit Ihren Angaben vergleichen können. So können Sie leichter einschätzen, wie gut Sie für das folgende Kapitel vorbereitet sind. Im Rückblick sind die wichtigsten Inhalte der Sekundarstufe I noch einmal übersichtlich zusammengefasst.

Wissen, was Sie erwartet. Damit Sie wissen, was Sie in dem jeweiligen Kapitel erwartet und was Sie neu dazulernen, sind unter der Überschrift **In diesem Kapitel lernen Sie** wesentliche Inhalte des Kapitels aufgezählt. Auch damit können Sie abschätzen, was Sie schon über das folgende Thema wissen.

Symbole zu den Aufgaben. Im Chemieunterricht lernen Sie neue Inhalte häufig über Aufgaben. Jeder von Ihnen lernt anders und häufig kann man zu zweit oder in einer Gruppe leichter lernen. Die Aufgaben in diesem Buch sind zudem unterschiedlich schwierig. Die folgenden Symbole helfen Ihnen dabei, die Aufgaben zuordnen zu können. Eine Liste mit Operatoren, den Schlüsselwörtern zur Bearbeitung einer Aufgabe, finden Sie auf Seite 22.

Partnerarbeit – Diese Aufgaben bearbeiten Sie in Zweiergruppen.

Gruppenarbeit – Diese Aufgaben bearbeiten Sie in einer Gruppe von mindestens drei Lernenden.

Hilfekarten – Zu diesen Aufgaben kann Ihre Lehrkraft Hilfekarten bereitstellen. Diese können Sie als Anregungen für Ihre Arbeit nutzen. Gehen dazu wie folgt vor:
Wenn Sie bei der Lösung einer Aufgabe nicht weiterkommen sollten oder sicher gehen möchten, dass Sie auf der richtigen Spur sind, nutzen Sie die Hilfekarten. Zunächst nehmen Sie die Karte mit der geringsten Hilfestellung. Das ist die Karte **Hilfe 1.** Bringt diese Hilfe Sie nicht weiter, nehmen Sie die Karte **Hilfe 2.** Die Karte **Hilfe 3** enthält noch mehr Hinweise zur Lösung der Aufgabe. Und auf der **Check-Karte** finden Sie die Lösung. Versuchen Sie diese nachzuvollziehen und kontrollieren Sie damit Ihre eigene Lösung.

Hinweis für Lehrkräfte: Die Hilfekarten finden Sie im Lösungsband zu diesem Buch.

Expertenaufgabe – Sie sind wirklich gut in Chemie? Dann versuchen Sie sich an diesen Aufgaben. Da können Sie zeigen, was für ein Experte oder Expertin Sie sind.

Inhaltsverzeichnis

Inhalte für ein erhöhtes Anforderungsniveau sind mit einer ◇ gekennzeichnet.

Überprüfen Sie Ihr Wissen unter www.westermann.de/chemie-heute-152079 Nutzen Sie zur Anmeldung den Online-Schlüssel auf der vorderen Umschlagsinnenseite.

1 Stoffe

1.1 Teilchenmodell

- Stoffe bestehen aus kleinen Teilchen. Der Raum zwischen den Teilchen ist absolut leer.
- Die Teilchen sind ständig in Bewegung. Mit steigender Temperatur bewegen sich die Teilchen heftiger.

1.2 Aggregatzustände im Teilchenmodell

fest
Anordnung: regelmäßig
Abstände: gering
Anziehung: stark
Bewegung: Schwingung um Gitterplätze

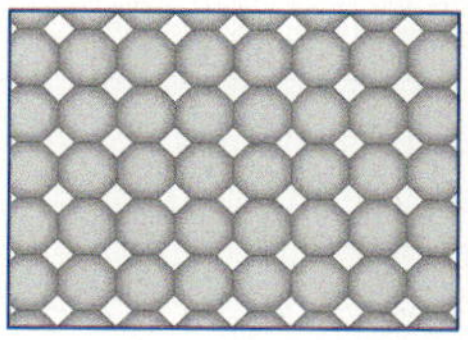

Übergang zu flüssig: **Schmelzen**
Übergang zu gasförmig: **Sublimieren**

flüssig
Anordnung: wenig geordnet
Abstände: klein
Anziehung: weniger stark
Bewegung: ungeordnet

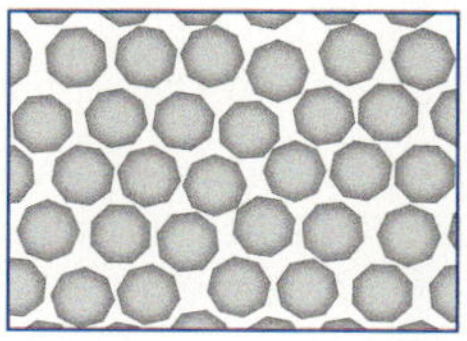

Übergang zu fest: **Erstarren**
Übergang zu gasförmig: **Sieden**

gasförmig
Anordnung: ungeordnet
Abstände: groß
Anziehung: keine
Bewegung: völlig ungeordnet

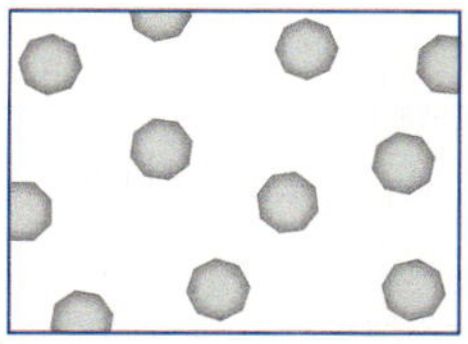

Übergang zu fest: **Resublimieren**
Übergang zu flüssig: **Kondensieren**

1.3 Einteilung von Stoffen

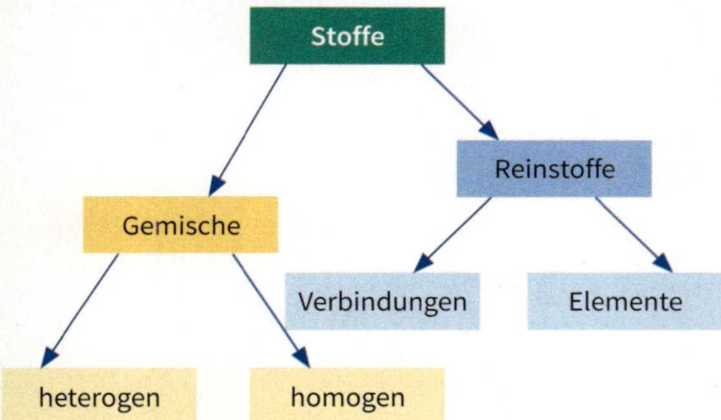

2 Chemische Reaktionen

2.1 Kennzeichen chemischer Reaktionen

- *Stoffumwandlung:* Bei chemischen Reaktionen entstehen neue Stoffe.
- *Energieumsatz:* Chemische Reaktionen verlaufen exotherm oder endotherm.
- *Massenerhaltung:* Die Masse der Produkte ist gleich der Masse der Edukte.
- *konstante Massenverhältnisse:* Edukte reagieren miteinander in einem bestimmten Massenverhältnis. Die Produkte enthalten die Elemente in einem konstanten Atomanzahlverhältnis.

2.2 Reaktionsgleichung

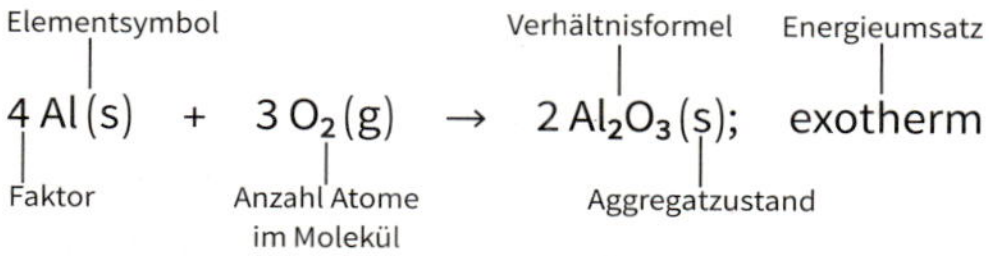

$$4\,Al(s) \;+\; 3\,O_2(g) \;\rightarrow\; 2\,Al_2O_3(s);\quad \text{exotherm}$$

- Kurzbeschreibung einer chemischen Reaktion
- Aggregatzustände: **s** (engl. *solid*): fest; **l** (engl. *liquid*): flüssig; **g** (engl. *gaseous*): gasförmig; **aq** (engl. *aqueous*): in Wasser gelöst.
- Energieumsatz: exotherm oder endotherm.

2.3 Reaktionsbedingungen

- Der Verlauf chemischer Reaktionen wird von verschiedenen Faktoren beeinflusst.
- Eine *Temperaturerhöhung* macht viele Reaktionen erst möglich. Chemische Reaktionen verlaufen bei höherer Temperatur schneller.
- Eine Erhöhung der *Konzentration* der Reaktionspartner beschleunigt die Reaktion.
- Eine Reaktion läuft bei größerem *Zerteilungsgrad* der Reaktionspartner schneller ab.

2.4 Energieschema einer exothermen Reaktion

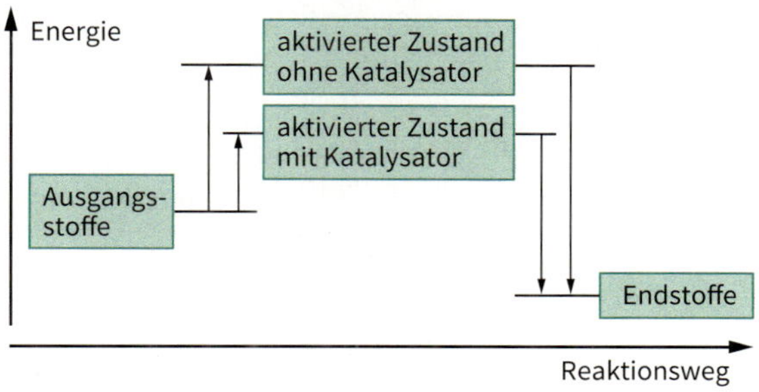

Für viele chemische Reaktionen benötigt man *Aktivierungsenergie,* um die Reaktion zu starten. *Katalysatoren* verringern die Aktivierungsenergie. Sie liegen nach der Reaktion wieder unverändert vor.

3 Stoffmengen und Teilchenzahlen

3.1 Stoffmenge und Mol

- Das Mol ist die Einheit der Stoffmenge *n*. Eine Stoffportion hat die Stoffmenge $n = 1$ mol, wenn sie $6 \cdot 10^{23}$ Teilchen (Atome oder Moleküle) enthält.
- Mit der Avogadro-Konstanten N_A lassen sich Stoffmenge *n* und Teilchenanzahl *N* ineinander umrechnen:

$$N_A = \frac{N}{n} = 6 \cdot 10^{23} \quad \text{Einheit: } \mathrm{mol^{-1}} \text{ oder } \frac{1}{\mathrm{mol}}$$

3.2 Molare Masse

- Die molare Masse *M* ist der Quotient aus der Masse *m* und der Stoffmenge *n* einer Stoffportion:

$$M = \frac{m}{n}; \quad \text{Einheit: } \mathrm{g \cdot mol^{-1}} \text{ oder } \frac{\mathrm{g}}{\mathrm{mol}}$$

- Die molare Masse einer Verbindung erhält man durch Addition der molaren Massen der Elemente.

3.3 Volumenverhältnisse bei Gasreaktionen

- Gasförmige Stoffe enthalten bei gleichem Volumen, gleichem Druck und gleicher Temperatur gleich viele Teilchen.
- Gase reagieren stets in ganzzahligen Volumenverhältnissen miteinander.

Beispiel: Synthese von Wasserdampf

$$2\,H_2(g) + O_2(g) \rightarrow 2\,H_2O(g)$$

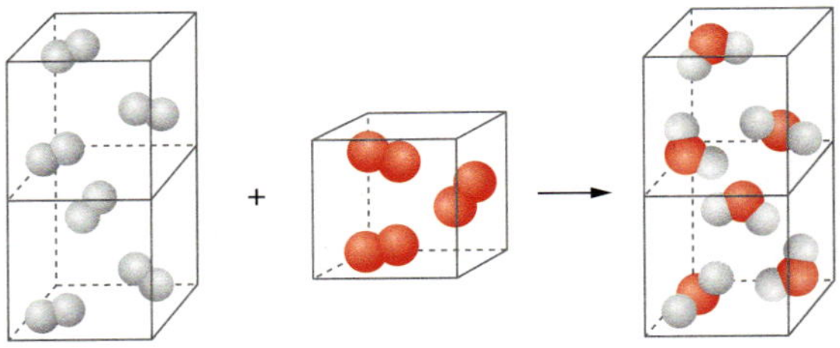

$V(H_2) : V(O_2) : V(H_2O) = 2 : 1 : 2$

3.4 Molares Volumen

- Das molare Volumen V_m ist der Quotient aus dem Volumen *V* und der Stoffmenge *n* einer Stoffportion:

$$V_m = \frac{V}{n}; \quad \text{Einheit: } \mathrm{l \cdot mol^{-1}} \text{ oder } \frac{\mathrm{l}}{\mathrm{mol}}$$

- Bei Raumtemperatur und Normdruck hat das molare Volumen den Wert:

$$V_m(25\,°\mathrm{C}, 1000\,\mathrm{hPa}) = 24\,\mathrm{l \cdot mol^{-1}}$$

3.5 Stöchiometrisches Rechnen

Auf der Grundlage chemischer Gleichungen lassen sich die Stoffmengen *n*, die Massen *m* und die Volumina *V* der an einer Reaktion beteiligten Stoffe berechnen. Dabei kann man nach folgendem Schema vorgehen:

Beispiel: Kupferoxid reagiert mit Kohlenstoff zu Kupfer und Kohlenstoffdioxid. Bestimme die Masse an Kupferoxid und Kupfer sowie das Volumen an entstehendem Kohlenstoffdioxid, wenn 2,4 g Kohlenstoff reagieren.

1. Gegebene Werte und gesuchte Größen festhalten; die molaren Massen der gegebenen und gesuchten Stoffe ermitteln.	1. *gegeben:* *m* (Kohlenstoff) = 2,4 g; $V_m = 24\,\frac{\mathrm{l}}{\mathrm{mol}}$ $M(\mathrm{CuO}) = 80\,\frac{\mathrm{g}}{\mathrm{mol}}$; $M(\mathrm{C}) = 12\,\frac{\mathrm{g}}{\mathrm{mol}}$ gesucht: *m* (Kupferoxid); *m* (Kupfer); *V* (Kohlenstoffdioxid)
2. Reaktionsgleichung aufstellen.	2. $2\,CuO(s) + C(s) \rightarrow 2\,Cu(s) + CO_2(g)$
3. Die Stoffmenge des gegebenen Stoffes bestimmen. Dazu die Größengleichung aufstellen und nach der gesuchten Größe umstellen.	3. $n(\mathrm{C}) = \frac{m(\mathrm{Kohlenstoff})}{M(\mathrm{C})} = \frac{2{,}4\,\mathrm{g}}{12\,\frac{\mathrm{g}}{\mathrm{mol}}} = 0{,}2\,\mathrm{mol}$
4. Stoffmengen der gesuchten Stoffe bestimmen. Dabei das Stoffmengenverhältnis aus der Reaktionsgleichung ableiten.	4. $n(\mathrm{CuO}) = 2\,n(\mathrm{C}) = 2 \cdot 0{,}2\,\mathrm{mol} = 0{,}4\,\mathrm{mol}$ $n(\mathrm{Cu}) = 2\,n(\mathrm{C}) = 2 \cdot 0{,}2\,\mathrm{mol} = 0{,}4\,\mathrm{mol}$ $n(CO_2) = n(\mathrm{C}) = 0{,}2\,\mathrm{mol}$
5. Gesuchte Größen berechnen.	5. $m(\mathrm{Kupferoxid}) = n(\mathrm{CuO}) \cdot M(\mathrm{CuO}) = 0{,}4\,\mathrm{mol} \cdot 80\,\frac{\mathrm{g}}{\mathrm{mol}} = \mathbf{32\,g}$ $m(\mathrm{Kupfer}) = n(\mathrm{Cu}) \cdot M(\mathrm{Cu}) = 0{,}4\,\mathrm{mol} \cdot 64\,\frac{\mathrm{g}}{\mathrm{mol}} = \mathbf{25{,}6\,g}$ $V(\mathrm{Kohlenstoffdioxid}) = n(CO_2) \cdot V_m = 0{,}2\,\mathrm{mol} \cdot 24\,\frac{\mathrm{l}}{\mathrm{mol}} = \mathbf{4{,}8\,l}$
6. Antwortsatz formulieren.	6. Die Masse an Kupferoxid beträgt 32 g, die an Kupfer 25,6 g. Das Volumen an Kohlenstoffdioxid beträgt 4,8 l.

4 Atome

4.1 Frühe Atommodelle

- Demokrit (um 400 v. Chr.): Ein Atom ist ein kleines, nicht weiter teilbares Teilchen.
- Dalton (1808): Atome können durch chemische Reaktionen nicht erzeugt oder vernichtet werden. Ein Element ist aus lauter gleichen Atomen mit gleicher Masse und Größe aufgebaut. Bei chemischen Reaktionen werden die Atome der Edukte neu angeordnet und in bestimmten Anzahlverhältnissen miteinander verknüpft.
- Thomson (1904): Elektronen sind von einer positiven Masse umgeben, wie Rosinen in einem Kuchenteig.
- Rutherford (1909): Das Atom besteht aus einem sehr kleinen Atomkern und einer Atomhülle.

Die frühen Atommodelle wurden mit zunehmendem Erkenntnisstand weiterentwickelt. Heute wird oftmals das Schalenmodell nach Bohr genutzt.

4.2 Atombau nach dem Schalenmodell

- Atome bestehen aus Atomkern und Atomhülle (Kern-Hülle-Modell).
- Der **Atomkern** besteht aus **Protonen** und **Neutronen**, den **Nukleonen**.
- Ein Protonen trägt eine positive Elementarladung, ein Neutron ist ungeladen.
- Protonen und Neutronen haben die Masse 1 u.
- Die **Ordnungszahl** der Elemente stimmt mit der Protonenzahl (Kernladungszahl) überein.
- **Isotope** sind Atome eines Elements, die sich in der Neutronenzahl unterscheiden.

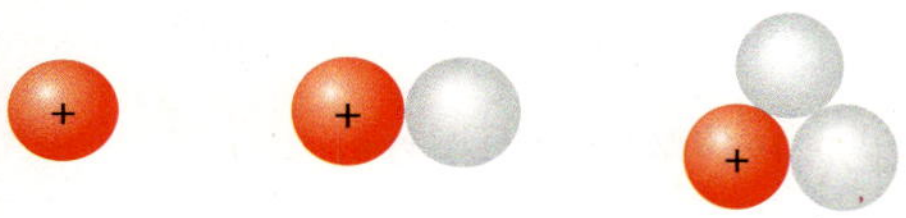

$^{1}_{1}$H Wasserstoff | $^{2}_{1}$H oder $^{2}_{1}$D Deuterium | $^{3}_{1}$H oder $^{3}_{1}$T Tritium

- Die **Atomhülle** (Elektronenhülle) ist ein nahezu leerer Raum. In ihr befinden sich Elektronen.
- Ein **Elektron** trägt eine negative Elementarladung.
- Ein Elektron hat die Masse 0,0005 u.
- Die Atomhülle wird räumlich in Schalen unterteilt (Schalenmodell).
- Die Elektronenschalen werden von innen nach außen mit **K, L, M, N, O, P** und **Q** bezeichnet.
- Die K-Schale ($n = 1$) nimmt maximal 2 Elektronen auf, die L-Schale ($n = 2$) 8 Elektronen und die M-Schale ($n = 3$) 18 Elektronen. (Berechnung: $Z = 2\,n^2$)
- Die Elektronen der äußeren Schale heißen **Außenelektronen** oder **Valenzelektronen;** sie bestimmen maßgeblich das chemische Verhalten der Elemente.

- Anschauliche Darstellung des Na-Atoms im Schalenmodell.

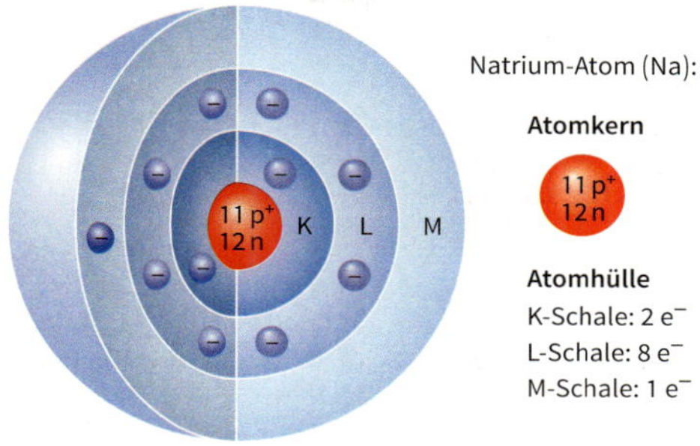

4.3 Atommasse

- Die Masse von Atomen wird in der *atomaren Masseneinheit* 1 u angegeben.
- Für die Umrechnung in die Masseneinheit 1 Gramm gilt: $1\ \text{g} \approx 6 \cdot 10^{23}\ \text{u}$.
- Für die Umrechnung in die Masseneinheit 1 u gilt: $1\ \text{u} \approx 1{,}66 \cdot 10^{-24}\ \text{g}$.

4.4 Energiestufenmodell

- Zum Herauslösen eines Elektrons aus der Atomhülle wird Energie benötigt. Sie wird Ionisierungsenergie genannt. Zurück bleibt ein positiv geladenes Kation.
- Für jedes weitere Elektron, das aus dem Kation herausgelöst werden soll, nimmt die Ionisierungsenergie aufgrund der zunehmenden Ladung des Kations weiter zu.
- Stellenweise steigt die Ionisierungsenergie sprunghaft an. Beispielsweise benötigt man im Na-Atom für die Ionisierung des zweiten und des zehnten Elektrons wesentlich mehr Energie. Die Atomhülle wird daher in **Energiestufen** gegliedert (Energiestufenmodell). Je näher die Schale am Kern ist, desto größer wird die Energie, die benötigt wird, um eine Elektron aus dem Atom zu entfernen.
- Die Energiestufen entsprechen den Schalen im Schalenmodell.

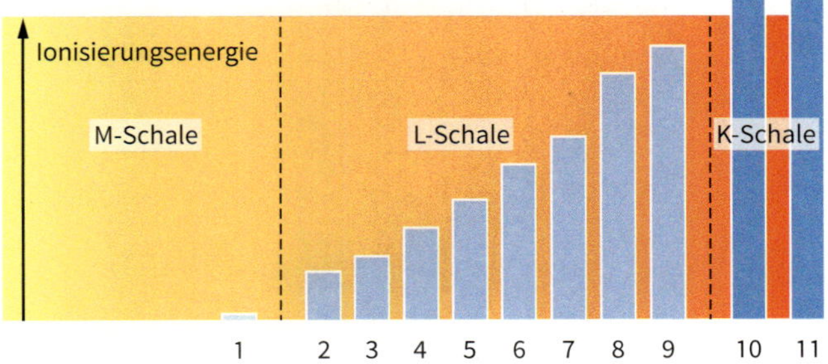

4.5 Periodensystem der Elemente

- Im Periodensystem der Elemente sind Informationen zum Aufbau der Atome eines Elements enthalten. *Beispiel:* Sauerstoff

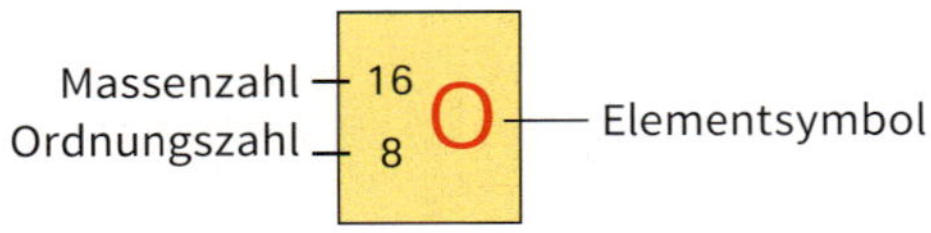

- Die **Ordnungszahl** gibt die Zahl der Protonen an. Die Elemente sind im Periodensystem nach steigender Protonenzahl geordnet.
- Die **Massenzahl** gibt die Masse eines Atoms in u an.
- Die **Neutronenzahl** berechnet sich aus der Massenzahl minus der Ordnungszahl.
- Das **Elementsymbol** steht für den Namen des Elements.
- Im ungeladenen Atom ist die Anzahl der Protonen und der Elektronen gleich.
- Elemente einer Gruppe stehen untereinander. Insgesamt gibt es acht **Hauptgruppen**.
- Die **Gruppennummer** gibt die Zahl der Außenelektronen im ungeladenen Atom an. Die Hauptgruppen werden mit den römischen Zahlen I (Alkalimetalle) bis VIII (Edelgase) gekennzeichnet.
- Elemente einer **Periode** stehen nebeneinander. Die **Periodennummer** gibt die Zahl der Elektronenschalen an. Sie wird mit den Zahlen 1 bis 7 bezeichnet.
- Der Platz eines jeden Elements ist durch seine Gruppe und seine Periode eindeutig festgelegt.
- Metalle stehen im Periodensystem links und unten, Nichtmetalle stehen rechts und oben.
- Mithilfe des Periodensystems lässt sich vorhersagen, ob bei der Reaktion ein Salz oder eine Molekülverbindung entsteht:
  Metall + Nichtmetall → Salz
  Nichtmetall + Nichtmetall → Molekülverbindung

	I	II	III	IV	V	VI	VII	VIII
1	1,008 $_{1}$H							4,003 $_{2}$He
2	6,94 $_{3}$Li	9,01 $_{4}$Be	10,81 $_{5}$B	12,01 $_{6}$C	14,00 $_{7}$N	16,00 $_{8}$O	19,00 $_{9}$F	20,18 $_{10}$Ne
3	22,99 $_{11}$Na	24,31 $_{12}$Mg	26,98 $_{13}$Al	28,09 $_{14}$Si	30,97 $_{15}$P	32,07 $_{16}$S	35,45 $_{17}$Cl	39,94 $_{18}$Ar
4	39,10 $_{19}$K	40,08 $_{20}$Ca	69,72 $_{31}$Ga	72,61 $_{32}$Ge	74,92 $_{33}$As	78,96 $_{34}$Se	79,90 $_{35}$Br	83,80 $_{36}$Kr
5	85,47 $_{37}$Rb	87,62 $_{38}$Sr	114,8 $_{49}$In	118,71 $_{50}$Sn	121,75 $_{51}$Sb	127,60 $_{52}$Te	126,90 $_{53}$I	131,2 $_{54}$Xe
6	132,91 $_{55}$Cs	137,33 $_{56}$Ba	204,38 $_{81}$Tl	207,2 $_{82}$Pb	208,98 $_{83}$Bi	$_{84}$Po	$_{85}$At	$_{86}$Rn
7	$_{87}$Fr	$_{88}$Ra						

Metall | Halbmetall | Nichtmetall

5 Elementfamilien

5.1 Alkalimetalle (I. Hauptgruppe)

- reaktionsfreudig; Die Reaktionsfähigkeit nimmt vom Lithium zum Caesium zu.
- weiche Leichtmetalle mit geringer Härte;
- niedrige Schmelztemperaturen;
- charakteristische Flammenfärbungen:

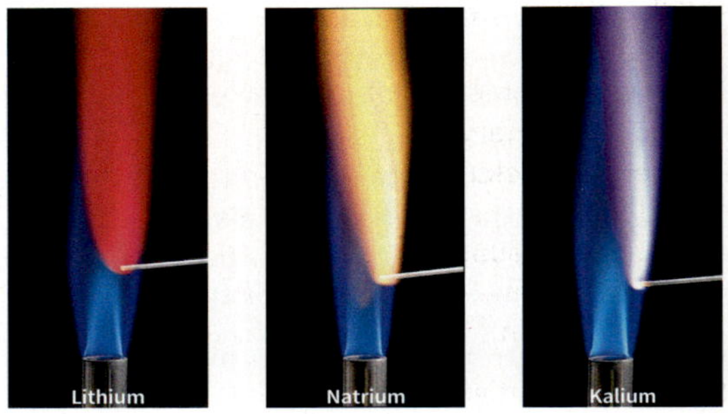

- Ionen sind einfach positiv geladen.
- Alkalimetalle reagieren heftig mit Wasser. Dabei bilden sich Alkalimetallhydroxide und Wasserstoffgas.
  Beispiel:
  $2\,Na(s) + 2\,H_2O(l) \rightarrow$
  $2\,Na^+(aq) + 2\,OH^-(aq) + H_2(g)$; exotherm

5.2 Erdalkalimetalle (II. Hauptgruppe)

- weniger reaktionsfreudig als die Alkalimetalle;
- Leichtmetalle mit mittlerer Härte;
- charakteristische Flammenfärbungen;
- Ionen sind zweifach positiv geladen.
  Beispiel:
  $Ca(s) + 2\,H_2O(l) \rightarrow$
  $Ca^{2+}(aq) + 2\,OH^-(aq) + H_2(g)$; exotherm

5.3 Halogene (VII. Hauptgruppe)

- reaktionsfreudige Nichtmetalle; Die Reaktionsfähigkeit nimmt vom Fluor zum Iod ab.
- Fluor und Chlor sind bei Raumtemperatur gasförmig, Brom ist flüssig und Iod ist fest.

- Die Elemente bestehen aus zweiatomigen Molekülen.
- Ionen sind einfach negativ geladen.
- Mit Metallen bilden sie Salze.
  Beispiel:
  $2\,Na(s) + Cl_2(g) \rightarrow 2\,NaCl(s)$; exotherm

5.4 Edelgase (VIII. Hauptgruppe)

- Edelgase kommen nur als einzelne Atome vor.
- Sie sind sehr reaktionsträge.

6 Ionen

6.1 Salze und salzartige Stoffe

- Salze und salzartige Stoffe sind Feststoffe, die typische Kristalle bilden.
- **Salze** bestehen aus Metallkationen und Halogeniden, also Anionen eines Elements der VII. Hauptgruppe.
  Beispiel: Kochsalz besteht aus Na^+- und Cl^--Ionen.
- **Salzartige Stoffe** bestehen aus Kationen und Anionen jeglicher Art.
  Beispiel: Ammoniumnitrat besteht aus NH_4^+-Ionen und NO_3^--Ionen.
- **Ionen** sind elektrisch geladene Teilchen. **Kationen** sind positiv geladen, **Anionen** negativ.
- Ionen der Hauptgruppenelemente haben wie Edelgas-Atome eine vollbesetzte Außenschale (**Edelgaskonfiguration**).

Salze und salzartige Stoffe
- sind hart und spröde; die Kristalle zerbrechen meist in Bruchstücke mit gleicher Kristallform,
- besitzen meistens eine hohe Schmelztemperatur und eine hohe Siedetemperatur,
- sind oft gut in Wasser löslich,
- leiten in Wasser gelöst oder als Schmelze den elektrischen Strom,
- sind als kristalline Feststoffe elektrische Nichtleiter (Isolatoren).

6.2 Ionenbildung

- Atome eines Elements können durch Aufnahme oder Abgabe von Elektronen Ionen bilden.
- Metall-Atome bilden durch Abgabe von Elektronen *positiv* geladene *Kationen.* In einer Reaktion geben sie ihre Valenzelektronen ab und erreichen damit eine Edelgaskonfiguration. Bei den Elementen der I. bis III. Hauptgruppe stimmt daher die Ladungszahl der Kationen mit der Gruppennummer überein.
- Nichtmetall-Atome bilden *negativ* geladene *Anionen.* In einer Reaktion nehmen sie Elektronen auf bis eine Edelgaskonfiguration erreicht ist. Für die Elemente der V. bis VII. Hauptgruppe erhält man die Ladungszahl der Anionen, indem man die jeweilige Gruppennummer von der Zahl acht abzieht.

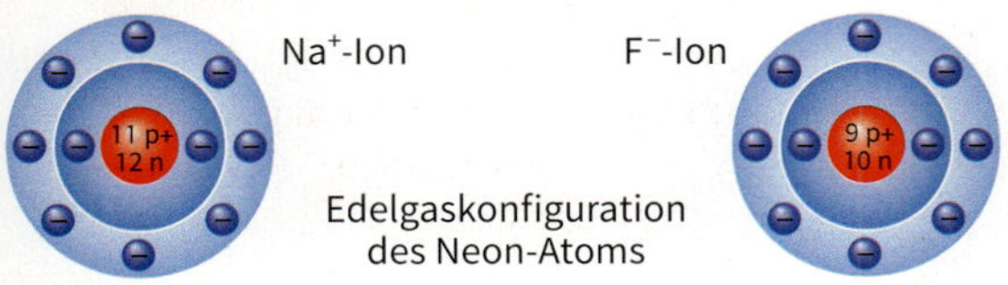

- Die Bildung von Ionen kann in der **Elektronenschreibweise** dargestellt werden.
  Beispiel:
  •Mg• ⇢ Mg^{2+} + 2 e^-
- Durch **Elektronenübertragung** bilden sich Kationen und Anionen. Das Verhältnis der Anzahlen von Anionen und Kationen bestimmt sich so, dass die Verbindung elektrisch neutral ist.

6.3 Ionenbindung und Ionengitter

- In Salzen und salzartigen Stoffen sind die Anionen und Kationen über ungerichtete elektrische Anziehungskräfte miteinander verbunden. Diese **Ionenbindung** bestimmt die Eigenschaften der Salze und salzartigen Stoffe.
- Die Kationen und Anionen bilden in den Kristallen eine möglichst dichte Packung. Die verschiedenartig geladenen Ionen besetzen abwechselnd bestimmte Plätze in einem räumlichen **Ionengitter**.
- Den Aufbau des Ionengitters stellt man in unterschiedlichen Modellen dar.
  Sollen die Positionen der Ionen im Gitter gezeigt werden, so verwendet man ein *Raumgittermodell*. Das *Kugelpackungsmodell* gibt die Radien der Ionen wieder und zeigt, wie die Ionen den Raum ausfüllen.
  Beispiel: NaCl-Gitter

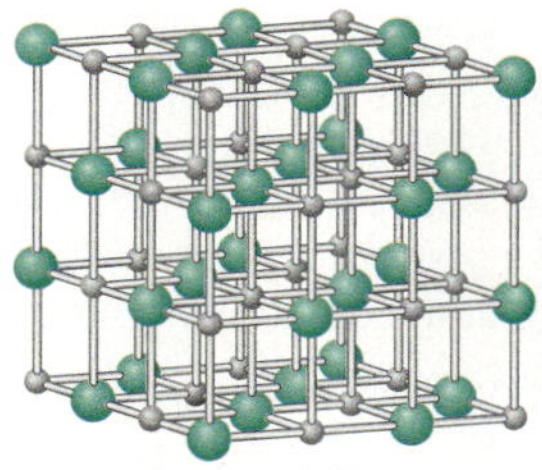

Raumgittermodell

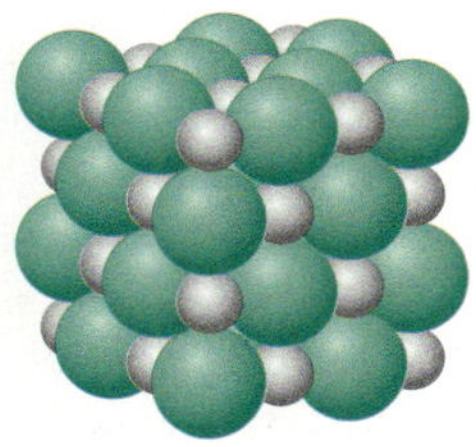

Kugelpackungsmodell

- Über die **Struktur** eines Salzes oder eines salzartigen Stoffes werden seine **Eigenschaften** erklärt.

6.4 Elektrolyse

- Die Ionen eines Salzes oder salzartigen Stoffes sind in wässriger Lösung oder in der Schmelze frei beweglich.
- Wird über zwei Elektroden eine Spannung angelegt, wandern die positiv geladenen Kationen zum Minuspol (Kathode) und die negativ geladenen Anionen zum Pluspol (Anode).
- An den Elektroden scheiden sich dann Stoffe ab. Die Kationen nehmen am Minuspol Elektronen auf, die Anionen geben am Pluspol Elektronen ab.
- Eine Elektrolyse ist eine durch elektrische Energie erzwungene chemische Reaktion.
  Beispiel: Elektrolyse von Zinkbromidlösung

Minuspol (Kathode): $Zn^{2+}(aq) + 2\,e^- \dashrightarrow Zn(s)$
Pluspol (Anode): $2\,Br^-(aq) \dashrightarrow Br_2(aq) + 2\,e^-$

Gesamtreaktion: $Zn^{2+}(aq) + 2\,Br^-(aq) \rightarrow Zn(s) + Br_2(aq)$; endotherm

7 Moleküle

7.1 Elektronenpaarbindung

- **Moleküle** bestehen aus Nichtmetall-Atomen, die durch *gemeinsame, bindende Elektronenpaare* in einer **Elektronenpaarbindung** miteinander verbunden sind.
- Edelgas-Atome haben, bis auf Helium, acht Elektronen in ihrer Außenschale. Sie sind energetisch stabil und gehen keine Bindung ein. Dies bezeichnet man als **Edelgaskonfiguration.** Durch Elektronenpaarbindungen erreichen Nichtmetall-Atome in Molekülen eine Edelgaskonfiguration. Die bindenden Elektronenpaare zählen zu jedem Bindungspartner.
  Beispiele:

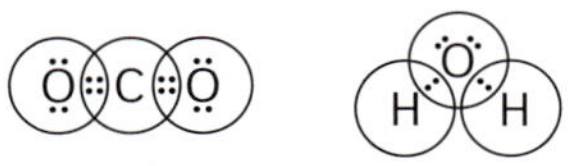

- H-Atome haben in Verbindungen zwei Elektronen und erreichen so die Edelgaskonfiguration des Heliums.

7.2 Moleküldarstellungen

- In **Strukturformeln** werden *bindende* und *nichtbindende* Elektronenpaare in Molekülen durch Striche gekennzeichnet . Einzelne Elektronen werden als Punkt dargestellt.
- Für das bindende Elektronenpaar einer *Einfachbindung* wird ein Strich zwischen die verbundenen Atome gezeichnet. *Mehrfachbindungen* werden durch mehrere Striche zwischen den Atomen symbolisiert.
  Beispiele:

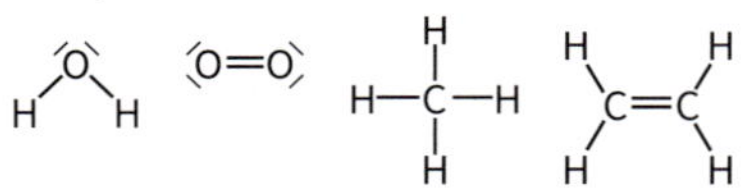

- Mit dem **Elektronenpaarabstoßungsmodell** lässt sich die räumliche Struktur von Molekülen aus der Strukturformel herleiten. Sind die Atome im Molekül von vier Elektronenpaaren umgeben, ergibt sich eine *Tetraedergeometrie.*
- *Mehrfachbindungen* werden bei der Abstoßung der Elektronenpaare wie Einfachbindungen behandelt.
- Freie Elektronenpaare wie beim N-Atom oder O-Atom nehmen mehr Raum ein als bindende Elektronenpaare. Die Geometrie des Tetraeders wird verzerrt.
- In der **Keil-Strich-Formel** und dem **Kugel-Stab-Modell** wird die räumliche Orientierung deutlich.

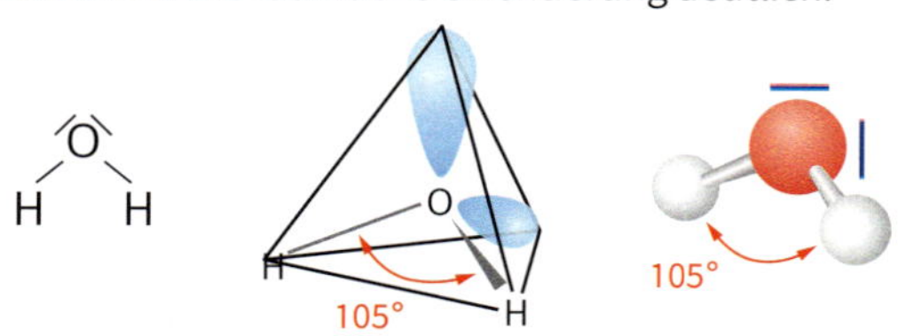

Strukturformel Keil-Strich-Formel Kugel-Stab-Modell

8 Zwischenmolekulare Kräfte

8.1 Van-der-Waals-Wechselwirkungen

- In allen Molekülen entstehen durch zufällige Elektronenverschiebungen *temporäre Dipole*. Diese induzieren in Nachbar-Molekülen weitere Dipole. Die Dipole ziehen sich gegenseitig an. Zwischen den Molekülen wirken schwache Van-der-Waals-Wechselwirkungen.
- Die Van-der-Waals-Wechselwirkungen nehmen mit wachsender Elektronenzahl in Molekülen zu.

8.2 Dipol-Dipol-Wechselwirkungen

- Unterscheiden sich die Bindungspartner einer Elektronenpaarbindung in ihrer **Elektronegativität,** ziehen sie das bindende Elektronenpaar unterschiedlich stark an. Es entsteht ein *permanenter Dipol*. Das elektronegativere Atom weist einen Überschuss an negativer Ladung (δ^-) auf, das andere einen Überschuss an positiver Ladung (δ^+).
- Elektronenpaarbindungen zwischen gleichartigen Atomen sind *unpolar.*
- Die Dipole der einzelnen polaren Bindungen im Molekül addieren sich:

Dipol-Molekül:

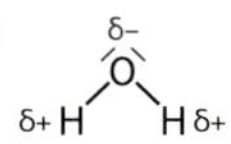

kein Dipol-Molekül:

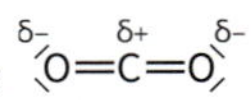

- Die Dipole ziehen sich gegenseitig an. Zwischen den Molekülen wirken Dipol-Dipol-Wechselwirkungen.

8.3 Wasserstoffbrücken (H-Brücken)

- Voraussetzung für eine H-Brücke ist ein Molekül mit einer polaren Elektronenpaarbindung zu einem H-Atom. Am Nachbar-Molekül muss ein freies Elektronenpaar an einem stark elektronegativen O-Atom, N-Atom oder F-Atom vorhanden sein. Zwischen dem positiv polarisierten H-Atom und dem freien Elektronenpaar bildet sich die H-Brücke aus.
- H-Brücken sind stärker als Dipol-Dipol-Wechselwirkungen, jedoch schwächer als Elektronenpaarbindungen.
- Ein H_2O-Molekül bildet in einer tetraedrischen Anordnung insgesamt vier O–H ··· O-Brücken aus.

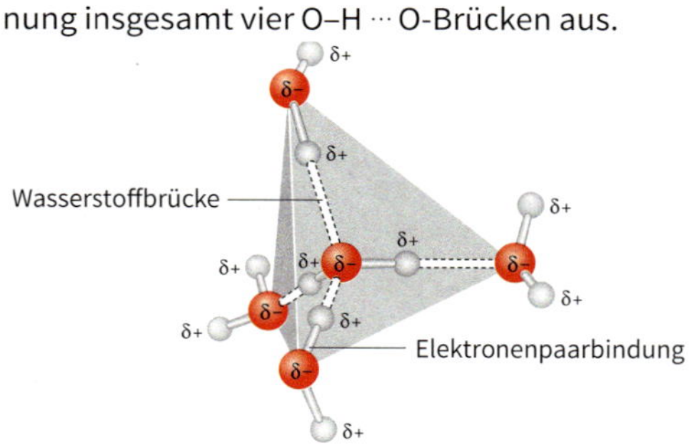

- Ein NH_3-Molekül oder ein HF-Molekül bildet jeweils nur zwei H-Brücken aus.

9 Saure und alkalische Lösungen

9.1 Säure-Base-Definition nach Brønsted

- **Brønsted-Säuren** sind Teilchen, die Protonen abgeben (Protonendonatoren).
- **Brønsted-Basen** sind Teilchen, die Protonen aufnehmen (Protonenakzeptoren).
- **Säure-Base-Reaktionen** sind Protonenübertragungsreaktionen.

9.2 Saure Lösungen

- **Saure Lösungen** sind wässrige Lösungen, die hydratisierte *Wasserstoff-Ionen* ($H^+(aq)$) oder gleichbedeutend *Hydronium-Ionen* ($H_3O^+(aq)$) enthalten.
- **Bildung saurer Lösungen:**

$$\text{Halogenwasserstoff} \xrightarrow{\text{Wasser}} \underbrace{\text{Halogenid-Ion} + H_3O^+\text{-Ion}}_{\text{saure Lösung}}$$

$$\text{Nichtmetalloxid} + \text{Wasser} \rightarrow \underbrace{\text{Säurerest-Ion} + H_3O^+\text{-Ion}}_{\text{saure Lösung}}$$

9.3 Hydroxide – alkalische Lösungen

- **Alkalische Lösungen** sind wässrige Lösungen, die *Hydroxid-Ionen* ($OH^-(aq)$) enthalten.
- Hydroxide bestehen aus positiv geladenen Metall-Ionen und negativ geladenen Hydroxid-Ionen (OH^-).
- **Bildung alkalischer Lösungen:**

$$\text{Metallhydroxid} \xrightarrow{\text{Wasser}} \underbrace{\text{Metall-Ionen} + OH^-\text{-Ionen}}_{\text{alkalische Lösung}}$$

$$\text{Metalloxid} + \text{Wasser} \rightarrow \underbrace{\text{Metall-Ionen} + OH^-\text{-Ionen}}_{\text{alkalische Lösung}}$$

$$\text{Alkalimetall/Erdalkalimetall} + \text{Wasser} \rightarrow \underbrace{\text{Metall-Ionen} + OH^-\text{-Ionen}}_{\text{alkalische Lösung}} + \text{Wasserstoff}$$

9.4 pH-Wert

- Der **pH-Wert** gibt an, wie stark sauer oder alkalisch eine Lösung ist. Er ist ein Maß für die Konzentration an Hydronium-Ionen oder Hydroxid-Ionen.
- Die **pH-Skala** reicht von $pH = 0$ bis $pH = 14$. Bei $pH = 7$ liegt eine neutrale Lösung vor. Saure Lösungen haben einen pH-Wert < 7, alkalische Lösungen haben einen pH-Wert > 7.
- Mit **Indikatoren** lassen sich saure, neutrale und alkalische Lösungen unterscheiden, da sie bei verschiedenen pH-Werten unterschiedliche Farben haben:

0	1	2	3	4	5	6	7	8	9	10	11	12	13	14

stark sauer – schwach sauer – neutral – schwach alkalisch – stark alkalisch

9.5 Neutralisation

- Gibt man eine saure und eine alkalische Lösung zusammen, bildet sich eine Salzlösung.
- Die in der sauren Lösung enthaltenen H_3O^+-Ionen und die OH^--Ionen der alkalischen Lösung reagieren zu H_2O-Molekülen. Die Reaktion bezeichnet man als **Neutralisation.**

  $H_3O^+(aq) + OH^-(aq) \rightarrow 2\,H_2O(l)$; exotherm

- Das Säurerest-Ion aus der sauren Lösung und das Metall-Ion aus der alkalischen Lösung sind an der Reaktion nicht beteiligt. Sie liegen unverändert in der Salzlösung vor.

  Beispiel:

  $H_3O^+(aq) + Cl^-(aq) + K^+(aq) + OH^-(aq) \rightarrow$
  $2\,H_2O(l) + K^+(aq) + Cl^-(aq)$; exotherm

- Die bei der Reaktion frei werdende Wärme bezeichnet man als **Neutralisationswärme.**

9.6 Titration

- Die **Titration** ist eine Methode zur Ermittlung der *Stoffmengenkonzentration.*
- Zu einem bestimmten Volumen an Probelösung wird ein Indikator gegeben. Eine Maßlösung genau bekannter Konzentration wird zur Probe gegeben, bis die Farbe des Indikators umschlägt.
- An diesem Punkt sind die Stoffmengen $n(H_3O^+)$ und $n(OH^-)$ gleich.
- Aus dem Volumen der verbrauchten Maßlösung wird die Stoffmengenkonzentration der unbekannten Lösung ermittelt.

$$c(\text{Probe}) = \frac{c(\text{Maßlösung}) \cdot V(\text{Maßlösung})}{V(\text{Probe})}$$

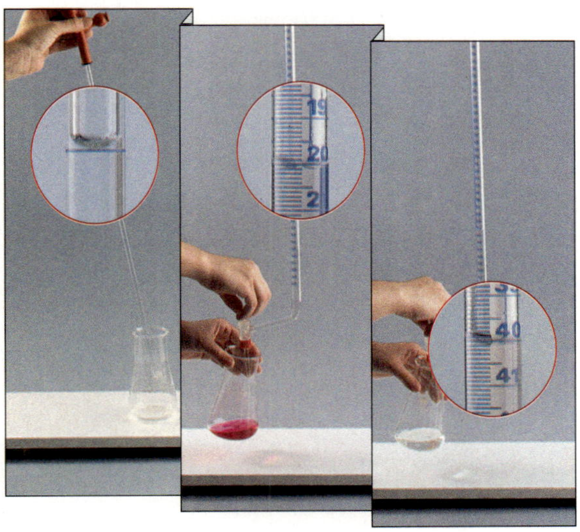

10 Redoxreaktionen

10.1 Sauerstoffübertragungsreaktionen

Viele chemische Reaktionen laufen unter Beteiligung von Sauerstoff ab. Sauerstoff kann aufgenommen, abgegeben oder von einem Reaktionspartner auf einen anderen übertragen werden.

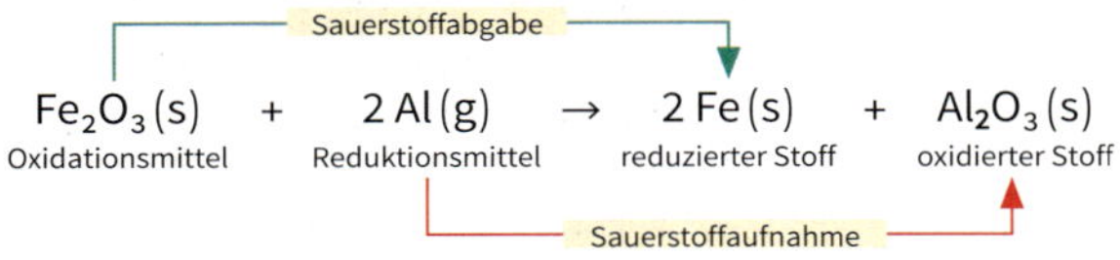

10.2 Elektronenübertragungsreaktionen

Nach diesem Konzept ist die **Oxidation** eine Abgabe von Elektronen, die **Reduktion** eine Aufnahme von Elektronen und die **Redoxreaktion** eine Elektronenübertragungsreaktion.

Beispiele:

Oxidation: $Mg \dashrightarrow Mg^{2+} + 2\,e^-$

Reduktion: $O_2 + 4\,e^- \dashrightarrow 2\,O^{2-}$

Redoxreaktion: $2\,Mg(s) + O_2(g) \rightarrow 2\,MgO(s)$

Oxidation: $Zn \dashrightarrow Zn^{2+} + 2\,e^-$

Reduktion: $Cu^{2+} + 2\,e^- \dashrightarrow Cu$

Redoxreaktion: $Zn(s) + Cu^{2+}(aq) \rightarrow Zn^{2+}(aq) + Cu(s)$

Die Sauerstoffübertragungsreaktionen lassen sich in das Konzept der Elektronenübertragungsreaktionen einordnen. Das O^{2-}-Ion bleibt dabei unverändert, es wird nicht reduziert oder oxidiert.

Beispiel:

Oxidation: $Fe + O^{2-} \dashrightarrow Fe^{2+}O^{2-} + 2\,e^-$

Reduktion: $Cu^{2+}O^{2-} + 2\,e^- \dashrightarrow Cu + O^{2-}$

Redoxreaktion: $Fe(s) + CuO(s) \rightarrow FeO(s) + Cu(s)$

10.3 Redoxreihe der Metalle

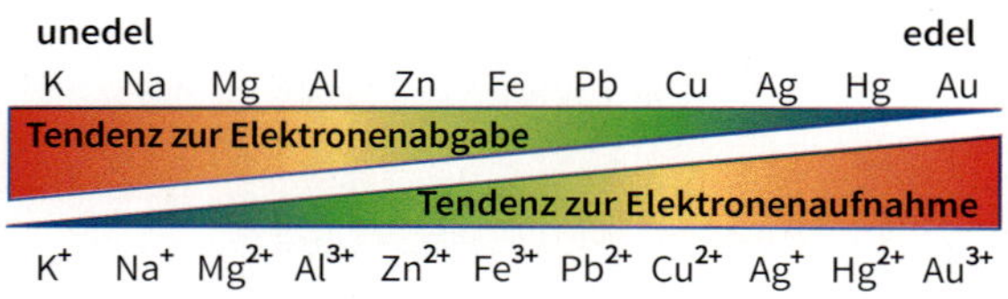

- Unedle Metalle sind gute Reduktionsmittel. Sie geben leicht Elektronen ab, sind also *Elektronendonatoren*. Dabei werden die unedlen Metalle selbst oxidiert.
- Kationen edler Metalle sind gute Oxidationsmittel. Sie nehmen leicht Elektronen auf, sind also *Elektronenakzeptoren*. Dabei werden die Kationen selbst reduziert.
- Ein Kation eines unedlen Metalls fällt das edlere Metall aus seiner Salzlösung aus. Die Redoxreihe der Metalle wird deshalb auch als *Fällungsreihe* bezeichnet.

11 Nachweisreaktionen

11.1 Wasser (H_2O)

Einige Tropfen der zu untersuchenden Flüssigkeit werden zu wasserfreiem Kupfersulfat gegeben.

Beobachtung: Das weiße Salz wird blau.

Reaktionsgleichung:

$CuSO_4(s) + 5\,H_2O(l) \rightarrow CuSO_4 \cdot 5\,H_2O(s)$

11.2 Sauerstoff (O_2)

Eine Gasprobe wird in einem Reagenzglas aufgefangen. In das Reagenzglas wird ein glimmender Holzspan gehalten (Glimmspanprobe).

Beobachtung: Der Holzspan flammt auf.

11.3 Wasserstoff (H_2)

Eine Gasprobe wird in einem Reagenzglas aufgefangen. Die Gasprobe wird entzündet (Knallgasprobe).

Beobachtung: Wenn die Probe ruhig abbrennt, enthält sie reinen Wasserstoff. Enthält sie noch Sauerstoff oder Luft, verbrennt sie mit einem pfeifenden Geräusch.

11.4 Kohlenstoffdioxid (CO_2)

Kalkwasser wird frisch angesetzt. Die Gasprobe wird in das frische Kalkwasser eingeleitet.

Beobachtung: Es bildet sich ein weißer Niederschlag.

Reaktionsgleichung:

$Ca^{2+}(aq) + CO_2(g) + 2\,OH^-(aq) \rightarrow CaCO_3(s) + H_2O(l)$

11.5 Alkalimetalle, Erdalkalimetalle

Nachweis durch Flammenfärbung oder mit einem Spektroskop.

Beobachtungen:

Lithium: rote Flamme; orange Linie
Natrium: gelbe Flamme; gelbe Linie
Kalium: blassviolette Flamme; violette Linie
Calcium: ziegelrote Flamme; gelbe und orange Linien
Strontium: rote Flamme; gelbe, orange und blaue Linien
Barium: grüne Flamme; viele Linien aus rot, orange, gelb, grün und blau

11.6 Chlorid-Ionen (Cl^-), Bromid-Ionen (Br^-), Iodid-Ionen (I^-)

Zur Probenlösung wird etwas verdünnte Salpetersäure und verdünnte Silbernitratlösung gegeben.

Beobachtung: Weißer Niederschlag bei Cl^--Ionen, blassgelber Niederschlag bei Br^--Ionen, gelblicher Niederschlag bei I^--Ionen.

Reaktionsgleichungen:

$Ag^+(aq) + Cl^-(aq) \rightarrow AgCl(s)$
$Ag^+(aq) + Br^-(aq) \rightarrow AgBr(s)$
$Ag^+(aq) + I^-(aq) \rightarrow AgI(s)$

12 Reaktionsgeschwindigkeit und Chemisches Gleichgewicht

12.1 Reaktionsgeschwindigkeit

Reaktionsgeschwindigkeit und Konzentration

Die Reaktionsgeschwindigkeit ist häufig proportional zur Konzentration der Edukte. Für Reaktionen des Typs A + B → C gilt vielfach folgende Geschwindigkeitsgleichung mit der Geschwindigkeitskonstante *k*:

$v = k \cdot c(\text{A}) \cdot c(\text{B})$

Reaktionsgeschwindigkeit und Temperatur

Für viele Reaktionen gilt die Reaktionsgeschwindigkeit-Temperatur-Regel (RGT-Regel). Danach steigt die Reaktionsgeschwindigkeit auf das Doppelte bis Vierfache, wenn man die Temperatur um 10 K erhöht.

Energieverteilung und Mindestenergie

- Die durchschnittliche Geschwindigkeit von Teilchen nimmt mit der Temperatur zu.

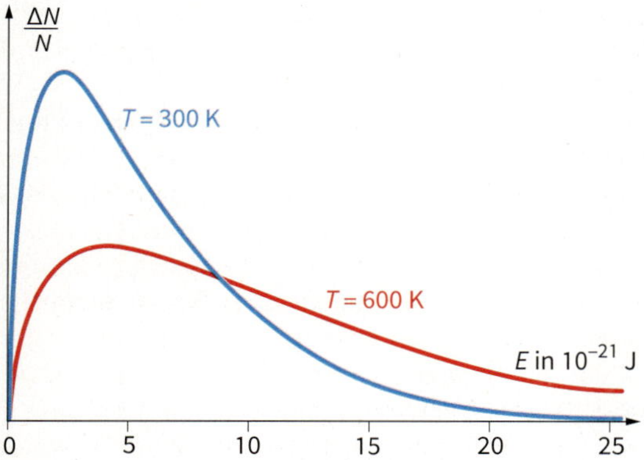

- Auch bei einer bestimmten Temperatur weisen die einzelnen Teilchen unterschiedliche Geschwindigkeiten auf. Dies zeigt sich in der Energieverteilung.
- Der Anteil der energiereichen Teilchen nimmt mit steigender Temperatur stark zu.
- Eine Reaktion kann erst dann stattfinden, wenn die entsprechenden Teilchen mit der notwendigen Mindestenergie E_{min} zusammenstoßen. Diese Energie entspricht auf der Stoffebene der Aktivierungsenergie.
- Der Anteil von erfolgreichen Zusammenstößen wächst mit steigender Temperatur, da immer mehr Teilchen Energien oberhalb von E_{min} aufweisen.

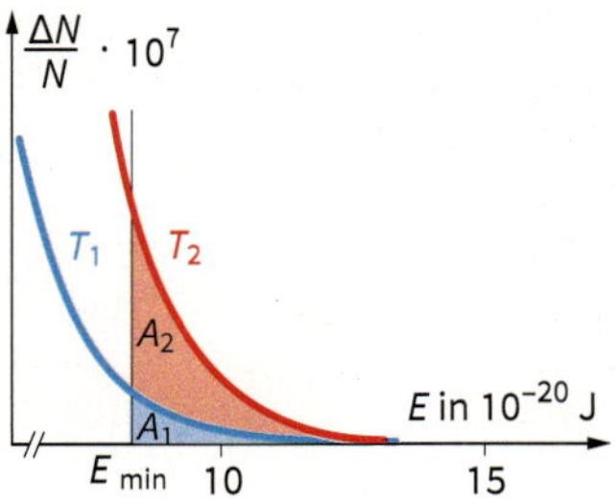

Energiediagramm

Der Ablauf einer chemischen Reaktion kann durch ein Enthalpiediagramm beschrieben werden. Je höher die Aktivierungsenergie ist, desto langsamer läuft die Reaktion ab. Katalysatoren beschleunigen chemische Reaktionen. Sie ermöglichen generell Reaktionswege mit niedriger Aktivierungsenergie.

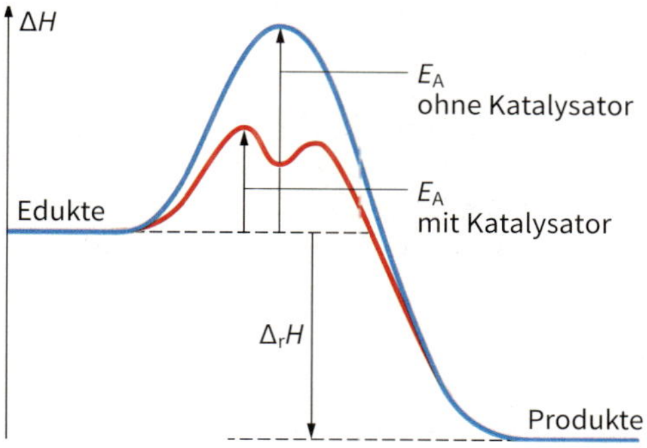

12.2 Chemisches Gleichgewicht

Viele chemische Reaktionen verlaufen nicht vollständig: Es stellt sich ein Gleichgewicht ein, bei dem Reaktionsprodukte und Edukte nebeneinander vorliegen. Ein Doppelpfeil in der Reaktionsgleichung weist darauf hin:

$$\underset{\text{Ethansäure}}{CH_3COOH} + \underset{\text{Ethanol}}{C_2H_5OH} \rightleftharpoons \underset{\text{Ethylethanoat}}{CH_3COOC_2H_5} + H_2O$$

Ein chemisches Gleichgewicht ist ein dynamischer Gleichgewichtszustand: Die Bildung der Produkte (Hinreaktion) und deren Zerfall (Rückreaktion) verlaufen mit gleicher Geschwindigkeit.

Verschiebung des chemischen Gleichgewichts

Die Lage eines dynamischen Gleichgewichts hängt von den Reaktionsbedingungen ab: Stört man das Gleichgewicht durch eine Änderung der Temperatur oder der Konzentration der Stoffe, so ändern sich auch die Konzentrationsverhältnisse und es stellt sich ein neues Gleichgewicht ein.

Falls sich bei Reaktionen mit Gasen die Teilchenzahl im Gasraum ändert, hängt die Lage des Gleichgewichts auch vom Druck ab.

Massenwirkungsgesetz und Gleichgewichtskonstante

Aus den Konzentrationen der Stoffe im Gleichgewicht lässt sich mithilfe des Massenwirkungsgesetzes die Gleichgewichtskonstante *K* berechnen. Für eine beliebige Reaktion gilt dabei folgender Zusammenhang:

$$\text{iA} + \text{jB} \rightleftharpoons \text{mC} + \text{nD} \qquad K = \frac{c^{\text{m}}(\text{C}) \cdot c^{\text{n}}(\text{D})}{c^{\text{i}}(\text{A}) \cdot c^{\text{j}}(\text{B})}$$

13 Organische Verbindungen

13.1 Stoffklassen und funktionelle Gruppen

Funktionelle Gruppe: Gruppe von Atomen, die wesentliche Eigenschaften eines organischen Stoffes bestimmt.
Stoffklasse: Stoffe, deren Moleküle dieselben funktioneller Gruppe tragen, werden zu einer Stoffklasse zusammengefasst.
Molekülrest: Kohlenstoffkette; in Strukturformeln oft mit –R bezeichnet.

Stoffklasse	funktionelle Gruppe	Endsilbe im Namen
Alkene	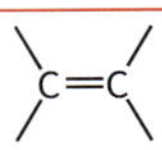 Doppelbindung	-en
Alkine	—C≡C— Dreifachbindung	-in
Alkohole	—Ō—H Hydroxy-Gruppe	-ol
Aldehyde	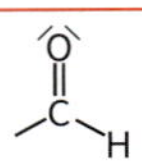 Aldehyd-Gruppe	-al
Ketone	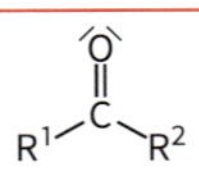 Keto-Gruppe	-on
Carbonsäuren	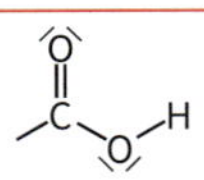 Carboxy-Gruppe	-säure
Carbonsäureester	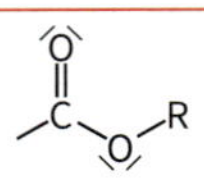 Ester-Gruppe	-oat

13.2 Benennung organischer Verbindungen

Homologe Reihe. Die Glieder einer homologen Reihe unterscheiden sich jeweils um eine CH_2-Gruppe.

Nomenklatur

1. Die längste Kette von C-Atomen, die die OH-Gruppen trägt, ergibt den Stammnamen.
2. Die C-Atome in der Kette werden so durchnummeriert, dass die OH-Gruppen tragenden C-Atome möglichst kleine Zahlen erhalten. Die Zahlen werden dem Stammnamen angehängt.
3. Für die Kennzeichnung der Stoffklasse der Alkanole wird die Endung -ol eingefügt.
4. Für die Anzahl der OH-Gruppen wird die entsprechende griechische Vorsilbe eingefügt.
5. Die Seitenketten werden benannt und alphabetisch geordnet.
6. Für die Anzahl der gleichen Seitenketten stellt man die entsprechende griechische Vorsilbe voran.
7. Die Verknüpfungsstellen von Haupt- und Seitenketten werden ermittelt und die Zahlen vorangestellt.

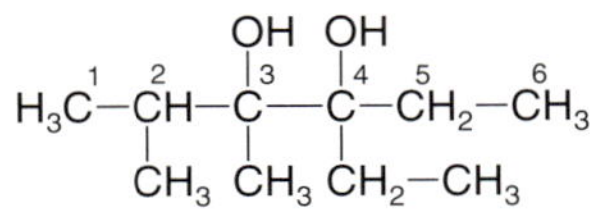

4-Ethyl-2,3-dimethylhexan-3,4-diol

13.3 Zwischenmolekulare Wechselwirkungen

Physikalische Eigenschaften wie die Siedetemperatur oder die Löslichkeit hängen von der Molekülstruktur ab. Entscheidend sind die aus der Struktur resultierenden zwischenmolekularen Wechselwirkungen.

Siedetemperaturen

Carbonsäuren und Alkohole zeigen die höchsten Siedetemperaturen. Zwischen den funktionellen Gruppen ihrer Molekülen wirken starke Wasserstoffbrücken. Die Siedetemperaturen von Aldehyden und Ketonen vergleichbarer Molekülmasse sind geringer. Bei ihnen treten nur Van-der-Waals- und Dipol-Dipol-Wechselwirkungen auf. Die geringsten Siedetemperaturen haben die Alkane. Ihre Moleküle sind unpolar. Dipol-Dipol-Wechselwirkungen und Wasserstoffbrücken gibt es nicht. Je länger die C-Ketten der Moleküle werden, desto mehr nähern sich die Siedetemperaturen aneinander an, da der unpolare Molekülteil die Stoffeigenschaften zunehmend bestimmt.

Löslichkeit

Ähnlich aufgebaute Moleküle zeigen ähnliche Eigenschaften. Die ähnlichen Eigenschaften sind das Resultat gleichartiger Wechselwirkungen zwischen den Molekülen. Abgleitet aus dieser Beobachtung gilt der Merksatz: *Ähnliches löst sich in Ähnlichem.*

Die Moleküle *amphiphiler* Stoffe haben polare und unpolare Molekülanteile. Je größer der polare Anteil, desto besser ist die Löslichkeit mit *hydrophilen* Stoffen wie Wasser. Ein größerer unpolarer Anteil verbessert die Löslichkeit in *hydrophoben* Stoffen.

Moleküldarstellung am Computer

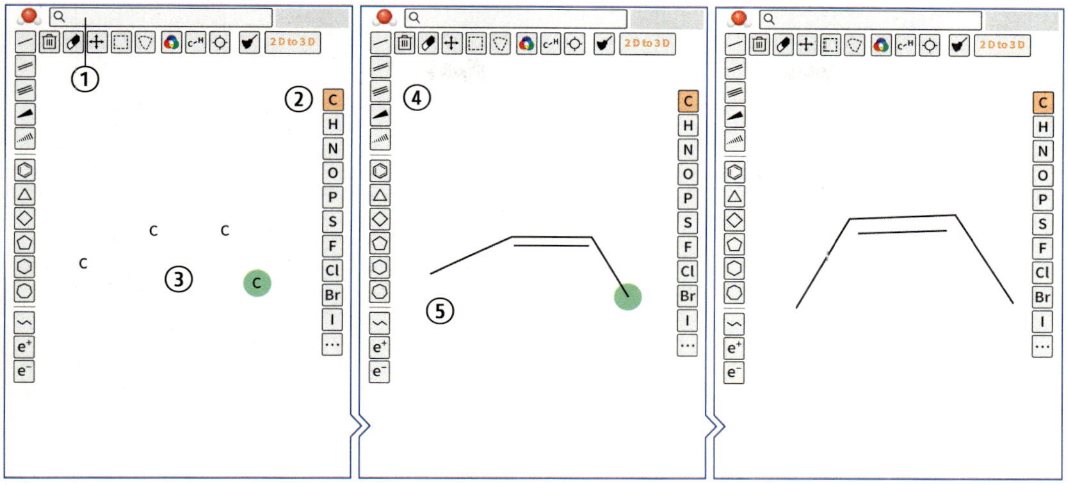

1 *Erstellen einer Strukturformel mithilfe eines Editors*

Mithilfe einer geeigneten Modellierungssoftware lassen sich Formeln und Modelle relativ einfach am Computer darstellen. Hierfür gibt es mittlerweile verschiedene Programme, von denen einige kostenlos im Internet als *Open-Source-Software* zur Verfügung stehen.

Strukturformeln erstellen. Manche Modellierungsprogramme verfügen über eine Datenbank, in der die Formeln gängiger Moleküle hinterlegt sind. Durch die Eingabe eines Namens oder einer Molekülformel in ein *Suchfeld* (Abb. 1 ①) lassen sich Formeln schnell auffinden. Ist die gewünschte Verbindung in der Auswahl nicht vorhanden, muss die Strukturformel aufgebaut werden. Hierfür wählt man zunächst für die Atome eines Moleküls die zugehörigen Atomsortensymbole aus. In der Taskleiste ② finden sich für die gängigsten Atomsorten wie Kohlenstoff, Wasserstoff und Sauerstoff entsprechende Icons. Die Symbole werden so auf der Arbeitsfläche des Editors platziert wie sie im Molekül angeordnet sind ③. Im nächsten Schritt erfolgt dann die Verknüpfung der Atomsortensymbole. Für die unterschiedlichen Bindungstypen wie Einfach-, Doppel- oder Dreifachbindung wählt man in der Taskleiste ④ das jeweils zugehörige Icon aus. Alternativ kann man natürlich auch zunächst an ein Atomsortensymbol eine Bindung ansetzen und fügt dann am Ende der Bindung das Symbol des zweiten Atoms ein. Für die Konstruktion komplexerer Moleküle bieten manche Programme Bausteine für häufig auftretende Molekülstrukturen an. Beispiele hierfür sind die zickzackförmige Kette linearer Kohlenwasserstoff-Moleküle oder ein Ring bestehend aus sechs C-Atomen ⑤.

Dreidimensionale Modelle. Die Modellierungssoftware generiert aus der konstruierten Strukturformel eine dreidimensionale Struktur. Das Ergebnis sind Modelle wie *Kugel-Stab-Modelle* oder *Kalottenmodelle*. Die Darstellung als *Kugel-Stab-Modells* eignet sich, um die Bindungsverhältnisse in einem Molekül zu veranschaulichen. Kalottenmodelle verdeutlichen dagegen Aspekte wie die räumliche Ausdehnung und die Gestalt eines Moleküls. In einem Molekül können die Elektronen unterschiedlich verteilt sein. Die *ladungscodierte Elektronendichteoberfläche* ist eine Form der Darstellung, bei der Bereiche mit einer hohen Elektronendichte rot gekennzeichnet sind.

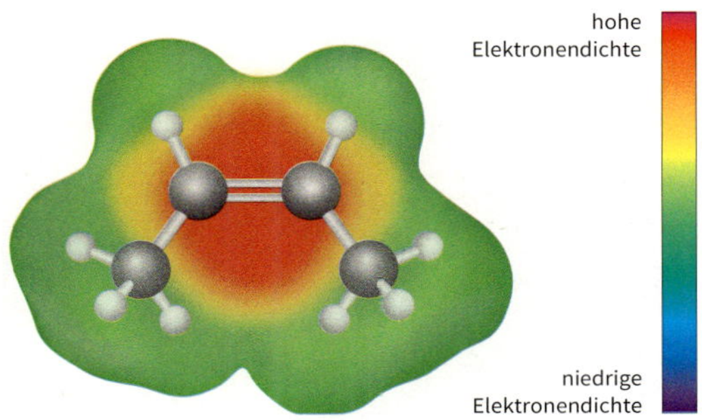

2 *Kugel-Stab-Modell und ladungscodierte Elektronendichteoberfläche*

Blickwinkel der Chemie – Stoff- und Teilchenebene

In der Chemie geht es meist darum, Stoffe und ihre physikalischen und chemischen Eigenschaften zu beschreiben und zu erklären. Dabei wechselt man häufig zwischen zwei Betrachtungsebenen – der **Stoffebene** und der **Teilchenebene.**

Die *Stoffebene* beschreibt, was man mit den Sinnen wahrnehmen und in einfachen Experimenten untersuchen kann. So ist Wasser eine Nichtmetallverbindung, die unter Normaldruck bei 0 °C schmilzt und bei 100 °C siedet (Abb. 1).

Viele Beobachtungen auf der Stoffebene lassen sich auf der *Teilchenebene* erklären. Hierfür sind Kenntnisse über den Aufbau der Stoffe nötig. Dabei nutzt man verschiedene *Anschauungsmodelle*, um den Aufbau der Stoffe und das Reaktionsverhalten anschaulich zu erklären.

Modelle und ihre Grenzen. Modelle sind vereinfachte Abbildungen der Wirklichkeit, die nur bestimmte Aspekte erklären oder darstellen können. Ein Modell ist daher nicht richtig oder falsch, sondern nur geeignet oder ungeeignet, um eine bestimmte Fragestellung zu erklären. Jedes Modell hat seine Grenzen, in denen es seine Funktion gut erfüllt. Außerhalb dieser Grenzen versagt es. Man muss daher genau wissen, was ein Modell zeigen kann und was eben nicht. Es gibt in der Chemie daher kein Modell für all das, was es zu erklären gilt.

Chemische Formelsprache. Zur Teilchenebene gehört auch die chemische Formelsprache. Je nachdem, was man erklären will, nutzt man unterschiedliche Modelle und Formeldarstellungen zur Darstellung der Teilchenebene (Abb. 1).

In **Chemie heute SII** werden Stoff- und Teilchenebene klar abgegrenzt. Wenn die Stoffebene gemeint ist, ist der Name einer Substanz im Text ausgeschrieben. So steht die Bezeichnung Wasser für den Stoff Wasser. Formelsymbole im Text stellen die Teilchenebene dar. Die Molekülformel Cl_2 steht damit nicht für den Stoff Chlor, sondern für ein Cl_2-Molekül. Um die Teilchenebene noch deutlicher zu machen, ist zusätzlich hinter dem Formelsymbol noch die Art des Teilchens angegeben.

Diese Differenzierung stößt jedoch an Grenzen, wenn die Formelschreibweise nicht eindeutig ist. So kann die Formel $C_6H_{12}O_6$ für die Moleküle verschiedener Kohlenhydrate wie Glucose und Fructose stehen. In solchen Fällen wird der Name des Teilchens anstelle der chemischen Formel verwendet: Glucose-Molekül, Fructose-Molekül.

Stoffebene	Teilchenebene I: Bausteine der Stoffe	Teilchenebene II: Bausteine der Atome
Wasser ... • ist eine Verbindung, die durch Reaktion von Wasserstoff mit Sauerstoff hergestellt werden kann, • ist eine Nichtmetallverbindung, • ist bei Raumtemperatur flüssig, • siedet bei 100 °C, • leitet den elektrischen Strom praktisch nicht, • kann viele Salze lösen.	Wasser-Moleküle ... • haben die Molekülformel H_2O. Ein Molekül besteht aus zwei H-Atomen und einem O-Atom. • haben einen gewinkelten Bau. Vom O-Atom geht jedes der zwei ungepaarten Elektronen eine Elektronenpaarbindung ein. • sind Dipol-Moleküle. Die O – H-Bindung ist eine polare Elektronenpaarbindung.	Das Sauerstoff-Isotop $^{18}_{8}O$ ... • hat acht Protonen und acht Neutronen im Atomkern und acht Elektronen in der Atomhülle. Davon sind zwei Elektronen in der ersten und sechs in der zweiten Energiestufe (Energiestufenmodell).

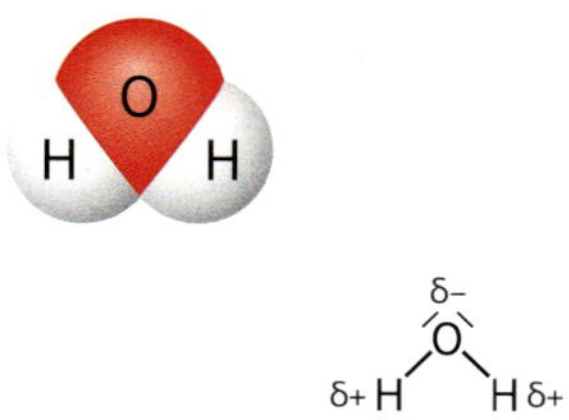

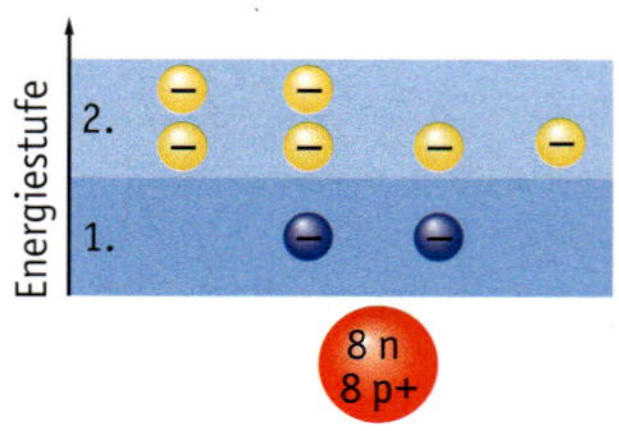

1 *Die chemischen Betrachtungsebenen am Beispiel von Wasser*

Methode Der naturwissenschaftliche Erkenntnisweg

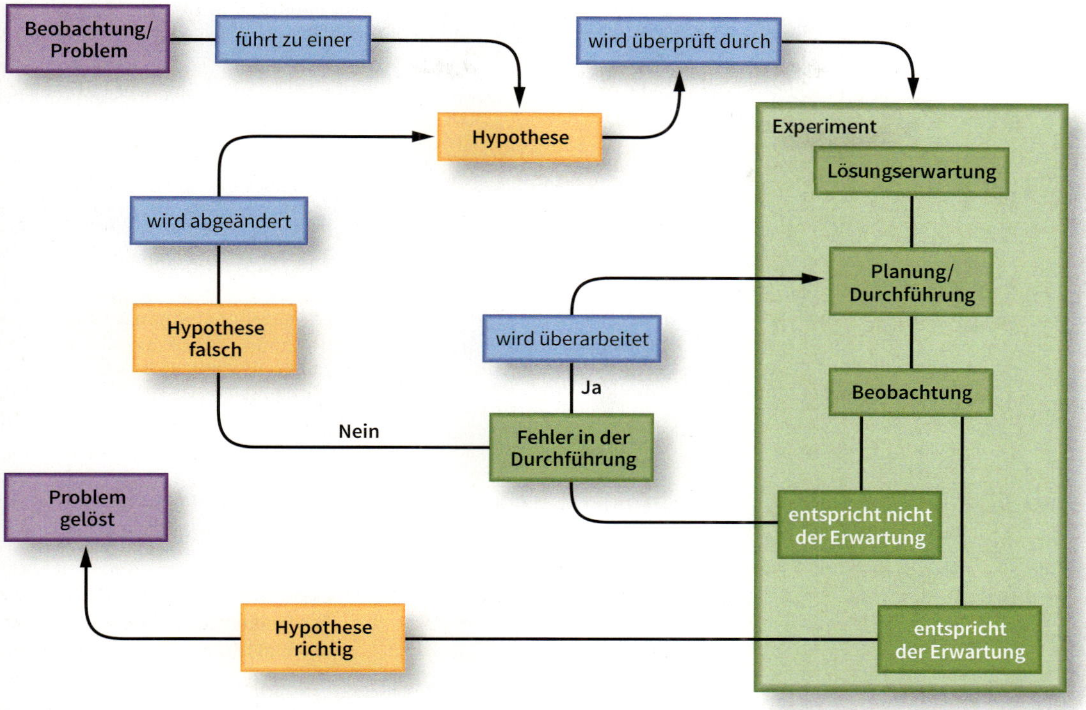

1 *Von der Beobachtung zur Erkenntnis*

Eine *Beobachtung* in der Umgebung oder während der Durchführung eines Experiments führt manchmal zu einer Frage, die nicht einfach beantwortet werden kann. Es gibt vielleicht eine Idee für die richtige Antwort, jedoch fehlt die Gewissheit. Zur Beantwortung solcher Fragen oder *Probleme* nutzen Forscher den **naturwissenschaftlichen Erkenntnisweg**. Mithilfe dieser bestimmten Schrittfolge (Abb. 1) werden in den Naturwissenschaften oftmals neue Erkenntnisse gewonnen.

Ist die Beobachtung reproduzierbar und lassen sich mit ähnlichen Stoffen ähnliche Beobachtungen machen, ergibt sich eine Regelmäßigkeit. Zur Erklärung der Regelmäßigkeit wird eine *Hypothese* aufgestellt. Das Aufstellen von Hypothesen ist ein kreativer Prozess, in dem neue Ideen mit bekannten Erfahrungen zusammengeführt werden. So werden Vermutungen über die Ursachen der Regelmäßigkeiten mit bereits vorhandenem Fachwissen begründet.

Die Hypothese wird in der Regel mit einem *Experiment überprüft*. Aus der Hypothese ergibt sich eine *Lösungserwartung*, was bei dem Experiment zu beobachten sein sollte. Das Experiment wird dann so *geplant*, dass die Lösungserwartung überprüft werden kann. Dabei ist zu beachten, dass immer nur eine Größe im Experiment verändert wird und ihr Einfluss auf das Versuchsergebnis bestimmt wird. Will man mehrere Größen untersuchen, müssen mehrere unabhängige Experimente geplant werden.

Entspricht die Versuchsbeobachtung der Erwartung, hat das Experiment die Hypothese *bestätigt*. Das *Problem* ist *gelöst* und wir sind auf dem Weg der Erkenntnis einen Schritt weitergekommen.

Ist das Ergebnis unerwartet, liegt vielleicht ein Fehler in der Durchführung vor. Dann muss die *Durchführung überprüft* werden. Das Experiment wird eventuell etwas abgeändert und erneut durchgeführt. Ist in der Durchführung jedoch alles richtig abgelaufen, stellt sich die Hypothese als falsch heraus. Die Hypothese und ihre Begründung müssen *abgeändert* werden. Mit der neuen Hypothese wird eine neue Lösungserwartung formuliert. Mit einem passend geplanten Experiment wird diese neue Hypothese überprüft. Diese Schrittfolge wird so oft durchlaufen, bis eine formulierte Hypothese als richtig bestätigt wird.

Was bedeuten die Arbeitsanweisungen? – wichtige Operatoren

Im Unterricht, als Hausaufgaben oder in schriftlichen Leistungsüberprüfungen werden immer wieder Aufgaben gestellt, die es erfolgreich zu bearbeiten gilt. In diesen Aufgaben erscheinen immer dieselben Operatoren, also Arbeitsanweisungen. Damit Sie die Aufgaben richtig verstehen und erfolgreich lösen könne, muss Ihnen klar sein, welche Leistung von Ihnen bei den einzelnen Operatoren erwartet wird. Die in diesem Buch genutzten Arbeitsanweisungen mit den erwarteten Leistungen werden hier erklärt und mit einem Beispiel versehen.

Anweisung (Beispiel)	erwartete Leistung	Beispiel
Analysieren Sie die erhaltenen Messwerte.	Die einzelnen Bestandteile und ihre Beziehung zueinander systematisch erfassen und darstellen.	Bei einer Elektrolyse nimmt die abgeschiedene Masse Kupfer proportional mit der Zeit zu.
Begründen Sie die unterschiedlichen Säurestärken von Essigsäure und Trichloressigsäure.	Mithilfe von Theorien oder Gesetzmäßigkeiten die Ursache eines Sachverhalts nennen.	I-Effekte der Atomgruppen im Molekül beeinflussen die Polarisierung der O–H-Bindung und so die Stärke der Säure.
Berechnen Sie die Masse von 0,1 mol Eisen.	Aus Zahlenwerten und mathematischen Formeln den Wert einer neuen Größe ausrechnen.	$m = n \cdot M = 0{,}1\ \text{mol} \cdot 55{,}8\ \text{g mol}^{-1} = 5{,}58\ \text{g}$ 0,1 mol Eisen wiegen 5,58 g.
Beschreiben Sie die Beobachtung.	Einen Sachverhalt geordnet und unter Nutzung von Fachsprache wiedergeben.	Nach der Zugabe von Citronensäure verändert sich die Farbe von blau nach rot.
Bestätigen Sie die Aussage, dass Metalle den elektrischen Strom leiten.	Eine Aussage als richtig feststellen und argumentativ stützen.	Metalle werden experimentell auf ihre elektrische Leitfähigkeit überprüft. Das Ergebnis ist positiv, alle Metalle leiten den elektrischen Strom.
Bestimmen/Ermitteln Sie die Masse des Rückstands.	Eine Formel aufstellen, mit der man das Ergebnis berechnen kann. Eventuell müssen die benötigten Größen gemessen werden.	$m(\text{Rückstand}) = m(\text{alles}) - m(\text{Filter})$ $m(\text{Rückstand}) = 17\ \text{g} - 14\ \text{g} = 3\ \text{g}$
Beurteilen Sie die Umweltverträglichkeit von ... **Nehmen** Sie **Stellung** zu ...	Fachwissen und Fachmethoden nutzen, um ein selbständiges Urteil zu einem Sachverhalt abzugeben.	In der Liste der Inhaltsstoffe des Produkts sind umweltgefährdende Chemikalien genannt. Es sollte daher nicht in die Umwelt frei gesetzt werden.
Bewerten Sie folgende Aussage: Akkus sind besser als Batterien.	Allgemein gültige Werte oder Beurteilungskriterien nutzen, um einen Sachverhalt daran zu messen. Es müssen gegebenenfalls mehrere Perspektiven bedacht werden.	Akkus sind umweltfreundlicher, da sie häufiger wieder verwendet werden können als Batterien. Trotz des höheren Anschaffungspreises sind sie auf Dauer günstiger.
Diskutieren Sie den Sachverhalt.	Argumente einander gegenüberstellen und abwägen.	Die auxochromen Gruppen beeinflussen die Farbigkeit auf folgende Weise: ...
Erklären Sie die unterschiedlichen Säurestärken von Essigsäure und Trichloressigsäure.	Zur Begründung kommt hinzu, dass der Sachverhalt als Kette von Argumenten verständlich zum Ausdruck gebracht werden muss.	Die höhere positive Ladung am C-Atom der Carbonyl-Gruppe erhöht den Elektronenzug des O-Atoms der OH-Gruppe. Die O–H-Bindung ist stärker polarisiert, ein Proton wird leichter abgespalten.
Erläutern Sie die unterschiedlichen Säurestärken von Essigsäure und Trichloressigsäure..	Zur Begründung oder Erklärung kommen weitere Informationen hinzu, die den Sachverhalt veranschaulichen.	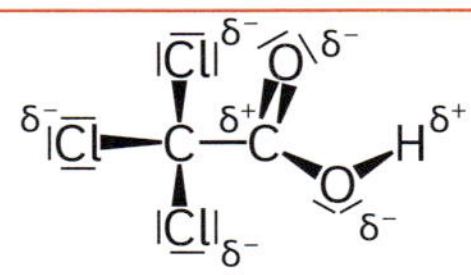
Interpretieren Sie den Zusammenhang. **Deuten** Sie ...	Mögliche Erklärungen für Sachverhalte oder Zusammenhänge herausarbeiten.	Eine Erklärung zur unterschiedlichen Lage von Äquivalenzpunkt und Neutralpunkt einer Titration wird vorgeschlagen.

Anweisung (Beispiel)	erwartete Leistung	Beispiel
Ordnen Sie die gegebenen Alkane nach steigender Siedetemperatur.	Einzelne Aspekte werden nach bestimmten Kriterien eingeteilt.	Eine Reihenfolge der Alkane nach steigender Siedetemperatur erstellen.
Nennen Sie alle Metalle, die Sie kennen.	Sachverhalte, Eigenschaften oder Begriffe aufzählen.	Blei, Kupfer, Gold, …
Planen/Entwickeln Sie ein Experiment, mit Sie die Konzentration einer Essigsäure bestimmen können, und **führen** Sie das geplante Experiment durch.	Aus Geräten eine Apparatur entwickeln, eine Durchführung notieren und einen Beobachtungsauftrag stellen. Das aufgebaute Experiment starten und die Beobachtungsaufträge ausführen.	Essigsäure mit unbekannter Konzentration wird mit Natronlauge als Maßlösung und Phenolphthalein als Indikator titriert. Aus *V*(Natronlauge) wird *c*(Essigsäure) berechnet.
Protokollieren Sie den Versuch.	Materialien, Durchführung und Beobachtung unter Verwendung von Fachsprache notieren.	**Materialien:** Reagenzglas, Reagenzglasständer, Reagenzglashalter, Gasbrenner, Spatel, Wattebausch, Wasserbad, Thermometer; Iod (GHS 7, 9). **Durchführung:** Wir haben das Wasserbad auf etwa 50 °C erwärmt. Dann haben wir mit dem Spatel einige Iodkristalle in das Reagenzglas gegeben und es mit einem Wattebausch verschlossen. Das Reagenzglas wurde so lange vorsichtig im Wasserbad erwärmt, bis sich violette Dämpfe bildeten. Dann haben wir das Reagenzglas zum Abkühlen abgestellt. **Beobachtungen:** 1. Im Reagenzglas liegen blauschwarze Kristalle. 2. Beim Erwärmen bildet sich über den Kristallen ein violettes Gas, ohne dass das Iod schmilzt.…
Schätzen Sie das Volumen des Gummibärchens ab.	Einen Näherungswert angeben und begründen	Aus der Messung der Seitenlängen lässt sich das Volumen eines Gummibärchens zu 0,5 cm^3 abschätzen.
Skizzieren Sie den Aufbau des Versuchs.	Das Wesentliche eines Sachverhalts in einer Zeichnung oder einem Text beschreiben	 Wasser wird stark erhitzt.
Stellen Sie eine **Hypothese auf**, mit welcher Stoffgruppe man Rotkohlsaft verfärben kann.	Eine Vermutung aufstellen, wie sich ein bekannter Sachverhalt klären lässt. Eine Begründung zur Vermutung angeben.	Rotkohlsaft sollte sich mit einer sauren Lösung umfärben lassen, da im Rotkohl Anthocyanfarbstoffe enthalten sind.
Stellen Sie die **Reaktionsgleichung auf. Formulieren** Sie …	Edukte und Produkte mit einem Reaktionspfeil verbinden.	$2\,Ag^{+}(aq) + Cu(s) \rightarrow 2\,Ag(s) + Cu^{2+}(aq)$; $\Delta_r H^0_m = -174\ kJ \cdot mol^{-1}$
Vergleichen Sie die Löslichkeit von Feststoffen und Gasen in Wasser.	Gemeinsamkeiten oder Unterschiede von Sachverhalten erkennen.	Die Löslichkeit vieler Feststoffe in Wasser nimmt mit steigender Temperatur zu, während sie bei Gasen sinkt.
Werten Sie die im Experiment erhaltenen Messwerte **aus.**	Daten oder einzelne Ergebnisse in einen Zusammenhang bringen. Daraus eine Aussage formulieren oder eine Schlussfolgerung ziehen.	Die Leitfähigkeit der sauren Lösung nimmt proportional zur zugegeben Stoffmenge Hydroxid ab. Die OH^--Ionen reagieren mit den H_3O^+-Ionen zu Wasser.
Zeichnen Sie den Aufbau einer galvanischen Zelle. Zeichnen Sie ein Fließdiagramm zur Chlor-Alkali-Elektrolyse. Zeichnen Sie die Messwerte in ein Diagramm.	Eine Skizze mit den wesentlichen Elementen anfertigen und beschriften. Den fachlichen Inhalt in eine andere Form der Darstellung bringen. Ein Diagramm anfertigen, die Achsen beschriften und die Messwerte eintragen.	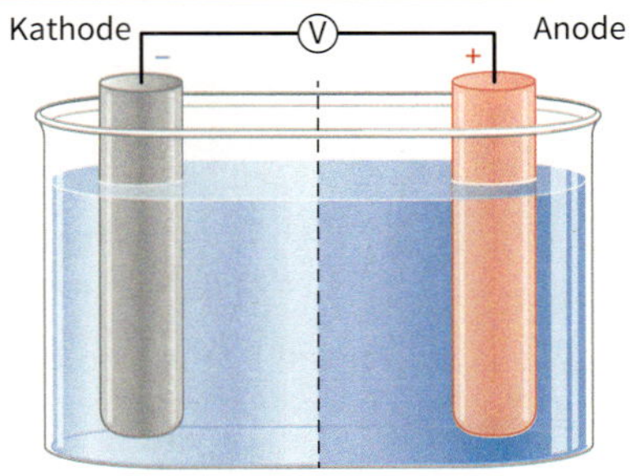

Sicheres Experimentieren

Die Versuche auf den Praktikumsseiten sind mit einer **Symbolleiste** versehen: Die Piktogramme in den roten Rauten sind *Gefahrenpiktogramme,* wie sie unten zusammenfassend dargestellt sind. Die folgenden Symbole geben unbedingt zu beachtende *Sicherheitshinweise* wie *Schutzbrille, Handschuhe* oder *Abzug* an. Die blauen Kanister beziehen sich auf die korrekte *Entsorgung* der Chemikalien und der Lösungen. Dies ist in der Übersicht *Richtig entsorgen* genau beschrieben.

Gefahrenpiktogramme. Viele Stoffe sind gefährlich. Die Gefahrenpiktogramme weisen auf diese Gefahren hin.

1

Explosive Stoffe/Gemische: feste oder flüssige Stoffe, die Gase entwickeln können, die durch ihre Temperatur und ihren Druck Zerstörungen anrichten.

2

Entzündbare Stoffe: Stoffe, die als Gase oder Aerosole mit Luft explosive Gemische bilden, als Flüssigkeiten einen Flammpunkt unter 60 °C haben oder als Feststoffe leicht brennbar sind.

3

Oxidierende Stoffe: Stoffe, die die Verbrennung anderer Materialien stärker fördern als Luft.

4

Gase unter Druck: Gase, die in einem Behältnis unter Druck stehen oder die verflüssigt sind.

5

Ätzende Stoffe: Stoffe, die die Haut oder die Augen nach kurzer Einwirkung dauerhaft schädigen.

6

Giftige Stoffe: Stoffe, die beim Verschlucken, bei Hautkontakt oder beim Einatmen giftig wirken.

7

Gesundheitsschädliche/reizende Stoffe: Stoffe, die beim Verschlucken, bei Hautkontakt oder beim Einatmen gesundheitsschädlich sind, die Haut oder die Augen reizen oder auf die Haut allergen wirken.

8

Chronisch gefährliche Stoffe: Stoffe, die das Erbgut verändern, Krebs erzeugen, die Fruchtbarkeit beeinträchtigen, das Kind im Mutterleib schädigen oder auf die Atemwege sensibilisierend wirken.

9

Umweltgefährdende Stoffe: Stoffe, die die Umwelt, insbesondere Gewässer, gefährden.

Sicherheitshinweise. Wegen der besonderen Gefahren sind im Chemieunterricht wichtige Sicherheitshinweise zu beachten:

- Versuchsvorschriften und Hinweise müssen genau befolgt werden. Bei Unklarheiten muss die Lehrkraft gefragt werden.
- Ein Versuch darf erst dann durchgeführt werden, wenn dazu aufgefordert wird.
- Schülerinnen und Schüler dürfen Geräte und Chemikalien nicht ohne Genehmigung verwenden.
- Die Anlagen für elektrischen Strom, Gas und Wasser dürfen nur nach besonderer Aufforderung der Lehrkraft eingeschaltet werden.
- Die Geräte müssen in sicherem Abstand von der Tischkante standfest aufgebaut werden.
- Beim Experimentieren sind Schutzbrillen zu tragen.
- Werden Schutzhandschuhe ausgehändigt, so müssen sie benutzt werden.
- Im Praktikum darf grundsätzlich weder gegessen noch getrunken werden.
- Geschmacksproben sind verboten. Geruchsproben dürfen nur dann vorgenommen werden, wenn die Lehrkraft dazu auffordert.
- Pipettieren mit dem Mund ist verboten.
- Chemikalien dürfen nicht mit den Händen berührt werden.
- Die Haare sind so zu tragen, dass sie nicht in die Brennerflamme geraten können.
- Chemikalien dürfen nicht in Gefäße umgefüllt werden, die nicht eindeutig und dauerhaft beschriftet sind. Auf keinen Fall dürfen Gefäße benutzt werden, die zur Aufbewahrung von Speisen und Getränken bestimmt sind.
- Der Arbeitsplatz muss stets sauber gehalten werden. Nach Beendigung der Experimente sind die Geräte zu reinigen.
- Chemikalienreste müssen vorschriftsmäßig entsorgt werden.

Sicher entsorgen

Jeder weiß es: **Gefährliche Stoffe müssen ordnungsgemäß entsorgt werden.** Chemikalienreste und Reaktionsprodukte dürfen also nicht ohne weiteres in den Abfluss oder den Abfalleimer gegeben werden. Folgende Regeln sind genau zu beachten:

Gefährliche Abfälle vermeiden. Eine der wichtigsten Regeln für einen verantwortungsbewussten Umgang mit Stoffen ist ganz einfach: *Die Entstehung unnötiger Abfälle oder unnötig großer Mengen an Abfällen muss vermieden werden.* Die Anwendung dieser Regel setzt eine sorgfältige Versuchsplanung im Hinblick auf Art und Menge der verwendeten Stoffe voraus.

Gefährliche Abfälle umwandeln. Nicht vermeidbare gefährliche Abfallstoffe sollen in weniger gefährliche umgewandelt werden:

Saure und alkalische Lösungen werden neutralisiert. Dabei ist es zweckmäßig, saure und alkalische Lösungen in einem gemeinsamen Behälter zu sammeln. Sie brauchen dann nicht einzeln neutralisiert zu werden.

Lösliche Stoffe können zu schwerlöslichen Stoffen umgesetzt werden.

Gefährliche Abfälle sammeln. Chemikalienreste von Praktikumsversuchen, die nicht sofort in ungefährliche Produkte umgewandelt werden können, werden in besonders beschrifteten Abfallbehältern gesammelt. Von Zeit zu Zeit werden die Abfallbehälter dann durch ein *Entsorgungsunternehmen* abgeholt.

Durch das Sammeln in getrennten Behältern verringern sich die Kosten für eine endgültige Beseitigung.

Behälter 1: Saure und alkalische Lösungen
In Behälter 1 gehören nur saure und alkalische Lösungen, in denen *keine Schwermetallverbindungen* enthalten sind. Saure und alkalische Lösungen neutralisieren sich dann gegenseitig. In der Regel reagiert die Lösung im Behälter 1 nicht neutral, sondern leicht sauer oder alkalisch. Bevor der Behälter ganz gefüllt ist, muss er deshalb neutralisiert werden. Der neutralisierte Inhalt kann dann in den Ausguss geschüttet werden.

Behälter 2: Giftige anorganische Stoffe
In Behälter 2 werden giftige und umweltschädliche Schwermetallsalze und ihre Lösungen gesammelt – auch dann, wenn es sich um saure oder alkalische Lösungen handelt. Die endgültige Entsorgung erfolgt durch ein Entsorgungsunternehmen.

Behälter 3: Halogenfreie organische Stoffe
Wasserlösliche und wasserunlösliche halogenfreie organische Stoffe werden gemeinsam in einem Abfallbehälter gesammelt. Damit sich kein zu großes Volumen an leicht entzündlichen Flüssigkeiten ansammelt, kann die Lehrkraft im Einzelfall anordnen, geringe Mengen nicht giftiger wasserlöslicher organischer Abfälle wie Ethanol oder Aceton in den Ausguss zu geben. Behälter 3 muss von einem Entsorgungsunternehmen ordnungsgemäß entsorgt werden.

Behälter 4: Halogenhaltige organische Stoffe.
Organische Halogenverbindungen und Abfälle, die bei Halogenierungsreaktionen entstehen, werden im Behälter 4 gesammelt. Dieser Behälter muss von einem Entsorgungsunternehmen ordnungsgemäß entsorgt werden.

Entsorgungskonzept im Überblick

	1	2	3	4
	saure und alkalische Lösungen	giftige anorganische Stoffe	halogenfreie organische Stoffe	halogenhaltige organische Stoffe
Beispiele:	Salzsäure, Natronlauge	Kupfersalze, Bleisalze	Benzin, Toluol	Dibromethan, Bromtoluol

Kapitel 1

Energie bei chemischen Reaktionen

Vor etwa 800 000 Jahren lernte der Mensch mit dem Feuer umzugehen. Er war nun in der Lage seine Speisen zu garen, Wärme und Licht in seine Behausungen zu bringen und Regionen zu erobern, in denen er sonst kaum überlebt hätte. Seitdem der Mensch gelernt hat Feuer zu nutzen, ist er zum Chemiker geworden. Erst sehr viel später verstand er, dass bei der Verbrennung die im Brennstoff gespeicherte Energie freigesetzt wird. Energieumwandlungen bilden neben der Entropie die Grundlage für die Richtung einer chemischen Reaktion.

Was Sie schon kennen:

- Stoffumwandlungen und Energieumwandlungen als Kennzeichen einer chemischen Reaktion,
- endotherme und exotherme chemische Reaktionen,
- wie Sie Reaktionsgleichungen aufstellen und einrichten,
- wie Sie mit Stoffmengen und Stoffmengenkonzentrationen stöchiometrische Berechnungen durchführen,
- das Zustandekommen von Elektronenpaarbindung und Ionenbindung sowie die Unterschiede zwischen den Bindungstypen,
- wie Sie Energiediagramme auswerten.

In diesem Kapitel lernen Sie:

- **die** Unterscheidung zwischen System und Umgebung,
- **was** chemische Reaktionen und physikalische Prozesse antreibt,
- **wie** sich der Energieumsatz chemischer Reaktionen messen und berechnen lässt,
- **was** man unter Enthalpie und unter Entropie versteht,
- **den** Unterschied zwischen einem offenen, geschlossenen und isolierten System,
- **unter** welchen Bedingungen chemische Reaktionen ablaufen.

Sind Sie fit für dieses Kapitel?

1 a) Nennen Sie Beispiele für Stoffumsätze und Energieumsätze bei chemischen Reaktionen.
b) Nennen Sie Reaktionen, die endotherm oder exotherm ablaufen, und beschreiben Sie, woran Sie den Energieumsatz erkennen.
c) Nennen Sie Energieformen und Möglichkeiten der Umwandlung zwischen den Energieformen.

2 a) Stellen Sie die Reaktionsgleichung für die Verbrennung von Ethanol mit Sauerstoff auf und richten Sie diese ein.
b) Beschreiben Sie die Energieumwandlung der exothermen Reaktion.

3 Berechnen Sie die benötigte Masse an Kupfersulfat für die Herstellung von 100 ml einer wässrigen Lösung mit der Konzentration $c = 0{,}5\ \text{mol} \cdot \text{l}^{-1}$.

4 a) Beschreiben Sie die Grundlagen der Elektronenpaarbindung. Erklären Sie, warum Stoffe, die aus Nichtmetall-Atomen aufgebaut sind, häufig gasförmig oder flüssig vorliegen.
b) Beschreiben Sie die Grundlagen der Ionenbindung. Erklären Sie, warum Salze aus Kristallen aufgebaut sind, die aus einer riesigen Anzahl Ionen bestehen.

5 Beschreiben Sie das nebenstehende Energiediagramm. Stellen Sie eine Hypothese über die Heftigkeit der Reaktionen von Zink, Eisen und Kupfer mit Schwefel auf.

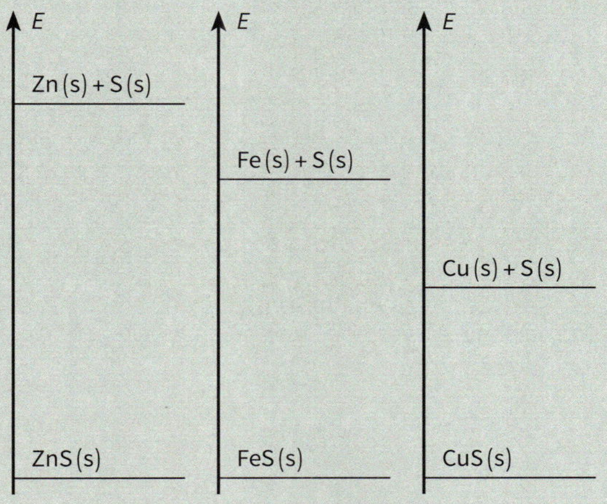

*Lösungen und weitere Aufgaben finden Sie unter www.westermann.de/chemie-heute-152079
Nutzen Sie zur Anmeldung den Online-Schlüssel auf der vorderen Umschlagsinnenseite.*

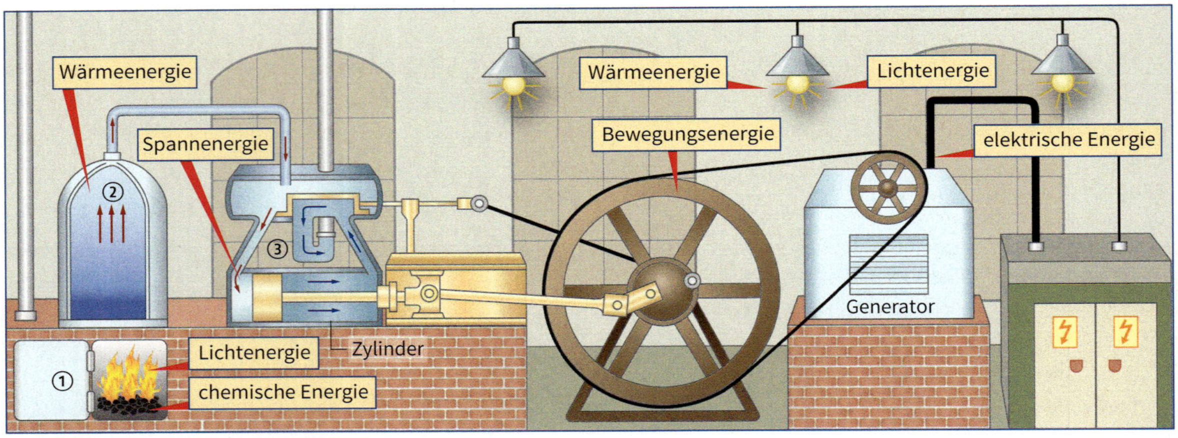

1 *Energieumwandlungen bei der Dampfmaschine*

Aus dem Physikunterricht kennen Sie sicherlich die Bezeichnungen *Wärme, Arbeit* und *Energie*. Die Abgrenzung dieser auch für das Fach Chemie nötigen Begriffe trifft die **Thermodynamik** oder *Wärmelehre*. Diese wissenschaftliche Disziplin hat ihren Ursprung im Studium der Dampfmaschine (Abb. 1).

Energieerhaltung und Energieformen. Eine wichtige Rolle spielt die erstmals 1842 durch den Heilbronner Arzt Julius Robert MAYER formulierte Erkenntnis: *Energie kann weder verbraucht noch neu geschaffen werden.* Dieser **Satz von der Erhaltung der Energie** gilt für jedes System und bei jeder Umwandlung von einer **Energieform** in eine andere. Beispielsweise wird bei der Dampfmaschine (Abb. 1) die Energie im heißen, unter Druck stehenden Dampf ② in Bewegungsenergie umgewandelt. Im Wasserdampf bewegen sich die Wasser-Moleküle sehr stark, sodass sie durch Stöße den Zylinderkolben ③ in Bewegung versetzen. Solche Umwandlungen einer Energieform in eine andere werden als **Arbeit *W*** bezeichnet. Die Abnahme der Energie im Dampf entspricht der Zunahme an Bewegungsenergie im Kolben, so dass die Gesamtmenge an Energie bei diesem Vorgang gleich bleibt. Die zwischen den Energieformen umgewandelte Energiemenge wird in der Einheit **Joule J** oder gebräuchlicher in Kilojoule kJ angegeben. 1 kJ ist dabei gleich 1000 J. Mit der Energiemenge von 1 kJ können verschiedene Arbeiten verrichtet werden. Die Wirkung ist dabei ganz unterschiedlich (Abb. 2).

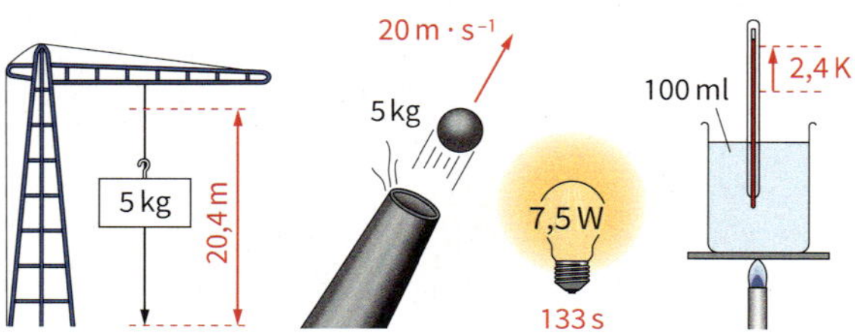

2 *Das kann man mit 1 kJ bewirken.*

Chemische Energie. Auch bei chemischen Reaktionen findet eine Energieumwandlung statt. Beispielsweise ist in der Kohle für die Dampfmaschine aus Abb. 1 Energie gespeichert ①. Bei der Verbrennung wird die Energie umgewandelt und als Energieform **Wärme *Q*** dem Wasserdampf zugeführt ②. Man bezeichnet die in einem Stoff gespeicherte Energie als **chemische Energie**. Der Energiegehalt einer Stoffportion hängt von der Art der darin enthaltenen Stoffe und ihrer Menge ab. Die chemische Energie einer Stoffportion kann nicht direkt gemessen werden. Messbar sind nur *Änderungen* der chemischen Energie, wie sie sich bei chemischen Reaktionen bemerkbar machen. Die bei einer chemischen Reaktion an die Umgebung abgegebene oder von ihr aufgenommene Energie entspricht dem Unterschied in der chemischen Energie zwischen den Edukten und den Reaktionsprodukten. Bei einer *exothermen Reaktion* entstehen Produkte mit kleinerem Energiegehalt, die Energiedifferenz wird in die Umgebung freigesetzt. Bei einer *endothermen Reaktion* wird die zugeführte Energie als chemische Energie in den Produkten gespeichert. Es bilden sich energiereichere Stoffe.

Auf der Teilchenebene betrachtet setzt sich die chemische Energie eines Stoffes aus mehreren Energien zusammen: Die Lage- und Bewegungsenergie der Elektronen, die Bindungsenergie zwischen den Atomen in einem Molekül oder zwischen den Ionen in einem Salzkristall und die Bewegungsenergien der Atome, Moleküle und Ionen selbst. Die Summe der Energieformen, die die chemische Energie ausmachen, fasst man unter dem Begriff **innere Energie *U*** zusammen.

System. Die Änderung der inneren Energie ΔU bei einer chemischen Reaktion wird indirekt bestimmt. Dies geschieht über die Messung der in andere Energieformen übertragenen inneren Energie. Dazu werden die Änderungen von Temperatur T, Druck p und Volumen V im Experiment gemessen. Diese Messungen müssen unter genau festgelegten Bedingungen durchgeführt werden, um bei Kontrollexperimenten gleiche Ergebnisse zu erhalten. Man unterscheidet dazu zwischen *offenem, geschlossenem* und *isoliertem* System (Abb. 3). Die Auswirkungen der veränderten Bedingungen auf die Messung werden am Beispiel der Reaktion von Zink mit Salzsäure genauer betrachtet:

$Zn(s) + 2\,H^{+}(aq) \rightarrow Zn^{2+}(aq) + H_2(g)$; exotherm

Im einfachsten Fall läuft die Reaktion in einem Reagenzglas ab. In diesem **offenen System** sind ein Stoffaustausch und ein Energieaustausch mit der Umgebung möglich. In dem Beispiel entweicht das entstehende Wasserstoffgas aus dem Reagenzglas und die Umgebung wird erwärmt. Über die Temperaturänderung und die Volumenänderung kann auf die bei der Reaktion freigesetzte innere Energie geschlossen werden.

Verschließt man das Reagenzglas mit einem Stopfen, erhält man ein **geschlossenes System.** Es findet kein Stoffaustausch mit der Umgebung statt, ein Energieaustausch ist nach wie vor möglich. In dem Beispiel kann das Wasserstoffgas nicht entweichen und der Druck im System erhöht sich. Wärme wird an die Umgebung abgegeben. Die Werte aus der Druckänderung und der Temperaturänderung der Umgebung ergeben die Änderung der innere Energie.

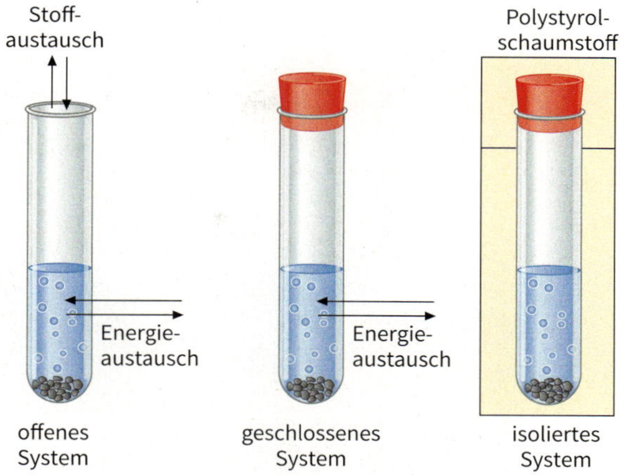

3 *Chemische Reaktionen in unterschiedlichen Systemen*

Ist das Reagenzglas wärmeisolierend verpackt und dicht verschlossen, so läuft die Reaktion in einem **isolierten System** ab. Es findet weder ein Stoffaustausch noch ein Energieaustausch statt. In dem Beispiel bleiben die Reaktionsprodukte und die Wärme in dem System. Druck und Temperatur erhöhen sich. Daraus kann die Änderung der inneren Energie bestimmt werden.

In Stoffen ist die innere Energie U gespeichert. Nach dem Satz von der Erhaltung der Energie werden bei chemischen Reaktionen innere Energie und andere Energieformen ineinander umgewandelt.

---

1 a) Nennen Sie ein je Beispiel für die Umwandlung von chemischer Energie in mechanische Energie und in Lichtenergie.
b) Benennen Sie die Energieumwandlungen, die in Abb. 2 dargestellt sind.

2 a) Notieren Sie vier Energieformen. Vergleichen Sie Ihre Ergebnisse untereinander.
b) Notieren Sie gemeinsam Vorgänge und Maschinen, mit denen Energie zwischen diesen Energieformen umgewandelt werden kann.

3 Energieumwandlungen werden in der Physik oftmals nach folgendem Fließdiagramm notiert:

a) Recherchieren Sie den Begriff *Umwandlungsverlust* und korrigieren Sie das abgebildete Fließdiagramm.
b) Erstellen Sie ein ähnliches Fließdiagramm für die in der Abb. 1 gezeichnete Dampfmaschine.

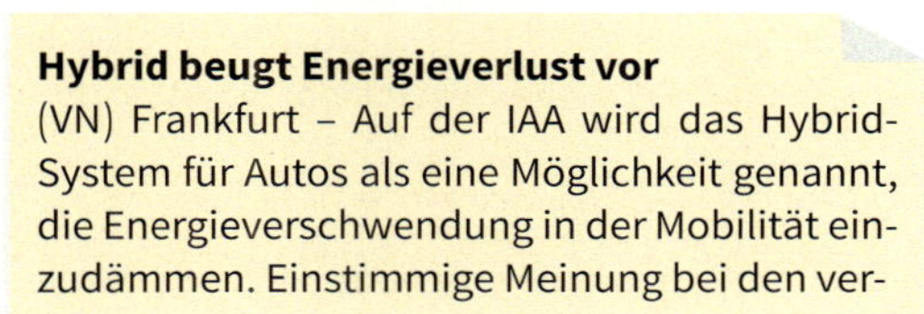

c) Beurteilen Sie die Verwendung der Bezeichnungen *Energieverlust* und *Energieverschwendung.*

4 a) Beurteilen Sie die Richtigkeit der Aussagen und begründen Sie Ihr Urteil. Partner A: 100 g Eis haben eine größere innere Energie als die gleiche Masse Wasser; Partner B: Ein Benzin-Luft-Gemisch hat eine größere innere Energie als seine Verbrennungsprodukte.
b) Erläutern Sie sich gegenseitig Ihr Ergebnis.

1.2 Reaktionswärmen lassen sich mit einem Kalorimeter bestimmen

1 *Eisen und Schwefel reagieren exotherm.*

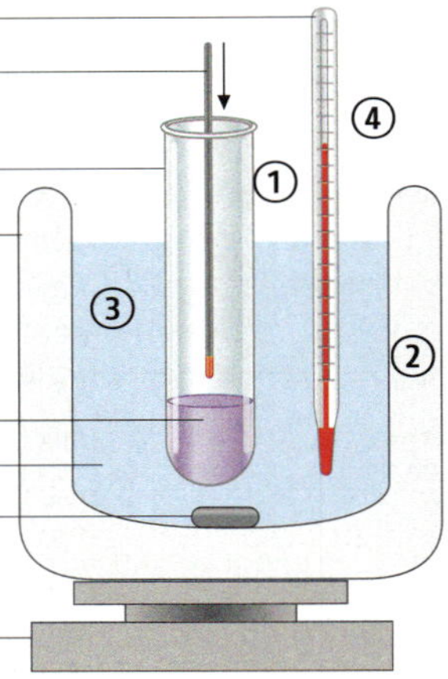

2 *Einfaches Kalorimeter*

Zündet man ein Gemisch aus Eisen und Schwefel, führt dies offensichtlich zu einer Erwärmung (Abb. 1). In der exothermen Reaktion wandelt sich ein Teil der in den Edukten gespeicherten inneren Energie U in Wärmeenergie um. Diese wird in die Umgebung weitergeleitet und führt dort zu einer Temperaturerhöhung. Gibt man Brausepulver in Wasser, reagieren Citronensäure und Natriumhydrogencarbonat endotherm miteinander. Dabei verringert sich die Umgebungstemperatur. Das Reaktionssystem nimmt Wärmeenergie aus der Umgebung auf und speichert sie als innere Energie.

Reaktionswärme. Die bei chemischen Reaktionen mit der Umgebung ausgetauschte Wärme nennt man allgemein **Reaktionswärme Q_r**. Bei einer exothermen Reaktion ist der Energiebetrag positiv, da die Wärme der Umgebung um diesen Betrag zugenommen hat. Die Reaktionswärme Q_r stammt aus dem reagierenden System. Demnach nimmt die innere Energie des Systems ab, die Änderung der inneren Energie ΔU ist negativ. Das Δ steht dabei für die Differenz der inneren Energie der Stoffe vor und nach der Reaktion. Es gilt:

$$\Delta U < 0 \Rightarrow Q_r = -\Delta U$$

Bei endothermen Reaktionen hingegen nimmt das Reaktionssystem Energie aus der Umgebung auf, das Vorzeichen für ΔU ist deshalb positiv: $\Delta U > 0$.

Bestimmung von Reaktionswärmen. Ein absoluter Wert für die innere Energie eines Stoffes lässt sich experimentell nicht ermitteln. Lediglich ihre Änderung im Laufe einer chemischen Reaktion ist über die freigesetzte Reaktionswärme messbar. Ein einfaches Verfahren zur Bestimmung der bei einer chemischen Reaktion aufgenommenen oder abgegebenen Reaktionswärme ist die **Kalorimetrie** (lat. *calor:* Wärme).

In einem einfachen Kalorimeter (Abb. 2) befindet sich ein Reagenzglas ① in einem Isoliergefäß ②. In das Isoliergefäß füllt man eine bestimmte Menge Wasser ③. Die Temperatur des Wassers vor der Reaktion (T_1) und die Temperatur nach der Reaktion (T_2) werden am Thermometer ④ abgelesen. Bei einer exothermen Reaktion wird die freiwerdende Wärme über die Wand des Reagenzglases auf das Wasser im Kalorimeter übertragen. Die vom Wasser aufgenommene Wärmemenge Q_r ist proportional zur Temperaturdifferenz $\Delta T = (T_2 - T_1)$ und proportional zur Masse m des Wassers. Die Reaktionswärme Q_r und damit die Änderung der inneren Energie ΔU berechnet sich mit der Formel:

$$-\Delta U = Q_r = c_p(\text{Wasser}) \cdot m(\text{Wasser}) \cdot \Delta T$$

Den Proportionalitätsfaktor c_p bezeichnet man als *spezifische Wärmekapazität.* Für Wasser beträgt der Wert bei normalem Druck $c_p = 4{,}18\ \text{J} \cdot \text{g}^{-1} \cdot \text{K}^{-1}$. Das bedeutet, dass 1 g Wasser eine Energie von 4,18 J aufnimmt, wenn die Temperatur um 1 K oder 1 °C ansteigt.

Das Reagenzglas und das Isoliergefäß haben wesentlich geringere Wärmekapazitäten. Bei der Auswertung einfacher Experimente kann ihr Einfluss auf die gemessene Temperatur daher vernachlässigt werden. Gleichermaßen wird die bei der Messung an die Umgebungsluft abgegebene Wärme nicht berücksichtigt.

Beispiel: Ein Kalorimeter wird mit 100 g Wasser gefüllt. In dem Reagenzglas wird anschließend ein Gemisch aus 0,1 mol Eisen und 0,1 mol Schwefel zur Reaktion gebracht, indem die Reaktion mit einem glühenden Draht gezündet wird. Bei der Reaktion entsteht Eisensulfid (FeS). Dabei erwärmt sich das Wasser von 12,0 °C auf 36,4 °C. Durch Anwendung der obigen Formel berechnet sich die freigesetzte Reaktionswärme zu:

$$Q_r = 4{,}18\ \text{J} \cdot \text{g}^{-1} \cdot \text{K}^{-1} \cdot 100\ \text{g} \cdot 24{,}4\ \text{K} = 10{,}2\ \text{kJ}$$

Lösungswärme. Nicht nur bei chemischen Reaktionen wird Wärme abgegeben oder aufgenommen. Auch beim Lösen von Salzen oder Molekülverbindungen in einem Lösemittel kann eine Temperaturänderung beobachtet werden. Sie wird als *Lösungswärme* Q_s bezeichnet (engl. *solvatation:* Lösungsvorgang). Ob der Löseprozess eines Stoffes insgesamt exotherm oder endotherm ist, hängt von den Energiebeträgen der **Gitterenergie** und der **Solvatationsenergie** ab.

Im Ionengitter eines Salzkristalls muss die Gitterenergie aufgebracht werden, um die Anziehungskräfte zwischen den gegensätzlich geladenen Ionen zu überwinden und die einzelnen Ionen herauszulösen. Die Solvatationsenergie wird frei, wenn sich Wechselwirkungen zwischen den Ionen und den Molekülen des Lösemittels ausbilden. In wässrigen Lösungen wird die Solvatationsenergie auch als **Hydratationsenergie** bezeichnet, da das Lösemittel (lat. *solvens:* lösend) Wasser ist. Bei der Hydratisierung von Ionen müssen zunächst die Wechselwirkungen zwischen einzelnen Wasser-Molekülen überwunden werden. Durch Dipol-Ionen-Wechselwirkungen zwischen Wasser-Molekülen und Ionen bildet sich dann eine *Hydrathülle* um die Ionen aus. (Abb. 3). Die Gitterenergie von Molekülkristallen ist in der Regel kleiner als die von Ionenkristallen, da die Anziehungskräfte zwischen den Teilchen geringer sind. Ebenso ist aber auch durch die geringeren Wechselwirkungen zwischen den gelösten Molekülen und den Wasser-Molekülen die Solvatationsenergie kleiner.

Zur experimentellen Bestimmung der Lösungswärme kann der Löseprozess bei konstantem Luftdruck direkt im Isoliergefäß eines Kalorimeters durchgeführt werden. Dabei müssen das Lösemittel und der zu lösende Stoff vor der Reaktion die gleiche Temperatur haben. Das Lösemittel ist dann gleichzeitig der Wärmespeicher für die beim Lösevorgang freigesetzte innere Energie. Die Temperaturänderung wird im Lösemittel selbst gemessen. Bei der Auswertung der Messergebnisse für das Lösen eines Stoffes in Wasser geht man von einer stark verdünnten Lösungen und von folgenden Angaben aus:

- Die Masse des Lösemittels entspricht der Masse des Wassers.
- Die Wärmekapazität der Lösung ist gleich der Wärmekapazität von reinem Wasser: $c_p(\text{Lösung}) = c_p(\text{Wasser})$

In einem Kalorimeter wird die Temperaturänderung bei einer chemischen Reaktion oder einem Löseprozess gemessen. Daraus wird die freigesetzte Reaktionswärme Q_r oder die Lösungswärme Q_s und die Änderung der inneren Energie ΔU berechnet.

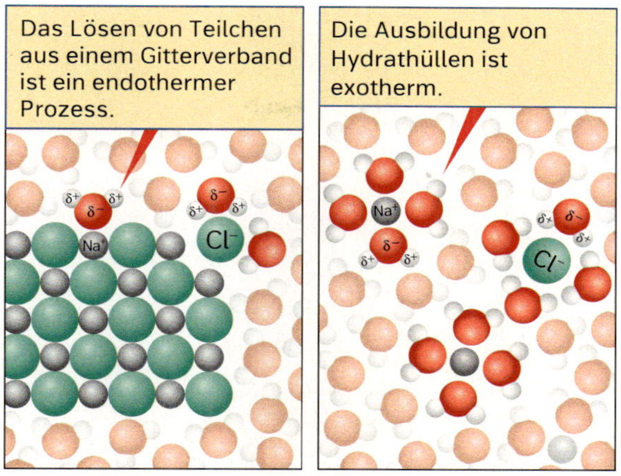

3 *Ionen werden in einer wässrigen Lösung hydratisiert.*

Rechenbeispiel

Bestimmung der Lösungswärme

In einem Kalorimeter werden 11 g Calciumchlorid in 40 ml Wasser gelöst. Die Temperatur der Lösung steigt um 35,9 K an.

$CaCl_2(s) \xrightarrow{aq} Ca^{2+}(aq) + 2\,Cl^-(aq)$;   exotherm

gegeben:
$m(\text{Wasser}) = 40\ g$; $c_p(\text{Wasser}) = 4{,}18\ J \cdot g^{-1} \cdot K^{-1}$;
$\Delta T = 35{,}9\ K$

gesucht: Q_s

Berechnung:

$Q_s = c_p(\text{Wasser}) \cdot m(\text{Wasser}) \cdot \Delta T$
$Q_s = 4{,}18\ J \cdot g^{-1} \cdot K^{-1} \cdot 40\ g \cdot 35{,}9\ K = 5988\ J \approx 5{,}99\ kJ$
Beim Lösen von 11 g Calciumchlorid in 40 ml Wasser werden 5,99 kJ in Form von Wärme frei.

1 Erläutern Sie, warum die im Text angegebene Gleichung zur Berechnung von Q_r im Falle von endothermen Reaktionen negative Werte ergibt.

2 Partner A: In einem mit 1,2 l Wasser gefüllten Kalorimeter werden 3 g Glucose verbrannt. Die Temperatur steigt um 9,3 K. Berechnen Sie die Reaktionswärme.
Partner B: In einem Kalorimeter werden 5 g Ammoniumnitrat in 200 ml Wasser mit der Temperatur 20 °C gelöst. Die Lösungswärme beträgt $Q_s = 25{,}6\ kJ \cdot mol^{-1}$. Berechnen Sie die Endtemperatur.

3 Erläutern Sie Gründe für Messfehler bei der experimentellen Ermittlung von Reaktionswärmen oder Lösungswärmen.

1.3 Vom Experiment zur molaren Reaktionsenthalpie

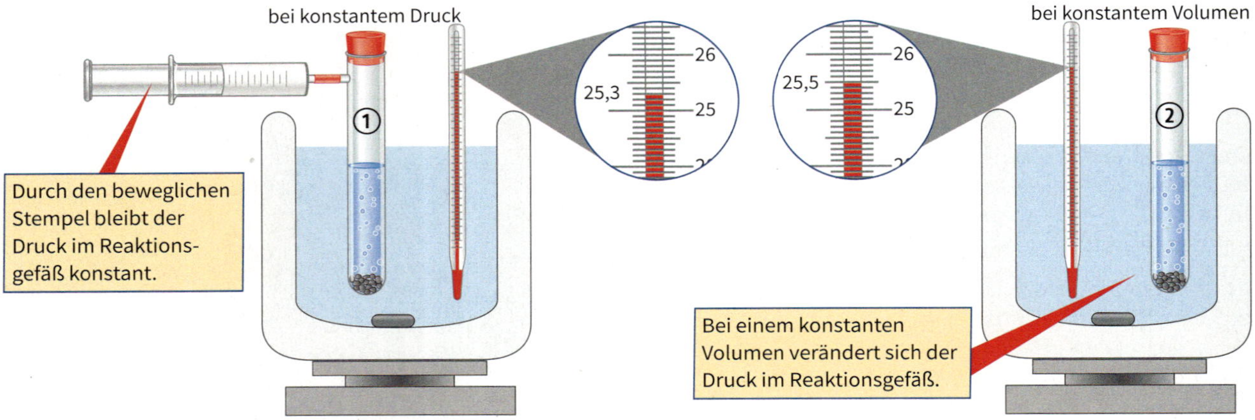

1 *Temperaturänderung bei einer Reaktion in einem offenen und in einem geschlossenen System*

Um Rückschlüsse aus der bei einem Experiment freigesetzten oder aufgenommenen Reaktionswärme auf die innere Energie der Stoffe ziehen zu können, müssen die gewonnenen Messwerte eindeutig und reproduzierbar sein. Die Messung der Temperaturdifferenz bei der Reaktion von Zink mit Salzsäure in einem Kalorimeter ergibt aber zwei unterschiedliche Werte, wenn die Reaktion im offenen oder im geschlossenen System durchgeführt wird (Abb. 1). Woher kommt der Unterschied?

Reaktionsenthalpie und innere Energie. In beiden Reagenzgläsern läuft die gleiche exotherme Reaktion ab, sodass die innere Energie um den gleichen Betrag kleiner wird. Reagenzglas ① ist ein offenes System, Reagenzglas ② ein geschlossenes. Die Temperaturdifferenzen zeigen, dass im offenen System die Erwärmung der Umgebung minimal geringer ausfällt als im geschlossenen System (Abb. 1). Im offenen System muss ein Teil der inneren Energie in eine weitere Energieform umgewandelt worden sein. Dies zeigt der Stempel der Spritze, in der der entstehende Wasserstoff aufgefangen wird. Er wird hinausgeschoben, wobei Arbeit gegen den äußeren Luftdruck verrichtet wird. Man spricht bei dieser Energieform von **Volumenarbeit** W_V (↗S. 28). Die bei der Reaktion freigesetzte innere Energie ΔU teilt sich auf in einen Anteil der Volumenarbeit und in einen Anteil, der als Wärmeenergie Q_r zur Erwärmung der Umgebung führt. Dieser Teil wird als **Reaktionsenthalpie** $\Delta_r H$ bezeichnet. Es gilt:

$$\Delta U = \Delta_r H + W_V$$

Bei der Betrachtung von Energieumsätzen chemischer Reaktionen beschränkt man sich in der Regel auf die Ermittlung der Reaktionsenthalpie. Sie wird als freigesetzte Wärme über die Temperaturänderung in einem Kalorimeter recht einfach bestimmt. Die Reaktionsenthalpie ist unabhängig von der Volumenarbeit. Außerdem laufen viele Reaktionen in der festen oder flüssigen Phase ohne Volumenänderung ab, sodass der Anteil der Volumenarbeit wegfällt. Hier gibt die Reaktionsenthalpie direkt Auskunft über die Änderung der inneren Energie. In diesem Fall ist $\Delta_r H = \Delta U$, unabhängig davon, ob das System offen oder geschlossen ist.

Molare Reaktionsenthalpien. Zur Bestimmung einer Reaktionsenthalpie betrachten wir die Reaktion von Zinkpulver, das in eine Kupfersulfatlösung gegeben wird. Diese typische Redoxreaktion verläuft exotherm.

$$Cu^{2+}(aq) + Zn(s) \rightarrow Cu(s) + Zn^{2+}(aq); \quad \text{exotherm}$$

Die Zugabe von Zinkpulver im Überschuss in eine Lösung von 0,01 mol Kupfersulfat in 100 ml Wasser führt zu einer Temperaturerhöhung um 5,2 K. Die reagierenden Stoffe haben demnach näherungsweise die folgende Wärmemenge an das Lösemittel abgegeben:

$$Q_r = 4{,}18\ J \cdot g^{-1} \cdot K^{-1} \cdot 100\ g \cdot 5{,}2\ K = 2\,173\ J$$

Die Produkte sind somit energieärmer als die Edukte. Die innere Energie und damit die Reaktionsenthalpie hat abgenommen. Der Wert für $\Delta_r H$ bekommt wie bei allen exothermen Reaktionen ein negatives Vorzeichen:

$$\Delta_r H = -Q_r = -2{,}17\ kJ$$

Der Wert der Reaktionsenthalpie ist abhängig von der eingesetzten Stoffmenge. Verdoppelt man die Stoffmenge an Kupfersulfat in der Lösung auf 0,02 mol, verdoppelt sich die Temperaturänderung und somit die Reaktionsenthalpie auf $\Delta_r H = -4{,}34$ kJ. Zur besseren Vergleichbarkeit werden die Reaktionsenthalpien auf die Stoffmenge n = 1 mol eines Reaktionspartners normiert. Im Falle der Reaktion von Cu^{2+}-Ionen mit Zn-Atomen wäre also der für 0,01 mol ermittelte Wert von −2,17 kJ mit 100 zu multiplizieren. Durch den Umsatz von 1 mol Cu^{2+}-Ionen mit 1 mol Zn-Atomen sollte demnach eine Wärmemenge von 217 kJ abgegeben werden. Dies wird übersichtlich auf folgende Weise notiert:

1 mol Cu^{2+}(aq) + 1 mol Zn (s) →
1 mol Cu (s) + 1 mol Zn^{2+}(aq); $\Delta_r H = -217$ kJ

Gebräuchlicher ist die Darstellung:

Cu^{2+}(aq) + Zn (s) → Cu (s) + Zn^{2+}(aq);
$\Delta_r H_m = -217 \text{ kJ} \cdot \text{mol}^{-1}$

Das Symbol $\Delta_r H_m$ steht dabei für die **molare Reaktionsenthalpie.** Die Einheit $\text{kJ} \cdot \text{mol}^{-1}$ – gelesen kilo Joule pro mol – macht deutlich, dass $\Delta_r H_m$ als Quotient aus der Reaktionsenthalpie $\Delta_r H$ und der Stoffmenge n definiert ist. Den Wert für die molare Reaktionsenthalpie $\Delta_r H_m$ erhält man also durch Division der experimentell ermittelten Reaktionsenthalpie und der dabei umgesetzten Stoffmenge. Bezogen auf das Beispiel ergibt sich damit:

$$\Delta_r H_m = \frac{\Delta_r H}{n} = \frac{-2{,}17 \text{ kJ}}{0{,}01 \text{mol}} = -217 \text{ kJ} \cdot \text{mol}^{-1}$$

Molare Standardreaktionsenthalpien. Neben der Stoffmenge beeinflussen auch der Druck und die Temperatur, bei der eine Reaktion stattfindet, die Größe der Reaktionsenthalpie. In Lehrbüchern werden Reaktionsenthalpien daher meist für einheitliche Reaktionsbedingungen mit dem Symbol $\Delta_r H_m^0$ als *molare Standardreaktionsenthalpien* angegeben. Die kleine hochgestellte Null zeigt an, dass der Zahlenwert für den Standarddruck von 1000 hPa sowie für 298 K gilt, soweit keine andere Temperatur angegeben ist.

Molare Reaktionsenthalpien werden in der Regel nach einem Semikolon der entsprechenden Reaktionsgleichung hinzugefügt. Auf diese Weise wird die Angabe auch für solche Reaktionen eindeutig, deren Reaktionsgleichung unterschiedlich formuliert werden kann. *Beispiel:*

Ag^+(aq) + ½ Cu (s) → Ag (s) + ½ Cu^{2+}(aq);
$\Delta_r H_m^0 = -73{,}5 \text{ kJ} \cdot \text{mol}^{-1}$

2 Ag^+(aq) + Cu (s) → 2 Ag (s) + Cu^{2+}(aq);
$\Delta_r H_m^0 = -147 \text{ kJ} \cdot \text{mol}^{-1}$

Beide Angaben sind völlig gleichwertig, denn mit einer Verdopplung der stöchiometrischen Faktoren verdoppelt sich auch der Zahlenwert für $\Delta_r H_m^0$. Der Umsatz von 1 mol Ag^+-Ionen setzt 73,5 kJ frei, der Umsatz von 2 mol Ag^+-Ionen entsprechend 147 kJ.

Die Reaktionsenthalpie $\Delta_r H$ ist die bei einer chemischen Reaktion gemessene negative Reaktionswärme Q_r.
Die molare Standardreaktionsenthalpie $\Delta_r H_m^0$ ist der Quotient aus der bei Standardbedingungen bestimmten Reaktionsenthalpie und der umgesetzten Stoffmenge.

1 Energie und Arbeit sind äquivalent. Mit Energie ist ein bestimmter Betrag gemeint, der in einer Energieform gespeichert ist. Mit Arbeit wird die Umwandlung dieser Energiemenge in eine andere Energieform bezeichnet. Vom Betrag sind beide Größen gleich.
a) Recherchieren Sie für ein Beispiel aus der Mechanik diesen Unterschied zwischen Energie und Arbeit.
b) Übertragen Sie die Ergebnisse auf den in die Volumenarbeit W_v umgewandelten Anteil der inneren Energie.

2 Partner A: offenes System; Partner B: geschlossenes System.
a) Zeichnen Sie ein Energiediagramm für die Umwandlung der inneren Energie bei einer chemischen Reaktion.
b) Vergleichen Sie die Diagramme. Beurteilen Sie die inhaltliche Aussage und die Darstellungsform.

3 ◇ Ausgehend von einer experimentell bestimmten Reaktionswärme, kann für eine Reaktion die Reaktionsenthalpie und die Änderung der inneren Energie bestimmt werden. Bei einem Lösevorgang bestimmt man zunächst die Enthalpieänderung mit der Lösungswärme. Die Enthalpie wird Lösungsenthalpie genannt.
a) Beschreiben Sie ausgehend von den Abhängigkeiten zwischen Reaktionswärme und Reaktionsenthalpie den analogen Zusammenhang zwischen Lösungswärme Q_s und Lösungsenthalpie $\Delta_s H$.
b) Erklären Sie, wie die Änderung der inneren Energie von der Lösungsenthalpie und der Volumenarbeit abhängt. Orientieren Sie sich dabei auch an den entsprechenden Vorgaben zur Reaktionsenthalpie.

4 ◇ Partner A: Ammoniumchlorid ist ein Beispiel für ein Salz, das sich endotherm in Wasser löst. Die für den Lösungsvorgang benötigte Lösungsenthalpie beträgt $14 \text{ kJ} \cdot \text{mol}^{-1}$.
Partner B: Lithiumchlorid ist ein Beispiel für ein Salz, das sich exotherm in Wasser löst. Dabei wird eine Lösungsenthalpie von $-36 \text{ kJ} \cdot \text{mol}^{-1}$ frei.
a) Notieren Sie die vollständige Reaktionsgleichung.
b) Zeichnen Sie ein Enthalpiediagramm.
c) Berechnen Sie die notwendige Lösungsenthalpie für das Lösen von 0,15 mol des Salzes.
d) 0,3 mol des Salzes werden in 500 ml Wasser in einem Kalorimeter gelöst. Berechnen Sie die Temperaturdifferenz des Wassers.
e) Stellen Sie sich gegenseitig Ihre Ergebnisse vor. Erklären Sie gemeinsam die Bedeutung des Vorzeichens bei den Enthalpiewerten.

5 Ammoniumnitrat zerfällt nach Zündung explosionsartig in Stickstoff, Wasserdampf und Sauerstoff.
a) Stellen Sie die Reaktionsgleichung auf.
b) Recherchieren Sie die Berechnung der Volumenarbeit W_v und berechnen Sie diese für die Reaktion von 1 mol Ammoniumnitrat ($p = 1000$ hPa; $T = 298$ K).

1.4 Reaktionsenthalpien lassen sich berechnen

Stoff	$\Delta_f H^0_m$ in kJ · mol^{-1}	Stoff	$\Delta_f H^0_m$ in kJ · mol^{-1}
$CaCO_3$(s)	–1207	HCl(g)	–92
CaO(s)	–635	Na(g)	107
Cl(g)	121	Na^+(aq)	–240
Cl^-(aq)	–167	Na^+(g)	609
Cl^-(g)	–234	NaOH(s)	–425
CO(g)	–111	NH_3(g)	–46
CO_2(g)	–394	NH_4Cl(s)	–314
Cu^{2+}(aq)	65	O_3(g)	143
H^+(aq)	0	OH^-(aq)	–230
H_2O(l)	–286	Zn^{2+}(aq)	–153

1 *Molare Standardbildungsenthalpien (T = 298 K)*

Weg A: Bildung von CO_2 aus den Elementen über das Zwischenprodukt CO.

$$C(s) + O_2(g) \rightarrow CO(g) + \tfrac{1}{2} O_2; \quad \Delta_r H^0_m(A1) = -111 \text{ kJ} \cdot \text{mol}^{-1}$$

$$CO(g) + \tfrac{1}{2} O_2(g) \rightarrow CO_2(g); \quad \Delta_r H^0_m(A2) = -283 \text{ kJ} \cdot \text{mol}^{-1}$$

$$C(s) + O_2(g) \rightarrow CO_2(g); \quad \Delta_r H^0_m(B) = -394 \text{ kJ} \cdot \text{mol}^{-1}$$

Weg B: direkte Bildung von CO_2 aus den Elementen.

2 *Molare Reaktionsenthalpie der Kohlenstoffdioxidbildung*

Reaktionsenthalpien bei chemischen Reaktionen lassen sich in der Regel experimentell bestimmen. Für einige Verbindungen kann die Reaktionsenthalpie hingegen nicht direkt gemessen werden. So lässt sich beispielsweise Propan nicht direkt aus den Elementen Kohlenstoff und Wasserstoff herstellen. Mithilfe der Energieerhaltung kann die molare Reaktionsenthalpie auch in solchen Fällen berechnet werden.

Bildungsenthalpien. Zur rechnerischen Bestimmung einer molaren Reaktionsenthalpie benötigt man die Werte für die **molaren Bildungsenthalpien $\Delta_f H_m$** der beteiligten Stoffe. Dieser Wert bezeichnet die molare Reaktionsenthalpie für die Bildung (engl. *formation*) eines Stoffes aus seinen Elementen. Beispielsweise beträgt die direkt messbare Reaktionsenthalpie für die Bildung von einem Mol Kohlenstoffdioxid aus den Elementen –394 kJ (Abb. 2, Weg B).

$$C(s) + O_2(g) \rightarrow CO_2(g); \quad \Delta_r H^0_m = -394 \text{ kJ} \cdot \text{mol}^{-1}$$

Demnach ist die molare Bildungsenthalpie von Kohlenstoffdioxid $\Delta_f H(CO_2) = -394$ kJ · mol^{-1}. In Tabellenwerken findet man in der Regel die Standardwerte $\Delta_f H^0_m$ für den Standarddruck von 1000 hPa und 298 K (Abb. 1). Dabei wird für elementare Stoffe allgemein $\Delta_f H^0_m = 0$ festgesetzt. In der zugehörigen Reaktionsgleichung tritt das Reaktionsprodukt dabei immer mit dem stöchiometrischen Faktor 1 auf. Bei der Bildung von Wasser werden demnach die folgenden Stoffmengen umgesetzt:

$$H_2(g) + \tfrac{1}{2} O_2(g) \rightarrow H_2O(l); \quad \Delta_f H^0_m = -286 \text{ kJ} \cdot \text{mol}^{-1}$$

Die molare Bildungsenthalpie von Wasser aus den Elementen beträgt somit $\Delta_f H^0_m(H_2O) = -286$ kJ · mol^{-1}.

Satz von Hess. Die Reaktion von Kohlenstoff und Sauerstoff zu Kohlenstoffdioxid kann auch über den Umweg der Bildung von Kohlenstoffmonooxid verlaufen (Abb. 2, Weg A). Solche Reaktionen hat der Chemiker Germain Henri Hess in den 1840ern untersucht. Er fasste die Ergebnisse seiner langjährigen Arbeiten über den Energieumsatz in folgender Weise zusammen: *Reaktionswärmen sind unabhängig vom Reaktionsweg.* Entscheidend sind also nur Ausgangszustand und Endzustand des Systems. Diese Aussage bildete einen der Grundsteine für den Satz von der Erhaltung der Energie.

Dem **Satz von Hess** entsprechend stimmt die molare Reaktionsenthalpie für den Weg B mit der Summe der Enthalpiewerte für den Weg A überein. Auf beiden Wegen hat die innere Energie des Systems um den gleichen Betrag der Reaktionsenthalpie abgenommen (Abb. 2):

$$\begin{aligned}\Delta_r H^0_m(B) &= \Delta_r H^0_m(A1) + \Delta_r H^0_m(A2)\\ &= -111 \text{ kJ} \cdot \text{mol}^{-1} + (-283 \text{ kJ} \cdot \text{mol}^{-1})\\ &= -394 \text{ kJ} \cdot \text{mol}^{-1}\end{aligned}$$

Bildungsenthalpien aus Reaktionsenthalpien. Der Satz von Hess hilft ebenso bei der Berechnung der Bildungsenthalpie von Propan aus den Elementen Kohlenstoff und Wasserstoff. Die Bildungsenthalpie wird über den Umweg der Verbrennung von Propan bestimmt. Bei der Verbrennung entstehen nur Stoffe mit bekannter Bildungsenthalpie:

$$C_3H_8(g) + 5\,O_2(g) \rightarrow 3\,CO_2(g) + 4\,H_2O(l); \quad \Delta_r H^0_m = -2220 \text{ kJ} \cdot \text{mol}^{-1}$$

Aus der experimentell ermittelten Enthalpie der Verbrennungsreaktion und den molaren Bildungsenthalpien der Produkte ergibt sich die Standardbildungsenthalpie von Propan nach dem Satz von Hess (Abb. 3):

$$\begin{aligned}\Delta_f H^0_m(C_3H_8) &= 3 \cdot \Delta_f H^0_m(CO_2) + 4 \cdot \Delta_f H^0_m(H_2O) - \Delta_r H^0_m\\ &= (-1182 - 1144 + 2220) \text{ kJ} \cdot \text{mol}^{-1}\\ &= -106 \text{ kJ} \cdot \text{mol}^{-1}\end{aligned}$$

Würde man ein Mol Propan direkt aus den Elementen herstellen können, verringerte sich der Betrag der inneren Energie des reagierenden Systems um 106 kJ.

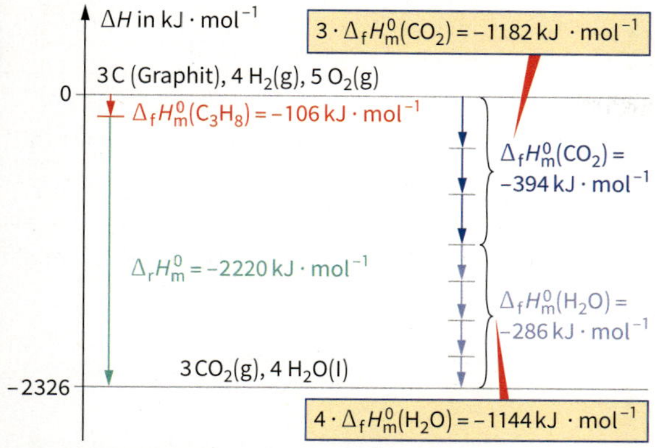

3 *Standardbildungsenthalpie* $\Delta_f H_m^0$ *von Propan*

Reaktionsenthalpien aus Bildungsenthalpien. Umgekehrt lässt sich die molare Reaktionsenthalpie bei Standardbedingungen berechnen. Dazu benötigt man die molaren Standardbildungsenthalpien aller an einer Reaktion beteiligten Stoffe, also aller Edukte und aller Produkte. Aufgrund des Energieerhaltungssatzes gilt die folgende Beziehung:

$$\Delta_r H_m^0 = \Sigma \Delta_f H_m^0 \text{(Produkte)} - \Sigma \Delta_f H_m^0 \text{(Edukte)}$$

Die Reaktionsenthalpie ist demnach die Differenz zwischen der Summe der Bildungsenthalpien der Produkte und der Summe der Bildungsenthalpien der Edukte.

Der Satz von Hess ermöglicht die Berechnung von Standardreaktionsenthalpien und Standardbildungsenthalpien.

Rechenbeispiel

Berechnung der molaren Standardreaktionsenthalpie für die Verbrennung von Octan

Reaktionsgleichung:
$C_8H_{18}(l) + 12{,}5\ O_2(g) \rightarrow 8\ CO_2(g) + 9\ H_2O(l)$

Satz von Hess:

$$\Delta_r H_m^0 = \Sigma \Delta_f H_m^0 \text{(Produkte)} - \Sigma \Delta_f H_m^0 \text{(Edukte)}$$

$$\begin{aligned}\Delta_r H_m^0 &= [8 \cdot \Delta_f H_m^0 (CO_2) + 9 \cdot \Delta_f H_m^0 (H_2O)] \\ &\quad - [\Delta_f H_m^0 (C_8H_{18}) + 12{,}5 \cdot \Delta_f H_m^0 (O_2)] \\ &= [8 \cdot (-394\ \text{kJ} \cdot \text{mol}^{-1}) + 9 \cdot (-286\ \text{kJ} \cdot \text{mol}^{-1})] \\ &\quad - [-251\ \text{kJ} \cdot \text{mol}^{-1} + 0\ \text{kJ} \cdot \text{mol}^{-1}] \\ &= -5\,475\ \text{kJ} \cdot \text{mol}^{-1}\end{aligned}$$

Die molare Standardreaktionsenthalpie für die Verbrennung von Octan beträgt $5{,}5 \cdot 10^3$ kJ · mol⁻¹.

1 Die molare Bildungsenthalpie von Kohlenstoffmonooxid lässt sich nicht kalorimetrisch bestimmen. Erläutern Sie, wie der Wert über den Satz von Hess ermittelt wird.

2 a) Erläutern Sie den Satz von der Erhaltung der Energie an folgenden Beispielen:
Partner A: Anwendung des Satzes von Hess am Beispiel der Bildung von Kohlenstoffdioxid.
Partner B: Bestimmung einer Bildungsenthalpie aus Reaktionsenthalpien am Beispiel von Propan.
Partner C: Bestimmung einer Reaktionsenthalpie aus Bildungsenthalpien am Beispiel der Verbrennung von Octan.
b) Stellen Sie sich gegenseitig Ihre Ergebnisse vor und benennen Sie die Gemeinsamkeiten.

3 a) Berechnen Sie die molare Standardreaktionsenthalpie für folgende Reaktionen:
Partner A: 4 g Natriumhydroxidplätzchen werden in 50 ml Wasser gelöst. Zu dieser Lösung gibt man 50 ml Salzsäure (c = 2 mol · l⁻¹).
Partner B: 4 g Natriumhydroxidplätzchen werden in 100 ml Salzsäure (c = 1 mol · l⁻¹) gelöst.
b) Vergleichen Sie die Ergebnisse.

4 a) Zeichnen Sie die Strukturformel von Harnstoff ($CO(NH_2)_2$).
b) Berechnen Sie die molare Standardbildungsenthalpie von Harnstoff. Nutzen Sie dazu die tabellierten Werte aus Abb. 1 und folgende Reaktionsgleichung:
$CO(NH_2)_2(s) + 1{,}5\ O_2(g) \rightarrow CO_2(g) + 2\ H_2O(l) + N_2(g)$; $\Delta_r H_m^0 = -632$ kJ · mol⁻¹

5 Natrium und Chlor reagieren in einer stark exothermen Reaktion zu Kochsalz. Pro Mol NaCl wird die Standardreaktionsenthalpie $\Delta_r H = -413$ kJ frei. Ein Maß für die zwischen den gebildeten Ionen wirkenden Anziehungskräfte ist die Gitterenthalpie. Die Gitterenthalpie kann nur indirekt über die Reaktionsenthalpie bestimmt werden. Man zerlegt dazu die Bildung des Salzes aus den Elementen in fünf gedachte Teilschritte.

1. $Na(s) \rightarrow Na(g)$	Sublimation
2. $Cl_2(g) \rightarrow 2\ Cl(g)$	Bindungsspaltung
3. $Na(g) \rightarrow Na^+(g) + e^-$	Elektronenabgabe
4. $Cl(g) + e^- \rightarrow Cl^-(g)$	Elektronenaufnahme
5. $Na^+(g) + Cl^-(g) \rightarrow NaCl(s)$	Gitterbildung

Die Reaktionsenthalpien für die ersten vier Teilschritte lassen sich aus tabellierten Werten (Abb. 1) ermitteln.
a) Bestimmen Sie die molare Gitterenthalpie für die Bildung des Natriumchloridgitters.
b) Zeichnen Sie die einzelnen Teilschritte und die dafür umgesetzten Energien in ein Diagramm, wie bei Abb. 3.
c) Die Hydratationsenthalpie von einem Mol Na^+-Ionen und Cl^--Ionen beträgt zusammen −774 kJ. Berechnen Sie die Lösungsenthalpie. Geben Sie an, ob sich die Lösung beim Löseprozess erwärmt oder abkühlt.

Projekt Bestimmung von Reaktionsenthalpien

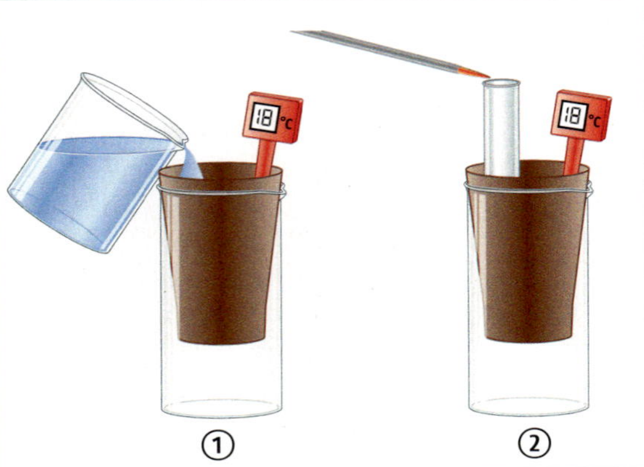

1 *Einfaches Kalorimeter*

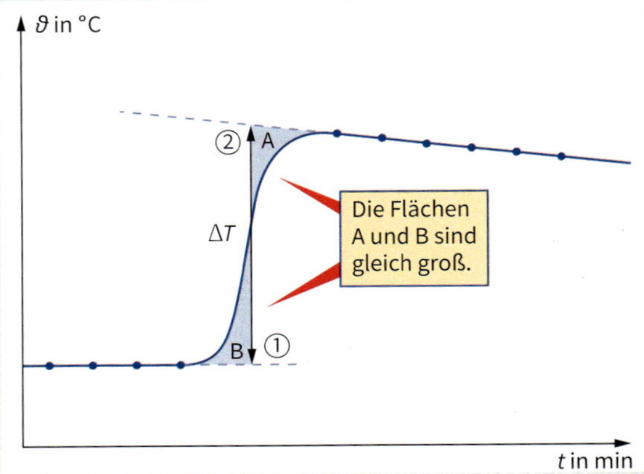

2 *Zeit-Temperatur-Diagramm*

Selbstbau eines einfachen Kalorimeters

Ein kostengünstiges Kalorimeter ist schnell selbst gebaut. Dazu stellt man einen Kunststoffbecher in ein hohes Becherglas (Abb. 1). Die Luftschicht zwischen den beiden Gefäßen isoliert hinreichend gut.

Vor der Messung müssen alle beteiligten Stoffe dieselbe Starttemperatur, beispielsweise Zimmertemperatur, aufweisen. Bei der Reaktion einer Lösung mit einer weiteren Lösung oder einem Feststoff gibt man die erste Lösung direkt in den Kunststoffbecher. Sie muss ständig gut verrührt werden. Das Thermometer taucht in die Lösung ein. Die Temperaturmessung startet etwa 30 s bevor die zweite Lösung oder der Feststoff hinzugegeben werden. (Abb. 1 ①).

Untersucht man die Reaktionsenthalpie zweier Feststoffe, werden beide Stoffe in ein Reagenzglas gegeben. In das Kalorimeter wird ein bestimmtes Volumen Wasser gefüllt und ständig umgerührt. Das Reagenzglas wird so in das Kalorimeter eingetaucht, dass der Reaktionsraum vollständig von Wasser umgeben ist (Abb. 1 ②). Das Thermometer taucht in das Wasser im Kalorimeter ein. Die Temperaturmessung beginnt auch hier etwa 30 s bevor die Reaktion mit Aktivierungsenergie gestartet wird.

Auswertung eines Zeit-Temperatur-Diagramms

Wird in einem Kalorimeter eine exotherme Reaktion untersucht, erwärmt sich nach dem Start der Reaktion das Wasser oder die Lösung im Kalorimeter zunächst schnell. Anschließend sinkt die Temperatur langsam, da Wärme in die Umgebung strömt. Abb. 2 zeigt den typischen Verlauf eines Zeit-Temperatur-Diagramms für eine exotherme Reaktion.

Die durch die Reaktion verursachte Temperaturänderung ΔT wird ermittelt, indem zunächst der Temperaturverlauf vor der Reaktion (Abb. 2 ①) und der Verlauf nach der Reaktion ② durch zwei Ausgleichsgeraden extrapoliert wird. Anschließend wird eine vertikale Gerade so eingezeichnet, dass die von der Temperaturkurve und den Geraden eingeschlossenen Flächen A und B gleich groß sind. An den Schnittpunkten der vertikalen Gerade mit den extrapolierten Geraden ① und ② lässt sich die Temperaturänderung ablesen.

Bei endothermen Reaktionen verläuft das Verfahren zur Bestimmung der Temperaturdifferenz ebenso. Hier nimmt jedoch die Temperatur des Wassers ab, so dass die Kurve gespiegelt zur x-Achse verläuft.

Versuch 1: Bildungsenthalpie

2 7

Materialien: einfaches Kalorimeter, Digitalthermometer, Stoppuhr, Eisennagel, Waage; Gemisch aus Eisenpulver (2) und Schwefelpulver (7) im Massenverhältnis 7 : 4

Hinweis: Das Eisenpulver und das Schwefelpulver müssen vor dem Vermischen getrocknet werden.

Durchführung:

1. Wiegen Sie etwa 3 g des Gemisches genau ab und füllen es in ein Reagenzglas. Stellen Sie das Reagenzglas in ein Kalorimeter mit 100 ml Wasser.

2. Messen Sie die Temperatur alle 10 Sekunden. Nach etwa 30 s starten Sie die Reaktion. Erhitzen Sie dazu den Eisennagel mit einer Tiegelzange in der Brennerflamme bis er glüht. Halten Sie den glühenden Nagel kurz in das Reaktionsgemisch. Messen Sie den Temperaturverlauf.

Aufgaben:

a) Stellen Sie die Reaktionsgleichung auf.

b) Zeichnen Sie die Messwerte in ein Zeit-Temperatur-Diagramm. Werten Sie das Diagramm aus und berechnen Sie die molare Bildungsenthalpie.

c) Stellen Sie einer anderen Gruppen Ihre Ergebnisse vor und diskutieren Sie Ihren Lösungsweg.

d) Erstellen Sie mit Ihren Enthalpiewerten ein Diagramm wie in Abb. 3 auf Seite 35.

e) Vergleichen Sie auch Ihr Enthalpiediagramm mit einer anderen Gruppe oder mit der Check-Karte.

Forschungsauftrag 1:
Reaktionsenthalpien

mögliche Materialien: selbstgebautes Kalorimeter, Digitalthermometer, Waage, Bechergläser, Stoppuhr;
Gruppe A: Kupfersulfatlösung (0,1 mol · l^{-1}; **9**), Zinkpulver (stabilisiert, **9**)
Gruppe B: Silbernitratlösung (0,1 mol · l^{-1}; **9**), Kupferpulver (**2, 9**)

Aufgaben:

a) Erstellen Sie für Ihre Gruppe eine Anleitung zur Bestimmung einer molaren Reaktionsenthalpie. *Hinweis:* Es müssen sinnvolle und genaue Vorgaben zur eingesetzten Stoffmenge und zu den Messzeiten gemacht werden. Eine Anleitung zur Auswertung der Messdaten muss ebenfalls erstellt werden.

b) Kontrollieren Sie die Anleitung mithilfe der Check-Karte. Bei Abweichungen fragen Sie die Lehrkraft, ob der Versuch nach Ihrer Anleitung durchgeführt werden darf.

c) Tauschen Sie die Anleitungen zwischen den Gruppen aus. Gruppe A erledigt die von Gruppe B erstellte Durchführung und umgekehrt. Führen Sie die experimentelle Bestimmung der Reaktionsenthalpie nach der vorliegenden Anleitung durch.

d) Notieren Sie die Messwerte und erstellen Sie ein Zeit-Temperatur-Diagramm.

e) Stellen Sie die Reaktionsgleichungen auf.

f) Werten Sie das Diagramm aus und berechnen Sie die molare Reaktionsenthalpie.

g) Stellen Sie der anderen Gruppen Ihre Ergebnisse vor und diskutieren Sie Ihren Lösungsweg.

h) Berechnen Sie die molare Reaktionsenthalpie aus den molaren Bildungsenthalpien aller beteiligten Stoffe und vergleichen Sie mit den ermittelten Werten aus f).
Hinweis: Nutzen Sie die Tabellenwerte zu den thermodynamischen Daten im Anhang des Buches.

i) Erläutern Sie Gründe für mögliche Abweichungen zwischen dem experimentell bestimmten Werten und den berechneten Werten aus den Standardbildungsenthalpien.

j) Skizzieren Sie mit den berechneten Werten aus h) ein Enthalpiediagramm wie in Abb. 3 auf Seite 35.

k) Vergleichen Sie Ihr Enthalpiediagramm mit dem der anderen Gruppe oder mit der Check-Karte.

◇ Forschungsauftrag 2:
Lösungsenthalpien

mögliche Materialien: selbstgebautes Kalorimeter, Digitalthermometer, Waage, Bechergläser, Stoppuhr;
Gruppe A: Natriumchlorid, Calciumchlorid ($CaCl_2 \cdot 6\ H_2O$; **7**),
Gruppe B: Ammoniumchlorid (**7**), Natriumhydroxid (**5**)

Aufgaben:

a) Wiederholen Sie die Schritte a) bis g) aus Forschungsauftrag 1. Übertragen Sie Ihre Vorgehensweise zur Bestimmung der molaren Reaktionsenthalpie auf die Bestimmung der molaren Lösungsenthalpie Ihrer vorgegebenen Salze.

b) Erläutern Sie, ob die Löseprozesse Ihrer Salze endotherm oder exotherm verlaufen.

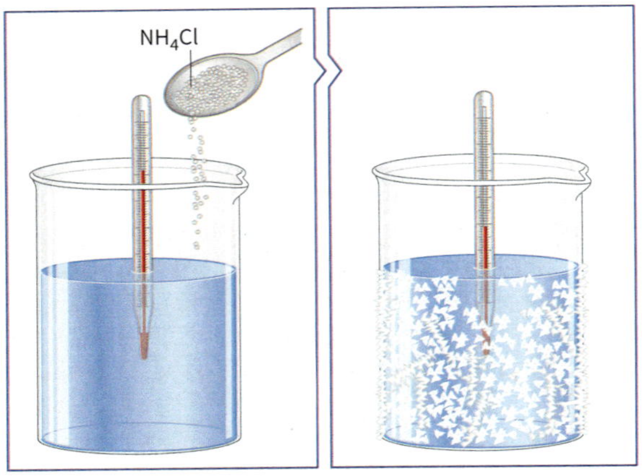

1 *Das Lösen von Ammoniumchlorid verläuft endotherm.*

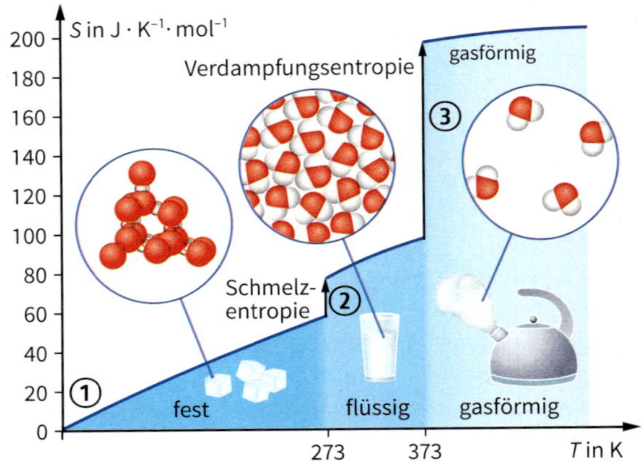

2 *Entropiezunahme beim Erwärmen von Wasser*

Sehr viele freiwillig ablaufende chemische Reaktionen und physikalische Prozesse sind exotherm. Die Beobachtung, dass bei all diesen Vorgängen Energie in die Umgebung freigesetzt wird, fasste man im 19. Jahrhundert zu folgender Hypothese zusammen: „*Die bei einer chemischen Reaktion freiwerdende Wärmemenge und die Beständigkeit der bei diesen Reaktionen sich spontan bildenden Produkte sind ein Maß für die chemische Affinität.*“

Entropie. Die Reaktionsenthalpie wäre demnach das alleinige Maß für die *Affinität* oder *Triebkraft* einer chemischen Reaktion. Das würde bedeuten: Nur exotherme Reaktionen laufen freiwillig ab, endotherme Reaktionen jedoch nicht. Physikalische Prozesse wurden dabei wie chemische Reaktionen betrachtet. Dieser Auffassung wurde lange Jahre nicht widersprochen, obwohl freiwillig ablaufende endotherme Vorgänge bekannt waren.

Beispielsweise lösen sich Salze wie Ammoniumchlorid oder Kaliumnitrat unter Abkühlung in Wasser (Abb. 1). Mit Kältemischungen aus Kochsalz und Eis werden sogar Temperaturen von −21 °C erreicht. Auch bei anderen physikalischen Vorgängen können die Beobachtungen nicht allein mit Enthalpieänderungen begründet werden. So beobachtet man ein Ausgleichen der Temperaturen, wenn zwei Gefäße mit heißem und kaltem Wasser in Kontakt gebracht werden. Oder ein Gas, wie Wasserstoff, nimmt immer den ganzen ihm zur Verfügung stehenden Raum ein. Vergrößert man diesen Raum, verteilen sich die Gas-Teilchen regellos auch über das zusätzliche Volumen.

Neben der Enthalpie muss es folglich noch eine *zweite Triebkraft* für chemische Reaktionen und physikalische Prozesse geben. Der deutsche Physiker Rudolf CLAUSIUS prägte dafür den Begriff **Entropie *S*.** Für die Entropie gilt im Gegensatz zur Energie *kein* Erhaltungssatz.

Entropiezunahme. Werden bei chemischen Reaktionen mehr Teilchen gebildet oder entstehen Gase als Produkte, erfolgt eine **Entropiezunahme.** So verbrennt Propan in einer exothermen Reaktion zu Wasserdampf und Kohlenstoffdioxid:

$$C_3H_8(g) + 5\,O_2(g) \rightarrow 3\,CO_2(g) + 4\,H_2O(g);\quad \Delta_rH_m^0 = -2220\ \text{kJ} \cdot \text{mol}^{-1}$$

Neben der Triebkraft der Energieabgabe sorgt die Triebkraft der Entropiezunahme dafür, dass diese Reaktion freiwillig abläuft.

Mit der Entropie kann auch erklärt werden, warum der physikalische Vorgang des endothermem Lösens von Ammoniumchlorid in Wasser freiwillig abläuft. Das Ionengitter im Salzkristall zerfällt beim Lösen in viele Anionen und Kationen. Die Ionen verteilen sich regellos zwischen den H_2O-Molekülen. Dieser Vorgang führt zu einer Erhöhung der Teilchenzahl und somit zu einer Erhöhung der Entropie.

Verdampft man das Wasser aus der Ammoniumchloridlösung, bleibt letztlich festes Ammoniumchlorid zurück. Bei dieser Umkehrung des Lösevorgangs verringert sich durch die Bildung des Ammoniumchloridkristalls die Teilchenzahl. Die Entropie nimmt ab. Demgegenüber stehen aber zwei Vorgänge, bei denen die Entropie stark zunimmt. Zum einen benötigt man Energie zum Verdampfen des Wassers. Sie stammt beispielsweise aus der Verbrennung von Propangas. Bei dieser chemischen Reaktion steigt die Entropie an, da sich gasförmige Produkte und mehr Teilchen bilden. Weiterhin nimmt der Wasserdampf nach dem Verdampfen einen viel größeren Raum ein als das Wasser in der Lösung. Im gesamten System aus Salzkristall und Umgebung hat die Entropie also letztlich zugenommen.

$$\Delta S_{gesamt} = \Delta S_{System} + \Delta S_{Umgebung};\quad \Delta S_{gesamt} \geq 0\ \text{J} \cdot \text{K}^{-1}$$

Elemente	S^0_m in J · mol^{-1} · K^{-1}	Verbindungen/ Ionen	S^0_m in J · mol^{-1} · K^{-1}	Verbindungen/ Ionen	S^0_m in J · mol^{-1} · K^{-1}
C (Graphit)	6	$CaCO_3$ (s)	93	H_2O (l)	70
C (Diamant)	2	CaO (s)	40	H_2O (g)	189
Cu (s)	33	Ca^{2+} (aq)	– 53	Mg^{2+} (aq)	–138
H_2 (g)	131	CH_4 (g)	186	NH_4Cl (s)	95
I_2 (s)	116	CO_2 (g)	214	NH_4^+ (aq)	113
I_2 (g)	261	Cl^- (aq)	57	NO (g)	211
N_2 (g)	192	Cu_2S (s)	121	NO_2 (g)	240
O_2 (g)	205	Fe^{2+} (aq)	–138	N_2O_4 (g)	304
O_3 (g)	239	HCl (g)	187	NH_3 (g)	192
S (rhomb.)	32	CO_3^{2-} (aq)	–57	OH^- (aq)	–11

3 *Molare Standardentropien (p = 1000 hPa, T = 298 K)*

Eine Abnahme der Entropie kann nur lokal beobachtet werden und führt zwangsläufig zu einer Erhöhung an einem anderen Ort. Zusammengefasst bedeutet dies: *Die Entropie eines abgeschlossenen Systems nimmt zu oder bleibt gleich:* $\Delta S \geq 0 \text{ J} \cdot \text{K}^{-1}$

Berechnung von Reaktionsentropien. Im Gegensatz zur Enthalpie lassen sich Entropiewerte absolut bestimmen. Alle Stoffe haben bei der Temperatur $T = 0$ K die geringste Entropie. Beispielsweise kommt die Bewegung der H_2O-Moleküle im Eis in diesem idealisierten Zustand zum Stillstand. Diesem Zustand wird der Entropiewert $S = 0 \text{ J} \cdot \text{K}^{-1}$ zugeordnet (Abb. 2 ①). Wird das Eis erwärmt, so beginnen die H_2O-Moleküle an ihren festen Gitterplätzen zu schwingen: Die Entropie nimmt zu. Bei der Schmelztemperatur von 273 K kommt es zu einem Entropiesprung ②, da die Wasser-Moleküle bei der Änderung des Aggregatzustands ihre Gitterplätze verlassen. Beim Übergang zum gasförmigen Aggregatzustand verteilen sich die Moleküle völlig regellos im Raum. Die Entropie steigt nochmals sprunghaft an ③.

Die Entropieänderung bei einer chemischen Reaktion wird aus den Entropiewerten der beteiligten Stoffe bestimmt. Entropiewerte werden als **molare Standardentropien** S^0_m tabelliert (Abb. 3). Die **molare Standardreaktionsentropie** $\Delta_r S^0_m$ ergibt sich aus der Differenz der Entropien der Produkte und Edukte:

$$\Delta_r S^0_m = \Sigma S^0_m \text{(Produkte)} - \Sigma S^0_m \text{(Edukte)}$$

> Die Zunahme der Entropie ist neben der Abnahme der Enthalpie die zweite Triebkraft für eine chemische Reaktion oder einen physikalischen Prozess. In einem geschlossenen System gilt: $\Delta S \geq 0 \text{ J} \cdot \text{K}^{-1}$

1 In der Thermodynamik wird oft vom 1. und 2. Hauptsatz der Thermodynamik gesprochen.
a) Recherchieren Sie die Aussage der Hauptsätze.
b) Erläutern Sie die Bedeutung der beiden Hauptsätze der Thermodynamik für chemische Reaktionen und physikalische Prozesse.

2 Partner A: Ein Salz wird gelöst; Partner B: Zwei gleiche Volumina mit unterschiedlichen Gasen werden zusammengebracht; Partner C: Zwei unterschiedlich warme Stoffe werden gemischt; Partner D: Wasser wird elektrolytisch in Wasserstoff und Sauerstoff zerlegt.
a) Skizzieren Sie eine Vorstellung, mit der die Zunahme der Entropie bei dem Vorgang erklärt wird.
b) Stellen Sie sich Ihre Ergebnisse gegenseitig vor.
c) Skizzieren Sie ein gemeinsames Modell zur anschaulichen Erklärung des Begriffs *Entropie*.
d) In vielen Lehrbüchern findet man die Aussage: „Die Entropie ist ein Maß für die Unordnung eines Systems." Nehmen Sie zu dieser Aussage Stellung. Beachten Sie dabei die Ergebnisse der Austauschphase.

3 Beim Abkühlen eines Gasgemisches aus Distickstofftetraoxid (N_2O_4) und Stickstoffdioxid (NO_2) bildet sich vermehrt Distickstofftetraoxid.
a) Stellen Sie die Reaktionsgleichung auf.
b) Beim Abkühlen verringert sich die Entropie im Gasgemisch. Erklären Sie, warum der 2. Hauptsatz der Thermodynamik dennoch nicht verletzt wird.

4 a) Schätzen Sie die Entropieänderung ab und bestätigen Sie durch Berechnung.
Partner A: $2\,Cu(s) + S(s) \rightarrow Cu_2S(s)$
$2\,H_2(g) + O_2(g) \rightarrow 2\,H_2O(l)$
Partner B: $CH_4(g) + 2\,O_2(g) \rightarrow CO_2(g) + 2\,H_2O(g)$
$NH_4Cl(s) \xrightarrow{\text{Wasser}} NH_4^+(aq) + Cl^-(aq)$
b) Stellen Sie sich gegenseitig Ihre Ergebnisse vor und erklären Sie gemeinsam die Entropieänderungen.
c) Erstellen Sie sich gegenseitig weitere Aufgaben.

5 Eine Brausetablette löst sich in einem endothermen Vorgang in Wasser. Dabei bildet sich Kohlensäure (H_2CO_3) und die Lösung kühlt ab. Die Kohlensäure perlt zu einem großen Teil als Kohlenstoffdioxid aus.

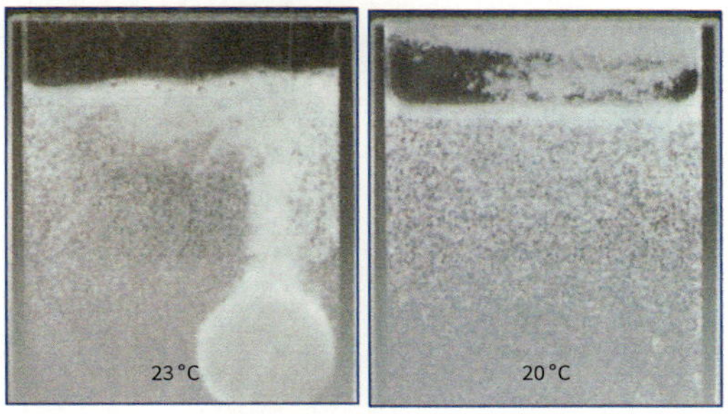

Stellen Sie die Reaktionsgleichung auf und erklären Sie damit die Entropiezunahme bei diesem Vorgang.

Endotherme Reaktionen

Forschungsauftrag 1: Kältepackung

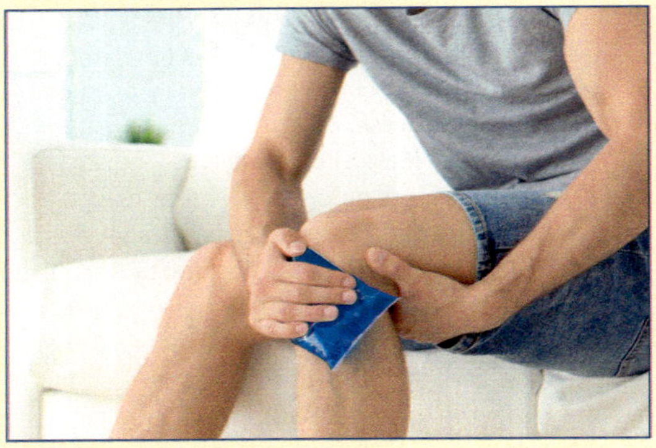

Um die Schmerzen bei leichten Blessuren zu lindern nutzt man gerne eine Kältepackung. So eine Kältepackung kann man selbst herstellen.

mögliche Materialien: übliche Laborgeräte, Kunststoffbeutel;
Natriumchlorid, Ammoniumchlorid (**7**), Calciumchlorid (wasserfrei, **7**)

Aufgaben:

a) Erstellen Sie eine Anleitung zur Herstellung einer Kältepackung.

b) Kontrollieren Sie die Anleitung mithilfe der Check-Karte. Bei Abweichungen fragen Sie die Lehrkraft, ob der Versuch nach Ihrer Anleitung so durchgeführt werden darf.

c) Führen Sie den Versuch durch und protokollieren Sie das Ergebnis.

d) Optimieren Sie die Anleitung und die Durchführung, indem Sie beispielsweise andere Salze verwenden.

e) Formulieren Sie die Reaktionsgleichungen und begründen Sie den endothermen Verlauf des Vorgangs.

f) Erstellen Sie eine Skizze auf Teilchenebene, mit der Sie die Zunahme der Entropie in dem System verdeutlichen.

g) Bereiten Sie die Ergebnisse für eine Präsentation auf.

h) Es gibt auch Wärmepackungen, bei denen durch chemische Reaktionen Wärme entwickelt wird. Recherchieren Sie eine Möglichkeit und erläutern Sie an diesem Beispiel die zugrunde liegende chemische Reaktion.

Versuch 1: Endotherme Feststoffreaktion

Materialien: Erlenmeyerkolben (100 ml, weit), Holzbrett, Thermometer, Stopfen, großer Kunststofflöffel, Universalindikatorpapier;
Bariumhydroxid-Octahydrat ($Ba(OH)_2 \cdot 8\ H_2O$; **5, 7**), Ammoniumthiocyanat (NH_4SCN; **5, 7**)

Durchführung:

1. Geben Sie je zwei Löffel Bariumhydroxid und Ammoniumthiocyanat in den Erlenmeyerkolben. Verschließen Sie den Kolben mit dem Stopfen und durchmischen Sie die Salze durch Schütteln.
2. Stellen Sie den Kolben in eine Wasserpfütze auf das Holzbrett. Heben Sie den Kolben nach einer kurzen Wartezeit hoch.
3. Prüfen Sie den Gasraum im Kolben mit einem feuchten Universalindikatorpapier und messen Sie die Temperatur.

Aufgaben:

a) Notieren Sie Ihre Beobachtungen.

b) Stellen Sie die Reaktionsgleichung auf.

c) Erklären Sie den spontanen Ablauf der Reaktion.

Versuch 2: Endotherme Gasbildung

Materialien: Becherglas (200 ml), Thermometer (1/10 °C), Messzylinder (50 ml);
Kaliumhydrogencarbonatlösung ($2\ mol \cdot l^{-1}$), Calciumchloridlösung ($1\ mol \cdot l^{-1}$; **7**)
Hinweis: Die Lösungen am Vortag ansetzen, damit sie auf Raumtemperatur abkühlen können.

Durchführung:

1. Geben Sie 20 ml der Kaliumhydrogencarbonatlösung in das Becherglas.
2. Geben Sie 20 ml Calciumchloridlösung dazu und messen Sie etwa 1 Minute lang die Temperatur.

Aufgaben:

a) Notieren Sie Ihre Beobachtungen.

b) Stellen Sie die Reaktionsgleichung auf.

c) Die Reaktion verläuft endotherm. Erklären Sie die Beobachtung, dass die Reaktion dennoch abläuft.

Entropie und Wahrscheinlichkeit

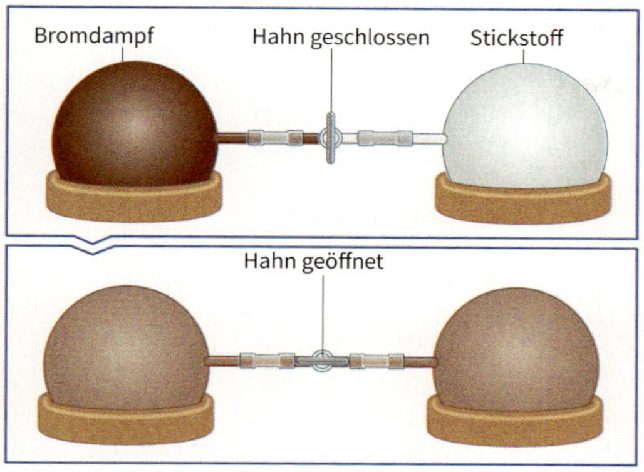

1 *Gase verteilen sich gleichmäßig.*

Anzahl Teilchen N	Anzahl Realisierungsmöglichkeiten Ω – Alle Teilchen in Kugel 1	Anzahl Realisierungsmöglichkeiten Ω – Gleich viele Teilchen in beiden Kugeln
2	❶❶ 1	❶❷, ❷❶ 2
4	1	6
10	1	252
100	1	$\approx 10^{29}$
$6 \cdot 10^{23}$	1	$\approx 10^{230}$

Berechnung der Realisierungsmöglichkeiten:

$$\Omega = \frac{N!}{N_1! \cdot N_2!}$$

N: Gesamtanzahl der Teilchen
N_1: Teilchenanzahl in Kugel 1
N_2: Teilchenanzahl in Kugel 2

2 *Mikroskopische Verteilung der Teilchen*

Eine Zunahme der Entropie lässt sich auch gut bei physikalischen Prozessen beobachten: Zwei Glaskugeln sind über einen geschlossenen Hahn miteinander verbunden (Abb. 1). Kugel 1 enthält Bromdampf, Kugel 2 Stickstoff. Öffnet man den Hahn, beobachtet man schließlich eine Abnahme der Braunfärbung in Kugel ❶ und eine Zunahme in Kugel ❷, bis beide Färbungen gleich intensiv sind.

Betrachtung auf der Teilchenebene. Zur Erklärung der Entropieänderung wendet man den Blick auf die Teilchen in einem abgeschlossenen System. Vor dem Öffnen des Hahns befinden sich alle Br_2-Moleküle in Kugel ❶, während in Kugel ❷ zunächst keine Br_2-Moleküle sind. Nach dem Öffnen sind die Br_2-Moleküle in beiden Kugeln gleich verteilt.

Nehmen wir zunächst einmal an, dass sich in Kugel ❶ vier Br_2-Moleküle befinden. Nach dem Öffnen des Hahns gibt es fünf unterschiedliche Verteilungen (Makrozustände) der Br_2-Moleküle auf die Kugeln: ❶❶❶❶, ❶❶❶❷, ❶❶❷❷, ❶❷❷❷, ❷❷❷❷. Für den ersten und letzten Makrozustand gibt es jeweils nur eine Realisierungsmöglichkeit ($\Omega = 1$). Für die gleichmäßige Verteilung ❶❶❷❷ gibt es sechs Realisierungsmöglichkeiten ($\Omega = 6$) (Abb. 2). Am häufigsten wird man demnach die Gleichverteilung beobachten, sie ist sechsmal wahrscheinlicher als die Verteilung, bei der alle Teilchen in einer Kugel sind.

Schon bei 100 Br_2-Molekülen wird bei der Gleichverteilung die Anzahl an Realisierungsmöglichkeiten riesig, sie beträgt etwa 10^{29}. Bei chemischen Reaktionen werden häufig Teilchenzahlen in der Größenordnung von 10^{22} Teilchen umgesetzt. Die Wahrscheinlichkeit für die Gleichverteilung ist dabei extrem viel größer als für eine ungleiche Verteilung der Teilchenzahlen. Ludwig BOLTZMANN verknüpfte diesen statistischen Ansatz mit der Entropie eines Systems. Der natürliche Logarithmus der Anzahl der Realisierungsmöglichkeiten multipliziert mit der **Boltzmann-Konstante *k*** ergibt die Entropie des zugehörigen Makrozustands:

$S = k \cdot \ln\Omega$; $k = 1{,}3807 \cdot 10^{-23}\ \mathrm{J \cdot K^{-1}}$

Ein einfaches Rechenbeispiel liefert die Entropie eines idealen Kristalls bei $T = 0$ K. Es gibt nur eine Realisierungsmöglichkeit. Für S ergibt sich:
$S = k \cdot \ln 1 = 0\ \mathrm{J \cdot K^{-1}}$

1 Geben Sie weitere Prozesse an, bei denen die Entropie zunimmt und die mit der Wahrscheinlichkeit des Makrozustands erklärt werden können.

2 a) Partner A: fünf Br_2-Moleküle
Partner B: sechs Br_2-Moleküle;
Zeichnen Sie alle Realisierungsmöglichkeiten für die Verteilung der Br_2-Moleküle auf zwei Glaskugeln. Bestätigen Sie damit die Aussagen des Textes.
b) Partner A: 8 / 32 Teilchen; Partner B: 16 / 64 Teilchen;
Berechnen Sie die Realisierungsmöglichkeiten bei Gleichverteilung der Br_2-Moleküle auf zwei Behälter.
c) Berechnen Sie jeweils die Entropie des Systems.
d) Vergleichen Sie die Ergebnisse und erstellen Sie eine Prognose für die Realisierungsmöglichkeiten und die Entropie bei größer werdenden Teilchenzahlen.

1.6 Enthalpie und Entropie wirken zusammen

1 *Die Verbrennung von Pentan verläuft freiwillig ($\Delta_r G < 0$).*

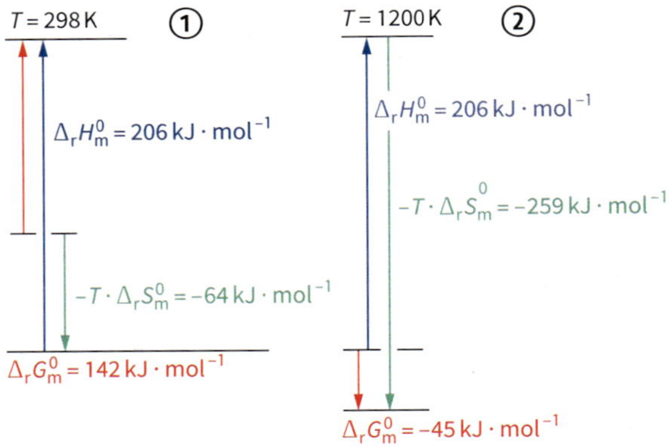

2 *Die Temperatur beeinflusst die Reaktionsrichtung.*

Wasserstoff und Sauerstoff reagieren nach kurzem Anzünden heftig zu Wasser. Die chemische Reaktion läuft freiwillig ab. Die Rückbildung der Elemente muss hingegen erzwungen werden. In welche Richtung eine Reaktion oder ein physikalischer Prozess unter bestimmten Bedingungen in einem abgeschlossenen System ablaufen, wird durch zwei Triebkräfte bestimmt: die **Enthalpieänderung** und die **Entropieänderung**. Ihr Zusammenwirken formulierte Hermann Ulich so: *„Alles natürliche Geschehen wird regiert einerseits von dem Bestreben nach Abnahme der Enthalpie, andererseits nach Zunahme der Entropie"*. Dieses Zusammenwirken wurde von dem amerikanischen Physiker Josiah Willard Gibbs und dem deutschen Mediziner und Physiker Hermann von Helmholtz unabhängig voneinander in den 1870er Jahren erforscht.

Eindeutiges Zusammenwirken. In zwei Fällen wirken Entropieänderung und Enthalpieänderung in die gleiche Richtung. In dem einen Fall ist die Reaktion auf jeden Fall freiwillig, in dem anderen immer erzwungen.

Zunächst der einfache Fall, dass die Enthalpie abnimmt ($\Delta H < 0$) und die Entropie zunimmt ($\Delta S > 0$). Beides unterstützt den Ablauf der chemischen Reaktion in gleicher Weise. Dies ist beispielsweise bei der Verbrennung von Pentan der Fall (Abb. 1). Die Reaktion ist exotherm, die Teilchenzahl nimmt zu und es entstehen Gase.

$$C_5H_{12}(l) + 8\ O_2(g) \rightarrow 5\ CO_2(g) + 6\ H_2O(g); \quad \Delta_r H_m^0 = -3509\ kJ \cdot mol^{-1}$$

Der zweite Fall ist eine erzwungene Reaktion, wie die Fotosynthese. Ein Blick auf die vereinfachte Reaktionsgleichung der Bildung von Glucose zeigt, hier liegen eine Zunahme der Enthalpie ($\Delta H > 0$) und eine Abnahme der Entropie ($\Delta S < 0$) vor. Die Teilchenzahl nimmt ab.

$$6\ CO_2(g) + 6\ H_2O(l) \rightarrow C_6H_{12}O_6(aq) + 6\ O_2(g); \quad \Delta_r H_m^0 = +2803\ kJ \cdot mol^{-1}$$

Gegenläufige Wirkung. Im dritten und vierten Fall liegt eine Konkurrenz von Enthalpieänderung und Entropieänderung vor. Hier hat die Temperatur einen entscheidenden Einfluss auf den Verlauf der Reaktion.

Als Beispiel für den dritten Fall betrachten wir die Dampfreformierung. Bei der Dampfreformierung wird bei hohen Temperaturen großtechnisch Wasserstoff für die chemische Industrie erzeugt (Abb. 2 ①).

$$CH_4(g) + H_2O(g) \rightarrow CO(g) + 3\ H_2(g); \quad \Delta_r H_m^0 = +206\ kJ \cdot mol^{-1}$$

Die Richtung der chemischen Reaktion wird durch die Konkurrenz von Zunahme der Entropie ($\Delta S > 0$) und Zunahme der Enthalpie ($\Delta H > 0$) geprägt. Bei hohen Temperaturen überwiegt der Einfluss der Entropiezunahme und die Produkte werden gebildet (Abb. 2 ②).

Im vierten Fall wird die Bildung von Distickstofftetraoxid (N_2O_4) als Beispiel für eine exotherme Reaktion ($\Delta H < 0$) betrachtet.

$$2\ NO_2(g) \rightarrow N_2O_4(g); \quad \Delta_r H_m^0 = -57\ kJ \cdot mol^{-1}$$

Obwohl die Entropie bei dieser Reaktion abnimmt ($\Delta S < 0$), bildet sich bei tiefen Temperaturen Distickstofftetraoxid. Der Einfluss der Enthalpieabnahme überwiegt bei tiefen Temperaturen.

Freie Enthalpie. Ob nun eine chemische Reaktion oder ein physikalischer Prozess freiwillig abläuft, lässt sich mithilfe der **Gibbs-Helmholtz-Gleichung** abschätzen. In ihr wird der Einfluss der beiden Triebkräfte auf den Vorgang bei der betrachteten Temperatur zusammengefasst (Abb. 1, Abb. 2):

$$\Delta G = \Delta H - T \cdot \Delta S$$

ΔG wird allgemein als **freie Enthalpie** oder mit dem Index $\Delta_r G$ als **freie Reaktionsenthalpie** bezeichnet. Nehmen bei einem Vorgang die Enthalpie ab und die

Entropie zu, wird $\Delta G < 0$ (Abb. 1). Bei Enthalpiezunahme und Entropieabnahme ist $\Delta G > 0$. Wirken Enthalpieänderung und Entropieänderung gegenläufig, ist die Temperatur entscheidend. Allgemein werden freiwillig ablaufende Vorgänge mit $\Delta G < 0$ als **exergonische** Vorgänge bezeichnet. Sie laufen freiwillig ab. Ist $\Delta G > 0$, sind die Vorgänge **endergonisch**. Sie laufen nicht freiwillig ab.

▶ **Berechnung von ΔG^0_m-Werten.** Bei einfachen Berechnungen stützt man sich meist auf die Formulierung mit den **molaren Größen** für den Standardzustand:

$\Delta G^0_m = \Delta H^0_m - T \cdot \Delta S^0_m$ Einheit: $kJ \cdot mol^{-1}$

Bei chemischen Reaktionen kann zum Beispiel für eine Reaktionstemperatur von 298 K die **molare freie Standardreaktionsenthalpie $\Delta_r G^0_m$** – analog zur Berechnung von $\Delta_r H^0_m$ (↗S. 33) – direkt aus Tabellenwerten für die molaren freien Standardbildungsenthalpien $\Delta_f G^0_m$ berechnet werden:

$\Delta_r G^0_m = \Sigma \Delta_f G^0_m \text{(Produkte)} - \Sigma \Delta_f G^0_m \text{(Edukte)}$

Oft wird aber ein Wert für eine andere Temperatur benötigt. Man setzt dann die für 298 K ermittelten Werte der Reaktionsenthalpie ($\Delta_r H^0_m$) und der Reaktionsentropie ($\Delta_r S^0_m$) in die Gibbs-Helmholtz-Gleichung ein. Auf diese Weise ergibt sich ein Näherungswert für $\Delta_r G^0_m$ bei der betrachteten Temperatur *T*. Der Fehler ist meist zu vernachlässigen, da Bildungsenthalpien und Bildungsentropien selbst nur wenig temperaturabhängig sind.

Metastabile Systeme. Mit der energetischen Betrachtung von chemischen Reaktionen und physikalischen Prozessen lässt sich grundsätzlich nur vorhersagen, ob die Vorgänge ablaufen *können*. Über den zeitlichen Ablauf liefert sie dagegen keine Informationen. So laufen beispielsweise viele Reaktionen trotz negativer Werte für die freie Reaktionsenthalpie $\Delta_r G^0_m$ nicht spontan ab, da die Reaktionsgeschwindigkeit praktisch Null ist. Ein Beispiel ist der langsam verlaufende Zerfall von Wasserstoffperoxid (H_2O_2) in Sauerstoff und Wasser:

$H_2O_2(aq) \rightarrow H_2O(l) + \frac{1}{2} O_2(g); \quad \Delta_r G^0_m = -109\ kJ \cdot mol^{-1}$

Die Aktivierungsenergie ist so hoch, dass nur sehr wenige Wasserstoffperoxid-Moleküle diese energetische Grenze überschreiten und zu Wasser und Sauerstoff reagieren. *Metastabile Systeme*, wie Wasserstoffperoxid, sind energetisch gesehen *instabil*. Ihre Reaktionsgeschwindigkeit ist jedoch extrem gering.

Mit der Gibbs-Helmholtz-Gleichung lässt sich die freie Enthalpie ΔG berechnen. Ein negativer Wert von ΔG zeigt an, dass eine chemische Reaktion oder ein physikalischer Prozess freiwillig ablaufen kann.

1 Beim Lösen eines Salzes in Wasser ist eine Abkühlung der Lösung messbar. Der Löseprozess läuft freiwillig ab, ist aber endotherm.
a) Geben Sie an, ob ΔG ein positives oder negatives Vorzeichen erhält und ob der Vorgang endergonisch oder exergonisch ist.
b) Erläutern Sie, wie sich bei diesem Vorgang Enthalpie und Entropie ändern.

2 a) Ermitteln Sie die Werte für die molare Standardreaktionsenthalpie, die molare Standardreaktionsentropie bei Raumtemperatur und die molare freie Standardreaktionsenthalpie aus dem Diagramm.
b) Zeichnen Sie ein Enthalpiediagramm für die Temperatur 1200 K.
c) Bewerten Sie für beide Fälle, ob eine Reaktion stattfinden kann.

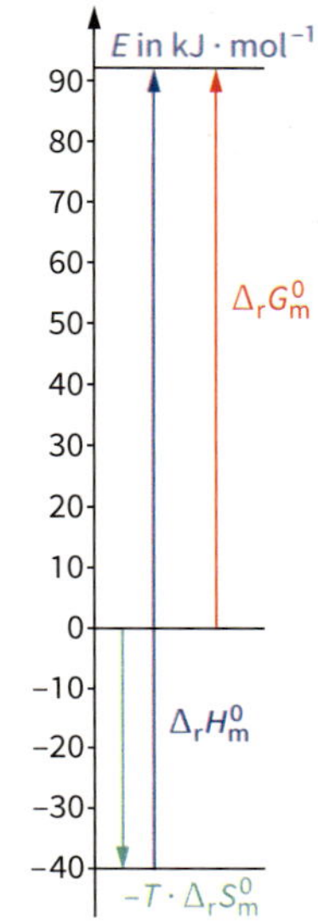

3 Partner A: Bildung von Glucose bei der Fotosynthese ($\Delta_r S^0_m = -262\ J \cdot mol^{-1} \cdot K^{-1}$),
Partner B: Bildung von N_2O_4 aus NO_2 ($\Delta_r S^0_m = -176\ J \cdot mol^{-1} \cdot K^{-1}$).
a) Zeichnen Sie ein Enthalpiediagramm für die molare freie Standardreaktionsenthalpie. Gehen Sie von der Temperatur 298 K aus. Nutzen Sie dazu Abb. 1 und 2.
b) Stellen Sie gemeinsam eine Hypothese für die Richtung der Reaktion auf.
c) Schätzen Sie die Wirkung einer Temperaturänderung auf den Reaktionsablauf ein.

4 Partner A: Ammoniumchlorid wird beim Erhitzen in Ammoniak und Chlorwasserstoff gespalten. Partner B: Die Bildung von Ozon (O_3) aus Sauerstoff verläuft endotherm. Partner C: Die Ammoniaksynthese aus den Elementen Stickstoff und Wasserstoff verläuft exotherm.
a) Stellen Sie die Reaktionsgleichung auf.
b) Ermitteln Sie die Änderung von Enthalpie und Entropie. Ordnen Sie die Reaktion einem der vier Fälle zu.
c) Berechnen Sie die freie Standardreaktionsenthalpie $\Delta_r G^0_m$ bei einer Temperatur von $T = 1273$ °C.
d) Stellen Sie eine Hypothese auf, ob die Reaktion bei dieser Temperatur abläuft.

5 Kalkbrennen ist die thermische Zersetzung von Calciumcarbonat in Kohlenstoffdioxid und Calciumoxid, ein für die Bauindustrie wichtiger Prozess.
a) Stellen Sie die Reaktionsgleichung auf.
b) Berechnen Sie die molare Standardreaktionsenthalpie $\Delta_r H^0_m$ und die molare Standardreaktionsentropie $\Delta_r S^0_m$. Bestimmen Sie anschließend die Temperatur, bei der die molare freie Standardreaktionsenthalpie $\Delta_r G^0_m$ den Wert Null erreicht.
c) Stellen Sie eine Hypothese mit einem geeigneten Temperaturbereich für das Kalkbrennen auf.

Energie bei chemischen Reaktionen

1. Energie

Beispiele für Energieformen: innere Energie, chemische Energie, Wärmeenergie, Bewegungsenergie, ...

Energieumwandlung
Energie kann weder verbraucht noch neu geschaffen werden. Energie wird lediglich von einer Form in eine andere umgewandelt. Umwandlungen mithilfe einer Maschine werden Arbeit genannt.

2. Systeme

offenes System: Energieaustausch und Stoffaustausch mit der Umgebung sind möglich.
geschlossenes System: Energieaustausch mit der Umgebung ist möglich, Stoffaustausch nicht.
isoliertes System: Energieaustausch und Stoffaustausch mit der Umgebung sind nicht möglich.

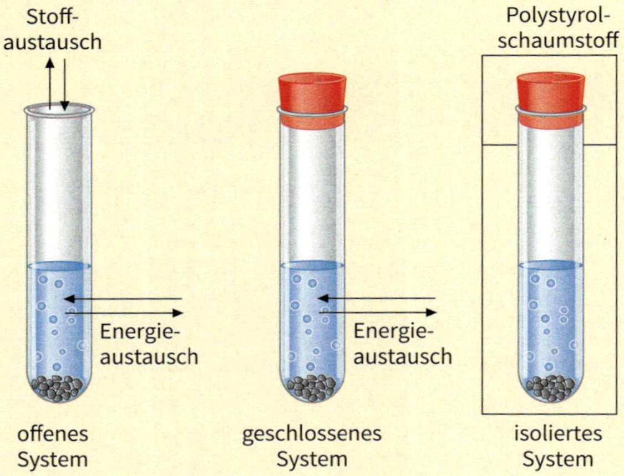

3. Energie bei chemischen Reaktionen

Auch für chemische Reaktionen gilt der Satz der Energieerhaltung.

a) Reaktionsenthalpie
Bei einer exothermen Reaktion verringert sich die innere Energie U des Systems. Sie teilt sich auf in zwei Anteile, die **Reaktionsenthalpie** $\Delta_r H$ und die **Volumenarbeit** W_V. Die Reaktionsenthalpie $\Delta_r H$ wird als Reaktionswärme Q_r in die Umgebung freigesetzt.

$$\Delta_r H = -Q_r = \Delta U - W_V$$

Bei chemischen Reaktionen ohne Gase entfällt der Anteil der Volumenarbeit.

Im Falle einer exothermen Reaktion erhält der Wert für $\Delta_r H$ ein negatives Vorzeichen ($\Delta_r H < 0$), denn das reagierende System verliert Energie an die Umgebung. Bei einer endothermen Reaktion nimmt das reagierende System Energie aus der Umgebung auf, der Wert für $\Delta_r H$ erhält ein positives Vorzeichen ($\Delta_r H > 0$).

b) Kalorimetrie
Mithilfe der **Kalorimetrie** werden Reaktionsenthalpien experimentell bestimmt. Dabei wird eine bestimmte Masse Wasser durch die Reaktionswärme Q_r erwärmt. Die Temperaturdifferenz des Wassers ist dann ein Maß für die Reaktionsenthalpie $\Delta_r H$:

$$\Delta_r H = -Q_r = -c_p \cdot m \cdot \Delta T; \quad c_p(\text{Wasser}) = 4{,}18\ \text{J} \cdot \text{g}^{-1} \cdot \text{K}^{-1}$$

c) Molare Reaktionsenthalpie $\Delta_r H_m$
Reaktionsenthalpien sind abhängig von der bei einer chemischen Reaktion umgesetzten Stoffmenge. Dividiert man die Reaktionsenthalpie $\Delta_r H$ durch die umgesetzte Stoffmenge n erhält man die molare Reaktionsenthalpie $\Delta_r H_m$. Sie gibt die Reaktionsenthalpie für ein Mol umgesetzte Stoffmenge an:

$$\Delta_r H_m = \frac{\Delta_r H}{n} \quad (\text{Einheit: kJ} \cdot \text{mol}^{-1})$$

Der Zahlenwert hängt häufig davon ab, auf welchen Stoff man sich bezieht. Daher wird $\Delta_r H_m$ immer zusammen mit der zugehörigen Reaktionsgleichung angegeben:

$Mg(s) + \frac{1}{2} O_2(g) \rightarrow MgO(s); \quad \Delta_r H_m = -602\ \text{kJ} \cdot \text{mol}^{-1}$

(bezogen auf 1 mol umgesetztes Mg)

$2\ Mg(s) + O_2(g) \rightarrow 2\ MgO(s); \quad \Delta_r H_m = -1204\ \text{kJ} \cdot \text{mol}^{-1}$

(bezogen auf 1 mol umgesetztes O_2)

d) Molare Standardreaktionsenthalpie $\Delta_r H_m^0$
Die Reaktionsenthalpie ist neben der Stoffmenge auch von den Reaktionsbedingungen Druck und Temperatur abhängig. Tabellierte Werte der Reaktionsenthalpie werden oftmals auf den Druck $p = 1000$ hPa und die Temperatur $T = 298$ K bezogen. Diese Werte bezeichnet man als molare Standardreaktionsenthalpien $\Delta_r H_m^0$.

e) Molare Standardbildungsenthalpie $\Delta_f H_m^0$
Die molare Standardbildungsenthalpie $\Delta_f H_m^0$ bezeichnet die molare Standardreaktionsenthalpie für die Bildung eines Stoffes aus seinen Elementen. Für Elemente selbst gilt in der Regel $\Delta_f H_m^0 = 0\ \text{kJ} \cdot \text{mol}^{-1}$. Die Standardbildungsenthalpie bezieht sich auf die Bildung von 1 mol eines Stoffes.

Mithilfe der tabellierten $\Delta_f H_m^0$-Werte können die molaren Standardreaktionsenthalpien $\Delta_r H_m^0$ beliebiger Reaktionen auf einfache Weise berechnet werden:

$$\Delta_r H_m^0 = \Sigma \Delta_f H_m^0\,(\text{Produkte}) - \Sigma \Delta_f H_m^0\,(\text{Edukte})$$

f) Satz von Hess

Nach dem Satz von Hess ist die Reaktionsenthalpie unabhängig vom Reaktionsweg. Sie hängt nur vom Ausgangs- und Endzustand des Systems ab. Dies ist eine weitere Formulierung des Energieerhaltungssatzes.

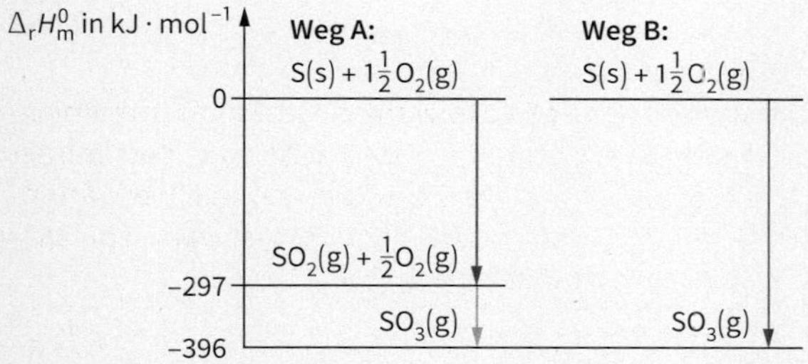

Ist die Reaktionsenthalpie bekannt, lässt sich umgekehrt daraus die Bildungsenthalpie des Edukts berechnen. Sie ist die Differenz der Bildungsenthalpien der Produkte und der Reaktionsenthalpie.

$\Delta_f H^0_m\,(\text{Edukt}) = \Sigma \Delta_f H^0_m\,(\text{Produkte}) - \Delta_r H^0_m$

g) Lösungswärme und Lösungsenthalpie

Auch bei physikalischen Prozessen lassen sich Wärmemengen und Enthalpien bestimmen. Die **Lösungswärme Q_s** hängt von den Energiebeträgen der **Gitterenergie** und der **Solvatationsenergie** eines Stoffes ab. Q_s ist auch mit dem Kalorimeter experimentell bestimmbar. Für die **Lösungsenthalpie $\Delta_s H$** gilt analog zur Reaktionsenthalpie und Reaktionswärme: $\Delta_s H = -Q_s$

4. Entropie bei chemischen Reaktionen

Die Richtung einer chemischen Reaktion oder eines physikalischen Prozesses wird durch zwei Triebkräfte gesteuert. Neben der Abnahme der Energie steht die Zunahme der Entropie.

In einem System kann die Entropie auf verschiedene Weisen zunehmen:

- Durch den Wechsel des Aggregatzustands von fest zu flüssig oder gasförmig. Damit verbunden ist die regellosere Verteilung von Atomen oder Molekülen.
- Durch die Vergrößerung des Volumens und die regellose Verteilung der Teilchen auf den größeren Raum.
- Durch die Durchmischung zweier Stoffe und die regellose Verteilung der enthaltenen Teilchen in dem größeren Volumen.
- Durch die Erhöhung der Teilchenzahl bei einer chemischen Reaktion.
- Durch das Ausgleichen von Temperaturunterschieden.

Die Bewegung der Teilchen bei allen Stoffen wird bei der Temperatur $T = 0$ K sehr klein. Diesem Zustand wird der Entropiewert $S = 0\ \text{J} \cdot \text{K}^{-1}$ zugeordnet.

a) Entropieänderung

Die Entropie eines isolierten Systems nimmt zu oder bleibt gleich: $\Delta S_{\text{gesamt}} \geq 0$. In einem System kann die Entropie lokal abnehmen, wenn die gesamte Entropie von System und Umgebung nicht kleiner wird.

$\Delta S_{\text{gesamt}} = \Delta S_{\text{System}} + \Delta S_{\text{Umgebung}}$; $\quad \Delta S_{\text{gesamt}} \geq 0\ \text{J} \cdot \text{K}^{-1}$

b) Entropie und Wahrscheinlichkeit

In der mikroskopischen Betrachtung eines Systems ist der Zustand mit den meisten Realisierungsmöglichkeiten am wahrscheinlichsten. Dieser Zustand wird am häufigsten beobachtet. Der statistische Ansatz über die Anzahl der Realisierungsmöglichkeiten ist mit der Entropie über die Boltzmann-Konstante k verknüpft:

$S = k \cdot \ln\Omega$; $\quad k = 1{,}3807 \cdot 10^{-23}\ \text{J} \cdot \text{K}^{-1}$

5. Freie Enthalpie

Das Verknüpfen von Enthalpie und Entropie ergibt nach der Gibbs-Helmholtz-Gleichung die **freie Enthalpie** ΔG.

$\Delta G = \Delta H - T \cdot \Delta S$

Bei chemischen Reaktionen wird sie auch **freie Reaktionsenthalpie** $\Delta_r G$ genannt. Das Zusammenwirken von Enthalpie und Entropie ist entscheidend dafür, ob eine Reaktion oder ein physikalischer Prozess freiwillig abläuft oder nicht. In zwei Fällen sind sie demnach von der Temperatur unabhängig:

- $\Delta H < 0$ und $\Delta S > 0 \Rightarrow \Delta G < 0$
  Der Vorgang kann freiwillig ablaufen. Er ist **exergonisch.**
- $\Delta H > 0$ und $\Delta S < 0 \Rightarrow \Delta G > 0$
  Der Vorgang läuft nicht freiwillig ab und ist **endergonisch.** Er kann aber erzwungen werden.

In zwei weiteren Fällen ist das Zusammenwirken von der Temperatur abhängig:

- $\Delta H > 0$ und $\Delta S > 0 \Rightarrow \Delta G < 0$ oder $\Delta G > 0$
  Bei steigender Temperatur kann der Vorgang freiwillig ablaufen. Der Term $-T \cdot \Delta S$ gewinnt die Oberhand und der Vorgang wird exergonisch.
- $\Delta H < 0$ und $\Delta S < 0 \Rightarrow \Delta G > 0$ oder $\Delta G < 0$
  Bei sinkender Temperatur kann der Vorgang freiwillig ablaufen. Der Term ΔH gewinnt die Oberhand.

Die **molare freie Standardreaktionsenthalpie** $\Delta_r G^0_m$ für 298 K kann mit den tabellierten Werten der molaren freien Standardbildungsenthalpien $\Delta_f G^0_m$ berechnet werden:

$\Delta_r G^0_m = \Sigma \Delta_f G^0_m\,(\text{Produkte}) - \Sigma \Delta_f G^0_m\,(\text{Edukte})$

Näherungswerte für andere Temperaturen erhält man mithilfe der **Gibbs-Helmholtz-Gleichung**.

Training — Energie bei chemischen Reaktionen

Testen Sie sich

A1 Erläutern Sie den Satz von der Erhaltung der Energie.

A2 a) Erklären Sie die Aussage des Fließdiagramms:

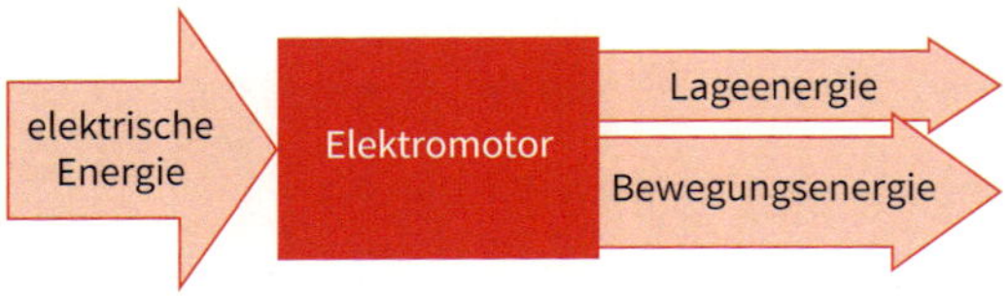

b) Ergänzen Sie in dem Fließdiagramm den Umwandlungsverlust.

A3 Erstellen Sie eine Übersicht mit den Unterschieden und den Gemeinsamkeiten zum offenen, geschlossenen und isolierten System.

A4 a) Beschreiben Sie die Methode der Kalorimetrie.
b) 0,1 g Magnesiumband werden in 50 g Salzsäure ($c = 1\ mol \cdot l^{-1}$) zur Reaktion gebracht. Die Lösung erwärmt sich um $\Delta T = 9{,}2\ K$. Berechnen Sie die Reaktionsenthalpie.
Hinweis: Der Massenverlust durch das entweichende Gas wird vernachlässigt.
c) Begründen Sie die Verdopplung der Temperaturzunahme, wenn man 0,2 g Magnesiumband zur Reaktion bringt.

◇ **A5** a) Marmor wird mit Salzsäure zur Reaktion gebracht. Notieren Sie die Reaktionsgleichung.
b) Stellen Sie eine Hypothese zur Entropieänderung bei dieser Reaktion auf.

◇ **A6** a) Berechnen Sie die Zunahme der molaren Standardentropie ΔS_m^0 beim Lösen von Kochsalz in Wasser.
b) Erklären Sie anschaulich die Zunahme der Entropie bei diesem Vorgang.
c) Erklären Sie die Zunahme über die Anzahl der Realisierungsmöglichkeiten.

◇ **A7** a) Berechnen Sie die molare Standardreaktionsenthalpie und die molare Standardreaktionsentropie für die Bildung von Wasser aus den Elementen.
b) Berechnen Sie die freie molare Standardreaktionsenthalpie bei 298 K.
c) Bestimmen Sie die Temperatur, bei der $\Delta_r G_m$ für diese Reaktion gerade positiv wird.

Lösungen finden Sie unter www.westermann.de/chemie-heute-152079
Nutzen Sie zur Anmeldung den Online-Schlüssel auf der vorderen Umschlagsinnenseite.

Die wichtigsten Begriffe

- Satz von der Erhaltung der Energie, Energieerhaltung
- Energieumwandlung, Energieformen, Arbeit
- System (offen, geschlossen, isoliert)
- Kalorimetrie
- Reaktionsenthalpie, Lösungsenthalpie
- Bildungsenthalpie
- Entropie
- Entropieänderung
- Realisierungsmöglichkeiten, Makrozustand
- freie Enthalpie, Gibbs-Helmholtz-Gleichung
- endergonisch, exergonisch

B1 a) Erklären Sie die obenstehenden Begriffe.
b) Verknüpfen Sie die Begriffe zu einer Conceptmap.
c) Übertragen Sie die Begriffe und Ihre Erklärungen auf Karteikarten oder in digitale Karteikarten.

B2 1,3 g Zink werden in einem Kalorimeter mit 100 ml Salzsäure ($c = 1\ mol \cdot l^{-1}$; $\varrho = 1{,}02\ g \cdot cm^{-3}$) zur Reaktion gebracht. Die Temperatur steigt von 20,5 °C auf 27,3 °C. Das Kalorimeter nimmt bei dieser Temperaturänderung die Wärmemenge 140 J auf.
a) Stellen Sie die Reaktionsgleichung auf.
b) Berechnen Sie die in der Reaktion freigesetzte Wärmemenge Q_r.
c) Bestimmen Sie die molare Standardreaktionsenthalpie $\Delta_r H_m^0$ bezogen auf die Bildung von Zinkchlorid.
d) Stellen Sie eine Hypothese über die Temperaturänderung im Kalorimeter auf, wenn sich die Stoffmenge Zink verdoppelt oder die Konzentration der Salzsäure verdoppelt ($c = 2\ mol \cdot l^{-1}$; $\varrho = 1{,}035\ g \cdot cm^{-3}$).

B3 Weißes Kupfer(II)-sulfat ($CuSO_4$) ist wasserfrei. Blaues Kupfer(II)-sulfat enthält in den Kristall eingebundene H_2O-Moleküle. Die Formel $CuSO_4 \cdot 5\ H_2O$ besagt, dass sich pro Formeleinheit Kupfersulfat fünf Wasser-Moleküle in dem Kristall befinden. Bestimmen Sie mithilfe des Satzes von Hess die Enthalpie, um zwei Mol blaues Kupfersulfat in weißes Kupfersulfat zu überführen.

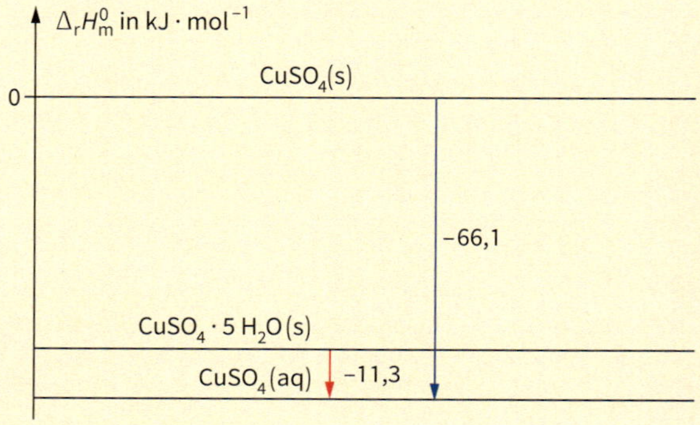

B4 Ethanol verbrennt mit Luftsauerstoff zu Kohlenstoffdioxid und Wasser. Mithilfe eines Kalorimeters wird die molare Standardreaktionsenthalpie für die Verbrennung von Ethanol zu $\Delta_r H^0_m = -1367\ kJ \cdot mol^{-1}$ bestimmt.
a) Stellen Sie die Reaktionsgleichung auf.
b) Berechnen Sie die molare Standardbildungsenthalpie von Ethanol.
c) Zeichnen Sie ein Enthalpiediagramm zu dieser Reaktion. Skizzieren Sie in dem Diagramm die Bestimmung der Standardbildungsenthalpie von Ethanol. Erläutern Sie das Diagramm.

B5 In einem Kalorimeter werden 2 g Silbernitrat in 98 g Wasser gelöst. Anschließend sollen 0,4 g Zinkpulver hinzugegeben werden. *Hinweis:* Achten Sie bei den folgenden Berechnungen auf die Vorzeichen.
a) Berechnen Sie die molare Reaktionsenthalpie für Zink.
b) Berechnen Sie die zu erwartende Temperaturänderung.

B6 In einem Kalorimeter befinden sich 100 g wässrige Lösung. Während einer Messung wurden folgende Wertepaare notiert:

t in s	4	6	8	10	12	14	15	16	17
ϑ in °C	20,9	20,9	21	20,9	20,9	20,8	19,9	18,5	16,3

t in s	18	19	20	22	24	26	28	30
ϑ in °C	14,1	13,2	13,3	13,4	13,6	13,7	13,9	14,1

a) Zeichnen Sie ein Zeit-Temperatur-Diagramm. Bestimmen Sie die Temperaturänderung.
b) Berechnen Sie die bei der Reaktion umgesetzte Wärme. Beurteilen Sie, ob es sich um eine exotherme oder eine endotherme Reaktion handelt.

B7 Die Reaktion von Ammoniak mit Chlorwasserstoff zu in Wasser gelöstem Ammoniumchlorid kann auf zwei Wegen erfolgen. Notieren Sie die beiden Wege durch Kombination der Teilschritte. Bestätigen Sie anschließend durch Rechnung den Satz von Hess.

Reaktion		$\Delta_r H^0_m$ in $kJ \cdot mol^{-1}$
$NH_3(g) + HCl(g)$	$\rightarrow NH_4Cl(s)$	–176
$NH_3(aq) + HCl(aq)$	$\rightarrow NH_4^+(aq) + Cl^-(aq)$	–51,5
$NH_3(g)$	$\rightarrow NH_3(aq)$	–35,2
$HCl(g)$	$\rightarrow HCl(aq)$	–72,5
$NH_4Cl(s)$	$\rightarrow NH_4^+(aq) + Cl^-(aq)$	16,8

B8 In einem Erlenmeyerkolben wurden zunächst 75 ml Wasser mit 25 ml einer gesättigten wässrigen Lösung von Brom ($w(Br_2) = 3{,}4\,\%$) gemischt. Nach Zugabe von 0,50 g Zinkpulver stieg die Temperatur um 4,3 K an.
a) Stellen Sie die Reaktionsgleichung auf.
b) Berechnen Sie zunächst Näherungswerte für die Reaktionswärme und die molare Reaktionsenthalpie aufgrund der angegebenen Werte.
c) Die ermittelte Temperaturdifferenz weist durch die Auflösung des Thermometers eine Unsicherheit von ±0,1 K auf. Bestimmen Sie die Fehlerbreite für die in b) berechneten Werte. Die Fehlerbreite gibt dabei die mögliche Erhöhung oder Verringerung des mittleren Wertes an, die durch den Ablesefehler entsteht.
d) Ermitteln Sie näherungsweise auch den Fehler, der sich aus der Erwärmung des Erlenmeyerkolbens ergibt. (m(Glas) = 65 g). Gehen Sie davon aus, dass die Wärmekapazität von Glas $c_p = 0{,}9\ J \cdot K^{-1} \cdot g^{-1}$ beträgt und dass das Glas gleichmäßig um 4,3 K erwärmt wurde.
e) Berechnen Sie die molare Reaktionsenthalpie der untersuchten Reaktion aus den Standardbildungsenthalpien (für $Br_2(aq)$ gilt: $\Delta_f H^0_m = -1\ kJ \cdot mol^{-1}$).
f) Bewerten Sie den Einfluss der in c) und d) erfassten Fehler auf das in b) erhaltene Ergebnis. Nennen Sie Möglichkeiten der Veränderung in der Durchführung, so dass der Versuch und die Auswertung des Versuchs ein genaueres Ergebnis liefert.

B9 In einem naturwissenschaftlich-technischen Lexikon findet man in dem Beitrag über die Arbeit mit einem Schneidbrenner die folgende Angabe: „Mit dem überschüssigen Sauerstoff verbrennt Eisen unter Bildung von Fe_2O_4. Pro Kilogramm Eisen werden dabei 1615 kcal frei.“ (1 cal = 4,18 J).
Ein Oxid mit der Zusammensetzung Fe_2O_4 existiert jedoch nicht. Die Angabe kann sich daher nur auf eines der Oxide Fe_3O_4 oder Fe_2O_3 beziehen.
a) Berechnen Sie die zu erwartenden Bildungsenthalpien der beiden Eisenoxide für 1 kg Eisen.
b) Erklären Sie den Widerspruch im Text und korrigieren Sie die Textpassage.

◇ **B10** In einer spontanen Reaktion reagiert Stickstoffmonooxid mit Sauerstoff zu Stickstoffdioxid.
a) Stellen Sie die Reaktionsgleichung auf.
b) Berechnen Sie die molare Standardreaktionsenthalpie.
c) Berechnen Sie die molare Standardreaktionsentropie.
d) Berechnen Sie die molare freie Standardreaktionsenthalpie.
e) Beurteilen Sie, ob die Reaktion bei Raumtemperatur freiwillig ablaufen kann.

C1 Bildungsenthalpie von Eisensulfid

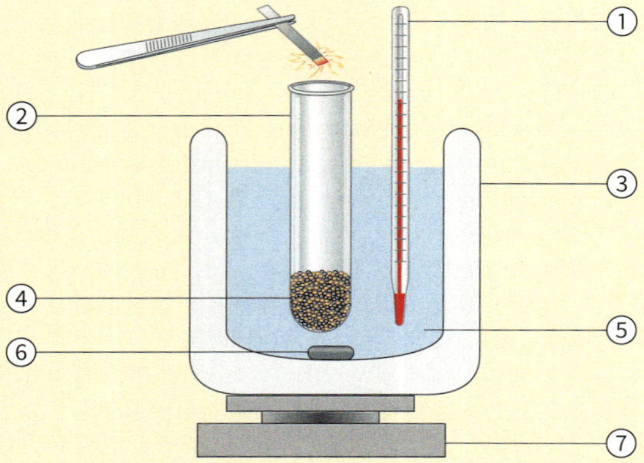

1 *Messung der Bildungsenthalpie in einem Kalorimeter*

Zur Bestimmung der Wärmekapazität des Kalorimeters wird ein Vorversuch durchgeführt. Im Kalorimeter befinden sich 150 g Wasser. Nach der Zugabe von 5,1 g Lithiumchlorid wird eine Temperaturänderung von 6,8 K gemessen. Die Lösungsenthalpie von Lithiumchlorid (LiCl(s)) beträgt $\Delta_r H_m^0 = -37 \text{ kJ} \cdot \text{mol}^{-1}$.

Der Versuch zur Bestimmung der Bildungsenthalpie von Eisensulfid aus den Elementen wird folgendermaßen durchgeführt: 1,6 g Schwefel und 2,8 g Eisen werden getrocknet und in einem Mörser gut miteinander vermischt. Das Gemisch wird in ein Reagenzglas gegeben und in ein mit 150 g Wasser gefülltes Kalorimeter gestellt. Das Gemisch wird mit einem etwa 2 cm langen, brennenden Stück Magnesiumband ($m \approx 20$ mg) gezündet. Es werden folgende Wertepaare gemessen.

t in s	5	10	15	16	17	18	19	20	25	30	35
T in °C	20,9	20,9	20,9	22,6	25,3	27,4	28,6	28,5	28,3	28,1	27,8

a) Beschreiben Sie die Funktionsweise eines Kalorimeters. Benennen Sie dazu die Teile in der Abbildung.
b) Notieren Sie die Reaktionsgleichung der Reaktion von Eisen und Schwefel.
c) Zeichnen Sie das Zeit-Temperatur-Diagramm und bestimmen Sie die Temperaturänderung.
d) Berechnen Sie die molare Bildungsenthalpie von Eisensulfid.
e) Der Vorversuch zeigt, dass das Kalorimeter einen Teil der Reaktionswärme speichert und so das Ergebnis verfälscht. Berechnen Sie die vom Kalorimeter aufgenommene Wärmemenge. Beurteilen Sie die Genauigkeit der vereinfachten Berechnung in Aufgabe d).
f) Bewerten Sie den Fehler, der durch das Zünden mit dem brennenden Magnesiumband entsteht.

C2 Bestimmung der molaren Lösungswärme

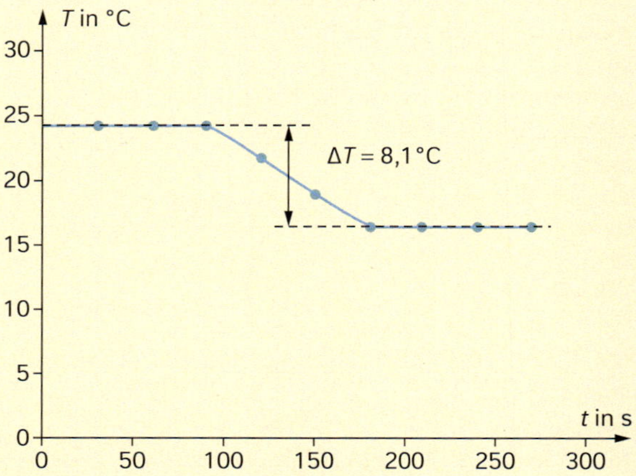

2 *Temperaturverlauf beim Lösen von $CaCl_2 \cdot 6\,H_2O$*

In einem Kalorimeter soll die molare Lösungswärme von Calciumchlorid-Hexahydrat bestimmt werden. Dazu wird zunächst alle 30 Sekunden die Temperatur des Wassers im Kalorimeter gemessen. Nach 90 Sekunden löst man dann 23 g Calciumchlorid-Hexahydrat in 40 ml Wasser und bestimmt die Temperatur der Lösung weiterhin, bis sie näherungsweise konstant bleibt. Abbildung 2 zeigt den Temperaturverlauf der Messung.

Beim Calciumchlorid-Hexahydrat ($CaCl_2 \cdot 6\,H_2O$) sind pro Formeleinheit $CaCl_2$ sechs Wasser-Moleküle in der Gitterstruktur des Salzkristalls gebunden. Man spricht von Hydratwasser oder Kristallwasser. Erwärmt man Calciumchlorid-Hexahydrat, entweicht das Hydratwasser und es entsteht wasserfreies Calciumchlorid. Umgekehrt bildet sich durch Zugabe von Wasser auch wieder Calciumchlorid-Hexahydrat. Bei der Bildung des Hydrats wird Energie in Form von Hydratationswärme frei.

a) Berechnen Sie die Lösungswärme Q_s für das Lösen des Calciumchlorid-Hexahydrats.
b) Ermitteln Sie mit den Versuchsergebnissen die molare Lösungswärme des Calciumchlorid-Hexahydrats.
c) Geben Sie an, ob der Löseprozess endotherm oder exotherm verläuft.
d) Erklären Sie die Begriffe *Gitterenergie* und *Hydratationsenergie.*
e) Begründen Sie, ob beim Lösen von Calciumchlorid-Hexahydrat die Gitterenergie oder die Hydratationsenergie größer ist.
f) Wiederholt man den Versuch mit wasserfreiem Calciumchlorid, erwärmt sich die Lösung. Stellen Sie eine Hypothese für diese Beobachtung auf.

◇ C3 Endergonische oder exergonische Reaktion?

Formel	Zustand	$\Delta_f H_m^0$ in $kJ \cdot mol^{-1}$	$\Delta_f G_m^0$ in $kJ \cdot mol^{-1}$	S_m^0 in $J \cdot K^{-1} \cdot mol^{-1}$
C (Graphit)	s	0	0	6
CO_2	g	–394	–394	214
CO	g	–111	–137	198
Fe	s	0	0	27
Fe_2O_3	s	–823	–741	87
H_2	g	0	0	131
HI	g	26	2	207
H_2O	g	–242	–229	189
I_2	s	0	0	116
N_2	g	0	0	192
NO_2	g	33	51	240
N_2O_4	g	9	98	306
O_2	g	0	0	205
C_3H_8	g	– 105	–29	269

3 *Molare Standardbildungsenthalpien und Entropien*

Molare Standardwerte für Enthalpien und Entropien sind wichtige Literaturwerte für die Betrachtung chemischer Reaktionen. Mit den Werten kann bereits vor der Durchführung eines Versuches ermittelt werden, bei welchen Temperaturen die Reaktionen freiwillig ablaufen, sodass eine Versuchsdurchführung genau geplant werden kann.

A $H_2(g) + I_2(s) \leftrightharpoons 2\,HI(g)$
B $2\,NO_2(g) \leftrightharpoons N_2O_4(g)$
C $N_2(g) + 2\,O_2(g) \leftrightharpoons 2\,NO_2(g)$
D $C_3H_8(g) + 5\,O_2(g) \leftrightharpoons 3\,CO_2(g) + 4\,H_2O(g)$
E $2\,CO(g) + O_2(g) \leftrightharpoons 2\,CO_2(g)$
F $Fe_2O_3(s) + 3\,C(s) \leftrightharpoons 2\,Fe(s) + 3\,CO(g)$

a) Die Reaktionen **A** bis **C** sind typische Bildungsreaktionen für Reinstoffe. Die Reaktionen **D** bis **E** haben eine technische Bedeutung. Recherchieren Sie, bei welchen technischen Prozessen die Reaktionen ablaufen.
b) Betrachten Sie die Reaktionsgleichungen und schätzen Sie ab, ob die Entropie bei der jeweiligen Reaktion zunimmt oder abnimmt. Begründen Sie Ihre Hypothese.
c) Berechnen Sie für die Reaktionen $\Delta_r H_m^0$ und $\Delta_r S_m^0$. Nutzen Sie dazu die angegebenen Tabellenwerte.
d) Überprüfen Sie mit den berechneten Werten der molaren Reaktionsentropie Ihre Hypothesen von Aufgabe b).
e) Berechnen Sie für die angegebenen Reaktionen die molaren freien Reaktionsenthalpien $\Delta_r G_m$ bei 25 °C.
f) Geben Sie an, ob die Reaktionen bei 25 °C endergonisch oder exergonisch sind.
g) Ermitteln Sie für jede Reaktion, welche Temperatur mindestens benötigt wird, damit sie freiwillig abläuft.

◇ C4 Bestimmung einer Gitterenthalpie

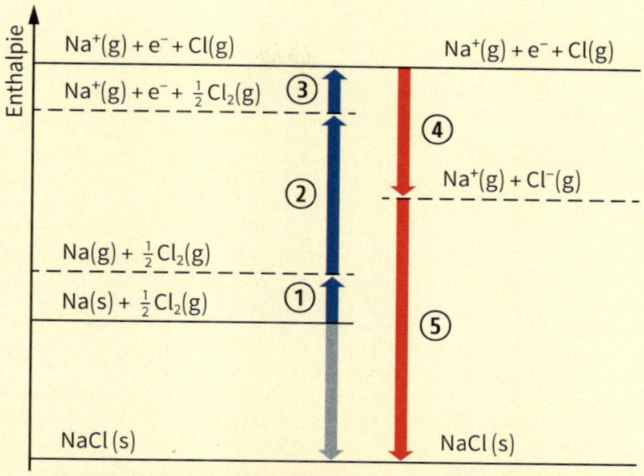

4 *Enthalpiediagramm der Bildung von Natriumchlorid*

Natrium und Chlor reagieren stark exotherm zu Natriumchlorid. In einem Kalorimeter bestimmt man die molare Standardreaktionsenthalpie der Salzbildung zu:

$Na(s) + \frac{1}{2}\,Cl_2(g) \rightarrow NaCl(s)$; $\Delta_r H_m^0 = -411\ kJ \cdot mol^{-1}$

Max Born und Fritz Haber haben den Satz von Hess angewendet, um die Gitterenthalpie für den Natriumchloridkristall zu bestimmen. Sie wird frei, wenn sich in der Gasphase Anionen und Kationen zu einem Kristall formieren. Zur Bestimmung der Gitterenthalpie zerlegten Born und Haber die Bildung des Salzes formal in mehrere Teilschritte. So ergeben sich fünf Schritte, von denen sich die Enthalpien der ersten vier Schritte experimentell bestimmen lassen:

① Sublimation von Natrium ($107\ kJ \cdot mol^{-1}$)
② Oxidation der Na-Atome ($502\ kJ \cdot mol^{-1}$)
③ Spaltung der Cl_2-Moleküle ($121\ kJ \cdot mol^{-1}$)
④ Reduktion der Cl-Atome ($-355\ kJ \cdot mol^{-1}$)
⑤ Bildung des Ionengitters aus Ionen in der Gasphase

a) Benennen Sie die wesentlichen Aussagen des Satzes von Hess. Wenden Sie die Aussagen auf die Bestimmung der Gitterenthalpie an.
b) Bestimmen Sie die Gitterenthalpie von Natriumchlorid.
c) Um die Reaktion zu starten, wird das Natrium zunächst geschmolzen. Erläutern Sie diesen Schritt für den Ablauf der Reaktion. Begründen Sie, dass die Reaktion nach dem Start ohne Erhitzen weiterläuft.
d) Begründen Sie, dass die Reaktion abläuft, obwohl bei der Bildung des Ionengitters die Entropie abnimmt.
e) Die Gitterenthalpie von Calciumchlorid beträgt $-2255\ kJ \cdot mol^{-1}$, die von Calciumoxid sogar $-3419\ kJ \cdot mol^{-1}$. Stellen Sie eine Hypothese auf, warum die Werte der Gitterenthalpie bei den Calciumsalzen viel höher liegen als bei Natriumchlorid.

Kapitel 2

Säure-Base-Reaktionen

Viele Dinge des Alltags enthalten Säuren oder Basen. In Entkalkern, Backofensprays oder Waschmitteln unterstützen sie die Reinigungswirkung. In Lebensmitteln wie Essig, Sprudelwasser und Laugengebäck beeinflussen sie vor allem den Geschmack und die Haltbarkeit.
Säuren und Basen wirken ätzend und manchmal sogar toxisch. Dafür ist neben der Art der Säure oder Base auch ihre Konzentration entscheidend. Diese Wirkungen sind manchmal erwünscht, manchmal auch gefährlich. Die Balance zwischen Wirksamkeit und Sicherheit muss gewahrt werden. Aus diesem Grund unterliegt der Einsatz von Säuren und Basen in Lebensmitteln und Haushaltsprodukten ständigen Qualitätskontrollen.

Was Sie schon kennen:

- dass chemische Reaktionen mit Enthalpieänderungen verbunden sind,
- den Unterschied zwischen einer Säure und einer sauren Lösung beziehungsweise einer Base und einer alkalischen Lösung,
- die Bestimmung des pH-Werts einer Lösung mithilfe von Universalindikator,
- die Vorgänge bei der Neutralisation einer sauren und einer alkalischen Lösung,
- die Darstellung von Molekülen als Strukturformeln und funktionelle Gruppen in Molekülen,
- polare und unpolare Elektronenpaarbindungen und die Zuordnung von Teilladungen,
- die Dynamik des chemischen Gleichgewichts und die Faktoren, durch die Gleichgewichte gestört werden.

In diesem Kapitel lernen Sie:

- **was** man unter Brønsted-Säuren und Brønsted-Basen versteht,
- **was** die Neutralisationsenthalpie ist,
- **weshalb** auch reines Wasser den elektrischen Strom geringfügig leitet,
- **weshalb** saure Lösungen gleicher Konzentration einen unterschiedlichen pH-Wert haben können,
- **wie** man den pH-Wert wässriger Lösungen berechnet,
- **wie** ein Indikator für Säuren und Basen reagiert,
- **welche** Methoden sich zur Konzentrationsbestimmung von sauren und alkalischen Lösungen eignen,
- **was** Puffer sind und welche Bedeutung sie für unser Leben haben.

Sind Sie fit für dieses Kapitel?

1 a) Zeichnen Sie die Strukturformeln in Ihr Heft. Markieren Sie die bindenden und die freien Elektronenpaare in unterschiedlichen Farben. Benennen Sie die Stoffe, die aus Molekülen aufgebaut sind.
b) Begründen Sie, ob es sich um unpolare oder polare Elektronenpaarbindungen handelt.
c) Notieren Sie bei den polaren Elektronenpaarbindungen die Teilladungen an die Atome.
d) Wässrige Lösungen der Stoffe zeigen mit Universalindikator die abgebildeten Farben. Ermitteln Sie für jede Lösung den pH-Wert und geben Sie an, ob es sich um eine saure, neutrale oder alkalische Lösung handelt.
e) Ordnen Sie die Stoffe den Reagenzgläsern zu. Benennen Sie die in den Lösungen enthaltenen Ionen.

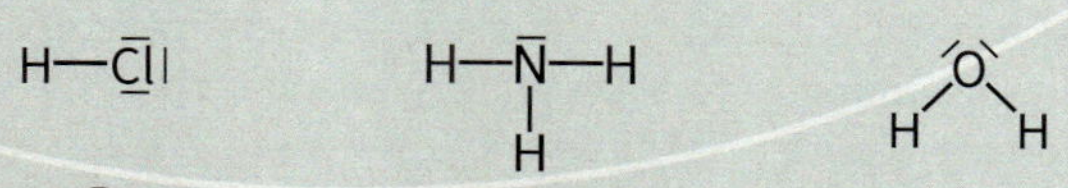

Ⓐ Ⓑ Ⓒ

Elementsymbol	H	N	Cl	O
Elektronegativität	2,2	3,0	3,2	3,4

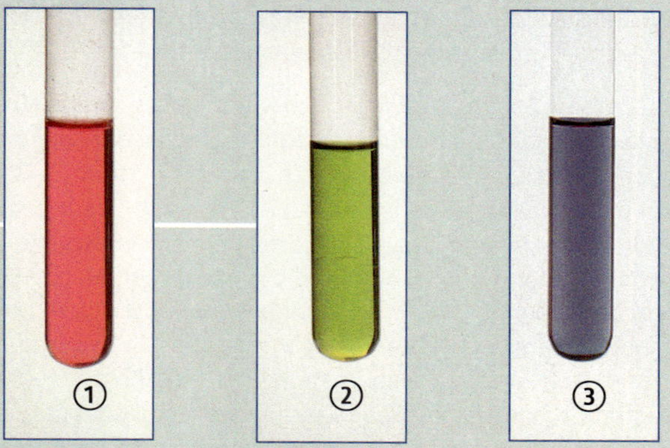

Universalindikator

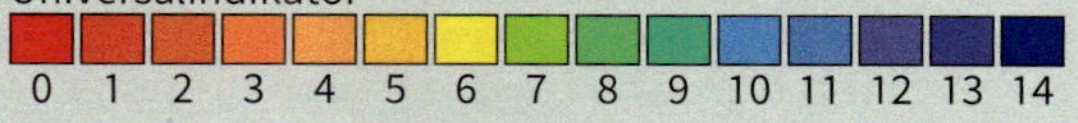

2 In einem Behälter mit dem Volumen $V = 5$ l hat sich zwischen den Gasen Stickstoff, Wasserstoff und Ammoniak ein chemisches Gleichgewicht eingestellt. Es liegen folgende Stoffmengen vor: $n(N_2) = 5{,}05$ mol, $n(H_2) = 8$ mol, $n(NH_3) = 0{,}5$ mol
a) Stellen Sie die Reaktionsgleichung auf.
b) Notieren Sie das Massenwirkungsgesetz für die Reaktion. Berechnen Sie die Gleichgewichtskonstante. Geben Sie die Lage des Gleichgewichts an.
c) Begründen Sie mathematisch und anschaulich auf der Teilchenebene, dass bei einer Verringerung des Volumens die Produktausbeute zunimmt.

Lösungen und weitere Aufgaben finden Sie unter www.westermann.de/chemie-heute-152079 Nutzen Sie zur Anmeldung den Online-Schlüssel auf der vorderen Umschlagsinnenseite.

2.1 Von A wie Abflussfrei bis Z wie Zitronensaft

1 *Verschiedene basische und saure Reinigungsmittel*

E-Nummer	Stoff	Funktion
120	Karminsäure	Farbstoff
210	Benzoesäure	Konservierungsstoff
220	Schweflige Säure	Konservierungsstoff
297	Fumarsäure	Säuerungsmittel
334	Weinsäure	Säuerungsmittel, Säureregulator
400	Alginsäure	Emulgator, Verdickungsmittel
620	Glutaminsäure	Geschmacksverstärker

2 *Beispiele für Säuren als Lebensmittelzusatzstoffe*

Im Alltag begegnen uns in den unterschiedlichsten Bereichen Säuren oder Basen. Oftmals liegen diese Stoffe in Wasser gelöst als saure oder alkalische Lösung vor. Säuren und Basen sowie deren Lösungen sind teils gefährlich, oft aber auch nützlich oder zeigen gar eine therapeutische Wirkung wie folgende Beispiele zeigen.

Reinigungsmittel. Viele Reinigungsmittel enthalten Basen wie Waschsoda (Natriumcarbonat) oder Natriumhydroxid (Abb. 1). Sie eignen sich besonders zur Entfernung hartnäckiger Flecken von Fett, Öl oder Proteinen. Diese Schmutzstoffe werden einerseits durch basische Reiniger in einer chemischen Reaktion zersetzt. Andererseits lagern sich die in alkalischen Lösungen enthaltenen OH^--Ionen an fast allen Oberflächen und den Schmutzpartikeln an und unterstützen so die Schmutzablösung. Je nach eingesetzter Base wirken die Reinigungsmittel unterschiedlich stark. Waschsoda ergibt beispielsweise eine mildere alkalische Lösung als das stark ätzende Natriumhydroxid, das in Backofensprays oder Abflussreinigern enthalten ist.

Alkalische Lösungen sind jedoch wirkungslos gegen Kalk oder Urinstein. Zur Beseitigung solcher Verschmutzungen verwendet man saure Lösungen. Entkalker sowie Bad- und WC-Reiniger enthalten daher wässrige Lösungen von Ameisensäure, Essigsäure, Citronensäure, Salzsäure oder Phosphorsäure. Kalk und Urinstein reagieren mit diesen Lösungen und werden dabei aufgelöst. Auch die sauren Reiniger sind, je nach eingesetzter Säure, unterschiedlich stark. Die in manchen WC-Reinigern enthaltenen anorganischen Säuren wie Phosphorsäure und Salzsäure sind stark ätzend. Sie lösen zwar hartnäckige Verschmutzungen gut auf, können bei unvorsichtiger Anwendung aber Augen und Haut verletzen. Weniger stark und daher schonender für die Haut und empfindliche Oberflächen sind Reiniger, die organische Säuren wie Citronensäure, Essigsäure oder Ameisensäure enthalten.

Lebensmittel. Zusatzstoffe in Lebensmitteln werden durch E-Nummern angegeben. Diese Stoffe dienen der Konservierung, Färbung oder Geschmacksverstärkung (Abb. 2). Eine wichtige Rolle bei der Lebensmittelkonservierung spielen Carbonsäuren wie Milchsäure (E 270), Essigsäure (E 260), Citronensäure (E 330) oder Äpfelsäure (E 296). Sie hemmen das Wachstum von Schimmelpilzen und anderen Krankheits- und Fäulniserregern. Dadurch verderben Lebensmittel nicht so schnell. Auch anorganische Säuren finden in der Lebensmittelindustrie Verwendung. So verbirgt sich hinter der Abkürzung E 338 Phosphorsäure. Sie wird vor allem Cola-Getränken als Säuerungsmittel zugesetzt.

Während die meisten unserer Lebensmittel sauer oder neutral wirken, gibt es nur sehr wenige alkalische Lebensmittel. Ein Beispiel hierfür ist das Laugengebäck. Kurz vor dem Backen wird dieses einige Sekunden in 3–5%ige Natronlauge (E 524) getunkt. Mithilfe der Natronlauge und durch die Wärmezufuhr während des Backvorgangs werden die Proteine im Teig schneller aufgespalten. Das Laugengebäck bekommt so die typische Braunfärbung sowie den gewünschten Geschmack. Überschüssige Lauge reagiert beim Backvorgang mit Kohlenstoffdioxid zu Natriumcarbonat. Ein Verzehr des Gebäcks ist daher ungefährlich.

Medizin. Auch aus der Medizin sind Säuren und Basen nicht wegzudenken. Die Wirkstoffe vieler Schmerzmittel sind Säuren. Die bekannteste unter ihnen ist die Acetylsalicylsäure, die unter dem Handelsnamen Aspirin® ein Welterfolg wurde (Abb. 3). Zur Verätzung von Warzen und für die Behandlung von Akne-Narben wird häufig Trichloressigsäure benutzt, eine starke Carbonsäure.

Gegen Sodbrennen verwendet man Antazida. Diese enthalten Basen wie etwa Natriumhydrogencarbonat oder Magnesiumhydroxid, welche die überschüssige Magensäure neutralisieren.

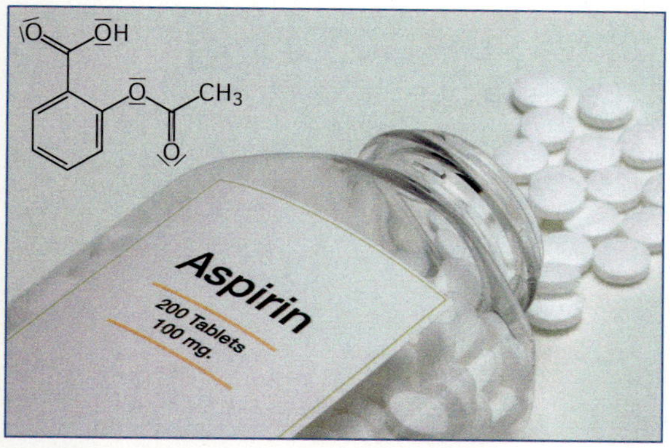

3 *Acetylsalicylsäure – der Wirkstoff in Aspirin®*

Freizeit. Der pH-Wert des Wassers im Schwimmbad sollte im Idealfall zwischen 7 und 7,4 liegen, also im neutralen Bereich. Ist das Wasser zu sauer, können die Wände des Pools sowie die Armaturen mit der Zeit angegriffen werden. Ein zu hoher pH-Wert fördert im Gegensatz dazu Kalkablagerungen und führt zu Augen- und Hautreizungen. Um den pH-Wert richtig einzustellen, verwenden Schwimmbadbetreiber daher pH-Heber oder pH-Senker. pH-Heber enthalten Basen wie Natriumhydroxid, Natriumacetat oder Natroncarbonat. Diese neutralisieren die überschüssige Säure im Poolwasser. Der pH-Wert steigt. pH-Senker hingegen enthalten Säuren wie Salzsäure, Natriumhydrogensulfat oder Ammoniumchlorid, welche die überschüssigen Basen neutralisieren. Der pH-Wert wird abgesenkt.

Saure und alkalische Lösungen entstehen durch Lösen von Säuren und Basen in Wasser. Säuren und Basen sowie saure und alkalische Lösungen finden in Alltag und Technik in vielen Bereich eine Anwendung.

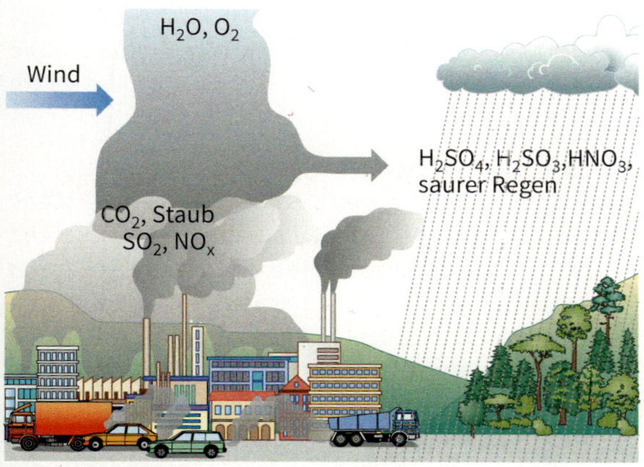

4 *Saurer Regen*

1 a) Partner A: Erstellen Sie eine Mindmap zu allen im Text genannten Säuren und sauren Lösungen sowie ihrer Verwendung. Partner B: Erstellen Sie eine Mindmap zu allen im Text genannten Basen und alkalischen Lösungen sowie ihrer Verwendung.
b) Verknüpfen Sie beide Mindmaps miteinander.
c) Ergänzen Sie die in den Lösungen enthaltenen Ionen.

2 Partner A: Essig und Essigsäure, Partner B: Natriumhydroxid und Natronlauge.
a) Erläutern Sie die Unterschiede zwischen den Stoffen.
b) Stellen Sie sich Ihre Ergebnisse gegenseitig vor.
c) Stellen Sie an diesen Beispielen Ihr bisher gelerntes Säure-Base-Konzept vor.

3 a) Recherchieren Sie den Namen sowie die Strukturformel der Stoffe, die sich hinter folgenden E-Nummern verbergen: E 200, E 236, E 280, E 300, E 330. Notieren Sie Ihre Ergebnisse.
b) Geben Sie Beispiele an, in denen diese Stoffe Verwendung finden. Nutzen Sie dazu auch Abb. 2.
c) Beurteilen Sie, ob alle Stoffe bedenkenlos als Lebensmittelzusatzstoff eingesetzt werden können.
d) Mittlerweile findet man auf der Produktinformation statt der E-Nummern wieder öfter den Namen des Inhaltsstoffs wie Citronensäure. Bewerten Sie die beiden Formen der Angabe für den Verbraucher.

4 Unter saurem Regen werden Niederschläge verstanden, deren pH-Werte unter 5,6 liegen. Messungen des Regenwassers in den 1990er Jahren ergaben teilweise pH-Werte von nur 4 bis 4,5.
a) Erklären Sie mithilfe der Abb. 4 wie saurer Regen entsteht. Vergleichen Sie dazu die Formeln der aufgeführten Stoffe und erstellen Sie daraus ein Fließdiagramm.
b) Informieren Sie sich über die Auswirkungen des sauren Regens auf die Umwelt.
c) Recherchieren Sie die Entwicklung vom pH-Wert des Regenwassers seit den 1980er Jahren sowie die Ursachen dieser Entwicklung. Unterscheiden Sie dabei natürliche und vom Menschen zu verantwortende (anthropogene) Ursachen. Stellen Sie die Ergebnisse grafisch dar.
d) Bewerten Sie die Maßnahmen zur Bekämpfung des sauren Regens.

5 Auf einigen „hochwirksamen" Reinigungsmitteln gegen Kalk findet man den Hinweis, dass dieser Reiniger nicht auf empfindlichen Oberflächen wie Marmor, Kupfer oder Aluminium angewendet werden sollte.
a) Recherchieren Sie die Inhaltsstoffe solcher Reinigungsmittel.
b) Erklären Sie, gegebenenfalls auch mithilfe von Reaktionsgleichungen, warum so ein Reiniger auf den genannten Oberflächen nicht angewendet werden sollte.

2.2 Brønsted-Säuren und Brønsted-Basen sind Teilchen

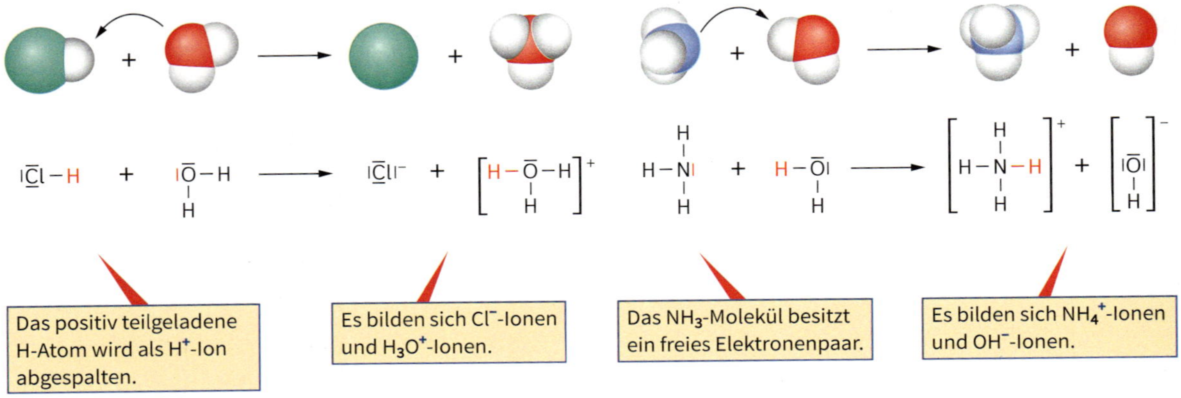

1 *Säure-Base-Definition nach Brønsted*

Bereits im 17. Jahrhundert stellte der irische Naturforscher Robert BOYLE fest, dass Säuren blaue Pflanzenfarbstoffe rot färben und Basen – er sprach damals von Alkalien – rote Pflanzenfarbstoffe blau oder grün werden lassen. Auch die auflösende Wirkung von Säuren auf bestimmte Metalle und Marmor sowie die Bildung von Salzen durch Neutralisation von Säuren mit Basen wurden von ihm beschrieben. Erklären konnte er diese Eigenschaften jedoch nicht. Neue Erkenntnisse über Säuren und Basen veranlasste Wissenschaftler im Laufe der Zeit die Theorie über Säuren und Basen immer weiter zu entwickeln. So konnte man die Eigenschaften von Säuren und Basen immer besser erklären.

Das Brønsted-Konzept. Ein heute weltweit bevorzugtes Säure-Base-Konzept geht auf den dänischen Chemiker Johannes N. BRØNSTED zurück. Er schlug 1923 vor, die Begriffe *Säure* und *Base* nicht länger auf die Eigenschaften von Stoffen in wässriger Lösung zu beziehen. Er verallgemeinerte das Konzept auf das Reaktionsverhalten der in den Stoffen enthaltenen Teilchen (Abb. 1). Nach dem **Brønsted-Konzept** ist

- eine Säure ein Teilchen, das Protonen (H^+-Ionen) abgeben kann – ein **Protonendonator**,
- eine Base ein Teilchen, das Protonen aufnehmen kann – ein **Protonenakzeptor**.

Da einzelne Protonen nicht losgelöst auftreten, kann eine Säure nur dann reagieren, wenn ebenfalls eine Base vorliegt. Das von der Säure abgegebene Proton wird dann sofort von der Base aufgenommen. Es findet also eine **Protonenübertragung** statt. Eine solche Säure-Base-Reaktion nach dem *Donator-Akzeptor-Prinzip* bezeichnet man als **Protolyse**. Damit ein Teilchen als Brønsted-Säure reagieren kann, muss es über mindestens ein H-Atom mit einer positiven Teilladung verfügen. Eine Brønsted-Base hingegen verfügt über mindestens ein freies Elektronenpaar (Abb. 1).

Das Brønsted-Konzept umfasst auch Protolysereaktionen ohne Beteiligung von Wasser. So reagieren Chlorwasserstoffgas und Ammoniakgas in einer Säure-Base-Reaktion direkt miteinander zum Salz Ammoniumchlorid (NH_4Cl).

Säure-Base-Paare. Gibt eine Säure in einer Protolysereaktion ein Proton ab, so entsteht ein Teilchen, das wieder ein Proton aufnehmen könnte, also eine Base. Umgekehrt entsteht aus jeder Base, die ein Proton aufgenommen hat, wieder ein Teilchen, das ein Proton abgeben könnte, also eine Säure. Ein solches Paar von Teilchen, das sich nur um ein Proton unterscheidet, bezeichnet man als *Säure-Base-Paar*. An einer Säure-Base-Reaktion sind immer zwei solcher Paare beteiligt:

Säure-Base-Paar 1

$$\underset{\text{Base 1}}{NH_3(aq)} + \underset{\text{Säure 2}}{H_2O(l)} \rightleftharpoons \underset{\text{Säure 1}}{NH_4^+(aq)} + \underset{\text{Base 2}}{OH^-(aq)}$$

Säure-Base-Paar 2

Allgemein wird eine Brønsted-Säure durch das Symbol HA und eine Brønsted-Base durch B beschrieben. Die allgemeine Protolysereaktion der Säure-Base-Paare HA/A^- und HB^+/B lautet dann:

$$HA + B \rightleftharpoons A^- + HB^+$$

Oxonium-Ionen. Bei der Reaktion einer Säure mit Wasser als Base (Abb. 1), entstehen *Oxonium-Ionen* (H_3O^+). Diese Ionen sind in wässriger Lösung über H-Brücken relativ fest mit drei weiteren Wasser-Molekülen verbunden. Man könnte daher auch die Formel $H_9O_4^+(aq)$ in Erwägung ziehen. In der Regel bleibt man bei der einfachen Schreibweise $H_3O^+(aq)$. Oxonium-Ionen werden auch **Hydronium-Ionen** genannt. Dieser Name bedeutet soviel wie hydratisiertes Oxonium-Ion.

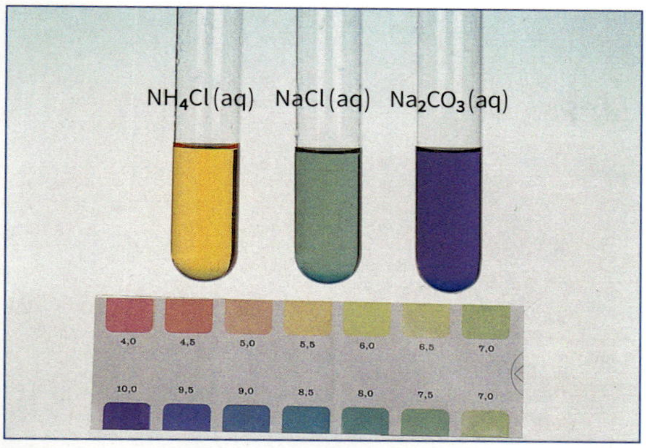

2 *pH-Werte verschiedener Salzlösungen*

Ampholyte. Es gibt viele Teilchen, die im Sinne Brønsteds sowohl als Säure als auch als Base auftreten können. H_2O-Moleküle reagieren beispielsweise beim Lösen von Chlorwasserstoff als Base. Bei der Reaktion mit Ammoniak hingegen reagieren die H_2O-Moleküle als Säure (Abb. 1). Solche Teilchen, die je nach Reaktionspartner ein Proton aufnehmen oder abgeben können, werden allgemein als *Ampholyt* bezeichnet. Sie weisen sowohl die strukturellen Merkmale von Brønsted-Säuren als auch von Brønsted-Basen auf.

Protolyse in Salzlösungen. Auch viele Salze liefern beim Lösen in Wasser saure oder alkalische Lösungen (Abb. 2). Beispiele sind Natriumcarbonat (Na_2CO_3) und Ammoniumchlorid (NH_4Cl). Löst man Natriumcarbonat in Wasser wirkt das Carbonat-Ion gegenüber dem H_2O-Molekül als Brønsted-Base. Als Produkte entstehen Hydrogencarbonat-Ionen (HCO_3^-)und Hydroxid-Ionen, die Lösung von Natriumcarbonat in Wasser ist alkalisch:

$$CO_3^{2-}(aq) + H_2O(l) \rightleftharpoons HCO_3^-(aq) + OH^-(aq)$$

Beim Lösen von Ammoniumchlorid in Wasser liegt eine saure Lösung vor. Hier wirken die Ammonium-Ionen gegenüber den H_2O-Molekülen als Brønsted-Säure:

$$NH_4^+(aq) + H_2O(l) \rightleftharpoons NH_3(g) + H_3O^+(aq)$$

Die wässrigen Lösungen von Salzen wie Natriumchlorid, Kaliumnitrat oder Magnesiumsulfat hingegen sind neutral. Dies bedeutet, dass in diesen Fällen weder die hydratisierten Kationen noch die hydratisierten Anionen an Protolysereaktionen teilnehmen.

Eine Reaktion zwischen einer Säure und einer Base ist nach Brønsted eine Protonenübertragungsreaktion, kurz Protolyse. Die Säure wirkt dabei als Protonendonator, die Base als Protonenakzeptor.

---

1 a) Partner A: Säure und saure Lösung. Partner B: Base und alkalische Lösung. Erläutern Sie den Unterschied und geben Sie jeweils ein Beispiel an.
b) Stellen Sie sich Ihre Ergebnisse gegenseitig vor.

2 a) Geben Sie für alle im Text genannten Reaktionen die jeweiligen Säure-Base-Paare an.
b) Notieren Sie die Säure-Base-Paare an die allgemeine Reaktionsgleichung.

3 Hält man eine offene Flasche mit konzentrierter Ammoniaklösung neben eine offene Flasche mit konzentrierter Salzsäure, entsteht im Gasraum über den Öffnungen ein weißer Rauch.
a) Stellen Sie die Reaktionsgleichung auf.
b) Notieren Sie die an der Reaktion beteiligten Teilchen in Strukturformeln und erläutern Sie, was bei der Protolyse geschieht. Gehen Sie dabei auch auf die Polarität der Bindungen ein. Orientieren Sie sich an Abb. 1.
c) Markieren und benennen Sie die Säure-Base-Paare.

4 Partner A: OH^-, NH_4^+, HNO_3, H_2SO_4
Partner B: HSO_4^-, SO_4^{2-}, HCO_3^-, Cl^-
a) Geben Sie an, welche der Teilchen als Brønsted-Säure, Brønsted-Base oder Ampholyt reagieren können. Begründen Sie Ihre Entscheidung mithilfe der Molekülstruktur.
b) Stellen Sie sich Ihre Ergebnisse gegenseitig vor.

5 Partner A: Salzlösungen von $KHSO_4$ und NaH_2PO_4 färben Indikatorpapier rot. Partner B: Salzlösungen von Na_2SO_3 und Na_3PO_4 färben Indikatorpapier blau.
a) Erklären Sie die Beobachtungen mithilfe von Reaktionsgleichungen. Notieren Sie die Säure-Base-Paare.
b) Geben Sie für die Säuren und Basen die jeweiligen Strukturformeln an. Bestätigen Sie anhand dieser Formeln die strukturellen Merkmale für Brønsted-Säure und Brønsted-Base.
c) Stellen Sie sich Ihre Ergebnisse gegenseitig vor. Erklären Sie gemeinsam, weshalb eine Kaliumbromidlösung neutral reagiert.

6 Sodbrennen entsteht, wenn Salzsäure aus dem Mageninhalt die Speiseröhre verätzt. Ein altes Hausmittel gegen Sodbrennen ist das Salz Natriumhydrogencarbonat ($NaHCO_3$).
a) Zeigen Sie, dass die Reaktion des Salzes mit der Salzsäure des Magensafts eine Säure-Base-Reaktion nach Brønsted ist.
b) Formulieren Sie eine entsprechende Reaktionsgleichung und kennzeichnen Sie die Säure-Base-Paare.

7 Recherchieren Sie die wesentlichen Aussagen des Säure-Base-Konzepts nach Arrhenius. Beurteilen Sie die Aussagen „Chlorwasserstoff ist eine Säure." und „Natriumhydroxid ist eine Base." unter Berücksichtigung der Konzepte nach Arrhenius und nach Brønsted.

2.3 Von der Autoprotolyse des Wassers zum pH-Wert

Wasserart	Elektrische Leitfähigkeit in $\mu S \cdot cm^{-1}$
Meerwasser	42 500
Mineralwasser	570 – 1760
Leitungswasser	300 – 540
demineralisiertes Wasser	2
mehrfach destilliertes Wasser	0,0054

1 *Leitfähigkeitswerte von verschiedenen Wässern bei 25 °C*

2 *pH-Wert Messung von Teichwasser*

Trinkwasser leitet den elektrischen Strom relativ gut. Chemisch gesehen handelt es sich bei Trinkwasser um eine verdünnte Salzlösung, deren Mineralsalzgehalt meist im Bereich von $500\ mg \cdot l^{-1}$ liegt. Doch auch bei mehrfacher Destillation und weiteren intensiven Reinigungsschritten weist Wasser noch eine geringe, aber eindeutig messbare Leitfähigkeit auf. Selbst hochreines Wasser enthält also noch Ionen (Abb. 1).

Autoprotolyse. Die Eigenleitfähigkeit des Wassers ist das Ergebnis einer Protonenübertragung zwischen H_2O-Molekülen untereinander. Dabei entstehen OH^--Ionen und H_3O^+-Ionen zu gleichen Teilen:

$$2\ H_2O\ (l) \rightleftharpoons H_3O^+\ (aq) + OH^-\ (aq)$$

Da die Protolyse zwischen gleichartigen Molekülen abläuft, spricht man von einer **Autoprotolyse** (gr. *autos:* selbst). Als Gleichgewichtsreaktion lässt sich die Autoprotolyse mit dem Massenwirkungsgesetz beschreiben.

$$K = \frac{c(H_3O^+) \cdot c(OH^-)}{c^2(H_2O)}$$

Die Gleichgewichtskonstante K für die Autoprotolyse von Wasser hat einen sehr kleinen Wert. Das Gleichgewicht liegt also sehr weit auf der Seite der H_2O-Moleküle. Somit verändert die Autoprotolyse die Konzentration der H_2O-Moleküle praktisch nicht. Sie beträgt $c(H_2O) = 55{,}6\ mol \cdot l^{-1}$ und wird als Konstante mit in die Gleichgewichtskonstante einbezogen. Man erhält so eine neue Konstante K_W, die man als *Ionenprodukt des Wassers* bezeichnet:

$$K_W = K \cdot c^2(H_2O) = c(H_3O^+) \cdot c(OH^-)$$

Wie jede Gleichgewichtskonstante wird auch das Ionenprodukt des Wassers durch die Temperatur beeinflusst. Bei 25 °C betragen die Konzentrationen $c(H_3O^+)$ und $c(OH^-)$ jeweils $10^{-7}\ mol \cdot l^{-1}$. Damit gilt:

$$K_W = 10^{-7}\ mol \cdot l^{-1} \cdot 10^{-7}\ mol \cdot l^{-1} = 10^{-14}\ mol^2 \cdot l^{-2}$$

pH-Wert. Zur artgerechten Fischhaltung überprüft ein Teichbesitzer die Wasserqualität in seinem Teich. Unter anderem wird er den pH-Wert kontrollieren (Abb. 2). Ein falsch eingestellter pH-Wert könnte bei den Fischen zu Krankheiten oder sogar zum Tod führen. Doch was versteht man eigentlich unter dem pH-Wert?

Ob eine Lösung sauer, neutral oder alkalisch reagiert, steht in direktem Zusammenhang mit der Konzentration der H_3O^+-Ionen. In reinem Wasser liegt die Konzentration der H_3O^+-Ionen bei $10^{-7}\ mol \cdot l^{-1}$, die Lösung reagiert neutral. Ist $c(H_3O^+) > 10^{-7}\ mol \cdot l^{-1}$ so reagiert die Lösung sauer, bei $c(H_3O^+) < 10^{-7}\ mol \cdot l^{-1}$ alkalisch. Angaben von Konzentrationen in dieser Größenordnung sind jedoch recht umständlich und nur wenig alltagstauglich. Der dänische Biochemiker Peter Lauritz SØRENSEN schlug daher 1909 den pH-Wert als vereinfachte Angabe für die Konzentration an H_3O^+-Ionen in einer wässrigen Lösung vor. Er definierte den pH-Wert als negativen Zehnerlogarithmus des Zahlenwerts der H_3O^+-Ionenkonzentration. Der pH-Wert als Lösung des Logarithmus ist ohne Einheit. Im Argument des Logarithmus wird die Konzentrationsangabe durch ihre Einheit $mol \cdot l^{-1}$ geteilt:

$$pH = -\lg \frac{c(H_3O^+)}{mol \cdot l^{-1}} \quad \Leftrightarrow \quad \frac{c(H_3O^+)}{mol \cdot l^{-1}} = 10^{-pH}$$

pH-Skala. Die pH-Skala für wässrige Lösungen umfasst in den meisten Darstellungen Werte zwischen 0 und 14. Einen Bezugspunkt der pH-Skala bildet reines Wasser. Bei 25 °C ist der pH-Wert von Wasser $pH = -\lg 10^{-7} = 7$. Lösungen mit diesem pH-Wert werden als *neutral* bezeichnet.

Saure Lösungen haben einen pH-Wert kleiner als 7. Steigt die Konzentration der H_3O^+-Ionen um das Zehnfache sinkt der pH-Wert um 1. Beispielsweise berechnet man den pH-Wert von Salzsäure mit der Konzentration $c(H_3O^+) = 0{,}1\ mol \cdot l^{-1}$ zu $pH = -\lg 10^{-1} = 1$. Salzsäure mit der Konzentration $c(H_3O^+) = 1\ mol \cdot l^{-1}$ hat den pH-Wert $pH = -\lg 10^{0} = 0$.

Umgekehrt gilt: Je alkalischer eine Lösung, desto niedriger ist die Konzentration an H_3O^+-Ionen und desto höher ist der pH-Wert. Der pH-Wert ist dann größer als 7. Natronlauge mit $c(\text{NaOH}) = 1 \text{ mol} \cdot \text{l}^{-1}$ hat den pH-Wert 14. Die Konzentration der H_3O^+-Ionen ist aufgrund der hohen Konzentration von OH^--Ionen auf den extrem niedrigen Wert von $10^{-14} \text{ mol} \cdot \text{l}^{-1}$ abgesunken.

Rechnerisch kann die pH-Skala auch Werte umfassen, die kleiner als Null und größer als 14 sind. 32 %ige Salzsäure hat die Konzentration $c(H_3O^+) = 10 \text{ mol} \cdot \text{l}^{-1}$. Der pH-Wert dieser stark konzentrierten Säure beträgt –1.

pOH-Wert. Entsprechend der Definition des pH-Werts berechnet man in Bezug auf die Konzentration an OH^--Ionen in einer Lösung den *pOH-Wert*. Dabei gilt:

$$\text{pOH} = -\lg c \frac{c(\text{OH}^-)}{\text{mol} \cdot \text{l}^{-1}} \Leftrightarrow \frac{c(\text{OH}^-)}{\text{mol} \cdot \text{l}^{-1}} = 10^{-\text{pOH}}$$

Somit beträgt der pOH-Wert für reines Wasser $\text{pOH} = -\lg 10^{-7} = 7$. In dem Maße wie die Konzentration an H_3O^+-Ionen steigt, sinkt die Konzentration an OH^--Ionen und umgekehrt. Der negative Zehnerlogarithmus des Ionenprodukts von Wasser pK_W ergibt damit immer:

$$pK_W = \text{pH} + \text{pOH} = 14 \quad (\text{bei } 25\,°\text{C})$$

Das Ionenprodukt $K_W = c(H_3O^+) \cdot c(OH^-)$ ist für verdünnte wässrige Lösungen konstant. Der pH-Wert ist definiert als der negative Zehnerlogarithmus der Konzentration an H_3O^+-Ionen einer Lösung. Je größer die Konzentration der Oxonium-Ionen, desto kleiner ist der pH-Wert und desto stärker sauer reagiert die Lösung.

Rechenbeispiele

1. Die Konzentration der H_3O^+-Ionen in Magensäure beträgt $0{,}0032 \text{ mol} \cdot \text{l}^{-1}$. Berechnen Sie den pH-Wert.

Anwenden der Formel:

$$\text{pH} = -\lg \frac{0{,}0032 \text{ mol} \cdot \text{l}^{-1}}{\text{mol} \cdot \text{l}^{-1}} \approx 2{,}49$$

Tastenabfolge im Taschenrechner:

(–) | log | 0 | • | 0 | 0 | 3 | 2 |) | enter

2. Eine Essigsäure hat einen pH-Wert von 2,4. Berechnen Sie die Konzentration der H_3O^+-Ionen.

Anwenden der Formel:

$$c(H_3O^+) = 10^{-2{,}4} \text{ mol} \cdot \text{l}^{-1} \approx 0{,}004 \text{ mol} \cdot \text{l}^{-1}$$

Tastenabfolge im Taschenrechner:

2nd | log | (–) | 2 | • | 4 | enter

---

1 Recherchieren Sie Situationen im Alltag, bei denen der pH-Wert eine wichtige Rolle spielt. Notieren Sie mindestens drei Beispiele.

2 Erläutern Sie die unterschiedlichen Leitfähigkeitswerte der verschiedenen Wasserarten in Abb. 1.

3 a) Berechnen Sie die Konzentration der H_2O-Moleküle in reinem Wasser.
b) Berechnen Sie die Veränderung der Konzentration der H_2O-Moleküle nach der Autoprotolyse im Gleichgewicht und bewerten Sie die Näherung, dass die Wasserkonzentration als konstant angenommen wird.
c) Erläutern Sie anschließend die gesamte Herleitung des Ionenprodukts von Wasser K_W.
d) Berechnen Sie ausgehend von der Autoprotolyse die Anzahl der H_3O^+-Ionen in einem Liter Wasser.

4 Ähnlich wie in Wasser tritt die Bildung von Ionen durch Autoprotolyse auch bei anderen Stoffen auf. Beispiele dafür sind wasserfreie Säuren wie Ethansäure (CH_3COOH) oder Schwefelsäure (H_2SO_4) sowie flüssiger Ammoniak (NH_3).
a) Partner A: Ammoniak. Partner B: Ethansäure. Notieren Sie die Reaktionsgleichungen mit Strukturformeln für die Autoprotolyse der Moleküle.
b) Untersuchen Sie gemeinsam die Strukturformeln nach strukturellen Voraussetzungen der Moleküle, damit eine Autoprotolyse stattfinden kann.

5 a) Übertragen Sie die Tastenabfolge aus den Rechenbeispielen auf Ihr Taschenrechnermodell.
b) Erstellen Sie eine Aufgabe zur Anwendung der Anleitung.
c) Tauschen Sie die Aufgaben aus und berechnen Sie diese.
d) Überprüfen Sie gegenseitig Ihre Ergebnisse.

6 In vielen Süßwasseraquarien darf der pH-Wert nicht unter 5,5 oder über 8,5 liegen.
a) Nennen Sie eine Möglichkeit einem zu hohen oder zu niedrigen pH-Wert entgegenzuwirken.
b) Berechnen Sie für beide pH-Werte die Konzentrationen an H_3O^+-Ionen und an OH^--Ionen.
c) Bestätigen Sie für beide pH-Werte, dass $K_W = 10^{-14} \text{ mol}^2 \cdot \text{l}^{-2}$ beträgt.

7 Partner A: 2,5 g Natriumhydroxid in 100 ml Wasser. Partner B: 2, 4 l Chlorwasserstoffgas in 100 ml Wasser.
a) Beurteilen Sie, ob eine chemische Reaktion abläuft.
b) Berechnen Sie den pH-Wert und den pOH-Wert der Lösung. Bestimmen Sie, wie sich die Werte verändern, wenn man die Lösung auf 10 l verdünnt.
c) Stellen Sie sich gegenseitig die Ergebnisse vor.
d) Begründen Sie gemeinsam, dass durch Verdünnung einer sauren Lösung der pH-Wert nicht über 7 ansteigt und dass durch Verdünnung einer alkalischen Lösung der pH-Wert nicht unter 7 absinkt.

2.4 Säuren unterscheiden sich in ihrer Stärke

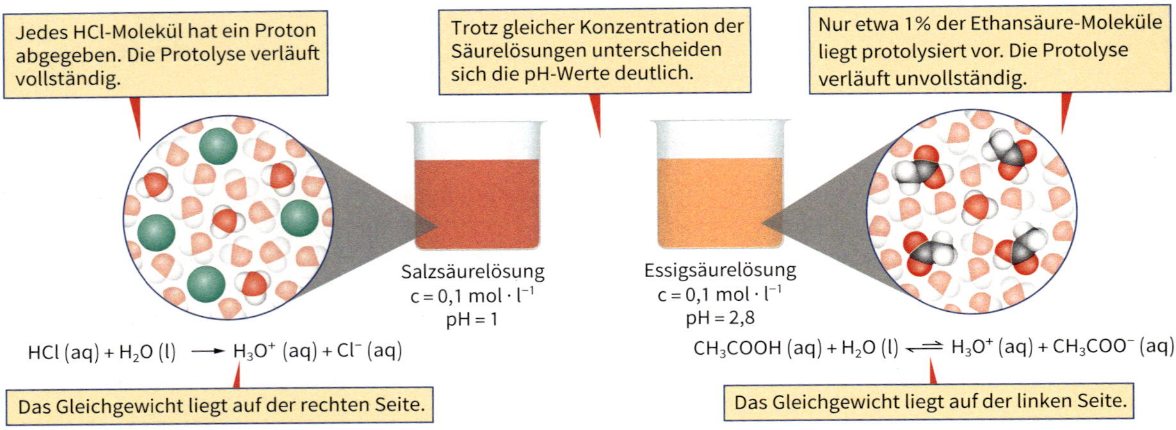

1 *Unterschiedliches Protolyseverhalten bei Säuren*

Der pH-Wert einer Salzsäure mit der Anfangskonzentration von $c_0 = 0{,}1\ \text{mol} \cdot \text{l}^{-1}$ und der pH-Wert einer gleich konzentrierten Lösung von Ethansäure unterscheiden sich stark voneinander. Bei der Salzsäure beträgt der pH-Wert 1, bei der Ethansäure ist der pH-Wert mit 2,8 deutlich höher (Abb. 1). Die Salzsäure ist stärker sauer als die Ethansäurelösung.

Dem pH-Wert entsprechende Ergebnisse erhält man bei der Reaktion von Magnesium mit beiden sauren Lösungen (Abb. 2). Nach 30 Sekunden haben sich bei der Salzsäure etwa 23 ml Gas gebildet, bei der Ethansäure 3 ml. Also ist die Reaktionsgeschwindigkeit bei der Reaktion von Magnesium mit Salzsäure höher als bei der Reaktion mit Ethansäure. Wie lässt sich dieses unterschiedliche Verhalten der beiden Säuren erklären?

Protolyseverhalten bei Säuren. Die unterschiedlichen pH-Werte der gleich konzentrierten sauren Lösungen zeigen, dass die Anzahl der H_3O^+-Ionen in beiden Lösungen unterschiedlich ist. In der Salzsäure protolysiert jedes HCl-Molekül:

$$HCl\,(aq) + H_2O\,(l) \rightarrow Cl^-\,(aq) + H_3O^+\,(aq)$$

Die Konzentration der H_3O^+-Ionen in der Salzsäure stimmt demnach mit der Anfangskonzentration an Chlorwasserstoff überein. Der berechnete pH-Wert, $\text{pH} = -\lg c_0(\text{HCl}) = 1$, stimmt mit dem experimentell ermittelten überein. Säuren, die in wässriger Lösung vollständig protolysiert vorliegen, bezeichnet man als **starke Säuren**. Weitere Beispiele für starke Säuren sind Salpetersäure (HNO_3) und Schwefelsäure (H_2SO_4).

Die Konzentration der H_3O^+-Ionen in der Ethansäure mit der Anfangskonzentration $0{,}1\ \text{mol} \cdot \text{l}^{-1}$ ergibt sich aus dem pH-Wert: $c(H_3O^+) = 10^{-2{,}8}\ \text{mol} \cdot \text{l}^{-1} = 1{,}6 \cdot 10^{-3}\ \text{mol} \cdot \text{l}^{-1}$. Damit hat etwa jedes sechshundertste CH_3COOH-Molekül ein Proton an ein H_2O-Molekül übertragen. Die Protolyse läuft unvollständig ab. Es stellt sich ein Protolysegleichgewicht ein, das weit auf der Seite der Edukte liegt.

$$CH_3COOH\,(aq) + H_2O\,(l) \rightleftharpoons CH_3COO^-\,(aq) + H_3O^+\,(aq)$$

Säuren, die in wässriger Lösung nur zum Teil protolysiert vorliegen, bezeichnet man als **schwache** oder **mittelstarke Säuren**. Viele Carbonsäuren, wie beispielsweise die Methansäure, sind schwache Säuren.

Säurekonstante und pK_S-Wert. Für das Protolysegleichgewicht von Ethansäure lässt sich das Massenwirkungsgesetz aufstellen:

$$K = \frac{c(CH_3COO^-) \cdot c(H_3O^+)}{c(CH_3COOH) \cdot c(H_2O)}$$

In verdünnten Lösungen ändert sich die Konzentration der H_2O-Moleküle bei der Einstellung des Protolysegleichgewichts kaum. Demnach kann die Konzentration der H_2O-Moleküle in die Gleichgewichtskonstante K einbezogen werden. Das Produkt $K \cdot c(H_2O)$ ergibt eine neue Konstante, die **Säurekonstante K_S**.

$$K_S = K \cdot c(H_2O) = \frac{c(CH_3COO^-) \cdot c(H_3O^+)}{c(CH_3COOH)}$$

Die Säurekonstante K_S ist ein Maß für die Stärke einer Säure. Je stärker eine Säure ist, desto mehr Säure-Moleküle haben ihr Proton an ein H_2O-Molekül abgegeben, der K_S-Wert steigt. Im Falle der Ethansäure ist der K_S-Wert bei 25 °C mit $1{,}78 \cdot 10^{-5}\ \text{mol} \cdot \text{l}^{-1}$ recht klein, die Tendenz zur Protonenabgabe also gering.

Häufig wird die Säurestärke in Analogie zum pH-Wert als **Säureexponent pK_S** angegeben. Dies ist der negative Zehnerlogarithmus des Zahlenwerts von K_S. Der Säureexponent ist, wie der pH-Wert, ohne Einheit.

$$pK_S = -\lg \frac{K_S}{\text{mol} \cdot \text{l}^{-1}}$$

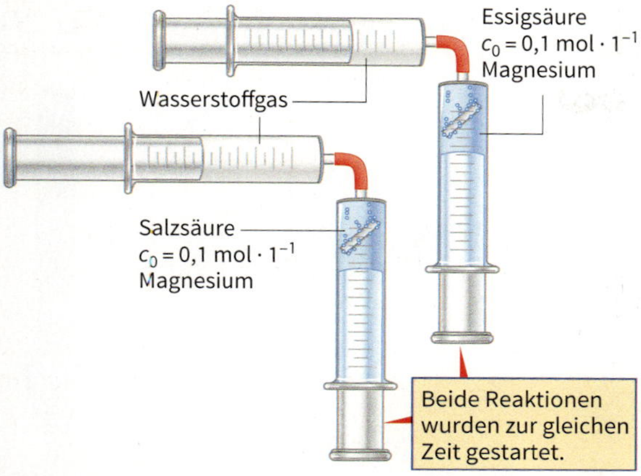

2 *Reaktion von sauren Lösungen mit Magnesium*

Aufgrund dieser Definition gilt: Je kleiner der pK_S-Wert, desto stärker ist die Säure. Säuren wie die Ethansäure mit einem pK_S-Wert größer als 4,5 gehören zu den schwachen Säuren. Starke Säuren wie die Salzsäure weisen einen pK_S-Wert kleiner als 1,5 auf.

◇ **Protolysegrad.** Beide Größen, die Konzentration einer Säure und die Säurestärke, haben einen entscheidenden Einfluss auf das Protolyseverhalten. Sie werden zusammengefasst durch den *Protolysegrad* α beschrieben. Er gibt an, welcher Anteil einer Säure protolysiert ist. Für die Säure HA gilt:

$$\alpha = \frac{c(H_3O^+)}{c_0(HA)} = \frac{c(A^-)}{c_0(HA)}$$

Sind der pH-Wert sowie die Anfangskonzentration einer sauren Lösung bekannt, lässt sich der Protolysegrad demnach rechnerisch ermitteln. Starke Säuren haben einen Protolysegrad von ungefähr 1. Bei schwachen Säuren ist der Protolysegrad kleiner als 0,01.

Der Protolysegrad einer schwachen Säure lässt sich ebenfalls über den K_S-Wert ermitteln. Neben der Säurestärke wird die Anfangskonzentration einbezogen.

$$K_S = \alpha^2 \cdot c_0 \Rightarrow \alpha = \sqrt{K_S \cdot \frac{1}{c_0}}$$

Bei der Verringerung der Anfangskonzentration der schwachen Säure erhöht sich der Protolysegrad. Beispielsweise erhöht eine Verdünnung auf das einhundertfache Volumen den Protolysegrad um den Faktor 10.

Der pK_S-Wert ist ein Maß für die Stärke einer Säure. Er leitet sich ab von der Säurekonstante K_S. Je kleiner der pK_S-Wert, desto stärker ist die Säure.

1 a) Skizzieren Sie folgende Sachverhalte auf der Teilchenebene:
Partner A: Zwei Lösungen von Salpetersäure unterschiedlicher Konzentration.
Partner B: Zwei Lösungen von Methansäure unterschiedlicher Konzentration.
Partner C: Eine Salpetersäurelösung und eine Methansäurelösung mit jeweils der gleichen Konzentration.
b) Vergleichen und diskutieren Sie Ihre Zeichnungen. Stellen Sie Hypothesen zu den pH-Werten der Lösungen auf. Ordnen Sie die Lösungen nach steigendem pH-Wert.

2 Zeigen Sie rechnerisch, dass bei Salzsäure mit $c_0 = 0{,}1\ mol \cdot l^{-1}$ der Protolysegrad $\alpha = 1$ ist.

3 a) Eine Lösung von Methansäure ($c_0 = 0{,}1\ mol \cdot l^{-1}$; $pK_S = 3{,}7$) hat einen pH-Wert von 2,38. Berechnen Sie den Protolysegrad auf zwei Wegen: Über den pH-Wert und über den pK_S-Wert. Vergleichen Sie die Ergebnisse und geben Sie die Lage des Gleichgewichts an.
b) Bestätigen Sie die Werte für den Protolysegrad in der Tabelle. Begründen Sie, weshalb der Protolysegrad der Ethansäure mit Erhöhung der Verdünnung zunimmt.

$c_0(CH_3COOH)$	pH	$c(H_3O^+)$ in $mol \cdot l^{-1}$	Protolysegrad in %
1,00	2,37	0,0426	4,26
0,100	2,87	0,00134	1,34
0,0100	3,37	0,000427	4,27
0,00100	3,90	0,000126	12,6

c) Recherchieren Sie das Ostwaldsche Verdünnungsgesetz. Begründen Sie, weshalb es bei starken Säuren nicht angewendet werden kann.

4 Im Versuch aus Abb. 2 wird ein 3 cm langer Streifen Magnesiumband ($m = 60$ mg) in jede Säure gegeben.
a) Stellen Sie die Reaktionsgleichungen auf.
b) Nach einer Minute haben sich bei der Salzsäure 33 ml, bei der Ethansäure 7 ml Wasserstoffgas gebildet. Berechnen Sie über die Zunahmen der Konzentration der Mg^{2+}-Ionen die Reaktionsgeschwindigkeiten.
c) Begründen Sie, dass am Ende der Reaktion bei beiden Säuren etwa 60 ml Wasserstoff entstanden sind.

5 Begründen Sie, dass eine wässrige Lösung von Natriumdihydrogenphosphat (NaH_2PO_4) gegenüber Dinatriumhydrogenphosphat (Na_2HPO_4) bei gleicher Anfangskonzentration stärker sauer ist.

6 Eine Reinigungskraft möchte hartnäckige Kalkrückstände ($CaCO_3$) auf Badezimmerkacheln entfernen. In einem Internetforum schlägt *izbean_01* vor, dafür Essigessenz ($w = 25\,\%$) zu verwenden. *putzteufel_32* erwidert: „Salzsäure in der gleichen Konzentration ist viel wirksamer und effektiver." Beurteilen Sie beide Vorschläge.

2.5 Starke Basen sind schwache Säuren

Säurestärke	Säure	pK_S-Wert	Protolysegrad	Base	pK_B-Wert	Protolysegrad	Basenstärke
	HCl	–	vollständig	Cl^-	–	keine Protolyse	
stark	H_2SO_4	–	vollständig	HSO_4^-	–	keine Protolyse	schwach
	H_3O^+	0	> 99,999 %	H_2O	14	< 0,001 %	
	HSO_4^-	1,6	39 %	SO_4^{2-}	12,4	< 0,001 %	
	H_3PO_4	2,0	27 %	$H_2PO_4^-$	12,0	< 0,001 %	
	CH_3COOH	4,76	1,5 %	CH_3COO^-	9,24	0,007 %	
	$CO_2 + H_2O$	6,2	0,22 %	HCO_3^-	7,8	0,004 %	
	H_2S	6,8	0,13 %	HS^-	7,2	0,08 %	
	$H_2PO_4^-$	6,9	0,11 %	HPO_4^{2-}	7,1	0,09 %	
	NH_4^+	9,3	0,007 %	NH_3	4,7	1,4 %	
	HPO_4^{2-}	11,7	< 0,001 %	PO_4^{3-}	2,3	20 %	
	HS^-	13,8	< 0,001 %	S^{2-}	0,2	88 %	
schwach	H_2O	14,0	< 0,001 %	OH^-	0	> 99,999 %	stark
	OH^-	–	keine Protolyse	O^{2-}	–	vollständig	

1 *Protolyseverhalten einiger Säuren und der korrespondierenden Basen in Wasser (Werte für 25 °C und c = 0,1 mol · l^{-1})*

Ähnlich wie Säuren lassen sich auch Basen in ihrer Stärke unterscheiden. Starke Basen sind gute Protonenakzeptoren, schwache Basen nehmen weniger gut Protonen auf. Ein Beispiel für eine starke Base sind O^{2-}-Ionen (Oxid-Ionen), wie sie in Calciumoxid vorkommen. Löst man eine kleine Menge Calciumoxid in Wasser, so reagieren O^{2-}-Ionen mit H_2O-Molekülen und es entsteht eine alkalische Lösung. Jedes O^{2-}-Ion nimmt ein Proton auf und wird in die korrespondierende Säure überführt, dem OH^--Ion (Hydroxid-Ion):

$$O^{2-}(s) + H_2O(l) \rightarrow 2\,OH^-(aq)$$

Das OH^--Ion ist gleichzeitig die stärkste in Wasser existierende Base. Im nächsten Protolyseschritt würde es begierig ein zweites Proton aufnehmen.

Basenkonstante und pK_B-Wert. Bei schwachen Basen läuft die Protolyse nicht vollständig ab. So reagiert beispielsweise eine wässrige Lösung von Natriumacetat mit c_0 = 0,1 mol · l^{-1} schwach alkalisch (pH ≈ 8,8). Nur 0,007 % der CH_3COO^--Ionen werden in CH_3COOH-Moleküle der Ethansäure überführt:

$$CH_3COO^-(aq) + H_2O(l) \rightleftharpoons CH_3COOH(aq) + OH^-(aq)$$

Wie bei den schwachen Säuren lässt sich für dieses Protolysegleichgewicht das Massenwirkungsgesetz aufstellen. Die Basenkonstante K_B und der pK_B-Wert als Maß für die Basenstärke werden daraus berechnet:

$$K_B = \frac{c(CH_3COOH) \cdot c(OH^-)}{c_0(CH_3COO^-)} \text{ und } pK_B = \frac{-\lg K_B}{\text{mol} \cdot l^{-1}}$$

Es gilt: Je kleiner der pK_B-Wert, desto größer ist die Tendenz zur Protonenaufnahme und desto stärker ist die Base (Abb. 1). Das CH_3COO^--Ion als schwache Base hat mit 9,35 einen relativ hohen pK_B-Wert.

Beziehung zwischen pK_S und pK_B. Je stärker eine Säure, desto schwächer ist ihre korrespondierende Base und umgekehrt (Abb. 1). Beispielsweise gehört zur recht starken Phosphorsäure (pK_S = 2,0) die schwache Base Dihydrogenphosphat ($H_2PO_4^-$; pK_B = 12,0). H_3PO_4-Moleküle protolysieren in Wasser recht gut, während $H_2PO_4^-$-Ionen kaum Protonen aufnehmen. Umgekehrt nimmt die starke Base S^{2-} (pK_B = 0,2) bereitwillig ein Proton auf, während die korrespondierende schwache Säure HS^- (pK_S = 13,8) kaum protolysiert.

Diese enge Beziehung zwischen der Stärke einer Säure HA und der Stärke der zugehörigen Base A^- spiegelt sich in der allgemeingültigen Gleichung wider:

$$pK_S(HA) + pK_B(A^-) = 14 \quad \text{(bei 25 °C)}$$

Zur mathematischen Herleitung der Gleichung multipliziert man den K_S-Wert der Säure HA mit dem K_B-Wert der zugehörigen Base A^-:

$$K_S(HA) \cdot K_B(A^-) = \frac{c(H_3O^+) \cdot c(A^-)}{c(HA)} \cdot \frac{c(HA) \cdot c(OH^-)}{c(A^-)} = c(H_3O^+) \cdot c(OH^-) = K_W$$

Der Wert für das Ionenprodukt des Wassers beträgt bei 25 °C $K_W = 10^{-14}\ \text{mol}^2 \cdot l^{-2}$. Anschließend wird auf beide Seiten der Gleichung der negative Zehnerlogarithmus angewendet.

Protolyseverhalten. Mithilfe der pK_S- und pK_B-Werte lässt sich das Protolyseverhalten verschiedener *Säure-Base-Kombinationen* vorhersagen. Gibt man beispielsweise zu einer Acetatlösung eine Hydrogensulfatlösung, so findet eine Protolyse statt:

$$HSO_4^-(aq) + CH_3COO^-(aq) \rightleftharpoons SO_4^{2-}(aq) + CH_3COOH(aq)$$

HSO_4^-	CH_3COO^-	SO_4^{2-}	CH_3COOH
Säure 1	Base 2	Base 1	Säure 2
pK_S = 1,6	pK_B = 9,35	pK_B = 12,4	pK_S = 4,65

Die stärkere Säure HSO_4^--Ion überträgt ein Proton an die stärkere Base CH_3COO^--Ion. Anschließend liegt das SO_4^{2-}-Ion als schwächere Base deprotoniert vor, während das CH_3COOH-Molekül als schwächere Säure das Proton behält. In einer Säure-Base-Reaktion wird demnach stets die Bildung der schwächeren Säure und der schwächeren Base begünstigt.

Das Protolyseverhalten eines in Wasser gelösten *Ampholyten* hängt von seiner Säure- oder Basenstärke ab. Beispielsweise betragen für das $H_2PO_4^-$-Anion der pK_S-Wert 6,9 und der pK_B-Wert 12,0. Das Anion ist damit eine schwache Säure und eine noch schwächere Base. Die Bildung der korrespondierenden Base HPO_4^{2-} läuft damit bevorzugt ab und die Lösung reagiert sauer. Der pH-Wert einer wässrigen Sodalösung liegt im alkalischen Bereich. Dies wird bestätigt durch den pK_S-Wert von 10,0 und pK_B-Wert von 7,8 des HCO_3^--Anions.

Der pK_B-Wert ist ein Maß für die Stärke einer Base.
Er leitet sich ab von der Basenkonstante K_B.
Je kleiner der pK_B-Wert, desto stärker ist die Base und desto schwächer ist die korrespondierende Säure.

Rechenbeispiel

Eine Natriumacetatlösung ($c_0 = 0{,}1\ mol \cdot l^{-1}$) hat den pH-Wert 8,825. Berechnen Sie den pK_B-Wert der Base CH_3COO^- und den pK_S-Wert der zugehörigen Säure.

Berechnung der Ethansäurekonzentration

$pOH = 14 - pH \Rightarrow pOH = 14 - 8{,}825 = 5{,}175$

Mithilfe der Definition des pOH-Werts und gemäß der Protolysegleichung gilt:

$c(OH^-) = 10^{-pOH} = 10^{-5{,}175}\ mol \cdot l^{-1} \approx 6{,}68 \cdot 10^{-6}\ mol \cdot l^{-1}$

$c(OH^-) = c(CH_3COOH)$

Einsetzen in das Massenwirkungsgesetz

$$K_B(CH_3COO^-) = \frac{(6{,}68 \cdot 10^{-6}\ mol \cdot l^{-1})^2}{0{,}1\ mol \cdot l^{-1}} \approx 4{,}467 \cdot 10^{-10}\ mol \cdot l^{-1}$$

$$pK_B(CH_3COO^-) = -\lg \frac{4{,}467 \cdot 10^{-10}\ mol \cdot l^{-1}}{mol \cdot l^{-1}} \approx 9{,}35$$

Berechnung des pK_S-Werts der Ethansäure

$pK_S(CH_3COOH) = 14 - pK_B = 14 - 9{,}35 = 4{,}65$

1 Gegeben sind wässrige Lösungen der Konzentration $c = 0{,}1\ mol \cdot l^{-1}$. Partner A: Natriumnitrit ($NaNO_2$)
Partner B: Kaliumsulfit (K_2SO_3)
Partner C: Natriumphosphat (Na_3PO_4)
a) Formulieren Sie die Protolysegleichung.
b) Recherchieren Sie den pK_B-Wert der Base und ermitteln Sie die Lage des Gleichgewichts der Protolysereaktion.
c) Stellen Sie sich Ihre Ergebnis gegenseitig vor.
d) Ordnen Sie die Lösungen gemeinsam nach steigendem pH-Wert.
e) Stellen Sie die Lösungen her und überprüfen Sie die Hypothese aus d).

2 Für die Herstellung einer Sodalösung werden 10,6 g Natriumcarbonat (Na_2CO_3) in 1 l Wasser gelöst. Nach Einstellung des Gleichgewichts haben etwa 3,16 % der CO_3^{2-}-Ionen jeweils ein Proton aufgenommen.
a) Formulieren Sie die Protolysegleichung.
b) Berechnen Sie den pK_B-Wert von CO_3^{2-}.
c) Beurteilen Sie die Stärke der Base, indem Sie das Säure-Base-Paar in die Tabelle in Abb. 1 einordnen.
d) Berechnen Sie den pH-Wert der Lösung.

3 Zeigen Sie rechnerisch, dass der Protolysegrad einer wässrigen Lösung von Natriumhydrogencarbonat ($NaHCO_3$) mit $c_0 = 0{,}1\ mol \cdot l^{-1}$ etwa 0,04 % beträgt. Recherchieren Sie dazu den entsprechenden pK_B-Wert.

4 Erläutern Sie den Zusammenhang zwischen dem K_S-Wert und dem K_B-Wert der zugehörigen Base.

5 Eine Ammoniaklösung (NH_3) ($c_0 = 0{,}1\ mol \cdot l^{-1}$) hat einen pH-Wert von 11,1. Berechnen Sie den pK_B-Wert von NH_3 und den pK_S-Wert der zugehörigen Säure.

6 Partner A: Dinatriumhydrogenphosphat (Na_2HPO_4)
Partner B: Natriumhydrogensulfat ($NaHSO_4$)
a) Bestimmen Sie, ob die Lösung des Salzes in Wasser sauer, alkalisch oder neutral reagiert. Formulieren Sie die Protolysegleichung.
b) Stellen Sie sich Ihre Ergebnis gegenseitig vor.

7 Partner A: $HCO_3^-(aq) + CH_3COO^-(aq)$
Partner B: $HSO_4^-(aq) + HS^-(aq)$
Partner C: $CH_3COOH(aq) + CO_3^{2-}(aq)$
Partner D: $H_2S(aq) + CH_3COO^-(aq)$
a) Formulieren Sie die Protolysegleichung und begründen Sie, auf welcher Seite das Gleichgewicht liegt.
b) Erstellen Sie eine weitere Beispielreaktion für Ihre Lernpartner oder Lernpartnerinnen.
c) Stellen Sie Ihre Ergebnisse der Gruppe vor.

8 Zu 10 ml Salzsäure ($c_0 = 0{,}1\ mol \cdot l^{-1}$) werden 7 g Bullrich Salz® hinzugefügt.
a) Recherchieren Sie den Wirkstoff von Bullrich Salz®.
b) Berechnen Sie die Veränderung des pH-Werts der Ausgangslösung.
c) Erstellen Sie eine gut nachvollziehbare Musterlösung.

2.6 pH-Werte stark saurer Lösungen und stark basischer Lösungen

1 *Auch Lebensmittel können sauer sein.*

Viele Produkte wie beispielsweise Kosmetika dürfen einen gewissen pH-Wert nicht über- oder unterschreiten. So würde ein zu hoher pH-Wert bei einer Hautcreme den Säureschutzmantel unserer Haut zerstören. Ein zu niedriger pH-Wert würde hingegen zu Hautirritationen führen. Daher ist es oft vorteilhaft, im Vorfeld den zu erwartenden pH-Wert zu kennen. Wichtige Voraussetzungen zur Berechnung des pH-Werts sind stets, dass die Anfangskonzentration und das Protolyseverhalten der betrachteten Säure bekannt ist. Dabei lassen sich zwei praktisch relevante Grenzfälle unterscheiden.

Starke Säuren. Starke Säuren weisen einen pK_S-Wert auf, der kleiner ist als der pK_S-Wert des H_3O^+-Ions. In verdünnten Lösungen dieser Säuren läuft die Protolyse nahezu vollständig ab. Die Konzentration der H_3O^+-Ionen entspricht folglich der Anfangskonzentration $c_0(HA)$ der Säure. Damit ergibt sich der pH-Wert von starken Säuren direkt aus dem negativen Zehnerlogarithmus des Zahlenwerts der Anfangskonzentration der Säure:

$$\mathbf{pH = -\lg\left(\frac{c_0(HA)}{mol \cdot l^{-1}}\right)}$$

Starke Basen. Abflussreiniger enthalten Natriumhydroxid (NaOH) als salzartigen Feststoff (Abb. 1). Die Wirkung entfaltet das Natriumhydroxid erst in Wasser gelöst. Beim Lösen findet keine Protonenübertragung, sondern eine Dissoziation der Na^+- und OH^--Ionen statt:

$$NaOH(s) \rightarrow Na^+(aq) + OH^-(aq)$$

Die entstandene Natronlauge ist eine starke Base, wie auch alle weiteren in Wasser gelösten Alkalimetallhydroxide. Aus der gelösten Stoffmenge an Natriumhydroxid berechnet man die Anfangskonzentration der Natronlauge. Sie stimmt mit der Konzentration der OH^--Ionen überein:

$$c(OH^-) = c_0(NaOH) \Rightarrow \mathbf{pOH = -\lg \frac{c_0(NaOH)}{mol \cdot l^{-1}}}$$

Der zugehörige pH-Wert ergibt sich über das Ionenprodukt des Wassers (bei 25 °C): pH = 14 – pOH

> Bei vollständiger Protolyse ergibt sich der pH-Wert direkt aus der Anfangskonzentration der Säure.

1 a) Partner A: Berechnen Sie den pH-Wert von Salpetersäure ($c_0 = 0{,}02\ mol \cdot l^{-1}$).
Partner B: Bestimmen Sie die Anfangskonzentration einer Salzsäure mit einem pH-Wert von 1,2.
b) Partner A: Bestimmen Sie die Anfangskonzentration einer Natronlauge mit einem pH-Wert von 10,5.
Partner B: Berechnen Sie den pH-Wert von Natronlauge ($c_0 = 0{,}1\ mol \cdot l^{-1}$).
c) Stellen Sie sich Ihre Ergebnisse gegenseitig vor.

Rechenbeispiele

1. Bestimmen Sie den pH-Wert von Salzsäure mit der Anfangskonzentration $c_0(HCl) = 0{,}05\ mol \cdot l^{-1}$.

Betrachten des Protolyseverhaltens von HCl:

Das HCl-Molekül ist eine starke Säure. Die Protolyse verläuft vollständig:

$$HCl(g) + H_2O(l) \rightarrow H_3O^+(aq) + Cl^-(aq)$$

Anwenden der Definition des pH-Werts:

$$pH = -\lg \frac{c(H_3O^+)}{mol \cdot l^{-1}} = -\lg \frac{c_0(HCl)}{mol \cdot l^{-1}} = -\lg 0{,}05 = \mathbf{1{,}3}$$

2. Der pH-Wert einer Salzsäure beträgt 3,2. Berechnen Sie die Anfangskonzentration der Lösung.

Betrachten des Protolyseverhaltens von HCl:

Das HCl-Molekül ist eine starke Säure. Die Protolyse verläuft vollständig.

Umformen und Anwenden der Definition des pH-Werts:

$$pH = -\lg \frac{c_0(HCl)}{mol \cdot l^{-1}} \Leftrightarrow c_0(HCl) = 10^{-pH}\ mol \cdot l^{-1}$$

$$c_0(HCl) = 10^{-3{,}2}\ mol \cdot l^{-1} \approx \mathbf{0{,}000\,63\ mol \cdot l^{-1}}$$

2.7 pH-Werte von Lösungen schwacher Säuren

In wässrigen Lösungen von schwachen und mittelstarken Säuren stellt sich ein chemisches Gleichgewicht ein, das überwiegend auf der Seite der Edukt-Moleküle liegt. Im Beispiel der Methansäure protolysiert nur etwa eines von 25 HCOOH-Molekülen zu einem $HCOO^-$-Ion:

$$HCOOH\,(aq) + H_2O\,(l) \rightleftharpoons HCOO^-\,(aq) + H_3O^+\,(aq)$$

Der Protolysegleichung kann man entnehmen, dass pro Säure-Molekül genauso viele $HCOO^-$-Ionen wie H_3O^+-Ionen gebildet werden, also $c(H_3O^+) = c(HCOO^-)$. Der Term der Säurekonstante lässt sich somit folgendermaßen umformulieren:

$$K_S = \frac{c(HCOO^-) \cdot c(H_3O^+)}{c(HCOOH)} = \frac{c^2(H_3O^+)}{c(HCOOH)}$$

Da das Ausmaß der Protolyse bei schwachen und den meisten mittelstarken Säuren generell gering ist, kann man vereinfachend davon ausgehen, dass nach Einstellung des Gleichgewichts die Säure noch annähernd in ihrer Anfangskonzentration c_0 vorliegt:

$$c(HCOOH) \approx c_0(HCOOH)$$

Durch Auflösen der Gleichung nach der Konzentration der Oxonium-Ionen und Anwenden der Definition des pH-Werts kommt man schließlich zu einer Formel, mit der sich der pH-Wert berechnen lässt:

$$c(H_3O^+) = \sqrt{K_S \cdot c_0(HCOOH)}$$

$$pH = ½\,(pK_S - lg\,\frac{c_0(HCOOH)}{mol \cdot l^{-1}})$$

Allgemein gilt für schwache Säuren (HA) deshalb folgende Näherungsformel:

$$\mathbf{pH = ½\,(p}K_S\mathbf{ - lg\,\frac{c_0(HA)}{mol \cdot l^{-1}})}$$

Diese Näherungsformel liefert selbst dann noch gute Ergebnisse, wenn die Säure zu rund 25 % protolysiert ist. Beispielsweise liegt bei der Phosphorsäure der experimentell bestimmte pH-Wert nur um 0,07 höher als der berechnete Wert.

Der Protolysegrad einer schwachen Säure steigt mit sinkender Konzentration. Das Ergebnis der Berechnung ist somit ebenfalls genauer, wenn die Anfangskonzentration $c_0(HA) > 0{,}01\ mol \cdot l^{-1}$ beträgt.

Rechenbeispiele

1. Bestimmen Sie den pH-Wert einer Ethansäurelösung mit der Anfangskonzentration $c_0 = 0{,}25\ mol \cdot l^{-1}$.

Betrachten des Protolyseverhaltens von CH_3COOH:

Der pK_S-Wert beträgt 4,65. Das CH_3COOH-Molekül ist eine schwache Säure. Die Protolyse ist unvollständig. Das Gleichgewicht liegt auf der Seite der Edukte.

$$CH_3COOH\,(aq) + H_2O\,(l) \rightleftharpoons CH_3COO^-\,(aq) + H_3O^+\,(aq)$$

Anwenden der Näherungsformel:

$$pH = ½\,(pK_S - lg\,\frac{c_0(CH_3COOH)}{mol \cdot l^{-1}})$$

$$= ½\,(4{,}65 - lg\,0{,}25) \approx \mathbf{2{,}63}$$

2. Der pH-Wert einer Ethansäurelösung beträgt 2,88. Berechnen Sie die Anfangskonzentration der Lösung.

Betrachten des Protolyseverhaltens von CH_3COOH:

Der pK_S-Wert beträgt 4,65. Die Protolyse verläuft unvollständig. Das Gleichgewicht liegt auf der Seite der Edukte.

Umformen und Anwenden der Näherungsformel:

$$pH = ½\,(pK_S - lg\,\frac{c_0(CH_3COOH)}{mol \cdot l^{-1}})$$

$$\Leftrightarrow lg\,\frac{c_0(CH_3COOH)}{mol \cdot l^{-1}} = pK_S - 2\,pH$$

$$\Leftrightarrow c_0(CH_3COOH) = 10^{pK_S - 2\,pH}\ mol \cdot l^{-1}$$

$$\Leftrightarrow c_0(CH_3COOH) = 10^{-1{,}11}\ mol \cdot l^{-1} \approx \mathbf{0{,}1\ mol \cdot l^{-1}}$$

Bei einem geringen Ausmaß der Protolyse berücksichtigt man die Gleichgewichtslage über die Anwendung der Näherungsformel.

1 a) Partner A: Berechnen Sie den pH-Wert einer Natriumdihydrogenphosphatlösung (NaH_2PO_4; $c_0 = 0{,}5\ mol \cdot l^{-1}$).
Partner B: Berechnen Sie die Anfangskonzentration einer Methansäurelösung (HCOOH) mit einem pH-Wert von 2,3.
b) Stellen Sie sich Ihre Ergebnisse gegenseitig vor.
c) Erstellen Sie gemeinsam ein Fließdiagramm zur Berechnung des pH-Werts und zur Berechnung der Anfangskonzentration von Lösungen schwacher und mittelstarker Säuren.

2 a) Berechnen Sie die Anfangskonzentration der Säure. Partner A: Magensaft besteht zum Großteil aus Salzsäure. Der pH-Wert liegt bei etwa 1,5.
Partner B: Zur Schädlingsbekämpfung setzen einige Imker eine Methansäurelösung mit einem pH-Wert von 1,3 ein (HCOOH, $pK_S = 3{,}75$).
b) Stellen Sie sich Ihre Ergebnisse gegenseitig vor.

2.8 pH-Werte von Lösungen schwacher Basen

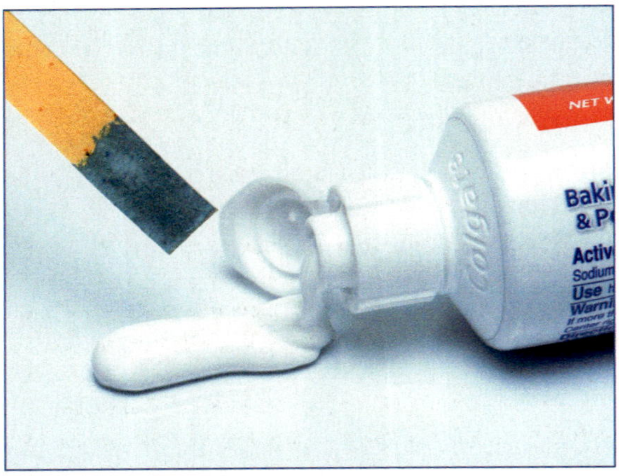

1 *Zahnpasta enthält schwache Basen.*

Rechenbeispiel

Bestimmen Sie den pH-Wert einer Ammoniaklösung mit $c_0 = 0{,}25\ \text{mol} \cdot \text{l}^{-1}$.

Protolyseverhalten von NH_3:

Der pK_B-Wert beträgt 4,7. Die Protolyse verläuft unvollständig. Das Gleichgewicht liegt auf der Seite der Edukte.

$$NH_3(aq) + H_2O(l) \rightleftharpoons NH_4^+(aq) + OH^-(aq)$$

Anwenden der Näherungsformel:

$$\text{pH} = 14 - \tfrac{1}{2}\left(pK_B - \lg \frac{c_0(NH_3)}{\text{mol} \cdot \text{l}^{-1}}\right)$$
$$= 14 - \tfrac{1}{2}(4{,}7 - \lg 0{,}25) \approx \mathbf{11{,}35}$$

Auch von alkalischen Lösungen schwacher Basen lassen sich die pH-Werte berechnen. Wie bei sauren Lösungen müssen dabei die Anfangskonzentration und das Protolyseverhalten der jeweiligen Base bekannt sein.

Schwache und mittelstarke Basen. Auch bei schwachen Basen (B) stellt sich ein Protolysegleichgewicht ein. Es liegt auf der Seite der Edukte. Wie beim pH-Wert der Lösungen schwacher Säuren kann der pOH-Wert der Lösung einer schwachen Base berechnet werden. Es gilt:

$$c(OH^-) = \sqrt{K_B \cdot c_0(B)}$$

$$\mathbf{pOH = \tfrac{1}{2}\left(pK_B - \lg \frac{c_0(B)}{mol \cdot l^{-1}}\right)}$$

Um vom pOH-Wert der Lösung auf den pH-Wert schließen zu können, muss noch die Abhängigkeit zwischen beiden Werten berücksichtigt werden. Ausgehend von der Gleichung pH + pOH = 14 kann zum pH-Wert umgestellt werden:

pH = 14 – pOH

Für den pOH-Wert setzt man die Näherungsgleichung zur Berechnung des pOH-Wertes ein. Es ergibt sich eine neue Näherungsformel zur Berechnung des pH-Wertes einer alkalischen Lösung:

$$\mathbf{pH = 14 - \tfrac{1}{2}\left(pK_B - \lg \frac{c_0(B)}{mol \cdot l^{-1}}\right)}$$

Bei schwachen Basen berücksichtigt man die Gleichgewichtslage über die Anwendung der Näherungsformel. Mit der Näherungsformel kann auch der pH-Wert der Lösung berechnet werden.

1 a) Erstellen Sie eine Anleitung für die Berechnung des pH-Werts von Lösungen schwacher Basen.
b) Berechnen Sie den pH-Wert für folgende Lösungen: Partner A: Natriumacetat ($0{,}1\ \text{mol} \cdot \text{l}^{-1}$); Partner B: Kaliumfluorid ($0{,}25\ \text{mol} \cdot \text{l}^{-1}$, $K_B = 10{,}86 \cdot 10^{-2}$).
c) Kontrollieren Sie Ihre Ergebnisse gegenseitig.

2 Erklären Sie die Beobachtungen: Eine Lösung von Ammoniumacetat reagiert neutral (Partner A), eine Ammoniumcarbonatlösung ist alkalisch (Partner B).

3 In einer Natriumcarbonatlösung wird ein pH-Wert von 11,0 gemessen. Berechnen Sie $c_0(CO_3^{2-})$.

4 Kernseifen entstehen durch das Kochen von Fetten mit Natronlauge. Dabei spaltet sich die Esterbindung der Triglyceride. Es entstehen Propan-1,2,3-triol und die Anionen der entsprechenden Fettsäuren. In der festen Kernseife sind die Natriumsalze dieser langkettigen Carbonsäuren (NaOOC – R) enthalten. Sie wirken als schwache Basen und bewirken beim Waschen mit Kernseife eine Entfettung der Haut.
a) Erklären Sie am Aufbau des Anions einer Carbonsäure, warum es fettlösend wirkt und gegen die Entstehung von Pickeln helfen kann.
b) Die Anionen der Carbonsäuren wirken in wässriger Lösung als schwache Basen. Stellen Sie die Protolysegleichung des Anions einer Carbonsäure auf, die die Entstehung einer entsprechenden alkalischen Lösung erklärt.
c) Die Haut hat einen Säureschutzmantel mit einem pH-Wert von etwa 5,5 bis 5,9. Er hemmt das Wachstum von Keimen auf der Haut. Begründen Sie, weshalb Kernseife beim Waschen daher nur gelegentlich eingesetzt werden sollte.

2.9 Säuren und Basen lassen sich nachweisen

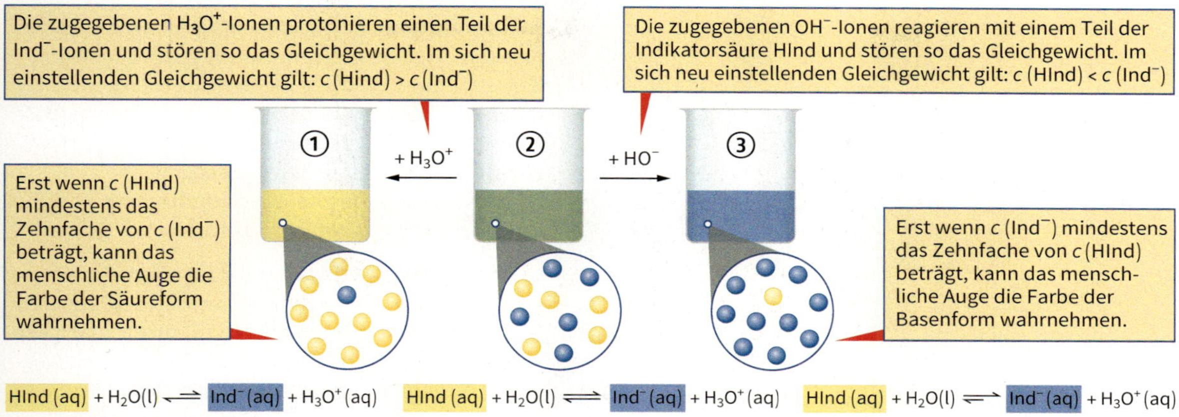

1 *Farbänderungen bei Bromthymolblau*

Zur schnellen Überprüfung, ob eine Lösung sauer, neutral oder alkalisch reagiert, werden im Labor Indikatoren eingesetzt. Indikatoren sind häufig Farbstoffe, die selbst als schwache organische Säure oder Base reagieren. Die Indikatorsäure (HInd) hat dabei eine andere Farbe als die zugehörige Indikatorbase (Ind^-). Ein solcher Indikator ist beispielsweise Bromthymolblau.

Indikatorfarbe. Welche Farbe ein Säure-Base-Indikator in einer Lösung zeigt, hängt vom Konzentrationsverhältnis zwischen Indikatorsäure und Indikatorbase ab: Überwiegt die Konzentration der Indikatorsäure, so nimmt die Lösung dessen Farbe an. Bei Bromthymolblau liegt dann eine gelbe Lösung vor (Abb. 1 ①). Dominiert hingegen die Konzentration der Indikatorbase, zeigt die Lösung deren Farbe, hier blau ③. Am Umschlagspunkt liegen Indikatorsäure und -base in gleicher Konzentration vor. Bei Bromthymolblau beobachtet man die grüne Mischfarbe ②. Ein vollständiger Wechsel zwischen zwei Farben wird erst dann wahrgenommen, wenn eine Komponente mit etwa zehnfachem Überschuss vorliegt. Für einen Indikator ergibt sich daher immer ein Umschlagsbereich, der sich über etwa 2 pH-Einheiten erstreckt.

Universalindikator. Mit einem einzelnen Indikator wie Bromthymolblau kann der pH-Wert lediglich in seinem Umschlagsbereich genau bestimmt werden. Um den pH-Wert in einem größeren pH-Bereich genau zu bestimmen, verwendet man Universalindikatoren. Sie sind als Lösung, Indikatorpapier oder Indikatorstäbchen erhältlich. Universalindikatoren sind ein Gemisch mehrerer Indikatoren mit unterschiedlichen Umschlagsbereichen. Der Messbereich erstreckt sich oft von pH 1 bis 14. Für kleine pH-Bereiche gibt es auch Spezialindikatoren mit Abstufungen von 0,2 pH-Einheiten.

pH-Meter. Zur Bestimmung des pH-Werts einer farbigen Lösung wie Cola eignen sich farbige Säure-Base-Indikatoren nicht. Stattdessen verwendet man ein pH-Meter. Es ermittelt den pH-Wert mit einer Elektrode auf elektrochemischem Wege. Da die Daten eines elektronischen pH-Meters elektronisch verarbeitet werden können, finden pH-Meter häufig Anwendung in der Industrie, Medizin oder bei der Qualitätskontrolle von Schwimmbädern, Reinigungsmitteln sowie Kosmetikprodukten.

Säure-Base-Indikatoren bestehen aus organischen Säure-Base-Paaren, bei denen die Säure eine andere Farbe besitzt als ihre zugehörige Base.

1

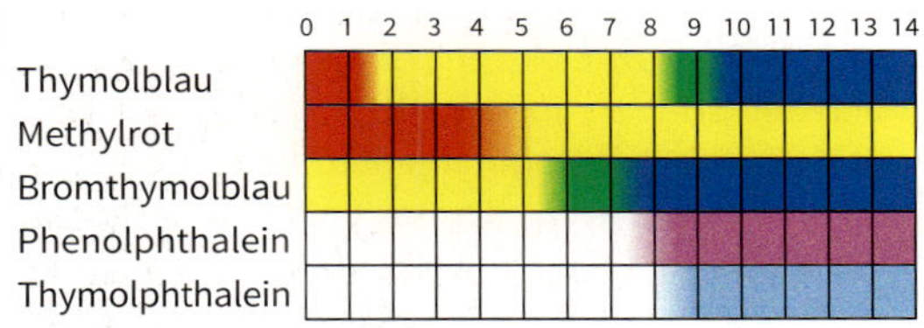

a) Geben Sie die Umschlagsbereiche der Indikatoren an.
b) Ermitteln Sie ein Verfahren, um mit den gegebenen Indikatoren zu zeigen, dass der pH-Wert einer Lösung 3 beträgt.
c) Stellen Sie aus den in der Abbildung angegebenen Indikatoren einen Universalindikator zusammen. Zeichnen Sie den erwarteten Farbverlauf in Form einer pH-Skala.

2 Erläutern Sie am Beispiel von Methylrot die Farbänderung eines Indikators bei Veränderung des pH-Werts.

3 Recherchieren Sie die Strukturformel von Methylrot. Erläutern Sie, worin sich Indikatorsäure und Indikatorbase strukturell voneinander unterscheiden.

Protolysen und pH-Wert

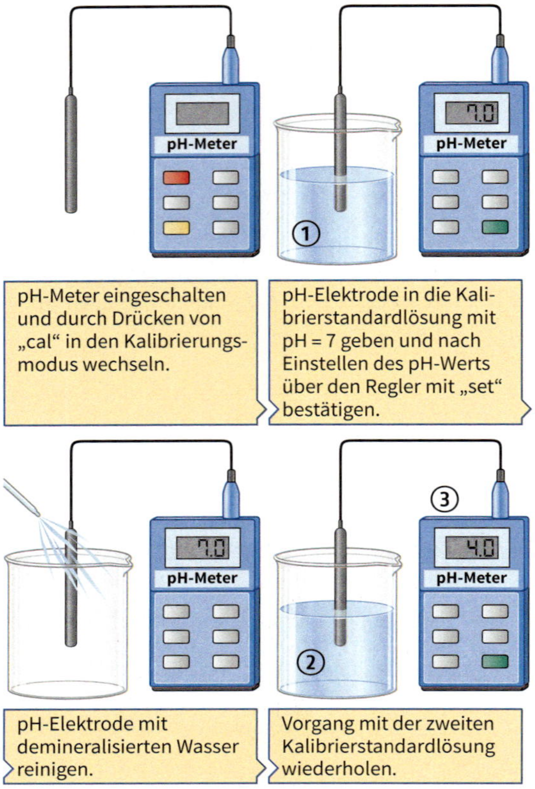

1 *Schrittfolge zur Kalibrierung eines pH-Meters*

Genaue Messwerterfassung mit dem pH-Meter

pH-Werte mit einem pH-Meter messen ist einfach: Einschalten, pH-Elektrode eintauchen, kurz warten und den pH-Wert auf dem Display ablesen – auf zwei Stellen nach dem Komma genau. Auf den angezeigten Wert kann man sich allerdings nur dann verlassen, wenn das pH-Meter vorher *kalibriert* wurde und die Probelösung eine nicht zu geringe Ionenkonzentration hat und damit hinreichend leitfähig ist.

Kalibrierung. Nach längerer Lagerung, bei abweichenden Messergebnissen oder nach Anschluss einer neuen pH-Elektrode muss die Elektronik des pH-Meters neu auf die pH-Elektrode abgestimmt werden (Abb. 1). Für diese Kalibrierung benötigt man zwei Standardlösungen mit jeweils genau bekanntem pH-Wert. Eine Lösung ① weist einen pH-Wert von 7, die zweite ② einen pH-Wert von 4 oder 10 auf. Sofern das Messgerät nicht exakt den pH-Wert der Kalibierstandardlösung anzeigt, muss man die Elektronik über einen Regler ③ jeweils nachstellen.

Aufbewahrung. Die Glasmembran der pH-Elektrode muss stets feucht bleiben. Eine ausgetrocknete Elektrode muss zunächst mehrere Stunden gewässert werden, bevor sie wieder zuverlässige Ergebnisse liefert. Zwischen den Messungen sollte die pH-Elektrode in Leitungswasser und zur Aufbewahrung in eine Kaliumchloridlösung ($c(\text{KCl}) \approx 3\ \text{mol} \cdot \text{l}^{-1}$) getaucht werden.

Lösungen geringer Ionenkonzentration. Bei der Messung des pH-Werts von Regenwasser und anderen Probenlösungen mit geringer elektrischer Leitfähigkeit stellt sich der endgültige pH-Wert nur sehr langsam ein. Er ist dann zudem oft fehlerhaft. Dieses Problem lässt sich lösen, indem man einen Spatel reines Kaliumchlorid hinzufügt und gut umrührt. Die Leitfähigkeit der Probe wird erhöht ohne ihren pH-Wert zu verändern.

Versuch 1:
Bestimmung von pH-Werten

Materialien: Messzylinder (10 ml), Messpipette (10 ml), pH-Meter;
Salzsäure (0,1 mol · l^{-1}, **5**), Ethansäure (0,1 mol · l^{-1}), Natronlauge (0,1 mol · l^{-1}, **5**), Ammoniaklösung (0,1 mol · l^{-1}, **7**), Universalindikatorlösung (**2, 7**), Standardlösungen zum Kalibrieren

Durchführung:
1. Kalibrieren Sie das pH-Meter. *Hinweis*: Lesen Sie dazu auch die Betriebsanleitung des pH-Meters.
2. Bestimmen Sie den pH-Wert der Salzsäure mit dem Universalindikator und mit dem pH-Meter.
3. Verdünnen Sie die Salzsäure auf das Zehnfache, indem Sie zu 9 ml Wasser 1 ml der Salzsäure geben. Bestimmen Sie den pH-Wert.
4. Wiederholen Sie Schritt 3 noch zweimal und bestimmen Sie jeweils den pH-Wert.
5. Wiederholen Sie die Versuchsreihe mit Natronlauge, Ammoniak sowie Ethansäure.

Aufgaben:
a) Notieren Sie Ihre Beobachtungen.
b) Geben Sie die Protolysegleichungen an. Berechnen Sie die pH-Werte der Ausgangslösungen.
c) Berechnen Sie die Konzentrationen der verdünnten Lösungen und deren pH-Werte.
d) Vergleichen Sie die berechneten und die gemessenen pH-Werte. Erklären Sie die Unterschiede.

Forschungsauftrag 1:
Säurestärke verschiedener Säuren im Vergleich

2 5

Materialien: pH-Meter, 3 Luer-Lock-Spritzen (50 ml), 3 Luer-Lock-Spritzen (20 ml), 3 Dreiwegehähne, Stoppuhr;
Salzsäure (1,0 mol · l^{-1}, **5**), Ethansäure (1,0 mol · l^{-1}, **5**), Natriumhydrogensulfatlösung (1,0 mol · l^{-1}, **5**), Magnesiumband (**2**)

Salzsäure, Ethansäure und Natriumhydrogensulfatlösung sind Säuren unterschiedlicher Stärke. Um die Säurestärke dieser drei Lösungen zu vergleichen, können ihre Reaktionen mit Magnesium untersucht werden. Orientieren Sie sich bei der Lösung der Aufgaben an dem naturwissenschaftlichen Erkenntnisweg (↗S. 21).

Aufgaben:
a) Stellen Sie eine Hypothese zum Protolyseverhalten der drei Säuren auf.
b) Stellen Sie für die Reaktion der jeweiligen Säure mit Magnesium Hypothesen über die Reaktionsgeschwindigkeit und das Endvolumen an Wasserstoffgas bei der Reaktion auf.
c) Planen Sie ein Experiment zur Überprüfung Ihrer Hypothesen. Nutzen Sie zur Planung die zur Verfügung gestellten Materialien und verwenden Sie möglichst geringe Mengen an Chemikalien.
d) Kontrollieren Sie Ihre Planung mit der Check-Karte. Führen Sie das Experiment durch.
e) Notieren Sie Ihre Beobachtungen und ordnen Sie die Säuren nach ihrer Stärke.
f) Überprüfen Sie die aufgestellten Hypothesen.
g) ◇ Erklären Sie die Versuchsergebnisse mithilfe des Protolysegrads.
h) Bereiten Sie mit den Ergebnissen eine Präsentation vor und stellen Sie Ihre Ergebnisse vor.

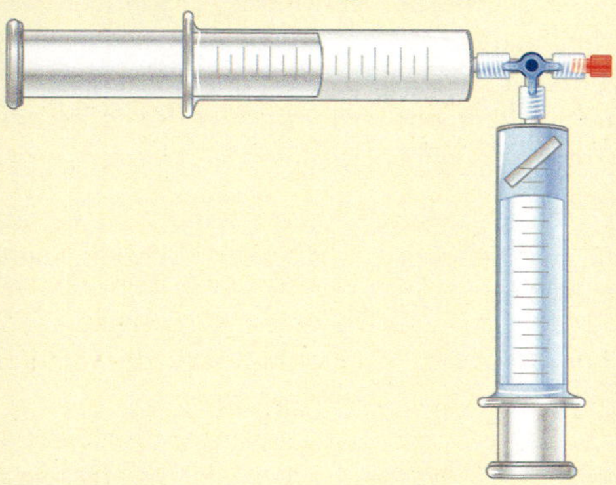

Versuch 2:
Umschlagsbereiche und Farben verschiedener Indikatoren

2 7

Materialien: Tropfpipetten;
Pufferlösungen mit pH = 4, pH = 5, pH = 6, pH = 7, pH = 8, pH = 9 und pH = 10, Indikatorlösungen:
Partner A: Methylrot (0,1 %); Partner B: Lackmus;
Partner C: Bromthymolblau (**2, 7**);
Partner D: Phenolphthalein (< 0,9 %, **2, 7**);
Partner E: Universalindikator (**2, 7**)

Durchführung:
1. Füllen Sie in sieben Reagenzgläser etwa 2 cm hoch je eine der Pufferlösungen.
2. Geben Sie in jedes der Reagenzgläser einige Tropfen der zugeteilten Indikatorlösung.

Aufgaben:
a) Notieren Sie Ihre Beobachtungen in einer Tabelle.
b) Markieren Sie in der Tabelle die Umschlagsbereiche der jeweiligen Indikatoren.
c) Erstellen Sie gemeinsam zu den eingesetzten Indikatoren eine Farbskala.

Versuch 3:
Vom pH-Wert zum pK_S-Wert

5 7

Materialien: Bechergläser (100 ml), Waage, Messzylinder (50 ml), Spatel, pH-Meter;
Salzsäure (0,1 mol · l^{-1}, **5**), Ethansäure (0,1 mol · l^{-1}), Ammoniumchlorid (**7**), Natriumacetat, Natriumhydrogencarbonat

Durchführung:
1. Stellen Sie arbeitsteilig Lösungen der Salze mit einer Konzentration von 0,1 mol · l^{-1} her.
2. Messen Sie die pH-Werte aller Lösungen.

Aufgaben:
a) Notieren Sie Ihre Beobachtungen.
b) Geben Sie jeweils die Protolysegleichungen an. Erklären Sie die gemessenen pH-Werte.
c) Berechnen Sie aus den pH-Werten die pK_S-Werte oder pK_B-Werte.
d) Vergleichen Sie Ihre Werte mit den Literaturwerten und diskutieren Sie Abweichungen.

2.10 Säuren und Basen neutralisieren sich

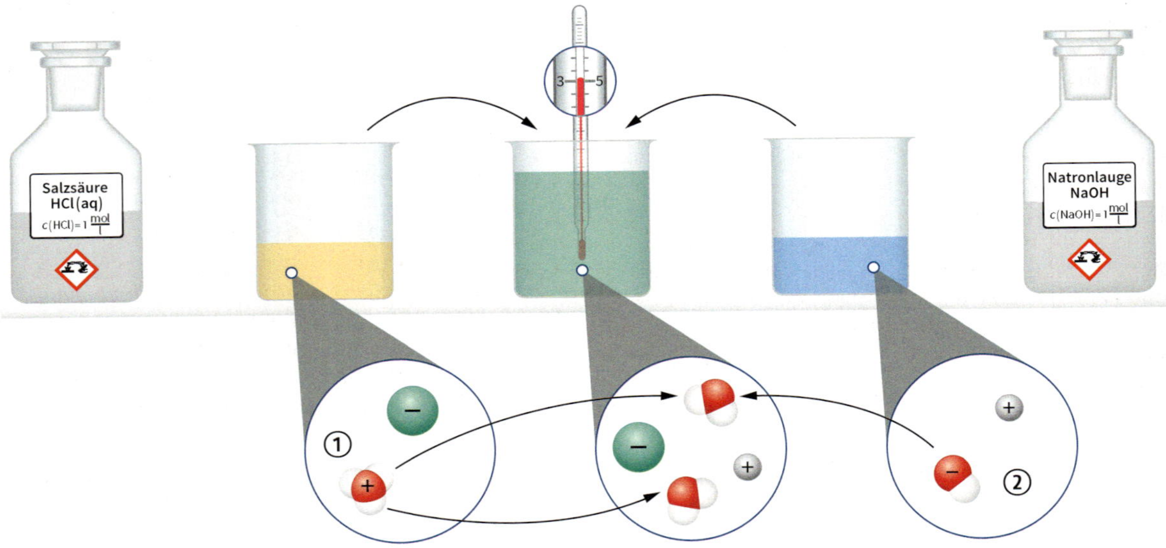

1 *Die Neutralisation einer Säure und einer Base ist eine exotherme Reaktion.*

In der Industrie und im Haushalt fallen alkalische oder saure Abfälle an. Diese dürfen nicht ohne eine Vorbehandlung in die biologische Stufe einer Kläranlage eingeleitet werden. Bei der Vorbehandlung wird das Abwasser neutralisiert, so dass die Mikroorganismen in der biologischen Stufe überleben.

Neutralisation. Gibt man 50 ml Salzsäure mit der Konzentration $c = 1{,}0\ \text{mol} \cdot \text{l}^{-1}$ zu 50 ml Natronlauge der gleichen Konzentration, so erhält man eine Natriumchloridlösung mit einem pH-Wert von 7 (Abb. 1). Die ätzenden Wirkungen der Salzsäure und der Natronlauge haben sich gegenseitig neutralisiert; man spricht daher von einer **Neutralisation.** Die Lösung erwärmt sich dabei leicht; es findet eine exotherme Reaktion statt:

$$\underbrace{H_3O^+(aq) + Cl^-(aq)}_{\text{Salzsäure}} + \underbrace{Na^+(aq) + OH^-(aq)}_{\text{Natronlauge}} \rightarrow$$

$$\underbrace{Na^+(aq) + Cl^-(aq)}_{\text{Natriumchloridlösung}} + \underbrace{2\,H_2O(l)}_{\text{Wasser}};\quad \text{exotherm}$$

Dabei reagieren die H_3O^+-Ionen ① der sauren Lösung als Protonendonatoren mit den OH^--Ionen ② der alkalischen Lösung als Protonenakzeptoren zu zwei H_2O-Molekülen. Die Na^+-Ionen und Cl^--Ionen sind an dieser Reaktion nicht beteiligt, weshalb man sie auch als *spectator ions* bezeichnet. Die Gleichung für die eigentliche **Neutralisationsreaktion** lautet demnach:

$$H_3O^+(aq) + OH^-(aq) \rightleftharpoons 2\,H_2O(l);\quad \Delta_r H_m^0 = -56\ \text{kJ} \cdot \text{mol}^{-1}$$

Bei der Reaktion einer Säure mit einer Base zu einer neutralen Salzlösung wird immer die gleiche molare Reaktionsenthalpie von $-56\ \text{kJ} \cdot \text{mol}^{-1}$ frei (↗S. 32).

Bei Neutralisationsreaktionen bezeichnet man die Enthalpie als **molare Neutralisationsenthalpie.**

In einem Kalorimeter kann die Reaktionswärme Q_r einer Neutralisationsreaktion gemessen werden (↗S. 30), um im Anschluss die molare Neutralisationsenthalpie berechnen zu können (↗S. 31). Alternativ lässt sich die Neutralisationsenthalpie auch aus den Bildungsenthalpien der Edukte und Produkte der Neutralisationsreaktion berechnen (↗S. 35):

$$\Delta_r H_m^0 = \Sigma \Delta_f H_m^0(\text{Produkte}) - \Sigma \Delta_f H_m^0(\text{Edukte})$$

Die Teilchenanzahl entscheidet. Um eine neutrale Lösung mit dem pH-Wert 7 zu erhalten, muss man einer sauren Lösung durch Zugabe von alkalischer Lösung so viele OH^--Ionen hinzufügen, wie H_3O^+-Ionen in der sauren Lösung enthalten sind. Beispielsweise benötigt man zur Neutralisation von 50 ml Salzsäure mit einer Konzentration $c = 1{,}0\ \text{mol} \cdot \text{l}^{-1}$ das gleiche Volumen an gleich konzentrierter Natronlauge. Soll stattdessen eine zehnfach verdünnte Salzsäure der Konzentration $c = 0{,}1\ \text{mol} \cdot \text{l}^{-1}$ neutralisiert werden, muss man nur ein Zehntel des Volumens an Natronlauge der Konzentration $c = 1{,}0\ \text{mol} \cdot \text{l}^{-1}$ zugeben. Dies sind 5 ml Natronlauge.

Einige Säure-Moleküle können mehrere Protonen abgeben. Beispielsweise protolysiert Schwefelsäure in zwei Schritten:

$$H_2SO_4(aq) + H_2O(l) \rightleftharpoons HSO_4^-(aq) + H_3O^+(aq)$$

$$HSO_4^-(aq) + H_2O(l) \rightleftharpoons SO_4^{2-}(aq) + H_3O^+(aq)$$

Pro H_2SO_4-Molekül entstehen zwei H_3O^+-Ionen. Zur Neutralisation benötigt man daher das doppelte Volumen an gleich konzentrierter Natronlauge. Dann liegen die H_3O^+-Ionen und OH^--Ionen in gleichen Stoffmengen vor.

Bei einer schwachen Säure HA liegen zunächst nicht alle Säure-Moleküle protolysiert vor. Es hat sich ein chemisches Gleichgewicht ausgebildet. Wird eine schwache Säure neutralisiert, reagieren die OH^--Ionen sowohl mit den H_3O^+-Ionen als auch mit den HA-Teilchen direkt. Letztlich gilt aber auch hier: Zur vollständigen Neutralisation müssen die Stoffmengen OH^- und HA gleich sein. Zur Neutralisation von 50 ml Ethansäure der Konzentration $c = 1{,}0 \text{ mol} \cdot \text{l}^{-1}$ werden ebenfalls 50 ml Natronlauge der gleichen Konzentration benötigt.

Bei der Neutralisation reagieren die H_3O^+-Ionen der sauren Lösung in einer exothermen Reaktion mit den OH^--Ionen der alkalischen Lösung zu H_2O-Molekülen:
$H_3O^+(aq) + OH^-(aq) \rightleftharpoons 2\, H_2O(l)$; $-56 \text{ kJ} \cdot \text{mol}^{-1}$
Bei der Neutralisation entsteht eine Salzlösung.

1 Im Text werden Säuren mit Laugen neutralisiert. Beschreiben Sie ähnliche Beispiele für die Neutralisation von Laugen mit Säuren.

2 Partner A: saure Lösungen
Partner B: alkalische Lösungen
a) Informieren Sie sich mithilfe des Buches über die fachgerechte Entsorgung der Lösungen.
b) Erklären Sie gemeinsam, warum saure und alkalische Lösungen in dem gleichen Behälter entsorgt werden.

3 In ein Kalorimeter gibt man
Partner A: zu 50 ml Natronlauge (c (NAOH) = 1 mol · l^{-1}) 20 ml Schwefelsäure ($c = 0{,}1$ mol · l^{-1}),
Partner B: zu 50 ml Kalilauge (c (KOH) = 1 mol · l^{-1}) 20 ml Ethansäurelösung ($c = 0{,}1$ mol · l^{-1}).
a) Formulieren Sie die Neutralisationsreaktion. Kennzeichnen und benennen Sie die Säure-Base-Paare.
b) Berechnen Sie den pH-Wert.
c) Berechnen Sie die Neutralisationsenthalpie.
d) Stellen Sie sich Ihre Ergebnisse gegenseitig vor.

Projekt Bestimmung der Neutralisationsenthalpie

Reaktionen von Säuren mit alkalischen Lösungen sind exotherm. Manchmal ist der Temperaturanstieg kaum merklich, manchmal auch sehr groß. Welche Faktoren haben einen Einfluss auf den Temperaturanstieg und damit auf die Neutralisationsenthalpie? Gibt es eine Regelmäßigkeit, sodass man die Neutralisationsenthalpie bei unterschiedlichen Säuren und alkalischen Lösungen vorhersagen kann?

Forschungsauftrag:
Neutralisationsenthalpie

mögliche Materialien: selbstgebautes Kalorimeter (↗S. 36), Digitalthermometer, Waage, Bechergläser, Stoppuhr; unterschiedliche verdünnte Säuren und alkalische Lösungen ($c_{max} \approx 2 \text{ mol} \cdot \text{l}^{-1}$; **5**)

Aufgaben:
a) Beantworten Sie die Fragen aus dem Einleitungstext. Nutzen Sie dazu den naturwissenschaftlichen Erkenntnisweg (↗S. 21). Unterscheiden Sie deutlich zwischen der aufgestellten Hypothese und deren Begründung, der darauf abgestimmten Versuchsplanung und Durchführung sowie der aus den Versuchsbeobachtungen abgeleiteten Erkenntnis im Hinblick auf die Hypothese.
b) Kontrollieren Sie Ihre selbst erstellte Versuchsanleitung mithilfe der Check-Karte. Bei Abweichungen fragen Sie die Lehrkraft, ob Ihre Anleitung so durchgeführt werden darf. Führen Sie Ihre Versuchsansätze im Anschluss durch.
c) Stellen Sie Ihre Arbeit und die Antworten auf die eingangs gestellten Fragen Ihrer Gruppe vor. Diskutieren Sie Ihre Ergebnisse.
d) Formulieren Sie gemeinsam einen Merksatz als Abschluss Ihrer Arbeit.

2.11 Titration – ein Messverfahren zur Konzentrationsbestimmung

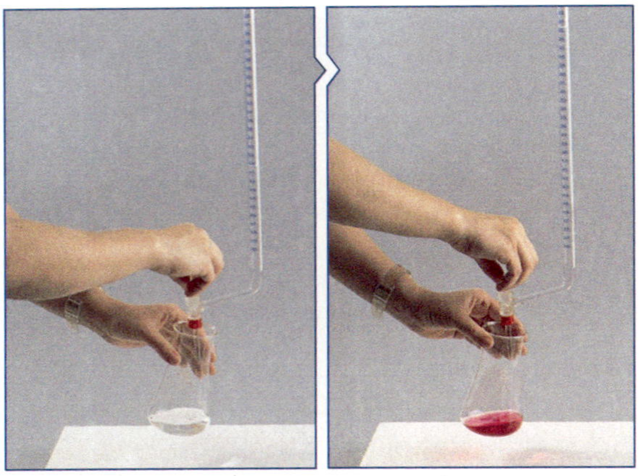

1 *Durchführung einer Endpunkttitration mit Indikator*

Viele Lebensmittel oder Reiniger enthalten Säuren oder Basen. Bei der Herstellung wird die Qualität dieser Produkte ständig kontrolliert. Dies gewährleistet, dass die Produkte die gewünschte Wirkung erzielen und insbesondere Lebensmittel nicht gesundheitsgefährdend sind. Entscheidend ist oft die Konzentration an Säure oder Base im Produkt. Mittels Endpunkttitration (Abb. 1) oder pH-metrischer Titration (Abb. 2) kann die Konzentration ermittelt werden.

Endpunkttitration. Ein einfaches Verfahren zur Bestimmung der Konzentration von Ethansäure (CH_3COOH) im Gurkenwasser ist die Endpunkttitration (Abb. 1). Zur Vorbereitung der Titration entnimmt man eine Probe mit genau abgemessenem Volumen. Diese enthält eine bestimmte Stoffmenge an Ethansäure. Die Probe versetzt man mit einem Indikator, in diesem Fall Phenolphthalein. Der Umschlagsbereich des Indikators liegt etwa bei pH 8,5. Dies entspricht dem pH-Wert der bei der Neutralisation gebildeten Salzlösung. Als **Maßlösung** wird eine starke Lauge wie Natronlauge mit genau bekannter Konzentration in die Bürette gefüllt. Die Maßlösung wird portionsweise zur Probe gegeben. Endpunkt der Titration ist der **Äquivalenzpunkt.** Dieser wird durch den Farbumschlag des Indikators von farblos nach pink angezeigt. Am Äquivalenzpunkt ist die Stoffmenge der OH^--Ionen aus der zugegebenen Maßlösung genauso groß wie die Stoffmenge an H_3O^+-Ionen, die sich in der Probe durch die Protolysereaktion der Ethansäure mit Wasser gebildet hat:

$$n(H_3O^+) = n(OH^-)$$

Mit dem bis zum Äquivalenzpunkt verbrauchten Volumen der Maßlösung, deren Konzentration und dem Volumen der Probe lässt sich die Konzentration der Säure in der Probe berechnen. Es gilt:

$$c(H_3O^+) \cdot V(\text{Säure}) = c(OH^-) \cdot V(\text{Base})$$

Rechenbeispiel

Zu einer Probe von 25 ml Gurkenwasser werden bis zum Farbumschlag des Indikators 23 ml Natronlauge ($c = 0{,}1\ \text{mol} \cdot \text{l}^{-1}$) titriert. Berechnen Sie die Ethansäurekonzentration im Gurkenwasser.

Aufstellen der Reaktionsgleichung:

$$NaOH\,(aq) + CH_3COOH\,(aq) \rightarrow NaCH_3COO\,(aq) + H_2O\,(l)$$

Bestimmen des Stoffmengenverhältnisses:

$$n(NaOH) : n(CH_3COOH) = 1 : 1$$

$$\Rightarrow n(NaOH) = n(CH_3COOH)$$

Berechnung der Konzentration:

$$c(\text{Probe}) \cdot V(\text{Probe}) = c(\text{Maßlösung}) \cdot V(\text{Maßlösung})$$

$$c(\text{Probe}) = \frac{c(\text{Maßlösung}) \cdot V(\text{Maßlösung})}{V(\text{Probe})}$$

$$c(CH_3COOH) = \frac{0{,}1\ \text{mol} \cdot \text{l}^{-1} \cdot 23\ \text{ml}}{25\ \text{ml}} = 0{,}092\ \text{mol} \cdot \text{l}^{-1}$$

Auf die gleiche Art wird die Konzentration einer alkalischen Lösung bestimmt. In dem Fall dient eine starke Säure mit bekannter Konzentration als Maßlösung.

Durch eine Säure-Base-Titration mit einer Maßlösung lässt sich die Konzentration einer Säure oder Base bestimmen. Die Endpunkttitration wird mit einem Indikator durchgeführt.

1 Partner A: Endpunkttitration; Partner B: Titration mit pH-Meter;
a) Erstellen Sie eine detaillierte Versuchsdurchführung für die Titration von flüssigem Abflussreiniger mit Salzsäure. In Abflussreiniger ist Natronlauge enthalten. Nutzen Sie notwendige Fachbegriffe.
b) Vergleichen Sie Ihre Ergebnisse.

2 Bei der Titration von 25 ml Schwefelsäure erfolgt der Farbumschlag des Indikators Bromthymolblau nach Zugabe von 18,5 ml Natronlauge ($c = 0{,}1\,\text{mol} \cdot \text{l}^{-1}$). Berechnen Sie die Konzentration der Schwefelsäure.

3 Erklären Sie, weshalb man für die Titration von Ethansäure mit Natronlauge als Indikator Phenolphthalein, für die Titration von Salzsäure mit Natronlauge hingegen Bromthymolblau wählt.

2.12 pH-metrische Titration ◇

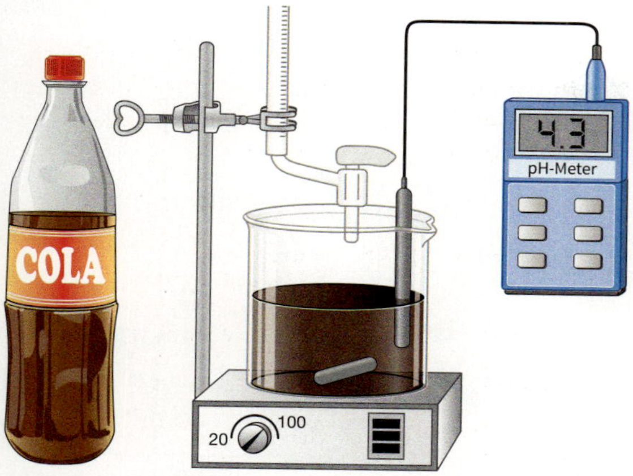

1 *Durchführung einer Säure-Base-Titration mit pH-Meter*

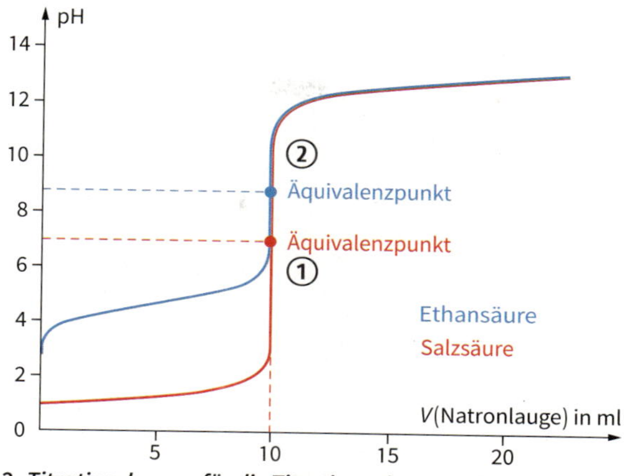

2 *Titrationskurven für die Titration mit Natronlauge*

Bei farbigen Proben wie Aceto Balsamico oder Cola ist der Farbumschlag eines Indikators nicht zu erkennen (Abb. 1). Die Konzentrationsbestimmung der Säure erfolgt dann durch Titration mit einem pH-Meter. Der grundlegende Aufbau der pH-metrischen Titration ähnelt dem der Endpunkttitration. Nun wird nach jeder Zugabe einer Portion der Maßlösung der pH-Wert gemessen. Es wird so lange Maßlösung zugegeben, bis sich der pH-Wert kaum noch ändert. Die gemessenen Wertepaare aus Volumen und pH-Wert werden in ein Diagramm eingetragen (Abb. 3). Der Verlauf der erhaltenen **Titrationskurve** ist charakteristisch für die in der Probe enthaltene Säure. Typisch für alle Titrationskurven ist eine sprunghafte Änderung des pH-Werts um den Äquivalenzpunkt, dem mathematischen Wendepunkt der Kurve. Wird eine starke Säure mit einer starken Base titriert, fallen Äquivalenzpunkt und Neutralpunkt zusammen (Abb. 2 ①). Beispielsweise liegt bei der Titration von Salzsäure mit Natronlauge am Äquivalenzpunkt eine Natriumchloridlösung vor. Eine Natriumchloridlösung reagiert neutral. Titriert man hingegen eine schwache Säure wie Essigsäure mit einer starken Base, so ist der pH-Wert am Äquivalenzpunkt (↗S. 72f.) ins Alkalische verschoben (Abb. 2 ②).

Bei der Titration einer alkalischen Lösung mit einer starken Säure startet die Titrationskurve bei hohen pH-Werten und endet bei niedrigen pH-Werten. Aus der Titrationskurve wird das bis zum Äquivalenzpunkt verbrauchte Volumen der Maßlösung abgelesen und daraus die Konzentration der Base in der Probe berechnet.

> Mit den Messwerten einer pH-metrischen Titration kann eine Titrationskurve erstellt werden.
> Die Titrationskurve ist charakteristisch für die in der Probe enthaltene Säure. Bei den Titrationskurven starker und schwacher Säuren unterscheidet sich die Lage des Äquivalenzpunktes

1 Speiseessig und Essigessenz enthalten Ethansäure. Speiseessig wird durch Gärung mithilfe von Essigsäurebakterien hergestellt, Essigessenz durch Verdünnung von konzentrierter Ethansäure mit Wasser. Beide Essigsorten werden mittels pH-metrischer Titrationen auf ihre Ethansäurekonzentration überprüft. Vom Speiseessig wird eine Probe mit 50 ml entnommen. Von der Essigessenz werden 10 ml pipettiert und auf 50 ml verdünnt. Es wird jeweils mit Natronlauge ($c = 1\ mol \cdot l^{-1}$) titriert. Die Tabelle zeigt die Wertepaare der Titration.
a) Partner A: Speiseessig; Partner B: Essigessenz
Erstellen Sie mit den Wertepaaren eine Titrationskurve und bestimmen Sie den Äquivalenzpunkt.
b) Berechnen Sie die Ethansäurekonzentration.
c) Stellen Sie sich die Ergebnisse gegenseitig vor.

Speiseessig

V(NaOH) in ml	0	4	8	12	16	20	24	28
pH-Wert	2,4	3,9	4,2	4,4	4,5	4,7	4,7	5,2
V(NaOH) in ml	32	36	40	44	48	52	56	60
pH-Wert	5,3	5,8	9,0	11,6	12,0	12,3	12,5	12,5

Essigessenz

V(NaOH) in ml	0	4	8	12	16	20	24	28
pH-Wert	2,1	3,8	4,1	4,3	4,5	4,7	4,9	5,1
V(NaOH) in ml	32	36	40	44	48	52	56	60
pH-Wert	5,3	5,7	8,6	11,8	12,2	12,4	12,5	12,5

Methode Titrationskurven auswerten ◇

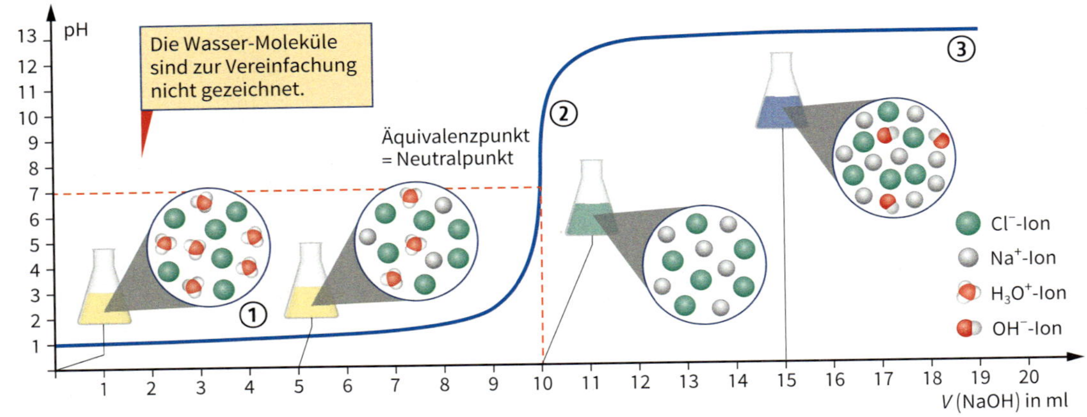

1 *Titrationskurve für die Titration einer Salzsäurelösung mit Natronlauge*

Mit einem pH-Meter kann man genau verfolgen, wie sich der pH-Wert bei einer Titration verändert. Trägt man den pH-Wert gegen das Volumen an zugefügter Maßlösung auf, erhält man eine Titrationskurve. Ihr Verlauf ist charakteristisch für die titrierte Säure beziehungsweise Base.

Starke Säuren. Titriert man 100 ml Salzsäure ($c_0 = 0{,}1\ mol \cdot l^{-1}$) mit Natronlauge ($c = 1\ mol \cdot l^{-1}$), erhält man die in Abb. 1 gezeigte Titrationskurve. Da Salzsäure eine starke Säure ist, entspricht die Konzentration der H_3O^+-Ionen vor der Titration der Anfangskonzentration der Säure. Der pH-Wert liegt daher bei 1. Während der Titration werden mit jedem Tropfen Natronlauge OH^--Ionen zur Lösung hinzugefügt. Diese reagieren mit den in der Säure enthaltenen H_3O^+-Ionen:

$$OH^-(aq) + H_3O^+(aq) \rightarrow 2\ H_2O(l)$$

Die Konzentration an H_3O^+-Ionen in der Lösung nimmt stetig ab. Dennoch ist der Anstieg des pH-Werts zu Beginn der Titration sehr gering, da es sich bei dem pH-Wert um eine logarithmische Größe handelt (Abb. 1 ①). So bewirkt in diesem Beispiel eine Zugabe von 1 ml Natronlauge eine Änderung der Konzentration an H_3O^+-Ionen von $0{,}1\ mol \cdot l^{-1}$ zu $0{,}09\ mol \cdot l^{-1}$. Der pH-Wert erhöht sich dabei nur geringfügig auf pH = 1,046. Eine Änderung des pH-Werts um eine Einheit auf pH = 2 zeigt sich erst nach Zugabe von 9 ml Natronlauge. Je näher man an den Äquivalenzpunkt kommt, desto größer wird die Steigung der Titrationskurve. In dem Bereich um den Äquivalenzpunkt erzielt eine kleine Zugabe an Natronlauge eine große Veränderung des pH-Werts. So benötigt man für eine Änderung von pH = 5 auf pH = 6 nur noch 0,000 09 ml Natronlauge. In der unmittelbaren Nähe des Äquivalenzpunktes führt die Zugabe eines Tropfens der Maßlösung zu einem pH-Sprung von bis zu sechs Einheiten (Abb. 1 ②).

Die Maßlösung ist 10-mal so konzentriert wie die Säure. Man benötigt bis zum Äquivalenzpunkt folglich nur 10 ml der Maßlösung. Es liegt nun eine Natriumchloridlösung mit der Anfangskonzentration der Salzsäure ($c = 0{,}1\ mol \cdot l^{-1}$) vor. Die Lösung ist neutral (pH = 7). Wie bei jeder Titration einer starken Säure mit einer starken Base fallen Äquivalenzpunkt und **Neutralpunkt** zusammen. Der weitere Verlauf der Kurve ist nahezu punktsymmetrisch zum Äquivalenzpunkt. Die Kurve endet mit einem pH-Wert knapp unter 13. Er ergibt sich aus der Verdünnung der zur Probe zugegebenen Natronlauge (Abb. 1 ③).

Schwache Säuren. Führt man eine Titration von 100 ml Ethansäure ($c_0 = 0{,}1\ mol \cdot l^{-1}$) mit Natronlauge ($c = 1{,}0\ mol \cdot l^{-1}$) durch, erhält man den typischen Kurvenverlauf der Titration einer schwachen Säure (Abb. 2). Der pH-Wert der Lösung beträgt zu Beginn 2,88, da die Ethansäure zunächst nur in sehr geringem Maße protolysiert (Abb. 2 ①). Im Bereich von 3 bis 7 ml Zugabe an Maßlösung bleibt der pH-Wert relativ konstant bei etwa 4,7 (Abb. 2 ②). Die OH^--Ionen der zutitrierten Natronlauge reagieren hier überwiegend mit den noch nicht protolysierten CH_3COOH-Molekülen. Die Konzentration der H_3O^+-Ionen und damit der pH-Wert der Lösung ändern sich daher kaum.

$$CH_3COOH(aq) + OH^-(aq) \rightleftharpoons CH_3COO^-(aq) + H_2O(l)$$

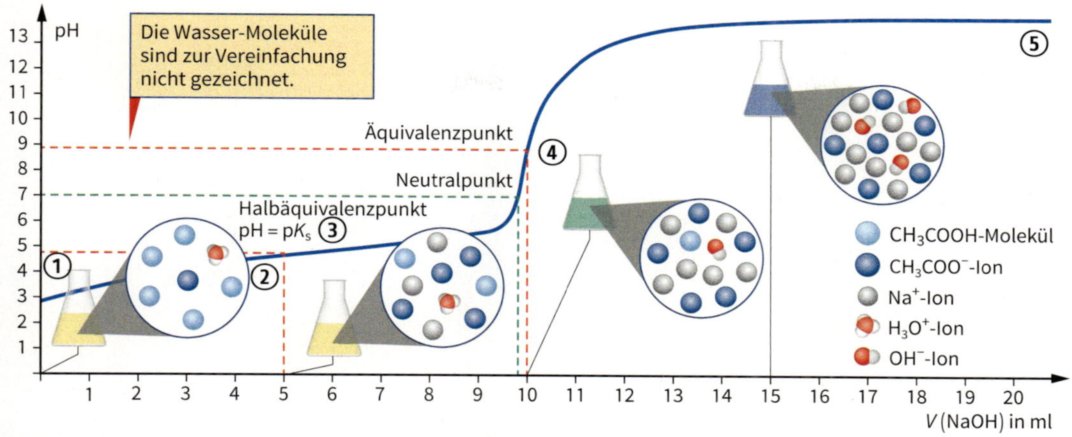

2 *Titrationskurve für die Titration einer Ethansäurelösung mit Natronlauge*

Den ersten Wendepunkt hat die Titrationskurve in diesem Beispiel nach Zugabe von 5 ml Maßlösung. Das ist genau die Hälfte des Volumens bis zum Äquivalenzpunkt. Dieser Punkt wird als **Halbäquivalenzpunkt** bezeichnet. Hier sind die Hälfte der CH_3COOH-Moleküleprotolysiert. Die Konzentration an CH_3COOH-Molekülen und CH_3COO^--Ionen ist gleich groß. Mit dem Massenwirkungsgesetz ergibt sich somit für den Halbäquivalenzpunkt, dass der pH-Wert gleich dem pK_S-Wert der Säure ist, im Beispiel der Ethansäure also 4,75 (Abb. 2 ③).

$$K_s = \frac{c(H_3O^+) \cdot c(A^-)}{c(HA)} = c(H_3O^+) \qquad \Rightarrow pK_s = pH$$

In der Nähe des Äquivalenzpunktes steigt der pH-Wert ebenfalls sprunghaft an, allerdings über einen kleineren pH-Bereich. Nach Zugabe von 10 ml Natronlauge ist die Ethansäure neutralisiert (Abb. 2 ④). Es liegt eine Natriumacetatlösung (c = 0,1 mol · l^{-1}) vor. Da CH_3COO^--Ionen als schwache Base reagieren (pK_B = 9,35), liegt der Äquivalenzpunkt im alkalischen Bereich. Er fällt also nicht mit dem Neutralpunkt zusammen. Die Kurve endet mit dem pH-Wert 13, der sich aus der Verdünnung der zur Probe zugegebenen Natronlauge ergibt (Abb. 2 ⑤).

Mehrprotonige Säuren. Bei der Titration zweiprotoniger Säuren treten zwei Äquivalenzpunkte im gleichen Volumenabstand auf. Die zugehörigen pH-Sprünge sind deutlich zu erkennen, wenn sich die Säurestärken von erster und zweiter Protolysestufe stark unterscheiden. Bei Zugabe der basischen Maßlösung werden der erste und der zweite Protolyseschritt dann nacheinander durchlaufen.

1 Beschreiben und erklären Sie den Verlauf der Titrationskurve in Abb. 1 und Abb. 2 im Vergleich.

2 Partner A: 100 ml Natronlauge (0,1 mol · l^{-1}) mit Salzsäure (1,0 mol · l^{-1}),
Partner B: 100 ml Ammoniaklösung (0,1 mol · l^{-1}) mit Salzsäure (1,0 mol · l^{-1})
a) Berechnen Sie markante Punkte und skizzieren Sie den Verlauf der Titrationskurve.
b) Stellen Sie sich Ihre Ergebnisse gegenseitig vor.
c) Vergleichen Sie die Kurvenverläufe und erklären Sie die Unterschiede.

3 Oxalsäure (M = 90,03 g · mol^{-1}) ist eine zweiprotonige Säure. Bei der Titration von 50 ml einer Oxalsäurelösung mit Natronlauge (1,0 mol · l^{-1}) werden folgende Messergebnisse aufgenommen:

V in ml	0	1	2	3	4	5
pH-Wert	1,2	1,3	1,4	1,5	1,6	1,7
V in ml	6	7	8	9	10	11
pH-Wert	1,9	2,1	2,4	3,3	3,4	3,7
V in ml	12	13	14	15	16	17
pH-Wert	3,9	4,1	4,3	4,5	4,8	5,1
V in ml	18	19	20	21	22	23
pH-Wert	8,7	12,2	12,5	12,6	12,7	12,8

a) Zeichnen Sie die Titrationskurve und bestimmen Sie Äquivalenzpunkte und Halbäquivalenzpunkte. Erläutern Sie den Kurvenverlauf.
b) Ermitteln Sie mit dem Ergebnis aus a) die Massenkonzentration der Oxalsäurelösung in mg · l^{-1}.

4 Bei der Titration von Schwefelsäure mit einer starken Base erhält man nur einen pH-Sprung, obwohl Schwefelsäure eine zweiprotonige Säure ist. Erklären Sie diesen Sachverhalt.

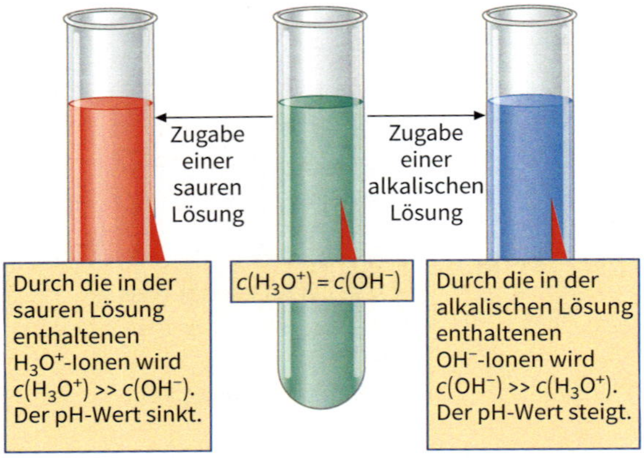

1 *Wirkung von Säure oder Lauge in Wasser*

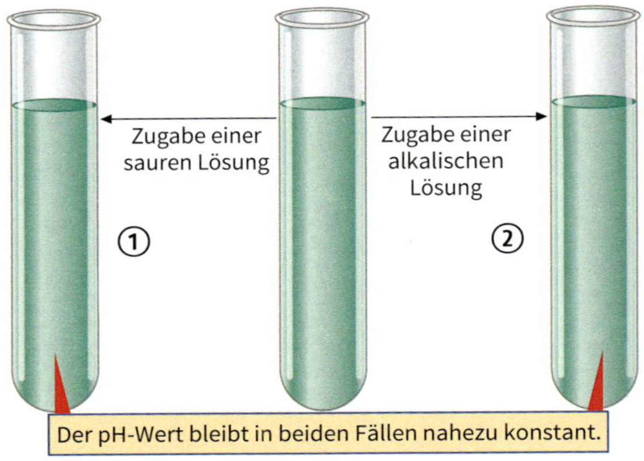

2 *Wirkung von Säure oder Lauge in einer Pufferlösung*

Gibt man zu Wasser mit dem pH-Wert 7 einen Tropfen Salzsäure oder einen Tropfen Natronlauge, ändert sich der pH-Wert sprunghaft (Abb. 1). Bei vielen Anwendungen muss der pH-Wert trotz Veränderung des Säuren- oder Basengehalts der Lösung weitgehend konstant gehalten werden. Dies wird durch Zugabe einer **Pufferlösung** zur Probe erreicht. Sie enthält eine mittelstarke oder schwache Säure und die korrespondierende Base in etwa gleicher Konzentration.

Pufferwirkung. Eine Lösung von gleichen Teilen Dinatriumhydrogenphosphat (Na_2HPO_4) und Natriumdihydrogenphosphat (NaH_2PO_4) in Wasser wirkt als Puffer im neutralen pH-Bereich (Abb. 2). Tropft man Säure zu diesem Phosphatpuffer ändert sich der pH-Wert kaum. Die zugegebenen H_3O^+-Ionen reagieren mit der Pufferbase HPO_4^{2-} aus dem Phosphatpuffer zu $H_2PO_4^-$-Ionen und Wasser:

$$HPO_4^{2-}(aq) + H_3O^+(aq) \rightleftharpoons H_2PO_4^-(aq) + H_2O(l)$$

In der Folge bleibt die Konzentration an H_3O^+-Ionen nahezu gleich. Lediglich die Konzentrationen der HPO_4^{2-}-Ionen und der $H_2PO_4^-$-Ionen ändern sich (Abb. 2 ①).

Auch bei Zugabe einer alkalischen Lösung zum Puffersystem ändert sich der pH-Wert kaum. Die zugegebenen OH^--Ionen reagieren mit der Puffersäure $H_2PO_4^-$ aus dem Phosphatpuffer zu HPO_4^{2-}-Ionen und Wasser:

$$H_2PO_4^-(aq) + OH^-(aq) \rightleftharpoons HPO_4^{2-}(aq) + H_2O(l)$$

Auch in diesem Fall bleibt die Konzentration an OH^--Ionen nahezu gleich, während sich die Konzentrationen der HPO_4^{2-}-Ionen und der $H_2PO_4^-$-Ionen entsprechend ändern (Abb. 2 ②).

▶ **Puffergleichung.** Je nach Wahl des Säure-Base-Paars und dem gewählten Stoffmengenverhältnis puffert die Lösung in einem anderen pH-Bereich (Abb. 3). Der pH-Wert einer Pufferlösung lässt sich über die Säurekonstante K_S der Puffersäure berechnen:

$$K_S = \frac{c(H_3O^+) \cdot c(A^-)}{c(HA)} \Leftrightarrow c(H_3O^+) = K_S \cdot \frac{c(HA)}{c(A^-)}$$

Durch Bildung des negativen Zehnerlogarithmus erhält man die Puffergleichung. Sie wird häufig auch als **Henderson-Hasselbalch-Gleichung** bezeichnet:

$$\mathbf{pH = p}K_S \mathbf{+ lg} \frac{c(A^-)}{c(HA)}$$

Nach Einsetzen der Konzentrationen der Puffersäure (HA) und Pufferbase (A^-) sowie des pK_S-Werts der Puffersäure kann man mithilfe dieser Gleichung den pH-Wert einer Pufferlösung berechnen. Werden beispielsweise 0,5 mol Natriumdihydrogenphosphat und 0,2 mol Dinatriumhydrogenphosphat in 1 l Wasser gelöst, so berechnet sich der pH-Wert dieser Pufferlösung zu:

$$pH = pK_S(H_2PO_4^-) + \lg \frac{c(HPO_4^{2-})}{c(H_2PO_4^-)}$$

$$= 7{,}21 + \lg \frac{0{,}2\ mol \cdot l^{-1}}{0{,}5\ mol \cdot l^{-1}} = 6{,}81$$

Bei gleichen Stoffmengen an Natriumdihydrogenphosphat und Dinatriumhydrogenphosphat in der Lösung sind die Konzentrationen von Puffersäure und Pufferbase gleich. Der pH-Wert entspricht dann dem pK_S-Wert der Puffersäure (↗S. 58):

$$pH = pK_S + \lg 1 \Leftrightarrow pH = pK_S$$

Im Beispiel des Phosphatpuffers beträgt der pH-Wert demnach $pH = pK_S(H_2PO_4^-) = 7{,}21$.

Eine Pufferlösung kann nicht unbegrenzt H_3O^+-Ionen oder OH^--Ionen abfangen. Die *Pufferkapazität* ist erschöpft, wenn der pH-Wert um eine Einheit nach oben oder unten vom pK_S-Wert abweicht:

$$pH = pK_S \pm 1$$

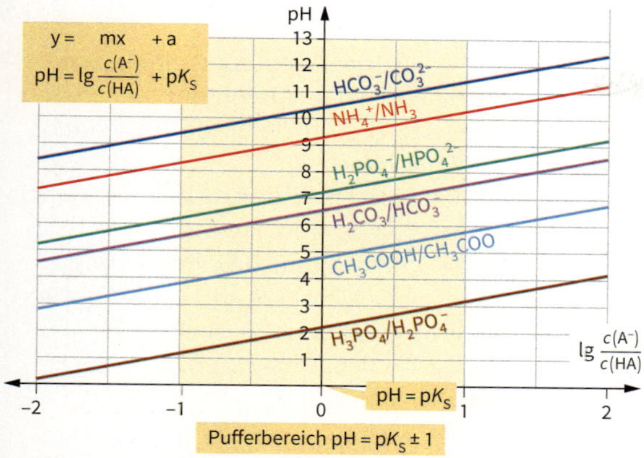

3 *Pufferbereiche verschiedener Pufferlösungen*

Der pH-Wert steigt um eine Einheit, wenn die Konzentration der Pufferbase zehnmal so groß ist wie die Konzentration der Puffersäure. Umgekehrt sinkt der pH-Wert um eine Einheit bei einer zehnmal größeren Konzentration der Puffersäure.

$$c(A^-) : c(HA) = 10 : 1 \Leftrightarrow \lg \frac{c(A^-)}{c(HA)} = +1 \qquad \text{(obere Grenze)}$$

$$c(A^-) : c(HA) = 1 : 10 \Leftrightarrow \lg \frac{c(A^-)}{c(HA)} = -1 \qquad \text{(untere Grenze)}$$

Puffer beim pH-Meter. Um bei Messungen des pH-Werts mithilfe eines pH-Meters zuverlässige Werte zu erhalten, sollte man das pH-Meter vorab kalibrieren. Dazu dienen Pufferlösungen mit ganz genau bekannten pH-Werten. Die Messelektrode wird nacheinander in diese **pH-Standardlösungen** eingetaucht. Weicht der angezeigte Wert vom Sollwert, also dem pH-Wert der Standardlösung ab, so wird das Messgerät justiert. Der angezeigte pH-Wert muss anschließend den pH-Werten der Pufferlösungen entsprechen.

Puffer in der Natur. Ein lebenswichtiges Puffersystem ist der *Blutpuffer* (↗S. 79). Hier sorgt ein Gemisch aus mehreren Puffersystemen dafür, dass der pH-Wert des Bluts nicht unter 6,9 sinkt oder über 7,6 steigt. Nur in diesem pH-Bereich laufen die biochemischen Prozesse im menschlichen Körper ungestört ab. Ohne einen Puffer würden Stoffwechselprodukte wie beispielsweise Lactat oder saure und basische Nahrungsmittel den pH-Wert stark verändern. Eines der Puffersysteme im Blut besteht aus dem Säure-Base-Paar Kohlensäure-Hydrogencarbonat. Daneben regulieren verschiedene Proteinpuffer und Phosphatpuffer den pH-Wert im Blut.

Pufferlösungen verändern den pH-Wert bei begrenzter Zugabe saurer oder alkalischer Lösungen nur gering.

1 Erläutern Sie am Beispiel des Essigsäure-Acetatpuffers die Wirkungsweise eines Puffersystems.

2 a) Zeigen Sie anhand zweier selbst gewählter Beispiele, dass beim Einsatz gleicher Stoffmengen von Puffersäure und Pufferbase der pH-Wert der Pufferlösung dem pK_S-Wert der Puffersäure entspricht. Stellen Sie dazu die Protolysegleichung sowie das zugehörige Massenwirkungsgesetz auf. Lösen Sie diese Gleichung nach dem pH-Wert auf.
b) Stellen Sie sich die Ergebnisse gegenseitig vor.
c) Zeigen Sie gemeinsam die allgemeine Gültigkeit der Aussage aus Aufgabe a).

3 a) Berechnen Sie arbeitsteilig den pH-Wert folgender Pufferlösungen:
A: $c(NH_3) = 0{,}2\ mol \cdot l^{-1}$; $c(NH_4Cl) = 0{,}5\ mol \cdot l^{-1}$
B: $c(NH_3) = 0{,}4\ mol \cdot l^{-1}$; $c(NH_4Cl) = 1{,}0\ mol \cdot l^{-1}$
C: $c(NH_3) = 0{,}2\ mol \cdot l^{-1}$; $c(NH_4Cl) = 0{,}1\ mol \cdot l^{-1}$
b) Stellen Sie sich die Ergebnisse gegenseitig vor.
c) Ordnen Sie die drei Pufferlösungen nach ihrer Pufferkapazität.

4 Recherchieren Sie Puffersysteme in der Natur und ihre Wirkungsweise aus biologischer und chemischer Sicht. Erstellen Sie ein Poster und präsentieren Sie Ihre Ergebnisse.

5 Ermitteln Sie arbeitsteilig, aus welchem Puffersystem und in welchem Konzentrationsverhältnis folgende Standardlösungen zum Kalibrieren eines pH-Meters bestehen:
A: pH = 6,9; **B:** pH = 10,0; **C:** pH = 4,0

6 a) Beschreiben Sie gemeinsam den Weg des Kohlenstoffdioxids von den Gewebezellen zur Lunge.

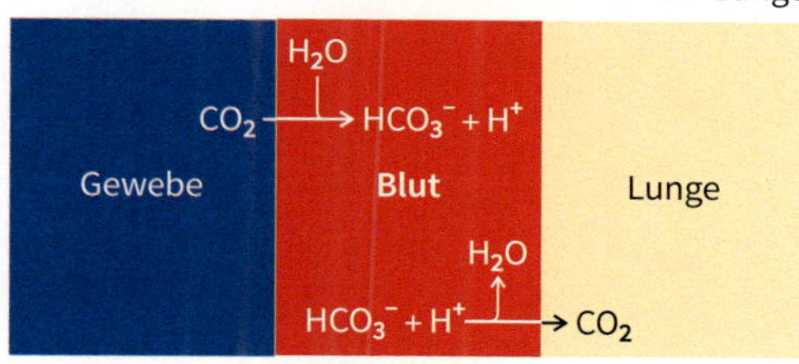

b) **A:** pH = 7,6; **B:** pH = 6,9;
Berechnen Sie arbeitsteilig für den angegebenen pH-Wert das Verhältnis $c(H_2CO_3/HCO_3^-)$ im Blut.
c) Stellen Sie sich das Ergebnis gegenseitig vor.
d) Recherchieren Sie gemeinsam nach Ursachen, Symptomen und Gefahren einer Hyperventilation, besonders im Schwimmunterricht.
e) Begründen Sie anhand der obigen Abbildung, weshalb eine Hyperventilation zu einem Anstieg des pH-Werts auf über 7,43 (Alkalose) führen kann.

7 Erläutern Sie den mathematischen Zusammenhang zwischen der Puffergleichung und den Graphen in Abb. 3.

Titration

Der richtige Umgang mit der Bürette

- Die Bürette wird senkrecht eingespannt und mit Maßlösung etwa 1 cm über die Nullmarke hinaus befüllt.
- Durch kurzes Öffnen des Hahns wird die Luft im unteren Bereich verdrängt und die Maßlösung bis zur Nullmarke abgelassen.
- Um ein möglichst genaues Messergebnis zu erhalten, sollte man zunächst eine Vortitration durchführen. Dabei wird der Endpunkt der Titration in etwa festgestellt.
- In einer zweiten Titration wird dann der Endpunkt möglichst exakt bestimmt, indem man in der Nähe des ungefähren Endpunkts langsamer titriert.
- Im Hintergrund der Bürette befindet sich meist eine Ablesehilfe (Schellbach-Streifen). An der durch Lichtbrechung entstehenden Spitze kann das Volumen (hier 20,0 ml) abgelesen werden. Die Spitze und das Auge müssen dabei auf gleicher Höhe sein.

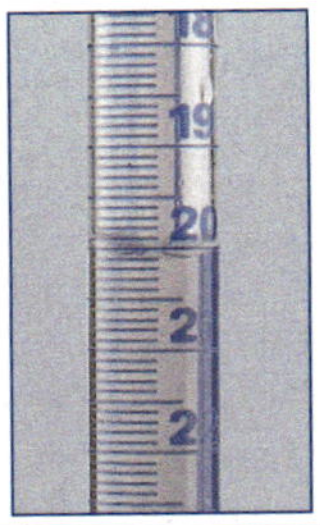

Forschungsauftrag 1: Säuregehalt von Nahrungsmitteln

Materialien: Bürette, Vollpipette (50 ml), Messpipette (10 ml), Pipettierhilfe, Erlenmeyerkolben (100 ml, weit), Becherglas (50 ml), Trichter; Phenolphthaleinlösung (< 0,9 %, **2**, **7**),
Maßlösungen: Natronlauge (0,1 mol · l^{-1}, **5**), Natronlauge (1 mol · l^{-1}, **5**)
Proben: Frischmilch, saure Milch, Mineralwasser (sprudelig), Mineralwasser (medium), Haushaltsessig, Gurkenwasser

Der Säuregehalt von Nahrungsmitteln ist ein wichtiger Parameter für die Qualität von Nahrungsmitteln. Er beeinflusst nicht nur den Geschmack des jeweiligen Nahrungsmittels, sondern ist oft auch ein Hinweis darauf, ob ein Lebensmittel frisch ist beziehungsweise richtig gelagert wurde. In der Nahrungsmittelindustrie ist daher von Bedeutung den Säuregehalt regelmäßig zu überprüfen. Bei farblosen oder weißen Proben bietet sich eine Endpunkttitration mit einem Indikator an.

Aufgaben:

a) Planen Sie ein Experiment zur Bestimmung des Säuregehaltes in den Nahrungsmitteln mittels Endpunkttitration. Kontrollieren Sie Ihre Planung mithilfe der Check-Karte.
b) Führen Sie das Experiment durch. Teilen Sie dabei die Proben innerhalb des Kurses auf.
c) Geben Sie die Strukturformeln für Ethansäure, Citronensäure und Milchsäure an. Stellen Sie die jeweiligen Protolysegleichungen auf.
d) Berechnen Sie aus den Messwerten die Anfangskonzentrationen der Säuren.
e) Bestimmen Sie die pK_S-Werte der Säuren und ordnen Sie diese nach ihrer Säurestärke.
f) Tauschen Sie die Ergebnisse innerhalb der Gruppe aus.
g) Erklären Sie die unterschiedliche Säurestärke von Milchsäure und Ethansäure mithilfe der Strukturformeln.

◇ Forschungsauftrag 2: Titrationskurven

Materialien: Bürette, Vollpipette (10 ml), Pipettierhilfe, Erlenmeyerkolben (100 ml, weit), Trichter, pH-Meter, Magnetrührer mit Rührstab;
Maßlösungen: Salzsäure (1 mol · l^{-1}, **5**), Natronlauge (1 mol · l^{-1}, **5**),
Proben: Salzsäure (0,1 mol · l^{-1}, **5**), Natronlauge (0,1 mol · l^{-1}, **5**), Ethansäurelösung (0,1 mol · l^{-1})

Der Verlauf einer Titration lässt sich mithilfe einer Titrationskurve darstellen, welche charakteristisch für die jeweilige Probe ist.

Aufgaben:

a) Planen Sie ein Experiment zur pH-metrischen Titration von Salzsäure (Gruppe A), Ethansäure (Gruppe B) und Natronlauge (Gruppe C). Kontrollieren Sie Ihre Planung mithilfe der Check-Karten.
b) Tauschen Sie die Planungen zwischen den Gruppen aus und führen Sie die Versuchsplanung einer anderen Gruppe durch.
c) Notieren Sie die Volumen-pH-Wertepaare. Zeichnen Sie mit den Messwerten eine Titrationskurve.
d) Erklären Sie die Titrationskurven. Gehen Sie dabei auf den pH-Wert zu Beginn der Titration, die Lage des Äquivalenzpunktes, die Größe des pH-Sprungs, sowie den pH-Wert am Ende der Titration ein.

e) Präsentieren Sie Ihr Ergebnis den anderen Gruppen und vergleichen Sie die Ergebnisse.
f) Markieren Sie bei der Titrationskurve der Ethansäure den Halbäquivalenzpunkt. Dieser liegt bei der Hälfte des bis zum Erreichen des Äquivalenzpunktes benötigten Volumens an Maßlösung. Vergleichen Sie den pH-Wert an dieser Stelle mit dem pK_S-Wert von Ethansäure. Formulieren Sie eine Vermutung.

Forschungsauftrag 3: Phosphorsäurekonzentration in Cola

Materialien: Bürette, Vollpipette (10 ml), Pipettierhilfe, Erlenmeyerkolben (300 ml, weit), Becherglas (150 ml), Trichter, pH-Meter, Magnetrührer mit Rührstab; verschiedene Sorten von Cola-Getränken, Maßlösung: Natronlauge ($0{,}1\ mol \cdot l^{-1}$, **5**)

Cola-Getränke reagieren sauer, wie ein kurzer Test mit einem Streifen pH-Papier zeigt. In dem Cola-Getränk ist neben Kohlensäure auch Phosphorsäure enthalten. Die maximal zugelassene Menge liegt bei $700\ mg \cdot l^{-1}$.

Aufgaben:

a) Recherchieren Sie weitere Inhaltsstoffe in Cola-Getränken.
b) Erstellen Sie eine Versuchsanleitung zur Bestimmung der Phosphorsäurekonzentration in Cola-Getränken. Erklären Sie, weshalb die Cola vor dem Experiment abgekocht werden sollte.
c) Kontrollieren Sie Ihre Versuchsplanung mithilfe der Check-Karte. Führen Sie das Experiment durch.
d) ◇ Notieren Sie Ihre Messergebnisse und stellen Sie diese in einem Volumen-pH-Wert-Diagramm dar.
e) ◇ Erklären Sie den Kurvenverlauf. Gehen Sie dabei auf den pH-Wert zu Beginn der Titration, die Lage der Äquivalenzpunkte und der Halbäquivalenzpunkte ein.
f) Bestimmen Sie die Phosphorsäurekonzentration in den Cola-Sorten.
g) Vergleichen Sie Ihre Ergebnisse mit den Ergebnissen anderer Gruppen. Beurteilen Sie, ob der Phosphorsäuregehalt in den untersuchten Cola-Sorten unterhalb des zulässigen Grenzwerts liegt. Berücksichtigen Sie bei dieser Beurteilung auch die weiteren Inhaltsstoffe der Cola-Getränke.

Forschungsauftrag 4: Säuregehalt von Entkalkern

Materialien: Marmorplatte oder Kalk, Titrationsapparatur, Maßlösung: Natronlauge ($1\ mol \cdot l^{-1}$, **5**; $0{,}1\ mol \cdot l^{-1}$, **5**), verschiedene Entkalker mit möglichst unterschiedlichen Inhaltsstoffen.
Hinweis: Beachten Sie die Herstellerangaben zu möglichen Gefahren im Umgang mit den Entkalkern.

An
Labor Dieter Testermann
Diesterweg 3
38104 Braunschweig

Betr.: Untersuchung verschiedener Entkalker

Sehr geehrter Damen und Herren,

dem Wunsch unserer Leserschaft folgend planen wir in einer der kommenden Ausgaben unseres Verbrauchermagazins eine vergleichende Untersuchung handelsüblicher Entkalker.
In diesem Zusammenhang beauftragen wir Sie mit der Entwicklung eines geeigneten Kriterienkatalogs sowie der praktischen Durchführung der Testreihe.

Mit freundlichen Grüßen
Dr. R. Nekermann

Aufgaben:

a) Planen Sie mithilfe der Materialien Experimente, mit denen Sie die Konzentration der Säure in den jeweiligen Entkalkern sowie den pH-Wert zu Beginn bestimmen können und den Gehalt an Säure in den Entkalkern qualitativ vergleichen können.
b) Kontrollieren Sie Ihre Versuchsplanung mithilfe der Check-Karte. Führen Sie Ihr geplantes Experiment mit den verschiedenen Entkalkern durch.
c) Stellen Sie die von Ihnen entwickelten Verfahren den anderen Gruppen vor.
d) Diskutieren Sie, welches Verfahren für eine Konzentrationsbestimmung und welches für den Vergleich der Wirkung am geeignetsten ist.
e) Verfassen Sie ein Antwortschreiben, in dem Sie die Entkalker unter Berücksichtigung von Geruch, Gefahrenpotenzial, Wirkung, Anwendungszweck und Preis abschließend bewerten.

Projekt Puffersysteme im menschlichen Körper ◇

Für Stoffwechselvorgänge im menschlichen Körper ist der pH-Wert von großer Bedeutung. Der pH-Wert beeinflusst die Aktivität von Enzymen und von Hormonen. Die meisten Stoffwechselvorgänge können daher nur in bestimmten pH-Bereichen richtig ablaufen. Die für diese Reaktionen optimalen pH-Bereiche sind in den verschiedenen Körperregionen unterschiedlich. Im Blut herrscht zum Beispiel ein anderer pH-Wert als im Magen oder im Darm (Abb. 1). Über die Nahrung oder durch verschiedene Stoffwechselvorgänge gelangen jedoch ständig Säuren oder Basen in die Körperflüssigkeiten, wobei der Anteil an Säuren deutlich überwiegt. Um großen Schwankungen im pH-Wert entgegenzuwirken, verfügt der Körper über verschiedene Puffersysteme. Einige dieser Puffersysteme wirken zusammen, sie werden hier jedoch getrennt betrachtet.

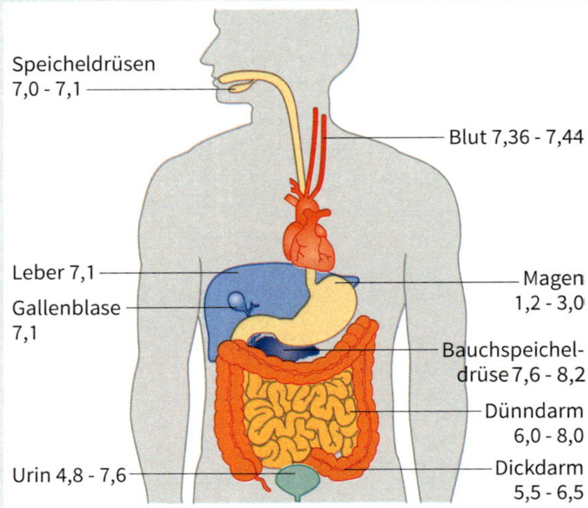

1 *pH-Werte im menschlichen Körper*

Aufgaben zur Bearbeitung des Projekts

Teilen Sie sich in vier Gruppen auf. Jede Gruppe bearbeitet ein Puffersystem als Beispiel.

1 a) Erläutern Sie die Wirkungsweise des Ihnen zugeteilten Puffersystems. Stellen Sie dazu auch die jeweiligen Reaktionsgleichungen auf.
b) Ermitteln Sie jeweils für den oberen und den unteren Wert der angegebenen pH-Bereiche Ihres Puffersystems das Konzentrationsverhältnis von Puffersäure zu Pufferbase. Sind mehrere Puffersysteme in Ihrem Thema vorhanden, so beschränken Sie sich auf das Puffersystem mit der größten Wirkung.
c) Führen Sie den Forschungsauftrag 1 durch. Stellen Sie auf Basis Ihrer Berechnungen in Aufgabe b) 100 ml der entsprechenden Pufferlösung her und ermitteln Sie die Pufferkapazität der Pufferlösung.
d) Machen Sie einen Vorschlag, wie sich die Pufferkapazität Ihres Puffers erhöhen ließe.
e) Bereiten Sie mit den Ergebnissen eine Präsentation vor und präsentieren Sie Ihre Ergebnisse den anderen Gruppen.

2 Begründen Sie, warum in vielen Körperregionen meist mehrere Puffersysteme in den Körperflüssigkeiten vorhanden sind.

3 Über die Nahrung wird eine große Menge an unterschiedlichen Säuren aufgenommen. Beschreiben Sie, wie die Puffersysteme aller hier aufgeführten Organe zusammenwirken, um einer Übersäuerung des Körpers entgegenzuwirken. Nutzen Sie dazu die Ergebnisse der anderen Gruppen.

Forschungsauftrag 1: Pufferkapazität von Puffersystemen

Die Pufferkapazität einer Pufferlösung ist erschöpft, wenn durch Zugabe von H_3O^+-Ionen beziehungsweise OH^--Ionen sich das Verhältnis der Konzentrationen von Puffersäure und Pufferbase stark ändert. Der pH-Wert der Pufferlösung darf sich dabei maximal um eine Einheit erhöhen oder verringern.

In diesem Forschungsauftrag wird die Pufferkapazität mithilfe von Maßlösungen bestimmt. Die Pufferkapazität wird in der Einheit Millimol pro Liter ($mmol \cdot l^{-1}$) angegeben.

Materialien: Bürette, Vollpipette (25 ml), Messpipette (10 ml), Pipettierhilfe, Waage, Erlenmeyerkolben (100 ml, weit), Becherglas (150 ml), Sprudelautomat, Trichter, pH-Meter; Kohlenstoffdioxid (**4**), Natriumhydrogencarbonat, Natriumdihydrogenphosphat, Dinatriumhydrogenphosphat, destilliertes Wasser
Maßlösungen: Salzsäure ($0{,}1\ mol \cdot l^{-1}$, **5**), Natronlauge ($0{,}1\ mol \cdot l^{-1}$, **5**)

Aufgaben:
a) Planen Sie ein Experiment zur Bestimmung der Pufferkapazität. Kontrollieren Sie Ihre Planung mithilfe der Check-Karte.
b) Führen Sie das Experiment durch.
c) Bestimmen Sie anhand Ihrer Messdaten die Pufferkapazität.

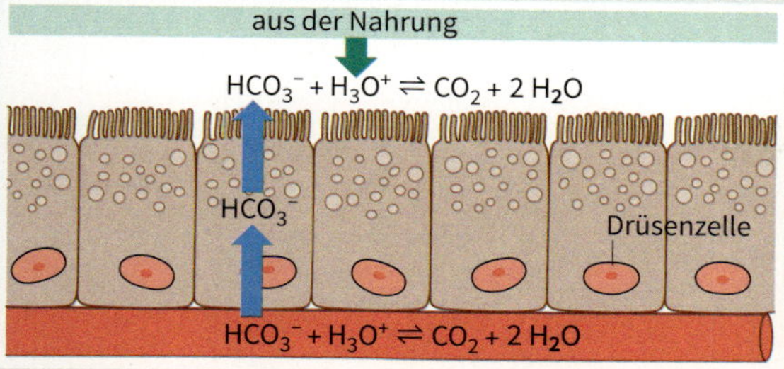

2 *Aufnahme und Abgabe von Hydrogencarbonat (vereinfacht)*

Gruppe 1: Speichel

Nahrungsmittel zeigen unterschiedliche pH-Werte. Im Mund sollte jedoch ein neutraler pH-Wert vorliegen. In diesem pH-Bereich zeigt das Enzym α-Amylase seine größte Wirksamkeit. Das Enzym ist am ersten Schritt der Verdauung beteiligt. Es zerlegt die Stärke aus der Nahrung in kleinere Zuckerbausteine. Säurehaltige Nahrungsmittel greifen zudem den Zahnschmelz von Zähnen an. In der Folge kann Karies entstehen. Der Speichel im Mund sorgt für einen neutralen pH-Wert, er liegt bei 7 bis 7,1. Speichel enthält zwei Puffersysteme. Den größten Anteil an der Pufferwirkung übernimmt der Kohlensäure-Hydrogencarbonatpuffer. Die für diesen Puffer notwendigen HCO_3^--Ionen werden von den Zellen der Speicheldrüsen direkt aus dem Blut aufgenommen und dann mit dem Speichel in die Mundhöhle abgegeben (Abb. 2). Der Dihydrogenphosphat-Hydrogenphosphatpuffer dient hauptsächlich der Remineralisierung des Zahnschmelzes.

Gruppe 2: Bauchspeichel

Im Magen herrscht ein pH-Wert von etwa 1,2 bis 3,0. Bei diesem pH-Wert würden die Enzyme aus dem anschließenden Dünndarm denaturieren und wären funktionslos. Diese Enzyme benötigen einen neutralen bis leicht alkalischen Bereich. Die Säure aus dem Magen würde zudem die Zellen der Darmwand schädigen. Der Verdauungsbrei aus dem Magen muss also beim Übergang in den Dünndarm neutralisiert werden. Dazu wird Bauchspeichel von der Bauchspeicheldrüse in den oberen Teil des Dünndarms abgesondert. Der Bauchspeichel enthält neben Hormonen und Enzymen einen Kohlensäure-Hydrogencarbonatpuffer. Der pH-Wert des Puffers liegt bei 7,2. Die für den Puffer notwendigen HCO_3^--Ionen werden von den Zellen der Bauchspeicheldrüse direkt aus dem Blut aufgenommen und dann mit dem Bauchspeichel in den Darm abgegeben (Abb. 2).

Gruppe 3: Blut

Das Blut im menschlichen Körper hat im Normalfall einen pH-Wert von 7,35 – 7,45. Starke Abweichungen von diesem Referenzbereich können lebensgefährlich sein. Der enge pH-Bereich wird letztlich durch vier Puffersysteme aufrechterhalten. Den größten Anteil an der gesamten Pufferkapazität hat dabei der Kohlensäure-Hydrogencarbonatpuffer. Dieses Puffersystem alleine reicht aus, um den pH-Wert auch bei der Entstehung saurer Stoffwechselprodukte konstant zu halten. Allerdings hat das Blut auch die Aufgabe, Kohlenstoffdioxid aus den Körperzellen aufzunehmen und zu den Lungen zu transportieren. CO_2-Moleküle aus den Körperzellen reagieren zum Teil mit H_2O-Molekülen aus dem Blutplasma zu HCO_3^--Ionen und H_3O^+-Ionen. Die entstehenden H_3O^+-Ionen werden vor allem durch den Hämoglobinpuffer aufgefangen. Durch die damit verbundene Beeinflussung der Gleichgewichtsreaktion kann mehr Kohlenstoffdioxid aus den Körperzellen vom Blut aufgenommen werden. Der Hämoglobinpuffer hat den zweitgrößten Anteil an der gesamten Pufferkapazität der vier Puffersysteme im Blut. Die Reaktionsgleichung zur Wirkung des Hämoglobinpuffers bei Säuren lautet vereinfacht:

$H_3O^+(aq) + Hb\,(aq) \leftrightharpoons HbH^+(aq) + H_2O\,(l)$

Gruppe 4: Niere

Viele saure oder alkalisch wirkende Stoffe werden über den Blutkreislauf in unserem Körper verteilt. Damit der pH-Wert im Blut trotzdem konstant bleibt, ist es mit einem Puffersystem ausgestattet. Jedoch ist die Pufferkapazität dieses Puffersystems begrenzt. Fallen beispielsweise stoffwechselbedingt übermäßig viele H_3O^+-Ionen an, besteht die Gefahr der Übersäuerung des Blutes. Dem wirken die Nieren entgegen. Sie ziehen einen Teil der H_3O^+-Ionen aus dem Blutkreislauf. Die H_3O^+-Ionen werden von den Zellen der Niere aufgenommen. Für solche Aufgaben enthalten die Zellen der Nieren zwei Puffersysteme. Mit dem Ammoniak-Ammoniumpuffer (pH ≈ 8,5) und dem Dihydrogenphosphat-Hydrogenphosphatpuffer (pH ≈ 7,4) wird eine Übersäuerung der Nieren verhindert. Die jeweiligen Pufferbasen reagieren mit den H_3O^+-Ionen. Die Produkte werden dann mit dem Urin ausgeschieden. Aufgrund der beiden Puffersysteme fällt der pH-Wert des Urins auch bei größeren Mengen an H_3O^+-Ionen nicht unter 4,6. Den größeren Anteil an der Pufferkapazität hat dabei der Dihydrogenphosphat-Hydrogenphosphatpuffer.

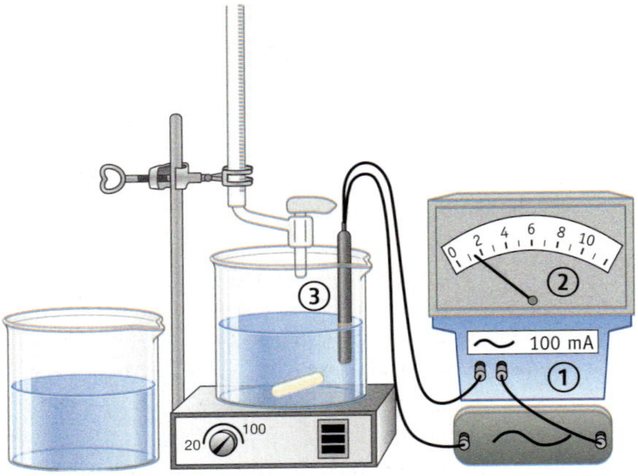

1 *Durchführung einer Leitfähigkeitstitration*

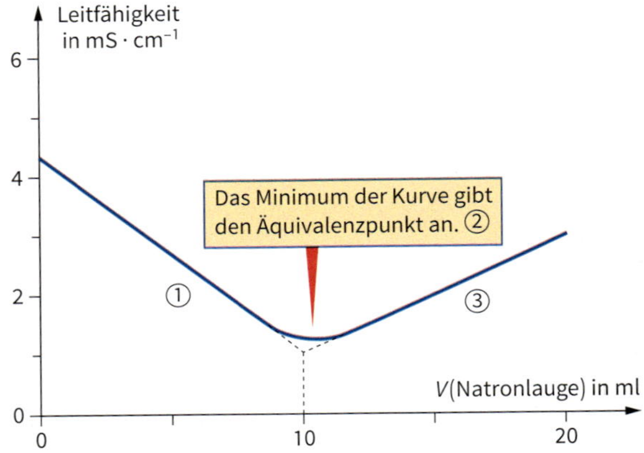

2 *Diagramm zur Leitfähigkeitstitration von Salzsäure*

Neben der Endpunkttitration mit einem Indikator und der pH-metrischen Titration lässt sich der Säuregehalt oder Basengehalt einer Probe auch mithilfe einer Leitfähigkeitstitration bestimmen. Die Leitfähigkeit wird mit einem Leitfähigkeitsprüfer gemessen oder indirekt über die Messung der Stromstärke in einem Stromkreis.

Leitfähigkeitstitration. Für die **Leitfähigkeitstitration** werden eine Spannungsquelle (Abb. 1 ①), ein Stromstärkemessgerät (Abb. 1 ②) und eine Prüfstrecke (Abb. 1 ③) in Reihe geschaltet. Die Prüfstrecke besteht aus zwei Platinelektroden in geringem Abstand, die den Stromkreis zunächst unterbrechen. Werden sie in eine elektrisch leitende Lösung getaucht, ist der Stromkreis geschlossen. Der Ladungstransport erfolgt durch die Ionen in der Lösung. Je nach Leitfähigkeit der Lösung verändert sich die Stromstärke. Um eine Elektrolyse der Lösung zu vermeiden, wird mit einer Wechselspannung von etwa 1 V gearbeitet. Ein *Leitfähigkeitsprüfer* ist vergleichbar aufgebaut. Zusätzlich rechnet eine Auswertungselektronik den Stromfluss direkt in die Leitfähigkeit der Lösung um. Sie wird dann im Display angezeigt.

Während der Titration wird nach jeder Zugabe der Maßlösung die Stromstärke gemessen. Die Volumen-Stromstärke-Wertepaare werden anschließend in ein *V-I*-Diagramm eingetragen (Abb. 2). Bei der Titration von Salzsäure mit Natronlauge erhält man zwei Diagrammabschnitte mit unterschiedlichen Steigungen. Verlängert man die zwei linearen Bereiche des Graphen, treffen sich die beiden Geraden in einem Punkt. Dies ist der Äquivalenzpunkt der Titration (Abb. 2 ②).

Die Auswertung der Messung erfolgt wie bei der Titration mit Indikator. Aus dem für die Neutralisation benötigten Volumen an Maßlösung und ihrer Konzentration sowie dem Volumen der Probe wird die unbekannte Konzentration berechnet.

Beweglichkeit der Ionen. Die elektrische Leitfähigkeit κ einer Lösung hängt sowohl von der *Konzentration* als auch von der *Beweglichkeit* der in der Lösung enthaltenen Ionen ab. Zusammen ergeben sie die für jede Ionensorte spezifische *molare Leitfähigkeit* λ (Abb. 3). Bei der Titration von Salzsäure mit Natronlauge erhält man im *V-I*-Diagramm zunächst einen Abschnitt mit negativer Steigung (Abb. 2 ①). Dies wird folgendermaßen erklärt: Zunächst befinden sich H_3O^+-Ionen und Cl^--Ionen in der Lösung. Durch Zugabe von OH^--Ionen während der Titration nimmt die Konzentration der H_3O^+-Ionen ab, die eine hohe molare Leitfähigkeit haben.

$H_3O^+(aq) + OH^-(aq) \rightarrow 2\,H_2O(l)$

In gleichem Maße steigt die Konzentration der Na^+-Ionen. Da Na^+-Ionen eine geringe molare Leitfähigkeit zeigen, nimmt die Leitfähigkeit der Lösung insgesamt jedoch ab. Am Äquivalenzpunkt ist die Leitfähigkeit der entstandenen Natriumchloridlösung am geringsten (Abb. 2 ②).

Der zweite Abschnitt im *V-I*-Diagramm zeigt eine positive, weniger starke Steigung (Abb. 2 ③). Bei weiterer Zugabe von Natronlauge nach dem Äquivalenzpunkt

Ionen	molare Leitfähigkeit λ in $\Omega^{-1} \cdot cm^2 \cdot mol^{-1}$
H_3O^+	349,8
Na^+	50,1
K^+	73,5
Ba^{2+}	127,4
OH^-	197,6
Cl^-	76,3
Br^-	78,1
SO_4^{2-}	159,6
CH_3COO^-	40,9

3 *Molare Leitfähigkeit λ verschiedener Ionensorten*

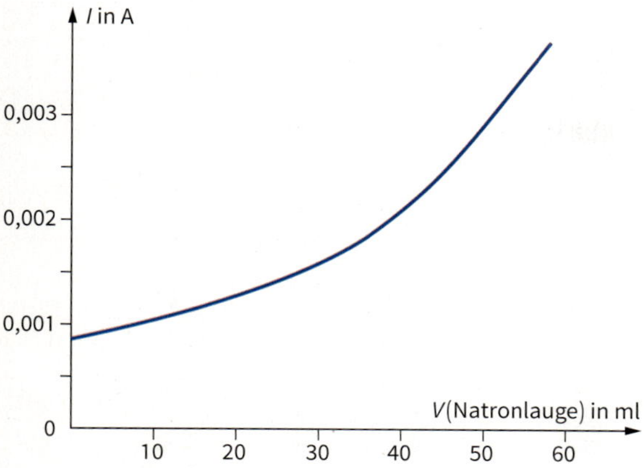

4 ***Diagramm zur Leitfähigkeitstitration von Aceto Balsamico***

nimmt die Konzentration der Na^+- und der OH^--Ionen zu. Die Leitfähigkeit steigt demnach an. Da OH^--Ionen im Vergleich zu H_3O^+-Ionen eine geringere molare Leitfähigkeit haben, ist der Anstieg der Leitfähigkeit der Lösung nach dem Äquivalenzpunkt jedoch weniger stark.

> Bei der Leitfähigkeitstitration wird der Äquivalenzpunkt durch Messung der Leitfähigkeit einer Lösung während einer Titration bestimmt.

1 a) Abb. 2 zeigt das Ergebnis einer Leitfähigkeitstitration von 100 ml Salzsäure mit Natronlauge ($c = 0{,}1\ mol \cdot l^{-1}$) als Maßlösung. Bestimmen Sie die Konzentration der Salzsäure.
b) Bewerten Sie den Einfluss der Cl^--Ionen auf das Ergebnis der Titration.

2 Abb. 4 zeigt das Ergebnis einer Leitfähigkeitstitration von Aceto Balsamico (50 ml). Als Maßlösung wurde Natronlauge ($c = 0{,}1\ mol \cdot l^{-1}$) genutzt.
a) Beschreiben Sie den Kurvenverlauf. Teilen Sie die Kurve in zwei Abschnitte. Ermitteln Sie je eine Ausgleichsgerade für die beiden Abschnitte.
b) Erläutern Sie, dass beide Abschnitte eine positive Steigung aufweisen. Erklären Sie die unterschiedlichen Steigungen der Ausgleichsgeraden.
c) Ermitteln Sie aus dem Diagramm die Konzentration an Ethansäure im Aceto Balsamico.
d) Berechnen Sie daraus die Volumenkonzentration sowie die Massenkonzentration an Ethansäure. Gehen Sie vereinfachend von der Dichte $\rho = 1\ g \cdot cm^{-3}$ aus.

3 Stellen Sie eine Hypothese über den Kurvenverlauf der Leitfähigkeitstitration einer Bariumhydroxidlösung mit Schwefelsäure auf.
Hinweis: Bariumsulfat ist schwerlöslich.

Praktikum Leitfähigkeitstitration ◇

Versuch 1: Leitfähigkeitstitration

Materialien: 2 Elektroden, Stromstärkemessgerät, Spannungsquelle oder Leitfähigkeitsmessgerät, Bechergläser (100 ml), Magnetrührer mit Rührstab, Bürette, Vollpipette (10 ml), Pipettierhilfe, Becherglas (150 ml), Trichter;
Lösungen mit $c = 0{,}1\ mol \cdot l^{-1}$: Salzsäure (**5**), Ethansäure, Natronlauge (**5**), Natriumchlorid

Durchführung:

Vorversuch: Vergleich der Leitfähigkeit verschiedener Lösungen

1. Geben Sie etwas Salzsäure in ein Becherglas.
2. Messen Sie die Leitfähigkeit.
3. Wiederholen Sie die Durchführung mit den anderen Proben.

Leitfähigkeitstitration

Gruppe 1: 10 ml Salzsäure; Gruppe 2: 10 ml Ethansäure; Gruppe 3: Gemisch aus 5 ml Salzsäure und 5 ml Ethansäure

4. Bauen Sie eine Apparatur zur Leitfähigkeitstitration gemäß Abb. 1 auf.
5. Geben Sie die saure Lösung in ein Becherglas und füllen Sie mit Wasser auf etwa 50 ml auf.
6. Titrieren Sie die Lösung in Schritten von 1 ml.

Aufgaben:

a) Vergleichen Sie die Leitfähigkeit der Lösungen und erklären Sie die Unterschiede in der Leitfähigkeit.
b) Notieren Sie die Messwerte der Leitfähigkeitstitration und zeichnen Sie damit ein *V*/*I*-Diagramm.
c) Erklären Sie gemeinsam die drei Kurvenverläufe.
d) Ermitteln Sie gemeinsam für alle Gruppen die Konzentrationen von Salzsäure und Ethansäure.
e) Vergleichen Sie Ihre Ergebnisse mit den Konzentrationsangaben auf den Lösungen. Erklären Sie mögliche Abweichungen.

2.15 Löslichkeitsgleichgewichte

Die Löslichkeit von Salzen in Wasser kann sehr unterschiedlich sein. Viele Salze wie Natriumchlorid lösen sich besonders gut in Wasser. Von anderen lösen sich dagegen nur sehr geringe Mengen. Löst sich kein Salz mehr auf, ist die Lösung **gesättigt**. Der Rest des Salzes bildet als Feststoff den **Bodenkörper**.

Lösevorgang. Lösen und Auskristallisieren gehen wie chemische Reaktionen mit einer *Temperaturänderung* einher (↗S. 31, Abb. 3). Neben der *Lösungsenthalpie* (↗S. 33) bestimmt die *Entropieänderung* (↗S. 38,42), ob der Lösevorgang freiwillig abläuft oder nicht.

Löslichkeitsprodukt. Die Reaktionsgeschwindigkeit beim Lösen ist proportional zu der Oberfläche S des Bodenkörpers. Bei Silberchlorid gilt für die Geschwindigkeit v_L des Lösevorgangs:

$$v_L = k_L \cdot S(\text{AgCl})$$

Auch beim Kristallisieren ist die Geschwindigkeit proportional zur Oberfläche. Hier sind, wie bei anderen chemischen Reaktionen, die Konzentrationen der beteiligten Teilchen mit entscheidend:

$$v_K = k_K \cdot S(\text{AgCl}) \cdot c(\text{Ag}^+) \cdot c(\text{Cl}^-)$$

Ist die Lösung gesättigt, hat sich ein *chemisches Gleichgewicht* zwischen Lösung und Bodenkörper eingestellt. Die Geschwindigkeiten für das Lösen und das Kristallisieren sind gleich: $v_L = v_K$. Damit gilt:

$$k_L \cdot S(\text{AgCl}) = k_K \cdot S(\text{AgCl}) \cdot c(\text{Ag}^+) \cdot c(\text{Cl}^-)$$

Die Oberflächen kürzen sich heraus und die Proportionalitätsfaktoren werden zur einer Konstanten, dem Löslichkeitsprodukt K_L, zusammengefasst. Man erhält:

$$K_L(\text{AgCl}) = c(\text{Ag}^+) \cdot c(\text{Cl}^-)$$

Bei schwerlöslichen Salzen sind die Löslichkeitsprodukte sehr klein. In den ausführlichen Tabellen findet man daher neben den Werten von K_L oft auch pK_L, den negativen dekadischen Logarithmus von K_L.

Bei Salzen des Formeltyps AB_2 wie beispielsweise Calciumfluorid CaF_2 ergibt sich eine Konstante, wenn man die Konzentration von B quadriert:

$$CaF_2 \rightleftharpoons Ca^{2+} + 2\,F^-; \quad K_L = c(Ca^{2+}) \cdot c^2(F^-)$$

Dies gilt analog auch für andere Formeltypen.

Löslichkeit. Die Löslichkeit L wird häufig mit der Einheit $g \cdot l^{-1}$ angeben. Für schwerlösliche Salze ermittelt man die Löslichkeit aus dem Löslichkeitsprodukt. Das Verhältnis der Konzentrationen der beteiligten Ionen ergibt sich dabei aus der Verhältnisformel.

Das Löslichkeitsgleichgewicht von Salzen wird quantitativ durch das Löslichkeitsprodukt K_L beschrieben. Die Gleichgewichtskonstante K_L ergibt sich als Produkt der Konzentrationen der Ionen in einer gesättigten Lösung.

1 a) Berechnen Sie die Löslichkeiten von:
Partner A: PbI_2 $K_L(PbI_2) = 8{,}0 \cdot 10^{-9}\ mol^3 \cdot l^{-3}$
Partner B: $CaCO_3$ $K_L(CaCO_3) = 4{,}8 \cdot 10^{-9}\ mol^2 \cdot l^{-2}$
b) Geben Sie für Ihre Verbindung den pK_L-Wert an.
c) Kontrollieren Sie ihre Ergebnisse gegenseitig.

2 In einer gesättigten Lösung von Silbersulfat (Ag_2SO_4) beträgt die Konzentration an Ag^+-Ionen $0{,}0136\ mol \cdot l^{-1}$. Berechnen Sie das Löslichkeitsprodukt von Silbersulfat.

3 Ein Niederschlag von Bariumsulfat soll gewaschen werden. Dabei dürfen nicht mehr als 0,05 mg in Lösung gehen. Entscheiden Sie, ob sich 100 ml Schwefelsäure $c(H_2SO_4) = 0{,}1\ mol \cdot l^{-1}$ oder 100 ml Wasser besser dazu eignen. Begründen Sie Ihre Entscheidung.

4 In Trinkwasser ist eine maximale Stoffmengenkonzentration von $240\ mg \cdot l^{-1}$ Sulfat-Ionen und $250\ mg \cdot l^{-1}$ Chlorid-Ionen vom Gesetzgeber erlaubt. Berechnen Sie, ob das Trinkwasser diesen Anforderungen genügt:
Gruppe 1: Bei der Untersuchung einer Trinkwasserprobe hat man ermittelt, dass nach einer Zugabe von $10^{-5}\ mol \cdot l^{-1}$ Barium-Ionen noch keine Fällung von Bariumsulfat auftritt.
Gruppe 2: Bei der Titration des Wassers mit Silbernitratlösung, $c(AgNO_3) = 0{,}01\ mol \cdot l^{-1}$, verbrauchen 100 ml Trinkwasser 1,2 ml der Silbernitratlösung.

Rechenbeispiel

Löslichkeit von Silberchlorid

$K_L(\text{AgCl}) = c(\text{Ag}^+) \cdot c(\text{Cl}^-) = 1{,}8 \cdot 10^{-10}\ mol^2 \cdot l^{-2}$

Die Konzentrationen der Ionen sind gleich:

$K_L = c(\text{Ag}^+)^2 \Leftrightarrow c(\text{Ag}^+) = \sqrt{K_L} = 1{,}34 \cdot 10^{-5}\ mol \cdot l^{-1}$

$L(\text{AgCl}) = M(\text{AgCl}) \cdot c(\text{Ag}^+)$

mit $M(\text{AgCl})$ ergibt sich:

$L(\text{AgCl}) = 1{,}34 \cdot 10^{-5}\ mol \cdot l^{-1} \cdot 143\ g \cdot mol^{-1}$

$L(\text{AgCl}) = 1{,}9 \cdot 10^{-3}\ g \cdot l^{-1}$

In einem Liter Wasser lösen sich also 1,9 mg.

Praktikum Löslichkeitsgleichgewichte und Ionennachweise

1 *Nachweis von Ammonium-Ionen*

Forschungsauftrag 1: Qualitative Analyse

Gegeben sind drei unbeschriftete Gefäße mit den Salzen Natriumchlorid, Natriumcarbonat (**7**) und Ammoniumchlorid (**7**).

Aufgaben:

a) Planen Sie Versuche, mit denen Sie die Stoffe eindeutig identifizieren können. Planen Sie auch notwendige Sicherheitsvorkehrungen.

b) Kontrollieren Sie Ihre Planung mit der Check-Karte.

c) Führen Sie die Versuche durch und werten Sie Ihre Versuchsbeobachtungen aus.

d) Präsentieren Sie die Ergebnisse im Plenum.

Versuch 1: Nachweis von Ammonium-Ionen

Materialien: Zwei unterschiedlich große Uhrgläser, Pipette, Spatel, Universalindikatorpapier; Natriumhydroxidpätzchen (**5**), Probesubstanz

Durchführung:

1. Drücken Sie ein mit destilliertem Wasser angefeuchteten Streifen Universalindikatorpapier auf die Innenseite des größeren Uhrglases.
2. Geben Sie auf das kleinere Uhrglas einen halben Spatel der Probesubstanz und zwei Natriumhydroxidplätzchen. Feuchten Sie die Stoffe mit 2 – 3 Tropfen destilliertem Wasser an.
3. Decken Sie das kleine Uhrglas wie in Abb. 1 mit dem umgedrehten größeren Uhrglas ab.

◇ Versuch 2: Löslichkeit von Calciumhydroxid

Materialien: 5 Erlenmeyerkolben (100 ml eng) mit Stopfen, 5 Erlenmeyerkolben (100 ml weit), Bürette, Pipette (20 ml);
Calciumhydroxid (**5, 7**), Natriumnitratlösung ($1\ mol \cdot l^{-1}$, **7**), Natronlauge ($0{,}1\ mol \cdot l^{-1}$, **5**), Natronlauge ($0{,}05\ mol \cdot l^{-1}$, **5**), Natronlauge ($0{,}025\ mol \cdot l^{-1}$, **5**), Salzsäure ($0{,}1\ mol \cdot l^{-1}$, **5**), Phenolphthaleinlösung (< 0,9 %, **2, 7**), Natriumnitrat (**3, 7**)

Durchführung:

1. Bereiten Sie gesättigte Lösungen von Calciumhydroxid in Wasser, in Natriumnitratlösung sowie in Natronlauge verschiedener Konzentrationen vor. Auf 100 ml gibt man dazu jeweils einen Spatel Calciumhydroxid, setzt einen Stopfen auf, schüttelt mehrfach und lässt die Proben einen Tag stehen.
2. Pipettieren Sie jeweils 20 ml der klaren, gesättigten Lösungen in einen Erlenmeyerkolben. Titrieren Sie mit Salzsäure gegen Phenolphthalein. Notieren Sie den jeweiligen Verbrauch an Säure.

Aufgaben:

a) Ermitteln Sie die Gesamtkonzentration der OH^--Ionen.

b) Berechnen Sie die Konzentration der OH^--Ionen, die aus dem gelösten Calciumhydroxid stammen.

c) Berechnen Sie die Konzentration an Ca^{2+}-Ionen.

d) Berechnen Sie für die einzelnen Proben das Löslichkeitsprodukt.

e) Vergleichen Sie Ihre Ergebnisse mit dem Löslichkeitsprodukt aus der Tabelle im Anhang. Beurteilen Sie Ihre Ergebnisse.

f) Zeichnen Sie ein Diagramm, in dem Sie die Konzentrationen der Ca^{2+}-Ionen der verschiedenen gesättigten Lösungen gegen die Konzentrationen der OH^--Ionen auftragen. Werten Sie das Diagramm aus.

g) Das Löslichkeitsprodukt von Aluminiumhydroxid ($1{,}0 \cdot 10^{-33}$) ist um etwa 27 Zehnerpotenzen kleiner als das Löslichkeitsprodukts von Calciumhydroxid ($5{,}5 \cdot 10^{-6}$).

h) Ermitteln Sie die Löslichkeit beider Stoffe.

i) Vergleichen Sie die Werte. Berücksichtigen Sie das Ergebnis aus g). Erläutern Sie Ihren Befund.

j) Geben Sie die Einheiten der Löslichkeitsprodukte an.

Säure-Base-Reaktionen

1. Säure-Base-Konzept nach Brønsted

Eine Säure ist ein Teilchen, das ein Proton abgeben kann (Protonendonator).

Eine Base ist ein Teilchen, das ein Proton aufnehmen kann (Protonenakzeptor).

Ein Ampholyt ist ein Teilchen, das je nach Reaktionspartner als Säure oder Base reagieren kann.

Säure-Base-Reaktionen sind Protonenübertragungsreaktionen (Protolysen). Sie laufen nach dem Donator-Akzeptor-Prinzip ab. Es handelt sich um Gleichgewichtsreaktionen, an denen jeweils zwei Säure-Base-Paare beteiligt sind:

$$\underset{\text{Säure 1}}{HA} + \underset{\text{Base 2}}{B^-} \rightleftharpoons \underset{\text{Base 1}}{A^-} + \underset{\text{Säure 2}}{HB}$$

2. Autoprotolyse und Ionenprodukt des Wassers

Eine Säure-Base-Reaktion zwischen gleichartigen Teilchen bezeichnet man als Autoprotolyse. Im Falle von Wasser gilt:

$$c(H_3O^+) = c(OH^-) = 10^{-7}\ mol \cdot l^{-1} \quad \text{(bei 25 °C)}$$

Das Produkt dieser Konzentrationen, das Ionenprodukt des Wassers, ist in verdünnten wässrigen Lösungen konstant:

$$K_W = c(H_3O^+) \cdot c(OH^-) = 10^{-14}\ mol^2 \cdot l^{-2}$$

3. pH-Wert und pOH-Wert

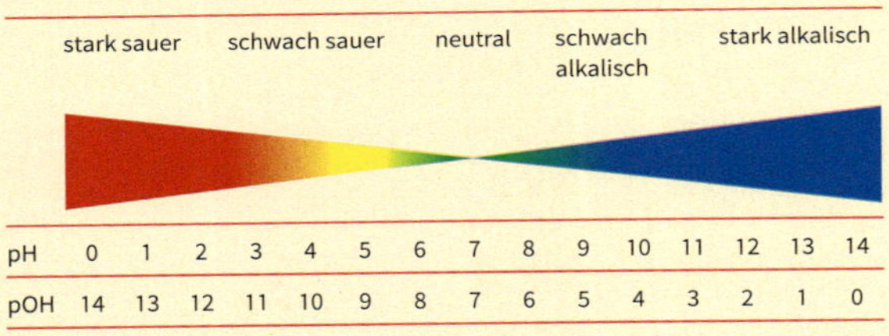

Die pH-Skala umfasst die Zahlen von 0 bis 14. Der pH-Wert 7 kennzeichnet neutrale Lösungen. Saure Lösungen haben einen pH-Wert kleiner als 7. Je kleiner der pH-Wert, desto größer ist die Konzentration der H_3O^+-Ionen und desto stärker sauer ist die Lösung. Alkalische Lösungen haben einen pH-Wert größer als 7.

Der pH-Wert ist definiert als der negative Zehnerlogarithmus des Zahlenwerts der H_3O^+-Ionenkonzentration einer Lösung:

$$pH = -\lg \frac{c(H_3O^+)}{mol \cdot l^{-1}}$$

Ein Unterschied von einer Einheit auf der pH-Skala bedeutet einen Unterschied in der H_3O^+-Ionenkonzentration um den Faktor 10.

Eine dem pH-Wert entsprechende Definition gilt für den pOH-Wert:

$$pOH = -\lg \frac{c(OH^-)}{mol \cdot l^{-1}}$$

Es gilt: $pH + pOH = 14 = pK_W$

4. Stärke von Säuren und Basen

Starke Säuren und Basen protolysieren in verdünnten wässrigen Lösungen nahezu vollständig. Bei schwachen Säuren oder Basen stellt sich ein Protolysegleichgewicht ein, dessen Lage durch die Säurekonstante K_S oder die Basenkonstante K_B charakterisiert wird:

$$HA(aq) + H_2O(l) \rightleftharpoons H_3O^+(aq) + A^-(aq)$$

$$K_S = c(H_3O^+) \cdot \frac{c(A^-)}{c(HA)}$$

$$B(aq) + H_2O(l) \rightleftharpoons HB^+(aq) + OH^-(aq)$$

$$K_B = c(OH^-) \cdot \frac{c(HB^+)}{c(B)}$$

Anstelle von K_S-Werten und K_B-Werten gibt man häufig den negativen Zehnerlogarithmus des Zahlenwerts an:

$$pK_S = -\lg \frac{K_S}{mol \cdot l^{-1}} \quad \text{und} \quad pK_B = -\lg \frac{K_B}{mol \cdot l^{-1}}$$

Für ein Säure-Base-Paar HA / A^- gilt:

$$pK_S(HA) + pK_B(A^-) = 14 \quad \text{(bei 25 °C)}$$

5. Berechnung von pH-Werten

Bei starken Säuren oder Basen, die vollständig protolysiert vorliegen, gilt:

$$c(H_3O^+) = c_0(HA) \Rightarrow pH = -\lg \frac{c_0(HA)}{mol \cdot l^{-1}}$$

$$c(OH^-) = c_0(B) \Rightarrow pOH = -\lg \frac{c_0(B)}{mol \cdot l^{-1}}$$

$$pH = 14 - pOH$$

Bei schwachen oder mittelstarken Säuren oder Basen verwendet man zur Berechnung die Näherungsformeln:

$$pH = \tfrac{1}{2}\left(pK_S - \lg \frac{c_0(HA)}{mol \cdot l^{-1}}\right)$$

$$pOH = \tfrac{1}{2}\left(pK_B - \lg \frac{c_0(B)}{mol \cdot l^{-1}}\right)$$

6. Säure-Base-Indikatoren

Säure-Base-Indikatoren sind schwache organische Säuren oder Basen, bei denen sich die Farbe der Säure (HInd) von der Farbe der zugehörigen Base (Ind^-) unterscheidet:

$$\underset{\text{Farbe 1}}{HInd(aq)} + H_2O(l) \rightleftharpoons H_3O^+(aq) + \underset{\text{Farbe 2}}{Ind^-(aq)}$$

Bei Indikatoren gibt es charakteristische Umschlagsbereiche, in denen die Indikatorlösung die Farbe ändert.

7. Neutralisation

Bei der Neutralisation reagieren H_3O^+-Ionen und OH^--Ionen zu H_2O-Molekülen. Dieser Protonenübertragung läuft ab, wenn man eine saure und eine alkalische Lösung zusammengibt:

$H_3O^+(aq) + OH^-(aq) \rightleftharpoons 2\,H_2O(l)$; exotherm

Jede Neutralisationsreaktion hat die gleiche Neutralisationsenthalpie von 56 kJ · mol^{-1}.

8. Titration

Die Titration ist eine Methode zur Ermittlung der Stoffmengenkonzentration. Dabei tropft man eine Maßlösung genau bekannter Konzentration zu einem bestimmten Volumen an Probelösung. Bei der **Endpunkttitration** mittels Indikator erfolgt die Zugabe der Maßlösung bis zum Farbumschlag. An diesem Umschlagspunkt, dem Äquivalenzpunkt, ist die Stoffmenge der Säure gleich der Stoffmenge der Base:

$n(HA) = n(B)$

Die Konzentration an Säure HA oder Base B in einer Lösung lässt sich mit folgenden Gleichungen berechnen:

$c(HA) = \frac{c(B) \cdot V(\text{Base})}{V(\text{Säure})}$ $c(B) = \frac{c(HA) \cdot V(\text{Säure})}{V(\text{Base})}$

Bei einer **pH-metrischen Titration** wird der Äquivalenzpunkt durch Aufnahme einer Titrationskurve bestimmt. Dabei wird der pH-Wert in Abhängigkeit des zugegebenen Volumens der Maßlösung gemessen und grafisch aufgetragen. Man erhält so eine Titrationskurve, deren Wendepunkt dem Äquivalenzpunkt entspricht.

Bei der Titration einer starken Säure mit einer starken Base stimmen Äquivalenzpunkt und Neutralpunkt (pH = 7) überein. Titriert man hingegen eine schwache Säure mit einer starken Base liegt der Äquivalenzpunkt oberhalb des Neutralpunkts.

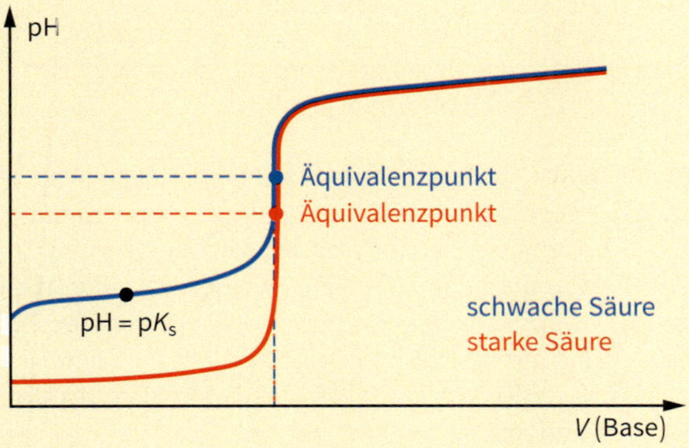

Als dritte Methode zur Ermittlung des Äquivalenzpunktes eignet sich die **Leitfähigkeitstitration.** Sie nutzt die Eigenschaft der Ionen, in wässriger Lösung den Strom unterschiedlich gut zu leiten. Mithilfe eines Leitfähigkeitsprüfers wird während der Titration die Leitfähigkeit in Abhängigkeit vom Volumen der zugegebenen Maßlösung gemessen und anschließend grafisch aufgetragen. Der Schnittpunkt der beiden extrapolierten Kurvenabschnitte ergibt den Äquivalenzpunkt.

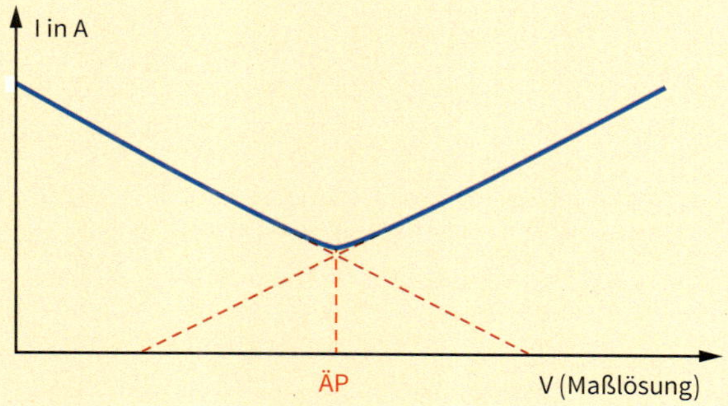

9. Puffer

Pufferlösungen sind Stoffgemische aus mittelstarken oder schwachen Säuren und der zugehörigen Base. Sie halten den pH-Wert bei Zugabe geringer Mengen einer sauren oder alkalischen Lösungen konstant. Der pH-Wert eines Puffers lässt sich mithilfe der Puffergleichung berechnen:

$pH = pK_S + \lg \frac{c(A^-)}{c(HA)}$

Die Pufferkapazität ist erschöpft, wenn der pH-Wert um mehr als eine Einheit vom pK_s-Wert der Puffersäure abweicht:

$pH = pK_S \pm 1$

Puffer spielen in der Natur zur Stabilisierung von Stoffwechselprozessen eine wichtige Rolle. Ein Beispiel ist der Kohlensäure-Hydrogencarbonatpuffer im Blut und im Speichel.

10. Löslichkeitsgleichgewicht

Zwischen der kristallinen und der gelöst vorliegenden Form eines Salzes bildet sich in einer gesättigten Lösung ohne Störung ein Gleichgewicht aus: $AB \rightleftharpoons A^+ + B^-$

Das **Löslichkeitsprodukt** K_L beschreibt die Löslichkeit eines Salzes in einem Lösemittel. Schwerlösliche Salze haben ein kleines Löslichkeitsprodukt: $K_L = c(A^+) \cdot c(B^-)$

Der Term für K_L ergibt sich aus dem Formeltyp des Salzes. Bei Salzen des Formeltyps AB_2 muss die Konzentration $c(B^-)$ quadriert werden: $K_L = c(A^+) \cdot c^2(B^-)$. Die **Löslichkeit** L eines Salzes wird oft in g · l^{-1} angegeben.

Training Säure-Base-Reaktionen

Testen Sie sich

A1 Erläutern Sie am Beispiel der Schwefelsäure das Säure-Base-Konzept nach BRØNSTED.

A2 Geben Sie an, welche der Teilchen nach Brønsted als Säure, Base oder Ampholyt reagieren können: H_3PO_4, HPO_4^{2-}, CO_3^{2-}, $HCOO^-$, CH_3COOH, HS^-

A3 Erläutern Sie die Autoprotolyse und das Ionenprodukt des Wassers.

A4 Berechnen Sie die pH-Werte: Salpetersäure ($0{,}2\ mol \cdot l^{-1}$), Natronlauge ($0{,}5\ mol \cdot l^{-1}$)

A5 Bei einer Endpunkttitration mit Indikator wurden zu einer 50 ml-Probe Ammoniaklösung bis zum Farbumschlag des Indikators 13 ml Salzsäure ($c = 0{,}5\ mol \cdot l^{-1}$) titriert. Berechnen Sie die Anfangskonzentration der Ammoniaklösung.

A6 Geologen prüfen auf Carbonatgesteine mit Salzsäure. Erklären Sie mögliche Beobachtungen bei einem Gestein mit und ohne Carbonatanteilen.

◇ **A7** Bei der Titration von Ammoniak mit Salzsäure liegt der Äquivalenzpunkt bei etwa pH = 5, bei der Titration von Essigsäure mit Natronlauge bei etwa pH = 8,5. Erklären Sie, warum die Äquivalenzpunkte nicht mit dem Neutralpunkt übereinstimmen.

◇ **A8** 100 ml Ammoniaklösung ($c = 0{,}5\ mol \cdot l^{-1}$) werden mit Salzsäure ($c = 1{,}0\ mol \cdot l^{-1}$) titriert. Skizzieren Sie die Titrationskurve.

◇ **A9** Ordnen Sie die folgenden Lösungen begründet nach ihrer Leitfähigkeit: Kaliumbromid ($c = 1{,}0\ mol \cdot l^{-1}$), Kaliumhydroxid ($c = 1{,}0\ mol \cdot l^{-1}$), Bromwasserstoff ($c = 1{,}0\ mol \cdot l^{-1}$)

◇ **A10** Skizzieren Sie den Kurvenverlauf einer Leitfähigkeitstitration von Natronlauge mit Salpetersäure.

◇ **A11** Erläutern Sie am Beispiel des Hydrogencarbonat-Carbonatpuffers die Wirkungsweise eines Puffersystems.

◇ **A12** Berechnen Sie den pH-Wert eines Essigsäure-Acetatpuffers mit $c(CH_3COOH) = 0{,}25\ mol \cdot l^{-1}$ und $c(NaCH_3COO) = 0{,}3\ mol \cdot l^{-1}$.

Lösungen finden Sie unter www.westermann.de/chemie-heute-152079
Nutzen Sie zur Anmeldung den Online-Schlüssel auf der vorderen Umschlagsinnenseite.

Die wichtigsten Begriffe

- BRØNSTED-Säure, BRØNSTED-Base
- Protolyse, Protonenübertragung
- Autoprotolyse, Ionenprodukt
- Säurestärke, Basenstärke; K_S, K_B, pK_S, pK_B
- pH-Wert, pOH-Wert
- Indikator
- Neutralisation, Neutralisationsenthalpie
- Endpunkttitration, pH-metrische Titration
- Leitfähigkeitstitration
- Puffer
- Löslichkeitsgleichgewicht, Löslichkeitsprodukt
- Ionennachweise

B1 a) Erklären Sie die obenstehenden Begriffe.
b) Verknüpfen Sie die Begriffe zu einer Conceptmap.
c) Übertragen Sie die Begriffe und Ihre Erklärungen in digitale Karteikarten.

B2 Pulverförmige WC-Reiniger enthalten Natriumhydrogensulfat. Eine wässrige Lösung dieses Salzes reagiert sauer. Erklären Sie diesen Sachverhalt.

B3 In einer Badeanstalt wird zur Entfernung von Kalkresten auf den Kacheln des Schwimmbeckens Salzsäure eingesetzt. Das mit Wasser gefüllte Becken ist 25 m lang, 12 m breit und 2 m tief. Es werden 10 l Salzsäure ($c = 1\ mol \cdot l^{-1}$) in das Schwimmbecken geschüttet. Der Bademeister überlegt, ob nach gründlichem Durchmischen der Badebetrieb fortgesetzt werden kann oder ob es besser ist, das Wasser mit festem Natriumhydroxid zu neutralisieren.
a) Berechnen Sie den pH-Wert des Wassers im Schwimmbecken nach dem Einfüllen der Salzsäure.
b) Berechnen Sie die Masse an Natriumhydroxid zur Neutralisation des Wassers im Schwimmbecken.
c) Um die Temperatur von 1 kg Wasser um 1 °C zu erhöhen, benötigt man 4,182 kJ. Berechnen Sie, um wie viel Grad sich die Wassertemperatur des Schwimmbeckens bei der Neutralisation erhöht.

B4 In einer Anleitung zur experimentellen Untersuchung des chemischen Gleichgewichts bei der Bildung von Ethylethanoat findet sich der folgende Abschnitt: Zur Bestimmung der im Gleichgewichtszustand vorliegenden Konzentration an Ethansäure wird eine Probe der Lösung mit drei Tropfen Methylorange (Umschlagsbereich zwischen pH = 3,1 und pH = 4,4) als Indikator versetzt und mit Natronlauge titriert.
a) Begründen Sie, warum hier die Verwendung von Methylorange nicht sinnvoll ist. Machen Sie einen Vor-

schlag, welcher Indikator sich für diese Titration stattdessen eignen würde.
b) Ermitteln Sie, welcher Anteil der Ethansäure-Moleküle in Acetat-Ionen überführt wurde, wenn der Indikator Methylorange eine rein gelbe Farbe angenommen hat.
c) Ein Mitschüler von Ihnen möchte das Experiment durchführen. Um den Farbumschlag besser erkennen zu können, setzt er 4 ml Indikator hinzu. Erklären Sie, weshalb Ihr Mitschüler ungenaue Werte enthält.

B5 Spinat, Rhabarber, Rote Bete und Kakao enthalten Oxalsäure (HOOC – COOH). Ca^{2+}-Ionen reagieren mit Oxalsäure zu schwerlöslichem Calciumoxalat. Für gesunde Menschen ist der Verzehr dieser Lebensmittel unbedenklich. Menschen mit bestimmten Krankheiten wie Osteoporose oder Kinder sollten auf einen übermäßigen Verzehr verzichten.
a) Begründen Sie, welche Titrationsmethoden prinzipiell geeignet sind, um den Oxalsäuregehalt von Spinat zu bestimmen und welche nicht.
b) Planen Sie eine konkrete Versuchsvorschrift zur Bestimmung des Oxalsäuregehalts in Spinat.
c) Begründen Sie auch mithilfe von Reaktionsgleichungen, weshalb Osteoporose-Patienten auf eine oxalsäurearme Ernährung achten sollten.

◇ **B6** Folgender Kurvenverlauf zeigt das Ergebnis einer Titration von Phosphorsäure mit Natronlauge (c = 0,1 mol · l^{-1}). Analysieren Sie den Kurvenverlauf. Begründen Sie Lage und Anzahl der Äquivalenzpunkte.

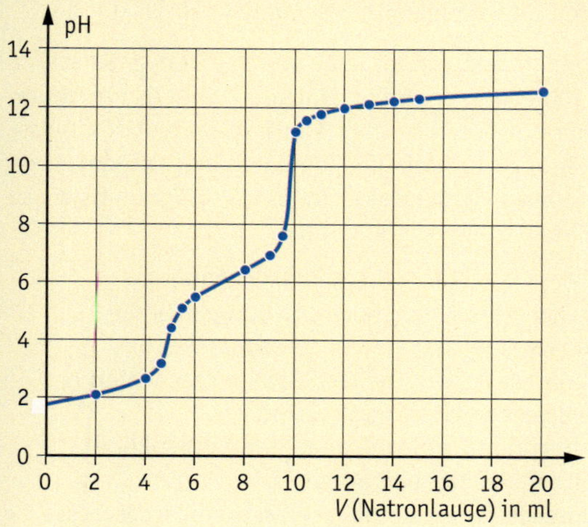

B7 Eierschalen enthalten Calciumcarbonat. Ein Gramm getrocknete, fein zerstoßene Eierschalen werden mit 1 l Salzsäure der Konzentration c(HCl) = 0,1 mol · l^{-1} versetzt. Nach dem Ende der Gasentwicklung werden 50 ml der verbleibenden, sauer reagierenden Lösung titriert. Die Farbe des Universalindikators wird nach Zugabe von 41 ml Kalilauge (c = 0,1 mol · l^{-1}) grün.
a) Stellen Sie für die Reaktion von Calciumcarbonat mit Salzsäure die Reaktionsgleichung auf und erläutern Sie die Lage des Gleichgewichts.
b) Erklären Sie die Gasentwicklung und die saure Reaktion der Lösung vor der Titration.
c) Beschreiben Sie kurz das Prinzip der Titration.
d) Bestimmen Sie den Massenanteil w an Calciumcarbonat in den untersuchten Eierschalen.

◇ **B8** 50 ml Ammoniumacetatlösung wurden im ersten Versuch mit Natronlauge (c = 0,5 mol · l^{-1}), im zweiten Versuch mit Salzsäure (c = 0,5 mol · l^{-1}) pH-metrisch titriert. Man erhält folgende Titrationskurven:

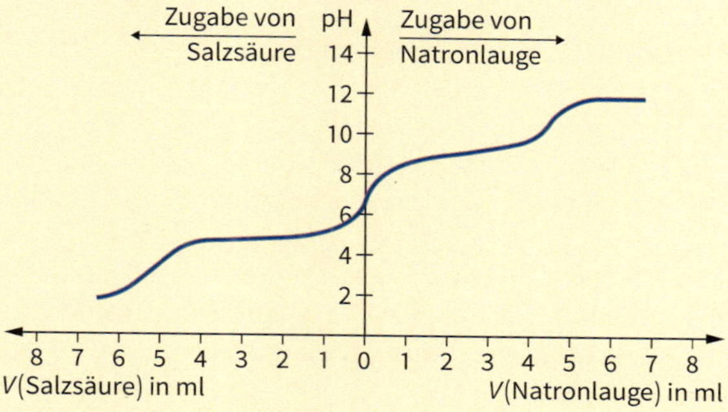

a) Berechnen Sie die Konzentration an Ammoniumacetat in der Lösung.
b) Ermitteln Sie am Graphen die Bereiche, in denen sich der pH-Wert trotz Zugabe von Säure oder Base nur wenig ändert. Erklären Sie die geringe Änderung des pH-Werts in diesen Bereichen.

◇ **B9** Mit 25 ml eines Gemischs aus Natronlauge und Ammoniaklösung wird eine Leitfähigkeitstitration durchgeführt. Als Maßlösung wird Salzsäure (c = 0,1 mol · l^{-1}) verwendet. Die Messwerte ergeben folgendes Diagramm:

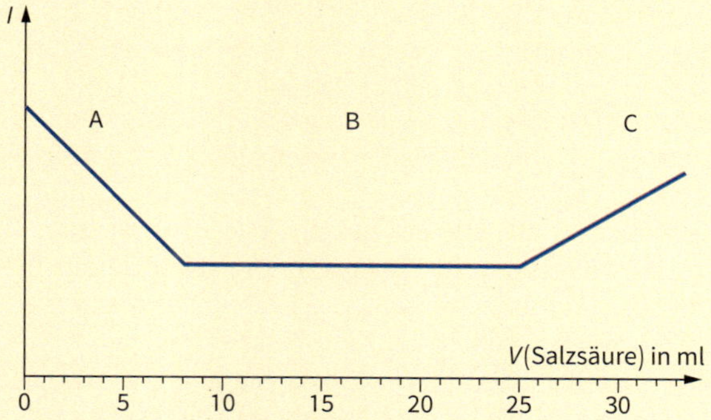

a) Erläutern Sie die Abschnitte A, B und C des Kurvenverlaufs.
b) Berechnen Sie die Massenkonzentrationen von Natriumhydroxid und Ammoniak in der Lösung.

C1 Zitronensaft gegen Fischgeruch

1 *Frisch gefangener Fisch riecht nicht.*

Jeder Angler weiß, dass frisch gefangener Fisch nicht riecht (Abb. 1). Erst wenn der Fisch längere Zeit bei höheren Temperaturen gelagert wird, entwickelt sich ein unangenehmer Fischgeruch. Ursache hierfür sind freigesetzte Amine. Sie entstehen als Stoffwechselprodukte von Bakterien, die sich auf Fischen ansiedeln. Amine haben einen leicht wahrnehmbaren Geruch, da sie bei Raumtemperatur gasförmig sind. Das Amin mit dem penetrantesten Geruch ist das Methylamin ($pK_B = 3{,}36$).

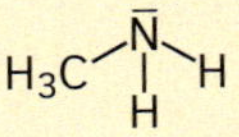

Zitronensaft „neutralisiert" den Fischgeruch. In Restaurants bekommt man daher oftmals Zitronenscheiben zu Fischgerichten serviert. Zitronensaft enthält hauptsächlich Citronensäure, eine dreiprotonige Säure.

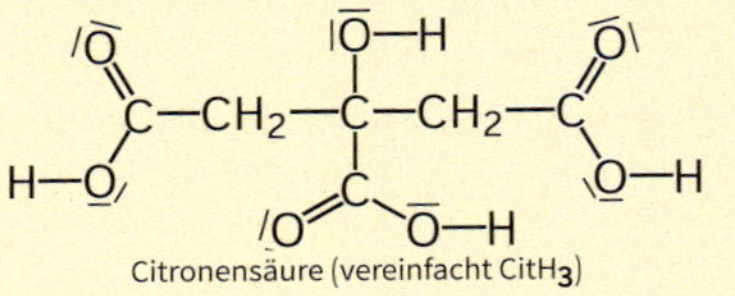

Citronensäure (vereinfacht $CitH_3$)

$pK_{S1} = 3{,}13$
$pK_{S2} = 4{,}76$
$pK_{S3} = 6{,}40$

a) Erläutern Sie an einem einfachen Beispiel das Säure-Base-Konzept nach Brønsted.
b) Erklären Sie unter Verwendung von Fachbegriffen die beschriebene Wirkungsweise von Zitronensaft. Bewerten Sie die Verwendung des Begriffs *Neutralisation* im Text unter chemischen Gesichtspunkten.
c) Formulieren Sie für die Reaktion von Methylamin mit Citronensäure die Reaktionsgleichung und kennzeichnen Sie die Säure-Base-Paare.
d) Nennen Sie die pK_S-Werte beziehungsweise pK_B-Werte aller Säure-Base-Paare aus Aufgabe c).
e) Diskutieren Sie, ob man auch andere Säuren, wie Essigsäure oder Salzsäure zu Fisch servieren könnte.
f) Begründen Sie, dass mit der Citronensäure die dreifache Stoffmenge Amin umgesetzt werden kann.

C2 Neutralisation auf zwei Wegen

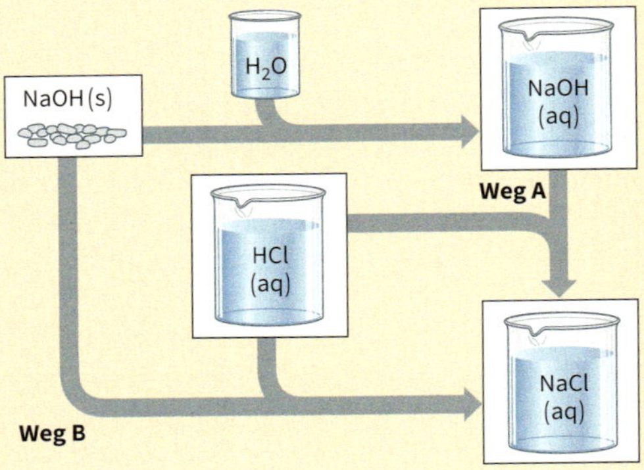

2 *Natriumhydroxid und Salzsäure reagieren zu Kochsalz.*

In einem Kalorimeter findet die Neutralisation von Natriumhydroxid und Salzsäure auf zwei Wegen statt. Die Versuchsanleitungen lauten folgendermaßen:

Weg A: Im ersten Schritt werden 4 g Natriumhydroxid in 100 g Wasser gelöst. Der Temperaturverlauf der Reaktion wird gemessen. Anschließend lässt man die Natronlauge auf Raumtemperatur abkühlen. Im zweiten Schritt gibt man zu der Natronlauge 100 g Salzsäure ($c = 1\ mol \cdot l^{-1}$), die ebenfalls Raumtemperatur hat. Der Temperaturverlauf dieser Neutralisation wird gemessen. Die Auswertung des Zeit-Temperatur-Diagramms vom Auflösen des Natriumhydroxids ergibt eine Temperaturdifferenz von $\Delta T = 9{,}0\ K$. Die Auswertung des Diagramms zur Neutralisation ergibt $\Delta T = 7{,}0\ K$.

Weg B: In das Kalorimeter werden 100 g Salzsäure und 100 g Wasser gefüllt. Nachdem die Lösung Raumtemperatur hat, gibt man 4 g Natriumhydroxid hinzu. Der Temperaturverlauf der Reaktion wird gemessen. Die Auswertung des Zeit-Temperatur-Diagramms ergibt eine Temperaturdifferenz von $\Delta T = 11{,}5\ K$.

a) Beschreiben und erläutern Sie die Abb. 2.
b) Stellen Sie die Reaktionsgleichungen für die einzelnen Reaktionsschritte auf.
c) Berechnen Sie die bei den Reaktionsschritten umgesetzten Reaktionswärmen.
d) Berechnen Sie die molaren Standardreaktionsenthalpien für beide Wege.
e) Erstellen Sie ein Enthalpiediagramm, in das beide Wege eingezeichnet sind. Beurteilen Sie mit dem Ergebnis den Satz von Hess.
f) Nennen Sie zwei mögliche Fehlerquellen, die zu dem etwas ungenauen Ergebnis geführt haben könnten. Beurteilen Sie die Auswirkung der genannten Fehler auf das Ergebnis.

◇ C3 Säuregehalt in Rotwein

Säure molare Masse	Strukturformel
Weinsäure 150 g · mol^{-1}	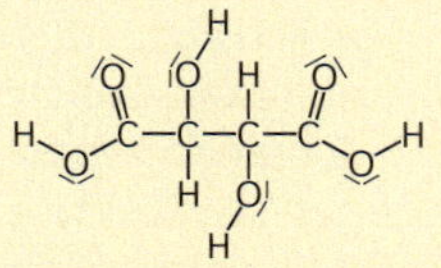
Äpfelsäure 134 g · mol^{-1}	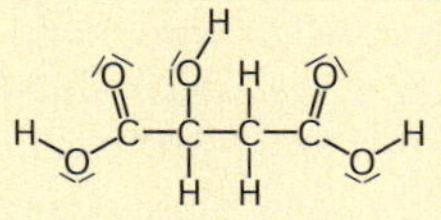

3 *Wichtige Säuren in Rotwein*

Bedeutsam für Geschmack und Haltbarkeit eines Weins ist sein Säuregehalt. Im Wein liegen neben Weinsäure (pK_{S1} = 2,9, pK_{S2} = 4,2, M = 150 g · mol^{-1}) und Äpfelsäure, die den größten Anteil der Gesamtsäure ausmachen, auch zahlreiche weitere Säuren in kleinen Konzentrationen vor. Vereinfacht gibt man die Gesamtsäurekonzentration als Weinsäurekonzentration an. Bei vielen Weinen beträgt die Massenkonzentration der Gesamtsäure zwischen 7,1 g und 7,9 g pro Liter Wein. Liegt dieser Säuregehalt über dem gewünschten Wert, kann zur Entsäuerung Calciumcarbonat (M = 100,09 g · mol^{-1}) hinzugegeben werden. Für ein ausgewogenes Aroma sollte der Säuregehalt jedoch mindestens 1 g · l^{-1} betragen.

Zur Bestimmung der Säurekonzentration in einem Rotwein wurde von einem Winzer 25 ml des Weines mit Natronlauge (c = 0,1 mol · l^{-1}) pH-metrisch titriert. Dabei wurden folgende Messwerte aufgenommen:

V in ml	0	2	4	6	8	12	14	16	18	20
pH	3,3	3,4	3,6	3,8	3,9	4,0	4,1	4,3	4,4	4,7

V in ml	22	24	26	28	30	32	34	36	38
pH	5,0	5,5	6,9	8,5	9,6	10,0	10,4	10,6	11,0

a) Zeichnen Sie die Titrationskurve.
b) Erläutern Sie den Kurvenverlauf.
c) Ermitteln Sie anhand des Titrationsergebnisses die Stoffmenge an Säure in der Weinprobe unter der vereinfachten Annahme, dass nur Weinsäure vorliegt. Berechnen und bewerten Sie den Säuregehalt.
d) Erläutern Sie unter Angabe von Reaktionsgleichungen die ablaufende Reaktion bei der Entsäuerung anhand der Säure-Base-Theorie von Brønsted.
e) Berechnen Sie die Mindestmenge und die Höchstmenge an Calciumcarbonat, die zur Entsäuerung des untersuchten Rotweins zugegeben werden darf.

◇ C4 Kariesprophylaxe

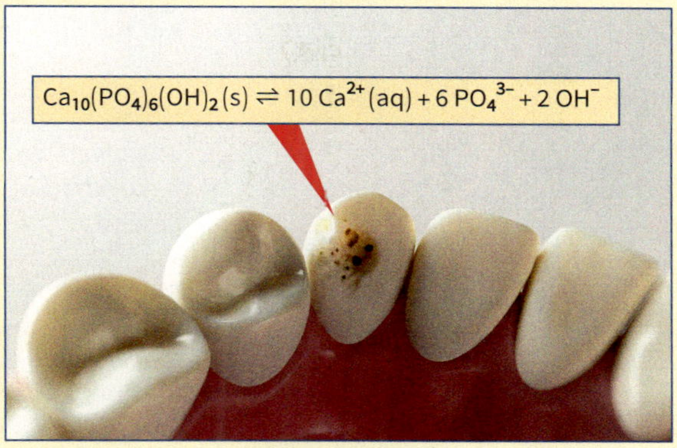

4 *Säure verursacht Karies.*

Karies bedeutet den Abbau von Zahnschmelz, der vereinfacht betrachtet aus Hydroxylapatit ($Ca_{10}(PO_4)_6(OH)_2$) besteht (Abb. 4). Die Kariesbildung wird begünstigt, wenn der pH-Wert unter 5,5 fällt. Verursacht wird ein Absinken des pH-Werts unter anderem durch im Zahnbelag lebende Milchsäurebakterien, die in ihrem Stoffwechsel aus Zucker Milchsäure (2-Hydroxypropansäure) bilden. Um das Absinken des pH-Werts zu vermeiden, ist im Speichel unter anderem ein Kohlensäure-Hydrogencarbonatpuffer ($pK_S(H_2CO_3)$ = 6,2) vorhanden. Der normale pH-Wert des Speichels liegt bei etwa 7.

Das Kauen zuckerfreier Zahnpflegekaugummis soll die Zähne vor Karies schützen. Um diese Aussage zu testen, wurde eine Studie durchgeführt. Die Mittelwerte der dabei erhaltenen Daten zeigt folgende Tabelle:

Speichel	Fließrate in ml · min^{-1}	$c(HCO_3^-)$ in mmol · l^{-1}	pH-Wert
20 Minuten ohne Kaugummi	0,5	6,55	7,11
nach 5 Minuten kauen	2,27	12,39	7,34
nach 10 Minuten kauen	2,35	12,99	7,43
nach 20 Minuten kauen	1,12	10,75	7,21

a) Erläutern Sie die Entstehung von Karies.
b) Erklären Sie mit Reaktionsgleichungen die Wirkung des Kohlensäure-Hydrogencarbonat-Puffers.
c) Berechnen Sie das Verhältnis der Konzentrationen von Kohlensäure zu HCO_3^--Ionen bei pH 7.
d) Beschreiben und erklären Sie die Daten aus der Studie zu zuckerfreiem Kaugummi.
e) Beurteilen Sie den Einsatz von Zahnpflegekaugummis zur Vorbeugung von Karies.

Kapitel 3

Elektrische Spannungsquellen

Mobile elektrische Energieträger sind aus unserem Alltag nicht mehr wegzudenken. Ohne Batterien und Akkus könnten wir beispielsweise Smartphones, MP3-Player, Computer oder Digitalkameras nur über Strom aus der Steckdose betreiben. Auch das Starten von Autos wäre so, wie wir es heute kennen, nicht möglich, denn für das Anlassen benötigt man die Autobatterie. Die Spannung in Batterien und Akkus wird durch Redoxreaktionen erzeugt. Wie Batterien und Akkus auf der Grundlage von Redoxreaktionen funktionieren und welche zukunftsweisenden Energieträger für den Energiebedarf der Welt in der Entwicklung sind, wird in diesem Kapitel vorgestellt.

Was Sie schon kennen:

- das Aufstellen und Einrichten Reaktionsgleichungen,
- die Metallbindung und die Erläuterung der metallischen Eigenschaften über das Elektronengasmodell,
- den Aufbau von Ionen und, dass Salze durch Elektronenübertragungsreaktionen zwischen Metallen und Nichtmetallen entstehen,
- die Grundlagen der elektrischen Leitfähigkeit von Metallen und Salzlösungen mit hydratisierten Ionen,
- die Umwandlung von innerer Energie in elektrische Energie,
- die Berechnung von Reaktionsenthalpien,
- das Prinzip von Le Chatelier und die Berechnung von Ausbeuten bei einer chemischen Reaktion.

In diesem Kapitel lernen Sie:

- **was** eine Redoxtitration ist,
- **wie** eine galvanische Zelle funktioniert,
- **was** der Unterschied zwischen einem Akkumulator und einer Batterie ist,
- **welche** Kenngrößen für den Einsatz von Batterien und Akkumulatoren wichtig sind,
- **weitere** Beispiele für die Anwendung und den Aufbau moderner Batterien und Akkumulatoren,
- **wie** Brennstoffzellen aufgebaut sind,
- **was** der Wirkungsgrad von Antriebssystemen und Energieverluste beim Well-to-Wheel-Prozess für den Autoverkehr der Zukunft bedeuten.

Sind Sie fit für dieses Kapitel?

1 Reaktionen lassen sich durch Reaktionsgleichungen oder Reaktionsschemata beschreiben:
A Natrium reagiert mit Sauerstoff zu Natriumoxid.
B Aluminium reagiert mit Chlor zu Aluminiumchlorid.
a) Stellen Sie für beide Reaktionen vollständig eingerichtete Reaktionsgleichungen auf.
b) Zeichnen Sie den Atombau der Edukte im Schalenmodell.
c) Bei den Produkten handelt es sich um salzartige Stoffe. Nennen Sie die Ladungen der Ionen.

2 Die Abbildungen auf der rechten Seiten zeigen eine brennende Wunderkerze und einen Akkuschrauber. Erläutern Sie anhand der Abbildungen den Begriff *Energieumwandlung* und den *Satz von der Erhaltung der Energie*. Geben Sie die freiwerdenden Energieformen an.

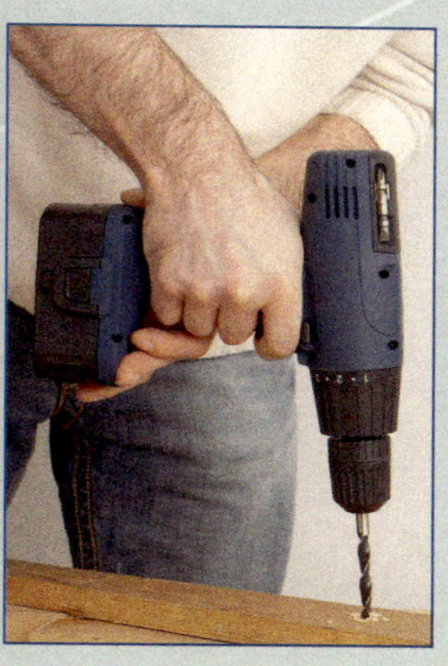

3 Metalle sind Rohstoffe für wichtige Produkte unseres Alltags. Geben Sie an, welche Stoffeigenschaften kennzeichnend für die Stoffgruppe der Metalle sind. Korrigieren Sie falsche Aussagen und nennen Sie ein Alltagsbeispiel, bei dem Metalle aufgrund der jeweiligen Eigenschaft verwendet werden: wasserlöslich, glänzend, kaum wärmeleitend, niedrige Schmelztemperaturen, elektrisch leitend, spröde

4 Erläutern Sie die in der Tabelle dargestellten Ergebnisse eines Leitfähigkeitsversuches.

Stoff	elektrisch leitfähig
NaCl (s)(kristallin)	nein
NaCl (l) (Schmelze)	ja
NaCl (aq) (gesättigte Lösung)	ja
destilliertes Wasser	nein

Lösungen und weitere Aufgaben finden Sie unter www.westermann.de/chemie-heute-152079 Nutzen Sie zur Anmeldung den Online-Schlüssel auf der vorderen Umschlagsinnenseite.

Projekt Untersuchen von Knopfzellen

Metallisch glänzend, rund und flach – jeder kennt Knopfzellen aus dem Alltag. Ihre Form und Größe eignen sich besonders für kleinere elektrische Geräte wie Uhren, Hörgeräte oder Taschenrechner. Während sich die verschiedenen Knopfzellen äußerlich kaum unterscheiden, weisen sie aber teilweise deutliche Unterschiede in den verwendeten Substanzen im Inneren auf. Die Wahl dieser Stoffe bestimmt die zu erwartende Spannung und die Stromstärke und damit den Verwendungszweck der Batterie. Zur besseren Unterscheidung der großen Anzahl von Batterietypen und Größen wurden international gültige Klassifizierungen der Knopfzellen eingeführt, die aber noch häufig von eigenen Angaben der Hersteller ergänzt werden (Abb. 1).

Am Beispiel der Silberoxid-Zink-Knopfzellen können Sie den Aufbau von Knopfzellen analysieren. Die Pole dieser hochwertigen Batterien bestehen im geladenen Zustand aus pulverförmigem Zink und Silberoxid, im entladenen Zustand aus Zinkoxid und Silber.

Aufgaben zur Bearbeitung des Projekts:

a) Führen Sie die Versuche 1 und 2 durch und notieren Sie Ihre Beobachtungen.

b) Übernehmen Sie Abb. 2 in Ihre Chemiemappe und ergänzen Sie nach Möglichkeit die Beschriftung. Stellen Sie mit den Ergebnissen der Versuche 1 und 2 Hypothesen zu den verwendeten Materialien und ihren Eigenschaften und Funktionen für den Betrieb der Knopfzelle auf.

c) Stellen Sie die Teilgleichungen und die Reaktionsgleichung für den Betrieb einer Silberoxid-Zink-Knopfzelle auf. Berücksichtigen Sie besonders die Funktion der in der Knopfzelle enthaltenen Flüssigkeit (Versuch 1). Beachten Sie für das Aufstellen der Reaktionsgleichung, dass die Knopfzelle gasdicht verschlossen ist.

d) Führen Sie dann den Forschungsauftrag durch.

Versuch 1:
Untersuchung einer Silberoxid-Zink-Knopfzelle

Materialien: 2 Knopfzellen, Glühlampe (1,5 V) mit Sockel, Kabelmaterial, Spannungsmessgerät mit Prüfspitzen, Spitzzange, Kombizange, Pinzette, Universalindikatorpapier, Spatel, Watesmo-Papier (**7, 9**), destilliertes Wasser

Durchführung:

1. Entladen Sie eine der beiden Silberoxid-Zink-Knopfzellen, indem Sie mit der Knopfzelle so lange die Glühlampe betreiben, bis sie nicht mehr leuchtet.
2. Prüfen Sie die Spannung einer geladenen Silberoxid-Zink-Knopfzelle. Bestimmen Sie mithilfe des Messgeräts den Pluspol und den Minuspol (↗S. 111).
3. Öffnen Sie die Knopfzelle vorsichtig, indem Sie die Knopfzelle seitlich mit der Kombizange einspannen und an mehreren Stellen eindrücken. Der Deckel muss sich dabei aufwölben und vom Rand lösen.
4. Nehmen Sie mit der Pinzette den Deckel ab. Drücken Sie etwas Watesmo-Papier auf die freigelegte Substanz sowie auf die beim Eindrücken austretende Flüssigkeit.
5. Prüfen Sie die Flüssigkeit auch mit angefeuchtetem Universalindikatorpapier.
6. Trennen Sie, soweit möglich, alle Bestandteile mit dem Spatel voneinander. Füllen Sie die beiden pulverförmigen Stoffe (**3, 5, 7, 9**) getrennt voneinander in jeweils ein Reagenzglas.
7. Wiederholen Sie die Schritte drei bis sechs mit der entladenen Knopfzelle.

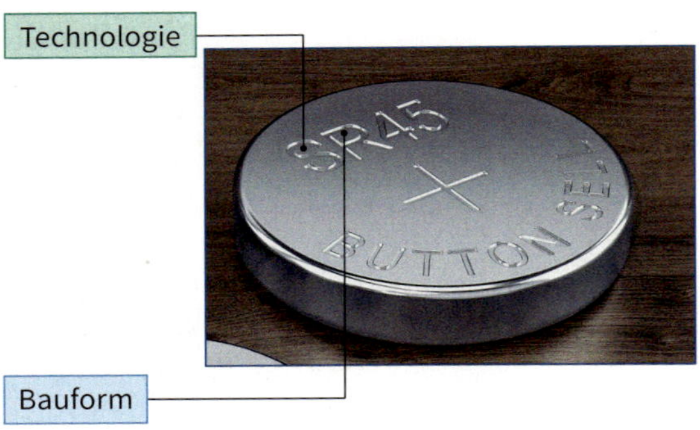

Kennbuchstabe	Technologie
C	Lithium/Mangandioxid
S	Zink/Silberoxid
L	Zink/Mangandioxid (außer Zink-Kohle)
–	Zink/Mangandioxid (Zink-Kohle)

Kennbuchstabe	Bauform
r	rund
s	rechteckig
f	flach

1 *Internationale Klassifizierung von Knopfzellen*

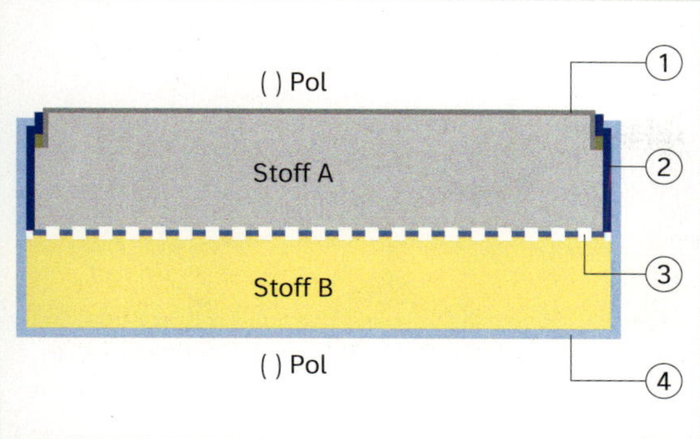

2 *Bauteile einer Knopfzelle*

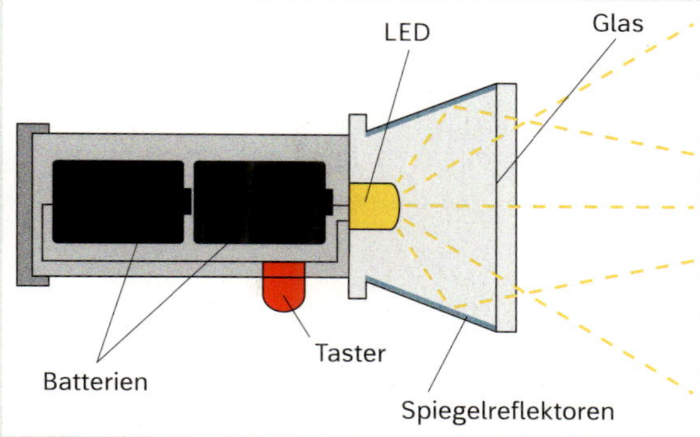

3 *Aufbau einer LED-Taschenlampe*

Versuch 2:
Unterscheidung von Zink und Silberoxid

Materialien: Spatel, Gasbrenner; pulverförmige Stoffproben A und B aus Versuch 1, Zinkoxidpulver (**9**), Silberoxidpulver (**3, 5, 9**) als Vergleichsproben

Durchführung:
1. Geben Sie einen halben Spatel voll Silberoxid in ein Reagenzglas und einen halben Spatel voll Zinkoxid in ein zweites Reagenzglas.
2. Erhitzen Sie beide Stoffe über der rauschenden Brennerflamme. Beobachten Sie die Farbänderungen.
3. Geben Sie die Stoffproben A aus beiden Knopfzellen (Abb. 2) in je ein Reagenzglas und erhitzen Sie über der rauschenden Flamme.
4. Wiederholen Sie den Versuch mit den Stoffproben B.

Aufgaben:
a) Identifizieren Sie anhand der Nachweisreaktionen die Stoffproben A und B.
b) Stellen Sie die Teilgleichungen und die Gesamtgleichung für die Bildung des Zinkoxids auf.

Forschungsauftrag 1:
Nachbau einer Taschenlampe mit Silberoxid-Zink-Knopfzellen

Materialien: Graphitminen, Kabel mit Krokodilklemmen, LED (3 V, 20 mA), Filtrierpapier, Pipette, Spatel, Uhrgläser, Spannungsmessgerät; Silberoxid (**3, 5, 9**), Zinkpulver (stabilisiert, **9**), Kaliumhydroxidlösung (10 %, **5, 7**)

Aufgabe:
Bringen Sie mit den Erkenntnissen aus Versuch 1 und den Informationen aus Abb. 3 und 4 eine LED mit einer Betriebsspannung von 3 V zum Leuchten. Gehen Sie dabei schrittweise vor:
1. Planen Sie zunächst den Aufbau einer einzelnen Knopfzelle. Kontrollieren Sie Ihre Planung mit der Check-Karte.
2. Setzen Sie Ihre Planung einer einzelnen Knopfzelle praktisch um. Prüfen Sie die Spannung und vergleichen Sie sie mit den Angaben auf der LED.
3. Erweitern Sie Ihre Planung zum Betrieb der LED und setzen Sie diese experimentell um.

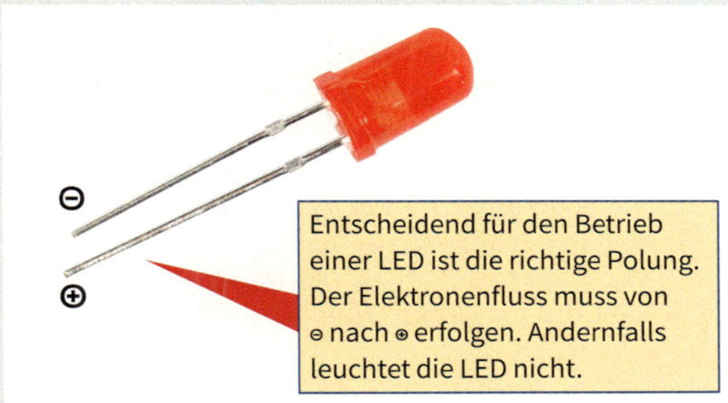

4 *Anschluss und Betrieb einer LED*

3.1 Das Elektronengasmodell erklärt Metalleigenschaften

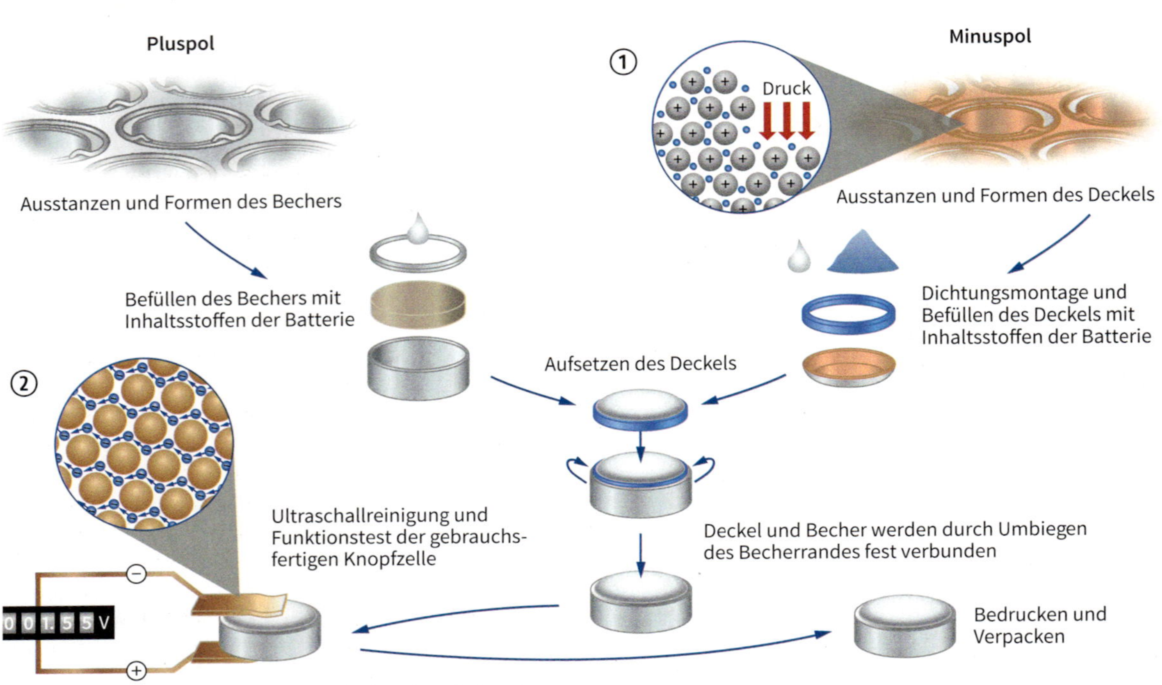

1 *Schema zur Herstellung von Knopfzellen (vereinfacht)*

Für den Aufbau und die Funktionsfähigkeit der meisten Batterien und Akkus werden Metalle verwendet. Der Grund: Nur Metalle bringen die für diese Zwecke notwendige Kombination an Eigenschaften mit.

Elektronengasmodell. Viele der für Metalle charakteristischen Eigenschaften lassen sich auf der Teilchenebene mit dem **Elektronengasmodell** erklären. Ein Metallstück besteht nach dem Modell aus Metall-Kationen, die feste Positionen im Metallgitter einnehmen. Man bezeichnet die Metall-Ionen im Metallgitter allgemein als *Atomrümpfe*. Die Außenelektronen der Metall-Atome sind jedoch nicht einem einzelnen Metall-Atom zugeordnet. Vielmehr bewegen sich die Elektronen nahezu frei zwischen den positiv geladenen Metall-Ionen – ähnlich wie die Moleküle eines Gases (Abb. 1 ①). Man sagt: Die Elektronen sind *delokalisiert*.

Plastische Verformbarkeit. Metalle sind gut verformbar und lassen sich biegen, schmieden, hämmern oder walzen. Formt man beispielsweise den Becher einer Knopfzelle aus einem Metallblech (Abb. 1 ①), so behält er seine neue Form bei (Abb. 2). Auf der Teilchenebene werden dabei die Atomrümpfe des Metallgitters aneinander vorbei geschoben und ordnen sich neu an. Da sie dabei aber ständig von delokalisierten Elektronen umgeben sind, können die Anziehungskräfte zwischen den Metall-Kationen und den frei beweglichen Außenelektronen ununterbrochen wirken. Auch in der neuen Position überwiegen die Anziehungskräfte und die Becherform bleibt stabil. Die aus den gegensätzlichen Ladungen resultierenden elektrostatischen Anziehungskräfte zwischen Metall-Kationen und dem Elektronengas bewirken zudem die große Festigkeit der meisten Metalle.

Elektrische Leitfähigkeit. Verbindet man die Knopfzelle mit einem Energiewandler, beispielsweise einem Elektromotor, fließen die Elektronen des Elektronengases gerichtet vom Minuspol zum Pluspol der Batterie ②. Am Minuspol herrscht ein Elektronenüberschuss, am Pluspol ein Elektronenmangel. Die dafür nötigen Elektronen werden durch Redoxreaktionen bereitgestellt.

Mit diesem Modell lässt sich auch plausibel machen, warum die elektrische Leitfähigkeit von Metallen mit zunehmender Temperatur abnimmt. Erwärmt man ein Metall, schwingen die Atomrümpfe immer stärker auf ihren Gitterplätzen hin und her. Der Elektronenfluss durch das Metallgitter wird dadurch behindert, der elektrische Widerstand nimmt zu und die elektrische Leitfähigkeit sinkt folglich.

Wärmeleitfähigkeit. Hält man einen Löffel oder eine Knopfzelle in der Hand, fühlen sich beide Gegenstände zunächst kalt an. Das Metall leitet die Körperwärme schnell ab. Umgekehrt wird Wärme von einem heißen Metall schnell auf einen kälteren Körper übertragen.

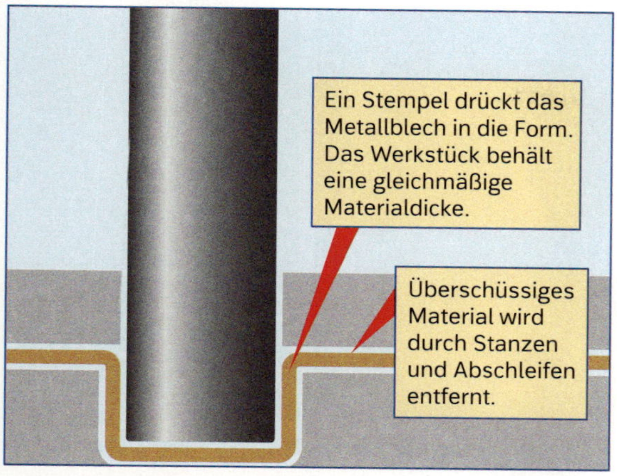

2 *Metallbearbeitung in einer Presse*

Die gute Wärmeleitfähigkeit von Metallen lässt sich durch die gute Beweglichkeit der Elektronen erklären. Die aufgenommene thermische Energie wird in Bewegungsenergie der leichten und damit schnellen Elektronen gewandelt. Durch Zusammenstöße mit anderen Elektronen wird die Energie übertragen und verteilt sich schnell im Metall.

Metallischer Glanz. Glatte Metalloberflächen erscheinen silbrig, golden oder kupferfarben glänzend. In der polierten Knopfzelle kann man sich sogar spiegeln, weil die Metalloberfläche nahezu das gesamte eingestrahlte Licht reflektiert. Vereinfacht kann man sich die Reflexion wie folgt vorstellen: Das auf die Metalloberfläche treffende Licht versetzt die Elektronen des Elektronengases in Schwingungen – sie oszillieren. Die schwingenden Elektronen strahlen selbst gegenläufige Lichtwellen ab, die sich überlagern und so eine Spiegelung ergeben.

Metallische Werkstoffe. Die reinen Metalle für sich allein zeigen für einen bestimmten Verwendungszweck nicht immer die optimalen Eigenschaften. Um Werkstoffe mit gewünschten Eigenschaften zu erhalten, werden Metallen im geschmolzenen Zustand andere Metalle und Stoffe zugemischt. So entstehen **Legierungen** wie Stahl oder Bronze, die besonders fest oder beständig gegenüber Umwelteinflüssen sind. Auch die verbesserten Werkstoffeigenschaften von Legierungen lassen sich mit dem Elektronengasmodell erklären. Die Atomrümpfe liegen in einer stabileren Anordnung vor.

Mit dem Elektronengasmodell lassen sich viele typische Eigenschaften von Metallen auf der Teilchenebene erklären. Legierungen haben häufig andere Eigenschaften als die Legierungsbestandteile selbst.

1 a) Fertigen Sie eine beschriftete Schemazeichnung zum Elektronengasmodell an. Notieren Sie die Kernaussagen des Modells stichpunktartig.
b) Nehmen Sie kritisch Stellung zur Bezeichnung *Elektronengas*.

2 Beschreiben Sie die Herstellung einer Silberoxid-Zink-Knopfzelle anhand des Schemas in Abb. 1.

3 Mit dem Elektronengasmodell lassen sich typische Eigenschaften von Metallen erklären.
Partner A: elektrische Leitfähigkeit; Partner B: Verformbarkeit; Partner C: Wärmeleitfähigkeit.
a) Zeichnen Sie einen Comic-Strip, in dem Sie für die jeweiligen Eigenschaft die Veränderungen in einem Metallkristall auf der Teilchenebene darstellen.
b) Stellen Sie sich Ihre Ergebnisse gegenseitig vor.
c) Diskutieren Sie die Aussagekraft und die Grenzen des Elektronengasmodells.

4 Kupfer ist ein Metall, das für besonders hochwertige Kochtöpfe genutzt wird. Erklären Sie diesen Sachverhalt auf Stoff- und Teilchenebene und stellen Sie eine Hypothese für die Eignung der Metalle für Kochgeschirr auf.

Stoff	Wärmeleitfähigkeit λ in $W \cdot m^{-1} \cdot K^{-1}$	Weltmarktpreis in USDollar $\cdot t^{-1}$
Aluminium	200	1 480
Kupfer	380	4 300
Silber	420	450 000
Stahl	50	390

5 Metalle lassen sich durch Pressen in Form bringen (Abb. 2). Erläutern Sie mithilfe von Abb. 3, warum Metalle biegsam und formbar sind und Ionenverbindungen in einer Presse brechen.

6 Stahl und Bronze sind Legierungen, die in der Menschheitsgeschichte große Bedeutung hatten. Recherchieren Sie die Zusammensetzung und die Materialeigenschaften beider Legierungen (Partner A: Stahl; Partner B: Bronze). Stellen Sie Ihre Ergebnisse als Plakat vor.

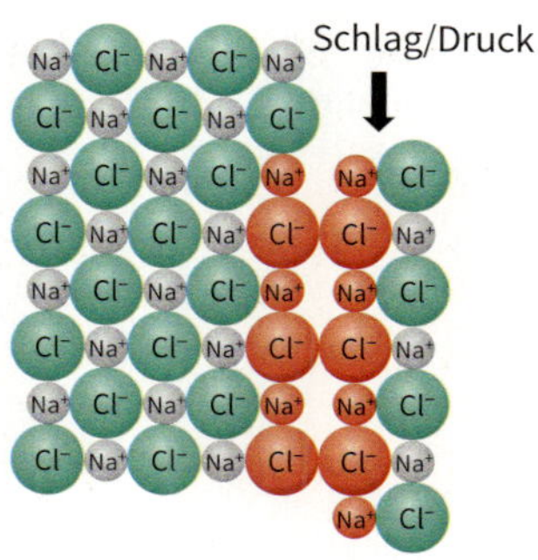

3 *Verformbarkeit von Salzkristallen*

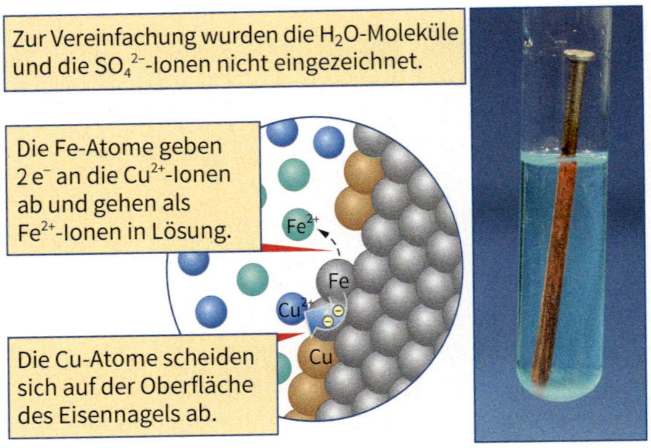

1 *Eisennagel in Kupfersulfatlösung*

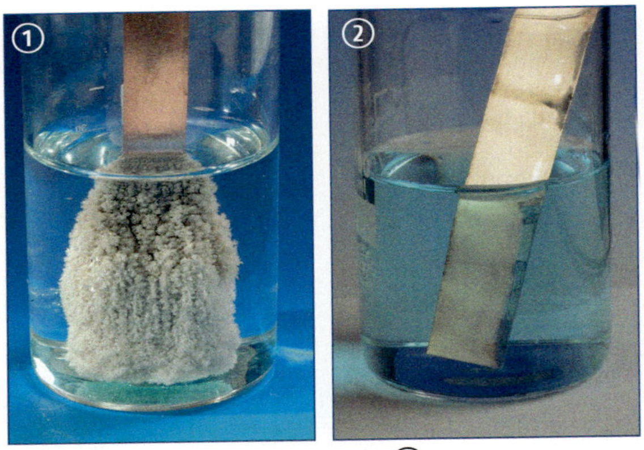

2 *Kupferblech in Silbersalzlösung ① und Silberblech in Kupfersalzlösung ②*

Mobile Spannungsquellen wie die Silberoxidbatterie wandeln die in den Spannungsquellen gespeicherte Energie zu einem Teil in elektrische Energie um, die für uns als **elektrische Arbeit W_{el}** nutzbar ist (↗S. 32). Dabei werden Elektronen von einem Reaktionspartner auf den anderen übertragen. Das Prinzip dieser *Redoxreaktionen* lässt sich an einem einfachen Versuch zeigen.

Redoxreaktionen. Wird ein Eisennagel in eine Kupfer(II)-sulfatlösung eingetaucht (Abb. 1), schwächt sich die Blaufärbung der Lösung immer weiter ab. Die Lösung wird schließlich farblos. Gleichzeitig überzieht sich der Eisennagel mit einem rötlichen Feststoff, bei dem es sich um elementares Kupfer handelt. In der Lösung lassen sich mit geeigneten Reagenzien anstelle der Cu^{2+}-Ionen nun Fe^{2+}-Kationen nachweisen.

Dies lässt sich wie folgt erklären: An der Grenzfläche zwischen der Oberfläche des Eisens und der kupferhaltigen Lösung findet eine **Elektronenübertragungsreaktion** statt: Cu^{2+}-Kationen nehmen aus dem Elektronengas des Eisennagels je zwei Elektronen von den Fe-Atomen auf und werden dabei zu Cu-Atomen **reduziert.** Die Fe-Atome geben zwei Elektronen ab und werden zu Fe^{2+}-Kationen **oxidiert.** In der Reaktion wirken die Fe-Atome als **Elektronendonatoren,** die Cu^{2+}-Kationen als **Elektronenakzeptoren.** Dieses **Donator-Akzeptor-Konzept** gilt für jede Elektronenübertragungsreaktion.

Heute definiert man die **Reduktion** als Aufnahme von Elektronen, die **Oxidation** als die Abgabe von Elektronen. Da Oxidation und Reduktion stets gleichzeitig ablaufen, bezeichnet man Elektronenübertragungsreaktionen als **Redoxreaktionen**.

Teilgleichungen und Redoxpaare. Reduktions- und Oxidationsschritt einer Redoxreaktion werden getrennt durch **Teilgleichungen** formuliert. Die Teilgleichungen werden dann zu einer Redoxreaktionsgleichung zusammengefasst. Für das Beispiel in Abb. 1 ergibt sich:

Reduktion: $Cu^{2+}(aq) + 2\,e^- \dashrightarrow Cu(s)$

Oxidation: $Fe(s) \dashrightarrow Fe^{2+}(aq) + 2\,e^-$

Redoxreaktion: $Cu^{2+}(aq) + Fe(s) \rightarrow Cu(s) + Fe^{2+}(aq)$

Die Teilchenpaare in den Teilgleichungen, die durch Aufnahme oder Abgabe von Elektronen ineinander überführt werden, heißen **Redoxpaare.** An einer Redoxreaktion sind immer zwei Redoxpaare beteiligt. Vereinbarungsgemäß wird die oxidierte Form in einem Redoxpaar zuerst genannt. Für das Beispiel in Abb. 1 liegen die folgenden Redoxpaare (Ox/Red) vor:
$Cu^{2+}(aq)/Cu(s)$ und $Fe^{2+}(aq)/Fe(s)$

Redoxreihe der Metalle. Wenn man beliebige Kombinationen von Metallen und Metallsalzlösungen untersucht, stellt man fest, dass nicht jedes Metall-Atom in der Lage ist, beliebige Metall-Ionen aus ihren Lösungen zu reduzieren. So gelingt es beispielsweise nicht, mit einem Kupferblech elementares Eisen aus einer Lösung mit Fe^{2+}-Ionen zu gewinnen. Mit metallischem Kupfer kann Silber aus einer Silbersalzlösung erhalten werden (Abb. 2 ①), umgekehrt gelingt das Experiment jedoch nicht (Abb. 2 ②).

Untersucht man die unterschiedlichen Kombinationen von Metallen und Salzlösungen systematisch, stellt sich heraus, dass die jeweiligen Redoxpaare in einer **Redoxreihe** angeordnet werden können (Abb. 3).

In der Redoxreihe stehen links die Alkali- und Erdalkalimetalle. Ihre Atome geben am leichtesten Elektronen ab und sind also die stärksten Elektronendonatoren. Die Atome der Edelmetalle sind dagegen nur schwer zu oxidieren. Ihre Kationen sind die stärksten Elektronen-

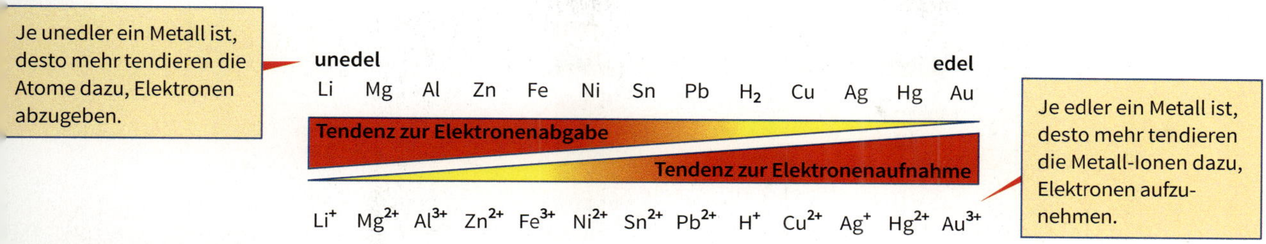

3 *Redoxreihe der Metalle*

akzeptoren und werden daher am leichtesten reduziert. Die Edelmetalle stehen demzufolge rechts, am entgegengesetzten Ende der Redoxreihe.

Innerhalb der Redoxreihe nimmt also die Oxidierbarkeit der Metall-Atome ab und die Reduzierbarkeit der Metall-Kationen zu. Somit kann man mithilfe der Redoxreihe voraussagen, welche Kombination von Metallsalzlösung und Metall zu einer Abscheidung des Metalls aus der Lösung führt. Metall-Atome reduzieren nur die Kationen, die in der Redoxreihe rechts von den Metall-Atomen stehen. Umgekehrt oxidieren Kationen nur die Metall-Atome, die links von den Kationen stehen.

Edel oder unedel. Wie leicht die Atome eines Metalls oxidierbar sind, wird durch die Einwirkung von verdünnten sauren Lösungen wie Salzsäure auf die Metalle überprüft. Unedle Metalle wie Alkalimetalle oder Zink reagieren schnell mit verdünnter Salzsäure zur entsprechenden Salzlösung und Wasserstoffgas. Edlere Metalle wie Kupfer oder Gold reagieren hingegen nicht, sie lassen sich nicht von verdünnten Säuren oxidieren.

Redoxreaktionen sind Elektronenübertragungsreaktionen. In der Redoxreihe der Metalle sind die Redoxpaare Metall-Kation/Metall-Atom nach ihrem edlen Charakter geordnet. Unedle Metalle werden von verdünnten Säuren unter Wasserstoffentwicklung oxidiert.

---

1 a) Erläutern Sie die Begriffe *Elektronenübertragungsreaktion, Oxidation, Reduktion, Redoxreihe* und *unedler und edler Charakter von Metallen.*
b) Erklären Sie den Begriff *Redoxpaar* und geben Sie für die auf dieser Doppelseite beschriebenen Redoxreaktionen die Redoxpaare an.
c) In Lehrbüchern findet man häufig noch die Begriffe *Reduktionsmittel* für Elektronendonator und *Oxidationsmittel* für Elektronenakzeptor. Ordnen Sie diese Begriffe den Beispielen aus Aufgabe b) zu.

2 a) Geben Sie an, wo in der Redoxreihe die stärksten Elektronenakzeptoren und wo die stärksten Elektronendonatoren stehen. Begründen Sie Ihre Aussage.
b) Ordnen Sie die Atome der Metalle Quecksilber, Zink und Blei nach ihrer Stärke als Elektronendonator und begründen Sie Ihr Vorgehen.

3 a) Stellen Sie für die Reaktion von Calcium in verdünnter Salzsäure die Reaktionsgleichung auf und erklären Sie daran die Bildung von Wasserstoffgas.
b) Beschreiben Sie die zu erwartenden Beobachtungen, wenn die folgenden Metalle mit verdünnter Salzsäure versetzt werden: Partner A: Magnesium; Partner B: Eisen; Partner C: Gold
c) Geben Sie für die ablaufenden Reaktionen die Teilgleichungen und die Redoxgleichungen an.

4 Sie sollen das Redoxpaar $Sn^{2+}(aq)/Sn(s)$ in die Redoxreihe einordnen. Planen Sie hierzu ein Experiment und beschreiben Sie die zu erwartenden Beobachtungen.

5 a) Berechnen Sie mithilfe der Standardbildungsenthalpien auf ↗S. 35 die Standardreaktionsenthalpie.
Partner A: $Cu^{2+}(aq) + Fe(s) \rightarrow Cu(s) + Fe^{2+}(aq)$
Partner B: $Cu(s) + Fe^{2+}(aq) \rightarrow Cu^{2+}(aq) + Fe(s)$
b) Vergleichen Sie Ihre Ergebnisse. Ermitteln Sie, welche Reaktionsrichtung endotherm und welche exotherm ist.

6 Mithilfe einer Batterie wird beim Betrieb eines Energiewandlers elektrische Arbeit W_{el} geleistet.
a) Erklären Sie in diesem Zusammenhang den Term $\Delta U = \Delta_r H + W_{el}$. Als Hilfe kann Ihnen die Seite 32 dienen.
b) Begründen Sie, warum sich Batterien bei Betrieb erwärmen.

7 ◇ Bei der folgenden Reaktion ist die Hinreaktion exotherm, die Rückreaktion endotherm:
$2\,Ag^{+}(aq) + Cu(s) \rightleftharpoons 2\,Ag(s) + Cu^{2+}(aq)$
Erläutern Sie, ob sich eine eindeutige Aussage dazu treffen lässt, welche Reaktionsrichtung exergonisch oder endergonisch ist. Entropiewerte finden sich im Anhang des Buches.

Redoxreaktionen und Redoxreihe

Versuch 1: Reaktion von Kupfer(II)-sulfatlösung mit Eisen

2 5 7 9

Materialien: Thermometer, Stoppuhr, Tropfpipetten; Eisenpulver (**2**), Zinkpulver (**9**), Kaliumhexacyanidoferrat(III) (rotes Blutlaugensalz), Kupfer(II)-sulfatlösung (1 mol · l^{-1}, **7, 9**), Ammoniaklösung (verd., **5.**)

Durchführung:
1. Füllen Sie zwei Reagenzgläser jeweils mit etwa 2 ml Kupfer(II)-sulfatlösung (Lösungen 1 und 2) und messen Sie die Temperatur der Lösungen.
2. Geben Sie in ein Reagenzglas (Lösung 1) einen Spatel Eisenpulver und schütteln Sie gut um.
3. Messen Sie die Temperatur der Lösung.
4. Teilen Sie nach wenigstens 10 Minuten Lösung 1 auf zwei Reagenzgläser auf (Lösungen 1a und 1b).
5. Geben Sie zu Lösung 1a und zu Lösung 2 jeweils die gleichen Mengen Ammoniaklösung, bis sich der entstehende Niederschlag wieder aufgelöst hat.
6. Verdünnen Sie Lösung 1b mit 4 ml Wasser, geben Sie drei bis vier Körnchen Kaliumhexacyanidoferrat(III) hinzu und schütteln Sie um.
7. Wiederholen Sie den Versuch mit Zinkpulver anstelle von Eisenpulver.

Aufgaben:
a) Stellen Sie vor dem Versuch Hypothesen auf, welche Reaktionen zu erwarten sind und welche der in der Abbildung angegebenen Nachweisreaktionen positiv verlaufen sollten.
b) Notieren Sie Ihre Beobachtungen.
c) Werten Sie den Versuch aus und berücksichtigen Sie dabei folgende Aspekte: Änderung der Temperatur, Zugabe von Ammoniaklösung, Zugabe von Kaliumhexacyanidoferrat(III)

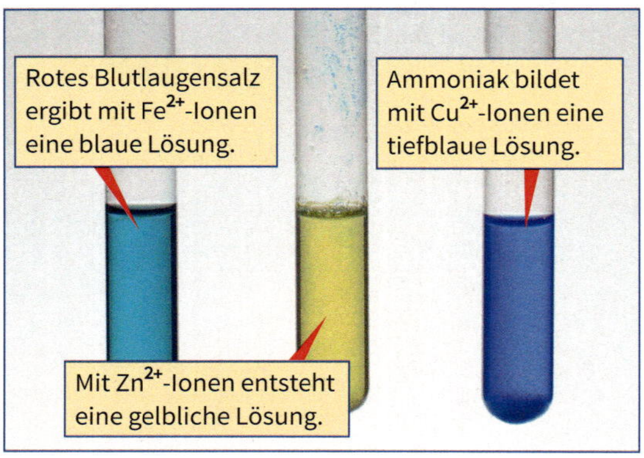

Versuch 2: Edel oder unedel?

2 5

Materialien: Schmirgelpapier, Tropfpipetten; Magnesiumband (**2**), granuliertes Zink, Eisenpulver (**2**), Kupferspäne, Salzsäure (1 mol · l^{-1}; **5**)

Durchführung:
Hinweis: Reinigen Sie, wenn nötig, die Oberflächen der Metalle mit Schmirgelpapier.
1. Geben Sie in jedes Reagenzglas eine Metallprobe (Magnesiumband: 2 cm; übrige Metalle: 1 Spatel).
2. Fügen Sie zu jedem Metall etwa 2 ml Salzsäure hinzu.
3. Prüfen Sie möglicherweise entstehende Gase mithilfe geeigneter Nachweisverfahren.

Aufgaben:
a) Notieren und deuten Sie Ihre Beobachtungen, Stellen Sie für die ablaufenden Reaktionen die Reaktionsgleichungen in Ionenschreibweise auf.
b) Beurteilen Sie, ob Sie aus diesem Versuch die Redoxreihe der Metalle ableiten können.

Forschungsauftrag 1: Wer reduziert wen?

2 5 7 9

Materialien: Uhrgläser oder Tüpfelplatte, Tropfpipetten, Schmirgelpapier; Magnesiumband (**2**), Salzsäure (1 mol · l^{-1}; **5**), Blechstreifen von Zink, Eisen, Kupfer, Silber, Lösungen (0,1 mol · l^{-1}) von Magnesiumsulfat, Zinksulfat (**7, 9**), Eisen(II)-sulfat, Kupfer(II)-sulfat (**9**), Silbernitrat (**7, 9**), Kaliumchlorid

Aufgaben:
a) Planen Sie eine Versuchsreihe, mit der Sie ermitteln können, welches Metall welche Metall-Ionen aus den jeweiligen Metallsalzlösungen reduzieren kann. Sie dürfen dafür nur die angegebenen Materialien nutzen. Verwenden Sie kleine Mengen.
b) Kontrollieren Sie Ihre Planung mit der Check-Karte und führen Sie die Experimente durch.
c) Werten Sie die Experimente umfassend aus. Stellen Sie für die ablaufenden Reaktionen die Teilgleichungen und die Redoxgleichungen in Ionenschreibweise auf.

Redoxreaktionen lassen sich mit Oxidationszahlen beschreiben

Elektronenübertragungsreaktionen lassen sich leicht erkennen, solange an der Reaktion elementare Stoffe und einfache Ionen beteiligt sind. Reaktionen von Molekülen sind dagegen nicht ohne weiteres als Redoxreaktionen beschreibbar. So verlaufen die Reaktionen von Wasserstoff mit Sauerstoff oder von Wasserstoff mit Chlor ohne Ionenbildung. Die Produkt-Teilchen sind Moleküle mit polaren Elektronenpaarbindungen; es bilden sich keine Ionen, an denen die Elektronenübertragung abzulesen wäre. Um auch solche Reaktionen als Redoxreaktionen beschreiben zu können, hat man als Hilfe die **Oxidationszahl** eingeführt.

Oxidationszahl. Unter der Oxidationszahl eines Atoms in einem Molekül versteht man die Ladung, die das Atom erhalten würde, wenn man sich vorstellt, das Molekül sei aus Ionen aufgebaut. Dazu ordnet man in Molekülen die Bindungselektronen jeweils dem Atom mit dem höheren Elektronegativitätswert zu. Oxidationszahlen sind damit *formale Ladungszahlen.* Sie werden als römische Ziffern angegeben, die man über die Elementsymbole schreibt. Negative Oxidationszahlen erhalten ein Minuszeichen. Bei positiven Oxidationszahlen lässt man das Pluszeichen meist weg.

Oxidationszahlen lassen sich vielfach mithilfe der nebenstehenden Regeln ermitteln. Im HCl-Molekül erhält das Cl-Atom so die Oxidationszahl –I, da ihm formal das Elektron des H-Atoms zugeordnet wird und es damit acht statt sieben Elektronen hat. Das H-Atom hat formal ein Elektron abgegeben. Es erhält die Oxidationszahl I.

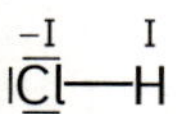

Redoxreaktionen. Mit Oxidationszahlen lassen sich Redoxreaktionen identifizieren und beschreiben: Unter einer *Oxidation* versteht man die Teilreaktion einer Redoxreaktion, bei der sich die Oxidationszahl *erhöht.* Dabei gibt ein Atom tatsächlich oder formal Elektronen ab. Die Teilreaktion, bei der die Oxidationszahl *kleiner* wird, ist die *Reduktion.* Hier nimmt ein Atom tatsächlich oder formal Elektronen auf. So ergibt sich für die Reaktion von Wasserstoff mit Chlor:

Bestimmung von Oxidationszahlen

1. Ungeladene Atome erhalten die Oxidationszahl 0: Mg; Cl_2
2. O-Atome erhalten in Verbindungen die Oxidationszahl –II: CuO, MgO (Ausnahme: Peroxide –I: H_2O_2)
3. H-Atome haben die Oxidationszahl I: HCl; H_2O; NH_3 (Ausnahme Metallhydride –I: NaH; MgH_2)
4. Metall-Atome haben in Verbindungen immer eine positive Oxidationszahl. Die Oxidationszahl der Metall-Ionen der Hauptgruppenelemente entspricht meist der stabilsten Ionenladung: Mg^{2+}-Ionen im MgO haben die Oxidationszahl II
5. In elektroneutralen Verbindungen ist die Summe der Oxidationszahlen aller Atome gleich 0: NO_2 [(+IV) + 2 (–II)] = 0
6. Bei Ionen entspricht die Summe der Oxidationszahlen aller Atome der Ionenladung: Fe^{3+}: Oxidationszahl III MnO_4^-: [(+VII) + 4(–II)] = –1

1 a) Ermitteln Sie die Oxidationszahlen der Atome in folgenden Verbindungen. Geben Sie an, welche Regeln Sie dabei angewandt haben:
Partner A: H_2S, PO_4^{3-}, HNO_3, LiH, $KAl(SO_4)_2$
Partner B: Ca^{2+}, TiO_2, Al_2O_3, NH_4^+, H_2CO_3
b) Stellen Sie sich Ihre Ergebnisse gegenseitig vor.

2 Prüfen Sie mithilfe von Oxidationszahlen, ob folgende Reaktionen Redoxreaktionen sind:
A Zink reagiert mit verdünnter Schwefelsäure zu Zinksulfatlösung und Wasserstoff.
B Schwarzes Kupferoxid (CuO) reagiert mit Wasserstoff zu Kupfer und Wasser.

3 Oxidationszahlen werden auch zur eindeutigen Benennung von einfachen Verbindungen verwendet. So kann CrO als Chrom(II)-oxid bezeichnet werden. Die Oxidationszahl des Kations wird in Klammern eingefügt, der Name des Anions hinter den Bindestrich geschrieben. Benennen Sie die Verbindungen in der angegebenen Weise: Cr_2O_3, CrO_3, $CrCl_3$, Cr_2S_3, CrI_2, $CrCl_4$, $Cr_2(SO_4)_3$

Methode Redoxgleichungen mit System aufstellen

Bei der Reaktion von Cu^{2+}-Ionen mit Fe-Atomen oder der Bildung von Chlorwasserstoffgas aus Wasserstoff und Chlor lässt sich die jeweilige Redoxgleichung recht leicht aus den Ladungszahlen der reagierenden Teilchen oder den Oxidationszahlen ableiten. Für komplexere Beispiele wie der Reaktion von Permanganat-Ionen (MnO_4^-) mit Sulfit-Ionen (SO_3^{2-}) ist dies schon schwieriger. Hier muss man zusätzlich die Beteiligung der H^+(aq)-Ionen und der OH^-(aq)-Ionen berücksichtigen. Nachfolgend wird eine bewährte Schrittfolge zum Aufstellen von Redoxgleichungen vorgestellt.

Als erstes notiert man dafür die korrespondierenden Redoxpaare und bestimmt den Oxidations- und Reduktionsschritt mithilfe von Oxidationszahlen. Daraus lassen sich die Teilgleichungen ableiten, aus denen man dann durch Addition und Multiplikation die Anzahl der übertragenen Elektronen ausgleicht. Zum Schluss müssen noch Ladungen und Atomanzahlen ausgeglichen werden.

Beispiel 1: Reaktion von Permanganat-Ionen mit Sulfit-Ionen in saurer Lösung

Beobachtung: Eine durch Permanganat-Ionen (MnO_4^-) violett gefärbte saure Lösung wird farblos, wenn man eine Lösung zufügt, die Sulfit-Ionen (SO_3^{2-}) enthält. Es entstehen Mangan(II)-Ionen (Mn^{2+}) und Sulfat-Ionen (SO_4^{2-}).

1. Notieren der korrespondierenden Redoxpaare sowie Zuordnung von Oxidation und Reduktion

Durch den Vergleich der Oxidationszahlen aller Atome lassen sich auch in einer unvollständigen Reaktionsgleichung die Teilchen ermitteln, die oxidiert oder reduziert werden.

Reduktion: Die Oxidationszahl wird kleiner (negativer): Mn(VII) ⇢ Mn(II)

Reduktion (Mn: VII → II)

$$\overset{VII}{Mn}O_4^- + \overset{IV}{S}O_3^{2-} \dashrightarrow \overset{II}{Mn}{}^{2+} + \overset{VI}{S}O_4^{2-}$$

Oxidation (S: IV → VI)

Oxidation: Die Oxidationszahl wird größer (positiver): S(IV) ⇢ S(VI)

2. Aufstellen der Teilgleichungen

Oxidation: $\overset{IV}{S}O_3^{2-} \dashrightarrow \overset{VI}{S}O_4^{2-} + 2\,e^-$

Reduktion: $\overset{VII}{Mn}O_4^- + 5\,e^- \dashrightarrow \overset{II}{Mn}{}^{2+}$

Abgegebene Elektronen stehen immer auf der Produktseite, aufgenommene auf der Eduktseite. Die Anzahl der Elektronen wird durch die Änderung der Oxidationszahlen bestimmt.

3. Addition und Multiplikation der Teilgleichungen

In einer Redoxgleichung muss die Anzahl der abgegebenen Elektronen gleich der Anzahl der aufgenommenen Elektronen sein. Das kleinste gemeinsame Vielfache (kgV) der Elektronenanzahl beider Teilgleichungen liefert Faktoren, mit denen die Teilgleichungen multipliziert werden müssen.

Oxidation: $\overset{IV}{S}O_3^{2-} \dashrightarrow \overset{VI}{S}O_4^{2-} + 2\,e^- \quad | \cdot 5$

Reduktion: $\overset{VII}{Mn}O_4^- + 5\,e^- \dashrightarrow \overset{II}{Mn}{}^{2+} \quad | \cdot 2$

Addieren: $5\,\overset{IV}{S}O_3^{2-} + 2\,\overset{VII}{Mn}O_4^- + 10\,e^- \rightarrow 5\,\overset{VI}{S}O_4^{2-} + 2\,\overset{II}{Mn}{}^{2+} + 10\,e^-$

Unter der Berücksichtigung der Faktoren des kgV werden die Teilgleichungen addiert. Die Elektronenanzahl ist dann gleich und kann gestrichen werden.

4. Ausgleich der Ladungen

$$5\,SO_3^{2-} + 2\,MnO_4^- + 6\,H_3O^+ \rightarrow 5\,SO_4^{2-} + 2\,Mn^{2+}$$

Auf der Produktseite überwiegt die positive Ladung. In der sauren Lösung erfolgt auf der Seite der Edukte ein Ladungsausgleich durch H_3O^+-Ionen.

5. Ausgleich der Atomanzahlen

$$5\,SO_3^{2-} + 2\,MnO_4^- + 6\,H_3O^+ \rightarrow 5\,SO_4^{2-} + 2\,Mn^{2+} + 9\,H_2O$$

Mithilfe von H_2O-Molekülen wird die Anzahl der O-Atome und H-Atome auf beiden Seiten der Reaktionsgleichung ausgeglichen.

Beispiel 2: Reaktion von Permanganat-Ionen mit Sulfit-Ionen in alkalischer Lösung

Lässt man eine alkalische Kaliumpermanganatlösung mit Natriumsulfitlösung reagieren, beobachtet man eine Grünfärbung der Lösung. Es bilden sich Manganat-Ionen (MnO_4^{2-}) und Sulfat-Ionen.

1. Notieren der korrespondierenden Redoxpaare sowie Zuordnung von Oxidation und Reduktion

Reduktion: $\overset{VII}{Mn}O_4^- \rightarrow \overset{VI}{Mn}O_4^{2-}$

$$\overset{VII}{Mn}O_4^- + \overset{IV}{S}O_3^{2-} \dashrightarrow \overset{VI}{Mn}O_4^{2-} + \overset{VI}{S}O_4^{2-}$$

Oxidation: $\overset{IV}{S}O_3^{2-} \rightarrow \overset{VI}{S}O_4^{2-}$

2. Aufstellen der Teilgleichungen

Oxidation: $\overset{IV}{S}O_3^{2-} \dashrightarrow \overset{VI}{S}O_4^{2-} + 2\,e^-$

Reduktion: $\overset{VII}{Mn}O_4^- + e^- \dashrightarrow \overset{VI}{Mn}O_4^{2-}$

3. Addition und Multiplikation der Teilgleichungen

Oxidation: $\overset{IV}{S}O_3^{2-} \dashrightarrow \overset{VI}{S}O_4^{2-} + 2\,e^- \quad | \cdot 1$

Reduktion: $\overset{VII}{Mn}O_4^- + e^- \dashrightarrow \overset{VI}{Mn}O_4^{2-} \quad | \cdot 2$

Addieren: $\overset{IV}{S}O_3^{2-} + 2\,\overset{VII}{Mn}O_4^- + 2\,e^- \rightarrow \overset{VI}{S}O_4^{2-} + 2\,\overset{VI}{Mn}O_4^{2-} + 2\,e^-$

4. Ausgleich der Ladungen

$SO_3^{2-} + 2\,MnO_4^- + 2\,OH^- \rightarrow SO_4^{2-} + 2\,MnO_4^{2-}$

5. Ausgleich der Atomanzahlen

$SO_3^{2-} + 2\,MnO_4^- + 2\,OH^- \rightarrow SO_4^{2-} + 2\,MnO_4^{2-} + H_2O$

---

1 a) Beschreiben Sie am Beispiel 2 die Schrittfolge zum Aufstellen von Redoxgleichungen. Formulieren Sie entsprechende Sprechblasentexte.
b) Stellen Sie die Unterschiede zu Beispiel 1 heraus.

2 Stellen Sie für folgende Redoxreaktionen mit Permanganat-Ionen (MnO_4^-) die Teilgleichungen und die Redoxgleichung auf. Verwenden Sie die Anleitung aus Beispiel 1. Alle Reaktionen laufen in saurer Lösung ab.
Partner A: MnO_4^-/Br^-; es entstehen Br_2-Moleküle,
Partner B: MnO_4^-/NO_2^- (Nitrit-Ionen); es entstehen Nitrat-Ionen (NO_3^-),
Partner C: MnO_4^-/Fe^{2+}; es entstehen Fe^{3+}-Ionen,
Partner D: MnO_4^-/H_2O_2 (Wasserstoffperoxid); es entsteht ein Gas, das einen Glimmspan entzündet.

3 Richten Sie die folgenden Redoxgleichungen ein und geben Sie jeweils Elektronendonator (Reduktionsmittel) sowie Elektronenakzeptor (Oxidationsmittel) an. Sofern nicht anders angegeben, liegen alle Teilchen hydratisiert vor.
a) $MnO_4^- + H^+ + Cl^- \rightarrow Mn^{2+} + Cl_2(g) + 8\,H_2O(l)$
b) $Fe^{2+} + Cr_2O_7^{2-} + H^+ \rightarrow Fe^{3+} + Cr^{3+} + H_2O(l)$
c) $S_2O_3^{2-} + I_2 \rightarrow S_4O_6^{2-} + I^-$
d) $Na(s) + H_2O(l) \rightarrow Na^+ + OH^- + H_2(g)$
e) $NH_3(g) + O_2(g) \rightarrow NO(g) + H_2O(l)$
f) $H_2S(g) + O_2(g) \rightarrow SO_2(g) + H_2O(l)$
g) $H_2S(g) + SO_2(g) \rightarrow S(s) + H_2O(l)$

4 Abwässer enthalten stickstoffhaltige Ionen wie Ammonium-Ionen (NH_4^+), Nitrat-Ionen (NO_3^-) und die für viele Organismen toxischen Nitrit-Ionen (NO_2^-). In der biologischen Reinigungsstufe eine Kläranlage werden diese Ionen durch bestimmte Mikroorganismen umgesetzt und es entsteht elementarer Stickstoff (N_2). Dieser gast in die Luft aus. Richten Sie die folgenden Reaktionsgleichungen des Anammox-Verfahrens ein und kennzeichnen Sie über Oxidationszahlen Oxidation und Reduktion.
$NH_4^+ + O_2(g) \rightarrow NO_2^- + H_2O(l) + H^+$
$NO_2^- + NH_4^+ \rightarrow N_2(g) + H_2O(l)$

Teilchenübergänge – das Donator-Akzeptor-Konzept

Säure-Base-Reaktionen und Redoxreaktionen zeigen eine Gemeinsamkeit: Es werden jeweils Teilchen übertragen. Eine Brønsted-Säure gibt ein Proton ab, die Brønsted-Base nimmt ein Proton auf. Bei Redoxreaktionen gibt ein Reduktionsmittel Elektronen ab, das Oxidationsmittel nimmt diese auf. Beide Reaktionen sind also **Donator-Akzeptor-Reaktionen.** Das Donator-Akzeptor-Konzept ist eines der *Basiskonzepte,* die der Chemie eine Ordnung geben. Nachfolgend werden beide Donator-Akzeptor-Reaktionen gegenübergestellt.

	Säure-Base-Reaktion (Protolyse)	**Redoxreaktion**
Art der übertragenen Teilchen	Protonen (H^+)	Elektronen (e^-)
korrespondierende Paare *Beispiele*	Säure-Base-Paare HA/A^-; HB^+/B CH_3COOH/CH_3COO^-; NH_4^+/NH_3	Redoxpaare Ox_1/Red_1; Ox_2/Red_2 Ag^+/Ag; Fe^{3+}/Fe^{2+}
Donator Teilreaktion: Donatorreaktion *Beispiele*	Brønsted-Säure (HA) Protonenabgabe $HA \dashrightarrow H^+ + A^-$ $HCl \dashrightarrow H^+ + Cl^-$ $CH_3COOH \dashrightarrow H^+ + CH_3COO^-$	Reduktionsmittel (Red) Elektronenabgabe (Oxidation) $Red \dashrightarrow Ox + z\,e^-$ $Ag \dashrightarrow Ag^+ + e^-$ $Zn \dashrightarrow Zn^{2+} + 2\,e^-$
Akzeptor Teilreaktion: Akzeptorreaktion *Beispiele*	Brønsted-Base (B) Protonenaufnahme $B + H^+ \dashrightarrow HB^+$ $NH_3 + H^+ \dashrightarrow NH_4^+$ $H_2O + H^+ \dashrightarrow H_3O^+$	Oxidationsmittel (Ox) Elektronenaufnahme (Reduktion) $Ox + z\,e^- \dashrightarrow Red$ $Cu^{2+} + 2\,e^- \dashrightarrow Cu$ $Fe^{3+} + e^- \dashrightarrow Fe^{2+}$
Donator-Akzeptor-Reaktion *Beispiele*	Säure-Base-Gleichgewicht $HA + B \rightleftharpoons HB^+ + A^-$ $H_2O + NH_3 \rightleftharpoons NH_4^{++} OH^-$	Redoxgleichgewicht $Red_1 + Ox_2 \rightleftharpoons Ox_1 + Red_2$ $Ag + Fe^{3+} \rightleftharpoons Ag^+ + Fe^{2+}$
Donator-Akzeptor-Reaktion zwischen gleichen Teilchen	Autoprotolyse $H_2O + H_2O \rightleftharpoons H_3O^+ + OH^-$	Disproportionierung / Synproportionierung $2\,Cu^+ \rightleftharpoons Cu + Cu^{2+}$
Quantitative Beschreibung Konzentrationsabhängigkeit	pK_S-Wert Puffergleichung $pH = pK_S + \lg \frac{c(A^-)}{c(HA)}$	Standardelektrodenpotential ($E°$) (↗S. 112) Nernstsche Gleichung (↗S. 114) $E(Ox/Red) = E°(Ox/Red) + \frac{0{,}059\,V}{z} \lg \frac{c(Ox)}{c(Red)}$

Exkurs Disproportionierung und Synproportionierung

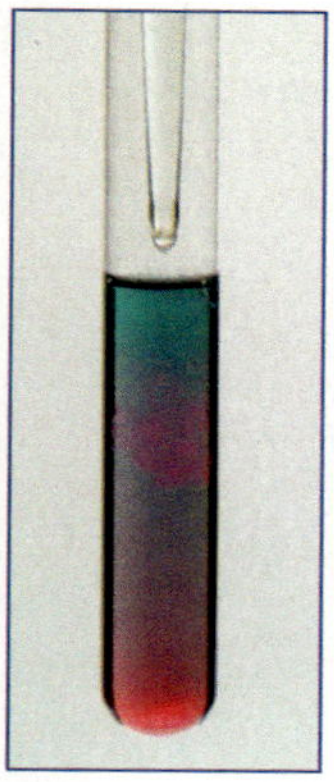

Tropft man Schwefelsäure in eine durch Manganat-Ionen (MnO_4^{2-}) grün gefärbte Lösung, so wird die Lösung violett und ein brauner Niederschlag fällt aus. Es haben sich Permanganat-Ionen (MnO_4^-) und Braunstein (MnO_2) gebildet. Bei dieser Reaktion wird also ein Teil der MnO_4^{2-}-Ionen reduziert, während gleichzeitig ein anderer Anteil dieser Ionen oxidiert wird:

$$\overset{VI}{Mn}O_4^{2-} \dashrightarrow \overset{VII}{Mn}O_4^- + \overset{IV}{Mn}O_2$$

Allgemein bezeichnet man Reaktionen, bei denen Teilchen desselben Stoffs zugleich oxidiert und reduziert werden als **Disproportionierung.** Eine Atomart mit einer mittleren Oxidationsstufe wird dabei gleichzeitig in eine höhere und eine niedrigere Oxidationsstufe überführt. Den umgekehrten Vorgang nennt man **Synproportionierung** oder *Komproportionierung*.

1 Stellen Sie die vollständige Redoxgleichung für die Disproportionierung von Manganat-Ionen in saurer Lösung auf. Nutzen Sie hierfür die Methode zum Aufstellen von Redoxgleichungen.

2 Richten Sie die folgenden Reaktionsgleichungen ein und entscheiden Sie, ob es sich um eine Synproportionierung oder eine Disproportionierung handelt. Stellen Sie sich Ihre Ergebnisse nach der Bearbeitung vor.
Partner A: $KClO_3 (s) \rightarrow KCl (s) + KClO_4 (s)$
Partner B: $H_2SO_4 (aq) + H_2S (aq) \rightarrow S (s) + H_2O (l)$
Partner C: $NH_4NO_3 (s) \rightarrow N_2O (g) + H_2O (l)$

Praktikum Disproportionierung und Synproportionierung ◇

Versuch 1:
Lösungen von Iod-Kaliumiodid und von Thiosulfat

Materialien: Tropfpipetten oder Kunststoffspritze (5 ml), Gummistopfen, Becherglas (50 ml) oder Schnappdeckelglas, Papier, Schere, LED-Spot, Stoppuhr;
Iod-Kaliumiodidlösung (verd., **8**), Salzsäure (verd., **5**), Natronlauge (verd., **5**), Natriumthiosulfatlösung (verd.), Heptan (**2, 7, 8, 9**)

Durchführung:

Gruppe 1: Iodlösung

1. Tropfen Sie zu 2 ml Iod-Kaliumiodidlösung so lange verdünnte Natronlauge, bis sich die Lösung deutlich aufhellt. Lassen Sie 5 Minuten stehen.
2. Tropfen Sie so lange verdünnte Salzsäure zur entfärbten Lösung, bis eine Färbung eintritt. Warten Sie, bis die Lösung wieder dunkel wird.
3. Versetzen Sie die gefärbte Lösung mit 1 ml Heptan und schütteln Sie gut durch.

Gruppe 2: Thiosulfatlösung

4. Schneiden Sie ein Loch in das Papier, das den Durchmesser des Becherglases oder Schnappdeckelglases entspricht. Legen Sie das Papier als Schablone auf den LED-Spot.
5. Mischen Sie etwa 5 ml Natriumthiosulfatlösung (enthält $S_2O_3^{2-}$-Ionen) mit 5 ml Salzsäure, stellen Sie die Lösung auf den eingeschalteten LED-Spot und warten Sie einige Zeit.

Aufgabe:
Notieren und deuten Sie Ihre Beobachtungen, indem Sie die Redoxgleichungen aufstellen und anhand von Oxidationszahlen (↗S. 99) entscheiden, ob eine Disproportionierung oder eine Synproportionierung abläuft. Tauschen Sie im Anschluss die Ergebnisse aus.
Gruppe 1: Im ersten Teil des Versuches bilden sich Iodat-Ionen (IO_3^-) und Iodid-Ionen (I^-).
Gruppe 2: Es bilden sich elementarer Schwefel sowie Schwefeldioxid als Gas.

Praktikum Kaliumpermanganat als Oxidationsmittel

Versuch 1:
Permanganat-Ionen als Oxidationsmittel

Materialien: Tropfpipetten, Gasbrenner; Heptan (**2, 7, 8, 9**), Ethanol (**2, 7**), Schwefelsäure (verd.; **5**), verdünnte Lösungen von Eisen(II)-sulfat (frisch hergestellt), Kaliumpermanganat (**9**) und Kaliumiodid

Durchführung:
1. Füllen Sie 2 ml Eisen(II)-sulfatlösung in ein Reagenzglas und geben Sie zwei Tropfen Schwefelsäure sowie zwei Tropfen Kaliumpermanganatlösung hinzu.
2. Wiederholen Sie den Versuch mit Kaliumiodidlösung anstelle von Eisen(II)-sulfatlösung. Das Reaktionsprodukt wird mit 1 ml Heptan ausgeschüttelt.
3. Wiederholen Sie den Versuch mit Ethanol statt der Eisen(II)-sulfatlösung. Die Probe muss dabei vorsichtig erwärmt werden.

Aufgabe:
Notieren und deuten Sie Ihre Beobachtungen. Formulieren Sie Reaktionsgleichungen.

Versuch 2:
Oxidierende Wirkung von Permanganat-Ionen in Abhängigkeit vom pH-Wert

Materialien: Tropfpipetten; Schwefelsäure (verd.; **5**), Natronlauge (verd.; **5**), Phenolphthaleinlösung (<0,9 %, **2, 7**), verdünnte Lösungen von Kaliumpermanganat (**9**) und Natriumsulfit

Durchführung:
1. Füllen Sie in drei Reagenzgläser je 2 ml Natriumsulfitlösung.
2. Geben Sie nun zur ersten Probe zwei Tropfen Natronlauge und zur zweiten die gleiche Menge Wasser. Die dritte Probe wird mit zwei Tropfen Schwefelsäure angesäuert.
3. Geben Sie in die drei Reagenzgläser je einen Tropfen Kaliumpermanganatlösung. *Hinweis:* Beobachten Sie die erste Probe sofort nach Zugabe der Kaliumpermanganatlösung.
4. Geben Sie in das zweite Glas nach erfolgter Reaktion einen Tropfen Phenolphthaleinlösung.

Aufgaben:
a) Beschreiben und deuten Sie Ihre Beobachtungen.
b) Formulieren Sie die Reaktionsgleichungen.
c) Erklären Sie an diesen Beispielen den Einfluss des pH-Werts auf den Ablauf der Redoxreaktionen.

Versuch 3:
Sauerstoffbestimmung nach WINKLER

Materialien: Thermometer, Winkler-Flasche (100 ml) mit blasenfrei eingefüllter Wasserprobe, 2 Messpipetten (1 ml), Messpipette (2 ml), Pipettierhilfe, Bürette, Erlenmeyerkolben (250 ml); Phosphorsäure (85 %, **5**), Stärkelösung, Natriumthiosulfatlösung (0,01 mol · l^{-1}),
Lösung 1 (80 g Mangan(II)-chlorid ($MnCl_2 \cdot 4\,H_2O$) in 100 ml Wasser, **7, 9**),
Lösung 2 (50 g Natriumhydroxid (NaOH) und 40 g Kaliumiodid (KI) in 100 ml Wasser, **5**)

Durchführung:
1. Messen Sie die Temperatur der Probe.
2. Unterschichten Sie die Probe mit je 0,5 ml der Lösungen 1 und 2. Verschließen Sie die Flasche luftfrei und schütteln Sie gut durch. Lassen Sie die Probe anschließend zehn Minuten stehen.
3. Geben Sie in den Erlenmeyerkolben zuerst 2 ml Phosphorsäure und dann die Wasserprobe.
4. Fügen Sie einige Tropfen Stärkelösung zu, bis eine tiefblaue Farbe auftritt. Titrieren Sie mit Natriumthiosulfatlösung, bis sich die Lösung entfärbt.

Aufgaben:
a) Stellen Sie die Reaktionsgleichungen mit Oxidationszahlen für die wichtigsten Reaktionsschritte auf. Nutzen Sie folgende Hilfen:
   – Mangan(II)-hydroxid ($Mn(OH)_2$) reagiert mit Sauerstoff zu Mangan(III)-oxidhydroxid (MnO(OH)).
   – Mangan(III)-oxidhydroxid (MnO(OH)) oxidiert Iodid-Ionen (I^-) in saurer Lösung zu I_2-Molekülen.
   – Iod wird durch Thiosulfat-Ionen ($S_2O_3^{2-}$-Ionen) reduziert, dabei bilden sich $S_4O_6^{2-}$-Ionen.
b) Berechnen Sie, welche Stoffmenge an $S_2O_3^{2-}$-Ionen einem Mol O_2-Molekülen entspricht.
c) Berechnen Sie die Masse des in einem Liter der Wasserprobe gelösten Sauerstoffs.
d) Informieren Sie sich über den BSB_5-Wert und entwickeln Sie diesen Versuch so weiter, dass man den BSB_5-Wert einer Wasserprobe ermitteln kann.

Projekt **Schwefeln von Wein** ◇

Um Weine ohne Qualitätsverlust länger lagern zu können, werden Weine *geschwefelt*. Früher wurde dazu Schwefel in leeren Weinfässern zu Schwefeldioxid verbrannt. Das Gas löst sich im Most und reagiert zu Schwefliger Säure (H_2SO_3). Heute geben die meisten Winzer Natriumsulfit (Na_2SO_3) oder Natriumhydrogensulfit ($NaHSO_3$) zu, da sich die Sulfitmenge so exakt steuern lässt. Ein Teil der Schwefligen Säure kommt im Wein als *freie* Schweflige Säure vor, ein anderer Teil ist an andere Moleküle wie Aldehyde gebunden (*gebundene* Schweflige Säure). Seit dem 01.01.2006 müssen Weine, deren Sulfitgehalt mehr als 10 mg · l^{-1} beträgt, durch den Hinweis „enthält Sulfite" gekennzeichnet sein. Ebenso dürfen bestimmte Höchstmengen an Sulfiten nicht überschritten werden. In Prüflaboren werden die Sulfitgehalte per Redoxtitration überprüft.

Arbeitsaufträge zur Bearbeitung des Projekts:

a) Sie machen ein Praktikum in einem analytischen Prüflabor und sollen durch eine Redoxtitration den Sulfitgehalt verschiedener Weine ermitteln. Führen Sie dazu Versuch 1 durch. Beurteilen Sie, ob die Sulfitgehalte den Anforderungen der Höchstmengenverordnung entsprechen (Abb. 1).

b) Recherchieren Sie weitere Informationen über die Vorteile und Nachteile des Schwefelns von Wein. Erstellen Sie ein Lernplakat.

Zulässige Höchstgehalte an gesamter Schwefliger Säure:

A) Trockene Weine (Restzuckergehalt < als 5 g · l^{-1})	
Rotwein alle Qualitätsstufen	150 mg · l^{-1}
Weißwein, Roséwein, Rotling	200 mg · l^{-1}
B) Halbtrockene und liebliche Weine (Restzuckergehalt ≥ 5 g · l^{-1})	
Rotwein:	
Tafel- und Landwein, Qualitätswein, Kabinett	200 mg · l^{-1}
Weißwein, Roséwein, Rotling:	
Tafel- und Landwein, Qualitätswein, Kabinett	250 mg · l^{-1}
Spätlese	300 mg · l^{-1}
Auslese	350 mg · l^{-1}
Beerenauslese, Trockenbeerenauslese, Eiswein	400 mg · l^{-1}
Schaumwein:	
Crémant	150 mg · l^{-1}
Sekt	185 mg · l^{-1}

Versuch 1:
Schweflige Säure in Wein

Materialien: Erlenmeyerkolben (250 ml), Vollpipette (50 ml), Messpipette (10 ml), Pipettierhilfe, Bürette; Natronlauge (4 mol · l^{-1}, **5**), Schwefelsäure (2 mol · l^{-1}, **5**), Stärkelösung, Iodlösung (0,025 mol · l^{-1}), Weinproben
Hinweis: Zur Herstellung der Stärkelösung werden 0,25 g lösliche Stärke in 100 ml Wasser zum Sieden erhitzt.

Durchführung:

1. Geben Sie in einen 250 ml Erlenmeyerkolben 50 ml Wein, 3 ml verdünnte Schwefelsäure und 5 ml Stärkelösung.
2. Bestimmen Sie die freie Schweflige Säure durch Titrieren mit Iodlösung. Beenden Sie die Titration, wenn die anfangs schnell verschwindende Blaufärbung 10 bis 15 Sekunden bestehen bleibt. Notieren Sie den Verbrauch an Maßlösung (V_1).
Hinweis: Falls übertitriert wurde, kann man mit Natriumthiosulfatlösung zurücktitrieren.
3. Geben Sie nun 8 ml Natronlauge zu, schwenken Sie den Kolben um und warten Sie fünf Minuten. Fügen Sie danach unter kräftigem Umschwenken 10 ml verdünnte Schwefelsäure zu und titrieren Sie sofort weiter mit Iodlösung. Notieren Sie den Verbrauch an Iodlösung (V_2).
4. Geben Sie danach 20 ml Natronlauge zu und schütteln Sie kurz um. Lassen Sie die Lösung fünf Minuten stehen. Dann wird mit 200 ml kaltem Wasser verdünnt. Unter kräftigem Umschwenken fügt man nun 30 ml verdünnte Schwefelsäure zu und titriert die freigesetzte Schweflige Säure mit Iodlösung. Der Verbrauch an Maßlösung (V_3) wird notiert.

Aufgaben:

a) Bei der Titration von Wein mit Iodlösung werden HSO_3^--Ionen zu SO_4^{2-}-Ionen oxidiert. Stellen Sie die Reaktionsgleichung auf. Erklären Sie die Bedeutung der Zugabe von Stärkelösung.

b) Berechnen Sie die freie Schweflige Säure in der *Probe:* $\beta_1(SO_2) = V_1 \cdot 32$ mg · l^{-1}

c) Berechnen Sie die gebundene Schweflige Säure in der Probe: $\beta_2(SO_2) = (V_2 + V_3) \cdot 32$ mg · ml^{-1}

d) Erklären Sie die beiden Rechenwege.

e) Ermitteln Sie aus den Ergebnissen zu b) und c) den Gesamtgehalt an Schwefliger Säure in den Weinproben.

3.3 Galvanische Zellen sind Energiewandler

Mit der Entwicklung elektrischer Geräte entstand auch schnell der Wunsch, diese unabhängig vom Stromnetz betreiben zu können. Eine Lösung sind bis heute Batterien und Akkumulatoren. Ihre Funktion beruht auf freiwillig ablaufenden Redoxreaktionen, deren Teilreaktionen an räumlich getrennten Orten stattfinden. Die Änderung der inneren Energie ΔU (↗S. 28) soll bei den Reaktionen möglichst in elektrische Energie gewandelt werden.

Galvanische Zellen. Taucht man einen Zinkstab in eine Kupfersulfatlösung, scheidet sich auf dem Zinkstab eine Schicht aus Kupfer ab. An der Zinkoberfläche gehen Elektronen direkt von Zn-Atomen auf Cu^{2+}-Ionen über. Zn-Atome gehen gleichzeitig als Zn^{2+}-Ionen in Lösung. Bei dieser Elektronenübertragungsreaktion wird Energie in Form von Wärme an die Umgebung abgegeben:

$$Zn(s) + Cu^{2+}(aq) \rightarrow Zn^{2+}(aq) + Cu(s); \quad \Delta_r H_m = -217\ kJ \cdot mol^{-1}$$

Um bei einer solchen Redoxreaktion die chemische Energie nicht nur in Wärme, sondern überwiegend in elektrische Energie umzuwandeln, dürfen die Elektronen nicht direkt von den Zn-Atomen auf die Cu^{2+}-Ionen übertragen werden. Dazu werden die beiden Teilreaktionen Reduktion und Oxidation räumlich voneinander getrennt, indem der Zinkstab in eine Zinksulfatlösung (Abb. 1 ①) und der Kupferstab in eine Kupfersulfatlösung ② taucht. Die Kombination aus einem Metallstab in der Lösung seines Salzes bezeichnet man als **Halbzelle**. Ein **Diaphragma** ③ trennt die beiden Halbzellen voneinander. Diese poröse Wand verhindert das Vermischen der Lösungen, ermöglicht aber einen Ionenaustausch zwischen den Lösungen. Beide Metallstäbe werden elektrisch leitend miteinander verbunden. Der Elektronenfluss lässt sich mit einem Strommessgerät oder einem Motor nachweisen. Eine solche Versuchsanordnung nennt man **galvanische Zelle.**

▶ **Daniell-Zelle.** Der englische Chemiker John F. DANIELL entwickelte 1835 eine galvanische Zelle, die höhere Stromstärken und höhere Leistungen erbrachte als die zuvor verwendeten galvanischen Zellen. Die *Daniell-Zelle* ist eine Zink-Kupfer-Zelle, bestehend aus einer **Zinkhalbzelle** und einer **Kupferhalbzelle**. Die Zinkhalbzelle ist aufgrund des unedleren Charakters des Zinks die Halbzelle, in der vornehmlich die Oxidation der Zn-Atome erfolgt. An dieser **Donatorhalbzelle** liegt somit ein Elektronenüberschuss vor; sie bildet den **Minuspol**.

Oxidation: $Zn \dashrightarrow Zn^{2+} + 2\,e^-$

Die Halbzelle wird mit $Zn(s)/ZnSO_4(aq)$ oder kurz $Zn/Zn^{2+}(aq)$ gekennzeichnet. Der Strich stellt die Phasengrenze zwischen Metall und Lösung dar.

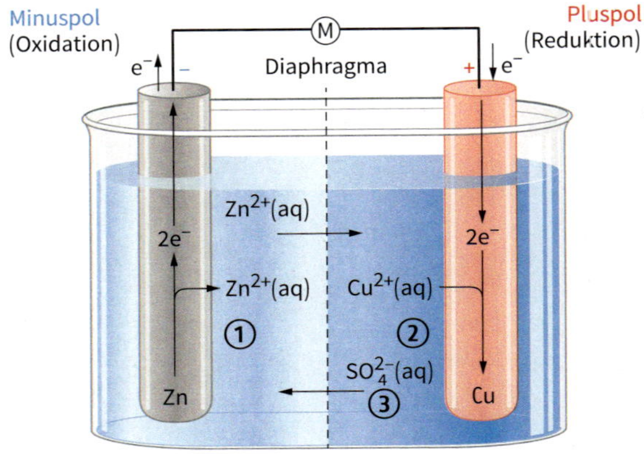

1 *Daniell-Zelle bei geschlossenem Stromkreis*

Vom Zinkstab fließen die Elektronen über die leitende Verbindung zum **Pluspol**, dem Kupferstab. Die Kupferhalbzelle ist die Elektronen aufnehmende **Akzeptorhalbzelle.** Im Kupferstab herrscht Elektronenmangel.

Reduktion: $Cu^{2+} + 2\,e^- \dashrightarrow Cu$

Die Kupferhalbzelle kann auch als $Cu(s)/CuSO_4(aq)$ oder $Cu/Cu^{2+}(aq)$ beschrieben werden.

Würden nur die beiden Elektrodenreaktionen ablaufen, müsste sich die Lösung der Zinkhalbzelle positiv und die der Kupferhalbzelle negativ aufladen. Der Elektronenfluss würde zum Erliegen kommen. Die Gesamtladung in den Halbzellen verändert sich jedoch nicht, da die Zn^{2+}-Ionen durch das Diaphragma in die Kupferhalbzelle und die SO_4^{2-}-Ionen in die Zinkhalbzelle wandern. Sie führen zum **Ladungsausgleich** in den Lösungen und schließen den Stromkreis (Abb. 1 ③).

Zelldiagramm. Die Metallstäbe in den Halbzellen bezeichnet man allgemein als **Elektroden**, die Lösungen sind die **Elektrolyte**. Kombiniert man zwei Halbzellen zu einer galvanischen Zelle, lässt sich diese auch in einer Kurzschreibweise angeben, dem *Zelldiagramm.* Für die Daniell-Zelle folgt:

$$Zn\,|\,Zn^{2+}(c = 1\ mol \cdot l^{-1}) \;\vdots\; Cu^{2+}(c = 1\ mol \cdot l^{-1})\,|\,Cu$$

Im Zelldiagramm steht das Redoxpaar der *Donatorhalbzelle* immer *links*, das Redoxpaar der *Akzeptorhalbzelle rechts.* Die Reihenfolge der Teilchen symbolisiert dabei den Elektronenfluss innerhalb der galvanischen Zelle – im Beispiel von den Zn-Atomen auf die Cu^{2+}-Ionen. Der gestrichelte senkrechte Balken steht für das Diaphragma. Wird statt des Diaphragmas eine *Elektrolytbrücke* verwendet, schreibt man zwei senkrechte gestrichelte Balken. Als zusätzliche Information werden meist die Ionenkonzentrationen der Lösungen angegeben.

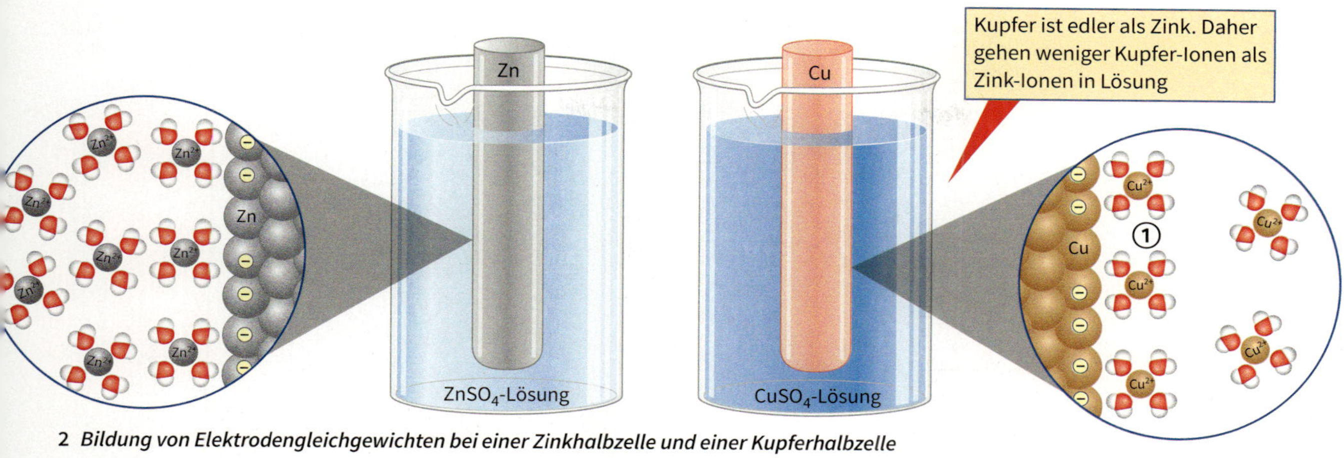

2 *Bildung von Elektrodengleichgewichten bei einer Zinkhalbzelle und einer Kupferhalbzelle*

Elektrodengleichgewichte. Die Zuordnung von Minuspol und Pluspol in einer galvanischen Zelle beruht auf Gleichgewichtsreaktionen an der Oberfläche der Elektroden. Stellt man einen Metallstab in eine Lösung, treten Wechselwirkungen im Bereich der Phasengrenze auf. Einzelne Atome aus dem Metallgitter geben Elektronen ab und es entstehen hydratisierte Metall-Ionen. Die Elektronen bleiben im Metall zurück und bewirken einen Elektronenüberschuss in der Elektrode. Die negative Ladung wirkt anziehend auf die hydratisierten Metall-Ionen der Lösung. Es kommt verstärkt zur Rückreaktion. Bleiben beide Prozesse ungestört, stellt sich nach einiger Zeit ein **dynamisches Gleichgewicht** ein:

$$Me(s) \rightleftharpoons Me^{z+}(aq) + z\,e^-$$

Pro Zeiteinheit werden genauso viele Metall-Atome oxidiert wie Metall-Kationen reduziert. An der Phasengrenze entsteht eine **elektrochemische Doppelschicht** aus negativen und positiven Ladungsträgern (Abb. 2 ①). Die Lage dieses Gleichgewichts hängt davon ab, wie edel das Metall ist. Bei unedleren Metallen sind im Gleichgewicht mehr Metall-Ionen in der Lösung nachweisbar und die Elektrode hat einen höheren Elektronenüberschuss. Die elektrochemische Doppelschicht ist stärker ausgeprägt als bei edlen Metallen. Verbindet man die Halbzellen verschiedener Metalle werden die Gleichgewichte dauerhaft gestört. In der Donatorhalbzelle überwiegt die Oxidation, da die Elektronen nicht mehr für die Rückreaktion zur Verfügung stehen. Sie fließen zur Akzeptorhalbzelle, in der die Reduktion der Metall-Ionen durch das erhöhte Elektronenangebot verstärkt abläuft.

Eine galvanische Zelle besteht aus zwei Halbzellen mit unterschiedlichen Redoxpaaren. In ihr wird chemische Energie in elektrische Energie umgewandelt.

---

1 Walther NERNST beschrieb die Vorgänge an der Phasengrenze anschaulich als Gleichgewicht zwischen dem *Lösungsdruck des Metalls* und dem *Abscheidungsdruck der Ionen.* Erklären Sie die Bedeutung dieser Begriffe.

2 a) Skizzieren Sie, wie sich die Elektroden bei längerem Betrieb einer Daniell-Zelle verändern.
b) Begründen Sie, weshalb es wichtig ist, dass Zn^{2+}-Ionen oder SO_4^{2-}-Ionen durch das Diaphragma hindurchgelangen können, Cu^{2+}-Ionen jedoch nicht.

3 Eine Mg^{2+}/Mg-Halbzelle wird mit einer weiteren Halbzelle kombiniert:
Partner A : Cu^{2+}/Cu-Zelle und Partner B: Ag^+/Ag-Zelle.
a) Skizzieren Sie die jeweilige galvanische Zelle.
b) Geben Sie die Elektrodengleichgewichte bei unterbrochenem Stromkreis an und erläutern Sie die Veränderungen, wenn der Stromkreis geschlossen wird. Ordnen Sie die Begriffe *Minuspol, Pluspol, Donatorhalbzelle* und *Akzeptorhalbzelle* zu. Geben Sie die Teilgleichungen der Redoxreaktion und das Zelldiagramm an.
c) Stellen Sie sich Ihre Ergebnisse gegenseitig vor.

4 Eine Zelle einer Voltaschen Säule besteht aus einem Kupferplättchen unten, einer Elektrolytschicht in der Mitte und einem Zinkplättchen oben. Da eine einzelne Zelle jedoch nur eine geringe Spannung liefert, werden in der Säule viele solcher Zellen übereinander gestapelt. Dabei ergibt sich die wiederholende Abfolge Kupfer, Elektrolyt, Zink, Kupfer, Elektrolyt, Zink…. In dieser Abfolge befindet sich der Elektrolyt also immer oberhalb der Kupferschicht und unterhalb der Zinkschicht aber niemals umgekehrt.
a) Zeichnen Sie eine Voltasche Säule und geben Sie die Reaktionen der Halbzellen an. Der Elektrolyt besteht aus einer sauren Lösung. Bei Betrieb entsteht ein Gas.
b) Begründen Sie die im Vergleich zur Daniell-Zelle geringere Energieausbeute der Voltaschen Säule.

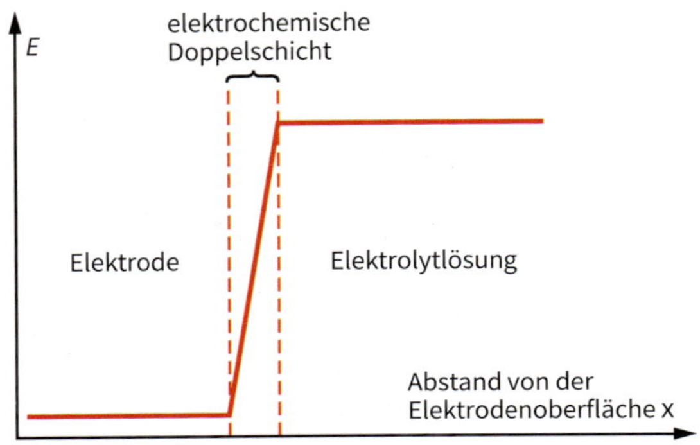

1 *Potentialbildung*

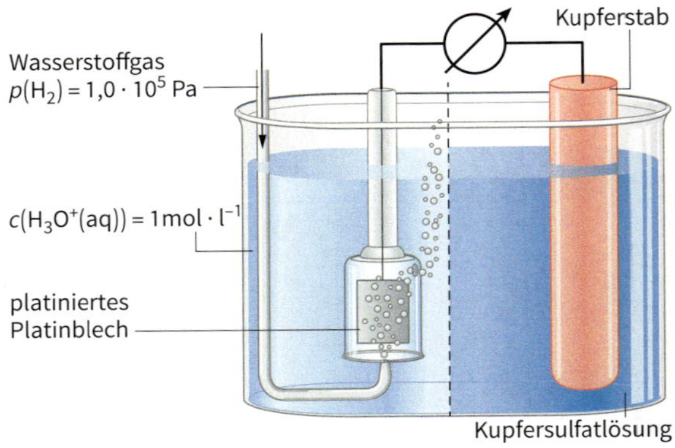

2 *Messung der Standardelektrodenpotentiale*

Jede galvanische Zelle besteht aus zwei Halbzellen mit einer Elektrode und einem Elektrolyten. An der Phasengrenze der Halbzellen stellt sich bei unterbrochenem Stromkreis ein elektrochemisches Gleichgewicht ein:

$$Me(s) \rightleftharpoons Me^{z+}(aq) + z\, e^-$$

Elektrodenpotential. Die Ausbildung der elektrochemischen Doppelschicht bedeutet, dass die Lösung unmittelbar um die negativ aufgeladene Elektrode durch die hydratisierten Metall-Ionen positiv geladen ist. Mit der Ladungstrennung entsteht ein Potential (lat. *potentia:* Kraft, Leistung), das für die Halbzelle und somit für den edlen oder unedlen Charakter des Metalls kennzeichnend ist (Abb. 1). Es wird als **Elektrodenpotential** E bezeichnet. Ein einzelnes Elektrodenpotential ist aber nicht messbar, da kein Elektronenfluss ohne zweite Halbzelle möglich ist. Die Spannung, die sich zwischen zwei miteinander verschalteten Halbzellen messen lässt, entspricht somit der **Potentialdifferenz** beider einzelner Elektrodenpotentiale. Die Potentialdifferenz wird als **Zellspannung** U gemessen und angegeben. Der Elektrode mit dem unedleren Metall wird das negativere Elektrodenpotential zugewiesen.

Wasserstoffhalbzelle. Um vergleichbare und tabellierbare Werte für die Größe der zu erwartenden Zellspannung von galvanischen Zellen zu erhalten, ist eine *Bezugshalbzelle* notwendig. Auf Vorschlag von Walther Nernst wurde 1908 die Wasserstoffhalbzelle als Bezugshalbzelle eingeführt, da er bereits die Reaktion mit einer verdünnten Säure zur Unterscheidung der edlen und unedlen Metalle festgelegt hatte. Das Elektrodenpotential der **Wasserstoffhalbzelle** legte man mit 0,00 V fest. Bei dieser Halbzelle taucht ein Platinblech, dessen Oberfläche aus mikroskopisch feinen Platinkristallen besteht, in eine saure Lösung (enthält $H_3O^+(aq)$-Ionen). Das Blech wird von Wasserstoffgas umspült. An die Oberfläche lagern sich H_2-Moleküle an (Abb. 2).

Ähnlich wie bei Metallhalbzellen stellt sich an der Platinoberfläche ein Gleichgewicht zwischen angelagerten Wasserstoff-Molekülen ($H_2(Pt)$) und $H_3O^+(aq)$-Ionen (kurz: $H^+(aq)$) ein:

$$H_2(Pt) \rightleftharpoons 2\, H^+(aq) + 2\, e^-$$

Standardelektrodenpotentiale. Die Zellspannung ist neben der Kombination der Halbzellen auch von der Konzentration der Elektrolyte und der Temperatur abhängig. Als Standardbedingungen gelten eine Temperatur von 25 °C, eine Konzentration von c = 1 mol · l^{-1} und für Gase ein Druck von p = 1000 hPa. Werden nun die Elektrodenpotentiale unter Standardbedingungen beliebiger Halbzellen in Kombination mit der Wasserstoffelektrode gemessen, gewinnt man die **Standardelektrodenpotentiale** $E°$ der jeweiligen Halbzellen. Die Standardelektrodenpotentiale sind in Tabellenwerken und Formelsammlungen zu finden (siehe Anhang).

Kombiniert man bei Standardbedingungen eine Kupferhalbzelle mit der Wasserstoffhalbzelle, so beträgt die gemessene Zellspannung 0,34 V (Abb. 2). Man schreibt:

$$H_2(Pt)\,|\,2\, H^+(aq)\,\vdots\,Cu^{2+}(aq)\,|\,Cu(s); \quad U° = 0{,}34\text{ V}$$

Die $H_2(Pt)/2\ H^+(aq)$-Halbzelle hat ein Standardelektrodenpotential $E°$ = 0,00 V . Demnach ergibt sich für das Standardelektrodenpotential des Redoxpaars Cu^{2+}/Cu mit $E°(Cu^{2+}/Cu) = +0{,}34$ V. Es erhält ein positives Vorzeichen, da die Kupferhalbzelle als Akzeptorhalbzelle der Pluspol ist.

Bei der Kombination einer Standardzinkhalbzelle mit einer Standardwasserstoffhalbzelle gilt:

$$Zn(s)\,|\,Zn^{2+}(aq)\,\vdots\,2\, H^+(aq)\,|\,H_2\,(Pt); \quad U° = -0{,}76\text{ V}$$

Die Zinkhalbzelle ist dabei die Donatorhalbzelle, sie bildet den Minuspol. Das Standardelektrodenpotential des Redoxpaars Zn^{2+}/Zn bekommt ein negatives Vorzeichen: $E°(Zn^{2+}/Zn) = -0{,}76$ V

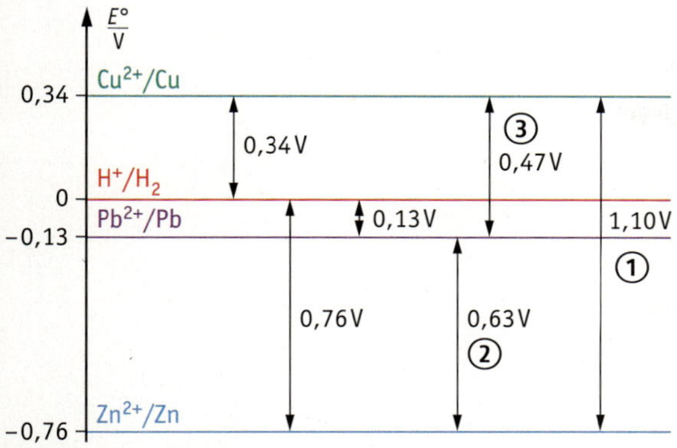

3 *Zellspannungen einiger Kombinationen von Halbzellen*

Berechnung der Zellspannung. Die Zellspannung einer galvanischen Zelle ergibt sich allgemein aus der Differenz der Elektrodenpotentiale beider Halbzellen. Dabei legt man meist die Standardelektrodenpotentiale für die Berechnung zugrunde. Es gilt:

$U°_{Zelle} = E°$ (Akzeptorhalbzelle) – $E°$ (Donatorhalbzelle).

Spannungen verhalten sich additiv. Unter Standardbedingungen ergibt sich aus der Kombination für die Daniell-Zelle eine Zellspannung von 1,10 V (Abb. 3 ①). Den gleichen Spannungswert erhält man, wenn man die Zellspannungen einer Zinkhalbzelle mit einer Bleihalbzelle ($U°$ = 0,63 V ②) und einer Bleihalbzelle mit einer Kupferhalbzelle ($U°$ = 0,47 V ③) addiert. Die Zellspannungen verhalten sich also *additiv* (Abb. 3). Aufgrund der Additivität lassen sich zu erwartende Zellspannungen aus Literaturwerten berechnen.

Unter Standardbedingungen entspricht das Elektrodenpotential $E°$ der Spannung zwischen einer Halbzelle und der Wasserstoffhalbzelle.
Die Zellspannung $U°_{Zelle}$ errechnet sich aus der Differenz der Standardelektrodenpotentiale $E°$.

Rechenbeispiel

Berechnung der Zellspannungen der Daniell-Zelle unter Standardbedingungen

Zelldiagramm: Zn (s) | Zn^{2+}(aq) ⁞ Cu^{2+}(aq) | Cu (s)

Standardpotentiale: $E°(Zn^{2+}(aq)/Zn(s)) = -0,76$ V,
$E°(Cu^{2+}(aq)/Cu(s)) = +0,34$ V

$U° = E°$ (Akzeptorhalbzelle) – $E°$ (Donatorhalbzelle)
$U° = E°(Cu^{2+}(aq)/Cu(s)) - E°(Zn^{2+}(aq)/Zn(s))$
$U° = +0,34\ V - (-0,76\ V) = 1,10\ V$

1 Erklären Sie wie sich Zellspannungen aus $E°$-Werten berechnen lassen. Begründen Sie, weshalb man Donator- und Akzeptorhalbzelle nicht tauschen darf.

2 Eine galvanische Zelle besteht aus einer Bleihalbzelle und einer Kupferhalbzelle.
a) Ordnen Sie die Polung zu. Geben Sie das Zelldiagramm an und berechnen Sie die Zellspannung U^0.
b) Erklären Sie, warum das Potential einer einzelnen Halbzelle nicht messbar ist.

3 Gegeben sind die folgenden Zelldiagramme:
Partner A: Zn (s) | $ZnSO_4$ (aq) ⁞ $AgNO_3$ (aq) | Ag (s)
Partner B: Cd (s) | $CdCl_2$ (aq) ⁞ 2 H^+ (aq) | H_2 (Pt)
Partner C: H_2 (Pt) | 2 H^+ (aq) ⁞ $CuSO_4$ (aq) | Cu (s)
Partner D: Sn^{2+} (aq) | Sn^{4+} (aq) ⁞ Fe^{3+} (aq) | Fe^{2+} (aq)
a) Stellen Sie die Gleichungen für die in den Halbzellen ablaufenden Reaktionen bei unterbrochenem und bei geschlossenem Stromkreis auf.
b) Ordnen Sie die Begriffe *Donatorhalbzelle, Akzeptorhalbzelle, Pluspol* und *Minuspol* zu.
c) Geben Sie die Richtung des Elektronenflusses an.
d) Berechnen Sie die Standardzellspannung.
e) Begründen Sie gemeinsam, welche der Zellen die höchste Spannung liefert.

4 Eine Zink-Iod-Zelle soll aufgebaut werden.
a) Zeichnen Sie eine Versuchsanordnung. In der Iodhalbzelle wird ein Platinblech als Elektrode verwendet.
b) Erläutern Sie die Reaktionen bei geschlossenem Stromkreis. Geben Sie die Gesamtgleichung an.
c) Ordnen Sie die Begriffe *Pluspol* und *Minuspol* zu. Erklären Sie die Wanderung der Elektronen und Ionen.
d) Berechnen Sie die Zellspannung unter Standardbedingungen ($E° (I_2/2\ I^-) = +0,62$ V).

5 Mithilfe von Zinkblechen, Kupferblechen, Kabeln und Zitronen kann eine Digitaluhr betrieben werden.
a) Beschreiben Sie die am Minuspol ablaufende Reaktion und beurteilen Sie die entstehende Zellspannung U^0 im Vergleich zur Daniell-Zelle.
b) Entwickeln Sie Ideen, wie man mit gleichen Materialien die Laufzeit der Uhr verlängern könnte und diskutieren Sie zu zweit Ihre Ideen.

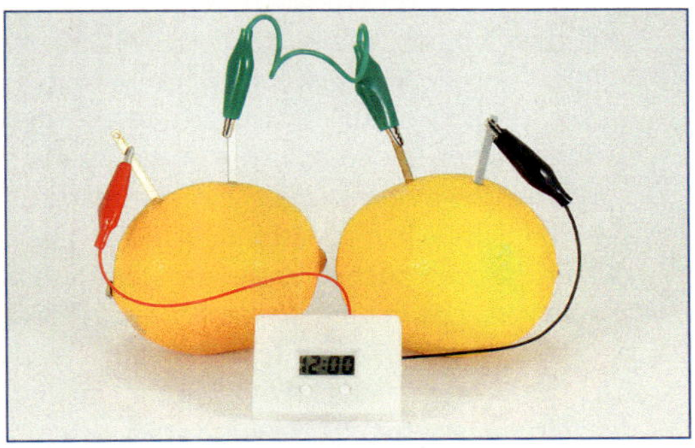

Forschungsauftrag 1:
Aufbau einer Daniell-Zelle

Es gibt zahlreiche Versuchsaufbauten für galvanische Zellen, die jede für sich Vor- und Nachteile haben. Ziel dieses Forschungsauftrages ist es, am Beispiel der Daniell-Zelle verschiedene Varianten für den Aufbau einer galvanischen Zelle auszuprobieren und zu beurteilen.
Hinweis: Reinigen Sie, wenn nötig, die Oberflächen der Bleche vorsichtig mit Schmirgelpapier vor jedem Versuchsdurchgang. Arbeiten Sie arbeitsteilig in Gruppen. Stellen Sie sich gegenseitig Ihre Ergebnisse vor. Vergleichen Sie die einzelnen Varianten des Aufbaus, die gemessenen Spannungen und den Betrieb des Elektromotors.

Mögliche Materialien: zweigeteilte Petrischalen, Spannungsmessgerät, Elektrokleinmotor (Solarmotor), Filtrierpapier, Kabel, Krokodilklemmen, Schmirgelpapier, weitere Geräte oder Experimentierkästen wie in Abb. 1; Blechstreifen von Zink, Kupfer, Kaliumnitratlösung (1 mol · l^{-1}), Lösungen (0,1 mol · l^{-1}) von Zinksulfat (**7, 9**) und Kupfer(II)-sulfat (**9**)

Aufgaben:

a) Notieren Sie Ihre Beobachtungen und Messergebnisse und geben Sie das Zelldiagramm an.

b) Erläutern Sie das Auftreten der gemessenen Spannung. Veranschaulichen Sie Ihre Angaben durch eine Skizze und erklären Sie die auf Teilchenebene ablaufenden Vorgänge. *Hinweis:* Die Messung der Spannung mit dem Spannungsmessgerät erfolgt praktisch ohne Stromfluss.

c) Erläutern Sie, wie sich die Massen der Elektroden und die Konzentrationen der Ionen in den beiden Halbzellen mit angeschlossenem Motor ändern. Kennzeichnen Sie den Elektronenfluss und den Ionenfluss in Ihrer Skizze aus Aufgabe b).

d) Vergleichen Sie die Varianten des Aufbaus, die gemessenen Spannungen und den Betrieb des Elektromotors. Erklären Sie die Unterschiede.

e) Planen Sie weitere mögliche Versuchsaufbauten einer Daniell-Zelle mit Materialien Ihrer Wahl. Nutzen Sie dazu auch Alltagsgegenstände. Führen Sie die Versuche mit ihren eigenen Versuchsaufbauten nach einer Kontrolle anhand der Check-Karte durch, messen Sie die Zellspannung und diskutieren Sie erneut den Aufbau der Zelle.

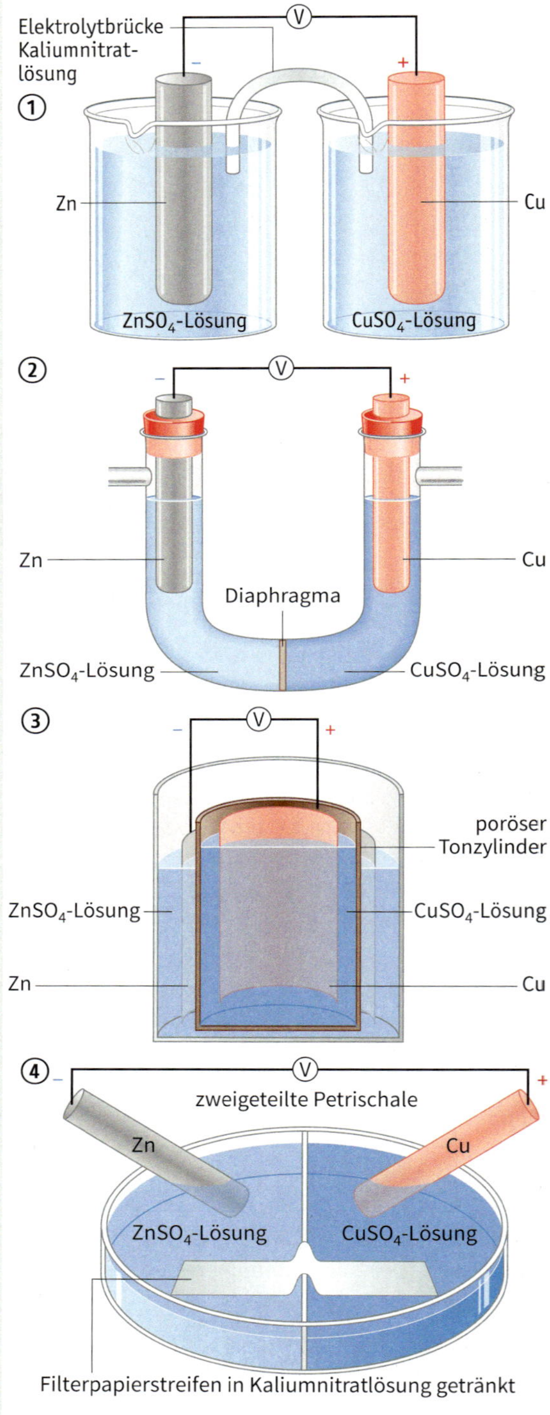

1 *Mögliche Versuchsaufbauten:* ① *Bechergläser mit Salzbrücke,* ② *U-Rohr mit Diaphragma,* ③ *Becherglas mit Tonzylinder,* ④ *zweigeteilte Petrischale mit Salzbrücke*

Forschungsauftrag 2:
Potentialdifferenzen

Hinweis: Verwenden Sie für den Aufbau der Halbzellen einen Aufbau Ihrer Wahl.

Mögliche Materialien: Elektroden (Kupfer, Zink, Silber, Eisen), weitere Materialien zum Aufbau von Halbzellen, Spannungsmessgerät, Elektromotor; Lösungen (0,1 mol · l^{-1}) von Kupfer(II)-sulfat (**9**), Zinksulfat (**7, 9**), Eisen(II)-sulfat (frisch zubereitet) und Silbernitrat (**7, 9**)

Aufgaben:

a) Planen Sie den Versuchsaufbau und kontrollieren Sie Ihre Planung mithilfe der Check-Karte.

b) Führen Sie den Versuch durch und bringen Sie den Motor zum Laufen. Notieren Sie Ihre Beobachtungen.

c) Berechnen Sie die zu erwartenden Zellspannungen für Standardbedingungen.

d) Geben Sie für alle Kombinationen die Reaktionen in den Halbzellen und die Gesamtgleichung an. Erklären Sie Ihre Versuchsergebnisse.

e) Begründen Sie mithilfe der Versuchsergebnisse, welche Stoffe dazu geeignet wären, aus einer Lösung mit Cu^{2+}-Ionen elementares Kupfer zu gewinnen.

Versuch 1:
Spannungsreihe der Metalle

Materialien: Wasserstoffelektrode;
Kupferblech, Zinkblech, Eisenblech, Silberblech, Platinblech, Salzsäure (1 mol · l^{-1}, **5**), Wasserstoff (**2, 4**), Lösungen (1 mol · l^{-1}) von Kupfer(II)-sulfat (**7, 9**), Zinksulfat (**7, 9**), Eisen(II)-sulfat (**7**) und Silbernitrat (**7, 9**)

Durchführung:

Hinweis: Reinigen Sie, wenn nötig, die Oberflächen der Bleche vorsichtig mit Schmirgelpapier vor jedem Versuchsdurchgang.

1. Bauen Sie die Wasserstoffelektrode auf.
2. Ergänzen Sie arbeitsteilig eine zweite Halbzelle für die möglichen Kombinationen von Halbzellen.
3. Verbinden Sie die Halbzelle mit der Wasserstoffelektrode und messen Sie die Zellspannung.
4. Bestimmen Sie mit dem Multimeter den Pluspol und den Minuspol. Nutzen Sie dazu die Beschreibung *Spannung messen mit dem Multimeter.*
5. Bauen Sie nacheinander die galvanischen Zellen für jede mögliche Kombination von Metallhalbzellen auf und messen Sie die Zellspannung.

Aufgaben:

a) Notieren Sie Ihre Versuchsergebnisse in Form einer Tabelle.

b) Geben Sie das Zelldiagramm sowie den Pluspol und den Minuspol an.

c) Vergleichen Sie Ihre Ergebnisse mit der Stellung der Redoxpaare in der elektrochemischen Spannungsreihe.

d) Stellen Sie den anderen Gruppenmitgliedern Ihre Ergebnisse vor und ergänzen Sie Ihre Tabelle mit deren Ergebnissen.

e) Überprüfen Sie an Beispielen die Additivität der Spannungen.

Spannung messen mit dem Multimeter

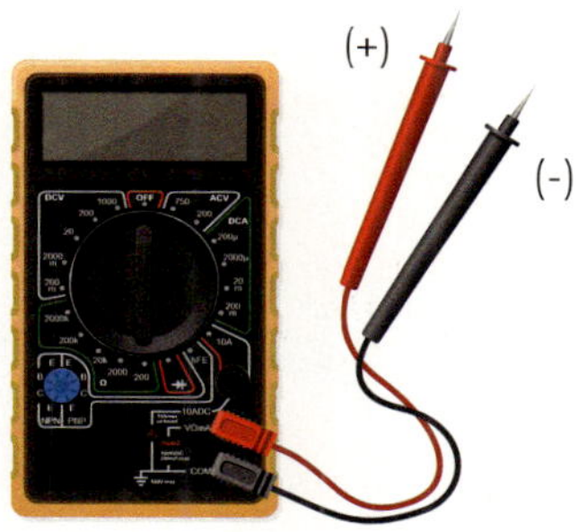

Hinweis: Für gute Messwerte sollten Messsonden und Elektroden saubere und nicht oxidierte Oberflächen aufweisen.

1. Schließen Sie die meist schwarze Messsonde an den Anschluss „–“ oder „COM“ an, die rote an den Anschluss „+“ oder „V“ beziehungsweise „Ω“.
2. Stellen Sie das Multimeter auf Gleichspannung (DC).
3. Halten Sie die Messsonden an die beiden Elektroden der zu messenden Halbzellen. Die Halbzellen dürfen nicht leitend verbunden sein.
4. Passen Sie die Größe des Messbereichs an.
5. Hat der Messwert ein negatives Vorzeichen, dann liegt die schwarze Messsonde an der positiv geladenen Elektrode an. Bei einem positiven Wert ist die schwarze Messsonde mit dem negativen Pol verbunden.

Ordnet man die Standardelektrodenpotentiale der verschiedenen Redoxpaare nach der Größe, so erhält man die **elektrochemische Spannungsreihe** (Abb. 1). Die Redoxpaare mit negativen $E°$-Werten bilden in Kombination mit einer Standardwasserstoffelektrode als Bezugselektrode den Minuspol, die mit positiven $E°$-Werten den Pluspol der galvanischen Zelle. Allgemein gilt: Bei Redoxreaktionen gibt stets das Redoxpaar mit dem negativeren Standardelektrodenpotential Elektronen ab, das Redoxpaar mit dem positiveren Standardelektrodenpotential nimmt sie auf.

▶ **Anwendungen der Spannungsreihe.** Die elektrochemische Spannungsreihe ist ein wichtiges Werkzeug, um Voraussagen über den Ablauf von Redoxreaktionen und die Lage von Redoxgleichgewichten zu machen. Wie man mit der Spannungsreihe arbeitet, wird am Beispiel der Reaktion von Zink und Natriumchlorid mit einer wässrigen Iodlösung vorgestellt:

Beispiel 1: Zinkpulver in wässriger Iodlösung:
Der $E°$-Wert des Redoxpaars I_2/I^- ist mit 0,62 V deutlich positiver als der des Redoxpaars Zn^{2+}/Zn mit −0,76 V. Zn-Atome werden daher von I_2-Molekülen nahezu vollständig zu Zn^{2+}-Ionen oxidiert. Die zunächst rötlichbraune Iodlösung wird bei der Redoxreaktion fast farblos. Das Redoxgleichgewicht liegt auf der Seite der Produkte:

$$Zn(s) + I_2(aq) \rightleftharpoons Zn^{2+}(aq) + 2\,I^-(aq)$$

Redoxpaar oxidierte Form ⇌ reduzierte Form	$E°$ in V
$Li^+(aq) + e^- \rightleftharpoons Li(s)$	−3,04
$Na^+(aq) + e^- \rightleftharpoons Na(s)$	−2,71
$Mg^{2+}(aq) + 2\,e^- \rightleftharpoons Mg(s)$	−2,37
$Zn^{2+}(aq) + 2\,e^- \rightleftharpoons Zn(s)$	−0,76
$Fe^{2+}(aq) + 2\,e^- \rightleftharpoons Fe(s)$	−0,44
$Ni^{2+}(aq) + 2\,e^- \rightleftharpoons Ni(s)$	−0,25
$Sn^{2+}(aq) + 2\,e^- \rightleftharpoons Sn(s)$	−0,14
$Pb^{2+}(aq) + 2\,e^- \rightleftharpoons Pb(s)$	−0,13
$2\,H^+(aq) + 2\,e^- \rightleftharpoons H_2(g)$	0,00
$Cu^{2+}(aq) + 2\,e^- \rightleftharpoons Cu(s)$	0,34
$I_2(aq) + 2\,e^- \rightleftharpoons 2\,I^-(aq)$	0,62
$Fe^{3+}(aq) + e^- \rightleftharpoons Fe^{2+}(aq)$	0,77
$Ag^+(aq) + e^- \rightleftharpoons Ag(s)$	0,80
$Br_2(aq) + 2\,e^- \rightleftharpoons 2\,Br^-(aq)$	1,10
$Cl_2(aq) + 2\,e^- \rightleftharpoons 2\,Cl^-(aq)$	1,36
$MnO_4^-(aq) + 8\,H^+(aq) + 5\,e^- \rightleftharpoons Mn^{2+}(aq) + 4\,H_2O$	1,51
$F_2(g) + 2\,e^- \rightleftharpoons 2\,F^-(aq)$	2,89

***1** Standardelektrodenpotentiale $E°$ einiger Redoxpaare bei 25 °C (weitere Werte im Anhang)*

Beispiel 2: Natriumchlorid in wässriger Iodlösung:
Das Standardelektrodenpotential des Redoxpaars Cl_2/Cl^- ist mit 1,36 V deutlich positiver als das des Redoxpaars I_2/I^-. I_2-Moleküle können die Cl^--Ionen praktisch nicht oxidieren. Die Iodlösung wird nicht entfärbt. Das Redoxgleichgewicht liegt auf der Seite der Edukte:

$$2\,Cl^-(aq) + I_2(aq) \rightleftharpoons Cl_2(aq) + 2\,I^-(aq)$$

Zur Bestimmung, ob eine Redoxreaktion freiwillig abläuft, empfiehlt sich folgende Schrittfolge:
1. Identifizieren der beiden Redoxpaare und Angabe der Standardelektrodenpotentiale.
2. Zuordnung von Elektronendonator und Elektronenakzeptor anhand der $E°$-Werte.
3. Aufstellen der Redoxgleichung über Teilgleichungen und Begründung der Lage des elektrochemischen Gleichgewichts. Je nach Aufgabe kann sich eine Berechnung der Zellspannung $U°$ anschließen.

In der elektrochemischen Spannungsreihe sind die Redoxpaare nach der Größe der Standardelektrodenpotentiale geordnet. Die $E°$-Werte ermöglichen Vorhersagen über die Lage von Redoxgleichgewichten.

1 a) Erklären Sie, warum Fe^{2+}-Ionen von einer Bromlösung oxidiert werden (Partner A), von einer Iodlösung hingegen nicht (Partner B). Nutzen Sie die im Text angegebene Schrittfolge.
b) Stellen Sie sich Ihre Ergebnisse gegenseitig vor.

2 a) Erläutern Sie, in welchen der folgenden Proben Redoxreaktionen ablaufen. Formulieren Sie die Reaktionsgleichungen:
A Magnesium taucht in eine Lösung mit Cu^{2+}-Ionen,
B Kupfer taucht in eine Lösung mit Mg^{2+}-Ionen,
C Blei taucht in eine Silbernitratlösung (Ag^+-Ionen),
D Man gibt Chlorwasser in eine Kaliumiodidlösung (KI).
b) Stellen Sie sich gegenseitig Ihre Ergebnisse vor.

3 a) Geben Sie mithilfe der elektrochemischen Spannungsreihe an, welche der folgenden Eigenschaften mit steigendem Standardelektrodenpotential zunehmen:
Partner A: Stärke des Oxidationsmittels, Oxidierbarkeit, Fähigkeit zur Elektronenaufnahme,
Partner B: Stärke des Reduktionsmittels, Reduzierbarkeit, Fähigkeit zur Elektronenabgabe.
b) Nennen Sie drei starke Oxidationsmittel (Partner A) und drei starke Reduktionsmittel (Partner B).
c) Stellen Sie sich Ihre Ergebnisse gegenseitig vor.
d) Begründen Sie gemeinsam, warum Fe^{2+}-Ionen sowohl als Oxidationsmittel als auch als Reduktionsmittel verwendet werden können. Dies bezeichnet man als *Redoxamphoterie*.

Erweiterung der Spannungsreihe um Nichtmetalle

In der elektrochemischen Spannungsreihe finden sich nicht nur Redoxpaare aus Metall-Atomen und Metall-Ionen. Auch für Redoxpaare aus Nichtmetall-Atomen und deren Ionen lassen sich Standardelektrodenpotentiale bestimmen, wodurch eine Einordnung in die elektrochemische Spannungsreihe möglich ist. Ein Beispiel ist das Redoxpaar der Standardwasserstoffelektrode 2 H^+(aq)/H_2(Pt). Da Wasserstoff ein Gas ist, verwendet man für die Potentialmessung eine nicht angreifbare (inerte) Elektrode aus Platin. Auch die Elektrodenpotentiale anderer Gase wie Chlor oder Sauerstoff lassen sich so ermitteln (Abb. 1).

Versuch 1:
Erweiterung der Spannungsreihe: Redoxpotential der Iod/Iodid-Elektrode

Materialien: Becherglas (50 ml), Kabel, Gleichspannungsquelle, 2 Graphitelektroden, Spannungsmessgerät, Elektrodenhalterung; Zinkiodidlösung (4 %, **5, 9**)

Durchführung:
1. Füllen Sie das Becherglas zur Hälfte mit Zinkiodidlösung.
2. Stellen Sie die Graphitelektroden in das Becherglas, sodass sie ungefähr 1 bis 2 cm in die Lösung tauchen.
3. Schließen Sie die Elektroden an die Gleichspannungsquelle an und verbinden Sie die Elektroden mit dem Spannungsmessgerät.
4. Legen Sie für 3 bis 4 Minuten eine Gleichspannung von 5 bis 10 V an den Elektroden an.
5. Trennen Sie die Kabel zwischen Spannungsquelle und Elektroden direkt an der Spannungsquelle. Schalten Sie die Spannungsquelle dann ab.
6. Messen Sie die anliegende Spannung(↗S. 111) und notieren Sie den Wert, wenn dieser sich nur noch wenig ändert.
7. Spülen Sie die Elektroden nach dem Versuch mit Wasser ab.

Aufgaben:

a) Beschreiben Sie, was Sie bei eingeschalteter Spannungsquelle an den Elektroden jeweils beobachten.

b) Deuten Sie Ihre Beobachtungen und die Vorgänge an den Elektroden bei angelegter Spannung. Formulieren Sie die Teilgleichungen und die Gesamtreaktionsgleichung.

c) Geben Sie für den zweiten Versuchsteil ohne angelegte Spannung das Zelldiagramm für die galvanische Zelle an. Stellen Sie die Teilgleichungen für die Reaktionen an den Elektroden auf und leiten Sie daraus die Gesamtreaktionsgleichung ab.

d) Bestimmen Sie das Elektrodenpotential des Redoxpaars I_2/2 I^-und ordnen Sie das Redoxpaar in die elektrochemische Spannungsreihe ein.

e) Vergleichen Sie die jeweiligen Reaktionsgleichungen für den ersten und zweiten Versuchsteil.
Hinweis: Bei angelegter Spannung im ersten Versuchsteil läuft in der Zinkiodidlösung eine Elektrolyse ab. Am Minuspol herrscht dabei ein Elektronenüberschuss, am Pluspol Elektronenmangel. Das Netzteil spielt die Rolle einer Elektronenpumpe, die im äußeren Stromkreis die Elektronen von der Anode zur Kathode pumpt. Die Graphitelektroden dienen dabei lediglich als Zu- und Ableitung für die Elektronen.

Aufgaben:

a) Beschreiben Sie den Aufbau einer Cl_2/2 Cl^--Halbzelle (Abb. 1) und begründen Sie die Bezeichnung Standardchlorelektrode.

b) Geben Sie das Redoxpaar der Halbzelle und den $E°$-Wert an. Ordnen Sie den Teilchen des Redoxpaars die Begriffe *Reduktionsmittel* und *Oxidationsmittel* sowie *Elektronendonator* und *Elektronenakzeptor* zu.

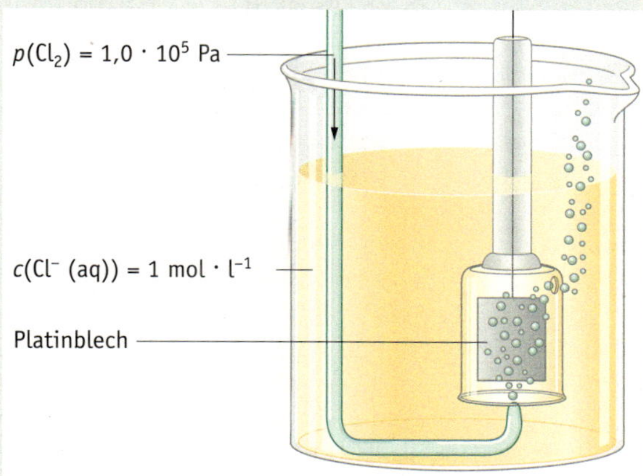

1 Cl/Cl^--*Elektrode*

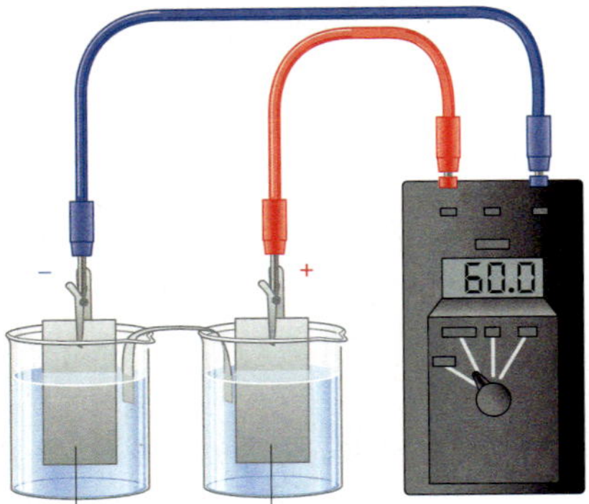

$c(Ag^+) = 0{,}01\ mol \cdot l^{-1}$ $c(Ag^+) = 0{,}1\ mol \cdot l^{-1}$

1 Ag^+/Ag-*Konzentrationszelle*

Kombiniert man zwei Silberhalbzellen mit gleicher Konzentration an Ag^+-Ionen, so ist keine Spannung messbar. Verdünnt man jedoch in einer der Halbzellen die Lösung auf ein Zehntel der Ausgangskonzentration, lässt sich erstaunlicherweise eine Spannung von etwa 60 mV messen (Abb. 1). Es liegt nun eine galvanische Zelle vor.

Konzentrationszellen. Galvanische Zellen, die aus Halbzellen des gleichen Redoxpaars mit unterschiedlichen Ionenkonzentrationen aufgebaut sind, bezeichnet man als *Konzentrationszellen*. Welche Halbzelle in dieser Konzentrationszelle das niedrigere Elektrodenpotential aufweist, lässt sich mit der Lage der elektrochemischen Gleichgewichte erklären: Die Verdünnung der Silbernitratlösung stellt eine Störung des elektrochemischen Gleichgewichts dar. Die Anzahl an Ag^+-Ionen pro Volumen ist nun geringer als zuvor. Als Folge geben mehr Ag-Atome Elektronen ab und gehen als Ag^+-Ionen in Lösung als dies in der konzentrierteren Lösung der Fall ist. Damit verstärkt sich die negative Aufladung der Silberelektrode in der verdünnteren Halbzelle. Das Elektrodenpotential in der Halbzelle mit der niedrigeren Ag^+-Ionenkonzentration ist also niedriger als in der Halbzelle mit der höheren Ag^+-Ionenkonzentration. Allgemein bildet die Halbzelle mit der niedrigeren Elektrolytkonzentration in einer Konzentrationszelle den Minuspol, die mit der höheren Konzentration den Pluspol.

Konzentrationszellen in Betrieb. Werden die beiden Halbzellen einer Konzentrationszelle leitend miteinander verbunden, so ist die Halbzelle der verdünnteren Lösung die *Donatorhalbzelle*. Ag-Atome werden oxidiert und gehen als Ag^+-Ionen in Lösung. Die Halbzelle mit der konzentrierteren Lösung stellt folglich die *Akzeptorhalbzelle* dar. Hier werden verstärkt Ag^+-Ionen zu Ag-Atomen reduziert. Der Stromfluss endet, wenn in den beiden Halbzellen die gleiche Konzentration an Ag^+-Ionen vorliegt.

Nernst-Gleichung für metallische Redoxpaare. Der quantitative Zusammenhang zwischen dem Elektrodenpotential E und der Ionenkonzentration c wurde von Walter NERNST untersucht. Je größer die Ionenkonzentration bei Metallhalbzellen ist, umso größer ist auch das Elektrodenpotential. Der Wert von E wächst jedoch nicht einfach proportional zur Ionenkonzentration, sondern mit dem Logarithmus der Konzentration. Das heißt, wenn sich die Konzentration der Metall-Ionen verzehnfacht, erhöht sich das Elektrodenpotential bei einfach geladenen Ionen und 25 °C um 59 mV. NERNST hat seine Ergebnisse 1889 in verschiedenen Gleichungen zusammengefasst. Für **Metallhalbzellen** Me^{z+}/Me gilt bei 25 °C (Me: Metall-Atom; z: Ladungszahl):

$$E(Me^{z+}/Me) = E°(Me^{z+}/Me) + \frac{0{,}059\ V}{z} \lg \frac{c(Me^{z+})}{mol \cdot l^{-1}}$$

Nernst-Gleichung für weitere Redoxsysteme. Die Nernst-Gleichung für die Redoxpaare Me^{z+}/Me lässt sich auf die übrigen Redoxsysteme erweitern. Als vereinfachte Form der **allgemeinen Nernst-Gleichung** gilt für 25 °C und für Redoxpaare der Form Red $\rightleftharpoons$ Ox + $z\,e^-$:

$$E(Ox/Red) = E°(Ox/Red) + \frac{0{,}059\ V}{z} \lg \frac{c(Ox)}{c(Red)}$$

Hier bedeuten c(Ox) und c(Red) die Konzentrationen der Stoffe in ihrer oxidierten und reduzierten Form – jeweils als Produkt wie beim Aufstellen des Terms für die Gleichgewichtskonstante K.

Auch für Redoxpaare gasförmiger Nichtmetalle wie die der Cl/Cl^--Elektrode lässt sich die Nernst-Gleichung anwenden. Es liegt folgendes Redoxgleichgewicht vor:

$$Cl_2(g) + 2\,e^- \rightleftharpoons 2\,Cl^-(aq)$$

Wählt man für den Druck des Chlorgases den Standarddruck von 1000 hPa, so kann man für c(Ox) in der Nernst-Gleichung den Wert 1 einsetzen. Außerdem muss der stöchiometrische Koeffizient 2 vor den Cl^--Ionen in der Nernst-Gleichung als Exponent für die Konzentration der Cl^--Ionen berücksichtigt werden. Man erhält:

$$E(Cl_2/2\,Cl^-) = E°(Cl_2/2\,Cl^-) + \frac{0{,}059\ V}{2} \lg \frac{mol^2 \cdot l^{-2}}{c^2(Cl^-)}$$

Die Gleichung lässt sich unter Berücksichtigung der Logarithmengesetze umformen:

$$E(Cl_2/2\,Cl^-) = E°(Cl_2/2\,Cl^-) - 0{,}059\ V \lg \frac{c(Cl^-)}{mol \cdot l^{-1}}$$

Die Nernst-Gleichung beschreibt den Zusammenhang zwischen dem Logarithmus der Ionenkonzentration und dem Elektrodenpotential einer Halbzelle.

Rechenbeispiel

Elektrodenpotentiale und Zellspannung einer Ag^+/Ag-Konzentrationszelle

Konzentrationen der Ag^+-Ionen in den Lösungen:
$c_1(Ag^+) = 0{,}001\ mol \cdot l^{-1}$; $c_2(Ag^+) = 0{,}1\ mol \cdot l^{-1}$

Zelldiagramm:
$Ag(s) \,|\, Ag^+(aq, 0{,}001\ mol \cdot l^{-1}) \,\vdots\, Ag^+(aq, 0{,}1\ mol \cdot l^{-1}) \,|\, Ag(s)$

Berechnung der Elektrodenpotentiale:

Donatorhalbzelle

$$E(Ag^+/Ag) = 0{,}80\ V + \frac{0{,}059\ V}{1} \lg \frac{10^{-3}\ mol \cdot l^{-1}}{mol \cdot l^{-1}} = 0{,}62\ V$$

Akzeptorhalbzelle

$$E(Ag^+/Ag) = 0{,}80\ V + \frac{0{,}059\ V}{1} \lg \frac{10^{-1}\ mol \cdot l^{-1}}{mol \cdot l^{-1}} = 0{,}74\ V$$

Berechnung der Zellspannung:

$$U_{Zelle} = E(\text{Akzeptorhalbzelle}) - E(\text{Donatorhalbzelle}) = 0{,}74\ V - 0{,}62\ V = 0{,}12\ V$$

Rechenbeispiel

Zellspannung einer Zelle aus einer Standardwasserstoffelektrode und einer Chlorelektrode

Konzentrationen der Ionen in den Lösungen:
$c(H^+) = 1{,}00\ mol \cdot l^{-1}$; $c(Cl^-) = 0{,}1\ mol \cdot l^{-1}$

Berechnung der Elektrodenpotentiale:

$E(2\ H^+/H_2) = 0{,}00\ V$ (Standardwasserstoffelektrode)

$$E(Cl_2/2\ Cl^-) = E°(Cl_2/2\ Cl^-) - 0{,}059\ V \lg \frac{c(Cl^-)}{mol \cdot l^{-1}}$$

$$E(Cl_2/2\ Cl^-) = 1{,}36\ V - 0{,}059\ V \lg 0{,}1 = 1{,}42\ V$$

Also ist die Standardwasserstoffelektrode die Donatorhalbzelle und die Chlorelektrode die Akzeptorhalbzelle.

Zelldiagramm:
$Pt(s) \,|\, H_2(g) \,|\, 2\ H^+(aq, 1{,}00\ mol \cdot l^{-1}) \,\vdots\, 2\ Cl^-(aq, 0{,}1\ mol \cdot l^{-1}) \,|\, Cl_2(g) \,|\, Pt(s)$

Berechnung der Zellspannung:

$$U_{Zelle} = E(\text{Akzeptorhalbzelle}) - E(\text{Donatorhalbzelle}) = 1{,}42\ V - 0{,}00\ V = 1{,}42\ V$$

1 a) Geben Sie für die folgenden Redoxsysteme die Elektrodenreaktionen sowie die Redoxgleichung für die Gesamtreaktion an:
Partner A: $Cu(s) \,|\, Cu^{2+}(aq, 10^{-2}\ mol \cdot l^{-1}) \,\vdots\, Cu^{2+}(aq, 0{,}1\ mol \cdot l^{-1}) \,|\, Cu(s)$
Partner B: $Zn(s) \,|\, Zn^{2+}(aq, 10^{-4}\ mol \cdot l^{-1}) \,\vdots\, Pb^{2+}(aq, 10^{-1}\ mol \cdot l^{-1}) \,|\, Pb(s)$
Partner C: $Fe(s) \,|\, Fe^{2+}(aq, 0{,}025\ mol \cdot l^{-1}) \,\vdots\, Mn^{2+}(aq, 0{,}5\ mol \cdot l^{-1}) \,|\, Mn(s)$
b) Kontrollieren Sie Ihre Ergebnisse gegenseitig.
c) Ordnen Sie gemeinsam jedem Beispiel Donatorhalbzelle und Akzeptorhalbzelle zu und ermitteln Sie die Zellspannung.

2 In zwei Zink-Kupfer-Zellen wird einmal die Zinksulfatlösung verdünnt und in der zweiten galvanischen Zelle die Kupfersulfatlösung.
a) Zeichnen Sie den Aufbau der galvanischen Zelle und geben Sie das Zelldiagramm an.
b) Begründen Sie jeweils den Einfluss der Verdünnung auf die Zellspannung mithilfe der Gleichgewichte.

3 Eine galvanische Zelle besteht aus einer Standardwasserstoffelektrode und einer Redoxelektrode Ce^{4+}/Ce^{3+} mit $c(Ce^{4+}) = 0{,}001\ mol \cdot l^{-1}$ und $c(Ce^{3+}) = 0{,}1\ mol \cdot l^{-1}$. Berechnen Sie das Elektrodenpotential und die Zellspannung. Geben Sie das Zelldiagramm an. *Hinweis:* $E°(Ce^{4+} \,|\, Ce^{3+}) = 1{,}61\ V$

4 a) Die Spannung einer Cu^{2+}/Cu-Konzentrationszelle beträgt 0,03 V. Geben Sie das Zelldiagramm an.
b) Berechnen Sie die Konzentration der Donatorhalbzelle. Gehen Sie von Standardbedingungen in der Akzeptorhalbzelle aus.

5 a) Die Oxidationswirkung von Chlor steigt, wenn sich die Konzentration an Cl^--Ionen in der Halbzelle verringert. Belegen Sie dies durch eine geeignete Berechnung anhand der Nernst-Gleichung für die $Cl_2/2\ Cl^-$-Halbzelle.
b) Leiten Sie aus der Nernst-Gleichung für die $Cl_2/2\ Cl^-$-Halbzelle eine allgemeine Nernst-Gleichung für Redoxsysteme NMe/NMe^{z-} ab (NMe: Nichtmetall-Teilchen).

6 Mit der Potentialdifferenz eines galvanischen Elements kann auch die freie Reaktionsenthalpie für die ablaufende Redoxreaktion berechnet werden. Es gilt: $\Delta_r G = -z \cdot F \cdot U_{Zelle}$
z bezeichnet die Anzahl der übertragenen Elektronen, *F* ist die Faraday-Konstante. Sie beträgt $96\,485\ \frac{A \cdot s}{mol}$.
Bestimmen Sie die freie Reaktionsenthalpie für die Redoxreaktionen der beiden Rechenbeispiele.

Konzentrationszellen

Versuch 1: Konzentrationsabhängigkeit von Elektrodenpotentialen

Materialien: 5 Schnappdeckelgläser, Kunststoffspritze (1 ml), Messzylinder (10 ml), Spannungsmessgerät, Filterpapier, Kabel, Krokodilklemmen, Schere;
2 Silberblechstreifen, Lösungen (0,1 mol · l^{-1}) von Silbernitrat (**7, 9**) und Kaliumnitrat

Durchführung:
1. Füllen Sie 2 Schnappdeckelgläser mit je 10 ml Silbernitratlösung.
2. Tauchen Sie je einen Silberblechstreifen ein und verbinden Sie die Lösungen in den Gläsern mit einem in Kaliumnitratlösung getränkten Filterpapierstreifen.
3. Messen Sie die an den Elektroden anliegende Zellspannung. Diese sollte 0,0 V betragen. Andernfalls müssen Sie die beiden Elektroden kurz schließen und nochmals messen.
4. Eine Halbzelle bleibt den gesamten Versuch über unverändert ($c_0 = 0{,}1$ mol · l^{-1}). Verdünnen Sie die Lösung der anderen Halbzelle während des Versuchs vier Mal (c_x), indem Sie 1 ml der Lösung aus dieser Halbzelle in den Messzylinder geben und mit Kaliumnitratlösung auf 10 ml auffüllen. Verwenden Sie anschließend die verdünnte und gut durchmischte Lösung in der Halbzelle für die nächste Messung.
5. Messen Sie die Zellspannung nach jedem Verdünnungsschritt. Überprüfen Sie mithilfe des Spannungsmessgerätes jeweils, welche Halbzelle der Pluspol ist und notieren Sie das Ergebnis.

Aufgaben:

a) Geben Sie das Zelldiagramm und die Polung an.

b) Stellen Sie die Reaktionsgleichung für die an den Elektroden ablaufende Redoxreaktion auf. Kennzeichnen Sie die Akzeptorhalbzelle.

c) Werten Sie Ihre Ergebnisse aus, indem Sie in eine Tabelle c_0, c_x, $\frac{c_0}{c_x}$, $\lg \frac{c_0}{c_x}$ und U_{Zelle} eintragen.

d) Zeichnen Sie ein Diagramm, in dem Sie die Zellspannung in Abhängigkeit vom Logarithmus des Konzentrationsverhältnisses $\frac{c_0}{c_x}$ darstellen.

e) Überprüfen Sie die folgende Gleichung zur Berechnung der Zellspannung der Ag^+/Ag-Konzentrationszelle:
$U_{Zelle} = 0{,}059\ V \cdot \lg \frac{c_0}{c_x}$

Versuch 2: Bestimmung von Elektrodenpotentialen gegen eine Silber/Silberchlorid-Halbzelle

Materialien: 2 Bechergläser (50 ml), Gleichspannungsquelle, Spannungsmessgerät, Silberdraht (etwa 6 cm Länge), Graphitelektrode, Filtrierpapier, Kabel, Krokodilklemmen, Schmirgelpapier;
Blechstreifen von Zink, Eisen, Kupfer, Silber, Kaliumchloridlösung (1 mol · l^{-1}), Kaliumchloridlösung (gesättigt, mit Bodensatz aus Kaliumchlorid), Kaliumnitratlösung (verd.), Lösungen (0,1 mol · l^{-1}) von Zinksulfat (**7, 9**), Eisen(II)-sulfat, Kupfer(II)-sulfat (**9**), Silbernitrat (**7, 9**)

Durchführung:

Herstellung der Silber/Silberchlorid-Halbzelle
1. Tauchen Sie den Silberdraht und die Graphitelektrode etwa 3 cm in ein mit Kaliumchloridlösung (1 mol · l^{-1}) gefülltes Becherglas.
2. Verbinden Sie den Silberdraht mit dem Pluspol und die Graphitelektrode mit dem Minuspol der Gleichspannungsquelle.
3. Legen Sie für 5 Minuten eine Gleichspannung von etwa 6 V an die Elektroden an.
4. Tauchen Sie den nun mit Silberchlorid beschichteten Silberdraht etwa 3 cm tief in ein Becherglas mit gesättigter Kaliumchloridlösung.
Hinweis: Die so hergestellte Silber/Silberchlorid-Halbzelle kann als Bezugselektrode mit einem Elektrodenpotential $E = 0{,}20$ V verwendet werden.

Bestimmung der Elektrodenpotentiale

Hinweis: Reinigen Sie, wenn nötig, die Oberflächen der Bleche vorsichtig mit Schmirgelpapier.

5. Bauen Sie nacheinander die Metall/Metallsalz-Halbzellen in jeweils einem Becherglas auf, indem Sie den Metallblechstreifen etwa 3 cm in die Lösung seines Metallsalzes eintauchen.
6. Verbinden Sie diese Halbzellen jeweils über einen in Kaliumnitratlösung getauchten Filterpapierstreifen mit der Silber/Silberchlorid-Halbzelle.
7. Messen Sie die Zellspannungen (↗S. 111) und notieren Sie die Werte.

Aufgaben:

a) Geben Sie die Zelldiagramme an.

b) Berechnen Sie die Elektrodenpotentiale der Halbzellen.

c) Vergleichen Sie Ihre Ergebnisse mit Literaturwerten und diskutieren Sie mögliche Fehlerquellen.

Projekt Konzentrationen elektrochemisch bestimmen ◇

Die Konzentrationen von Lösungen können elektrochemisch ermittelt werden. Dafür nutzt man einen Versuchsaufbau mit **Bezugselektrode** und **Messelektrode** (Abb. 1). Als Bezugselektrode werden experimentell gut funktionierende Redoxsysteme genutzt, wie in der Ag^+/Ag-Halbzelle.
Möchte man mit dem Versuchsaufbau die Konzentration einer Kupfer(II)-sulfatlösung ermitteln, so bietet sich Kupfer als Elektrodenmaterial der Messelektrode an.

Aufgaben:

a) Führen Sie den Versuch durch.

b) Übernehmen Sie Abbildung 1 in Ihr Heft. Skizzieren Sie die ablaufenden Prozesse in den verschalteten Halbzellen und ermitteln Sie mit dem Versuch die Donator- und Akzeptorhalbzelle.

c) Berechnen Sie die Konzentration der Cu^{2+}-Ionen in der Kupfer(II)-sulfatlösung.

d) Bei einem veränderten Versuchsaufbau wird die Ag^+/Ag-Halbzelle gegen eine $2\,H^+/H_2$-Halbzelle gemessen. Es wird eine Zellspannung von 0,78 V ermittelt. Berechnen Sie die Konzentration der Salzsäure in der Donatorhalbzelle.

e) Recherchieren Sie den Aufbau einer käuflich zu erwerbenden Ag/AgCl-Elektrode. Erläutern Sie, weshalb sie als Bezugselektrode besser geeignet ist als die in Abb. 1 dargestellte Ag^+/Ag-Halbzelle.

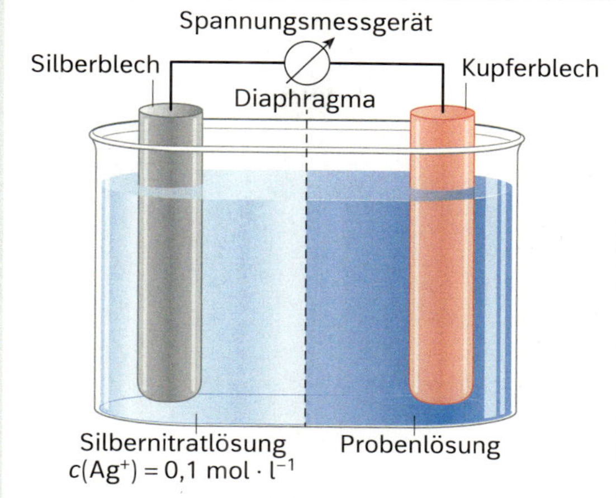

1 *Einfacher Versuchsaufbau zur Konzentrationsbestimmung einer Kupfer(II)-sulfatlösung*

Versuch:
Konzentrationen bestimmen

Materialien: Elektroden (Kupfer, Silber), weitere Materialien zum Aufbau von Halbzellen, Spannungsmessgerät, Silbernitratlösung ($0{,}1\ mol \cdot l^{-1}$, **7**, **9**), Probelösung von Kupfer(II)-sulfat (**9**)

Durchführung:

1. Bauen Sie dazu den Versuch auf (Abb. 1).
2. Messen Sie die Zellspannung U_{Zelle} und bestimmen Sie die Polung der Elektroden mit dem Spannungsmessgerät (↗S. 111).

Konzentrationen bestimmen

Für die Bestimmung der Cu^{2+}-Ionenkonzentration einer Kupfer(II)-sulfatlösung (Abb. 1) geht man in folgenden Schritten vor:

1. Potential der Bezugselektrode berechnen

$$E(Ag^+/Ag) = E°(Ag^+/Ag) + \frac{0{,}059\ V}{z}\ \lg \frac{c(Ag^+)}{mol \cdot l^{-1}}$$

2. Zellspannung U_{Zelle} messen

U_{Zelle} muss experimentell bestimmt werden.

3. Potential der Messelektrode berechnen

Umstellung der allgemeinen Formel zur gesuchten Größe:

$$U_{Zelle} = E(\text{Akzeptorhalbzelle}) - E(\text{Donatorhalbzelle})$$

4. Cu^{2+}-Ionenkonzentration ermitteln

Umstellen der Nernst-Gleichung zu $c(Cu^{2+})$ und einsetzen aller bekannten Werte:

$$E(Cu^{2+}/Cu) = E°(Cu^{2+}/Cu) + \frac{0{,}059\ V}{z}\ \lg \frac{c(Cu^{2+})}{mol \cdot l^{-1}}$$

Hinweis: Die Umkehrfunktion des dekadischen Logarithmus ist: $\lg x \Rightarrow 10^x$

3.7 Batterien sind galvanische Zellen

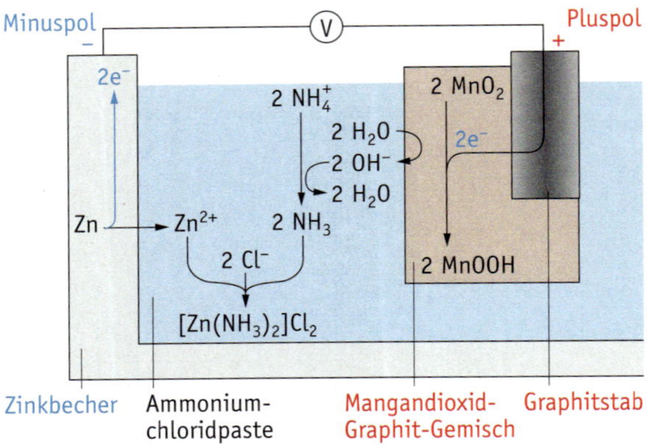

1 *Reaktionen in der Zink-Kohle-Batterie*

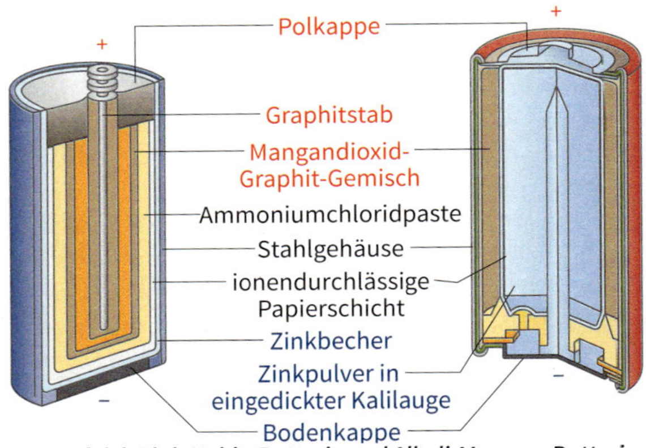

2 *Vergleich Zink-Kohle-Batterie und Alkali-Mangan-Batterie*

In galvanischen Zellen wird bei Stromfluss innere Energie der Stoffe in elektrische Energie umgewandelt. Galvanische Zellen stellen somit eine ortsunabhängige Spannungsquelle dar. Wenn die zur Energieumwandlung benötigten Stoffe in den Zellen erschöpft sind, kann man diese **Primärzellen** allerdings nicht weiterverwenden. **Sekundärzellen,** meist Akkumulatoren genannt, lassen sich hingegen durch Umkehrung der Zellreaktionen wieder aufladen. Der Begriff *Batterie* wurde in der Elektrotechnik ursprünglich für die Schaltung mehrerer gleichartiger galvanischer Zellen in Reihe verwendet. Heute bezeichnet man umgangssprachlich gebräuchliche galvanische Zellen als *Batterien.*

Die um 1800 entwickelten Batterien waren einfache galvanische Zellen mit mehreren in Reihe geschalteten Halbzellen. Beispiele sind die Voltasche Säule oder die Daniell-Zelle. Diese galvanischen Zellen waren jedoch schlecht zu transportieren und daher unpraktisch. Im Laufe der Zeit wurden Batterien hinsichtlich der erreichbaren Spannung, Stromstärke, Handhabbarkeit und Kapazität ständig weiterentwickelt. Auch heute ist die Forschung rund um Batterien und Akkumulatoren ein wichtiger Zweig der Chemie und Physik.

Zink-Kohle-Batterie. 1867 stellte Georges LECLANCHÉ, eine Batterie vor, die nach ihm benannt wurde. Durch ständige Verbesserung wurde sie zur ersten **Trockenbatterie** entwickelt. Eine heute noch verwendete Form ist die *Zink-Kohle-Batterie,* welche eine Nennspannung von etwa 1,5 V liefert (Abb. 1).

Minuspol der Batterie ist ein Becher aus Zink. Der Pluspol besteht aus einer Mischung von Mangandioxidpulver (MnO_2) mit Graphitpulver als elektrischem Leiter und einem Graphitstab, über den die Elektronen zurückgeführt werden. Als Elektrolyt dient eine 20%ige eingedickte Ammoniumchloridlösung (NH_4Cl, aq).

Bei Entladung werden am Minuspol Zn-Atome zu Zn^{2+}-Ionen oxidiert. Die Zn^{2+}-Ionen gehen in die Elektrolytlösung über:

$$Zn \dashrightarrow Zn^{2+} + 2\,e^-$$

Am Pluspol wird Mangandioxid zu Mangan(III)-oxidhydroxid reduziert:

$$\overset{IV}{Mn}O_2 + H_2O + e^- \dashrightarrow \overset{III}{Mn}OOH + OH^- \quad | \cdot 2$$

Die Gesamtreaktion in der Batterie lautet somit:

$$Zn\,(s) + 2\,MnO_2\,(s) + 2\,H_2O\,(l) \rightarrow Zn^{2+}\,(aq) + 2\,MnOOH\,(s) + 2\,OH^-\,(aq)$$

In der Elektrolytlösung laufen anschließend noch Folgereaktionen ab: Die entstehenden OH^--Ionen reagieren in einer Protolysereaktion mit den Ammonium-Ionen (NH_4^+) zu NH_3- und H_2O-Molekülen:

$$NH_4^+\,(aq) + OH^-\,(aq) \rightarrow NH_3\,(aq) + H_2O\,(l)$$

Die NH_3-Moleküle werden dann von den Zn^{2+}-Ionen gebunden und reagieren zu Diamminzink-Ionen:

$$Zn^{2+}\,(aq) + 2\,NH_3\,(aq) \rightarrow [Zn(NH_3)_2]^{2+}\,(aq)$$

Die Diamminzink-Ionen bilden zusammen mit den im Elektrolyten vorhandenen Cl^--Ionen einen schwerlöslichen Feststoff, der sich auf den Elektroden ablagert. Dadurch steigt der elektrische Widerstand der Batterie an und ihre Leistung sinkt:

$$[Zn(NH_3)_2]^{2+}\,(aq) + 2\,Cl^-\,(aq) \rightarrow [Zn(NH_3)_2]Cl_2\,(s)$$

Da der Zinkbecher beim Betrieb der Batterie aufgebraucht wird, besteht die Gefahr, dass der Becher löchrig wird und der Elektrolyt austritt. Wenn die Batterie dann in dem elektrischen Gerät verbleibt, kann dies zu Schäden am Gerät führen. Mit einem Stahlmantel um die Batterie wird die mechanische

Zink-Luft-Batterie

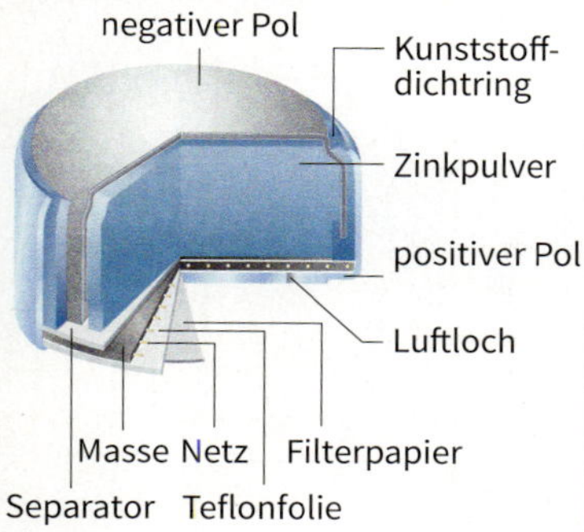

Minuspol:
$2\ Zn \dashrightarrow 2\ Zn^{2+} + 4\ e^-$
Pluspol:
$O_2 + 2\ H_2O + 4\ e^- \dashrightarrow 4\ OH^-$

Elektrolyt: Kaliumhydroxidlösung

Nennspannung U in V: 1,45
Verwendung: Hörgeräte, Sicherheitsleuchten im Straßenbau, Weidezäune

Zink-Silberoxid-Batterie

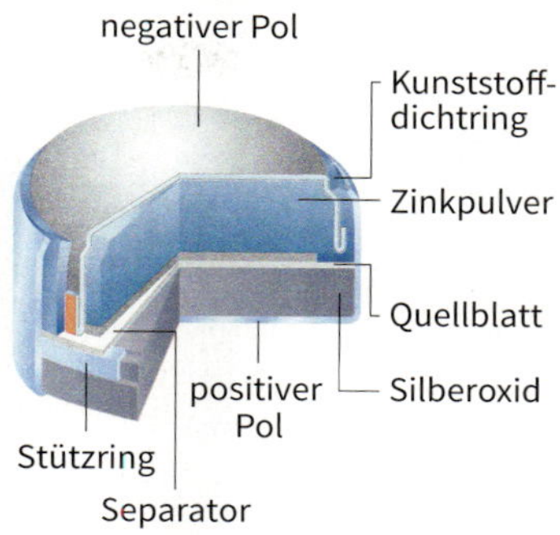

Minuspol:
$Zn \dashrightarrow Zn^{2+} + 2\ e^-$
Pluspol:
$Ag_2O + H_2O + 2\ e^- \dashrightarrow 2\ Ag + 2\ OH^-$

Elektrolyt: Kaliumhydroxidlösung

Nennspannung U in V: 1,55
Verwendung: Uhren, Taschenrechner, medizinische Geräte

Lithium-Mangandioxid-Batterie

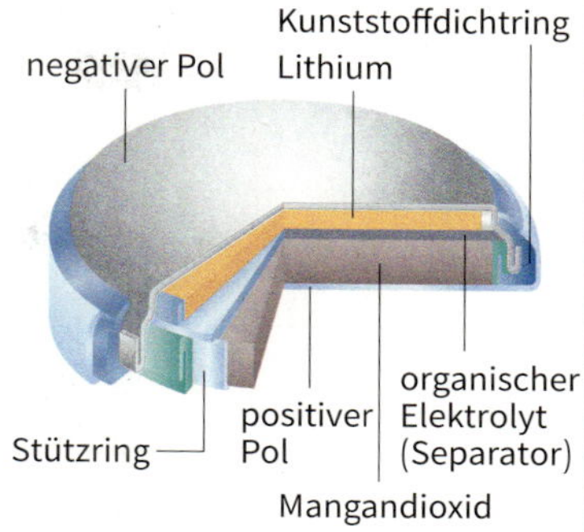

Minuspol:
$Li \dashrightarrow Li^+ + e^-$
Pluspol:
$MnO_2 + Li^+ + e^- \dashrightarrow LiMnO_2$

Elektrolyt: $LiClO_4$ in wasserfreiem Lösemittel, Festelektrolyte
Nennspannung U in V: 1,5 bis 3,7
Verwendung: Kameras, Uhren, Herzschrittmacher, Sicherheits- und Alarmsysteme

3 ***Weitere, häufig verwendete Batterietypen***

Stabilität erhöht. Eine zusätzliche Kunststofffolie unter dem Stahlmantel vermeidet ein Auslaufen der Batterie.

Alkali-Mangan-Batterie. Eine Weiterentwicklung der Zink-Kohle-Batterie ist die *Alkali-Mangan-Batterie* (Abb. 2). Ihre Nennspannung beträgt ebenfalls 1,5 V. Als Minuspol dient eine Paste aus Zinkpulver in eingedickter Kaliumhydroxidlösung. Somit ist die Elektrodenreaktion am Minuspol dieselbe wie bei der Zink-Kohle-Batterie. Durch die im Vergleich zur Zink-Kohle-Batterie größere Oberfläche des Zinks können der Alkali-Mangan-Batterie jedoch über längere Zeiten höhere Ströme bei gleichbleibender Spannung entnommen werden. Am Pluspol läuft folgende Elektrodenreaktion ab:

$$\overset{IV}{Mn}O_2(s) + 2\ H_2O(l) + 2\ e^- \dashrightarrow \overset{II}{Mn}(OH)_2(s) + 2\ OH^-(aq)$$

Bei Batterien, die Kaliumhydroxid als Elektrolyten enthalten, findet eine Folgereaktion statt, bei der die gebildeten $[Zn(OH)_4]^{2-}$-Ionen im Elektrolyten gelöst bleiben:

$$Zn^{2+}(aq) + 4\ OH^-(aq) \rightarrow [Zn(OH)_4]^{2-}(aq)$$

> Batterien sind galvanische Zellen, die durch ortsunabhängige Umwandlung von chemischer in elektrische Energie elektrische Geräte versorgen. Bei Primärzellen ist das Aufladen nicht möglich.

1 a) Begründen Sie folgende Maßnahmen bei der Zink-Kohle-Batterie:
Partner A: Dem Mangandioxid wird Graphit zugesetzt.
Partner B: Die Batterie erhält eine Ummantelung aus einer Kunststofffolie und außen ein Stahlgehäuse.
Partner C: Die Ammoniumchloridlösung wird mit Stärke versetzt.
b) Tauschen Sie Ihre Ergebnisse aus. Erklären Sie anschließend, warum die Spannung einer Zink-Kohle-Batterie im Betrieb deutlich unter der Nennspannung von 1,5 V liegt.

2 a) Fertigen Sie Lernplakate zu den Batterietypen in Abb. 3 an. Berücksichtigen Sie dabei folgende Aspekte: Aufbau und Funktion, Teil- und Gesamtreaktionsgleichungen, Nennspannung, Anwendungsfelder, Umweltaspekte.
b) Präsentieren Sie Ihre Ergebnisse in einem Galeriegang. Vergleichen Sie die verschiedenen Batterietypen tabellarisch hinsichtlich ihrer Vor- und Nachteile.

3 Eine Alkali-Mangan-Batterie kostet 30 Cent und liefert 1,3 A · h. Vergleichen Sie die Kosten für eine solche Batterie mit den Kosten, die ein Stromanbieter bei einem Durchschnittspreis von 28,5 Cent für die elektrische Energie von $W_{el} = 1{,}0\ kW \cdot h$ berechnet. Für die Berechnung der elektrischen Energie gilt:
$W_{el} = U \cdot I \cdot t$ mit der Umrechnung: $1\ W \cdot 1\ s = 1\ V \cdot 1\ A \cdot 1\ s$

3.8 Akkumulatoren lassen sich wieder aufladen

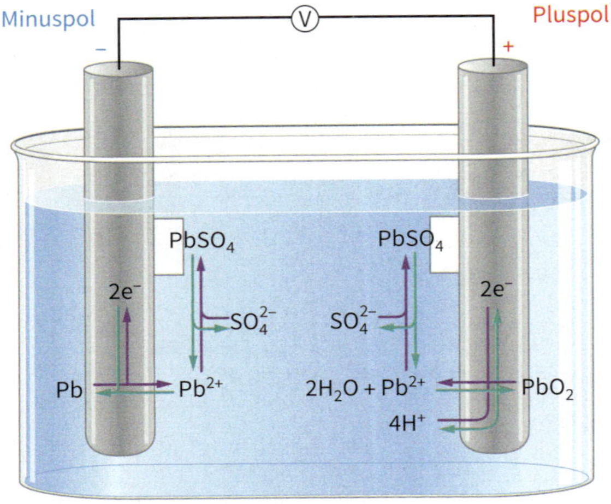

1 *Laden und Entladen eines Bleiakkumulators*

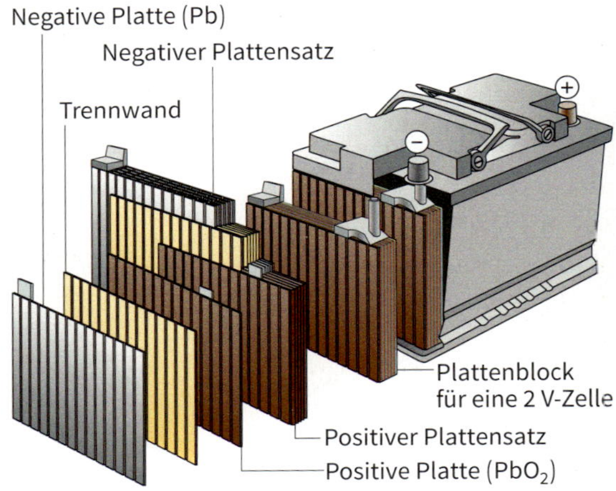

2 *Aufbau einer Starterbatterie*

Ein Akkumulator (lat. *accumulare:* anhäufen) wurde früher auch als „Sammler" bezeichnet. Heute verwendet man den Begriff für eine Sekundärzelle, das heißt, für eine wiederaufladbare galvanische Zelle.

Bleiakkumulator. Zu den ältesten Akkumulatoren, die heute noch verwendet werden, gehört der *Bleiakkumulator*, kurz Bleiakku. Als Starterbatterie liefert er in Fahrzeugen den nötigen Strom zum Starten des Motors. In geladenem Zustand besteht der Minuspol des Bleiakkus aus Blei, der Pluspol aus Bleidioxid (PbO_2). Der Elektrolyt ist eine etwa 38 %ige wässrige Schwefelsäurelösung (Abb. 1). Die Nennspannung einer Zelle beträgt etwa 2 V; die in Fahrzeugen übliche Spannung von 12 V wird durch eine Reihenschaltung von sechs Bleiakkumulatorzellen erreicht. Die Reaktionen beim Entladen sind:

Minuspol: $\overset{0}{Pb}(s) + SO_4^{2-}(aq) \rightarrow \overset{II}{Pb}SO_4(s) + 2\,e^-$

Pluspol: $\overset{IV}{Pb}O_2(s) + 4\,H^+(aq) + SO_4^{2-}(aq) + 2\,e^- \rightarrow \overset{II}{Pb}SO_4(s) + 2\,H_2O(l)$

Die an den beiden Elektroden entstehenden Pb^{2+}-Ionen bilden mit den Sulfat-Ionen (SO_4^{2-}) des Elektrolyten einen schwerlöslichen Niederschlag aus Bleisulfat. Dieser setzt sich auf den Elektroden ab. Außerdem entsteht bei der Reaktion Wasser. Die Schwefelsäurelösung wird beim Entladen also verdünnt.

Durch Anlegen einer äußeren Spannung lässt sich die Reaktion umkehren, sodass der Bleiakkumulator wieder aufgeladen wird. Die Reaktionen beim Laden sind:

Minuspol: $PbSO_4(s) + 2\,e^- \rightarrow Pb(s) + SO_4^{2-}(aq)$

Pluspol: $PbSO_4(s) + 2\,H_2O(l) \rightarrow PbO_2(s) + 4\,H^+(aq) + SO_4^{2-}(aq) + 2\,e^-$

Damit an den Elektroden die gewünschten Reaktionen ablaufen und nicht Wasser zu gefährlichem Knallgas elektrolysiert wird, muss der Ladevorgang durch einen Laderegler gesteuert werden. Dieser hält die angelegte Spannung unter einem kritischen Wert.

Der Akkumulator muss beim Starten eines Verbrennungsmotors kurzzeitig eine hohe Stromstärke liefern. Damit dies möglich wird, sind die Elektrodenflächen möglichst groß. Daher werden mehrere dünne Platten aus Blei und Bleidioxid abwechselnd nebeneinander verbaut, wobei jeweils alle Bleiplatten und alle Bleidioxidplatten jeweils miteinander verbunden werden (Abb. 2). Die Elektroden bestehen aus Gittern einer Bleilegierung, deren Zwischenräume die elektrochemisch aktiven Materialien Blei und Bleidioxid enthalten. Um Kurzschlüsse zu verhindern, werden die entgegengesetzt geladenen Platten durch *Separatoren* getrennt. Dies sind Kunststoffmembranen, die für Ionen durchlässig sind.

Bleiakkumulatoren werden nicht nur in Kraftfahrzeugen eingesetzt. Stationär finden sie Verwendung als Pufferbatterien bei Notstromversorgungen, für Alarmanlagen, Notbeleuchtungen oder für Solaranlagen. Als mobile Spannungsquelle werden Bleiakkus auch in Gabelstaplern und Unterseeboten genutzt.

Nickel-Metallhydrid-Akkumulator. Cadmiumhaltige Akkumulatoren wie der Nickel-Cadmium-Akkumulator (NiCd-Akku) dürfen in Europa wegen der Gefahren für Mensch und Umwelt nur noch für Spezialanwendungen verwendet werden. Heute sind diese Akkus durch *Nickel-Metallhydrid-Akkumulatoren* (NiMH) abgelöst worden (Abb. 3). Letztere sind nicht nur umweltfreundlicher, sondern es sind auch höhere *Kapazitäten*, also speicherbare Ladungsmengen, erreichbar.

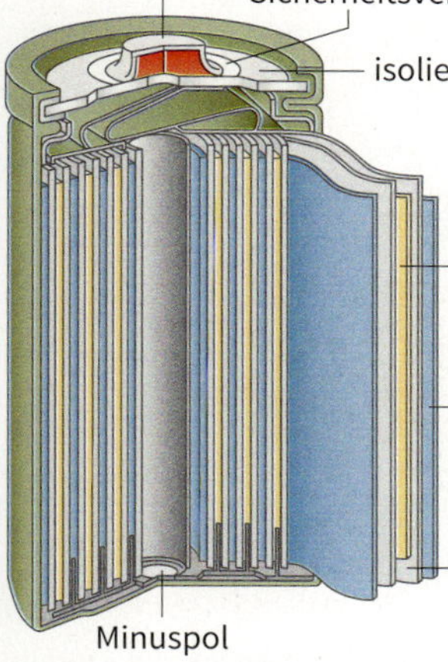

3 *Aufbau eines Nickel-Metallhydrid-Akkumulators*

Der Pluspol des NiMH-Akkumulators besteht im geladenen Zustand aus Nickel(III)-oxidhydroxid (NiOOH), der Minuspol aus Legierungen verschiedener Metalle (M) wie beispielsweise Lanthan und Nickel mit einer Reihe weiterer Metalle in geringen Mengen. Beim Laden des Akkumulators wird atomarer Wasserstoff in die Zwischenräume des Metallgitters eingelagert, wobei die Metall-Atome ihre Oxidationszahlen (0) nicht ändern. Die entstandenen Stoffe werden **Metallhydride (MH)** genannt. Beim Entladen werden die H-Atome aus dem Gitter wieder freigesetzt und oxidiert. Als Elektrolyt dient beispielsweise Kaliumhydroxidlösung. Die Nennspannung beträgt 1,2 V. Die Elektrodenreaktionen beim Laden und Entladen des NiMH-Akkumulators sind:

Minuspol:

$$\overset{0}{M}\overset{0}{H}(s) + OH^-(aq) \underset{\text{Laden}}{\overset{\text{Entladen}}{\rightleftharpoons}} \overset{0}{M}(s) + \overset{I}{H_2}O(l) + e^-$$

Pluspol:

$$\overset{III}{Ni}OOH(s) + H_2O(l) + e^- \underset{\text{Laden}}{\overset{\text{Entladen}}{\rightleftharpoons}} \overset{0}{}\overset{II}{Ni}(OH)_2(s) + OH^-(aq)$$

Entsorgung. Akkumulatoren und Batterien gehören nicht in den Hausmüll! In Deutschland müssen unbrauchbar gewordene oder nicht mehr benötigte Batterien und Akkus vom Hersteller zurückgenommen und sachgerecht verwertet werden. Die Rücknahme erfolgt über das *Gemeinsame Rücknahmesystem Batterien* (GRS-Batterien): Man gibt Altbatterien und -akkus ohne vorheriges Sortieren kostenfrei in eigene Sammelboxen.

Akkumulatoren sind im Gegensatz zu Batterien galvanische Zellen, die mehrere Male geladen und entladen werden können. Dabei wird chemische Energie in elektrische Energie umgewandelt und umgekehrt.

1 a) Fertigen Sie Plakate zu den auf dieser Doppelseite genannten Akkumulatoren an. Gehen Sie dabei auf folgende Aspekte ein: Aufbau, Reaktionen beim Entladen und Laden, Nennspannung, Ladedauer,-Zyklenzahl, Herstellungskosten, Umweltverträglichkeit. Nutzen Sie die Informationen auf dieser Doppelseite sowie ↗S. 124f. und stellen Sie weitere Recherchen an.
Gruppe A: Bleiakkumulator
Gruppe B: Nickel-Metallhydrid-Akkumulator
Gruppe C: Nickel-Cadmium-Akkumulator
b) Tauschen Sie Ihre Ergebnisse in einem Galeriegang aus und beurteilen Sie, welchen Akkumulator Sie für welche Anwendung verwenden können.

2 Bei älteren Bleiakkumulatoren lässt sich der Ladezustand abschätzen, indem man die Dichte der Schwefelsäurelösung mit einem Aräometer bestimmt. Folgende Daten wurden experimentell ermittelt.

Zustand	Dichte ϱ in $g \cdot cm^{-3}$	Spannung U in V
voll geladen	1,28	12,65
50 % geladen	1,19	12,14
entladen	1,10	11,80

a) Erklären Sie den allgemeinen Zusammenhang zwischen der Dichte und dem Ladezustand.
b) Ermitteln Sie, welchem Ladezustand und welcher Spannung einer Dichte von $\varrho = 1{,}16\ g \cdot cm^{-3}$ entspricht. Fertigen Sie hierzu ein Spannungs-Dichte-Diagramm an. Interpretieren Sie den Kurvenverlauf.

3 **Laden – aber sicher**

Immer wieder führt die falsche Handhanbung von Autobatterien zu Unfällen. Kommt es zu einer Explosion der Batterie, kann ätzende Batteriesäure verspritzt werden. Schwere Verätzungen können die Folge sein. Daher sollte man beim Laden von Autobatterien folgende Regeln beachten:

1. Nur in gut durchlüfteten Räumen laden.
2. Ladedauer beachten.
3. Funken beim Abklemmen des Ladegerätes von der Batterie vermeiden. Dazu immer erst das Netzkabel des Ladegeräts vom Netzstecker ziehen.

Beim Ladevorgang eines Bleiakkumulators kann es an beiden Polen zur Bildung eines Gases kommen, wenn die Ladezeit des Akkumulators überschritten wird. Geben Sie an, welche Gase bei langen Ladevorgängen entstehen können und schlagen Sie Vorsichtsmaßnahmen zur Handhabung von Autobatterien vor.

3.9 In Lithium-Ionen-Akkumulatoren werden Ionen verschoben

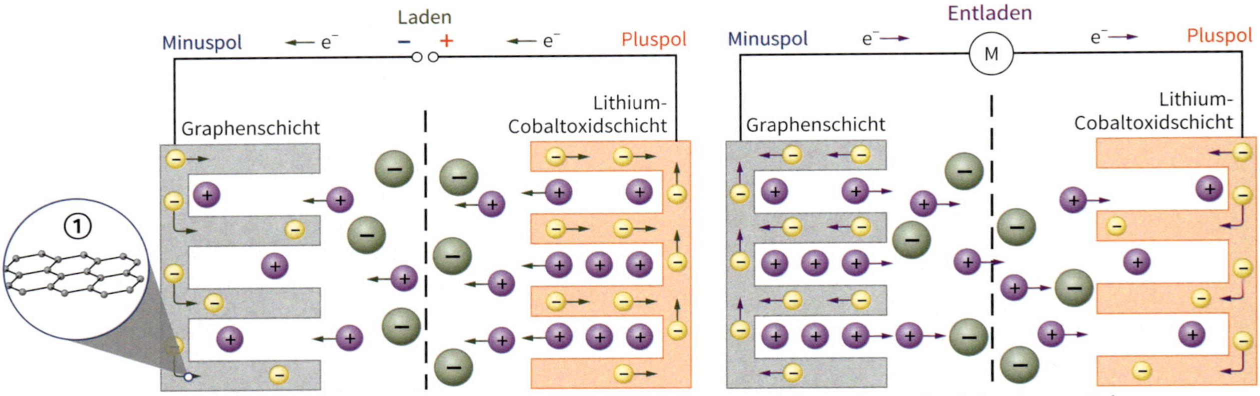

1 Laden und Entladen eines Lithium-Ionen-Akkumulators (Lithium-Ionen violett, Anionen des Elektrolyten grün)

Lithium-Ionen-Akkumulatoren sind die im Moment leistungsfähigsten Sekundärzellen für kommerzielle Anwendungen. Ihre Vorteile: Sie können viel Energie bei geringer Masse speichern und haben eine vergleichsweise hohe Nennspannung von etwa 3,7 V. Es gibt zahlreiche Typen von Lithium-Ionen-Akkus. Gemeinsam ist diesen Zellen, dass die Li^+-Ionen nicht an den eigentlichen Elektrodenreaktionen teilnehmen, sondern nur als Ladungsträger auftreten (Abb. 1). Die Li^+-Ionen sind in wasserfreien organischen Lösemitteln gelöst.

Minuspol. Die negative Elektrode eines Lithium-Ionen-Akkus besteht aus Graphit oder neuerdings aus der Kohlenstoffmodifikation *Graphen*. Die C-Atome der Elektrode bilden Schichten aus miteinander verknüpften Sechsringen (Abb. 1 ①). Beim Ladevorgang werden Elektronen in das Gitter aus C-Atomen des Minuspols „hineingepumpt", wobei die Elektronen im Gitter keinem festen Atom zugewiesen werden können, also *delokalisiert* sind. Durch die negative Aufladung des Gitters wandern Li^+-Ionen aus dem Elektrolyten zwischen die Schichten aus C-Atomen ein. Es entstehen *Einlagerungsverbindungen* mit der Verhältnisformel Li_xC_n. Bei Graphit kommen auf 1 Li^+-Ion im Verhältnis 6 C-Atome.

Pluspol. Die positive Elektrode enthält meist Lithium-Metalloxide wie $LiCoO_2$, $LiNiO_2$ oder $LiMn_2O_4$. Diese Oxide können ebenfalls Li^+-Ionen einlagern. Die elektrochemischen Vorgänge an diesen Elektroden sind sehr ähnlich. Für eine Elektrode aus Lithiumcobaltoxid gilt: Die Cobalt-Atome liegen im entladenen Zustand in der Oxidationsstufe +III vor. Etwa die Hälfte der Co^{3+}-Ionen wird während des Ladevorgangs zu Co^{4+}-Ionen in Form von $LiCo^{+III}Co^{+IV}O_4$ oxidiert. Dabei werden Li^+-Ionen freigesetzt und es gehen genauso viele Li^+-Ionen in den Elektrolyten über, wie am Minuspol eingelagert werden. Die Ionenkonzentration im Elektrolyten ändert sich also nicht. Beim Entladevorgang werden die Prozesse des Ladevorgangs umgekehrt, sodass man für die jeweils maximale Zellreaktion folgende Elektrodenreaktionen angeben kann:

$$\textit{Minuspol: } Li^+[C_6]^-(s) \underset{\text{Laden}}{\overset{\text{Entladen}}{\rightleftharpoons}} \overset{0}{Li^+}(solv) + C_6(s) + e^-$$

$$\textit{Pluspol: } Li\overset{III}{Co}\overset{IV}{Co}O_4 + Li^+(solv) + e^- \underset{\text{Laden}}{\overset{\text{Entladen}}{\rightleftharpoons}} \overset{0}{2}\, Li\overset{III}{Co}O_2$$

Die Li^+-Ionen wandern beim Laden und Entladen nur als Ladungsträger zwischen Minus- und Pluspol hin und her. Dies wird auch als **Rocking-Chair-Prinzip** bezeichnet.

In Lithium-Ionen-Akkumulatoren fungieren die Lithium-Ionen nur als Ladungsträger und nehmen nicht an den Elektrodenreaktionen teil..

1 Beschreiben Sie Lade- und Entladevorgang bei einem Lithium-Ionen-Akku mithilfe von Abb. 1 und begründen Sie die Bezeichnung *Rocking-Chair-Prinzip*.

2 a) Begründen Sie folgende Besonderheiten des Lithium-Ionen-Akkus: Vermeidung wässriger Lösemittel (Partner A); Verwendung poröser Materialien für die Elektroden (Partner B).
b) Stellen Sie sich Ihre Ergebnisse gegenseitig vor.
c) Als Elektrolyt dient bei Lithium-Ionen-Akkumulatoren häufig Lithiumperchlorat in hydrophilen, aber wasserfreien Lösemitteln wie Ethylencarbonat oder Diethylcarbonat. Recherchieren Sie die Strukturformeln der Lösemittel und erläutern Sie, warum sich Lithiumsalze darin lösen lassen.

3 In Smartphones oder Tablets sind häufig Lithium-Ionen-Polymer-Akkumulatoren verbaut. Recherchieren Sie den Aufbau im Vergleich zum herkömmlichen Lithium-Ionen-Akkumulator. Beschreiben Sie den Vorteil, der sich aus dem speziellen Aufbau des Lithium-Ionen-Polymer-Akkumulators ergibt.

Praktikum Batterien

Versuch 1: Zink-Kohle-Batterie

Materialien: 2 Bechergläser (50 ml), Extraktionshülse oder Teefilter, Kabel, Krokodilklemmen, Glasstab, 2 Multimeter, Waage;
Zinkblech, Graphitstab, Graphitpulver, Mangandioxid (**7, 8**), Ammoniumchloridlösung (20 %; **7**)

Durchführung:
1. Vermengen Sie in einem Becherglas Graphit und Mangan(II)-dioxid im Verhältnis 1 : 6 und verrühren Sie das Gemenge mit der Ammoniumchloridlösung zu einer Paste.
2. Füllen Sie die Paste in die Extraktionshülse und stecken Sie einen Graphitstab hinein. Biegen Sie ein Zinkblech rund, sodass die Extraktionshülse hineinpasst und stellen Sie diese Anordnung in ein Becherglas. Füllen Sie mit Ammoniumchloridlösung auf.
3. Messen Sie die Spannung zwischen dem Graphitstab und dem Zinkblech.
4. Schalten Sie drei Zink-Kohle-Batterien zunächst parallel und dann in Reihe und messen Sie jeweils die Spannung und die Stromstärke.

Aufgaben:
a) Notieren und deuten Sie Ihre Beobachtungen.
b) Geben Sie die Reaktionsgleichungen für die in der Batterie ablaufenden Reaktionen an.
c) Erklären Sie die Funktion der Extraktionshülse.
d) Zeichnen Sie zu den beiden Schaltungen der drei Batterien eine Schaltskizze, in der auch jeweils die Polung angegeben ist. Erläutern Sie Ihre Messergebnisse.

Versuch 2: Aufbau einer kommerziellen Zink-Kohle-Batterie

Materialien: Reagenzglas, Gasbrenner, Schraubstock, Metallsäge oder Seitenschneider, Universalindikatorpapier;
Zink-Kohle-Batterien aus einer 4,5 V-Flachbatterie, Natriumhydroxidplätzchen (**5**)

Durchführung:
1. Spannen Sie die Zink-Kohle-Zelle in den Schraubstock ein und sägen Sie sie der Länge nach durch. Nehmen Sie vorsichtig die beiden Hälften auseinander und zerlegen Sie eine Hälfte der Zelle in ihre weiteren Bestandteile.
2. Bestimmen Sie mit angefeuchtetem Universalindikatorpapier den pH-Wert der schwarzen Masse.
3. Geben Sie zu einer Probe der schwarzen Masse ein Natriumhydroxidplätzchen und erwärmen Sie leicht. Prüfen Sie vorsichtig den Geruch.

Aufgaben:
a) Beschreiben Sie den Aufbau der Batterie. Skizzieren Sie den Aufbau und ordnen Sie die in der Zelle verwendeten Stoffe den Bestandteilen sowie die beiden Pole zu.
b) Erläutern Sie den beobachteten pH-Wert im Zusammenhang mit den ablaufenden Reaktionen.
c) Erklären Sie die Funktion des Graphitpulvers.

Forschungsauftrag 1: Eine Batterie aus der Dose?

Materialien: Dosen aus Aluminium und Weißblech, Kabel, Kohleelektrode oder Kohleplatte, Schmirgelpapier, Krokodilklemmen, Spannungsmessgerät, Elektromotor (Solarmotor), Blechschere, Handschuhe;
Kochsalz, Natronlauge (3,0 mol · l^{-1}, **5**)

Aufgaben:
a) Bauen Sie mithilfe der genannten Materialien eine Metall-Luft-Batterie. Versuchen Sie mit Ihrer Batterie einen kleinen Elektromotor zu betreiben. Planen Sie dazu zunächst Ihre Vorgehensweise und fertigen Sie eine übersichtliche Skizze an. Kontrollieren Sie Ihre Planung mit der Check-Karte und führen Sie das Experiment entsprechend der Planung durch.
Hinweis: Wenn der Motor sich nicht mehr dreht, sollten Sie die Kohleelektrode herausnehmen, in der Luft hin und her wedeln und wieder in die Elektrolytlösung tauchen.
b) Erläutern und formulieren Sie die Elektrodenreaktionen sowie die Gesamtgleichung. Berücksichtigen Sie, dass in alkalischer Lösung Tetrahydroxidozinkat-Ionen ($[Zn(OH)_4]^{2-}$) gebildet werden.

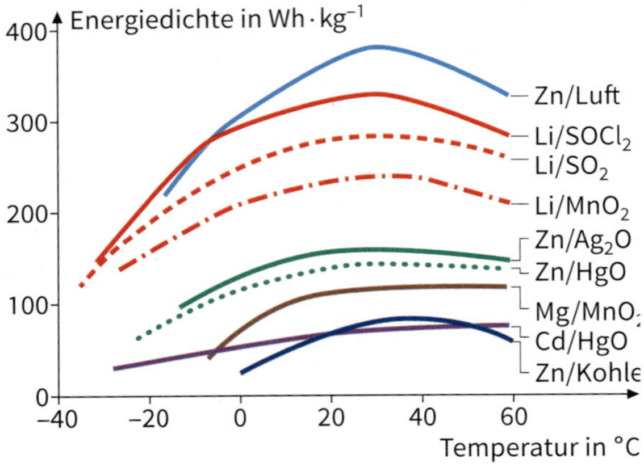

1 *Energiedichten von Batterien in Abhängigkeit von der Temperatur*

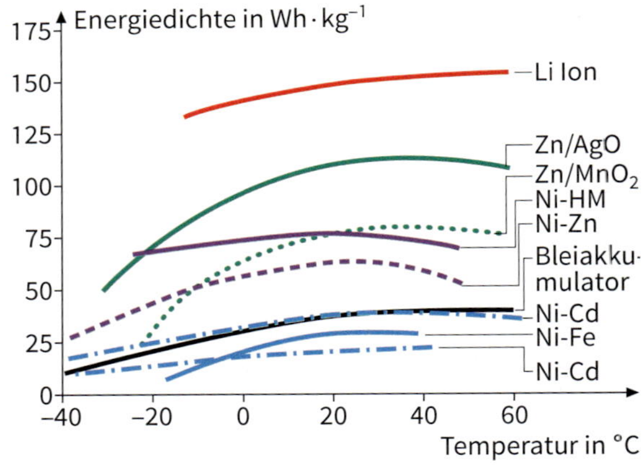

2 *Energiedichten von Akkumulatoren in Abhängigkeit von der Temperatur*

In der Elektroabteilung wird ein großes Sortiment an verschiedenen Typen von Batterien und Akkus angeboten. Ein Blick auf die Beschriftung hilft die richtige Auswahl zu treffen. Die Beschriftung gibt Auskunft über die Art der Spannungsquelle und deren physikalische Kenngrößen.

Nennspannung. Für jede galvanische Zelle wird eine *Nennspannung U* angegeben. Sie wird durch die Elektrodenmaterialien festgelegt und ist somit für eine bestimmte Kombination von Halbzellen spezifisch. Die Nennspannung der Spannungsquelle muss zum Energiewandler („Verbraucher") passen. Eine zu hohe Nennspannung kann ein elektrisches oder elektronisches Gerät durch Veränderungen in der elektrischen Schaltung schädigen. Bei zu niedriger Nennspannung der Quelle lässt sich die Nennspannung durch Reihenschaltung erreichen.

Kapazität. Die Menge an elektrischer Ladung Q, die laut Herstellerangaben einer Batterie oder einem Akku entnommen werden kann, wird als *Kapazität C* bezeichnet. Dies entspricht der Ladung aller in den elektrochemischen Prozessen in der Zelle freigesetzten Elektronen, die durch den äußeren Stromkreis als elektrischer Strom I während einer Zeit t fließen: $Q = I \cdot t$. Die Kapazität wird bei galvanischen Zellen in Amperestunden (Ah) oder Amperesekunden (As) angegeben. Die Kapazität ist stark von den Entladebedingungen abhängig. Bei Akkumulatoren nimmt die Kapazität aufgrund von Alterungsprozessen mit der Zeit ab. Meist wird die Kapazität auf die Masse m der elektrochemisch beteiligten Stoffe bezogen. Die erhaltene Größe heißt dann **spezifische Kapazität** oder *Ladungsdichte* und besitzt die Einheit $Ah \cdot kg^{-1}$. Für reale Zellen beträgt die spezifische Kapazität jedoch nur einen Bruchteil des theoretischen Wertes, da neben den reagierenden Stoffen auch das Elektrodengerüst, der Elektrolyt, Separatoren und das Zellengehäuse eine beträchtliche Masse besitzen.

Leistung. Die Leistung P ist die Energie W, die während einer Zeit t an einen Verbraucher geliefert werden kann: $P = W \cdot t^{-1}$. Die elektrische Leistung einer Zelle ergibt sich aus dem Produkt von Spannung und Stromstärke: $P = U \cdot I$. Die Einheit der Leistung ist Watt (W). Da die Spannung durch das Elektrodenmaterial festgelegt ist, hängt die Leistung bei gegebener Zelle von der Stärke des Entladestroms ab. Sie kann beispielsweise durch Vergrößerung der Elektrodenfläche erhöht werden. Die auf die Massen der elektrochemisch aktiven Stoffe bezogene Leistung wird **Leistungsdichte** in $W \cdot kg^{-1}$ genannt.

Energie. Wird die Leistung mit der Zeit multipliziert, während der eine Zelle Ladung transportieren kann, erhält man die Energie, die in einer Zelle gespeichert ist: $W = P \cdot t = U \cdot I \cdot t = U \cdot Q$. Die Einheit wird in Wattstunden (Wh) angegeben. Die gespeicherte Energie hängt bei gegebener Kombination der Halbzellen von der Menge der reagierenden Stoffe ab. Die auf die Masse bezogene Einheit ($Wh \cdot kg^{-1}$) heißt **Energiedichte.** Auch dieser Wert ist stark von den Entladebedingungen abhängig. Mit zunehmender Stromstärke des Entladestroms, das heißt, mit der Höhe der entnommenen Leistung, sinkt die Energiedichte einer Zelle. Darüber hinaus ist die Energiedichte temperaturabhängig (Abb. 1 und 2).

Zyklenzahl. Akkumulatoren lassen sich durch Alterungsprozesse nicht beliebig oft laden und entladen. Die *Zyklenzahl* gibt Auskunft über die maximale Anzahl der Lade- und Entladevorgänge, bis die Kapazität so weit abgesunken ist, dass der Akku unbrauchbar ist.

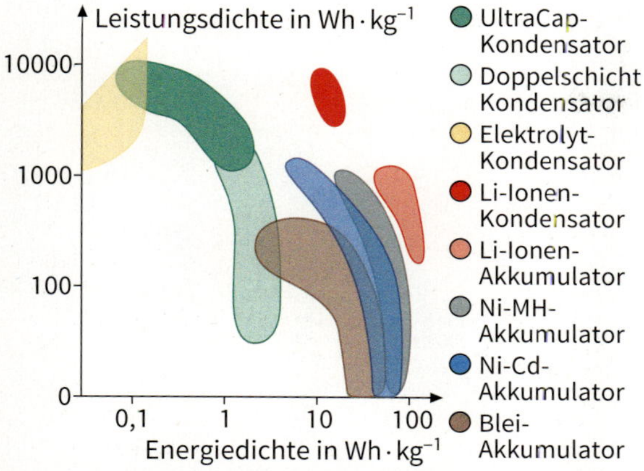

3 *Energiedichte-Leistungsdichte-Diagramm einiger Energiespeicher (beide Achsen logarithmisch)*

Physikalische Kenngrößen beschreiben Batterien und Akkus. Die Nennspannung der Spannungsquelle und des Energiewandlers müssen sich entsprechen. Die Zyklenzahl eines Akkumulators beschreibt die Anzahl möglicher Lade- und Entladevorgänge.

---

1 a) Beschreiben Sie den Zusammenhang zwischen der Energiedichte und der Temperatur in Abb. 1 (Partner A) und in Abb. 2 (Partner B).
b) Vergleichen Sie Ihre Angaben und nennen Sie mögliche Gründe für die Kurvenverläufe.

2 a) Recherchieren Sie folgende Batterie- und Akkubezeichnungen nach dem IEC-System. Geben Sie in einer Tabelle die Bauart, den Typ, die Masse, die Nennspannung, die Kapazität sowie je zwei Anwendungen an. Partner A: LR61, HR14; Partner B: 3LR12, R20; Partner C: CR2020, CRP2
b) Stellen Sie sich Ihre Ergebnisse gegenseitig vor.

3 In einer Zink-Luft-Batterie wird Zink oxidiert und Sauerstoff im alkalischen Elektrolyten reduziert.
a) Formulieren Sie die Teilgleichungen sowie die Gesamtgleichung.
b) Berechnen Sie die theoretisch zu erwartende Nennspannung unter Standardbedingungen.
c) Berechnen Sie analog zum Rechenbeispiel die theoretischen Kenndaten und vergleichen Sie die Kennzahlen der drei Arten von Zellen.

4 a) Berechnen Sie die mindestens erforderlichen Massen an Blei, Bleidioxid und Schwefelsäure ($w = 38\,\%$), um einen Bleiakkumulator mit einer Kapazität von 96 483 As zu bauen.
b) Berechnen Sie mit dem Ergebnis aus a) die spezifische Kapazität des Akkus.

Rechenbeispiel

Theoretische Kenngrößen für Bleiakkumulator und Zink-Kohle-Batterie

Beim Entladen eines Bleiakkumulators fließen 2 mol Elektronen durch den äußeren Stromkreis, wenn jeweils 1 mol Blei und Bleidioxid und 2 mol Schwefelsäure umgesetzt werden. Das entspricht einer Ladung Q von $Q = n \cdot N_A \cdot e$ mit der Avogadro-Konstante N_A für die Zahl der Teilchen in 1 mol und der Elementarladung des Elektrons e.

$$Q = 2{,}00\ \text{mol} \cdot 6{,}02 \cdot 10^{23}\ \text{mol}^{-1} \cdot 1{,}60 \cdot 10^{-19}\ \text{C}$$
$$= 1{,}93 \cdot 10^{5}\ \text{C}$$

oder $Q = \frac{1{,}93 \cdot 10^5}{3600}\ \text{Ah} = 53{,}6\ \text{Ah}$

Mit den Massen für 1 mol Blei, Bleidioxid und 2 mol Schwefelsäure von 642 g ergibt sich eine spezifische Kapazität des Bleiakkumulators von

$$C_{spez} = \frac{53{,}6\ \text{Ah}}{0{,}642\ \text{kg}} = 83{,}5\ \text{Ah} \cdot \text{kg}^{-1}$$

Mit einer Nennspannung des Bleiakkumulators von 2,0 V erhält man für die Energiedichte

$$\frac{W}{m} = U \cdot C_{spez} = 2{,}0\ \text{V} \cdot 83{,}5\ \text{Ah} \cdot \text{kg}^{-1} = 167\ \text{Wh} \cdot \text{kg}^{-1}$$

Bei einer Zink-Kohle-Batterie fließen bei Entladung ebenfalls 2 mol Elektronen, wobei 1 mol Zink und jeweils 2 mol Mangandioxid und Wasser umgesetzt werden. Mit einer Kapazität der Batterie von 53,6 Ah ist die spezifische Kapazität:

$$\frac{53{,}6\ \text{Ah}}{0{,}275\ \text{kg}} = 195\ \text{Ah} \cdot \text{kg}^{-1}$$

Die Batterie hat eine Nennspannung von 1,5 V, sodass für die Energiedichte gilt:

$$\frac{W}{m} = 1{,}5\ \text{V} \cdot 195\ \text{Ah} \cdot \text{kg}^{-1} = 292\ \text{Wh} \cdot \text{kg}^{-1}$$

Im Vergleich zum Bleiakkumulator ist dies ein hoher Wert, der aus den kleinen molaren Massen der beteiligten Stoffe im Fall der Zink-Kohle-Batterie resultiert. Die berechneten Kenndaten sind für die realen Zellen oft deutlich ungünstiger. So wurde zum Beispiel bei der Berechnung der Massen für den Bleiakkumulator nicht berücksichtigt, dass die Schwefelsäure mit Wasser verdünnt ist, also die Masse um die Menge an Wasser noch vergrößert werden muss.

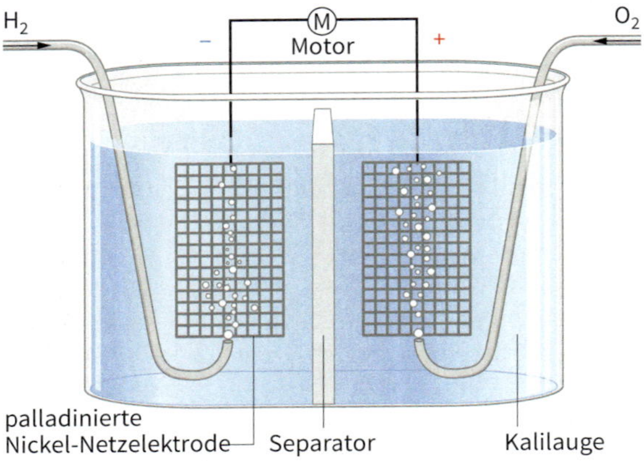

1 *Prinzip einer Wasserstoff-Sauerstoff-Brennstoffzelle*

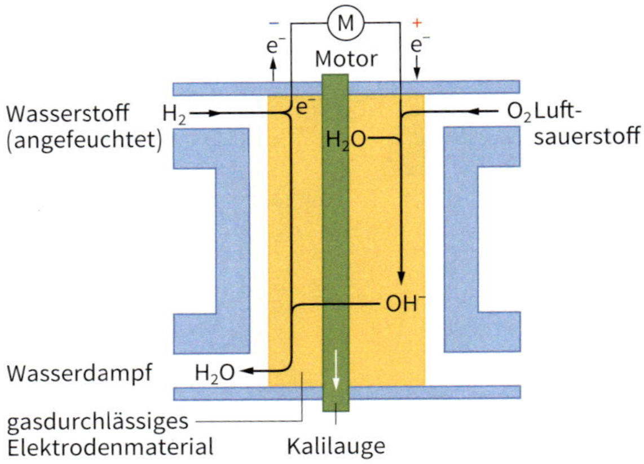

2 *Aufbau einer Alkalischen Brennstoffzelle*

Die bisher behandelten *Batterien* und *Akkumulatoren* wandeln innere Energie der enthaltenen Stoffe in elektrische Energie um. Dafür müssen die umzusetzenden Stoffe vorher erzeugt werden. Bei **Brennstoffzellen** können die Stoffe beständig zu- und abgeführt werden. Die Edukte reagieren miteinander, und innere Energie wird kontinuierlich in elektrische Energie umgewandelt. Mit Brennstoffzellen kann man dauerhaft neue elektrische Energie bereitstellen, ohne dass die galvanische Zelle ausgewechselt oder neu geladen werden muss. Außerdem fallen bei der direkten Umwandlung von chemischer Energie in elektrische Energie die zusätzlichen Verluste weg, die bei der herkömmlichen Umwandlung von Energie aus Verbrennungsvorgängen in elektrische Energie auftreten.

Inzwischen gibt es viele Anwendungen von Brennstoffzellen, die von mobilen Kleingeräten zur Versorgung von elektrischen Geräten über USB-Schnittstellen bis zu stationären Kraftwerken für die elektrische Versorgung von Stadtteilen reicht. Ein besonders wichtiges zukünftiges Einsatzgebiet könnte die Nutzung von Brennstoffzellen in Kraftfahrzeugen werden.

Wasserstoff-Sauerstoff-Brennstoffzelle. Der am weitesten entwickelte und am häufigsten genutzte Typ von Brennstoffzellen ist die Wasserstoff-Sauerstoff-Zelle. Hier wird die Reaktionsenergie der Knallgasreaktion zur Umwandlung in elektrische Energie genutzt. Dabei werden Wasserstoff und Sauerstoff an den Elektroden katalytisch zur Reaktion gebracht, und es entsteht Wasser als Produkt. Die beiden Reaktionsräume werden durch einen Separator getrennt. Als Elektrolyt werden entweder saure oder alkalische Umgebungen verwendet. Die Teilgleichungen für die Reaktion in saurer Umgebung lauten:

Minuspol: $H_2(g) \dashrightarrow 2\,H^+(aq) + 2\,e^-$

Pluspol: $O_2(g) + 4\,H^+(aq) + 4\,e^- \dashrightarrow 2\,H_2O(l)$

Für einen pH-Wert von Null entspricht das Standardelektrodenpotential am Minuspol dem der Standardwasserstoffelektrode $E°(H^+/H_2) = 0{,}00$ V, das am Pluspol dem einer Sauerstoffelektrode mit $E°(O_2/H_2O) = 1{,}23$ V, sodass sich eine Standardspannung von 1,23 V ergibt. Die Teilgleichungen für die Reaktion in alkalischer Umgebung lauten:

Minuspol: $H_2(g) + 2\,OH^-(aq) \dashrightarrow 2\,H_2O(l) + 2\,e^-$

Pluspol: $O_2(g) + 2\,H_2O(l) + 4\,e^- \dashrightarrow 4\,OH^-(aq)$

Aus den Standardelektrodenpotentialen Minuspol: $E°(H_2O/H_2) = -0{,}83$ V und Pluspol: $E°(O_2/OH^-) = 0{,}40$ V wird wiederum eine Standardspannung von 1,23 V erhalten.

Die Zellspannungen der unterschiedlichen technisch realisierten Zellen liegen um etwa 1 V. Es gibt zurzeit fünf Haupttypen von Wasserstoff-Sauerstoff-Zellen. Die am häufigsten verwendeten werden im Folgenden beschrieben.

Alkalische Brennstoffzelle. Die alkalische Umgebung bei diesem Typ besteht aus Kalilauge als Elektrolyt. Die Zellen werden bei Temperaturen bis etwa 80 °C betrieben. Als Elektroden dienen mit Kunststoffen zu Folien verarbeitete Nickel- oder Silbernetze (Abb. 1 und 2). Die Kalilauge reagiert allerdings mit Kohlenstoffdioxid zu Kaliumcarbonat, welches als Feststoff aus dem Elektrolyten ausfällt. Daher muss der zugeführte Sauerstoff vor der Verwendung gut von Kohlenstoffdioxid befreit werden.

Eine Zelle diesen Typs wurde beim Raumfahrtprogramm „Apollo“ eingesetzt. Hätte man die elektrische Energie zur Versorgung der Raumfahrzeuge aus Bleiakkumulatoren entnehmen wollen, hätte die Masse für die Energiezellen zehn bis zwölf Tonnen statt nur 810 kg betragen.

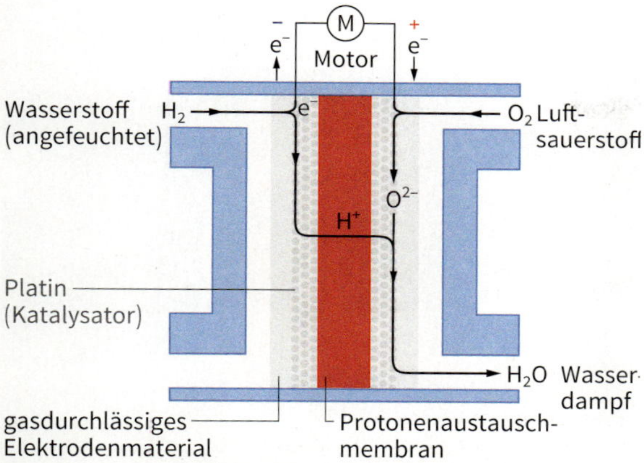

3 *Aufbau einer Polymerelektrolyt-Brennstoffzelle*

Polymerelektrolyt-Brennstoffzelle. Ebenso wie die alkalischen Brennstoffzellen gehört dieser Typ zu den Niedertemperaturzellen und wird bis zu Temperaturen von etwa 80 °C betrieben. Beide Zelltypen werden mobil eingesetzt, beispielsweise zur Erzeugung elektrischer Energie in Kraftfahrzeugen. In der *Polymerelektrolyt(membran)-Brennstoffzelle* (PEM) werden die beiden Halbzellen durch eine protonenleitende Kunststoffmembran getrennt, welche als saurer Elektrolyt und Separator fungiert. Auf beide Seiten der Membran ist ein Edelmetall wie Platin oder eine Edelmetalllegierung aufgetragen. Das Edelmetall hat die Funktion eines Katalysators. Am Minuspol werden H_2-Moleküle am Katalysator in H-Atome gespalten. Diese werden anschließend in Protonen und Elektronen zerlegt. Die Elektronen fließen über den äußeren Stromkreis zum Pluspol, und die Protonen wandern durch die Membran zum Pluspol. Hier entstehen durch Elektronenaufnahme aus O_2-Molekülen O^{2-}-Ionen. Die O^{2-}-Ionen verbinden sich mit den Protonen zu H_2O-Molekülen und werden nach außen abgeführt (Abb. 3).

Direktmethanol-Brennstoffzelle. Bei dieser Niedertemperaturzelle wird am Minuspol eine Mischung aus Methanol und Wasser zu Kohlenstoffdioxid oxidiert. Am Pluspol reagiert Luftsauerstoff mit Protonen und Elektronen zu Wasser. Die beiden Halbzellen werden durch eine Membran getrennt. Die Zellreaktion ist:

$$2\,CH_3OH\,(l) + 3\,O_2\,(g) \rightarrow 4\,H_2O\,(l) + 2\,CO_2\,(g)$$

In Brennstoffzellen wird innere Energie der Stoffe direkt in elektrische Energie umgewandelt. Dabei können die Reaktionspartner kontinuierlich zugeführt werden, sodass kontinuierlich elektrische Energie zur Verfügung steht.

1 Erläutern Sie den Begriff *heterogene Katalyse* am Beispiel einer Brennstoffzelle Ihrer Wahl.

2 Berechnen Sie die mit einer Wasserstoff-Sauerstoff-Brennstoffzelle theoretisch erzielbare Energiedichte.

3 Recherchieren Sie zu den fünf Haupttypen der Wasserstoff-Sauerstoff-Brennstoffzellen. Vergleichen Sie die unterschiedlichen Typen hinsichtlich der Art des Elektrolyten, des mobilen Ions, der Betriebstemperatur, der erreichbaren Leistung und der möglichen und bereits realisierten Anwendungen. Erstellen Sie hierzu eine Tabelle.

4 Eine Möglichkeit, den benötigten Wasserstoff für eine Wasserstoff-Sauerstoff-Brennstoffzelle zu erhalten, ist seine Herstellung aus Methan oder anderen Stoffen. Dieser Prozess wird Dampfreformierung genannt. Recherchieren Sie die chemisch-technischen Verfahren zu dem Prozess und welche Vor- und Nachteile diese Herstellung von Wasserstoffgas bei der Verwendung in Brennstoffzellen hat. Fassen Sie Ihre Ergebnisse auf einem Lernplakat zusammen.

5 Eine Möglichkeit, um den für Wasserstoff-Sauerstoff-Brennstoffzellen benötigten Wasserstoff herzustellen ist die Elektrolyse von Wasser.

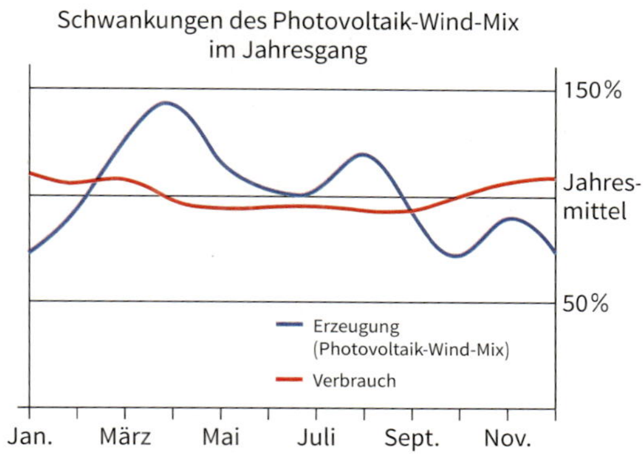

a) Als sehr klimafreundlich gilt die Nutzung regenerativer Energie für die Wasserstofferzeugung. Erläutern Sie mithilfe der Abbildung, warum bei der Wasserstofftechnologie die Energiespeicherung als großes Problem gilt.
b) Die für die Elektrolyse notwendige elektrische Energie könnte auch aus Photovoltaikanlagen in äquatornahen Ländern kommen. Der Wasserstoff muss dann jedoch aufwendig transportiert werden, um in anderen Ländern eingesetzt zu werden. Recherchieren Sie gemeinsam und bereiten Sie eine Podiumsdiskussion zu den Vor- und Nachteilen einer möglichen Wasserstoffwirtschaft vor.

Autoantriebe im Wandel

1 *Kohlestrom ist in Deutschland noch unverzichtbar.*

Kaum ein Thema beherrscht die aktuelle Klimadiskussion wie der Wandel der Antriebssysteme im Straßenverkehr. Ab 2035 sollen Verbrennermotoren mit fossilen Treibstoffen in der Europäischen Union weitgehend verboten werden. Als alternative Antriebssysteme gelten Elektroautos mit Akkusystemen oder mit Brennstoffzellen.

Informationstext 1

In einem Benzinmotor lässt sich die Verbrennungsenthalpie des Kraftstoffes nur zu geringen Teilen nutzen. Man spricht vom **Wirkungsgrad** eines Motors. Tatsächlich können abhängig von Fahrzeug- und Motormodell nur etwa 20 % der Energie in Bewegungsenergie gewandelt werden. Ein Elektromotor setzt rund 80 % der zugeführten Energie in Bewegungsenergie um. Berücksichtigt man „Energieverluste“ von der Energieerzeugung bis zum Betrieb des Elektromotors, dann weisen Elektroautos mit Akku bei regenerativer Energieerzeugung einen **Well-to-Wheel-Wirkungsgrad** von etwa 65 % auf (Abb. 2).

3 *Regenerative Wasserstoffproduktion*

Brennstoffzellen können einen Wirkungsgrad von 80 – 90 % erreichen. Verbaut in Fahrzeuge muss für den Antrieb jedoch von einem Wirkungsgrad von nur etwa 50 % ausgegangen werden. Betrachtet man auch den Well-to-Wheel-Prozess von der Wasserstofferzeugung bis in den Fahrzeugtank, dann verringert sich der Wirkungsgrad weiter auf rund 30 %.

a) Berechnen Sie die Verbrennungsenthalpie einer Tankfüllung und die Energiemenge, die beim Benzinmotor in Bewegungsenergie umgesetzt wird. Nehmen Sie dazu vereinfacht die Verbrennung von Octan zu Kohlenstoffdioxid und Wasser an. Eine Tankfüllung enthält 65 Liter Benzin. $\varrho(\text{Octan}) = 0{,}7\,\frac{\text{g}}{\text{cm}^3}$

b) Recherchieren und erläutern Sie Gründe, die den Well-to-Wheel-Wirkungsgrad der verschiedenen Antriebssysteme reduzieren (Abb. 2).

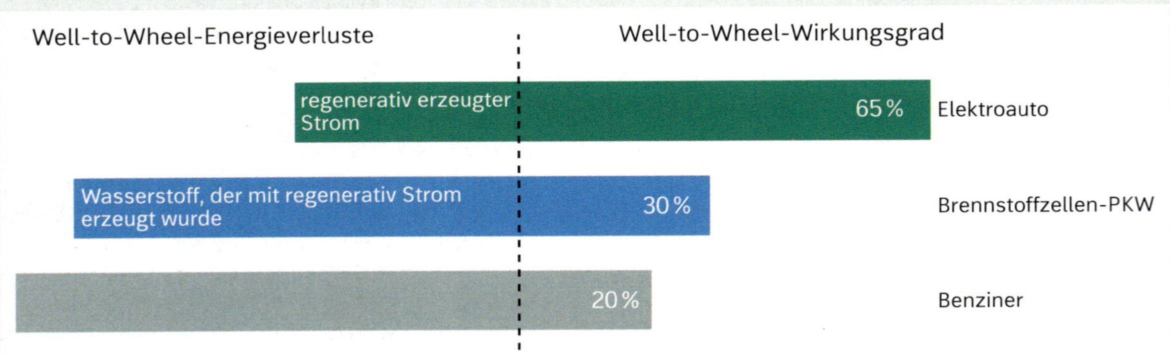

2 *Aktueller Wirkungsgrad verschiedener Antriebssysteme (Well-to-Wheel)*

Informationstext 2

Reporter: Welche Vorteile und Nachteile haben Brennstoffzellen und Akkus?

Wissenschaftlerin: Beide Techniken haben das Potential den CO_2-Ausstoß im Verkehr drastisch zu senken. Allerdings haben beide Antriebssysteme derzeit auch noch einige Schwächen. Akkusysteme sind teuer und schwer. Viele Rohstoffe verknappen sich immer mehr und Batterien lassen sich in den Autos auch nicht beliebig vergrößern. In näherer Zukunft bleibt bei diesem Antriebssystem das Problem fehlender Reichweiten und der längeren Ladezeiten.
Brennstoffzellenantriebe haben hier Vorteile: Wasserstoff lässt sich schnell tanken und große Reichweiten sind auch für schwere Nutzfahrzeuge kein Problem. Leider gibt es in Deutschland aber erst wenige Wasserstofftankstellen und durch die geringe Produktionszahl sind Brennstoffzellenautos noch sehr teuer.

Reporter: Manche Autobauer setzen jetzt voll auf Akkus, andere auf Wasserstoff. Stehen die Antriebe im Wettbewerb?

Wissenschaftlerin: Nicht für mich. Der Akku hat seine Stärken bei Stadtfahrten und kürzeren Strecken, der Brennstoffzellenantrieb bei langen Strecken und im Transportwesen.

Reporter: Welcher Antrieb ist denn ihrer Meinung nach umweltfreundlicher?

Wissenschaftlerin: Eine schwere Frage. Momentan dauert es für ein Kompaktfahrzeug fast 9 Jahre oder 130 000 Kilometer, bis das Elektroauto den Benziner in seiner Klimabilanz eingeholt hat. Gerade die Akkusysteme benötigen viel Energie in der Beschaffung der Rohstoffe und der Produktion. Entscheidend für die Klimabilanz beider Antriebssysteme wird die weitere Entwicklung des deutschen **Strommixes** (Abb. 4) sein. Durch Kohlestrom (Abb. 1) oder die Verstromung von Erdgas zum Laden der Akkus und zur Erzeugung des Wasserstoffs fallen die positiven Chancen der Antriebssysteme teilweise weg. Mit dem Ausbau der regenerativen Energien (Abb. 3) spielen beide Systeme ihre unschlagbaren Vorteile immer stärker aus.

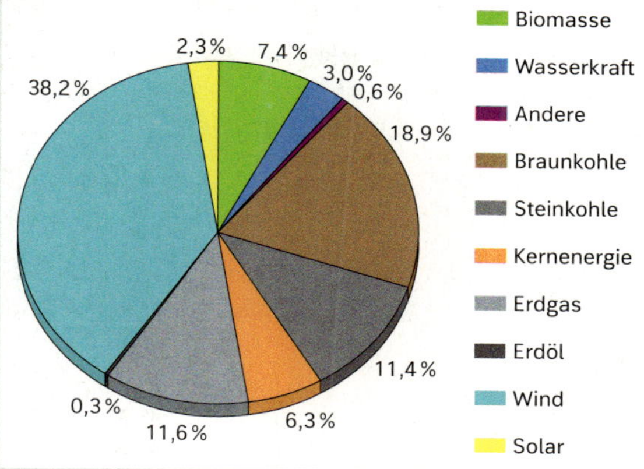

4 *Deutscher Strommix 2022 nach Energieträgern*

c) Als zukünftig entscheidend für die Klimawirkung des Elektroautos mit Akku wird die Entwicklung des Strommixes in Deutschland gesehen. Ermitteln Sie die Anteile regenerativer und konventioneller Stromerzeugung in Deutschland (Abb. 4).

d) Erklären Sie, wie durch den Brennstoffzellenantrieb oder den E-Antrieb mit Akku der Kohlenstoffdioxidausstoß im Verkehr verringert werden kann.

e) Der Wirkungsgrad eines modernen Kohlekraftwerks liegt bei etwa 45 %. Berechnen Sie, welche Masse von einer Tonne verstromter Kohle tatsächlich für die Fortbewegung eines Autos genutzt wird, das die Akkus mit Kohlestrom geladen hat (Abb. 1).

f) In einem PKW mit Brennstoffzellenantrieb werden meist Tanks für etwa 6 kg Wasserstoff verbaut. Der Wasserstoff wird mit Luftsauerstoff zu gasförmigem Wasser umgesetzt. Berechnen Sie die Verbrennungsenthalpie einer Tankfüllung.

g) Ein Auto mit Benzinmotor fährt mit der Tankfüllung etwa 900 km (Aufgabe a), ein vergleichbares Elektroauto mit Akku 300 km. Schätzen Sie anhand der Verbrennungsenthalpie einer Wasserstofftankfüllung (Aufgabe f) und des Wirkungsgrades (Abb. 2) ab, welche Reichweite ein PKW mit Brennstoffzellenantrieb hätte.

h) Bewerten Sie folgende Aussage eines Verkehrsexperten: *Ein absoluter Irrsinn sind die Tendenzen zu schweren SUVs mit E-Antrieb. Umweltfreundliche Autos sind eher kleinere Autos mit wenig Masse.*

i) Verbrennermotoren sollen nach 2035 noch mit sogenannten E-Fuels erlaubt sein. Recherchieren Sie Chancen und Probleme des Kraftstoffes.

1. Redoxreaktionen und Redoxreihe der Metalle

Reduktion: Aufnahme von Elektronen
Oxidation: Abgabe von Elektronen
Redoxreaktion: Elektronenübertragungsreaktion
Elektronendonatoren: Elektronen abgebende Teilchen
Elektronenakzeptoren: Elektronen aufnehmende Teilchen

Reduktion und Oxidation sind stets miteinander gekoppelte Teilreaktionen und finden immer gleichzeitig statt.

Redoxpaare: Teilchenpaare, die durch Elektronenübertragung ineinander überführt werden.

Allgemeine Redoxgleichung:
Reduktion: $Ox_1 + z\,e^- \dashrightarrow Red_1$

Oxidation: $Red_2 \dashrightarrow Ox_2 + z\,e^-$

Redoxreaktion: $Ox_1 + Red_2 \rightarrow Red_1 + Ox_2$

Redoxpaare: Ox_1/Red_1 und Ox_2/Red_2

Redoxreihe der Metalle: Ordnung der Redoxpaare Metall-Kation/Metall-Atom nach ihrem edlen Charakter. Damit ein Metall aus seiner Salzlösung abgeschieden wird, muss es mit einem unedleren Metall kombiniert werden. Atome unedler Metalle geben leicht Elektronen ab, sie werden von verdünnten Säuren unter Wasserstoffentwicklung zu den entsprechenden Metall-Kationen oxidiert. Edelmetall-Atome lassen sich nur schwer oxidieren. Ihre Ionen sind gute Elektronenakzeptoren.

2. Oxidationszahlen

Oxidationszahlen geben die formale Ladung eines Atoms in einer Verbindung an. Erhöht sich bei einer Reaktion die Oxidationszahl des Atoms, wird das Atom oxidiert. Bei einer Reduktion nimmt die Oxidationszahl des Atoms ab. Die Änderung des Zahlenwerts entspricht der Anzahl der formal oder real aufgenommenen oder abgegebenen Elektronen.

3. Galvanische Zellen

a) Kennzeichen galvanischer Zellen

- Elektrochemische Quellen, die chemische in elektrische Energie umwandeln.
- Reduktion und Oxidation laufen freiwillig, räumlich getrennt in zwei Halbzellen ab.
- Bestandteile: Elektroden, Elektrolyte, Diaphragma
- An den Elektroden einer galvanischen Zelle kann eine Spannung gemessen werden.
- Bei Anschluss eines Energiewandlers an die Zelle fließt ein elektrischer Strom und an den Elektroden werden Stoffe umgesetzt.

b) Elektrodengleichgewichte

An der Elektrodenoberfläche bildet sich ein dynamisches Gleichgewicht zwischen reduzierter und oxidierter Form des Redoxpaares aus:

$Ox + z\,e^- \rightleftharpoons Red$

Hier ist z die Zahl der ausgetauschten Elektronen.

Beispiel: Daniell-Zelle

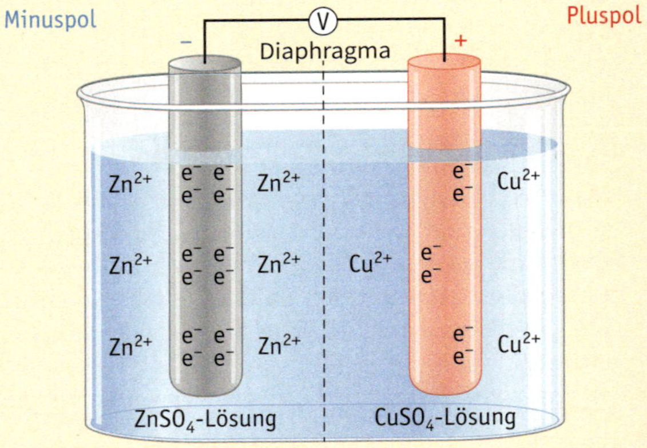

Donatorhalbzelle (Minuspol): Zn^{2+}/Zn, Zn-Atome werden bei Stromfluss oxidiert:

$Zn(s) \dashrightarrow Zn^{2+}(aq) + 2\,e^-$

Akzeptorhalbzelle (Pluspol): Cu^{2+}/Cu, Cu^{2+}-Ionen werden bei Stromfluss reduziert:

$Cu^{2+}(aq) + 2\,e^- \dashrightarrow Cu(s)$

Beide Halbzellen sind über Diaphragma miteinander verbunden, das die für den Ladungsausgleich nötige Ionenwanderung ermöglicht.
Zellspannung: etwa 1,1 V

c) Zelldiagramm

- einfache Form der Beschreibung galvanischer Zellen
- senkrechter Balken: Phasengrenze
- gestrichelter senkrechter Balken: Diaphragma
- zwei gestrichelte senkrechte Balken: zwei aufeinander folgende Diaphragmen in einer Salzbrücke
- Minuspol (Donatorhalbzelle): links
- Pluspol (Akzeptorhalbzelle): rechts
  Beispiel: Daniell-Zelle $Zn(s)\,|\,Zn^{2+}(aq)\,\vdots\,Cu^{2+}(aq)\,|\,Cu(s)$

d) Elektrodenpotenial E

- Ursache: Unterschiedliche elektrische Aufladung der Elektroden aufgrund der Ausbildung des Elektrodengleichgewichts
- Elektrodenpotentiale einzelner Elektroden sind nicht direkt messbar.

e) Zellspannung U_{Zelle}
An den Elektroden messbare Spannung, es gilt:

$U_{Zelle} = E(\text{Akzeptorhalbzelle}) - E(\text{Donatorhalbzelle})$

f) Standardwasserstoffelektrode
- platiniertes Platinblech in wässriger Lösung mit Standardkonzentration an $H^+(aq)$-Ionen $c° = 1{,}00\ mol \cdot l^{-1}$, umspült von Wasserstoffgas mit dem Standarddruck $p° = 1000\ hPa$
- $E°(H^+/H_2(Pt)) = 0{,}00\ V$ bei 25 °C

g) Standardelektrodenpotential $E°$
Elektrodenpotential unter Standardbedingungen ($c° = 1{,}00\ mol \cdot l^{-1}$, $p° = 1000\ hPa$), das gegen eine Standardwasserstoffelektrode gemessen wird.

h) Elektrochemische Spannungsreihe:
- Ordnung von Redoxpaaren nach ihren Standardelektrodenpotentialen
- Bezugspunkt ist das Potential der Standardwasserstoffelektrode.
- Je kleiner das Standardelektrodenpotential ist, umso leichter wird die reduzierte Form eines Redoxpaares oxidiert.

i) Nernst-Gleichung
- Zusammenhang zwischen dem Elektrodenpotential einer Halbzelle und dem Logarithmus der Ionenkonzentration
- Für Metallhalbzellen gilt:

$$E(Me^{z+}/Me) = E°(Me^{z+}/Me) + \frac{0{,}059\ V}{z} \lg \frac{c(Me^{z+})}{mol \cdot l^{-1}}$$

4. Elektrochemische Energiequellen

a) Batterien
- galvanische Zellen, die nicht wieder aufgeladen werden können (Primärzellen).
- *Beispiele:* Zink-Kohle-Batterie, Zink-Luft-Batterie, Alkali-Mangan-Batterie, Zink-Silberoxid-Batterie, Lithium-Mangandioxid-Batterie

b) Akkumulatoren
- galvanische Zellen, die bei Anlegen einer Spannung durch Umkehrung der Zellreaktion wieder aufgeladen werden können (Sekundärzellen).
- *Laden:* elektrische Energie wird in chemische Energie umgewandelt
- *Entladen:* chemische Energie wird in elektrische Energie umgewandelt
- *Beispiele:* Bleiakkumulator, Nickel-Metallhydrid-Akkumulator, Lithium-Ionen-Akkumulator

c) Lithium-Ionen-Akkumulator
Donatorhalbzelle (Minuspol): Graphit
Akzeptorhalbzelle (Pluspol): Lithium-Metalloxid
Li^+-Ionen dienen nur als Ladungsträger und werden in den Elektrodenmaterialien zum Ladungsausgleich eingelagert. Zwischen den Elektroden befindet sich ein wasserfreier, organischer Elektrolyt, in dem Lithiumsalze gelöst sind.
Zellspannung: etwa 3,7 V

d) Brennstoffzellen

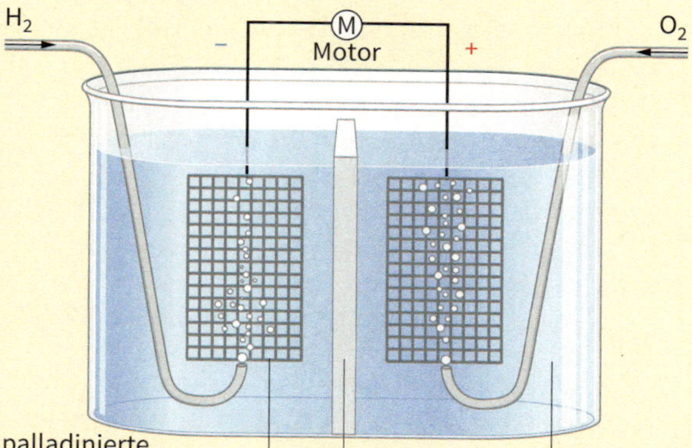

- *Vorteil:* Die Edukte und Produkte können kontinuierlich zu- und abgeführt werden, sodass fortlaufend chemische in elektrische Energie umgewandelt werden kann.
- *Wasserstoff-Sauerstoff-Brennstoffzelle:* Wasserstoff und Sauerstoff reagieren zu Wasser. Die beiden am häufigsten verwendeten Typen sind die alkalische Brennstoffzelle und die Polymerelektrolyt-Brennstoffzelle.
- *Direktmethanol-Brennstoffzelle:* Statt Wasserstoff wird Methanol mit Luftsauerstoff zu Kohlenstoffdioxid und Wasser umgesetzt.

e) Kenndaten von elektrochemischen Energiequellen
- *Nennspannung:* für eine bestimmte Kombination von Halbzellen spezifisch
- *Kapazität:* Menge an Ladung, die einer galvanischen Zelle entnommen werden kann
- *Leistung:* gelieferte Energie pro Zeit
- *Energie:* einer Zelle entnehmbare Energie
- *Zyklenzahl:* Zahl der Lade-Entlade-Zyklen bei Akkumulatoren, bis der Akkumulator unbrauchbar geworden ist.

5. Wirkungsgrad

Der Wirkungsgrad bezeichnet die Effizienz einer technischen Einrichtung. Bei Batterieantrieben oder Verbrennungsmotoren wird der Anteil der Reaktionsenthalpie betrachtet, der in Bewegungsenergie umgewandelt werden kann.

Elektrochemische Spannungsquellen

Testen Sie sich

A1 a) Erklären Sie, weshalb Redoxreaktionen ein Beispiel für das Donator-Akzeptor-Konzept sind.
b) Nennen Sie Voraussetzungen dafür, dass ein Teilchen als Elektronendonator oder als Elektronenakzeptor reagieren kann.

A2 a) Erklären Sie, was man unter einer Oxidationszahl versteht und beschreiben Sie allgemein, wie man unter Anwendung von Oxidationszahlen feststellen kann, ob eine Redoxreaktion vorliegt.
b) Ermitteln Sie alle Oxidationszahlen der an den folgenden Reaktionen beteiligten Atome. Begründen Sie, ob eine Redoxreaktion vorliegt.
A $Ca(s) + 2\,H_2O(l) \rightarrow Ca(OH)_2(aq) + H_2(g)$
B $CaO(s) + H_2O(l) \rightarrow Ca(OH)_2(aq)$
C $Cu(s) + 4\,HNO_3(aq) \rightarrow$
$Cu(NO_3)_2(aq) + 2\,NO_2(g) + 2\,H_2O(l)$

A3 Gibt man eine Lösung von Eisen(II)-sulfat zu einer mit verdünnter Schwefelsäure angesäuerten Kaliumpermanganatlösung ($KMnO_4(aq)$), entfärbt sich die violette Permanganatlösung und die Lösung wird zunehmend gelblich. Es entstehen Mn^{2+}- und Fe^{3+}-Ionen. Stellen Sie die Redoxgleichung auf.

A4 a) Skizzieren Sie den Aufbau einer galvanischen Zelle mit den Metallen Zink und Silber. Beschriften Sie die Skizze. Kennzeichnen Sie den Elektronenfluss im Stromkreis und die Wanderungsrichtung der Ionen in der Lösung, wenn diese Zelle mit einem Energiewandler betrieben wird.
b) Stellen Sie die entsprechenden Teilgleichungen für Oxidation und Reduktion auf und leiten Sie daran die Redoxgleichung ab.
c) Stellen Sie das Zelldiagramm auf, berechnen Sie die Zellspannung U_{Zelle} unter Standardbedingungen. Ermitteln Sie Donator- und Akzeptorhalbzelle.

A5 Erklären Sie an einem selbst gewählten Beispiel die Unterschiede zwischen einer Primärzelle und einer Sekundärzelle.

◇ **A6** Gegeben sind folgende Halbzellen:
$Sn/Sn^{2+}(1\ mol \cdot l^{-1})$ und $Pb/Pb^{2+}(0{,}001\ mol \cdot l^{-1})$
a) Berechnen Sie die Elektrodenpotentiale beider Halbzellen und die Zellspannung.
b) Bestimmen Sie Donator- und Akzeptorhalbzelle und geben Sie die Fließrichtung der Elektronen an, wenn ein Energiewandler angeschlossen ist.

Lösungen finden Sie unter www.westermann.de/chemie-heute-152079
Nutzen Sie zur Anmeldung den Online-Schlüssel auf der vorderen Umschlagsinnenseite.

Die wichtigsten Begriffe

- Elektronengasmodell, Metallbindung
- Elektronenübertragungsreaktion, Redoxreaktion
- Oxidationszahl, Donator-Akzeptor-Konzept
- Redoxtitration
- Redoxreihe, elektrochemische Spannungsreihe
- galvanische Zelle
- Pluspol, Minuspol
- Redoxpaar, Halbzelle, Zelldiagramm
- Elektrodenpotential, Zellspannung
- Standardwasserstoffelektrode, Standardelektrodenpotential
- Konzentrationszelle, Nernst-Gleichung
- Batterie, Akkumulator
- Brennstoffzelle
- Nennspannung, Leistung, Kapazität, Energiedichte
- Wirkungsgrad, Well-to-Wheel

B1 a) Erklären Sie die oben stehenden Begriffe.
b) Verknüpfen Sie die Begriffe zu einer Conceptmap.
c) Übertragen Sie die Begriffe und Ihre Erklärungen in digitale Karteikarten.

B2 Bei der Gewinnung von Roheisen im Hochofen laufen verschiedene Redoxreaktionen ab: Koks wird zu Kohlenstoffmonooxid verbrannt, Eisenoxid (Fe_2O_3) wird mit Kohlenstoffmonooxid zu Eisen reduziert, Kohlenstoffmonooxid zerfällt dabei in Kohlenstoff und Kohlenstoffdioxid.
a) Formulieren Sie jeweils die Reaktionsgleichungen und geben Sie die Oxidationszahlen an.
b) Benennen Sie für den Zerfall des Kohlenstoffmonooxids die Art der Reaktion.
c) Berechnen Sie die Reaktionsenthalpie für den Zerfall des Kohlenstoffmonooxids.

B3 Ein Laborant soll einen Chemikalienschrank aufräumen. Dabei entdeckt er auch drei nicht beschriftete Flaschen: Eine Flasche enthält eine blaue Lösung, die anderen beiden jeweils eine farblose Lösung. Außerdem findet er ein mattgraues und ein silbern glänzendes Metallstück sowie Etiketten mit den Aufschriften: Silbernitratlösung, Kupfersulfatlösung, Zinksulfatlösung, Zink und Silber. Auf Nachfrage erhält er den Auftrag, eine mithilfe von Experimenten die Stoffe zuzuordnen.
a) Benennen Sie die Stoffe, die schon durch ihr Aussehen zugeordnet werden können.
b) Entwickeln Sie eine Versuchsreihe, mit deren Hilfe eine weitgehende Zuordnung der Stoffe möglich wird und erläutern Sie den theoretischen Hintergrund für Ihre Vorgehensweise.

c) Stellen Sie für die in der Versuchsreihe abgelaufenen Reaktionen die Reaktionsgleichungen auf.

B4 Die Zink-Luft-Batterie wird als Knopfzelle in Hörgeräten verwendet. Öffnet man eine neue Batterie, so kann man ein silbergraues Pulver erkennen, in einer verbrauchten Batterie dagegen weiße Krümel.
a) Erklären Sie, auch mit Reaktionsgleichungen, diese Veränderung.
b) Als Elektrolyt wird in dieser Batterie eine Kaliumhydroxidlösung verwendet. Diskutieren Sie die Aufgabe des Elektrolyten, beachten Sie dabei auch mögliche Folgereaktionen.
c) Beim Kauf solcher Batterien ist der Pluspol mit einem Kunststoffstreifen abgeklebt, der vor Inbetriebnahme entfernt werden muss. Erläutern Sie diese Maßnahme.

◇ **B5** Die Daniell-Zelle besteht aus einer Kupferhalbzelle und einer Zinkhalbzelle. In einer solchen Batterie beträgt die Konzentration der Metall-Ionen in den beiden Halbzellen zunächst $c(M^{2+}) = 0{,}1\ mol \cdot l^{-1}$.
Nach einiger Zeit im Betrieb ist die Konzentration der Cu^{2+}-Ionen auf ein Zehntel der Ausgangskonzentration gesunken.
a) Ermitteln Sie die entsprechende Konzentration der Zn^{2+}-Ionen und erläutern Sie Ihren Lösungsweg.
b) Berechnen Sie für beide Konzentrationen die Potentiale der Halbzellen und die Zellspannungen U_{Zelle}.
c) Erläutern Sie, wie sich die Folgereaktion der Zn^{2+}-Ionen in einer alkalischen Lösung auf Elektrodenpotential und Zellspannung auswirkt.

◇ **B6** Aus der Spannung einer Konzentrationszelle lässt sich die Ionenkonzentration in der Donatorhalbzelle berechnen, wenn die Ionenkonzentration in der Akzeptorhalbzelle bekannt ist. Eine Silber-Konzentrationszelle zeigt eine Spannung von 0,55 V. Die eine Halbzelle enthält eine Silbernitratlösung ($c(Ag^+) = 0{,}01\ mol \cdot l^{-1}$), die andere eine Kaliumbromidlösung ($c(Br^-) = 0{,}1\ mol \cdot l^{-1}$) mit einen Niederschlag von Silberbromid (AgBr).
a) Zeichnen Sie den Aufbau der Zelle und skizzieren Sie die bei Betrieb ablaufenden Prozesse.
b) Berechnen Sie die Konzentration der Ag^+-Ionen in der Donatorhalbzelle.

◇ **B7** Viele Bleachingmittel für Zähne erhalten als Bleichmittel Carbamidperoxid, das im Mundraum Wasserstoffperoxid und Harnstoff freisetzt. Wasserstoffperoxid ist das eigentliche Bleichmittel. Frei verkäufliche Produkte dürfen nur einen Massenanteil von $w = 0{,}1\ \%$ Wasserstoffperoxid enthalten. Produkte mit höheren Gehalten sind nur für den Gebrauch durch Zahnärzte erlaubt. Für ein Bleachinggel aus einem Onlineshop wurde der Gehalt an Wasserstoffperoxid manganometrisch bestimmt. Dazu wird eine violette Kaliumpermanganatlösung langsam zu einer farblosen Probelösung getropft. Die Lösung wird durch die gebildeten Mn^{2+}-Ionen rosa gefärbt. Sobald der zu untersuchende Stoff vollständig oxidiert ist, bleibt die violette Färbung durch das zugegebene Kaliumpermanganat erhalten; der Endpunkt der Titration ist erreicht.
Zur Untersuchung des Bleachinggels wurden 0,39 g der Substanz in 100 ml mit Schwefelsäure angesäuertem Wasser gelöst. Die als Maßlösung verwendete Kaliumpermanaganatlösung hatte eine Konzentration von $c(MnO_4^-) = 0{,}02\ mol \cdot l^{-1}$. Bis zum Endpunkt der Titration wurden 25 ml Maßlösung verbraucht.
a) Formulieren Sie die Redoxgleichung für die bei der Titration ablaufende Reaktion.
b) Berechnen Sie den Massenanteil an Wasserstoffperoxid $w(H_2O_2)$ für das Produkt und beurteilen Sie, ob Sie das Bleachinggel nutzen dürften.

◇ **B8** Nach der Trinkwasserverordnung darf die Konzentration der beiden Schwermetall-Ionen von Nickel (Ni^{2+})und Chrom (Cr^{3+}) einen Grenzwert von je 0,05 mg · l^{-1} nicht überschreiten. Zur Bestimmung der Konzentration der Ni^{2+}-Ionen wird in die Trinkwasserprobe eine Nickelelektrode eingetaucht. Diese Halbzelle wird mit einer Nickelhalbzelle aus einer Nickelelektrode und einer Nickelsulfatlösung ($c = 0{,}1\ mol \cdot l^{-1}$) zu einer galvanischen Zelle verbunden. Man misst eine Spannung von $U_{Zelle} = 0{,}207\ V$, wobei die Nickelelektrode in der Wasserprobe den Minuspol bildet.
Zur Bestimmung der Cr^{3+}-Ionenkonzentration wird eine Chromelektrode in die Wasserprobe getaucht und mit der gleichen Nickelhalbzelle ($Ni \mid Ni^{2+}$ ($c = 0{,}1\ mol \cdot l^{-1}$)) zu einer galvanischen Zelle verbunden. Man misst eine Spannung von $U_{Zelle} = 0{,}657\ V$. Auch hier ist die Chromelektrode der Minuspol.
a) Fertigen Sie eine beschriftete Skizze der beschriebenen galvanischen Zellen zur Bestimmung der Konzentration der Ni^{2+}-Ionen in Trinkwasser an und geben Sie das Zelldiagramm an.
b) Formulieren und erläutern Sie die Teilgleichungen sowie die Gesamtgleichung der Reaktionen, die in der Zelle aus Aufgabe a) ablaufen.
c) Berechnen Sie Konzentration der Ni^{2+}-Ionen in der Wasserprobe.
d) Führen Sie für die Bestimmung der Konzentration an Cr^{3+}-Ionen die analogen Schritte aus den Aufgaben a) bis c) durch.
e) Beurteilen Sie, ob die untersuchten Trinkwasserproben noch dem angegebenen Grenzwert genügen.

Elektrochemische Spannungsquellen

C1 Vom Froschschenkel zur Batterie

Haken aus ...	Berührung mit ...	Reaktion der Schenkel
Kupfer	Eisen	Zucken
Eisen	Kupfer	Zucken
Eisen	Eisen	kein Zucken
Zink	Eisen	schwächeres Zucken
Zink	Kupfer	stärkeres Zucken

1 *Versuche mit Froschschenkeln*

Die Entdeckung der elektrochemischen Energieumwandlung geht auf das italienische Ehepaar Luigi und Lucia GALVANI zurück. So soll nach einem Bericht Lucia GALVANI 1780 folgende zufällige Beobachtung gemacht haben: Sie lagerte enthäutete, noch rohe Froschschenkel in einer Schüssel aus Zinn, um sie danach zu braten. Beim Berühren mit einem Eisenmesser zuckten die Froschschenkel plötzlich. In einem anderen Bericht heißt es, dass Luigi GALVANI rohe Froschschenkel mit Kupferhaken an ein Eisengitter gehängt habe. Berührten die Froschschenkel vom Wind getrieben das Eisengitter, begannen sie lebhaft zu zucken. Der Vorgang ließ sich beliebig oft wiederholen. Luigi GALVANI deutete dies fälschlicherweise als tierische Elektrizität. Der italienische Physiker Alessandro VOLTA erkannte später, dass die Zuckungen durch die verschiedenen Metalle hervorgerufen wurden (Abb. 1).

a) Erklären Sie die im Text beschriebenen Zufallsentdeckungen anhand Ihrer Kenntnisse zu galvanischen Zellen. Gehen Sie dabei auch auf die in Abb. 1 dargestellten Versuchsbeobachtungen ein.

b) Stellen Sie eine Vermutung auf, wie sich die Froschschenkel bei folgenden Metallkombinationen verhalten: A: Kupferhaken und Kupfergitter; B: Zinkteller und Gabel aus Silber.

c) Skizzieren Sie für die im Text genannten Beispiele die galvanischen Zellen. Ordnen Sie jeweils Pluspol und Minuspol zu und stellen Sie die Reaktionsgleichungen für die spannungsliefernden Reaktionen auf (am edleren Metall bildet sich aus dem Elektrolyten Wasserstoff). Berechnen Sie die Zellspannung über die Standardelektrodenpotentiale.

d) In zwei weiteren Versuchen tauchte man einmal die Froschschenkel in Salzwasser, ein anderes Mal marinierte man die Froschschenkel in Öl, bevor man sie, wie GALVANI es tat, mit einem Kupferhaken an das Eisengitter hängte. Die in Salzwasser getunkten Schenkel zuckten deutlich stärker, die marinierten Schenkel nur selten und dann auch sehr schwach. Erklären Sie diese Beobachtungen.

C2 Die älteste Batterie?

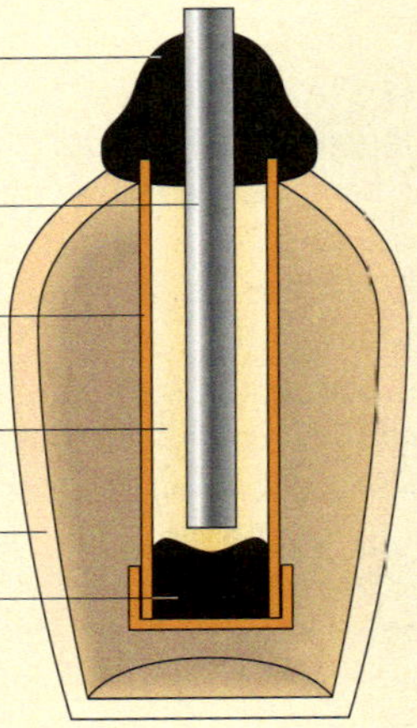

2 *Bagdad-Batterie*

Nicht erst seit GALVANI und VOLTA können Menschen Strom auf elektrochemischem Wege herstellten. Im Irak-Museum von Bagdad steht eine etwa 14 cm hohe Tonvase mit eigentümlichem Inhalt (Abb. 2). Der Eisenstab war nach unten hin zunehmend zerfressen und ragte, wie auch ein Teil des Kupferzylinders etwa einen Zentimeter über den Pfropf aus Asphalt hinaus. Diese 1936 bei Ausgrabungsarbeiten am Hügel Khujut Rabbou'a südöstlich von Bagdad gefundene Vase wurde auf die Zeit zwischen 248 vor Christus und 226 nach Christus datiert. Sie diente den Menschen in der Region, den Parthern, vermutlich als Batterie, denn sobald man auch nur Traubensaft, Essig oder Salzwasser in den Kupferzylinder einfüllt, lässt sich zwischen dem Eisenstab und dem Kupferzylinder eine Spannung von etwa 0,4 V messen.

a) Beschreiben Sie den inneren Aufbau der Tonvase und begründen Sie, weshalb der Aufbau für eine Batterie spricht.

b) Ordnen Sie den Metallen Pluspol und Minuspol zu und erklären Sie die Funktion der Metalle sowie der zugesetzten Lösungen.

c) Stellen Sie die Teilgleichungen für die Oxidation und die Reduktion auf. Bedenken Sie, dass die Elektrolytlösungen leicht sauer sind.

d) In einer Zeitschrift findet sich folgende Werbung: „Eine Uhr, die nur mit Wasser betrieben wird. Einfach den Tank mit Wasser füllen und eine Prise Salz oder einen Spritzer Zitronensaft zugeben, schon läuft die Uhr." Die Uhr besteht aus einer Kammer, in die ein Kupfer- und ein Zinkblech hineinragen.
Erklären Sie die Funktionsweise der Uhr und nehmen Sie kritisch Stellung zu der Werbeaussage, dass die Uhr wirklich nur mit Wasser betrieben wird.

C3 Akku oder Brandsatz?

3 *Li-Ionen-Akku – brandgefährlicher Zukunftsenergieträger?*

Berichte über brennende oder explodierende Lithium-Ionen-Akkumulatoren geistern immer wieder durch die Presse und das Internet (Abb. 3). Sogar ein Flugzeugtyp wurde deswegen vorübergehend stillgelegt. Als Ursache wird meistens angegeben, dass beim Laden entstandene Lithiumspitzen durch den Separator gewachsen sind und ein Kurzschluss den Akku entzündete. Diese Lithiumspitzen können sich beim sogenannten Schnellladen bilden. Dabei erfolgt der Ladevorgang mit deutlich höherer Spannung, als es der Zellspannung entspricht. Mit höherer Spannung steigt die Stromstärke. Damit verkürzt sich die Ladezeit.

a) Zeichnen Sie das Funktionsbild eines Lithium-Ionen-Akkus, beschriften Sie Ihre Abbildung und benennen Sie die Funktion der einzelnen Bauteile.
b) Formulieren Sie die Reaktionsgleichungen für den Entladevorgang und den Ladevorgang beim Lithium-Ionen-Akku und leiten Sie daraus die Bezeichnung *Lithium-Ionen-Akku* ab.
c) Vergleichen Sie den Aufbau und den Entladevorgang des Lithium-Ionen-Akkus mit dem eines Bleiakkus. Leiten Sie aus dem Aufbau beider Akkus ab, warum sich der Lithium-Ionen-Akku bei einem Kurzschluss entzünden kann.
d) ◇ Lithium-Ionen-Akkus werden auch in modernen Elektroautos eingesetzt. Die Reichweite dieser Autos ist derzeit jedoch noch vergleichsweise gering. Um ein Auto 500 km weit fahren zu lassen, benötigt man etwa 90 kWh elektrische Energie. Berechnen Sie, wie schwer die folgenden Akkus sein müssen, damit das Auto die Strecke von 500 km zurücklegen kann. Die Energiedichte eines Bleiakkus beträgt $30\ Wh \cdot kg^{-1}$, die eines NiMH-Akkus $60\ Wh \cdot kg^{-1}$ und die eines Lithium-Ionen-Akkus bis zu $200\ Wh \cdot kg^{-1}$.

C4 Fischzucht in jedem Gewässer?

Güteklasse	Grad der organischen Belastung	O_2-Gehalt in $mg \cdot l^{-1}$	Eignung als Fischgewässer
I	unbelastet	über 8	Laichgewässer für Edelfische
II	mäßig belastet	über 6	ertragreiche Fischgewässer
III	kritisch belastet	über 4	Fischsterben möglich durch Sauerstoffmangel
IV	stark verschmutzt	über 2	geringe Fischerträge; periodisches Fischsterben
V	übermäßig verschmutzt	unter 2	kein dauerhaftes Überleben der Fische

4 *Güteklassen von Gewässern*

Sie sind Fischzüchterin oder Fischzüchter für Karpfen und Zander und möchten zwei weitere Teiche für die Zucht pachten. Für Ihre Zanderzucht benötigen Sie einen Teich mit Wasser der Güteklasse I, die Karpfen gedeihen am besten in mäßig belastetem Wasser. Drei Teiche sind in der engeren Wahl. Durch die Bestimmung des Sauerstoffgehalts erhoffen Sie sich eine Einschätzung der Wasserqualität und somit über die Nutzbarkeit des jeweiligen Gewässers (Abb. 4). Ein klassisches Verfahren zur Bestimmung des Sauerstoffgehalts ist die Winkler-Methode.

Untersuchungen haben die folgenden Messwerte für die Teiche ergeben:
Teich A: $V(\text{Probe}) = 104{,}3\ ml$; $V(S_2O_3^{2-}(aq)) = 8{,}1\ ml$
Teich B: $V(\text{Probe}) = 99{,}4\ ml$; $V(S_2O_3^{2-}(aq)) = 8{,}6\ ml$
Teich C: $V(\text{Probe}) = 102{,}7\ ml$; $V(S_2O_3^{2-}(aq)) = 5{,}8\ ml$

a) Beschreiben Sie die einzelnen Schritte der Sauerstoffbestimmung nach der Winkler-Methode. Formulieren Sie die Reaktionsgleichungen und begründen Sie anhand von Oxidationszahlen, welche Teilchen oxidiert und welche reduziert werden.
b) Ermitteln Sie das Stoffmengenverhältnis zwischen den im Wasser gelösten O_2-Molekülen und den verbrauchten $S_2O_3^{2-}$-Ionen.
c) Berechnen Sie den Sauerstoffgehalt für die vorgelegten Gewässerproben und bestimmen Sie die Güteklasse. Geben Sie die Werte als Massenkonzentration β in $mg(\text{Sauerstoff}) \cdot l^{-1}(\text{Wasser})$ an.
d) Wählen Sie zwei der Seen für Ihr Zuchtvorhaben aus. Begründen Sie Ihre Entscheidung.

Kapitel 4

Elektrische Energie für chemische Reaktionen

Elektrizität und Chemie scheint auf den ersten Blick nichts zu verbinden. Tatsächlich nutzte man aber bis zur Erfindung des Generators chemische Reaktionen zur Stromerzeugung. Umgekehrt konnten schon früh chemische Elemente elektrochemisch mittels Elektrolyse gewonnen werden. Noch heute stellt man bedeutsame Metalle wie Aluminium und Zink und auch wichtige Nichtmetalle wie Chlor oder Wasserstoff elektrolytisch her. Die Elektrolyse ermöglicht es sogar, kleinste Mengen an Edelmetallen aus Elektroschrott zurückzugewinnen. Doch elektrische Energie wird nicht nur für die Gewinnung von Elementen aus Verbindungen verwendet. Auch für den Korrosionsschutz sind elektrolytische Verfahren hilfreich, wenn es um das Aufbringen dünner Schutzschichten geht.

Was Sie schon kennen:

- woran man eine Reduktion und eine Oxidation erkennen kann,
- das Donator-Akzeptor-Prinzip bei Elektronenübertragungsreaktionen,
- den Aufbau galvanischer Zellen aus zwei Halbzellen, sowie die elektrochemischen Gleichgewichte an den Elektroden,
- wie man anhand der Standardelektrodenpotentiale die Zellspannung bestimmt,
- die Vorgänge beim Laden eines entladenen Akkus wie dem Bleiakku,
- die Einteilung der Metalle in edle und unedle Metalle,
- typische Anwendungen für Gebrauchsmetalle.

In diesem Kapitel lernen Sie:

- **wie** eine Elektrolysezelle aufgebaut ist und welche Vorgänge darin ablaufen,
- **was** Elektrolyse und galvanische Zelle miteinander zu tun haben,
- **was** Zersetzungs- und Überspannung bedeuten,
- **wie** man mit den Faradayschen Gesetzen Elektrolysevorgänge quantitativ beschreiben kann,
- **wie** man Chlor, Aluminium und Kupfer technisch durch Elektrolyse gewinnen kann,
- **wie** sich Metalle aus Smartphones und elektronischen Geräten zurückgewinnen lassen,
- **wie** man Metalle vor Korrosion schützen kann.

Sind Sie fit für dieses Kapitel?

1 Die nebenstehende Abbildung zeigt die Elektroden in einem geladenen Bleiakkumulator sowie die darin vorkommenden charakteristischen Teilchensorten. Pfeile, die die ablaufenden Reaktionen kennzeichnen, fehlen.
a) Übernehmen Sie die Schemazeichnung in Grundzügen in Ihr Heft und kennzeichnen Sie die beim Entladen des Akkus ablaufenden Reaktionen (schwarze Pfeile) und die Richtung des Elektronenflusses (rote Pfeile). Ordnen Sie auch die Pole den Elektroden zu.
b) Stellen Sie die Teilgleichungen für die Elektrodenreaktionen auf und formulieren Sie daraus eine Redoxgleichung. Ordnen Sie Reduktion und Oxidation zu. Nutzen Sie dafür Oxidationszahlen.
c) Erklären Sie, warum es sich beim Bleiakkumulator um eine galvanische Sekundärzelle handelt. Geben Sie das Zelldiagramm an.
d) Leiten Sie aus den Standardelektrodenpotentialen die Zellspannung der Zelle ab.
e) Beschreiben Sie die beim Betrieb zu erwartenden Veränderungen an den Elektroden.

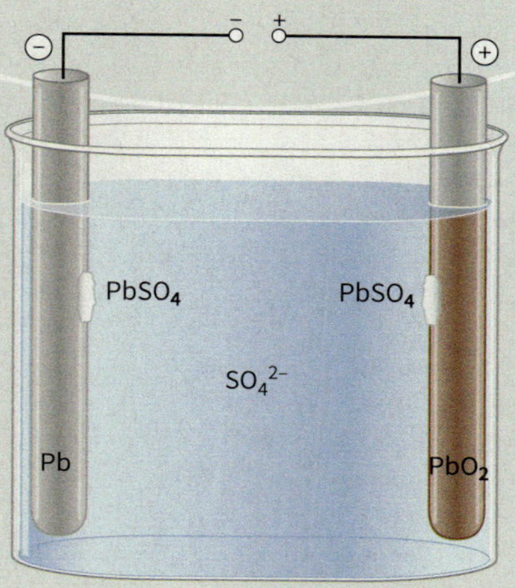

2 Fertigen Sie eine Skizze zum Ladevorgang des Bleiakkumulators an und kennzeichnen Sie darin die ablaufenden Redoxprozesse durch Pfeile und anhand von Teilgleichungen für die Oxidation und die Reduktion.

Lösungen und weitere Aufgaben finden Sie unter www.westermann.de/chemie-heute-152079 Nutzen Sie zur Anmeldung den Online-Schlüssel auf der vorderen Umschlagsinnenseite.

4.1 Elektrolysen sind erzwungene Redoxreaktionen

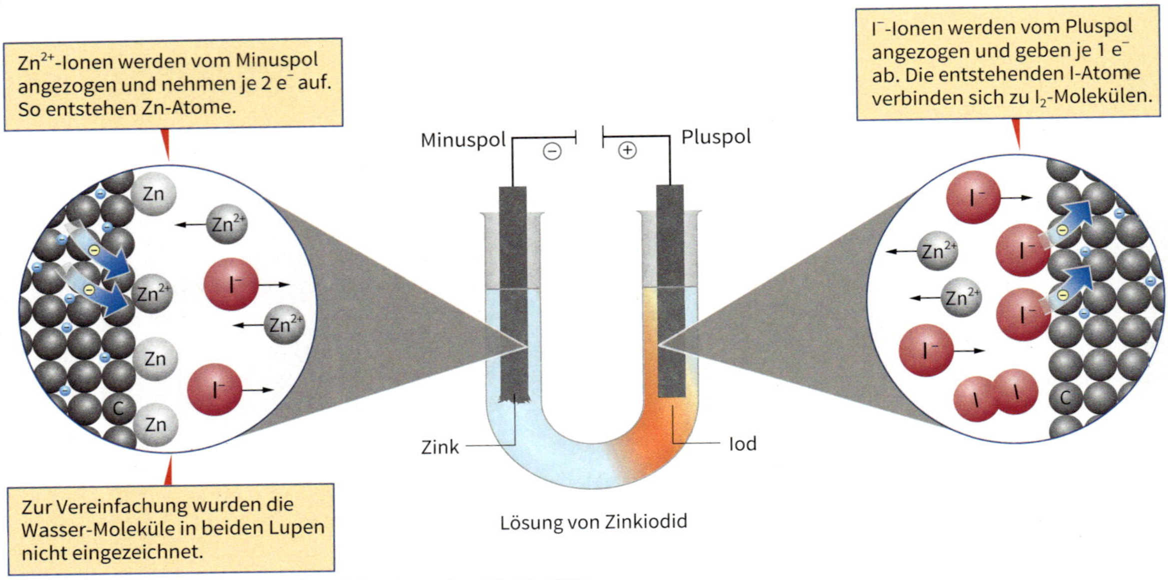

1 *Bildung von Zink und Iod bei der Elektrolyse einer Zinkiodidlösung*

In galvanischen Zellen wie der Zink-Iod-Zelle laufen Redoxreaktionen freiwillig ab. Dabei wird innere Energie in elektrische Energie umgewandelt (↗S. 32). Die Vorgänge entsprechen dem Entladen einer Batterie oder eines Akkumulators. Führt man nach längerem Betrieb einer Zink-Iod-Zelle oder einem Akkumulator elektrische Energie von außen zu, lassen sich die in der Zelle abgelaufenen Redoxreaktionen wieder umkehren. Einen solchen Vorgang bezeichnet man als **Elektrolyse**. Die zugeführte Energie wird als innere Energie in den entstehenden Produkten gespeichert.

Elektrolyse von Zinkiodidlösung. Taucht man zwei Graphitelektroden in eine Lösung von Zinkiodid und legt eine Gleichspannung an, zeigen sich in der Lösung um den Pluspol (Kathode) herum braungelbe Schlieren. Es entsteht also elementares Iod. Am Minuspol (Anode) überzieht eine gräuliche Schicht aus metallischem Zink den in die Elektrolytlösung eingetauchten Elektrodenbereich (Abb. 1). Aus der Zinkiodidlösung lassen sich elektrolytisch die elementaren Stoffe Zink und Iod gewinnen.

An den Graphitelektroden herrscht am *Minuspol* durch die angelegte Gleichspannung ein Elektronenüberschuss. Positiv geladene Zn^{2+}-Ionen nehmen an der Elektrodenoberfläche Elektronen auf und werden zu Zn-Atomen reduziert (Abb. 1).

Minuspol (Kathode): $Zn^{2+}(aq) + 2\,e^- \dashrightarrow Zn(s)$

Am *Pluspol* liegt ein Elektronenmangel vor. Die negativ geladenen I^--Ionen (Iodid-Ionen) geben an der Elektrodenoberfläche je ein Elektron ab und werden zu Iod-Molekülen oxidiert.

Pluspol (Anode): $2\,I^-(aq) \dashrightarrow I_2(aq) + 2\,e^-$

Ionenwanderung. Die Grundlage der elektrischen Leitfähigkeit von Lösungen sowie der Elektrolyse sind bewegliche Ladungsträger. Im Elektrolyten der Elektrolyse sind *solvatisierte Ionen* die Ladungsträger. Wird eine Spannung angelegt, bewirkt die Polung der Elektroden eine *Ionenwanderung* in der Lösung. Die negativ geladenen Ionen wandern zum Pluspol, die positiv geladenen Ionen zum Minuspol. Experimentell lässt sich die Ionenwanderung besonders gut bei Ionen beobachten, die farbige Lösungen bilden. Platziert man einen Kaliumpermanganatkristall zwischen zwei Elektroden in einer Kaliumchloridlösung, bildet sich ein violetter Farbhof um den Kristall. Die Färbung wird durch einfach negativ geladene Permanganat-Ionen ($MnO_4^-(aq)$) verursacht. Legt man nun eine Gleichspannung an, wandern die violetten Schlieren langsam in Richtung Pluspol (Abb. 2).

Elektrolyse und galvanische Zelle. Unterbricht man die erzwungene Reaktion bei der Elektrolyse der Zinkiodidlösung, lässt sich zwischen den Elektroden eine Spannung von etwa 1,38 V messen. Diese entspricht der Spannung der galvanischen Zelle aus einer Zinkhalbzelle und einer Iodhalbzelle. Aus der Elektrolysezelle ist eine galvanische Zelle geworden, in der die umgekehrte Reaktion freiwillig abläuft. Am Minuspol der galvanischen Zelle werden jetzt Metall-Atome durch

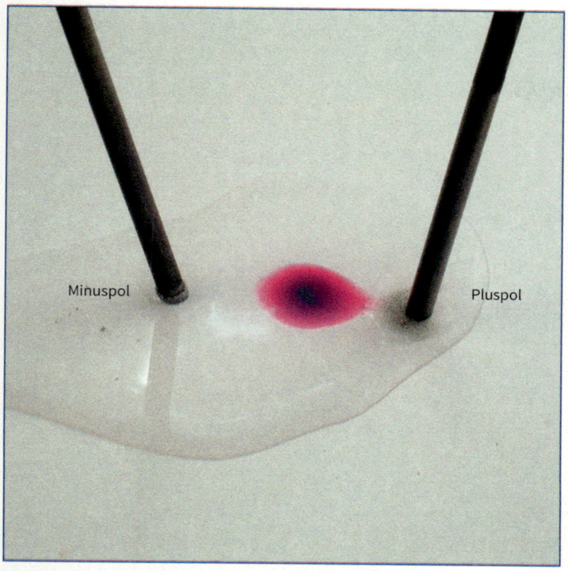

2 *Ionenwanderung bei angelegter Gleichspannung*

Elektronenabgabe oxidiert und am Pluspol Nichtmetall-Atome durch Elektronenaufnahme reduziert. Die Polung bleibt im Vergleich zur Elektrolyse gleich, aber zwischen den örtlich getrennt ablaufenden Reaktionen ändert sich die Richtung des Elektronenflusses.

Elektrolyse (endotherm): Elektrische Energie erzwingt die Reaktion.

Umkehrbare Reaktion: $Zn^{2+} + 2\,I^- \rightleftharpoons Zn + I_2$

Galvanische Zelle (exotherm): Elektrische Energie wird freigesetzt. Die Reaktion läuft freiwillig ab.

Energiebilanz. Durch Zufuhr von elektrischer Energie bilden sich bei der Elektrolyse energiereiche Stoffe wie das Metall Zink und das Nichtmetall Iod. Die Elektrolyse kann somit genutzt werden, um die Elemente aus ihren Salzlösungen zu gewinnen. Dabei wird die zugeführte elektrische Energie zu großen Teilen in den Produkten als innere Energie gespeichert. Ein Teil der elektrischen Energie wird aber auch in Wärmeenergie umgewandelt.

In der galvanischen Zelle laufen die Reaktionen in umgekehrter Richtung ab. Die Atome der energiereichen Stoffe Zink und Iod reagieren zu ihren Ionen. Dabei wird elektrische Energie freigesetzt.

Elektrolysen sind erzwungene Redoxreaktionen. Die zugeführte elektrische Energie wird als innere Energie gespeichert. Die Elektrolyse ist die Umkehrung der Reaktionen einer galvanischen Zelle.

1 Partner A: Elektrolyse einer Zinkbromidlösung
Partner B: Galvanische Zelle bestehend aus einer Zinkhalbzelle und einer Bromhalbzelle
a) Zeichnen Sie für Ihr Beispiel den Versuchsaufbau und beschreiben Sie die Beobachtungen.
b) Erläutern Sie, wie es in Ihrem Beispiel zur Ausbildung des Minuspols und des Pluspols kommt.
c) Ordnen Sie die Begriffe Anode und Kathode zu.
Hinweis: An der Anode läuft immer die Oxidation ab.
d) Stellen Sie sich Ihre Ergebnisse gegenseitig vor und nennen Sie die Gemeinsamkeiten und die Unterschiede beider Versuchsaufbauten und der ablaufenden Prozesse in einer Tabelle.
e) Begründen Sie an diesen Beispielen, dass sich die stofflichen und energetischen Vorgänge umkehren.

2 Eine wässrige Lösung von Kupfer(II)-chlorid ($CuCl_2$) enthält Cu^{2+}(aq)-Ionen und Cl^-(aq)-Ionen. Die Lösung hat durch die hydratisierten Cu^{2+}-Ionen eine blaue Farbe.
a) Skizzieren Sie den Aufbau einer galvanischen Zelle aus einer Kupferhalbzelle und einer Chlorhalbzelle mit Graphitelektroden. Begründen Sie, dass bei dem Vorgang eine Lösung von Kupfer(II)-chlorid entsteht.
b) Stellen Sie das Zelldiagramm und die Reaktionsgleichungen für die Vorgänge an den Elektroden auf.
c) Durch den Einsatz elektrischen Stroms lassen sich aus der entstehenden Lösung die Elemente Kupfer und Chlor zurückgewinnen. Skizzieren Sie die Elektrolysezelle einer Kupfer(II)-chloridlösung. Erläutern Sie mögliche Beobachtungen an den Graphitelektroden.

3 Viele Elektrolysen werden mit Elektroden durchgeführt, die nicht an der Reaktion teilnehmen, also inert sind. Ermitteln Sie, welche Unterschiede es bei der Elektrolyse einer Zinkiodidlösung macht, wenn man die Graphitelektroden beider Pole gegen Zinkelektroden austauschen würde.

4 Bei der Elektrolyse einer Kupfer(II)-sulfatlösung werden die Kupferdrähte als Elektroden übereinander angeordnet. Es wird eine Gleichspannung angelegt. Die Lösung entfärbt sich im Bereich der oberen Elektrode und rotbraune Ablagerungen bilden sich an der nicht isolierten Drahtspitze. Im Bereich der unteren Elektrode wird die Lösung intensiver blau und der Kupferdraht zeigt keine Ablagerungen.

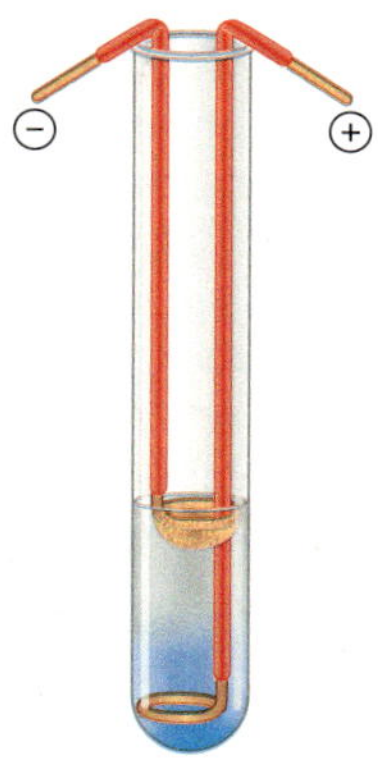

a) Geben Sie die an den beiden Elektroden stattfindenden Reaktionen an und erklären Sie die Farbänderungen der Lösung um die Elektroden.
b) Begründen Sie die unterschiedliche Länge der Elektroden und warum der längere Pluspol erst am Ende abisoliert werden darf.

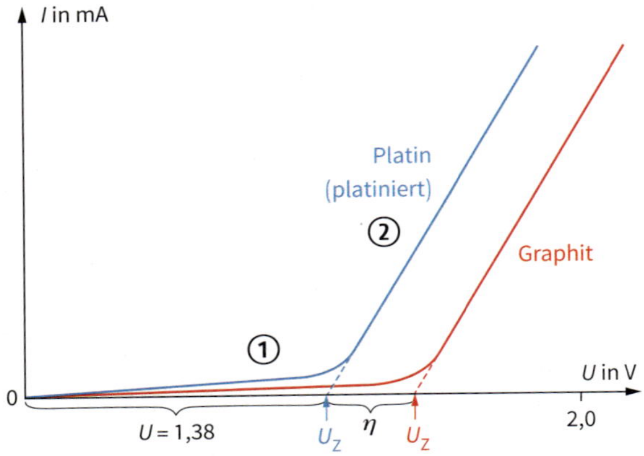

1 *Zersetzungsspannung und Überspannung*

Gas	Elektroden-material	Stromdichte in $A \cdot cm^{-2}$ 10^{-3}	10^{-2}	10^{-1}	10^{0}
H_2	Pt (platiniert)	−0,02	−0,04	−0,05	−0,07
	Pt (blank)	−0,12	−0,23	−0,35	−0,47
	Graphit	−0,60	−0,78	−0,97	−1,03
	Quecksilber	−0,94	−1,04	−1,15	−1,25
O_2	Pt (platiniert)	0,40	0,52	0,64	0,77
	Pt (blank)	0,72	0,85	1,28	1,49
	Graphit	0,53	0,90	1,09	1,24
Cl_2	Pt (platiniert)	0,006	0,016	0,026	0,08
	Pt (blank)	0,008	0,03	0,054	0,24
	Graphit	0,1	0,12	0,25	0,50

2 *Überspannungsanteile für einige Gase in Volt*

Um bei einer Elektrolyse nennenswerte Mengen an elementaren Stoffen zu erhalten, muss meist eine Spannung angelegt werden, die deutlich höher ist als die Zellspannung der entstehenden galvanischen Zelle. Das zeigt sich vor allem bei der Bildung gasförmiger Reaktionsprodukte. Eine wesentliche Rolle spielen dabei die Elektrodenmaterialien.

Gleichgewichtsspannung. Bei der Elektrolyse einer Zinkiodidlösung setzt eine schwache Reaktion an den Elektroden erst ab etwa 1,4 V ein. Auch die Stromstärke bleibt zunächst sehr gering, wie der anfängliche Verlauf der *Spannungs-Stromstärke-Kurve* zeigt (Abb. 1 ①). Diese Beobachtung lässt sich einfach erklären: Bereits bei geringer Spannung bilden sich geringe Mengen der Produkte Zink und Iod. Es entsteht somit eine galvanische Zelle, in denen Zn-Atome oxidiert und I_2-Moleküle reduziert werden. Die Zellspannung der galvanischen Zelle wirkt der Elektrolysespannung entgegen.

Bei der Elektrolyse einer Zinkiodidlösung fließt bis zu einem Spannungswert von 1,38 V praktisch kein elektrischer Strom. Es herrscht ein Gleichgewicht, denn die Reaktionen der Elektrolyse und der galvanischen Zelle laufen gleich schnell ab. Daher wird diese Spannung auch **Gleichgewichtsspannung *U*** genannt. Sie ergibt sich als Differenz der Halbzellenpotentiale E^0, die bei der Elektrolyse **Abscheidungspotentiale E_H^0** genannt werden. Es gilt:

$$U_{Zelle} = E^0(I_2/2\,I^-) - E^0(Zn^{2+}/Zn)$$

$$U_{Zelle} = 0{,}62\ V - (-0{,}76\ V) = 1{,}38\ V$$

Zersetzungsspannung. Eine Elektrolyse läuft erst ab einem bestimmten Spannungswert merklich ab. Man bezeichnet diese Mindestspannung als **Zersetzungsspannung U_Z**. Erhöht man die Spannung über die Zersetzungsspannung hinaus, läuft die Elektrolysereaktion schneller ab als die Umkehrreaktion in der galvanischen Zelle und die Stromstärke steigt linear an (Abb. 1 ②). Gleichzeitig erhöhen sich proportional die Stoffmengen der abgeschiedenen Produkte. Beim Ermitteln der Zersetzungsspannung verlängert man den steil ansteigenden, linearen Kurventeil im Spannung-Stromstärke-Diagramm bis zum Schnittpunkt mit der Spannungsachse. Hier liest man dann den Wert für U_Z ab.

Überspannung. Bei Elektrolysen mit gasförmigen Produkten liegt die gemessene Zersetzungsspannung häufig deutlich über dem Wert der Gleichgewichtsspannung. Die Differenz zwischen Zersetzungsspannung U_Z und der Gleichgewichtsspannung *U* wird als **Überspannung η** bezeichnet: $\eta = U_Z - U$

Wie hoch der Überspannungsanteil ist, hängt maßgeblich vom Elektrodenmaterial und dessen Oberflächenbeschaffenheit ab. So ist bei der Elektrolyse einer Zinkiodidlösung mit Graphitelektroden ein merklicher Stoffumsatz erst bei einer Spannung von etwa 1,6 V zu beobachten, während bei der Elektrolyse an platinierten Platinelektroden Gleichgewichtsspannung und Zersetzungsspannung praktisch gleich sind (Abb. 1). Weitere Einflussgrößen auf die Überspannung sind Temperatur und Konzentration des Elektrolyten sowie die **Stromdichte**, also der Quotient aus der Stromstärke und der Oberfläche des Elektrodenmaterials. Die Überspannung steigt mit zunehmender Stromdichte an (Abb. 2).

Die hohen Überspannungsanteile bei Gasen sind meist reaktionskinetischer Natur: Einzelne Reaktionsschritte an den Elektroden wie beispielsweise das Ablösen der Gasteilchen von der Elektrode können erschwert sein und damit langsamer ablaufen. Bei Metallen sind derartige Einflüsse meist zu vernachlässigen, weshalb es dort kaum Überspannungseffekte gibt.

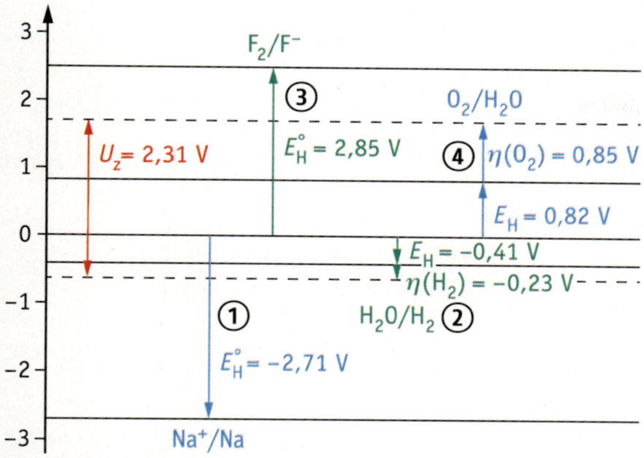

3 *Potentiale für die Elektrolyse einer Natriumfluoridlösung*

Vorhersage von Elektrodenreaktionen. Bei einer Elektrolyse sind unterschiedliche Reaktionen an den Elektroden möglich. Führt man beispielsweise die Elektrolyse von Natriumfluoridlösung an Platinelektroden durch, entstehen weder Natrium noch Fluor als Produkte. Ursache ist, dass in einer Lösung neben den Ionen des gelösten Salzes auch die Moleküle des Wassers an den Vorgängen beteiligt sein können.

Um die tatsächlich ablaufende Redoxreaktion vorhersagen zu können, listet man wie im Rechenbeispiel alle in der Lösung möglichen Redoxpaare auf, formuliert entsprechende Teilgleichungen und ordnet ihnen ihre Standardelektrodenpotentiale zu. Die Reduktionsvorgänge werden dem Minuspol und die Oxidationsvorgänge dem Pluspol zugewiesen. Außerdem sind noch die Überspannungen zu berücksichtigen. Aus diesen Angaben ermittelt man die Teilchen mit dem kleinsten Abscheidungspotential. Deren Oxidation findet am Pluspol statt. Am Minuspol werden die Teilchen mit dem größten Abscheidungspotential reduziert. In vielen Fällen kann durch die Wahl des Elektrodenmaterials und die Überspannung eine Reaktion in die gewünschte Richtung gelenkt werden.

Für die Elektrolyse von Natriumfluoridlösung gilt aufgrund der aufgeführten Berechnung und von Abb. 3: Der Spannungswert für die Abscheidung von Wasserstoff und von Sauerstoff ist trotz Überspannung niedriger als der für die Abscheidung von Natrium und Fluor.

Elektrolysen finden erst oberhalb der Zersetzungsspannung statt. Dabei werden am Pluspol die Teilchen mit dem kleinsten Abscheidungspotential oxidiert und am Minuspol die Teilchen mit dem größten Abscheidungspotential reduziert. Überspannungen an den Elektroden müssen beachtet werden.

Rechenbeispiel

Entscheidung zwischen Elektrodenreaktionen bei der Elektrolyse einer neutralen Natriumfluoridlösung ($1\ mol \cdot l^{-1}$) an Platinelektroden (Abb. 3).

Minuspol: Na^+/Na und H_2O/H_2

$Na^+ + e^- \dashrightarrow Na$; $E_H{}^0(Na^+/Na) = -2{,}71\ V$ ①

$H_2O + 2\ e^- \dashrightarrow H_2 + 2\ OH^-$; $E_H{}^0(H_2O/H_2) = -0{,}41\ V$ bei (pH = 7); $\eta\,(H_2) = -0{,}23\ V$ ②

$E_H(H_2O/H_2) = E_H{}^0(H_2O/H_2) + \eta\,(H_2) = -0{,}41\ V + (-0{,}23\ V) = -0{,}64\ V$

⇒ Aufgrund des größeren Abscheidungspotentials wird Wasserstoff am Minuspol abgeschieden.

Pluspol: F_2/F^- und H_2O/O_2:

$2\ F^- \dashrightarrow F_2 + 2\ e^-$; $E_H{}^0(F_2/2\ F^-) = 2{,}85\ V$ ③

$2\ H_2O \dashrightarrow O_2 + 4\ H^+ + 4\ e^-$; $E_H{}^0(O_2/H_2O) = 0{,}82\ V$ (pH = 7); $\eta\,(O_2) = 0{,}85\ V$ ④

$E_H(O_2/H_2O) = E_H{}^0(O_2/H_2O) + \eta\,(O_2) = 0{,}82\,V + 0{,}85\,V = 1{,}67\,V$

⇒ Wegen des kleineren Abscheidungspotentials wird am Pluspol Sauerstoff abgeschieden.

1 a) Formulieren Sie die Reaktionsgleichungen für die Elektrolyse der Salze Zinkchlorid $ZnCl_2$ (Partner A), Zinkbromid $ZnBr_2$ (Partner B) und Kupfer(II)-chlorid $CuCl_2$ (Partner C) in wässriger Lösung. Berechnen Sie die jeweilige Zersetzungsspannung U_Z bei Standardbedingungen, wenn keine Überspannung auftritt.
b) Vergleichen Sie Ihre Ergebnisse.

2 Salzsäure ($1\ mol \cdot l^{-1}$) wird bei einer Stromdichte von $0{,}1\ A \cdot cm^{-2}$ elektrolysiert. Dabei entstehen bei Standardbedingungen die Produkte Wasserstoff und Chlor.
a) Berechnen Sie die Zersetzungsspannung U_Z.
b) Berechnen Sie, welche Zersetzungsspannungen U_Z sich experimentell ergeben, wenn man folgende Elektrodenmaterialien einsetzt: platiniertes Platin, blankes Platin und Graphit (Abb. 2).

3 Elektrolysiert man eine Kupfer(II)-chloridlösung mit Kupferelektroden, so bildet sich am Pluspol kein Gas. Man stellt fest, dass das Kupferblech des Pluspols genauso viel an Masse verliert wie das Kupferblech des Minuspols an Masse gewinnt.
a) Leiten Sie aus den Beobachtungen die entsprechende Elektrodenreaktionen her und ordnen Sie die Begriffe *Reduktion* und *Oxidation* zu.
b) Ermitteln Sie die Zersetzungsspannung U_Z.

Mit den Faraday-Gesetzen erfasst man Elektrolysen quantitativ

„... I consider the foregoing investigation as sufficient to prove the very extraordinary and important principle with respect to water, that when subjected to the influence of the electric current, a quantity of it is decomposed exactly proportionate to the quantity of electricity which has passed, notwithstanding the thousand variations in the conditions and circumstances under which it may at the time placed ...„

1 *Michael Faraday und seine Veröffentlichung von 1834*

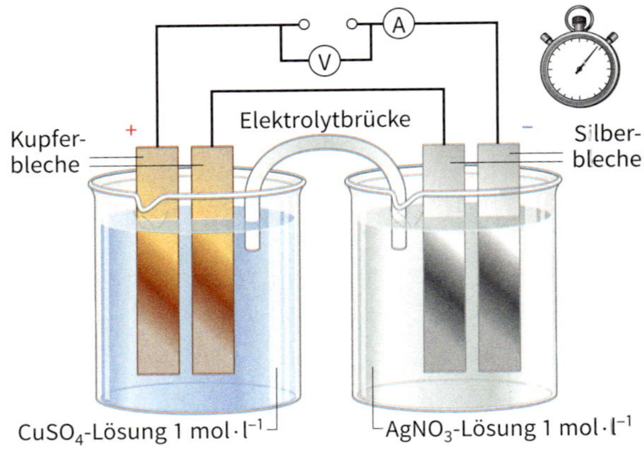

2 *Versuchsaufbau zum 2. Faradayschen Gesetz*

Bisher wurde gezeigt, dass bei einer Elektrolyse Stoffe abgeschieden werden. Michael FARADAY untersuchte zu Beginn des 19. Jahrhunderts die Massen der bei der Elektrolyse entstehenden Stoffe quantitativ (Abb. 1). Dazu elektrolysierte Faraday verschiedene Lösungen und variierte Stromstärke und Elektrolysedauer. Seine Ergebnisse beschrieb er mit zwei grundlegenden Gesetzmäßigkeiten – den **Faradayschen Gesetzen**.

1. Faradaysches Gesetz. Elektrolysiert man eine Zinkiodidlösung bei konstanter Stromstärke und verdoppelt oder vervielfacht dabei die Dauer der Elektrolyse, so verdoppelt beziehungsweise vervielfacht sich auch die am Minuspol abgeschiedene Menge an Zink. Die elektrolytisch abgeschiedene Stoffmenge n ist der Elektrolysezeit t proportional. Lässt man nun die Elektrolysezeit konstant und verdoppelt oder vervielfacht die Stromstärke I, so ist wiederum die abgeschiedene Stoffmenge Zink entsprechend vervielfacht. Das bedeutet, dass die abgeschiedene Stoffmenge n auch proportional zur Stromstärke I ist. Die beiden Proportionalitäten ergeben in der Zusammenfassung ein Produkt: $n \sim I \cdot t$

Das Produkt aus Stromstärke I und Elektrolysezeit t ist die elektrische Ladung Q: $Q = I \cdot t$. Damit ist die bei der Elektrolyse abgeschiedene Stoffmenge n proportional zur geflossenen Ladung Q. Das 1. Faradaysche Gesetz beschreibt diesen Zusammenhang: $n \sim Q$ oder $n \sim I \cdot t$

2. Faradaysches Gesetz. Die bei der Elektrolyse am Minuspol abgeschiedene Stoffmenge hängt von der Ladungszahl z der Kationen ab. Dies lässt sich durch folgenden Versuch zeigen (Abb. 2): Eine Elektrolysezelle mit zwei Kupferelektroden in einer Kupfersulfatlösung und eine Elektrolysezelle mit zwei Silberelektroden in einer Silbernitratlösung werden hintereinander geschaltet, sodass während der Elektrolyse durch beide Zellen die gleiche Ladung Q fließt. In beiden Zellen werden am Minuspol die Kationen aus der Lösung reduziert und am Pluspol die Metall-Atome oxidiert.

Die Auswertung einer solchen Versuchsreihe ergibt, dass die abgeschiedenen Stoffmengen an Silber und Kupfer immer im Verhältnis $n(\text{Ag}) : n(\text{Cu}) = 2 : 1$ stehen. Mit der gleichen Ladungsmenge werden doppelt so viele Ag-Atome wie Cu-Atome abgeschieden. Dies lässt sich durch die Elektronenübertragung an den jeweiligen Minuspolen (Kathoden) erklären:

$Cu^{2+}(aq) + 2\,e^- \dashrightarrow Cu(s)$

$2\,Ag^+(aq) + 2\,e^- \dashrightarrow 2\,Ag(s)$

Cu^{2+}-Ionen sind zweifach positiv geladen ($z = 2$). Zur Bildung eines Cu-Atoms werden zwei Elektronen benötigt. Ag^+-Ionen sind einfach positiv geladen ($z = 1$). Mit zwei Elektronen werden zwei Ag-Atome gebildet. Dementsprechend werden für die Abscheidung von 1 mol Kupfer 2 mol Elektronen benötigt, für die Abscheidung von 1 mol Silber lediglich 1 mol Elektronen. Die Ladung von 1 mol Elektronen wurde von Faraday experimentell bestimmt. Er benötigte zur Abscheidung von 1 mol Silber eine elektrische Ladung Q von etwa 96 500 C. Dies entspricht der Ladung von 1 mol Elektronen. Sie wird als **Faraday-Konstante *F*** bezeichnet. Genauere Messungen ergeben den heute gültigen Wert $F = 96\,485\ \text{A} \cdot \text{s} \cdot \text{mol}^{-1} = 96\,485\ \text{C} \cdot \text{mol}^{-1}$.

Im 2. Faradayschen Gesetz werden die Zusammenhänge zwischen Ladungszahl z, geflossener Ladung Q und abgeschiedener Stoffmenge n beschrieben:

$$n = \frac{I \cdot t}{z \cdot F} \text{ oder } n = \frac{Q}{z \cdot F}$$

Mit dem 2. Faradayschen Gesetz lässt sich die gebildete Stoffmenge bei einer bestimmten Ladung berechnen oder die Ladung, die für die Abscheidung einer gewünschten Stoffmenge erforderlich ist.

Rechenbeispiel

Berechnung der Stoffmenge

Durch die elektrolytische Abscheidung von Wasserstoff soll eine Ladung von 100 000 C gespeichert werden.

Notieren der gegebenen und gesuchten Werte:

Reaktionsgleichung: $2\ H^+(aq) + 2\ e^- \rightarrow H_2(g)$

Gegeben: $Q = 100\,000\ C$, $z = 2$, $F = 96\,485\ C \cdot mol^{-1}$

Gesucht: $n(H_2)$

Einsetzen der Werte:

$$n(H_2) = \frac{Q}{z \cdot F} = \frac{100\,000\ C}{2 \cdot 96\,485\ C \cdot mol^{-1}} = 0{,}518\ mol$$

Bei der Elektrolyse müssen 0,518 mol Wasserstoff H_2 gebildet werden, um 100 000 C zu speichern.

Rechenbeispiel

Berechnung der Stromstärke

Innerhalb von einer Minute soll 1 g Silber am Minuspol abgeschieden werden. Berechnen Sie die erforderliche Stromstärke.

Notieren der gegebenen und gesuchten Werte:

Reaktionsgleichung: $Ag^+(aq) + e^- \rightarrow Ag(s)$

Gegeben: $t = 1\ min = 60\ s$, $m = 1\ g$, $M = 108\ g\ mol^{-1}$,

$F = 96\,485\ C \cdot mol^{-1}$, $z = 1$

Gesucht: I

Umstellen der Formel und Einsetzen der Werte:

$$n = \frac{m}{M} = \frac{I \cdot t}{z \cdot F}$$

$$\Rightarrow I = \frac{m \cdot z \cdot F}{M \cdot t} = \frac{1\ g \cdot 1 \cdot 96\,485\ A \cdot s \cdot mol^{-1}}{108\ g\ mol^{-1} \cdot 60\ s} = 14{,}9\ A$$

Zum Abscheiden von 1 g Silber in einer Minute ist eine Stromstärke von $I = 14{,}9\ A$ nötig.

Die Faradayschen Gesetze beschreiben den Zusammenhang zwischen umgesetzter Stoffmenge n, Ionenladung z und geflossener Ladung Q bei der Elektrolyse. Für die Faraday-Konstante F gilt:
$F = 96\,485\ A \cdot s \cdot mol^{-1} = 96\,485\ C \cdot mol^{-1}$

1 Übersetzen Sie die englische Textpassage in Abb. 1. Fassen Sie den Test mit eigenen Wort zusammen und erläutern Sie die beschriebenen Zusammenhänge. Ergänzen Sie passende Beispiele.

2 Bei der Elektrolyse einer schwefelsauren Kupfersulfatlösung mit Kupferelektroden bildet sich am Minuspol Reinstkupfer.
a) Berechnen Sie die elektrische Ladung Q, die zur Gewinnung von 1 kg Reinstkupfer erforderlich ist.
b) Ermitteln Sie die erforderliche Stromstärke, damit in 1 h jeweils 1 kg Kupfer abgeschieden werden kann.
c) Technische Angaben zur Kupferraffination nennen eine erforderliche Ladung von 1 kAh für 1 kg Kupfer. Beurteilen Sie die technische Machbarkeit.

3

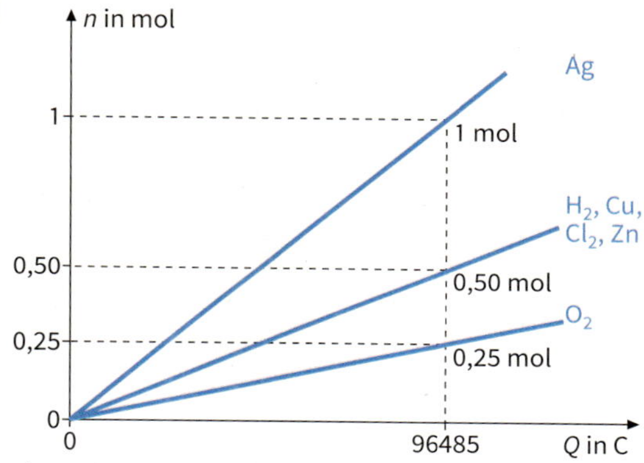

a) Im Diagramm sind für verschiedene Stoffe die bei der Elektrolyse gebildeten Stoffmengen n gegen die geflossene Ladung Q aufgetragen. Beschreiben Sie die Kernaussagen des Diagramms.
b) Erklären Sie, dass vom Diagramm die Aussagen der Faradayschen Gesetze wiedergegeben werden.
c) Begründen Sie mithilfe von Reaktionsgleichungen, warum die gebildete Stoffmenge an Silber doppelt so groß ist wie die gebildete Stoffmenge an Kupfer (Partner A), die von Wasserstoff doppelt so groß wie die Stoffmenge an Sauerstoff ist (Partner B).
d) Tauschen Sie Ihre Ergebnisse aus und verallgemeinern sie diese.

4 In einem Versuchsaufbau werden zwei Elektrolysezellen in Reihe geschaltet. In der ersten Zelle soll aus einer Kupfersulfatlösung Kupfer abgeschieden werden, in der zweiten Zelle aus einer Zinksulfatlösung Zink. Stellen Sie die betreffenden Reaktionsgleichungen auf und machen Sie begründete Aussagen über die zu erwartenden Stoffmengenverhältnisse.

5 Führt man eine Elektrolyse bei hoher Stromstärke oder über einen längeren Zeitraum durch, so erwärmt sich die Elektrolytlösung. Erklären Sie diese Beobachtung und entwickeln Sie eine Definition für den Wirkungsgrad eines elektrochemischen Prozesses.

Praktikum Elektrolysen

Forschungsauftrag 1: Ionenwanderung in wässrigen Lösungen

Arbeitsauftrag: Weisen Sie die Ionenwanderung in wässrigen Lösungen auf einer Glasplatte nach.
Hinweis: Nutzen Sie die Farbigkeit von Elektrolytlösungen.

Mögliche Materialien: Tropfpipette, Pinzette, Glasplatte auf hellem Untergrund, 2 Krokodilklemmen, 2 Graphitstäbe als Elektroden, Kabel, Spannungsquelle, Elektrokleinmotor; Kaliumchloridlösung, Kaliumpermanganat (kristallin, **3, 5, 7, 9**), Kupfer(II)-sulfat (kristallin, **5, 7, 9**)

Aufgaben:

a) Entwickeln Sie mit den obigen Materialien einen Versuchsaufbau. Kontrollieren Sie Ihren Versuchsaufbau mit der Check-Karte. Führen Sie den Versuch anschließend durch.

b) Notieren Sie die Beobachtungen und begründen Sie die Farbverläufe.

Versuch 1: Elektrolyse mit Graphitelektroden

Materialien: Kunststoffbecher (20 ml) oder Bechergläser (50 ml), Bleistiftminen als Graphitelektroden, Gleichspannungsquelle, Spannungsmessgerät, Krokodilklemmen, Elektrokleinmotor (Solarmotor); Lösungen (1 mol · l^{-1}) von Zinkiodid (**5, 9**) (Partner A) und Kupfer(II)-sulfat (**7, 9**) (Partner B)

Durchführung:

1. Füllen Sie den Kunststoffbecher mit der jeweiligen Elektrolytlösung und befestigen Sie die Graphitelektroden mit den Krokodilklemmen am Rand.
2. Verbinden Sie die Elektroden mit der Gleichspannungsquelle und mit dem Spannungsmessgerät.
3. Regeln Sie die Spannung in Schritten von 0,5 V hoch, bis an den Elektroden eine deutlich sichtbare Reaktion erkennbar ist.
4. Trennen Sie die Elektroden von der Gleichspannungsquelle, ermitteln Sie die Spannung der entstandenen galvanischen Zelle und die Polung.
5. Entfernen Sie das Messgerät und schließen Sie stattdessen einen Elektrokleinmotor an.

Aufgaben:

a) Notieren und erklären Sie Ihre Beobachtungen.

b) Stellen Sie für die Reaktionen der Elektrolysen und der galvanischen Zellen die Teilgleichungen und die Redoxgleichungen auf. Begründen Sie die gleichbleibende Polung der Elektroden.

c) Vergleichen Sie Ihre Ergebnisse untereinander in Ihrer Lerngruppe.

Versuch 2: Elektrolyse von Zinksulfatlösung mit Kupferelektroden

Materialien: Reagenzglas, 2 isolierte Kupferkabel (etwa 23 cm lang, Enden abisoliert), Graphitstab und Zinkstab (jeweils an den Enden abisoliert), Kabel, 2 Krokodilklemmen, Gleichspannungsquelle; Zinksulfatlösung (0,3 mol · l^{-1}, **5, 9**)

Durchführung:

1. Bauen Sie die Apparatur wie dargestellt zusammen und füllen Sie die Zinksulfatlösung so ein, dass die obere Elektrode gerade eintaucht. Die Kupferkabel dürfen sich nicht berühren.
2. Verbinden Sie die Elektroden mit der Spannungsquelle und regeln Sie etwa 20 V ein.
3. Beenden Sie den Versuch, sobald Sie deutliche Veränderungen an den Elektroden und in der Lösung sehen.
4. Wiederholen Sie den Versuch mit einer Kupferelektrode als Pluspol und einem Graphitstab als Minuspol, der an beiden Enden abisoliert sein muss.
5. Wiederholen Sie erneut mit der Kupferelektrode als Minuspol und einer Zinkelektrode als Pluspol, die nur an den Enden abisoliert ist.

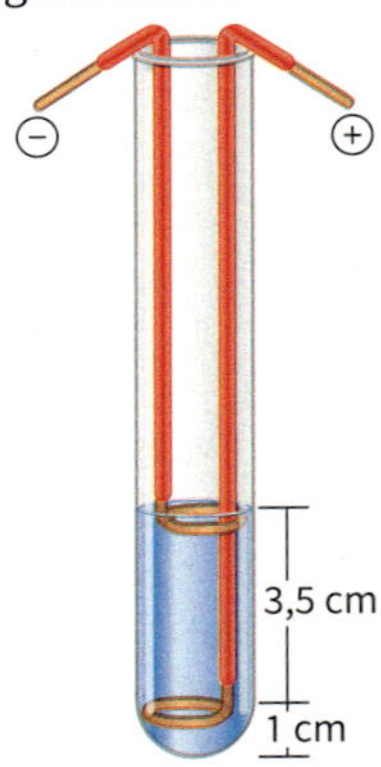

Aufgaben:

a) Notieren und erklären Sie Ihre Beobachtungen.

b) Geben Sie die Reaktionen an den beiden Elektroden an. Ordnen Sie den Pluspol und Minuspol zu.

c) Begründen Sie den Bereich der blauen Verfärbung gegen Ende des Versuchs.

◇ Versuch 3:
Bestimmung der Zersetzungsspannung

Materialien: Kunststoffbecher (20 ml), Kabel, Krokodilklemmen, Gleichspannungsquelle, Spannungsmessgerät, Strommessgerät;
blank geschmirgelte Kupfer- und Zinkdrähte als Elektroden, Platinelektroden;
Lösungen (1 mol · l^{-1}) von Zinkiodid (**5, 9**) (Partner A), Kupfer(II)-sulfat (**7, 9**) (Partner B) und Zinksulfat (**5, 9**) (Partner C)

Durchführung:
1. Füllen Sie den Kunststoffbecher mit der jeweiligen Elektrolytlösung und befestigen Sie eine Metallelektrode und eine Platinelektrode mit den Krokodilklemmen am Becherrand.
2. Verbinden Sie die Elektroden mit der Gleichspannungsquelle und dem Strommessgerät als Reihenschaltung. Die Metallelektrode wird als Minuspol, die Platinelektrode als Pluspol geschaltet. Schließen Sie das Spannungsmessgerät als Parallelschaltung an.
3. Erhöhen Sie die Spannung in 0,25 V-Schritten von 0 V bis 8 V. Lesen Sie die jeweilige Stromstärke ab.

Aufgaben:
a) Notieren Sie Ihre Beobachtungen und geben Sie die Teilgleichungen für die Oxidation und die Reduktion an. Ordnen Sie diese den Polen zu.
b) Erstellen Sie aus den Messwerten jeweils ein Spannungs-Stromstärke-Diagramm. Kennzeichnen Sie den Beginn einer sichtbaren Reaktion.
c) Beschreiben Sie die Kurvenverläufe und ermitteln Sie die jeweilige Zersetzungsspannung.
d) Vergleichen Sie die von Ihnen ermittelten Zersetzungsspannungen mit den Zellspannungen der entsprechenden galvanischen Zellen.
e) Vergleichen Sie Ihre Ergebnisse untereinander in Ihrer Lerngruppe.

◇ Versuch 4:
Elektrolyse mit verschiedenen Elektroden

Materialien: U-Rohr mit seitlichen Ansätzen, 2 Gasableitungsrohre, 2 Bechergläser (600 ml), Reagenzgläser, Glaswolle, Gleichspannungsquelle, Spannungsmessgerät, Strommessgerät, Gasbrenner, Glimmspan, durchbohrte Gummistopfen, 2 Messzylinder (50 ml), Platinelektroden (Partner A), Graphitelektroden (Partner B);
Schwefelsäure (0,5 mol · l^{-1}; **5**), Kalkwasser (**5**)

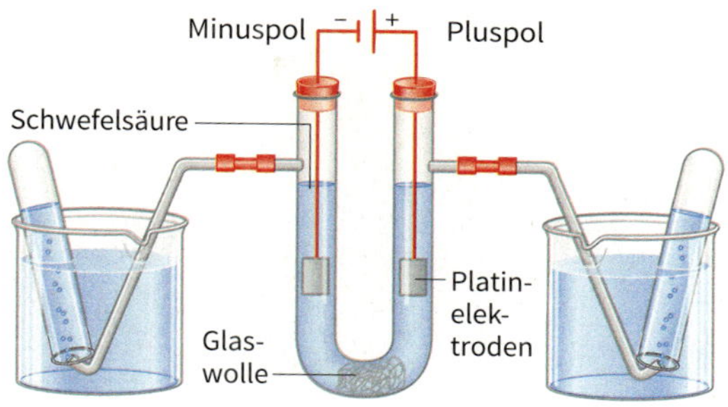

Durchführung:
1. Bauen Sie den Versuch entsprechend der Abbildung mit den jeweiligen Elektroden auf, schließen Sie Spannungsmessgerät (parallel) und Strommessgerät (in Reihe) an.
2. Regeln Sie die Spannung schrittweise in 0,25 V-Schritten von 0 bis 10 V hoch und messen Sie die jeweilige Stromstärke.
3. Stellen Sie nun eine lebhafte Gasentwicklung (etwa 0,5 A) ein. Fangen Sie die entstehenden Gase pneumatisch auf. Führen Sie mit den Gasen (2, **3**) getrennt geeignete Nachweisreaktionen durch. Nutzen Sie auch die Kalkwasserprobe.
4. Erneuern Sie die Schwefelsäure und wiederholen Sie die Elektrolyse. Fangen Sie die Gase nun in zwei Messzylindern pneumatisch auf. Stellen Sie eine Spannung von etwa 3 V ein und notieren Sie die dazugehörende Stromstärke. Lesen Sie nach 2, 4, 6 und 8 Minuten die jeweiligen Gasvolumina ab.

Aufgaben:
a) Notieren Sie Ihre Ergebnisse in einer Tabelle.
b) Erklären Sie die Vorgänge bei den Elektrolysen und für die Nachweisreaktionen anhand von Reaktionsgleichungen.
c) Erstellen Sie jeweils ein Spannungs-Stromstärke-Diagramm und ermitteln Sie die jeweilige Zersetzungsspannung U_z für Graphitelektroden und Platinelektroden. Präsentieren Sie sich die Ergebnisse untereinander.
d) Berechnen Sie aus den Werten für die Gasvolumina jeweils die Stoffmenge *n*.
e) Erstellen Sie aus den Messdaten aus Schritt 4 ein Zeit-Stoffmenge-Diagramm und ein Stromstärke-Stoffmenge-Diagramm. Erklären Sie das Diagramm anhand der Faradayschen Gesetze.

4.4 Chemie angewandt: Technisch wichtige Elektrolysen

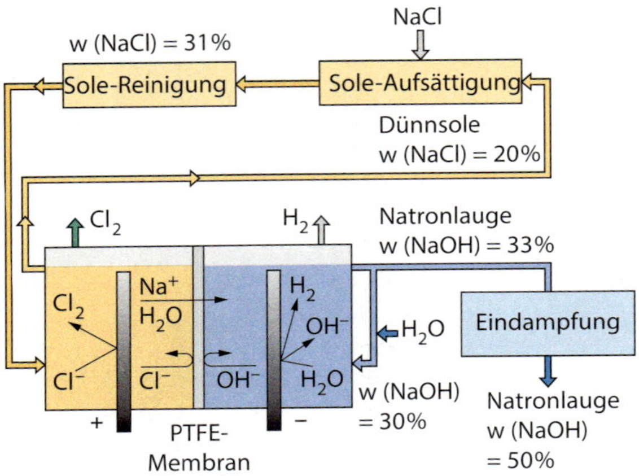

1 *Chloralkalielektrolyse: Membranverfahren*

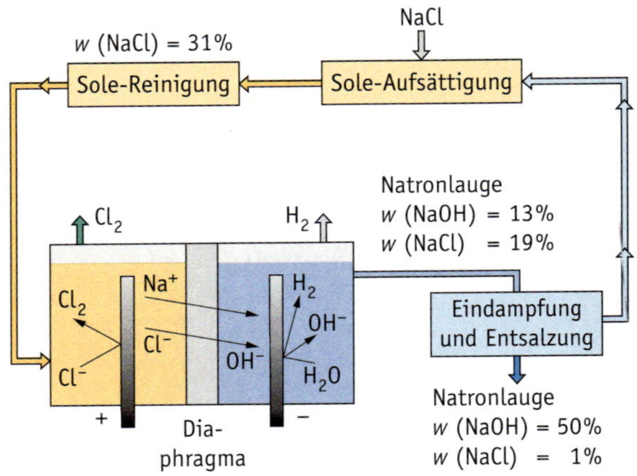

2 *Chloralkalielektrolyse: Diaphragmaverfahren*

Zahlreiche Stoffe, mit denen wir oft auch täglich zu tun haben, werden elektrochemisch durch Elektrolyse gewonnen. Dazu zählen Zink, Aluminium, Wasserstoff, Chlor und Natronlauge. Chlor wird für Bleichmittel in der Papier- und Textilindustrie benötigt, Natronlauge ist eine bedeutende Grundchemikalie. Wichtige Prozesse für die Gewinnung solcher Stoffe sind die Chloralkalielektrolyse, die Aluminiumschmelzflusselektrolyse oder die Kupferraffination.

Chloralkalielektrolyse. Die Chloralkalielektrolyse ist einer der wichtigsten großtechnisch durchgeführten Prozesse. Die Produkte Chlor, Natronlauge und Wasserstoff sind bedeutende Grundstoffe in der chemischen Industrie. Chlor ist dabei wegen seiner Reaktionsfähigkeit überwiegend für Zwischenprodukte erforderlich, taucht aber in den eigentlichen Produkten wie Kunststoffen, Silikondichtungen oder Farbpigmenten nur selten auf. Natronlauge wird unter anderem zur Produktion von Seifen oder Reinigungsmitteln benötigt. Neben dem heute überwiegenden angewandten Membranverfahren werden in einigen älteren Anlagen noch das *Diaphragmaverfahren* und seltener das Amalgamverfahren eingesetzt.

In allen Verfahren dient das aus Salzlagerstätten geförderte Steinsalz als Rohstoff. Aus dem Steinsalz wird eine gereinigte Natriumchloridlösung, die Sole, hergestellt. Ausgehend von den Abscheidungspotentialen sind in der Sole folgende Reaktionen möglich:

Pluspol (Anode):
$2\,Cl^-(aq) \dashrightarrow Cl_2 + 2\,e^-$; $E_H{}^0 = 1{,}36\,V$
$2\,H_2O\,(l) \dashrightarrow O_2(g) + 4\,H^+ + 4\,e^-$; $E_H = 0{,}82\,V$ (pH = 7)

Minuspol (Kathode):
$Na^+(aq) + e^- \dashrightarrow Na\,(s)$; $E_H{}^0 = -2{,}71\,V$
$2\,H_2O + 2\,e^- \dashrightarrow 2\,OH^-(aq) + H_2(g)$; $E_H = -0{,}41\,V$ (pH = 7)

Durch Nutzen einer Anode mit entsprechender Überspannung wird die Sauerstoffbildung unterbunden, so dass bei der Elektrolyse Chlorgas, Wasserstoffgas und Natronlauge gebildet werden:

$$2\,NaCl\,(aq) + 2\,H_2O\,(l) \rightarrow Cl_2(g) + 2\,NaOH\,(aq) + H_2(g)$$

Das *Membranverfahren* ist das modernste Verfahren der Chloralkalielektrolyse. Es ist besonders umweltfreundlich, energiesparend und liefert eine sehr reine Natronlauge. Die Elektrolysezelle ist durch eine spezielle Membran in Kathodenraum und Anodenraum getrennt. Diese Membran ist nur für H_2O-Moleküle und Na^+-Ionen durchlässig. So wird erreicht, dass sich im Anodenraum die Sole befindet und im Kathodenraum nur die gebildete Natronlauge.

Die Anode besteht aus einem chemisch inerten Metall mit einer elektrisch leitenden Beschichtung. Die Beschichtung katalysiert die Bildung von Chlor und erhöht die Überspannung für Sauerstoff. Für die Kathode verwendet man Nickel oder Edelstahl mit Nickelbeschichtung. Das Nickel ist bei der Wasserstoffbildung katalytisch wirksam. Die Elektrolyse wird mit einer Zellspannung von etwa 3 V durchgeführt. Die Stromstärke beträgt bis zu 3500 A pro Quadratmeter Elektrodenfläche.

Das entstandene Chlorgas ist noch sauerstoffhaltig und feucht. Durch Abkühlen wird es verflüssigt und dabei getrocknet und gereinigt. Die entstandene Natronlauge wird fortlaufend abgepumpt. Ein Teil davon wird verdünnt zurück in den Kathodenraum geführt. Die übrige Natronlauge kann durch Eindampfen zu konzentrierter Lauge verarbeitet und als solche in den Handel gebracht werden. Für einen kontinuierlichen Prozess wird auch ein Teil der Sole fortlaufend entnommen und mit reinem Kochsalz angereichert zurück in die Elektrolysewanne geführt.

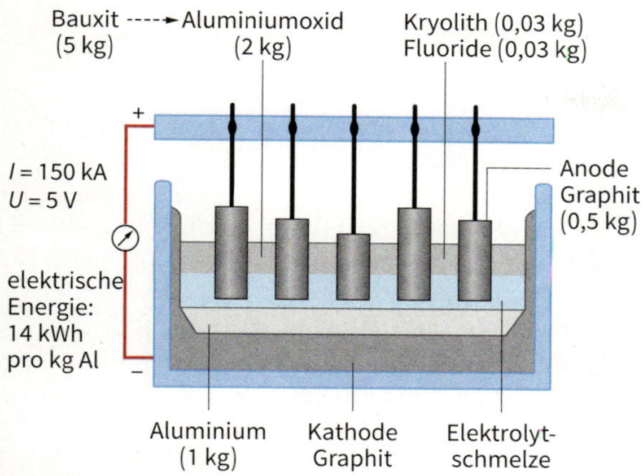

3 *Herstellung von Aluminium*

Aluminiumherstellung. Aluminium ist heute neben Eisen das wichtigste Gebrauchsmetall. Im Gegensatz zum Eisen wurde Aluminium erst 1825 entdeckt und im 20. Jahrhundert als Gebrauchsmetall verwendet. Aluminium ist sehr unedel und kann aus dem Oxid mit Reduktionsmitteln gewonnen werden. Das wichtigste Aluminiumerz ist Bauxit, aus dem Aluminiumoxid gewonnen wird. Damit wird dann die Schmelzflusselektrolyse durchgeführt. Wegen des hohen Energieaufwands bei der Aluminiumherstellung spielt Recyclingaluminium heute eine wichtige Rolle.

Die Aluminiumschmelzflusselektrolyse findet in einer mit Graphit ausgekleideten Eisenwanne statt (Abb. 3). Diese Graphitauskleidung bildet die Kathode (Minuspol) der Elektrolysezelle. In dieser Wanne hängen bewegliche Graphitanoden (Pluspol). So lässt sich der Abstand zwischen den Elektroden regulieren. Die eigentliche Elektrolytschmelze besteht neben Zuschlägen aus 8 % Aluminiumoxid und 80 % Kryolith (Natriumaluminiumfluorid). Dieses Gemisch schmilzt bei etwa 960 °C und bleibt durch die Abwärme des Stromflusses flüssig. Die Elektrolyse wird bei einer Spannung von 4,5 bis 5 V durchgeführt. Als Reaktionen finden statt:

Minuspol (Kathode): $4\ Al^{3+} + 12\ e^- \dashrightarrow 4\ Al$
Pluspol (Anode): $3\ C + 6\ O^{2-} \dashrightarrow 3\ CO_2 + 12\ e^-$

Gesamtreaktion: $2\ Al_2O_3 + 3\ C \rightarrow 4\ Al + 3\ CO_2$

Das flüssige Aluminium sammelt sich am Boden der Wanne, wird von dort abgesaugt und in Barren gegossen. Es hat eine Reinheit von über 99 %.

Bei der Chloralkalielektrolyse werden aus einer Sole Natronlauge, Chlor und Wasserstoff hergestellt. Aluminium wird mit hohem Energieaufwand durch Schmelzflusselektrolyse aus Aluminiumoxid gewonnen.

1 Recherchieren Sie weitere Informationen zur Chloralkalielektrolyse und vergleichen Sie die drei Verfahren, auch in Form einer Tabelle. Bewerten Sie mögliche Umweltbelastungen sowie den Energiebedarf.

2 Erläutern Sie die Bedeutung der Überspannung bei der Chloralkalielektrolyse.

3 Berechnen Sie mithilfe der Faradayschen Gesetze und der Elektrolysespannung den Energiebedarf für die Elektrolyse von 500 t Natriumchlorid.

4 Neben der Chloralkalielektrolyse wird gereinigtes Steinsalz auch in einer Schmelzflusselektrolyse zu Natrium und Chlor umgesetzt. Formulieren Sie die Reaktionsgleichung und die Vorgänge an den Elektroden.

5 Erklären Sie, warum sich Aluminium nicht elektrolytisch aus wässriger Lösung abscheiden lässt.

6 Berechnen Sie die elektrische Ladung zur Abscheidung von 1 mol Aluminium und dann die elektrische Energie für diese Elektrolyse. Vergleichen Sie diesen Wert mit den tatsächlichen Umsätzen in Abb. 3.

7

a) Beschreiben Sie die elektrolytische Kupferraffination und formulieren Sie die Reaktionsgleichungen für die Elektrodenvorgänge.
b) Vergleichen Sie die Zusammensetzung von Rohkupfer und Reinkupfer, erläutern Sie mit den Abscheidungspotentialen und der verwendeten Elektrolysespannung $U = 0{,}3$ V, warum sich die edlen Metalle im Anodenschlamm sammeln und die unedlen Begleitmetalle in der Elektrolytlösung gelöst bleiben.

8 Informieren Sie sich über die Bedeutung von Kupfer als Gebrauchsmetall und bewerten Sie die Bedeutung des Metallrecyclings am Beispiel Kupfer.

9 Rohkupfer wird in zwei Schritten aus dem Erz Kupferglanz (Cu_2S, Kupfersulfid) gewonnen. Im ersten Schritt, dem Rösten, wird Kupfersulfid in Kupferoxid überführt, im zweiten Schritt reagieren Kupferglanz und Kupferoxid zu Kupfer, dabei entsteht jeweils Schwefeldioxid.
a) Formulieren Sie die Reaktionsgleichungen.
b) Nennen Sie mögliche Verwendungszwecke für das Nebenprodukt Schwefeldioxid.

Projekt Wohin mit den Althandys?

Ein neues Smartphone oder ein neues Tablet sind cool. Doch wo bleiben die alten Geräte? Auf keinen Fall dürfen die Geräte im Hausmüll landen, denn das Handy und andere Elektroaltgeräte stecken voller Rohstoffe, die sich in weiten Teilen aus den Geräten zurückgewinnen lassen. Seit 2004 ist es verboten, Elektroaltgeräte in den Hausmüll zu geben.

Aufgaben zur Bearbeitung des Projekts:

a) Informieren Sie sich anhand von Abb. 1 bis 4 über die in Smartphones und anderen elektronischen Geräten enthaltenen Werkstoffe und beurteilen Sie die Bedeutung des Recyclings von Elektroaltgeräten unter ökologischen und wirtschaftlichen Gesichtspunkten. Berechnen Sie dazu auch die Massen an Gold, Silber, Platin und Kupfer, die aus den Althandys zurückgewonnen werden können. Legen Sie einen Wert von 170 g für die durchschnittliche Masse eines Handys und eine Recyclingrate von 80 % zugrunde. Recherchieren Sie die aktuellen Preise der Metalle und berechnen Sie den Geldwert der Metalle in den Altgeräten.

b) Informieren Sie sich über Rohstoffe, die in der EU als kritisch angesehen werden. Fertigen Sie ein Plakat an, auf dem Sie zu 10 kritischen Metallen Reserven, Bedarf und Verwendungen angeben.

c) Beschreiben Sie das Verfahren zum Recycling von Elektroschrott in einer Pilotanlage (Abb. 5) und stellen Sie die beschriebenen Reaktionen als Reaktionsgleichung dar.

d) Führen Sie die Experimente durch und versuchen Sie Gold und Kupfer möglichst rein aus den Platinen zurückzugewinnen.

Metall	*w* in %	Metall	*w* in %
Cu	14	Al	5
Co *	3,5	Li *	3,5
Fe	3	Pb	0,5
Ag *	0,5	Cr *	0,5
Cd	0,5	Au	0,1
Pt *	0,004	In *	0,002

* Kritische Metalle. Die Versorgung mit diesen Metallen ist durch politische Spannungen in den Förderländern oder durch knappe Ressourcen nicht sichergestellt.

1 *Metallanteile in Smartphones*

Goldhaltiges Erz:	$6\ g \cdot t^{-1}$
Platinen aus PCs:	$240\ g \cdot t^{-1}$
Smartphones:	$360\ g \cdot t^{-1}$

2 *Goldanteile in verschiedenen Quellen*

Millionen alter Handys verstauben

SV Nach einer Studie des Verbandes Bitcom lagen 2017 etwa 124 Millionen alter Handys ungenutzt in den Haushalten herum, Tendenz steigend. Viele der Geräte sind maximal vier Jahre alt. Gut 10 % der Altgeräte werden derzeit über Sammelstellen oder den Fachhandel sachgerecht entsorgt. Die Handys bilden nur die Speerspitze alter Elektrogeräte, die im Haushalt verstauben. Derzeit fallen allein in Deutschland pro Jahr etwa 1,7 Millionen Tonnen Elektroaltgeräte an. Das ist viel, doch nach Schätzungen werden nur knapp 40 % des gesamten Elektroschrotts gesammelt.

3 *Elektroschrott in der Presse*

Accra – die größte Müllkippe der Welt

SV Agbogbloshie am Stadtrand von Accra, der Hauptstadt Ghanas, ist eine der größten Elektroschrottdeponien Afrikas. Jeden Monat treffen dort mehrere hundert Container mit größtenteils unbrauchbaren Elektrogeräten aus Europa ein, obwohl der Export defekter Geräte in Europa verboten ist. Die Altgeräte werden vor Ort zerlegt und brauchbare Einzelteile wieder in andere Länder verschifft. Der unbrauchbare Rest wie Kabel, Transistoren, Platinen oder Gehäuse werden verbrannt, um die restlichen Metalle aus der Asche herauszukratzen. Durch die unkontrollierten Brände werden zahlreiche giftige und gesundheitsschädliche Stoffe wie Dioxine, Kohlenstoffmonooxid, Blausäure und Schwermetalle freigesetzt. Die Gase und Stäube gefährden die meist jugendlichen Arbeiter. Kopfschmerzen, Juckreiz, Schwindel und Hautausschläge sind an der Tagesordnung. Auf lange Sicht werden Nieren, Leber und die Lunge massiv geschädigt. Da Agbogbloshie regelmäßig durch Regenfälle überschwemmt wird, gelangen Giftstoffe zum Teil auch ins Grundwasser.

4 *„Mülltourismus" in Accra*

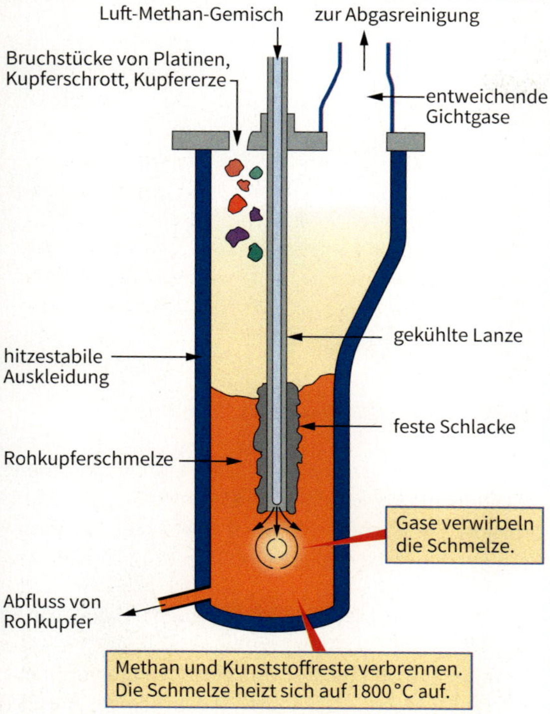

Im Konverter reagiert ein Teil des im Kupfererz enthaltenen Kupfer(I)-sulfids mit Sauerstoff zu flüssigem Kupfer(I)-oxid und Schwefeldioxid. Das Kupfer(I)-oxid bildet mit weiterem Kupfer(I)-sulfid flüssiges Rohkupfer und Schwefeldioxid.

5 *Pilotanlage zum Recycling von Elektroschrott*

Versuch 1: Kupfer aus Elektroschrott im Hochofen

Materialien: Seitenschneider, Reagenzglas (Duran), Stativmaterial, 2 Gasbrenner, Glaswolle, Siedesteine oder kleine Tonscherben, Lineal; Sauerstoffbleiche (**7**), Aktivkohle, RAM-Bausteine oder Kabelstücke aus Elektronikbauteilen

Durchführung:

1. Zerschneiden Sie mit dem Seitenschneider 10 cm Elektrokabel oder einen halben RAM-Baustein in 2 bis 3 mm große Stücke.
2. Befestigen Sie das Reagenzglas am Stativ und befüllen Sie es wie folgt: 4 cm Sauerstoffbleiche, 1 cm Siedesteine, dann eine etwa 5 cm hohe Schicht aus abwechselnden Lagen von Aktivkohle und klein geschnittenem Elektroschrott.
3. Erhitzen Sie mit dem einen Gasbrenner die Aktivkohle-Elektroschrott-Schichten, bis das Glas leicht zu glühen beginnt.
4. Erhitzen Sie dann mit dem zweiten Brenner die Sauerstoffbleiche. Dabei werden die Aktivkohle-Elektroschrott-Schichten weiter erwärmt.
5. Sobald Dämpfe aus dem Reagenzglas strömen, versuchen Sie diese zu entzünden.
6. Sobald die Reaktion beendet ist, lassen Sie die Apparatur für etwa zehn Minuten abkühlen. Betrachten Sie anschließend das Aktivkohle-Elektroschrott-Gemisch.

Aufgaben:

a) Notieren und deuten Sie Ihre Beobachtungen.
b) Beurteilen Sie, inwiefern das Verfahren geeignet ist, Kupfer und auch Gold aus Elektroschrott zurückzugewinnen. Überlegen Sie hierzu, welche weiteren Schritte nötig wären, um die Metalle rein zu erhalten. Recherchieren Sie hierzu über das Verfahren der Kupferraffination.

Versuch 2: Kupfer und Gold aus Platinen

Materialien: Seitenschneider, Pinzette aus Kunststoff, RAM-Bausteine, Trichter, Filtrierpapier, 2 Bechergläser (150 ml), Feinwaage; Salzsäure (32 %, **5**), Natriumcarbonat (**7**), Wasserstoffperoxidlösung (5 %, **7**), Eisenwolle

Durchführung:

1. Wiegen Sie zwei RAM-Bausteine und zerkleinern Sie sie mit dem Seitenschneider.
2. Geben Sie die Stücke in ein Becherglas und übergießen Sie diese mit 50 ml der Wasserstoffperoxidlösung und 50 ml der Salzsäure. Lassen Sie den Ansatz bis zum nächsten Tag unter dem eingeschalteten Abzug stehen.
3. Neutralisieren Sie die Suspension mit Natriumcarbonat, bis es nicht mehr sprudelt. Filtrieren Sie die Lösung anschließend und trocknen Sie den Rückstand. Sammeln Sie die Goldflitter heraus und wiegen Sie diese.
4. Tauchen Sie Eisenwolle in das Filtrat.

Aufgaben:

a) Notieren und deuten Sie Ihre Beobachtungen.
b) Beurteilen Sie die Versuche 1 und 2 in Bezug auf die Gewinnung der reinen Metalle.

1 *Stahlseile der Fleher Brücke – durch Rost beschädigt*

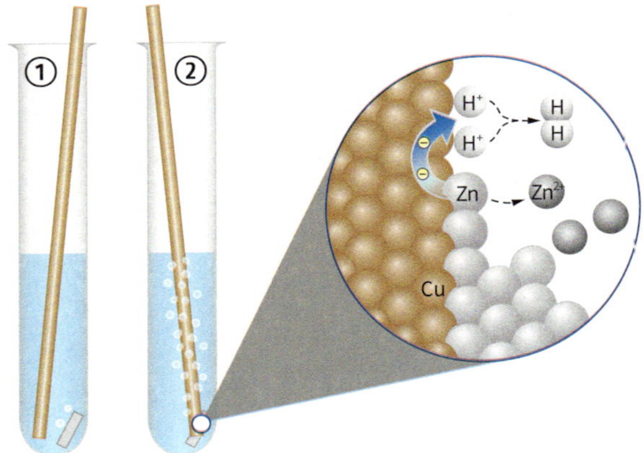

2 *Kupfer – Zink-Lokalelement und Säurekorrosion*

Es ist ein allgegenwärtiges Problem: Früher waren es Autos, heute sind es Brücken oder andere Bauwerke aus Stahlbeton (Abb. 1). An ihnen nagt der Zahn der Zeit und es treten Rostschäden auf – besonders, wenn Luft und Feuchtigkeit zugegen sind. Als *Rosten* bezeichnet man die Korrosion von Eisen (lat. *corrodore:* zernagen, zerfressen). Es werden im Wesentlichen zwei Arten von Korrosion unterschieden. Bei der *Säurekorrosion* werden die Atome unedler Metalle durch H_3O^+-Ionen oxidiert, bei der *Sauerstoffkorrosion* erfolgt dies durch die O_2-Moleküle der Luft.

Säurekorrosion. Stellt man ein reines Zinkblech und ein Kupferblech in eine verdünnte Säure, bilden sich am unedlen Zink allmählich Wasserstoffbläschen, am edlen Kupfer dagegen nicht (Abb. 2 ①). Zink korrodiert, Kupfer nicht: Zn-Atome wirken als Elektronendonatoren und werden zu Zn^{2+}-Ionen oxidiert; die H_3O^+-Ionen der Säure werden zu H_2-Molekülen reduziert:

Oxidation: $Zn(s) \dashrightarrow Zn^{2+}(aq) + 2e^-$

Reduktion: $2\ H_3O^+(aq) + 2e^- \dashrightarrow H_2(g) + 2\ H_2O(l)$

Die Oberfläche des Zinkblechs wird durch die bei der Oxidation gebildeten Zn^{2+}-Ionen positiv geladen. Diese Ladung behindert die Reduktion der ebenfalls positiv geladenen H_3O^+-Ionen. Daher tritt nur eine schwache Gasentwicklung auf.

Lokalelemente. Berühren sich Zinkblech und Kupferblech im oben beschriebenen Versuch, ist hingegen eine starke Gasentwicklung am Kupferblech zu erkennen (Abb. 2 ②). Der Grund: Beim Kontakt zwischen Kupfer und Zink gibt es einen Kurzschluss. Die freigesetzten Elektronen fließen vom unedlen Zink zunächst auf das edlere Kupfer und entladen dort ungehindert die H_3O^+-Ionen zu H_2-Molekülen. Durch den direkten Kontakt von Zink und Kupfer im sauren Elektrolyten entsteht eine *kurzgeschlossene galvanische Zelle*, ein **Lokalelement.** Lokalelemente begünstigen die elektrochemische Säurekorrosion. Sie können sich auch durch Metallverunreinigungen oder beschädigte Metallüberzüge ausbilden.

Sauerstoffkorrosion. Die Bildung von Rost auf Eisen ist ein typischer Fall von Sauerstoffkorrosion. Der in Wasser gelöste Sauerstoff aus der Luft und Eisen reagieren miteinander. O_2-Moleküle oxidieren die Atome des unedlen Eisens, wobei Fe^{2+}-Ionen entstehen. Die O_2-Moleküle werden zu Hydroxid-Ionen (OH^-) reduziert:

Oxidation: $2\ Fe(s) \dashrightarrow 2\ Fe^{2+}(aq) + 4e^-$

Reduktion: $O_2(aq) + 4\ e^- + 2\ H_2O(l) \dashrightarrow 4\ OH^-(aq)$

Redoxreaktion: $2\ Fe(s) + O_2(aq) + 2\ H_2O(l) \rightarrow 2\ Fe^{2+}(aq) + 4\ OH^-(aq)$

Die Oxidation findet bevorzugt auf der Eisenoberfläche statt, die Reduktion an der Grenzfläche Wasser-Luft. Nach dieser eigentlichen Redoxreaktion laufen weitere Folgereaktionen ab. Fe^{2+}-Ionen reagieren mit OH^--Ionen zu festem Eisen(II)-hydroxid:

$Fe^{2+}(aq) + 2\ OH^-(aq) \rightarrow Fe(OH)_2(s)$

Im Folgenden wird Eisen(II)-hydroxid durch Luftsauerstoff zu rotbraunem Eisen(III)-oxidhydroxid oxidiert:

$4\ Fe(OH)_2(s) + O_2(g) \rightarrow 4\ FeO(OH)(s) + 2\ H_2O(l)$

Dieses wasserhaltige Eisen(III)-oxidhydroxid wird als Rost bezeichnet. Vereinfacht wird dafür die Formel $Fe_2O_3 \cdot H_2O$ verwendet. Durch Alterung und Wasserabgabe bildet sich schließlich ein heterogenes Gemisch aus rotbraunem FeO(OH) und schwarzem Fe_3O_4. Diese gealterte Rostschicht bleibt porös und für Wasser und Sauerstoff durchlässig. So können an dem darunterliegenden Metall Korrosion und Rostbildung weiter ablaufen. Der Gegenstand aus Eisen rostet vollständig durch.

Umgebung und Klima	Korrosionsrate in $\mu m \cdot a^{-1}$ Eisen	Zink
Schadstoffarme Luft (ländliche Gebiete)	1,3 bis 25	0,1 bis 0,7
Städte und Industriegebiete mit mäßiger Schwefeldioxid-Belastung	25 bis 50	0,7 bis 2,1
Industriegebiete und Küstenbereiche mit mäßiger Salzbelastung	50 bis 80	2,1 bis 4,2
Industriegebiete mit hoher Feuchtigkeit und aggressiver Atmosphäre	80 bis 200	4,2 bis 8,4

3 *Umwelteinflüsse auf die Korrosionsrate von Eisen und Zink*

Umgebungsfaktoren und Korrosionsvorgänge. Ein Eisenblech, das längere Zeit leitend mit einem Stück Kupfer verbunden ist, rostet aufgrund der Bildung eines Lokalelements viel schneller als ein Eisenblech allein. Die Korrosion von Eisen hängt jedoch auch maßgeblich von den Umgebungsfaktoren ab, wie die folgenden Beispiele verdeutlichen: In ägyptischen Pyramiden fand man 4000 Jahre alte Eisenwerkzeuge, die noch gut erhalten waren. Als Hochgebirgswanderer kann man feststellen, dass die eisernen Haken der Klettersteige selbst nach mehreren Jahrzehnten nur kaum korrodiert sind.

In der trockenen Luft Ägyptens kann sich praktisch kein Wasserfilm auf der Metalloberfläche ausbilden. Dadurch ist eine Sauerstoffkorrosion kaum möglich. Die sehr reine Hochgebirgsluft ist im Gegensatz zur Luft in Kultur- und Industriegebieten arm an Säurebildnern wie Schwefeldioxid oder Stickstoffoxiden; Säurekorrosion findet somit kaum statt (Abb. 3).

Cl^--Ionen in höherer Konzentration sind ebenfalls korrosionsfördernd. Sie verdrängen die Oxid-Ionen (O^{2-}) aus der teilweise schützenden Oxidschicht des Eisens und diffundieren zusammen mit den Metall-Ionen aus der Oxidschicht heraus. Somit wird die Metalloberfläche fortlaufend freigelegt und die Korrosion dringt immer tiefer in die Metallschicht ein. Einige unedle Gebrauchsmetalle, wie Aluminium und Zink, sind korrosionsbeständig, weil sie auf ihrer Oberfläche von wasserdichten Oxidschichten überzogen sind, die das darunter liegende Metall vor Wasser und Sauerstoff schützen. Beim Zink kommt noch eine Schicht aus schwerlöslichem Zinkcarbonat ($ZnCO_3$) hinzu.

Unter Korrosion versteht man die Zerstörung von Metallen durch saure oder sauerstoffhaltige Lösungen. Feuchtigkeit, Salze und Lokalelemente fördern die Korrosion.

1 Ein Beispiel für Korrosion im Alltag ist das Rosten von Fahrrädern, die lange Zeit im Freien standen.
a) Nennen und beschreiben Sie wesentliche Faktoren, die sich korrosionsfördernd auf eine Metallkonstruktion wie die eines Fahrrades auswirken.
b) Untersuchen Sie verschiedene Fahrräder auf Roststellen. Ermitteln Sie die Häufigkeiten für die Rostbildung an den verschiedenen Stellen des Fahrrades.
c) Stellen Sie Hypothesen über die Unterschiede im Grad der Rostbildung auf. Nennen und erläutern Sie Maßnahmen bei der Pflege und Wartung des Rades, die der Korrosion entgegen wirken können.

2

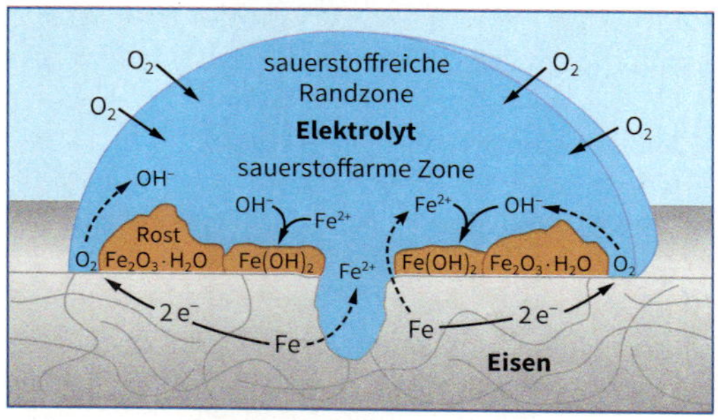

a) Beschreiben Sie die elektrochemischen Vorgänge beim Rosten von Eisen mithilfe der Abbildung. Formulieren Sie für alle Vorgänge entsprechende Reaktionsgleichungen.
b) Erläutern Sie mithilfe der Abbildung, warum die Metallfunde in ägyptischen Pyramiden auch nach über 4000 Jahren praktisch rostfrei waren.

3 a) Begründen Sie, warum es im Versuch in Abb. 2 ② am Kupferblech zu einer Gasentwicklung kommt und am Zinkblech keine Gasentwicklung zu beobachten ist.
b) Formulieren Sie eine allgemeine Gesetzmäßigkeit für die Korrosionsanfälligkeit von Metallen.

4 Heizkessel und Heizkörper bestehen häufig aus Eisen oder Stahlblech. Die Leitungsrohre für den Wasserkreislauf bestehen aus Kupfer oder Kupferlegierungen. In dem geschlossenen System kreist dabei das warme Wasser. An den Verbindungsstellen liegen also Voraussetzungen für ein Lokalelement vor. Skizzieren Sie ein solches Lokalelement und erläutern Sie, warum es nicht zur Korrosion des Eisens kommt.

5 Beim Hausbau werden Dach-Fenster-Übergänge aus Bleiblech konstruiert, weil Blei ein weiches und kalt sehr gut formbares Metall ist. Begründen Sie, warum die Bleibleche nicht korrodieren, obwohl Blei ein unedles Metall ist. Berücksichtigen Sie dabei, dass im Regenwasser immer etwas Kohlenstoffdioxid gelöst ist, der pH-Wert von Regenwasser etwa 4,5 – 5,5 beträgt und Regenwasser Spuren von Schwefelsäure mit Sulfat-Ionen (SO_4^{2-}) gelöst enthalten kann.

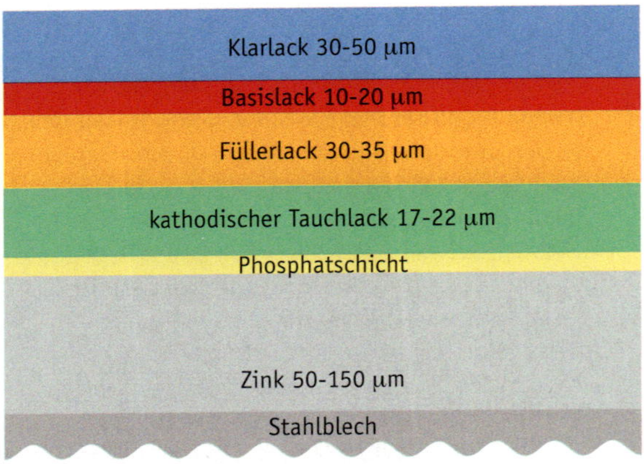

1 *Korrosionsschutz – Lackaufbau bei einer Autokarosserie*

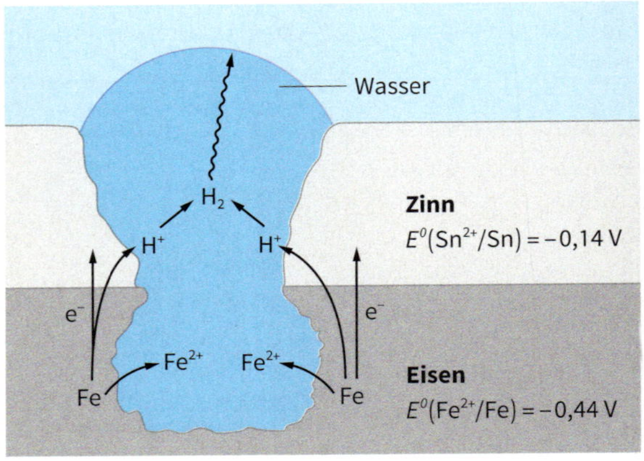

2 *Lokalelement und Säurekorrosion bei verzinntem Eisen*

Metallkorrosion verursacht Jahr für Jahr erhebliche Schäden – insbesondere bei Eisenkonstruktionen. Sind tragende Teile wie bei einer Brückenkonstruktion betroffen, birgt das Rosten zudem ein Sicherheitsrisiko. Ein wirksamer Korrosionsschutz ist also wichtig. Dazu gibt es verschiedene Strategien. In den meisten Fällen wird die Metalloberfläche gegen das Eindringen und den Angriff von Feuchtigkeit und Sauerstoff mit einer Schutzschicht versehen. Diese kann aus einem anderen Metall oder aus nichtmetallischen Materialien bestehen. Wenn Feuchtigkeitszutritt nicht verhindert werden kann, werden elektrochemische Verfahren eingesetzt.

Nichtmetallische Überzüge. Lacke, Emailen, Wachse und Öle sind nichtmetallische Überzüge. Häufig werden diese wie bei einer Autokarosserie auch kombiniert (Abb. 1). Eine Wachsschicht auf dem Auto lässt Wasser abperlen, Feuchtigkeit kann schlechter eindringen. Emailen sind glasartige oxidische Gemische, die gut auf Metalloberflächen haften und besonders im Sanitärbereich eingesetzt werden. Diese Überzüge versiegeln die Metalloberfläche, schützen aber nur, wenn die Versiegelung nicht beschädigt wird.

Metallische Überzüge. Einige unedle Metalle wie Zink, Zinn, Chrom und Nickel bilden sehr feste Oxidschichten, die das darunterliegende Metall vor weiterer Korrosion schützen. Diese Eigenschaft der Metalle bezeichnet man als **Passivierung**. Insbesondere Eisenkonstruktionen werden demzufolge mit diesen Metallen beschichtet, um die Rostbildung zu vermeiden. Beispiele sind das Verzinken, Verzinnen oder das Verchromen von Eisen.

Zinküberzüge können durch *Feuerverzinken* oder elektrolytisch durch *Galvanisieren* aufgebracht werden. Beim Feuerverzinken wird ein Werkstück wie eine Autokarosserie oder ein Balkongeländer aus Eisen in eine 450 °C heiße Zinkschmelze getaucht. Dabei entsteht an der Grenzfläche Eisen – Zink eine Eisen-Zink-Legierung (Abb. 1). Die zunächst silbrig glänzende Zinkoberfläche wird aufgrund der Bildung der Oxidschicht im Lauf der Zeit matt.

Auch Überzüge aus Zinn auf einem Eisenwerkstück werden durch Galvanisierung erzeugt. Dabei entsteht sogenanntes *Weißblech*, das überwiegend für Konservendosen verwendet wird.

Beschädigung metallischer Überzüge. Werden die metallischen Schutzschichten beschädigt, kann es zur Korrosion durch die Bildung von Lokalelementen kommen. Dabei hängt es vom Elektrodenpotential der Metalle ab, welche Atome oxidiert werden. Im Fall von verzinktem Eisen wie bei einer verzinkten Autokarosserie hat Zink ein niedrigeres Elektrodenpotential als Eisen. Zn-Atome werden folglich zu Zn^{2+}-Ionen oxidiert; am Eisen werden H_3O^+-Ionen zu H_2-Molekülen reduziert.

Oxidation: $Zn(s) \dashrightarrow Zn^{2+}(aq) + 2e^-$

Reduktion: $2\ H_3O^+(aq) + 2e^- \dashrightarrow H_2(g) + 2\ H_2O(l)$

Bei einer Beschädigung der Oberfläche wird daher das Eisen zunächst nicht angegriffen.

Überzüge aus einem edleren Metall als Eisen schützen jedoch nur, solange die Beschichtung intakt ist. Im Weißblech hat Zinn das höhere Elektrodenpotential. Somit wird die Eisenschicht zum Minuspol. Fe^{2+}-Ionen gehen in Lösung und bei geöffneter Dose bildet sich mit Sauerstoff Rost (Abb. 2). Statt die Korrosion von Eisen zu verhindern, wird die Rostbildung nun sogar begünstigt.

Kathodischer Korrosionsschutz. Sehr oft reicht der Korrosionsschutz durch Überzüge oder eine Kombination aus Überzügen nicht aus. Überseeschiffe, Ölbohrplattformen oder im Meer verlegte Pipelines sind durch ihre

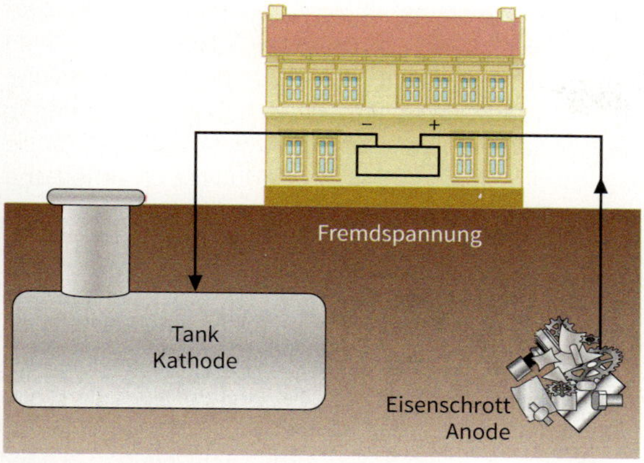

3 *Korrosionsschutz durch Gleichspannung*

Umgebung besonders stark der Korrosion ausgesetzt. Daher wird bei solchen Objekten ein *kathodischer Korrosionsschutz* eingesetzt. Dabei wird das zu schützende Objekt als *Kathode* gegen ein unedleres Metall geschaltet. An Schiffen oder Ölbohrplattformen werden außen Zinkplatten angebracht. Pipelines, unterirdische Tankanlagen oder Brücken verbindet man elektrisch leitend mit Platten aus Magnesiumlegierungen, die sich im Wasser oder in direkter Nähe in feuchtem Boden befinden. So löst sich das unedle Metall auf, die zu schützende Stahlkonstruktion bleibt intakt.

Durch die leitende Verbindung des Stahls mit den unedlen Metallplatten bildet sich eine kurzgeschlossene galvanische Zelle, ein Lokalelement. Dabei wird der Stahl zum Pluspol, zur Kathode, und entsprechend das unedle Metall zum Minuspol, zur Anode. Das Metall der Anode wird oxidiert und liefert damit Elektronen an die Kathode. Die Anode löst sich dabei allmählich auf, sie wird daher als **Opferelektrode** oder *Opferanode* bezeichnet. Die zum Stahl fließenden Elektronen verhindern dessen Oxidation.

Die zu schützende Konstruktion kann auch als Kathode mit einer externen Gleichspannungsquelle verbunden werden. Als Hilfsanoden in dieser als *Fremdstromanode* bezeichneten Anordnung werden Graphit oder Eisenschrott verwendet (Abb. 3). In modernen Warmwassertanks im Haus nutzt man diese Technik anstelle eines Magnesiumstabs als Opferanode. Die benötigte elektrische Energie einer solchen Anlage ist dabei mit zwei bis vier Watt pro Stunde recht gering.

Unedle Metalle können durch Überzüge gegen Korrosion geschützt werden. Auch Opferanoden und Gleichspannungsquellen können die Korrosion unterdrücken.

1 Beschreiben Sie den Aufbau eines modernen Autolacks (Abb. 1) und erklären Sie den Sinn der Auftragung mehrerer Schichten. Beziehen Sie nicht nur Aspekte des Korrosionsschutzes ein.

2 a) Partner A: Skizzieren Sie für eine verzinkte Eisenoberfläche das sich bildende Lokalelement, wenn die Zinkschicht bis an die Eisenoberfläche beschädigt wurde. Erläutern Sie, warum das Eisen weiterhin gegen Säurekorrosion geschützt ist.
Partner B: Beschreiben Sie Abb. 2 und fertigen Sie einen Sachtext an, in dem Sie die Ursachen des Rostens einer beschädigten verzinnten Weißblechdose erklären. Stellen Sie die Reaktionsgleichungen für die Vorgänge auf.
b) Präsentieren Sie sich gegenseitig Ihre Ergebnisse.
c) Stoßstangen von Autos wurden in den 1970er Jahren verchromt. Dies hat den Bauteilen einen besonderen Glanz verliehen. Beurteilen Sie das Verchromen vom Stoßstangen unter dem Aspekt des Korrosionsschutzes. Stellen Sie entsprechende Reaktionsgleichungen auf.

3 Die nebenstehende Abbildung zeigt einen Warmwassertank im Schnitt.

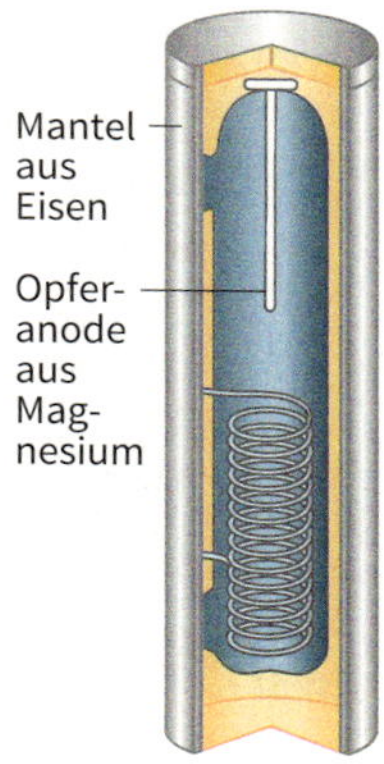

a) Beschreiben Sie die Funktion des Magnesiumstabs im Tank und stellen Sie die Teilgleichungen für die am Magnesiumstab und am Eisenmantel ablaufenden Reaktionen auf.
b) Vergleichen Sie die Anordnung mit der Anordnung in Abb. 3. Stellen Sie das gemeinsame Prinzip hinter beiden Verfahren heraus.
c) Begründen Sie die Zuordnung von Anode und Kathode in Abb. 3 und stellen Sie für die im System ablaufenden Reaktionen die Reaktionsgleichungen auf.
d) Berechnen Sie mit den Angaben im Text, wie viel elektrische Energie eine solche Anlage pro Jahr benötigt. Ermitteln Sie auch die Stromkosten.

4 Beim Verzinken wird das Werkstück in flüssiges Zink eingetaucht. Die Zinnschicht beim Weißblech wird elektrolytisch erzeugt, obwohl Zinn niedriger schmilzt. Begründen Sie diese unterschiedliche Vorgehensweise.

5 In der Messtechnik oder im HiFi-Bereich, wo eine präzise Übertragung auch kleiner elektrischer Signale erforderlich ist, werden oft Steckverbindungen, deren Oberfläche vergoldet ist, eingesetzt. Begründen Sie, was durch dieses Verfahren erreicht werden soll.

4.7 Aluminium wird durch Eloxieren beständiger

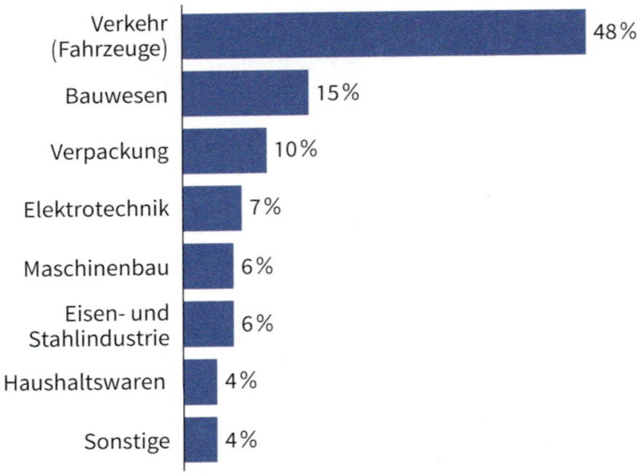

1 *Anwendungsgebiete für Aluminium*

Aluminium ist als Gebrauchsmetall weit verbreitet (Abb. 1). Neben der geringen Dichte ist es vor allem die Korrosionsbeständigkeit, die Aluminium als Werkstoff auszeichnet. Der Grund liegt in der Passivierung des Aluminiums. Es überzieht sich bereits an der Luft mit einer harten, nur bis etwa 10 nm dicken, durchsichtigen Oxidschicht, wobei der metallische Glanz erhalten bleibt. Aufgrund dieser Oxidschicht reagiert Aluminium trotz seines unedlen Charakters weder mit Sauerstoff noch mit Wasser. Saure und alkalische Lösungen zerstören allerdings den dünnen Schutzfilm schnell und oxidieren dann das Aluminium vollständig. Um die Beständigkeit von Aluminium zu verbessern, verstärkt man die natürliche Oxidschicht durch das **Eloxalverfahren** – die **el**ektrolytische **Ox**idation von **Al**uminium.

Eloxalverfahren. Beim Eloxalverfahren werden die zu eloxierenden Gegenstände in schwefelsaurer Lösung als Anode zwischen zwei Kathoden geschaltet. Dadurch erreicht man eine überall gleiche Stromdichte und erzeugt eine gleichmäßige Oxidschicht. Als Kathode werden Blei, Graphit oder Aluminium verwendet.

Bei der Elektrolyse bildet sich an den Kathoden Wasserstoff. An der Metalloberfläche der Aluminiumanode entstehen durch Abgabe von Elektronen Al^{3+}-Ionen. Die Ionen diffundieren durch feine Poren durch die aufliegende Schicht aus Aluminiumoxid und bilden auf der Oberfläche der Oxidschicht weiteres Aluminiumoxid:

$$2\,Al(s) + 3\,H_2O(l) \dashrightarrow Al_2O_3(s) + 3\,H_2(g)$$

Diese elektrolytisch erzeugte Aluminiumoxidschicht besitzt eine wabenartige Struktur aus dicht beieinander liegenden Poren. Beim Eloxieren wird das Werkstück etwas dicker, denn die Oxidbildung ist mit einer Volumenzunahme verbunden. So wird die Aluminiumoxidschicht etwa um den Faktor 5000 verstärkt.

Weiterverarbeitung. In die Poren der Aluminiumoxidschicht lassen sich Farbstoffe einlagern (Abb. 2). Man kann eine breite Skala von Farben bis hin zu Messing-, Bronze- und Goldtönen erzielen. Besonders häufig werden saure organische Farbstoffe verwendet, da sie mit Aluminiumoxid leicht Verbindungen eingehen und gut an der Oberfläche haften.

Nach der Färbung bringt man das Werkstück für einige Zeit in heißes Wasser oder behandelt es mit Wasserdampf. Dabei schließen sich die Poren und es bildet sich ein Aluminiumhydroxidgel, das die Oberfläche versiegelt. Die Schutzschicht ist mechanisch besonders widerstandsfähig und chemisch beständig. Selbst durch aggressive Chemikalien wie Schwefeldioxid oder Schwefelsäure wird sie kaum angegriffen.

Beim Eloxalverfahren werden Werkstücke aus Aluminium elektrolytisch oxidiert. Die schützende Aluminiumoxidschicht wird dadurch verstärkt.

1 a) Erläutern Sie, welche Reaktion man von Aluminium in Wasser (Partner A), verdünnter Salzsäure (Partner B) und verdünnter Natronlauge (Partner C) erwarten sollte, wenn man die Stellung in der Spannungsreihe zugrunde legt. Notieren Sie die jeweilige Reaktionsgleichung. *Hinweis:* In alkalischer Lösung entsteht das lösliche Tetrahydroxidoaluminat-Ion.
b) Diskutieren Sie Ihre Ergebnisse.

2 a) Zeichnen Sie mithilfe des Textes eine Elektrolysezelle zum Eloxieren eines Werkstücks. Als Kathode sollen Graphitstäbe verwendet werden.
b) Skizzieren Sie die Vorgänge, die während der Elektrolyse am Werkstück aus Aluminium ablaufen, mithilfe einer Teilchendarstellung. Nutzen Sie auch Abb. 2.
c) Erläutern Sie, weshalb ein dem Eloxalverfahren vergleichbares Verfahren nicht als Korrosionsschutz für Eisen funktioniert.

3 Recherchieren Sie Beispiele für die in Abb. 1 aufgeführten Anwendungsgebiete für Aluminium. Begründen Sie für drei Beispiele, welche Stoffeigenschaften man für den jeweiligen Anwendungszweck nutzt.

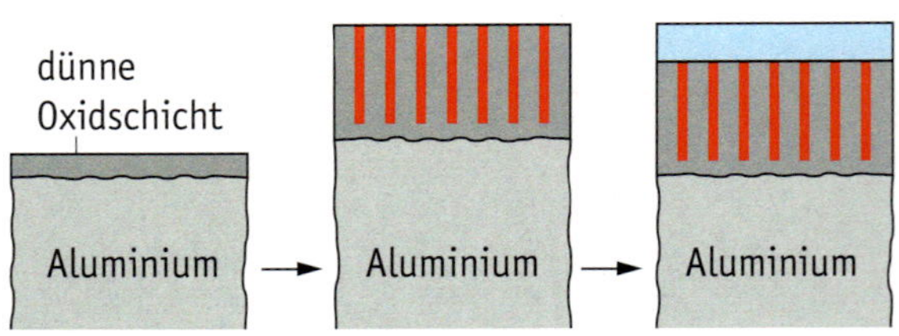

2 *Bildung der Eloxalschicht*

Praktikum Eloxieren von Aluminium

Versuch 1:
Eloxieren eines Aluminiumwerkstücks

Arbeitsauftrag:
Führen Sie den Versuch in Gruppen durch. Jede Gruppe eloxiert ein Werkstück. Dieses wird dann in Versuch 2 verschiedenartig weiterverarbeitet.

Materialien: Becherglas (250 ml), Graphitelektrode, Strommessgerät, Gleichspannungsquelle, Pinzette, Kabel, Krokodilklemmen, feines Schmirgelpapier; Aceton (**2, 7**), Aluminiumblech (etwa 3 · 10 cm) oder Gegenstand aus Aluminium, Schwefelsäure (1 mol · l^{-1}; **5**)

Durchführung:
1. Reinigen Sie die Oberfläche des Aluminiumblechs mit feinem Schmirgelpapier und reiben Sie das Blech mit Aceton ab. Nun darf das Blech nur noch seitlich an den Kanten gefasst werden.
2. Füllen Sie ein Becherglas zur Hälfte mit verdünnter Schwefelsäure, tauchen Sie die Graphitelektrode ein und verbinden Sie diese mit dem Minuspol der Gleichspannungsquelle.
3. Stellen Sie das Aluminiumblech in das Becherglas und schließen Sie es an den Pluspol der Gleichspannungsquelle an. Elektrolysieren Sie für etwa 30 min mit einer Spannung von 15 V.
4. Schalten Sie ein Strommessgerät in Reihe, um während des Versuches die Änderung der Stromstärke zu verfolgen.
5. Spülen Sie das Aluminiumblech nach der Elektrolyse unter fließendem Wasser ab.
6. Nutzen Sie das eloxierte Blech für Versuch 2.

Aufgaben:
a) Begründen Sie den Schritt 1 im Versuch 1.
b) Zeichnen und beschriften Sie die Elektrolyseapparatur und formulieren Sie die an den Elektroden ablaufenden Vorgänge.
c) Begründen Sie die Veränderung der Stromstärke während der Elektrolyse.
d) Im Gegensatz zur Galvanisierung wird beim Eloxalverfahren das Werkstück als Pluspol geschaltet. Erklären Sie, weshalb man es nicht als Minuspol schaltet.

Versuch 2:
Einfärben und Prüfen der Eloxalschicht

Materialien: 4 Bechergläser (100 ml), Becherglas (400 ml) Thermometer, Heizplatte oder Wasserkocher, Tiegelzange; unbehandeltes Aluminiumblech (3 · 10 cm), 4 frisch eloxierte Aluminiumbleche aus Versuch 1, Schwefelsäure (25 %; **5**), Alizarin (**7**), Eosin (**7**)

Durchführung:
1. Lösen Sie in je einem kleinen Becherglas einen Spatel Alizarin oder Eosin in 80 ml 80 °C heißem, destilliertem Wasser. Die Lösungen sollten intensiv gefärbt sein.
2. Stellen Sie je zwei eloxierte Aluminiumbleche in die Farbstofflösungen. Halten Sie die Temperatur der Ansätze bei 80 °C und belassen Sie die Bleche für 10 min in den Lösungen.
3. Entnehmen Sie die Aluminiumbleche und spülen Sie die Bleche zunächst mit etwas warmem Wasser, dann mit destilliertem Wasser.
4. Fixieren je eines der mit Alizarin beziehungsweise Eosin gefärbten Bleche etwa 10 min in kochendem Wasser. Die anderen beiden Bleche werden nicht fixiert.
5. Tauchen Sie die gefärbten Bleche und auch das unbehandelte Aluminiumblech für etwa drei Minuten in Schwefelsäure.

Aufgaben:
a) Notieren und deuten Sie Ihre Beobachtungen.
b) Erklären Sie die unterschiedliche Einfärbung des Aluminiumblechs mithilfe der Abb. 2 auf 154. Begründen Sie, wo die Farbstoffe eingelagert werden.
c) Erklären Sie die Unterschiede in der Reaktion des unbehandelten Aluminiumstücks mit Schwefelsäure mit dem Verhalten der eloxierten Bleche in der sauren Lösung. Gehen Sie dabei auch auf die fixierten und nicht fixierten Stücke ein.
d) Für Bergsteiger gibt es eloxierte, gefärbte Karabinerhaken. Selbst bei längerem Gebrauch und starker mechanischer Belastung wird die Farbschicht kaum abgerieben. Erklären Sie dies.

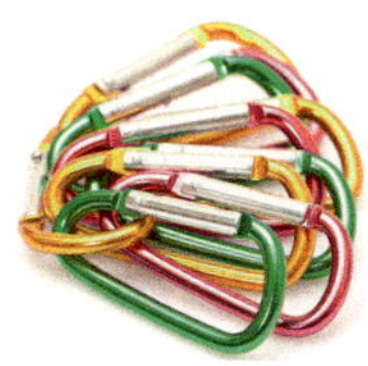

Praktikum Korrosionsschutz und Galvanisieren

Forschungsauftrag 1: Dem Rost auf der Spur

3 5

Arbeitsauftrag:
In Industrieanlagen, am Bau und im Verkehr stellt das Rosten von Eisen ein Sicherheitsrisiko dar und verursacht in Deutschland jährlich Kosten in Milliardenhöhe. Zur Vermeidung von Gefahren und Verlusten muss man die Bedingungen des Rostens kennen. Untersuchen Sie die Bedingungen des Rostens am Beispiel von Eisenwolle oder Eisennägeln.

Mögliche Materialien: laborübliche Glasgeräte; Eisenwolle (entfettet), Eisennägel (geschmirgelt), Natriumchloridlösung (5 %), Paraffinöl, Salzsäure (verd., **5**), Natronlauge (verd., **5**), Kunststoffspritzen (60 ml) mit Stickstoff, Sauerstoff (**3**) oder Kohlenstoffdioxid gefüllt

Aufgaben:
a) Entwickeln Sie arbeitsteilig eine Versuchsreihe, mit der Sie die Bedingungen der Rostbildung untersuchen können. Untersuchen Sie die Einflussfaktoren zunächst einzeln, dann in Kombination mehrere Faktoren, um ergänzende oder hemmende Effekte zu erfassen. Kontrollieren Sie Ihre Planung mithilfe der Check-Karte und führen Sie die Experimente durch.
b) Notieren und deuten Sie Ihre Beobachtungen. Stellen Sie Ihrer Ergebnisse den übrigen Gruppen vor.

Experimentelle Hausaufgabe: Korrosion am Bleistiftanspitzer

Materialien: Trinkglas;
2 Bleistiftanspitzer aus Magnesium, Leitungswasser, Speisesalz, Essig

Durchführung:
Geben Sie einen gehäuften Teelöffel Speisesalz in ein halbvoll mit Leitungswasser gefülltes Trinkglas. Rühren Sie um, bis das Salz gelöst ist. Legen Sie anschließend den Anspitzer in die Lösung. Wiederholen Sie den Versuch mit Essig anstelle von Salzwasser.

Aufgaben:
a) Notieren Sie sofort und nach einer Stunde ihre Beobachtungen. Differenzieren Sie dabei zwischen dem Gehäuse und der Klinge.
b) Erklären Sie Ihre Beobachtungen.

Versuch 1: Korrosionsschutz von Eisen

2 7 9

Materialien: Petrischalen, Becherglas (200 ml), Messzylinder (100 ml), Waage, feines Schmirgelpapier, Gleichspannungsquelle; blanke Eisennägel, bis zur Hälfte in der Brennerflamme oxidierte Eisennägel, in der Mitte mit Kupferdraht umwickelte Eisennägel, in der Mitte mit einem schmalen, dünnen Zinkblech umwickelte Eisennägel, Natriumnitritlösung ($w = 5\,\%$, **7**, **9**), Nachweislösung (3 g Natriumchlorid, 0,1 g Kaliumhexacyanidoferrat(III), 10 Tropfen Phenolphthaleinlösung ($w < 0{,}9\,\%$, **2**, **7**) in 100 ml Wasser)

Durchführung:
1. Schmirgeln Sie zunächst alle Metallteile blank.
2. Präparieren Sie vier Eisennägel nach den angegebenen Verfahren und legen Sie jeweils einen Nagel in eine Petrischale. Geben Sie so viel Nachweislösung dazu, dass die Nägel bedeckt sind.
3. Geben Sie jeweils einen blanken Eisennagel in zwei Petrischalen und übergießen Sie die Nägel mit der Nachweislösung. Fügen Sie in der einen Schale zusätzlich 2 ml der Natriumnitritlösung zu.
4. Legen Sie in eine Petrischale zwei blanke Eisennägel, sodass die Nagelköpfe auf dem Rand liegen und sich die Nägel nicht berühren. Verbinden Sie die Nägel mit den Polen einer Gleichspannungsquelle. Begießen Sie die Nägel mit der Nachweislösung, so dass diese bedeckt sind. Schalten Sie die Gleichspannungsquelle ein und stellen Sie eine Spannung von 2 V ein.

Aufgaben:
a) Notieren Sie während drei Tagen in regelmäßigen Abständen Ihre Beobachtungen. Geben Sie dabei für Schritt 4 die Polung an.
b) Erklären Sie Ihre Beobachtungen.
c) Erläutern Sie, welche Reaktionen in den Petrischalen abgelaufen sind und stellen Sie die entsprechenden Reaktionsgleichungen auf.
d) Skizzieren und beschreiben Sie für die mit einem Kupfer und Zink umwickelten Eisennägel das entsprechende Lokalelement. Gehen Sie dabei auch auf die Farbänderung der Phenolphthaleinlösung ein.
e) Informieren Sie sich über die Reaktion mit der Nachweislösung und beschreiben Sie, wozu dieser Nachweis dient.

Versuch 2:
Herstellung eines Lokalelements

Materialien: Becherglas;
Zinkblech, Kupferblech, Salzsäure (1 mol · l^{-1}, **5**)

Durchführung:
1. Füllen Sie das Becherglas zu einem Viertel mit Salzsäure und stellen Sie das Zinkblech hinein.
2. Stellen Sie zusätzlich das Kupferblech in das Becherglas, ohne dass sich die Bleche berühren.
3. Verschieben Sie die Bleche, bis sie sich gegenseitig berühren (**2**).

Aufgaben:
a) Notieren Sie die Beobachtungen.
b) Erläutern Sie das Entstehen einer kurzgeschlossenen galvanischen Zelle. Geben Sie den Elektronenfluss an.
c) Stellen Sie eine Hypothese für die veränderte Gasentwicklung auf.

Forschungsauftrag 2:
Kathodischer Korrosionsschutz

Arbeitsauftrag:
Planen Sie mit den Ergebnissen von Forschungs auftrag 1 einen Versuchsaufbau für den Nachweis der Wirksamkeit des kathodischen Korrionsschutzes. Geben Sie notwendige Sicherheitsmaßnahmen an.

Mögliche Materialien: Gleichstromquelle, Kabel, Graphitelektrode. Materialien und Chemikalien von Forschungsauftrag 1.

Aufgaben:
a) Prüfen Sie Ihre Planungen mit der Check-Karte. Führen Sie Ihren Versuchs nach Rücksprache mit Ihrer Lehrkraft experimentell durch.
b) Werten Sie Ihre Beobachtungen aus.

Versuch 3:
Verzinken eines Eisenblechs

Materialien: Becherglas 100 ml, Gleichspannungsquelle, Strommessgerät, feines Schmirgelpapier, durchbohrtes Eisenblech, Kupferdraht, Graphitstab, Analysenwaage;
Elektrolytlösung: 10 g Zinksulfat (**5, 7, 9**) und 5 ml Ethansäure ($w = 5\,\%$) in 50 ml Wasser

Durchführung:
1. Schmirgeln Sie das Eisenblech und wiegen Sie es.
2. Befestigen Sie den Kupferdraht am Eisenblech und stellen Sie das Eisenblech und den Graphitstab in das Becherglas mit der Elektrolytlösung.
3. Schalten Sie das Eisenblech als Minuspol und den Graphitstab als Pluspol. Regeln Sie die Spannung so ein, dass es am Eisenblech zu einer gut erkennbaren Zinkabscheidung kommt und nur eine geringe Gasentwicklung auftritt. Elektrolysieren Sie etwa 10 min, notieren Sie die Stromstärke.
4. Wiegen Sie das gereinigte und getrocknete Blech.

Aufgaben:
a) Beschreiben Sie Ihre Beobachtungen
b) Formulieren Sie die Reaktionsgleichung für die Zinkabscheidung.
c) Berechnen Sie die geflossene Ladung *Q* und dann die daraus folgende Stoffmenge und Masse an Zink, die theoretisch abgeschieden werden könnte und vergleichen Sie mit der tatsächlich erhaltenen Masse. Begründen Sie, warum weniger Zink abgeschieden wird als zu erwarten ist.

Versuch 4:
Überzug aus Messing

Materialien: Becherglas 100 ml, Gleichspannungsquelle, Spannungsmessgerät, feines Schmirgelpapier, Eisenblech, Messingblech;
Elektrolytlösung aus: 1 g blaues Kupfer(II)-sulfat (**5, 7, 9**), 0,3 g Zinksulfat (**5, 7, 9**), 8 g Kaliumnatriumtartrat, 0,6 g Natriumhydroxid (**5**) in 100 ml Wasser

Durchführung:
1. Reinigen Sie die Bleche sorgfältig und stellen Sie diese in das Becherglas mit der Elektrolytlösung.
2. Schalten Sie das Eisenblech als Minuspol und das Messingblech als Pluspol und elektrolysieren Sie 10 min bei einer Spannung von 9 V.

Aufgaben:
a) Beschreiben Sie Ihre Beobachtungen.
b) Formulieren Sie die Reaktionsgleichungen für die Abscheidung der Messing bildenden Metalle auf dem Eisenblech.

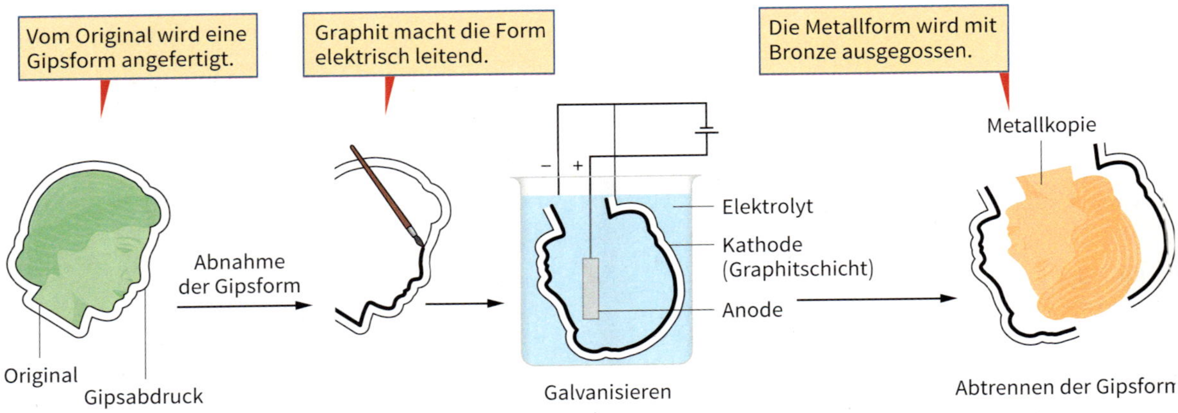

1 *Verfahren der Galvanoplastik – Original und Kopie*

Auf metallisch glänzende Gegenstände stoßen wir überall: Chromglänzende Armaturen im Badezimmer oder verchromte Bauteile am Auto, versilbertes Essbesteck, verzinkte Schrauben oder Dachrinnen, versilberte oder vergoldete Schmuckteile. Das Bauprinzip ist dabei im Wesentlichen gleich. Eine sehr dünne, glänzende Metallschicht ist auf dem eigentlichen Gebrauchsgegenstand aufgebracht. Der Gebrauchsgegenstand besteht entweder aus einem Metall oder anderen Materialien wie Kunststoff; die dünne Metallschicht wird elektrolytisch aufgetragen (Abb. 1). Diese Elektrolyse nennt man *Galvanisieren.* Die aufgetragene Metallschicht besteht entweder aus edlen Metallen wie Kupfer, Silber und Gold oder aus ebenfalls korrosionsbeständigen Metallen wie Chrom, Zink oder Zinn.

Vorbehandlung. Beim Galvanisieren werden Metall-Ionen an der Oberfläche eines Gegenstandes durch Anlegen einer externen Spannung reduziert und als Atome abgeschieden. Damit diese schützenden Metallüberzüge gut und dauerhaft mit dem Gegenstand verbunden bleiben, ist eine sorgfältige *Vorbehandlung* des Gegenstands erforderlich (Abb. 2).

Dazu wird die stets vorhandene Oxidschicht im *Säurebad* von der Metalloberfläche des Gegenstands abgelöst. Dies bezeichnet man in der Metalltechnik als *Beizen.* Anschließend wird das Werkstück poliert und so geglättet. Nun folgt das Entfetten des Werkstücks mit organischen Lösemitteln oder Tensidlösungen. Erst die so vorbehandelte und staubfreie Metalloberfläche gewährleistet eine gute Haftung des Überzugs.

Elektrolysevorgänge. Das zu galvanisierende Werkstück wird als Kathode im Galvanisierbad geschaltet. Als Elektrolyt wird eine Salzlösung des Überzugsmetalls verwendet, als Anode das Überzugsmetall selbst. Es laufen folgende Reaktionen ab:

Pluspol (Anode): $Me(s) \dashrightarrow Me^{z+}(aq) + z\,e^-$
Minuspol (Kathode): $Me^{z+}(aq) + z\,e^- \dashrightarrow Me(s)$

Prozesssteuerung. Die Qualität des galvanischen Überzugs hängt neben der Vorbehandlung maßgeblich von den elektrochemischen Bedingungen im Galvanisierbad ab. Ein überall gleichmäßiger, fest haftender Überzug gelingt nur, wenn pro Zeiteinheit nur eine kleine, möglichst gleichbleibende Menge an Metall abgeschieden wird. Um zu verhindern, dass zu viele freie Metall-Ionen in der Lösung vorhanden sind und sich dann unkontrolliert abscheiden, setzt man galvanischen Bädern häufig *Komplexbildner,* wie Ammoniak (NH_3), Cyanid-Ionen (CN^-) oder Tartrat-Ionen ($C_4H_4O_6^{2-}$) zu. Deren Teilchen reagieren mit den Metall-Ionen in einer Gleichgewichtsreaktion. Somit liegen in der Lösung komplex gebundene und freie hydratisierte Metall-Ionen vor, wie das Beispiel zeigt:

$$[Ag(NH_3)_2]^+(aq) \leftrightharpoons Ag^+(aq) + 2\,NH_3(aq)$$

Die Konzentration der freien Kationen wird durch die Komplexbildung konstant niedrig gehalten, da die durch Reduktion verbrauchten Ionen kontinuierlich durch den Zerfall des Komplexes nachgebildet werden.

Abscheidung von Legierungen. Messing ist eine Legierung aus etwa 70 % Kupfer, 30 % Zink und Spuren an weiteren Metallen. Überzüge aus solchen Legierungen lassen sich durch Galvanisieren herstellen, wenn die Legierungsmetalle gleichzeitig als Ionen in der Elektrolytlösung vorhanden sind. Die Abscheidungspotentiale der verschiedenen Ionensorten sind jedoch meist unterschiedlich. Über Faktoren wie Konzentration, Temperatur und pH-Wert der Elektrolytlösung lassen sich die Abscheidungspotentiale angleichen. Dann erfolgt eine Abscheidung entsprechend der gewünschten Zusammensetzung der Legierung. Die

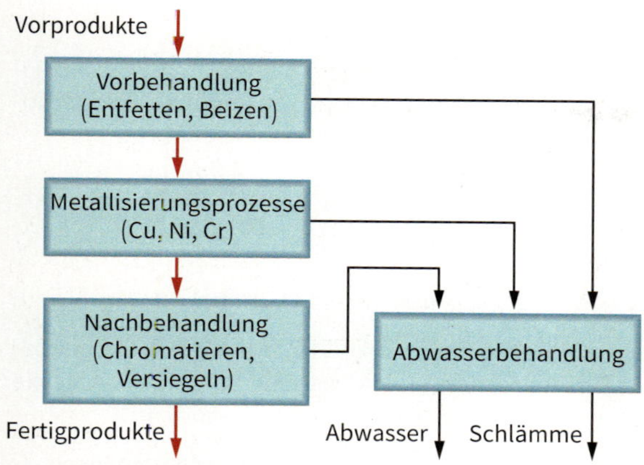

2 *Arbeitsschritte beim Galvanisieren*

Abscheidungsgeschwindigkeit der beteiligten Metalle und damit die genaue Legierungszusammensetzung wird über die Stromstärke eingestellt. Überzüge aus Legierungen sind in der Regel härter und häufig auch korrosionsbeständiger als Überzüge der reinen Metalle. Daher werden oft auch bei Überzügen aus reinen Metallen in geringen Mengen weitere Metalle zugesetzt, um einen besseren Korrosionsschutz zu erreichen. Daneben werden auch Überzüge aus unterschiedlichen Metallen in mehreren Schichten aufgebracht, um zum Beispiel die Haftung zu verbessern.

Galvanoplastik. Maßgetreue Nachbildungen dreidimensionaler Gegenstände lassen sich durch Galvanoplastik herstellen (Abb. 1). Vom Original oder dem Gegenstand wird aus keramischen oder anderem plastischen Material eine Matrize erstellt. Diese Matrize wird durch Auftragen einer sehr dünnen Graphitschicht elektrisch leitend gemacht. Durch Galvanisieren wird der Abdruck mit einem Metallüberzug versehen und man erhält eine Metallform. Diese Metallform wird mit dem gewünschten Material ausgegossen und die Matrize entfernt. Nun liegt eine Kopie des Originals vor. In gleicher Weise können auch nichtmetallische Gegenstände galvanisch mit einem Metall überzogen werden.

Umweltprobleme. In der Galvanotechnik werden umweltgefährdende Stoffe wie Schwermetalle verwendet. Daher sind eine sorgfältige Aufbereitung der galvanischen Bäder und eine Prozessführung in Kreisläufen erforderlich. Wie bei allen Elektrolysen ist auch in der Galvanotechnik der Strombedarf sehr groß.

> Beim Galvanisieren werden Werkstücke durch elektrolytisch abgeschiedene dünne Metallschichten verschönert oder vor Korrosion geschützt.

1 Ein Eisenblech soll galvanisch verzinkt werden. Zur Elektrolytlösung wird Natriumhydroxid gegeben.
a) Fertigen Sie eine beschriftete Zeichnung zum Aufbau der Galvanisierungszelle an. Treffen Sie eine begründete Materialwahl für die Gegenelektrode.
b) Formulieren Sie die Reaktionsgleichungen für die Vorgänge an den beiden Elektroden.
c) Erläutern Sie, warum der Elektrolyt Natronlauge enthalten soll.
d) Berechnen Sie mithilfe der folgenden Daten die Masse an abgeschiedenem Zink auf dem Blech und die dafür erforderliche elektrische Ladung Q.
Maße des Eisenblechs: 5 cm · 10 cm · 0,1 cm
Dicke der Zinkschicht: 0,1 mm ($\varrho(\text{Zn}) = 7{,}14\ \text{g} \cdot \text{cm}^{-3}$).
e) Erörtern Sie, warum es sinnvoll ist, Eisenbleche zu verzinken.

2 a) Beschreiben Sie, ausgehend von Abb. 2, die einzelnen Arbeitsschritte beim Galvanisieren eines Gegenstands. Nutzen Sie hierzu auch die Informationen im Text.
b) Erläutern Sie, warum aufgebrauchte galvanische Bäder nicht direkt in das Abwasser geleitet werden dürfen, sondern aufbereitet werden müssen.
c) Beschreiben Sie, woraus die bei der Abwasserbehandlung erhaltenen Schlämme bestehen. Recherchieren Sie, wie diese Schlämme weiter behandelt werden.

3 a) Beschreiben Sie, von welchen Faktoren die Qualität einer galvanisch aufgebrachten Metallschicht abhängt.
b) Erläutern Sie mithilfe der Beziehung zwischen Elektrodenpotential und Konzentration, wie sich der Zusatz eines Komplexbildners auf das Abscheidungspotential eines Metalls auswirkt.

4 Übliche Spiegel bestehen aus einer planen Glasscheibe mit einer stark reflektierenden Schicht auf der Rückseite. Bei hochwertigen Spiegeln besteht diese Schicht aus Silber. Es gäbe verschiedene Möglichkeiten, diese Silberschicht aufzubringen: durch Bedampfen, durch Galvanotechnik oder durch ein Reduktionsmittel aus einer Silbersalzlösung wie bei der Tollens-Probe. Recherchieren Sie diese verschiedenen Verfahren und wählen Sie begründet ein besonders gut geeignetes Verfahren zur Spiegelherstellung aus.

5 Soll ein Werkstück mit einer Legierung überzogen werden, bereitet dies einige weitere Schwierigkeiten.
a) Analysieren Sie die auftretenden Schwierigkeiten am Beispiel einer Legierung aus je 50 % Gold und Kupfer.
b) Schlagen Sie Maßnahmen vor, um die Schwierigkeiten zu überwinden.

Elektrische Energie für chemische Reaktionen

1. Elektrolyse

Die Elektrolyse ist die Umkehrung der Reaktion in einer galvanischen Zelle. Die Redoxreaktion wird durch eine angelegte äußere Spannung erzwungen.

Der zu elektrolysierende Stoff muss gelöst oder geschmolzen sein, damit bewegliche Ionen vorliegen. Durch die angelegte Spannung wandern die positiv geladenen Kationen zum Minuspol (Kathode) und werden dort durch Elektronenaufnahme entladen:

$Me^{z+}(aq/l) + z\,e^- \dashrightarrow Me(s)$

Die negativ geladenen Anionen wandern zum Pluspol (Anode) und werden durch Elektronenabgabe entladen:

$X^{z-}(aq/l) \dashrightarrow X + z\,e^-$

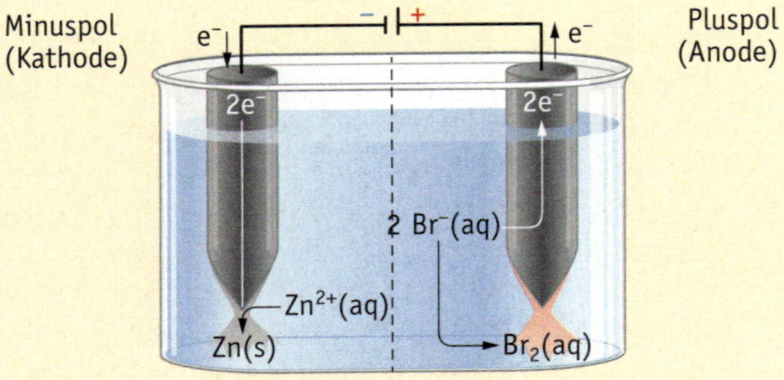

2. Zersetzungsspannung

Die Gleichgewichtsspannung *U* ist die Potentialdifferenz zwischen den Abscheidungspotentialen E_H der Reaktionen am Pluspol und am Minuspol; sie entspricht der Potentialdifferenz *E* der entsprechend umgekehrten galvanischen Zelle.

Die Zersetzungsspannung U_z ist die Mindestspannung bei einer Elektrolyse. Bei dieser Spannung setzen kontinuierliche Reaktionen an den Elektroden ein. Der Wert der Zersetzungsspannung U_z ist oft höher als der Wert der Gleichgewichtsspannung. Ursache ist die Überspannung η. Eine solche Überspannung tritt besonders bei Reaktionen auf, bei denen sich Gase bilden. Der Wert der Überspannung wird durch das Elektrodenmaterial und die eingesetzte Stromstärke beeinflusst.

Es gilt: $U_Z = U + \eta$

In einer Elektrolysezelle laufen immer die Reaktionen ab, die die kleinste Zersetzungsspannung erfordern:

$$U_Z = [E_H(\text{Pluspol}) + \eta(\text{Pluspol})] - [E_H(\text{Minuspol}) + \eta(\text{Minuspol})]$$

Bei der Elektrolyse einer Zinkchloridlösung mit pH = 7 an Graphitelektroden werden somit wegen der Überspannung Zink und Chlor gebildet und nicht Wasserstoff und Sauerstoff.

3. Faradaysche Gesetze

Die bei der Elektrolyse abgeschiedenen Stoffmengen *n* sind zur geflossenen elektrischen Ladung *Q* proportional. Es gilt:

$n = \frac{I \cdot t}{z \cdot F}$ oder $n = \frac{Q}{z \cdot F}$ (2. Faradaysches Gesetz)

Die Faraday-Konstante *F* beträgt:

$1\,F = 96\,485\ \text{A} \cdot \text{s} \cdot \text{mol}^{-1} = 96\,485\ \text{C} \cdot \text{mol}^{-1}$

Mit dem 2. Faradayschen Gesetz lässt sich die bei der Elektrolyse erforderliche Ladung für eine benötigte Stoffmenge berechnen.

Beispiel: Als Korrosionsschutz sollen auf einem Blech als dünne Schicht 20 g ≙ 0,306 mol Zink galvanisch abgeschieden werden, dafür wird eine Ladung benötigt von $Q = n \cdot z \cdot F = 0{,}306\ \text{mol} \cdot 2 \cdot 96\,485\ \text{A s mol}^{-1} = 59\,012\ \text{A s}$

4. Technisch wichtige Elektrolysen

Mittels Elektrolyse können aus vorhandenen Rohstoffen zahlreiche Stoffe wie Natronlauge, Chlor und Wasserstoff oder Metalle wie Aluminium und Kupfer gewonnen werden.

a) Wasserelektrolyse

$2\,H_2O(l) \xrightarrow{\text{Säure}} 2\,H_2(g) + O_2(g)$

Strom aus erneuerbaren Energien wird in chemischer Energie gespeichert und kann in Brennstoffzellen genutzt werden.

b) Chloralkalielektrolyse

$2\,NaCl(aq) + 2\,H_2O(l) \rightarrow 2\,NaOH(aq) + H_2(g) + Cl_2(g)$

Das vorherrschende Verfahren ist das Membranverfahren.

c) Aluminiumgewinnung

$2\,Al_2O_3(l) + 3\,C(s) \rightarrow 4\,Al(l) + 3\,CO_2(g)$

Der Prozess ist sehr energieaufwändig.

d) Kupferraffination

Aus Rohkupfer wird hochreines Kupfer für die Elektrotechnik gewonnen. Im Anodenschlamm befinden sich wertvolle Edelmetalle wie Gold und Silber.

5. Korrosion

Korrosion richtet große Schäden an metallischen Gegenständen oder Bauwerken an. Bei der Korrosion reagiert ein unedles Metall mit Säuren oder Sauerstoff aus der Umgebung. Bei der Oxidation entstehen Metall-Ionen. Korrosionsvorgänge werden durch Umwelteinflüsse wie höhere Temperaturen, Luftfeuchtigkeit, „sauren Regen" oder Salze begünstigt. Einige unedle Metalle wie Aluminium und Zink bilden eine vor weiterer Korrosion schützende Oxidschicht, sie sind *passiviert*.

a) Säurekorrosion
Bei der Säurekorrosion reagieren die Atome unedler Metalle wie Zink oder Eisen mit den H_3O^+-Ionen aus der sie benetzenden Feuchtigkeit. Das unedle Metall wird oxidiert und die H_3O^+-Ionen werden zu H_2-Molekülen reduziert:

$$Zn(s) + 2\,H_3O^+(aq) \rightarrow Zn^{2+}(aq) + H_2(g) + 2\,H_2O(l)$$

Besteht ein Werkstück aus verschiedenen Metallen, kann sich ein korrosionsförderndes Lokalelement bilden.

b) Sauerstoffkorrosion
An der Sauerstoffkorrosion eines Metalls sind das benetzende Wasser und der im Wasser gelöste Sauerstoff beteiligt. Beim Eisen nennt man diesen Korrosionsvorgang *Rosten*. Dabei bildet sich zunächst lösliches Eisen(II)-hydroxid, dann eine feste, poröse, rotbraune bis schwarze Rostschicht. Diese Rostschicht ist für Wasser und Sauerstoff durchlässig, sodass der Rostvorgang das Metall vollständig zerstören kann.

Korrosion/Redoxreaktion:

$$2\,Fe(s) + 2\,H_2O(l) + O_2(g) \rightarrow 2\,Fe^{2+}(aq) + 4\,OH^-(aq)$$

Folgereaktion:

$$Fe^{2+}(aq) + 2\,OH^-(aq) \rightarrow Fe(OH)_2(s)$$

Bildung des porösen Rosts:

$$4\,Fe(OH)_2(s) + O_2(g) \rightarrow 4\,FeO(OH)(s) + 2\,H_2O(l)$$

6. Korrosionsschutz

Korrosionsschutz umfasst vorbeugende Maßnahmen, um die Beschädigung oder Zerstörung metallischer Bauteile zu unterbinden oder zu verzögern. Dafür wird die Metalloberfläche gegen den Kontakt mit Feuchtigkeit oder Sauerstoff geschützt. Ist dieser Schutz nicht langfristig möglich, werden auch elektrochemische Verfahren eingesetzt.

a) Korrosionsschutz mit nichtmetallischen Überzügen
Als nichtmetallische Schutzschichten auf Metallen werden Öle, Wachse, Lacke und Emailen eingesetzt. Häufig werden wie bei einer Autokarosserie unterschiedliche Schutzschichten kombiniert. Durch die Schutzschichten wird die Metalloberfläche versiegelt.

b) Korrosionsschutz mit metallischen Überzügen
Für metallische Überzüge können edle und unedle Metalle verwendet werden. Die eingesetzten unedlen Metalle bilden im Gegensatz zum Eisen selbst eine schützende Oxidschicht (Passivierung).

c) Zinküberzüge
Zinküberzüge können elektrolytisch oder durch Feuerverzinken erzeugt werden. Zum Feuerverzinken werden die Metallteile in eine 450 °C heiße Zinkschmelze getaucht, das flüssige Zink bildet nach dem Erstarren eine geschlossene Schutzschicht.

d) Metallüberzüge
Metallüberzüge können elektrolytisch erzeugt werden, dies nennt man auch *Galvanisieren*. Verzinntes Eisenblech heißt *Weißblech* und wird zum Beispiel für Konservendosen verwendet. Wenn ein Zinn- oder Chromüberzug beschädigt ist, bilden sich Lokalelemente, die die Korrosion begünstigen.

e) Kathodischer Korrosionsschutz
Beim *kathodischen Korrosionsschutz* wird ein unedles Metall als *Opferanode* eingesetzt, das Werkstück bildet die Kathode. Die Opferanode löst sich allmählich auf. Dieses Verfahren wird besonders bei Frachtschiffen, Pipelines, Öl-Bohrplattformen und unterirdischen Tanks eingesetzt. Als Opferanoden werden häufig Zink oder Magnesiumlegierungen verwendet.

f) Eloxalverfahren
Aluminium ist ein vielseitig verwendbares Leichtmetall. Es wird unter hohem Energieaufwand elektrolytisch gewonnen. Aluminium ist unedel, aber durch eine dünne, harte Oxidschicht gegen weitere Korrosion geschützt. Beim Eloxalverfahren (elektrolytische Oxidation von Aluminium) wird diese natürliche Oxidschicht durch eine besonders dichte und gleichmäßige Schicht ersetzt, die auch gegen saure und alkalische Lösungen schützt. Die wabenartige Struktur dieser Schicht bildet eine gute Grundlage beim Einfärben der Metalloberfläche.

7. Galvanotechnik

In der Galvanotechnik wird die Elektrolyse technisch angewendet, um auf Werkstücken oder Gegenständen sehr dünne metallische Überzüge aufzubringen. Für diese Überzüge werden entweder Edelmetalle wie Kupfer, Silber und Gold verwendet oder korrosionsbeständige Metalle wie Chrom, Zink und Zinn.

Nichtmetallische Gegenstände werden durch Graphitauftragung vor dem Galvanisieren elektrisch leitend gemacht. Im Galvanisierbad wird das Werkstück als Kathode geschaltet, die Anode besteht aus dem Überzugsmetall oder einer inerten Elektrode wie Graphit.

Mit der Galvanoplastik lassen sich maßgetreue Nachbildungen dreidimensionaler Gegenstände herstellen.

Galvanisierbäder enthalten Zusätze, die wie die verwendeten Schwermetalle umweltbelastend sein können.

Elektrische Energie für chemische Reaktionen

Testen Sie sich

A1 a) Skizzieren Sie am Beispiel der Elektrolyse von Kupfersulfat den Aufbau einer Elektrolysezelle. Beschriften Sie Ihre Zeichnung und kennzeichnen Sie den Elektronenfluss und die Wanderungsrichtung der Ionen in der Lösung.
b) Elektrolysiert man eine Kupfersulfatlösung für einige Zeit, so bildet sich an einer Elektrode ein rotbrauner Belag. An der anderen Elektrode tritt eine Gasentwicklung auf. Das Gas zeigt eine positive Glimmspanprobe. Deuten Sie diese Beobachtungen. Ordnen Sie die entsprechenden Pole zu und formulieren Sie die Reaktionsgleichung für die Bildung des rotbraunen Belags.

A2 Für eine Brennstoffzelle soll der Wasserstofftank bei Raumbedingungen mit 1000 l Wasserstoff gefüllt werden. Der Wasserstoff wird elektrolytisch aus Wasser gewonnen. Formulieren Sie die Reaktionsgleichung. Begründen Sie, warum das Wasser vor der Elektrolyse leicht angesäuert wird. Berechnen Sie die erforderliche Ladung mithilfe der Faradayschen Gesetze.

A3 Beschreiben Sie das Membranverfahren und erklären Sie daran die Bildung von Chlor und Natronlauge.

A4 Vergleichen Sie die Schmelzflusselektrolyse von Aluminium mit der Elektrolyse zur Herstellung von Zink und begründen Sie, weshalb man bei der Aluminiumgewinnung nicht auf wässrige Medien zurückgreifen kann.

A5 a) Getränkedosen für Erfrischungsgetränke werden aus Weißblech, Aluminium oder mit Kunststoff beschichtetem Blech hergestellt. Vergleichen Sie die drei Materialien unter dem Blickwinkel möglicher Korrosion.
b) Erklären Sie, weshalb der Inhalt einer geöffneten Weißblechdose in kurzer Zeit verdirbt.

◇ **A6** Eine Zinkbromidlösung ($1\ mol \cdot l^{-1}$) wird an Graphitstäben elektrolysiert. Die Stromdichte beträgt $10^{-2}\ A \cdot cm^{-2}$. Formulieren Sie alle denkbaren Elektrodenreaktionen, ermitteln Sie unter Verwendung eventueller Überspannungen die Abscheidungspotentiale und berechnen Sie die Zersetzungsspannung. Skizzieren Sie ein Spannungsdiagramm.

Lösungen finden Sie unter www.westermann.de/chemie-heute-152079
Nutzen Sie zur Anmeldung den Online-Schlüssel auf der vorderen Umschlagsinnenseite.

Die wichtigsten Begriffe

- Elektrolyse
- Pluspol, Minuspol, Anode, Kathode
- Gleichgewichtsspannung, Zersetzungsspannung, Überspannung
- Abscheidungspotential
- Faradaysche-Gesetze, Faraday-Konstante
- Chloralkalielektrolyse, Membranverfahren, Diaphragmaverfahren
- Schmelzflusselektrolyse, Kupferraffination
- Säurekorrosion, Sauerstoffkorrosion, Lokalelement
- Passivierung, kathodischer Korrosionsschutz
- Eloxalverfahren
- Galvanisieren, Galvanotechnik

B1 a) Erklären Sie die oben stehenden Begriffe.
b) Verknüpfen Sie die Begriffe zu einer Conceptmap.
c) Übertragen Sie die Begriffe und Ihre Erklärungen in digitale Karteikarten.

B2 Ein Autoblech soll galvanisch mit einem 0,2 mm starken Zinküberzug versehen werden. Das Blech selbst ist $0{,}8\ m^2$ groß.
a) Beschreiben Sie die Vorgänge beim Feuerverzinken und beim elektrolytischen Verzinken auch mit möglichen Reaktionsgleichungen.
b) Berechnen Sie die Masse des Zinküberzugs und die für die elektrolytische Verzinkung erforderliche Ladung Q.
c) Beschreiben Sie, wie der Zinküberzug als Korrosionsschutz wirkt. Fertigen Sie eine entsprechende Skizze an.

B3 Aluminiumfolie wird als Lebensmittelverpackung verwendet. Dies funktioniert problemlos, wenn das Lebensmittel in einem Kunststoffbehälter aufbewahrt wird. Bei einem Metallbehälter beobachtet man sehr schnell Lochfraß, besonders bei salzigen oder sauren Lebensmitteln. Erklären Sie dieses Phänomen.

◇ **B4** Das bei der Chloralkalielektrolyse gebildete Chlor wird auch bei organischen Synthesen verwendet. Es bildet sich als Nebenprodukt Chlorwasserstoffgas, das mit Wasser als Salzsäure ausgewaschen wird. Daraus kann elektrolytisch wieder Chlor hergestellt werden.
a) Formulieren Sie die Reaktionsgleichungen für die Elektrolyse von Salzsäure und für die Vorgänge an Anode und Kathode.
b) Ermitteln Sie die Zersetzungsspannung unter Standardbedingungen ohne Überspannung.
c) Erläutern Sie, ob bei diesem Prozess eine Überspannung von Bedeutung sein kann.

C1 Aluminiumhütte in Existenznot

1 *Menschen fürchten um ihre Arbeitsplätze.*

In Deutschland werden in Aluminiumhütten pro Jahr etwa 520 000 Tonnen Aluminium durch Elektrolyse aus dem Mineral Bauxit produziert. Die Produktion benötigt große Mengen elektrischer Energie. Der Energieversorger hat nun angekündigt, einen staatlich verordneten Aufschlag von einem Zehntel Cent pro Kilowattstunde zur Förderung regenerativer Energien voll an die Endverbraucher weiterzugeben. Die Betreiber der Aluminiumhütten drohen: „Damit wird der Betrieb unrentabel und wir müssen die Hütten schließen."

a) Beschreiben Sie in einem Fließdiagramm die Produktion von Aluminium ausgehend vom Bauxit.

b) Skizzieren Sie den Aufbau einer Elektrolysezelle zur Schmelzflusselektrolyse von Bauxit. Beachten Sie dabei, dass die Elektroden auf der Anodenseite und auf der Kathodenseite aus Graphit bestehen. Beschriften Sie die Skizze.

c) Stellen Sie die Teilgleichungen der Redoxreaktion an Anode und Kathode auf. Beachten Sie, dass während der Elektrolyse die Graphitelektrode der Anode immer kleiner wird.

d) Die gelieferte elektrische Energie in Kilowattstunden (kWh) berechnet man mit der Formel

$$W_{el} = \frac{U \cdot I \cdot t}{3\,600\,000}.$$

Die Schmelzflusselektrolyse wird bei einer Spannung von 4,5 bis 5 Volt durchgeführt. Berechnen Sie die Mehrkosten für die Produktion von 1 t Aluminium.

e) Der Weltmarktpreis von Aluminium schwankte zwischen März 2020 und Mai 2022 zwischen 1400 € und 3200 € pro Tonne. Berechnen Sie für beide Extremwerte den Anteil, den eine Erhöhung der Energiekosten am Endpreis für Aluminium hat.

f) Recherchieren Sie Ursache und Wirkung der explodierenden Aluminiumkosten im Frühjahr 2022.

C2 Silber – glänzend oder schwarz?

2 *Angelaufene Silbermünzen*

Silber ist ein wunderbar glänzendes Metall, das für Münzen und besonders für Schmuck verwendet wird. Leider bildet sich auf diesen Gegenständen schnell ein zunächst matter, dann schwarzer Belag. An der Oberfläche wird in einer Reaktion mit dem Spurengas Schwefelwasserstoff H_2S das schwarze Silbersulfid Ag_2S gebildet. Im Handel werden spezielle Silberputztücher angeboten, die sich dann bei der Anwendung schwarz färben. Alternativ wird vorgeschlagen, das Silber mit Zahnpasta zu polieren oder es mit Aluminiumfolie in einer Salzlösung zu reinigen. In einer Schüssel wird der Silbergegenstand dabei auf Aluminiumfolie gelegt und vollständig mit Kochsalz- oder Sodalösung bedeckt. Tatsächlich glänzt das Silber nach einiger Zeit wieder.

a) Die Silberreinigung mit Aluminium ist eine elektrochemische Reaktion, bei der auch Aluminiumhydroxid und Schwefelwasserstoff entstehen. Formulieren Sie die Reaktionsgleichung.

b) Erklären Sie die vorgeschlagene Reinigung des Silbers mit Aluminiumfolie. Fertigen Sie dazu auch eine Skizze des Lokalelements an.

c) Erklären Sie, warum das Silberputztuch schwarz wird. Bewerten Sie unter diesem Gesichtspunkt die beiden Reinigungsmethoden.

d) Bei der Herstellung von Silberbesteck wird auf einen Rohling aus Nickelstahl galvanisch eine dünne Silberschicht aufgebracht. Skizzieren Sie einen Versuchsaufbau für das Galvanisieren von Besteck.

e) Erläutern Sie, warum Silberbesteck nicht durch Säure- oder Sauerstoffkorrosion gefährdet ist.

f) Ein Besteckteil hat eine Oberfläche von 112 cm^2 und wird mit einer 0,15 mm dicken Silberschicht galvanisch überzogen. Berechnen Sie die Masse des abgeschiedenen Silbers und die erforderliche Ladung.

Kapitel 5

Reaktionswege in der Organischen Chemie

Unser Lebensstandard beruht auf einer Vielzahl von Stoffen, die durch chemische Prozesse hergestellt oder verändert werden. Die Palette reicht dabei von Farbstoffen und Waschmitteln bis hin zu Arzneimitteln und Kunststoffen.
Die chemische Industrie ist heute in der Lage, weit über 100 000 verschiedene Produkte herzustellen. Die meisten dieser Syntheseprodukte müssen in einer Reaktionsfolge über mehrere Zwischenprodukte hergestellt werden. Die Herausforderung der Chemie besteht dabei in einer sinnvollen Verknüpfung der einzelnen Umsetzungsschritte zu einer effektiven Syntheseroute. Für deren Planung ist es unerlässlich, das Reaktionsverhalten der eingesetzten Stoffe zu kennen und die Reaktionsverläufe auf der Teilchenebene zu verstehen.

Was Sie schon kennen:

- wie Elektronenpaarbindungen zustande kommen,
- verschiedene Arten zwischenmolekularer Wechselwirkungen und deren Einfluss auf die Löslichkeit sowie die Schmelz- und Siedetemperatur eines Stoffes,
- wichtige Stoffklassen der Organischen Chemie (Alkane, Alkene, Alkohole, Aldehyde, Ketone, Carbonsäuren, Ester) und deren typische Eigenschaften,
- die funktionellen Gruppen der genannten Stoffklassen,
- die systematische Benennung organischer Verbindungen nach den IUPAC-Regeln,
- wie Sie die Strukturformeln und Skelettformeln von organischen Molekülen aufstellen,
- wie Sie Reaktionsenthalpien aus Bindungsenthalpien abschätzen und Enthalpiediagramme aufstellen,
- die Bedeutung von Gerüst- und Stellungsisomeren.

In diesem Kapitel lernen Sie:

- **die** Reaktionstypen Substitution, Addition und Eliminierung sowie die reaktiven Teilchen Elektrophile, Nucleophile und Radikale,
- **wie** Reaktionen organischer Stoffe auf der Teilchenebene in Einzelschritten beschrieben werden können,
- **welchen** Einfluss induktive Effekte auf die Reaktivität von Teilchen haben,
- **wie** man durch Wahl der Reaktionsbedingungen die Abläufe einer Reaktion gezielt steuern kann,
- **was** aromatische Verbindungen kennzeichnet,
- **welche** Bedeutung die Mesomeriestabilisierung für Reaktionen aromatischer Verbindungen hat,
- **wie** sich in der Technik Reaktionen gezielt zu Syntheserouten verknüpfen lassen,
- **was** Spiegelbildisomerie ist.

Sind Sie fit für dieses Kapitel?

1 Zeichnen Sie für die Verbindungen **A** bis **D** jeweils die Strukturformel, die vereinfachte Strukturformel sowie die Skelettformel.
A Butan-2,3-diol
B 2-Methylpentan-3-on
C 2-Methylheptanal
D Ethandisäure

E

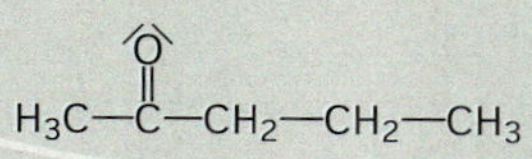

F

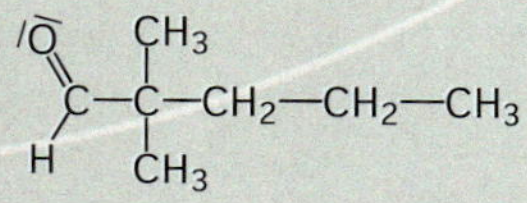

G

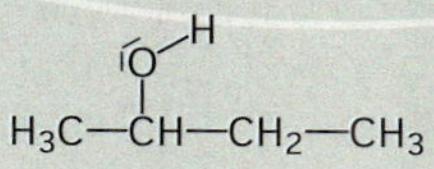

2 a) Nennen Sie den Namen für die Verbindungen **E** bis **G** und geben Sie jeweils die zugrundeliegenden IUPAC-Regeln an.
b) Erläutern Sie auch anhand geeigneter Skizzen, warum die Verbindung **G** bei Raumtemperatur flüssig ist und das entsprechende Alkan gasförmig.
c) Erläutern Sie, warum Ethanol sowohl mit Wasser als auch mit *n*-Heptan mischbar ist.

3 Für die Verbrennung von Methan wurde nebenstehendes Enthalpiediagramm ermittelt.
a) Stellen Sie die Reaktionsgleichung für die Verbrennung von Methan auf.
b) Beschreiben Sie das Enthalpiediagramm. Geben Sie dabei Edukte, gedachte Zwischenprodukte sowie Produkte an.
c) Begründen Sie anhand des Enthalpiediagramms, dass die Reaktion exotherm ist.
d) Berechnen Sie mithilfe der Standardbildungsenthalpien in der nebenstehenden Tabelle die molare Reaktionsenthalpie für die Verbrennung von Methan.

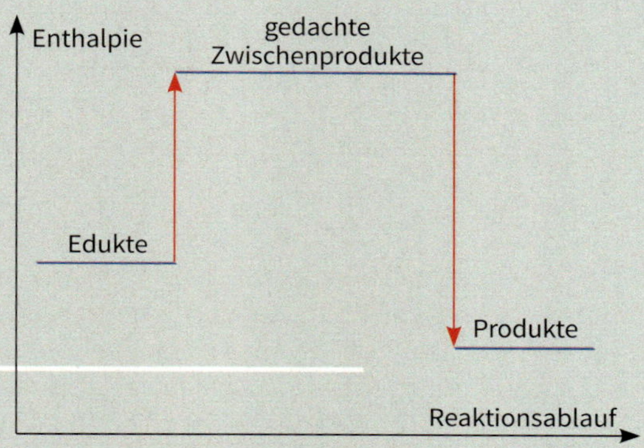

Bindung	molare Standardbildungsenthalpie in $kJ \cdot mol^{-1}$
CH_4 (g)	–74
O_2 (g)	0
CO_2 (g)	–394
H_2O (g)	–242

Lösungen und weitere Aufgaben finden Sie unter www.westermann.de/chemie-heute-152079 Nutzen Sie zur Anmeldung den Online-Schlüssel auf der vorderen Umschlagsinnenseite.

Organische Stoffklassen und funktionelle Gruppen

Name	Molekülformel	Halbstrukturformel
Methan	CH_4	CH_4
Ethan	C_2H_6	H_3C-CH_3
Propan	C_3H_8	$H_3C-CH_2-CH_3$
Butan	C_4H_{10}	$H_3C-CH_2-CH_2-CH_3$
Pentan	C_5H_{12}	$H_3C-CH_2-CH_2-CH_2-CH_3$
Hexan	C_6H_{14}	$H_3C-CH_2-CH_2-CH_2-CH_2-CH_3$
Heptan	C_7H_{16}	$H_3C-CH_2-CH_2-CH_2-CH_2-CH_2-CH_3$

1 *Homologe Reihe der n-Alkane*

In der Einführungsphase haben Sie verschiedene Klassen organischer Stoffe kennengelernt. Zentrale Stoffeigenschaften und das Reaktionsverhalten konnten mit der Molekülstruktur erklärt werden. Die einfachsten organischen Verbindungen sind die **Alkane** (Abb. 1). Ihre Moleküle bestehen nur aus C-Atomen und H-Atomen. Zwischen den C-Atomen liegen nur Einfachbindungen vor. Alkane zählen daher zu den *gesättigten Kohlenwasserstoffen.* Alkan-Moleküle, deren Kohlenstoffkette unverzweigt sind, bilden eine homologe Reihe. In dieser Abfolge unterscheidet sich ein Molekül immer um eine CH_2-Einheit von dem vorangehenden (Abb. 1). Ab dem *Butan* (C_4H_{10}) können die Molekülketten unverzweigt oder verzweigt sein:

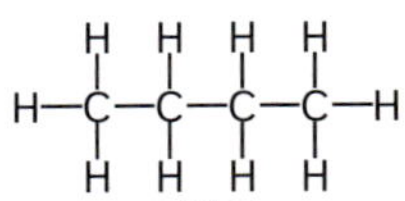

n-Butan

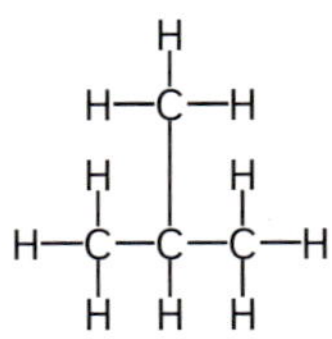

Methylpropan

Die beiden Moleküle haben die gleiche Molekülformel, die Molekülstruktur (Strukturformel) ist jedoch anders. *n*-Butan und Methylpropan sind Beispiele für **Konstitutionsisomere** (lat. *constituere:* aufstellen, festlegen). Von den Alkanen leiten sich die Namen der meisten anderen organischen Verbindungen ab.

Funktionelle Gruppen und Stoffklassen. Tauscht man bei Alkan-Molekülen ein oder mehrere H-Atome gegen andere Atome oder Atomgruppen aus, ergeben sich Verbindungen mit charakteristischem Reaktionsverhalten und Stoffeigenschaften. Solche Atome beziehungsweise Atomgruppen, die die Eigenschaften und das Reaktionsverhalten einer Verbindung prägen, bezeichnet man als *funktionelle Gruppen*.

Verbindungen, deren Moleküle dieselben funktionellen Gruppen tragen, werden zu *Stoffklassen* zusammengefasst. Die Vertreter einer Stoffklasse weisen entsprechend sehr ähnliche Stoffeigenschaften auf und zeigen auch ein ähnliches Reaktionsverhalten. Einen Überblick über wichtige Stoffklassen organischer Verbindungen finden Sie in Abb. 2.

Moleküle können auch mehrere verschiedene funktionelle Gruppen besitzen. So verfügt das Milchsäure-Molekül neben der Carboxy-Gruppe zusätzlich über eine Hydroxy-Gruppe: Milchsäure zeigt also die Eigenschaften von Carbonsäuren und von Alkanolen.

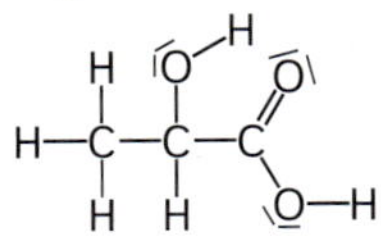

Um eine organische Verbindung einer Stoffklasse zuordnen zu können, reicht die Molekülformel nicht aus. So lassen sich zur Molekülformel C_3H_6O folgende Strukturformeln angeben:

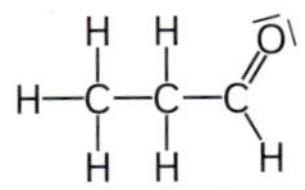

Propanal

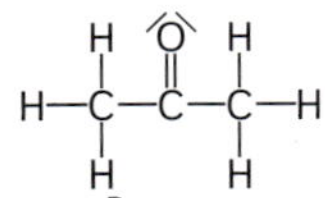

Propanon

Propanal besitzt eine *Aldehyd-Gruppe*. Es gehört daher zur Stoffklasse der *Aldehyde.* Propanon dagegen hat eine *Keto-Gruppe* und ist somit ein *Keton*. Beide Verbindungen sind Konstitutionsisomere.

Mehrfachbindungen zwischen C-Atomen werden ebenfalls zu funktionellen Gruppen gezählt, auch wenn sie strenggenommen zur Kohlenstoffkette gehören. C–C-Mehrfachbindungen sind besonders reaktive Stellen im Molekül und beeinflussen somit stark das Reaktionsverhalten der *ungesättigten Kohlenwasserstoffe*. Verbindungen mit C–C-Doppelbindungen im Molekül gehören zur Stoffklasse der *Alkene.* Die C–C-Dreifachbindung ist die funktionelle Gruppe der *Alkine.* Im Gegensatz zur C–C-Einfachbindung können die Molekülteile um die C–C-Doppelbindung nicht gegeneinander gedreht werden. Dadurch ergibt sich eine weitere Art der Isomerie, die *E-/Z-Isomerie:* Beim *Z*-But-2-en liegen die beiden Methyl-Gruppen auf der gleichen Seite der C–C-Doppelbindung, beim *E*-But-2-en stehen sie einander gegenüber.

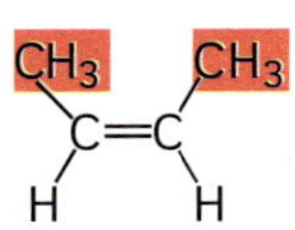

Z-But-2-en

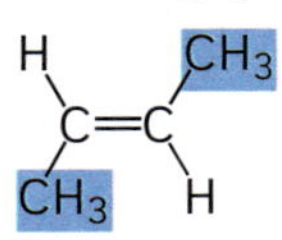

E-But-2-en

Systematische Benennung. Neben der Strukturformel ist die systematische Benennung nach IUPAC (**I**nternational **U**nion of **P**ure and **A**pplied **C**hemistry) eine weitere Möglichkeit, die funktionelle Gruppe und damit die Stoffklasse einer organischen Verbindung eindeutig anzugeben. Dabei gelten für gesättigte Verbindungen folgende Regeln:

- Die längste Kette von C-Atomen, die die funktionelle Gruppe trägt, ergibt den Stammnamen.
- Die C-Atome in der Kette werden so durchnummeriert, dass die C-Atome mit funktionellen Gruppen möglichst kleine Ziffern erhalten. Die Ziffern werden dem Stammnamen angehängt.
- Für die Kennzeichnung der Stoffklasse wird die entsprechende Endung eingefügt.
- Für die Anzahl der funktionellen Gruppen wird die entsprechende griechische Vorsilbe eingefügt.
- Die Seitenketten werden benannt und alphabetisch geordnet. Die Zahl der Gruppen bleibt bei der alphabetischen Reihenfolge unberücksichtigt.
- Für die Anzahl der gleichen Seitenketten stellt man die entsprechenden griechischen Vorsilben voran.
- Die Verknüpfungsstellen von Haupt- und Seitenketten werden ermittelt und die Zahlen vorangestellt.

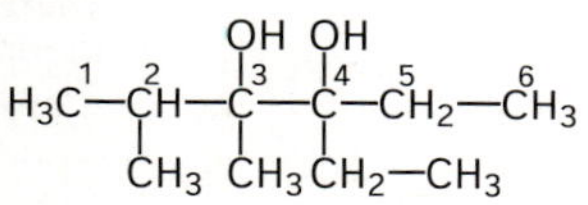

4-Ethyl-2,3-dimethylhexan-3,4-diol

Stoffklasse	funktionelle Gruppe	Endsilbe im Namen
Alkene	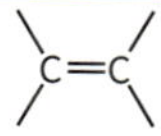 Doppelbindung	-en
Alkine	—C≡C— Dreifachbindung	-in
Alkohole	—Ō—H Hydroxy-Gruppe	-ol
Aldehyde	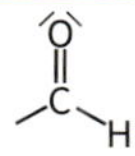 Aldehyd-Gruppe	-al
Ketone	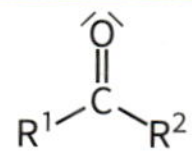 Keto-Gruppe	-on
Carbonsäuren	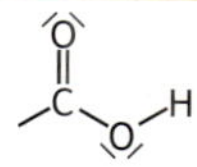 Carboxy-Gruppe	-säure
Carbonsäureester	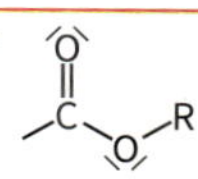 Ester-Gruppe	-oat

2 *Wichtige Stoffklassen in der Organischen Chemie*

1 Teilen Sie die Verbindungen **A** bis **D** in Ihrer Gruppe auf. Ordnen Sie Ihrem Beispiel die entsprechende Stoffklasse zu und benennen Sie die Verbindung nach den IUPAC-Regeln. Stellen Sie sich im Anschluss Ihre Ergebnisse gegenseitig vor.

A 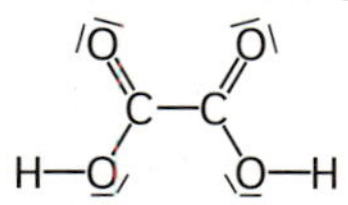 **B** 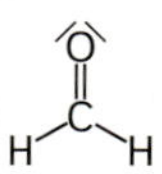

C 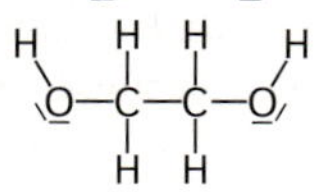 **D** 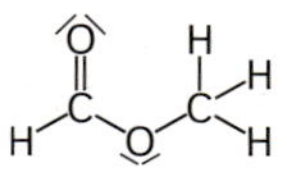

2 a) Zeichnen Sie drei Strukturformeln für Verbindungen mit der Molekülformel $C_3H_6O_2$.
b) Geben Sie für Ihre Lösung die zugehörige Stoffklasse und den systematischen Namen an.
c) Vergleichen Sie Ihre Ergebnisse.

3 a) Geben Sie an, welche funktionelle Gruppe in den jeweiligen Verbindungen vorliegt und zeichnen Sie die Strukturformel: Partner A: Ethylpropanoat; Partner B: 2-Methylpentan-3-on
b) Erklären Sie sich gegenseitig Ihre Ergebnisse.

4 a) Auch Alkene und Alkine bilden genau wie Alkane homologe Reihen. Geben Sie für die ersten sechs Vertreter der homologen Reihe der Alkene die Molekülformel an.
b) Leiten Sie daraus eine allgemeine Molekülformel für lineare Alkene mit *n* C-Atomen im Molekül ab.

5 Geben Sie für die Verbindungen **A** und **B** den systematischen Namen an.

A 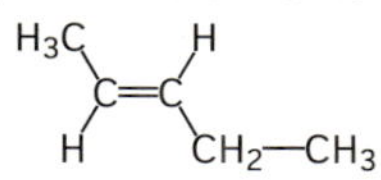 **B** 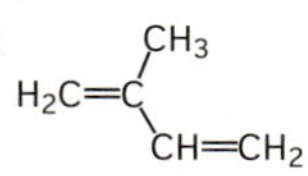

5.1 Alkane reagieren mit Halogenen zu Halogenalkanen

1 *Reaktion von Heptan mit Brom*

Alkane sind im Allgemeinen reaktionsträge. Sie reagieren nicht mit sauren oder alkalischen Lösungen und auch nicht mit unedlen Metallen wie Natrium. Andererseits können Alkane auch sehr heftig reagieren: Zündet man ein fein verteiltes Alkan-Luft-Gemisch, reagiert es explosionsartig.

Reaktionen mit Halogenen. Ein Gemisch aus Brom und *n*-Heptan kann im Dunkeln über einen längeren Zeitraum gelagert werden. Belichtet man das Gemisch jedoch und führt so die nötige Aktivierungsenergie zu, lässt sich nach wenigen Minuten eine Entfärbung beobachten. Ein Stück angefeuchtetes Indikatorpapier über dem Reaktionsgefäß färbt sich rot (Abb. 1). Die Säure Bromwasserstoff (HBr) ist entstanden. Außerdem entsteht Bromheptan:

$$C_7H_{16}(l) + Br_2(g) \xrightarrow{\text{Licht}} C_7H_{15}Br(l) + HBr(g)$$

Bei der Reaktion wird im *n*-Heptan-Molekül ein H-Atom durch ein Br-Atom ersetzt. Allgemein bezeichnet man eine Reaktion, bei der in einem Molekül ein Atom oder eine Atomgruppe durch einen anderen Bindungspartner ersetzt wird, als **Substitution** (lat. *substituere:* an die Stelle setzen):

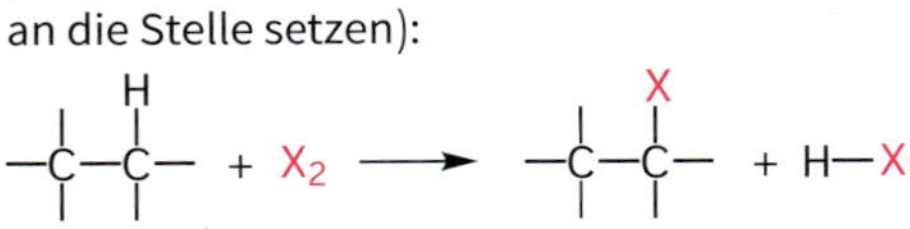

mit X = Halogen-Atom

Chlor-Moleküle reagieren ähnlich wie Brom-Moleküle mit Alkan-Molekülen in einer Substitutionsreaktion. Es bilden sich Moleküle einer neuen Stoffklasse, die **Halogenalkane.**

Reaktionsmechanismus. Die Reaktionen organischer Verbindungen laufen oft in mehreren Teilschritten ab. Den Verlauf kann man modellhaft durch einen *Reaktionsmechanismus* beschreiben. Dabei werden detailliert die einzelnen Schritte der Spaltung und Neubildung von Bindungen in den reagierenden Teilchen beschrieben. Die Bewegung von Elektronen wird dabei durch verschiedene Pfeile symbolisiert: Pfeile mit einer normalen Spitze ① zeigen die Bewegung von zwei Elektronen an, Pfeile mit einer halben Spitze ② kennzeichnen die Bewegung von einem Elektron:

In der Organischen Chemie gibt es nur eine überschaubare Anzahl von Reaktionsmechanismen. Selbst komplexe Reaktionen können in diese wenigen Mechanismen unterteilt werden. Ein Beispiel für einen Reaktionsmechanismus ist die *radikalische Substitution.*

Radikalische Substitution. Die Halogenierung der Alkane-Moleküle läuft über reaktionsfähige Teilchen mit ungepaarten Elektronen. Solche Teilchen bezeichnet man als *Radikale,* den Reaktionstyp als radikalische Substitution. Dabei laufen die folgenden Teilreaktionen ab, die am Beispiel der Reaktion von Methan-Molekülen mit Br_2-Molekülen beschrieben werden.

Startreaktion: Br_2-Moleküle werden durch Absorption von Licht in Br-Atome gespalten. Die Bindung wird dabei so getrennt, dass jedes Br-Atom ein ungepaartes Elektron hat und damit ein reaktives Br-Radikal ist. Man spricht von einer **homolytischen Spaltung** (gr. *homos:* gleich, *lysis:* Auflösung) oder **Homolyse:**

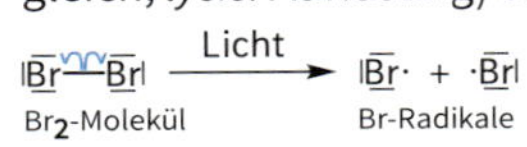

Kettenreaktion: Ein Br-Radikal reagiert mit einem H-Atom des CH_4-Moleküls zu einem HBr-Molekül. Eine H – C-Bindung wird homolytisch gespalten und es bleibt ein CH_3-Radikal als reaktionsfähige Zwischenstufe zurück. Dieses Radikal reagiert mit einem weiteren Br_2-Molekül zu einem CH_3Br-Molekül. Dabei entsteht durch Homolyse wieder ein Br-Radikal, das für die Reaktion mit einem weiteren CH_4-Molekül zur Verfügung steht. So läuft die Kettenreaktion von selbst weiter.

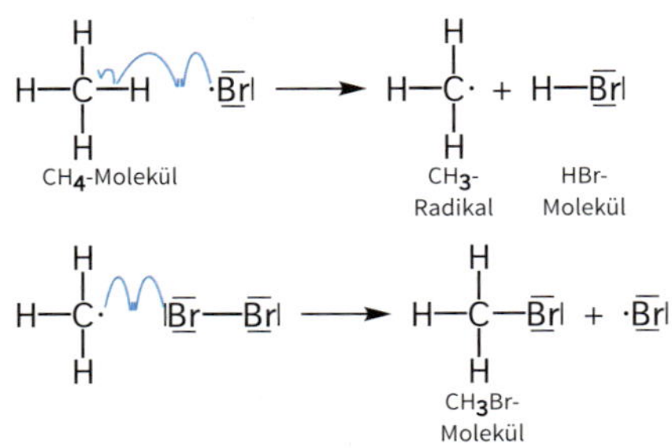

Abbruchreaktionen: Reagieren zwei Radikale miteinander, bricht die Kettenreaktion ab. Br-Radikale können miteinander zu Br_2-Molekülen reagieren; mit

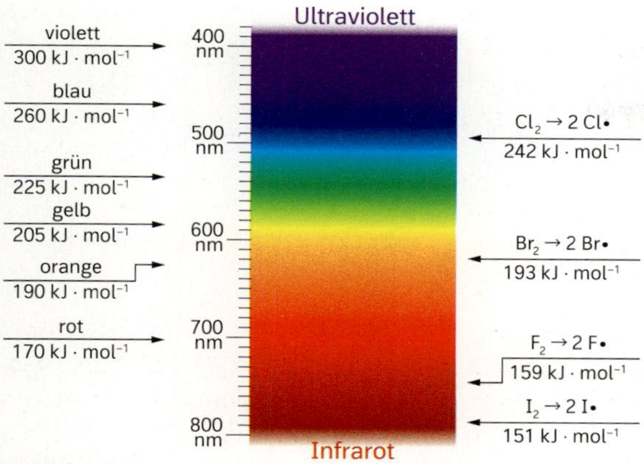

2 *Energiewerte von Lichtwellen und Bindungen*

CH_3-Radikalen können CH_3Br-Moleküle entstehen. Aus zwei CH_3-Radikalen kann sich ein Ethan-Molekül (C_2H_6) bilden. Wegen der Abbruchreaktionen muss die Kettenreaktion also immer wieder gestartet werden.

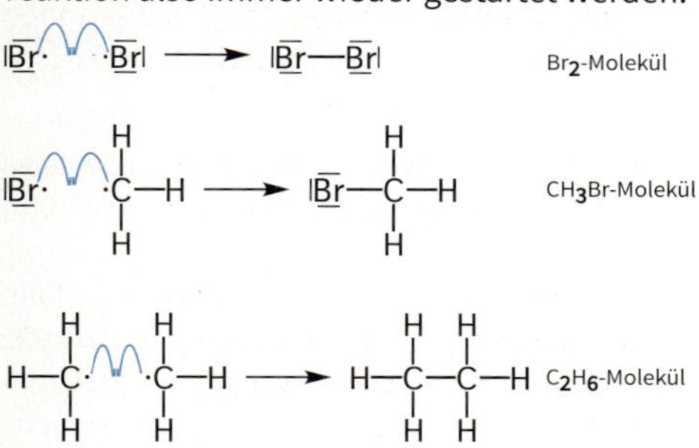

Licht spaltet Bindungen. Licht ist elektromagnetische Strahlung und damit eine Form von Energie. Licht einer bestimmten Farbe hat eine bestimmte Wellenlänge und daher eine festgelegte Energie (Abb. 2). Diese Energie wird in der Einheit kJ · mol^{-1} angegeben.

Bei der Startreaktion der radikalischen Substitution werden durch Licht die Halogen-Moleküle homolytisch gespalten. Die benötigte Energie entspricht der **Bindungsenthalpie.** Bei der Br–Br-Bindung sind dies 193 kJ · mol^{-1}, bei der Cl–Cl-Bindung 242 kJ · mol^{-1}.

Mehrfachsubstitution. Bei der Bildung von Brommethan (CH_3Br) wird ein H-Atom im Methan-Molekül durch ein Br-Atom ersetzt. Neben Brommethan können aber auch Dibrommethan, Tribrommethan und sogar Tetrabrommethan entstehen (↗S. 173), in deren Molekülen mehrere Br-Atome gebunden sind. Diese Verbindungen bilden sich in der Folge mehrfach erfolgter Substitution von H-Atomen durch Br-Atome. Über das Mischungsverhältnis der Edukte lässt sich die Ausbeute des gewünschten Produkts steuern.

Bei Lichteinstrahlung reagieren Alkane mit Halogenen zu Halogenalkanen. Der Reaktionsmechanismus der radikalischen Substitution beschreibt modellhaft den Verlauf dieser Reaktion.

1 a) Beschreiben Sie Abb. 1 und erklären Sie die Beobachtungen.
b) Stellen Sie die Reaktionsgleichung für die Reaktion von Brom mit Heptan zu 1-Bromheptan auf.
c) Formulieren Sie die einzelnen Schritte des Reaktionsmechanismus für die Bildung von 1-Bromheptan aus *n*-Heptan und Brom.
d) Leiten Sie aus Aufgabe b) und c) die Unterschiede zwischen einer Reaktionsgleichung und einem Reaktionsmechanismus ab.
e) Erklären Sie an dem Mechanismus den Begriff *homolytische Bindungsspaltung (Homolyse).*

2 Nennen Sie fünf verschiedene Produkte der Chlorierung von Ethan und geben Sie die Strukturformeln an. Erklären Sie, warum nicht nur ein Produkt entsteht.

3 a) Die radikalische Substitution gelingt nicht mit Licht beliebiger Farbe. Begründen Sie mithilfe von Abb. 2, welche Farbe das Licht für die Chlorierung (Partner A) und für die Bromierung (Partner B) eines Alkans haben muss und warum beide Reaktionen nicht bei Belichtung mit rotem Licht ablaufen.
b) Bei der Reaktion von Fluor mit einem Kohlenwasserstoff wird eine Energie von 484 kJ · mol^{-1} frei. Erläutern Sie mit Bezug zu Abb. 2, warum bei Fluor die Reaktion als Explosion verläuft.

4 Für die Reaktion von Chlor mit Methan wurden Reaktionsenthalpien (↗S. 28) berechnet und in einem Diagramm dargestellt.
a) Geben Sie die Reaktionsgleichungen für die Reaktionsschritte ① bis ③ an.
b) Erläutern Sie die Energieumwandlung jeweils bei der angegebenen Reaktion.
c) Geben Sie an, ob die Reaktion insgesamt exotherm oder endotherm ist.

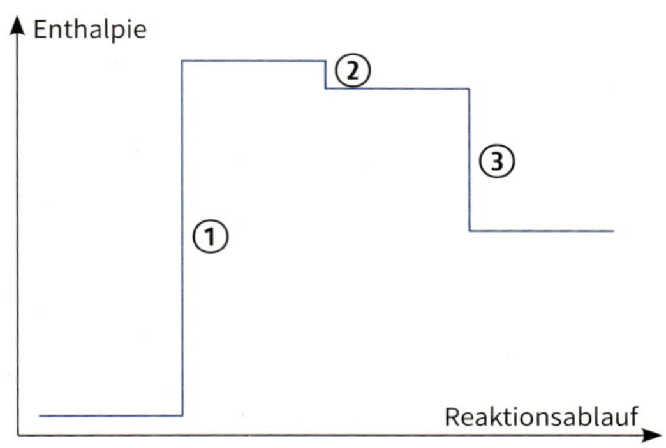

5.2 Der Verlauf der radikalischen Substitution ist steuerbar

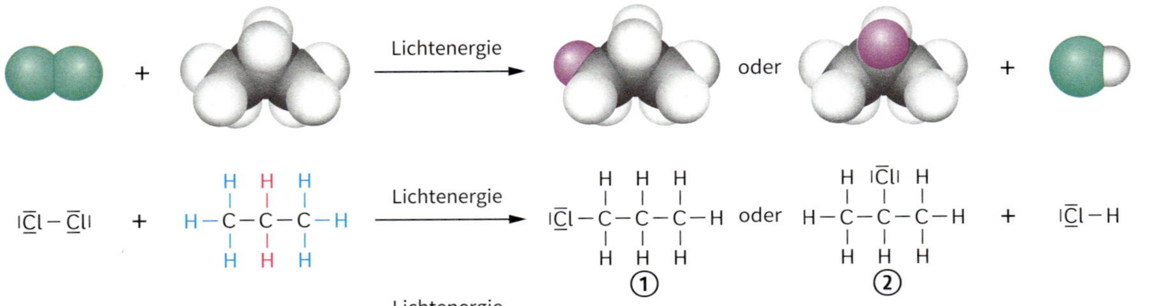

Chlor + Propan —Lichtenergie→ 1-Chlorpropan oder 2-Chlorpropan + Chlorwasserstoff

	1-Chlorpropan		2-Chlorpropan
erwartetes Produktverhältnis:	6	:	2
tatsächliches Produktverhältnis:	45	:	55

1 *Isomere Reaktionsprodukte bei der Chlorierung von Propan*

Die Halogenierung von Alkanen läuft nach dem Mechanismus der radikalischen Substitution ab. Als Ergebnis der Reaktion zeigt sich oft ein Produktgemisch aus vielen verschiedenen Halogenalkanen. Dessen Zusammensetzung lässt sich gezielt beeinflussen.

Mehrfachsubstitution. Das Verhältnis von Halogen-Molekülen zu Alkan-Molekülen bestimmt, ob eine Mehrfachsubstitution wahrscheinlich ist, oder ob überwiegend das Monosubstitutionsprodukt gebildet wird. So führt bei der Bromierung von Methan ein Überschuss an Methan dazu, dass überwiegend Brommethan entsteht. Ein Überschuss an Brom erhöht die Ausbeute mehrfachsubstituierter Brommethane wie Dibrommethan, Tribrommethan oder Tetrabrommethan (↗S. 173).

Isomere Substitutionsprodukte. Die Chlorierung von Propan-Molekülen führt zu den zwei Monochlorpropan-Molekülen 1-Chlorpropan und 2-Chlorpropan (Abb. 1). Für die Bildung von 1-Chlorpropan-Molekülen gibt es dabei sechs gleichwertige Substitutionsmöglichkeiten an den beiden primären C-Atomen (Abb. 1 ① und Abb. 2). 2-Chlorpropan-Moleküle können nur durch die Substitution von einem der beiden H-Atome am sekundären C-Atom gebildet werden (Abb. 1 ②). Theoretisch wäre daher ein Produktverhältnis beider Chlorpropane von 6 : 2, beziehungsweise von 3 : 1 zu erwarten. Tatsächlich ergibt die Umsetzung von Propan mit Chlor bei Raumtemperatur ein experimentell ermitteltes Verhältnis der Moleküle, dass deutlich von dem erwarteten Verhältnis abweicht (Abb. 1). Bezogen auf die Anzahl der jeweiligen Bindungen werden H-Atome am sekundären C-Atom besonders häufig substituiert.

Die Abweichung von der statistischen Bildungswahrscheinlichkeit der verschiedenen Chlorpropan-Moleküle beruht auf den unterschiedlichen Stabilitäten der Alkyl-Radikale (Abb. 4). Für die Homolyse zur Bildung eines primären Alkyl-Radikals wird mehr Energie benötigt als zur Bildung eines sekundären. Bei Raumtemperatur entstehen also mehr der energieärmeren und damit stabileren 2-Propyl-Radikale als sich 1-Propyl-Radikale bilden. Bei der Reaktion mit Chlor-Molekülen entstehen folglich mehr 2-Chlorpropan-Moleküle als 1-Chlorpropan-Moleküle.

Induktive Effekte. Die Stabilität eines Alkyl-Radikals wird von den Atomen und Atomgruppen beeinflusst, die mit dem Radikal-C-Atom verbunden sind. Durch das einzelne Elektron hat das Radikal-C-Atom nur sieben, statt den energetisch günstigen acht Elektronen. Dieser *Elektronenmangel* erklärt die allgemein hohe Reaktivität der Alkyl-Radikale.

Alkyl-Gruppen, die mit dem Radikal-C-Atom verbunden sind, erhöhen die Elektronendichte am Radikal-C-Atom (Abb. 3). Man sagt: Sie üben einen **positiven induktiven Effekt (+I-Effekt)** aus. Durch den „elektronenschiebenden" +I-Effekt erhöhen die Alkyl-Gruppen die Elektronendichte am Radikal-C-Atom und verringern so dessen Elektronenmangel. Das Radikal wird stabilisiert und die Aktivierungsenergie für die Bildung des Radikals ist entsprechend geringer. Diese Wirkung steigt mit der Anzahl der am Radikal-C-Atom gebundenen Alkyl-Gruppen, sodass die homolytische Bindungsspaltung einer C–H Bindung an sekundären C-Atomen (Abb. 4 ②) schneller erfolgen kann als bei primären (Abb. 4 ①).

Sind elektronegativere Substituenten wie Cl-Atome mit einem C-Atom verbunden, üben diese Substituenten einen **negativen induktiven Effekt (–I-Effekt)** aus (Abb. 3). Ein Cl-Atom polarisiert aufgrund des größeren EN-Wertes die Cl–C-Bindung und verringert die Elektronendichte am C-Atom.

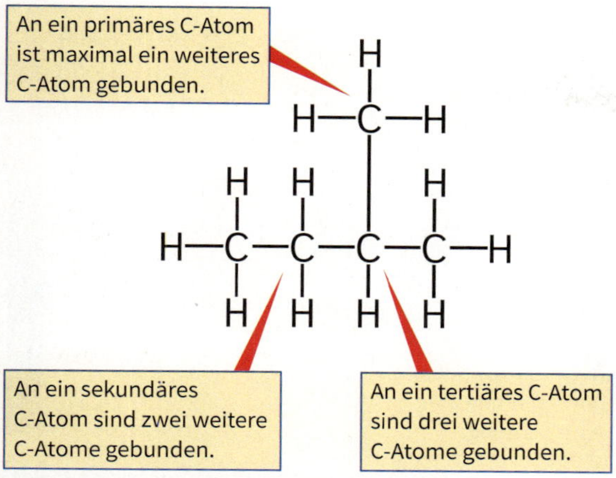

2 *Primäre, sekundäre und tertiäre C-Atome*

Selektivität contra Reaktivität. Bei der Reaktion von Brom mit Propan erhält man bei Raumtemperatur etwa 96 % 2-Brompropan und nur 4 % 1-Brompropan. Im Gegensatz zur Chlorierung erfolgt die Halogenierung wesentlich *selektiver* am sekundären C-Atom der Propan-Moleküle. Neben der Stabilität der Alkyl-Radikale hat also auch die Reaktivität der unterschiedlichen Halogen-Moleküle entscheidenden Einfluss auf die radikalische Substitution. Fluor-Moleküle sind derart reaktiv, dass nicht nur C – H Bindungen gespalten werden, sondern auch C – C Bindungen. Der Bruch der Moleküle und die damit verbundene explosionsartige Energiefreisetzung macht die Fluorierung kaum nutzbar. Reaktionen mit Iod-Molekülen laufen in der Regel gar nicht ab. Iod-Radikale sind so wenig reaktiv, dass sie in der Kettenreaktion nicht mit den Alkan-Molekülen reagieren. Stoffe, die wie Iod radikalische Reaktionen unterdrücken, werden *Inhibitoren* (lat. *inhibere:* hemmen) genannt.

Durch gezielte Auswahl der Versuchsbedingungen lassen sich Produktanteile der einzelnen Halogenalkane bei der radikalischen Substitution an Alkanen beeinflussen.

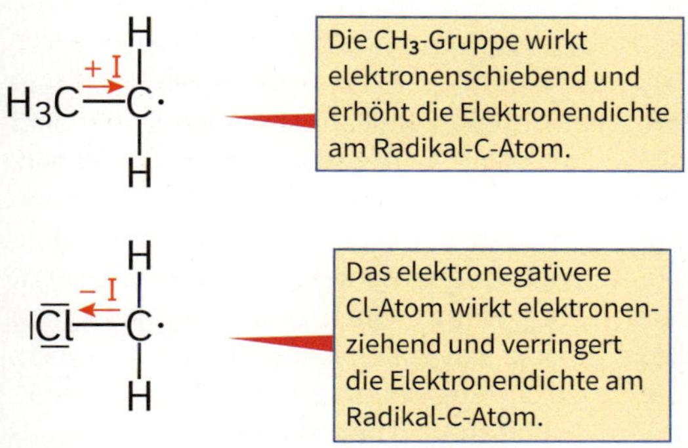

3 *Positive und negative induktive Effekte*

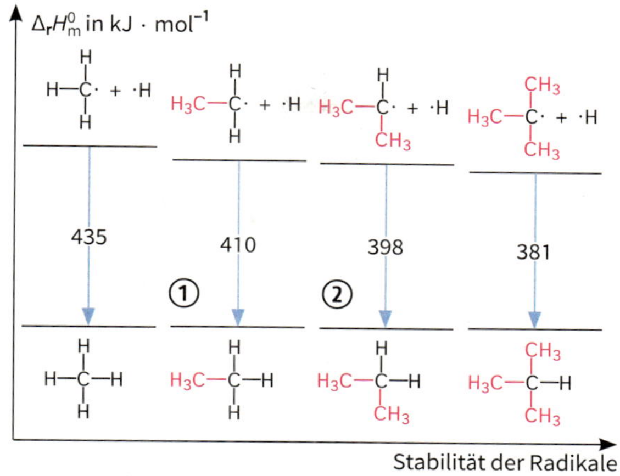

4 *Relative Stabilität von Alkyl-Radikalen*

1 a) Geben Sie die Strukturformeln der isomeren Monobromverbindungen von 3-Ethylpentan an und benennen Sie die jeweiligen Produkte (↗S: 173).
b) Geben Sie das zu erwartende Produktverhältnis an und begründen Sie, weshalb sich experimentell Abweichungen von der Erwartung ergeben.

2 Für die I-Effekte findet man in der Literatur gelegentlich die Bezeichnungen *elektronenziehend* und *elektronenschiebend*. Erklären Sie, was diese Bezeichnungen bedeuten und ordnen Sie die I-Effekte hinsichtlich des Vorzeichens den Bezeichnungen zu (Abb. 3).

3 a) Geben Sie den Reaktionsmechanismus mit allen Reaktionsschritten für die Bildung des jeweiligen Produkts an (↗S. 173): Partner A: 2-Chlor-2-methylbutan Partner B: 2,3-Dibrombutan
b) Kontrollieren Sie Ihre Ergebnisse gegenseitig.

4 Alkan-Moleküle reagieren nicht mit Iod-Radikalen, Alkyl-Radikale jedoch sehr schnell mit Iod-Molekülen. Begründen Sie die Folgen dieser Beobachtungen für eine Zugabe von Iod bei der Bromierung von Methan.

5 a) Erläutern Sie die Versuchsergebnisse der Tabelle. Angegeben ist die relative Reaktivität von Halogen-Radikalen mit C – H Bindungen verschiedener Alkane. R steht in den Strukturformeln für eine Alkyl-Gruppe.

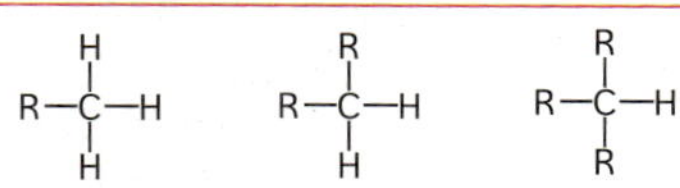

$|\overline{Cl}\cdot$	1	2	3
$|\overline{Br}\cdot$	1	250	6300

b) Bei 600 °C ändert sich das Produktverhältnis von 1-Chlorpropan zu 2-Chlorpropan auf 3 : 1 (Abb. 1). Stellen Sie eine Hypothese für die Verschiebung auf.

5.3 Halogenalkane – Segen und Fluch

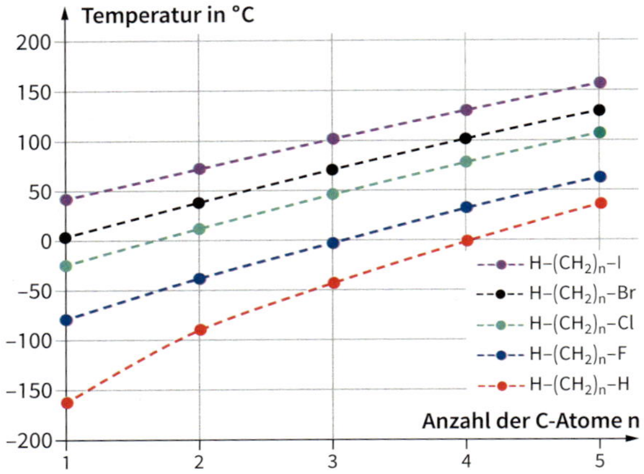

1 *Siedetemperaturen von Alkanen und Halogenalkanen*

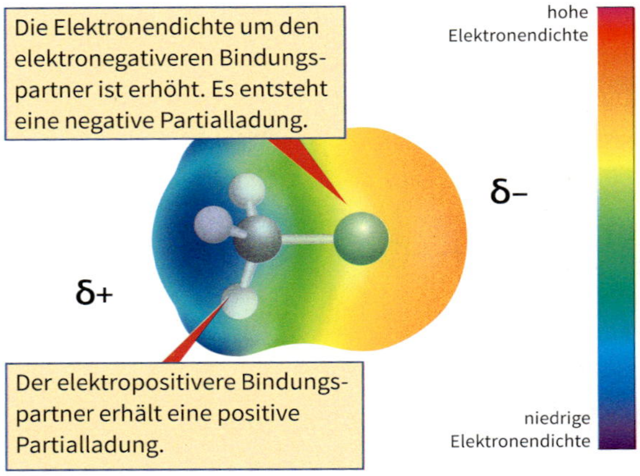

2 *Elektronendichteverteilung in einem Halogenalkan-Molekül*

Halogenalkane zeigen gegenüber Alkanen stark veränderte Eigenschaften. Die Ursache ist die Substitution von H-Atomen durch stark elektronegative Halogen-Atome (Abb. 2).

Siedetemperaturen. Vergleicht man die Siedetemperaturen von Alkanen und von Monohalogenalkanen gleicher Kettenlänge, zeigt sich, dass die Siedetemperaturen aller Halogenalkane deutlich höher sind als die der entsprechenden Alkane mit gleicher Anzahl an C-Atomen im Molekül (Abb. 1).

Die Erklärung liefert ein Blick auf die zwischenmolekularen Wechselwirkungen. Zwischen den unpolaren Alkan-Molekülen wirken Van-der-Waals-Wechselwirkungen. Durch die hohe Elektronegativität der Halogene enthalten Halogenalkan-Moleküle aber auch polare Elektronenpaarbindungen. Gegenüber dem C-Atom wirken die Halogen-Atome somit stark elektronenziehend. Es kommt im Halogenalkan-Molekül zu einer ungleichen Verteilung der Elektronendichte (Abb. 2): Es bilden sich Partialladungen (δ+ und δ–). Die entstehenden Dipole verstärken die Anziehungskräfte zwischen den einzelnen Halogenalkan-Molekülen.

Aufgrund der Bindungspolarität wäre zu erwarten, dass Fluoralkane die höchste Siedetemperatur haben. Tatsächlich steigen die Siedetemperaturen aber von den Fluoralkanen bis zu den vergleichbaren Iodalkanen hin an. Die Ursache ist der wesentlich größere Atomradius des Iod-Atoms gegenüber den Atomen von Brom, Chlor oder Fluor. Je größer das Halogen-Atom ist, desto leichter lässt sich die Elektronendichte am Halogen-Atom durch eine benachbarte Ladung beeinflussen. Dies hat Auswirkungen auf die zwischenmolekularen Wechselwirkungen. Diese Verformung der Elektronenhülle durch eine Veränderung der Elektronendichte wird als **Polarisierbarkeit** bezeichnet.

Löslichkeit. Die zwischenmolekularen Wechselwirkungen bestimmen auch die Löslichkeit und Mischbarkeit von Stoffen. Hydrophobe Stoffe, deren Moleküle keine H-Brücken eingehen, sind miteinander mischbar. So mischen sich Trichlormethan (Chloroform) und *n*-Hexan. Hydrophile Stoffe, deren Moleküle untereinander H-Brücken ausbilden, sind ebenfalls mischbar, Wasser und Trichlormethan dagegen nicht.

Verwendung. Im Gegensatz zu vielen anderen organischen Stoffklassen kommen Halogenalkane in der Natur nur relativ selten vor. Allerdings haben vor allem die Monohalogenverbindungen große Bedeutung als reaktive Zwischenstufen bei der Herstellung von Produkten der chemischen Industrie. Viele Halogenalkane finden aber auch direkte Anwendung als Feuerlöschmittel, Narkosemittel, Insektizide oder Lösemittel. Bis etwa 1995 wurden besonders *Fluorchlorkohlenwasserstoffe (FCKW)* des Methans und Ethans als Treibmittel in Spraydosen und Kältemittel in Kühlanlagen eingesetzt. Wie bei vielen anderen Halogenalkanen auch wurde deren Einsatz zunehmend kritisch betrachtet. FCKWs sind maßgeblich an der Schädigung der Ozonschicht beteiligt und wirken als **Treibhausgase**. Sie wurden durch teilhalogenierte *Fluorkohlenwasserstoffe (HFKW)* ersetzt. Diese wirken zwar nicht mehr ozonschädigend, aber auch sie sind Treibhausgase, die im Vergleich zum Kohlenstoffdioxid wesentlich klimaschädlicher sind und deutlich länger in der Atmosphäre verbleiben. Zur besseren Vergleichbarkeit der unterschiedlichen Treibhausgase wird die klimaschädigende Wirkung der einzelnen Gase als **Kohlenstoffdioxidäquivalent** angegeben. Der Beitrag eines ausgestoßenen Gases wird somit in die Masse Kohlenstoffdioxid umgerechnet, die die gleiche Auswirkung auf den Treibhauseffekt der Erde hätte und als Wert der relativen Klimawirksamkeit angegeben (Abb. 3).

Treibhausgas(e)	Klimawirksamkeit (GWP) bezogen auf Kohlenstoffdioxid	Verweildauer in der Atmosphäre
Kohlenstoffdioxid (CO_2)	1	variabel
Methan (CH_4)	21	9 – 15 Jahre
Lachgas (N_2O)	310	120 Jahre
Fluorchlorkohlenwasserstoffe (FCKW)	über 13 000	über 600 Jahre
Fluorkohlenwasserstoffe (FKW)	140 – 11 700	1,5 – 264 Jahre

3 *Ausgewählte Treibhausgase im Vergleich*

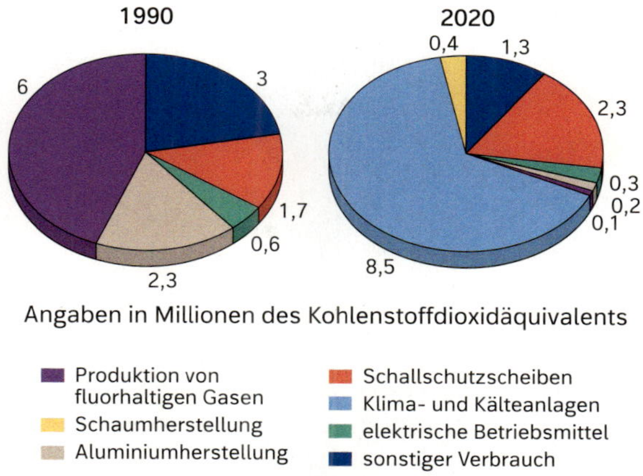

4 *Ausstoß von fluorierten Treibhausgasen in Deutschland*

Nomenklatur. Die Fülle der Halogenalkane macht die eindeutige Benennung zur Unterscheidung der einzelnen Verbindungen sehr wichtig. Bei der Benennung eines Halogenalkans ergibt die längste Kette an C-Atomen, die ein Halogen-Atom oder mehr trägt, den Stammnamen der Verbindung. Diesem Namen wird die Bezeichnung Fluor, Chlor, Brom oder Iod vorangestellt. Wie bei den verzweigten Alkanen wird die Hauptkette so nummeriert, dass die Seitenketten und die Halogen-Atome möglichst niedrige Ziffern erhalten. Sind mehrere Halogen-Atome vorhanden, werden griechische oder lateinische Zahlwörter wie *di, tri* oder *tetra* vorangestellt:

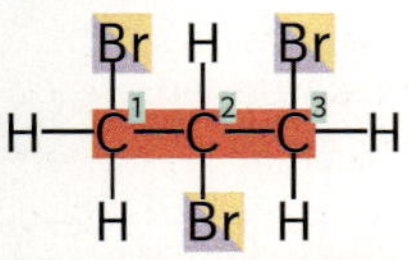

1,2,3-Tribrompropan

Treten verschiedene Halogen-Atome oder auch Alkyl-Gruppen auf, werden diese wie bei der Benennung verzweigter Alkane in alphabetischer Reihenfolge in den Namen eingeordnet. Die Zahlwörter werden bei der alphabetischen Reihung nicht berücksichtigt:

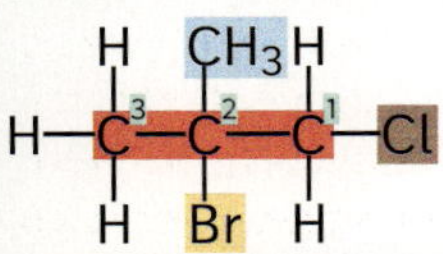

2-Brom-1-chlor-2-methylpropan

Die Eigenschaften der Halogenalkane weichen deutlich von denen der jeweiligen Alkane ab. Halogenalkane finden Verwendung in zahlreichen Produkten, ihr Einsatz ist jedoch häufig sehr umstritten.

1 a) Arbeiten Sie nacheinander. *Partner A:* Zeichnen Sie die Strukturformeln von zwei verzweigten Halogenalkan-Molekülen auf einen Zettel und reichen Sie ihn weiter. *Partner B:* Benennen Sie die Moleküle von Partner A. Notieren Sie die Namen auf dem Zettel. *Partner C:* Geben Sie alle Partialladungen an.
b) Kontrollieren Sie Ihre Bearbeitung gegenseitig.
c) Erstellen Sie gemeinsam eine Elektronendichteoberfläche für Ihre Moleküle (↗S. 19).
d) Kontrollieren Sie die eingezeichneten Partialladungen mit der Elektronendichteoberfläche.

2 Erläutern Sie den Zusammenhang zwischen dem Molekülaufbau und den Siedetemperaturen der angegebenen Verbindungen.

Halogenalkan	Formel	Siedetemperatur in °C
Monochlormethan	CH_3Cl	– 24
Monobrommethan	CH_3Br	5
Monoiodmethan	CH_3I	43
Monochlorethan	C_2H_5Cl	13
1,2-Dichlorethan	$C_2H_4Cl_2$	84

3 a) Beschreiben Sie die Entwicklung der Emissionen an fluorierten Treibhausgasen in den Jahren von 1990 bis 2020 (Abb. 4).
b) Erläutern Sie die Verwendung der fluorierten Treibhausgase in zwei der angegebenen Nutzungsbereiche Sprechen Sie sich dazu mit Ihrem Partner oder Ihrer Partnerin ab und erläutern Sie verschiedene Bereiche.
c) Stellen Sie sich die Verwendung der fluorierten Treibhausgase in Ihren Bereichen gegenseitig vor.
d) Stellen Sie gemeinsam eine Hypothese auf, wie sich in Zukunft der Ausstoßes fluorierter Treibhausgase weiter vermindern lässt.

Gesättigte Kohlenstoffverbindungen

Versuch 1:
Belichten eines Gemisches aus Brom und Heptan

Materialien: Messzylinder (10 ml), Erlenmeyerkolben (50 ml) mit Stopfen, Indikatorpapier, Pipette (10 ml), Pipettierhilfe, Lichtquelle (zum Beispiel Farbwechsel LED-Spot), Scheidetrichter (50 ml) mit Stopfen, 2 Bechergläser (50 ml), Gasbrenner, Alufolie; Lösung von Brom (0,1%) in Heptan (**2, 7, 8, 9**), Natronlauge (0,1 mol · l^{-1}; **5**), Kupferblechstreifen, demineralisiertes Wasser

Durchführung:
1. Füllen Sie 10 ml Heptanlösung in den Erlenmeyerkolben und testen Sie den Gasraum mit einem feuchten Indikatorpapier. Verschließen Sie den Kolben mit einem Stopfen.
2. Bringen Sie den Erlenmeyerkolben in den Strahlengang der Lichtquelle (weißes Licht) und beobachten Sie für einige Minuten.
3. Lösen Sie, sobald Sie im Gasraum etwas beobachten können, den Stopfen und prüfen Sie den Gasraum über der Lösung wiederholt mit angefeuchtetem Indikatorpapier.
4. *Vorbereitung der Beilsteinprobe:* Die Heptanlösung aus Schritt 3 wird mit 25 ml Natronlauge in den Scheidetrichter gegeben. Nach dem Verschließen mit dem Stopfen wird der Scheidetrichter vorsichtig geschüttelt und im Anschluss die Heptanphase von der wässrigen Phase getrennt.
5. *Durchführung der Beilsteinprobe (Abzug!):* Glühen Sie den Kupferblechstreifen in der rauschenden Brennerflamme aus, geben Sie einige Tropfen der abgetrennten Heptanlösung darauf und halten Sie den Kupferblechstreifen erneut in die Brennerflamme.

Aufgaben:
a) Protokollieren Sie Ihre Beobachtungen.
b) Erklären Sie Ihre Beobachtungen (↗S. 177). Stellen Sie dazu den Mechanismus der radikalischen Substitution an diesem Beispiel dar. Begründen Sie die Bedeutung der Belichtung in Schritt 2.
c) Bewerten Sie die Aussage der Beilsteinprobe.

Versuch 2:
Einfluss der Belichtungsdauer auf die Bromierung

Materialien: 3 Erlenmeyerkolben (50 ml) mit Stopfen, Messzylinder (50 ml), Pipette (10 ml), Alufolie, 2 Lichtquellen (zum Beispiel Farbwechsel LED-Spot), Stoppuhr, Alufolie; Lösung von Brom (0,1 %) in Heptan (**2, 7, 8, 9**)

Durchführung:
1. Geben Sie jeweils 10 ml einer dunkel aufbewahrten Lösung von Brom in Heptan in drei Erlenmeyerkolben und verschließen Sie die Kolben.
2. Umwickeln Sie einen Kolben lichtundurchlässig mit Alufolie und stellen Sie den Kolben beiseite.
3. Bringen Sie die beiden anderen Kolben gleichzeitig in die Strahlengänge der weißen Lichtquellen.
4. Nehmen Sie einen der beiden Kolben nach etwa 5 Sekunden von der Lichtquelle und umwickeln Sie ihn lichtundurchlässig mit Alufolie. Lassen Sie den anderen Kolben 2 Minuten auf der Lichtquelle stehen. Vergleichen Sie im Anschluss die Färbung aller Lösungen.

Aufgabe:
Notieren und erklären Sie Ihre Beobachtungen.

Forschungsauftrag 1:
Einfluss der Wellenlänge auf die Bromierung

Materialien: Erlenmeyerkolben (50 ml) mit Stopfen, mehrere Farbwechsel-LED-Spots; Heptanlösung von Brom (0,1%, **2, 7, 8, 9**), Alufolie

Aufgaben:
a) Planen Sie einen Versuch, mit dem sich der Einfluss der Wellenlänge des eingestrahlten Lichts untersuchen lässt.
b) Kontrollieren Sie Ihre Planung mithilfe der Check-Karte und führen Sie den Versuch durch.
c) Erläutern Sie Ihre Versuchsbeobachtungen.

◇ Versuch 3:
Reaktivität von Halogenalkanen

Materialien: Tropfpipetten, 7 Stopfen;
1-Brombutan (**2, 7, 9**), 2-Brombutan (**2**), 2-Brom-2-methylpropan (**2**), Iodethan (**2, 7**), Ethanol (**2, 7**), Silbernitratlösung (1 %; **7, 9**), Salzsäure (< 10 %, **5**), Natronlauge (10 %; **5**), Universalindikator (**2, 7**)

Durchführung:

Reaktion mit Bromalkanen

1. Geben Sie in jedes der drei Reagenzgläser jeweils 2 ml Ethanol und 1 ml Silbernitratlösung.
2. Setzen Sie je zwei Tropfen Bromalkan zu.
3. Verschließen Sie die drei Reagenzgläser mit einem Stopfen und schütteln Sie.

Reaktion mit Iodethan

4. Geben Sie in ein Reagenzglas 5 ml Wasser, in ein zweites 5 ml Natronlauge, in ein drittes 5 ml Silbernitratlösung und in ein viertes 5 ml Salzsäure.
5. Fügen Sie jeweils einen Tropfen Universalindikator und fünf Tropfen Iodethan hinzu.
6. Verschließen und schütteln Sie die Reagenzgläser.

Aufgaben:

a) Protokollieren Sie Ihre Beobachtungen.
b) Stellen Sie die Reaktionsgleichungen auf.
c) Ordnen Sie die Reaktionen der Bromalkane nach Reaktivität und interpretieren Sie die Reihenfolge mithilfe des Mechanismus.
d) Erklären Sie, welche Rolle Ethanol und Silbernitratlösung (↗S. 176) für den Reaktionsverlauf bei den Bromalkanen spielen.
e) Ordnen Sie beim Iodethan die Reaktionen nach zunehmender Reaktionsgeschwindigkeit und erklären Sie die Reihenfolge mithilfe des Mechanismus.

Versuch 4:
Synthese eines Halogenalkans aus einem Alkohol

Materialien: Scheidetrichter (100 ml), Messzylinder (25 ml);
Salzsäure (37 %, **5, 7**), 2-Methylpropan-2-ol (**2, 7**), Calciumchlorid (wasserfrei, **7**)

Durchführung:

1. Schütteln Sie im verschlossenen Scheidetrichter 20 ml Salzsäure mit 2 ml 2-Methylpropan-2-ol. Dabei muss der Scheidetrichter ab und zu vorsichtig belüftet werden.
2. Lassen Sie den Scheidetrichter einige Minuten ruhig stehen. Trennen Sie dann die organische Phase ab und trocknen Sie diese mit Calciumchlorid.

Aufgaben:

a) Protokollieren Sie Ihre Beobachtungen.
b) Stellen Sie die Reaktionsgleichung auf.
c) Deuten Sie die Reaktion mithilfe des Mechanismus.
d) Beschreiben Sie die Funktion der Salzsäure.

◇ Versuch 5:
Reaktivität von Alkoholen

Materialien: Becherglas (100 ml), Tropfpipetten, 3 Stopfen;
Butan-1-ol (**2, 5, 7**), Butan-2-ol (**2, 7**), 2-Methylpropan-2-ol (**2, 7**), Zinkchlorid (wasserfrei; **5, 7, 9**), Salzsäure (37 %, **5, 7**)

Durchführung:

1. Lösen Sie unter Kühlung 15 g wasserfreies Zinkchlorid in 10 ml konzentrierter Salzsäure.
2. Verteilen Sie die Lösung auf drei Reagenzgläser und fügen Sie jeweils zehn Tropfen eines der Alkohole zu.
3. Verschließen und schütteln Sie die Reagenzgläser.

Aufgaben:

a) Protokollieren Sie Ihre Beobachtungen.
b) Stellen Sie die Reaktionsgleichungen auf.
c) Ordnen Sie die Reaktionen nach zunehmender Reaktivität und interpretieren Sie die Reihenfolge mithilfe des Mechanismus.
d) Erklären Sie, welche Rolle das Gemisch aus Salzsäure und Zinkchlorid bei der Reaktion spielt.

Nachweisreaktionen

Nachweis für	Nachweisreagenz	Beobachtung, Auswertung	
Chlorid-Ionen Cl^-	verdünnte Salpetersäure Silbernitratlösung	Fällungsreaktion: weißer Niederschlag $Cl^-(aq) + Ag^+(aq) \rightarrow AgCl(s)$ *Niederschlag ist in verdünnter Ammoniaklösung und in Natriumthiosulfatlösung löslich.*	
Bromid-Ionen Br^-	verdünnte Salpetersäure Silbernitratlösung	Fällungsreaktion: hellgelber Niederschlag $Br^-(aq) + Ag^+(aq) \rightarrow AgBr(s)$ *Niederschlag löst sich nicht in verdünnter Ammoniaklösung. Niederschlag in Natriumthiosulfatlösung löslich.*	
Iodid-Ionen I^-	verdünnte Salpetersäure Silbernitratlösung	Fällungsreaktion: gelber Niederschlag $I^-(aq) + Ag^+(aq) \rightarrow AgI(s)$ *Niederschlag ist weder in verdünnter Ammoniaklösung noch in Natriumthiosulfatlösung löslich.*	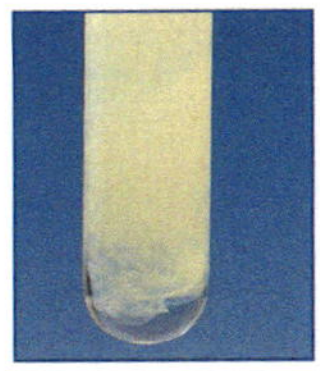
Carbonyl-Gruppe 	Brady-Probe	Redoxreaktion: Reaktion mit 2,4-Dinitrophenylhydrazin *In der klaren gelben Lösung bildet sich ein gelb-orangefarbener Niederschlag.*	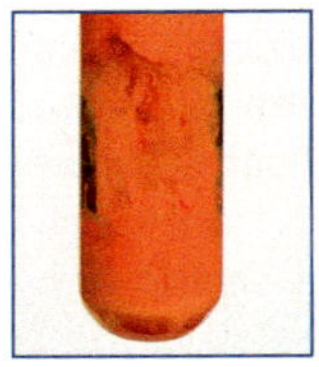
Aldehyd-Gruppe 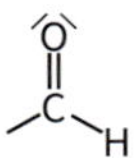	Fehling-Probe	Redoxreaktion: Aldehyde reagieren mit dem Fehling-Reagenz *Cu^{2+}-Ionen werden in alkalischer Lösung zu einem roten Niederschlag von Kupfer(I)-oxid oxidiert.*	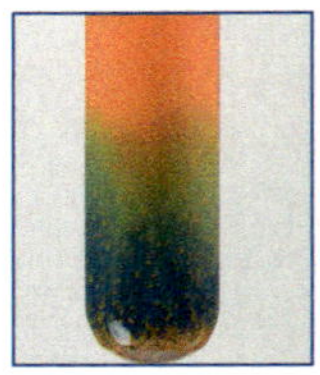
Carboxy-Gruppe 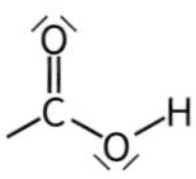	Indikatorpapier, Indikatorlösungen	Säure-Base-Reaktion: *Farbveränderungen der Indikatoren deuten auf die sauren Eigenschaften der Carboxy-Gruppe hin.*	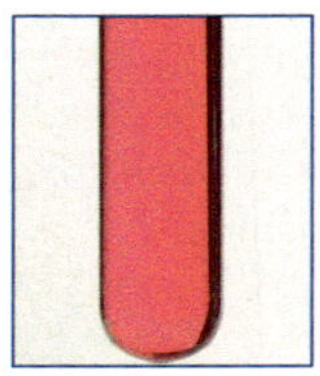
Hydroxy-Gruppe —O—H	Cerammoniumnitrat-Test	Redoxreaktion: *Die gelbe Cer(IV)-ammoniumnitratlösung wird rot. Ce^{4+}-Ionen werden mit dem Alkohol zu Ce^{3+}-Ionen und dem entsprechenden Aldehyd umgesetzt.*	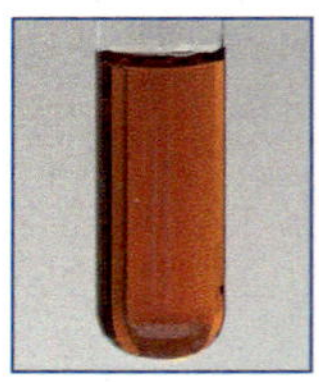

Beilsteinprobe

Die *Beilsteinprobe* dient der *Vorprüfung* auf organische Halogenverbindungen. Chlor-, Brom- oder Iodverbindungen können durch eine grüne Flammenfärbung angezeigt werden (Abb. 1). Die Beilsteinprobe verläuft selbst bei kleinsten Verunreinigungen mit Halogenverbindungen positiv und muss daher sehr sorgfältig durchgeführt werden. Da auch andere Stoffe eine grüne Flammenfärbung verursachen, weist die Beilsteinprobe eindeutig nur die Abwesenheit von Halogenen nach. Nachfolgend werden die Reaktionen, die bei der Beilsteinprobe (↗S. 174) ablaufen, näher beschrieben.

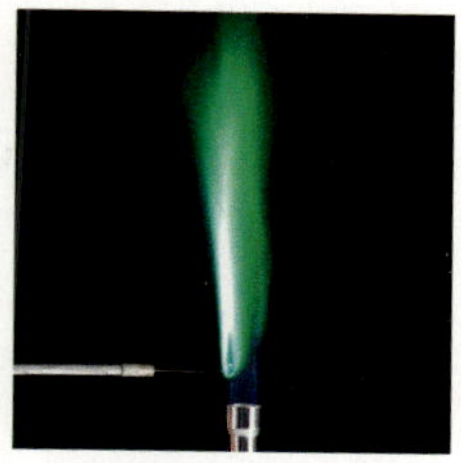

1 *Positive Beilsteinprobe*

1. Oxidation des Kupferdrahts

Beim Ausglühen des Drahtes reagiert das Kupfer mit dem Luftsauerstoff zu Kupfer(II-)oxid:

$2\,Cu\,(s) + O_2\,(g) \rightarrow 2\,CuO\,(s)$

2. Reaktionen in der Brennerflamme

Abspaltung von Chlorwasserstoff: Der mit Kupfer(II)-oxid überzogene Draht wird in die Probesubstanz eingetaucht und anschließend in die Brennerflamme gehalten. Bei der Probe von 2-Chlorpropan können viele Verbrennungsprodukte entstehen. Vereinfacht wird die Reaktion an einer Beispielreaktion dargestellt. Durch das Erhitzen bilden sich Chlorwasserstoff und Propen. Es kommt zur formalen Umverteilung von Elektronen:

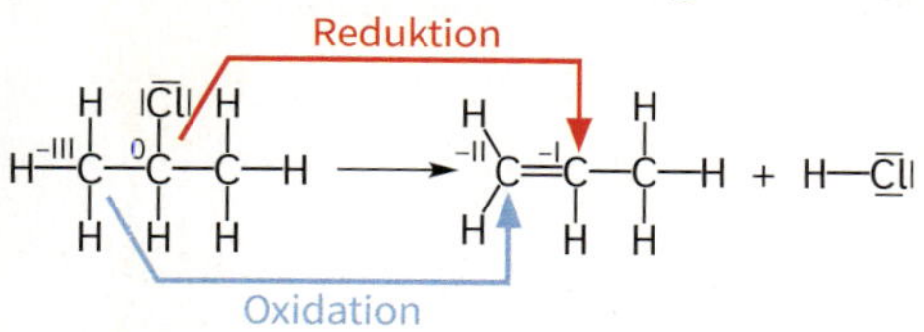

Bildung von Kupferchlorid: Der Kupfer(II)-oxid-überzug des Drahtes reagiert mit dem entstandenen Chlorwasserstoffgas:

$CuO\,(s) + 2\,HCl\,(g) \rightarrow CuCl_2\,(s) + H_2O\,(g)$

Zersetzung des Kupferchlorids: Durch fortwährendes Erhitzen (Δ) zersetzt sich das feste Kupferchlorid in seine Ionen:

$CuCl_2\,(s) \xrightarrow{\Delta} Cu^{2+}\,(g) + Cl^-\,(g)$

Anregung von Kupfer-Ionen: Elektronen der Cu^{2+}-Ionen werden thermisch angeregt und springen auf ein höheres Energieniveau. Fallen die Elektronen auf ihr normales Energieniveau zurück, wird die freiwerdende Energie als grünes Licht sichtbar.

$Cu^{2+}\,(g) \xrightarrow[\text{Lichtenergie}]{\Delta} \underset{\text{höheres Energieniveau}}{Cu^{2+}\,(g)^*} \xrightarrow[\text{Lichtemission}]{\Delta} \underset{\text{normales Energieniveau}}{Cu^{2+}\,(g)}$

Bestimmung von Oxidationszahlen

1. Bindungselektronen zwischen *gleichartigen Atomen* werden auf beide Atome aufgeteilt. Die Atome elementarer Stoffe haben daher die Oxidationszahl Null. Eine Oxidationszahl gilt immer für *alle* Atome, über denen sie steht.
2. In *Verbindungen* ist die Oxidationszahl von Metallen immer positiv. Bei Alkalimetallen ist sie immer I, bei Erdalkalimetallen immer II. Wasserstoff: immer I (außer in Metallhydriden –I), Sauerstoff: immer –II (außer in Peroxiden –I)
3. In einer *polaren Elektronenpaarbindung* werden die Bindungselektronen jeweils ganz dem elektronegativeren Atom zugeordnet.
4. In *neutralen Teilchen* ist die Summe der Oxidationszahlen aller Atome Null.
5. In *Ionen* entspricht die Summe der Oxidationszahlen aller Atome der Ionenladung.

1 a) Überprüfen Sie mithilfe der Oxidationszahlen, ob die Bildung und die Zersetzung von Kupferchlorid Redoxreaktionen sind.
b) Stellen Sie die vollständig eingerichtete Redoxgleichung für die Verbrennung von Propen zu Kohlenstoffdioxid und Wasser auf.

2 Recherchieren Sie notwendige Informationen:
a) Bei der Beilsteinprobe können giftige Dioxine entstehen. Erläutern Sie notwendige Vorsichtsmaßnahmen für die Versuchsdurchführung.
b) Beschreiben Sie die gesundheitlichen Auswirkungen von Dioxinen auf den menschlichen Organismus.

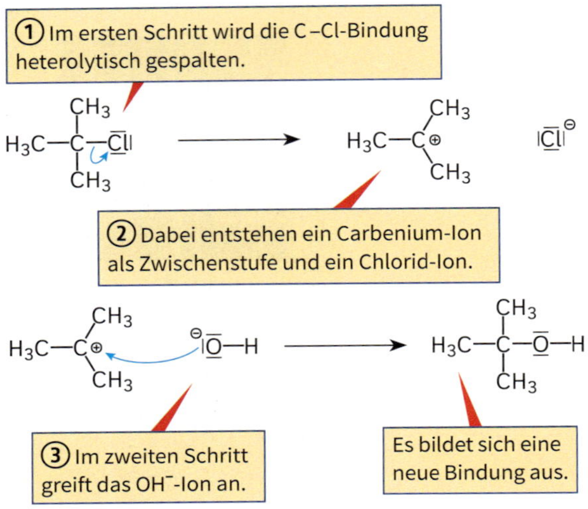

1 *Mechanismus der nucleophilen Substitution*

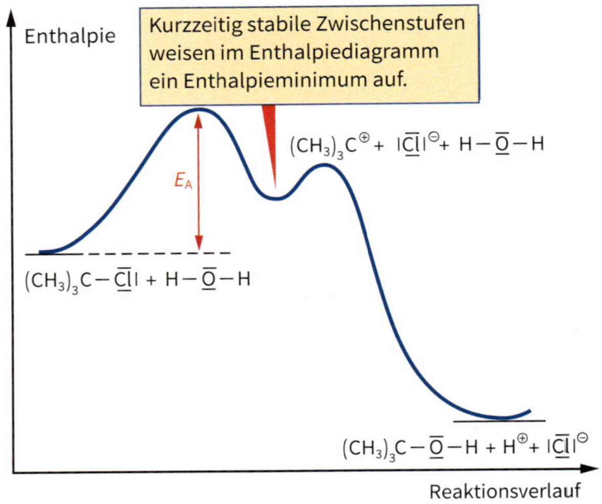

2 *Enthalpiediagramm der nucleophilen Substitution*

Versetzt man 2-Chlor-2-methylpropan mit einer Lösung von Natriumhydroxid in Ethanol und gibt ein paar Tropfen Phenolrotlösung als Indikator zu, schlägt nach wenigen Minuten die Farbe des Indikators von rosa (pH > 9) nach gelb (pH < 9) um. Eine angesäuerte Silbernitratlösung bildet mit der entstandenen Lösung einen weißen Niederschlag. Es müssen also OH^--Ionen verbraucht worden und Cl^--Ionen entstanden sein. Dies ist nur möglich, wenn bei der Reaktion in den 2-Chlor-2-methylpropan-Molekülen jeweils ein Cl-Atom durch eine OH-Gruppe ersetzt wurde. Es liegt eine **Substitutionsreaktion** vor (lat. *substituere:* ersetzen), in der 2-Methylpropan-2-ol als Produkt entsteht (Abb. 1).

Nucleophile Substitution. Die Bildung von 2-Methylpropan-2-ol aus dem Halogenalkan verläuft nach dem in Abbildung 1 dargestellten Reaktionsmechanismus. In einem ersten Schritt wird die polare C–Cl-Bindung so gespalten, dass das bindende Elektronenpaar zum negativ teilgeladenen Cl-Atom übergeht (Abb. 1 ①). Man spricht von einer *heterolytischen Spaltung.* Als Produkte entstehen ein Cl^--Ion und ein Kation, das eine positive Ladung am zentralen C-Atom trägt. Dieses als **Carbenium-Ion** oder *Carbokation* bezeichnete Ion ist als Zwischenstufe nachweisbar (Abb. 1 ② und 2). An das Carbenium-Ion kann sich das negativ geladene OH^--Ion anlagern (Abb. 1 ③). Das freie Elektronenpaar des O-Atoms wird dabei zum bindenden Elektronenpaar der C–O-Bindung und der Alkohol entsteht.

Allgemein bezeichnet man Teilchen, die wie das OH^--Ion bevorzugt Carbenium-Ionen oder C-Atome mit einer positiven Partialladung (δ+) angreifen, als **Nucleophile** (lat. *nucleus:* Kern, gr. *philos:* Freund). Die ablaufende Reaktion wird *nucleophile Substitution* (S_N) genannt.

Reaktivität von Nucleophilen. Nucleophile verfügen stets über mindestens ein freies Elektronenpaar, mit dem sie die Bindung zum angegriffenen C-Atom eingehen können. Wie leicht ein Nucleophil das freie Elektronenpaar für die Bindung bereitstellen kann, hängt von der Elektronendichte ab. So ist das OH^--Ion aufgrund der negativen Ladung am O-Atom ein viel stärkeres Nucleophil als das H_2O-Molekül, das nur eine negative Partialladung am O-Atom (δ–) besitzt.

Die *Nucleophilie* eines Teilchens hängt zudem von der Verschiebbarkeit der Ladungen in der Elektronenhülle ab, der *Polarisierbarkeit* (↗S. 172). Je größer ein Atom oder Ion ist, desto einfacher lässt es sich polarisieren und desto leichter kann es sein freies Elektronenpaar zur Bindung zur Verfügung stellen. Das kleinere F^--Ion ist daher im Vergleich zum größeren I^--Ion ein sehr schlechtes Nucleophil (Abb. 3). Für die Nucleophilie ergibt sich folgende Abstufung:

$HS^- > I^- > HO^- > NH_3 > Br^- > Cl^- > F^- > H_2O$

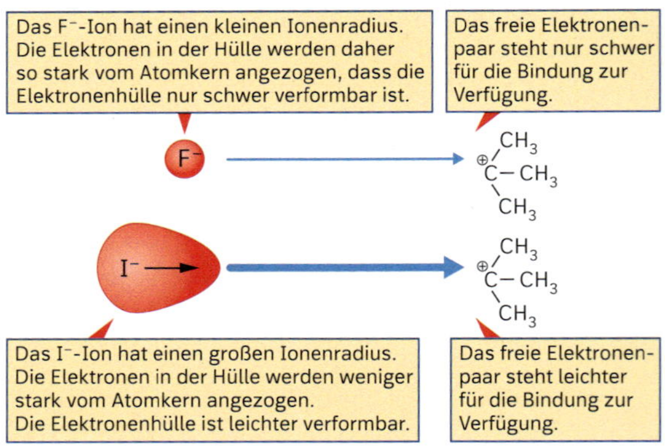

3 *Polarisierbarkeit und Reaktivität bei S_N-Reaktionen*

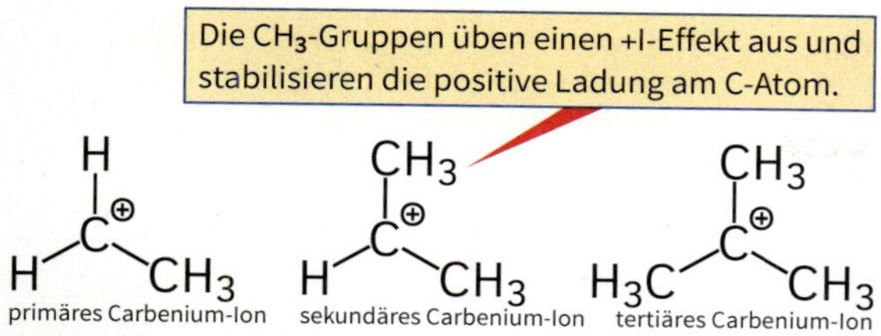

4 *Stabilität von Carbenium-Ionen*

Stabilität von Carbenium-Ionen. Neben dem angreifenden Teilchen beeinflusst das angegriffene Teilchen die Geschwindigkeit der Reaktion. Vergleicht man beispielsweise die Reaktion von 1-Brompropan, 2-Brompropan und 2-Brom-2-methylpropan mit Cl^--Ionen, zeigt sich eine zunehmende Reaktionsgeschwindigkeit. Dies kann mit der Stabilität der auftretenden Carbenium-Ionen erklärt werden (Abb. 4).

Einfluss des austretenden Teilchens. Die Synthese von Halogenalkanen aus Alkoholen wird bevorzugt in saurer Lösung durchgeführt. Dabei nutzt man den Einfluss des austretenden Teilchens für die Steuerung der Reaktion. Bei der Reaktion in saurer Lösung wird im ersten Schritt die OH-Gruppe protoniert. Aus dem entstehenden Ion wird dann im nächsten Schritt ein H_2O-Molekül abgespalten. Zusätzlich entsteht ein Carbenium-Ion:

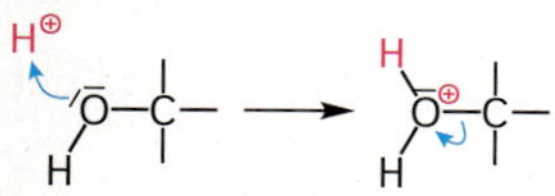

Führt man die genannte Reaktion in neutraler Lösung durch, entstehen OH^--Ionen als Zwischenstufe. Aufgrund der entgegengesetzten Ladung zum Carbenium-Ion hat das OH^--Ion jedoch eine kleinere Tendenz zum Austritt als das ungeladene H_2O-Molekül. Man sagt: Das H_2O-Molekül ist eine bessere *Abgangsgruppe* als das OH^--Ion.

Die Reaktion von Alkoholen zu Halogenalkanen verläuft durch Zugabe von Säure schneller. Neben der Ladung eines Teilchens spielen aber auch andere Faktoren wie die Polarisierbarkeit eines Atoms oder einer Gruppe eine Rolle. Bei den Halogenid-Ionen stellt man in der Tendenz, als austretendes Teilchen zu wirken, folgende Abstufung fest: $I^- > Br^- > Cl^- > F^-$

Bei einer nucleophilen Substitution wird ein Atom oder eine Atomgruppe durch einen Substituenten ersetzt. Das angreifende Teilchen, das Nucleophil, verfügt über ein freies Elektronenpaar und trägt eine negative Ladung oder mindestens eine negative Partialladung.

1 a) Entscheiden Sie anhand von Strukturformeln, ob die folgenden Teilchen als Nucleophil reagieren können: H_2O, F^-, H_2, NH_4^+, CH_3O^-
b) Erklären Sie, wie sich die Nucleophilie in der Reihe NH_2^-, NH_3, NH_4^+ ändert.

2 Bearbeiten Sie jeweils eines der folgenden Beispiele. Formulieren Sie die Reaktionsgleichung. Geben Sie die Namen der Produkte und der jeweiligen Nucleophile an. Stellen Sie sich im Anschluss Ihre Ergebnisse gegenseitig vor:
A: 1-Brompropan mit Kalilauge (KOH, aq),
B: Iodmethan mit Ammoniak (NH_3),
C: Bromethan mit Natriumhydrogensulfid (NaSH),
D: 1-Brompropan mit Natriumcyanid (NaCN),
E: 2-Chlor-2-methylpropan mit Natriummethanolat ($NaOCH_3$).

3 Eine Lerngruppe untersucht die unterschiedliche Reaktivität von Halogenbutanen bei der Reaktion mit Wasser. Eine Schülerin behauptet: „Die Reaktivität wird im Wesentlichen von der Polarität der Kohlenstoff-Halogen-Bindung (C – X) beeinflusst. Je größer die Polarität ist, desto schneller verläuft die Reaktion." Ihre Kollegin hält dagegen und meint, dass die Bindungsstärke den Ausschlag gibt. Nehmen Sie zu den Aussagen begründet Stellung.

Halogen	Bindungsenergie einer C – X-Bindung in $kJ \cdot mol^{-1}$	ΔEN(C – X)
Fluor	461	1,5
Chlor	356	0,7
Brom	297	0,5
Iod	239	0,2

4 a) Geben Sie begründet an, welches Halogenalkan jeweils schneller mit Kalilauge reagiert.
Partner A: Iodmethan oder Chlormethan
Partner B: 1-Brompentan oder 2-Brompentan
b) Stellen Sie sich Ihre Ergebnisse gegenseitig vor.

5 Auch Lösemittel beeinflussen die Geschwindigkeit einer S_N-Reaktion. So verläuft die Reaktion von 2-Brom-2-methylpropan mit OH^--Ionen in Wasser oder Ethanol schneller als in Aceton. Erklären Sie diesen Befund unter Einbeziehen der Struktur der Lösemittel-Moleküle.

6 Nucleophile sind in ihrer Struktur und ihren Reaktionen vergleichbar mit BrØnsted-Basen.
a) Erörtern Sie diesen Sachverhalt am Beispiel des H_2O-Moleküls.
b) Vergleichen Sie in Analogie zur Basenstärke die Nucleophilie des Cl^--Ions mit der des OH^--Ions.

5.5 Der Verlauf einer nucleophilen Substitution ist steuerbar ◇

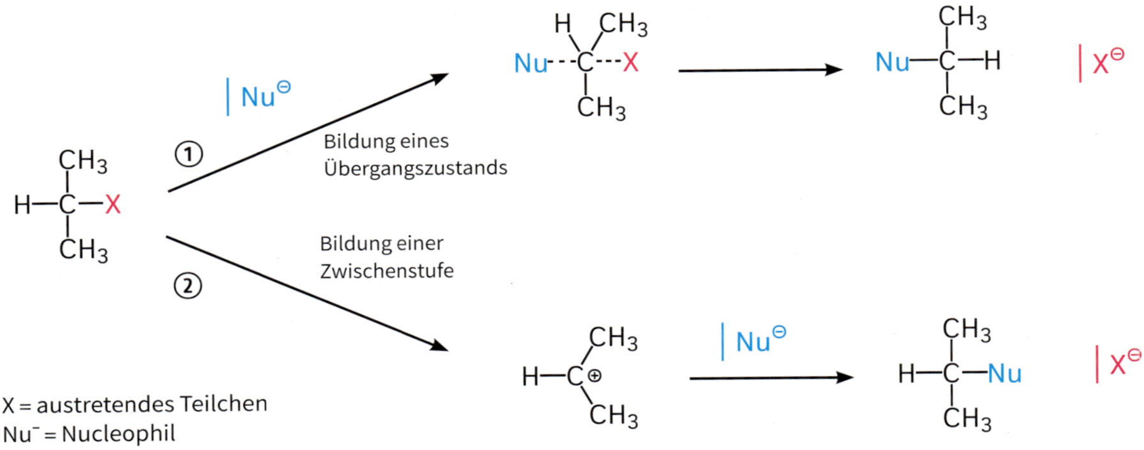

1 ***Alternative Reaktionsverläufe bei einer nucleophilen Substitution an einem sekundären C-Atom***

Der zweischrittige Reaktionsmechanismus der nucleophilen Substitution stellt nur einen Grenzfall dar. In einem alternativen Reaktionsverlauf erfolgt die Substitution in einem Schritt (Abb. 1). Der Reaktionsverlauf einer S_N-Reaktion und die Vielfalt der herstellbaren Stoffe lässt sich über die Reaktionsbedingungen und die Wahl der Edukte steuern.

Reaktionsbedingungen. Die Substitution primärer und tertiärer Halogenalkane erfolgt meist nur nach einer Variante des mechanistischen Verlaufs: Primäre Halogenalkane reagieren nach dem einschrittigen Mechanismus, tertiäre nach dem zweischrittigen. Durch ungünstige Wahl von Nucleophilen oder Lösemitteln kann die Reaktionsgeschwindigkeit zudem so stark herabgesetzt werden, dass die jeweilige Reaktion praktisch zum Erliegen kommt. Im Gegensatz dazu können bei der Substitution sekundärer Halogenalkane der einschrittige und der zweischrittige Mechanismus parallel ablaufen (Abb. 2). Eine Änderung des Nucleophils oder des Lösemittels kann zwar die Reaktionsgeschwindigkeit des einen Mechanismus verlangsamen, erhöht aber gleichzeitig oft die des anderen. Von den Reaktionsbedingungen hängt also ab, nach welchem Mechanismus die Produkte vorwiegend gebildet werden (Abb. 2).

Vielfalt der Produkte. Mit der Auswahl des Nucleophils wird das Reaktionsprodukt bestimmt. Es können funktionelle Gruppen ineinander überführt werden. Ausgehend von Halogenalkanen sind viele Verbindungen zugänglich (Abb. 3). So werden für die Synthese von Aminen Halogenalkane mit Ammoniak umgesetzt. Die entstehenden Amine sind wichtige Synthesebausteine:

$$-\overset{|}{\underset{|}{C}}-Cl + NH_3 \longrightarrow -\overset{|}{\underset{|}{C}}-NH_2 + HCl$$

Halogenalkan	Einschrittiger Mechanismus	Zweischrittiger Mechanismus
primär 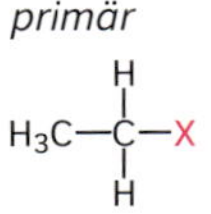	*Läuft gut ab* bei guten Nucleophilen und einfach austretenden Teilchen.	*Läuft nicht ab*, denn primäre Carbenium-Ionen sind zu instabil.
sekundär 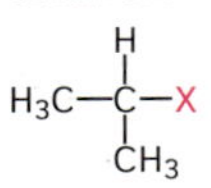	*Läuft relativ langsam ab,* denn Nucleophile begünstigen die Bildung des 5-bindigen Übergangszustandes.	*Läuft relativ langsam ab,* aber Lösemittel-Moleküle mit polaren Gruppen und einfach austretende Teilchen erhöhen die Reaktionsgeschwindigkeit.
tertiär 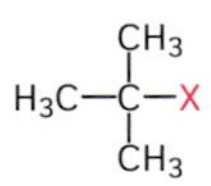	*Läuft extrem langsam ab,* selbst mit guten Nucleophilen.	*Läuft gut ab,* denn das tertiäre Carbenium-Ion ist relativ stabil. Lösemittel-Moleküle mit polaren Gruppen und einfach austretende Teilchen begünstigen die Ionenbildung.

2 ***Überblick über die Steuerungsmöglichkeiten bei einer nucleophilen Substitution***

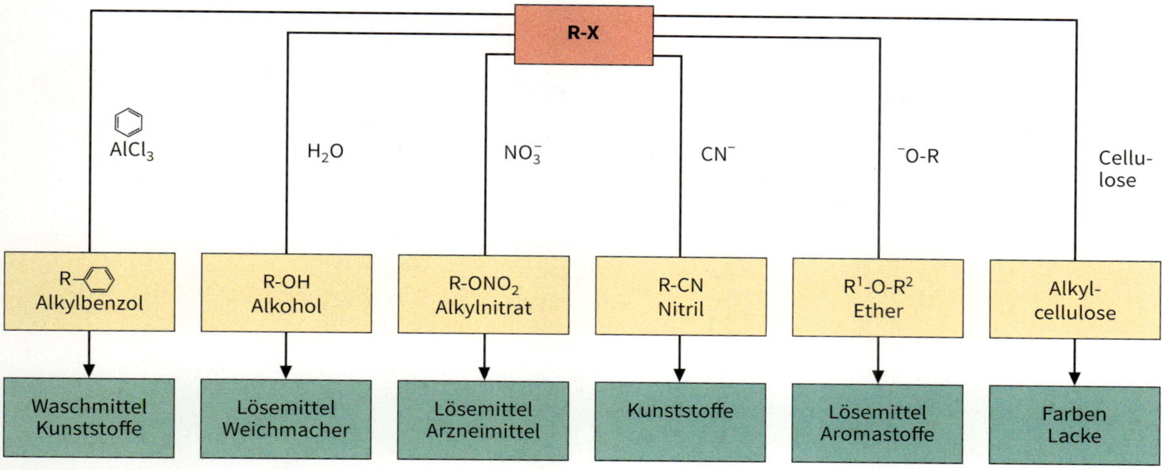

3 *Wichtige Substitutionsreaktionen*

Reaktionsordnung. Untersucht man experimentell die Reaktionsgeschwindigkeiten der nucleophilen Substitutionen, so ergeben sich verschiedene *Geschwindigkeitsgleichungen* für die Reaktionen nach den beiden Mechanismen:

Beim einschrittigen Mechanismus hängt die Reaktionsgeschwindigkeit *v* sowohl von der Konzentration des Nucleophils als auch von der Konzentration des zu substituierenden Moleküls ab. Für die Substitution des Halogenpropans aus Abbildung 1 ① gilt unter Berücksichtigung des spezifischen Proportionalitätsfaktors *k*:

$$v = k \cdot c(H_3C-CHX-CH_3) \cdot c(Nu^-)$$

Als *Reaktionsordnung* bezeichnet man die Summe der Exponenten der in der Geschwindigkeitsgleichung auftretenden Konzentrationen. Ein Reaktionsmechanismus dieser Art nennt man einen **S_N2-Mechanismus**. Es ist eine nucleophile Substitution zweiter Ordnung.

Die Reaktionsgeschwindigkeit für Reaktionen nach dem zweischrittigen Mechanismus hängt nur vom ersten Reaktionsschritt ab. Die Bildung des Carbenium-Ions ist der **geschwindigkeitsbestimmende Schritt** der Reaktion (②, Abb. 1). Somit gilt für die Geschwindigkeitsgleichung:

$$v = k \cdot c(H_3C-CHX-CH_3)$$

Die Reaktion verläuft nach einem **S_N1-Mechanismus**. Es ist eine Substitutionsreaktion erster Ordnung.

Durch nucleophile Substitutionsreaktionen lässt sich eine Vielzahl von organischen Verbindungen herstellen. Die Reaktionen können nach einem einschrittigen (S_N2) oder einem zweischrittigen Reaktionsmechanismus (S_N1) verlaufen.

---

1 a) Beschreiben Sie den einschrittigen Mechanismus der nucleophilen Substitution (Abb. 1).
b) Stellen Sie eine Hypothese für den Verlauf eines Enthalpiediagramms auf und zeichnen Sie es.

2 a) Geben Sie mögliche Edukte für die Synthese der folgenden Verbindungen an. Formulieren Sie jeweils eine Reaktionsgleichung.
Partner A: $H_3C-CH(CH_3)-CH_2-CH_2-OH$
Partner B: $H_3C-CH_2-CH(CN)-CH_2-CH_3$
Partner C: $H_3C-CH_2-O-CH_2-CH_3$
b) Begründen Sie, ob die Reaktion nach dem einschrittigen oder dem zweischrittigen Mechanismus verläuft (Abb. 2).

3 In einem Rundkolben wird wasserunlösliches Bromethan mit Kalilauge überschichtet. Beim Erhitzen klart das zunächst heterogene Gemisch auf. Fügt man nach dem Abkühlen angesäuerte Silbernitratlösung hinzu (↗S. 176), lässt sich ein weißer Niederschlag erkennen.
a) Deuten Sie die Beobachtungen und stellen Sie die entsprechende Reaktionsgleichung auf.
b) Formulieren Sie den Mechanismus der Reaktion.

4 Erklären Sie unter Angabe der jeweiligen Reaktionsmechanismen die zunehmende Reaktionsgeschwindigkeit beim Vergleich der Reaktionen von 1-Brompropan, 2-Brompropan und 2-Brom-2-methylpropan mit Cl^--Ionen.

5 Erklären Sie sich gegenseitig:
Partner A: Warum heißt der einschrittige Mechanismus nicht auch S_N1.
Partner B: Warum heißt der zweischrittige Mechanismus nicht S_N2.

5.6 Die Veresterung ist eine Kondensationsreaktion

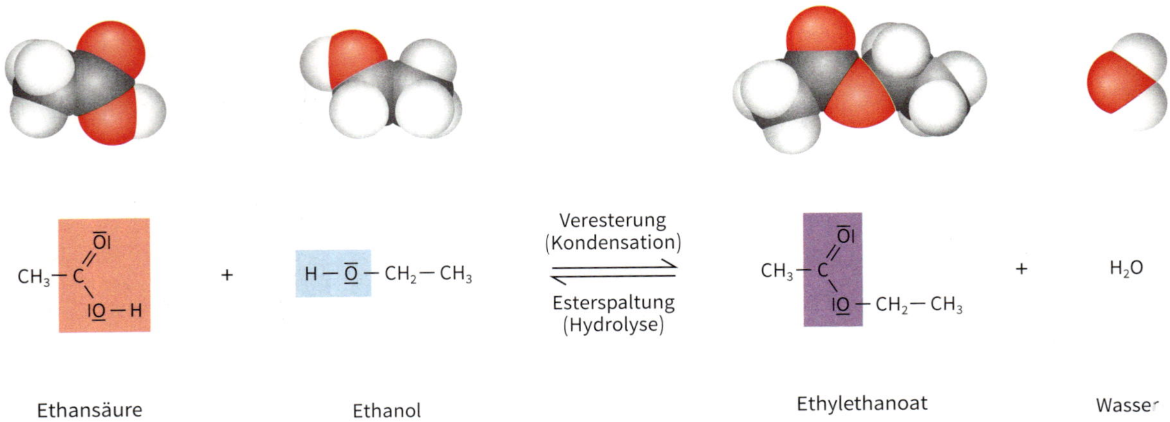

1 *Bildung von Ethylethanoat*

Ein Gemisch aus Ethansäure und Ethanol riecht zunächst nach Essig. Lässt man das Gemisch stehen, kann man nach einiger Zeit den Geruch von Klebstoff deutlich wahrnehmen. Es ist Ethylethanoat (Essigsäureethylester) entstanden (Abb. 1). Der neue Stoff zählt zur Stoffklasse der **Ester.** Bei der Esterbildung reagieren eine Carbonsäure und ein Alkohol miteinander. Die Reaktion wird durch eine starke Säure wie konzentrierte Schwefelsäure katalysiert.

Die OH-Gruppe aus der Carboxy-Gruppe im Carbonsäure-Molekül und das H-Atom der OH-Gruppe des Alkohol-Moleküls werden als H_2O-Molekül abgespalten. Das O-Atom aus dem Alkohol-Molekül und das C-Atom der Carboxy-Gruppe gehen eine neue Elektronenpaarbindung ein. Die Esterbildung ist eine **Kondensationsreaktion,** da aus Atomgruppen der beiden Edukt-Moleküle ein kleines Molekül abgespalten wird, in diesem Fall ein H_2O-Molekül.

Mechanismus der Veresterung. Die Reaktion zwischen dem Säure-Molekül und dem Alkohol-Molekül wird durch ein Proton aus der katalytisch beteiligten starken Säure eingeleitet. Dieses Proton lagert sich an das O-Atom der Carbonyl-Gruppe an. Dabei entsteht ein Carbenium-Ion:

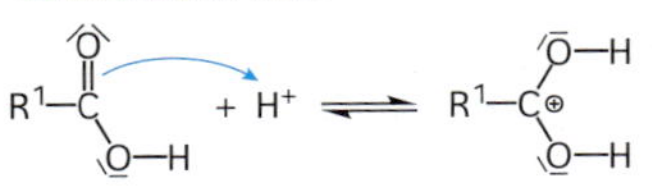

Im zweiten, schnellen Reaktionsschritt greift das Alkohol-Molekül über die polare OH-Gruppe als Nucleophil am Carbenium-Ion an. Das positiv geladene C-Atom der Carboxy-Gruppe und das negativ teilgeladene O-Atom des Alkohol-Moleküls treten in Wechselwirkung. Ein freies Elektronenpaar des O-Atoms bildet dabei durch Elektronenverschiebung eine neue C–O-Bindung aus.

Da nun die positive Ladung beim O-Atom liegt, bildet sich statt des Carbenium-Ions ein *Oxonium-Ion*.

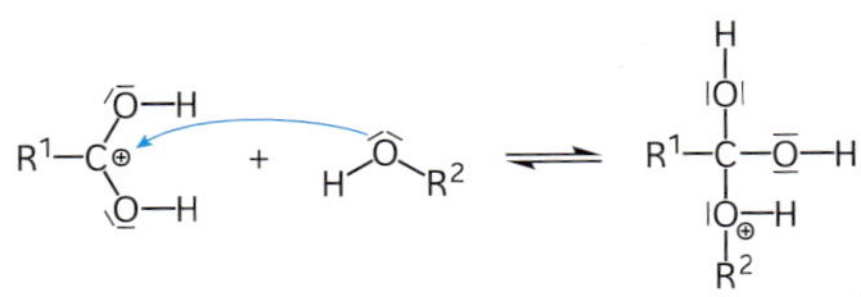

Der dritte Reaktionsschritt ist eine *Umlagerung:* Das Proton am Oxonium-O-Atom bindet an eine der beiden OH-Gruppen, es entsteht ein neues Oxonium-Ion.

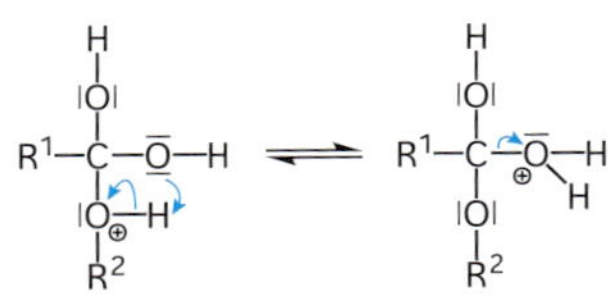

Im nächsten Schritt spaltet sich aus dem Oxonium-Ion ein H_2O-Molekül ab. Das entstehende Carbenium-Ion gibt ein Proton ab und wird so zum ungeladenen Molekül. Die Gesamtreaktion ist eine S_N-Reaktion.

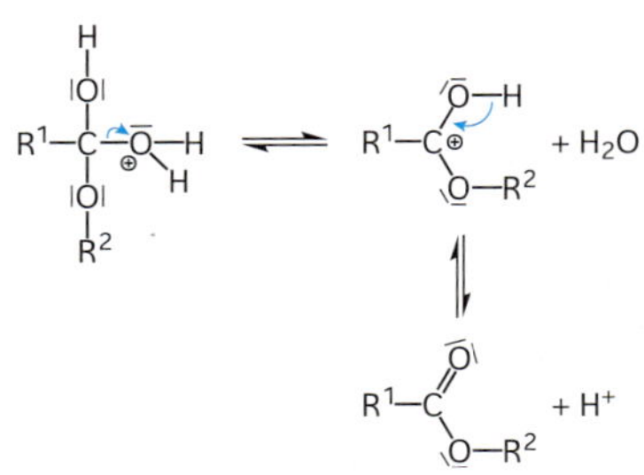

Benennung und Eigenschaften. Die Benennung von Estern erfolgt mit dem Namen des Alkohols als Alkyl-Rest und dem Namen des Säurerest-Ions. Im gezeigten Beispiel ist Ethylethanoat entstanden. Häufig werden Trivialnamen oder veraltete Namen wie Essigsäureethylester oder Ethylacetat verwendet.

Die *Ester-Gruppe* R^1–COO–R^2 ist die funktionelle Gruppe der Ester. Ester-Moleküle können keine H-Brücken untereinander ausbilden. Ihre Siedetemperaturen liegen daher tiefer als die der entsprechenden Carbonsäuren mit ähnlicher molarer Masse. Da die Ester-Gruppe im Molekül polar ist, können aber H-Brücken mit H_2O-Molekülen ausgebildet werden, sodass Ester-Moleküle mit kurzen Alkyl-Resten mäßig gut wasserlöslich sind.

Ester sind wichtige Naturstoffe und dabei an der Aromabildung vieler Früchte beteiligt. In Lebensmittelzubereitungen, wie bei den Backaromen, werden auch naturidentische Syntheseester verwendet. Fette sind Ester aus Glycerin (Propan-1,2,3-triol) und langkettigen Fettsäuren. Wachse wie Bienenwachs sind Ester aus langkettigen Fettsäuren und langkettigen Alkoholen.

Esterspaltung. Die einzelnen Teilschritte der Esterbildung sind umkehrbar. Die Esterbildung ist eine reversible Reaktion, bei der sich ein chemisches Gleichgewicht einstellt. In Gegenwart von Wasser zerfallen Ester teilweise wieder in ihre Edukte.

Säure + Alkohol $\rightleftharpoons$ Ester + Wasser

In Gegenwart von Wasser reagiert ein Ester also wieder zur Carbonsäure und zum Alkohol. Diese *Esterspaltung* ist eine **Hydrolyse**. Der Reaktionsmechanismus für die Esterspaltung beschreibt in umgekehrter Reihenfolge den Ablauf der Esterbildung. Auch hier wird die Reaktion durch eine starke Säure katalytisch beschleunigt.

◇ **Verseifung.** Ester können auch alkalisch, also durch Zugabe von Hydroxid-Ionen (OH^-) gespalten werden:

R^1–COO–R^2 + OH^- → R^1–COO^- + R^2–OH

Die OH^--Ionen greifen im ersten Schritt das positiv teilgeladene C-Atom der Ester-Gruppe an. Im zweiten Schritt wird ein Alkoholat-Ion abgespalten. Dabei wird gleichzeitig ein Carbonsäure-Molekül gebildet. Dieses gibt im nächsten Schritt das Proton an die starke Base Alkoholat-Ion (R^2–O^-) ab. Somit bildet sich bei der Reaktion im alkalischen Milieu anstatt des Carbonsäure-Moleküls das Carbonsäure-Anion (R^1–COO^-). Die große Basenstärke des R^2–O^--Ions führt dazu, dass die Gleichgewichtslage der alkalischen Esterspaltung weit auf der Seite der Produkte liegt. Da diese Reaktion zur Seifenherstellung aus natürlichen Fetten eingesetzt wird, nennt man die alkalische Esterspaltung auch Verseifung.

Ester entstehen in einer säurekatalysierten Reaktion aus Carbonsäuren und Alkoholen. Die Esterbildung und die ihre Umkehrung, die Esterspaltung, sind Gleichgewichtsreaktionen.

1 Carbonsäuren und Alkohole reagieren ohne einen Katalysator kaum miteinander.
a) Erläutern Sie, wie die Protonierung der Carboxy-Gruppe die Reaktionswahrscheinlichkeit mit der Hydroxy-Gruppe eines Alkohol-Moleküls steigert.
b) Die Katalyse der Esterbildung mit Schwefelsäure ist eine homogene Katalyse. Erklären Sie den Begriff.

2 a) Wählen Sie aus den genannten Carbonsäuren **1** bis **3** und Alkoholen **A** bis **C** jeweils zwei unterschiedliche Kombinationen aus und stellen Sie die Reaktionsgleichungen für die Bildung des Esters auf.
b) Markieren Sie in den Edukten und Produkten die jeweilige funktionelle Gruppe und benennen Sie diese.
c) Geben Sie die Namen der gebildeten Ester an und erläutern Sie sich gegenseitig die Benennung.
A Methanol **B** Propan-1-ol **C** Ethanol
1 Methansäure **2** Propansäure **3** Butansäure
d) Zeichnen Sie die Strukturformel für Methylethanoat und Propylpentanoat.

3 Stellen Sie die Reaktionsmechanismen für folgende Reaktionen mit Halbstrukturformeln für die jeweiligen Reaktionsschritte auf. Beschreiben Sie den Reaktionsmechanismus mit begleitendem Text. Stellen Sie Ihre Ergebnisse anschließend Ihrem Lernpartner vor:
Partner A: Die Bildung von Ethylbutanoat,
Partner B: Die säurekatalysierte Hydrolyse von Methylethanoat.

4 Zur Aufklärung von Reaktionsmechanismen wird mit Isotopen gearbeitet. Über die Bestimmung von Molekülmassen kann so der Weg einer Atomsorte verfolgt werden. Bei einer Veresterungsreaktion wird Ethanol verwendet, das das schwerere Sauerstoff-Isotop ^{18}O enthält. Nachdem man die Produkte getrennt hat, findet sich dieses Isotop im gebildeten Ester wieder.
a) Prüfen Sie, ob diese Beobachtung mit dem Reaktionsmechanismus übereinstimmt.
b) Geben Sie an, welches Ergebnis zu erwarten ist, wenn eine Carbonsäure eingesetzt wird, die das ^{18}O-Isotop enthält.
c) Erläutern Sie, warum es zum Aufklären des Mechanismus sinnvoll ist, mit Sauerstoff-Isotopen und nicht mit Kohlenstoff-Isotopen zu arbeiten.

5 a) In Ananas und Bananen kommen Buttersäureester als Aromastoffe vor. Begründen Sie, warum nach längerer Lagerung schlecht gewordene Ananasfrüchte unangenehm riechen, bei Bananen aber der unangenehme Geruch nicht auftritt.
b) Entwickeln Sie ein Experiment, mit dem Sie Ihre Begründung überprüfen können.

6 Stellen Sie anhand der Textinformation den Mechanismus der Verseifung von Ethylethanoat auf.

Praktikum Veresterung und Esterspaltung

Versuch 1:
Reaktion von Alkoholen mit Carbonsäuren

Materialien: Tropfpipetten, Bechergläser (100 ml), Eisbad, Wattestopfen, Wasserbad;
Ethansäure (Eisessig, **2, 5**), Butansäure (**5, 7**), Propansäure (**2, 5, 7**), Ethanol (**2, 7**), Pentan-1-ol (**2, 7**), Schwefelsäure (> 90 %, **5**), Natronlauge (~ 8 %, **5**)

Durchführung:
1. Mischen Sie im Reagenzglas jeweils 2 ml einer Carbonsäure mit 2 ml eines Alkohols. Geeignete Kombinationen sind:
   A Ethansäure und Ethanol
   B Ethansäure und Pentan-1-ol
   C Propansäure und Ethanol (Abzug!)
   D Butansäure und Ethanol (Abzug!)
2. Stellen Sie das Reagenzglas in ein Eisbad. Fügen Sie vorsichtig 4 bis 8 Tropfen konzentrierte Schwefelsäure hinzu.
3. Verschließen Sie das Reagenzglas mit einem Wattestopfen schütteln Sie die Mischung gut durch. Stellen Sie das Gemisch für etwa 40 Minuten in etwa 60 °C warmes Wasser (Wasserbad).
4. Mischen Sie im Becherglas etwa 20 ml verdünnte Natronlauge mit der gleichen Menge Wasser. Gießen Sie dann jeweils einen Versuchsansatz dazu. Prüfen Sie vorsichtig durch Zufächeln den Geruch.

Aufgaben:
a) Stellen Sie Ihre Ergebnisse in einer Tabelle zusammen, indem Sie den systematischen Namen des gebildeten Esters und dessen Geruch zuordnen.
b) Notieren und deuten Sie Ihre Beobachtungen. Erklären Sie, warum die Geruchsprobe in einem alkalischen Medium vorgenommen wird.
c) Stellen Sie die Reaktionsgleichungen für die Bildung der Ester auf und erklären Sie die Bedeutung der zugesetzten Schwefelsäure.
d) ◇Stellen Sie den Mechanismus für Reaktion **B** auf.
e) Ethylethanoat hat eine etwas niedrigere Siedetemperatur als die Edukte, aus denen der Ester hergestellt wurde. Zudem ist seine Wasserlöslichkeit geringer als die der Edukte. Erklären Sie diese Befunde unter Nutzung von Molekülstrukturen und zwischenmolekularer Wechselwirkungen.
f) Recherchieren Sie Vorkommen und Verwendung der von Ihnen hergestellten Ester.

Versuch 2:
Synthese von Oxalsäuredimethylester

Materialien: Rundkolben (50 ml) Rückflusskühler, Abdampfschale, Waage, Trockenschrank, 2 Gummischläuche, Stativmaterial, Messzylinder (10 ml), Tropfpipetten, Korkring, Trichter, Filtrierpapier; Oxalsäure (Ethandisäure, **5, 7**), Methanol (**2, 6, 8**), Schwefelsäure (w > 90 %, **5**), Natriumcarbonatlösung (10 %ig; **7**)

Durchführung:
1. Entwässern Sie 6 g Oxalsäure mindestens 3 Stunden im Trockenschrank bei 130 °C.
2. Wiegen Sie 3 g entwässerte Oxalsäure ab und geben Sie diese Menge in den Rundkolben. Pipettieren Sie anschließend 10 ml Methanol hinzu. Führen Sie die folgenden Schritte im Abzug durch.
3. Tropfen Sie vorsichtig und unter leichtem Schütteln 2 ml konzentrierte Schwefelsäure zum Gemisch im Rundkolben.
4. Bauen Sie eine Rückflussapparatur auf und schließen Sie den Kühler an die Wasserzufuhr und -abfuhr an.
5. Erhitzen Sie mit aufgesetztem Rückflusskühler für 30 bis 40 Minuten zum Sieden. Lassen Sie anschließend das Produktgemisch auf Zimmertemperatur abkühlen.
6. Filtrieren Sie den Feststoff ab und waschen Sie ihn mit 10 ml Natriumcarbonatlösung.
7. Lassen Sie das Produkt im Abzug trocknen und bestimmen Sie danach seine Masse.

Aufgaben:
a) Notieren und deuten Sie Ihre Beobachtungen.
b) Formulieren Sie die Reaktionsgleichung für die abgelaufene Reaktion (Halbstrukturformeln).
c) Berechnen Sie über die Massen die Ausbeute an Produkt.
d) Erläutern Sie, warum ...
- die Edukte absolut wasserfrei sein müssen,
- das Produkt mit Natriumcarbonatlösung gewaschen wird,
- das Produkt nicht im Trockenschrank getrocknet wird.

e) Recherchieren Sie Anwendungsmöglichkeiten der Oxalsäurediester.

Versuch 3:
Reaktion von Estern I

Materialien: Tropfpipetten, Erlenmeyerkolben (50 ml), Eisbad, Wasserbad, Wattestopfen, Filtrierpapier;
Schwefelsäure (> 90 %, **5**), *Proben:* Pentylethanoat (**2**), Ethylmethanoat (**2, 7**), Ethylethanoat (**2, 7**) oder *n*-Butylethanoat (**2, 7**)

Durchführung:

1. Mischen Sie in einem Reagenzglas 2 ml eines Esters mit 1 ml Wasser.
2. Stellen Sie das Reagenzglas in ein Eisbad. Fügen Sie vorsichtig 4 bis 8 Tropfen konzentrierte Schwefelsäure hinzu und schütteln Sie das Gemisch gut durch.
3. Verschließen Sie das Reagenzglas mit einem Wattestopfen und stellen Sie es für etwa 40 Minuten in etwa 60 °C warmes Wasser (Wasserbad). Schütteln Sie das Gemisch regelmäßig und nehmen Sie dabei vorsichtig Geruchsproben.
4. Gießen Sie den Reaktionsansatz in den Erlenmeyerkolben und saugen Sie mit einer Tropfpipette etwas Flüssigkeit von der Oberfläche und in Bodennähe ab. Tropfen Sie diese dann jeweils auf Filtrierpapier. Prüfen Sie vorsichtig den Geruch.

Aufgaben:

a) Beschreiben Sie die jeweiligen Gerüche und deuten Sie Ihre Beobachtungen auch mit der Hilfe des Prinzips von Le Chatelier (↗S. 17).
b) Stellen Sie die Reaktionsgleichungen für die Reaktionen auf.
c) ◇ Stellen Sie den Reaktionsmechanismus für eine der durchgeführten Esterspaltungen auf und erklären Sie daran, weshalb die Veresterung sowie die Esterspaltung Gleichgewichtsreaktionen sind.
d) ◇ Begründen Sie anhand des Mechanismus in Aufgabe c), weshalb das Reaktionsgemisch durch Zugabe einiger Tropfen Schwefelsäure angesäuert werden muss.

Versuch 4:
Esternachweis (Rojahn-Test)

Eisbonbons oder Ananasbonbons enthalten wie andere Bonbons oft Fruchtester als Aromastoffe. Mit dem Rojahn-Test können die Ester nachgewiesen werden.

Materialien: Bechergläser (50 ml und 250 ml), Reagenzgläser mit Reagenzglasständer, Heizrührer, Rührstäbchen, Messpipette (10 ml);
Natronlauge (verd., **5**), heißes Wasser, Phenolphthaleinlösung (< 0,9 %, **2, 7**), Bonbonproben

Durchführung :

1. Lösen Sie jeweils ein Bonbon in einem Becherglas (50 ml) in 10 ml heißem Wasser.
2. Füllen Sie mit der Messpipette jeweils 1 ml der gesättigten Bonbonlösung in ein einzelnes Reagenzglas.
3. Geben Sie 3 – 4 Tropfen Phenolphthaleinlösung zu und dann vorsichtig einzelne Tropfen Natronlauge, bis grade eine dauerhafte Pinkfärbung zu erkennen ist. Stoppen Sie dann die Zugabe der Natronlauge.
4. Füllen Sie in ein weiteres Reagenzglas 1 ml Natronlauge und 3 – 4 Tropfen Phenolphthaleinlösung.
5. Erwärmen Sie im Becherglas (250 ml) Wasser auf etwa 90° C. Das Wasser darf nicht kochen. Stellen Sie die Reagenzgläser der Schritte 2 und 4 in das Wasserbad hinein.
6. Nehmen Sie alle Reagenzgläser regelmäßig aus dem Wasserbad und schütteln Sie vorsichtig. Stellen Sie sie dann in das Wasserbad zurück.
7. Warten Sie bis zu 20 Minuten, ob bei den Lösungen in den Reagenzgläsern Farbänderungen auftreten.

Aufgaben:

a) Beschreiben Sie Ihre Beobachtungen.
b) Schritt 3 dient der Neutralisation eventueller Säuren, die in den Bonbons enthalten sind. Erklären Sie die Funktion der nachfolgenden Schritte der Versuchsdurchführung.
c) In vielen Bonbons wird Ethylethanoat als Bananenaroma verwendet. Stellen Sie ausgehend von diesem Ester die Reaktionsgleichungen für die ablaufenden Reaktionen beim Rojahn-Tests auf.

5.7 Fette sind Glycerinester von Fettsäuren

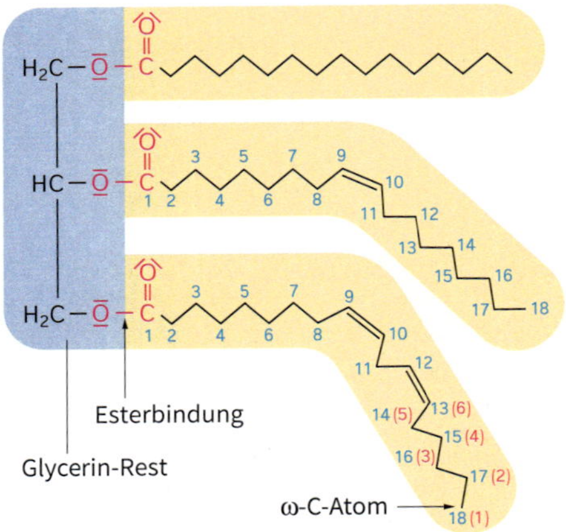

1 *Fett-Molekül mit unterschiedlichen Fettsäure-Resten*

Fettsäure (IUPAC-Name)	Smt.
Buttersäure (Butansäure)	–5 °C
Caprylsäure (Octansäure)	16 °C
Laurinsäure (Dodecansäure)	44 °C
Palmitinsäure (Hexadecansäure)	63 °C
Stearinsäure (Octadecansäure)	69 °C
Ölsäure (Octadeca-9-ensäure) *	16 °C
Linolsäure (Octadeca-9,12-diensäure) *	–5 °C
Linolensäure (Octadeca-9,12,15-triensäure) *	–11 °C

*essentielle Fettsäure; Smt.: Schmelztemperatur

2 *Schmelztemperaturen wichtiger Fettsäuren*

Fette liefern mehr als doppelt so viel Energie wie die gleiche Masse an Kohlenhydraten oder Eiweiß. Ein Erwachsener benötigt täglich etwa ein Gramm Fett pro Kilogramm Körpergewicht. Der durchschnittliche Verbrauch liegt in Deutschland aber über diesem Wert. Dabei entfällt gut die Hälfte der Nahrungsfette auf versteckte Fette in Milchprodukten, Wurst und Süßwaren.

Struktur von Fett-Molekülen. Spaltet man Fett mit heißem Wasserdampf, erhält man als Produkte den dreiwertigen Alkohol Glycerin (Propan-1,2,3-triol) und langkettige Carbonsäuren, die *Fettsäuren*. In jedem Fett-Molekül sind die drei OH-Gruppen eines Glycerin-Moleküls mit je einer Carboxy-Gruppe eines Fettsäure-Moleküls verestert. Fette sind Fettsäureester des Glycerins – die Triacylglyceride (Abb. 1). Die Vielfalt der Fett-Moleküle ergibt sich aus der Vielzahl an unterschiedlichen Fettsäuren und den zahlreichen Kombinationsmöglichkeiten der Fettsäuren in einem Fett-Molekül. So können in einem Molekül gleiche aber auch unterschiedliche Fettsäuren verestert sein. Die Moleküle der natürlichen Fettsäuren sind meist unverzweigt und besitzen eine geradzahlige Anzahl an C-Atomen. Enthalten die Reste der Fettsäuren keine C=C-Doppelbindungen, liegen *gesättigte Fette* vor. Es können in Fett-Molekülen aber auch Fettsäure-Reste mit einer oder mehreren C=C-Doppelbindungen gebunden sein. Man spricht dann von *ungesättigten Fettsäuren* (Abb. 2). Fettsäuren, die unser Körper nicht selbst aus Vorstufen herstellen kann, heißen *essentielle Fettsäuren*. Beispiele sind Ölsäure, Linolsäure oder Linolensäure. Diese sollten Teil der Nahrung sein.

Eigenschaften. Eine zerdrückte Nuss hinterlässt Fettflecken auf Papier oder auf Stoff. Mit Wasser lässt sich der Fleck nicht entfernen wohl aber mit Reinigungsbenzin. Fette sind also hydrophob und lipophil. Denn die langen Fettsäure-Reste sind unpolar und können nur Wechselwirkungen durch temporäre Dipole wie Van-der-Waals-Wechselwirkungen ausbilden. Zudem sind die Ester-Gruppen nur schwach polar. Mit H_2O-Molekülen können Fett-Moleküle daher nur in sehr geringem Maße über H-Brücken wechselwirken.

Fette sind Gemische und haben somit keine bestimmte Schmelztemperatur, sondern einen *Schmelzbereich*, der charakteristisch für ein Fett ist (Abb. 3). Je höher der Anteil an ungesättigten Fettsäuren in einem Fett ist, desto niedriger liegt der Schmelzbereich des Fettes. Denn die Moleküle gesättigter Fette bilden aufgrund ihrer geraden Form stärker geordnete Strukturen. Damit sind die zwischenmolekularen Kräfte stärker und es muss mehr Energie bei Schmelzen aufgewendet werden. Gesättigte Fette schmelzen daher bei höheren Temperaturen als ungesättigte Fette. Bei Raumtemperatur flüssige Fette bezeichnet man als *fette Öle* oder kurz *Öle*.

Fette im Stoffwechsel. Die Fetttröpfchen in der Nahrung können die Darmwand nicht passieren. Bei der Fettverdauung werden die Nahrungsfette zunächst von der Gallenflüssigkeit emulgiert, sodass Fett spaltende Enzyme, die *Lipasen*, besser wirken können. Lipasen katalysieren die Hydrolyse der Fette. Die Spaltprodukte Glycerin und Fettsäuren werden in die Zellen der Darmwand aufgenommen, dort wieder zu Fett-Molekülen verknüpft und für den Weitertransport mit einer Hülle von Protein-Molekülen umgeben. Über das Lymphsystem oder das Blut werden die so umhüllten Fett-Moleküle in die Leber, in Muskelfasern oder in Fettzellen transportiert. In diesen Zellen erfolgt wiederum die Spaltung der Fett-Moleküle, bevor die Fettsäuren in den Mitochondrien der Zellen zu Kohlenstoffdioxid und Wasser oxidiert werden.

Fettsäure	Anteil der Fettsäure in ... Kokosfett	Olivenöl	Leinöl
Laurinsäure	48 %	1 %	–
Palmitinsäure	9 %	10 %	5 %
Stearinsäure	3 %	2 %	4 %
Ölsäure	6 %	78 %	22 %
Linolsäure	2 %	9 %	17 %
Linolensäure	–	–	52 %
Schmelzbereich in °C	20 bis 23	–2 bis 0	–27 bis –16

3 *Zusammensetzung und Schmelzbereiche von Fetten*

Einige Fettsäuren gehen in den Baustoffwechsel ein und haben dort lebenswichtige Funktionen – beispielsweise bei der Herstellung von *Biomembranen* oder bei der Bildung von Hormonen. Aufgrund ihrer hydrophoben Eigenschaften dienen Fette im Körper als Lösemittel für die lipophilen Vitamine A, D, E und K. Der Körper kann diese Vitamine nur zusammen mit Fetten aufnehmen. Gleiches gilt auch für viele Geschmacksstoffe, weshalb fettreiche Lebensmittel häufig als besonders schmackhaft empfunden werden. Im Küchenjargon bezeichnet man Fette daher als Geschmacksträger.

Haltbarkeit von Fetten. Fette sind nur begrenzt haltbar. Sie sind empfindlich gegenüber Licht, Wasser, Sauerstoff und hohen Temperaturen. Mikroben spalten Fett hydrolytisch. Bei längerer Lagerung nimmt so der Anteil an freien Fettsäuren zu: Das Fett wird *ranzig.* Insbesondere frei werdende Butansäure (Buttersäure) verursacht einen äußerst unangenehmen Geruch. In altem oder überhitztem Frittierfett entsteht aus Glycerin durch Oxidation krebserregendes Propenal (Acrolein).

Fetthärtung. Aus ungesättigten Fetten erhält man durch Addition von H_2-Molekülen an die C=C-Doppelbindungen der Fettsäure-Reste gesättigte Fette. Aus fetten Ölen werden dabei feste Fette. Man bezeichnet den Vorgang als *Fetthärtung.* Gehärtete Fette sind hitzebeständiger als Öle. Frittierfett besteht meist aus gehärteten Fetten. Auch bei der Herstellung von Margarine aus pflanzlichen Ölen nutzt man die Fetthärtung.

Fette sind Glycerinester mit drei gesättigten oder ungesättigten Fettsäure-Resten. Sie sind wichtige Energielieferanten aber auch Lösemittel für Vitamine oder Baustoffe für Membranen und Hormone.

1 a) Zeichnen Sie die Strukturformel eines Fett-Moleküls mit den Fettsäure-Bausteinen Caprylsäure, Stearinsäure und Linolensäure. Nutzen Sie für die Fettsäure-Reste Skelettformeln.
b) Bauen Sie das Molekül mit einem Molekülbaukasten nach. Berechnen Sie die molare Masse des Fettes.
c) Bestimmen Sie die Anzahl möglicher Isomere und zeichnen Sie deren Skelettformeln.
d) Stellen Sie die Reaktionsgleichung für die Hydrolyse des Fettes auf. Benennen Sie den Reaktionstyp der Bildung eines Fettes aus den genannten Edukten.

2 Erklären Sie folgende Befunde mithilfe der Struktur der Fett-Moleküle. Stellen Sie sich anschließend Ihre Ergebnisse vor.
Befund A: Fette besitzen keine definierte Schmelztemperatur sondern einen Schmelzbereich.
Befund B: Gehärtete Fette haben einen höheren Schmelzbereich als ungehärtete Fette.

3 Aus einem Buch für Lebensmittelchemie:
Fettsäuren symbolisiert man wie folgt: Man gibt die Anzahl der C-Atome des Moleküls als Ziffer an. Ob und wie viele Doppelbindungen ein Fettsäure-Molekül enthält, wird durch einen Doppelpunkt und die entsprechende Ziffer dahinter angegeben. Die Position der ersten von mehreren möglichen Doppelbindungen zählt man vom letzten C-Atom der Kohlenwasserstoffkette, dem ω-Atom (Omega). Das Symbol 18 : 1 ω 9 steht für Ölsäure: Die Kohlenstoffkette enthält 18 C-Atome, zwischen dem 9. und 10. C-Atom befindet sich eine Doppelbindung.
a) Formulieren Sie die Symbole für die Fettsäuren in Abb. 2 nach der entsprechenden Schreibweise.
b) Vergleichen Sie für die ungesättigten Fettsäuren die in Abb. 2 dargestellte Nomenklatur mit dem ω-System.
c) Überprüfen Sie, ob es sich bei Ölsäure, Linolsäure und Linolensäure um Omega-3-Fettsäuren handelt.
d) Recherchieren Sie die Bedeutung der Omega-3-Fettsäuren für uns. Listen Sie Lebensmittel auf, in denen diese Fettsäuren vorkommen. Erstellen Sie ein Plakat.

4 a) Informieren Sie sich über die Hitzebständigkeit der Fette und Öle in der Küche. Geben Sie an, welche Fette und Öle zum Braten geeignet sind. Beim Braten werden 180 – 200 °C erreicht.
b) Viele Kochrezepte empfehlen für scharfes Anbraten das Fett oder Öl zunächst bis zur Rauchentwicklung zu erhitzen. Recherchieren Sie die Grundlage dieses Rauchpunktes und beurteilen Sie die Kochanweisung aus gesundheitlicher Sicht.

5 Beim Erhitzen eines Fettes mit Natronlauge bilden sich Natriumsalze der Fettsäuren, die *Seifen.* Stellen Sie die Reaktionsgleichung für die Reaktion auf und nennen Sie die Art der Reaktion.

Projekt

Gewinnung und Charakterisierung von Fetten

Raps soweit das Auge reicht. Zusammen mit Sonnenblumen und Sojabohnen gehört Raps zu den Ölsaaten. Aus den Samen dieser Pflanzen wird in speziellen Ölmühlen Pflanzenöl gewonnen, das im Lebensmittelbereich aber auch in der chemischen und pharmazeutischen Industrie eingesetzt wird. Für die Herstellung von Biodiesel ist ebenfalls Rapsöl nötig.

Aufgaben zur Bearbeitung des Projekts:
Sie sind Mitarbeiter einer Ölmühle und haben die Aufgabe, aus einer Ihnen zugeteilten Ölsaat möglichst viel Pflanzenöl zu gewinnen und im Anschluss das Öl zu charakterisieren. Führen Sie dazu den Forschungsauftrag und die nachfolgenden Experimente durch und fertigen Sie eine umfassende Auswertung der Versuche an.

Forschungsauftrag 1: Isolation von Ölen aus Pflanzensamen

Mögliche Materialien: Proben von Pflanzensamen, Waage, Heizplatte, Wasserbad, Küchenmesser, Sieb, Hammer, Mörser und Pistill, Knoblauchpresse oder Multizerkleinerer, Filtrierpapier, Porzellanschale, Uhrgläschen, Becherglas;
Ethanol (**2, 7**), Heptan (**2, 7, 8, 9**), Waschbenzin (**2, 7, 8, 9**)

Aufgaben:

a) Planen Sie ein Experiment, mit dem Sie Öl aus den zugeteilten Pflanzensamen isolieren können. Überprüfen Sie mit der Fettfleckprobe, ob die von Ihnen isolierte Substanz tatsächlich ein Fett ist. Kontrollieren Sie Ihre Versuchsvorschrift mit den Check-Karten und führen Sie den Versuch im Anschluss durch. Bewahren Sie das Öl für den Versuch 2 auf.

b) Bestimmen Sie die Ausbeute an Öl.

Versuch 1: Gewinnung von Fetten nach Soxhlet

Materialien: Soxhletapparatur, Waage, Siedesteinchen, Mörser, Pistill oder Multizerkleinerer, Abdampfschale, Pinzette, Heizhaube; Probe, Heptan (**2, 7, 8, 9**)

Durchführung:

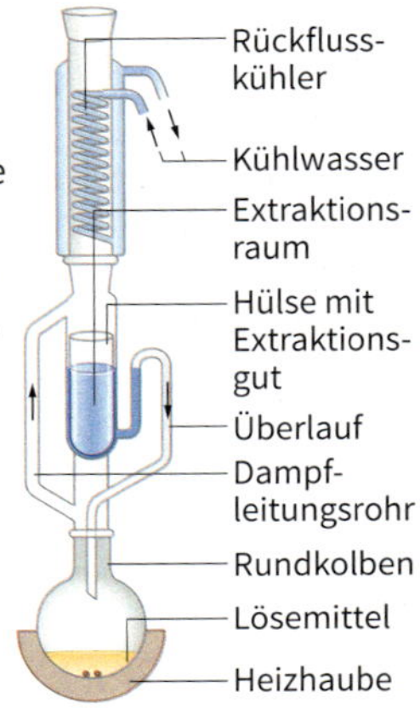

1. Wiegen Sie etwa 5 g der zugeteilten Probe ab. Zerkleinern Sie die Probe möglichst fein.
2. Bringen Sie das Extraktionsgut in die Papphülse. Füllen Sie anschließend den Kolben der Soxhletapparatur zur Hälfte mit Heptan. Geben Sie drei Siedesteinchen zu.
3. Bauen Sie die Apparatur entsprechend der Abbildung zusammen, schließen Sie den Rückflusskühler an die Wasserversorgung an und regeln Sie einen konstanten Wasserstrom ein.
4. Schalten Sie die Heizhaube ein und erhitzen Sie das Heptan bis zum Sieden. Lassen Sie die Extraktion für etwa eine Stunde laufen.
5. Wiegen Sie für die Isolation des extrahierten Fettes eine leere Abdampfschale. Gießen Sie den Inhalt des Rundkolbens in die Schale und entfernen Sie die Siedesteinchen. Lassen Sie das Extraktionsmittel Heptan unter dem Abzug verdunsten. Wiegen Sie anschließend die Abdampfschale erneut.

Aufgaben:

a) Beschreiben Sie den Aufbau der Apparatur und erklären Sie das Funktionsprinzip. Dokumentieren Sie dazu die verschiedenen Phasen des Versuchs anhand von Skizzen oder einem kommentierten Videoclip. Recherchieren Sie in diesem Zusammenhang das Saugheberprinzip.

b) Ermitteln Sie die Masse und die Ausbeute des extrahierten Öls und vergleichen Sie diese mit Ihren Ergebnissen aus dem Forschungsauftrag. Beurteilen Sie beide Verfahren.

Versuch 2:
Nachweis von ungesättigten Fettsäuren

Materialien: Waage, Messzylinder (25 ml), Tropfpipette;
Heptan (**2, 7, 8, 9**), Bromwasser (**5, 7**), Proben verschiedener Fette und Öle aus den Vorversuchen, Vergleichsproben: Olivenöl, Stearinsäure

Durchführung:
1. Lösen Sie in je einem Reagenzglas etwa 0,5 g Ihres selbst gewonnenen Fettes oder Öls in 5 ml Heptan. Verfahren Sie mit den Vergleichsproben ebenso.
2. Tropfen Sie zu allen Ansätzen Bromwasser, bis keine Entfärbung mehr eintritt. Zählen Sie die Tropfen.

Aufgaben:
a) Notieren und deuten Sie Ihre Beobachtungen. Erklären Sie das Versuchsprinzip.
b) Stellen Sie beispielhaft die Reaktionsgleichung für die Reaktion von Ölsäure mit Brom auf.
c) Erläutern Sie, inwiefern man mit diesem Versuch den Gehalt an ungesättigten Fettsäuren abschätzen kann.
d) Informieren Sie sich über die Bestimmung der *Iodzahl* und vergleichen Sie das von Ihnen durchgeführte Verfahren damit.

Versuch 3:
Frisches oder altes Fett?

Materialien: Waage, 3 Erlenmeyerkolben (100 ml), Bürette, Messzylinder (50 ml);
verschiedene Fettproben, Heptan (**2, 7, 8, 9**), alkoholische Kalilauge ($0{,}1\ \text{mol} \cdot \text{l}^{-1}$, **2, 5, 7**), Phenolphthaleinlösung (< 0,9 %, **2, 7**)

Durchführung:
1. Wiegen Sie jeweils etwa 5 g altes, frisches und selbst gewonnenes Fett ab.
2. Lösen Sie die drei Fette jeweils in einem Erlenmeyerkolben in je 25 ml Heptan.
3. Versetzen Sie die Lösungen mit jeweils drei Tropfen Phenolphthaleinlösung.
4. Titrieren Sie mit alkoholischer Kalilauge bis zum Farbumschlag.

Aufgaben:
a) Notieren Sie jeweils das Volumen der bis zum Farbumschlag verbrauchten Lauge.
b) Berechnen Sie mit dem Rechenbeispiel die Säurezahl der untersuchten Fette.
c) Bewerten Sie Ihr selbst gewonnenes Öl mithilfe der Informationen zur Säurezahl.

Wie gut ist mein Öl?
Bevor Fette und Öle in den Handel kommen, werden sie einer Qualitätskontrolle unterzogen. Dabei prüft man beispielsweise Geruch, Farbe, Dichte und Schmelzbereich der Produkte. Kennzahlen wie die Iodzahl oder die Säurezahl geben Auskunft über die Zusammensetzung und die Frische der Fette. Die **Säurezahl** (SZ) ist definiert als die Masse an Kaliumhydroxid (KOH) in mg, die zur Neutralisation der freien Fettsäuren in 1 g eines Fettes oder Öls erforderlich ist. Frische Fette enthalten fast keine freien Fettsäuren. Beim Altern nimmt ihr Anteil aufgrund von Hydrolyse zu. So liegt bei frischem Sonnenblumenöl die Säurezahl unter 2 mg KOH (s) pro Gramm Fett (SZ = 2). Ein Jahr altes Sonnenblumenöl weist eine Säurezahl von über 15 mg KOH (s) pro Gramm Fett auf (SZ = 15).

Rechenbeispiel

Berechnung der Säurezahl (SZ) von Rapsöl

Die Säurezahl wird über den Verbrauch an Kaliumhydroxid definiert:
1 ml Kalilauge ($c(\text{KOH}) = 0{,}1\ \text{mol} \cdot \text{l}^{-1}$) enthält 5,6 mg Kaliumhydroxid.

Messwerte: $m(\text{Fett}) = 5{,}1\ \text{g}$
$V(\text{KOH(aq)}) = 6\ \text{ml}$

$$\text{SZ} = 5{,}6\ \text{mg KOH} \cdot \text{ml}^{-1} \cdot \frac{V(\text{KOH, aq})}{m(\text{Fett})}$$

$$= 5{,}6\ \text{mg KOH} \cdot \text{ml}^{-1} \cdot \frac{6\ \text{ml}}{5{,}1\ \text{g}}$$

Die Säurezahl (SZ) beträgt 6,59 mg KOH bezogen auf 1 Gramm Fett. Bei frischem Rapsöl darf die Säurezahl maximal 2 mg KOH $\cdot$ ml^{-1} betragen. Das Öl ist also schon alt und nicht mehr genießbar.

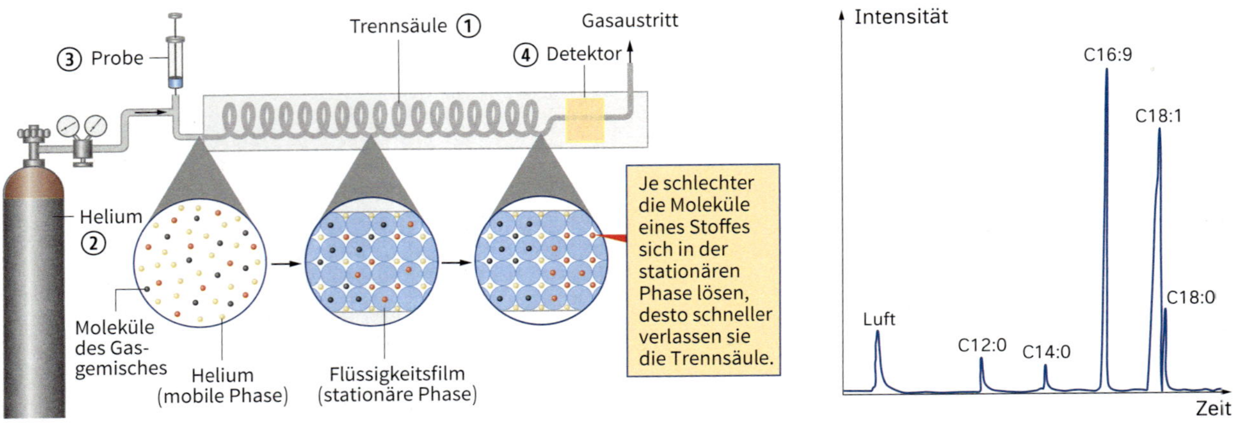

1 *Funktionsprinzip eines Gaschromatografen und Chromatogramm der Fettsäuremethylester in Butter*

Die Zusammensetzung von Lebensmitteln unterliegt einer engen Qualitätskontrolle. Um die Qualität prüfen und garantieren zu können, sind daher Verfahren zur beständigen Kontrolle wichtig.

Gaschromatografie. Die Analyse von Fettsäuren liefert beispielsweise wichtige Informationen über die Zusammensetzung von Fetten und Ölen in Lebensmitteln. Sie sind wie ein individueller Fingerabdruck der Fette und Öle (Abb. 1). Zur Kontrolle können die Triacylglyeride hydrolysiert und die Fettsäuren mit Methanol zu Fettsäuremethylestern umgesetzt werden. Fettsäuremethylester sind gut verdampfbare Stoffe.

Ein wichtiges Verfahren zur Untersuchung von Gasen oder unverändert verdampfbaren Proben ist die *Gaschromatografie*. Kernstück eines Gaschromatografen (Abb. 1) ist eine lange und sehr dünne Röhre, die *Trennsäule* ①. Sie ist mit einem porösen Feststoff gefüllt. Auf der großen Oberfläche des Feststoffs befindet sich die *stationäre Phase,* der dünne Film einer schwer verdampfbaren Flüssigkeit. Durch die Trennsäule strömt als *mobile Phase* ein Trägergas, beispielsweise Wasserstoff oder Helium ②. Zur Analyse wird eine kleine Probe ③ mit genau bekannten Volumen in die Trennsäule gespritzt und unter vorgegebenen Temperaturbedingungen verdampft. Die Teilchen der Probe strömen durch den kontinuierlichen Trägergasstrom an der stationären Phase der Trennsäule vorbei.

Die Trennung des eingespritzten Stoffgemisches erfolgt durch die unterschiedlich gute Löslichkeit der Stoffe in der stationären Phase. Je größer die Löslichkeit eines Moleküls im Flüssigkeitsfilm ist, desto länger dauert es, bis das Molekül die Trennsäule durchlaufen hat. Schlechter lösliche Moleküle bleiben weniger lang in der Trennsäule. Sie werden vom Trägergas schneller durch die Säule gespült.

Auch die Siedetemperatur eines Stoffes kann Auswirkungen auf die Stofftrennung bei einer Gaschromatografie haben. Wird bei niedrigeren Temperaturen chromatografiert, verbleiben Stoffe mit geringer Siedetemperatur verstärkt in der mobilen Phase und benötigen weniger Zeit die Trennsäule zu durchlaufen als Stoffe mit höheren Siedetemperaturen. Die Trennung von Molekülen mithilfe der Gaschromatografie beruht demnach auf den unterschiedlichen Verteilungsgleichgewichten der einzelnen Stoffgemischbestandteile zwischen der mobilen und der stationären Phase.

Qualitative Analyse. Am Ende der Trennsäule erkennt ein Detektor ④ die getrennten Reinstoffe. Ein Computerprogramm zeichnet die Signale des Detektors grafisch als Ausschlag (Peak) auf. Die Darstellung der Detektorsignale als Messwerte in Abhängigkeit von der Intensität und Zeitdauer der Gaschromatografie wird allgemein als *Gaschromatogramm* bezeichnet. Die Durchlaufzeit einer Substanz durch die Trennsäule wird **Retentionszeit** (lat. *retinere:* zurückhalten) genannt. Sie bezeichnet die Zeitdauer vom Auftreten eines Luftpeaks nach dem Einspritzen der Probe bis zum Maximum des Peaks eines Probenbestandteils. Bei gleichen Messbedingungen (Temperatur, Druck des Trägergases, gleiche Säule) ist die Retentionszeit stoffspezifisch, egal ob der Stoff als Reinstoff oder in einem Stoffgemisch eingespritzt wurde. Nun vergleicht man die Gaschromatogramme der Probe und der Reinstoffe, die man in der Probe vermutet. Danach können die Probenbestandteile anhand der Retentionszeiten identifiziert werden.

Quantitative Analyse. Zwischen der Fläche eines Peaks und der Masse des analysierten Stoffs besteht ein Zusammenhang. Die Fläche A ist proportional zur eingespritzten Masse m der Stoffprobe. Mit dem stoffspezifischen und verfahrensspezifischen Proportionalitätsfaktor k kommt man zur Gleichung:

$$m \sim A \Leftrightarrow m = k \cdot A$$

Zeigt das Chromatogramm einer Stoffprobe mehrere Peaks, lässt sich aus dem Verhältnis der Peakflächen der Massenanteil der einzelnen Reinstoffe bestimmen. Mit geeigneter Software erfolgt die Datenauswertung der Chromatogramme automatisch. Gehen die Flächen zweier Peaks ineinander über oder verlaufen die Peaks sehr breit und flach, deutet dies auf eine schlechte Stofftrennung hin. Die Datenauswertung wird dann ungenauer. Die Peakfläche kann man aber auch näherungsweise selbst bestimmen. Eine einfache Methode ist das Messen der Peakhöhe und seine Breite auf halber Höhe. Das Produkt aus Breite und Höhe ergibt die ungefähre Größe der Peakfläche.

Kalibrierung. Entsprechen sich die Peakflächen von zwei verschiedenen Reinstoffen in einem Chromatogramm, muss ihr eingespritzter Massenanteil nicht auch zwingend gleich groß gewesen sein. Unterschiedliche Stoffe haben meist auch ein abweichendes Verhältnis ihrer Masse zur Peakfläche und damit einen unterschiedlichen Proportionalitätsfaktor k. Durch eine vorherige Kalibrierung lässt sich aber der Zusammenhang zwischen den Peakflächen und eingespritzten Massen beider Stoffe bestimmen. Dazu wird in einer vorhergehenden Messung ein Gemisch von zwei zu vergleichenden Stoffen X und Y im Massenverhältnis 1 : 1 hergestellt und die Peakflächen im resultierenden Chromatogramm bestimmt. Aus dem Verhältnis der Peakflächen lässt sich ein Kalibrierungsfaktor F_K berechnen:

$$\frac{m(X)}{m(Y)} = \frac{k_X}{k_Y} \cdot \frac{A_X}{A_Y} = \frac{1}{1} \Leftrightarrow F_K = \frac{k_X}{k_Y} = \frac{A_X}{A_Y}$$

Häufig will man die Masse einer Substanz $m(X)$ in einer Probe ermitteln. Dazu ermittelt man den Kalibrierungsfaktor für die betrachtete Substanz und eine geeignete Vergleichssubstanz Y. Geeignet ist die Vergleichssubstanz, wenn sich ihr Peak im Gaschromatogramm nicht mit dem Peak der betrachteten Substanz überschneidet. Nun wird der Stoffprobe die geeignete Vergleichssubstanz bekannter Masse $m(Y)$ zugesetzt. Dann kann $m(X)$ berechnet werden:

$$m(X) = F_K \cdot m(Y) \cdot \frac{A_X}{A_Y}$$

Die Gaschromatografie ist eine wichtige Analysemethode für Gase und unverändert verdampfbare Stoffe. Stoffspezifische Retentionszeiten ermöglichen die Identifikation von Stoffen, die Peakflächen liefern den Massenanteil von Stoffen in einer Probe.

1 Erläutern Sie, welche Eigenschaften ein Stoff haben muss, damit er in einem Gaschromatografen als stationäre oder als mobile Phase genutzt werden kann.

2 a) Ermitteln Sie die Namen der untersuchten Fettsäuremethylester im Chromatogramm von Abb. 1.
b) Erklären Sie die unterschiedlichen Retentionszeiten der fünf Verbindungen.
c) Peak 4 und 5 verlaufen ineinander. Begründen Sie Maßnahmen, mit denen die Stofftrennung der Gaschromatografie verbessert werden könnte.

3 a) Bei einer Butterprobe werden ungewöhnlich hohe Anteile an Ölsäure- und Palmsäuremethylester entdeckt. Begründen Sie, warum dies auf eine Panscherei mit billigem Palmöl hinweist. Recherchieren Sie dazu die Zusammensetzung von Palmöl.
b) Die Erzeugung von Palmöl wird international immer stärker aus gesundheitlichen, ökologischen und sozialen Gründen kritisiert. Recherchieren Sie die Hintergründe.
c) Begründen Sie am Beispiel des Palmöls, warum Etikettierungspflicht von Inhaltsstoffen und beständige Lebensmittelkontrollen Grundlage des Verbraucherschutzes sind.
d) Führen Sie eine Podiumsdiskussion zu Vor- und Nachteilen der Palmölproduktion und Verarbeitung durch.

4 Ein Reaktionsgemisch enthält 3-Methylhexan und soll gaschromatografisch untersucht werden. Um die Masse von 3-Methylhexan im Reaktionsgemisch zu bestimmen, wurde ein 1 : 1-Gemisch von reinem 3-Methylhexan mit der Vergleichssubstanz *n*-Hexan hergestellt und gaschromatografisch untersucht. Das zweite Gaschromatogramm erhielt man aus dem Reaktionsgemisch, dem man 1 g *n*-Hexan zugesetzt hatte.
a) Ermitteln Sie den Kalibrierungsfaktor.
b) Bestimmen Sie die Masse von 3-Methylhexan im Reaktionsgemisch .
c) Erläutern Sie, warum sich *n*-Hexan als Vergleichssubstanz eignet.

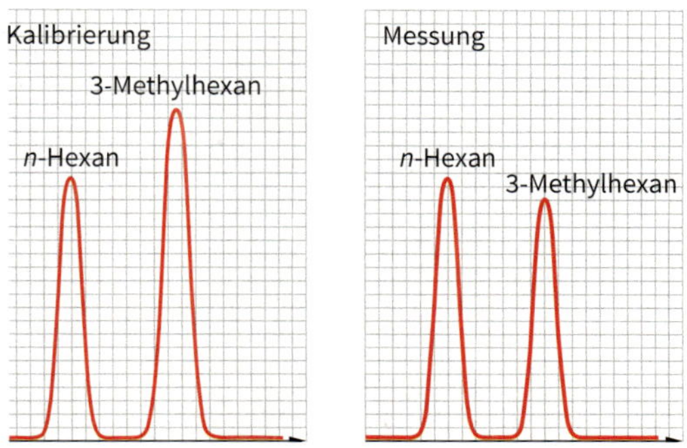

5.9 Vom Alken zum Halogenalkan

1 *Ethen und Brom reagieren spontan.*

Ungesättigte Kohlenwasserstoffe lassen sich auch ohne Gaschromatografie durch die Reaktion mit elementarem Brom nachweisen (Abb. 1). Der obere Standzylinder ist mit Bromdampf gefüllt, der untere mit Ethen, beide sind zunächst durch eine Glasplatte getrennt. Entfernt man die Glasplatte, sinken die Bromdämpfe wegen ihrer größeren Dichte nach unten, Ethen mit seiner geringeren Dichte steigt nach oben. Schon nach sehr kurzer Zeit verschwindet die charakteristische Braunfärbung. Brom und Ethen reagieren spontan miteinander. Dabei bilden sich an der Gefäßwand ölige Tropfen.

Additionsreaktion. Mithilfe der Beilsteinprobe (↗S. 177) kann man zeigen, dass es sich bei den öligen Tröpfchen an der Gefäßwand um eine Halogenverbindung handelt. Die molare Masse des Produkts beträgt $M = 188\ g \cdot mol^{-1}$ und entspricht somit der Summe der molaren Massen der Edukte. Diese Beobachtungen lassen den Schluss zu, dass alle Atome der Edukt-Moleküle auch im Produkt-Molekül vorhanden sein müssen. Bei der Reaktion ist 1,2-Dibromethan entstanden:

$CH_2{=}CH_2 + Br_2 \rightarrow CH_2Br - CH_2Br$

Im Unterschied zur radikalischen Substitution bei Alkanen bildet sich nur dieses eine Produkt. Die beschriebene Reaktion wird **Additionsreaktion** genannt, dabei entsteht ein Dihalogenalkan. Im Molekül dieser Halogenalkane sind die beiden Halogen-Atome jeweils an zwei benachbarte C-Atome gebunden. Die Addition ist die typische Reaktion der Alkene. So wie mit Brom reagieren Alkene auch mit Chlor. Alkene reagieren ebenso spontan mit Halogenwasserstoff, dabei bilden sich Halogenalkane.

Wichtige Additionsreaktionen. Die hohe Reaktivität der Alkene öffnet Wege für zahlreiche Synthesen. An der Doppelbindung können unterschiedliche Reaktionspartner angreifen. In Abb. 2 sind solche Reaktionspartner für technisch wichtige Additionsprodukte zusammengestellt. Halogenalkane ① und Dihalogenalkane ② wurden bis zur Jahrtausendwende oft als Lösemittel und Kältemittel verwendet. Wegen ihres hohen Gefahrenpotenzials für Lebewesen und Umwelt werden sie so heute kaum noch verwendet. Sie bleiben aber wichtige Zwischenprodukte der chemischen Industrie, da ihre Halogen-Atome leicht durch Substitutionsreaktionen gegen andere Gruppen ausgetauscht werden können.

Bei der Addition von Wasser an Alkene entstehen Alkanole ⑥, die zu weiteren Zwischenprodukten oder Lösemitteln verarbeitet werden können. Alkanole lassen sich ihrerseits aber auch an Alkene addieren. Dabei entstehen Ether ⑤. So liefert beispielsweise die Addition von Ethanol an Methylpropen Ethyl-*tert*-butylether, das als Antiklopfmittel Kraftstoffen zugesetzt wird. Mit Schwefelsäure reagieren Alkene zu Alkylschwefelsäure und Schwefelsäureestern ④, wichtige Grundstoffe in der Waschmittelchemie.

Für die Addition von Wasserstoff sind Katalysatoren erforderlich ③. Bei der Fetthärtung (↗S. 187) werden H_2-Moleküle an Doppelbindungen in Fett-Molekülen

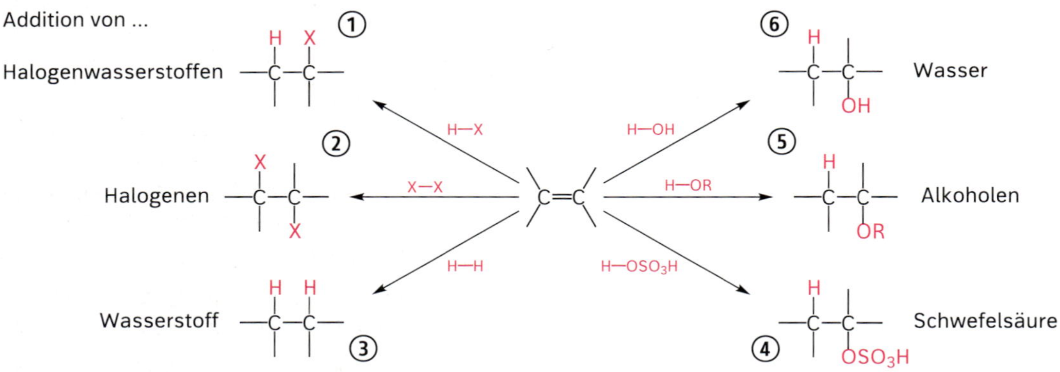

2 *Technisch wichtige Additionsreaktionen*

Anzahl C-Atome	Position der Doppelbindung	Name der Fettsäure	Anteil in % an Butter	Olivenöl	Kokosfett	Sonnenblumenöl
4		Buttersäure	9	0	16	0
12		Laurinsäure	3	1	48	0
14		Myristinsäure	8	1	16	0
16		Palmitinsäure	22	10	9	8
18		Stearinsäure	10	2	3	8
18	9	Ölsäure	37	78	6	27
18	9, 12	Linolsäure	10	9	2	57
		Iodzahl	30	85	10	135

3 *Öle und Fette werden durch die Iodzahl charakterisiert.*

(Abb. 3) von Ölen addiert. Dabei bilden sich bei Raumtemperatur feste Fette. Mit diesem Verfahren wird aus Pflanzenölen Margarine gewonnen. In der Analytik von Fetten und Ölen gibt die sogenannte *Iodzahl* Aufschluss über die Anzahl der Doppelbindungen in Fett-Molekülen. Alken-Moleküle können auch untereinander in einer Selbstaddition reagieren. Diese Polymerisation genannte Reaktion ist Grundlage der Kunststoffherstellung aus Alkenen.

Elektrophile. Ursache für die hohe Reaktivität der Alken-Moleküle ist die C=C-Doppelbindung. Die hohe negative Ladungsdichte begünstigt den Angriff positiv geladener oder positiv polarisierter Teilchen. Aufgrund ihres *elektronenliebenden* Charakters werden die angreifenden Teilchen als **Elektrophile** bezeichnet. Bei der Reaktion wird die Doppelbindung gelöst und es entstehen zwei neue Einfachbindungen zu den addierten Atomen oder Atomgruppen. Diese Reaktion verläuft exotherm.

Alkene haben mit der Doppelbindung ein reaktives Zentrum im Molekül. Durch Additionsreaktionen können aus Alkenen gezielt Verbindungen anderer Stoffklassen gewonnen werden.

1 a) Vergleichen Sie die in Abb. 1 dargestellte Reaktion von Ethen mit Brom mit der Reaktion von Ethan mit Brom. Gehen Sie dabei auch auf die Reaktionsbedingungen ein.
b) Stellen Sie jeweils die Reaktionsgleichung auf und ordnen Sie den Reaktionstyp zu.

2 a) Beschreiben Sie Abb. 2.
b) Recherchieren Sie die technische Bedeutung der angegebenen Additionsprodukte von Ethen (Abb. 2). Erstellen Sie ein Poster zu ihrer Verwendung.

3 a) Auch Alkine gehen Additionsreaktionen ein. Stellen Sie eine Hypothese auf, welches Produkte entstehen können, wenn Ethin mit einem Überschuss an Brom reagiert und zeichnen Sie die Strukturformeln.
b) Benennen Sie die Produkte.

4 Formulieren Sie die Reaktionsgleichungen für die folgenden Additionsreaktionen und nennen Sie den Namen der gebildeten Produkte:
A Ethen und Wasser
B Propen und Chlor
C Propen und Chlorwasserstoff

5 a) Von But-2-en existieren zwei Isomere. Stellen Sie die Strukturformeln hierfür auf und geben Sie die Namen der beiden Verbindungen an.
b) Arbeiten Sie in Zweiergruppen. Formulieren Sie die Reaktionsgleichung für die Addition von Brom an But-2-en (Reaktion A) und von Bromwasserstoff an But-2-en (Reaktion B).
c) Prüfen Sie, in welchen Fällen sich Isomere bilden könnten.
d) Stellen Sie sich Ihre Ergebnisse gegenseitig vor.

6 Die Iodzahl gibt an, wie viel Gramm Iod an 100 g Fett formal addiert werden können.
a) Erläutern Sie, warum Sonnenblumenöl eine größere Iodzahl als Butter hat. Nutzen Sie die Daten aus Abb. 3.
b) Stellen Sie jeweils die Reaktionsgleichung auf:
A Addition eines I_2-Moleküls,
B Addition eines H_2-Moleküls.
c) Berechnen Sie die Masse an Wasserstoff, die zur Härtung von 1 kg Sonnenblumenöl erforderlich ist. Bei der Härtung sollen 10 % der Doppelbindungen erhalten bleiben.

5.10 Die elektrophile Addition

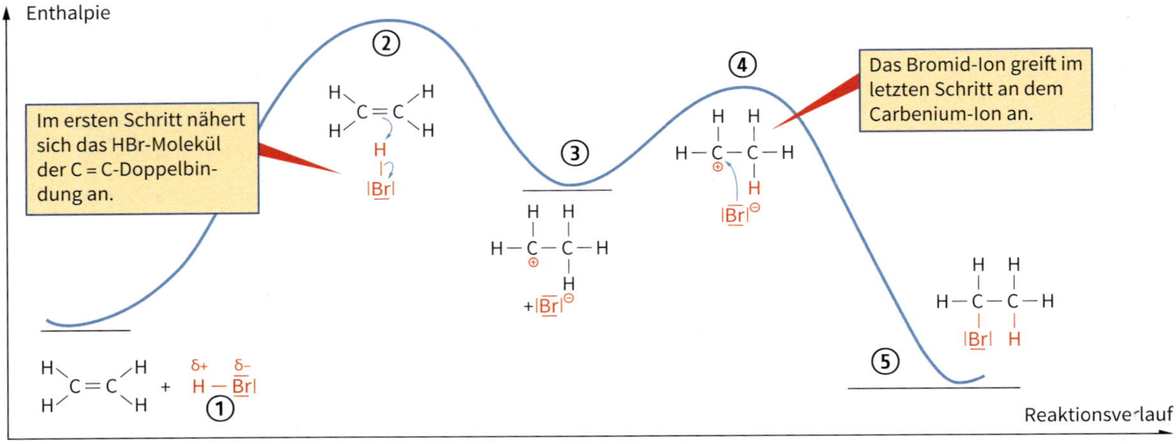

1 ***Reaktionsmechanismus und Enthalpiediagramm der elektrophilen Addition***

Beim *Reaktionsmechanismus* werden neben Edukten und Produkten auch Übergangszustände und Zwischenstufen sowie das Lösen und das Ausbilden von Bindungen beschrieben. Ein Reaktionsmechanismus ist ein Modell zum Ablauf der Reaktion. Eine wichtige Ergänzung ist das Enthalpiediagramm, mit dem man Einflüsse auf die Reaktion erklären kann. Übergangszustände werden nur durchlaufen. Sie sind den benachbarten Teilchen umso ähnlicher, je geringer der Enthalpieunterschied ist. Zwischenstufen sind real existierende Teilchen, die nachgewiesen werden können.

Ableitung des Reaktionsmechanismus. Als Beispiel wird die Addition von Bromwasserstoff an Ethen betrachtet. Die Addition an Alkene verläuft in hydrophilen Lösemitteln schneller als in hydrophoben. Das lässt sich nur erklären, wenn beim Angriff auf die Doppelbindung Ionen entstehen. Diese Ionen können durch die polaren Gruppen der Lösemittel-Moleküle hydratisiert werden. Die Aktivierungsenergie ist dann niedriger und die Reaktionsgeschwindigkeit steigt.

Das angreifende Teilchen könnte ein Nucleophil wie das Br^--Ion sein. Diese Hypothese kann man überprüfen, indem man die Konzentration an Br^--Ionen etwa durch Zugabe von Natriumbromid erhöht. Da die Reaktionsgeschwindigkeit durch diese Maßnahme nicht erhöht wird, kann der Angriff nicht nucleophil erfolgen.

Die Reaktion verläuft bei größerer Bromwasserstoffkonzentration schneller. Das bedeutet, dass die reaktive Stelle im Ethen-Molekül durch ein polares HBr-Molekül angegriffen wird. Im HBr-Molekül ist das positivierte H-Atom das Elektrophil (Abb. 1 ①). Nähern sich ein Ethen-Molekül und ein HBr-Molekül an, kommt es also im ersten Reaktionsschritt zur Anlagerung des H-Atoms an die Doppelbindung. Gleichzeitig lockert sich die H – Br-Bindung. Das Elektronenpaar der Doppelbindung wird genutzt, um eine Bindung zwischen dem H-Atom des HBr-Moleküls und einem C-Atom des Ethen-Moleküls zu knüpfen ②. Das Elektronenpaar der HBr-Bindung verbleibt beim Br-Atom. Es entstehen ein Carbenium-Ion und ein Br^--Ion als nachweisbare Zwischenstufe ③.

Im abschließenden Reaktionsschritt greift das Br^--Ion am Carbenium-Ion an und es bildet sich eine C – Br-Bindung aus ④. Als Produkt liegt nun Bromethan vor ⑤.

Elektrophile Addition. Da der Angriff auf die Doppelbindung durch ein *Elektrophil* erfolgt, heißt diese Reaktion **elektrophile Addition** $\mathbf{A_E}$. Ein Elektrophil ist ein Teilchen, das positiv geladen ist oder eine positive Partialladung besitzt.

Der Reaktionsmechanismus der elektrophilen Addition zeigt zwei Reaktionsschritte. Diese Annahme lässt sich im Experiment bestätigen. Wenn man bei der betrachteten Reaktion Chloride zusetzt, müssten Cl^--Ionen und Br^--Ionen beim Angriff auf das Carbenium-Ion konkurrieren. Tatsächlich bildet sich im Versuch neben Bromethan auch Chlorethan.

Regel von Markovnikov. Über den Mechanismus kann man auch erklären, warum bei der Addition von Bromwasserstoff an Propen überwiegend 2-Brompropan entsteht. Beim Propen-Molekül kann sich ein primäres oder ein sekundäres Carbenium-Ion bilden. Da das sekundäre Carbenium-Ion durch den +I-Effekt zweier Alkyl-Gruppen stabilisiert ist, wird es bevorzugt gebildet. Die Regel zur Orientierung der Addition von Halogenwasserstoff-Molekülen an Alken-Moleküle wurde von Wladimir Wassiljewitsch MARKOVNIKOV beschrieben: Das H-Atom addiert sich immer an dem C-Atom, an dem schon die meisten H-Atome gebunden sind.

Addition von Brom. Br_2-Moleküle sind unpolar. Die Bildung des Elektrophils für die Additionsreaktion erfolgt durch die Doppelbindung selbst (Abb. 3 ①). Die hohe Elektronendichte der Doppelbindung sorgt durch elektrostatische Abstoßung für eine Polarisierung des Br_2-Moleküls. Unter Auflösung der Doppelbindung bindet sich das positivierte Br-Atom an beide C-Atome. Die Br–Br-Bindung wird dabei heterolytisch gespalten ②. Es bilden sich ein *Bromonium-Ion* und ein Br^--Ion. Im zweiten Schritt greift das Br^--Ion an der Rückseite des Bromonium-Ions an ③. Es bildet sich ein 1,2-Dibromethan-Molekül. Führt man die Reaktion in Bromwasser durch, liegt mit dem H_2O-Molekül ein weiteres Nucleophil vor. Das partiell negativ geladene O-Atom im H_2O-Molekül kann ebenfalls das Bromonium-Ion angreifen. Als Produkt entsteht dann 2-Bromethan-1-ol. Die Reaktion verläuft schneller, da H_2O-Moleküle die ionischen Zwischenstufen stabilisieren.

Einfluss des Substituenten. In der Reihe Ethen über Chlorethen bis zu Trichlorethen nimmt die Reaktionsgeschwindigkeit bei einer Additionsreaktion deutlich ab. Bei Tetrachlorethen findet gar keine Reaktion mehr statt (Abb. 2). Ursache sind induktive Effekte (↗S. 170) der Substituenten. Ein Cl-Atom übt einen negativen induktiven Effekt (–I-Effekt) aus und die Ladungsdichte im Bereich der Doppelbindung nimmt ab. Für die Bildung des Carbenium-Ions wäre viel Energie nötig. Der erste Reaktionsschritt der elektrophilen Addition wird so verlangsamt oder unmöglich.

Umgekehrt verläuft die Additionsreaktion bei Alkenen mit zunehmender Zahl an Alkyl-Gruppen an der Doppelbindung schneller ab. Durch den +I-Effekt der Alkyl-Gruppen wird die Ladungsdichte im Bereich der Doppelbindung erhöht und der elektrophile Angriff begünstigt. Das gebildete Carbenium-Ion wird stabilisiert.

Die elektrophile Addition ist die typische Reaktion für ungesättigte Kohlenwasserstoffe. Das angreifende Teilchen ist ein Elektrophil, das eine Addition an die Doppelbindung einleitet.

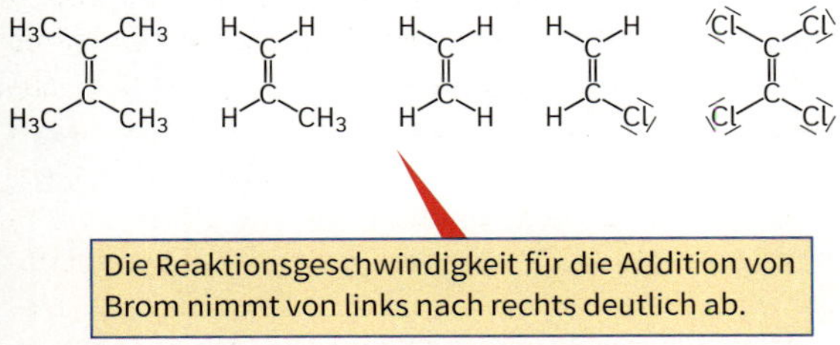

2 *Substituenten beeinflussen die Reaktivität von Alkenen.*

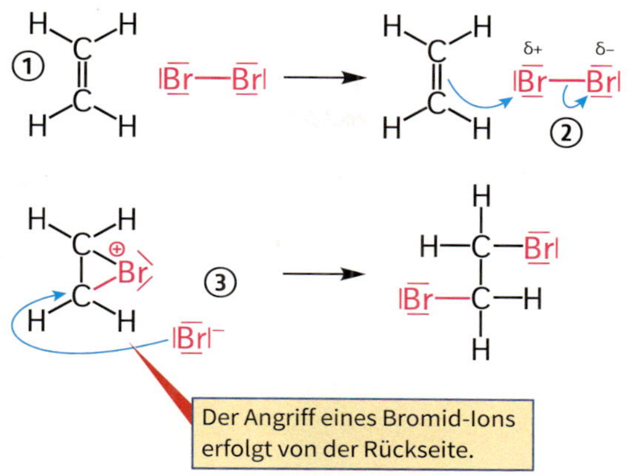

3 *Mechanismus der Addition von Brom an Ethen*

1 a) Beschreiben Sie den Mechanismus der elektrophilen Addition mit eigenen Worten.
b) Erklären Sie die Begriffe *Elektrophil* und *Carbenium-Ion (Carbo-Kation)*.

2 a) Stellen Sie den Mechanismus für die Reaktion von Brom mit Propen auf.
b) Beschreiben Sie den Reaktionsablauf mit den entsprechenden Fachbegriffen.
c) Diskutieren Sie, wie sich die Produktzusammensetzung ändert, wenn man die Reaktion nur mit Bromwasser (Reaktion A) und mit Bromwasser unter Zusatz von Kaliumbromid (Reaktion B) durchführt.

3 a) Erläutern Sie die unterschiedliche Reaktivität der in Abb. 2 dargestellten Alkene bei einer Additionsreaktion mit Chlorwasserstoff. Gehen Sie dabei auch auf den Reaktionsmechanismus ein.
b) Ordnen Sie die Carbenium-Ionen aus a) nach steigender Stabilität.

4 a) Zeichnen Sie die Strukturformeln für die folgenden Verbindungen: But-2-en, Cyclohexen, Prop-2-en-1-ol, Chlorethen
b) Ordnen Sie die Verbindungen nach steigender Geschwindigkeit bei der elektrophilen Addition.
c) Stellen Sie jeweils die Reaktionsgleichung für die Additionsreaktion mit Brom auf und geben Sie die Namen der Produkte an:
Reaktion A: But-2-en und Chlorethen
Reaktion B: Cyclohexen und Prop-2-en-1-ol
Stellen Sie sich Ihre Ergebnisse gegenseitig vor.

5 a) Erläutern Sie die Markovnikov-Regel mit eigenen Worten.
b) Begründen Sie, welche Halogenalkane bei der Addition von Chlorwasserstoff an But-1-en und But-2-en entstehen. Benennen Sie die Produkte.

Eliminierungsreaktionen

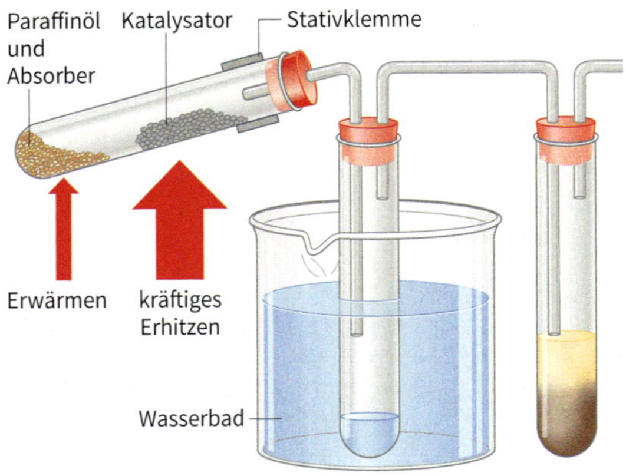

1 *Modellversuch zum Cracken*

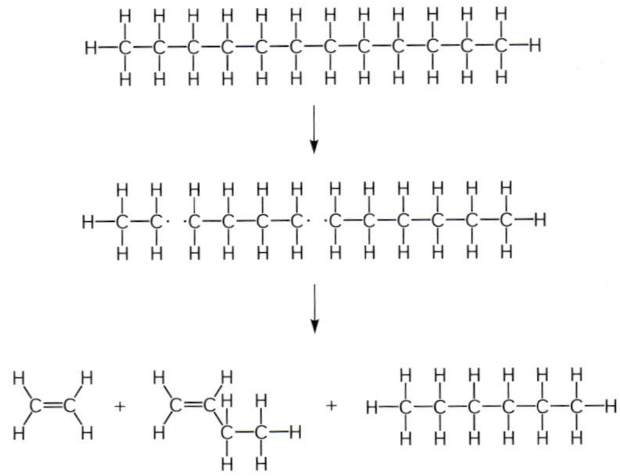

2 *Cracken – molekular betrachtet*

Alkene sind wichtige Zwischenprodukte für die Synthese organischer Verbindungen. Mit einer Weltjahresproduktion von 150 Millionen Tonnen ist Ethen (C_2H_4) das wichtigste Alken und zugleich auch die wichtigste organische Grundchemikalie. Neben Ethen sind Propen, die Butene und Butadiene besonders bedeutsam. In den fossilen Rohstoffen Erdöl und Erdgas kommen Alkene jedoch nur in sehr geringen Anteilen vor. Der Großteil der benötigten Alkene muss daher synthetisiert werden.

Synthesen. Ausgehend von Alkanolen, Halogenalkanen oder Alkanen lassen sich Alkene gut durch **Eliminierungsreaktionen** herstellen. Diese Reaktionen entsprechen im Ergebnis der Umkehrung der Additionsreaktionen (↗S. 192 Abb. 2). Bei Eliminierungsreaktionen werden aus den Molekülen der Edukte kleine Moleküle wie die von Wasser, Halogenwasserstoff oder Wasserstoff abgespalten. Nach der Art des abgespaltenen Teilchens kann die Reaktion als *Dehydratisierung, Dehydrohalogenierung* oder *Dehydrierung* bezeichnet werden. Durch geschickte Wahl der Edukte und der Reaktionsbedingungen lassen sich Alkene mit definierter Lage der Doppelbindungen im Molekül gewinnen.

Cracken. Großtechnisch werden Alkene vor allem durch **thermisches Cracken** (engl. *to crack:* brechen) von längerkettigen Alkanen gewonnen. In einem Laborexperiment werden Kohlenwasserstoffe aus Paraffinöl als Dampf über einen Katalysator geleitet (Abb. 1). Auf der heißen Katalysatoroberfläche zerfallen die längerkettigen Moleküle zunächst in Alkyl-Radikale. Durch Übertragung von H-Atomen reagieren diese Radikale dann weiter zu kurzkettigen Alkan- und Alken-Molekülen (Abb. 2). Während bei den aufgeführten Eliminierungsreaktionen die Kette an C-Atomen erhalten bleibt, führt das Cracken durch Spalten von C–C-Bindungen zu kürzeren C-Atom-Ketten. Im Versuch sammeln sich diese kurzkettigen Kohlenwasserstoffe im Kolben im Eisbad. Die Alkene entfärben Bromwasser.

Industriell wird zum Cracken noch vorwiegend Leichtbenzin eingesetzt. Der Crackprozess wird bei Temperaturen von etwa 400 °C durchgeführt. Über die Temperatur und die Verweildauer im Ofen kann der Crackprozess gesteuert werden. Man erhält aber immer ein Produktgemisch (Abb. 3), das noch aufgetrennt werden muss. Inzwischen gelingt es, den Crackprozess mit dem wesentlich preiswerteren Schweröl durchzuführen. Führt man den Crackprozess an einem geeigneten Katalysator in Gegenwart von Wasserstoff durch, erhält man überwiegend kurzkettige Alkane, die als Kraftstoffe genutzt werden.

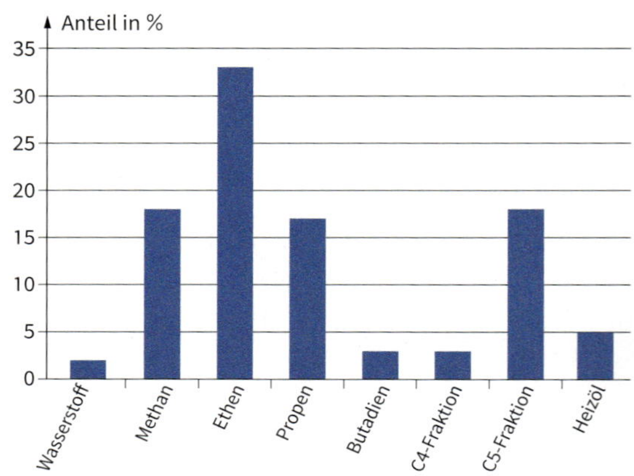

3 **Produktverteilung beim Cracken von Rohbenzin**

Dehydratisierung

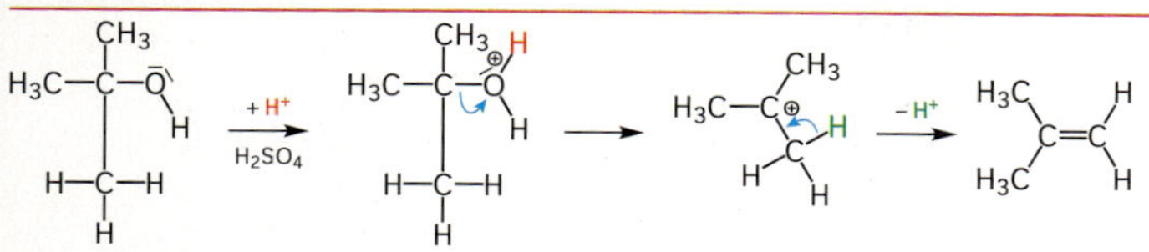

Die Wasserabspaltung aus Alkanolen wird durch konzentrierte Säuren wie Schwefelsäure katalysiert. Im ersten Reaktionsschritt lagert sich ein Proton aus dem Säure-Molekül an die OH-Gruppe an. Diese wird als H_2O-Molekül abgespalten und es entsteht ein Carbenium-Ion (Carbo-Kation). Aus diesem spaltet sich ein Proton ab und die Doppelbindung zwischen den beiden C-Atomen bildet sich aus. Die Reaktion verläuft besonders gut bei tertiären Alkanolen. Als Zwischenstufe liegt dann ein stabilisiertes tertiäres Carbenium-Ion vor. Es können Nebenreaktionen ablaufen.

Dehydrohalogenierung

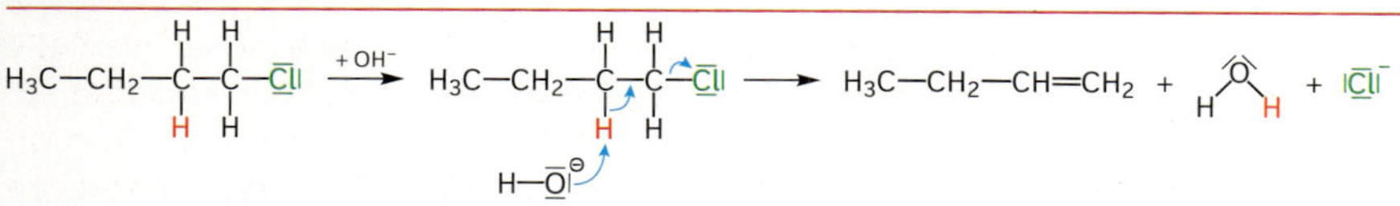

Die Reaktion wird in einem Gemisch des Halogenalkans mit einer starken Base und unter Erwärmen durchgeführt. Die starke Base greift an einem H-Atom an, was zur Abspaltung des H-Atoms als Proton führt. Anschließend wird ein Halogenid-Ion abgespalten und die Doppelbindung zwischen den C-Atomen gebildet. Die Reaktion ist eine Alternative zur Dehydratisierung. Es gibt praktisch keine Nebenreaktionen und die Ausbeute ist höher. Wie bei der Dehydratisierung ist die Lage der Doppelbindung durch die Position des Halogen-Atoms vorbestimmt.

Dehydrierung

$$H_3C—CH_2—CH_2—CH_3 \xrightarrow{\text{Katalysator}} H_3C—CH_2—CH{=}CH_2 + H_3C—CH{=}CH—CH_3$$

Die Dehydrierung von Alkanen erfolgt mithilfe von Katalysatoren. Dadurch kann die Reaktionstemperatur soweit abgesenkt werden, dass keine Crackprozesse erfolgen und so die Kette von C-Atomen erhalten bleibt. Die Reaktion wird durch Oxidationsmittel wie Schwefel begünstigt. Diese binden den abgespaltenen Wasserstoff. Die Lage der Doppelbindung ist nicht vorbestimmt.

1 a) Stellen Sie die Reaktionsgleichungen für die Bildung von Propen aus folgenden Edukten auf:
A Propan-1-ol
B 1-Chlorpropan
b) Benennen Sie die Reaktionsart nach dem abgespaltenen Teilchen.

2 a) Zeichnen Sie die Strukturformel für Buta-1,3-dien.
b) Nennen Sie einen Alkohol und ein Chloralkan, aus dem Buta-1,3-dien durch eine Eliminierungsreaktion hergestellt werden kann.
c) Stellen Sie die Reaktionsgleichungen für diese Eliminierungsreaktionen auf.
d) Ordnen Sie diesen Eliminierungen die Begriffe *Dehydratisierung* und *Dehydrohalogenierung* zu.

3 2-Chlorpentan wird dehydrohalogeniert. Es entstehen drei isomere Alkene.
a) Zeichen Sie die Strukturformeln der Alkene.
b) Benennen Sie die Verbindungen und die Art der Isomerie.

4 a) Ermitteln Sie gemeinsam die Strukturformeln und die Namen der Produkte, die bei der Dehydrohalogenierung von 2-Brom-2-Methylhexan entstehen können.
b) Stellen Sie jeder die Reaktionsgleichung zur Bildung eines Produktes Ihrer Wahl auf.
c) Kontrollieren Sie Ihre Ergebnisse gegenseitig.

Übersicht

Reaktionstypen und reaktive Teilchen

Reaktionen an organischen Molekülen können nach Reaktionstypen geordnet werden: Hierzu vergleicht man die Moleküle des Edukts mit den Molekülen des Produkts. Nach Art der Veränderung kann man so die Reaktionstypen *Substitution, Addition* und *Eliminierung* zuordnen. Daneben werden auch die Teilchen des Reaktionspartners betrachtet. Diese angreifenden Teilchen unterteilt man abhängig von ihrer Struktur in *Radikale, Nucleophile* und *Elektrophile.*

Reaktionsbedingungen, Produkte und mögliche Nebenprodukte liefern wichtige Informationen über den Verlauf einer Reaktion. Den Reaktionsverlauf auf Teilchenebene kann man dann modellhaft mit einem Reaktionsmechanismus beschreiben. Bei einem bekannten Reaktionsmechanismus lassen sich Hypothesen über den Verlauf ähnlicher Reaktionen herleiten oder den Einfluss veränderter Reaktionsbedingungen beurteilen.

Substitution

Bei einer Substitution wird in einem Molekül ein Atom oder eine Atomgruppe durch ein anderes Atom oder eine andere Atomgruppe ersetzt. Substitutionsreaktionen sind für gesättigte Verbindungen charakteristisch. Je nach angreifendem Teilchen unterscheidet man *radikalische, nucleophile* und *elektrophile Substitutionen.*

Addition

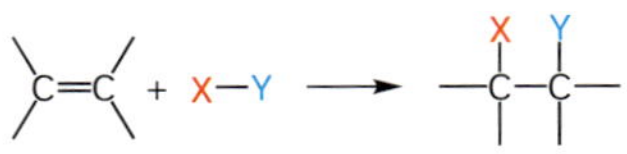

Bei einer Addition werden Atome oder Atomgruppen an die Mehrfachbindungen in den Molekülen von Alkenen, Alkinen oder Carbonylverbindungen angelagert. Die angreifenden Teilchen können Elektrophile, Nucleophile oder Radikale sein.

Eliminierung

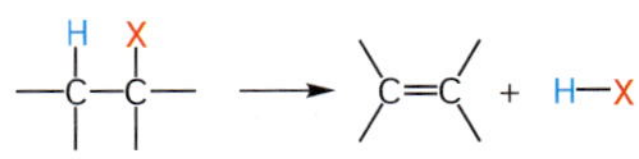

Bei einer Eliminierung werden aus dem Molekül des Edukts Atome oder Atomgruppen an zwei benachbarten C-Atomen abgespalten. Zwischen den beiden C-Atomen wird dann eine Doppelbindung ausgebildet. Typische Edukte bei Eliminierungsreaktionen sind Alkanole und Halogenalkane.

Radikale	**Elektrophile**	**Nucleophile**
Radikale sind Teilchen mit einem ungepaarten Elektron. Sie entstehen unter Energiezufuhr durch eine homolytische Spaltung eines bindenden Elektronenpaars. Halogen-Moleküle können besonders einfach durch Licht in Radikale gespalten werden.	Elektrophile sind positiv geladene Ionen oder polare sowie leicht polarisierbare Teilchen mit einem positiven Pol. Sie greifen den Reaktionspartner in Bereichen hoher Elektronendichte wie bei Mehrfachbindungen an.	Nucleophile sind negativ geladene Ionen oder polare sowie leicht polarisierbare Teilchen mit einem negativen Pol. Sie greifen den Reaktionspartner in Bereichen niedriger Elektronendichte wie beim Carbenium-Ion oder dem C-Atom der Carbonyl-Gruppe an.
$X-X \rightarrow 2\,X\bullet$	H^+, NO_2^+, SO_3, $^{\delta+}Br-Br^{\delta-}$	OH^-, Br^-, Cl^-

1 Beschreiben Sie die Reaktionstypen *Substitution, Addition* und *Eliminierung.*

2 a) Ordnen Sie zu, mit welchem Reaktionstyp Chlorethan aus Ethan entsteht.
b) Stellen Sie die Reaktionsgleichung auf.
c) Ordnen Sie das angreifende Teilchen einer Gruppe zu.
d) Stellen Sie Reaktionsgleichung für die Bildung des angreifenden Teilchens aus Cl_2-Molekülen auf.

3 Aus Chlorethan lassen sich Ethen und Ethanol gewinnen.
a) Stellen Sie die Reaktionsgleichungen für die beiden Reaktionen auf.
b) Ordnen Sie den jeweiligen Reaktionstyp und das angreifende Teilchen zu.

4 Stellen Sie Reaktionsgleichungen sowohl für die homolytische als auch für die heterolytische Spaltung von Br_2-Molekülen auf.

Additionsreaktionen

Versuch 1:
Nachweis von Alkenen

Materialien: Schraubreagenzgläser, Tropfpipetten; Cyclohexen (**2, 7, 8, 9**), Oct-1-en (**2, 8, 9**), Bromwasser (w < 5 %, 1 : 1 mit Wasser verdünnt; **5, 7**), Baeyer-Reagenz (**7**)

Durchführung:
1. Geben Sie einige Tropfen Cyclohexen in ein Reagenzglas und fügen Sie einige Tropfen Bromwasser hinzu.
2. Verschließen Sie das Reagenzglas und schütteln Sie mehrmals.
3. Wiederholen Sie den Versuch mit Oct-1-en und gleichen Stoffportionen.
4. Wiederholen Sie alle Versuche mit Baeyer-Reagenz statt Bromwasser.

Aufgaben:
a) Protokollieren Sie Ihre Beobachtungen.
b) Erklären Sie die Beobachtungen.
c) Stellen Sie die Reaktionsgleichungen auf.
Hinweis: Beim Nachweis mit dem Baeyer-Reagenz bilden sich Braunstein und ein Diol.

Versuch 2:
Addition an substituierten Alkenen

Materialien: Schraubreagenzgläser, Tropfpipetten; Cyclohexen (**2, 7, 8, 9**), Prop-2-en-1-ol (Allylalkohol, **2, 6, 7, 9**), Bromwasser (w < 5 %, 1 : 1 mit Wasser verdünnt; **5, 7**)

Durchführung:
Mischen Sie gleichzeitig für beide Alkene jeweils 10 Tropfen des Alkens mit 5 Tropfen Bromwasser.

Aufgaben:
a) Protokollieren und deuten Sie Ihre Beobachtungen.
b) Stellen Sie die Reaktionsgleichungen auf.
c) Vergleichen Sie die beiden Reaktionen und begründen Sie mögliche Unterschiede.

Versuch 3:
Reaktion von Bromwasserstoff mit Cyclohexen

Materialien: 3 Luerlockspritzen, Dreiwegehahn; Kaliumbromid (**7**), Schwefelsäure (w ~ 25 %; **5**), Cyclohexen (**2, 7, 8, 9**)

Durchführung:
1. Geben Sie in eine Spritze etwas Kaliumbromid und in die zweite Spritze 1 ml Schwefelsäure. Verbinden Sie beide Spritzen mit dem Dreiwegehahn. Drücken Sie die Schwefelsäure vollständig in die Spritze mit Kaliumbromid und fangen Sie das entstehende Gas (**5, 6**) in der leeren Spritze auf. Ziehen Sie dafür den Stempel ab und zu heraus.
2. Ziehen Sie in der dritten Spritze etwa 2 ml Cyclohexen auf.
3. Verbinden Sie die Spritze mit Cyclohexen und die Spritze mit dem entstandenen Bromwasserstoff (**5, 6**) über den Dreiwegehahn und drücken Sie das Gas langsam in die Spritze mit dem Cyclohexen.
4. Schließen Sie die gefüllte Spritze mit dem Dreiwegehahn. Nehmen Sie die leere Spritze ab.
5. Lesen Sie das Gesamtvolumen an der Spritze ab.
6. Schütteln Sie das Reaktionsgemisch mehrmals und drücken Sie dabei vorsichtig mit dem Stempel das Gas in die Flüssigkeit.
7. Wiederholen Sie dies solange, bis das Volumen sich nicht mehr deutlich ändert.

Aufgaben:
a) Protokollieren Sie Ihre Beobachtungen.
b) Deuten Sie die Volumenänderung, beachten Sie dabei die Mischbarkeit der beiden Stoffe.
c) Stellen Sie die Reaktionsgleichung auf.
d) Vergleichen Sie die Reaktion von Cyclohexen mit Brom und mit Bromwasserstoff.

5.11 Stereoisomere

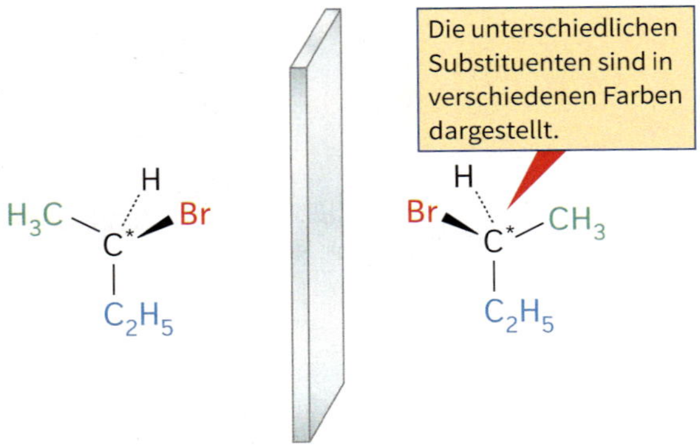

1 *Enantiomere Moleküle sind wie Bild und Spiegelbild.*

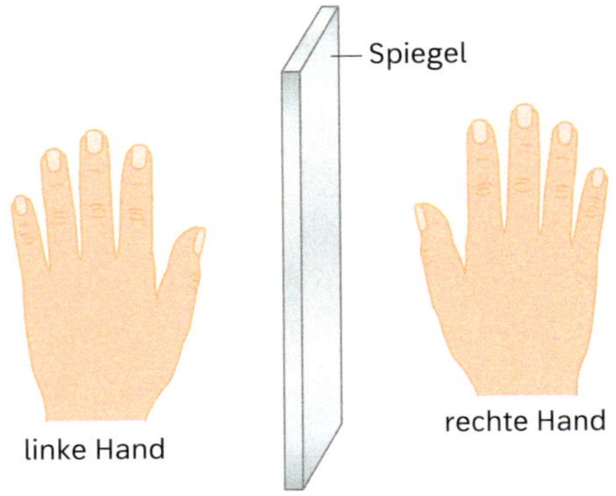

2 *Hände sind spiegelbildlich aber nicht deckungsgleich.*

Bei der Additionsreaktion von Bromwasserstoff an But-2-en entsteht 2-Brombutan. Statt eines reinen Produkts erhält man aber ein Produktgemsich, das aus zwei isomeren Verbindungen besteht.

Spiegelbildisomerie. Die Verbindungen sind Isomere des 2-Brombutans und somit in der Konstitution gleich. Die Moleküle unterscheiden sich aber in ihrer räumlichen Anordnung ihrer Atome (Konfiguration) und lassen sich nicht durch Drehung deckungsgleich ineinander überführen. Beide Isomer-Moleküle verhalten sich wie *Bild* und *Spiegelbild* (Abb. 1), genauso wie es unsere beiden Hände tun (Abb. 2).Solche Isomere nennt man *Spiegelbildisomere* oder *Enantiomere*. Allgemein spricht man bei diesem Phänomen von **Chiralität** (gr. *cheir:* Hand). Ursache für die Chiralität von Molekülen ist ein *asymmetrisches C-Atom*. Darunter versteht man ein C-Atom mit vier verschiedenen Substituenten. In Formeln kann das asymmetrische C-Atom mit einem Stern (C*) gekennzeichnet werden. Im 2-Brombutan-Molekül ist das C-Atom, das mit dem Br-Atom verbunden ist, ein asymmetrisches C-Atom. Stoffgemische, die aus zwei verschiedenen Enantiomeren im Stoffmengenverhältnis 1:1 bestehen, werden **Racemate** oder *racemische Gemische* genannt.

Molekülsymmetrie. Möchte man prüfen, ob es Enantiomere einer Verbindung gibt, kann es auch helfen, die Symmetrie der Molekülgeometrie zu betrachten. Chirale Moleküle enthalten keine *Symmetrieebenen* oder *Symmetriezentren*. Eine Symmetrieebene entspricht einer Spiegelebene im Molekül (Abb. 3), ein Symmetriezentrum einem Spiegelpunkt. Moleküle mit Symmetrieebenen oder Symmetriezentren sind nicht chiral, also *achiral*.

Eigenschaften. Enantiomere sind nahezu identisch aufgebaut. Entsprechend unterscheiden sie sich auch oft nicht in ihren physikalischen Eigenschaften. Wichtig ist ihr Aufbau aber bei biologischen Prozessen: Viele Enzyme binden nur ein spezielles Enantiomer und setzen es in den Stoffwechselreaktionen weiter um. Die unterschiedliche räumliche Anordnung der Substituenten verhindert die Bindung des anderen Enantiomers an den spezifischen Bindungsstellen der Enzyme.

Optische Aktivität. Chirale Molekülen sind in der Regel optisch aktiv. Untersuchen lässt sich die optische Aktivität von chiralen Molekülen mit einem Polarimeter. Ein erster Polarisationsfilter, der Polarisator, lässt nur linear polarisiertes Licht in die Messzelle. In linear polarisiertem Licht schwingt das Licht nur in einer Ebene senkrecht zur Ausbreitungsrichtung (Abb. 1 ①). Dahinter trifft das polarisierte Licht auf einen zweiten, drehbaren Polarisationsfilter, den Analysator. Der Lichtstrahl tritt ungehindert durch, wenn die Ausrichtungen von Polarisator und Analysator übereinstimmen. Dreht man den Analysator jedoch um 90° zum Polarisator, wird das Licht vollständig zurückgehalten und das Blickfeld erscheint dunkel.

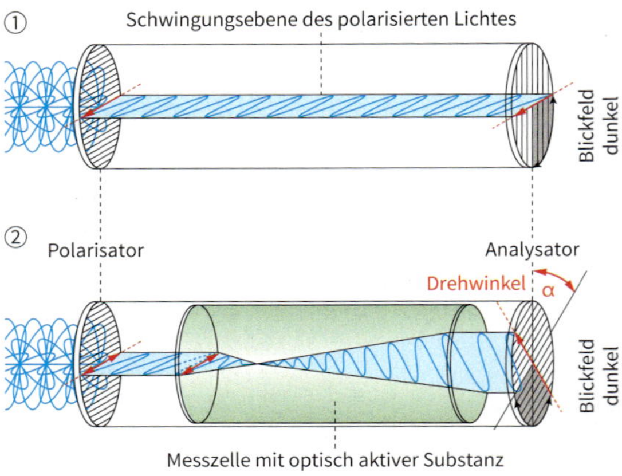

3 *Prinzip eines Polarimeters*

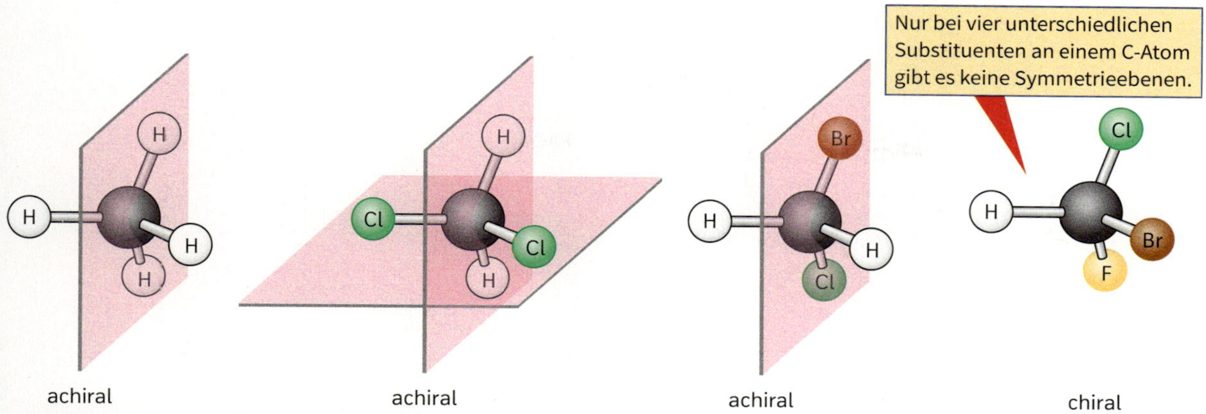

4 ***Chirale Moleküle enthalten keine Symmetrieebenen.***

Füllt man in dieser Stellung des Analysators die Messzelle mit der Lösung einer optisch aktiven Substanz, so wird die Schwingungsebene des polarisierten Lichtstrahls um einen bestimmten Betrag gedreht, das Blickfeld hellt sich auf. Chirale Moleküle drehen die Schwingungsebene des polarisierten Lichts nach links oder rechts. Entsprechend bezeichnet man die Verbindungen als linksdrehend (–) oder rechtsdrehend (+). Auch Enantiomere können durch ihre verschiedenen Drehwinkel unterschieden werden. Zur Bestimmung des Drehwinkels dreht man den Analysator so lange, bis das Blickfeld wieder dunkel erscheint. Nun liest man den Drehwinkel α ab ②.

▶ **cis-/trans-Isomerie.** Asymmetrische C-Atome treten auch bei ringförmigen Kohlenwasserstoff-Molekülen auf. Addiert man Brom an Cyclohexen, lassen sich verschiedene optisch aktive Substanzen unterscheiden.

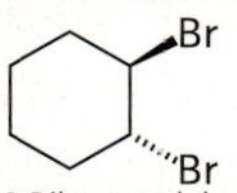

trans-1,2-Dibromcyclohexan

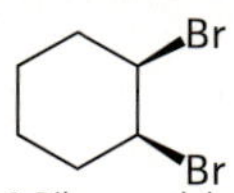

cis-1,2-Dibromcyclohexan

Beide Moleküle verhalten sich bei gleicher Konstitution der Bindungen nicht wie Bild und Spiegelbild. Sie haben eine unterschiedliche Konfiguration und werden daher als *Diastereoisomere* bezeichnet. Beim Molekül des ersten Isomers liegt ein Br-Atom oberhalb der Ringebene und eines darunter. Die Verbindung wird *trans*-1,2-Dibromcyclohexan genannt. Beim *cis*-1,2-Dibromcyclohexan-Molekül liegen die beiden Br-Atome auf der gleichen Seite der Ringebene. Diastereoisomerie und Enantiomerie sind zwei Formen der sogenannten *Stereoisomerie*.

Stereoisomere sind Isomere gleicher Konstitution, aber räumlicher unterschiedlicher Anordnung (Konfiguration). Im Molekül von Stereoisomeren ist mindestens ein asymmetrisches C-Atom nachweisbar.

---

1 a) Erläutern Sie die *cis-/trans*-Isomerie ringförmiger Verbindungen in eigenen Worten.

b) Die *cis-/trans*-Isomerie kann auch bei Alkenen genutzt werden. Als Bezugspunkt für die *cis*- oder *trans*-Stellung von Alkyl-Substituenten gilt dann die Doppelbindung. Überprüfen Sie die Namen der nachfolgenden Verbindungen und verbessern Sie gegebenenfalls die Benennungen:

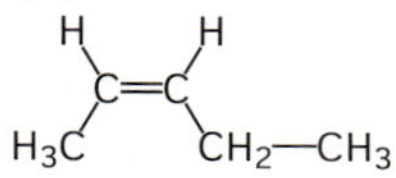

cis-Pent-2-en

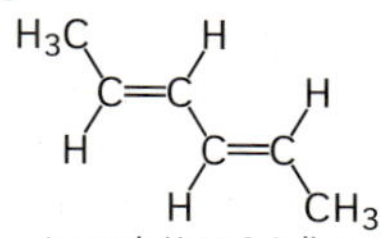

trans,cis-Hexa-2,4-dien

c) Sind nicht nur Alkyl-Substituenten an die C-Atome einer Doppelbindung gebunden, wird die *E-/Z*-Nomenklatur verwendet. Dazu ordnet man an jedem C-Atom der Doppelbindung die direkten Bindungspartner der Substituenten nach ihrer Ordnungszahl. *E*- oder *Z*- bezeichnet dann die Stellung der beiden Bindungspartner mit der höchsten Ordnungszahl. Ermitteln Sie, ob es sich um *E*- oder *Z*-Isomere handelt:

A 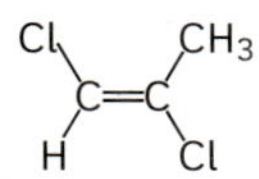

B 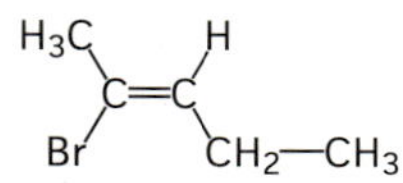

2 a) Bei der Addition von Brom an Cyclohexen entsteht fast ausschließlich *trans*-1,2-Dibromcyclohexan. Erläutern Sie, warum dies darauf hindeutet, dass der Mechanismus über einen Rückseitenangriff erfolgt (↗S. 195, Abb. 2) und nicht über ein Carbenium-Ion (↗S. 194, Abb. 1).

b) Bei der Reaktion entsteht ein Racemat von zwei enantiomeren *trans*-1,2-Dibromcyclohexanen. Bauen Sie die Isomere mit dem Modellbaukasten nach und begründen Sie Produktverteilung von 50 : 50.

c) Überprüfen Sie, ob es auch eine enantiomere Verbindung zu *cis*-1,2-Dibromcyclohexan gibt.

Methode Spiegelbildisomere benennen ◇

Mit dem spezifischen Drehwinkel lassen sich zwei Enantiomere unterscheiden. Der Drehwinkel gibt aber keinen Aufschluss darüber, welche Konfiguration das (+) oder (–)-Enantiomer hat. Die genaue Konfiguration wird durch andere Strukturanalyseverfahren identifiziert. Zur Benennung der Konfiguration benötigt man daher eine Art „rechte Hand"- und „linke Hand"-Nomenklatur, die **R-/S-Nomenklatur.**

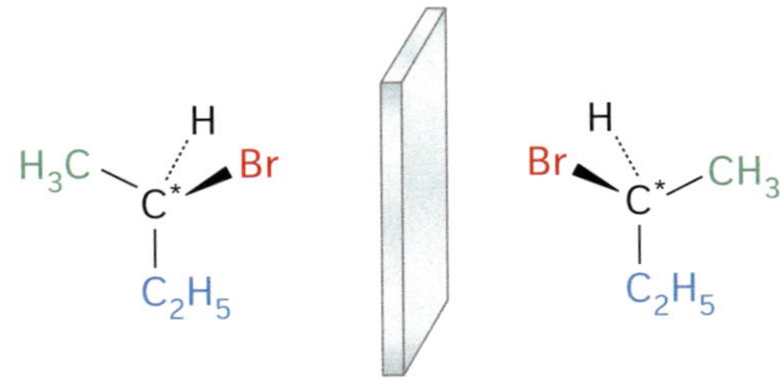

1 *(R)-2-Brombutan und (S)-2-Brombutan*

Nomenklaturregeln:

① Man betrachtet die Konfiguration der Substituenten an einem einzelnen asymmetrischen C-Atom. Um die Konfiguration zu ermitteln, müssen die Substituenten nach ihren Ordnungszahlen geordnet und priorisiert werden. An das asymmetrische C-Atom sind H-, Br- und C-Atome gebunden. Brom hat die höchste Ordnungszahl (OZ) und damit die höchste Priorität, Wasserstoff die geringste.

② Sind bei zwei Substituenten gleiche Atomarten an das asymmetrische C-Atom gebunden, führt man die Einstufung der Priorität entlang der C-Kette weiter. Am C-Atom des Methyl-Substituenten sind nur H-Atome gebunden. Am C-Atom des Ethyl-Substituenten bindet ein weiteres C-Atom. Der Ethyl-Substituent hat somit eine höhere Priorität und es ergibt sich die Reihenfolge:
$-Br > -CH_2CH_3 > -CH_3 > -H$

③ Nun wird das Molekül gedanklich oder im Modell so gedreht, dass der Substituent mit der geringsten Priorität vom Betrachter wegweist und nach hinten steht. Der Substituent höchster Priorität wird nach oben gedreht. Im Beispiel zeigt somit das H-Atom nach hinten und das Br-Atom nach oben.

④ Zuletzt prüft man die Anordnung der Substituenten. Gelangt man vom Substituenten höchster Priorität zum zweithöchsten in Uhrzeigerrichtung oder entgegen? Steht der zweithöchste Substituent *R* (lat. *rectus:* rechts) oder *S* (lat. *sinister:* links)? Im Beispiel steht der Ethyl-Rest rechts vom Br-Atom. Die Konfiguration um das asymmetrische C-Atom ist also R.

⑤ Die Konfiguration des Enantiomers wird in Klammern gesetzt und dem Namen vorangestellt. Die Angabe der Drehrichtung (+) oder (–) kann ergänzt werden, steht aber nicht direkt im Zusammenhang zur (R)- oder (S)-Konfiguration. Die Drehrichtung wird vom Aufbau des gesamten Moleküls beeinflusst.

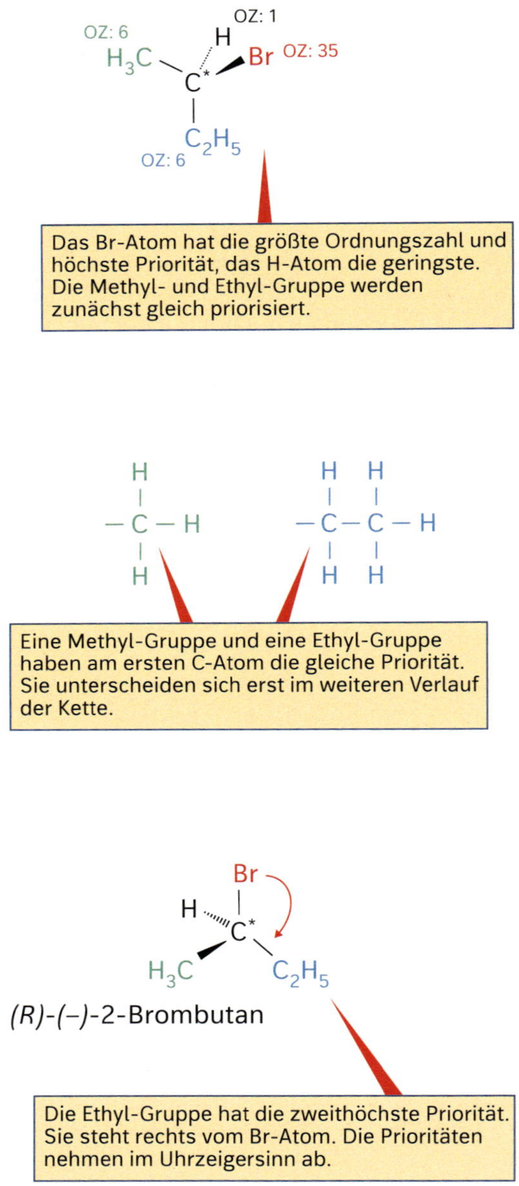

2 *Nomenklaturregeln am Beispiel von (R)-2-Brombutan*

5.12 Stereoisomere und Reaktionsmechanismen ◆

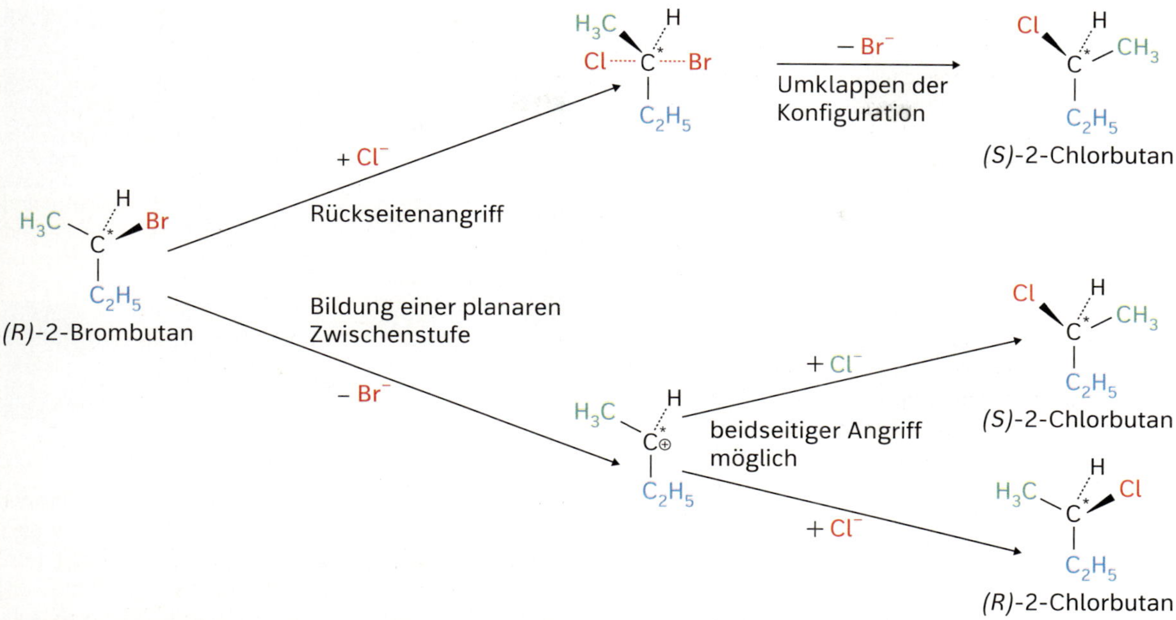

1 *Bei der S_N-Reaktion ist der einschrittige Mechanismus stereospezifisch, der zweischrittige führt zu einem Racemat.*

Reagieren chirale Moleküle, kann sich im Verlauf der Reaktion die Konfiguration der Substituenten um ein asymmetrischen C-Atoms ändern.

Stereospezifität. Setzt man beispielsweise *(R)*-2-Brombutan mit einem Chlorid um, lassen sich je nach Reaktionsbedingungen unterschiedliche Produktzusammensetzungen beobachten. Im Lösemittel Aceton entsteht verstärkt *(S)*-2-Chlorbutan, in Wasser bilden sich die *(R)*- und *(S)*-Enantiomere sehr viel gleichmäßiger. Zur Erklärung hilft ein Blick auf den Mechanismus.

Bei der S_N-Reaktion an einem sekundären Halogenalkan-Molekül stehen der einschrittige und der zweischrittige Mechanismus in Konkurrenz zueinander (↗S. 180). Aceton begünstigt den einschrittigen Mechanismus über die fünfbindige Zwischenstufe. Das Nucleophil greift vorzugsweise von der entgegengesetzten Seite der Abgangsgruppe an. Die neue Bindung zwischen Nucleophil und asymmetrischen C-Atom bildet sich im gleichen Maße aus, wie sich die Bindung zur Abgangsgruppe schwächt. Mit dem Rückseitenangriff *invertiert* die Konfiguration der weiteren Substituenten, wie ein umklappender Regenschirm im stürmischen Wind. Nach diesem Mechanismus bildet sich nur *(S)*-2-Chlorbutan. Der Mechanismus verläuft *stereospezifisch.* Beim zweischrittigen Mechanismus bildet sich ein planares Carbenium-Ion. Der Angriff des Nucleophils kann im folgenden Schritt von beiden Seiten erfolgen und ist nicht durch die Abgangsgruppe gehindert. Es entsteht ein Racemat.

Der einschrittige Mechanismus der S_N-Reaktion ist stereospezifisch. Die Konfiguration am substituierten C-Atom wird invertiert. Der zweischrittige Mechanismus führt zu einem Racemat.

1 Bei der Substitutionsreaktion von 2-Bromhexan mit Iodid entsteht nahezu ausschließlich *(R)*-2-Iodhexan.
a) Geben Sie den Mechanismus der Reaktion an.
b) Ermitteln Sie die Konfiguration des Edukts und zeichnen Sie das Molekül in Keil-Strich-Schreibweise.

2 Stellen Sie eine Hypothese auf, warum die Reaktion in Aceton stärker nach dem einschrittigen Mechanismus abläuft, als im Lösemittel Wasser (Abb. 1).

3 a) Überprüfen Sie arbeitsteilig die Stereospezifität der Additionsreaktionen. Bauen Sie dazu alle notwendigen Verbindungen mit dem Modellbaukasten oder einer geeigneten Modellierungssoftware am Computer nach.
Reaktion A: Addition von Bromwasserstoff an *E*-But-2-en
Reaktion B: Addition von Brom an *E*-But-2-en
b) Erstellen Sie wie in Abb. 1 Schaubilder für den Mechanismus der Addition. Geben Sie die Formeln in Keil-Strich-Schreibweise an und benennen Sie die Verbindungen mit der *R*-/*S*-Nomenklatur.
c) Vergleichen und diskutieren Sie Ihre Ausarbeitungen.
d) Überprüfen Sie gemeinsam, ob bei der Addition an *Z*-But-2-en andere Stereoisomere entstehen.

5.13 Benzol – Begründer einer neuen Stoffklasse ◇

1 *Brennendes Benzol*

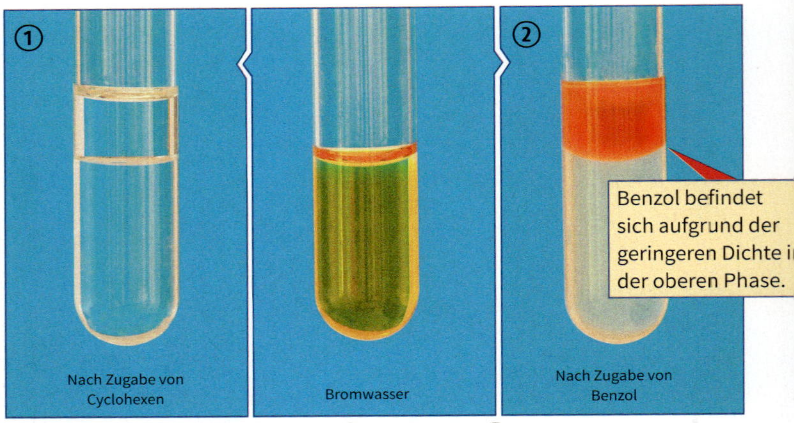

2 *Bromwasser wird mit Cyclohexen ① oder Benzol ② vermischt.*

Johann Rudolph GLAUBER entdeckte in der 2. Hälfte des 17. Jahrhunderts bei der Destillation von Steinkohleteer das Benzol. 1825 isolierte Michael FARADAY die gleiche Verbindung mit einem typischen aromatischen Geruch aus den Rückständen der Verbrennung von Leuchtgas in den Londoner Gaslaternen. Justus VON LIEBIG führte für diesen Stoff den Namen Benzol ein.

▶ **Struktur-Eigenschafts-Beziehung.** Benzol lässt sich leicht entzünden und brennt mit stark rußender Flamme (Abb. 1). Die unvollständige Verbrennung weist auf einen hohen Anteil an C-Atomen und eine ungesättigte Verbindung hin. Benzol löst sich nicht in Wasser aber gut in organischen Lösemitteln wie den Alkanen. Eine Elementaranalyse kennzeichnet Benzol als Kohlenwasserstoff: Im Benzol-Molekül sind nur C-Atome und H-Atome gebunden.

Steckbrief: Benzol

Molare Masse: 78,1 g · mol^{-1}

Schmelztemperatur: 5,5 °C

Siedetemperatur: 80 °C

Dichte: 0,88 g · cm^{-3}

Brennbarkeit: leicht entzündlich, brennt mit leuchtender, stark rußender Flamme

Löslichkeit: in Wasser unlöslich, in Ethanol und Benzin in jedem Verhältnis mischbar, gutes Lösemittel für hydrophobe Stoffe

weitere Eigenschaften: charakteristischer Geruch physiologische Wirkungen: giftig, verursacht Schwindel, Erbrechen, Übelkeit, kanzerogen

Strukturermittlung. Die Aufklärung der Strukturformel des Benzols war ein langdauernder und schwieriger Prozess. Das Massenverhältnis von Kohlenstoff und Wasserstoff im Benzol von 12 : 1 konnte recht bald ermittelt werden. Das Atomzahlenverhältnis von 1 : 1 wurde erst zehn Jahre später erkannt. Zusammen mit der Bestimmung der molaren Masse von Benzol von 78,1 g · mol^{-1} erhielt man die Molekülformel C_6H_6. Diese Molekülformel lässt eine ungesättigte Verbindung vermuten. In vielen anderen Sprachen ist der Name *Benzen* üblich. Diese Benennung erscheint sinnvoll, denn mit der ermittelten Molekülformel kann man leicht eine Strukturformel für eine ungesättigte Verbindung zeichnen.

Additionsreaktion. Gibt man eine ungesättigte Verbindung wie Cyclohexen in Bromwasser, findet eine spontane Reaktion statt (Abb. 2 ①). Das Bromwasser wird entfärbt, da die Brom-Moleküle an die Doppelbindungen addiert werden. Als ungesättigte Verbindung müsste Benzol in einer Additionsreaktionen ebenfalls Bromwasser entfärben. Dies ist jedoch nicht zu beobachten (Abb. 2 ②). Das Brom liegt lediglich in der Benzolphase gelöst vor. Selbst eine Belichtung mit UV-Strahlung führt nicht zu einer Reaktion. Benzol ist damit sogar reaktionsträger als ein Alkan. Erst bei Temperaturen von etwa 200 °C und dem Einsatz eines Katalysators geht Benzol eine Additionsreaktion ein. Addiert man unter diesen Reaktionsbedingungen Wasserstoff an Benzol, entsteht ausschließlich Cyclohexan. Benzol muss demnach eine ringförmige Molekülstruktur aufweisen.

Aus den bisher dargestellten Befunden lässt sich ein ringförmiges Molekül mit der Molekülformel C_6H_6 für Benzol ableiten. Aus den ermittelten Eigenschaften und den bisherigen Versuchsergebnissen lässt sich jedoch nicht eindeutig klären, ob Benzol eine gesättigte oder eine ungesättigte Verbindung ist.

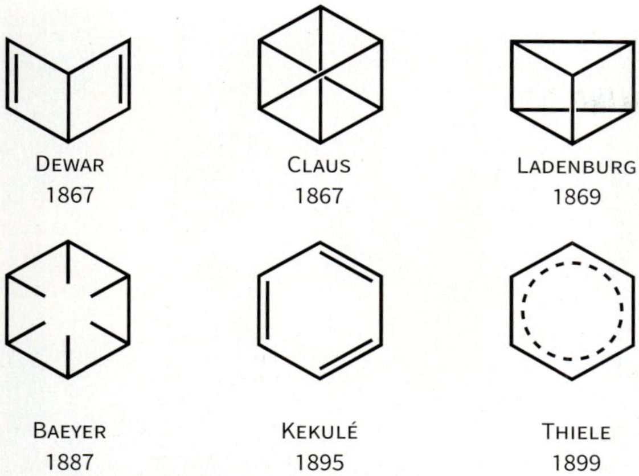

3 *Historische Strukturvorschläge für Benzol*

Frühe Bindungsmodelle. 1850 machten sich viele namhafte Wissenschaftler daran, dieses unbefriedigende Problem zu lösen. Sie entwickelten vielfältige Strukturvorschläge für das Benzol-Molekül (Abb. 3). Viele dieser Vorschläge waren ungesättigte Verbindungen, die das Stoffmengenverhältnis mit einem so hohen Kohlenstoffanteil erklären sollten. Auch die Strukturvorschläge von James DEWAR und August KEKULÉ beschreiben ungesättigte Kohlenwasserstoffe.

Mit dem Strukturvorschlag von KEKULÉ konnte zwar nicht erklärt werden, warum das Benzol keine Additionsreaktion eingeht. Dennoch fand dieser Vorschlag allgemeine Anerkennung. In den folgenden Jahren erweiterte Kekulé sein Modell um die Vorstellung, dass die Einfach- und Doppelbindungen im Benzol-Molekül sehr schnell ihre Plätze zwischen den C-Atomen wechseln:

Mit diesem Vorschlag sind alle C–C-Bindungen gleichwertig und es handelt sich nicht um eine Cyclohexatrien-Struktur.

Moderne Analysemethoden bestätigen für Benzol ein symmetrisches, sechseckiges Molekül mit der Molekülformel C_6H_6, bei dem die Bindungen zwischen den C-Atomen gleichwertig sind und die Bindungslänge der C–C-Bindungen zwischen der einer C–C-Einfachbindung und einer C=C-Doppelbindung liegt.

> Benzol ist eine Flüssigkeit mit außergewöhnlichen Eigenschaften. Sein Reaktionsverhalten lässt sich mit bisherigen Modellen zum Molekülbau nicht erklären.

1 Partner A: Strukturformel,
Partner B: Skelettformel
a) Zeichnen Sie für das Molekül C_6H_6 die Formel.
b) Stellen Sie eine Hypothese für das Reaktionsverhalten des Stoffs auf.
c) Vergleichen Sie Ihre Ergebnisse gegenseitig.

2 a) Recherchieren Sie die Geschichte der Entdeckung und der Strukturaufklärung des Benzols.
b) Bereiten Sie mit den Ergebnissen eine Präsentation vor. Nutzen Sie aussagekräftige Bilder oder Grafiken zur Unterstützung Ihrer Aussagen.

3 Vergleichen Sie die Polarität folgender Moleküle: Benzol, Cyclohexen, Wasser und Brom. Erklären Sie damit die Beobachtungen zur Löslichkeit in Abb. 2.

4 Vergleichen Sie das Reaktionsverhalten von Bromwasser bei Zugabe von Cyclohexen und von Benzol (Abb. 2).
a) Erklären Sie die Entfärbung des Bromwassers nach Zugabe von Cyclohexen (Abb. 2 ①).
b) Erklären Sie die Beobachtungen nach Zugabe von Benzol zum Bromwasser (Abb. 2 ②).
c) Erklären Sie in diesem Zusammenhang wie die unterschiedlichen Farben von Brom im linken und rechten Reagenzglas zustande kommen (Abb. 2).

5 James DEWAR (Partner A) und Albert LADENBURG (Partner B) haben je eine Strukturformel für Benzol vorgeschlagen (Abb. 3). Sie stellten sich beide als falsch heraus. Diese Benzolisomere konnten etwa 100 Jahre später dennoch synthetisiert werden.
a) Vergleichen Sie die Skelettformel mit der Kekulé-Struktur.
b) Werten Sie die experimentellen Befunde aus, die für und gegen diese Formel sprechen.
c) Vergleichen Sie Ihre Ergebnisse.

6 Der französische Chemiker Marcelin BERTHELOT und der deutsche Chemiker Walter REPPE synthetisierten Benzol ausgehend von Ethin. Stellen Sie eine Hypothese zu einer Reaktionsgleichung auf.

7 Zeichnen Sie die Strukturformeln der Produkte aus der Umsetzung der unten genannten Benzolisomere bei Zugabe von Bromwasser mit und ohne UV-Licht:

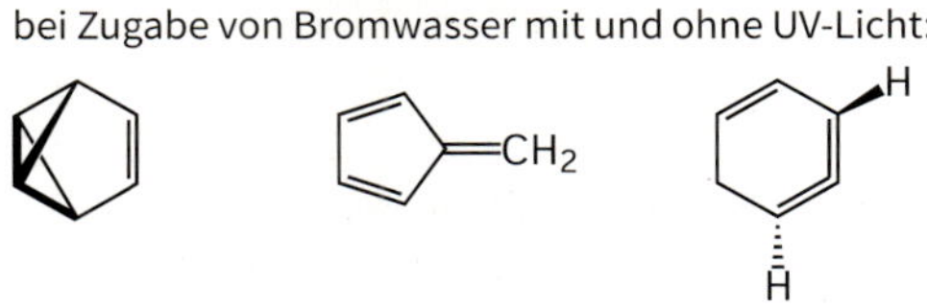

Benzvalen Fulven Isobenzol

8 a) Naphthalin besteht aus $C_{10}H_8$-Molekülen, die ebenfalls keine Additionsreaktion mit Brom eingehen. Stellen Sie eine Hypothese für eine Strukturformel auf.
b) Recherchieren Sie die Strukturformel von Naphthalin und vergleichen Sie diese mit Ihrem Vorschlag.

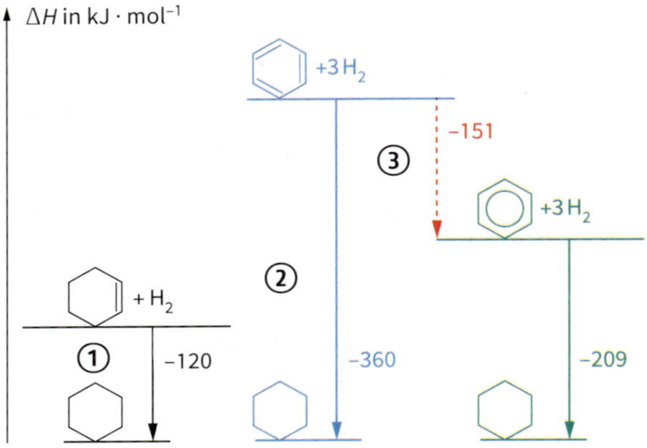

1 *Ermittlung der Mesomerieenergie von Benzol*

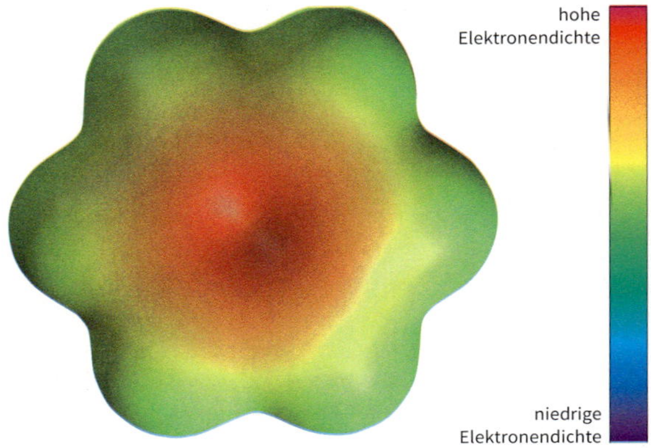

2 *Elektronendichteverteilung im Benzol-Molekül*

Benzol zeigt keine spontan eintretende Additionsreaktion bei Zugabe von Brom. Dieses Reaktionsverhalten deutet auf eine andere Bindungsstruktur des Benzol-Moleküls hin, die sich von den bisher bekannten Einfach- und Doppelbindungen unterscheidet.

Mesomerieenergie. Um diese Aussage experimentell zu untermauern, führt man die Hydrierung von Cyclohexen mit einer Doppelbindung zu Cyclohexan durch und misst eine dabei frei werdende Hydrierungsenthalpie von -120 kJ · mol^{-1} (Abb. 1 ①) Rechnerisch ergäbe die Hydrierungsenthalpie von Cyclohexatrien mit drei Doppelbindungen also -360 kJ · mol^{-1}. Die gemessene Hydrierungsenthalpie beim Benzol weicht aber um -151 kJ · mol^{-1} vom berechneten Wert ab (Abb. 1 ③):

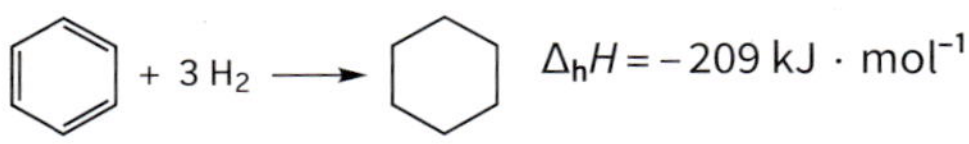

Diese Energiedifferenz bezeichnet man als *Mesomerieenergie* des Benzols. Der energetisch günstige Zustand erklärt, warum das Benzol-Molekül wenig reaktiv ist.

Moderne Analyseergebnisse. Eine Erklärung für die geringere Hydrierungsenthalpie liefern moderne Analysemethoden, wie die Röntgenstrukturanalyse. Das Ergebnis ist ein Bild der Elektronendichteverteilung im Benzol-Molekül (Abb. 2). Darauf sieht man, dass alle C–C-Bindungen gleich lang sind. Sie sind deutlich länger als Einfachbindungen, aber etwas kürzer als Doppelbindungen.

Das Benzol-Molekül hat einen symmetrischen Aufbau (Abb. 3). Die sechs C-Atome liegen in einer Ebene und bilden ein regelmäßiges Sechseck. Dazu verbindet sich jedes C-Atom mit den beiden benachbarten C-Atomen und dem H-Atom durch je eine Einfachbindung. Von den vier Außenelektronen gehen also drei eine Bindung ein. Die jeweils restlichen Elektronen bilden eine besondere Form, ein Elektronensextett. Das bedeutet, sie sind oberhalb und unterhalb der Ebene mit den Einfachbindungen in einer Elektronenwolke frei beweglich. Man sagt, sie sind **delokalisiert**.

Mesomerie. Eine delokalisierte Elektronenverteilung kann mithilfe des Modells der *Mesomerie* beschrieben werden. Die beiden von Kekulé formulierten Benzol-Strukturen können als nicht existierende **Grenzformeln** der Elektronenverteilung angesehen werden.

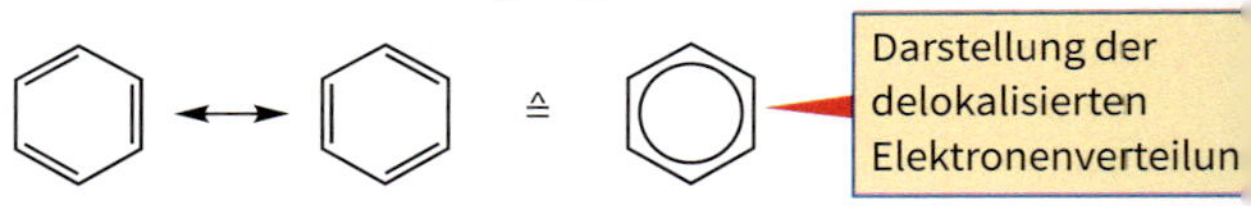

In einer Grenzformel werden die Elektronen **lokalisiert** gezeichnet. Die reale Elektronenverteilung im Benzol-Molekül wird durch die Kombination aller Grenzformeln wiedergegeben. Die Grenzformeln werden über einen Mesomeriepfeil (↔) verbunden. Er darf nicht mit einem Reaktionspfeil oder einem Gleichgewichtspfeil verwechselt werden. Das delokalisierte Elektronensystem des Benzol-Moleküls wird häufig durch einen Kreis in einem regelmäßigen Sechseck symbolisiert.

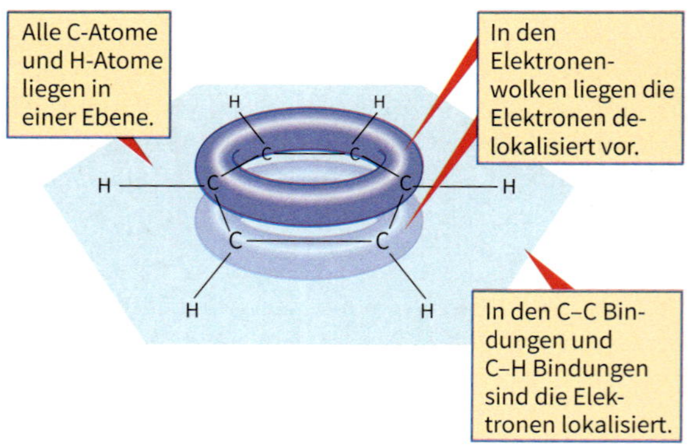

3 *Vereinfachte Vorstellung der Bindungen im Benzol-Molekül*

Aromaten. Um zu beurteilen, ob eine Verbindung aromatisch ist, zieht man heute die **Hückel-Regel** heran Diese besagt, dass ein Stoff aromatisch ist, wenn das Molekül oder Teile davon folgende Kriterien erfüllen:

- Das Molekül ist eben und ringförmig.
- Elektronen sind über alle Ring-Atome delokalisiert.
- In diesen Ringen gibt es eine ungerade Anzahl von Elektronenpaaren, also (4 n + 2) delokalisierte Elektronen. n steht für eine Laufzahl mit n = 0, 1, 2, 3...

Neben aromatischen Verbindungen mit sechs delokalisierten Elektronen gibt es auch solche mit 2, 10, 14 oder allgemein 4 n + 2 Elektronen. Für die Zuordnung zu den Aromaten sind weder Anzahl oder Art der Atome im Ring noch die Ladung des Teilchens entscheidend. Das Cyclopentadien-Molekül beispielsweise mit vier delokalisierten Elektronen ist kein Aromat ①. Durch Abspaltung eines Protons entsteht das ebene Cyclopentadienyl-Anion. Es hat sechs delokalisierte Elektronen, da das freie Elektronenpaar des Anions in das mesomere System einbezogen wird ②. Das Cyclopentadienyl-Anion ist somit nach der Hückel-Regel ein Aromat.

①
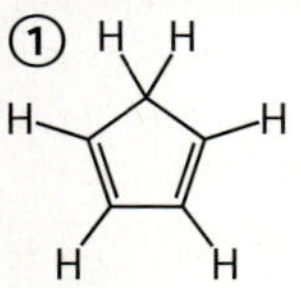

②
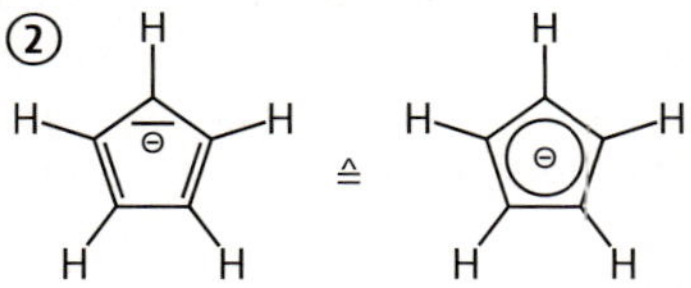

Mehrkernige und heterocyclische Aromaten. Aromaten mit einem Benzol-Ring bezeichnet man als *einkernig*. *Mehrkernige* Aromaten unterscheidet man in Moleküle, die zwei oder mehrere getrennte Benzol-Ringe enthalten, wie das Biphenyl-Molekül und in Moleküle, in denen einzelne C-Atome zu zwei oder mehreren Ringen gehören. Naphthalin-Moleküle bestehen aus zwei Ringen, in denen zwei C-Atome zu beiden Ringen gehören. Die Hückel-Regel ist mit 10 delokalisierten Elektronen, die sich über das ganze Molekül erstrecken, erfüllt. Sehr viele mehrkernige Aromaten sind krebserregend. Nur ein Beispiel ist Benzpyren, das im Tabakrauch vorkommt und Lungenkrebs bei Rauchern verursachen kann.

Die Ringsysteme der *Heteroaromaten* enthalten im Ring weitere Atome wie S-Atome, N-Atome und O-Atome. Die freien Elektronenpaare dieser Atome können an den delokalisierten Systemen beteiligt sein. Ein wichtiger sechsgliedriger Heteroaromat ist das Pyridin-Molekül. Es gleicht dem Benzol-Molekül, ist aber polar.

Aufgrund seines Elektronensextetts mit sechs delokalisierten Elektronen ist das Benzol-Molekül besonders stabil. Alle Verbindungen, die die Hückel-Regel erfüllen, bezeichnet man als aromatisch.

1 Beschreiben Sie den aromatischen Bindungszustand im Benzol-Molekül.

2 Listen Sie in einer Tabelle alle angegebenen Versuchsbeobachtungen zum Benzol und die daraus abgeleiteten Aussagen zur Struktur des Benzol-Moleküls auf.

3 Erläutern Sie, was die beiden Kekulé-Formeln (Grenzformeln) und die vereinfachte Darstellung des Benzol-Moleküls unterscheidet.

4 Bestimmen Sie die Anzahl der delokalisierten Elektronen in den Molekülen. Ermitteln Sie, ob die Hückel-Regel erfüllt ist.

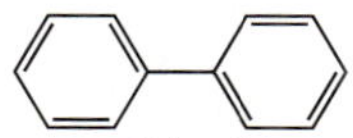
Biphenyl

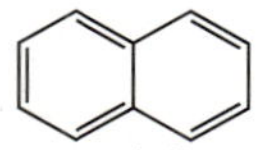
Napthalin

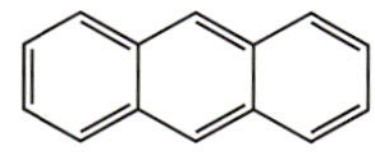
Anthracen

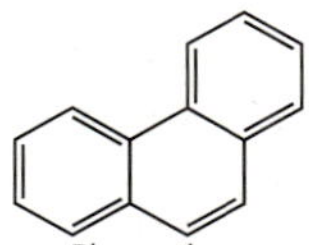
Phenanthren

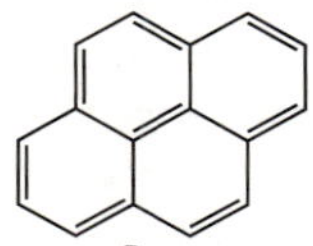
Pyren

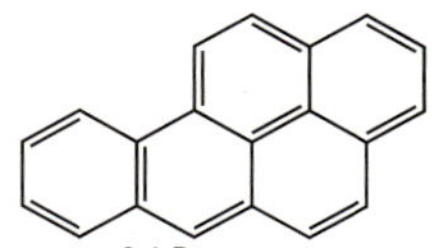
3,4-Benzpyren

5 Für die Begriffe *Aromat* und *aromatisch* wurden im Laufe der Zeit unterschiedliche Definitionen verwendet. Recherchieren Sie die Entwicklung der Bedeutung der Begriffe und erklären Sie die zugrundeliegenden Kriterien.

6 Berechnen Sie die Reaktionsenthalpien für die Chlorierung von Cyclohexatrien und von Benzol.

7 Für die Hydrierung von Naphthalin zu Tetralin ① und Decalin ② sind unterschiedliche Hydrierungsenthalpien angegeben (↗S. 34):

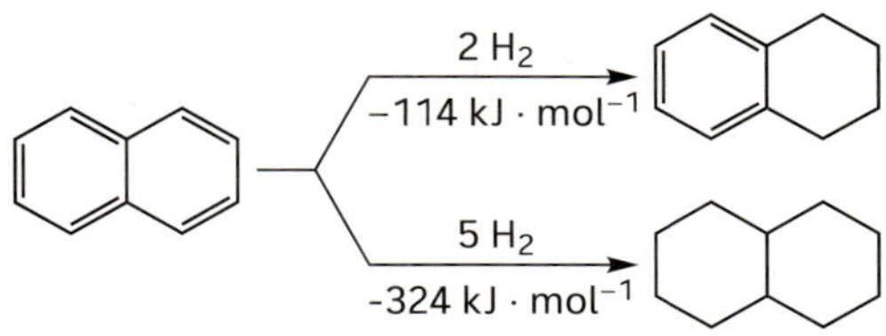

a) Berechnen Sie die Mesomerieenergie von Tetralin und von Naphthalin.

b) Vergleichen Sie die Ergebnisse mit der Mesomerieenergie bei Benzol.

8 a) Beschreiben Sie die Vorstellung der Bindungen im Benzol-Molekül mithilfe des Orbitalmodells (↗S. 208). Recherchieren Sie gegebenenfalls weiterführende Informationen.

b) Vergleichen Sie die Bindungsvorstellung des Orbitalmodells für das Benzol-Molekül mit der einfacheren Vorstellung in Abb. 3.

Ein neues Atommodell

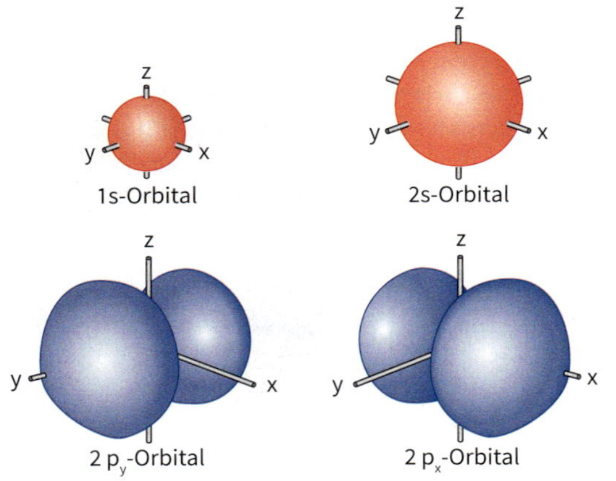

1 *C-Atom mit den Valenzorbitalen im Grundzustand*

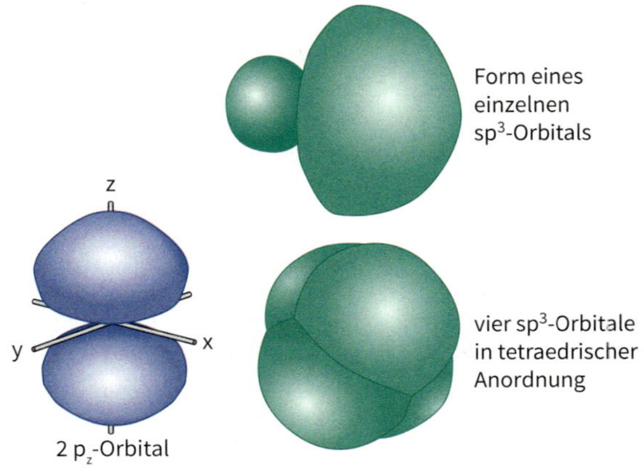

2 *Hybridisierte Valenzorbitale*

Jedes C-Atom kann vier Elektronenpaarbindungen eingehen, da es vier Außenelektronen besitzt. Bisher wurde die chemische Bindung zwischen den Atomen in einem Molekül durch die Überlappung von zwei mit je einem Elektron besetzten Elektronenwolken zu einem bindenden Elektronenpaar beschrieben. Mit diesem Modell lässt sich jedoch das besondere Reaktionsverhalten ungesättigter Kohlenwasserstoffe nicht hinreichend erklären. Hierfür eignet sich das Orbitalmodell.

Orbitalmodell. Im Rahmen der Quantenphysik formulierte Werner HEISENBERG in den 1920er Jahren die **Unschärferelation**. Danach lassen sich niemals gleichzeitig Geschwindigkeit und Ort mit Genauigkeit bestimmen. Moderne Atommodelle müssen daher ohne die Vorstellung von konkreten Elektronenbahnen auskommen. Stattdessen betrachtet man die Räume, in denen sich die Elektronen mit einer bestimmten Wahrscheinlichkeit aufhalten. Diese Aufenthaltsbereiche bezeichnet man als **Orbitale.** Orbitale werden nach ihrer Form beschrieben: s-Orbitale sind kugelförmig, p-Orbitale dagegen hantelförmig. Eine vorangestellte Ziffer gibt die *Energiestufe* eines Orbitals an. Jedes Orbital kann maximal mit zwei Elektronen besetzt sein.

Das C-Atom im Orbitalmodell. Für die erste Energiestufe gibt es nur ein Orbital, das 1s-Orbital. Beim C-Atom ist das 1s-Orbital als energetisch günstigstes Orbital mit zwei Elektronen voll besetzt. Die zweite Energiestufe des C-Atoms kann maximal acht Elektronen enthalten. Dies entspricht vier Orbitalen: einem 2s-Orbital und drei 2p-Orbitalen (Abb. 1).

Das 2s-Orbital ist energetisch geringfügig niedriger als die drei p-Orbitale. Da zunächst die energieärmeren Orbitale mit Elektronen besetzt werden, sollte das s-Orbital mit zwei Elektronen besetzt sein. Damit verbleiben für zwei der drei 2p-Orbitale jeweils ein Elektron. Man schreibt: $2s^2\ 2p_x^1\ 2p_y^1$

Hybridisierung. Ein C-Atom sollte nach diesem Modell nur zwei Bindungen eingehen und der Bindungswinkel sollte 90° betragen. Beim Methan-Molekül und bei allen anderen Alkanen geht jedes C-Atom jedoch vier Bindungen ein und der Bindungswinkel beträgt etwa 109°. Um diesen Widerspruch aufzulösen, wurde das Orbitalmodell um das Konzept der **Hybridisierung** erweitert: Einen Bindungszustand wie im CH_4-Molekül kann man erreichen, wenn man das 2s-Orbital und die drei 2p-Orbitale zu vier gleichartigen Orbitalen kombiniert. Solche Orbitale nennt man *Hybridorbitale* (lat. *hybrida:* Mischling). Hybridorbitale werden nach den Orbitalen, aus denen sie gebildet wurden, benannt. Im Methan liegen vier sp^3-Orbitale vor, da ein s-Orbital und drei p-Orbitale kombiniert wurden. Für die Hybridisierung ist eine Energiezufuhr nötig. Da die Hybridorbitale aber wesentlich stärkere Bindungen ergeben, als es bei den reinen s- oder p-Orbitalen zu erwarten wäre, verläuft die Bindungsbildung im CH_4-Molekül freiwillig (Abb. 2).

Molekülorbitale. Das Orbitalmodell beschreibt die Bindung in einem Molekül als Überlappung von einfach besetzten Atomorbitalen. Dabei entstehen Molekülorbitale, die wie Atomorbitale nur mit zwei Elektronen gefüllt sein können. Die beiden Elektronen können sich im gesamten Bereich des Molekülorbitals aufhalten.

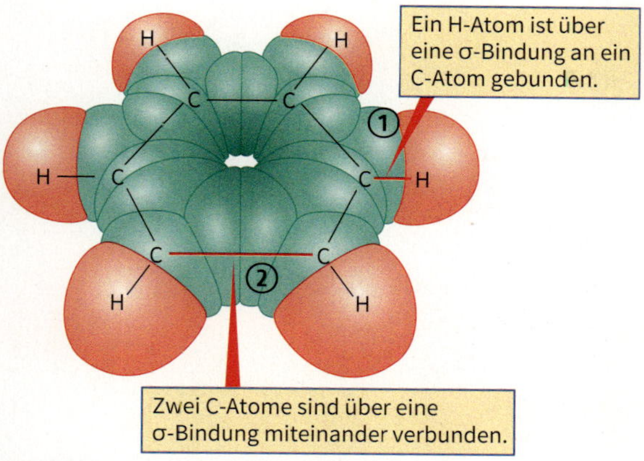

3 *σ-Bindungen im Benzol-Molekül*

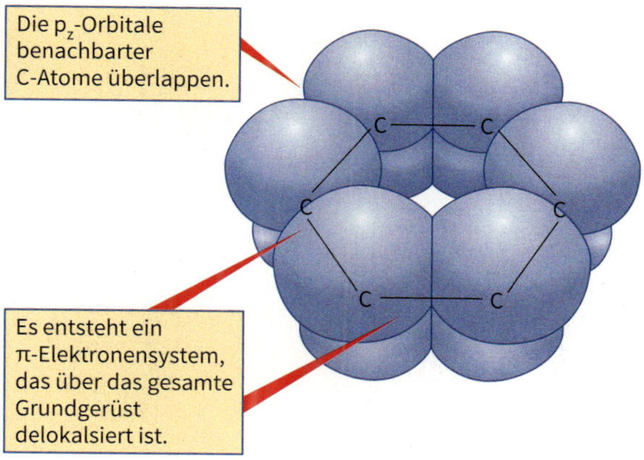

4 *π-Bindungen im Benzol-Molekül*

σ-Bindung. Im Ethan-Molekül liegen C – C- und C – H-Bindungen vor. Die C – H-Bindung entsteht durch die Überlappung eines sp^3-Orbitals des C-Atoms mit dem s-Orbital des H-Atoms. Das neu entstandene Molekülorbital ist drehsymmetrisch zur Bindungsachse, die Elektronendichte ist zwischen den beiden Atomkernen am größten. Diese Art von Bindung wird *σ-Bindung* genannt. Auch die C – C-Bindung aus der Überlappung von je einem sp^3-Orbital ist eine σ-Bindung. Aufgrund der drehsymmetrischen C – C-Bindung sind die beiden CH_3-Gruppen im Ethan-Molekül frei gegeneinander drehbar.

π-Bindung im Benzol-Molekül. Im Gegensatz zum Ethan-Molekül bildet das Benzol-Molekül keine tetraedrische Struktur, sondern es ist planar. Dies legt eine sp^2-Hybridisierung nahe: Jedes C-Atom bildet aus einem 2s-Orbital und zwei 2p-Orbitalen drei einfach besetzte sp^2-Hybridorbitale. Diese liegen trigonal in einer Ebene. Die sp^2-Orbitale gehen σ-Bindungen ein (Abb. 3 ①).

Das vierte Elektron jedes C-Atoms befindet sich in einem 2p-Orbital. Die sechs 2p-Orbitale der C-Atome stehen senkrecht zur Molekülebene und überlappen mit den p-Orbitalen der benachbarten C-Atome (Abb. 4). Diese Molekülorbitale bezeichnet man als *π-Bindung*. Im Benzol-Molekül sind die sechs Elektronen in dem π-Molekülorbital gleichmäßig verteilt, sie sind *delokalisiert*. Es bildet sich ein ringförmiges π-Molekülorbital oberhalb und unterhalb der Molekülebene. Die gleichmäßige Verteilung der sechs π-Elektronen führt zu gleich langen Bindungen zwischen allen C-Atomen. Diese Vorhersagen aufgrund des Orbitalmodells werden durch die Ergebnisse der Röntgenstrukturanalyse bestätigt.

1 a) Beschreiben Sie den aromatischen Bindungszustand im Benzol-Molekül. Nutzen Sie hierzu die Abb. 3 und Abb. 4.
b) Erläutern Sie mithilfe von Abb. 2 und 3 auf S. 206, warum die Darstellung des π-Molekülorbitals als Ring die Elektronenverteilung gut wiedergibt.

2 π-Bindungen treten auch bei den Molekülen der Alkene und Alkine auf.
a) Zeichnen Sie die Strukturformel von Propen.
b) Geben Sie für jedes C-Atom die Hybridisierung an.
c) Anders als im Benzol-Molekül unterscheiden sich im Propen-Molekül die Bindungslängen der C – C-Einfach- und C = C-Doppelbindung. Erklären Sie diesen Sachverhalt mit dem Orbitalmodell.
d) Beschreiben Sie die Überlappung der Atomorbitale in einem Ethin-Molekül.
e) Bei Alkan-Molekülen sind die Gruppierungen um jede C – C-Einfachbindung frei drehbar. Bei Alkenen gilt das für die Doppelbindung nicht. Stellen Sie eine Hypothese für die Aussage auf.

3 In der Organischen Chemie gibt es Einfach-, Doppel- und Dreifachbindungen. Vierfachbindungen treten hingegen nicht auf. Dabei stehen dem C-Atom doch vier Außenelektronen zur Verfügung.
a) Zeichnen Sie ein Orbitalmodell, das eine Vierfachbindung zwischen zwei C-Atomen möglich scheinen lässt.
b) Kennzeichnen Sie die Orbitalüberlappungen, die zu Bindungen führen könnten.
c) Ordnen Sie die gezeichneten Bindungen den Begriffen σ-Bindung und π-Bindung zu.
d) Erläutern Sie, warum die Vierfachbindung dennoch nicht existiert.

Die elektrophile Substitution ◇

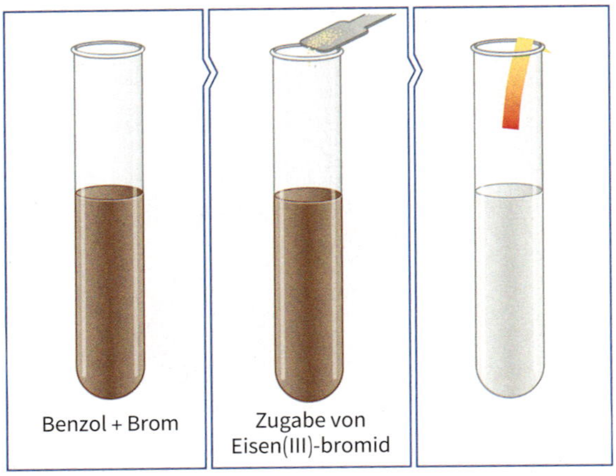

1 *Bromierung von Benzol ohne und mit Eisen(III)-bromid*

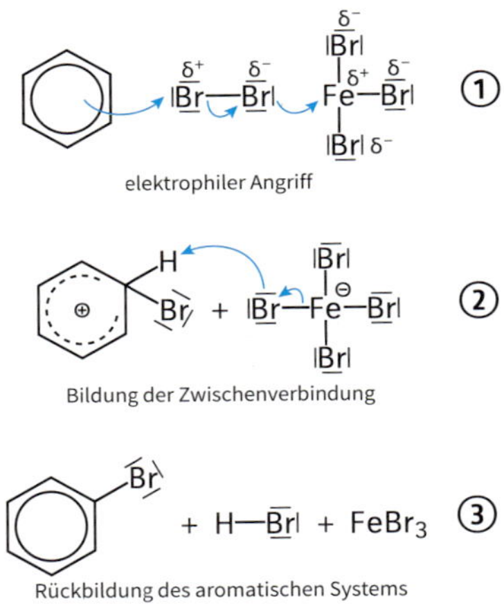

2 *Mechanismus der elektrophilen Substitution von Benzol*

Benzol ist ein Grundbaustein für eine Vielzahl chemischer Produkte. Beispielsweise wird Brombenzol in einer chemischen Reaktion durch den Austausch eines H-Atoms durch ein Br-Atom erzeugt. Die Reaktion startet jedoch nicht direkt nach Zugabe einiger Tropfen Brom zu Benzol. Erst mithilfe des Katalysators Eisen(III)-bromid entfärbt sich die Lösung langsam (Abb. 1). Ein angefeuchtetes Indikatorpapier, das in den Gasraum gehalten wird, weist auf entstandenen Bromwasserstoff hin.

▶ **Reaktionsmechanismus.** Die Reaktion wird in drei Schritte unterteilt (Abb. 2). Zunächst wechselwirkt das aromatische System mit einem *elektrophilen* Teilchen, wie einem Kation oder einem Molekül mit positiver Partialladung. Durch die anschließende Bindung des Elektrophils wird das aromatische System zwischenzeitlich aufgehoben. Im letzten Schritt spaltet sich ein H-Atom ab und es bildet sich das energetisch günstige aromatische System zurück. Das Elektrophil hat ein H-Atom *substituiert*. Die gesamte Reaktion wird als **elektrophile Substitution S_E** bezeichnet.

π-Komplex. Das delokalisierte Elektronensystem des Benzol-Rings ist eine Region mit hoher Elektronendichte. Bei der Reaktion mit Brom polarisiert die hohe Elektronendichte des Benzol-Moleküls das angreifende Br_2-Molekül. Es bildet sich ein sogenannter **π-Komplex**. Die Bezeichnung geht auf das π-Molekülorbital des Benzol-Moleküls zurück. (↗S. 208). Der π-Komplex reagiert zunächst nicht weiter (Abb. 2①). Die Polarisation ist zu schwach, um das aromatische System im Benzol aufzuheben. Nach Zugabe des Katalysators setzt die Reaktion ein. Der Katalysator Eisen(III)-bromid $FeBr_3$ verstärkt die Polarisation im Br_2-Molekül und senkt so die Aktivierungsenergie für die Spaltung der Br – Br-Bindung stark herab.

σ-Komplex. Nach der Spaltung der Br – Br-Bindung entstehen ein Carbenium-Ion und ein $FeBr_4^-$-Ion (Abb. 2②). Im Carbenium-Ion ist das Br-Atom über eine *σ-Bindung* an ein C-Atom aus dem Benzol-Ring gebunden. Die σ-Bindung bezeichnet im Orbitalmodell eine Einfachbindung (↗S. 208). Das Carbenium-Ion wird daher als **σ-Komplex** bezeichnet. Der σ-Komplex ist mesomeriestabilisiert, weil die positive Ladung innerhalb des Rings über fünf C-Atome delokalisiert ist. Dies wird durch ein Pluszeichen in der Mitte des Sechsecks und eine gestrichelte Linie über den delokalisierten Bereich verdeutlicht. Für das Carbenium-Ion können drei Grenzformeln formuliert werden:

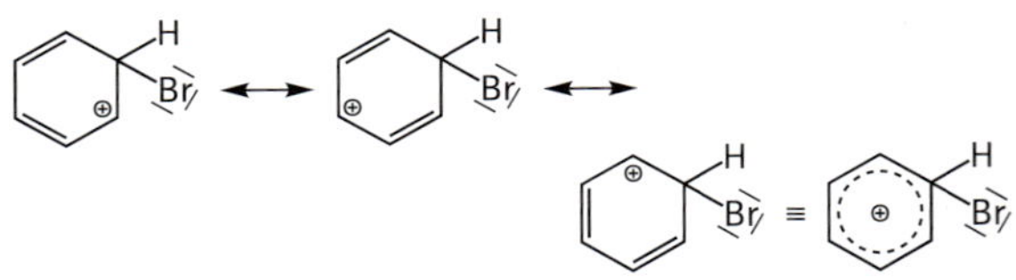

Rearomatisierung. Aus dem Carbenium-Ion wird ein Proton abgespalten (Abb. 2 ③). Bei der Bildung des Produkts Brombenzol wird das aromatische System wiederhergestellt. Dieser Schritt wird daher **Rearomatisierung** genannt. Gleichzeitig entsteht aus dem Proton und dem $FeBr_4^-$-Ion HBr-Molekül und der Katalysator $FeBr_3$ wird zurückgebildet.

Enthalpiediagramm. Das Enthalpiediagramm in Abb. 3 zeigt die energetische Lage der Edukte und Produkte und den Energieverlauf bei der Reaktion von Brom mit Benzol. Zunächst wird eine recht hohe Aktivierungsenergie benötigt. Dabei wird das aromatische System aufgehoben und es entsteht ein energiereicher Übergangszustand (Abb. 3①). Dieser Übergangszustand existiert nur extrem kurzzeitig. Ein Elektronenpaar des ▶

aromatischen Systems bildet eine Bindung zwischen einem C-Atom aus dem Benzol-Ring und dem positiv polarisierten Br-Atom aus dem Br_2-Molekül aus. Der so entstandene σ-Komplex erscheint energetisch abgesenkt, da die positive Ladung im Carbenium-Ion über den Benzol-Ring verteilt ist ②. Der σ-Komplex ist ein reales Teilchen, das unter geeigneten Umständen nachgewiesen werden kann. Die Rearomatisierung zum Brombenzol setzt die Mesomerieenergie frei. Das Brombenzol ist insgesamt stabiler als das Edukt Benzol ③.

Substitution oder Addition. Das Carbenium-Ion des σ-Komplex könnte ähnlich weiter reagieren wie in einer elektrophilen Addition bei Alkenen. Bei Aromaten wird jedoch die Substitution durch die räumliche Anordnung der Atome und energetische Faktoren begünstigt.

Bei einer Addition würden sich zwei Br-Atome an benachbarten Positionen räumlich gegenseitig stark behindern. Weiterhin erfordert der nucleophile Angriff des Bromid-Ions an den σ-Komplex eine große Aktivierungsenergie. Der Energieinhalt des Additionsprodukts wäre größer als des σ-Komplexes. Bei der Abspaltung des Protons bildet sich das delokalisierte Elektronensystem zurück. Diese Rearomatisierung setzt die entsprechende Mesomerieenergie frei. Das Substitutionsprodukt ist wesentlich energieärmer als der σ-Komplex.

Koordinative Bindung. Bei der Bromierung von Benzol setzt der Katalysator die Aktivierungsenergie zur Ausbildung des σ-Komplex herab (Abb. 3). Ein freies Elektronenpaar des negativ polarisierten Br-Atoms bildet

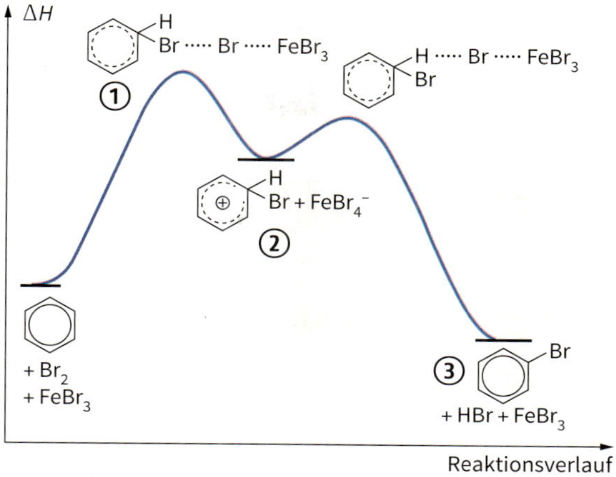

3 *Enthalpiediagramm der Bromierung von Benzol*

eine Bindung zum partiell positiv geladenen Fe-Atom aus und begünstigt die homolytische Spaltung des Br_2-Moleküls (Abb. 2). Anders als bei einer Elektronenpaarbindung werden bei einer **koordinativen Bindung** die Bindungselektronen von nur einem Bindungspartner eingebracht. Dieser Bindungstyp wird daher auch *Donator-Akzeptor-Bindung* genannt. Verbindungen, die wie das $FeBr_4^-$-Ion über koordinative Bindungen aufgebaut sind, werden *Komplexverbindungen* genannt.

Aromatische Verbindungen lassen sich elektrophil substituieren. Die Reaktion wird in drei Schritte unterteilt: Bildung des π-Komplexes, Bildung des σ-Komplexes und Rearomatisierung

1 a) Stellen Sie den Reaktionsmechanismus für die Chlorierung von Benzol auf. Hierbei wird Aluminium(III)-chlorid $AlCl_3$ als Katalysator eingesetzt.
b) Erklären Sie an diesem Beispiel den Begriff der *koordinative Bindung.*

2 Erläutern Sie, warum das Carbenium-Ion des σ-Komplexes ein reales Teilchen ist. Stellen Sie eine Hypothese zum Nachweis dieses Teilchens auf.

3 Übertragen Sie das Enthalpiediagramm aus Abb. 3 in Ihr Heft. Stellen Sie eine Hypothese für den Kurvenverlauf bei einer elektrophilen Addition von Brom an Benzol zum 1,2-Dibromcyclohexadien auf. Zeichnen Sie den erwarteten Kurvenverlauf in das Diagramm.

4 Bei der Nitrierung von Benzol wird als elektrophiles Teilchen das Nitronium-Kation (NO_2^+) genutzt. Als Produkt entsteht Nitrobenzol. Stellen Sie den Reaktionsmechanismus der Reaktion auf.

5 Entwickeln Sie gemeinsam in einer Tabellenkalkulation einen Rechner zur Bestimmung einer Reaktionsenthalpie.

Bindung	$\Delta_B H$ in $kJ \cdot mol^{-1}$	Bindung	$\Delta_B H$ in $kJ \cdot mol^{-1}$
C_6H_5–F	527	C_6H_5–Cl	402
C_6H_5–Br	339	C_6H_5–I	272
I–I	151	H–I	298

a) Partner A: Chlor; Partner B: Brom
Bestimmen Sie mithilfe Ihres Rechners die Reaktionsenthalpien für die elektrophile Substitution und die elektrophile Addition des Halogens mit Benzol.
b) Erläutern Sie, ob es sich um eine exotherme oder endotherme Reaktion handelt.
c) Überprüfen Sie Ihre Ergebnisse gegenseitig.

Reaktionen von Benzol und Benzolderivaten

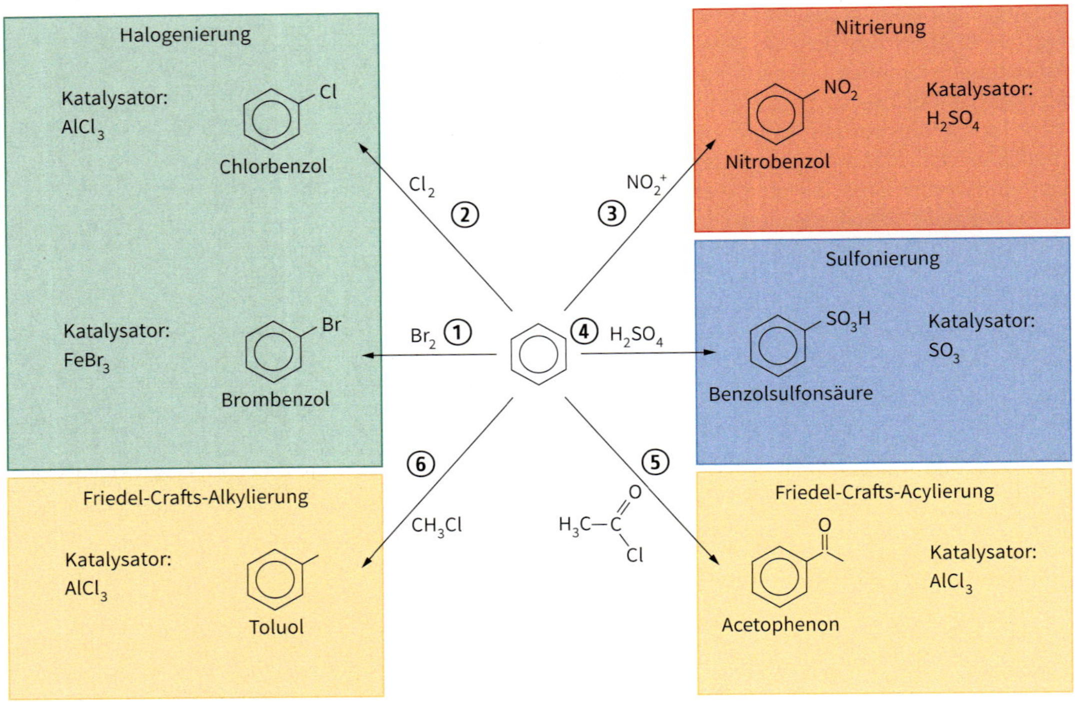

1 *Wichtige Substitutionsreaktionen am Benzol*

Substitutionsreaktionen am Benzol-Molekül verlaufen immer nach demselben Mechanismus. Neben den Elektrophilen unterscheiden sich bei der Bromierung (Abb. 1 ①), Chlorierung ②, Nitrierung ③, Sulfonierung ④ sowie der Friedel-Crafts-Acylierung ⑤ und Alkylierung ⑥ auch meist die Katalysatoren. Die Produkte sind ihrerseits Ausgangsstoffe für eine Vielzahl weiterer Verbindungen. Die Moleküle der Produkte enthalten den aromatischen Benzol-Ring mit dem jeweiligen Substituenten. Diese substituierten Verbindungen werden als **Derivate** des Benzols bezeichnet. Allgemein sind Derivate Verbindungen, deren Molekülstruktur sich von der Struktur anderer, meist einfacherer Moleküle ableiten lässt.

Nitrierung. Benzol reagiert mit Nitriersäure zu Nitrobenzol, einer giftigen, gelblichen Flüssigkeit, die angenehm nach Mandeln riecht. Nitrobenzol ist ein wichtiges Edukt zur Herstellung von Farbstoffen. Die für die *Nitrierung* benötigte *Nitriersäure* ist ein Gemisch aus konzentrierter Salpetersäure und konzentrierter Schwefelsäure. Das elektrophile Teilchen bei der Nitrierung ist das Nitronium-Ion (NO_2^+). Es entsteht bei der Reaktion der sehr starken Schwefelsäure mit Salpetersäure. Ein H_2SO_4-Molekül überträgt ein Proton auf ein HNO_3-Molekül. Anschließend wird ein H_2O-Molekül abgespalten (Abb. 2):

Sulfonierung. Zur Beschleunigung der *Sulfonierung* wird Schwefeltrioxid in konzentrierter Schwefelsäure gelöst. Im Schwefeltrioxid ist das S-Atom von drei stark elektronegativen O-Atomen umgeben und positiv geladen. Schwefeltrioxid wirkt als starkes Elektrophil und greift den aromatischen Ring des Benzols ohne weiteren Katalysator direkt an. Die Produkte der Sulfonierung sind die Sulfonsäuren (Abb. 3).

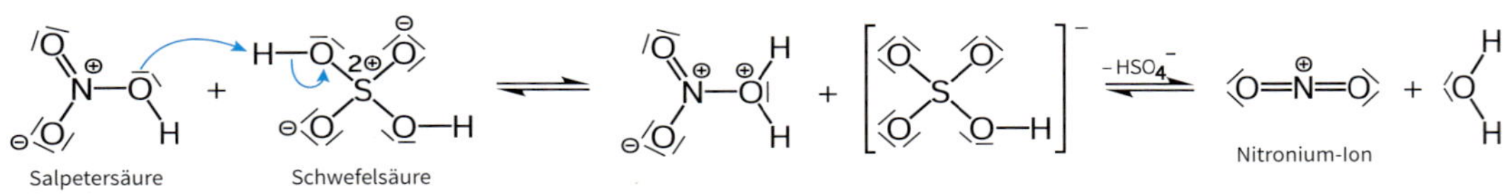

2 *Bildung des Nitronium-Kations*

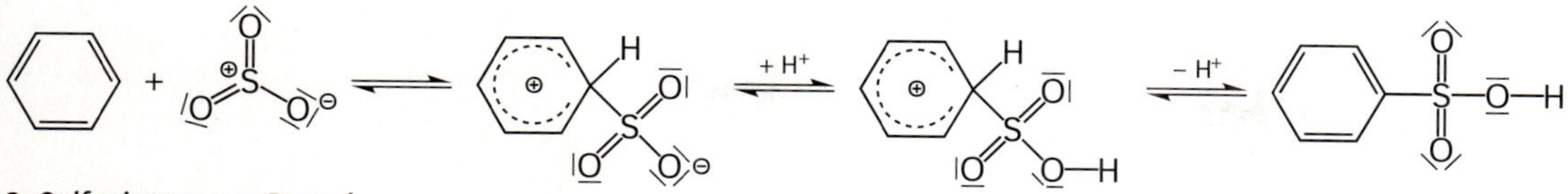

3 *Sulfonierung von Benzol*

Friedel-Crafts-Reaktionen. Bei der Alkylierung und der Acylierung wird eine C–C-Bindung zwischen dem Benzol-Ring und dem Substituenten geknüpft (Abb. 1). Das Kohlenstoffgerüst wird erweitert. Die **Friedel-Crafts-Alkylierung** mit Chlormethan ergibt das Alkylderivat Toluol oder Methylbenzol (Abb. 4).

Die Alkylierung von Benzol mit Ethen liefert Ethylbenzol. Durch Protonierung von Ethen mit Schwefelsäure entstehen stark elektrophile Carbenium-Ionen. Durch Dehydrierung von Ethylbenzol erhält man dann Styrol, das als Edukt zur Herstellung des Kunststoffs Polystyrol dient.

Xylole sind Verbindungen, in denen im Benzol-Molekül zwei H-Atome durch CH_3-Gruppen ersetzt wurden. Xylole eignen sich als Lösemittel für Wachse, Kunstharze und Kautschuk sowie als Verdünnungsmittel für Lacke. Wegen ihrer hohen Octanzahl werden Xylole den Flugzeugkraftstoffen zugesetzt.

Mit der **Friedel-Crafts-Acylierung** wird ein Substituent an den Benzol-Ring gebunden, der eine Carbonyl-Gruppe (C=O) enthält. In Gegenwart des Katalysators $AlCl_3$ bildet sich ein *Acyl-Kation*, dass mit Benzol zu Acetophenon reagiert(Abb. 1):

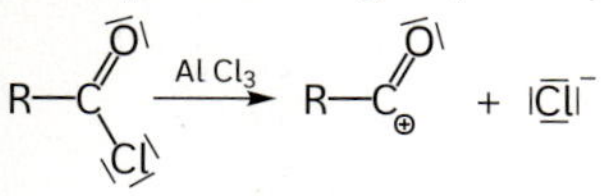

1 Toluol (Methylbenzol) wird über eine Friedel-Crafts-Alkylierung synthetisiert.
a) Stellen Sie die Reaktionsgleichung auf und formulieren Sie den Reaktionsmechanismus.
b) Erläutern Sie die Bedeutung des Katalysators.

2 Mit Schwefelsäure entsteht durch Protolyse aus einem Ethen-Molekül ein Carbenium-Ion. Dieses starke Elektrophil reagiert mit einem Benzol-Molekül. Stellen Sie den Reaktionsmechanismus für die Bildung des Elektrophils und des Ethylbenzols auf.

3 Folgende Produkte sollen hergestellt werden: Partner A: Butyrophenon (1-Phenylbutan-1-on), Partner B: Benzoylchlorid (Benzoesäurechlorid)
a) Nennen Sie die Edukte der Reaktion.
b) Stellen Sie den Reaktionsmechanismus der Friedel-Crafts-Acylierung auf.
c) Stellen Sie sich Ihre Ergebnisse gegenseitig vor.

4 Die Sulfonierung ist eine reversible Reaktion.
a) Stellen Sie den vollständigen Reaktionsmechanismus für die Sulfonierung von Benzol auf.
b) Stellen Sie eine Hypothese auf, unter welchen Reaktionsbedingungen die Sulfonsäure-Gruppe wieder ausgetauscht wird.

5 TNT (2-Methyl-1,3,5-trinitrobenzol) wird durch Nitrierung von Toluol hergestellt. Stellen Sie die Reaktionsgleichung auf.

Methylbenzol (Toluol)

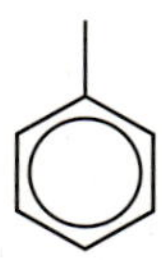

Toluol ist relativ reaktionsträge, mit Oxidationsmitteln und Säuren reagiert es aber heftig. Es greift viele Kunststoffe an und wird deswegen meist in Glas- oder Metallbehältern aufbewahrt. Verdampft bereits bei Zimmertemperatur.

Ethylbenzol

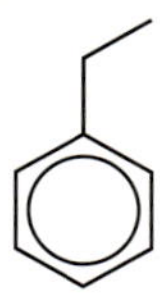

Ethylbenzol ist eine farblose, dem Benzol ähnlich riechende Flüssigkeit mit einer Schmelztemperatur von –95 °C und einer Siedetemperatur von 136 °C. Es wird als Zusatzstoff für Benzin und Lösungsmittel für Lacke und Farben verwendet.

Phenylethen (Styrol)

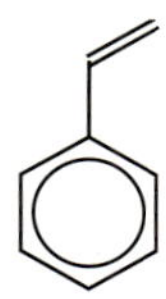

Phenylethen ist eine farblose, niedrigviskose und süßlich riechende Flüssigkeit, entzündlich, wasserunlöslich und wirkt reizend auf die Haut und die Atemwege. Ausgangsstoff für viele Kunststoffprodukte.

4 *Alkylderivate des Benzols*

Exkurs

Die Zweitsubstitution I – Reaktionsgeschwindigkeit

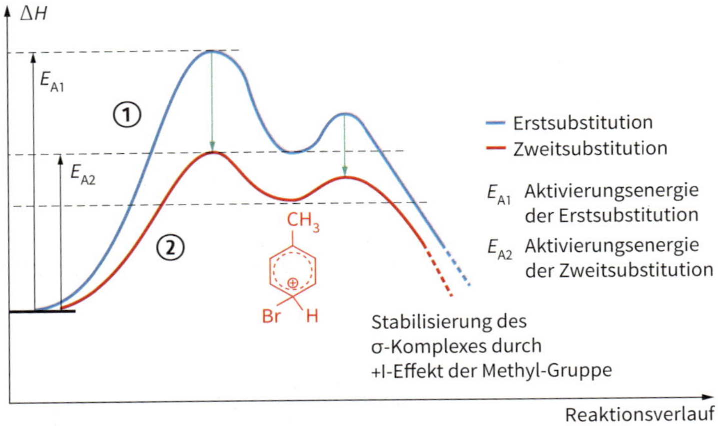

1 *Substitution am Benzol-Molekül und am Toluol-Molekül*

Substituent	I-Effekt M-Effekt	Reaktivität im Vergleich zu Benzol
–OH, –OR, –NH_2	–I ≪ +M	viel größer
–R	+I	größer
–Cl, –Br	–I > +M	geringer
–NO_2, –CHO, –SO_3H, –COOH, –COOR	–I und –M	viel geringer

2 *Substituenten und ihre Effekte*

An einem substituierten Benzol-Molekül können weitere Substitutionsreaktionen erfolgen. Dabei beobachtet man, dass die Bromierung von Methylbenzol (Toluol) deutlich schneller verläuft als die Reaktion von Brom mit Benzol. Die Methyl-Gruppe beeinflusst offenbar die Reaktionsgeschwindigkeit.

Substituenten mit I-Effekt. H-Atome weisen einen geringeren **Elektronegativitätswert** als C-Atome auf. Durch die daraus resultierende Elektronenverschiebung erhöht eine Methyl-Gruppe die Elektronendichte im aromatischen Ring. Der elektrophile Angriff eines weiteren Substituenten wird erleichtert. Dieser positive **induktive Effekt** (+I-Effekt) führt zu einer erhöhten Reaktivität bei der elektrophilen Zweitsubstitution.

Im Enthalpiediagramm erkennt man für den Fall des unsubstituierten Benzol-Moleküls eine hohe Aktivierungsenergie (Abb. 1 ①). Im Falle der Zweitsubstitution von Toluol ist die aufzubringende Aktivierungsenergie deutlich geringer ②. Der σ-Komplex kann beim Toluol leichter gebildet werden als beim Benzol und ist stabiler. Die positive Ladung im σ-Komplex wird durch die höhere Elektronendichte im Ring beim Toluol besser ausgeglichen.

Chlorbenzol reagiert deutlich langsamer als Benzol. Da Cl-Atome eine höhere Elektronegativität als C-Atome aufweisen, zieht das Cl-Atom Elektronen aus dem π-Elektronensystem des Benzol-Rings zu sich (–I-Effekt). Die Elektronendichte im aromatischen Ring wird herabgesetzt und ein elektrophiler Angriff deutlich erschwert.

Substituenten mit M-Effekt. Das O-Atom des Phenol-Moleküls (Hydroxybenzol) übt einen –I-Effekt aus. Daher sollte die Bromierung von Phenol im Vergleich zu Benzol langsamer verlaufen. Tatsächlich steigt die Reaktionsgeschwindigkeit beim Phenol. Verantwortlich dafür ist das freie Elektronenpaar am O-Atom der Hydroxy-Gruppe. Das Elektronenpaar beteiligt sich am delokalisierten π-Elektronensystem. Die damit verbundene Erhöhung der Elektronendichte des aromatischen Rings bezeichnet man als positiven **mesomeren Effekt** (+ M-Effekt). Bei der OH-Gruppe überwiegt der +M-Effekt gegenüber dem –I-Effekt des O-Atoms deutlich.

Nitrobenzol ist deutlich reaktionsträger als Benzol. Die Nitro-Gruppe erschwert durch ihren –I-Effekt einen elektrophilen Angriff. Zudem lassen sich für das Nitrobenzol-Molekül Grenzformeln angeben, in denen eine positive Ladung im Ringsystem auftritt. Die Elektronendichte im Ring wird weiter erniedrigt. Die Nitro-Gruppe übt einen negativen mesomeren Effekt (–M-Effekt) aus und verringert die Reaktivität.

1 a) Beschreiben Sie die Ursachen für den I-Effekt und den M-Effekt.
b) Erklären Sie die Effekte bei den Substituenten in der Tabelle aus Abb. 2. Notieren Sie eventuelle Grenzformeln.

2 Phenol reagiert mit Brom in alkalischer Lösung wesentlich schneller als in saurer Lösung. Erklären Sie das unterschiedliche Reaktionsverhalten.

Praktikum Reaktionen von Aromaten

Versuch 1:
Löslichkeit von Dimethylbenzol

Materialien: Tropfpipette;
Dimethylbenzol (Xylol; **2, 7, 8**), Wasser, Ethanol (**2, 7**), *n*-Heptan (**2, 7, 8, 9**)

Durchführung:
Geben Sie etwa 1 ml Dimethylbenzol zu etwa 1 ml Wasser, Ethanol beziehungsweise *n*-Heptan. Schütteln Sie die Gemische vorsichtig.

Aufgaben:
a) Notieren Sie Ihre Beobachtungen.
b) Erklären Sie die unterschiedlichen Löslichkeiten anhand der Molekülstruktur der eingesetzten Stoffe.

◇ Versuch 2:
Bromierung von Alkylbenzolen

Materialien: Tropfpipette, durchbohrter Stopfen mit Glasrohr, Uhr;
Methylbenzol (Toluol; **2, 7, 8**), 1,3-Dimethylbenzol (*m*-Xylol; **2, 7, 8**), Bromwasser (0,1 %, **5, 7**), Aluminiumgries (**2**), Aluminiumfolie, Universalindikatorpapier

Durchführung:
1. Umwickeln Sie den unteren Bereich eines Reagenzglases mit Aluminiumfolie. Versetzen Sie in diesem Reagenzglas 2 ml Methylbenzol mit 5 Tropfen Bromwasser und lösen Sie durch Schütteln das Brom im Methylbenzol.
2. Saugen Sie mit einer Pipette vorsichtig die wässrige Phase vollständig ab.
3. Geben Sie 2–3 Körnchen Aluminiumgries dazu und hängen Sie einen angefeuchteten Streifen Universalindikatorpapier in den oberen Bereich des Reagenzglases. Klemmen Sie das Universalindikatorpapier mit dem Stopfen fest.
4. Ziehen Sie das Reagenzglas kurz aus der Aluminiumfolie und prüfen Sie die Färbung.
5. Schätzen Sie die Reaktionsdauer bis zur Entfärbung.
6. Wiederholen Sie den Versuch mit 3 ml 1,3-Dimethylbenzol.

Aufgaben:
a) Notieren Sie Ihre Beobachtungen.
b) Formulieren Sie die Reaktionsgleichungen.
c) Erläutern Sie, warum das Reagenzglas mit Aluminiumfolie umwickelt wird.
d) Begründen Sie, warum Aluminiumgries zugesetzt wird.
e) Formulieren Sie die Gleichung für die Reaktion von Aluminium mit Brom.
f) Vergleichen Sie die Reaktionsgeschwindigkeit von Methylbenzol und 1,3-Dimethylbenzol. Erläutern Sie Ihre Ergebnisse.

◇ Versuch 3:
Löslichkeit von Phenol

Materialien: Wasserbad, Messzylinder, Tropfpipetten; Phenol (**5, 6, 8, 9**), Salzsäure (verd.; **5**), Natronlauge (verd.; **5**)

Durchführung:
1. Geben Sie zu einer Spatelspitze Phenol einige Tropfen Wasser und schütteln Sie kurz.
2. Fügen Sie weitere 5 ml Wasser zu und schütteln Sie, bis sich das Phenol vollständig gelöst hat.
3. Verteilen Sie den Inhalt des Reagenzglases auf zwei Reagenzgläser.
4. Geben Sie in das erste Reagenzglas weitere 15 ml Wasser. Stellen Sie das zweite in ein Wasserbad (80 °C).
5. Beobachten Sie das zweite Reagenzglas beim Abkühlen.
6. Stellen Sie in einem weiteren Reagenzglas eine gesättigte Lösung von Phenol in 2 ml Wasser her. Ein kleiner Bodensatz muss vorhanden sein.
7. Geben Sie zu der gesättigten Lösung einige Tropfen Natronlauge. Schütteln Sie.
8. Versetzen Sie die Lösung anschließend mit einigen Tropfen Salzsäure.

Aufgaben:
a) Notieren Sie Ihre Beobachtungen.
b) Erklären Sie das unterschiedliche Verhalten des Phenols mithilfe von Reaktionsgleichungen.

Exkurs Die Zweitsubstitution II – dirigierende Wirkung

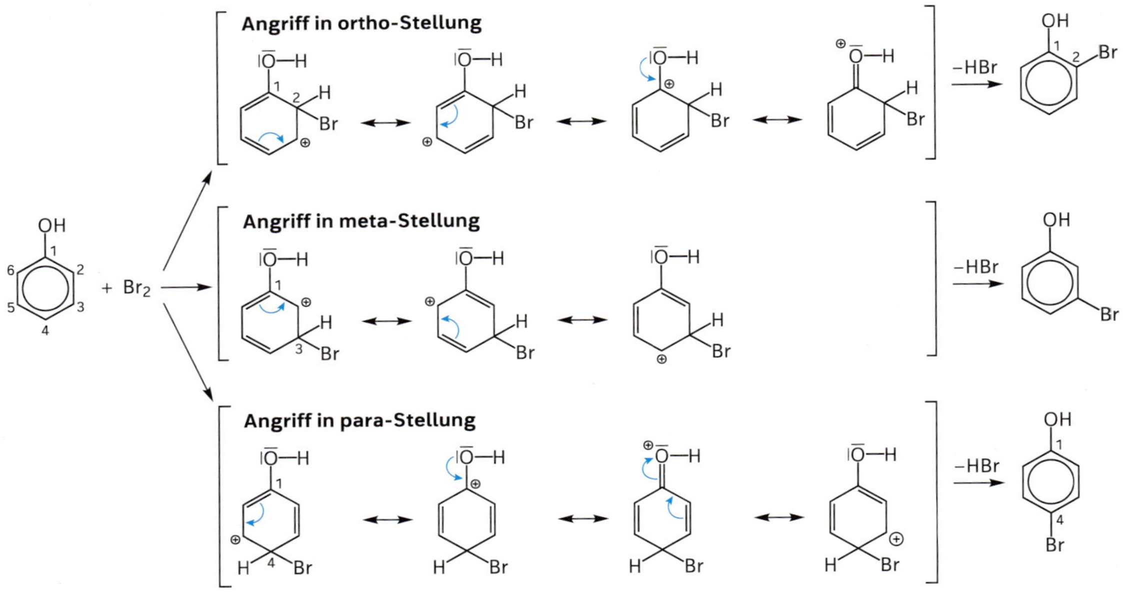

1 *Grenzformeln der σ-Komplexe bei der Bromierung von Phenol*

Bei der spontanen Reaktion mit Brom sind drei verschiedene Bromphenole möglich. Im 2-Bromphenol- oder *ortho*-Bromphenol-Molekül binden die OH-Gruppe und das Br-Atom an benachbarten C-Atomen. Sind die Substituenten an gegenüberliegenden C-Atomen gebunden, heißt die Verbindung 4-Bromphenol oder *para*-Bromphenol. Bei einer Substitution in der Position 3 entsteht *meta*-Bromphenol.

Produktverteilung. Da es je zwei Möglichkeiten für die *ortho*- und die *meta*-Position gibt, könnte man ein Verhältnis der Produkte von *ortho* : *meta* : *para* = 2 : 2 : 1 erwarten. Bei der Analyse der Produkte stellt man jedoch fest, dass im Wesentlichen das *para*-substituierte Produkt mit einem Anteil von etwa 80 % entsteht. *Ortho*-Bromphenol entsteht zu etwa 15 % und *meta*-Bromphenol wird fast gar nicht gebildet.

+M-Effekt. Offenbar beeinflusst die OH-Gruppe die Position der Zweitsubstitution. Ein Blick auf die Grenzformeln des Phenol-Moleküls (Abb. 2) zeigt, dass der +M-Effekt der OH-Gruppe dafür sorgt, dass

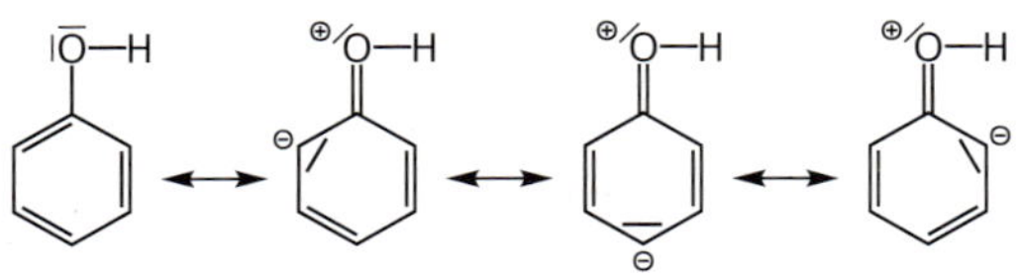

2 *Grenzformeln des Phenol-Moleküls*

in *ortho*- und in *para*-Stellung die Elektronendichte etwas erhöht ist. Die Grenzformeln der möglichen σ-Komplexe (Abb. 1) bestätigen diesen Ansatz. Die Substitution des Broms an den drei unterschiedlichen Positionen ergibt drei verschiedene σ-Komplexe. Beim Vergleich der **Grenzformeln** der σ-Komplexe fällt auf, dass bei einem Angriff in *ortho*- und in *para*-Stellung jeweils vier Grenzformeln gezeichnet werden können. Bei einem Angriff in *meta*-Stellung sind es nur drei Grenzformeln. Zwar beschreibt jede dieser Grenzformeln nur einen fiktiven Zustand. In ihrer Gesamtheit symbolisieren die Grenzformeln aber die tatsächliche Ladungsverteilung. Die positive Ladung ist somit in der *ortho*- und in der *para*-Stellung über einen größeren Raumbereich verteilt. Dies führt zu einem deutlich stabileren σ-Komplex und damit zu einer bevorzugten Substitution in *ortho*- und in *para*-Stellung. Allgemein zeigen Substituenten mit einem +M-Effekt bei der Zweitsubstitution eine **dirigierende Wirkung** in die *ortho*- und die *para*-Stellung.

+I-Effekt. Die CH_3-Gruppe im Toluol-Molekül hat einen elektronenschiebenden +I-Effekt. Aus den Grenzformeln der möglichen σ-Komplexe der Zweitsubstitution lässt sich ablesen, dass die CH_3-Gruppe den Zweitsubstituenten ebenfalls in *ortho*- und *para*-Stellung dirigiert. Jeweils eine Grenzformel der *ortho*- und der *para*-Stellung zeigt ein durch den +I-Effekt der CH_3-Gruppe stabilisiertes Carbenium-Ion. In der

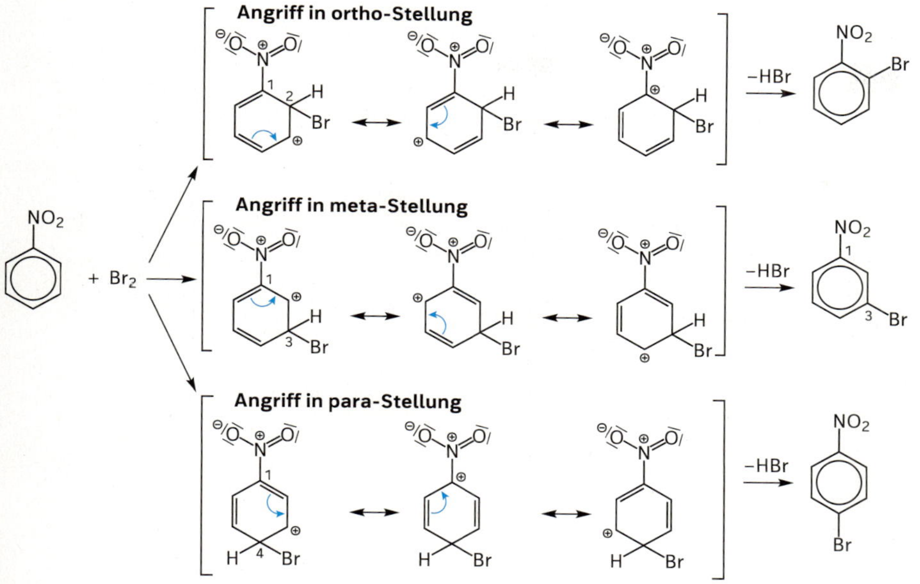

3 *Grenzformeln bei der Bromierung von Nitrobenzol*

meta-Stellung fehlt eine solche Grenzformel. Substituenten mit einem +I-Effekt zeigen bei der Zweitsubstitution eine dirigierende Wirkung in die *ortho*- und die *para*-Stellung.

–M-Effekt. Für das Nitrobenzol-Molekül treten energetisch ungünstige Grenzformeln auf, wenn die Substitution in *ortho*- oder *para*-Stellung erfolgt (Abb. 3). In diesen Grenzformeln sind zwei positive Ladungen direkt benachbart. Damit ist die Substitution in der *meta*-Stellung begünstigt. Allgemein zeigen Substituenten mit einem –M-Effekt eine dirigierende Wirkung in die *meta*-Stellung.

Sterischer Effekt. Bei der Nitrierung von Brombenzol erhält man nur 15 % des *ortho*-Produkts, aber 80 % des *para*-Produkts. Die Größe des Br-Atoms erschwert einen Angriff in der *ortho*-Position. Wie bei der elektrophilen Addition spielen auch bei der elektrophilen Substitution **sterische Effekte** eine wichtige Rolle. Durch sterische Hinderung verringert sich der Anteil des *ortho*-Produkts gegenüber dem des *para*-Produkts. Der Effekt ist umso ausgeprägter, je größer der vorhandene Erstsubstituent ist. Auch ein großer Zweitsubstituent verringert den Anteil des *ortho*-Produkts.

1 Formulieren Sie den Reaktionsmechanismus für die Reaktion von Chlormethan und Phenol.

2 a) Zeichnen Sie die Grenzformeln der σ-Komplexe für die Bromierung von Toluol. Bestätigen Sie die Aussagen aus dem Text zum +I-Effekt der Methyl-Gruppe.
b) Stellen Sie eine Hypothese über das Verhältnis der drei möglichen Bromtoluole auf.

3 Partner A: Nitrierung von Phenol
Partner B: Chlorierung von Nitrobenzol
a) Formulieren Sie für die Zweitsubstitutionen die Reaktionsgleichungen. Erklären Sie die Entstehung der bevorzugten Produkte mit Grenzformeln.
b) Stellen Sie sich Ihre Ergebnisse gegenseitig vor.

4 Bei der Nitrierung von Ethylbenzol, Isopropylbenzol und Methylbenzol entstehen *ortho*-Produkte und *para*-Produkte etwa in folgenden Verhältnissen:

Reaktion	1	2	3
ortho : para	56:40	44:51	28:65

a) Geben Sie die Strukturformeln der Edukte an.
b) Ordnen Sie die Produktverteilungen den Edukten begründet zu.

5 a) Partner A: Erläutern Sie, warum ein Substituent mit –M-Effekt *meta*-dirigierend ist.
Partner B: Erläutern Sie, wie eine OH-Gruppe die Zweitsubstitution beeinflusst.
b) Stellen Sie sich Ihre Ergebnisse gegenseitig vor.

Kleiner Werkzeugkasten für organische Synthesen

Man kennt mittlerweile über 40 Millionen organische Verbindungen. Die große Vielfalt beruht unter anderem auf den funktionellen Gruppen. Sie können abhängig von den jeweiligen Reaktionspartnern und -bedingungen unterschiedliche Reaktionen eingehen.

Reaktionen von Alkenen. Das besondere Strukturmerkmal der Alken-Moleküle ist die C=C-Doppelbindung. Sie ist Bestandteil des Kohlenstoffgerüsts und somit streng genommen keine funktionelle Gruppe. Sie wird nach IUPAC aber als solche betrachtet, da sie für die besondere Reaktivität der Alkene verantwortlich ist. Der bevorzugte Reaktionstyp bei Alkenen ist die elektrophile Addition (Abb. 1).

Reaktionen von Alkoholen. Alkohole gelten als besonders vielseitige Reagenzien in der Synthesechemie. Sie können als Edukte für Additionen, Substitutionen, Eliminierungen, Redoxreaktionen und Kondensationsreaktionen dienen (Abb. 2). Bei der Reaktion mit Natrium entstehen Alkoholate (R–O–) und Wasserstoff. Alkoholate sind deutlich nucleophiler und somit reaktiver als die entsprechenden Alkohole.

Reaktionen von Carbonsäuren. Carbonsäuren zählen ebenfalls zu wichtigen Zwischenprodukten bei organischen Synthesen (Abb. 3). Durch Protolyse lassen sie sich in die entsprechenden Carboxylate (R–COO–) überführen. Anstelle der freien Carbonsäuren verwendet man gelegentlich auch Carbonsäureanhydride und Carbonsäurechloride. Diese Derivate zeichnen sich durch eine höhere Reaktivität aus. Carbonsäureanhydride entstehen bei Reaktion von zwei Säure-Molekülen unter Abspaltung von H_2O-Molekülen. Bei Carbonsäurechlorid-Molekülen enthält die Carboxy-Gruppe anstelle der OH-Gruppe ein Cl-Atom.

Reaktionen von Aminen. Die funktionelle Gruppe der Amine ist die Amino-Gruppe ($-NH_2$). Befindet sich in ihrer Nachbarschaft noch eine Carbonyl-Gruppe (C=O), liegt eine Amid-Gruppe vor (R-CONH$_2$). Amine sind wichtige Reaktionspartner bei Substitutionen, Additionen und Kondensationsreaktionen (Abb. 4).

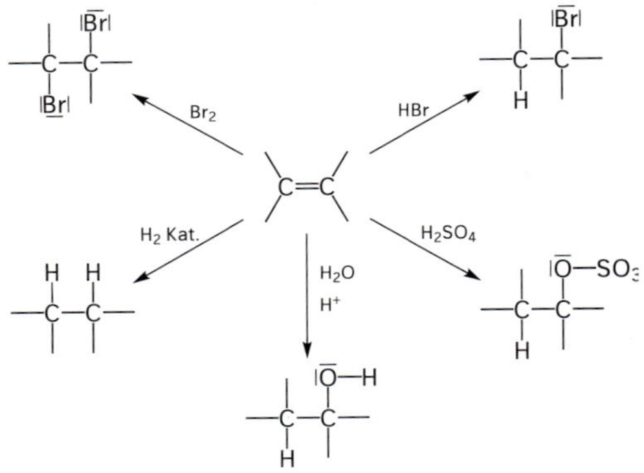

1 *Reaktionen von Alkenen*

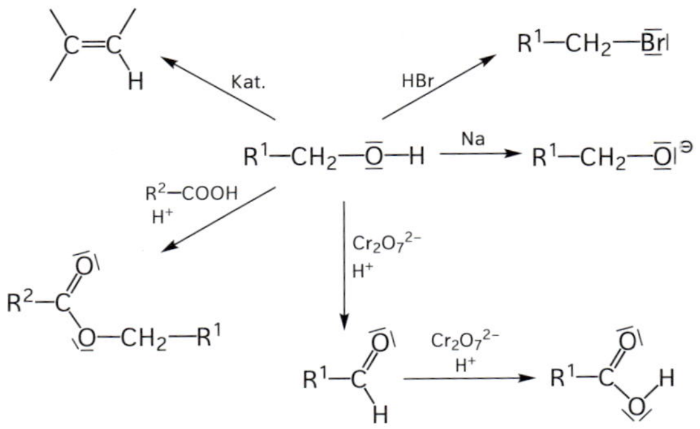

2 *Reaktionen von Alkoholen*

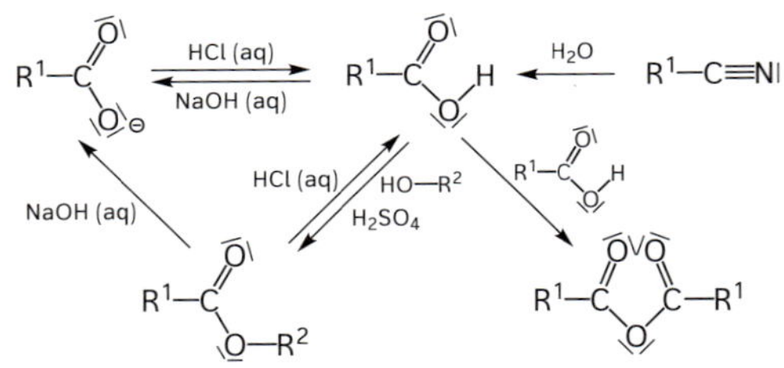

3 *Reaktionen von Carbonsäuren*

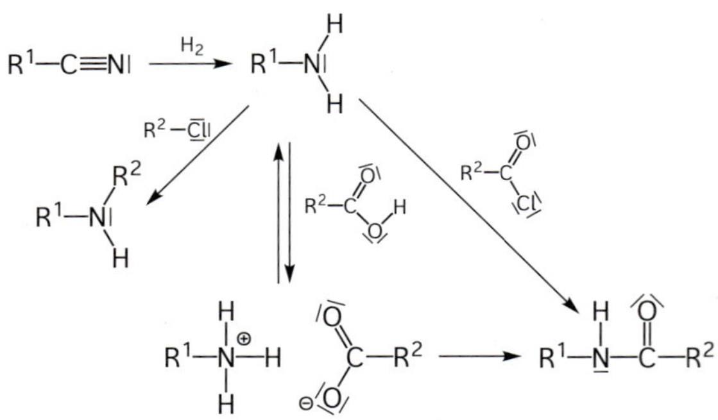

4 *Reaktionen von Aminen*

Produkt \ Edukt	Alkan	Alken/Alkin	Halogenalkan	Alkohol	Aldehyd	Carbonsäure	Ester
Alkan		Addition von Wasserstoff (Hydrierung)					
Alken/Alkin	Eliminierung von Wasserstoff		Eliminierung von Halogenwasserstoffen	Eliminierung von Wasser			
Halogenalkan		Addition von Halogenwasserstoffen/Halogen		Substitution mit Halogenid-Ionen			
Alkohol		Addition von Wasser	Substitution mit Hydroxid-Ionen		Reduktion	Reduktion	Esterspaltung (Hydrolyse)
Ether		Addition von Alkoholen	Substitution mit Alkoholaten	Substitution mit Halogenalkanen			
Aldehyd				Oxidation von primären Alkoholen		Reduktion	
Keton				Oxidation von sekundären Alkoholen			
Carbonsäure				Oxidation von primären Alkoholen	Oxidation		Esterspaltung (Hydrolyse)
Ester				Veresterung mit Carbonsäuren		Veresterung mit Alkoholen	
Amin		Addition von Ammoniak	Substitution mit Ammoniak	Substitution mit Ammoniak			

5 *Ausgewählte Beispiele für einschrittige Synthesen*

1 Geben Sie an, welche der nachfolgenden Verbindungen in einem Schritt aus dem angegebenen Edukt hergestellt werden können:
A Bromethan aus Ethen
B Ethansäure aus Ethan
C Propanon aus Propen
D 2-Chlorbutan aus Butan-2-ol

2 Geben Sie an, welche Umwandlungen bei der Synthese von Butanon aus Butan erforderlich sind. Nennen Sie auch die Zwischenprodukte.

3 Formulieren Sie eine Gleichung für die Bildung von Ethylpropanoat ausgehend von …
A einer Carbonsäure und einem Alkoholat,
B einem Carbonsäurechlorid und einem Alkohol.

5.16 Synthesewege in der Organischen Chemie

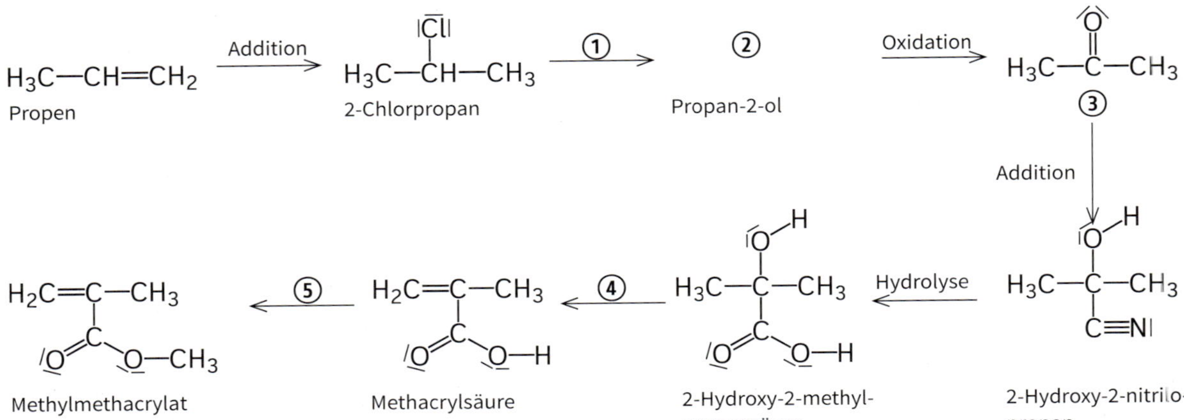

1 *Synthese von Methylmethacrylat*

Der Kunststoff Polymethylmethacrylat (PMMA) findet vielfältige Verwendung in der Zahnmedizin oder als Acrylglas (Plexiglas®). Zu seiner Herstellung nutzt man den Ester Methylmethacrylat (MMA). Wie viele organische Verbindungen kann MMA nicht in einem Schritt erhalten werden. Stattdessen gelangt man nur über eine Abfolge verschiedener Reaktionsschritte zum gewünschten Produkt (Abb. 1). In einem solchen *Reaktionsweg* ist das Produkt einer Reaktion gleichzeitig Edukt des folgenden Schritts. Die moderne Synthesechemie kennt mittlerweile eine große Vielzahl unterschiedlicher Reaktionen. Die Herausforderung besteht nun darin, die einzelnen Umsetzungen sinnvoll zu Reaktionswegen zu verknüpfen.

Strategien bei der Syntheseplanung. Bei komplexen Molekülen ergeben sich häufig mehrere mögliche Reaktionswege. Welcher davon in der Praxis beschritten wird, hängt von verschiedenen Faktoren ab:

- Die Edukte müssen preisgünstig und in großer Menge verfügbar sein. Auch der Reinheitsgrad kann von Bedeutung sein. So können Verunreinigungen eine Reaktion empfindlich stören, indem sie beispielsweise den eingesetzten Katalysator inaktivieren. Bei einigen Umsetzungen ist es zudem erforderlich, die Edukte zu trocknen, da die eigentliche Reaktion nur unter Ausschluss von Wasser ablaufen kann.
- Die Anzahl der Reaktionsschritte sollte nicht zu groß sein, da mit jedem Schritt Substanzverluste verbunden sind. In der Regel muss das Produkt einer Reaktion isoliert und gereinigt werden, bevor es weiter umgesetzt werden kann.
- Ferner sind der Energiebedarf und der apparative Aufwand einer Reaktion zu berücksichtigen. Synthesen, die sich unter Laborbedingungen vergleichsweise einfach durchführen lassen, können im großtechnischen Maßstab große Herausforderungen darstellen. Dies gilt beispielsweise für Reaktionen, die einen sehr hohen Druck erfordern. Hierfür benötigt man spezielle Anlagen, die meist recht kostspielig sind. Auch lassen sich stark exotherm verlaufende Reaktionen im großen Maßstab nur schwer kontrollieren, da hier große Wärmemengen innerhalb kurzer Zeit abgeführt werden müssen.
- Bei vielen Reaktionen fallen Abfallprodukte an, die nicht weiter genutzt werden können. So entstehen bei der Bildung von einer 1 t des Kunststoffs Polycarbonat rund 460 kg Natriumchlorid, die entsorgt werden müssen. Ziel ist es daher, die Abfallmengen und die damit verbundenen Entsorgungskosten zu minimieren.
- Eine geringere Ausbeute (↗S. 222)kann bei einer großtechnischen Synthese vertretbar sein, wenn bei der Reaktion ein verwertbares Zweitprodukt oder *Koppelprodukt* entsteht. So lässt sich Propanon auch ausgehend von Benzol und Propen erhalten. Das dabei gebildete Phenol ist ein wichtiger Ausgangsstoff für die Herstellung von Arzneimitteln, Kunststoffen und Farbstoffen (Abb. 2).

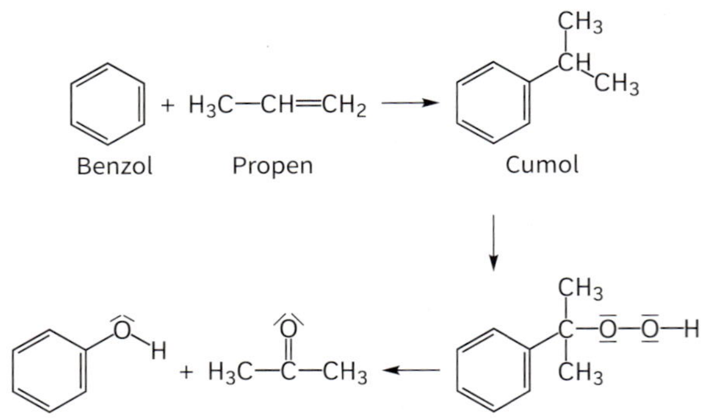

2 *Synthese von Propanon nach dem Cumol-Verfahren*

Retrosynthese. Kennt man die Struktur eines Moleküls, beispielsweise aus der Isolation und Analyse eines pflanzlichen Wirkstoffs, kann häufig die Synthese von der Struktur des Wirkstoffmoleküls aus geplant werden. Die Vorgehensweise bei einer solchen **Retrosynthese** wird am Beispiel des Propylbutanoats deutlich: Das Propylbutanoat-Molekül besitzt eine Esterbindung, die leicht gebildet werden kann:

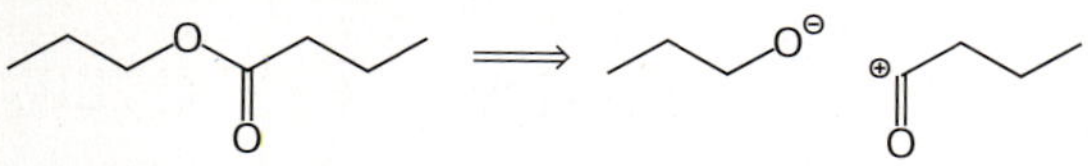

Die formale Spaltung der Esterbindung führt zu zwei Molekülfragmenten. Diese sogenannten *Synthone* müssen nicht unbedingt existieren. Sie korrespondieren aber mit realen Verbindungen, die zum gewünschten Produkt reagieren können. Im gewählten Beispiel wären dies Butansäure und Propan-1-ol:

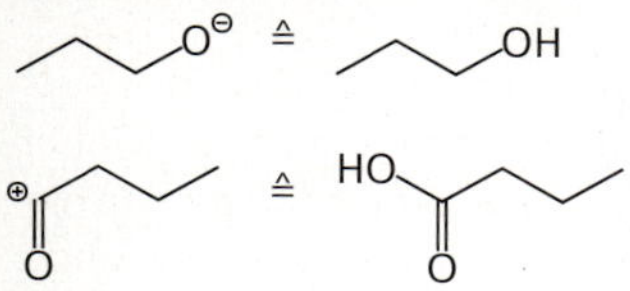

Für den Syntheseweg des Esters ergibt sich somit:

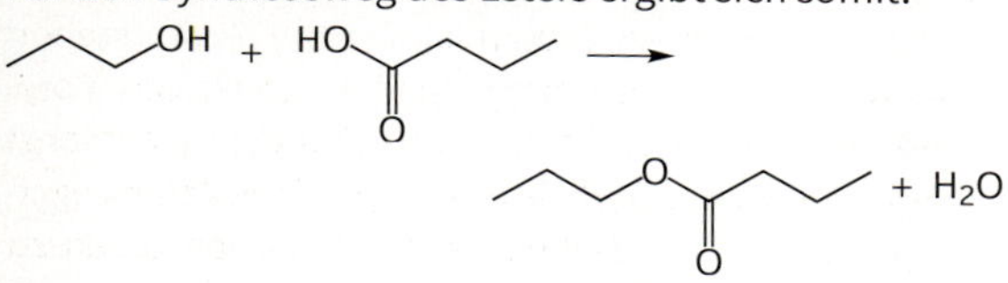

Die Planung von Synthesewegen ausgehend vom Zielmolekül wird als **Retrosynthese** bezeichnet.

Zur Synthese organischer Verbindungen müssen häufig einzelne Reaktionen zu Reaktionswegen verknüpft werden.

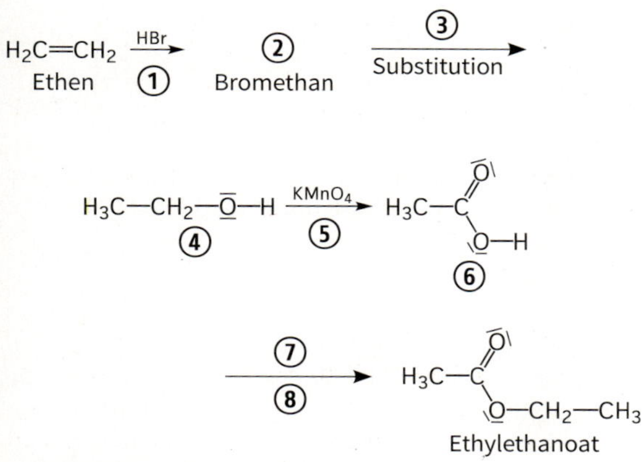

3 *Synthese von Ethylethanoat*

---

1 a) Übertragen Sie Abb. 1 (Partner A) und Abb. 3 (Partner B) auf Papier und ergänzen Sie für die angegebenen Ziffern jeweils Namen, Strukturformeln und Reaktionstypen.
b) Diskutieren Sie gemeinsam Ihre Ergebnisse.

2 Geben Sie für die Moleküle **A** bis **F** mögliche Synthone sowie mögliche Edukte an:

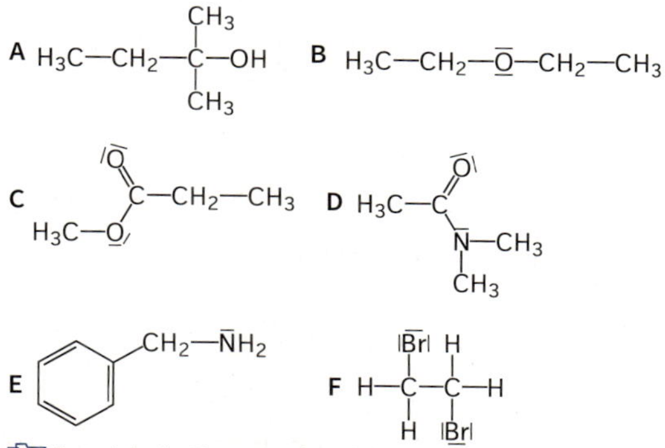

3 Entwickeln Sie ausgehend von Propanon einen mehrstufigen Reaktionsweg zur Herstellung von 2-Aminopropan. Die folgenden Reaktionstypen sollten dabei jeweils einmal vertreten sein: elektrophile Addition, Eliminierung, nucleophile Substitution, Reduktion.

4 Moderne Vollwaschmittel enthalten Bleichmittel, die meist bei höheren Temperaturen ihre Wirkung entfalten. Um bereits bei 30 °C bereits eine ausreichende Bleichwirkung zu erzielen, werden häufig Bleichmittelaktivatoren wie Tetraacetylethylendiamin (TAED) zugesetzt. Entwickeln Sie ausgehend vom Zielmolekül TAED einen Weg für eine Retrosynthese, die zu Ethen als Ausgangsverbindung führt.

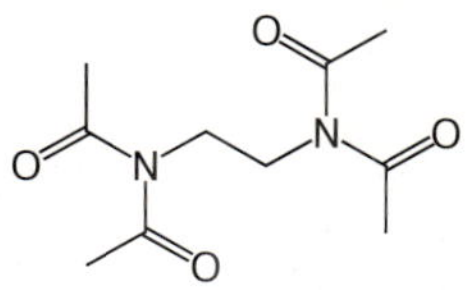

5 Um die Effizienz chemischer Reaktionen zu bewerten, betrachtet man auch die Molekülmassen der beteiligten Edukte. Bildet man den Quotienten aus der Molekülmasse der Zielverbindung und den Molekülmassen aller Edukte, erhält man die sogenannte Atomökonomie.
a) Ermitteln Sie für selbst gewählte Beispiele die Atomökonomie für die Reaktionstypen Addition, Eliminierung und Substitution.
b) Stellen Sie die Reaktionsgleichungen für die folgenden Reaktionen auf und ermitteln Sie die Atomökonomie:
A 2-Methylpropan-2-ol reagiert mit Salzsäure.
B Cyclohexen wird bromiert.
C Bildung von Propen durch Dehydratisierung.

5.17 Hohe Ausbeute – großer Gewinn

Name	3-Methylbutan-1-ol *iso*-Pentanol	2-Hydroxybenzolcarbonsäure Salicylsäure	Isopentylsalicylat Salicylsäureisopentylester
Strukturformel	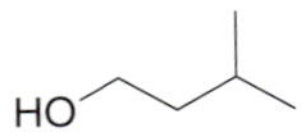	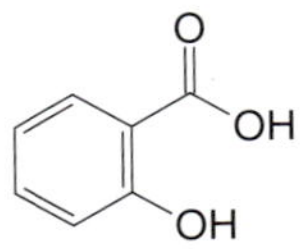	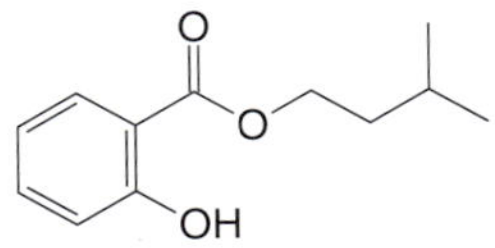
Siedetemperatur in °C	131	211	278
Löslichkeit	mäßig löslich in Wasser, gut löslich in Alkanolen	schlecht löslich in Wasser, gut löslich in Alkanolen, bildet bei heftigem Erhitzen CO_2 (Decarboxylierung)	sehr schlecht löslich in Wasser, gut löslich in Alkanolen

1 *Eigenschaften der Edukte und des Produkts*

Ziel einer jeden Synthese ist es, eine möglichst große Menge des gewünschten Produkts zu erhalten. Der Quotient aus tatsächlich gewonnener und theoretisch maximaler Produktmenge wird als Ausbeute η bezeichnet:

$$\eta = \frac{\text{erhaltene Stoffmenge}}{\text{maximal mögliche Stoffmenge}} \cdot 100\,\%$$

Gleichtgewichtslage. Um den nach Orchideen riechenden Aromastoff Salicylsäureisopentylester herzustellen, kann man eine säurekatalysierte Veresterung von Salicylsäure mit 3-Methylbutan-1-ol (*iso*-Pentanol) durchführen:

$$\text{Salicylsäure} + \text{Isopentanol} \rightleftharpoons \text{Salicylsäureisopentylester} + \text{Wasser}$$

Das Gleichgewicht dieser Reaktion liegt auf der Seite der Edukte, da die räumlichen Verhältnisse im Salicylsäure-Molekül den Angriff durch das *iso*-Pentanol erheblich erschweren. Wegen dieses sterischen Effekts ist der Ester auch weniger stabil. Das Gleichgewicht lässt sich zugunsten des erwünschten Produkts verschieben, indem man ein Edukt in großem Überschuss einsetzt. Dazu wählt man das preisgünstigere der beiden Edukte.

Verfahrenstechnik. Eine Möglichkeit für das Herstellungsverfahren besteht darin, die Reaktion in mehreren kleinen Portionen anzusetzen. Dieses chargenweise Vorgehen wird als **Batchprozess** bezeichnet. Batchprozesse sind bei kleinen Produktmengen kostengünstiger und erreichen einen höheren Stoffumsatz pro Zeiteinheit. Sie erfordern allerdings einen hohen Arbeitsaufwand für das Be- und Entladen der Reaktionsgefäße und haben verhältnismäßig große Ausfallzeiten.

Alternativ können die Reaktionen in einem **kontinuierlichen Prozess** durchgeführt werden. Die Ausfallzeiten sind sehr gering, man kann große Mengen produzieren und den Ablauf leicht automatisieren. Besonders günstig sind kontinuierliche Prozesse, wenn zusätzlich nicht umgesetzte Edukte zurückgewonnen und dem Kreislauf wieder zugeführt werden. Nachteilig ist, dass solche Anlagen teuer sind und meist nur zur Herstellung eines Produkts genutzt werden können.

Um die Ausbeute zu erhöhen, kann man eines der Produkte kontinuierlich aus dem Reaktionsgefäß entfernen. Wasser als Zweitprodukt der Estersynthese kann durch die hygroskopische Wirkung der als Katalysator eingesetzten Schwefelsäure ebenso entfernt werden wie durch Abdestillieren. Die Destillation ist immer dann möglich, wenn eines der Produkte eine deutlich niedrigere Siedetemperatur hat als die Edukte.

Eine andere Reaktion zeigt, dass Lösemittel darüber entscheiden können, welches Produkt gebildet wird: Natriumiodid löst sich im Gegensatz zu Natriumchlorid und Natriumbromid in Aceton. Gibt man Brombutan zu Natriumiodid, das in Aceton gelöst ist, bildet sich neben Iodbutan auch Natriumbromid, das aus der Lösung ausfällt und so aus dem Gleichgewicht entfernt wird.

$$CH_3{-}CH_2{-}CH_2{-}CH_2Br + NaI \rightarrow CH_3{-}CH_2{-}CH_2{-}CH_2I + NaBr$$

Chemische Reaktionen haben im einfachsten Fall wie bei der Ammoniaksynthese nur ein Produkt:

$$3\,H_2 + N_2 \rightarrow 2\,NH_3$$

Die Ausbeute kann bei dieser Synthese durch Variation der Reaktionsbedingungen erhöht werden. Zwar wird das Gleichgewicht durch niedrige Temperaturen auf die Seite des Ammoniaks verschoben, aber die Reaktion benötigt dann sehr viel Zeit, weil die Aktivierungsenergie für die Spaltung der N≡N-Bindung hoch ist. Die Aktivierungs-

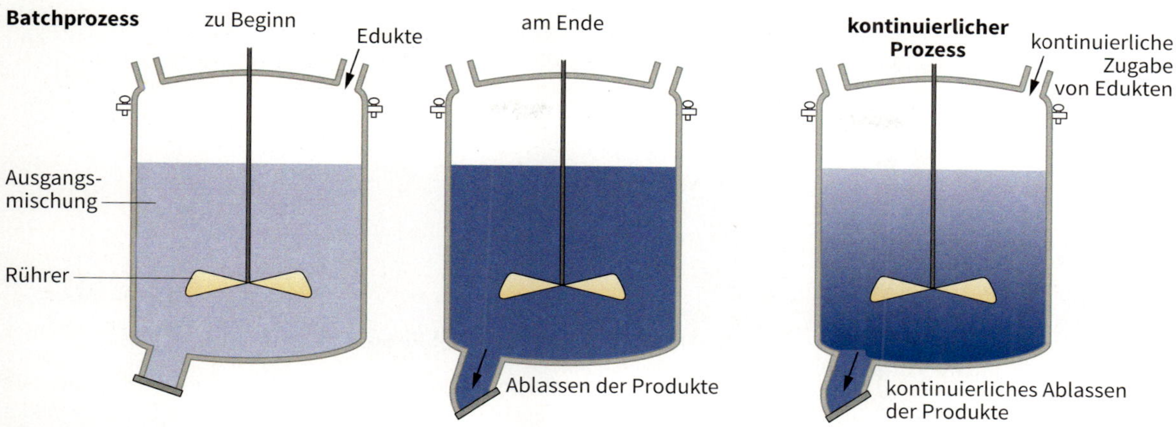

2 *Schematische Darstellung: Batchkessel (links) und kontinuierlicher Reaktionskessel (rechts)*

energie kann durch die Wahl des Katalysators herabgesetzt und die Reaktionsgeschwindigkeit erhöht werden. Oft entstehen nicht nur Zweit-, sondern auch Konkurrenzprodukte. In diesem Fall wird nach einer sinnvollen Verwendung für diese Stoffe gesucht. Bei der Dehydrierung von Propan kann der neben dem Propen entstehende Wasserstoff in vielen anderen Synthesen wie der Ammoniaksynthese verwendet werden.

Bei einigen Synthesen wählt man einen Umweg über ein Zwischenprodukt, wenn auf diese Weise eine Gleichgewichtsreaktion vermieden und ein vollständiger Umsatz der Ausgangsstoffe erreicht werden kann. So kann man in alkalischer Lösung statt der Salicylsäure das entsprechende Säurechlorid und an Stelle des Alkanols das Natriumsalz des Isopentanols einsetzen:

Salicylsäurechlorid + Natriumisopentanolat →
Salicylsäureisopentylester + Natriumchlorid

Weitere Faktoren. Neben den Kosten für die Ausgangsstoffe müssen auch Energiekosten und der apparative Aufwand berücksichtigt werden. Auch Sicherheitsvorschriften und die fachgerechte Entsorgung dürfen nicht vernachlässigt werden. So kann es letztendlich günstiger sein, eine geringere Ausbeute in Kauf zu nehmen, wenn dafür preisgünstige Stoffe eingesetzt werden können oder wenn besonders energieeffizient und umweltschonend produziert werden kann.

Die Ausbeute bei der Synthese eines Stoffes lässt sich durch folgende Faktoren erhöhen: Katalysator, Temperatur, Druck, Entfernen eines Produkts aus dem Gleichgewicht, Rückgewinnung und Wiederverwendung von überschüssigen Edukten sowie kontinuierliche Prozesse oder Batchprozesse.

1 Erläutern Sie anhand einer beliebigen Veresterungsreaktion, warum sich die maximal mögliche Stoffmenge des Produkts nicht erhöht, wenn die Stoffmenge nur eines Edukts verdoppelt wird.

2 a) Formulieren Sie für die Synthese von Methylethanaot die Reaktionsgleichung mit vereinfachten Strukturformeln und das Massenwirkungsgesetz.
b) Berechnen Sie den Wert für K, wenn bei Einsatz gleicher Stoffmengen Ethansäure und Methanol im Gleichgewicht 85 % der maximal möglichen Estermenge vorliegen.
c) Ermitteln Sie die Ausbeute an Ester, wenn Methanol im 10-fachen Überschuss eingesetzt wird.

3 Begründen Sie folgenden Maßnahmen bei der Synthese von Isopentylsalicylat (Abb. 1):
a) Das entstehende Wasser wird abdestilliert.
b) Ethanol wird nicht als Lösemittel eingesetzt.
c) Die Temperatur im Reaktionsgefäß wird nicht auf 120 °C erhöht.

4 Erläutern Sie, warum bei der Verwendung von Natriumisopentanolat und Salicylsäurechlorid keine Gleichgewichtsreaktion zu erwarten ist.

5 a) Recherchieren Sie weitere Eigenschaften der Batch- und kontinuierlichen Prozesse und stellen Sie sie vergleichend in einer Tabelle zusammen.
b) Geben Sie an, ob die Herstellung von Seife durch Umsetzung von Fett mit Natronlauge besser in einem Batch- oder kontinuierlichen Prozess abläuft. Begründen Sie.

6 a) Geben Sie an, an welchen Positionen der Ausgangsstoffe für die Synthese von Salicylsäureisopentylester ein Proton angreifen kann.
b) Leiten Sie aus diesen Überlegungen mögliche Konkurrenzreaktionen ab.

Reaktionswege in der Organischen Chemie

1. Reaktionstyp

Die Vielzahl organischer Reaktionen lässt sich auf wenige Reaktionstypen reduzieren. Die Zuordnung zu einem Reaktionstyp wird durch die Unterschiede zwischen Edukt-Molekül und Produkt-Molekül bestimmt. Man unterscheidet: *Substitution, Addition* und *Eliminierung.*

2. Reaktionsmechanismus

Für ein genaueres Verständnis des Ablaufs einer chemischen Reaktion betrachtet man die einzelnen Teilschritte einer Reaktion. Der Reaktionsmechanismus beschreibt mit Strukturformeln jeden einzelnen Schritt der Veränderungen bei Bindungen und Ladungen. Elektronenverschiebungen werden mithilfe von Pfeildarstellungen veranschaulicht.

3. Reaktive Teilchen

Reaktionstypen lassen sich anhand der Art der angreifenden Teilchen weiter unterteilen:

- Nucleophile besitzen eine negative Ladung oder Partialladung. Sie greifen mit einem freien Elektronenpaar Bereiche mit niedriger Elektronendichte an.
  Beispiele: Cl^-, Br^-, OH^-, H_2O, NH_3, CN^-
- Elektrophile Teilchen besitzen eine positive Ladung oder Partialladung. Sie greifen Bereiche mit hoher Elektronendichte an.
  Beispiele: H_3O^+, NO_2^+, SO_3

4. Radikalische Substitution (S_R)

Wird in einem Molekül ein Atom oder eine Atomgruppe durch ein anderes Atom oder eine andere Atomgruppe ersetzt, spricht man von einer Substitution. Bei der radikalischen Substitution S_R werden Bindungen *homolytisch* unter Bildung von Radikalen gespalten.

Startreaktion:

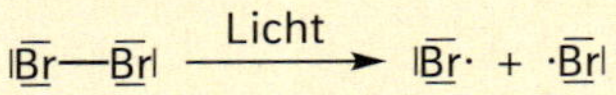

Kettenreaktion:

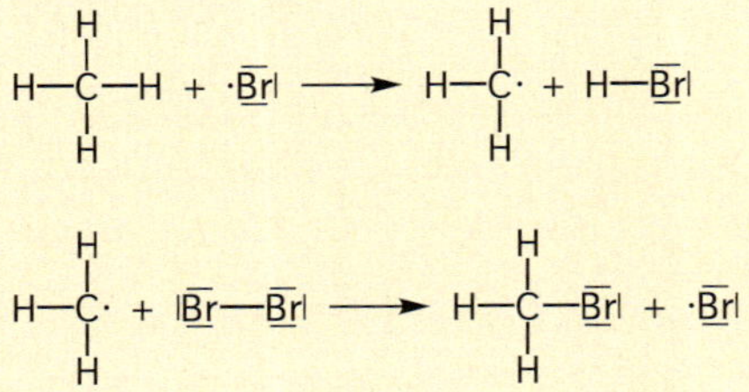

Abbruchreaktion:

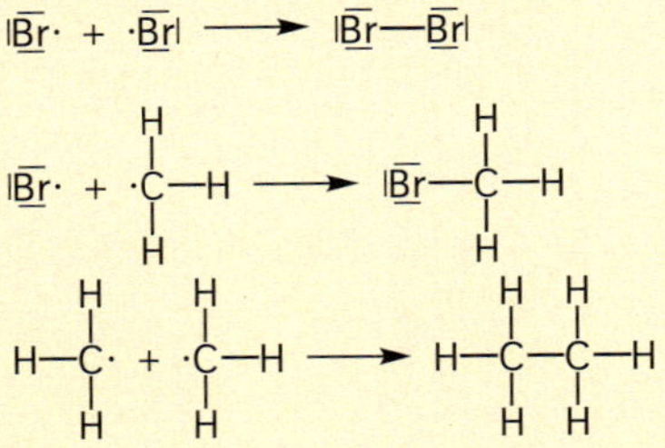

5. Nucleophile Substitution (S_N)

Bei der nucleophilen Substitution wird die Bindung zum abgehenden Teilchen *heterolytisch* gespalten. Es bildet sich ein Carbenium-Ion (Carbo-Kation):

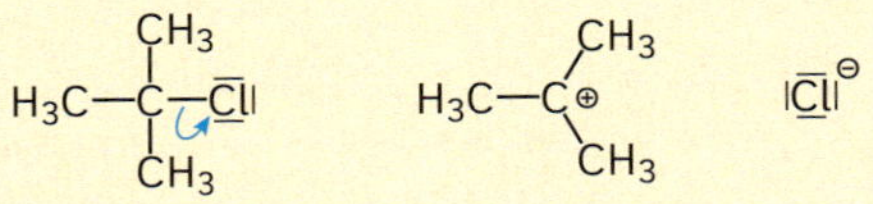

Im zweiten Schritt greift das nucleophile Teilchen an:

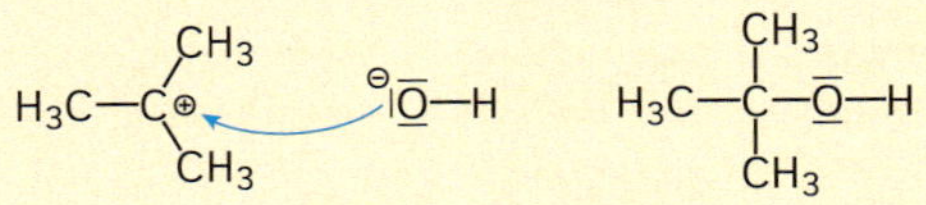

S_N-Reaktionen können von der Nucleophilie des angreifenden Teilchens, der Molekülstruktur des angegriffenen Teilchens, der Struktur des austretenden Teilchens sowie von der Art des Lösemittels beeinflusst werden.

6. Veresterung

Die Verknüpfung eines Carbonsäure-Moleküls mit einem Alkohol-Molekül bezeichnet man als Veresterung. Dabei wird ein H_2O-Molekül abgespalten:

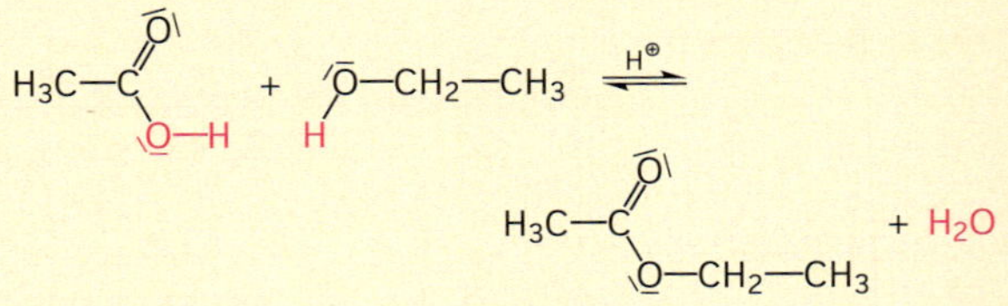

Veresterungen sind Gleichgewichtsreaktionen. Die Zugabe von Säuren wie Schwefelsäure erhöht die Reaktionsgeschwindigkeit. Die Veresterung ist ein Beispiel für eine Kondensation.

7. Elektrophile Addition (A_E)

Bei Additionsreaktionen werden Atome oder Atomgruppen an C–C-Mehrfachbindungen angelagert. Im Bereich der Mehrfachbindung ist die Elektronendichte erhöht. Teilchen mit positiver Ladung oder positiver Partialladung (Elektrophile) können π-Bindungen heterolytisch spalten.

a) Reaktionsmechanismus

1. Annäherung des Elektrophils

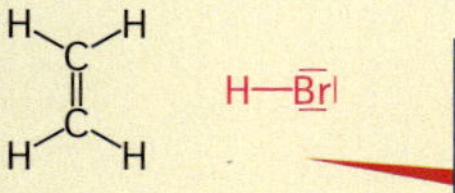

Das HBr-Molekül nähert sich mit dem positiv teilgeladenen H-Atom an die Doppelbindung an.

2. Anlagerung des Elektrophils und Bildung des Carbenium-Ions:

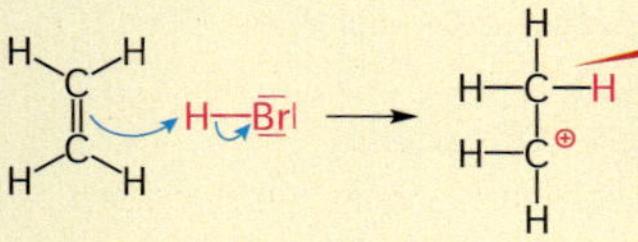

Eine neue C–H-Bindung und ein Carbenium-Ion werden gebildet.

3. Angriff an das Carbenium-Ion:

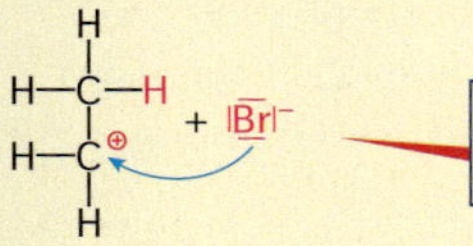

Es entsteht eine neue C–Br-Bindung.

b) Molekülstruktur

Geschwindigkeit und Verlauf einer Additionsreaktion werden von der Molekülstruktur beeinflusst:

- Substituenten mit einem –I-Effekt verringern die Elektronendichte im Bereich einer C–C-Mehrfachbindung. Sie setzen die Reaktionsgeschwindigkeit herab.
- Substituenten mit einem +I-Effekt erhöhen die Elektronendichte und somit die Reaktionsgeschwindigkeit.
- Bei Addition an unsymmetrische Moleküle lagert sich das H-Atom an das C-Atom an, an dem bereits die meisten H-Atome gebunden sind (Regel von Markovnikov).

8. Aromatische Verbindungen (Aromaten)

a) Merkmale von Aromatizität sind:

- ringförmiges, ebenes Molekül,
- im aromatischen Bereich durchgängig konjugierte C=C-Doppelbindungen; dadurch mesomeres System
- delokalisiertes π-Elektronensystem mit (4n + 2) π-Elektronen.

b) Struktur des Benzol-Moleküls

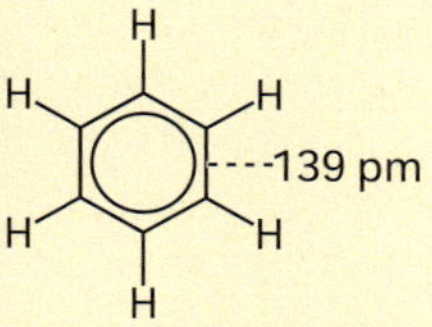

Alle Bindungen zwischen den C-Atomen im aromatischen Ring sind gleichartig. Die Bindungslänge liegt zwischen einer C–C-Einfachbindung und einer C=C-Doppelbindung.

c) Grenzformeln

Die delokalisierten π-Elektronen eines aromatischen Moleküls lassen sich durch Grenzformeln für mehrere hypothetische Strukturen darstellen.

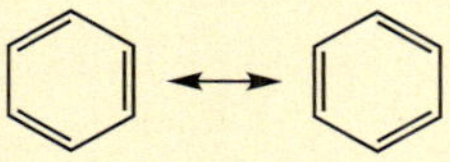

d) Mesomerieenergie

Aromatische Moleküle sind aufgrund ihres delokalisierten π-Elektronensystems stabiler.

Die innere Energie des Moleküls ist aufgrund der Mesomeriestabilisierung herabgesetzt. Elektrophile Angriffe sind daher erschwert.

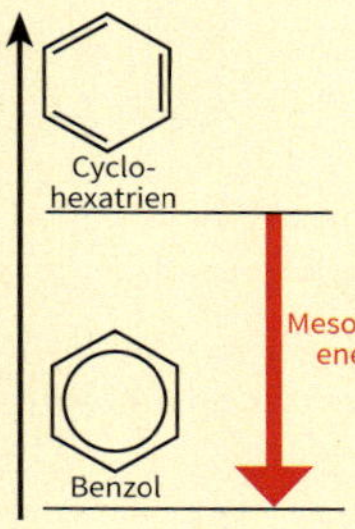

e) Elektrophile Substitution (S_E)

Die elektrophile Substitution ist die typische Reaktion von Aromaten. Für diese Reaktion wird in der Regel ein Katalysator wie beispielsweise Aluminiumchlorid benötigt, um ein elektrophiles Teilchen zu erzeugen.

9. Reaktionswege und Syntheseplanung

Viele Produkte können nicht in einem Schritt aus Grundchemikalien erhalten werden. Man verknüpft daher die einzelnen Reaktionen zu Reaktionswegen, um zum gewünschten Produkt zu gelangen. In einer solchen Abfolge ist das Produkt einer Reaktion gleichzeitig das Edukt der folgenden Umsetzung. Bei der Syntheseplanung sollten folgende Aspekte berücksichtigt werden:

- Die Edukte müssen in großen Mengen preisgünstig verfügbar sein.
- Die Produkte sollten sich leicht isolieren und reinigen lassen.
- Es sollte möglichst wenig an Nebenprodukten oder nur verwertbare Kopplungsprodukte entstehen.
- Abfallmengen sollten möglichst klein bleiben.

Reaktionswege in der Organischen Chemie

Testen Sie sich

A1 a) Erklären Sie, weshalb Alken-Moleküle bevorzugt von elektrophilen Teilchen angegriffen werden.
b) Erläutern Sie, wovon es abhängt, ob ein neutrales Teilchen wie das Br_2-Molekül einen Reaktionspartner radikalisch oder elektrophil angreift.
c) Reaktionsmechanismen sind modellhafte Beschreibungen von Reaktionen. Erklären Sie auf dieser Basis Sinn und Zweck der Entwicklung eines Reaktionsmechanismus.

A2 Stellen Sie die Gleichung für die Reaktion von Propan-2-ol mit Ethansäure auf.

A3 Lösungen von Di-, Tri- und Tetrachlorethan werden mit Brom versetzt. Ordnen Sie die Reagenzgläser den Verbindungen zu.
Erklären Sie das erhaltene Versuchsergebnis.

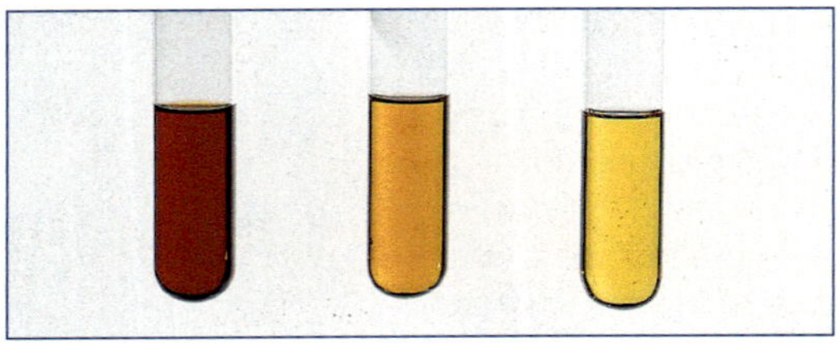

◇ **A4** Übertragen und vervollständigen Sie die folgenden Reaktionsgleichungen. Geben Sie den zugehörigen Reaktionstyp an.

A

B

C
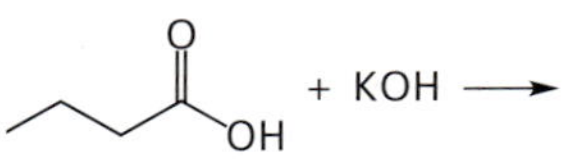

D

E
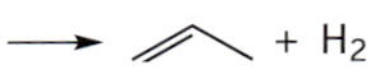

◇ **A5** a) Ordnen Sie die folgenden Verbindungen begründet den Aromaten oder Nicht-Aromaten zu.
b) Geben Sie weitere Grenzformeln an.

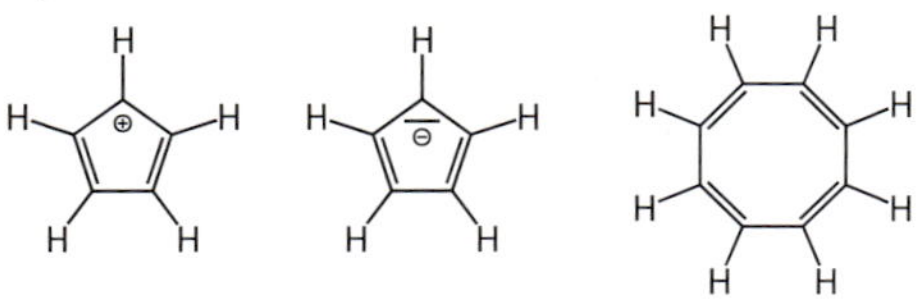

Lösungen finden Sie unter www.westermann.de/chemie-heute-152079
Nutzen Sie zur Anmeldung den Online-Schlüssel auf der vorderen Umschlagsinnenseite.

Die wichtigsten Begriffe

- Alkane, Alkene, Alkine, Halogenalkane, Aromaten
- Reaktionsmechanismus
- Nachweisreaktionen
- radikalische Substitution
- nucleophile Substitution
- Veresterung
- Eliminierung
- elektrophile Addition
- induktiver Effekt, sterischer Effekt
- Nucleophil, Elektrophil, Radikal
- Stereosiomere, Enantiomere, Diastereoisomere
- Chiralität, optische Aktivität, *R*-/*S*-Nomenklatur
- Gaschromatografie, mobile und stationäre Phase
- Retentionszeit
- σ-Bindung, π-Bindung
- Mesomerieenergie, Mesomeriestabilisierung
- Grenzformel
- elektrophile (aromatische) Substitution
- Retrosynthese, Ausbeute

B1 a) Erklären Sie die obenstehenden Begriffe.
b) Verknüpfen Sie die Begriffe zu einer Conceptmap.
c) Übertragen Sie die Begriffe und Ihre Erklärungen auf Karteikarten oder in digitale Karteikarten.

B2 a) Geben Sie die Namen der Verbindungen **A** bis **E** an.

A
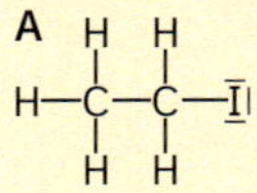

B
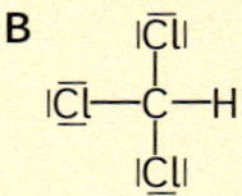

C
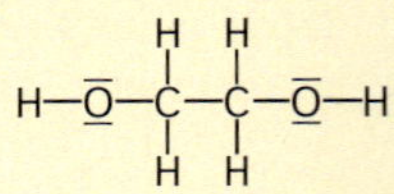

D
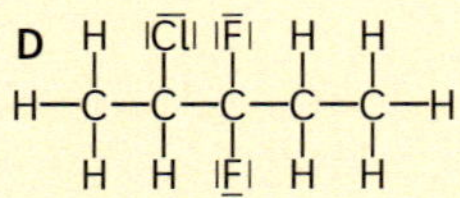

E
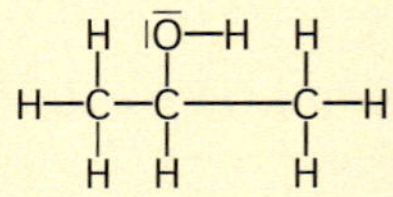

b) Überprüfen Sie die Aussagen **1** bis **4** und geben Sie an, für welche Verbindungen sie zutreffend sind:
1 Die Verbindung ist ein Halogenalkan.
2 Die Verbindung ist polar.
3 Der Stoff löst sich gut in Wasser.
4 Der Stoff ist eine gesättigte Kohlenstoffverbindung.

B3 a) Stellen Sie die Strukturformeln für Ethen und Propen auf.
b) Nennen Sie den jeweiligen Alkohol, der aus Ethen und Propen durch eine Additionsreaktion gewonnen werden kann. Stellen Sie die entsprechenden Reaktionsgleichungen auf.
c) Erklären Sie an einer der beiden Verbindungen die Regel von Markovnikov.

B4 Wegen ihrer umweltschädlichen Wirkung dürfen FCKWs nicht mehr verwendet werden.
a) Erklären Sie die umweltschädliche Wirkung der Fluorchlorkohlenwasserstoffe.
b) Halogenkohlenwasserstoffe lassen sich aus Alkanen und Alkenen herstellen. Zeigen Sie am Beispiel von Chlorethan, wie man Halogenkohlenwasserstoffe aus Alkanen und wie man sie aus Alkenen gewinnen kann. Geben Sie dazu jeweils die Reaktionsgleichung sowie den Reaktionstyp an.
c) Formulieren Sie zu beiden Reaktionen den Reaktionsmechanismus. Leiten Sie anhand der jeweiligen Mechanismen notwendige Reaktionsbedingungen ab.

B5 Begründen Sie, welches Halogenalkan jeweils schneller mit Kalilauge reagiert.
A Iodmethan oder Chlormethan
B 1-Brompentan oder 2-Brompentan

B6 Geben Sie an, welche der folgenden Aussagen zutreffend sind. Korrigieren Sie die falschen Aussagen:
A Nucleophile Teilchen sind immer negativ geladen.
B Tertiäre Halogenalkane reagieren mit Nucleophilen nach dem einschrittigen Reaktionsmechanismus.
C Zur Herstellung von Bromalkanen aus Alkoholen arbeitet man bevorzugt im alkalischen Bereich.
D Das H_2O-Molekül besitzt eine höhere Abgangstendenz als das OH^--Ion.

B7 Adipinsäure (Hexan-1,6-disäure) ist ein wichtiges Edukt bei der Synthese von Nylon. Ein Weg zu ihrer Herstellung geht von einer Mischung von *cis*-1,4-Dichlorbut-2-en und *trans*-1,4-Dichlorbut-2-en aus.
a) Geben Sie die Strukturformeln der genannten Verbindungen an.
b) Schlagen Sie ausgehend von den beiden Dichlorbutenen einen möglichen Reaktionsweg für die Synthese von Adipinsäure vor.
c) Geben Sie die Reaktionstypen an.
d) Erläutern Sie, warum beide *cis-/trans*-Isomere als Edukte geeignet sind.

B8 Leitet man Propen solange in eine gelbgrüne Chlorlösung bis diese entfärbt ist, kann 1,2-Dichlorpropan als Endprodukt nachgewiesen werden . Leitet man Propen durch eine Chlorlösung, in der Lithiumbromid gelöst ist, kann auch 2-Brom-1-chlorpropan als weiteres Produkt nachgewiesen werden .
a) Erläutern Sie den Mechanismus der elektrophilen Addition und zeigen Sie so die Bildung von 1,2-Dichlorpropan.
b) Erklären Sie die Bildung von 2-Brom-1-chlorpropan als weiteres Produkt im zweiten Versuch. Geben Sie an, welches andere Reaktionsprodukt man formal noch hätte erwarten können.
c) Lässt man Propen mit Bromwasserstoff reagieren, können formal zwei isomere Brompropane gebildet werden. Tatsächlich erhält man aber nur ein Produkt. Geben Sie die beiden möglichen Produkte an.

B9 a) Begründen Sie, welches der beiden Produkte man im Experiment erhält.
b) Berechnen Sie die Reaktionsenthalpie für die elektrophile Addition von Chlor an Cyclohexen.

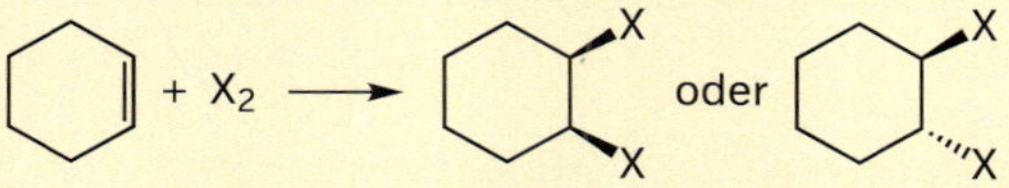

c) Benennen Sie die halogenierten Produkte mit der *cis-/trans*-Nomenklatur.
◇ d) Ermitteln Sie die asymmetrischen C-Atome bei den Molekülen der Produkte. Geben Sie dann an, ob die Konfiguration *(R)* oder *(S)* ist.
◇ e) Begründen Sie, ob die entstehenden Produkte Enantiomere oder Diastereoisomere sind.

◇ **B10** Erklären Sie, wie und warum sich die Nucleophilie in der Reihe NH_2^-, NH_3, NH_4^+ ändert.

◇ **B11** Bei der Hydrierung von Cyclohexen wird eine Energie von 119,8 kJ · mol^{-1} frei. Hydriert man Cyclohexa-1,3-dien, misst man eine Hydrierungsenthalpie von –232,1 kJ · mol^{-1}. Für Benzol erhält man –208 kJ · mol^{-1}.
a) Stellen Sie die Reaktionsgleichungen mit Strukturformeln auf.
b) Erklären Sie die gemessenen Hydrierungsenthalpien.

◇ **B12** Aspirin® enthält als Wirkstoff Acetylsalicylsäure. Sie kann aus Salicylsäure (2-Hydroxybenzolcarbonsäure) und Ethansäure unter Abspaltung von Wasser hergestellt werden.

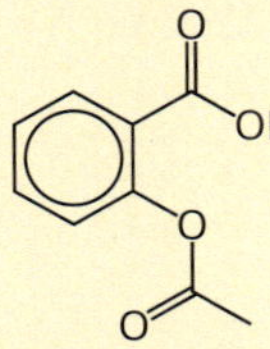

a) Stellen Sie die Reaktionsgleichung unter Verwendung von Strukturformeln auf.
b) Geben Sie den Reaktionstyp an.
c) Formulieren Sie den Reaktionsmechanismus für die Reaktion im sauren Milieu.
d) Formulieren Sie den Reaktionsmechanismus für die Reaktion im alkalischen Milieu.

Training Reaktionswege in der Organischen Chemie

C1 Erdöl zum Kauen?

Natürliche Frische – stundenlang!

Dies verspricht eine Reklame für Kaugummis. Doch wer nun glaubt, die süßen Kaustreifen würde nur aus Zutaten aus der belebten Natur hergestellt, wird schnell eines Besseren belehrt. Zwar ist der Hauptbestandteil Zucker natürlichen Ursprungs, aber schon bei der zweiten Position auf der Zutatenliste wird man überrascht: Als Kaumassen kommen Kunststoffe wie Polyvinylacetat und Polyisobuten zum Einsatz. Ferner sind noch Emulgatoren, Feuchthaltemittel, Farbstoffe und Aromen enthalten, die auch nicht alle natürlich sind.

Der Kunststoff Polyvinylacetat findet auch in anderen Bereichen des täglichen Lebens Verwendung beispielsweise als Bindemittel in Anstrichfarben oder als Klebstoff. Zu seiner Herstellung nutzt man Vinylacetat, eine farblose, brennbare Flüssigkeit mit süßlichem Geruch und einer Siedetemperatur von 72 °C.

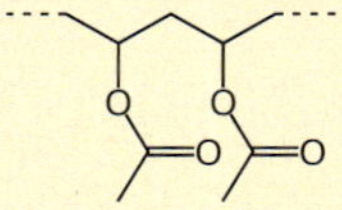

Polyvinylacetat

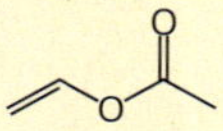

Vinylacetat

a) Entwickeln Sie ausgehend von Ethen und von Ethin mögliche Reaktionswege zur Synthese von Vinylacetat. Geben Sie die notwendigen Reagenzien an und nennen Sie jeweils den vorliegenden Reaktionstyp.

b) Formulieren Sie einen möglichen Mechanismus für die Reaktion von Ethen im ersten Schritt des Reaktionswegs. Geben Sie begründet an, welches Produkt Sie erwarten würden, wenn Propen anstelle von Ethen verwendet würde.

c) Polyvinylacetat lässt sich zu einem anderen Kunststoff, dem Polyvinylalkohol, umsetzen. Die Reaktion wird unter alkalischen Bedingungen durchgeführt. Begründen Sie diese Maßnahme und formulieren Sie eine Reaktionsgleichung.

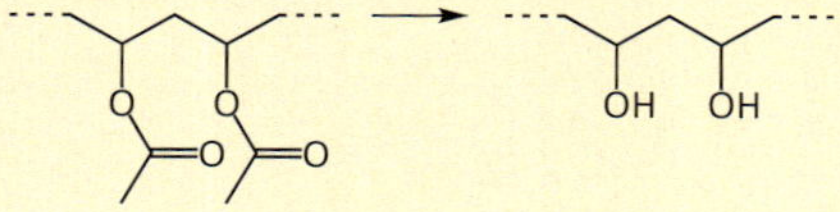

C2 Nachweisreaktionen

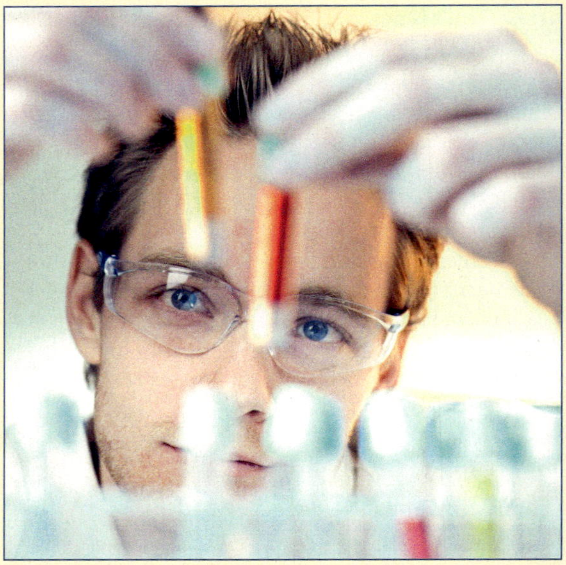

1 *Nachweisreaktionen sind oft Farbreaktionen.*

Bei einem Laborversuch wurden verschiedene Flüssigkeiten in unbeschriftete Gefäße abgefüllt. Während des Versuchaufbaus ging die Zuordnung verloren. Bei den Flüssigkeiten handelt es sich um Ethanol, Propansäure, Pentansäure, Penten und Ethylmethanoat. Statt die Flüssigkeiten zu entsorgen, sollen sie mit Nachweisreaktionen identifiziert werden.

a) Ermitteln Sie, mit welchen Nachweisreaktionen sich die Stoffe unterscheiden lassen, um sie wieder zuordnen zu können.

b) Beschreiben Sie die zu erwartenden Beobachtungen bei den Nachweisreaktionen.

c) Geben Sie die Reaktionsgleichungen für die Nachweisreaktionen von Ethylmethanoat und Penten an.

d) Ermitteln Sie, ob es sich bei den Reaktionen von c) um Redoxreaktionen handelt. Stellen Sie dazu Oxidationszahlen auf.

e) ◇ Stellen Sie für den Nachweis von Penten alle Schritte des Mechanismus auf. Benennen Sie das Reaktionsprodukt.

f) ◇ Propansäure und Pentansäure lassen sich mit den Nachweisreaktionen nicht voneinander unterscheiden. Beschreiben Sie, wie dies mit der Methode der Gaschromatografie möglich wäre.

g) ◇ Diskutieren Sie Vor- und Nachteile der Analyse durch Nachweisreaktionen oder durch die Methode der Gaschromatografie.

◇ C3 Synthese von Chloropren

Stoff	Gefahrenhinweise
Buta-1,3-dien	hochentzündlich, kann Krebs erzeugen und vererbare Schäden verursachen
3,4-Dichlor-but-1-en	ätzend, entzündlich, gesundheitsgefährlich beim Einatmen und Verschlucken
2-Chlorbuta-1,3-dien	leichtentzündlich, kann Krebs erzeugen, reizt die Augen, die Atmunsgorgane und die Haut
Chlor	giftig, reizt die Augen, Atmungsorgane und die Haut, ist sehr giftig für Wasserorganismen
Chlorwasser-stoff	giftig beim Einatmen, verursacht schwere Verätzungen

2 *Gefahrenpotenzial ausgewählter Stoffe*

2-Chlorbuta-1,3-dien (Chloropren) dient hauptsächlich als Ausgangsstoff für die Herstellung von Chlorbutadien-Kunststoffen wie Neopren®. Ausgangsstoff für die Synthese von Chloropren ist Buta-1,3-dien. Dieses wird bei 250 °C in der Gasphase mit Chlor so umgesetzt, dass überwiegend 3,4-Dichlorbut-1-en entsteht. 3,4-Dichlorbut-1-en reagiert anschließend in Anwesenheit von verdünnter Natronlauge bei 85 °C formal unter Abspaltung von Chlorwasserstoff zu 2-Chlorbuta-1,3-dien. Buta-1,3-dien kann beispielsweise in Anwesenheit einer Säure und bei Temperaturen von 180 bis 200 °C aus Butan-1,4-diol kontinuierlich hergestellt werden. Bei einer kontinuierlich ablaufenden Reaktion werden ständig Edukte zugegeben und Produkte entnommen.

a) Skizzieren Sie den Syntheseweg von Chloropren aus Butan-1,4-diol. Geben Sie dabei die Strukturformeln der an der Reaktion beteiligten organischen Substanzen an und ordnen Sie den einzelnen Reaktionsschritten die Reaktionstypen begründet zu.

b) Erklären Sie die unterschiedlichen Siedetemperaturen von Butan-1,4-diol und Buta-1,3-dien. Ermitteln Sie die Reaktionsgleichung für die Synthese von Buta-1,3-dien und geben Sie die Reaktionsbedingungen an. Entwickeln Sie unter Beachtung der Siedetemperaturen ein Verfahren für einen kontinuierlichen Ablauf der Synthese von Buta-1,3-dien aus Butan-1,4-diol.

Buta-1,3-dien	Butan-1,4-diol	Schwefelsäure	Wasser
−4,5 °C	230 °C	280 °C	100 °C

c) Erläutern Sie die Reaktionen von Buta-1,3-dien über 3,4-Dichlorbut-1-en zu Chloropren anhand von Reaktionsgleichungen in Strukturformeln. Ermitteln Sie anhand der Gefährdungspotenziale der einzelnen Stoffe die notwendigen Sicherheitsmaßnahmen für den Syntheseweg.

◇ C4 Der Duftstoff des Stinktiers

3 *Stinktier*

Stinktiere verdanken ihren Namen ihrem unangenehm riechenden Sekret, das sie zur Abwehr aus ihren Analdrüsen verspritzen. Bei dem Sekret handelt es sich um ein Stoffgemisch, welches als eine der wichtigen Komponenten 3-Methylbutan-1-thiol beinhaltet:

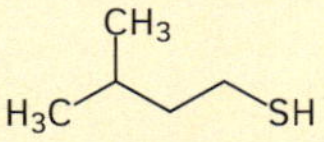

Im Labor kann man diesen Stoff auf zwei verschiedene Arten herstellen. Bei der ersten Variante wird ein Halogenalkan mit Hydrogensulfid (HS^-) umgesetzt. Bei der zweiten Variante werden als Edukte ein Alken und Schwefelwasserstoff (H_2S) verwendet.

Chemisch gesehen gehört 3-Methylbutan-1-thiol zur Stoffklasse der sogenannten Thioalkohole oder kurz Thiole. Dabei handelt es sich um organische Verbindungen, die eine oder mehrere Thiol-Gruppen (SH-Gruppen) als funktionelle Gruppen tragen. Sie entsprechen Alkohol-Molekülen, deren O-Atom durch ein S-Atom ersetzt ist. Viele Thiole besitzen einen unangenehmen Geruch. Dies kann aber auch durchaus nützlich sein, weshalb sie auch industriell produziert werden.

a) Zeichnen Sie die Strukturformeln der beiden organischen Verbindungen, die jeweils als Edukt für die Synthese von 3-Methylbutan-1-thiol dienen können, und benennen Sie diese systematisch nach IUPAC.

b) Stellen Sie für jede Synthesevariante des angegebenen Thioalkohols die Reaktionsgleichung auf und geben Sie begründet den jeweiligen Reaktionstyp an.

c) Diskutieren Sie für beide Synthesevarianten das Auftreten weiterer Produkte. Beurteilen Sie auf dieser Basis, welche Synthesevariante für die Darstellung von 3-Methylbutan-1-thiol besser geeignet ist.

d) Geben Sie mögliche Anwendungsgebiete für Thioalkohole an.

Kapitel 6

Farbstoffe

Die Welt um uns herum ist bunt. Farben sind ein Phänomen, das uns in der Vielfalt der Natur begegnet. Aber auch in vielen Produkten des Alltags wie beispielsweise in Lacken von Autos, bei Fassadenfarben, Jeans oder Buntstiften haben Farbstoffe eine wichtige Funktion.
Farbstoffe werden aus natürlichen Ressourcen gewonnen oder synthetisch hergestellt. Um viele unterschiedliche Materialien färben zu können, wird die Struktur der Farbmittelteilchen je nach Anwendungszweck verändert und angepasst. Durch Mischen unterschiedlich farbiger Stoffe lässt sich eine große Vielfalt an Farbtönen erzielen.

Was Sie schon kennen:

- die Unterteilung von Elektronenpaarbindungen in σ-Bindungen und in π-Bindungen,
- Mesomerie als Folge der Delokalisation von konjugierten C=C-Doppelbindungen,
- Säure-Base-Reaktionen und Redoxreaktionen als Beispiele für Donator-Akzeptor-Reaktionen,
- die Dynamik des chemischen Gleichgewichts und die Faktoren, wodurch Gleichgewichte gestört werden können,
- die Analyse von Stoffgemischen mit dem Gaschromatografen.

In diesem Kapitel lernen Sie:

- **was** die Ursache von Farbigkeit ist,
- **worin** sich Farbstoffe unterscheiden,
- **wie** Farbstoff-Moleküle aufgebaut sind und was die Farbigkeit von Farbstoffen bewirkt,
- **warum** Indikatorfarbstoffe in sauren Lösungen eine andere Farbe zeigen als in alkalischen Lösungen,
- **wie** man natürliche Farbstoffe durch Extraktion gewinnen kann,
- **welche** Unterscheidungsmöglichkeiten es bei Farbstoffen gibt,
- **wie** man Textilfasern und Lebensmittel färbt,
- **wie** man Farbe messtechnisch erfassen kann.

Sind Sie fit für dieses Kapitel?

1 Erklären Sie an einem geeigneten Beispiel den Unterschied zwischen σ-Bindungen und π-Bindungen in einem Molekül.

2 Erläutern Sie am Benzol-Molekül die Voraussetzungen für Mesomerie. Skizzieren Sie verschiedene mesomere Grenzformeln und erläutern Sie am Benzol-Molekül den Begriff *delokalisierte π-Elektronen*.

3 Übertragen Sie die nebenstehenden Grenzformeln der Nitro-Gruppe und des Benzol-Moleküls in Ihr Heft. Zeichnen Sie mindestens eine weitere Grenzformel.

4 Geben Sie die Definition des Begriffs *chemisches Gleichgewicht* an und beschreiben Sie die verschiedenen Möglichkeiten zur Beeinflussung des Gleichgewichts an einem Beispiel der Estersynthese.

5 Erläutern Sie das Prinzip der Donator-Akzeptor-Reaktionen an je einem Beispiel für eine Säure-Base-Reaktion und eine Redoxreaktion.

6 Beschreiben Sie das Verfahren der Gaschromatografie.

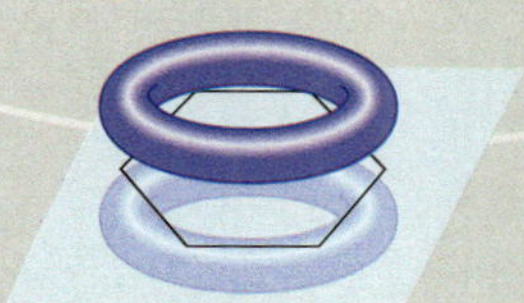

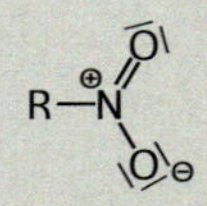

Nitro-Gruppe

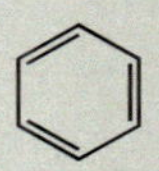

Benzol

6.1 Farbigkeit entsteht durch Absorption und Emission

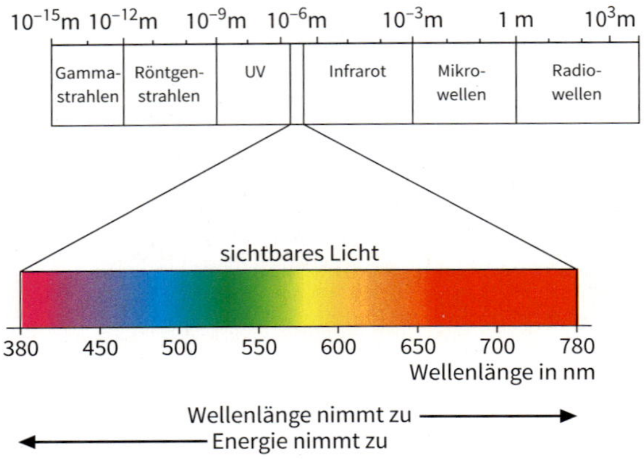

1 *Sichtbares Licht ist Teil des elektromagnetischen Spektrums*

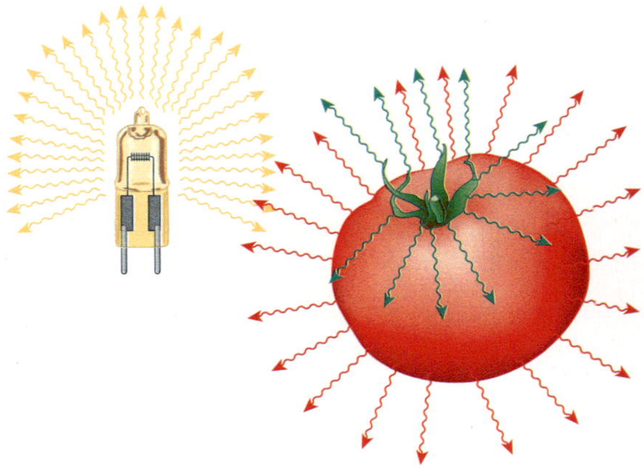

2 *Farbentstehung durch Lichtabsorption*

Wir sind überall von Farben umgeben. Die Farbwirkung dient oftmals der Kommunikation. So locken beispielsweise in der Natur leuchtende Blüten Insekten zum Bestäuben an. Auch der Mensch nutzt seit jeher Farben für unterschiedliche Zwecke. Die ältesten Belege für die Nutzung von Farben durch Menschen sind Höhlenmalereien aus der Zeit um 30 000 vor Christus. Im antiken Rom und im Mittelalter waren Kleider aus purpurfarbenen Stoffen allein den Mächtigen und Reichen vorbehalten. Heute dienen gelbe und rote Schilder als Warnung vor Gefahren.

Allgemein werden farbgebende Stoffe als *Farbmittel* bezeichnet und technisch in **Pigmente** und **Farbstoffe** unterschieden. Die Einteilung erfolgt nach der Löslichkeit im Lösemittel Wasser. Farbstoffe sind in Wasser löslich, Pigmente liegen dagegen als Emulsion vor.

Licht und Farbe. Physikalisch betrachtet handelt es sich beim sichtbaren Licht um elektromagnetische Wellen aus dem Wellenlängenbereich zwischen 380 und 780 nm (Abb. 1). Dieser begrenzte Bereich ist der für das menschliche Auge wahrnehmbare Ausschnitt des elektromagnetischen Spektrums. Eine **Wellenlänge** bezeichnet dabei den Abstand von einem Wellenberg zum nächsten Wellenberg. Entsprechend der Abb. 1 sind den Wellenlängen Farben und Energiegehalte zugeordnet. Die *Energie* des Lichts nimmt dabei mit abnehmender Wellenlänge zu. Blaues Licht mit einer Wellenlänge von etwa 460 nm hat folglich mehr Energie als rotes Licht mit einer Wellenlänge von etwa 750 nm. Noch größer wird der Energiegehalt bei ultravioletter Strahlung (UV). Sie ist in der Lage Sonnenbrand auf der Haut zu verursachen. Energieärmere Infrarotstrahlung zeigt diese Wirkung zunächst nicht. Aber auch Infrarotstrahlung führt zu Verbrennungen, wenn ihre Intensität, also die Strahlungsleistung pro Fläche, zu groß wird.

Durch die Mischung einzelner Spektralfarben aus dem sichtbaren Licht werden alle Farbnuancen erzeugt. Beim Farbeindruck Schwarz fehlen alle Farben und beim Farbeindruck Weiß sind alle Farben des Spektrums mit starker Intensität vertreten. Fällt Licht in das Auge sendet es entsprechend der Wellenlänge und der Intensität des Lichts elektrische Nervenimpulse an das Gehirn. Diese Impulse werden vom Gehirn ausgewertet. Der *Sinneseindruck Farbe* entsteht so letztlich im Gehirn.

Farbe durch Absorption. Beleuchtet man eine rote Tomate mit weißem Licht, werden von der Tomate die blauen, grünen und gelben Farbanteile aus dem weißen Licht herausgefiltert und der rote Farbanteil reflektiert (Abb. 2). Durch diese **Absorption** erhalten alle von Licht bestrahlten Gegenstände ihre Farbe. Die beobachtete Farbe ist die **Komplementärfarbe** zur absorbierten Farbe. Die Grundfarben der **subtraktiven Farbmischung** Cyan, Magenta und Gelb haben unterschiedliche Absorptionsbereiche. Durch gezieltes Mischen dieser Farben können alle Farbnuancen bis zum Schwarz erzeugt werden (Abb 5).

Mit einem **Fotometer** werden die absorbierten Anteile der Wellenlängen im sichtbaren Licht gemessen. Das Ergebnis der Messung ist ein Absorptionsspektrum (Abb. 4). In dem Spektrum wird die Absorption des Lichts in Abhängigkeit von der Wellenlänge des eingestrahlten Lichts aufgetragen. Bei dunklen Gegenständen, wie schwarzem Papier, ist die Absorption groß. Bei hellen Gegenständen ist sie entsprechend gering. Bei einer Tomate ist die Absorption im Wellenlängenbereich von 400 bis 580 nm groß. Ab etwa 600 nm wird nur ein geringer Anteil absorbiert. Die Tomate erscheint demnach rot. Aus dem Spektrum kann die Wellenlänge λ_{max} mit der größten Absorption abgelesen werden. Sie ist charakteristisch für einen bestimmten Farbstoff.

3 *Farbentstehung durch Lichtemission*

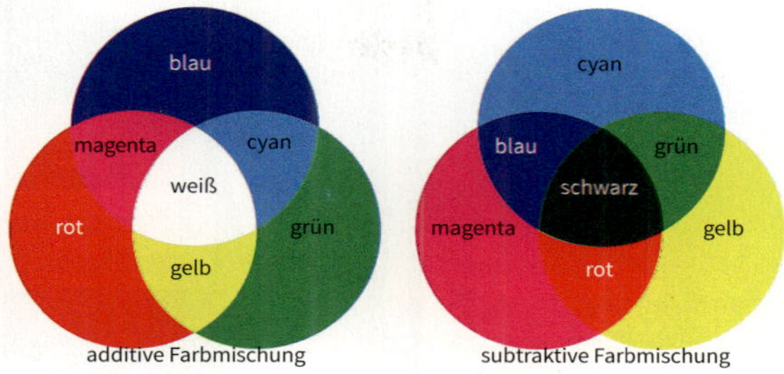

5 *Additive und subtraktive Farbmischung im Vergleich*

Farbe durch Emission. Bei Lichtquellen entsteht der Farbeindruck durch **Emission** von Strahlung (Abb. 3). Beispielsweise senden Leuchtpunkte im Computermonitor rotes, grünes oder blaues Licht aus. Die **additive Farbmischung** dieser Farbanteile ergibt alle weiteren Farben und Farbnuancen. Die Überlagerung der drei Grundfarben Rot, Grün und Blau ergibt Weiß (Abb. 5).

In einem Emissionsspektrum wird der Zusammenhang zwischen ausgesendeter Strahlung und zugehöriger Wellenlänge dargestellt. Glühende Körper zeigen ein kontinuierliches Emissionsspektrum, während Atome oder Moleküle eines Gases *Linienspektren* emittieren (↗S. 234, Abb. 2). Das Linienspektrum ist charakteristisch für das jeweilige Atom oder Molekül.

Farben entstehen durch Wechselwirkung von Licht mit Materie. Dabei werden bestimmte Wellenlängen absorbiert (subtraktive Farbmischung) oder emittiert (additive Farbmischung).

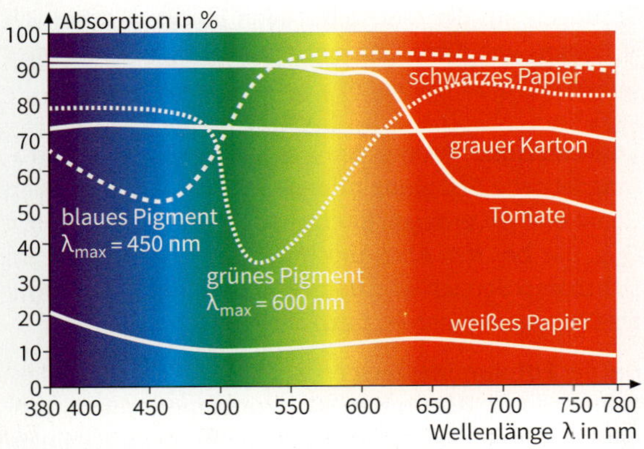

4 *Absorptionsspektren verschiedener Materialien*

1 a) Verschiedene Objekte sollen farbig dargestellt werden. Geben Sie für die Farben Cyan, Grün und Weiß an, welchen Grundfarben für die farbige Darstellung notwendig sind: Additive Farbmischung (Partner A) und subtraktive Frabmischung (Partner B).
b) Kontrollieren Sie Ihre Ergebnisse gegenseitig.

2 a) Partner A: Orangenschale;
Partner B: TV-Bildschirm.
Beschreiben Sie die Entstehung des Farbeindrucks. Nutzen Sie dazu auch Abb. 2, Abb. 3 oder Abb. 5.
b) Fertigen Sie jeweils eine Skizze an, in der die absorbierte und emittierte Strahlung erkennbar wird.
c) Stellen Sie sich Ihre Ergebnisse gegenseitig vor. Erläutern Sie gemeinsam den Unterschied zwischen der Farbigkeit durch Lichtabsorption und durch Lichtemission.
d) Ermitteln Sie den Farbeindrucks bei einer Natriumdampflampe, die Licht der Wellenlänge 590 nm emittiert (Abb. 4).

3 Recherchieren Sie den Farbkreis nach Itten und erklären Sie anhand des Farbkreises den Begriff *Komplementärfarbe.*

4 Schwarz, Weiß und Grau sind Grenzfälle der Farbigkeit. Erklären Sie diese Farbeindrücke mithilfe der Abb. 4.

5 Sie haben in einem Modegeschäft einen roten Pullover gekauft. Die Farbe passte genau zu Ihrer Hose. Als Sie ihn zuhause anprobieren, erscheint die Farbe anders als im Laden.
a) Stellen Sie eine Vermutung auf, worauf die Farbänderung beruhen könnte.
b) Erläutern Sie, worauf Sie beim Kauf farblich passender Textilien achten sollten.

6.2 Farbigkeit entsteht durch Anregung von Elektronen

1 *Eisen bei Rot- und Weißglut*

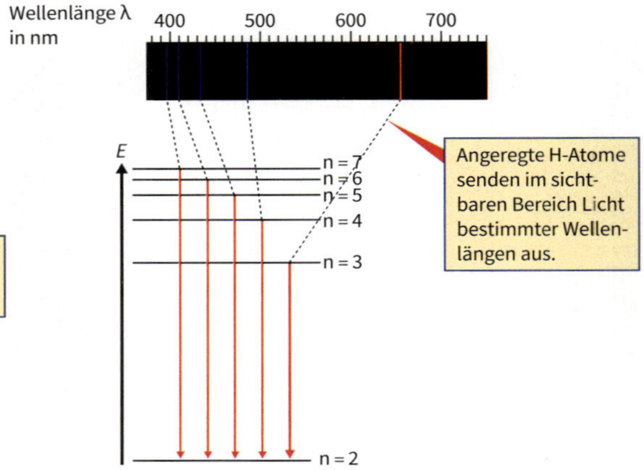

2 *Linienspektrum des Wasserstoffs (sichtbarer Bereich)*

Führt man Eisen Energie zu, erwärmt es sich und sendet zunächst nicht sichtbare Wärmestrahlung im infraroten Bereich des Spektrums aus. Erhitzt man weiter, beginnt das Eisen rötlich zu glühen (Abb. 1 ①). Nun wird neben der Wärmestrahlung auch sichtbares Licht emittiert. Wird das Eisen noch stärker erhitzt, geht die Rotglut über Gelbglut in Weißglut über. Bei höheren Temperaturen steigt der Anteil des emittierten Lichts mit kürzeren Wellenlängen. Durch additive Farbmischung der spektralen Anteile ergibt sich bei sehr hohen Temperaturen die Farbe Weiß ②. Wie entsteht diese Lichtemission?

Anregung von Elektronen. Ein Atom kann durch Wärmeenergie angeregt werden. Das bedeutet, dass ein Elektron des Atoms die zugeführte Energie aufnimmt und dabei in ein höheres **Energieniveau** übergeht. Damit ist in der Regel ein Wechsel des Elektrons in eine weiter vom Kern entfernte Schale verbunden. Wechselt beispielsweise ein Elektron aus der K-Schale in die L- Schale, ist dazu ein ganz bestimmter Energiebetrag nötig. Dieser Betrag entspricht der Energiedifferenz zwischen den Energieniveaus der L-Schale und der K-Schale. Ebenso verhält es sich bei Sprüngen eines Elektrons in eine weiter vom Kern entfernte Schale. Aus der zugeführten Energie werden daher nur ganz bestimmte Energiebeträge vom Atom aufgenommen.

Lichtemission. Durch Energiezufuhr angeregte Atome geben die aufgenommene Energie wieder ab und kehren dadurch in den Grundzustand zurück. Die Abregung der Atome erfolgt über die Abgabe bestimmter Energiebeträge. Die Beträge ergeben sich wiederum aus den Energieniveaus, die den Elektronenschalen zugeordnet sind. Ein Elektron, das zuvor durch einen bestimmten Energiebetrag von der K-Schale in die L-Schale (↗S. 11) angehoben wurde, setzt beim Zurückspringen in die K-Schale genau diesen Energiebetrag wieder frei.

Die Energie wird als elektromagnetische Strahlung freigesetzt. Es gilt wiederum: Je größer der Energiebetrag, desto kleiner ist die Wellenlänge der emittierten Strahlung. Energiebetrag und Wellenlänge der emittierten Strahlung hängen mathematisch wie folgt zusammen:

$$\Delta E = h \cdot c \cdot \lambda^{-1} \text{ mit } h = 6{,}626 \cdot 10^{-34}\ \text{J} \cdot \text{s und } c = 3 \cdot 10^{8}\ \text{m} \cdot \text{s}^{-1}$$

Die Energiebeträge sind bei der elektrischen Anregung von Wasserstoffgas besonders gut beobachtbar. Dazu benötigt man eine Glasröhre mit zwei an den Enden der Röhre eingeschmolzenen Elektroden. Die Röhre ist mit Wasserstoffgas gefüllt. An die Elektroden wird eine Hochspannung angelegt. Durch Stöße mit Elektronen nehmen die H-Atome Energie auf. Die angeregten Atome senden elektromagnetische Strahlung aus.

Durch ein Spektroskop beobachtet man im sichtbaren Bereich fünf farbige Linien bei ganz bestimmten Wellenlängen (Abb. 2). Diese Linien werden als *Balmer-Serie* bezeichnet. Die zugehörige Energie der Strahlung stammt aus der Energiedifferenz von Elektronensprüngen auf die L-Schale. Weitere Linien liegen im UV-Bereich. Sie stammen aus der Energiedifferenz von Sprüngen auf die K-Schale. Linien im Infrarot-Bereich stammen von Sprüngen auf die M-Schale und weiter außen liegenden Schalen.

Lumineszenz. Atome können auch durch elektromagnetische Strahlung oder die bei einer chemischen Reaktion freiwerdende Energie angeregt werden (Abb. 4 ①). Die bei der Abregung freigesetzte Strahlung im sichtbaren Bereich wird dann als Fotolumineszenz oder als Chemolumineszenz bezeichnet.

Bei der **Fotolumineszenz** erfolgt die Anregung der Elektronen durch Absorption elektromagnetischer Strahlung aus dem sichtbaren und ultravioletten Bereich des Spektrums. Man unterscheidet dabei Fluoreszenz

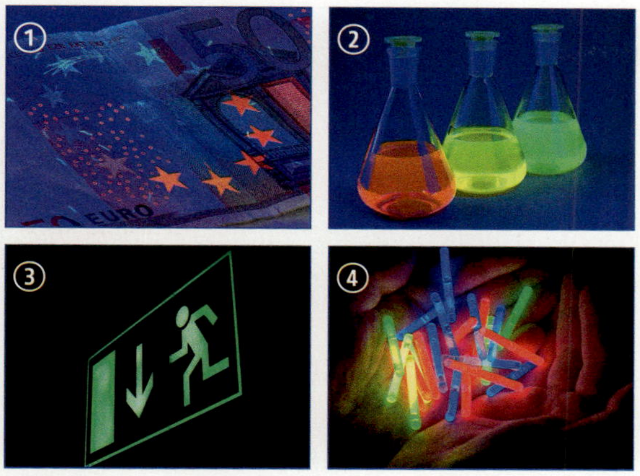

3 *Formen der Lumineszenz*

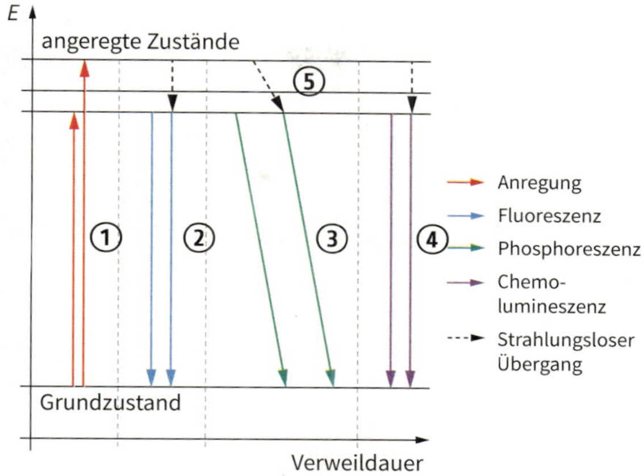

4 ***Lumineszenz im vereinfachten Energiediagramm***

und Phosphoreszenz. Die Emission durch *Fluoreszenz* kann bei Geldscheinen und organischen Farbstofflösungen beobachtet werden (Abb. 3 ① und ②). Bei Anregung mit UV-Licht erfolgt die spontane Emission eines Teils der aufgenommenen Energie als Licht im sichtbaren Bereich (Abb. 4 ②). Sie erlischt, wenn die Lichtquelle entfernt wird. Fluoreszenzfarbstoffe werden beispielsweise als optischer Aufheller in Waschmitteln genutzt. Durch eine Erhöhung des Blauanteils im emittierten Licht erscheint die Wäsche weißer.

Die Emission durch *Phosphoreszenz* beobachtet man beim Nachleuchten der Aufdrucke auf Fluchtschildern (Abb. 3 ③). Nach der Anregung verbleiben viele Elektronen länger im angeregten Zustand, sodass die Strahlungsemission zum Teil zeitverzögert erfolgt (Abb. 4 ③). Nach einiger Zeit erlischt die Phosphoreszenz.

Bei der **Chemolumineszenz** erfolgt die Elektronenanregung durch die bei einer chemischen Reaktion freiwerdende Energie. Chemolumineszenz wird beispielsweise beim Nachweis von Blutspuren mit Luminol oder in Knicklichtern genutzt (Abb. 3 ④). Die von den Atomen aufgenommene Energie wird in Form von sichtbarem Licht spontan emittiert (Abb. 4 ④). Die Chemolumineszenz lässt nach, wenn die Edukte allmählich aufgebraucht sind und die Reaktion zum Erliegen kommt.

Bei der Fotolumineszenz und auch bei der Chemolumineszenz wird oftmals ein Teil der Energie in Wärmestrahlung oder in Bewegungsenergie der Moleküle umgewandelt (Abb. 4 ⑤).

Angeregte Atome emittieren Licht bestimmter Wellenlängen. Sie resultieren aus der Energiedifferenz bei der Abregung. Fotolumineszenz und Chemolumineszenz sind besondere Formen der Anregung der Atome.

1 Begründen Sie die Entstehung von Linienspektren beim H-Atom.

2 Partner A: Lithium; Partner B: Natrium. Die Alkalimetalle senden in Versuchen zur Flammenfärbung farbiges Licht aus. Die Energie des ausgesendeten Lichts beträgt bei Lithium $E_{Li} = 2{,}96 \cdot 10^{-19}$ J und bei Natrium $E_{Na} = 3{,}37 \cdot 10^{-19}$ J.
a) Berechnen Sie die Wellenlänge des emittierten Lichts und stellen Sie sich Ihre Ergebnisse vor.
b) Stellen Sie gemeinsam eine Hypothese zur Mischfarbe bei der Emission auf.

3 Erklären Sie den Unterschied zwischen Fluoreszenz und Phosphoreszenz und erläutern Sie, warum bei beiden Vorgängen die Wellenlänge des emittierten Lichts meist größer ist als die des eingestrahlten Lichts.

4 Partner A: Marker in Geldscheinen leuchten im Licht einer UV-Lampe auf (Abb. 3 ①).
Partner B: Hinweisschilder für Fluchtwege leuchten im Dunkeln nach (Abb. 3 ③).
Partner C: Knicklichter leuchten nach dem Mischen zweier Chemikalien für mehrere Stunden (Abb. 3 ④).
a) Recherchieren und erklären Sie das Phänomen. Nutzen Sie dazu auch die Abb. 4.
b) Erklären Sie, wo das Phänomen genutzt wird und welche Bedeutung es in dem jeweiligen Anwendungsbereich hat.
c) Stellen Sie sich Ihre Ergebnisse gegenseitig vor und vergleichen Sie die Ursachen für die Leuchterscheinungen.

5 Weißtöner in Weißwaschmitteln oder Papier erhöhen den Weißgrad, in dem sie UV-Licht in blaues Licht umwandeln. Erklären Sie mithilfe eines Energiediagramms und der additiven Farbmischung die Wirkungsweise des Weißtöners. Nutzen Sie dazu die Abb. 4.

6.3 Konjugierte Doppelbindungen verursachen Farbigkeit

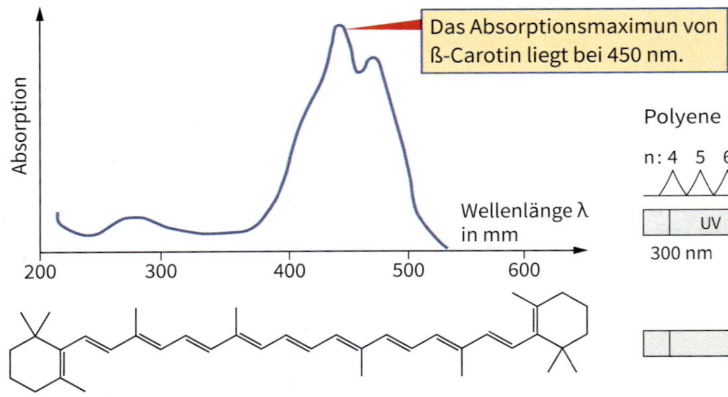

1 *Absorptionsspektrum und Skelettformel von β-Carotin*

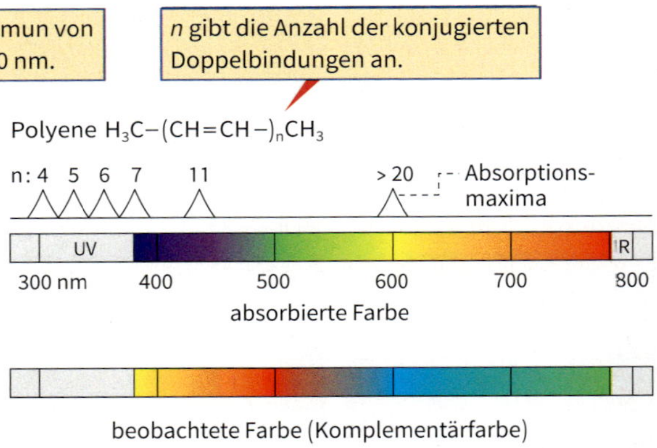

3 *Zusammenhang von Absorption und Farbe bei Polyenen*

Atome absorbieren oder emittieren nur ganz bestimmte Energiebeträge. Elektronen wechseln dabei zwischen wenigen Energieniveaus. Untersucht man die Lichtabsorption eines Farbstoffs mit größeren organischen Molekülen zeigt sich dagegen ein kontinuierliches Spektrum wie in Abb. 1. In diesem Beispiel zeigt das in Karotten enthaltene β-Carotin unterschiedlich starke Absorption im Wellenlängenbereich von etwa 350 bis 550 nm. Dies ist ein Hinweis darauf, dass die Elektronen in dem Molekül zwischen vielen, eng benachbarten Energieniveaus wechseln.

Polyene. β-Carotin gehört zur Gruppe der Polyenfarbstoffe. *Polyene* sind Verbindungen, die in ihren Molekülen neben C–C-Einfachbindungen mehrere C=C-Doppelbindungen enthalten. Liegen Doppel- und Einfachbindungen in direktem Wechsel vor, spricht man von **konjugierten Doppelbindungen**. Polyene mit sechs oder weniger konjugierten Doppelbindungen absorbieren Strahlung nur im UV-Bereich (Abb. 3). Der Stoff erscheint daher farblos. Moleküle mit sieben konjugierten Doppelbindungen absorbieren violettes Licht. Der Farbstoff erscheint gelb. Je mehr konjugierte Doppelbindungen im Molekül vorliegen, desto weniger Energie wird benötigt, um die Elektronen anzuregen. Entsprechend verschiebt sich das **Absorptionsmaximum** zu größeren Wellenlängen. β-Carotin mit elf konjugierten Doppelbindungen im Molekül erscheint daher orange.

Mesomerie. Konjugierte Doppelbindungen bilden die Basis für die Farbigkeit bei Polyenen. Für Moleküle wie das Buta-1,3-dien lassen sich mesomere Grenzformeln aufstellen (Abb. 2; ↗S. 206).

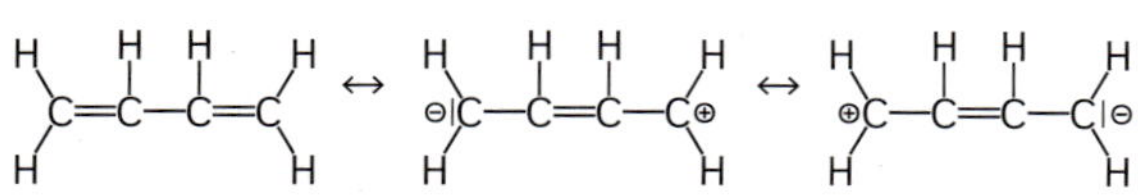

2 *Grenzformeln für Buta-1,3-dien*

Statt eines ausgeprägten Wechsels von C/C-Einfach- und Doppelbindungen liegen die Elektronen der Doppelbindung delokalisiert vor und verteilen sich über das gesamte konjugierte Doppelbindungssystem. Es tritt sowohl bei kettenförmigen als auch bei ringförmigen Molekülen mit konjugierten Doppelbindungen auf.

Nach dem Orbitalmodell werden die Elektronen der Doppelbindung auch als π-Elektronen bezeichnet (↗S. 209). Atomgruppen mit einem *delokalisierten π-Elektronensystem* heißen **Chromophore** (griech. *chroma:* Farbe, *phoros:* tragen) oder *chromophore Gruppen*. Weitere chromophore Gruppen sind die Azo-Gruppe (R–N=N–R), die Cyanin-Gruppe ($-NR_2$) und die Carbonyl-Gruppe (C=O). Auch für sie lassen sich mesomere Grenzformeln der jeweiligen Moleküle zeichnen.

Chromophore sind Atomgruppen mit konjugierten Doppelbindungen. Je ausgedehnter das konjugierte System ist, desto geringer ist die zur Elektronenanregung benötigte Energie und desto größer ist die Wellenlänge des absorbierten Lichts.

1 a) Erklären Sie die Begriffe *delokalisiertes π-Elektronensystem* und *Chromophor*.
b) Erläutern Sie die Bedeutung chromophorer Gruppen für die Farbigkeit von organischen Farbstoffen.

2 Gegeben sind die Verbindungen **A** und **B**, von denen die eine farblos, die andere gelb erscheint.
A: $C_6H_5-CH_2-CH=CH-CH=CH-CH=CH-CH_2-C_6H_5$
B: $C_6H_5-CH=CH-CH=CH-CH=CH-C_6H_5$
a) Zeichnen Sie die Skelettformeln und geben Sie das chromophore System an.
b) Geben Sie an, welche Verbindung farblos und welche farbig ist.

Molekülorbitale erklären die Farbigkeit

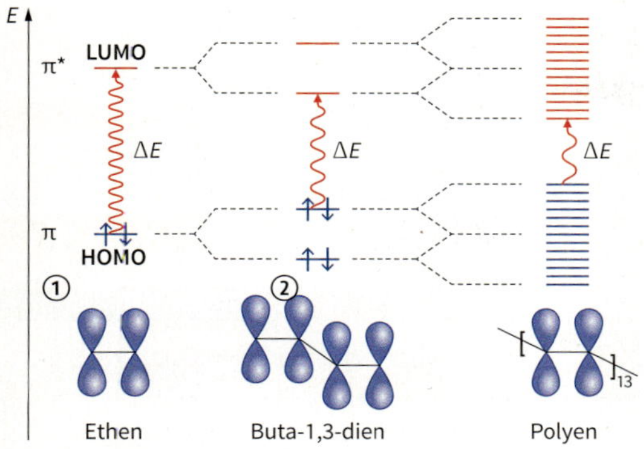

1 *π-MO-Schema bei Polyenen*

Das auftretende delokalisierte π-Elektronensystem kann genauer mit dem Orbitalmodell erklärt werden. Die Anregung und der Wechsel der Elektronen zwischen benachbarten Energieniveaus ist mit der Bildung von Molekülorbitalen genauer zu beschreiben (↗S. 208).

Orbitalmodell. In der C-Kette der konjugierten Doppelbindungen sind alle C-Atome sp^2-hybridisiert. Jedes C-Atom hat folglich ein p-Orbital, das mit benachbarten C-Atomen in der Kette eine π-Bindung eingehen kann (Abb. 2 ①). Tatsächlich überlappt das p-Orbital eines C-Atoms mit den p-Orbitalen beider benachbarten C-Atome. Es bildet sich ein π-Molekülorbital (MO), das über die gesamte Kette an konjugierten Doppelbindungen reicht (Abb. 2 ②, ③). Es liegen also keine ausgeprägten Doppel- und Einfachbindungen zwischen den C-Atomen vor. Die Elektronen der p-Orbitale sind im π-Molekülorbital über alle beteiligten C-Atome hinweg verteilt. Sie sind delokalisiert.

Molekülorbitale. Warum absorbieren Moleküle mit sieben oder mehr konjugierten Doppelbindungen farbiges Licht? Zur Klärung dieser Frage betrachten wir zunächst die π-Bindung zwischen den beiden C-Atomen in einem Ethen-Molekül. Aus den beiden p-Orbitalen der C-Atome entstehen ein bindendes (π) und ein antibindendes (π*)-Molekülorbital. Das bindende Molekülorbital liegt auf einem niedrigeren Energieniveau als das antibindende Molekülorbital (Abb. 2 ①). Im Grundzustand wird das energetisch tiefer liegende Molekülorbital mit den beiden Elektronen aus den p-Orbitalen besetzt. Es wird als **HOMO** (highest occupied molecular orbital), das energetisch darüber liegende unbesetzte Energieniveau als **LUMO** (lowest unoccupied molecular orbital) bezeichnet. Bei der Absorption von Strahlung wechselt ein Elektron vom HOMO ins LUMO. Der Abstand der Energieniveaus ist beim Ethen-Molekül so groß, dass für den Wechsel hochenergetische UV-Strahlung benötigt wird.

Bei zwei konjugierten Doppelbindungen entstehen zwei bindende und zwei antibindende Molekülorbitale. Die bindenden Molekülorbitale werden mit vier Elektronen aus den vier p-Orbitalen besetzt. Die Differenz der Energien zwischen HOMO und LUMO wird kleiner (Abb. 1 ②). Zum Wechseln eines Elektrons wird demnach ein geringerer Energiebetrag benötigt. Ab sieben konjugierten Doppelbindungen ist der Abstand der Energieniveaus zwischen HOMO und LUMO so klein geworden, dass zur Anregung des Elektrons Licht aus dem sichtbaren Teil des Spektrums ausreicht. Durch die Anregung von Schwingungen und Drehungen im Molekül kommen weitere Energieniveaus hinzu. Sie ergänzen die bindenden und antibindenden Energieniveaus. Durch die vielen, eng benachbarten Energieniveaus entstehen in der Folge kontinuierliche Absorptionsspektren.

Bei Molekülen mit größer werdendem mesomeren System wird die Absorption allmählich vom blauen in den roten Bereich des Spektrums verschoben. Buta-1,3-dien absorbiert Licht der Wellenlänge $\lambda = 214$ nm und erscheint farblos. Mit jeder weiteren konjugierten Doppelbindung, die der Kette zugefügt wird, verschiebt sich die Absorption um etwa 30 nm zu größeren Wellenlängen.

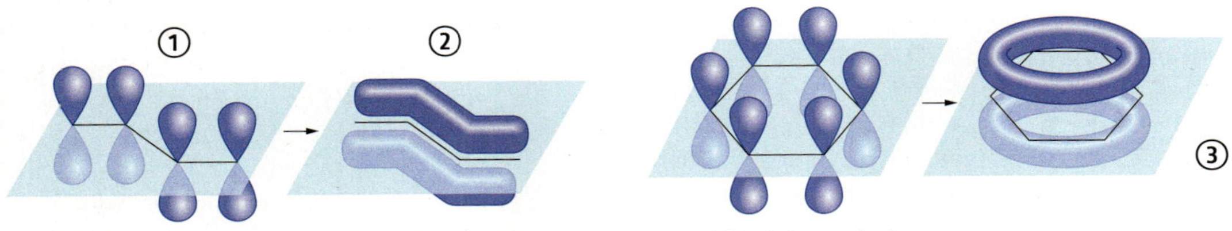

2 *Ausbildung eines π-Molekülorbitals bei Buta-1,3-dien und Benzol (Cyclohexatrien)*

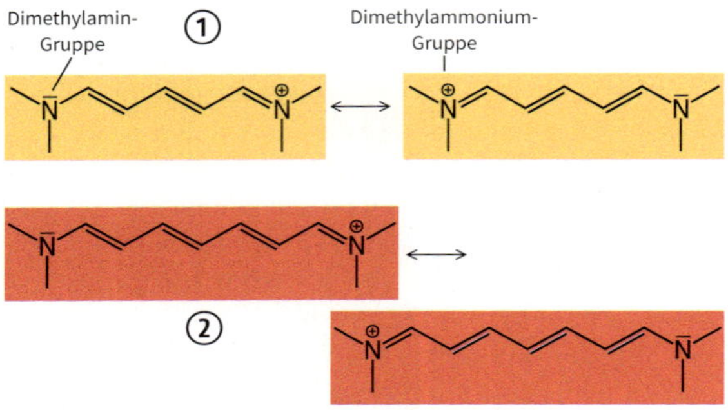

1 *Farben und Grenzformeln von Cyaninen*

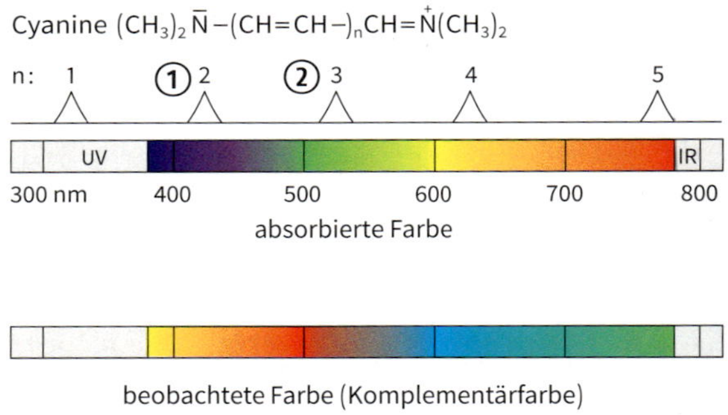

2 *Zusammenhang von Absorption und Farbe bei Cyaninen*

Stoffe aus Molekülen mit sechs oder weniger konjugierten Doppelbindungen absorbieren im UV-Bereich des elektromagnetischen Spektrums. Zur Anregung der Elektronen wird das energiereiches UV-Licht benötigt. Dies ändert sich stark, wenn an das chromophore System aus delokalisierten π-Elektronen funktionelle Gruppen zugefügt werden.

Verschieben des Absorptionsmaximums. In Cyaninfarbstoff-Molekülen ist eine Dimethylamin-Gruppe über eine Polyenbrücke mit einer Dimethylammonium-Gruppe verbunden (Abb. 1). Ein Cyaninfarbstoff-Molekül mit zwei konjugierten Doppelbindungen (Abb. 1 ①) absorbiert im Gegensatz zum entsprechenden Polyen bereits im sichtbaren Bereich des elektromagnetischen Spektrums (Abb. 2 ①). Der Farbstoff erscheint gelb. Diese Verschiebung des Absorptionsmaximums zu größeren Wellenlängen bezeichnet man als **bathochromen Effekt**. Ein Cyaninfarbstoff mit drei konjugierten Doppelbindungen im Molekül (Abb. 1 ②) absorbiert bei etwa 510 nm. Der Farbstoff erscheint rot (Abb. 2 ②). Ein Cyaninfarbstoff mit fünf konjugierten Doppelbindungen absorbiert im orangefarbenem Bereich und erscheint blaugrün. Die Farbe einer Verbindung wird offensichtlich stärker durch die Dimethylamin-Gruppe und die Dimethylammonium-Gruppe als durch die Anzahl der konjugierten Doppelbindungen bestimmt.

Auxochrome und Antiauxochrome. Neben der Dimethylamin-Gruppe und der Dimethylammonium-Gruppe gibt es weitere funktionelle Gruppen, die einen bathochromen Effekt auslösen. Ihnen gemeinsam ist, dass sie in das mesomere System der konjugierten Doppelbindungen eingebunden werden und es damit vergrößern. Man unterscheidet funktionelle Gruppen mit einem **positiven mesomeren Effekt** (+M-Effekt) und solche mit einem **negativen mesomeren Effekt** (–M-Effekt). Funktionelle Gruppen mit einem +M-Effekt erhöhen die Elektronendichte im mesomeren System. Sie wirken demnach als *Elektronendonatoren* und werden als **Auxochrome** bezeichnet (Abb. 3 ①). Im Cyaninfarbstoff-Molekül wirkt die Dimethylamin-Gruppe als Elektronendonator und stellt dem delokalisierten Elektronensystem weitere Elektronen zur Verfügung.

Funktionelle Gruppen mit –M-Effekt wirken als *Elektronenakzeptoren*. Sie werden **Antiauxochrome** genannt (Abb. 3 ②). Im Cyaninfarbstoff-Molekül wirkt die Dimethylammonium-Gruppe als Elektronenakzeptor. Anhand der Grenzformeln erkennt man, dass auch Elektronenakzeptoren das chromophore System vergrößern (Abb. 1).

Schon eine auxochrome oder antiauxochrome Gruppe allein wirkt bathochrom. Der bathochrome Effekt ist noch größer, wenn Auxochrom und Antiauxochrom in einem Molekül vorliegen. Donator- und Akzeptorwirkung ergänzen sich besonders gut, wenn sich die Gruppen wie im 4-Dimethylamino-4'-nitrostilben an den entgegengesetzten Enden des Moleküls befinden (Abb. 3 ③). Stilben enthält Moleküle aus zwei Phenyl-Ringen, die über eine Ethenbrücke verbunden sind. Das chromophore System aus den Phenyl-Ringen und der Ethenbrücke absorbiert Licht im UV-Bereich. Stilben erscheint farblos. Im 4-Nitrostilben-Molekül ist ein H-Atom durch eine antiauxochrom wirkende Nitro-Gruppe ersetzt. Die Nitro-Gruppe erweitert das mesomere System. Das Absorptionsmaximum liegt nun bei etwa 400 nm. 4-Nitrostilben erscheint gelb. Eine auxochrom wirkende Dimethylamin-Gruppe an der entgegengesetzten Seite des Moleküls vergrößert das mesomere System nochmals. 4-Dimethylamino-4'-nitrostilben absorbiert bei etwa 500 nm, der Farbstoff erscheint rot.

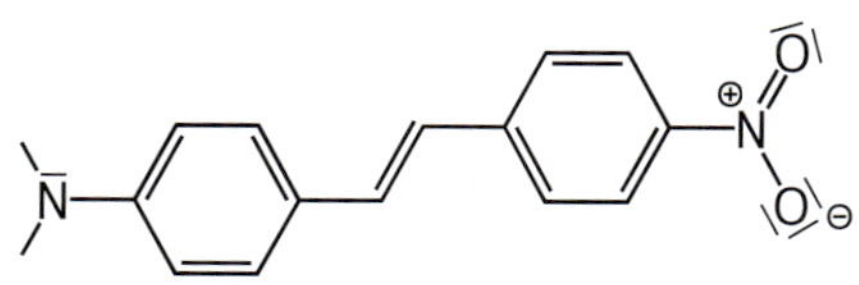

Entfärbung. Wird das System aus konjugierten Doppelbindungen in einem Chromophor verkürzt oder unterbrochen, ändert sich die Farbe. Im Extremfall verschwindet sie völlig. Dieser Zusammenhang wird beispielsweise industriell für Bleichprozesse genutzt. Cellulose enthält in der Regel natürliche Farbstoffe, die die Verarbeitung von Baumwolle zu sehr weißen Stoffen erschwert. Vor der Verarbeitung in der Textilindustrie wird Baumwolle daher grundsätzlich gebleicht. Bleichmittel wie Natriumhypochlorit oder Wasserstoffperoxid greifen C=C-Doppelbindungen im Farbstoff-Molekül an. Das delokalisierte π-Elektronensystem wird verkürzt. Die Absorption wird in den UV-Bereich verschoben.

Ungewollte Zerstörung von Farbstoff-Molekülen in Kleidungsstücken entstehen zum Beispiel durch Spritzer von hypochlorithaltigen Reinigungsmitteln im Haushalt. Auch Gegenstände, die längerfristig chlorhaltigem Wasser im Schwimmbad ausgesetzt sind, bleichen aus.

Hitze oder Lichteinwirkung können ebenfalls Farbveränderungen verursachen. Viele in Lebensmitteln vorkommende Naturfarbstoffe wie beispielsweise die Carotinoide werden durch hohe Temperaturen bei der Verarbeitung oder durch Sonnenlicht im Laufe der Zeit verändert. Um dennoch einen ansprechenden Farbton zu erhalten, werden industriell verarbeiteten Lebensmitteln häufig Farbstabilisatoren zugesetzt.

Auxochrome und antiauxochrome Gruppen zeigen einen bathochromen Effekt und verschieben das Absorptionsmaximum eines Chromophors in den Bereich größerer Wellenlängen.

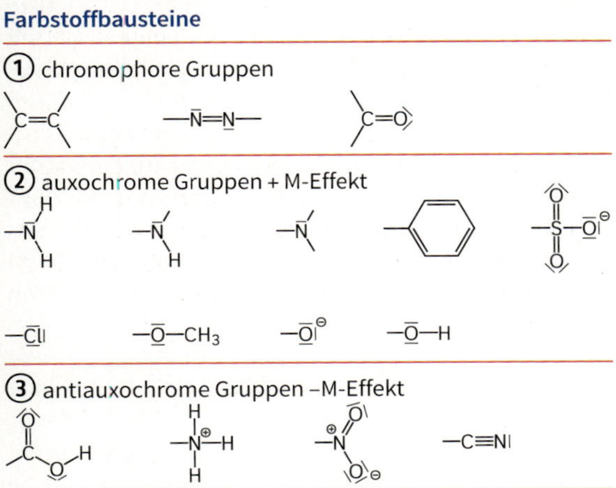

3 ***Funktionelle Gruppen in Farbstoff-Molekülen***

1 a) Erläutern Sie den Einfluss von *chromophoren*, *auxochromen* und *antiauxochromen Gruppen* auf die Farbe. Nutzen Sie den Begriff *bathochromer Effekt*. Tragen Sie Ihre Ergebnisse in einer Conceptmap zusammen.
b) Erweitern Sie die Conceptmap um das Beispiel 4-Dimethylamino-4'-nitrostilben. Zeichnen Sie mindestens zwei Grenzformeln dazu.

2 Partner A: Lycopin; Partner B: Lutein.
a) Recherchieren und skizzieren Sie die Molekülstruktur sowie den Farbton des Farbstoffs.
b) Erklären Sie den Zusammenhang zwischen der Molekülstruktur und der Farbe. Vergleichen Sie mit der Farbe und der Struktur des Farbstoffs β-Carotin.
c) Stellen Sie gemeinsam Ihre Ergebnisse in einer Präsentation zusammen.

3 a) Skizzieren Sie mögliche Grenzformeln (Abb. 1), die durch die Einführung einer Amino-Gruppe und einer Nitro-Gruppe in ein Azobenzol-Molekül entstehen.

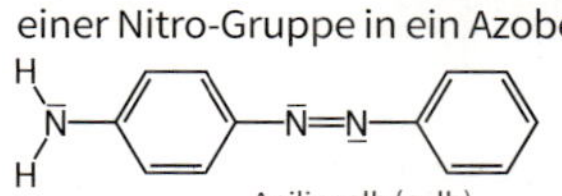

Anilingelb (gelb)

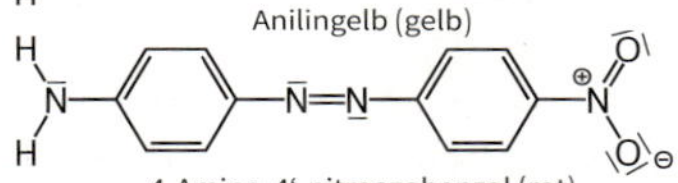

4-Amino-4'-nitroazobenzol (rot)

b) Erklären Sie die unterschiedlichen Farben mithilfe der Molekülstrukturen.

4 Auf der Netzhaut im Auge befinden sich drei Arten von Zäpfchen, die für das Farbsehen benötigt werden. In allen Zäpfchen absorbiert der Polyenfarbstoff 11-*cis*-Retinal, der an einen Eiweißstoff gebunden ist, das einfallende Licht. Bei der Lichtabsorption wird 11-*cis*-Retinal zum *all-trans*-Retinal isomerisiert und der Eiweißstoff trennt sich ab.

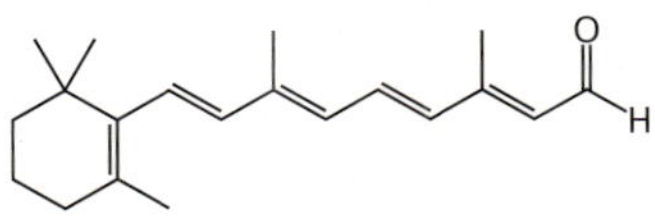

all-trans-Retinal

In den drei Zäpfchenarten ist das Retinal mit unterschiedlichen Eiweißstoffen kombiniert. Durch die unterschiedlichen Eiweißstoffe wird das Absorptionsmaximum in den Zäpfchenarten zu unterschiedlichen Wellenlängen verschoben.
a) Erklären Sie die gelbe Farbe des Retinals.
b) Recherchieren Sie die Absorptionsbereiche der Zäpfchenarten. Erklären Sie, warum ein Sehfarbstoff und drei Zäpfchenarten ausreichen, um alle Farben zu erkennen.
c) Vergleichen Sie die Struktur von *all-trans*-Retinal mit der Struktur von β-Carotin. Bewerten Sie die Aussage des Volksmunds: *Karotten sind gut für die Augen*.

6.5 Natürliche Farbstoffe

1 *Oxidation von Indigoweiß durch Luftsauerstoff*

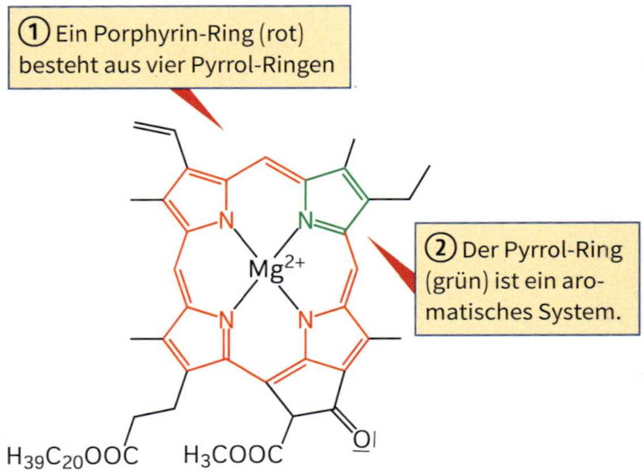

2 *Chlorophyll a mit Porphyrinring*

Die Natur bietet viele Farbstoffe, die der Mensch bereits seit der Frühzeit zum Bemalen und Färben seiner Umgebung genutzt hat. Indigo, Karmin, Carotin und Anthocyanfarbstoffe sind Beispiele hierfür.

Indigo. Einer der am längsten vom Menschen genutzten Farbstoffe ist der blaue *Indigo.* Man fand bereits in ägyptischen Gräbern aus der Zeit um 2000 v. Chr. mit Indigo gefärbte Mumienbinden. Der blaue Farbstoff des Indigostrauches ist mit dem in Europa beheimateten Färberwaid identisch. Zur Gewinnung des Farbstoffs wurden die Pflanzen während der Blüte geerntet, zerquetscht und mit Wasser versetzt. Durch enzymatische Spaltung entsteht dabei die farblose Vorstufe des Farbstoffs, das Indoxyl. Die blaue Farbe bildet sich erst durch Oxidation mit Luftsauerstoff. Dabei verbinden sich zwei Indoxyl-Moleküle unter Abspaltung von zwei H_2O-Molekülen zu einem Indigo-Molekül. Indigo ist wasserunlöslich. Zum Färben von Stoffen nutzt man die reduzierte, wasserlösliche *Leukoform* (griech. *leukos:* weiß), das gelblich gefärbte Indigoweiß (Abb. 1). Früher erfolgte die Reduktion in Färbekübeln bei der Vergärung der Pflanzenteile unter Zusatz von Urin oder Holzasche. Die Lösung der Leukoform wird als *Küpe* (lat. *cupa:* Tonne, Kübel) bezeichnet. Der Reduktionsprozess wird noch heute *Verküpen* und die zugehörige Färbetechnik *Küpenfärbung* genannt. Indigoweiß wird an der Faseroberfläche und bei längerer Färbezeit in Faserhohlräume adsorbiert. Beim Trocknen an der Luft entsteht dann durch Oxidation mit dem Luftsauerstoff der blaue Indigo (Abb. 1).

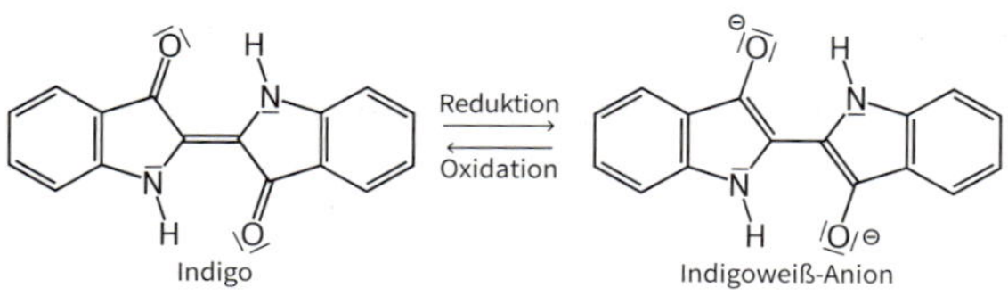

Der Farbstoff ist über schwache zwischenmolekulare Kräfte an die Faser gebunden. Durch die schlechte Wasserlöslichkeit wäscht sich Indigo jedoch kaum von der Faser. Starke mechanische Beanspruchung reibt den Farbstoff nach und nach ab. An diesen Stellen verblasst die Faseroberfläche. Dies verhalf dem Indigo zu einem Comeback als Farbmittel für Blue Jeans.

Anthrachinonfarbstoffe. Weitere seit langem bekannte Naturfarbstoffe sind *Alizarin* und *Karminsäure* (Abb. 3 ①). Sie gehören zu den natürlich vorkommenden Anthrachinonfarbstoffen. Alizarin ist der Hauptfarbstoff der Krappwurzel. Er ist an Zucker-Moleküle gebunden und wird zur Hydrolyse dieser Bindung in saurer Lösung extrahiert. Mit Krappfarbstoffen wird Wolle braunorange gefärbt. Durch Beizmittel, das sind Salze mit bestimmten Kationen, wird der Farbton variiert. Je nach verwendetem Metallsalz, erreicht man leuchtend rote oder braune Färbungen. Wird beispielsweise Karminsäure aus der Cochenilleschildlaus mit einer Aluminiumbeize behandelt, ergeben sich leuchtend rote Färbungen. Calcium- und Aluminiumsalze der Karminsäure werden bis heute industriell als Lebensmittel- und Kosmetikfarbstoffe verwendet.

Chlorophyll. Der biologisch wichtigste Farbstoff ist der Blattfarbstoff Chlorophyll (griech. *chloros:* grün, *phyllon:* Blatt). Chlorophyll bezeichnet eine Farbstoffklasse, die in allen grünen Pflanzen vorkommt. Der Farbstoff ist eine Komplexverbindung aus einem Porphyrin-Ring mit einem Magnesium-Ion in der Mitte (Abb. 2 ①). Der Porphyrin-Ring ist eine aromatische Verbindung aus vier verbundenen Pyrrol-Ringen (Abb. 2 ②). Die delokalisierten Elektronen des Komplexes absorbieren blaues und rotes Licht. Die Energie wird genutzt, um die Verbindung Adenosintriphosphat (ATP) aufzubauen, welche letztlich für die Fotosynthesereaktion benötigt wird.

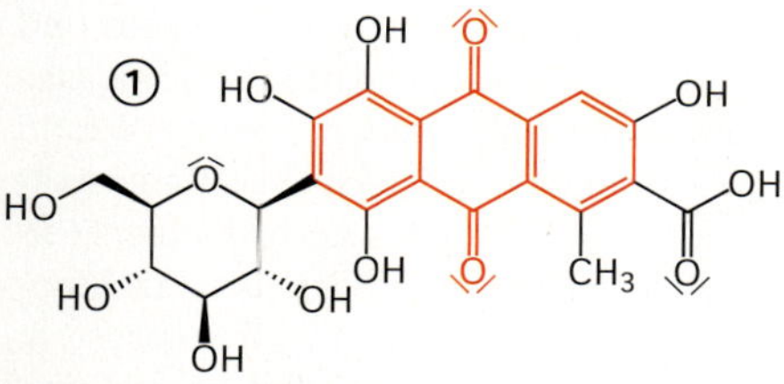

Karminsäure-Molekül mit Anthrachinonstruktur als Gerüst

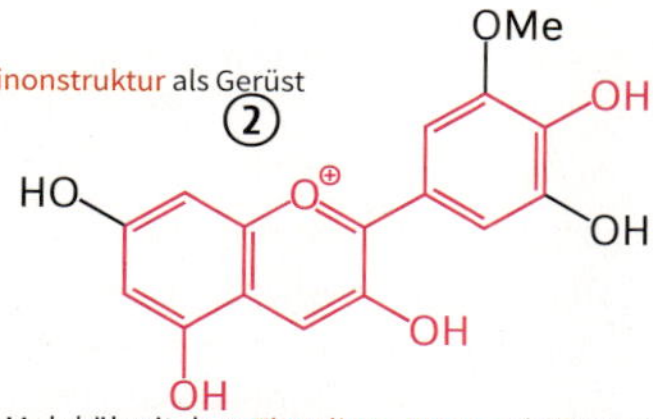

Petunidin-Molekül mit dem Flavylium-Kation als Gerüst

3 *Skelettformeln weiterer Naturfarbstoffe*

Carotinoide. Wenn im Herbst das Chlorophyll im Blatt abgebaut wird, werden mit der Herbstfärbung die gelben, braunen und roten Farben der Carotinoide, Xanthophylle und Anthocyane sichtbar. Ein Beispiel für einen Farbstoff aus der Gruppe der Carotinoide ist das Carotin. Es wurde 1831 erstmals aus Karotten isoliert. Bei den Carotinoiden handelt es sich um Polyene mit elf konjugierten C=C-Doppelbindungen im Molekül. Carotinoide lassen sich aufgrund ihrer chemischen Struktur in sauerstofffreie Carotine und sauerstoffhaltige Xanthophylle (griech. *xanthos:* gelb) einteilen. Sie kommen in Wurzeln, Früchten und Blättern vor. Carotinoide werden als Lebensmittelfarbstoffe für Margarine und Fruchtsäfte verwendet. Als Futtermittelzusatzstoffe rufen sie beispielsweise bei Zuchtlachs die natürliche Farbe von Wildlachs hervor.

Anthocyanfarbstoffe. Rote, violette oder blaue, wasserlösliche Blüten- und Fruchtfarbstoffe werden als Anthocyanfarbstoffe (griech. *anthos:* Blüte, *kyanos:* blau) bezeichnet. Unterschiedliche Mengenanteile rufen in den Blüten und Früchten charakteristische Färbungen hervor. Die Grundstruktur eines Anthocyanfarbstoff-Moleküls ist das Flavylium-Kation (Abb. 3 ②). Anthocyanfarbstoffe werden industriell in der Lebensmittelindustrie genutzt. Die Gewinnung erfolgt durch Extraktion aus den Bestandteilen verschiedener Pflanzen. Eine preiswerte Variante mit großen Ausbeuten ist die Nutzung von Pressrückständen aus der Fruchtsaftherstellung, da die Farbstoffe bevorzugt in der Schale zu finden sind.

Indigo ist einer der ältesten bekannten Farbstoffe. Er gehört zu den Küpenfarbstoffen. Chlorophylle, Carotinoide und Anthocyanfarbstoffe sind wichtige in der Natur vorkommende Farbstoffe.

1 Übertragen Sie die Strukturen der Farbstoff-Moleküle aus Abb. 2 und Abb. 3 in Ihr Heft. Geben Sie jeweils das Chromophor an und ermitteln Sie die auxochromen und antiauxochromen Gruppen.

2 Partner A: Chlorophylle; Partner B: Xanthophylle; Partner C: Carotinoide; Partner D: Anthocyanfarbstoffe
a) Recherchieren Sie Vorkommen, Eigenschaften und Gewinnung der Farbstoffe.
b) Geben Sie für ein Beispiel eine Skelettformel an und erklären Sie daran die Farbigkeit des natürlichen Farbstoffs.
c) Erstellen Sie einen Steckbrief zur Farbstoffklasse.
d) Erklären und begründen Sie die Nutzung der Farbstoffe als Zusatzstoffe in der Lebensmittelindustrie.
e) Fassen Sie Ihre Ergebnisse auf einem Plakat zusammen.

3 Jeansstoffe sind für ihren „Used Look“ bekannt.
a) Erklären Sie die Ursachen für diesen Effekt.
b) Stellen Sie eine Vermutung auf, wie der „Used Look“ in der Produktion gezielt hervorgerufen werden kann.

4 6,6‘-Dibromindigo (Purpur) ist ein natürlicher Farbstoff aus der Purpurschnecke.

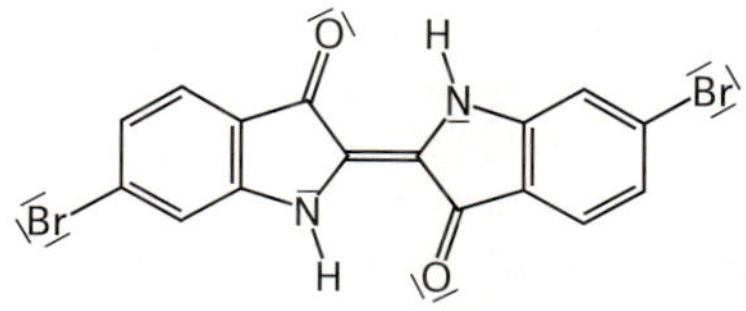

a) Recherchieren Sie zur Geschichte des Farbstoffs Purpur. Berücksichtigen Sie dabei die kulturelle und die wirtschaftliche Bedeutung des Farbstoffs.
b) Erläutern Sie am Beispiel des Purpur das Färbeprinzip der Küpenfärbung.
c) Vergleichen Sie die Molekülstrukturen von Purpur (λ_{max} = 570 nm) und von Indigo (λ_{max} = 610 nm). Erklären Sie die unterschiedlichen Farben.
d) Präsentieren Sie Ihre Ergebnisse der Lerngruppe.

5 Ungefähr 90 % des heute verwendeten Indigos werden synthetisch gewonnen. Skizzieren Sie die einzelnen Schritte der Indigosynthese. Ausgehend von Phenylglycin-2-carbonsäure bildet sich unter Abspaltung eines H_2O-Moleküls Indoxyl-2-carbonsäure. In einem weiteren Schritt erfolgt unter Abspaltung eines CO_2-Moleküls die Bildung von Indoxyl.

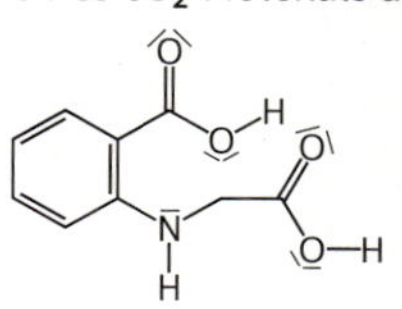

Phenylglycin-2-carbonsäure

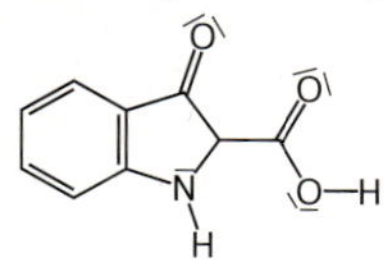

Indoxyl-2-carbonsäure

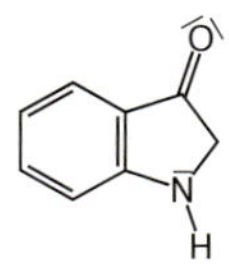

Indoxyl

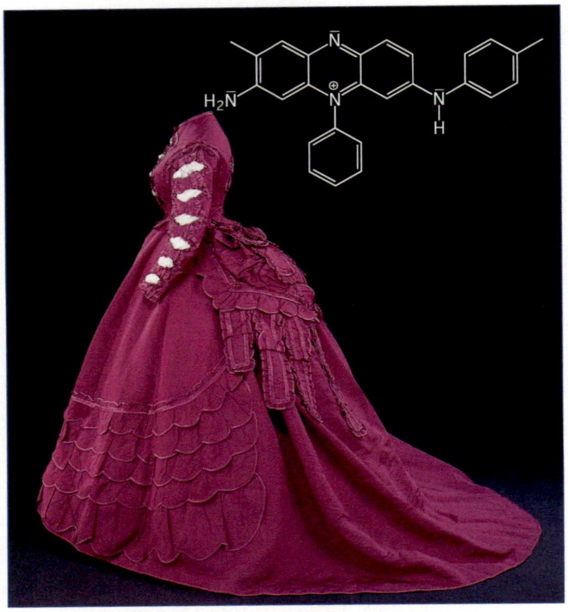

1 *Farbeindruck und Skelettformel von Mauvein*

1856 begann mit der zufälligen Entdeckung des violetten Farbstoffs Mauvein (Anilinpurpur, Abb. 1) durch Sir William Henry PERKIN die Herstellung von synthetischen Farbstoffen. Es war eine kostengünstige Möglichkeit die in dieser Zeit stark steigende Nachfrage nach Farbstoffen abzudecken.

Azofarbstoffe. Mit der Entdeckung der Diazoverbindungen legte der Chemiker Peter GRIESS 1862 den Grundstein zur Entwicklung einer großen Palette von Azofarbstoffen. Ihr Strukturmerkmal ist ein chromophores System aus einer **Azo-Gruppe** (–N=N–) mit daran gebundenen Benzol-Ringen. Heute gehören ungefähr 80 % der industriell genutzten Farbstoffe zu den Azofarbstoffen. Ihre Bedeutung und farbliche Vielfalt resultiert aus unterschiedlichen Substituenten an den beiden Benzol-Ringen, die als Auxochrome und Antiauxochrome das chromophore System erweitern.

Bei Azofarbstoffen verbindet die Azo-Gruppe die beiden kleineren delokalisierten π-Elektronensystem der Benzol-Ringe zu einem großen delokalisierten π-Elektronensystem.

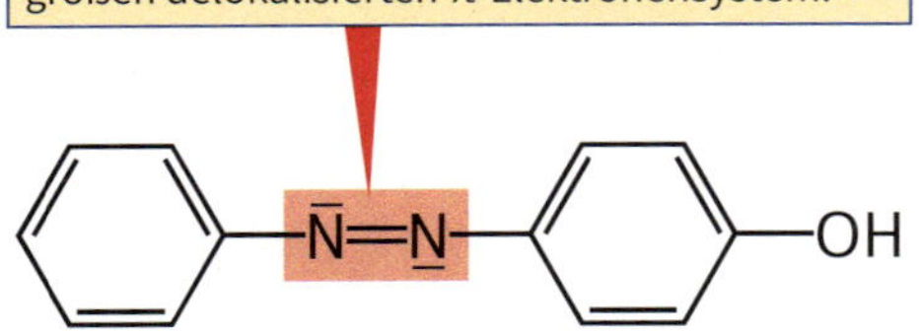

2 *Aufbau von Azofarbstoffen*

Anthrachinonfarbstoffe. 1868 gelang Carl GRAEBE und Carl Theodor LIEBERMANN die Strukturaufklärung des Alizarins (Krapprot, Abb. 3 ②). Danach konnte Alizarin als erster Anthrachinonfarbstoff technisch hergestellt werden. Anthrachinon (Abb. 3 ①) ist ein hellgelber Feststoff. Die beiden Carbonyl-Gruppen des Anthrachinon-Moleküls sind am delokalisierten π -Elektronensystem des Moleküls beteiligt. Das synthetische Produkt verdrängte den identischen Naturstoff nahezu vollständig vom Markt.

Indanthrenfarbstoffe. René BOHN synthetisierte 1901 aus 2-Aminoanthrachinon, Natriumhydroxid und Natriumnitrat Indanthrenblau RS (Abb. 3 ③), den ersten Indanthrenfarbstoff. Durch die Kombination von Anthrachinonfarbstoffen mit den färberischen Eigenschaften des Indigos wurden Farbstoffe für die Textilfärbung mit hervorragender Wasch- und Lichtbeständigkeit entwickelt. Indanthrenfarbstoffe ändern wie Indigo bei der Verküpung ihre Farbe. Das Warenzeichen Indanthren (**Ind**igo-**Anthr**achinon) ist zu einer Qualitätsbezeichnung geworden.

Gesundheitliche Aspekte. Farbstoffe zum Färben von Textilien müssen gesundheitlich unbedenklich sein. Auch heute werden einige Azofarbstoffe aus krebserzeugenden Aminen hergestellt. Die Amine können im Körper durch Spaltung des Farbstoffs wieder freigesetzt werden. In Deutschland ist die Verwendung von Azofarbstoffen verboten, die in eines der gelisteten krebserzeugenden Amine gespalten werden können und direkten und längeren Kontakt mit Haut oder Schleimhäuten haben. So ein Azofarbstoff gilt als nachgewiesen, wenn seine Konzentration 30 mg je Kilogramm Textil überschreitet. Neue Kleidungsstücke sollten dennoch vor dem ersten Tragen grundsätzlich gewaschen werden. Für Lebensmittel regelt die Zusatzstoffzulassungsverordnung, welche Farbstoffe erlaubt sind. Gesundheitlich unbedenkliche Farbstoffe erhalten *E-Nummern* und müssen auf dem Produkt angegeben werden.

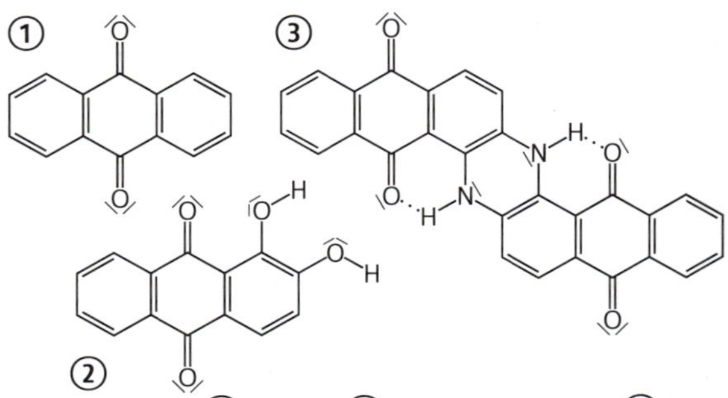

3 *Anthrachinon ①, Alizarin ②, Indanthrenblau RS ③*

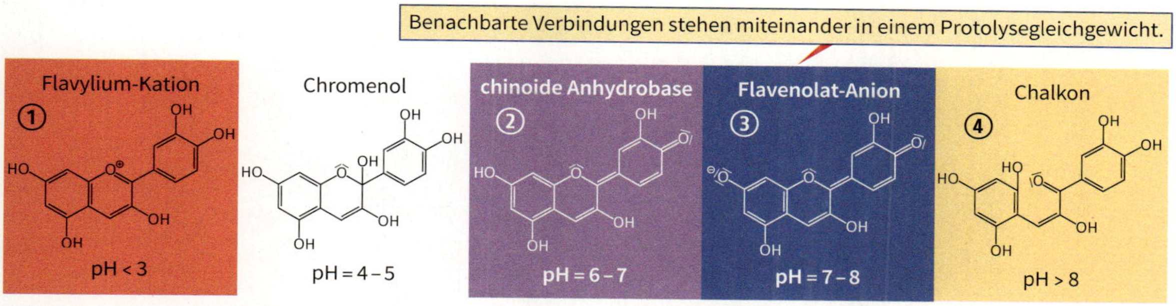

4 ***Struktur des Cyanidin-Moleküls und Farbe des Rotkohlsaftes bei unterschiedlichen pH-Werten***

Indikatorfarbstoffe. Pflanzenfarbstoffe wie Lackmus wurden bereits im 17. Jahrhundert zur Identifikation saurer und alkalischer Lösungen genutzt (↗S. 65). 1877 wurde mit Phenolphthalein der erste synthetische Säure-Base-Indikator eingeführt. Kurz darauf folgte mit Methylorange ein erster Vertreter der Azofarbstoffe.

Struktur und Farbe. Rotkohlsaft enthält den natürlichen Farbstoff Cyanidin. Dessen Farbe wird durch Zugabe einer sauren oder alkalischen Lösung beeinflusst (Abb. 2). Durch die einsetzende Protolysereaktion wird das chromophore System des Farbstoff-Moleküls verändert. Damit verändern sich ebenfalls die Bereiche der Lichtabsorption des Farbstoffes, was durch einen Farbumschlag sichtbar wird. Im Rotkohlsaft liegen bei einem pH-Wert < 3 Flavylium-Kationen vor (Abb. 4 ①). Diese geben der Lösung eine rote Färbung. Zwischen pH 6 und 7 entsteht unter Wasserabspaltung die chinoide Anhydrobase (Abb. 4 ②), sie färbt die Lösung violett. Die Anhydrobase protolysiert ab pH 7 zum Flavenolat-Anion (Abb. 4 ③) und färbt die Lösung blau. Bei pH-Werten > 8 entsteht ein Chalkon (Abb. 4 ④), es färbt die Lösung gelb.

Das Strukturmerkmal eines *Triphenylmethanfarbstoffs* ist ein zentrales C-Atom, an das drei Phenylringe gebunden sind (Abb. 5 ②). An die Phenylringe sind auxochrome oder antiauxochrome Gruppen gebunden. Strukturell nahe verwandt mit den Triphenylmethanfarbstoffen sind die *Phthaleine*. Ein bekannter Vertreter der Phthaleine ist der Säure-Base-Indikator Thymolphthalein. In der protonierten Molekülstruktur sind die drei Phenylringe als unverbundene chromophore Systeme erkennbar (Abb. 5 ①).

Synthetische Farbstoffe sind künstlich hergestellt. Sie ersetzen in vielen Anwendungsbereichen die natürlichen Farbstoffe. Indikatorfarbstoffe zeigen Farbänderungen durch unterschiedliche Molekülstrukturen in sauren und alkalischen Lösungen an.

---

1 a) Zeichnen Sie die Farbstoff-Moleküle aus Abb. 3 in Ihr Heft. Geben Sie die chromophoren Systeme an.
b) Begründen Sie die Farbänderungen vom Alizarin zum Anthrachinon und Indanthrenblau RS.

2 a) Ordnen Sie die Ihnen bekannten Farbstoffe nach drei Ordnungskriterien Ihrer Wahl.
b) Vergleichen Sie Ihre Ordnungskriterien untereinander.
c) Kontrollieren Sie gegenseitig, ob Ihre Zuordnungen zu den eigenen Ordnungskriterien stimmt.

3 Begründen Sie mithilfe der Strukturformeln in Abb. 5, warum Thymolphthalein in saurer Lösung farblos ist und in alkalischer Lösung blau.

4 Der Kohlkopf vom Rotkohl zeigt ein violette Färbung. In Norddeutschland wird Rotkohl häufig mit Apfelstücken gekocht. Danach erscheint der Rotkohl tatsächlich in einem roten Farbton. In süddeutschen Kochrezepten findet man oftmals Natron ($NaHCO_3$) als Zutat. In Süddeutschland hat sich die Bezeichnung Blaukraut durchgesetzt.
a) Bestimmen Sie die Ursache der Farbänderungen.
b) Erklären Sie die Ursache der unterschiedlichen Farbigkeit mithilfe der Molekülstrukturen aus Abb. 4.

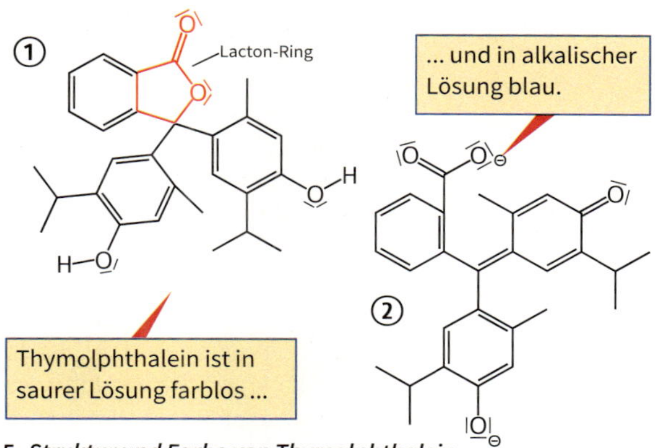

5 ***Struktur und Farbe von Thymolphthalein***

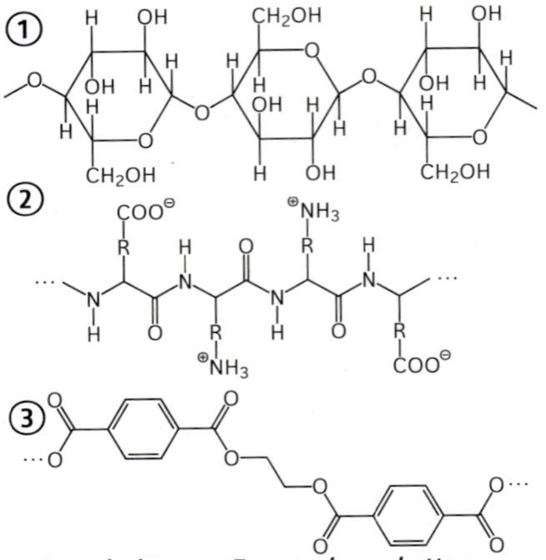
1 *Ausschnitte von Faserpolymerketten*

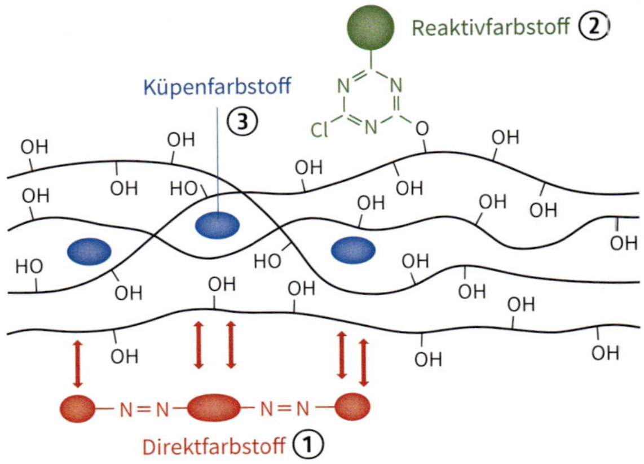

2 *Färbungen auf Baumwolle*

Für die Herstellung von Textilien werden sowohl natürliche als auch künstliche Fasern genutzt. Zu den natürlichen Fasern zählen Proteinfasern wie Wolle oder Seide und Cellulosefasern wie Baumwolle oder Leinen. Synthetische Fasern sind aus Polyethylenterephthalat, Polyamid oder Polyacrylnitril. Weltweit werden jährlich etwa 65 Millionen Tonnen Textilfasern produziert, mehr als die Hälfte davon sind synthetische Fasern.

Faserpolymerketten. Allen Textilfasern ist gemein, dass sie aus langen Molekülketten bestehen (Abb. 1). In diesen *Faserpolymerketten* wiederholen sich bestimmte Atomgruppen. Bei Cellulosefasern sind tausende Glucosebausteine miteinander verknüpft (Abb. 1 ①). Proteinfasern bestehen aus vielen verbundenen Aminosäuren ②. Bei synthetischen Fasern sind oftmals zwei unterschiedliche Bausteine hintereinander gehängt ③.

Die unterschiedliche Molekülstruktur der Textilfasern lässt es bereits erahnen: Es gibt keinen für alle Fasern geeigneten Universalfarbstoff. Zunächst bestimmen die Eigenschaften von Faser und Farbstoffen den Ablauf der Färbung. Bei einer guten Textilfärbung soll die Farbe anschließend gut an der Faser haften und nicht durch Reibung oder beim Waschen abgelöst werden. Färbungen sind beständig, wenn starke Wechselwirkungen zwischen den Farbstoff-Molekülen und den Faser-Molekülen bestehen oder Farbstoff-Moleküle unpolar sind.

Färbeparameter. Durch verschiedene *Färbeparameter* und Hilfsmittel wird die Wechselwirkung zwischen Farbstoff-Molekül und Faser-Molekül verstärkt. So führen die Vergrößerung der Farbstoffkonzentration oder die Erhöhung der Färbetemperatur zu einer tieferen Anfärbung. Die andauernde Bewegung von Material und Färbelösung führt zu einer gleichmäßigen Färbung und verkürzt die Dauer des Vorgangs.

Für ein einheitliches Färbeergebnis ist außerdem die Gleichmäßigkeit des Fasermaterials wichtig. Ursachen für unterschiedliche Farbtiefen sind beispielsweise unreife Baumwollfasern oder lichtgeschädigte Wollfasern. Bei synthetischen Fasern wirken sich unterschiedliche Kettenlängen negativ aus.

Färberisches Verhalten. In der Färberei werden Farbstoffe nicht nach deren chemischen Struktur unterteilt, sondern nach ihrem färberischen Verhalten. Unterschieden werden Direkt-, Reaktiv-, Entwicklungs-, Dispersions- und Küpenfarbstoffe. **Direktfarbstoffe** lagern sich aufgrund von Wechselwirkungen zwischen dem Farbstoff-Molekül und dem Faser-Molekül direkt an der Faser an (Abb. 2 ①). Bei **Reaktivfarbstoffen** reagieren die Farbstoff-Moleküle und gehen Elektronenpaarbindungen mit funktionellen Gruppen der Faser-Moleküle ein (Abb. 2 ②). Reaktivfarbstoffe haften deshalb besonders gut. Wasserlösliche Farbstoffvorstufen reagieren bei den **Entwicklungsfarbstoffen** direkt auf der Faser (Abb. 3 ①). Diese Farben sind nicht wasserlöslich wodurch sie eine hervorragende Waschechtheit aufweisen. **Dispersionsfarbstoffe** und **Küpenfarbstoffe** sind ebenfalls nicht wasserlöslich und werden über zwischenmolekulare Wechselwirkungen in die Faser eingelagert (Abb. 2 ③). Küpenfarbstoffe werden in der reduzierten Form aufgefärbt und anschließend oxidiert.

Färben von Cellulosefasern. Die Cellulosefasern der Baumwolle zeigen eine Molekülstruktur mit vielen OH-Gruppen. Baumwolle lässt sich daher gut mit Direktfarbstoffen färben. Die Fixierung der Direktfarbstoffe erfolgt über zwischenmolekulare Kräfte. Als Reaktivfarbstoff eignet sich bei Baumwolle ein Farbstoff-Molekül mit Cl-Substituenten. Unter Abspaltung eines HCl-Moleküls reagiert das Farbstoff-Molekül mit einer OH-Gruppe der Cellulosefaser. Bei der

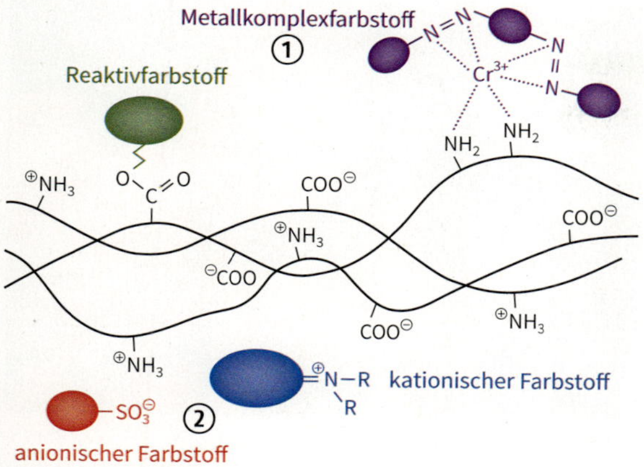

3 *Färbungen auf Wolle*

Entwicklungsfärbung wird die Cellulosefaser zunächst mit der Kupplungskomponente für eine Azokupplung getränkt. Anschließend wird die Faser für die Farbreaktion in die Lösung mit dem Diazoniumsalz getaucht. Küpenfarbstoffe werden in der wasserlöslichen Form auf die Baumwollfaser aufgezogen. Durch Oxidation entsteht die wasserunlösliche Form. Der Farbstoff ist so in die Faser eingelagert.

Färben von Proteinfasern. Die Proteinfasern der Wolle zeigen eine Molekülstruktur mit ionischen Gruppen. Zur Direktfärbung werden vorrangig Säurefarbstoffe eingesetzt. Die SO_3^--Gruppen des Farbstoffes und die NH_3^+-Gruppen der Faser gehen dabei eine Ionenbindung ein (Abb. 3 ②). Die Entwicklungsfärbung erfolgt bei Wolle über ein Metall-Kation, an das ein oder zwei Farbstoff-Moleküle gebunden sind. Das Kation ist oftmals über eine koordinative Bindung (↗S. 211) an die Proteinfaser gebunden (Abb. 3 ①). In diesem Fall bindet das Kation an das freie Elektronenpaar einer NH_2-Gruppe vom Protein-Moleküls.

Färben von Synthesefasern. Kunststoffe oder synthetische Fasern mit eher unpolaren Ketten (Abb. 1 ③) können durch Zusatz eines Dispersionsfarbstoffs zur Schmelze gefärbt werden. Bei der hohen Verarbeitungstemperatur der Faserherstellung von mehr als 100 °C diffundiert der Farbstoff in die Faser ein. Die Färbungen haben gute Wasch- und Lichtechtheit. Polyacrylnitrilfasern können auch mit kationischen Farbstoffen gefärbt werden, die über Komplexbindungen an der Faser haften.

Die molekularen Strukturen des Farbstoffes und der Faser bestimmen Art und Qualität der Färbung.

1 a) Erklären Sie, warum es keinen für alle Textilfasern geeigneten Universalfarbstoff gibt.
b) Erläutern Sie die Bedeutung der Färbeparameter und beschreiben Sie deren Einfluss auf den Farbton.
c) Erklären Sie, durch welchen Faktor die Waschechtheit einer Färbung hauptsächlich beeinflusst wird.

2 Partner A: Baumwolle; Partner B: Wolle
Für Stoffe aus Naturfasern gibt es ein breites Angebot an Farbstoffen, die sich in ihrem molekularen Aufbau und in der Färbetechnik unterscheiden.
a) Nennen Sie für Ihren Fasertyp mögliche Farbstoffarten und wichtige Färbeparameter.
b) Zeichnen Sie einen Strukturausschnitt der gefärbten Faser. Geben Sie Art der Wechselwirkungen zwischen dem Farbstoff-Molekül und dem Faser-Molekül an.
c) Stellen Sie Ihre Ergebnisse in einer Präsentation zusammen.

3 Partner A: Baumwolle wird mit einem Reaktivfarbstoff unter alkalischen Bedingungen gefärbt.
Partner B: Wolle wird mit einem Reaktivfarbstoff unter sauren Bedingungen gefärbt.
a) Erklären Sie die Wirkung des pH-Werts bei der Färbung. Recherchieren Sie dazu das Reaktionsverhalten der Faser bei sauren oder alkalischen pH-Werten.
b) Stellen Sie sich Ihre Ergebnisse gegenseitig vor.
c) Bei der Baumwollfärbung kommt es zu einer Konkurrenzreaktion, sodass Farbstoff in Lösung verbleibt. Erläutern Sie gemeinsam die Konkurrenzreaktion.

4 Wolle und Polyacrylnitrilfasern lassen sich gut mit ionischen Farbstoffen färben.
a) Begründen Sie die Tatsache.
b) Formulieren Sie Reaktionsgleichungen.

5 Ein technisch wichtiges Färbeverfahren ist das Ausziehverfahren. Dieser Färbeprozess ist ein Gleichgewichtsvorgang.
a) Recherchieren und beschreiben Sie das Ausziehverfahren. Erklären Sie das vorliegende Gleichgewicht.
b) Erklären Sie die Beeinflussung des Gleichgewichts durch Farbstoffkonzentration, Temperatur und Bewegung des Materials.

6 Für das Färben von Textilien standen früher ausschließlich Naturstoffe zur Verfügung. Für leuchtende Farbtöne mussten Beizmittel verwendet werden.
a) Informieren Sie sich über historische Färbetechniken. Erklären Sie die Wirkung des Beizmittels.
b) Erläutern Sie die wesentlichen Unterschiede zum modernen Ausziehverfahren.
c) Erklären Sie warum Naturfarbstoffe in der industriellen Färberei kaum noch Bedeutung haben.
d) Stellen Sie Ihre Ergebnisse auf einem Plakat zusammen.

6.8 Lebensmittelfarbstoffe

1 *Gefärbtes Speiseeis*

2 *Lebensmittelfarben in Obst und Gemüse*

Lebensmittel locken mit ihren Farben. Dies ist der erste Sinneseindruck, den wir von einem Lebensmittel bekommen. Die Farbe weckt bei erwachsenen Menschen eine Erwartungshaltung bezüglich Geruch und Geschmack des Lebensmittels. Wir würden uns wundern, wenn das braun gefärbte Speiseeis nicht nach Schokolade schmeckt (Abb. 1). Solche erlernten Verknüpfungen beruhen auf bisher gemachten Erfahrungen. Diese Erfahrungen schützen uns vor Gefahren, beispielsweise durch verdorbene Lebensmittel. Schimmelpilze haben häufig eine grünlich-blaue Farbe. Erwachsene zeigen eine Abneigung gegen Lebensmittel mit einer solchen Färbung. Kinder mit weniger Erfahrung reagieren da anders. Sie werden durch blau gefärbte Süßwaren besonders angezogen. Die Farbe eines Lebensmittels steht auch für seine Frische und seine Qualität. So greifen wir beim Kauf von Äpfeln eher zu den leuchtend rot gefärbten und nicht zu den blassen, eher bräunlichen.

Farben in Lebensmitteln. Obst und Gemüse enthalten eigene Farbstoffe (Abb. 2). Die Farbe unterstützt die mit dem Lebensmittel verbundene Erwartungshaltung an seinen typischen Geschmack. Bei der Weiterverarbeitung von Lebensmitteln werden oftmals Lebensmittelfarbstoffe hinzugefügt, um eine gleichbleibende Farbe zu erhalten. Erdbeerkonfitüre würde ansonsten beim Kochen oder durch Lichteinwirkung allmählich braun. Der größte Teil an Lebensmittelfarbstoffen wird zum Färben von Fertigprodukten wie Süßwaren oder Getränke verwendet (Abb. 3). Auch hier wird durch das Färben die Erwartungshaltung an eine typischen Geschmack unterstützt. So schmecken beispielsweise gelbe Gummibärchen nach Zitrone. Fruchteis enthält neben Früchten noch Milch, Sahne, Wasser und Zucker. Die Eigenfarbe des Fruchtanteils ist sehr schwach und wird durch Lebensmittelfarben verstärkt. Natürlich darf der Farbstoff keinen Eigengeschmack haben, der den Geschmack des Lebensmittel verändert.

Gesundheit und Kennzeichnung. Von Lebensmittelfarbstoffen dürfen keine gesundheitlichen Gefahren ausgehen. Sie dürfen nur für die Färbung ausgewählter Lebensmittel und in der erforderlichen Menge verwendet werden. Zurzeit sind in der EU etwa 40 natürliche, naturidentische und synthetische Farbstoffe zugelassen. Nach der Zusatzstoffzulassungsverordnung bekommen diese Farbstoffe eine E-Nummer von E 100 bis E 199 zugewiesen. Zu den Farbstoffen gehören auch Zuckercouleur (E 150 a–d) und das anorganische Pigment Titan(IV)-oxid (E 171). Zuckercouleur ist eine schwarze Lebensmittelfarbe, die durch Erhitzen von Saccharose oder Invertzucker entsteht. Es ist gesundheitlich unbedenklich und darf ohne Höchstmengenbeschränkung zu Lebensmitteln gegeben werden. Zuckercouleur wird für alkoholische Getränke, dunkel gefärbte Limonaden, Konfitüren, Wurst, Fertigsoßen und Süßwaren verwendet. Titan(IV)-oxid wird beispielsweise für Kaugummi, Hustenbonbons und weiß umhüllte Süßwaren genutzt.

Farbstoffe müssen im Zutatenverzeichnis des Lebensmittels entweder mit ihrem Namen oder mit der E-Nummer angegeben werden. Der Klassenname „Farbstoff" muss aufgeführt sein (Abb. 3). Ist der Farbstoff aber bereits vor der Verarbeitung in einer Zutat vorhanden, muss er unter den Zutaten des Endprodukts nicht aufgeführt werden. Seit 2010 müssen Lebensmittel mit bestimmten synthetischen Farbstoffen, wie beispielsweise Azorubin, mit dem Warnhinweis „Kann Aktivität und Aufmerksamkeit bei Kindern beeinträchtigen" versehen werden.

Für Lebensmittelzusatzstoffe ist ein **ADI-Wert** (acceptable daily intake) angegeben. Er gibt die Menge eines Stoffes an, die ohne Auswirkung auf die Gesundheit über die gesamte Lebenszeit täglich aufgenommen werden kann. Der ADI-Wert hat die Einheit:

$$\frac{\text{mg}}{\text{kg Körpergewicht} \cdot \text{Tag}} \left(\text{kurz: } \frac{\text{mg}}{\text{kg} \cdot \text{d}}\right).$$

Synthetische Farbstoffe. Für die Färbung bestimmter Lebensmittel sind ausgewählte synthetische Farbstoffe mit entsprechenden Höchstmengen zugelassen. Beispiele sind Chinolingelb (E 104) und die Azofarbstoffe Tartrazin (E 102), Gelborange S (E 110), Azorubin (E 122), Cochenillerot A (E 124) und Allurarot AC (E 129). Vorteile der synthetischen Farbstoffe sind ihre gute Wasserlöslichkeit sowie Säure-, Licht- und Hitzebeständigkeit. Bei etwa 0,15 % der Bevölkerung kann es aber zu Überempfindlichkeitsreaktionen kommen. Ein weiterer synthetischer Farbstoff, der Triphenylmethanfarbstoff Patentblau V (E 131) wird aus dem Körper unverändert ausgeschieden und nicht resorbiert. Da die gesundheitliche Unbedenklichkeit von synthetischen Farbstoffen immer wieder diskutiert wird, ersetzt die Süßwarenindustrie diese Farbstoffe seit einigen Jahren durch geeignete natürliche Farbstoffe oder durch färbende Lebensmittel.

Natürliche Farbstoffe. Zu den natürlichen Farbstoffen in Lebensmitteln gehören die Carotinoide (E 160 a - f), Anthocyane (E 163), Betenrot (E 162), Curcumin (E 100) und Chlorophyll (E 140). Carotinoide sind fettlösliche Farbstoffe, die beispielsweise aus Möhren gewonnen werden (Abb. 2). Die wasserlöslichen Anthocyane werden aus Frucht- und Gemüseschalen extrahiert. Ihre Farbe ist oftmals vom pH-Wert abhängig. Chlorophyll wird zum Grünfärben von Lebensmitteln genutzt. Es wird aus den Blättern von Brennnesseln, Luzerne oder Spinat gewonnen und ist wasserlöslich. Durch Austausch des zentralen Mg^{2+}-Ions im Chlorophyll gegen ein Cu^{2+}-Ion entsteht intensiv grün gefärbtes Kupfer-Chlorophyllin (E 141), das in Wasser löslich und sehr beständig ist.

Färbende Lebensmittel. In der Lebensmittelindustrie werden neben Farbstoffen auch färbende Lebensmittel wie beispielsweise Rote Bete, Kirschen, Heidelbeeren oder Spinat verwendet (Abb. 2). Sie werden aus Obst und Gemüse durch Mahlen, Pressen, Zerkleinern, Filtrieren und Einengen gewonnen und als Farbkonzentrate eingesetzt. Beim Einsatz von färbenden Lebensmitteln gibt es keine mengenmäßigen Beschränkungen.

3 *Beispiel für eine Kennzeichnung von Süßwaren*

Lebensmittelfarbstoffe sind Zusatzstoffe, die für die Färbung von Lebensmitteln zugelassen sind. Unterschieden werden natürliche und synthetische Lebensmittelfarbstoffe sowie färbende Lebensmittel.

1 In der Lebensmittelindustrie wird zwischen natürlichen und synthetischen Farbstoffen sowie färbenden Lebensmitteln unterschieden.
a) Erklären Sie die Unterschiede und nennen Sie jeweils ein Beispiel.
b) Erläutern Sie, warum färbende Lebensmittel nicht zugelassen werden müssen.

2 Lebensmittelfarbstoffe werden hauptsächlich für das Einfärben von verarbeiteten Lebensmitteln verwendet.
a) Erläutern Sie, unter welchen Bedingungen der Einsatz von Farbstoffen in Lebensmitteln erlaubt ist.
b) Erklären Sie, welche Anforderungen an die in Lebensmittel eingesetzten Farbstoffe gestellt werden.

3 Immer mehr Lebensmittel gleichen Laborprodukten. Tütensuppen, Softdrinks und Süßigkeiten enthalten einen bunten Cocktail aus Zusatzstoffen. Dabei stehen auch Farbstoffe auf der Zutatenliste.

Farbstoff	Süßwaren in $mg \cdot kg^{-1}$	Salzgebäck in $mg \cdot kg^{-1}$	Softdrinks in $mg \cdot kg^{-1}$	ADI in $mg \cdot kg^{-1} \cdot d^{-1}$
Tartrazin E 102	300	200	100	7,5
Chinolingelb E 104	300	200	100	0,5
Gelborange S E 110	50	200	50	1,0
Echtes Karmin E 120	300	–	–	5,0
Azorubin E 122	50	200	50	4,0
Cochenillerot A E 124	50	200	50	0,7
Allurarot AC E 129	300	200	100	7,0
Patentblau V E 131	300	–	–	5,0
beta-Carotin E160e	300	–	–	0,05

a) Nennen Sie mithilfe von Zutatenlisten (Abb. 3) Farbstoffe in Süßwaren, Salzgebäck und Softdrinks.
b) Berechnen Sie mithilfe des ADI-Werts, welche Mengen Sie essen dürften. Bewerten Sie das Ergebnis.
c) Farbstoffe in Lebensmitteln werden wegen ihrer gesundheitlichen Risiken immer wieder diskutiert. Erläutern Sie, warum synthetische Farbstoffe in Lebensmitteln dennoch als Zusatzstoff verwendet werden.
d) Die Industrie ersetzt synthetische Farbstoffe immer häufiger durch natürliche Farbstoffe oder durch färbende Lebensmittel. Erläutern Sie die Ursachen.

6.9 Farbstoffe trennen und bestimmen durch Chromatografie

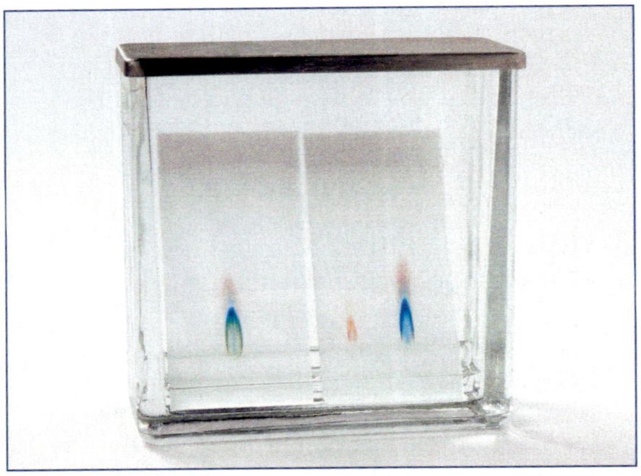

1 *Trennkammer mit Chromatogrammen*

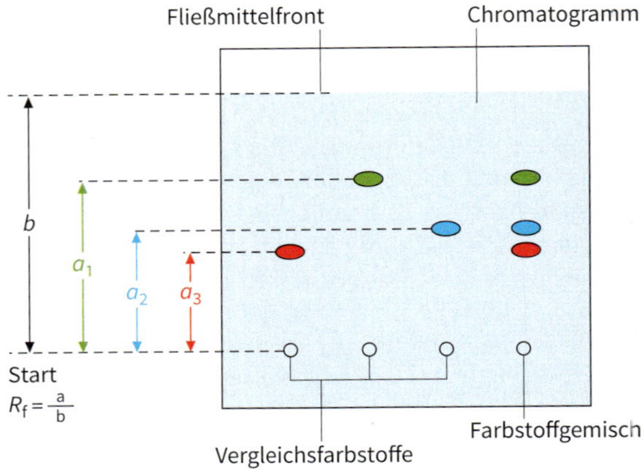

2 *Bestimmung der R_f-Werte aus dem Chromatogramm*

Naturfarbstoffe werden zum Färben von Lebensmitteln genutzt. Dazu werden sie beispielsweise mit Wasser aus dem Pflanzenmaterial extrahiert. Die Extrakte enthalten dann ein Gemisch aus allen in der Pflanze enthaltenen Farbstoffen. Für die Identifikation der Farbstoffe ist eine Auftrennung des Gemisches erforderlich. Hierzu wird häufig die **Chromatografie** genutzt. Neben der Gaschromatografie (↗S. 190) für unverändert verdampfbare Stoffe gibt es weitere Chromatografieverfahren. Allen Verfahren gemein ist, dass eine *mobile Phase* über eine *stationäre Phase* hinwegläuft. Auf die stationäre Phase wurde zuvor das Fabstoffgemisch aufgetragen. Die Trennung beruht darauf, dass sich die einzelnen Teilchen des Gemisches aufgrund ihrer verschiedenartigen Struktur in den Wechselwirkungen mit der stationären und der mobilen Phase unterscheiden.

Dünnschichtchromatografie (DC). EIn chromatografisches Verfahren, dass routinemäßig in fast allen wissenschaftlichen Bereichen oder Analyselaboren eingesetzt wird, ist die *Dünnschichtchromatografie*. Die einfache und im Vergleich zur Gaschromatografie kostengünstige Durchführung macht es zu einem wichtigen Standardverfahren.

Bei der Dünnschichtchromatografie muss zunächst eine Startlinie auf einer DC-Platte markiert werden. Dann werden ein Farbstoffgemisch und die Vergleichsfarbstoffe mit einer Kapillare punktförmig auf die Startlinie aufgetragen und getrocknet. Die DC-Platte bildet die stationäre Phase. Im Anschluss wird die Platte in eine Chromatografiekammer mit einem Fließmittel gestellt (Abb. 1). Die Startlinie darf nicht in das Fließmittel eintauchen. Die Kammer wird mit einem Deckel verschlossen. Das Fließmittel dient als mobile Phase und wandert in der stationären Phase nach oben. Erreicht das Fließmittel die Farbstoffpunkte auf der Startlinie, werden sie von der mobilen Phase mitgenommen. Die einzelnen Farbstoffe aus dem Gemisch werden unterschiedlich weit auf der DC-Platte nach oben transportiert. Bevor die Fließmittelfront das obere Ende der DC-Platte erreicht, wird sie aus der Chromatografiekammer genommen und getrocknet. Auf dem Chromatogramm sind die Laufstrecken der aufgetrennten Probelösung und der Vergleichsfarbstoffe zu erkennen. Diese werden markiert und für die Auswertung vermessen (Abb. 2).

Trennprinzip. Die DC-Platte als stationäre Phase besteht häufig aus einer dünnen Schicht von Kieselgel. Kieselgel weist in seiner Struktur polare OH-Gruppen auf. Es wechselwirkt daher gut mit Farbstoff-Molekülen, die polare Gruppen enthalten. Hydrophobe Verbindungen lagern sich deutlich schlechter an. Farbstoffe mit polaren Molekülen werden von dem Kieselgel also stärker zurückgehalten als Farbstoffe mit unpolaren Molekülen. Um bei der Auswertung die getrennten Farbstoffpunkte besser erkennen zu können, werden Kieselgelplatten häufig mit einem fluoreszierenden Material versetzt, das im UV-Licht leuchtet.

Als mobile Phase werden Fließmittelgemische aus lipophilen und wenig hydrophilen organischen Lösemitteln verwendet. Beispiele sind Petrolether und Ethylethanoat. Farbstoffe mit unpolaren Molekülen werden im Strom der Moleküle des Fließmittels besser mitgerissen als Farbstoffe mit polaren Molekülen. Ein lipophiler Farbstoff wird also auf der DC-Platte weit nach oben transportiert. Ist ein Farbstoff nur schlecht im Fließmittel löslich, verbleibt er auf der DC-Platte im unteren Bereich. Durch die Wahl der stationären Phase und die Art des Fließmittels lässt sich die Trennwirkung der Chromatografie steuern. Eine schlechte Trennwirkung lässt sich an ineinander verlaufenen Farbstoffpunkten erkennen.

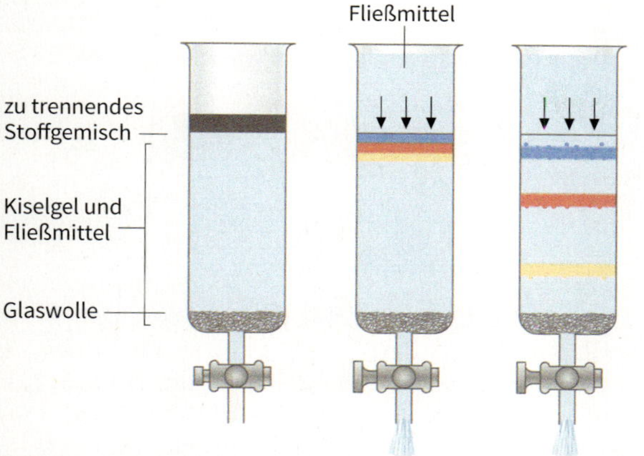

3 *Funktionsweise der Säulenchromatografie*

R_f-Wert. Für jeden im Gemisch enthaltenen Farbstoff stellt sich ein spezifisches Gleichgewicht zwischen der Anlagerung (Adsorption) an die stationäre Phase und dem Ablösen von der stationären Phase (Desorption) ein. Das Gleichgewicht bestimmt die Länge der Strecke *a* bei jedem Farbstoff (Abb. 2). Der Quotient aus der Laufstrecke einer Substanz *a* und der Laufstrecke des Fließmittels *b* ergibt den R_f-Wert, den *Retentionsfaktor.* Bei gleichen Versuchsbedingungen wie Temperatur, Plattenmaterial und Fließmittelzusammensetzung ergibt sich für einen Farbstoff immer der gleiche R_f-Wert.

Weitere Chromatografiemethoden. Bei der **Säulenchromatografie** befindet sich die stationäre Phase in einer zylindrischen Trennsäule (Abb. 3). Die Säule ist beispielsweise mit Kieselgel und einem als mobile Phase verwendeten Fließmittel gleichmäßig befüllt. Das zu trennende Stoffgemisch wird am oberen Ende der stationären Phase aufgetragen und vom nachgefüllten Fließmittel durch die Säule transportiert. Je mehr eine Substanz mit der stationären Phase wechselwirkt, um so langsamer fließt sie durch die Säule. Die Bestandteile sind schließlich in der Säule zonenweise aufgetrennt.

Anwendung. In der Chemie findet die Chromatografie zur Isolierung oder Reinigung von Substanzen Anwendung. Außerdem wird sie in der chemischen Analytik genutzt, um Stoffe zu identifizieren oder den Mengenanteil eines Stoffes an einem Gemisch zu ermitteln.

Die Chromatografie beruht auf der unterschiedlichen Wechselwirkung der Bestandteile eines Stoffgemisches mit einer stationären und einer mobilen Phase. Sie wird zur Trennung von Stoffgemischen eingesetzt.

1 Erklären Sie die Begriffe *stationäre* und *mobile Phase* sowie deren Bedeutung bei der Chromatografie.

2 a) Beschreiben Sie die Vorgehensweise bei der Trennung eines Substanzgemisches durch Dünnschichtchromatografie.
b) Eine Dünnschichtchromatografie eines Gemisches ergibt das nebenstehende Chromatogramm.
Bestimmen Sie die R_f-Werte.
c) Stellen Sie eine Hypothese auf, warum die Laufstrecke von Substanz A größer ist als die von Substanz B.

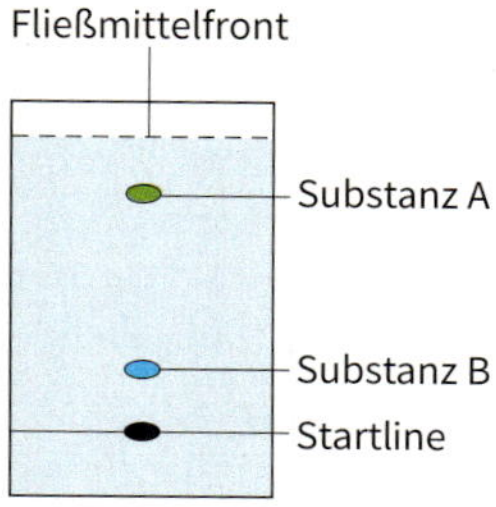

3 Zur Trennung wasserlöslicher Lebensmittelfarbstoffe wird der Probenextrakt angesäuert. Danach werden die Farbstoffe an einen Wollfaden adsorbiert. Zur Desorption wird der Wollfaden in einer ammoniakalischen Lösung behandelt. Erklären Sie anhand des vereinfachten Strukturausschnitts des Wolle-Moleküls die Adsorption und die Desorption der Farbstoffe.

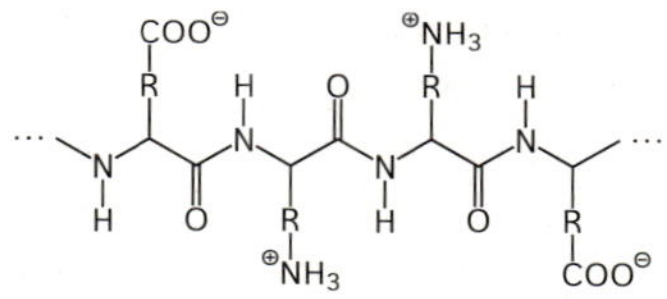

4 a) Erstellen Sie mit einem Filterpapier ein Papierchromatogramm verschiedenfarbiger Filzstifte.
b) Filterpapier besteht aus Cellulose. Stellen Sie mithilfe des Strukturausschnitts aus der Cellulose und den Skelettformeln der beiden Farbstoff-Moleküle eine Hypothese über die Laufstrecken der Farbstoffe auf.

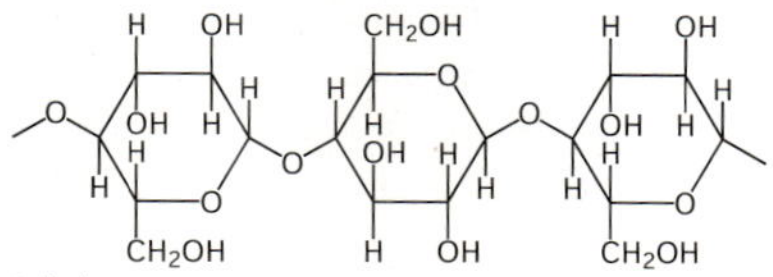

Cellulose

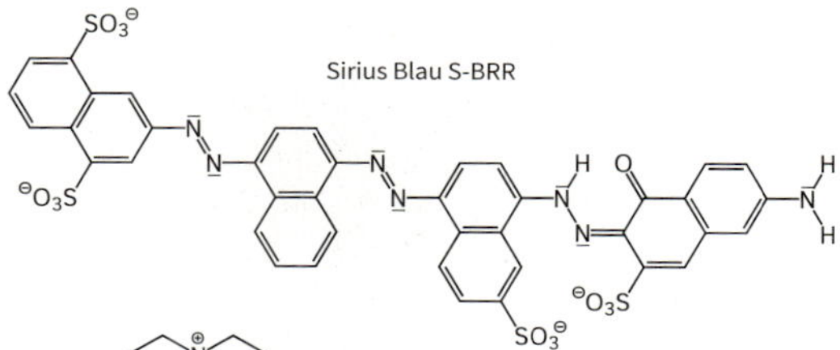

Sirius Blau S-BRR

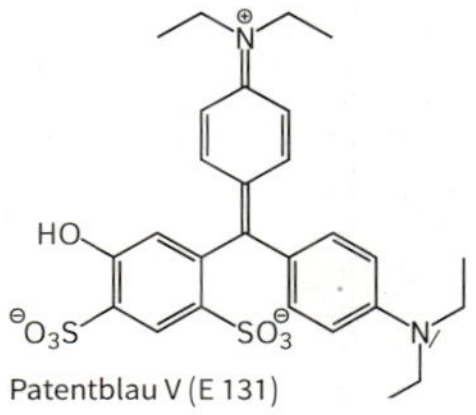

Patentblau V (E 131)

Praktikum Stoffe färben und Farbstoffen nachweisen

Versuch 1:
Küpenfärbung von Baumwolle

Materialien: Waage, Bechergläser (600 ml), Messzylinder (500 ml, 100 ml), Tropfpipette, Glasstäbe, Thermometer, Dreifuß mit Drahtnetz, Gasbrenner, Pinzetten;
Indigo (**7**), Natriumhydroxid (**5**), Natriumdithionit (**2, 7**), Baumwollgewebestücke je 5 g

Durchführung:
1. Rühren Sie 2 g Natriumdithionit und 4 g Natriumhydroxid in 50 ml Wasser (50 °C) ein. Nach dem Lösen geben Sie 1 g Indigo hinzu.
2. Ist der Indigo vollständig verküpt (gelbliche Lösung), geben Sie langsam 350 ml warmes Wasser (50 °C) hinzu.
3. Fügen Sie ein mit Wasser benetztes Baumwollgewebestück hinzu und färben Sie etwa 10 min.
4. Anschließend wird das Gewebestück ausgedrückt und ohne Spülen zum Oxidieren an der Luft ausgehängt.
5. Die Schritte 3 und 4 können bis zur ausreichenden Farbtiefe mehrmals wiederholt werden. Abschließend wird gespült.

Aufgaben:
a) Zeichnen Sie ein Fließdiagramm zur Küpenfärbung. Notieren Sie die Beobachtungen in das Fließdiagramm.
b) Die stonewashed Jeans mit helleren Stellen auf der blauen Jeans ist beliebt und auch typisch für lang getragene Hosen (Abb. 1). Begründen Sie, warum es bei der Färbung mit Indigo zu diesem Effekt kommt, nicht aber bei der Färbung mit Reaktivfarbstoffen.

1 *Stonewashed Jeans*

Versuch 2:
Dünnschichtchromatografie von Indikatoren

Materialien: Trennkammer, DC-Folie (Kieselgel), Glaskapillare;
Salzsäure (konz., **5, 7**), Ammoniaklösung (25 %, **5, 7, 9**), Indikatorlösungen: Universalindikator (**2, 7**), Methylorange (0,1 %, **2, 7**) , Bromthymolblau (0,1 %, **2, 7**), Phenolphthalein (< 0,9 %, **2, 7**), Methylrot (0,1 %, **2, 7**), Thymolblau (0,1 %, **2, 7**), Dimethylgelb (0,2 %, **2, 7**), *Fließmittel*: Natronlauge (0,1 $mol \cdot l^{-1}$, **5**), Methanol (**2, 6, 8**) im Verhältnis 10 : 1

Durchführung:
1. Zeichnen Sie 1 cm vom unteren Rand der DC-Folie die Startlinie ein. Tragen Sie mit einer Kapillare 1 cm vom rechten und vom linken Rand der Folie entfernt je einen Tropfen des Universalindikators auf die Startlinie auf. Tragen Sie die weiteren Lösungen auf die Startlinie auf.
2. Lassen Sie die Punkte trocknen und wiederholen Sie das Auftragen zweimal.
3. Füllen Sie das Fließmittel etwa 0,5 cm hoch in die Trennkammer. Führen Sie die Chromatografie durch. Beenden Sie den Versuch, wenn die Fließmittelfront etwa 1 cm unter dem oberen Rand der DC-Folie angelangt ist.
4. Halten Sie das Chromatogramm unter dem Abzug über die offene Salzsäureflasche und danach über die offene Ammoniakflasche.

Aufgaben:
a) Zeichnen Sie drei Chromatogramme in Ihr Heft: Zunächst die Farben und deren Laufstrecken direkt nach der Chromatografie, nach der Reaktion mit den Salzsäuredämpfen und anschließend nach der Reaktion mit den Ammoniakdämpfen.
b) Erklären Sie die drei Chromatogramme.
c) Nennen Sie die im Universalindikator enthaltenen Indikatoren.

Versuch 1:
Absorptionsspektren von Methylorange und Bromthymolblau

Materialien: UV-VIS-Spektrometer, Küvetten; Salzsäure (0,1 mol · l^{-1}, **5**), Natronlauge (0,1 mol · l^{-1}, **5**), Lösungen von Methylorange (0,1 %, **2, 7**) und von Bromthymolblau in Ethanol (0,1 %, **2, 7**)

Durchführung:
1. Machen Sie sich mithilfe der Bedienungsanleitung mit dem Spektrometer vertraut.
2. Messen Sie als Blindprobe die Extinktion der reinen Salzsäure. Geben Sie einen Tropfen Methylorangelösung in eine Küvette mit Salzsäure und messen Sie die Extinktion. Messen Sie die Extinktion der reinen Natronlauge. Geben Sie einen Tropfen Methylorangelösung in eine Küvette mit Natronlauge und messen Sie die Extinktion.
3. Wiederholen Sie den Versuch mit der alkoholischen Bromthymolblaulösung.

Aufgaben:
a) Zeichnen Sie ein λ-E-Diagramm.
b) Bestimmen Sie die Absorptionsmaxima λ_{max} der Lösungen und erklären Sie die Farben.

Versuch 2:
Fotometrische Bestimmung von Citronensäure

Materialien: Messkolben (100 ml, 250 ml), Bechergläser (50 ml), Reagenzgläser, Pipetten, Pipettierhilfe, Fotometer, Küvetten; Citronensäure (**7**), Zitronensaft, Eisen(III)-chloridlösung (0,1 %, **5**)

Durchführung:
1. Stellen Sie mit 160 mg Citronensäure 250 ml Citronensäurelösung her.
2. Stellen Sie eine wässrige Konzentrationsreihe (unverdünnt, 1 : 0,5; 1 : 1, 1 : 2, 1 : 3, 1 : 4, 1 : 7) her.
3. Verdünnen Sie den Zitronensaft mit Wasser im Verhältnis 1 : 100.
4. Pipettieren Sie je 5 ml der Lösungen und des verdünnten Zitronensaftes in Reagenzgläser und geben Sie jeweils 5 ml Eisen(III)-chloridlösung hinzu. Zum Mischen wird leicht geschüttelt.
5. Messen Sie als Blindprobe die Extinktion einer Wasser-Eisen(III)-chloridlösung im Verhältnis 1 : 1. Bestimmen Sie nach etwa 5 Minuten die Extinktionswerte aller Lösungen bei λ = 390 nm.

Aufgaben:
a) Berechnen Sie die Massenkonzentration an Citronensäure in mg · ml^{-1} in den wässrigen Citronensäurelösungen der Konzentrationsreihe.
b) Zeichnen Sie aus den Wertepaaren Massenkonzentration und Extinktion ein β-E-Diagramm.
c) Bestimmen Sie mithilfe des Diagramms den Citronensäuregehalt in einem Liter Zitronensaft.

Versuch 3:
Azorubingehalt in Energydrinks

Materialien: Tropfpipetten, Messkolben (100 ml), Bechergläser (100 ml), Vollpipetten (25 ml, 50 ml), UV-Vis-Spektrometer;
Farbstofflösung E 122 (β = 20 mg · l^{-1}), Energydrink mit Farbstoff E 122 (beispielsweise Powerade Sports Wild Cherry®)

Durchführung:
1. Pipettieren Sie 25 ml des Getränks in einen Messkolben und füllen Sie auf 100 ml mit Wasser auf.
2. Bestimmen Sie im UV-Vis-Spektrometer die Extinktion des verdünnten Getränks im Wellenlängenbereich λ = 380 nm bis 700 nm.
3. Bestimmen Sie das Absorptionsmaximum.
4. Pipettieren Sie 25 ml und 50 ml der Farbstofflösung in je einen Messkolben und füllen Sie auf 100 ml mit Wasser auf.
5. Bestimmen Sie die Extinktion der drei unterschiedlich konzentrierten Farbstofflösungen bei der Wellenlänge des Absorptionsmaximums.

Aufgaben:
a) Recherchieren Sie Struktur und Eigenschaften von Azorubin.
b) Skizzieren Sie aus den Absorptionswerten der Farbstofflösungen ein β-E-Diagramm mit einer Kalibrierkurve.
c) Bestimmen Sie mithilfe der Kalibrierkurve die Massenkonzentration des Farbstoffs im Getränk.
d) Diskutieren Sie, ob durch täglichen Konsum des Getränks gesundheitliche Risiken für Kinder (35 kg Körpergewicht) oder Erwachsene (70 kg Körpergewicht) entstehen. Der ADI-Wert des Farbstoffs beträgt 4,0 mg · kg^{-1} · d^{-1} Körpergewicht.

6.10 Fotometrie – Farbe quantitativ erfasst

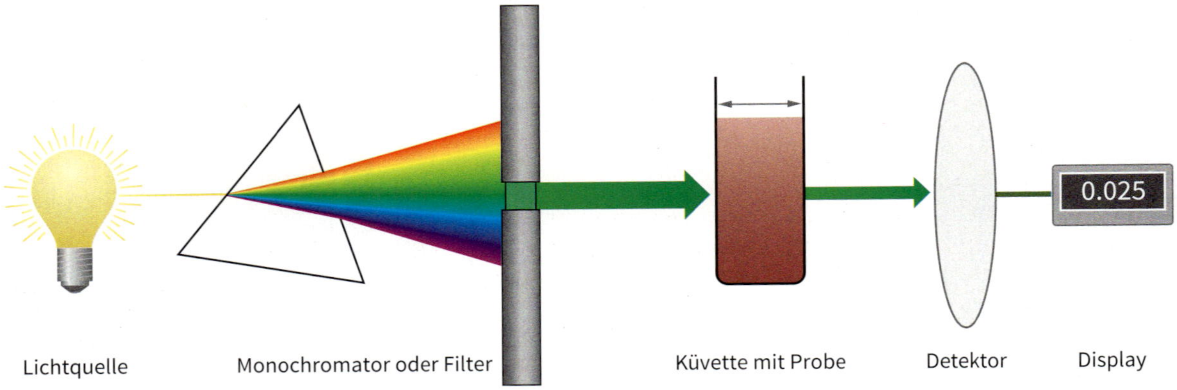

1 *Schematische Darstellung der Fotometrie*

Bestrahlt man die Lösung eines absorbierenden Stoffes, beispielsweise eines Farbstoffes, mit Licht, ist die Intensität des austretenden Lichts I geringer als die Intensität des eintretenden Lichts I_0. Teile des eingestrahlten Lichts werden durch den gelösten Farbstoff absorbiert. Das Verhältnis I/I_0 wird als **Transmission *T*** oder Durchlässigkeit bezeichnet.

▶ **Lambert-Beersches-Gesetz.** Pierre BOUGER und Johann Heinrich LAMBERT stellten fest, dass die Intensitätsabnahme durch die Schichtdicke (Weg durch die farbige Lösung) beeinflusst wird. August BEER fand heraus, dass die Intensitätsabnahme zudem von der Konzentration der absorbierenden Substanz abhängig ist. Die Lichtintensität nimmt nach einer Exponentialfunktion ab.

$$T = \frac{I}{I_0} = 10^{\varepsilon \cdot c \cdot d}$$

Im Allgemeinen wird der negative dekadische Logarithmus der Transmission, die **Extinktion *E*,** verwendet. Dabei ergibt sich ein direkter linearer Zusammenhang zwischen der Extinktion und der Konzentration c sowie der Schichtdicke d.

$$E_\lambda = \lg \frac{I_0}{I} = \varepsilon_\lambda \cdot c \cdot d; \; \varepsilon_\lambda = \text{Extinktionskoeffizient}$$

Der vereinfachte Gesamtzusammenhang $E = \varepsilon_\lambda \cdot c \cdot d$ wird als *Lambert-Beersches-Gesetz* bezeichnet. Es bildet die Grundlage der modernen Fotometrie als analytische Methode. Es gilt bei homogener Verteilung der absorbierenden Substanz und für niedrig konzentrierte Lösungen (< 0,01 mol · l^{-1}) ohne Wechselwirkungen zwischen den Teilchen.

In der technischen Anwendung arbeitet man meist mit der Massenkonzentration β statt der auf Stoffmengen bezogenen Konzentration c. Dabei ändern sich Größe und Einheit des Extinktionskoeffizienten ($g^{-1} \cdot cm^2$).

$$E_\lambda = \lg \frac{I_0}{I} = \varepsilon_\lambda \cdot \beta \cdot d$$

Extinktionsmessung. Als Fotometrie bezeichnet man die Konzentrationsbestimmung einer Substanz in einer Lösung, indem gemessen wird, wie diese die Intensität elektromagnetischer Strahlung im UV/VIS-Bereich schwächt. Um die Empfindlichkeit der Messmethode zu vergrößern, wird mit monochromatischem Licht (Licht einer Wellenlänge) gearbeitet. Meist wird die Wellenlänge λ_{max}, bei der das Absorptionsmaximum der betreffenden Substanz liegt, verwendet. Bei den meisten Farbstoffen ist dies bei der entsprechenden Komplementärfarbe der Fall.

So sind Konzentrationsbestimmungen im Bereich von µg · l^{-1} bis mg · l^{-1} möglich. Das verwendete Gerät wird als **Fotometer** bezeichnet. Im Fotometer sendet meist eine Lampe weißes Licht aus, das mittels eines Filters in monochromatisches Licht umgewandelt wird. Dieses Licht tritt durch die Küvette mit der zu analysierenden Probe, wo Teile des Lichtes absorbiert werden. Der Rest wird vom Detektor (Fotodiode) registriert (Abb. 1)

Die Intensität des eingestrahlten Lichts soll nur durch die farbige Substanz geschwächt werden. In der Regel erfolgen jedoch weitere Intensitätsverluste, beispielweise durch Reflexion an der Küvette oder Absorption durch das Lösemittel. Diese Verluste werden durch die Ermittlung eines Blindwertes eliminiert. Dazu wird die Extinktion einer Lösung, die alle Hilfsstoffe, aber nicht die zu bestimmende Substanz enthält, gemessen und der Wert von der Extinktion der farbigen Messlösung subtrahiert. Messküvette und die Küvette für den Blindwert müssen aus dem gleichen Material sein. Auch Verschmutzungen wie beispielsweise Fingerabdrücke oder Beschädigungen wie Kratzer sind zu vermeiden.

Im modernen Fotometer wird aus den Lichtstärken der Probenmessung und der Blindmessung die Extinktion errechnet und auf dem Display angezeigt.

Kalibrierung. In der Praxis nimmt man mithilfe von Kalibrierlösungen, die den zu bestimmenden Stoff in bekannter Konzentration enthalten, eine *Kalibrierkurve* auf. Bei hinreichend kleiner Konzentration ergibt die grafische Darstellung der Extinktion als Funktion der Konzentration (Konzentration-Extinktion-Diagramm) eine Gerade mit der Steigung $\varepsilon_\lambda \cdot d$, aus der die Konzentration des farbigen Stoffes in einer unbekannten Lösung direkt abgelesen werden kann (Abb. 2).

Anwendung. In der Industrie wird die Fotometrie vielfältig zur Prozesskontrolle genutzt. Sie lässt sich grundsätzlich für kontinuierliche Messungen einsetzen, die ein sofortiges Eingreifen in den Prozess erlauben. Wichtig für die kontinuierliche Prozesskontrolle ist die fortlaufende Aufnahme und direkte Auswertung von Daten. In der Färberei wird der Farbstoffgehalt von Färbelösungen kontrolliert. Durch fortlaufende Vergleiche von Soll- und Ist-Werten können Abweichungen im Prozessablauf frühzeitig erkannt werden. Ist beispielsweise bei einer Färbung mit Säurefarbstoffen auf Wolle nach einer halben Stunde Färbedauer noch zu viel Farbstoff in der Färbelösung, deutet dies auf eine zu geringe Säurekonzentration hin. Die Säure kann zugefügt werden und der Farbstoff zieht in ausreichender Menge auf die Faser auf.

Auch in der Trinkwasser- und Abwasserkontrolle wird die Fotometrie eingesetzt. In der Trinkwasserverordnung sind sowohl Grenzwerte für die Farbigkeit von Abwässern festgelegt, als auch Grenzwerte für Kationen wie Aluminium oder Eisen, für Anionen wie Nitrat oder Sulfat sowie für organische Substanzen wie beispielsweise Formaldehyd enthalten. Neben der klassischen Konzentrationsbestimmung gelöster Stoffe mittels Fotometrie wird in der Abwasserkontrolle auch der Gehalt an ungelösten Stoffen über eine Trübungsmessung genutzt.

Ein weiterer Einsatzbereich für die Fotometrie ist die Lebensmittelkontrolle. Hier kann beispielsweise der Citronensäuregehalt von Flüssigkeiten über den braunen Eisen-Citrat-Komplex fotometrisch kontrolliert werden. In Kombination mit chromatografischen Verfahren können in Süßwaren Farbstoffe qualitativ und quantitativ erfasst werden. Weitere Beispiele für den Einsatz der Fotometrie in der Lebensmittelindustrie sind Konzentrationsbestimmungen von Spurenelementen. Hier wird die Bildung farbiger Komplexe für die Messung genutzt.

Die Extinktion *E* einer Lösung ist der Schichtdicke *d* und der Konzentration des gelösten Stoffes *c* proportional. Über die Bestimmung der Extinktion kann die Konzentration eines gelösten farbigen Stoffes quantitativ bestimmt werden.

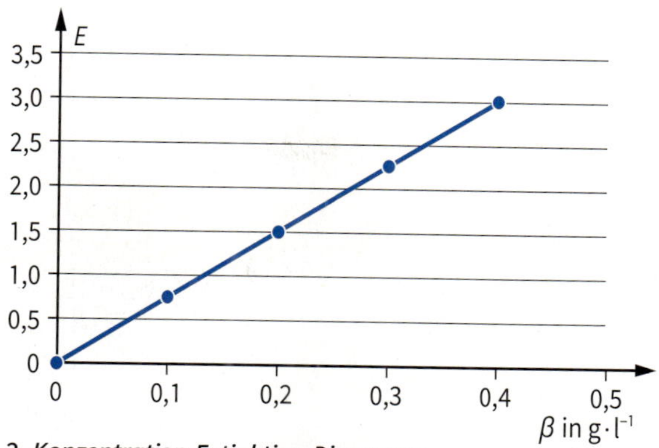

2 *Konzentration-Extinktion-Diagramm*

1 a) Skizzieren Sie den Aufbau eines Fotometers.
b) Erklären Sie die Funktion der wichtigsten Bauteile.

2 Sie sollen mittels Fotometrie die Konzentration eines Stoffes bestimmen.
a) Beschreiben Sie Ihre Vorgehensweise.
b) Erklären Sie die Bedeutung der einzelnen Schritte.

3 Für die Konzentrationsbestimmung mittels Fotometrie wird zunächst ein Absorptionsspektrum der Lösung bestimmt. Erläutern Sie den Hintergrund für dieses Vorgehen.

4 Eisen ist ein lebensnotwendiges Spurenelement, das mit der Nahrung aufgenommen werden muss. Es ist vor allem in Fleisch, Obst, Gemüse, Hülsenfrüchten und Getreide enthalten. Die Deutsche Gesellschaft für Ernährung (DGE) empfiehlt zur Deckung des täglichen Eisenbedarfs, dass Jugendliche und Erwachsene 10 – 15 mg, Kinder 8 – 10 mg, Schwangere 30 mg und Stillende 20 mg pro Tag aufnehmen. Ein Laborant soll den Eisengehalt in Spinat bestimmen. Dazu gewinnt er zunächst Saft aus dem Spinat. 1 kg Spinat entsprechen 50 ml Spinatsaft. Für die Untersuchung muss er 2 kg Spinat auspressen. Dann setzt er Kalibrierlösungen an und bestimmt deren Extinktion.

Kalibrierlösung	µg Eisen in 100 ml	Extinktion
1	100	0,200
2	200	0,400
3	300	0,602
4	400	0,811

Die gemessene Extinktion für die Spinatprobe (100 ml) ergibt 0,498 bei einer Küvettendicke von 1 cm.
a) Berechnen Sie die Konzentration β für die Probe nach dem Lambert-Beerschen-Gesetz.
b) Berechnen Sie, wie viel Spinat Sie essen müssten, um die Empfehlungen der DGE zur Deckung des täglichen Eisenbedarfs zu erreichen.
c) Bewerten Sie Ihr Ergebnis.

Projekt Blattfarbstoffe

1 *Im Herbst findet man Blätter aller Farben.*

Ein Laubbaum leuchtet im Herbst oft in vielen Farben. In diesem Projekt erfahren Sie, wie die Farbveränderung verursacht wird.

Aufgaben zur Bearbeitung des Projekts:

Bei praktischer Bearbeitung

a) Lesen Sie den Informationstext zum Herbstlaub und führen Sie Versuch 1 durch.
b) Markieren Sie in Ihrem Chromatogramm Chlorophyll a und Chlorophyll b.
c) Stellen Sie eine Hypothese auf, welche Farbstoffe in den Blattproben noch enthalten sind. Recherchieren Sie weitere Farbstoffe.
d) Vergleichen und diskutieren Sie die gemessenen Spektren mit den Spektren aus der Abbildung.

Bei praktischer oder theoretischer Bearbeitung

e) Erläutern Sie mit dem Absorptionsspektrum (Abb. 2), warum die meisten Blätter grün sind.
f) Stellen Sie eine Hypothese auf, warum in Blättern mehrere Battfarbstoffe enthalten sind. Recherchieren Sie im Anschluss die Ursache.
g) Begründen Sie, wie es im Herbst zur Farbveränderung kommt (↗S. 238).

Herbstlaub

Je nach Struktur absorbieren Blattfarbstoffe Licht unterschiedlicher Wellenlänge. Die wichtigsten Blattfarbstoffe sind die Carotinoide sowie Chlorophyll a und b. Die Blattfarbstoff-Moleküle sind an der Fotosynthesereaktion beteiligt, bei der Lichtenergie zum Aufbau von Zucker-Molekülen mit großer innerer Energie genutzt wird. Im Herbst werden zunächst die Chlorophylle abgebaut. Das Absorptionsspektrum anderer Farbstoffe, wie der rot erscheinenden Anthocyane, wird dann nicht mehr überlagert. Die Abbauprodukte toter Blattzellen färben das Laub schließlich braun.

Versuch 1:
Chromatografie und Absorptionsspektrum von Blattfarbstoffen

2, 7, 8, 9

Materialien: UV-VIS-Spektrometer, Küvetten, Waage, Reibschale mit Pistill, Seesand, Messzylinder (10 ml), Reagenzgläser, Reagenzglasständer, Kapillaren, DC-Platte Kieselgel $60F_{254}$, Föhn, Tropfpipetten, Trennkammer, UV-Lampe;
Propanon (**2**, **7**), Ethylethanoat (**2**, **7**), *n*-Heptan (**2**, **7**, **8**, **9**);
Proben: Blätter, Spinat, Gras
Hinweis: Wenn möglich, sammeln Sie im Herbst Blätter verschiedener Farben vom gleichem Baum.

Durchführung

Chromatografie von Blattfarbstoffen

1. Zerkleinern Sie die Blattproben und verreiben Sie diese mit Seesand in der Reibschale.
2. Versetzen Sie den entstandenen Brei mit einigen Tropfen Wasser und 10 ml Propanon.
3. Tragen Sie die Probenlösungen auf die DC-Platte auf und lassen Sie sie trocknen.
4. Führen Sie die Chromatografie durch. *Fließmittel*: Propanon und *n*-Heptan im Verhältnis 1 : 3
5. Markieren Sie nach dem Trocknen die einzelnen Komponenten unter UV-Licht (254 nm).

Absorptionsspektren

6. Füllen Sie eine Küvette mit dem Kalibrierstandard und kalibrieren Sie das Spektrometer. *Kalibrierstandard für Blattfarbstoffe*: Propanon
7. Nehmen Sie mit den Farbstoffen ein Spektrum auf.

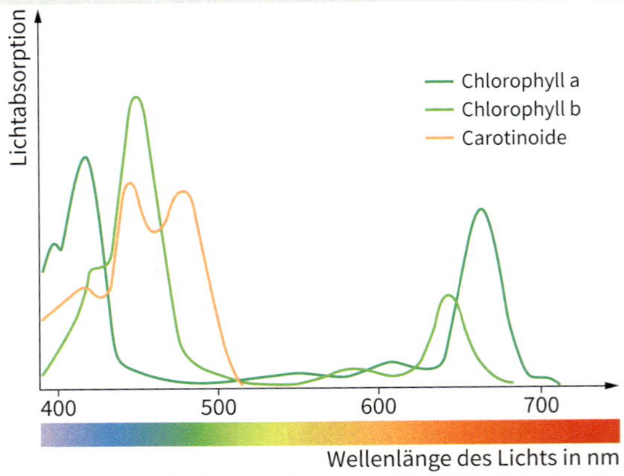

2 *Absorptionsspektrum eines grünen Blattes*

Wir lassen uns täuschen

Unsere Nahrung soll vor allem gut schmecken und gesund sein. Dabei unterscheidet die Zunge nur fünf Geschmacksrichtungen: süß, sauer, salzig, bitter und umami (herzhaft, fleischig). Erst durch die Sinne Geruch und Sehen wird der gesamte Geschmackseindruck geformt. Die Nase eines Menschen unterschiedet über eine Billionen Gerüche. Wer aber schon einmal Lebensmittel mit verbundenen Augen getestet hat, kann bestätigen: Erst mithilfe des Auges wird die Nahrung eindeutig identifiziert. Mehr noch, anhand des optischen Eindrucks bildet sich eine Geschmackserwartung aus. In diesem Projekt wird der Hypothese nachgegangen, ob das Sehen einen Einfluss auf den Geschmack hat und wie groß dieser Einfluss ist. So können Sie vielleicht am eigenen Leib erfahren, wie sich unser Geschmack täuschen lässt.

Aufgabe zur Bearbeitung des Projekts:
Bereiten Sie die Experimente vor und lassen Sie die Tests von Mitschülerinnen und Mitschülern durchführen. Erstellen Sie eine Ausstellung mit den Ergebnissen des Projekts.

Hinweis: **Untersuchungen mit Lebensmitteln dürfen nicht im Chemieraum und nur mit unbenutzten, sauberen Gefäßen durchgeführt werden.**

Geschmack wird erlernt

Die Wissenschaft geht davon aus, dass der Zusammenhang zwischen Farbe und Geschmackserwartung erlernt ist. So haben wir etwa gelernt, dass reife Früchte oft rot sind und erwarten von roten Lebensmitteln, dass sie süß schmecken. Grün und Gelb wecken dagegen eher die Erwartung von sauer. Kindern sind diese „Vorurteile" fremd. Aufgrund der mangelnden Erfahrung tolerieren sie Lebensmitteln mit außergewöhnlichen Farben wie beispielsweise das blau gefärbte „Schlumpfeis".

Farbe können täuschen

Farbe in einem Lebensmittel kann einen Geschmack vortäuschen. Die mit einer Farbe verknüpfte Geschmackserwartung lässt uns Dinge schmecken, die nicht in dem Lebensmittel vorhanden sind. Die Universität Bordeaux führt regelmäßig Tests mit französischen Weinexperten durch und zeigt damit, dass der Geschmackssinn Grenzen hat. Die Experten erhalten bei der Verkostung unter anderem einen mit roter Lebensmittelfarbe gefärbten Weißwein. Neun von zehn Testpersonen können diesen Wein nicht von „echtem" Rotwein unterscheiden.

Versuch 1: Einfluss von Farbe auf den Geschmack

Materialien: Messbecher, Probierbecher, Teelöffel, Filzschreiber;
Naturjoghurt, Sprudelwasser, Zucker, Citronensäure (**7**), Äpfelsäure (**7**), rote, gelbe, blaue und grüne Lebensmittelfarbe, Zuckercouleur

Durchführung (nicht im Fachraum!):

farbiger Joghurt

1. Nummerieren Sie sieben Probierbecher und geben Sie je vier Löffel Naturjoghurt in die Becher.
2. Rühren Sie in sechs Proben einige Tropfen Lebensmittelfarbe und Zuckercouleur unter. Variieren Sie den Farbton so, dass ein Eindruck von Kirsch-, Bananen-, Zitronen-, Apfel-, Schoko- oder Heidelbeerjoghurt entsteht.
3. Lassen Sie die Proben verkosten und die Tester den Geschmack der Joghurts beurteilen.

farbige Limonade

4. Nummerieren Sie drei Messbecher und geben Sie je 500 ml Mineralwasser hinein.
5. Geben Sie in jeden Messbecher 50 g Zucker, 3,4 g Citronensäure und 0,2 g Äpfelsäure hinzu. Rühren Sie leicht um, bis die Zutaten gelöst sind.
6. Rühren Sie in zwei Proben einige Tropfen Lebensmittelfarbe und Zuckercouleur ein. Variieren Sie den Farbton so, dass ein Eindruck von Orangensprudel und von einem Colagetränk entsteht.
7. Nummerieren Sie die Probierbecher und füllen Sie kleine Mengen der gefärbten Limonaden ein.
8. Lassen Sie die Proben verkosten und die Tester den Geschmack der Limonaden beurteilen.

Aufgaben:

a) Unterteilen Sie die Tester in zwei Gruppen, eine Testgruppe und eine Kontrollgruppe. Beide Gruppen bekommen den Auftrag, die Joghurts und die Limonaden zu identifizieren. Die Kontrollgruppe bekommt zusätzlich die Information, dass es sich um gefärbte Lebensmittel handelt.
b) Entwickeln Sie für beide Gruppen einen Bogen zur Datenerhebung.
c) Führen Sie die Verkostung durch. Die Tester füllen dabei einen Datenbogen aus.
d) Werten Sie die Ergebnisse der Datenbögen aus.
e) Diskutieren und bewerten Sie das Ergebnis der Auswertung hinsichtlich eines Zusammenhangs zwischen Farbe und Geschmack.

Basiswissen Farbstoffe

1. Wechselwirkung zwischen Licht und Elektronen

Sichtbares Licht besteht aus elektromagnetischen Wellen. Jeder Spektralfarbe ist eine Wellenlänge λ und über die Beziehung $E = h \cdot c \cdot \lambda^{-1}$ ein bestimmter Energiegehalt zugeordnet. Bei der Wechselwirkung zwischen Licht und Materie werden bestimmte Anteile aus dem Spektrum absorbiert oder emittiert.

- Bei der **Absorption** von Licht werden Elektronen auf ein höheres Energieniveau angeregt. Dazu muss die Energie des Lichts mit der Energiedifferenz ΔE vom angeregten Zustand und vom Grundzustand übereinstimmen.
- Bei der **Emission** von Licht kehren angeregte Elektronen in den Grundzustand zurück. Die Energiedifferenz ΔE wird als Licht einer bestimmten Wellenlänge λ emittiert.

Farbeindrücke entstehen durch Mischung der Spektralfarben. Bei der **subtraktiven Farbmischung** beruht die Farbigkeit auf der Absorption von Licht. Der nicht absorbierte Lichtanteil ergibt die Komplementärfarbe als Farbeindruck des beleuchteten Körpers. Bei der **additiven Farbmischung** beruht die Farbigkeit auf der Emission von Licht. Der Farbeindruck ergibt sich durch Überlagerung der emittierten Farbanteile einer Lichtquelle.

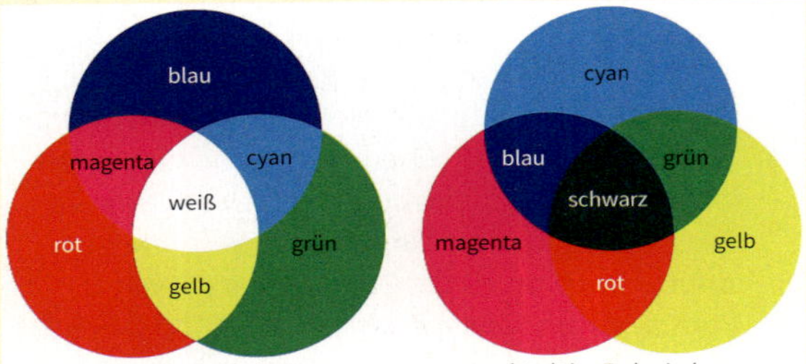

additive Farbmischung — subtraktive Farbmischung

Die Rückkehr von Elektronen in den Grundzustand kann strahlungslos erfolgen. Die zuvor absorbierte Energie wird dann in Wärme umgesetzt. Erfolgt die Rückkehr unter Aussendung von Strahlung im sichtbaren oder UV-Bereich wird sie als Lumineszenz bezeichnet. Je nach Art der Anregung werden zwei Fälle unterschieden.

- Bei der **Fotolumineszenz** erfolgt die Elektronenanregung durch Absorption elektromagnetischer Strahlung aus dem sichtbaren und ultravioletten Bereich des Spektrums.
- Bei der **Chemolumineszenz** werden Elektronen durch die bei einer chemischen Reaktion frei werdende Energie in den angeregten Zustand gehoben.

Leuchtet ein Körper solange er bestrahlt wird, spricht man von **Fluoreszenz**. Leuchtet der Körper noch nach, handelt es sich um **Phosphoreszenz**.

2. Molekülstruktur und Farbe

Moleküle vieler organischer Farbstoffe enthalten konjugierte C=C-Doppelbindungen. Die π-Elektronen sind über das gesamte System an konjugierten Doppelbindungen delokalisiert. Mit zunehmender Anzahl an konjugierten Doppelbindungen wird weniger Energie zur Anregung der Elektronen benötigt. Die Lichtabsorption erfolgt bei größeren Wellenlängen.

	n	Absorption	Komplementärfarbe
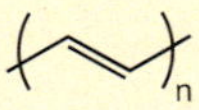	5	UV-Licht	farblos
	10	blau	gelb
	14	grün	rot

Konjugierte Doppelbindungen, die Azo-Gruppe, der Benzol-Ring sowie Kombinationen dieser Merkmale werden als chromophore Gruppen bezeichnet.

Wirken die Substituenten als Elektronendonatoren auf das mesomere Elektronensystem werden sie als Auxochrome (+M-Effekt) bezeichnet. Wirken sie als Elektronenakzeptoren spricht man von Antiauxochromen (−M-Effekt).

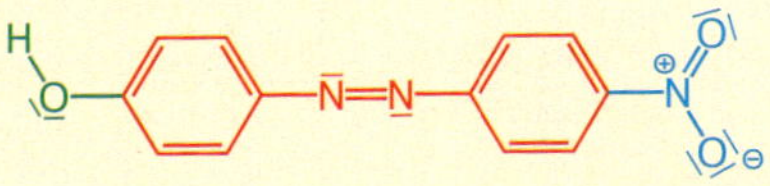

Auxochrome und Antiauxochrome verschieben das Absorptionsmaximum zu größeren Wellenlängen und bewirken so eine Farbänderung (bathochromer Effekt).

3. Natürliche Farbstoffe

Chlorophylle, Carotinoide und Anthocyanfarbstoffe sind wichtige in der Natur vorkommende Farbstoffe.

- **Chlorophylle** absorbieren im blauen und roten Spektralbereich und erscheinen daher in der Komplementärfarbe grün. Sie ermöglichen mit der aufgenommenen Lichtenergie die Fotosynthese.
- **Carotinoide** sind gelb-rote Naturfarbstoffe mit elf konjugierten Doppelbindungen im Molekül. Viele Vertreter der Carotinoide sind von gesundheitlicher Bedeutung.
- **Anthocyanfarbstoffe** sind in Blüten, Früchten und Blättern vieler Pflanzen enthalten. Sie werden als färbende Zusatzstoffe in der Lebensmittelindustrie eingesetzt.
- Indigo ist einer der ältesten vom Menschen genutzten Naturfarbstoffe. Er gehört zu den **Küpenfarbstoffen.** Küpenfarbstoffe sind wasserunlöslich und müssen zum Färben zur wasserlöslichen Leukoform reduziert werden. Nach dem Färben wird die Leukoform an der Luft wieder zum wasserunlöslichen Farbstoff oxidiert. Der heute verwendete Indigo wird zum überwiegenden Teil synthetisch gewonnen.

4. Synthetische Farbstoffe

Die wichtigsten heute genutzten Farbstoffe gehören zu den Azofarbstoffen und den Anthrachinonfarbstoffen.

- **Azofarbstoffe** werden durch Diazotierung und anschließende Azokupplung hergestellt. Ungefähr 70 % der industriell genutzten Farbstoffe entstammen dieser Farbstoffklasse.

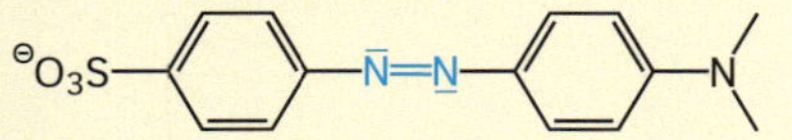

- **Anthrachinonfarbstoffe** werden durch Oxidation von Anthracen oder durch elektrophile Substitution von Benzol mit Phthalsäureanhydrid hergestellt.

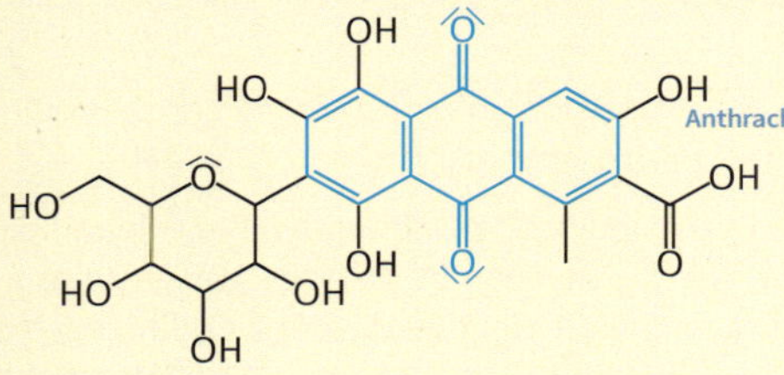

Farbstoffe für Lebensmittel, Textilien und andere Gebrauchsgüter müssen gesundheitlich unbedenklich sein. Azofarbstoffe, die unter reduktiven Bedingungen bestimmte krebserregende, aromatische Amine freisetzen, sind verboten.

5. Farbstoffe als Säure-Base-Indikatoren

Säure-Base-Indikatoren sind schwache Säuren oder Basen, deren Säureform (HInd) eine andere Farbe aufweist als die korrespondierende Base (Ind^-).

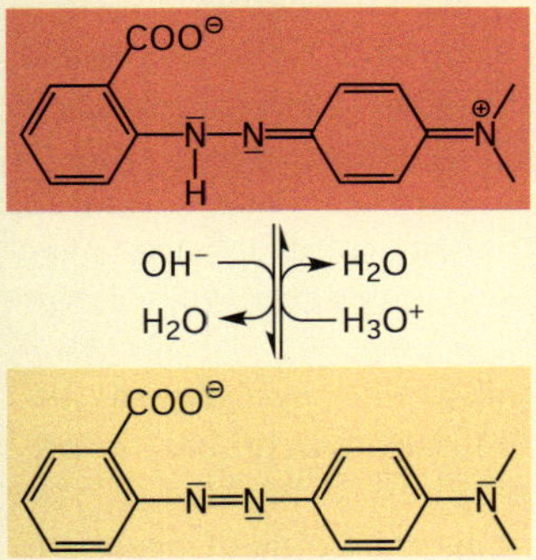

Methylrot
Säureform (HInd)
pH < 4,4

korrespondierende
Base (Ind^-)
pH > 6,2

Durch die Protonierung oder die Deprotonierung ändert sich die Molekülstruktur und damit das chromophore System. Dies führt zu einem veränderten Absorptionsverhalten und damit zu einer Farbänderung.

Ein natürlicher Indikator ist Rotkohlsaft mit dem Anthocyanfarbstoff Cyanidin. Synthetische Indikatorfarbstoffe sind meist Azofarbstoffe oder Derivate der Triphenylmethanfarbstoffe. Universalindikatoren sind in der Regel Mischungen verschiedener Indikatorfarbstoffe.

6. Fotometrie

Die Fotometrie wird zur Konzentrationsbestimmung einer farbigen Lösung verwendet. In einem Fotometer wird die Transmission von monochromatischem Licht durch den Farbstoff gemessen.

Die **Extinktion** E ist der negative dekadische Logarithmus des Verhältnisses von eingestrahlter zu durchgelassener Intensität des Lichts. Die Extinktion ist proportional zur Schichtdicke d und zur Konzentration c des gelösten Farbstoffs:

$E = \varepsilon_\lambda \cdot c \cdot d$ (Lambert-Beersches Gesetz)

Für die Bestimmung der Konzentration einer Farbstofflösung wird die Extinktion von Kalibrierlösungen bekannter Konzentration gemessen. Aus diesen Messwerten wird ein Extinktion-Konzentration-Diagramm erstellt. Mit der Extinktion der unbekannten Lösung kann nun deren Konzentration abgelesen werden.

7. Chromatografie

Bei der Dünnschichtchromatografie (DC) stellt sich ein spezifisches Gleichgewicht zwischen der Anlagerung (Adsorption) an die stationäre Phase und dem Ablösen von der stationären Phase (Desorption) ein. Das Gleichgewicht bestimmt die Länge der Strecke a die ein Stoff von der Startlinie mitläuft. Der Quotient aus der Laufstrecke einer Substanz a und der Laufstrecke des Fließmittels b ergibt den R_f-Wert, den *Retentionsfaktor.* Bei gleichen Versuchsbedingungen wie Temperatur, Plattenmaterial und Fließmittelzusammensetzung ergibt sich für einen Farbstoff immer der gleiche R_f-Wert.

8. Färben von Materialien

In der *Textilfärberei* werden Farbstoffe nach ihrem färberischen Verhalten unterteilt. Unterschieden werden dabei Direkt-, Reaktiv-, Entwicklungs-, Dispersions- und Küpenfarbstoffe. Temperatur, Dauer und der Zusatz verschiedener Chemikalien steuern den Färbegrad.

- **Cellulosefasern** werden in alkalischer Lösung mit Direkt-, Reaktiv-, Entwicklungs- und Küpenfarbstoffen gefärbt.
- **Proteinfasern** werden in saurer Lösung mit Säure-, Metallkomplex- oder Reaktivfarbstoffen gefärbt.
- **Synthetische Textilfasern** werden vorrangig mit Dispersionsfarbstoffen gefärbt.

Lebensmittel dürfen nur mit gesundheitlich unbedenklichen Farbstoffen gefärbt werden. Sie sind durch eine E-Nummer gekennzeichnet. Lebensmittel können durch Farben aus Lebensmitteln gefärbt werden. Daneben werden natürliche Farbstoffe wie die Carotinoide oder synthetische Farbstoffe wie Azorubin eingesetzt.

Testen Sie sich

A1 **a)** Beschreiben Sie für sichtbares Licht den Zusammenhang zwischen Wellenlänge, Energie und Farbe.
b) Erläutern Sie die additive Farbmischung.
c) Erklären Sie, dass bei der subtraktiven Farbmischung Grün die Komplementärfarbe zu Magenta ist.

A2 Foto- und Chemolumineszenz sind Leuchterscheinungen. Erklären Sie die Unterschiede.

A3 **a)** Übertragen Sie die Formeln der Farbstoff-Moleküle in Ihr Heft. Markieren Sie das Chromophor sowie auxochrome und antiauxochrome Molekülteile.

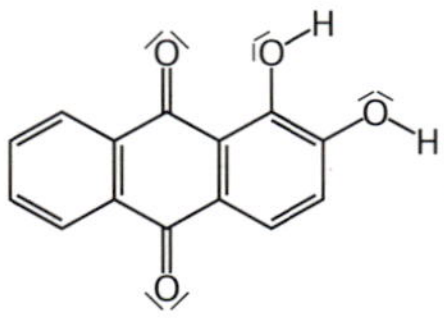
Alizarin

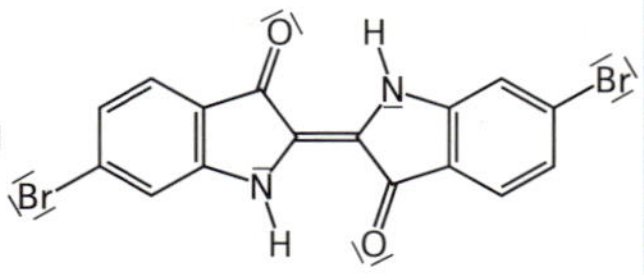
Purpur

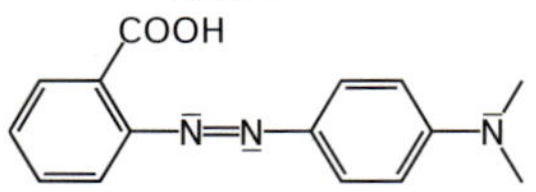
Methylrot

b) Erklären Sie den Farbumschlag eines Säure-Base-Indikators am Beispiel von Methylrot.
c) Stellen Sie die Protolysegleichung auf.

A4 Erläutern Sie die Anforderungen, die an Textilfarbstoffe gestellt werden.

A5 Für die Färbung von Lebensmitteln dürfen nur zugelassene Farbstoffe benutzt werden.
a) Nennen Sie Gründe, warum Lebensmitteln Farbstoffe zugesetzt werden.
b) Erläutern Sie die Anforderungen, die an Lebensmittelfarbstoffe gestellt werden.

A6 **a)** Erklären Sie die Vorgehensweise bei der Konzentrationsbestimmung mittels Fotometrie.
b) Küvetten haben zwei matte und zwei transparente Seiten. Erklären Sie den Sinn.
c) Beschreiben und begründen Sie den Einfluss von verschmutzten Küvetten auf das Messergebnis.
d) Die Extinktion eines Lösemittels stört die fotometrische Konzentrationsbestimmung. Erklären Sie, wie dieser störende Einfluss während der Messung reduziert wird.

Lösungen finden Sie unter www.westermann.de/chemie-heute-152079
Nutzen Sie zur Anmeldung den Online-Schlüssel auf der vorderen Umschlagsinnenseite.

Die wichtigsten Begriffe

- Licht, Farbe, Komplementärfarbe
- additive Farbmischung, subtraktive Farbmischung
- Lumineszenz
- konjugierte Doppelbindung, Mesomerie
- chromophores System, Auxochrome, Antiauxochrome
- Naturfarbstoff, synthetischer Farbstoff
- Chromatografie
- Säure-Base-Indikator
- Färbeverfahren
- Farbechtheit
- Farbstoff-Faser-Bindung
- Fotometrie
- Lebensmittelfarbstoffe

B1 **a)** Erklären Sie die oben stehenden Begriffe.
b) Verknüpfen Sie die Begriffe zu einer Conceptmap.
c) Übertragen Sie die Begriffe und Ihre Erklärungen in digitale Karteikarten.

B2 Die Saitenlänge ist bei Streichinstrumenten für die Tonhöhe verantwortlich. Je länger die Saite ist, desto tiefer erklingt der Ton. Die Wellenlänge des Lichts bestimmt seine Farbe.

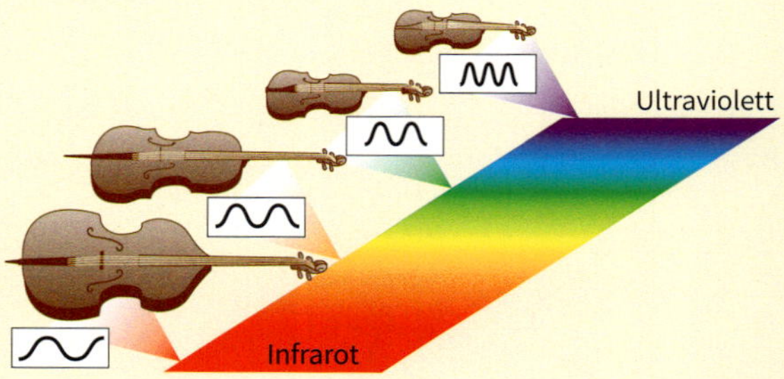

a) Vergleichen Sie die Beziehung zwischen Saitenlänge und Tonhöhe mit der Beziehung zwischen Wellenlänge und Farbe des Lichts.
b) Erklären Sie vergleichend, welche physikalische Größe die Tonhöhe und die Farbe des Lichts beschreibt.

B3 Nitrobenzol absorbiert in einem Wellenlängenbereich oberhalb von 380 nm, während 2-Nitroanilin im Bereich von 450 nm absorbiert.
a) Erläutern Sie den Zusammenhang zwischen absorbiertem Licht und der Farbe der Verbindung. Nennen Sie die Farben der Verbindungen.
b) Erklären Sie den Unterschied in der Farbigkeit der beiden Verbindungen aufgrund ihrer Molekülstruktur unter Verwendung der Begriffe *Chromophor, Auxochrom, Antiauxochrom* und *bathochromer Effekt.*
c) Formulieren Sie für 2-Nitroanilin Grenzformeln.

C1 Gefärbte Hühnereier

	Molekülstruktur	λ_{max}	R_f
E 102	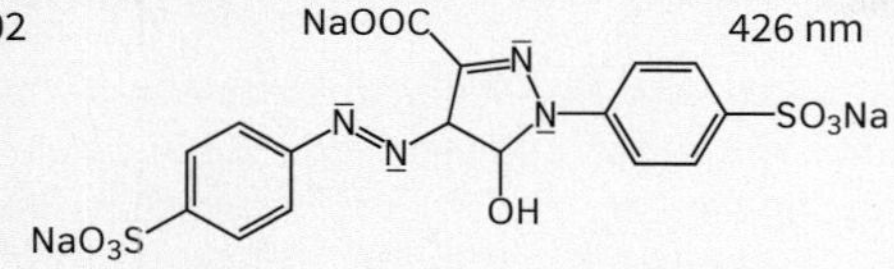	426 nm	0,65
E 104	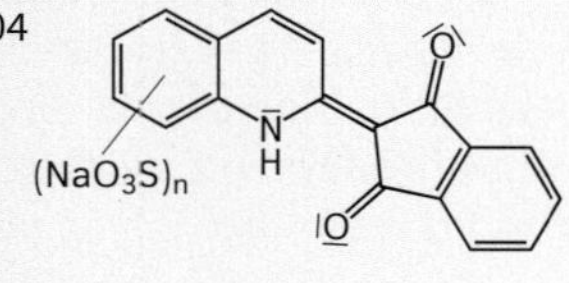	413 nm	0,54
E 124	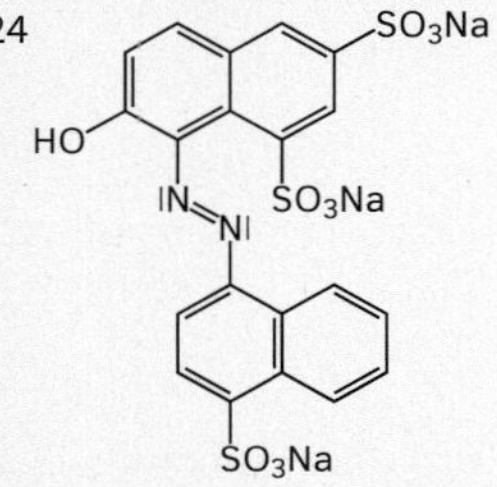	503 nm	0,71
E 127	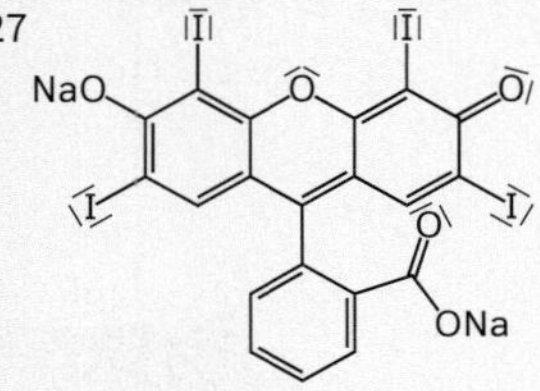	530 nm	0,06
E 131	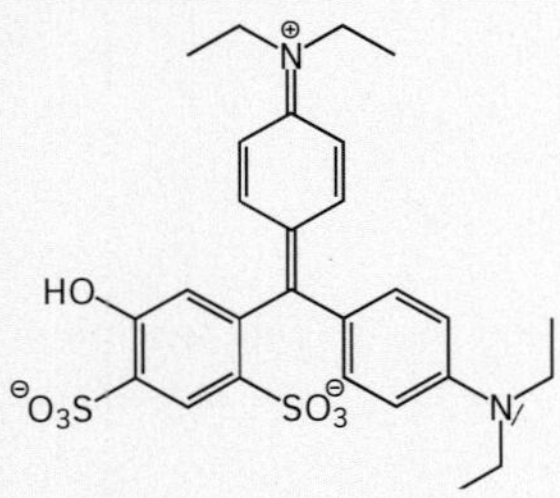	635 nm	0,89

Die synthetischen Lebensmittelfarbstoffe Tartrazin (E 102), Chinolingelb (E 104), Cochenillerot A (E 124), Erythrosin (E 127) und Patentblau V (E 131) werden häufig zum Färben von Hühnereiern verwendet. Die verwendeten Farbstoffe müssen auf der Eierverpackung entweder mit der E-Nummer oder dem Farbstoffnamen angegeben werden.

Es besteht der Verdacht, dass die Firma „Eierfein" für die von ihr vertriebenen gefärbten Eier einen Farbstoff verwendet hat, der nicht auf der Verpackung angegeben wurde. Das Lebensmitteluntersuchungsamt muss diesen Vorwurf überprüfen.

a) Markieren Sie in allen Farbstoff-Molekülen das chromophore System sowie die auxochromen und antiauxochromen Gruppen.
b) Ordnen Sie die Farbstoffe einer Farbstoffklasse zu.
c) Erläutern Sie Untersuchungsmethoden zur Bestimmung der verwendeten Farbstoffe und deren Mengen. Begründen Sie die Auswahl der Methoden.
d) Stellen Sie die Ergebnisse in einem Bericht des Lebensmitteluntersuchungsamts zusammen.

C2 Bathochromer Effekt

Die Einführung von auxochromen und antiauxochromen Gruppen in Chromophore führt in der Regel zu einem bathochromen Effekt mit einer Farbvertiefung.

Azobenzol ist eine gelborangefarbene organische Verbindung. Werden zwei H-Atome an den entgegengesetzten Enden des Moleküls durch eine Methylamin-Gruppe ($-N(CH_3)_2$) und eine Sulfonat-Gruppe ($-SO_3^-$) substituiert, entsteht der orangefarbene Farbstoff Methylorange.

	Absorption (log *E*)	
λ in nm	**Azobenzol**	**Methylrot**
240	3,55	3,95
260	3,60	3,80
280	3,95	3,60
300	4,15	3,60
320	4,20	3,70
340	3,50	4,00
360	2,50	4,30
380	2,30	4,35
400	2,60	4,20
420	2,80	4,05
440	2,75	3,85
460	2,65	3,55
480	2,40	3,10
500	2,30	2,80

a) Zeichnen Sie die Messdaten in ein Wellenlänge-Absorptions-Diagramm.
b) Notieren Sie die Skelettformel von Methylorange und skizzieren Sie das chromophore System.
c) Zeichnen Sie eine Grenzformel von Methylorange und erklären Sie damit die Wirkung der auxochromen und der antiauxochromen Gruppe.
d) Bestätigen Sie mithilfe des Diagramms die bathochrome Wirkung der Substituenten.

Kapitel 7

Kunststoffe – organische Werkstoffe nach Maß

Kunststoffe sind überall. In nahezu allen Bereichen unseres Alltags haben sie andere Werkstoffe wie Glas, Holz oder Metalle ersetzt. So auch im Fahrzeugbau. Der Grund dafür ist einfach: Kunststoffe lassen sich schnell und für den jeweiligen Anwendungszweck passgenau herstellen. Ein weiterer Vorteil ist, dass sich Kunststoffbauteile schon bei der Produktion färben lassen. Die Langlebigkeit eines Kunststoffs erweist sich nach dem Gebrauch jedoch oft als Fluch, wie die aktuelle Diskussion um Mikroplastik im Meer verdeutlicht. Die Weiterentwicklung von Verfahren zur umweltgerechten Wiederverwertung dieser Wertstoffe sind ein großes Forschungsfeld der chemischen Industrie.

Was Sie schon kennen:

- Stoffklassen der Organischen Chemie (Alkane, Alkene, Alkohole, Aldehyde, Carbonsäuren, Ester und Aromaten) und deren typische Eigenschaften,
- den räumlichen Bau organischer Moleküle und verschiedene Möglichkeiten, die Molekülstrukturen darzustellen,
- die Unterschiede in der Reaktivität der funktionellen Gruppen organischer Moleküle,
- Substitution und Kondensation als Reaktionstypen in der Organischen Chemie,
- Elektrophile, Nucleophile und Radikale als reaktive Teilchen,
- verschiedene Arten zwischenmolekularer Wechselwirkungen und deren Einfluss auf die Löslichkeit sowie die Schmelz- und Siedetemperatur eines Stoffes.

In diesem Kapitel lernen Sie:

- **wie** sich Kunststoffe klassifizieren lassen,
- **welche** Vorteile Kunststoffe in den verschiedenen Lebensbereichen mit sich bringen,
- **wie** sich die Eigenschaften von Kunststoffen auf die molekulare Struktur zurückführen lassen,
- **wie** Kunststoffe aus Erdöl und aus nachwachsenden Rohstoffen synthetisiert werden und nach welchen Reaktionstypen die Synthese erfolgt,
- **wie** man Kunststoffe auf die jeweilige Anwendung hin optimieren kann,
- **wie** Kunststoffe zu Produkten verarbeitet werden,
- **welche** Umweltprobleme durch Kunststoffmüll entstehen,
- **wie** Kunststoffe wieder verwendet oder umweltgerecht entsorgt werden können.

Sind Sie fit für dieses Kapitel?

1 Benennen Sie die Moleküle **A** bis **G** in der nebenstehenden Abbildung und ordnen Sie die Moleküle einer der folgenden Stoffklassen zu: Alkane, Alkene, Alkohole, Aldehyde, Carbonsäuren, Ester, Aromaten

2 Erklären Sie die Begriffe *Substitutionsreaktion* und *Kondensationsreaktion* an einem Beispiel.

3 Geben Sie ein Beispiel für die Entstehung von Radikalen an und stellen Sie die Reaktionsgleichung auf. Nennen Sie die Art der Bindungsspaltung.

4 Zum Nachweis von C=C-Doppelbindungen in organischen Molekülen nutzt man deren Reaktion mit Brom-Molekülen. Stellen Sie am Beispiel von Ethen die Reaktionsgleichung für diese Reaktion und den dazugehörigen Mechanismus auf.

5 Ordnen Sie zu, welche der nebenstehenden Teilchen **H** bis **M** als Nucleophil, Elektrophil oder Radikal reagieren. Stellen Sie an geeigneten Beispielen einen radikalischen Angriff und gegebenenfalls auch einen nucleophilen Angriff als Mechanismus dar.

A
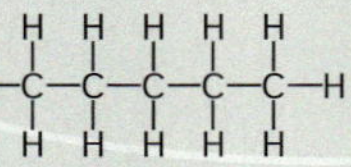
B
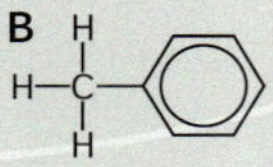
C
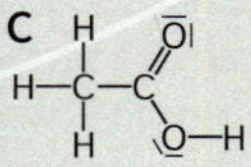
D
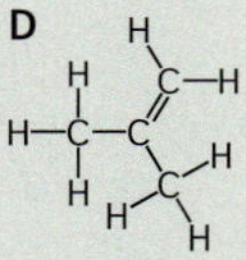
E
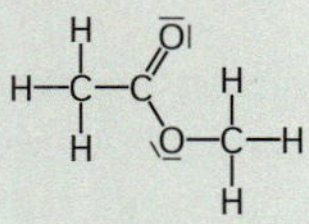
F
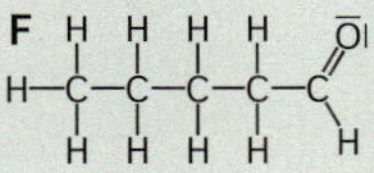
G
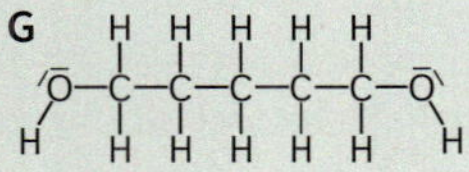
H
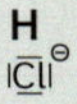
I
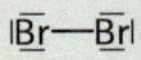
J
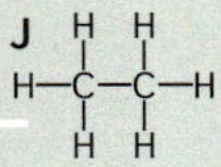
K
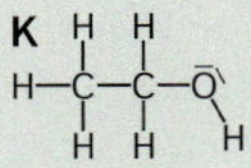
L
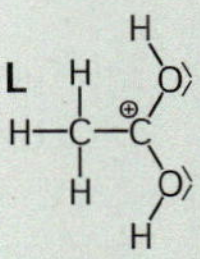
M
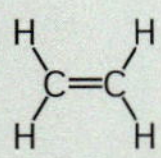

Lösungen und weitere Aufgaben finden Sie unter www.westermann.de/chemie-heute-152079 Nutzen Sie zur Anmeldung den Online-Schlüssel auf der vorderen Umschlagsinnenseite.

7.1 Kunststoffe sind überall

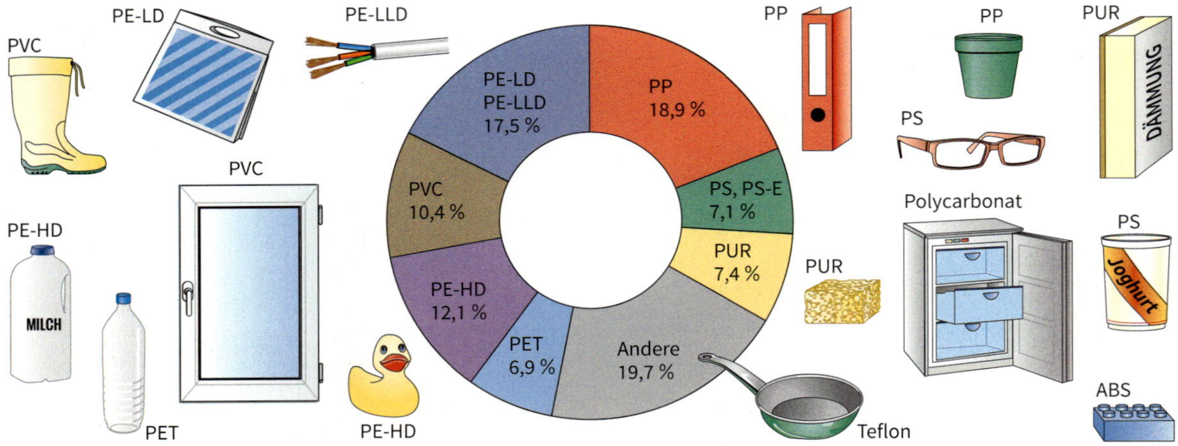

1 *Kunststoffe im Alltag*

Kunststoffe gehören zu den am weitesten verbreiteten Werkstoffen in Alltag und Technik. Praktisch kein Lebensbereich kommt ohne Kunststoffe aus. Allein ein Blick in die Küche, ins Badezimmer oder in den Kleiderschrank reicht aus, um zu erkennen, dass Kunststoffe klassische Werkstoffe wie Metalle, Glas, Keramik, Holz und auch Fasern wie Baumwolle oder Wolle teilweise verdrängt haben. Der Grund: Kunststoffe lassen sich für ihren Verwendungszweck passend herstellen und sind dann in ihren Eigenschaften anderen Werkstoffen überlegen. Sie sind *organische Werkstoffe nach Maß.*

Vom Birkenpech zum 3D-Drucker. Bereits in der Steinzeit nutze man Birkenpech, das in seinen Eigenschaften denen vieler Kunststoffe entspricht. Beim Erwärmen wird Birkenpech flüssig und härtet beim Abkühlen wieder aus. Durch diese besondere Materialeigenschaft eignete sich Birkenpech besonders für die Befestigung von Pfeilen und zum Abdichten von Booten.

In der weiteren Entwicklungsgeschichte der Kunststoffe wurden Naturstoffe wie Cellulose oder Proteine chemisch verändert, um die so erhaltenen *halbsynthetischen Kunststoffe* für Menschen nutzbar zu machen. Einen ersten Meilenstein in der Entwicklung heutiger Kunststoffe markierte Leo Hendrik BAEKELAND mit seinem 1907 eingereichten Patent. Er hatte den ersten vollsynthetischen Kunststoff hergestellt, der nach ihm als *Bakelit* bezeichnet wurde. Trotz weiterer Entwicklungen dienten Kunststoffe damals nur vereinzelt als Ersatz für wertvollere Materialien. Der Siegeszug der Kunststoffe begann nach dem Zweiten Weltkrieg. Fortschritte in der Technik ließen eine günstige Massenproduktion zu. Die Entwicklung neuer Kunststoffe ergab ungeahnte Materialeigenschaften und ermöglichte sowohl eine Verwendung für Alltagsgegenstände, als auch in High-Tech-Bereichen wie dem Fahrzeugbau, in der Luft- und Raumfahrt oder in der zukunftsweisenden 3D-Druck-Technologie. Das Potenzial für Kunststoffe scheint auch in Zukunft noch unbegrenzt.

Kunststoffe sind Makromoleküle. Die Entwicklung von Kunststoffen war bis zu Beginn des 20. Jahrhunderts eher dem Zufall überlassen. Erst das grundlegende Verständnis über den Aufbau der Kunststoffe ermöglichte die gezielte Entwicklung von Materialeigenschaften. Hermann STAUDINGER erkannte als Erster, dass Kunststoffe nach einem gemeinsamen Prinzip aufgebaut sind: Kunststoffe werden aus vielen kleinen organischen Molekülen hergestellt, den **Monomeren** (griech. *monos:* eins; *meros:* Teil). Die Monomere reagieren miteinander und bilden riesige Molekülketten oder Molekülnetze mit einer molaren Masse von mehr als 10 000 $g \cdot mol^{-1}$ (Abb. 2). STAUDINGER führte für diese organischen Riesenmoleküle 1922 die Bezeichnung *Makromoleküle* (griech. *makros:* groß) ein. Eine weitere Bezeichnung für Kunststoffe ist **Polymer** (griech. *poly:* vielfach). Damit drückt man aus, dass sich in einem Kunststoff die Monomer-Einheiten wiederholen.

Makromoleküle in der Natur. Neben den synthetischen oder halbsynthetischen Kunststoffen gibt es auch natürliche Makromoleküle. Cellulose, der Faserstoff der Baumwolle, ist wie auch Stärke ein *Polysaccharid.* Beide Stoffe sind aus langen Ketten von Traubenzucker-Einheiten aufgebaut. Seide und Wolle sind natürliche Proteinfasern. Ihre Monomere sind Aminosäuren.

Faserverstärkte Kunststoffe. Seit mehreren Jahren kommen vor allem im Fahrzeugbau und in der Luftfahrt faserverstärkte Kunststoffe (FVK) zum Ein-

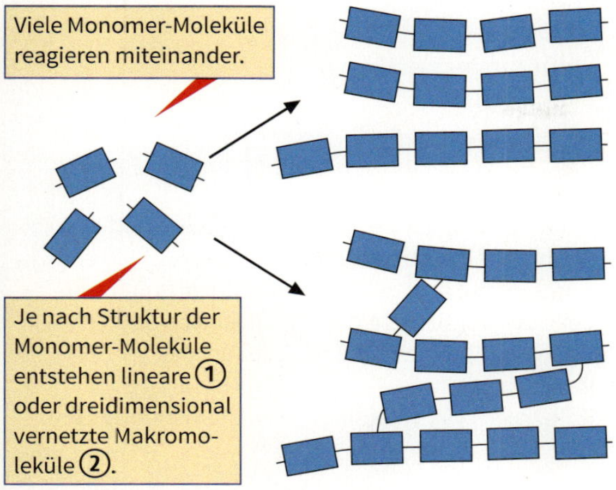

2 *Kunststoffe bestehen aus Makromolekülen.*

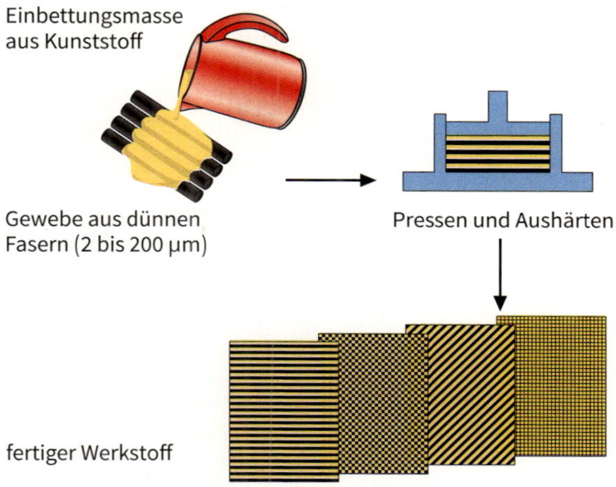

3 *Herstellung faserverstärkter Kunststoffe*

satz. Dabei handelt es sich um natürliche oder synthetische Fasern, die in eine Kunststoffmatrix eingebettet sind (Abb. 3). Faserverstärkte Kunststoffe sind ein Beispiel für *Verbundwerkstoffe* (Composite). Dies sind Werkstoffe, in denen mehrere Materialien miteinander kombiniert werden und einen festen Verbund bilden, der neue Eigenschaften aufweist. Der Vorteil für den Fahrzeugbau: Faserverstärkte Kunststoffe sind bei gleicher Festigkeit deutlich leichter als vergleichbare Metalllegierungen. Über die Gewichtsersparnis sorgen FVKs bei Fahrzeugen für einen geringeren Kraftstoffverbrauch. Man unterscheidet bei den FVKs carbonfaserverstärkte (CFK), glasfaserverstärkte (GFK) und naturfaserverstärkte Kunststoffe (NFK).

Kunststoffe sind organische Werkstoffe, die aus riesigen Molekülen bestehen. Diese Makromoleküle (Polymere) werden durch Reaktionen von Monomeren hergestellt.

---

1 Viele Verpackungen aus Kunststoff sind mit einem dreieckigen Recyclingsymbol mit einer Nummer oder der Abkürzung der Kunststoffart gekennzeichnet (Abb. 1). Suchen Sie in Ihrem Haushalt nach Kunststoffverpackungen mit einem Recyclingsymbol und listen Sie über drei Tage die Verpackungsmaterialien sowie die Kunststoffarten auf. Erstellen Sie ein Diagramm, in dem Sie die Kunststoffarten und deren Häufigkeit in Ihrem Haushalt aufzeigen. Vergleichen Sie die Diagramme untereinander. Suchen Sie Möglichkeiten, den Verbrauch an diesen Kunststoffen zu reduzieren.

2 Informieren Sie sich über die in den folgenden Anwendungsfeldern genutzten Kunststoffe. Erstellen Sie Plakate. Führen Sie anschließend einen Museumsrundgang durch.
Partner A: Medizin; Partner B: Fahrzeugbau; Partner C: Textilindustrie; Partner D: Sport; Partner E: Küche; Partner F: Spielwaren

3 Beschreiben Sie den allgemeinen Aufbau und die Herstellung von Kunststoffen mithilfe von Abb. 2. Verwenden Sie dabei die Begriffe *Makromolekül, Polymer* und *Monomer.*

4 a) Erklären Sie die besondere Eignung von Birkenpech für die Befestigung von Pfeilen oder zum Abdichten von Booten.
b) Nennen Sie heutige Kunststoffe oder Kunststoffprodukte, die in der Anwendung dem Birkenpech analog sind.

5 a) Recherchieren Sie Gegenstände aus Bakelit.
b) Informieren Sie sich über weitere Meilensteine der Kunststoffentwicklung, ausgehend von BAEKELAND, und stellen Sie diese als Zeitstrahl mit Erläuterungen zu den entwickelten Stoffen sowie den historischen Ereignissen dar.

6 Bei den olympischen Spielen in Helsinki 1952 verwendeten Stabhochspringer noch Stäbe aus Bambus und erreichten eine Sprunghöhe von bis zu 4,55 m. Seit den 1960er Jahren nutzen die Athleten Stäbe aus glasfaserverstärkten Kunststoffen, später aus Stäbe aus CFK. Heute liegt der Weltrekord bei über sechs Metern. Beschreiben Sie den Aufbau von GFK und CFK und begründen Sie daran die Vorteile für den Stabhochsprung.

Projekt Identifizierung von Kunststoffen

Das Labor eines Recyclingunternehmens hat Kunststoffproben ohne Kennzeichnung erhalten. Für ein sortenreines Recycling muss nun ermittelt werden, welche Kunststoffe sich hinter den Proben verbergen.

Arbeitsauftrag:
Ermitteln Sie, um welchen Kunststoff es sich bei Ihrer Probe handeln könnte. Führen Sie hierzu die entsprechenden Versuche und Forschungsaufträge durch. Protokollieren Sie Ihre Beobachtungen und werten Sie diese im Sinne der Aufgabenstellung aus. Nutzen Sie auch die weiteren Informationen auf dieser Doppelseite – insbesondere Abb. 1.

Qualitative Elementaranalyse

Nachweis von C- und H-Atomen:
Eine Probe wird verbrannt oder mit Kupferoxid in einem Reaktionsrohr umgesetzt. Die gasförmigen Produkte leitet man auf Watesmo-Papier, welches weißes Kupfersulfat enthält. Zusätzlich führt man mit den Verbrennungsgasen die Kalkwasserprobe durch. Die Blaufärbung des weißen Kupfersulfats ist ein positiver Nachweis auf Wasser; die Trübung des Kalkwassers weist Kohlenstoffdioxid nach.

Nachweis von O-Atomen:
Ein Nachweis ist direkt nicht möglich; die Verbrennung von Kunststoffen liefert jedoch Hinweise: In der Regel verbrennen Kunststoffe ohne gebundenen Sauerstoff unter starker Rußentwicklung. Kunststoffproben, die O-Atome in den Molekülen enthalten, zeigen nur wenig Rußbildung.

Nachweis von Halogen-Atomen:
Chlorhaltige Kunststoffe setzen beim Verbrennen Chlorwasserstoff frei. Wässrige Lösungen von Chlorwasserstoff ergeben mit Silbernitratlösung weiße Niederschläge.

Forschungsauftrag 1: Verbrennungsanalyse

5

Materialien: Feuerfeste Unterlage (Keramikfliese), Gasbrenner, Stativmaterial, Trichter, Kunststoffspritze (60 ml) oder Kolbenprober, Luer-Lock-Schlauchadapter, Silikonschlauch, Erlenmeyerkolben (150 ml) oder großes Reagenzglas;
Kalkwasser (**5**), Watesmo-Papier, Kunststoffprobe

Aufgaben:
a) Entwickeln Sie mithilfe der angegebenen Materialien einen Versuch, mit dem Sie nachweisen können, inwiefern in den Molekülen Ihrer Kunststoffprobe C-Atome und/oder H-Atome gebunden sind.
b) Vergleichen Sie Ihre Planung mit der Check-Karte und führen Sie den Versuch entsprechend durch.

Versuch 1: Indirekter Nachweis von O-Atomen im Molekül

Materialien: Gasbrenner, Pinzette; Kunststoffproben

Durchführung:
Entzünden Sie Stücke der Kunststoffproben mit dem Gasbrenner (Abzug!) und beurteilen Sie die Stärke der Rußbildung.

Kunststoff	Abkürzung	sauerstoffhaltig	halogenhaltig	Qualmfarbe (Schwelen)	pH-Bereich Schwelqualm	Schmelzbereich in °C	Bruchverhalten	lösemittelbeständig
Polyethen	PE	–	–	weiß	neutral	105 – 120	biegsam	ja
Polypropen	PP	–	–	weiß	neutral	105 – 120	hart	ja
Polystyrol	PS	–	–	weiß	neutral	80 – 100	hart	nein
Polyamid	PA	+	–	braun	alkalisch	180 – 250	biegsam	ja
Polyvinylchlorid	PVC	–	+	braun	sauer	75 – 110	hart	ja
Polycarbonat	PC	+	–	braun	sauer	220 – 230	hart	nein
Polymethylmethacrylat	PMMA	+	–	weiß	neutral	85 – 100	hart	nein

1 *Eigenschaften ausgewählter Kunststoffe*

Versuch 2:
Schmelzbereich

Materialien: Reagenzglas, Glasstab, Thermometer, Ölbad (mit Speiseöl zur Hälfte gefülltes Becherglas) Waage, Heizrührer, Magnetrührstab; Kunststoffproben

Durchführung:
1. Geben Sie etwa 0,1 g einer Kunststoffprobe in ein Reagenzglas und stellen Sie es in das Ölbad.
2. Erwärmen Sie das Ölbad und prüfen Sie in regelmäßigen Abständen mit dem Glasstab auf ein beginnendes Erweichen des Kunststoffs. Notieren Sie die Temperatur des Ölbads.

Aufgabe:
Erklären Sie die Verwendung eines Ölbads anstelle eines Wasserbads.

Versuch 3:
Schwelprobe und Halogennachweis

Materialien: Gasbrenner, Reagenzglas, Glasstab, Watte, Pinzette, Waage, Universalindikatorpapier; Kunststoffprobe, Silbernitratlösung (1 %, **7**, **9**)

Durchführung:
1. Geben Sie etwa 0,1 g einer Kunststoffprobe in ein Reagenzglas.
2. Befestigen Sie einen 2 cm langen und mit destilliertem Wasser angefeuchteten Universalindikatorpapierstreifen unterhalb der Reagenzglasöffnung. Verschließen Sie die Öffnung mit einem locker zusammengedrückten Wattebausch.
3. Erhitzen Sie die Kunststoffprobe kräftig mit dem Gasbrenner, bis Schweldämpfe den Wattebausch erreichen. Stoppen Sie das Erhitzen dann umgehend.
4. Entfernen Sie den Wattebausch mit der Pinzette und halten Sie einen mit Silbernitratlösung benetzten Glasstab in das Reagenzglas.

Aufgabe:
Erklären Sie eventuelle Veränderungen der Silbernitratlösung und stellen Sie eine Reaktionsgleichung für die ablaufende Reaktion auf.

Versuch 4:
Bruchverhalten

Materialien: Kunststoffproben

Durchführung:
Biegen Sie streifenförmige Proben der Kunststoffe mehrfach hin und her.

Versuch 5:
Lösemittelbeständigkeit

Materialien: Becherglas, Spatel, 2 Pinzetten; Ethylethanoat (**2**, **7**), Kunststoffproben

Durchführung:
1. Prüfen Sie durch Kratzen mit dem Spatel die Oberflächenbeschaffenheit der Kunststoffprobe.
2. Tauchen Sie die Kunststoffprobe für einige Minuten vollständig in Ethylethanoat ein.
3. Prüfen Sie nach dem Abtrocknen der Probe die Oberflächenbeschaffenheit mit dem Spatel.
4. Biegen Sie die Kunststoffprobe mehrfach.

Aufgabe:
Vergleichen Sie die Oberflächenbeschaffenheit und das Bruchverhalten der Probe vor und nach dem Lösemittelbad.

Forschungsauftrag 2:
Dichtebestimmung verschiedener Kunststoffe

Materialien: Becherglas (600 ml), Messzylinder (100 ml), Dichtespindeln ($0{,}7 - 2\ g \cdot ml^{-1}$), Glasstab; Kunststoffproben, Kochsalz, Spülmittel

Aufgaben:
a) Entwickeln Sie einen Versuch, mit dem sich ein Gemisch von Kunststoffschnipseln mithilfe von Dichteunterschieden trennen lässt.
b) Kontrollieren Sie Ihre Versuchsdurchführung mithilfe der Check-Karte und führen Sie den Versuch durch.

7.2 Die Molekülstruktur bestimmt die Eigenschaft

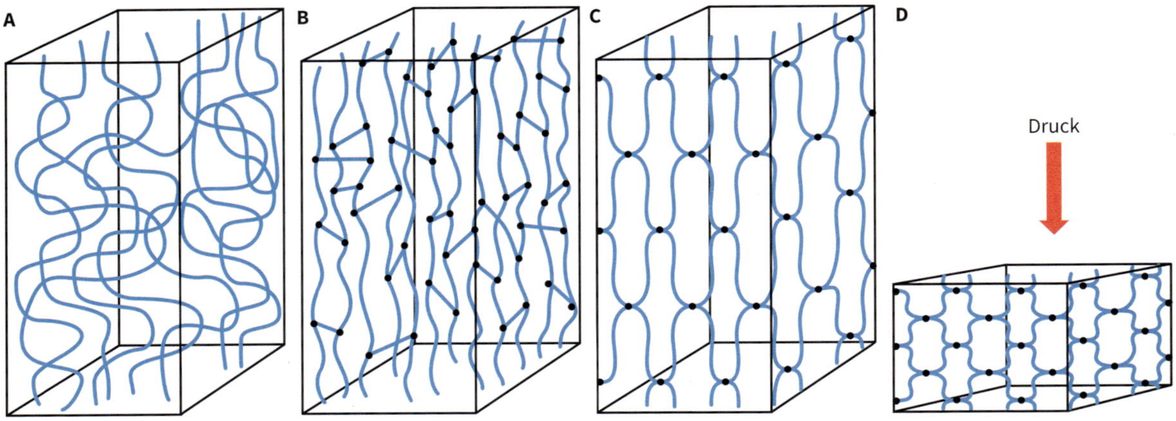

1 *Verschiedene Molekülstrukturen von Kunststoffen: Thermoplast (A), Duroplast (B), Elastomer (C), bei Druck (D)*

▶ Bei der Vielfalt an Kunststoffen im Alltag verliert man leicht den Überblick. Betrachtet man jedoch die mechanischen und thermischen Eigenschaften, lassen sich Kunststoffe gut voneinander unterscheiden und in Klassen einteilen: Einige von ihnen sind weich federnd, andere dagegen nicht verformbar. Eine dritte Gruppe verändert ihre Form besonders beim Erwärmen. Diese Eigenschaften bestimmen einerseits Einsatzbereiche und andererseits auch Verarbeitungsmöglichkeiten des jeweiligen Kunststoffs. Nach diesem Verhalten beim Erwärmen und bei mechanischer Belastung unterteilt man Kunststoffe in drei große Gruppen: *Thermoplaste, Duroplaste* und *Elastomere*

Thermoplaste. Die meisten Substanzen haben eine genau bestimmbare Schmelztemperatur. Viele Kunststoffe erweichen dagegen in einem Temperaturbereich und gehen in diesem Temperaturbereich vom festen in den flüssigen Zustand über. Solche Kunststoffe bezeichnet man als *Thermoplaste.* Das langsame Erweichen bei Temperaturerhöhung lässt sich auf ihre Struktur zurückführen: Thermoplaste bestehen aus linearen oder wenig verzweigten Makromolekülen unterschiedlicher Länge (Abb. 1 A). Die einzelnen Makromolekülketten werden untereinander nur durch Wasserstoffbrücken oder Van-der-Waals-Wechselwirkungen (temporäre Dipole) zusammengehalten. Wird der Kunststoff erwärmt, geraten die Makromoleküle in Schwingungen. Die zwischenmolekularen Wechselwirkungen werden überwunden und die Makromolekülketten können dann aneinander vorbeigleiten. Der Thermoplast erweicht und schmilzt. Bei der Verarbeitung thermoplastischer Kunststoffe wird diese Eigenschaft genutzt.

Duroplaste. Im Gegensatz zu thermoplastischen Kunststoffen werden *Duroplaste* auch bei hohen Temperaturen nicht weich oder zähflüssig. Dieses Verhalten beruht darauf, dass die Makromoleküle über Elektronenpaarbindungen ein dreidimensionales Netzwerk bilden (Abb. 1 B). Da Elektronenpaarbindungen um ein Vielfaches stärker sind als die zudem noch zwischen den Molekülketten bestehenden Wechselwirkungen, bleibt die Struktur des Netzwerks beim Erhitzen erhalten. Dies erklärt die Formstabilität der Duroplaste. Bei sehr hohen Temperaturen jedoch werden Elektronenpaarbindungen gespalten und das Netz der Molekülketten zerreißt. Der Duroplast verkohlt.

Elastomere. Kunststoffe wie Gummi oder auch die Polsterung in einem Sofa sind *Elastomere*. Diese Kunststoffe lassen sich durch Zug oder Druck leicht verformen, nehmen ihre alte Form jedoch wieder ein, sobald der Zug oder Druck nachlassen. Elastomere sind also formstabil und elastisch zugleich. Die Molekülstruktur von Elastomeren ähnelt der Struktur der Duroplaste; die Verknüpfungsstellen liegen allerdings viel weiter auseinander, sodass das Netz aus Makromolekülen weitmaschiger ist. Unter Zug und Druck lässt sich das Netz verzerren (Abb. 1 C und D). Bei hohen Temperaturen wird das Netzwerk jedoch aufgrund der starken Molekülschwingungen so stark gedehnt, dass die Elektronenpaarbindungen brechen und die Struktur zerstört wird.

Verarbeitung von Thermoplasten. Unter den Kunststoffen bilden die *Thermoplaste* die größte Gruppe. Für deren Verarbeitung wird das Thermoplastgranulat zu einer zähflüssigen Schmelze erwärmt, die dann auf verschiedene Weisen weiterverarbeitet wird.

Beim *Spritzgießen* (Abb. 3) wird die Kunststoffschmelze unter hohem Druck in eine Spritzgussform (Werkzeug) gepresst. Nach dem Abkühlen wird das fertige Formteil ausgeworfen.

2 ***Moderne Kunststoffe sind vielseitig und widerstandsfähig.***

Hohlkörper wie PET-Getränkeflaschen werden durch *Blasformen* hergestellt. Anstelle des Granulats wird ein durch Spritzgießen hergestellter Vorformling durch Infrarotstrahler erwärmt und anschließend heiß in eine Hohlform (Werkzeug) gefahren. Hohlform und Vorformling werden eingeschlossen, sodass kein Gas entweichen kann. Durch Einleiten von Druckluft in den Vorformling wird dieser ausdehnt und in die Werkzeugkontur gepresst. In erkaltetem Zustand lässt sich der so erzeugte Hohlkörper aus dem Werkzeug auswerfen.

Fasern stellt man durch *Schmelzspinnen* her: Der heiße, zähflüssige Thermoplast wird dabei durch feine Spinndüsen gepresst. Die entstehenden dünnen Fäden werden durch Kaltluft gekühlt und erstarren dadurch sehr schnell. Anschließend lassen sich die Fasern aufwickeln und weiterverarbeiten.

Kunststoffe werden nach ihren thermischen und mechanischen Eigenschaften in Thermoplaste, Duroplaste und Elastomere eingeteilt.

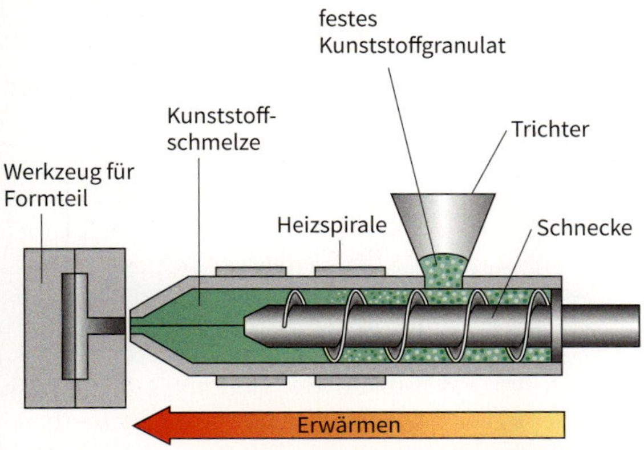

3 ***Spritzgießen zur Herstellung von Kunststoffprodukten***

1 a) Beschreiben Sie die molekulare Struktur von Thermoplasten (Partner A), Duroplasten (Partner B) und Elastomeren (Partner C) (Abb. 1).
b) Erklären Sie auf der Grundlage der Struktur die unterschiedlichen Eigenschaften der verschiedenen Kunststoffklassen.
c) Zeichnen Sie die Molekülstruktur eines Elastomers, das unter Zug steht, und eines Elastomers, das erwärmt wird.
d) Erstellen Sie ein gemeinsames Plakat.

2 a) Informieren Sie sich über die Verwendung von Kunststoffen im Alltag: Thermoplaste (Partner A), Duroplaste (Partner B), Elastomere (Partner C)
b) Fertigen Sie mit Ihren Rechercheergebnissen eine Präsentation an.

3 a) Nennen Sie Kunststoffgegenstände beim Kanusport. Ordnen Sie die Gegenstände den Thermoplasten, Duroplasten oder Elastomeren zu (Abb. 2).
b) Begründen Sie Ihre Zuordnung über die notwendigen physikalischen Eigenschaften der Gegenstände und den molekularen Aufbau des jeweiligen Kunststoffs.

4 Thermoplastische Kunststoffe werden durch Spritzgießen (Partner A) oder durch Blasformen (Partner B) verarbeitet.
a) Recherchieren Sie jeweils einen Gegenstand, der mit einem der beiden Verfahren hergestellt werden kann.
b) Begründen Sie, warum diese Verfahren nicht zur Verarbeitung duroplastischer Kunststoffe geeignet sind.

5 a) Partner A: Beschreiben Sie in einem zusammenhängenden Text die Produktion eines Kunststofftellers durch Spritzgießen (Abb. 3).
Partner B: Stellen Sie in einem Fließschema die Arbeitsschritte des Blasformens dar.
b) Erklären Sie sich gegenseitig Ihre Ergebnisse.

6 Erklären Sie folgende Beobachtungen auf der molekularen Ebene und unter Einbeziehung energetischer Aspekte. Tauschen Sie sich anschließend aus.
Partner A: Zieht man ein Gummiband in die Länge, erwärmt sich das Gummiband leicht.
Partner B: Beim Erwärmen wird ein gedehntes Gummiband kürzer.

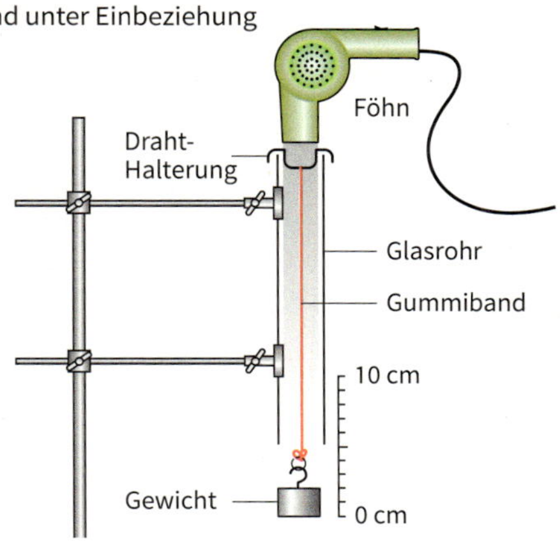

7.3 Ungesättigte Monomere polymerisieren

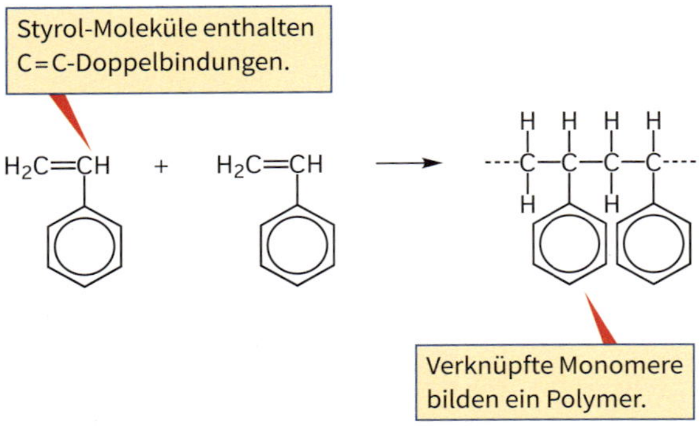

1 *Bildung von Polystyrol*

Kunststoffe lassen sich durch verschiedene *Polyreaktionen* herstellen, in denen die Monomere zu Makromolekülen verknüpft werden. Eine davon ist die **Polymerisation.** Für diese Polyreaktion müssen die Monomer-Moleküle C=C-Doppelbindungen enthalten. Die Doppelbindungen werden in einem mehrstufigen Reaktionsmechanismus aufgelöst und es entstehen Einfachbindungen, über die die Monomer-Moleküle miteinander verbunden sind. Die Produkte einer Polymerisation werden als **Polymerisate** bezeichnet. Sie sind meist kettenförmig. Polymerisationsreaktionen erfolgen häufig nach einem radikalischen Mechanismus. Dieser wird am Beispiel der Bildung von Polystyrol aus Styrol-Monomeren vorgestellt (Abb. 1).

◇ **Radikalische Polymerisation.** Wie bei jedem radikalischen Reaktionsmechanismus müssen auch bei der radikalischen Polymerisation zunächst Radikale, also Atome oder Moleküle mit ungepaarten Elektronen, erzeugt werden. Bei der Herstellung von Polystyrol aus Styrol erfolgt dies durch zugesetzte *Radikalstarter* (Initiatoren), deren Moleküle durch Erwärmen oder energiereiche Strahlung leicht in Radikale zerfallen. Beispiele für Radikalstarter sind Peroxide wie Dibenzoylperoxid oder Cumolperoxid. Bei der Radikalbildung werden Einfachbindungen in den Molekülen so gespalten, dass bei beiden Atomen der Bindung je ein Elektron verbleibt. Man spricht von einer *homolytischen Bindungsspaltung.* Vereinfacht lässt sich die Radikalbildung wie folgt darstellen. R• steht dabei für ein Radikal.

$$R{-}R \xrightarrow{\text{Zerfall}} 2\,R\bullet$$

Das ungepaarte Elektron wird durch einen Punkt symbolisiert.

Durch diese **Startreaktion** wird die Polymerisation in Gang gesetzt. Jedes Radikal reagiert anschließend mit einem Styrol-Molekül. Dabei greift das Radikal an einem C-Atom der C=C-Doppelbindung an. Die π-Bindung der Doppelbindung wird homolytisch gespalten. Das eine Elektron bildet eine Einfachbindung mit dem ungepaarten Elektron des Radikals aus. Das zweite Elektron der π-Bindung verbleibt beim zweiten C-Atom. Es entsteht ein *Alkyl-Radikal*.

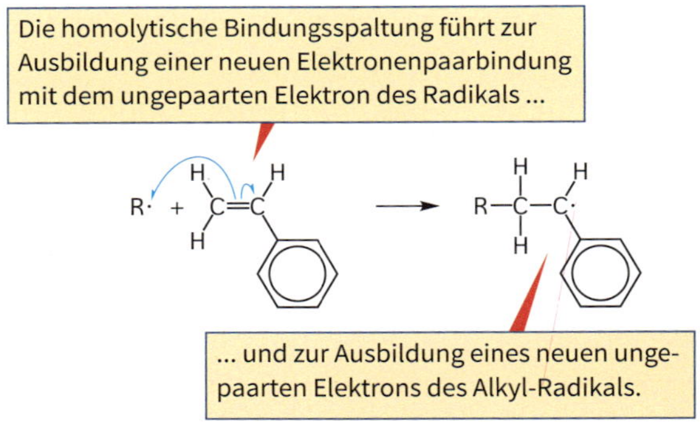

Im zweiten Schritt dieser **Kettenreaktion** reagiert nun das entstandene Alkyl-Radikal in gleicher Weise mit einem weiteren Styrol-Molekül. Dabei entsteht ein weiteres Alkyl-Radikal, dessen Kette an C-Atomen um eine Monomereinheit verlängert ist. Die Kettenverlängerung der Alkyl-Radikale lässt sich beliebig oft wiederholen.

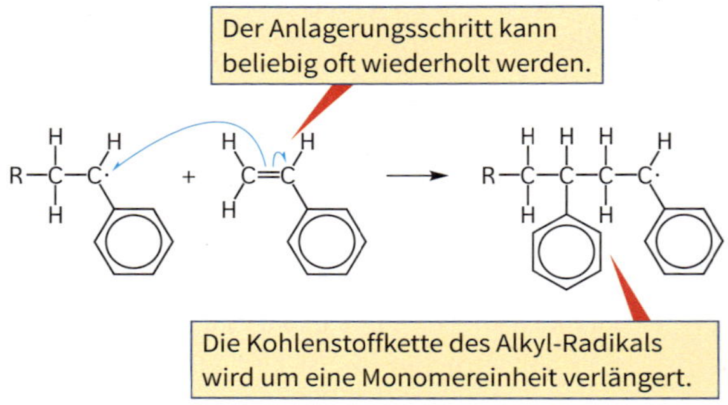

Mit fortschreitendem Reaktionsverlauf vermindert sich die Anzahl der Styrol-Moleküle. Gleichzeitig steigt die Anzahl der Radikale an, wodurch die Wahrscheinlichkeit für Kettenreaktionen abnimmt und die für das Aufeinandertreffen von Radikalen steigt. Reagieren nun zwei Radikale miteinander, bildet sich eine Elektronenpaarbindung zwischen ihnen aus. Es kommt zum **Kettenabbruch**.

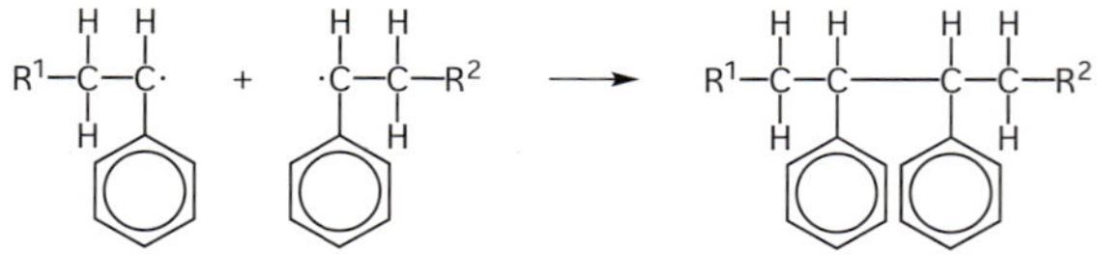

Je nach Art und Struktur der Monomere lassen sich nach dem gleichen Reaktionsmechanismus verschiedene Polymerisate herstellen (Abb. 2).

Strukturformel	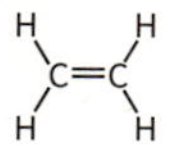	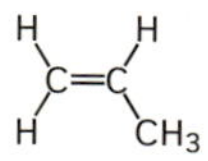	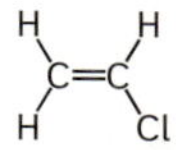	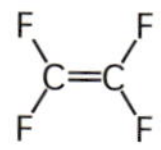	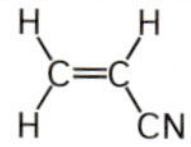	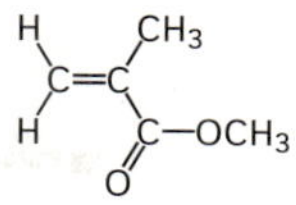	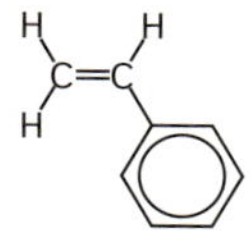
Monomer	Ethen Ethylen	Propen Propylen	Vinylchlorid Chlorethen	Tetrafluorethen	Acrylnitril	Methacrylsäuremethylester	Styrol
Polymer	Polyethen (PE)	Polypropen (PP)	Polyvinylchlorid (PVC)	Polytetrafluorethen (PTFE)	Polyacrylnitril (PAN)	Polymethacrylsäuremethylester (PMMA)	Polystyrol (PS)
Verwendung	Folien, Tragetaschen	Spritzgussteile, Fahrradhelme	Fensterrahmen, Isolierfolien	Beschichtungen, Dichtungen	Kunstfasern	Glasdächer, Möbel	Haushaltsgegenstände, Dämmstoffe

2 *Technisch wichtige Polymerisate*

Strukturausschnitte. Zur Darstellung der Makromoleküle und zur Erläuterung der *Struktur-Eigenschafts-Beziehungen* ist es oft wichtig die Molekülstruktur der Kunststoffe anzugeben. Da die Makromoleküle oft aus vielen tausend verknüpften Monomeren bestehen, kann nicht das gesamte Molekül gezeichnet werden. Man gibt deshalb nur einen Strukturausschnitt an, der stellvertretend für die Zusammensetzung des gesamten Makromoleküls steht. Verschiedene Darstellungsvarianten haben sich etabliert. Eine vorgeschriebene Darstellungsvariante gibt es nicht. Häufig genutzt werden Varianten, die einige wenige verknüpfte Monomere angeben (Abb. 1) oder sogar nur eine Monomereinheit (Abb. 3). Die Angabe in Klammern bezeichnet dabei die sich wiederholende Einheit in der C-Kette des Makromoleküls. Für den Buchstaben *n* kann auch die tatsächliche Anzahl der Wiederholungen angegeben werden, um die Kettenlänge des Makromoleküls zu bezeichnen.

Polymerisate sind Kunststoffe, die durch Polymerisation synthetisiert werden. Dabei werden C=C-Doppelbindungen der Monomer-Moleküle aufgelöst und die Monomer-Moleküle über Einfachbindungen verknüpft.

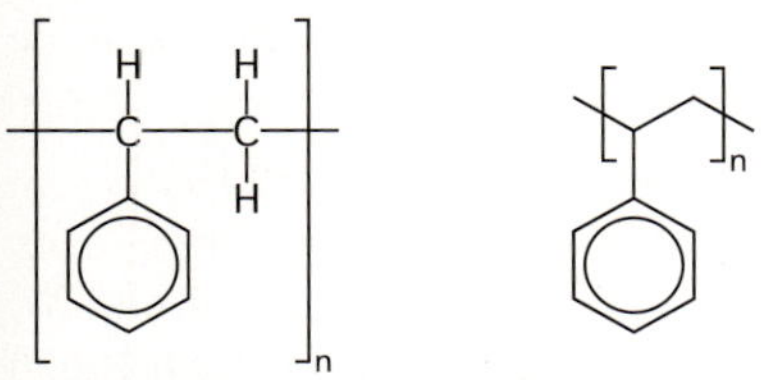

3 *Wiederholende Einheiten im Strukturausschnitt*

1 a) Stellen Sie für die in Abb. 2 aufgeführten Monomere jeweils die Reaktionsgleichung für die radikalische Polymerisation auf. Zeichnen Sie dabei einen Strukturausschnitt aus dem jeweiligen Polymerisat.
◇ b) Formulieren Sie für Ihr Beispiel den über Radikale verlaufenden Reaktionsmechanismus mit Startreaktion, Kettenreaktionen und einer Abbruchreaktion.
c) Erstellen Sie zu Ihrem Beispiel einen Steckbrief über die Struktur, die Eigenschaften und die Verwendung des jeweiligen Polymerisats.
d) Stellen Sie sich gegenseitig Ihre Ergebnisse in einem Museumsrundgang vor.

2 Reaktionen, die über Radikale verlaufen, kennen Sie bereits von der Halogenierung der Alkane. Beschreiben Sie Gemeinsamkeiten und Unterschiede der radikalischen Polymerisation von Alkenen und der radikalischen Substitution bei Alkanen.

3 Geben Sie an, um welchen Kunststoff es sich bei dem gezeigten Strukturformelausschnitt handelt:

A
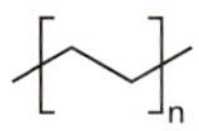

B
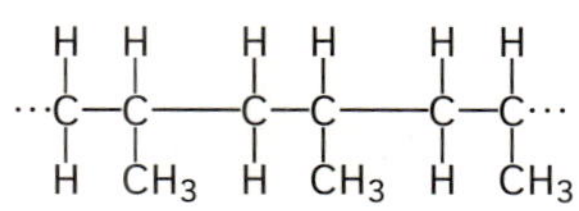

C
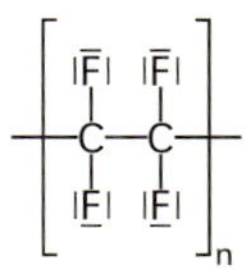

D
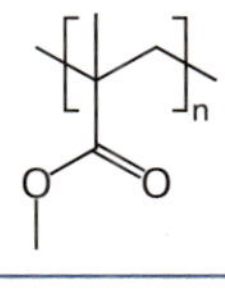

7.4 Kunststoffeigenschaften lassen sich anpassen

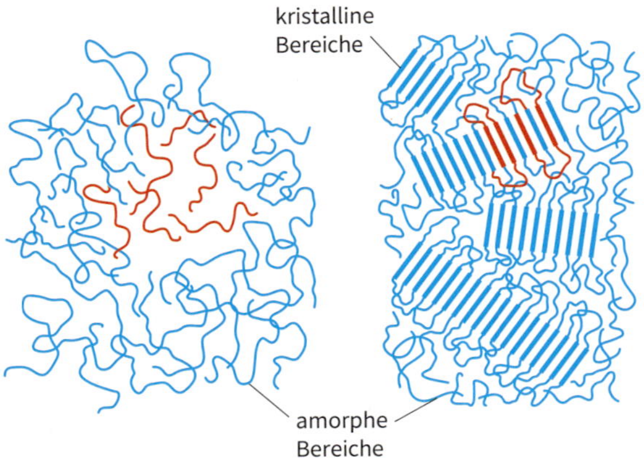

1 *Anordnung von Makromolekülen in Polymeren*

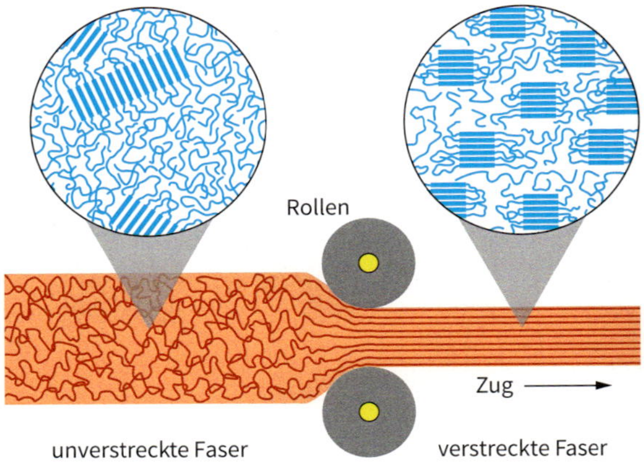

2 *Verstrecken von Fasern*

Die Materialeigenschaften von Kunststoffen lassen sich auf den jeweiligen Verwendungszweck gezielt anpassen. Bei der Herstellung von Polymeren aus nur einer Sorte von Monomeren, den *Homopolymeren*, können durch die gezielte Auswahl der Monomere und die Einstellung der Reaktionsbedingungen bei der Polymerisation Produkte mit spezifischen Eigenschaften erzeugt werden.

Amorph oder kristallin. Bei einem Homopolymer hängen die Eigenschaften des Kunststoffs maßgeblich von der Anordnung der Makromoleküle ab. Sind in einem Kunststoff die Makromoleküle ungeordnet, liegt eine *amorphe Struktur* vor. Amorphe Polymere sind aufgrund der geringen zwischenmolekularen Wechselwirkungen häufig weich (Abb. 1 ①). Die Makromoleküle können jedoch auch lamellenartig nebeneinander liegen und geordnete Strukturen bilden ②. Die parallele Anordnung der Makromolekülketten in diesen *kristallinen Bereichen* führt zu stärkeren zwischenmolekularen Wechselwirkungen. Dies sorgt für eine höhere Festigkeit, gesteigerte Wärmestabilität und größere Dichte des Polymerisats.

Reaktionsbedingungen. Am Beispiel von Polyethen (PE, Polyethylen) lässt sich der Einfluss der Reaktionsbedingungen auf die Materialeigenschaften der Polymerisate zeigen. Mit einem Anteil von etwa 30 % an der weltweiten Kunststoffproduktion ist Polyethen einer der wichtigsten Kunststoffe. Heute kann man gezielt verschiedene PE-Varianten herstellen, die man als PE-LD, PE-HD und PE-UHMW bezeichnet.

Bei Drücken von bis zu 3500 hPa (3500 bar) und Temperaturen bis 300 °C reagieren die Alkyl-Radikale nicht mehr ausschließlich mit den C-Atomen der C = C-Doppelbindungen, sondern entreißen benachbarten Polymerketten auch H-Atome. Durch weitere Kettenreaktionen bilden sich an diesen Stellen Seitenketten aus, die zu einer amorphen Struktur der Makromoleküle führen. Das unter hohen Drücken entstehende Polyethen hat aufgrund der vergleichsweise lockeren Molekülstruktur eine geringe Dichte von etwa 0,92 $g \cdot cm^{-3}$. Es wird daher als *Low-Density-Polyethen* (PE-LD) bezeichnet. Aufgrund der vielen Verzweigungen und den vergleichsweise kurzen Polymerketten von 200 bis 2000 Einheiten können zwischen den Molekülketten nur geringe Anziehungskräfte wirken. PE-LD schmilzt daher schon ab 98 °C und wird nur für billige und kurzlebige Produkte wie Tragetaschen verwendet.

Mit der Entwicklung spezieller Katalysatoren durch Giulio Natta und Karl Ziegler wurde die Synthese weiterer Polyethenvarianten möglich. Bei niedrigerem Druck bis 5 MPa (50 bar) und bei maximal 150 °C lassen sich mithilfe der Ziegler-Natta-Katalysatoren langkettige und unverzweigte Makromoleküle herstellen. Die aus bis zu 180 000 Monomeren bestehenden Polymerfäden lagern sich verstärkt zu geordneten, kristallinen Strukturen zusammen, in denen die Makromoleküle eng beieinander liegen. Aufgrund der großen zwischenmolekularen Wechselwirkungen weist die entstehende Polyethenvariante einen deutlich höheren Schmelzbereich von 120 bis 130 °C auf. Die mit etwa 0,96 $g \cdot cm^{-3}$ größere Dichte des Materials führte zum Namen *High-Density-Polyethen* (PE-HD). Es wird für mechanisch belastbare Produkte wie Schutzhelme oder Sitzschalen verwendet.

Ähnlich dem High-Density-Polyethen wird bei niedrigem Druck und mit Ziegler-Natta-Katalysatoren auch *Ultra-High-Molecular-Weight-Polyethen* (PE-UHMW) hergestellt. Der Name leitet sich aus der extrem hohen molaren Masse der Makromoleküle ab. Ein Mol des Kunststoffs kann bis zu neun Tonnen wiegen. Im Kunststoff liegen die unverzweigten Polymerketten in einer

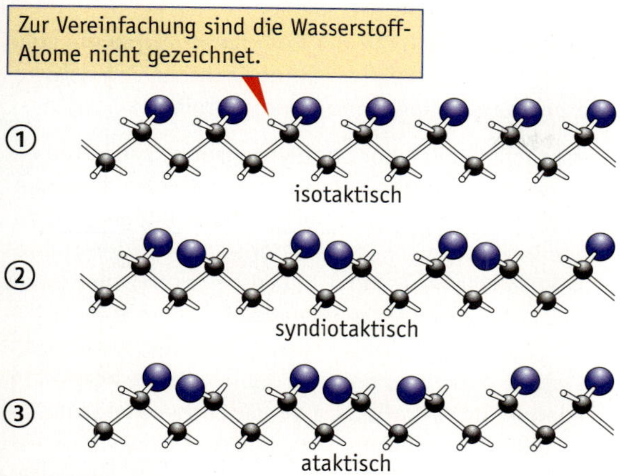

3 *Taktizität bei Polymeren*

fast vollständigen kristallinen Anordnung vor, die sich bei der Produktion von Fasern durch einen Streckprozess noch steigern lässt (Abb. 2). Dabei wird durch Anlegen einer Zugspannung die Orientierung der Makromoleküle vereinheitlicht. Der Schmelzbereich liegt dann bei 140 – 150 °C. Gegenstände aus PE-UHMW sind mechanisch extrem belastbar.

Taktizität. Das Propen-Molekül weist gegenüber dem Ethen-Molekül eine CH_3-Gruppe auf. Bei der Verknüpfung der Monomere kann die CH_3-Gruppe unterschiedlich räumlich angeordnet sein. Diese Anordnung von Seitengruppen wird allgemein *Taktizität* genannt und beeinflusst die Materialeigenschaften.

Liegt eine unregelmäßige Anordnung der CH_3-Gruppen vor, haben die Molekülketten eine ataktische Struktur (Abb. 3 ③). Das Polymer weist überwiegend amorphe Bereiche auf und ist daher sehr weich. In Gegenwart von Ziegler-Natta-Katalysatoren verläuft die Polymerisation räumlich einheitlich: Beim isotaktischen Polypropen ① sind alle CH_3-Gruppen auf einer Seite der Molekülkette angeordnet, während beim syndiotaktischen Polypropen ② die CH_3-Gruppe abwechselnd auf je einer Seite der Kette von C-Atomen stehen.

Die größere Ordnung der Seitenketten führt beim syndiotaktischen und isotaktischen Polypropen zu einer stärkeren Annäherung der Molekülketten und damit zu größer ausgeprägten kristallinen Bereichen. Im Vergleich zum ataktischen Polypropen steigen die Schmelzbereiche; auch die Materialhärte nimmt zu.

Die Eigenschaften von Kunststoffen sind durch die Wahl der Reaktionsbedingungen gezielt steuerbar. So entstehen vermehrt amorphe oder kristalline Bereiche.

1 a) Erklären Sie die unterschiedlichen Eigenschaften von PE-LD (Partner A) und von PE-HD (Partner B) anhand der Molekülstruktur in Abb. 1. Gehen Sie dabei auch auf die zwischenmolekularen Wechselwirkungen ein. Diskutieren Sie anschließend Ihre Ergebnisse.
b) Für Polyethen sind in der Technik auch die Bezeichnungen Hochdruck-Polyethen und Niederdruck-Polyethen gebräuchlich. Ordnen Sie diese Bezeichnungen den PE-Formen zu.
c) Recherchieren Sie weitere Produkte, die aus den zwei verschiedenen PE-Formen bestehen.

2 a) Zeichnen Sie die Strukturformeln der Moleküle von Ethen (Partner A), Propen (Partner B), Chlorethen (Partner C) und Tetrafluorethen (Partner D).
b) Geben Sie für Ihr Monomer an, ob für die Polymere Taktizität möglich ist. Skizzieren Sie für Ihr Polymer die Taktizitätsformen. Benennen Sie diese und erklären Sie Unterschiede im Aufbau und in den Eigenschaften.

3 Materialien aus Polypropen und Polyethen quellen bei längerem Kontakt mit hydrophoben Lösemitteln. Erläutern Sie diese Beobachtung.

4 a) Ermitteln Sie mit den angegebenen Werten in der folgenden Tabelle, warum Stahlseile in der Schifffahrt zunehmend durch spezielle Seile aus PE-UHMW ersetzt werden.
b) Begründen Sie die Festigkeit des Seils aus PE-UHMW mithilfe der Struktur des Kunststoffs. Beschreiben Sie dazu auch den Vorgang des Verstreckens (Abb. 2).

Material	Stahl	PE-UHMW
Bruchlast in N	56 500	58 000
Gewicht in kg je 100 m	32,4	5,0
Feuchtigkeitsresistent	nein	ja
Dichte in $kg \cdot m^{-3}$	7,6	0,95 – 0,97
Schmelzbereich in °C	> 1000	etwa 150

5 Erklären Sie die Wirkungsweise des Ziegler-Natta-Katalysators mithilfe folgender Abbildung.

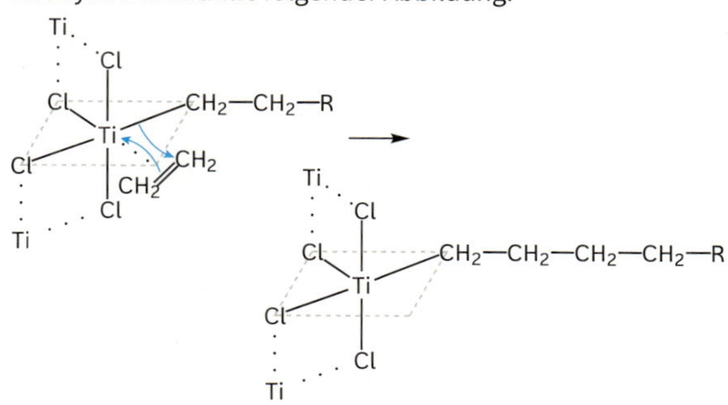

7.5 Polymere lassen sich modifizieren

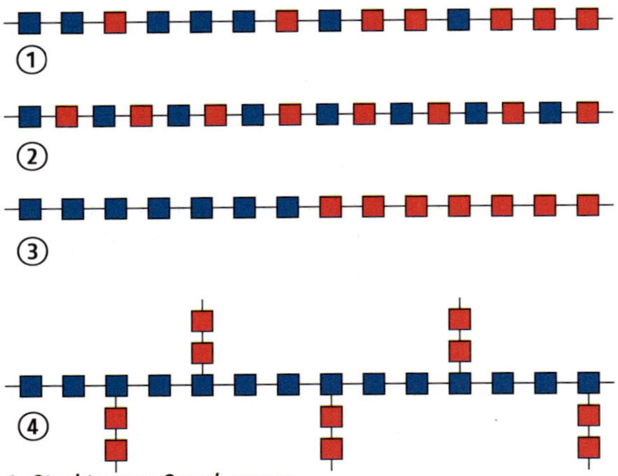

1 *Struktur von Copolymeren*

Nicht immer lassen sich durch die Wahl der Reaktionsbedingungen die Materialeigenschaften des Polymerisats auf die geforderten Anforderungen hin einstellen. In solchen Fällen bietet der Werkzeugkasten der Polymerchemie weitere Möglichkeiten.

Additive. Das Einbringen von Zusatzstoffen ist die einfachste Methode, Kunststoffeigenschaften zu verändern. Ein wichtiges Beispiel für diese *Additive* sind *Weichmacher.* Die Moleküle der in das Polymerisat eingekneteten *Weichmacher* lagern sich zwischen die Polymerketten und verringern so die Wechselwirkungen zwischen den Ketten. Weichmacher sind seit geraumer Zeit in der Diskussion. Einige gelten als krebserregend oder beeinflussen das menschliche Hormonsystem. Weichmacher können über direkten Hautkontakt aufgenommen werden. Bedenklich ist auch die Aufnahme über verpackte, fettreiche Lebensmittel, denn die Weichmacher diffundieren leicht aus den Verpackungsfolien in die Lebensmittel.

Polymerblends. Mischt man verschiedene Polymerisate, entstehen *Polymerblends.* Diese weisen häufig auf den Anwendungszweck hin optimierte Eigenschaften auf. Die Ursache der veränderten Materialeigenschaften resultiert aus den veränderten zwischenmolekularen Wechselwirkungen zwischen den Makromolekülketten der verschiedenen Polymerisate. Polymerblends sind kostengünstig, da man auf bereits vorhandene Polymerisate zurückgreifen kann. Jedoch lassen sich nicht alle Polymerisate beliebig miteinander mischen.

Copolymerisate. Neben Polymerblends besteht auch die Möglichkeit, unterschiedliche Monomere zu einem einzigen Polymerisat reagieren zu lassen. Diese Kunststoffe werden als *Copolymerisate* bezeichnet. Meist werden unterschiedliche Monomere miteinander verknüpft, sodass sich mit der Copolymerisation günstige Eigenschaften kombinieren und Nachteile von Polymerisaten aus gleichen Monomeren vermieden werden.

Im einfachsten Fall der Copolymerisation reagieren die verschiedenen Stoffe in einem vorgegebenen Stoffmengenverhältnis. Die Monomer-Moleküle bilden eine zufällige Reihenfolge innerhalb der entstehenden Makromolekülketten (Abb. 1 ①). Ein wichtiges Beispiel für ein solches *statistisches Copolymerisat* ist Styrol-Buta-1,3-dien-Kautschuk. In Gegenwart geeigneter Katalysatoren lassen sich *alternierende Copolymerisate* herstellen, bei denen die Verknüpfung der Monomer-Moleküle abwechselnd vorliegt (Abb. 1 ②). In *Blockcopolymerisaten* folgen jeweils Abschnitte von einer Sorte von Monomerbausteinen aufeinander (Abb. 1 ③). Über die Länge der einzelnen Blöcke lassen sich gezielt Eigenschaften einstellen. Überwiegt in einem Styrol-Butadien-Blockcopolymerisat der Butadienanteil, erhält man einen weichen Kunststoff, der zu Folien verarbeitet werden kann. Lange Polystyrolblöcke führen dagegen zu festeren und steiferen Materialien. Bei *Propfcopolymerisaten* werden Polymerblöcke als Seitenketten an ein lineares Polymer-Molekül gebunden (Abb. 1 ④).

Polymerblends werden durch das Vermischen unterschiedlicher Polymere hergestellt. In Copolymeren werden verschiedene Monomere chemisch miteinander verknüpft. Beide Polymerkombinationen führen zu Kunststoffen mit neuen Materialeigenschaften

---

1 DBP, DEHP oder DIBP sind Weichmacher.
a) Recherchieren Sie die Namen hinter den Abkürzungen. Zeichnen Sie die Strukturformeln der Moleküle.
b) Bodenbeläge aus PVC (Vinylböden) haben einen besonders hohen Gehalt an Weichmachern. Zeichnen Sie die Anordnung mehrerer Ketten von PVC-Molekülen mit und ohne Weichmacher. Begründen Sie daran die Wirkung von Weichmachern auf molekularer Ebene.

2 a) Zeichnen Sie die Strukturausschnitte folgender Copolymerisate: statistisches Copolymerisat aus Styrol und Acrylnitril (SAN) (Partner A), Propfcopolymerisat von Acrylnitril und Styrol in Gegenwart von niedermolekularem Polybutadien (ABS) (Partner B) und Blockcopolymerisat von Styrol mit einem hohen Anteil von Buta-1,3-dien (SBR) (Partner C).
b) Recherchieren Sie jeweils die Bedeutung der Abkürzungen und nennen Sie Anwendungsbeispiele.
c) Erklären Sie, dass die polaren Nitril-Gruppen (–C≡N|) ein Benetzen der SAN-Kunststoffe durch hydrophobe Flüssigkeiten verhindern.

Polymerisate

Versuch 1:
Herstellen von Polystyrol

Materialien: Reagenzglas, Glasstab, Wasserbad, Gasbrenner, Dreifuß mit Drahtnetz, Tropfpipette; Styrol (**2, 7, 8**), Cumolhydroperoxid (**2, 5, 6, 8, 9**)

Durchführung:
1. Mischen Sie 10 ml Styrol und 1 ml Cumolhydroperoxid in einem Reagenzglas.
2. Erwärmen Sie das Reagenzglas im Wasserbad, bis die Flüssigkeit im Reagenzglas zähflüssig wird.
3. Nehmen Sie das Reagenzglas aus dem Wasserbad, lassen es an der Luft abkühlen und zerschlagen Sie das Reagenzglas vorsichtig.

Aufgabe:
Erklären Sie Ihre Beobachtungen beim Abkühlen des Polystyrols.

Versuch 2:
Aufschäumen von Polystyrol

Materialien: Becherglas (300 ml), Messzylinder (100 ml), Erlenmeyerkolben (250 ml), Waage, Pinzette;
Styropor®, Ethylethanoat (**2, 7**), Pentan (**2, 7, 8, 9**)

Durchführung:
1. Erhitzen Sie etwa 200 ml Wasser im Becherglas.
2. Füllen Sie 10 ml Ethylethanoat in den Erlenmeyerkolben und geben Sie 1 g Styropor® hinzu.
3. Messen Sie 100 ml Pentan im Messzylinder ab und geben Sie es zu dem Styropor®-Ethylethanoat-Gemisch. Schwenken Sie das Gemisch für etwa 2 min, bis sich ein Feststoffklumpen gebildet hat.
4. Nehmen Sie den Polystyrolklumpen mit der Pinzette aus dem Erlenmeyerkolben und lassen Sie das Lösemittel verdunsten.
5. Geben Sie das Polystyrol in das heiße Wasser.

Aufgabe:
Protokollieren und deuten Sie Ihre Beobachtungen.

Versuch 3:
Leitfähige Kunststoffe

Materialien: Becherglas (250 ml), Glasstab, Messpipette, Edelstahlplatten als Elektroden, Spannungsquelle und Kabelmaterialien mit Krokodilklemmen, Waage, Rasierklinge, Objektträger, Leitfähigkeitsprüfer;
Pyrrol (**2, 5, 6**), Natriumlaurylsulfat (**2, 5, 7**)

Durchführung:
1. Geben Sie im Abzug etwa 2 g Natriumlaurylsulfat und 1 ml Pyrrol in 120 ml Wasser. Rühren Sie mit dem Glasstab um.
2. Befestigen Sie die beiden Edelstahlplatten parallel in 2 – 3 cm Abstand zueinander in der Lösung.
3. Schließen Sie mit den Kabeln und Krokodilklemmen die Spannungsquelle an die Edelstahlplatten an. Legen Sie für 30 Minuten eine Spannung von 3 V an.
4. Nehmen Sie die Platten aus der Lösung. Trennen Sie mit der Rasierklinge die schwarze Schicht vorsichtig von der Elektrodenoberfläche und legen Sie sie auf den Objektträger.
5. Lassen Sie die schwarze Schicht trocknen.
6. Prüfen Sie die Leitfähigkeit mit dem selbstgebauten Leitfähigkeitsprüfer.

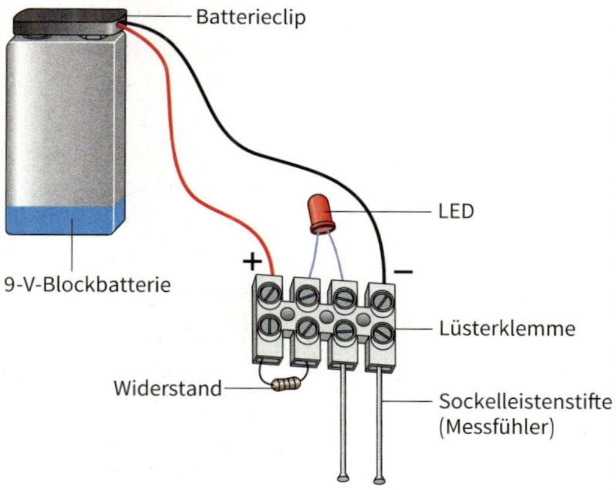

Aufgabe:
Erläutern Sie die elektrische Leitfähigkeit des Kunststoffs mit dem Strukturausschnitt des Polypyrrols.

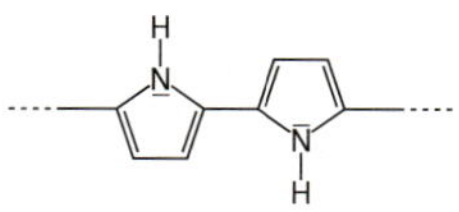

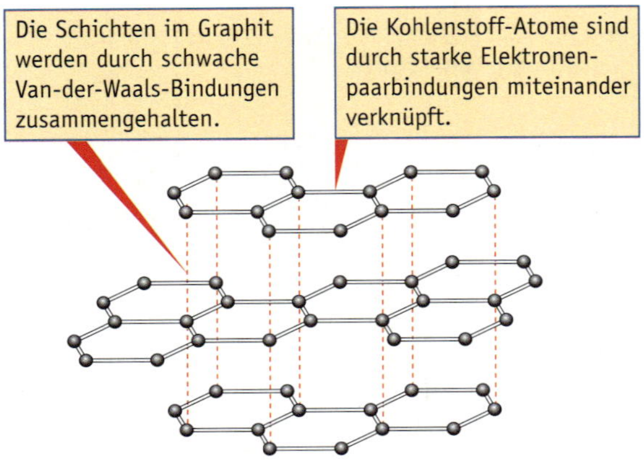

1 *Bindungsverhältnisse im Graphit*

Eine Autowäsche mit Nanoversiegelung, Kosmetik mit UV-Schutz durch Nanopartikel oder Nanobeschichtungen auf Lebensmittelverpackungen als Anti-Schmutz-Oberfläche oder antibakterieller Schutz. Immer öfter begegnet uns im Alltag der Begriff *Nano*.

Nanomaterialien. Nanopartikel sind mit einer Größe von 1 – 100 nm unvorstellbar klein. Ein Nanometer entspricht einem millionstel Millimeter. Stoffe, die Nanopartikel enthalten, werden **Nanomaterialien** genannt. Infolge der sehr großen Oberfläche von Nanopartikeln in Relation zu ihrer Masse können sich die physikalisch-chemischen Eigenschaften von denen einer deutlich größeren Partikelgröße unterscheiden. Die Nanowelt der Stoffe eröffnet somit ein ganz eigenes Forschungsfeld und ganz neue Materialeigenschaften. Immer häufiger werden Nano-Additive auch Kunststoffen zugesetzt, um gezielt die Materialeigenschaften zu verändern. Neben Metall-Additiven spielen Additive auf Kohlenstoffbasis eine zunehmend stärkere Rolle.

Additive aus Kohlenstoff. Mit über 8 Millionen Tonnen jährlich ist hochreiner **Industrieruß** eine viel produzierte Chemikalie. Die Größe der einzelnen Rußpartikel bewegt sich im Nanometerbereich (10^{-9} m). Alle Partikel bestehen aus vielen einander überlappenden *Graphitschichten* (Abb. 1). Sie lagern sich zu verzweigten Strukturen, den Aggregaten und Agglomeraten, aneinander (Abb. 2).

2 *Aufbau von Rußagglomeraten*

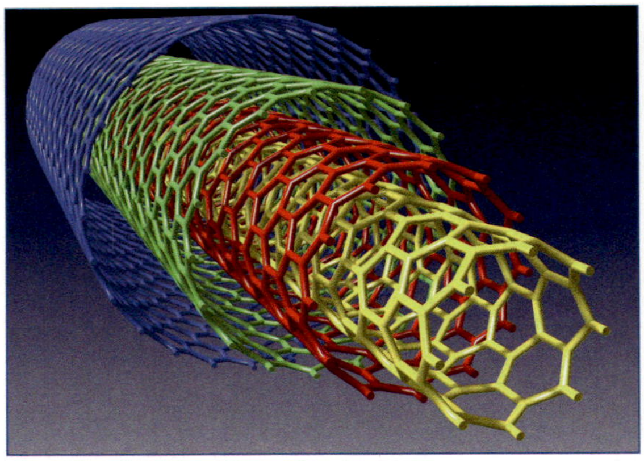

3 *Carbon-Nanotubes*

Durch Veränderung der Rußzusammensetzung und durch Beeinflussung der Partikelanlagerung können zahlreiche Rußvarianten erzeugt werden. Eine große Oberfläche und weit verzweigte Aggregatstruktur führen zu elektrisch leitenden Rußen. Eingebettet in Kunststoffe können so auch elektrisch leitende oder halbleitende Kunststoffe erzeugt werden. In der Gummiindustrie verwendet man Ruß, da er maßgeblich Faktoren wie Abrieb und Haftfähigkeit von Autoreifen oder Förderbändern beeinflusst. Bei Farben und Lacken wird Ruß als Schwarzpigment oder als UV-Schutz zugefügt.

Erhitzt man Industrieruß unter Luftabschluss bei etwa 3000 °C, bildet sich **Graphit**. Graphit kristallisiert in Schichtstrukturen. Innerhalb einer Schicht sind die C-Atome bienenwabenartig zu Sechsecken angeordnet (Abb. 1) Jedes C-Atom ist mit drei weiteren C-Atomen verbunden. Die übrigen, nicht an Elektronenpaarbindungen beteiligten Elektronen sind innerhalb der Schichtebenen frei beweglich. Graphit ist daher ein guter elektrischer Leiter. Er absorbiert einfallendes Licht, der Graphitkristall erscheint grauschwarz und zeigt einen metallähnlichen Oberflächenglanz. Graphitpulver kann ähnlich wie Ruß eingesetzt werden.

Funktionelle Kohlenstoff-Additive. Im Jahr 2004 gelang es einer Forschergruppe erstmals eine einzelne Kohlenstoffschicht von einem glatten Graphitblock abzulösen. Sie hatten **Graphen** hergestellt und erhielten für ihre Forschungen 2010 den Nobelpreis. Ähnlich dem Graphit ist auch Graphen ein guter elektrischer Leiter. Im Unterschied zu Graphit ist das einschichtige Graphen für Licht nahezu vollständig durchlässig. Zudem besitzt das flächige Nanomaterial hervorragende Halbleitereigenschaften und ist bis zu 400mal zugfester als Stahl, aber auch sehr flexibel. Schon seit 1991 sind **Carbon-Nanotubes** (CNT, Kohlenstoff-Nanoröhrchen) bekannt. Diese Röhren kann man sich als aufgerolltes Graphen vorstellen, wobei man ein- und mehrlagige, offene und geschlossene Röhren unterscheidet (Abb. 3). Mittlerweile hat man Carbon-Nanotubes mit Durchmessern von 0,5 bis 50 nm und Längen bis zu einem halben Meter herstellen können. Die Röhrchen lassen sich mit Metall-Atomen oder Nichtmetall-Atomen befüllen. Das beeinflusst gezielt Eigenschaften wie die Leitfähigkeit für Strom und Wärme.

Graphen und Carbon-Nanotubes sind insbesondere für die Kunststofftechnik ein großes Forschungsfeld. Beide Kohlenstoffmodifikationen lassen sich für Werkstoffe mit neuartigen Eigenschaften in eine Matrix aus Kunststoffen einbetten. Auf diese Weise erhält man *nanobasierte carbonfaserverstärke Kunststoffe* (nano-CFK), die im Vergleich zu herkömmlichen CFK noch leichter, zugfester und zugleich elektrisch leitend sind. Interessant sind diese Verbundwerkstoffe dabei nicht nur für den Fahrzeugbau und die Luft- und Raumfahrt. Aufgrund der elektrischen Eigenschaften stehen Kunststoffe mit Nano-Additiven auch in der Elektrotechnik und der Robotik im Fokus. Beispiele sind nanobasierte flexible organische Leuchtdioden (OLEDs) für Displays, Solarzellen und druckbare Elektronik wie RFID-Transponder (radio-frequency identification), wie sie in Personalausweisen oder bei Lagerung und Versand von Gütern eingesetzt werden (Abb. 4). Auch für künstliche Muskeln werden Nanomaterialien verwendet. Diese bestehen aus Bündeln miteinander verdrillter Carbon-Nanotubes. Beim Anlegen einer Spannung oder durch Wärmezufuhr verkürzen sich die Fasern oder rotieren um die eigene Achse. Solche Makromoleküle, deren physikalische oder chemische Eigenschaften sich auf einen äußeren Reiz hin reversibel ändern, sind Beispiele für **Funktionspolymere** oder *intelligente Kunststoffe*.

Nachteile von Nanomaterialien. Durch die Abnutzung von Reifen oder den Abrieb von Oberflächenversiegelungen gelangen Nanomaterialien in die Umwelt. Die immer weiter steigende Nutzung von Nanomaterialien verstärkt die Freisetzung zusätzlich und fördert eine kritische Diskussion zu den gesundheitlichen Auswirkungen. Aufgrund ihrer geringen Größe können Nanopartikel nahezu barrierefrei in menschliches Zellgewebe gelangen. So stehen Carbon-Nanotubes bei Aufnahme über die Atemwege beispielsweise in Verdacht, Lungenschäden hervorzurufen.

Nanomaterialien enthalten Nanopartikel. Als Additive verändern Sie Eigenschaften von Kunststoffen. Funktionspolymere sind Makromoleküle, die abhängig von einzelnen Umgebungsbedingungen reversibel wechselnde Eigenschaften zeigen.

4 *RFIDs können gedruckt und aufgeklebt werden.*

1 a) Recherchieren Sie den Begriff *Kohlenstoffmodifikation* und erklären Sie ihn an Beispielen.
b) Erklären Sie den Zusammenhang zwischen den Bindungsverhältnissen und der elektrischen Leitfähigkeit von Ruß, Graphit, Graphen und CNTs.

2 a) Recherchieren Sie zwei Industrierußvarianten und ihre Eigenschaften.
b) Geben Sie je ein Alltagsprodukt an, in dem die entsprechende Rußvariante enthalten ist.
c) In antistatischen Kunststoffbehältern wird elektrische Ladung abgeleitet, Autoreifen zeigen keine elektrische Leitfähigkeit. Beiden Kunststoffen wird Industrieruß zugesetzt. Erklären Sie, wie sich die Struktur der Rußaggregate und Agglomerate im Kunststoff unterscheiden muss.

3 a) Recherchieren Sie Anwendungsmöglichkeiten für OLEDs (Partner A) und RFIDs (Partner B).
b) Stellen Sie sich Ihre Ergebnisse gegenseitig vor.

4 Eingebettet in Wachse oder Lacke können Carbon-Nanotubes als Oberflächenbeschichtung mit Lotus-Effekt eingesetzt werden.
a) Erklären Sie mithilfe der Abbildung den Lotus-Effekt.
b) Erläutern Sie, wie die Oberflächenbeschichtung mit Carbon-Nanotubes zum Lotus-Effekt führen kann.
c) Beschreiben Sie mögliche Anwendungen für solche Oberflächenbeschichtungen.

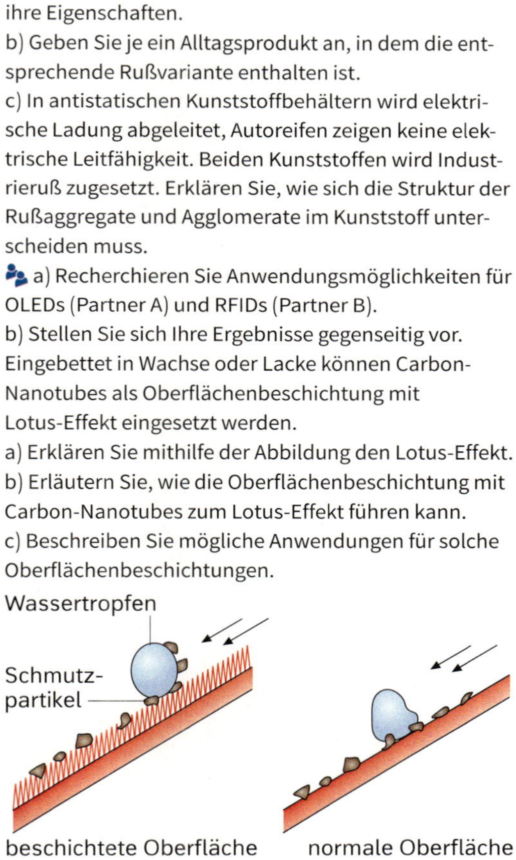

7.7 Vom Rohstoff zum Produkt: Kautschuk und Gummi

1 *Latexgewinnung bei einem Kautschukbaum*

Ritzt man die Rinde des Kautschukbaumes an, tritt Latex aus (Abb. 1). Dies ist eine wie Milch aussehende, zähflüssige Emulsion aus Wasser und Naturkautschuk. Die natürliche Funktion von Latex ist der Schutz des Baumes vor Fressfeinden und vor Pilzbefall. In Asien und einigen afrikanischen Staaten werden Kautschukbäume in großen Plantagen angebaut, um daraus *Naturkautschuk* zu gewinnen. Naturkautschuk ist ein natürliches Polymerisat, in dem bis zu 30 000 Isopreneinheiten (2-Methylbuta-1,3-dien) zu langen Ketten verknüpft sind (Abb. 2). Naturkautschuk lässt sich entweder durch Ausfällen in saurer Lösung oder durch Eindampfen des Milchsaftes aus der Latexemulsion abtrennen. Der so erhaltene *Rohkautschuk* wird im Anschluss mehrfach gewalzt. Die Krafteinwirkung der Walzen verkürzt die Makromoleküle auf etwa die Hälfte ihrer ursprünglichen Länge. Dadurch wird der Rohkautschuk weicher und besser formbar.

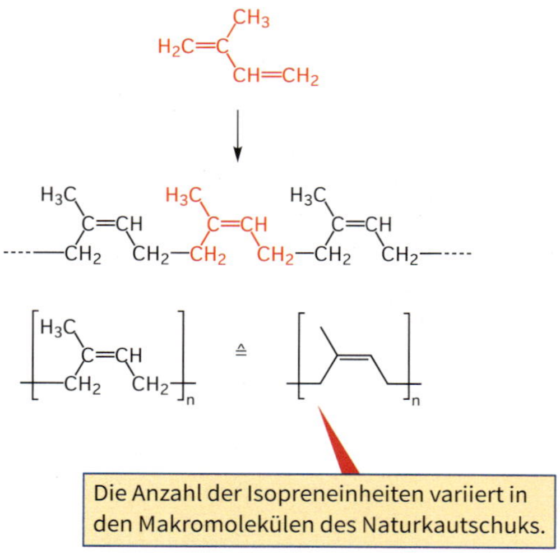

2 *Reaktion von Isopren zu Polyisopren*

Vulkanisation. Kautschuk ist ein Thermoplast. Durch Vulkanisation entsteht daraus das Elastomer Gummi. Ein Zufall ließ Charles GOODYEAR 1838 das Vulkanisationsverfahren entdecken, als er Kautschuk mit Schwefel vermischte und erhitzte. Beim Vulkanisieren reagieren die Schwefel-Moleküle mit C=C-Doppelbindungen und vernetzen benachbarte Makromoleküle über Schwefelbrücken (Abb. 3). Ein Katalysator aktiviert die Reaktion. Die Anzahl der Schwefelbrücken bestimmt den Vernetzungsgrad und damit die Elastizität des Gummis.

Synthesekautschuk. Die hohe Nachfrage nach Gummiprodukten führte zum Anfang des 20. Jahrhunderts zu einem Engpass an Naturkautschuk. Da Kautschuk damals ein kriegswichtiger Stoff war, musste man auch in Deutschland unabhängig von den Naturkautschuk liefernden Ländern werden und einen Ersatz finden. Der Durchbruch gelang in den 1930er Jahren mit der Massenproduktion eines Synthesekautschuks aus einem Copolymerisat von Styrol und Buta-1,3-dien. Die weltweite Produktion dieses *Styrol-Butadien-Gummis* (Styrol-Butadien-Rubber, SBR) reicht heute an die verarbeiteten Mengen von Naturkautschuk heran. SBR erreicht aber nicht die mechanischen Eigenschaften von Naturkautschuk und ist daher nur ein Teilersatz.

Nicht nur Copolymerisate eignen sich zur Kautschuksynthese. So zeichnet sich beispielsweise Polychloropren durch seine schwere Entflammbarkeit und Abriebfestigkeit aus. Es wird zur Herstellung von Schutzkleidung und Förderbändern genutzt.

Löwenzahn als Kautschukquelle. Der Rückgang der Naturkautschukproduktion lässt neue Kautschukquellen in den Blickpunkt der Forschung und der Industrie

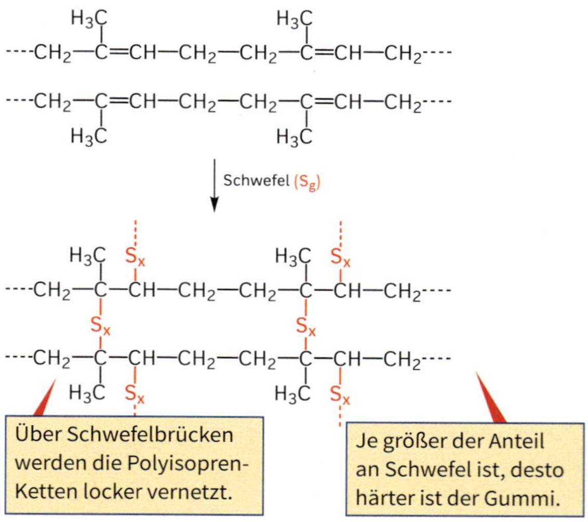

3 *Vulkanisation von Naturkautschuk*

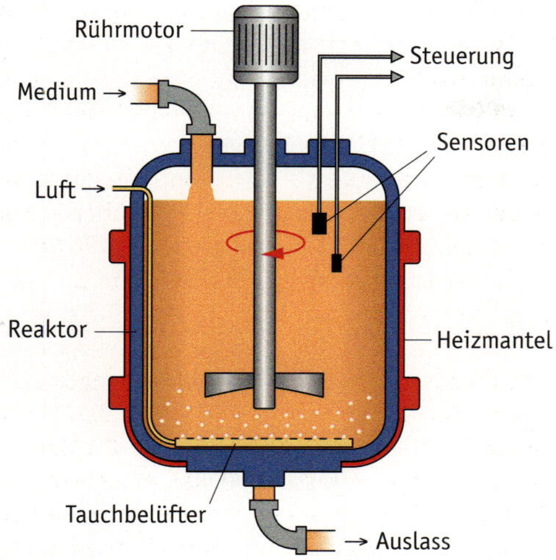

4 ***Bioreaktor zur Herstellung von Löwenzahn-Kautschuk***

rücken. Verursacht wird der Produktionseinbruch durch eine Erkrankung der Kautschukbäume und die Verteuerung der Erdölressourcen zur Produktion von Synthesekautschuk. Hoffnungsträger ist der Russische Löwenzahn (*Taraxacum koksaghyz*). Die Kautschuk-Moleküle dieser Pflanze weisen, im Gegensatz zum heimischen Löwenzahn, die gleiche Kettenlänge auf wie die beim Kautschukbaum. Über Züchtungen wird nun versucht, den Anteil an Kautschuk im Milchsaft der Pflanze zu erhöhen. Erste Reifen und auch andere Gummiprodukte sind schon aus Löwenzahn-Kautschuk hergestellt worden. Ein weiterer Vorteil dieses Kautschuks ist, dass bisher noch keine allergischen Reaktionen gegenüber diesem Kunststoff bekannt sind.

Auch mit biotechnologischen Mitteln arbeitet man einer größeren Produktion an Löwenzahn-Kautschuk: Die Kultivierung der Kautschuk produzierenden Zellen in Bioreaktoren gelingt bereits (Abb. 4). Aktuell arbeiten Wissenschaftler daran, die Gene für die Kautschukproduktion zu identifizieren, zu isolieren und dann in die DNA von speziellen Bakterien einzubauen. Mithilfe der neuen genetischen Information könnten die Bakterien dann spezielle Enzyme produzieren, die die Herstellung von Kautschuk katalysieren.

Kautschuk ist ein Thermoplast, dessen Moleküle C=C-Doppelbindungen enthalten. Durch Addition von Schwefel vernetzen die Polymere bei der Vulkanisation zum Elastomer Gummi.
Da die natürlichen Rohstoffe für Kautschuk nicht mehr ausreichen, stellt man ähnliche Verbindungen synthetisch her. Daneben sollen auch andere biologische Materialien als Quellen für Kautschuk dienen.

1 a) Stellen Sie die Gewinnung von Naturkautschuk und dessen Verarbeitung zu Gummi in einem Fließschema dar.
b) Erklären Sie, was sich chemisch hinter dem Begriff *Vulkanisation* verbirgt. Begründen Sie unter Einbezug der Strukturen der Moleküle, wie die elastomeren Eigenschaften von Gummi zustande kommen.

2 a) Beschreiben Sie die Herstellung von Löwenzahn-Kautschuk mithilfe eines Bioreaktors (Abb. 4). Geben Sie an, welche Stoffe im Medium enthalten sein müssen. Gehen Sie dabei auch auf die Bedeutung der Kettenlänge der Polymerisate im Milchsaft des Löwenzahns ein. Berücksichtigen Sie hierzu auch die Pressestimmen verschiedener Wissenschaftler.

„Entscheidend für die technische Anwendung und somit den kommerziellen Erfolg der Löwenzahnpolymere ist die Kettenlänge: Nur Polymere mit einer hinreichend großen Kettenlänge sind für die meisten Kautschukprodukte einsetzbar. Ziel der Forschung muss es daher sein, Löwenzahnarten zu finden, die langkettige Polymere bilden können."

„Anders als Kautschuk aus dem Gummibaum löst der Gummi aus dem Löwenzahn keine allergischen Reaktionen aus."

„Nur durch molekularbiologische und biotechnologische Verfahren kann das Kautschuk-Problem auf Dauer gelöst werden."

b) Nennen Sie Produkte aus Gummi, bei denen die nichtallergene Wirkung des Löwenzahngummis von Vorteil ist.

3 Neben Isopren lassen sich auch aus Chloropren und Buta-1,3-dien Kautschuke herstellen.

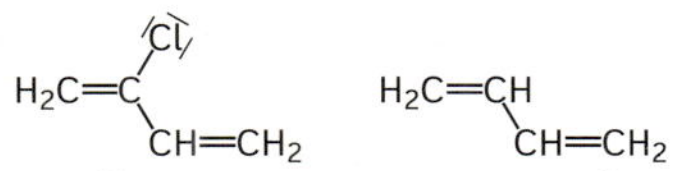

Chloropren   Buta-1,3-dien

Zeichnen Sie einen Strukturformelausschnitt der Polymerisate von Polychloropren (Partner A), Polybutadien (Partner B) und Butylkautschuk, einem Copolymerisat aus Isopren und Buta-1,3-dien (Partner C). Diskutieren Sie anschließend Ihre Ergebnisse.

4 a) Recherchieren Sie die Methoden des Recyclings oder der Verwertung von Altreifen.
b) Stellen Sie sich Ihre Ergebnisse gegenseitig vor.

Exkurs Polyfunktionelle Moleküle kondensieren

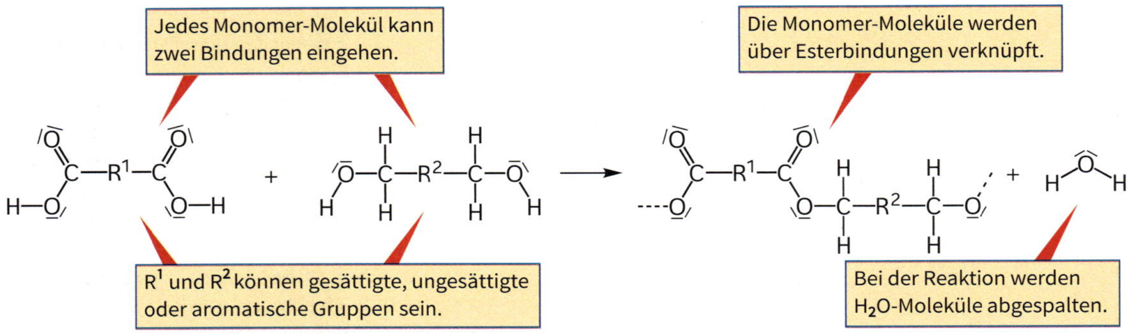

1 *Bildung eines Polyesters aus einem Diol und einer Dicarbonsäure*

Makromolekulare Stoffe können auch durch **Polykondensation** (↗S. 182) hergestellt werden. Dabei spalten sich unter Verknüpfung der Monomere kleine Moleküle wie die von Wasser oder Halogenwasserstoffen ab. Die Monomere enthalten immer mindestens zwei funktionelle Gruppen. Solche *bifunktionellen Monomere* bilden lineare, thermoplastische Kunststoffe. Bei *trifunktionellen Monomeren* entstehen vernetzte Polykondensate mit duroplastischen Eigenschaften. Je nach Aufbau der Monomer-Moleküle lassen sich zwei grundlegende Bildungsreaktionen unterscheiden. Liegen in den Monomer-Molekülen unterschiedliche funktionelle Gruppen vor, die miteinander kondensieren können, lässt sich das Polykondensat aus nur einer Monomerart aufbauen. Bei gleichen funktionellen Gruppen in den Monomer-Molekülen benötigt man dagegen zwei Monomerarten. Durch Kombination geeigneter Monomere lassen sich unterschiedliche Polykondensate herstellen. Das Prinzip der Verknüpfungsreaktion ist dabei stets dasselbe. Wichtige Polykondensate sind Polyester, Polycarbonate und Polyamide.

Monomer(e)		Verknüpfung über ...	Reaktionsprodukte
Hydroxycarbonsäuren 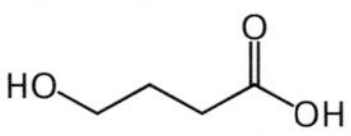		Esterbindung 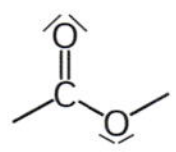	Polyester + Wasser 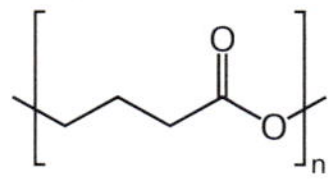
Dicarbonsäuren 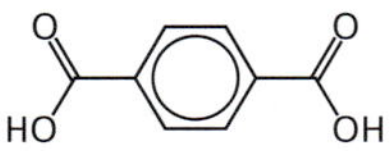	Diole 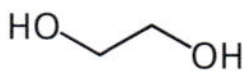	Esterbindung 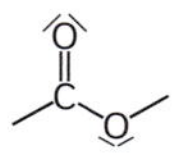	Polyester + Wasser 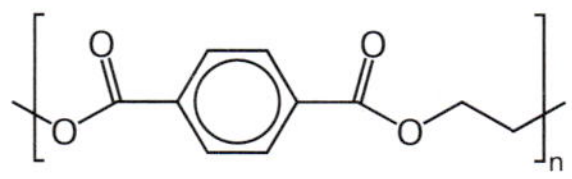
Kohlensäuredichlorid 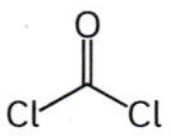	Diole 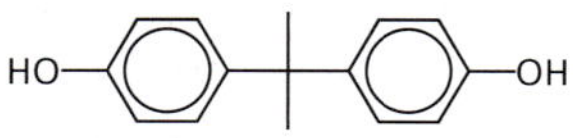	Carbonatbindung 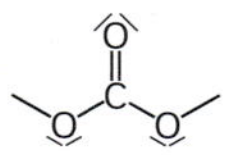	Polycarbonat + Chlorwasserstoff 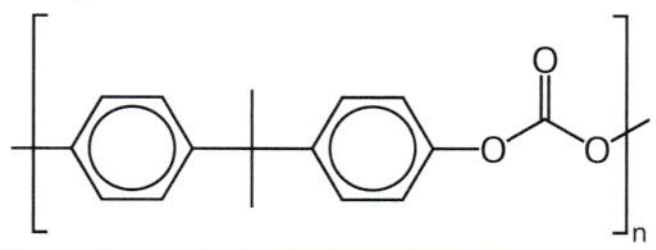
Dicarbonsäure 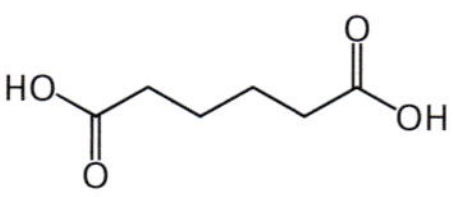	Diamine 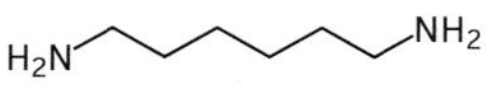	Amidbindung 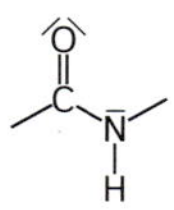	Polyamid + Wasser 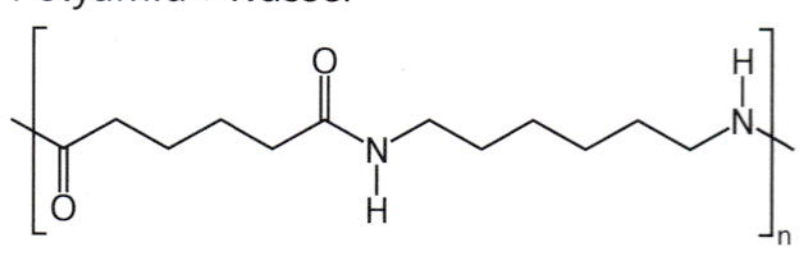

2 *Ausgangsstoffe für verschiedene Polykondensate*

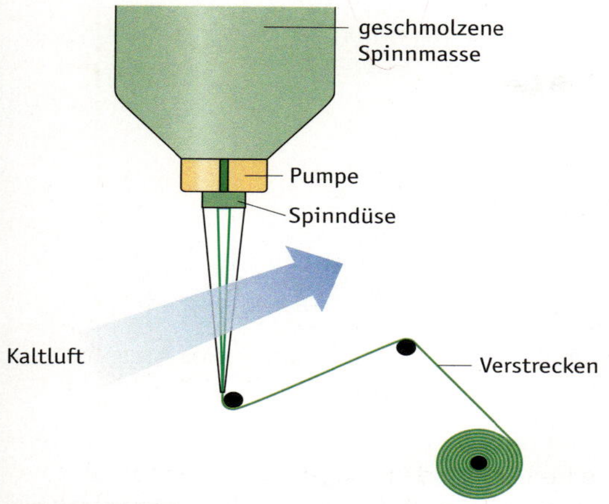

3 *Darstellung des Schmelzspinnverfahrens*

Polyester. Reagieren bei einer Polykondensationsreaktion OH-Gruppen mit COOH-Gruppen unter Zugabe katalytischer Mengen von Säure, bilden sich unter Abspaltung von Wasser-Molekülen Polyester-Moleküle (Abb. 1). Polyester sind sehr vielseitig nutzbare Kunststoffe. Eines der bekanntesten Polykondensate ist Polyethenterephthalat (PET). PET wird für Getränkeflaschen und Textilfasern verwendet.

Polycarbonate. Setzt man Kohlensäuredichlorid (Phosgen, Cl_2CO) mit Diphenolen um, bilden sich unverzweigte Polycarbonate (Abb. 2). Polycarbonate bezeichnet man daher auch als Polykohlensäureester. Sie sind eine besondere Klasse der Polyester, aus denen transparente oder mechanisch stark beanspruchte Kunststoffgegenstände wie Brillengläser, Handy-Displays oder Schutzhelme hergestellt werden.

Polyamide. Zur Herstellung von Polykondensaten lassen sich auch Diamine ($H_2N-R-NH_2$) mit Dicarbonsäuren umsetzen. Anstelle der Esterbindungen entstehen im Polykondensat dann Amidbindungen (Abb. 2). Das erste synthetisch hergestellte Polyamid war *Nylon,* das 1934 von dem US-Amerikaner Wallace CAROTHERS entwickelte wurde. Polyamide sind thermoplastisch und besitzen gute mechanische Eigenschaften für die Faserproduktion. Die besondere Festigkeit der Polyamidfasern wird während des Schmelzspinnverfahrens durch Verstrecken der Fäden erreicht (Abb. 3). Dabei verlängern sich die Fäden bis zum Sechsfachen ihrer ursprünglichen Länge.

1 Durch Polykondensation lassen sich Polyester, Polycarbonate und Polyamide herstellen.
a) Formulieren Sie für jeweils ein Beispiel die Reaktionsgleichung für die Polykondensation zweier Moleküle. Partner A: Polyester; Partner B: Polycarbonate; Partner C: Polyamide
b) Stellen Sie sich Ihre Ergebnisse gegenseitig vor und erklären Sie den Begriff *Kondensation.*
c) Bestimmen Sie, bei welchen Makromolekülen aus Aufgabe a) sich H-Brücken zwischen den Molekülketten ausbilden können.
d) Bei der Herstellung eines Polycarbonats aus Bisphenol A wird anstelle einer Carbonsäure Phosgen zugesetzt. Erklären Sie den Vorteil dieser Maßnahme.

2 a) Formulieren Sie Reaktionsgleichungen für die folgenden Polykondensationen:
Partner A: Phthalsäure (Benzol-1,2-dicarbonsäure) mit Glycerin (Propan-1,2,3-triol),
Partner B: Citronensäure (2-Hydroxypropan-1,2,3-tricarbonsäure) mit Propan-1,2-diol.
b) Stellen Sie eine Hypothese über die mechanischen und thermischen Eigenschaften der Produkte auf und begründen Sie diese anhand der Strukturausschnitte.

3 Erläutern Sie das in Abb. 3 gezeigte Schmelzspinnverfahren. Gehen Sie beim Verstrecken auch auf die Vorgänge auf der Teilchenebene ein. Fertigen Sie dazu auch eine Skizze an.

4 Bei der Reaktion von 1,6-Diaminohexan (Hexamethylendiamin) mit Hexandisäure (Adipinsäure) entsteht zunächst durch Protolyse eine Ionenverbindung, die als AH-Salz bezeichnet wird.
a) Formulieren Sie eine Reaktionsgleichung für die Bildung dieses Salzes.
b) Zur Herstellung von Nylon wird AH-Salz unter Druck und bei hohen Temperaturen umgesetzt. Formulieren Sie eine Reaktionsgleichung für die Bildung des Polyamids ausgehend vom AH-Salz.

5 Aus Hexandisäure, Phthalsäure und Butan-1,2-diol soll ein Polyester hergestellt werden. Beschreiben Sie eine Möglichkeit, wie die Festigkeit des entstehenden Polykondensats gezielt eingestellt werden könnte.

6 Bei der Polykondensation von Monomeren mit gleichen funktionellen Gruppen werden beide Monomerarten im Stoffmengenverhältnis 1 : 1 eingesetzt. Stellen Sie eine Hypothese auf, warum das Stoffmengenverhältnis von Bedeutung ist.

Polykondensate

Versuch 1: Grenzflächenpolykondensation

Materialien: Bechergläser (100 ml), Petrischale, Messzylinder (50 ml), Tropfpipette, Glasstab, Waage, Pinzette;
1,6-Diaminohexan (**5, 7**), Hexansäuredichlorid (**5**), *n*-Heptan (**2, 7, 8, 9**), Natriumcarbonat (**7**)

Durchführung:
1. Lösen Sie im Becherglas erst 1 g Natriumcarbonat und dann 0,8 g 1,6-Diaminohexan in 20 ml Wasser.
2. Vermischen Sie in einem zweiten Becherglas 2 ml Hexansäuredichlorid und 20 ml *n*-Heptan.
3. Gießen Sie die wässrige Lösung in die Petrischale und überschichten Sie sie dann vorsichtig mit der Heptanlösung.
4. Ziehen Sie aus der Mitte der Grenzfläche mit der Pinzette das Häutchen als Faden ab und wickeln Sie ihn um den Glasstab.
5. Waschen Sie den Faden gründlich mit Wasser ab.

Aufgaben:
a) Erklären Sie das Prinzip der Grenzflächenpolykondensation und formulieren Sie eine Reaktionsgleichung für die Bildung des Makromoleküls.
b) Wird der Faden nicht sorgfältig gewaschen, zerbröselt er wieder. Erklären Sie die Beobachtung.

Versuch 2: Synthese von Nylon aus AH-Salz

Materialien: Glasstab, Gasbrenner, Reagenzglas, Waage;
AH-Salz (Salz aus **A**dipinsäure (Hexandisäure) und **H**examethylendiamin (1,6-Diaminohexan))

Durchführung:
1. Erhitzen Sie 5 g AH-Salz langsam im Reagenzglas.
2. Heften Sie mit dem Glasstab einen Teil der Schmelze am Rand der Reagenzglasöffnung an.
3. Ziehen Sie daraus mit dem Glasstab mit schneller Bewegung Fäden. Prüfen Sie nach dem Erstarren die Reißfestigkeit der Kunststofffäden.

Aufgaben:
a) Stellen Sie die Reaktionsgleichung auf.
b) Erklären Sie die Reißfestigkeit der Fäden.

Versuch 3: Synthese von Perlon®

Materialien: Glasstab, Gasbrenner, Reagenzglas;
ε-Caprolactam (**7**), Natriumhydroxidplätzchen (**5**)

Durchführung:
1. Geben Sie in ein Reagenzglas zwei Finger breit ε-Caprolactam und ein Natriumhydroxidplätzchen.
2. Erwärmen Sie das Gemisch, bis es eine blassgelbe Färbung annimmt. Lassen Sie das Gemisch anschließend erkalten.
3. Schmelzen Sie das erstarrte Reaktionsprodukt vorsichtig und ziehen Sie mithilfe des Glasstabs Fäden aus der Schmelze.

Aufgaben:
a) Notieren und deuten Sie Ihre Beobachtungen.
b) Vergleichen Sie die Synthesen von Perlon® und Nylon miteinander.

Versuch 4: Kunststoffe mit Phthalsäureanhydrid

Materialien: Gasbrenner, 2 Reagenzgläser, 2 Reagenzglasklammern, Siedesteinchen;
Wasserindikatorpapier, Propan-1,2,3-triol, Phthalsäureanhydrid (**5, 7, 8**), Ethan-1,2-diol (**7, 8**)

Durchführung:
1. Überschichten Sie in einem Reagenzglas 1,5 g Phthalsäureanhydrid mit 1 ml Ethan-1,2-diol.
2. Erwärmen Sie das Gemisch vorsichtig mit dem Gasbrenner bis zu einer deutlich sichtbaren Zustandsänderung. Lassen Sie das Reagenzglas abkühlen.
3. Wiederholen Sie den Versuch mit Propan-1,2,3-triol.

Aufgaben:
a) Notieren und erklären Sie Ihre Beobachtungen.
b) Stellen Sie die Reaktionsgleichungen auf.

Praktikum Biokunststoffe

Versuch 1:
Herstellung eines Stärkeverbundstoffs

Materialien: Schüssel, Kristallisierschale (2000 ml), Heizplatte, Glasstab, Teelöffel, Waage, Messzylinder, Gewebestück;
Speiseöl, Speisestärke, Wasser, Essig, Propan-1,2,3-triol

Durchführung:
1. Bestreichen Sie die Schüssel von außen mit etwas Speiseöl.
2. Mischen Sie in der Kristallisierschale etwa 700 ml Wasser, 150 g Speisestärke, einen Teelöffel Propan-1,2,3-triol und 100 ml Essig gut durch.
3. Erhitzen Sie das Gemisch vorsichtig für ungefähr 10 min und rühren Sie beständig mit dem Glasstab um, bis Sie eine gelartige Flüssigkeit erhalten.
4. Tränken Sie das Gewebestück vollständig mit dem Gemisch und legen Sie es eng über die Schüsselaußenseite.
5. Lassen Sie das Gewebestück für mehrere Tage an der Luft vollständig durchtrocknen.

Aufgabe:
Erklären Sie an dem erhaltenen Produkt den Begriff *Verbundwerkstoff*.

Versuch 2:
Herstellen von Polymilchsäure

Materialien: Reagenzglas, Siedesteinchen, kleiner Spatel, Gasbrenner, Reagenzglashalter, Acrylglasplatte oder PE-Schale;
Zinn(II)-chlorid (**5, 7, 8**), Milchsäure (**5**)

Durchführung:
1. Geben Sie in ein Reagenzglas 5 ml Milchsäure, eine Spatelspitze Zinn(II)-chlorid und ein Siedesteinchen. Erwärmen Sie das Gemisch.
2. Wenn sich die Masse orangebraun verfärbt, wird die noch heiße flüssige Lösung auf die Acrylglasplatte oder auf den Boden einer umgedrehten PE-Schale gegossen.

Aufgaben:
a) Stellen Sie die Reaktionsgleichung auf.
b) Beschreiben Sie die Funktion des Zinn(II)-chlorids.

Versuch 3:
Celluloseacetat – ein verändertes Naturprodukt

Materialien: Heizrührgerät, Rührstäbchen, Becherglas (350 ml), Rundkolben (250 ml), großer Trichter mit Filtrierpapier, Rückflusskühler, Kristallisierschale, 2 Messpipetten (20 ml), Pipette, Waage, Stativmaterial, Alufolie, Watte;
dest. Wasser, Ethansäure (konz.; **2, 5**), Ethansäureanhydrid (**2, 5, 7**), Schwefelsäure (konz.; **5**)

Durchführung:
1. Versetzen Sie 20 ml Ethansäure im Rundkolben mit 20 ml Ethansäureanhydrid und 5 Tropfen Schwefelsäure.
2. Geben Sie 2,5 g Watte und das Rührstäbchen zur vorgelegten Flüssigkeit in den Rundkolben.
3. Erhitzen Sie das Wasserbad zum Kochen.
4. Setzen Sie den Rückflusskühler auf den Kolben auf und erwärmen Sie den Kolben im Wasserbad. Decken Sie – falls erforderlich – Kolben und Wasserbad mit Alufolie ab.
5. Hat sich die Watte vollständig aufgelöst, wird das Wasserbad abgesenkt. Lassen Sie die Flüssigkeit im Kolben bei weiterhin aufgesetztem Rückflusskühler abkühlen.
6. Gießen Sie die Flüssigkeit nach Erkalten in 250 ml Wasser.
7. Das ausgefallene Celluloseacetat wird abfiltriert, mehrfach mit Wasser gewaschen und getrocknet.

Aufgaben:
a) Geben Sie eine mögliche Strukturformel von Celluloseacetat ausgehend vom Ausschnitt des Cellulose-Moleküls an.
b) Erläutern Sie, welche Unterschiede in den Eigenschaften Sie zwischen Cellulose und Celluloseacetat erwarten.

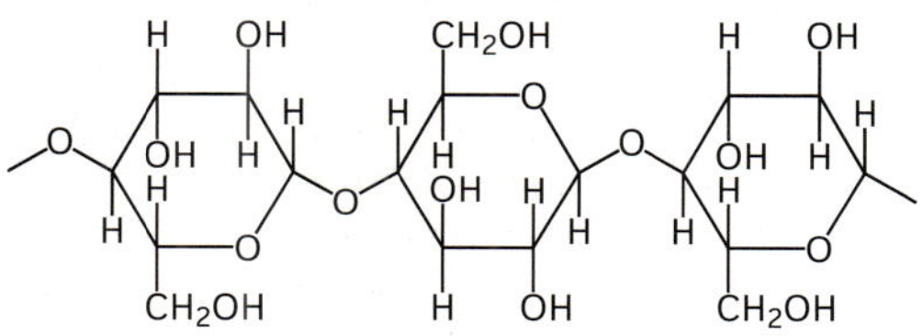

7.9 Kunststoffe sind Wertstoffe

Ozeane voller Plastikmüll

Braunschweig (SSV). Etwa 140 Millionen Tonnen Plastikmüll treiben derzeit in unseren Ozeanen. Das meiste davon verteilt sich auf fünf riesige Müll-Flecken – der größte davon ist etwa so groß wie ganz Mitteleuropa. Das Problem: Die Kunststoffe werden nur über Jahrzehnte oder gar Jahrhunderte durch Wasserbewegungen und UV-Strahlung in feinste Partikel zerteilt, die man als Mikroplastik bezeichnet. Mikroplastik gelangt aber auch über Kosmetikprodukte wie Peelings und Zahncremes ins Meer, denn diese Produkte enthalten häufig kleinste Kunststoffpartikel. Über die Nahrungskette reichert sich Mikroplastik an. Schadstoffe wie Weichmacher, Schwermetalle oder Flammschutzmittel kommen so letztlich wieder zu uns zurück.

1 *Plastikmüll in den Meeren – ein wachsendes Problem*

Weltweit werden jährlich mehr als 100 Millionen Tonnen Kunststoffe für Produkte hergestellt, die wir nur für eine kurze Zeit nutzen. Ein Beispiel sind Plastiktüten aus PE oder PP. Im Mittel ist eine Plastiktüte nicht einmal eine halbe Stunde in Gebrauch, bevor sie im Müll landet. Auch Lebensmittelverpackungen gehören zu den Kunststoffen mit einer kurzen Nutzungsdauer. Aufgrund der großen Menge an kurzlebigen Kunststoffprodukten fallen enorme Mengen an Kunststoffmüll an – allein in Deutschland jährlich etwa 6 Millionen Tonnen. Diesen Müll einfach wegzuwerfen macht wirtschaftlich und ökologisch keinen Sinn, denn die Kunststoffe besitzen einen hohen Rohstoff- und Energiegehalt. Kunststoffabfälle sind *Wertstoffe* und sollten deshalb wiederverwertet werden.

Kunststoffrecycling. Für die Verwertung von Kunststoffen stehen drei Verfahren zur Verfügung. Beim **werkstofflichen Recycling** werden sortenreine thermoplastische Kunststoffe nach dem Reinigen und Zerkleinern direkt oder vermischt mit neuem Granulat derselben Kunststoffsorte zu neuen Produkten umgeschmolzen. Über 45 % des anfallenden Kunststoffmülls wurde 2017 werkstofflich recycelt. Ein gutes Beispiel für einen funktionierenden Kreislaufprozess ist das *Bottle-to-Bottle-Verfahren* für Getränkeflaschen aus Polyethenterephthalat (PET). Die gesammelten Altflaschen werden zunächst mit einer Mühle zu einem Granulat zerkleinert. Aus dem Gemisch aus Kunststoffstücken und Etikettenpapier werden die Papieranteile durch Gebläse abgetrennt. Unerwünschte Plastikbestandteile lassen sich der Dichte nach im Schwimm-Sink-Verfahren abtrennen. Das PET-Granulat wird anschließend wiederholt gereinigt. Nach dem Filtrieren und dem Trocknen kann das Granulat zu neuen Produkten verarbeitet werden. Jedoch lassen sich Kunststoffe nicht unbegrenzt werkstofflich recyceln: Mit zunehmender Anzahl an Wiederverwertungen nimmt der Anteil der kristallinen Bereiche in den Kunststoffen zu. Die Sprödigkeit der Kunststoffe steigt, die Materialqualität sinkt.

Die Sortenreinheit ist auch für das **rohstoffliche Recycling** wichtig. Hierbei werden Kunststoffe in ihre Monomere oder kleinere Spaltprodukte zerlegt, die dann der Petrochemie als neue Ausgangsstoffe zur Verfügung stehen. Bei der *Hydrolyse* werden Polykondensate unter Einwirkung von Wasserdampf und unter hohem Druck in die Monomere gespalten. Durch *Pyrolyse* zerlegt man die Makromoleküle bei Temperaturen oberhalb von 350 °C unter Sauerstoffabschluss in niedermolekulare Spaltprodukte. Dabei entstehen häufig giftige Nebenprodukte, die dann aufwendig abgetrennt werden müssen. Allgemein gilt das rohstoffliche Recycling noch als unrentabel, weshalb lediglich etwa 1 % der Kunststoffabfälle nach diesem Verfahren wiederverwertet werden.

Obwohl die Herstellung von Kunststoffen viel Energie und teure Rohstoffe erfordert (Abb. 2), wird der größte Teil des anfallenden Kunststoffmülls heutzutage noch immer in Müllverbrennungsanlagen verbrannt. Die bei dieser **thermischen Verwertung** frei werdende Energie wird in Kraftwerken für die Stromerzeugung oder als Fernwärme genutzt. Bei der Verbrennung anfallende Verbrennungsprodukte verstärken jedoch die Umweltbelastung.

Biokunststoffe. Um das Problem mit dem Kunststoffmüll auf lange Sicht zu lösen, wird immer wieder die Umstellung auf Biokunststoffe eingefordert. Doch so einfach ist das Problem nicht zu lösen. Allgemein unterscheidet man zwei Formen von Biokunststoffen: Kunststoffe, die ganz oder teilweise aus nachwachsenden Rohstoffen hergestellt werden, sind *biobasierte Kunststoffe*. Zu dieser Gruppe gehört biobasiertes Polyethen.

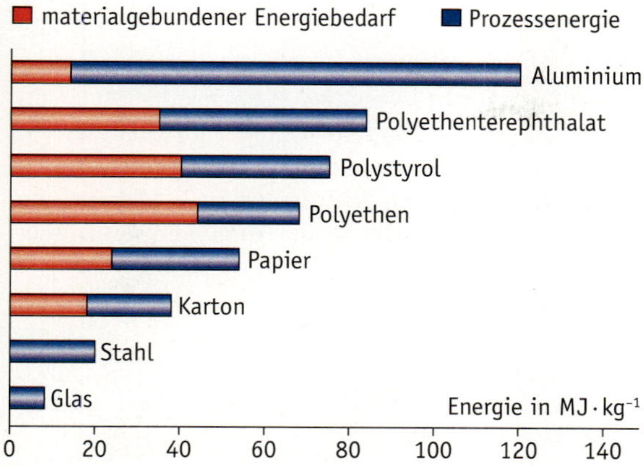

2 *Energiebedarf zur Herstellung eines Kilogramms Material*

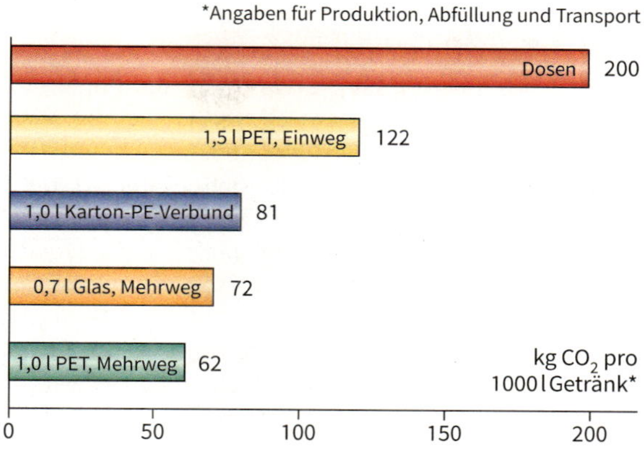

3 *Kohlenstoffdioxidbilanz von Getränkeverpackungen*

Zucker oder Stärke wird durch Hefen zu Ethanol vergoren. Durch eine Dehydratisierung (↗S 197) des Ethanols zu Ethen erhält man den Ausgangsstoff für das spätere Polyethen. Biobasiertes Polyethen ist in seinen Eigenschaften mit Polyethen vergleichbar, das aus fossilen Rohstoffen erzeugt wurde. Noch ist der Herstellungsprozess für biobasierte Produkte aber meist sehr viel teurer.

Die zweite Gruppe der Biokunststoffe sind *biologisch abbaubare Kunststoffe*. Sie lassen sich durch Mikroorganismen abbauen und sind damit kompostierbar. Dabei ist unerheblich, ob ein biologisch abbaubarer Kunststoff aus fossilen oder nachwachsenden Rohstoffen hergestellt wurde. Ein Biokunststoff muss also nicht zwangsläufig biologisch abbaubar sein oder aus nachwachsenden Rohstoffen produziert worden sein.

Ob ein Kunststoff biologisch abbaubar ist, hängt von der Struktur der Makromoleküle ab: Enzyme von Mikroorganismen im Kompost müssen die Elektronenpaarbindungen zwischen den Monomeren katalytisch spalten können. Auch die Monomere selbst müssen abbaubar sein, damit sie sich nicht im Kompost anreichern.

Ein Beispiel für einen biologisch abbaubaren und biobasierten Kunststoff ist der Polyester Polymilchsäure (PLA). Das Polykondensat ist ein Thermoplast und wird unter leicht sauren Bedingungen durch Mikroorganismen zu Wasser und Kohlenstoffdioxid verstoffwechselt. Genutzt wird PLA für Folien, Becher oder als medizinisches Nahtmaterial.

Kunststoffe sind Wertstoffe, die durch Recycling wiederverwertet werden können. Zur Vermeidung von Kunststoffmüll wurden verschiedene Biokunststoffe entwickelt.

1 a) Begründen Sie, warum Kunststoffe in Wertstofftonnen gesammelt werden sollten. Beziehen Sie Abb. 1 und 2 in Ihre Argumentation mit ein.
b) Viele Staaten versuchen, die Nutzung von „Plastiktüten" zu verringern. Recherchieren Sie Beispiele. Stellen Sie eine Hypothese auf, weshalb gerade viele Küstenstaaten besonders drastische Maßnahmen zur Reduktion von „Plastiktüten" ergreifen.

2 Skizzieren Sie ein Flussdiagramm zum Bottle-to-Bottle-Verfahren und beschreiben Sie die dabei genutzten Verfahren zur Stofftrennung. Begründen Sie, warum die Sortenreinheit sowohl Voraussetzung als auch Begrenzung des Kunststoffrecyclings darstellt.

3 Beurteilen Sie verschiedene Getränkeverpackungen hinsichtlich ihrer Umweltverträglichkeit. Nutzen Sie Abb. 2 und 3; legen Sie weitere Kriterien fest, nach denen Sie Ihre Beurteilung vornehmen.

4 Kunststoffabfälle werden als Teilersatz für Kohle und Koks im Hochofenprozess verwendet. Recherchieren und erklären Sie die Funktion der Kunststoffe für den Hochofenprozess. Beurteilen Sie, ob und inwiefern diese Nutzung dem rohstofflichen Recycling zuzuordnen ist.

5 a) Zeichnen Sie ein Milchsäure-Molekül sowie einen Strukturausschnitt eines Polymilchsäure-Moleküls. Stellen Sie dann die Reaktionsgleichung für die Hydrolyse des Ausschnitts aus einem Stärkeblend auf.

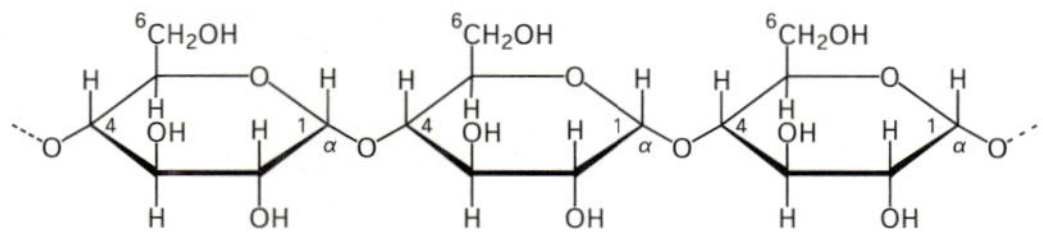

b) Erklären Sie sich gegenseitig, warum beide Kunststoffe biobasiert und biologisch abbaubar sind. Geben Sie die Reaktionsgleichungen für die Verstoffwechselung beider Monomerarten an.

Kunststoffe – organische Werkstoffe nach Maß

1. Kunststoffe überall

Kunststoffe sind makromolekulare Werkstoffe, die synthetisch aus Monomeren oder durch Umwandlung von makromolekularen Naturstoffen hergestellt werden. Die mechanischen und thermischen Eigenschaften der Kunststoffe lassen sich durch die Anordnung der Makromoleküle erklären. Man unterscheidet drei Gruppen:

- **Thermoplaste** bestehen aus linearen oder wenig verzweigten Makromolekülketten. Sie besitzen einen Schmelzbereich, werden beim Erwärmen weich und lassen sich dann leicht verarbeiten.

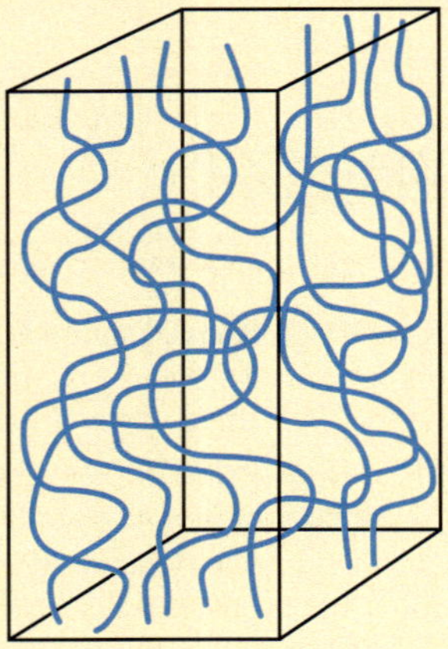

- **Duroplaste** bestehen aus netzartig aufgebauten Makromolekülen, in denen die Ketten durch Elektronenpaarbindungen engmaschig miteinander verbunden sind. Duroplaste lassen sich nach der Herstellung nicht mehr schmelzen oder plastisch verformen. Bei starkem Erhitzen zersetzen sich Duroplaste.

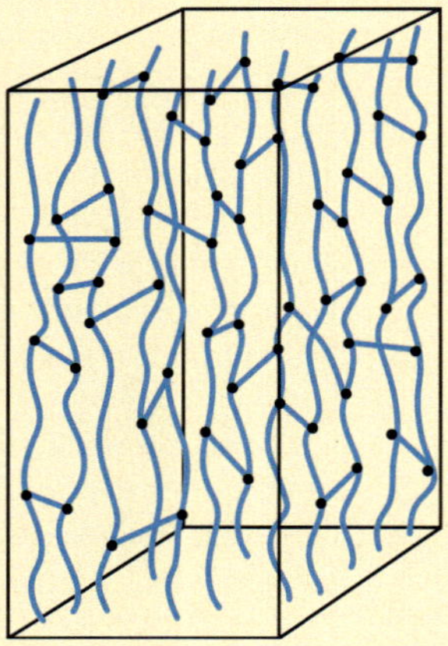

- In **Elastomeren** sind die Makromolekülketten weitmaschig verknüpft. Sie verformen sich bei Zug und Druck, nehmen bei Entlastung jedoch wieder die ursprüngliche Form an. Beim Erhitzen erfolgt Zersetzung.

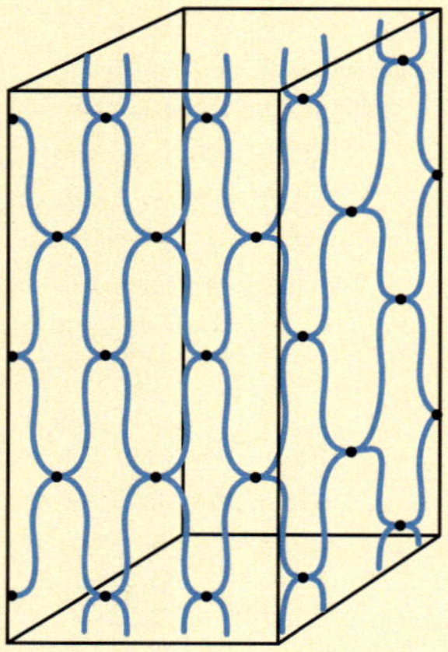

2. Polymerisation

Bei der Polymerisation werden Monomere mit C=C-Doppelbindungen wie Ethen, Propen oder Styrol unter Auflösung der Doppelbindungen miteinander verknüpft. Die Reaktion wird durch Starter (Initiatoren) in Gang gesetzt. Als Produkte der radikalischen Polymerisation entstehen unverzweigte oder verzweigte, thermoplastische Polymerisate.

Startreaktion

$$R-R \xrightarrow{\text{Zerfall}} 2\,R\bullet$$

Kettenreaktion

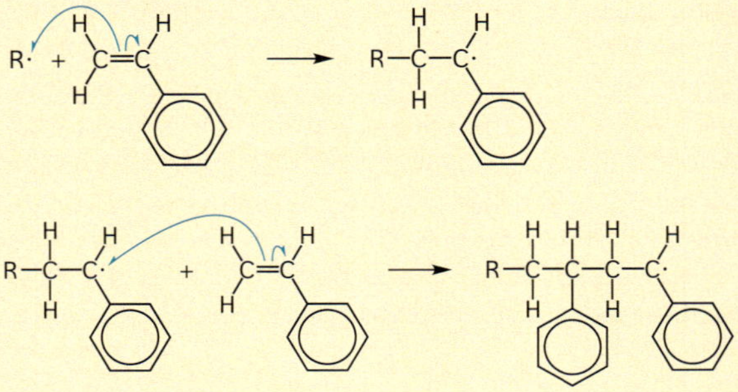

Kettenabbruch

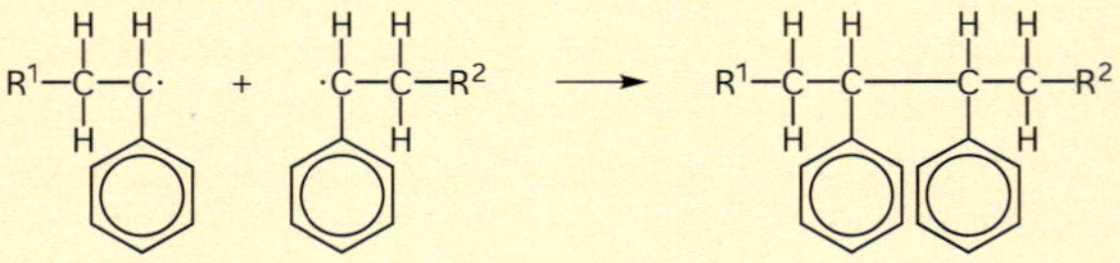

Wichtige Polymerisate sind Polyethen (PE), Polypropen (PP), Polystyrol (PS), Polyvinylchlorid (PVC), Polymethacrylsäuremethylester (PMMA) oder Polyacrylnitril (PAN).

Beispiel: radikalische Polymerisation von Acrylnitril zu Polyacrylnitril (PAN)

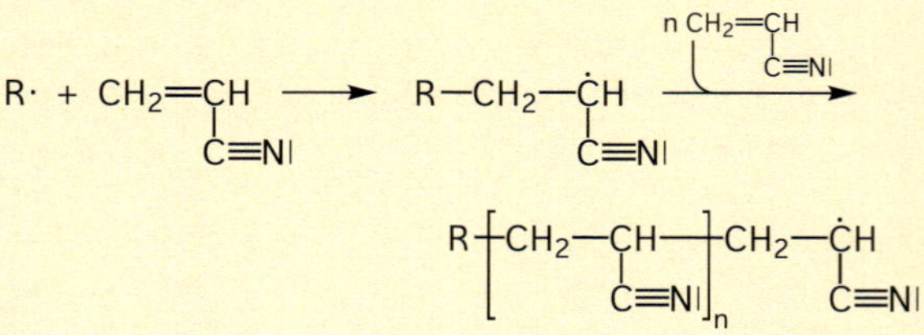

3. Verarbeitung

Thermoplastische Kunststoffe werden als Granulat oder Pulver geliefert. Durch Spritzgießen, Blasformen oder Schmelzspinnen können Gegenstände unterschiedlichster Form produziert werden.

Duroplastische Kunststoffe und **Elastomere** müssen schon während des Ablaufs der Polyreaktionen ihre endgültige Form erhalten. Danach können sie nur noch mechanisch bearbeitet werden.

4. Biokunststoffe

Als umweltfreundliche und Ressourcen schonende Alternative zu herkömmlichen Kunststoffen zählen Biokunststoffe. *Biobasierte Kunststoffe* werden dabei ganz oder teilweise aus nachwachsenden Rohstoffen gewonnen; *biologisch abbaubare Kunststoffe* müssen unter festgelegten Bedingungen in einer bestimmten Zeit von Mikroorganismen abgebaut werden können. Dabei ist unerheblich, ob diese Kunststoffe aus fossilen oder nachwachsenden Rohstoffen hergestellt wurden.

5. Modifikation von Kunststoffen

Kunststoffeigenschaften lassen sich gezielt verändern:

- Variationen in Druck und Temperatur beeinflussen die Kettenlänge und den Verzweigungsgrad der entstehenden Polymerisate.
- Spezielle Radikalstarter bewirken eine stärkere Vernetzung der Polymerketten. So entstehen härtere Polymerisate.
- Seitenketten in den Monomeren bewirken unterschiedliche räumliche Anordnungen der Seitenketten. Diese *Taktizität* bestimmt zwischenmolekulare Wechselwirkungen.
- Nahezu alle Kunststoffe lassen sich durch chemische, physikalische oder mechanische Verfahren aufschäumen.
- Additive wie Weichmacher verringern die Wechselwirkungen zwischen den Makromolekülketten. Die Kunststoffe sind weniger spröde und besser formbar. Einige Weichmacher sind gesundheitsschädlich.
- Kohlenstoffadditive ermöglichen elektrisch leitfähige Kunststoffe oder Kunststoffe mit großer Wärmeleitfähigkeit.
- Mit Graphen und Carbon-Nanotubes sind Funktionspolymere herstellbar, die abhängig von einzelnen Umgebungsbedingungen ihre Eigenschaften wechseln können.
- Durch chemische Modifikationen lassen sich bereits synthetisierte Polymerisate nachträglich verändern.
- Polymerisate lassen sich kombinieren, sodass neue Materialeigenschaften entstehen.

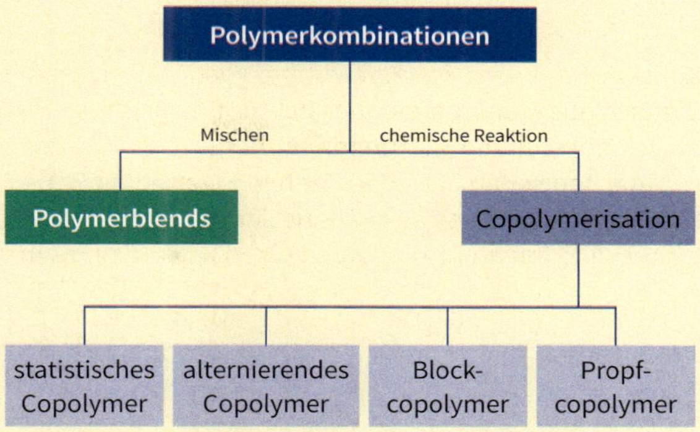

6. Nanomaterialien

Kleinste Teilchen, mit einem geringeren Durchmesser als 100 nm, werden als Nanopartikel bezeichnet. Materialien, die Nanopartikeln enthalten heißen Nanomaterialien. Durch Kombination von Nanopartikeln mit anderen Materialien wie Kunststoffen lassen sich viele Produkte mit neuen Material- oder Oberflächeneigenschaften entwickeln. Von Nanomaterialien kann eine Umwelt- und Gesundheitsgefahr ausgehen.

7. Funktionspolymere

Kunststoffe, die ihre physikalischen oder chemischen Eigenschaften in Abhängigkeit von veränderten Umgebungsbedingungen reversibel ändern, heißen Funktionspolymere. Sie können durch Additive oder als spezielle Copolymere hergestellt werden und sind Bestandteil aktueller Forschung für viele hochtechnologische Anwendungen. Genutzt werden Funktionspolymere beispielsweise als elektrische Leiter oder Sensoren.

8. Recycling

Kunststoffe sind Wertstoffe, die als Energie- und Rohstoffquellen genutzt werden können. Um Ressourcen zu schonen und das Müllproblem zu verringern, stehen verschiedene Recyclingmethoden bereit.

- Werkstoffliches Recycling: sortenreine Kunststoffabfälle werden gesäubert, zerkleinert und zu neuen Kunststoffgegenständen umgeschmolzen.
- Rohstoffliches Recycling: Zerlegung der Kunststoffe in kleinere Moleküle oder Monomere. Verwertung beispielsweise als Reduktionsmittel im Hochofen.
- Thermische Verwertung: Verbrennung von Kunststoffmüll zur Erzeugung von Strom oder Prozesswärme.

Testen Sie sich

A1 a) Ordnen Sie den abgebildeten Gegenständen die Begriffe *Thermoplast, Elastomer* und *Duroplast* zu.

b) Skizzieren Sie den Aufbau von Thermoplasten, Duroplasten und Elastomeren auf der Teilchenebene. Erklären Sie mithilfe der Modellzeichnung die mechanischen und thermischen Eigenschaften der drei Kunststoffklassen.
c) Beschreiben Sie mögliche Formen der Verarbeitung für thermoplastische Kunststoffe.
d) Begründen Sie, weshalb besonders günstige, formstabile Kunststoffgegenstände bevorzugt aus thermoplastischen Kunststoffen hergestellt werden.

A2 Beschreiben Sie die Gewinnung von Rohkautschuk und die bei der Vulkanisation zu Gummi ablaufenden Vorgänge. Stellen Sie entsprechende Reaktionsgleichungen auf.

A3 Ermitteln Sie, bei welchem Molekülausschnitt es sich um ein Polymerisat handelt. Skizzieren Sie die Strukturformel eines einzelnen Monomers.

A
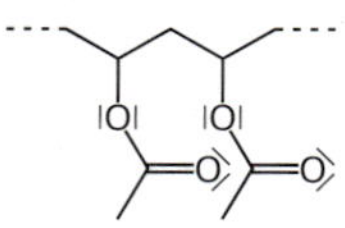

B
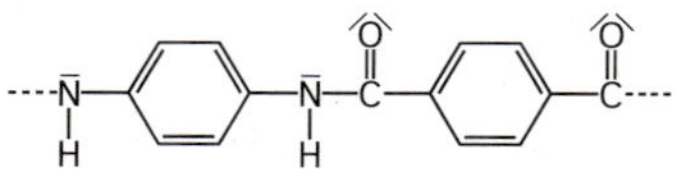

A4 Styrol polymerisiert zu ataktischem, syndiotaktischem oder isotaktischem Polystyrol. Zeichnen Sie für jeden Taktizitätstyp einen Molekülausschnitt und leiten Sie die Eigenschaften der drei Polystyrole ab.

Lösungen finden Sie unter www.westermann.de/chemie-heute-152079
Nutzen Sie zur Anmeldung den Online-Schlüssel auf der vorderen Umschlagsinnenseite.

Die wichtigsten Begriffe

- Makromolekül, Monomer, Polymer
- Thermoplast, Duroplast, Elastomer
- radikalische Polymerisation, Polymerisat
- PE-LD, PE-HD, PE-UHMW, Ziegler-Natta-Katalysator
- Taktizität, isotaktisch, syndiotaktisch, ataktisch
- Additive, Weichmacher
- Polymerblends, Copolymere
- Nanomaterialien
- Funktionspolymere, intelligente Kunststoffe
- Kautschuk, Gummi, Vulkanisation
- Kunststoffrecycling, thermische Verwertung
- Biokunststoffe, biobasiert, biologisch abbaubar

B1 a) Erklären Sie die oben stehenden Begriffe.
b) Verknüpfen Sie die Begriffe zu einer Conceptmap.
c) Übertragen Sie die Begriffe und Ihre Erklärungen in eine digitale Karteikarte.

B2 Ordnen Sie die Angaben zur Verwendung von Kunststoffen in Deutschland der Größe nach. Beginnen Sie mit dem größten prozentualen Anteil und nennen Sie ein Beispiel für jede Sparte.

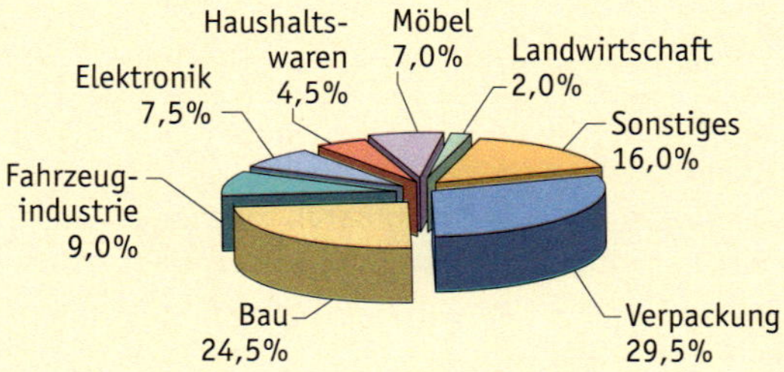

B3 a) Beschreiben Sie das Blasforming-Verfahren mit der nachfolgenden Abbildung.
b) Erläutern Sie die Vorgänge, die auf Teilchenebene ablaufen müssen, um eine Flasche aus Polyethen herstellen zu können.

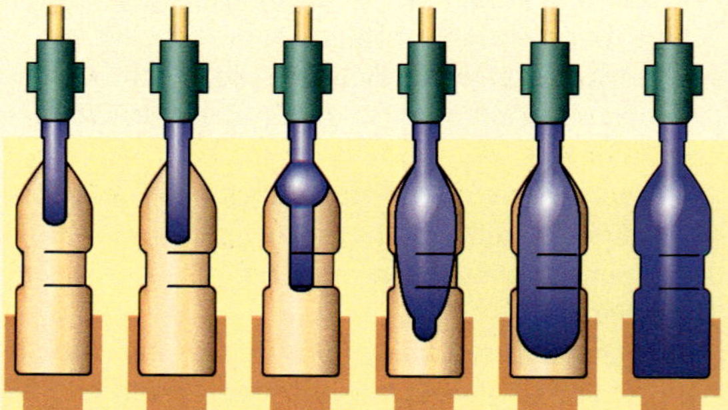

C1 Böden und Spielzeug aus PVC – ein Problem?

1 *Verschweißen von PVC-Bodenplatten*

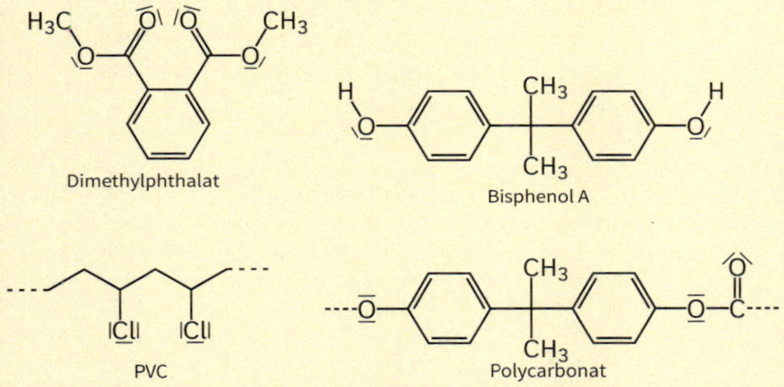

2 *Weichmacher und Ausschnitte von Makromolekülen*

Hart-PVC und Weich-PVC

Hart-PVC hat eine Dichte von etwa 1,39 g · cm^{-3}, erweicht erst bei rund 80 °C und hat eine Zugfestigkeit von bis zu 75 N · mm^{-2}. Durch Zugabe von Weichmachern wie Phthalaten oder Bisphenol A (Abb. 2) entsteht Weich-PVC. Die Dichte von Weich-PVC beträgt etwa 1,3 g · cm^{-3}, die Zugfestigkeit bis zu 25 N · mm^{-2}. Weich-PVC ist bereits bei Temperaturen unter 0 °C biegsam. Die für die Herstellung von Weich-PVC verwendeten Weichmacher stehen in der Kritik. Viele von ihnen wirken ähnlich wie körpereigene Hormone und können das Hormonsystem des Körpers durcheinander bringen. Weichmacher werden unter anderem mit Missbildungen der Geschlechtsorgane, verfrühter Pubertät und späteren Störungen der Fruchtbarkeit in Verbindung gebracht.

Einer der meist produzierten Kunststoffe ist Polyvinylchlorid (PVC), etwa für Spielzeuge oder Bodenbeläge. Verlegt werden PVC-Böden („Vinylböden") meist in Bahnen oder als Platten. Die Verbindungsstellen können mithilfe einer Art Heißklebepistole durch Einschmelzen einer Kunststoffschnur verschlossen werden (Abb. 1).

a) Stellen Sie den Mechanismus der Herstellung von PVC aus Chlorethen auf. Erklären Sie die Vorgänge.
b) Zeichnen Sie einen Strukturausschnitt des Makromoleküls und erklären Sie, welche Wechselwirkungen zwischen PVC-Makromolekülen vorliegen.
c) Erläutern Sie, was beim Verschweißen der Nahtstellen von PVC-Platten auf molekularer Ebene abläuft.
d) Erklären Sie die Unterschiede zwischen Hart-PVC und Weich-PVC mithilfe der Strukturen der Makromoleküle. Fertigen Sie auch eine Skizze an, die die Wirkung von Phthalaten auf Teilchenebene verdeutlicht.
e) Bisphenol A dient nicht nur als Weichmacher, sondern wird zur Herstellung von Polycarbonat in großen Mengen als Edukt eingesetzt. Bei Polycarbonat konnte bisher aber keine gesundheitsschädliche Wirkung von Bisphenol A nachgewiesen werden. Stellen Sie hierfür eine Hypothese auf und geben Sie eine Gleichung für die Bildung von Polycarbonat an.
f) Erklären Sie anhand der Struktur, weshalb Weichmacher aus dem Weich-PVC diffundieren können und sich im Fettgewebe anreichern können. Stellen Sie eine Hypothese auf, weshalb gerade in Kindergärten höhere Gehalte an Weichmachern in der Luft gemessen werden.
g) Bewerten Sie den Einsatz von Weichmachern.

C2 Biokunststoffe

Alles für die Tonne?

Kunststofffolien aus Polymilchsäure (PLA) sollen die Flut an Plastikmüll eindämmen und so für ein gutes Gewissen sorgen. Manche Bestimmungen von Abfallentsorgern scheinen jedoch nur schwer nachvollziehbar. So darf der Biomüllbeutel selbst nicht in die Biotonne. Der Grund: In vielen Kompostieranlagen verrotten die Beutel zu langsam. Die Entsorgung in der Gelben Tonne sei ebenfalls keine gute Idee, befinden Experten, da PLA auch hier ein Problem ist. Eigene Wiederverwertungsanlagen dafür gibt es nicht. So entpuppt sich ausgerechnet die Entsorgung als das größte Problem des Bioplastiks. Die vermeintlich umweltfreundlichen Müllbeutel wirft man am besten in den Restmüll, so die Empfehlung von Umweltschutzexperten.

a) Zeichnen Sie einen Strukturausschnitt eines PLA-Moleküls und geben Sie die Polyreaktion an, durch die der Kunststoff hergestellt werden kann.
b) Beurteilen Sie die Verwendung von Biokunststoffen für Abfallbeutel. Nehmen Sie Stellung zur Empfehlung, Biokunststoffe im Restmüll zu entsorgen.

Kapitel 8

Fit fürs Abitur

Bald ist es geschafft. Nur noch kurze Zeit, dann stehen die Abiturprüfungen vor der Tür. Nun gilt es, Ihre Kenntnisse zu wiederholen und auf andere Themenkomplexe anzuwenden. Mit den Aufgaben und Versuchen dieses Kapitels können Sie erproben, inwiefern Sie Inhalte und Arbeitsweisen aus verschiedenen Themengebieten des Chemieunterrichts auf neue Themen anwenden und übertragen können. So können Sie sich gezielt auf die Anforderungen der Abiturprüfung im Fach Chemie vorbereiten. Die in diesem Kapitel aufgeführten Beispiele decken zentrale Fachinhalte und Arbeitsweisen ab. Die Beispiele sind dabei wie in einer Klausur aufgebaut und werden an einigen Stellen durch praktische Versuche ergänzt. Die Übersicht auf der folgenden Seite hilft Ihnen bei der Auswahl der Themen.

1 Acetylsalicylsäure – Herstellung und Verwendung
- Struktur und Eigenschaften von Alkanolen und Carbonsäuren
- elektrophile Substitution an Aromaten
- Elektrophile und Nucleophile
- Beeinflussung der Gleichgewichtslage, Katalyse
- Stoffmengenberechnungen
- Mechanismus der Veresterung und der Esterspaltung
- Berechnung des Werts von K
- Versuche: Nachweisreaktionen und Dünnschichtchromatografie

2 Pharmakologie der Acetylsalicylsäure
- Struktur und Eigenschaften von Fetten
- Micellenbildung bei Tensid-Molekülen
- Löslichkeit organischer Stoffe und pH-Wert
- Konzentrationsberechnungen
- Polymerisation

3 Silber gegen Bakterien
- Nanopartikel
- Elektrolyse, Ableitung von Elektrodenreaktionen
- Löslichkeitsprodukt, Berechnung von Löslichkeiten
- Versuche: Herstellung, Oberflächenbeschichtung und antibakterielle Wirkung von Nanopartikeln

4 Rund ums Backen
- Backtriebmittel, Säuerungsmittel und Aromastoffe
- Entropie
- freie Reaktionsenthalpie
- stöchiometrische Berechnungen
- Protolyse mehrprotoniger Säuren
- Interpretation von pK_S-Werten
- Erläuterung und Auswertung von Titrationskurven
- Chiralität und R/S-Nomenklatur
- Kennzeichnung von Reaktionstypen
- Aufstellen von Reaktionsmechanismen

5 Sommer, Sonne, Sonnenbrand – Chemie des Sonnenschutzes
- organische Stoffklassen und deren funktionelle Gruppen
- Reaktionsmechanismen organischer Moleküle und Syntheseplanung
- Redoxreaktionen organischer Moleküle, Oxidationszahlen
- Lichtabsorption organischer Moleküle, Auswertung von Absorptionsspektren
- elektrophile Substitution an Aromaten

6 Salze im Körper
- Koordinative Bindung
- stöchiometrische Berechnungen
- Farbigkeit von Molekülverbindungen
- Kohlensäure-Hydrogencarbonatpuffer
- Berechnung von Gleichgewichtskonzentrationen
- Nernst-Gleichung

7 Chemie im Mund
- Protolysegleichgewichte
- Puffer
- Spannungsreihe
- Lokalelemente
- radikalische Polymerisation
- Bedeutung von pK_S-Werten
- Eigenschaften von Fluoriden
- Konzentrationsberechnungen

8 Lebensmittel haltbar gemacht – Konservierungsstoffe
- Struktur und Eigenschaften von Carbonsäuren
- Kalorimetrie, Reaktionsenthalpie, Standardbildungsenthalpie
- Redoxreaktionen organischer Moleküle
- Redoxtitration (Iodometrie)
- Nachweise für Ionen
- Reaktionsmechanismen organischer Moleküle

9 Wie speichert man Ökostrom?
- Power-to-Gas-Konzept, Methanisierung
- Oxidationszahlen, Redoxreaktionen
- Standardreaktionsenthalpie und freie Standardreaktionsenthalpie
- Standardreaktionsentropie
- Elektrolyse
- Berechnungen mit den Faradayschen Gesetzen
- Gaschromatografie

Thema 1 Acetylsalicylsäure – Herstellung und Verwendung

Aufgaben zur Bearbeitung des Themas

a) Lesen Sie, welcher Wirkstoff sich hinter dem Markennamen Aspirin® verbirgt (**M1**) und recherchieren Sie die medizinische Wirkung von Aspirin®.

b) Berechnen Sie die in Hoffmanns Versuchsansatz eingesetzten Stoffmengen an Edukten (**M2**).

c) Stellen Sie die Reaktionsgleichung und den Reaktionsmechanismus für die Synthese von ASS auf und benennen Sie den Reaktionstyp (**M3**). Erklären Sie, warum man Ethansäureanhydrid anstelle von Ethansäure einsetzt und warum man Spuren von reiner Ethansäure oder auch konzentrierter Schwefelsäure zusetzt.

d) In einem Lehrbuch für Chemiestudenten findet man für die Synthese von ASS folgende Angaben: In einem geschlossenen Gefäß mit 1,2 mol Ethansäureanhydrid und 1 mol Salicylsäure erhält man eine Ausbeute von 85 %. Stellen Sie den Term für die Gleichgewichtskonstante *K* auf und berechnen Sie den Wert für *K*. Erläutern Sie, warum die Ausbeute in der industriellen Produktion bei nahezu 100 % liegt.

e) Bei ASS-Tabletten, deren Haltbarkeitsdatum überschritten ist, ist ein deutlicher Essiggeruch wahrnehmbar. Erklären Sie das Phänomen.

M1 Salicylsäure und Acetylsalicylsäure

Acetylsalicylsäure (ASS) ist heute der weltweit wohl am meisten verwendete Wirkstoff in Analgetika (Schmerzmittel). Bereits im Altertum nutzte man die schmerzlindernde und fiebersenkende Wirkung des Saftes aus der Rinde von Weidenzweigen. Doch erst Anfang des 19. Jahrhunderts wurde der Wirkstoff im Weidenrindensaft als *Salicin* identifiziert. Wenige Jahre später wurde die Salicylsäure (2-Hydroxybenzoesäure) als eigentlicher Wirkstoff nachgewiesen. 1899 wurde erstmals Acetylsalicylsäure unter dem Markennamen Aspirin® in den Handel gebracht. Seither ist es das meistverkaufte Arzneimittel überhaupt, wobei andere Hersteller den Wirkstoff mittlerweile unter einem Freinamen *(generic name)* als sogenannte *Generica* verkaufen.

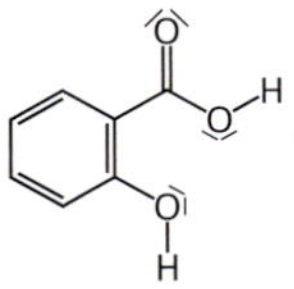

Salicylsäure

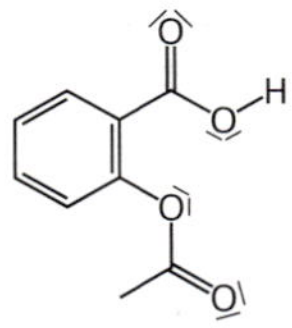

Acetylsalicylsäure

M2 Daten aus Hoffmanns Laborbuch von 1897

„Löst man 100,0 g Salicylsäure mit 150 g Acetanhydrid 3 Stunden unter Rückfluss, so ist die Salicylsäure quantitativ acetyliert. […]

Durch die physikalischen Eigenschaften wie ein saurer Geschmack ohne jede Ätzwirkung unterscheidet sich die Acetylsalicylsäure vorteilhaft von der Salicylsäure und wird deshalb in diesem Sinne auf ihre Verwendung geprüft."

M3 Produktionsverfahren für ASS

Reine Salicylsäure hat einen sehr unangenehmen Geschmack. Zudem greift es die Mund- und Magenschleimhäute an. 1897 gelang es Felix HOFFMANN, Salicylsäure mit Ethansäure zu verestern und so die verträglichere Acetylsalicylsäure herzustellen. Industriell wird ASS heute im Wesentlichen nach dem Verfahren von Felix HOFFMANN aus Salicylsäure und Ethansäureanhydrid hergestellt.

Die Reaktion ist wie alle klassischen Estersynthesen eine Gleichgewichtsreaktion. Damit wird die vollständige Umsetzung der Edukte infolge der Rückreaktion verhindert. Durch eine optimierte Prozessführung kann bei der industriellen Produktion trotzdem eine Ausbeute von fast 100 % erreicht werden, und das, obwohl kein kontinuierliches Prozessverfahren möglich ist.

Die Synthese von ASS erfolgt in einem geschlossenen Reaktor aus Edelstahl bei einer Temperatur von etwa 90 °C. Salicylsäure wird dabei im Überschuss mit Ethansäureanhydrid und Spuren von reiner Ethansäure vermischt. Zugesetzte Hilfsstoffe binden bei der Reaktion entstehendes Wasser. Nach einiger Zeit wird das Reaktionsgemisch in einem weiteren Gefäß auf Raumtemperatur abgekühlt. Die dabei auskristallisierende Acetylsalicylsäure wird abzentrifugiert und anschließend aufgereinigt.

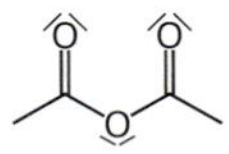

Ethansäureanhydrid (Acetanhydrid):
farblose, stechend riechende Flüssigkeit, die bei 140 °C siedet,
löst sich unter hydrolytischer Spaltung in Wasser und in sauren Lösungen; dabei entstehen Ethansäure-Moleküle.

Acetylsalicylsäure und Co

Forschungsauftrag 1:
Woraus besteht eine ASS-Tablette?

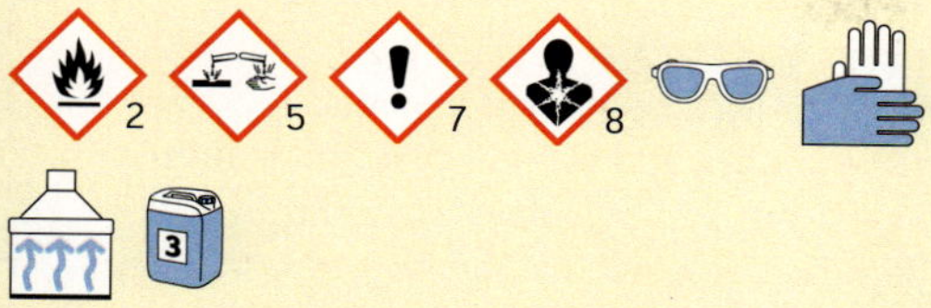

Arbeitsauftrag:
Als Chemisch-Technischer Assistent bekommen Sie den Auftrag, die Angaben auf dem Beipackzettel eines ASS-Schmerzmittels zu untersuchen. Entwickeln Sie dazu eine experimentelle Vorgehensweise, in der Sie die Stoffe Acetylsalicylsäure und Stärke qualitativ nachweisen und den Gehalt an Acetylsalicylsäure quantitativ bestimmen. Prüfen Sie Ihre Vorgehensweise mithilfe der Check-Karte und führen Sie die Experimente entsprechend durch.

Mögliche Materialien: Mörser mit Pistill, Trichter, Filterpapier, Becherglas (100 ml), Heizplatte, Waage, Glasstab, Messzylinder (50 ml, 10 ml) oder entsprechende Kunststoffspritzen, Tropfpipette; ASS-Tabletten (500 mg, ohne Überzug), Ethanol (**2, 7**), Natronlauge (0,1 mol · l^{-1}, **5**) Eisen(III)-chloridlösung (1 %ig, **5, 7**), Iod-Kaliumiodidlösung (**8**)

Aufgaben:
a) Notieren und deuten Sie Ihre Beobachtungen.
b) Vergleichen Sie Ihre Ergebnisse mit den Angaben auf dem Beipackzettel. Beurteilen Sie die Güte Ihrer Ergebnisse in Bezug auf Ihr Untersuchungsverfahren.

Hinweise zu den Versuchen
Aromatische Moleküle mit einer OH-Gruppe am Ring bezeichnet man als Phenole. Beispiele dafür sind Salicylsäure, Methylsalicylat (Salicylsäuremethylester) und Phenol. Diese Verbindungen zeigen bei Zugabe einer Lösung, die Fe^{3+}-Ionen enthält, eine typische violette bis blau-schwarze Färbung. Es bilden sich Komplexverbindungen, in denen ein Fe^{3+}-Ion mehrere der phenolischen Moleküle koordinativ bindet. Da die Moleküle der Acetylsalicylsäure durch die Ester-Gruppe keine freien OH-Gruppen enthält, kann sich mit Fe^{3+}-Ionen keine dunkle Komplexverbindung bilden. Die Lösung färbt sich lediglich leicht rötlich.

Stärke bildet mit der Iod-Kaliumiodidlösung eine bläulich bis lilaschwarze Komplexverbindung.

Versuch 1:
Chromatografie verschiedener Schmerzmittel

Materialien: Mörser und Pistill, Glastrichter, Filtrierpapier, Tropfpipetten, Erlenmeyerkolben (50 ml), Messzylinder (10 ml), Schnappdeckelgläser, UV-Lampe, DC-Folie, Trennkammer, Kapillarröhrchen, Föhn, kleine Sprühflasche, weicher Bleistift; Tabletten verschiedener Schmerzmittel (ASS, Paracetamol, Ibuprofen, Kombinationspräparate), Ethanol (**2, 7**), Eisen(III)-chloridlösung (1 %, **5, 7**), *Fließmittel:* 10,5 ml Ethylethanoat (**2, 7**), 0,5 ml Methanol (**2, 6, 8**)

Durchführung:
1. Zerreiben Sie die Tabletten getrennt voneinander zu feinem Pulver.
2. Lösen Sie die Pulver jeweils in 10 ml Ethanol, indem Sie die Suspensionen in Schnappdeckelgläsern für etwa 30 Sekunden kräftig schütteln. Filtrieren Sie die Suspensionen.
3. Markieren Sie die Startlinie mit dem Bleistift auf der DC-Folie, indem Sie etwa 1 cm vom unteren Rand der Folie vorsichtig eine dünne Linie ziehen.
4. Tragen Sie die Lösungen zweimalig mit dem Kapillarröhrchen als Punkte auf die Startlinie auf. Trocknen Sie die Punkte mit dem Föhn.
5. Füllen Sie das Fließmittel etwa ½ cm hoch in die Trennkammer. Stellen Sie die DC-Folie in die Trennkammer.
6. Chromatografieren Sie, bis das Fließmittel 1 cm unter den oberen Rand gelaufen ist. Markieren Sie den Fließmittelrand sofort mit Bleistift.
7. Trocknen Sie die Folie mit dem Föhn.
8. Markieren Sie die Substanzflecken unter der UV-Lampe mit einem Bleistift.
9. Befüllen Sie die Sprühflasche mit Eisen(III)-chloridlösung und besprühen Sie die DC-Platte mit der Lösung.

Aufgaben:
a) Beschreiben Sie das Prinzip der Dünnschichtchromatografie. Berücksichtigen Sie dabei den Zusammenhang zwischen der Löslichkeit von Stoffen mit der Struktur der Moleküle.
b) Werten Sie die Chromatogramme aus, unter anderem, indem Sie R_f-Werte bestimmen.

Pharmakologie der Acetylsalicylsäure

Wie wirkt ein Medikament im Körper? Was geschieht im Körper mit dem Medikament? Mit diesen beiden Fragen beschäftigen sich zwei Teilgebiete der Pharmakologie. Die **Pharmakodynamik** erforscht dabei die biochemische Wirkung des Arzneimittels in den Zielzellen sowie Wechselwirkungen mit anderen Medikamenten oder Nahrungsmitteln. Die **Pharmakokinetik** untersucht hingegen, wie ein Wirkstoff aufgenommen, verteilt und ausgeschieden wird. Auch die Umwandlung der Wirkstoffe im Zellstoffwechsel, die *Verstoffwechselung*, wird analysiert.

Aufgaben zur Bearbeitung des Themas

1 Pharmakologie der Acetylsalicylsäure

a) Beschreiben Sie mithilfe von **M1** den Weg von Acetylsalicylsäure durch den menschlichen Körper: Aufnahme und Resorption (Partner A), Verteilung und Wirkungsweise (Partner B) und Metabolismus und Ausscheidung (Partner C). Erklären Sie sich gegenseitig die Vorgänge auch unter Einbeziehung Ihrer chemischen Kenntnisse über die ablaufenden Reaktionen.

b) Beschreiben und begründen Sie die unterschiedlichen Kurvenverläufe in **M2**.

c) Skizzieren Sie den Aufbau einer Lipiddoppelschicht und begründen Sie anhand der Struktur der Lipid-Teilchen und deren Anordnung in der Doppelschicht die geringe Durchlässigkeit für geladene Teilchen von Wirkstoffen (**M3** und **M5**).

d) Beurteilen Sie anhand von **M1** bis **M3** die Möglichkeit der Aufnahme von ASS und Salicylsäure aus dem Magen und dem Darm ins Blut. Berücksichtigen Sie die unterschiedlichen pH-Werte in Magen (pH = 1), Darm (pH = 8) und Blut (pH = 7,4).

e) Berechnen Sie die Wirkstoffkonzentration von ASS im Blut (5 l) bei vollständiger Aufnahme von 500 mg ASS.

2 Die Kunst des Verzögerns – Retard-Arzneimittel

a) Beschreiben und erläutern Sie die Kurvenverläufe in **M4**. Stellen Sie die Problematiken einer intravenösen und einer oralen Medikation mit ASS heraus (**M2**). Stellen Sie eine Hypothese auf, unter welchen Bedindungen die Wirkstoffkonzentration in den toxischen Bereich kommen kann.

b) Beschreiben Sie den Aufbau einer Retard-Tablette (**M6**). Leiten Sie mithilfe von **M4** die Vorteile der Retardierung ab. Erläutern Sie, warum eine Diffusionsbarriere als Umhüllung benötigt wird.

c) Zeichnen Sie einen Strukturausschnitt von Polyethylengylykol (PEG) und von Polyvinylacetat (PVAC) und erklären Sie, weshalb sich diese Materialien als Hülle für Retardprodukte eignen.

M1 ASS im menschlichen Körper

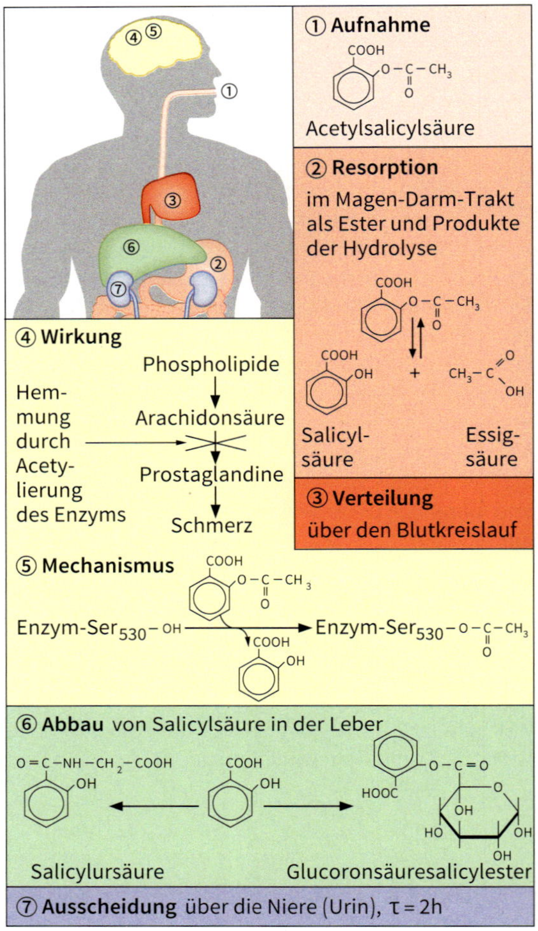

M2 Aufnahme von ASS und Salicylsäure

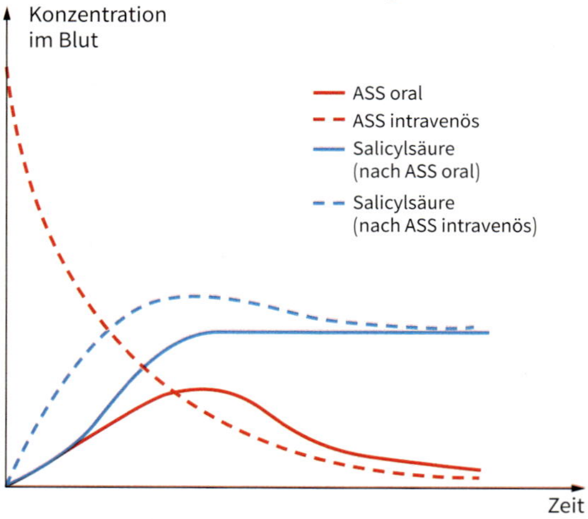

M3 Resorption im Magen-Darm-Trakt

Um zu den Zielorganen zu gelangen, müssen oral verabreichte Medikamente über den Magen-Darm-Trakt in den Blutkreislauf aufgenommen werden. Die Zellmembranen stellen dabei eine Barriere dar, da insbesondere geladene Teilchen nicht ohne weiteres durch die Lipiddoppelschicht gelangen können. Wirkstoffe mit ungeladenen Teilchen werden also bevorzugt resorbiert. Die folgende Abbildung zeigt die Resorption einer schwachen Säure HA und einer schwachen Base B im Magen-Darm-Trakt.

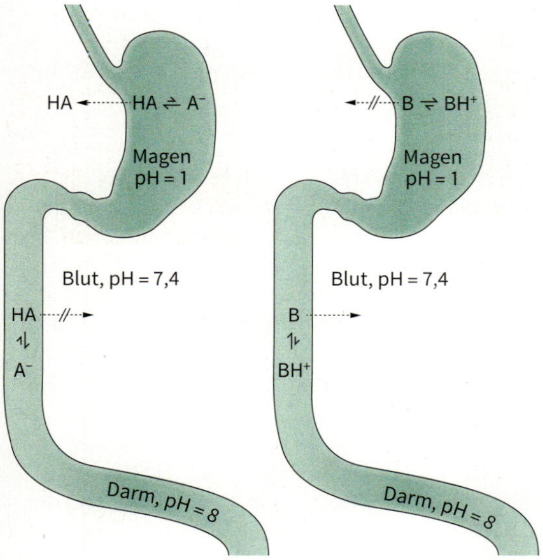

M5 Aufbau eines Phospholipid-Teilchens

Grundbausteine der Lipiddoppelschicht einer Zellmembran sind Phospholipid-Teilchen.

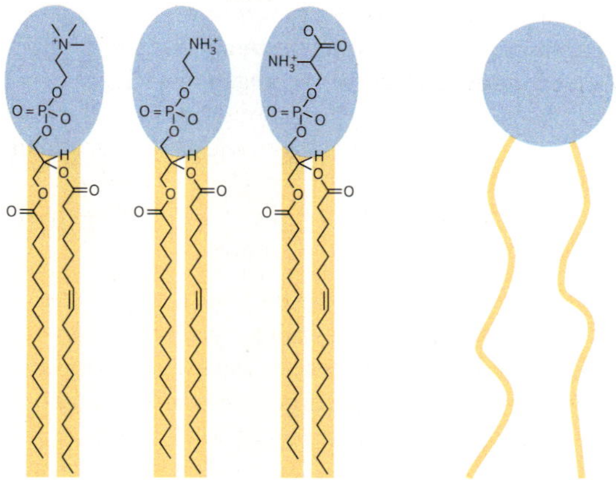

M6 Wirkungsweise einer Retard-Kapsel

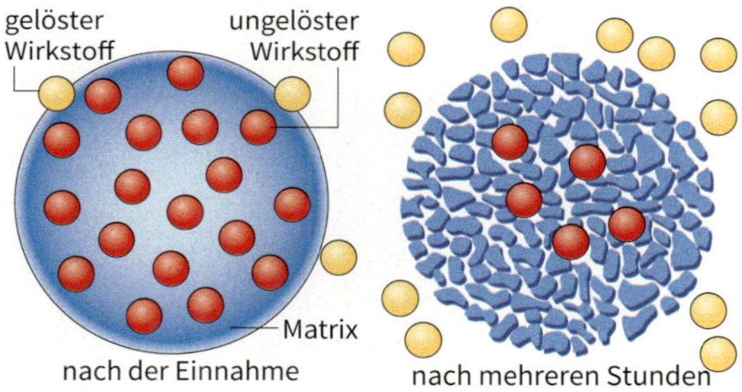

M4 Retard-Arzneimittel

Bei Retard-Arzneimitteln handelt es sich um Medikamente zur oralen Einnahme, bei denen der Wirkstoff über einen längeren Zeitraum im Körper freigesetzt wird.

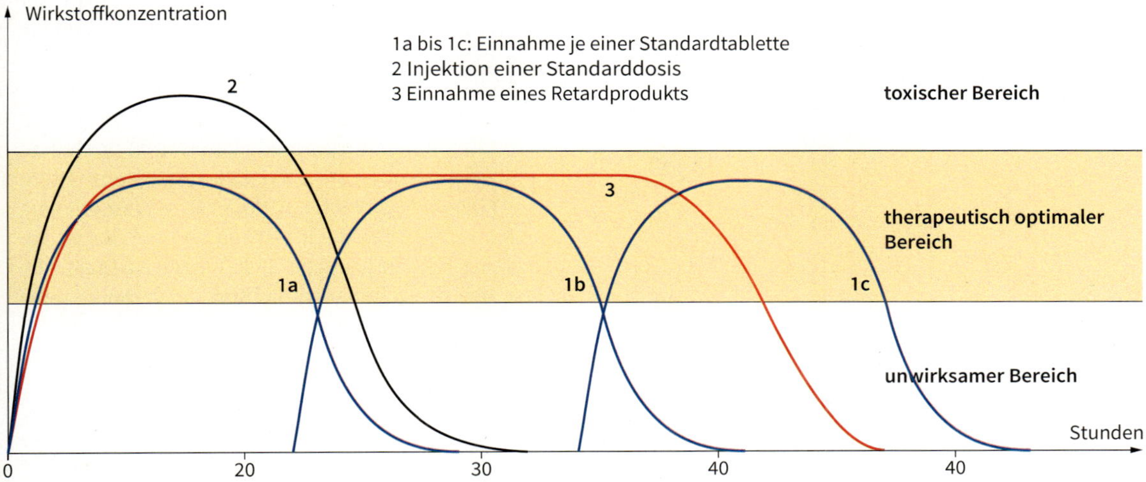

Thema 3 Silber gegen Bakterien

Silber ist nicht nur ein beliebtes Schmuckmetall, es wirkt auch gegen Mikroorganismen. Die biozide Wirkung von Silber nutzte man bereits in der Antike. Bis in die 1960er Jahre legte man beispielsweise Silbermünzen in Gefäße, in denen Milch aufbewahrt wurde. Die frei werdenden Ag^+-Ionen hemmen das Wachstum von Milchsäurebakterien und anderen Keimen, sodass die Milch länger haltbar blieb. Neugeborenen träufelte man verdünnte Silbernitratlösung in die Augen und beugte so einer Augeninfektion vor. Heute gibt es zahlreiche Haushaltsprodukte, in denen Silber-Nanopartikel enthalten sind.

Aufgaben zur Bearbeitung des Themas

1 Herstellung und Eigenschaften von Silber-Nanopartikeln

a) Beschreiben Sie den Unterschied zwischen Ag-Atomen und Silber-Nanopartikeln (**M1**).

b) Silber-Nanopartikel lassen sich auf verschiedene Weisen herstellen. Beschreiben Sie die Herstellung im Leidenfrostreaktor (**M3**) und erklären Sie die beiden Funktionen des Natriumcitrats für die Bildung der Silber-Nanopartikel. Formulieren Sie für den Teil ① in **M3** die Reaktionsgleichung in Strukturformelschreibweise.

c) In einer Gesundheitszeitschrift findet sich das in **M2** beschriebene Verfahren zur Herstellung von Silber-Nanopartikeln. Beurteilen Sie, ob sich mit dem Verfahren Silber-Nanopartikel herstellen lassen. Begründen Sie Ihre Aussagen durch Angabe der ablaufenden Elektrodenreaktionen.

2 Silber – pro und contra

a) Begründen Sie die biozide Wirkung von Ag^+-Ionen und Silber-Nanopartikeln mithilfe von **M4**. Beziehen Sie dazu Ihre Kenntnisse über den Aufbau, die Struktur und die Funktionen von Proteinen in Ihre Argumentation ein. Bedenken Sie dabei, dass Proteine als Enzyme nahezu jede Stoffwechselreaktion katalysieren – auch die Teilungsvorgänge von Zellen.

b) Beurteilen Sie die Anwendung der in **M5** und **M6** dargestellten Produkte. Gehen Sie dabei besonders auf die tägliche innerliche Anwendung von Silberwasser ein. Berechnen Sie dazu anhand der Werte für das Löslichkeitsprodukt von Silberchlorid und von Silbersulfid die Stoffmenge und die Masse der Silberverbindungen, die gerade noch löslich sind. Vergleichen Sie diese Menge mit dem Wert von 25 ppm (25 Ag^+-Ionen auf 10^6 H_2O-Moleküle) in käuflichem Silberwasser (**M5**).

c) Bei der längerfristigen Einnahme von silberhaltigen Produkten kann es zu einer dauerhaften bläulichen Verfärbung der Haut kommen. Bei dieser als *Argyrie* bezeichneten Erkrankung wird Silbersulfid in die Haut eingelagert. Durch Sonneneinstrahlung kann sich daraus elementares Silber bilden. Erklären Sie anhand der Löslichkeitswerte, weshalb bei einer Argyrie Silbersulfid dauerhaft im Gewebe verbleibt, während Silberchlorid noch ausgeschieden werden kann. Werte für die Löslichkeit finden sich im Anhang des Buches.

M1 Was sind Silber-Nanopartikel?

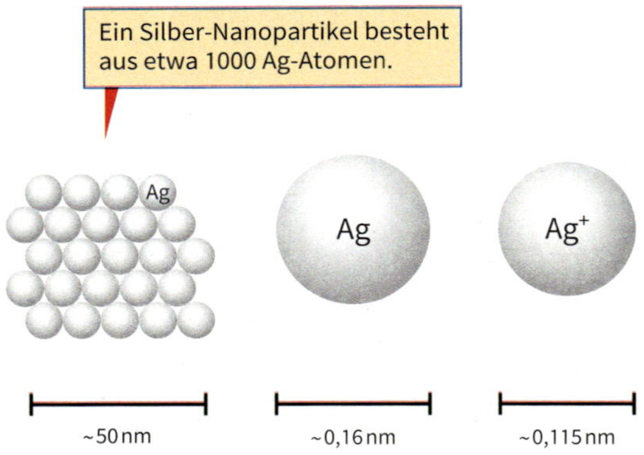

M2 Silberwasser einfach von zuhause!

Sie wollen kein teures Silberwasser kaufen, um die günstigen Wirkungen von Nanosilber auf Ihr Wohlbefinden zu nutzen? Mit Agyrostar stellen Sie Ihr eigenes Silberwasser einfach zuhause her. Der Trick: Elektrolyse. Sie benötigen nur ein Glas, erwärmtes destilliertes Wasser, den Agyrostar-Generator, der 24 V Spannung liefert, und hochreine Silberelektroden. All dies ist in dem Set enthalten.

Füllen Sie einfach das destillierte Wasser in ein Glas, stellen Sie die Elektroden hinein. Kabel anklemmen und los geht´s. Je länger Sie elektrolysieren, desto höher ist die Konzentration an wirksamen Silber-Nanopartikeln.

M3 Herstellung von Silber-Nanopartikeln

Silber-Nanopartikel können industriell auf verschiedene Weisen hergestellt werden. Rein mechanisch arbeitet die Kolloidmühle. Darin wird Silber oder ein Silbersalz zu feinsten Partikeln zermahlen und gleichzeitig in einer Flüssigkeit feinst verteilt (dispergiert). Zusätzlich nutzt man elektrochemische Verfahren. Neuerdings lassen sich Silber-Nanopartikel auch in einem **Leidenfrostreaktor** herstellen. Dazu werden ein paar Tropfen Natriumcitratlösung auf eine etwa 380 °C heiße Platte getropft und mit etwa der gleichen Menge Silbernitratlösung versetzt. Die Tropfen verdampfen nicht schlagartig, sondern „tanzen“ auf einem Gaspolster auf der heißen Platte. Dabei bilden sich dann Silber-Nanopartikel. Was dort chemisch abläuft, beschreibt die nebenstehende Abbildung.

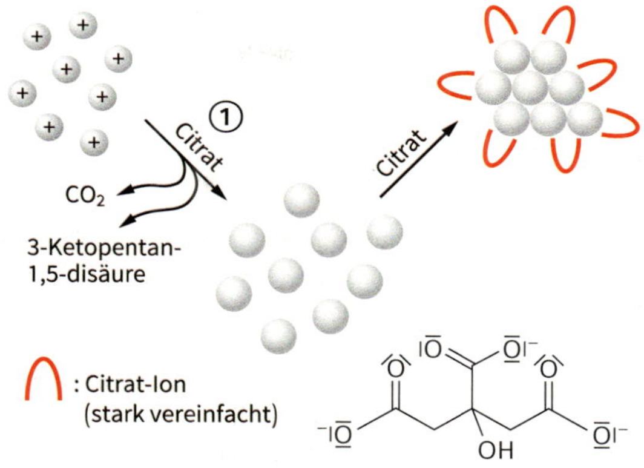

M4 Wirkung von Ag^+-Ionen und Silber-Nanopartikeln in Zellen

Die Ursache der bakterientötenden Wirkung von Ag^+-Ionen und Silber-Nanopartikeln ist im Detail noch nicht geklärt. Als gesichert gilt aber deren Reaktion mit schwefelhaltigen Aminosäuren. So bildet die Thiol-Gruppe (SH-Gruppe) der Aminosäure Cystein unter Abgabe von hydratisierten H^+-Ionen mit Ag^+-Ionen schwerlösliche und beständige salzartige Verbindungen, die als Thiolate bezeichnet werden.

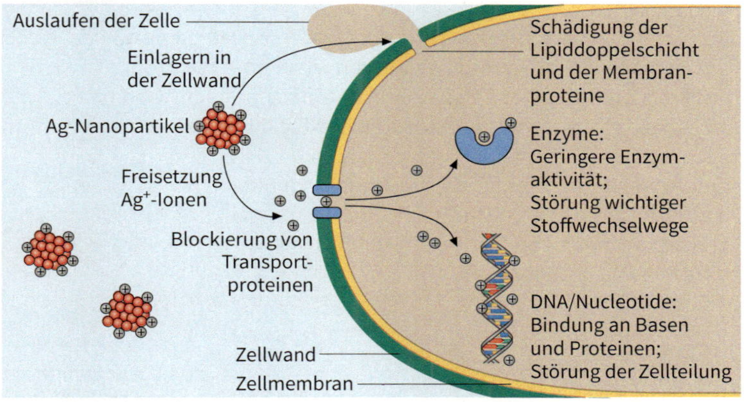

M5 Silberwasser zur Nahrungsergänzung

Silberwasser Injektion einer Standarddosis
2 Esslöffel täglich
schützen wirksam vor Schnupfen, Grippe und über 100 anderen Erkrankungen. Mit energetisiertem Reinstwasser, Silberanteil:
20 % Nano-Silber,
80 % Silber-Ionen
Reinheit des Silbers 99,99 %

M6 Kleidung mit Silber-Nanopartikeln

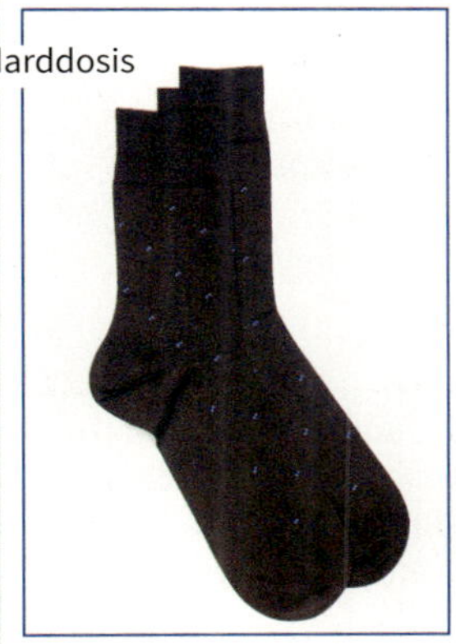

Diese innovativen Socken mit Nanosilber töten Bakterien und Pilze und verhindern so Fußgeruch. Antiallergisch, fördert die Wundheilung, wirkt lindernd bei Neurodermitis. Befreien Sie Ihre Füße von Infektionskrankheiten wie Fußpilz oder Schuppenflechte.

Nanopartikeln auf der Spur

Versuch 1: Herstellung von kolloidalem Silber

Materialien: Tropfpipetten, Laserpointer; Silbernitratlösung (1 %, **7, 9**), frische Zinn(II)-chloridlösung (1 %, **5, 7, 8**), demineralisiertes Wasser

Durchführung:
1. Geben Sie 5 ml demineralisiertes Wasser und 10 Tropfen der Silbernitratlösung in ein Reagenzglas und schütteln Sie kurz um.
2. Leuchten Sie mit dem Laserpointer durch die Lösung. *Achtung:* Richten Sie den Laserstrahl niemals auf Personen.
3. Geben Sie 5 Tropfen der Zinn(II)-chloridlösung zur Silbernitratlösung.
4. Leuchten Sie erneut mit dem Laserpointer durch das Reagenzglas.

Aufgaben:
a) Beschreiben Sie Ihre Beobachtungen.
b) Erklären Sie die Aufgabe des Zinn(II)-chlorids und stellen Sie die Reaktionsgleichung für die Reaktion auf.
c) Erläutern Sie, warum sich das Reaktionsprodukt nach einiger Zeit dunkel färbt.
d) Erklären Sie die Beobachtungen beim Durchleuchten der Reagenzgläser.

Versuch 2: Herstellung von Zinkoxid-Nanopartikeln

Materialien: 2 Bechergläser (250 ml, 50 ml), Mörser und Pistill, Heizrührer mit Rührstäbchen, Thermometer, 2 Uhrgläser, UV-Lampe, Waage, 2 Messzylinder (100 ml, 50 ml);
Natriumhydroxid (**5**), Zinkacetat-Dihydrat (**7, 9**), Ethanol (**2, 7**)

Durchführung:
1. Geben Sie 1,5 g Zinkacetat und 70 ml Ethanol in das große Becherglas. Decken Sie das Becherglas mit einem Uhrglas ab. Erhitzen Sie den Ansatz unter ständigem Rühren auf 60 °C und erhitzen Sie, bis sich das Salz gelöst hat.
2. Betrachten Sie die Lösung unter UV-Licht.
3. Wiegen Sie 0,25 g Natriumhydroxid ab und mörsern Sie es zu einem feinen Pulver.
4. Füllen Sie 25 ml Ethanol in das kleine Becherglas und geben Sie das Natriumhydroxidpulver hinein. Bedecken Sie das Becherglas mit dem Uhrglas. Lösen Sie alles unter ständigem Rühren bei 40 °C.
5. Gießen Sie die warme Natriumhydroxidlösung in die 60 °C warme Zinkacetatlösung. Betrachten Sie das Produkt unter UV-Licht.

Aufgaben:
a) Notieren und deuten Sie Ihre Beobachtungen. Formulieren Sie die Reaktionsgleichung für die Bildung der Zinkoxid-Nanopartikel und erklären Sie die Beobachtung unter UV-Licht.
b) Berechnen Sie die eingesetzten Stoffmengen und erklären Sie, warum dieses Verhältnis gewählt wird.
c) Erläutern Sie, warum man nicht das ebenfalls in Ethanol lösliche Zinkchlorid einsetzt und warum in ethanolischer Lösung gearbeitet wird.
Hinweis: Zinkoxid ist schwerlöslich ($1{,}6\ mg \cdot l^{-1}$) in Wasser.

Versuch 3: Beschichtung von Stoff mit kolloidalem Silber

Materialien: 2 Bechergläser (250 ml, 50 ml, hohe Form), Gasbrenner, Thermometer, Waage, Messzylinder (100 ml), Heizrührer mit Rührstäbchen, 2 Messpipetten (1 ml, 5 ml);
3 ungefärbte Stoffstreifen (1,5 x 10 cm, verschiedene Textilarten) Silbernitratlösung (w = 1 %, **7, 9**), Zinn(II)-chlorid (**5, 7, 8**), demineralisiertes Wasser

Durchführung:
1. Geben Sie 100 ml demineralisiertes Wasser und 2 g Zinn(II)-chlorid in das große Becherglas und erhitzen Sie bis zum Sieden.
2. Legen Sie die Stoffstreifen für 2 min in die siedende Lösung.
3. Geben Sie 5 ml demineralisiertes Wasser und 0,5 ml Silbernitratlösung in das kleine Becherglas.
4. Hängen Sie die noch feuchten Stoffstreifen in das kleine Becherglas, so dass sich 2 cm des Stoffes in der Silbernitratlösung befinden.
5. Erhitzen Sie, bis die Lösung gerade zu Sieden beginnt.
6. Waschen Sie den Stoff gründlich mit Wasser aus.

Aufgaben:

a) Beschreiben und deuten Sie Ihre Beobachtungen.
b) Erläutern Sie die Reihenfolge der Versuchsschritte.
c) Stellen Sie Hypothesen über die unterschiedlichen Färbungen der Textilien auf.

Versuch 4:
Antibakterielle Wirkung von Nanopartikeln

Materialien: sterile Einwegpetrischalen aus Kunststoff (beide Hälften), Klebeband oder Parafilm, Wärmeschrank, Erlenmeyerkolben (500 ml), 2 Erlenmeyerkolben (50 ml), Becherglas (50 ml), Messzylinder (50 ml), Heizrührer mit Rührstäbchen, Tropfpipetten, Drigalskispatel (selbst hergestellt), Gasbrenner, Waage;
Nähragar, Zinkoxid-Nanopartikelsuspension aus Versuch 2, Trockenhefe oder Joghurt mit lebenden Joghurtkulturen, Brennspiritus (**2, 7**), Testlösungen (1 %,) von Silbernitat (**7, 9**), Kupfer(II)-chlorid (**7, 9**), Aluminiumchlorid (**5**), Eisen(II)-chlorid (**5, 7**)

Durchführung:

Vorbereiten der Agarplatten

1. Bereiten Sie den Nähragar gemäß der Anleitung zu.
2. Gießen Sie so viel von der heißen Flüssigkeit auf den unteren Boden, dass der Boden mit einer etwa 2 mm dünnen Schicht bedeckt ist. Decken Sie den Boden sofort mit der oberen Schalenhälfte ab und lassen Sie die den Nährboden erstarren. Der Nährboden muss eine geleeartige Konsistenz aufweisen.

Beimpfen der Agarplatten

3. Suspendieren Sie 1 g Trockenhefe in 20 ml lauwarmem Wasser oder 2 g Joghurt in demselben Volumen Wasser.
4. Tauchen Sie den Drigalskispatel in ein Becherglas, das mit etwa 20 ml Brennspiritus gefüllt ist, und nehmen Sie ihn wieder aus dem Brennspiritus. Stellen Sie das Becherglas mit dem Brennspiritus zur Seite und entzünden Sie den am Spatel haftenden Spiritus. Nun ist der Spatel sterilisiert.
5. Tropfen Sie zwei Tropfen der Joghurt- oder Hefesuspension auf den Nährboden und streichen Sie den Tropfen mit dem Drigalskispatel aus.
6. Tropfen Sie je einen Tropfen der Testlösungen auf die Nährböden.
7. Verschließen Sie die Petrischalen luftdicht, indem Sie jeweils den Deckel aufsetzen und die Petrischale mit Klebeband oder Parafilm seitlich rundherum bekleben. Markieren Sie die Stelle, auf die Sie die Lösungen getropft haben auf dem Schalenboden und stellen Sie die Petrischalen kopfüber für ein bis zwei Tage bei 37 °C in den Wärmeschrank.
8. Dokumentieren Sie das Ergebnis. Öffnen Sie die Schalen nicht.
9. Ihre Lehrkraft wird die bebrüteten Petrischalen entkeimen und fachgerecht entsorgen.

Hinweis: Anstelle der Hefe- oder Joghurtsuspension können Sie zum Beimpfen der Platten mit Bakterien auch die Oberfläche einer Münze oder Ihren Daumen leicht auf den Nährboden drücken.

Aufgaben:

a) Beschreiben und deuten Sie Ihre Beobachtungen.
b) Beurteilen Sie die Verwendbarkeit der benutzten Salze als Bakterizide.
c) Silber- und Zink-Nanopartikel stellen in Kläranlagen ein Problem dar. Begründen Sie dies.
d) Erläutern Sie, warum nach dem Stechen eines Loches für einen Ohrring für die Zeit bis zum Verheilen der Wunde nur Ohrringe aus fast reinem Silber (925/1000) getragen werden sollen und auf keinen Fall Ohrringe aus Edelstahl.

Herstellen eines Drigalskispatels

Ein Drigalskispatel lässt sich leicht aus einer Pasteurpipette mit langer Spitze und einem Gasbrenner selbst herstellen.

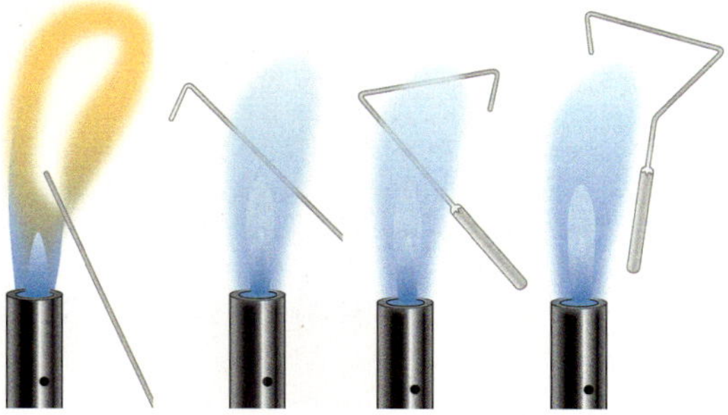

Für das Beimpfen der Platten setzt man den abgekühlten Spatel in die Tropfen der Bakterien- oder Hefesuspension auf dem Nährboden. Nun dreht man mit der anderen Hand die Petrischale um, damit die Suspension überall hin verteilt wird.

Rund ums Kochen und Backen

Kochen und Backen ist Chemie pur, denn ohne chemische Reaktionen würden Brötchen nicht aufgehen und Fleisch oder Fisch nicht gar werden können. Auch Käse und Milchprodukte sind ohne Chemie nicht denkbar.

Aufgaben zur Bearbeitung des Themas

1 Backtriebmittel

a) Erklären Sie die Wirkung der in **M1** angegebenen Backtriebmittel und stellen Sie entsprechende Reaktionsgleichungen für die Reaktionen auf, die zum Aufgehen des Teiges beim Backen bei etwa 200 °C führen. Stellen Sie sich Ihre Ergebnisse gegenseitig vor.

b) Geben Sie eine Definition für Entropie an und erklären Sie für das Beispiel Natron unter entropischen Aspekten, weshalb die Reaktion des Backtriebmittels bei den im Backofen herrschenden Temperaturen freiwillig abläuft. Führen Sie geeignete Berechnungen zur molaren freien Reaktionsenthalpie für die Reaktionen durch. Nutzen Sie Tabellenwerke.

c) Entscheiden Sie durch geeignete Berechnungen, welches Backtriebmittel das effektivere ist. Gehen Sie von einer Substanzmenge von jeweils 2 g aus und gehen Sie vereinfacht davon aus, dass die Reaktion unter Standardbedingungen abläuft. Stellen Sie sich Ihre Ergebnisse gegenseitig vor.

2 Weinsäure

a) Weinsäure (**M2**) wird in Lebensmitteln als Säuerungsmittel eingesetzt. Nennen Sie den systematischen Namen der Weinsäure und erklären Sie mithilfe von Protolysegleichungen die Säure-Base-Eigenschaften der Weinsäure-Moleküle. Stellen Sie eine Hypothese zur Funktion von Weinsäure in einigen Backpulvern auf.

b) Beschreiben Sie das Diagramm in **M5** und ordnen Sie die Protolysestufen der Weinsäure den drei Graphen zu. Begründen Sie Ihre Zuordnung. Erklären Sie, weshalb die pH-Werte an den Schnittpunkten der Graphen den pK_S-Werten der Protolysestufen entsprechen.

c) Weinsäure kommt auch im Wein vor. Bei der titrimetrischen Bestimmung des Säuregehalts im Wein wurden die Werte in **M4** gemessen. Zeichnen Sie die zugehörige Titrationskurve und erläutern Sie den Kurvenverlauf. Ermitteln Sie durch geeignete Berechnungen die Säurekonzentration in der Weinprobe. Erklären Sie, dass der erhaltene Wert der Säurekonzentration nur annähernd mit dem Gehalt an Weinsäure übereinstimmt.

d) Kennzeichnen Sie die asymmetrischen C-Atome der Weinsäure und bezeichnen Sie bei den möglichen Enantiomeren die Konfiguration mit der R/S-Nomenklatur (**M3**).

3 Rumaroma

Rumaroma enthält keinen Rum, sondern Ethylmethanoat als hauptsächlichen Aromastoff. Beschreiben Sie die Herstellung von Ethylmethanoat (**M6**) und geben Sie jeweils die Reaktionstypen an. Stellen Sie für alle Reaktionen die Reaktionsgleichungen auf und formulieren Sie für den letzten Schritt den Reaktionsmechanismus.

M1 Backtriebmittel

Damit ein Kuchen locker und luftig wird, werden dem Teig Backtriebmittel zugesetzt. Chemische Backtriebmittel lockern den Teig, indem sie bei der Backtemperatur Kohlenstoffdioxid freisetzen. Bio-Backpulver enthält meist Natriumhydrogencarbonat (Natron) als Backtriebmittel. Zusätzliche Bestandteile von Backpulver sind Stärke als Trennmittel und Säuerungsmittel wie Weinsäure oder Citronensäure.
Kaliumcarbonat (Pottasche) wird vielfach beim Backen von Lebkuchen verwendet. Auch hier können Säuerungsmittel zugesetzt sein.
Hirschhornsalz (Ammoniumhydrogencarbonat) wird ebenfalls für Weihnachtsgebäck verwendet. Diesem Backtriebmittel wird kein Säuerungsmittel zugesetzt.

M2 Weinsäure

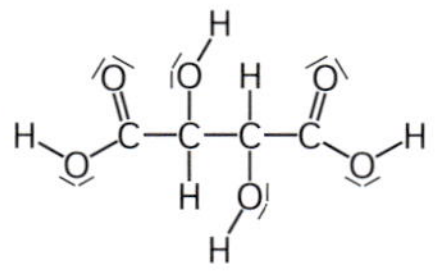

Weinsäure wurde erstmalig von Carl Wilhelm SCHEELE aus Weinstein (Kaliumsalz der Weinsäure) gewonnen. Weinsäure ist gut löslich in Wasser und in Ethanol. Salze der Weinsäure nennt man Tartrate. Die pK_S-Werte liegen recht nahe beieinander:
pK_{S1}: 2,98
pK_{S2}: 4,3

M3 Pasteur und die Weinsäure

Vom Weinsäure-Molekül existieren mehrere Stereoisomere. Dabei handelt es sich um Moleküle, bei denen die Molekülformel und die Verknüpfung der Atome im Molekül gleich sind, die sich aber in der räumlichen Anordnung der Atome unterscheiden. Louis PASTEUR entdeckte zwei der Isomeren, indem er die Natrium-Ammonium-Salze der Weinsäure herstellte und dabei zwei spiegelbildliche Formen der Kristalle entdeckte. Heute weiß man, dass die Moleküle, die die Kristalle aufbauen, Enantiomere sind.

M4 Messwerte der Titration von Weinsäure

Bei der Titration von 15 ml Wein mit Natronlauge ($c = 0{,}1\ mol \cdot l^{-1}$) hat man folgende Messwerte erhalten.

V(Natronlauge) in ml	pH-Wert
0	2,9
1	3,2
2	3,3
3	3,4
4	3,5
5	3,5
6	3,7
7	3,8
8	4,0
9	4,2
10	4,3
11	4,6
12	4,9
13	5,3
14	6,8
15	9,4
16	9,9
17	10,4
18	10,9
18	11,4
20	11,5

Hinweis: Die Titrationskurve der Weinsäure ähnelt der einer einprotonigen Säure, da die pK_S-Werte der Weinsäure nahe beieinander liegen.

M5 Protolysediagramm der Weinsäure

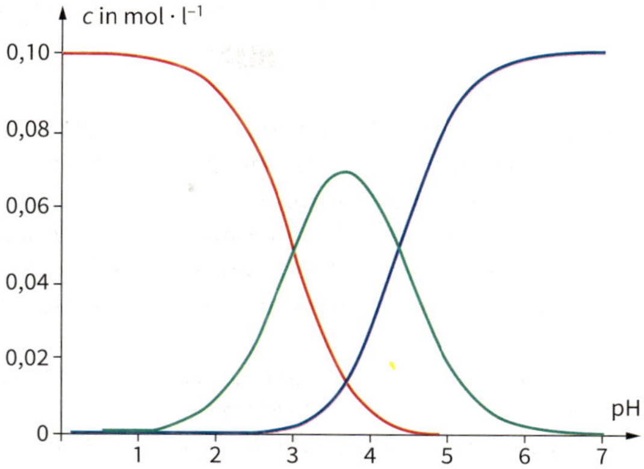

M6 Herstellung von Ethylmethanoat

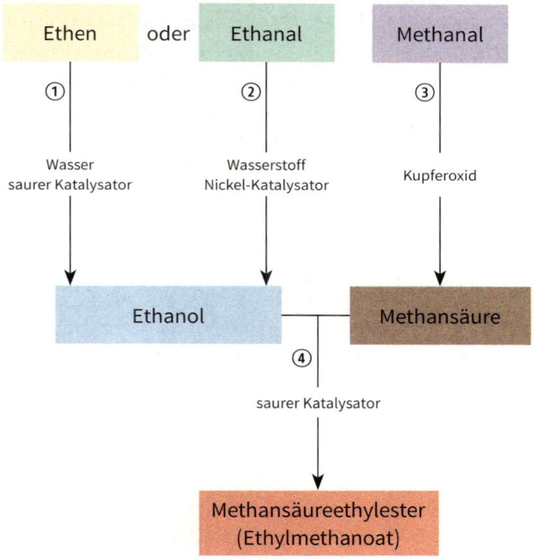

Thema 5 Sommer, Sonne, Sonnenbrand – Chemie des Sonnenschutzes

Sommerzeit = Sonnenbrandzeit – so die häufig schmerzliche Erfahrung, die man beim Sonnenbaden macht. Doch die Chemie bietet hier eine Hilfe: Die Stoffe in Sonnenschutzmitteln ermöglichen, dass man sich länger intensivem Sonnenlicht aussetzen kann, ohne die negativen Folgen der UV-Strahlung zu spüren. Bei der Anwendung von Sonnenschutzmitteln gilt es aber, bestimmte Regeln einzuhalten.

Aufgaben zur Bearbeitung des Themas

1 Sonnenbräune durch Melanin

a) Beschreiben Sie die Bildung von Indol-5,6-chinon als Vorstufe des Melanins anhand von **M1** und benennen Sie die Ihnen bekannten Reaktionen oder Reaktionstypen, die bei der Synthese der Vorstufe erfolgen.
Hinweis: Die Reaktionen verlaufen im Organismus enzymkatalysiert.

b) Zeichnen Sie die Strukturformeln der Moleküle von 4-Aminobenzoesäure sowie von Salicylsäure. Begründen Sie anhand der jeweiligen Molekülstruktur, ob diese Moleküle wie die von Melanin UV-Licht absorbieren können. Beziehen Sie auch das Spektrum in **M2** in Ihre Argumentation ein.

c) Für die Herstellung von 4-Aminobenzoesäure wird in einem ersten Schritt Benzol nitriert. Formulieren Sie den Reaktionsmechanismus.

2 Wirkungsweise von Sonnenschutzmitteln

a) Beschreiben Sie mithilfe von **M3** die Wirkung von physikalischen ① (Partner A) und chemischen ② (Partner B) UV-Filtern. Stellen Sie sich gegenseitig Ihre Ergebnisse vor und beurteilen Sie in dem Zusammenhang die Bezeichnung *UV-Filter*.

b) Erklären Sie folgende Befunde. Nutzen Sie dazu auch **M3**. Chemische Sonnenschutzmittel werden in einer Emulsion aufgebracht, in der sich die Stoffe in einer bestimmten Phase lösen (Partner A). Sonnenschutzmittel sollten in ausreichender Menge und regelmäßig auf die Haut aufgetragen werden (Partner B). Auch bei sachgerechter Anwendung von Sonnenschutzmitteln kann man einen Sonnenbrand bekommen (Partner C). Diskutieren Sie Ihre Ergebnisse.

3 Selbstbräuner – eine Alternative zu Sonnenschutzmitteln?

a) Beurteilen Sie den Rat: „Der beste Schutz vor Hautkrebs besteht darin, die Haut schon im Frühjahr langsam den Sonnenstrahlen auszusetzen und bis zum Sommer eine natürliche Bräune zu erwerben."

b) Helge hat einen hellen Hauttyp (Typ II). Zum Schutz vor der Sonne ist er im Frühjahr in ein Sonnenstudio gegangen und jetzt einen ähnlichen Braunton wie sein Freund Mathias (Typ III). Beide nutzen zum Schutz vor einem Sonnenbrand bei ihrem ersten Freibadbesuch eine Sonnencreme mit Lichtschutzfaktor 20. Bewerten Sie mit den Materialien **M4** und **M5** die Vorgehensweise der beiden sonst nicht vorgebräunten Freunde.

M1 Melanin

Der Farbstoff Melanin ist der natürliche UV-Schutz der Haut. UV-B-Strahlung regt die Bildung des Melanins in den oberen Hautschichten an. In die dortigen Zellen wird Melanin eingelagert. Die UV-C-Strahlung kann so nicht in tiefere Hautschichten gelangen und die DNA der Zellen schädigen.

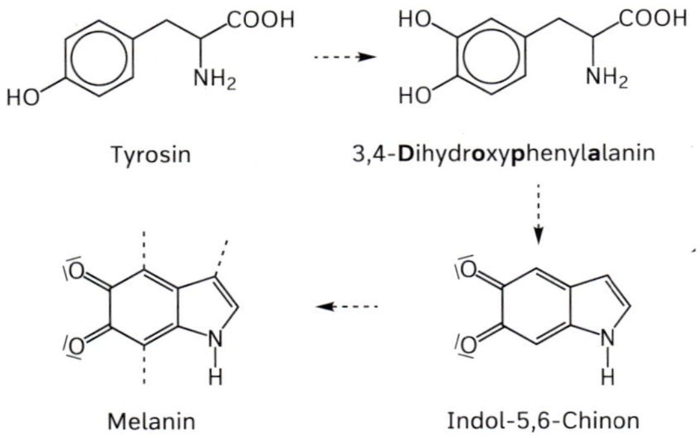

M2 Absorption von UV-Licht

In den ersten wirksamen Sonnenschutzmitteln war 4-Aminobenzoesäure enthalten. Heutige Sonnenschutzmittel enthalten Phenylbenzimidazolsulfonsäure und Derivate der Salicylsäure.

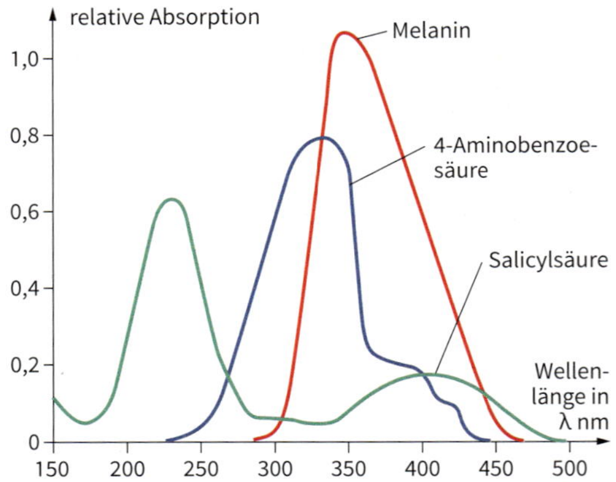

M3 Sonnenschutzmittel

Ähnlich wie Melanin absorbieren Sonnenschutzmittel das UV-Licht und schützen so die Haut vor DNA-Beschädigungen, die Krebs auslösen können. Angewendet werden diese Substanzen in einer Wasser-Öl-Emulsion, die in die oberen, abgestorbenen Schichten der Hornhaut einzieht, aber mit der Zeit auch wieder ausgewaschen wird. In neueren Produkten werden die wirksamen Bestandteile in Nanopartikeln aus Lipid-Molekülen eingeschlossen. Die Nanopartikel werden mit der Sonnencreme in einem dünnen Film auf die Haut aufgebracht und bilden einen sehr guten UV-Schutz. Licht- und Sauerstoffeinwirkung bewirken, dass sich die Sonnenschutzmittel mit der Zeit zersetzen und unwirksam werden. Neben den organischen Stoffen werden daher zusätzlich anorganische Pigmente wie Titandioxid und Zinkoxid eingesetzt. Die Pigmente haben eine geringe Partikelgröße und können auf der Haut fein verteilt werden.

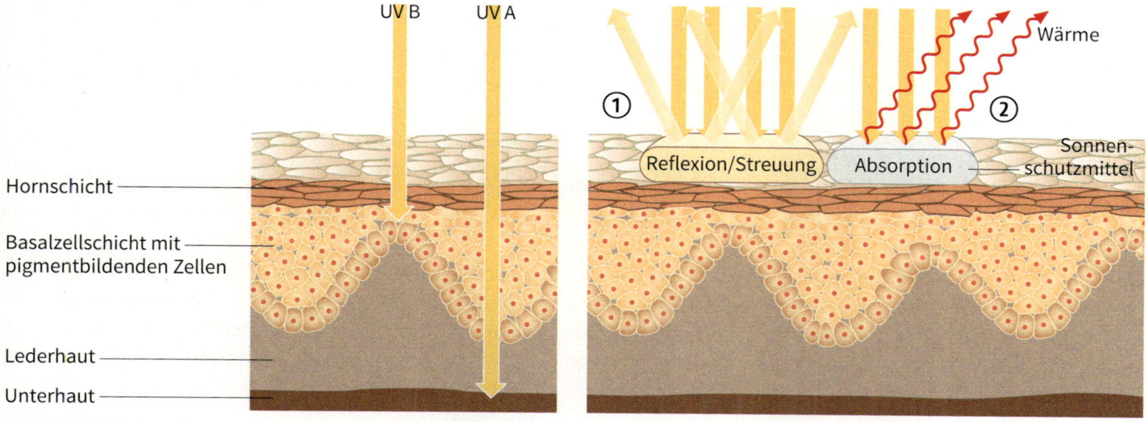

M4 Selbstbräunungsmittel

Für gebräunte Haut ohne potentiell schädliche Sonnenstrahlen stehen als Alternative kosmetische Cremes oder Sprays zur Verfügung. Die Selbstbräunungsmittel enthalten Substanzen wie Dihydroxyaceton (DHA) oder Erythrulose (1,3,4-Trihydroxybutan-2-on), die dazu führen, dass in der Hornschicht der Haut bräunliche Farbstoffe gebildet werden. Die Moleküle dieser Stoffe reagieren mit den NH_2-Gruppen der freien Aminosäuren oder der Proteine. In einer vielschrittigen und komplexen Reaktionsfolge bilden sich gelbe bis dunkelbraune Melanoide. Anders als das natürliche Melanin bieten Melanoide keinen Schutz vor UV-Strahlung. Da nur die abgestorbenen Hautzellen in der oberen Hautschicht gefärbt werden und die Haut sich ständig erneuert, hält die Wirkung des Selbstbräunungsmittel nur wenige Tage an. Die Bildung von Melanoiden erfolgt wie dargestellt:

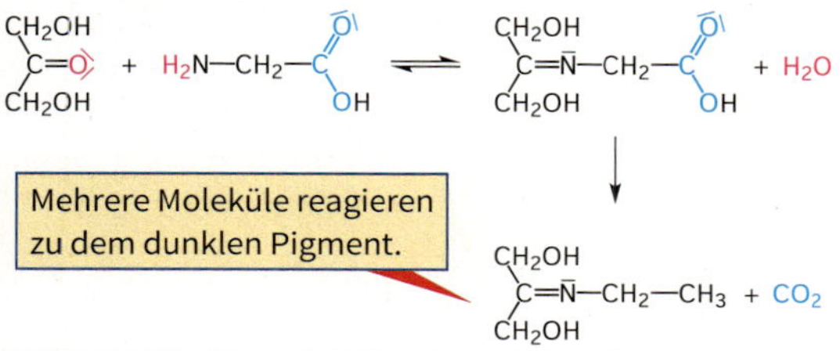

M5 Eigenschutz der Haut

Typ	Haut	Haar	Eigenschutzzeit
I	hell	rötlich, blond	< 10 min
II	hell	blond, hellbraun	10 - 20 min
III	mittel	mittelbraun	20 - 30 min
IV	bräunlich	braun	> 30 min
V	dunkel	schwarzbraun	> 90 min

Der Lichtschutzfaktor (LSF) gibt an, wie viel mal länger man sich im Vergleich zur Eigenschutzzeit sonnen darf, ohne einen Sonnenbrand zu bekommen. Dabei wird ein Sicherheitsfaktor eingerechnet. Es gilt:

maximale Sonnzeit = Eigenschutzzeit · LSF · 0,6

Salze im Körper

In den Zellen und auch in den Körperflüssigkeiten von Lebewesen sind zahlreiche Salze gelöst. Diese „Elektrolyte" sind an verschiedenen Funktionen beteiligt. Die Weiterleitung von elektrischen Impulsen oder die Aufrechterhaltung des pH-Wertes und die Bindung von Sauerstoff an Hämoglobin sind nur einige der vielen Beispiele.

Aufgaben zur Bearbeitung des Themas

1 Eisen-Ionen und Sauerstoffbindung

a) Beschreiben Sie die Struktur des Hämoglobin-Moleküls und die Art der Bindung des Fe^{2+}-Ions im Hämoglobin anhand von **M1** und **M2**. Begründen Sie, weshalb pro Hämoglobin-Molekül vier O_2-Moleküle gebunden werden können.

b) Berechnen Sie die Masse an Fe^{2+}-Ionen, die im Körper eines Menschen an Hämoglobin gebunden ist, und leiten Sie daraus ab, welche Masse und welches Volumen an Sauerstoff maximal an Hämoglobin gebunden sein kann. Gehen Sie dabei vereinfacht von Standardbedingungen aus.

c) Beschreiben Sie **M3** – jeder Lernpartner ein Hämoglobintyp. Stellen Sie sich Ihre Ergebnisse vor und vergleichen Sie die Kurven. Ordnen Sie den Hämoglobintypen die Farben scharlachrot, kirschrot und purpurrot zu und begründen Sie Ihre Entscheidung mithilfe Ihrer Kenntnisse zur Farbigkeit von Stoffen. Recherchieren Sie dazu, welche Grundfarben für Ihren Rotton additiv gemischt werden müssen und die entsprechende Komplementärfarbe des Rottons. Beschreiben Sie dann, wie Sie experimentell ein solches Absorptionsspektrum erhalten können.

2 Carbonate im Blut und in Knochen

a) Stellen Sie die Reaktionsgleichung des Kohlensäure-Hydrogencarbonat-Gleichgewichts auf und erklären Sie daran die Konstanz des pH-Wertes des Blutes. Beschreiben Sie, ebenfalls anhand von Reaktionsgleichungen, wie das Gleichgewicht bei einem pH-Wert über 7,6 (Alkalose) und unter 7,2 (Azidose) reagieren würde (**M4**).

b) Zeigen Sie anhand von Reaktionsgleichungen, wie sich der pH-Wert des Blutes durch ein verstärktes Abatmen von Kohlenstoffdioxid beim Hyperventilieren verändert. Beurteilen Sie die Empfehlung, eine hyperventilierende Person in eine Tüte ausatmen und dann diese Luft einatmen zu lassen.

c) Die Konzentration von HCO_3^--Ionen im Blut beträgt $25 \cdot 10^{-3}$ mol · l^{-1}. Berechnen Sie die Konzentration der Kohlensäure bei physiologischem pH-Wert sowie das Konzentrationsverhältnis von HCO_3^--Ionen zu H_2CO_3-Molekülen. Vergleichen Sie den erhaltenen Wert mit der Literaturangabe von 20 : 1.
Hinweis: Die zweite Protolysestufe kann vernachlässigt werden.

3 Ionen ermöglichen die Nervenfunktion

Berechnen Sie die Elektrodenpotentiale für die angegebenen Ionen an der Axonmembran, ausgehend von den intra- und extrazellulären Konzentrationen (**M5** und **M7**), und erklären Sie damit den Wert für das Membranpotential an einer Axonmembran. Beurteilen Sie die Folgen für das Membranpotential, wenn sich durch Ionenströme die Verhältnisse wie in **M6** ändern.

M1 Struktur der Häm-Gruppe im Hämoglobin

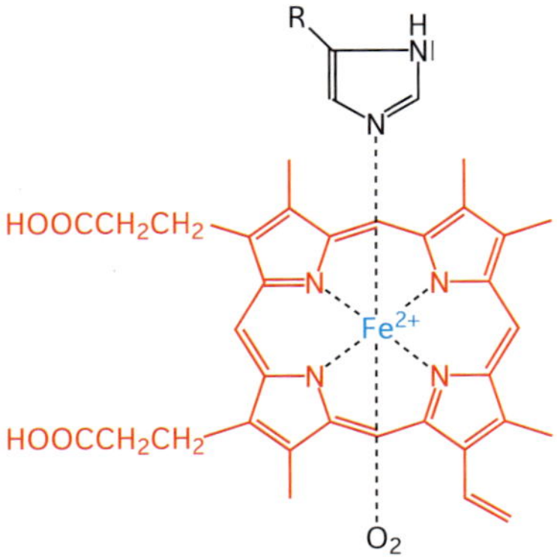

M2 Sauerstoffbindung an Hämoglobin

Sauerstoff ist nur schlecht in wässrigen Lösungen löslich. Während sich bei 0 °C 14 mg Sauerstoff in 1 l Wasser lösen, sind es bei 20 °C nur 9 mg und bei 37 °C sogar nur 7 mg. Damit Tiere ausreichend mit Sauerstoff versorgt werden, haben sich im Laufe der Evolution unterschiedliche Moleküle gebildet, die Sauerstoff binden und transportieren. Bei Wirbeltieren erfüllt Hämoglobin die Transportfunktion im Blut. Jedes Hämoglobin-Molekül besteht aus vier Protein-Untereinheiten mit jeweils einer Häm-Gruppe. Bei erwachsenen Menschen liegt der Hämoglobingehalt des Blutes zwischen 7,5 mmol · l^{-1} und 11 mmol · l^{-1}. Das Blutvolumen beträgt etwa 5 l.

M3 Absorptionsspektren von Hämoglobinen

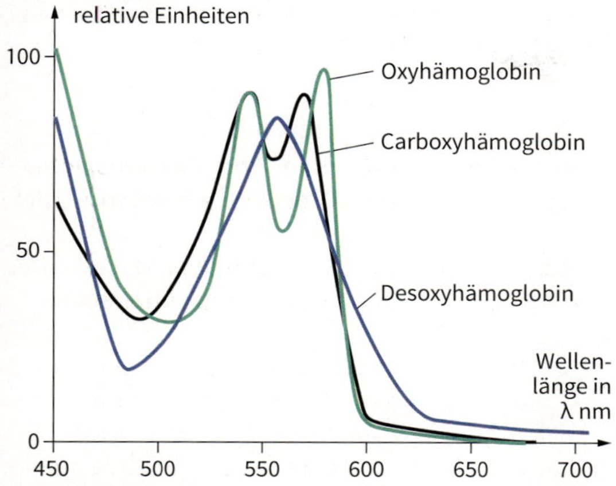

M4 pH-Konstanz muss sein

Die Fähigkeit des Hämoglobins, Sauerstoff zu binden ist stark pH-abhängig. Schon eine geringe Veränderung des pH-Wertes von ±0,2 bewirkt, dass die Bindungsfähigkeit des Hämoglobins um 20 % sinkt. Im Körper wird daher ein pH-Wert von 7,40 ± 0,04 eingeregelt. Maßgeblich daran beteiligt ist das H_2CO_3-HCO_3^--Gleichgewicht. Die effektive Pufferung ist notwendig, weil in vielen Stoffwechselprozessen Säuren gebildet werden. Ein Beispiel ist Milchsäure, die beim anaeroben Abbau von Glucose im Muskel entsteht. Zudem entsteht bei der Zellatmung kontinuierlich Kohlenstoffdioxid, das sowohl durch Hämoglobin als auch im Blutplasma transportiert wird und dabei den pH-Wert des Blutes senkt.

M5 Ionenkonzentrationen am Axon

Ort	Na^+	K^+	Cl^-
innerhalb der Zelle	12	150	4
außerhalb der Zelle	144	4	115
zum Vergleich: Meerwasser	469	10	546

Angaben in $mmol \cdot l^{-1}$

M7 Nervenzellen als galvanische Zelle

In allen Gewebetypen unterscheidet sich die Konzentration der Ionen in den Zellen von ihrer Konzentration in der Gewebeflüssigkeit. Damit wird jede Zellmembran im Prinzip zum Separator zweier galvanischer Zellen, und es kann daher an jeder Zellmembran eine elektrische Spannung gemessen werden. Besondere Bedeutung hat diese als Ruhepotential bezeichnete Spannung bei Sinnes- und Nervenzellen. Der Wert des Ruhepotentials beträgt –40 bis –70 mV.

Kleinste lokale Veränderungen der Konzentration der Na^+-Ionen rufen eine Potentialänderung hervor. Diese bewirkt in den Zellmembranen der Nervenzellfortsätze (Axone) bei Überschreiten des Schwellenwerts das Entstehen eines Aktionspotentials. Der Spannungswert steigt dabei auf etwa +40 mV.

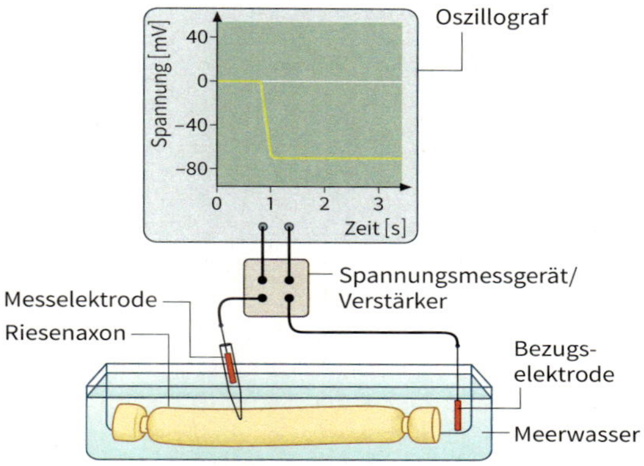

Potentialberechnung: $E = E^0 + \frac{0{,}059\,V}{z} \cdot \lg \frac{c(Ox)}{c(Red)}$

Für Konzentrationszellen vereinfacht sich der Term:

$E = \frac{0{,}059\,V}{z} \cdot \lg \frac{c_1}{c_2}$ mit $c_1 > c_2$ (für Cl^-: $c_1 < c_2$)

Durch die Bezugselektrode im Außenmedium ergibt sich das Membranpotential als

$E(Membran) = E(K^+) - E(Na^+) - E(Cl^-)$.

M6 Änderungen der Ionenkonzentrationen

	Situation A			Situation B			Situation C		
Ort	Na^+	K^+	Cl^-	Na^+	K^+	Cl^-	Na^+	K^+	Cl^-
innerhalb der Zelle	12	130	4	48	150	4	12	150	20
außerhalb der Zelle	144	20	115	103	4	115	144	4	99

Angaben in $mmol \cdot l^{-1}$

Thema 7 Chemie im Mund

Karies ist eine Volkskrankheit. Nur nur knapp zwei Prozent der Erwachsenen haben ein kariesfreies Gebiss. Fast die Hälfte aller Kinder bis 10 Jahren besitzt mindestens einen kariösen Zahn.

Aufgaben zur Bearbeitung des Themas

1 Entstehung von Karies

a) Beschreiben Sie die Entstehung von Karies anhand von **M1** und unter Anwendung Ihrer Kenntnisse zum chemischen Gleichgewicht sowie zu Protolysegleichgewichten. Erläutern Sie in diesem Zusammenhang die Rolle des Kohlensäure-Hydrogencarbonatpuffers im Speichel. Formulieren Sie die Reaktionsgleichung für die Gleichgewichtsreaktion.

b) Erklären Sie, weshalb eine Remineralisierung des Zahnschmelzes nur in geringem Ausmaß möglich ist. Bedenken Sie hierzu den pK_B-Wert des Phosphat-Ions (PO_4^{3-}) von 1,68.

2 Vielfalt der Füllmaterialien

a) Werten Sie die Angaben in **M3** aus (Partner A: Amalgam; Partner B: Gold; Partner C: Composite) und beurteilen Sie die Verwendbarkeit der Materialien als Füllmaterial zur Beseitigung kariöser Stellen.

b) Erklären Sie die in **M2** beschriebenen Befunde (Partner A: Gold-Amalgam; Partner B: Stanniolpapier-Gold) durch Angabe der entsprechenden Teilgleichungen für Oxidation und Reduktion. Fertigen Sie jeweils eine Skizze des entstehenden Lokalelements an und geben Sie die Polung jeweils an. Stellen Sie sich gegenseitig Ihre Ergebnisse vor.

3 Compositfüllungen reagieren im Zahn

a) Formulieren Sie den Reaktionsmechanismus für die Polymerisation des Compositkunststoffs aus dem Monomer HEMA (2-Hydroxyethylmethacrylat) mit TEMPO als Radikalstarter (**M4**). Geben Sie an, zu welcher Klasse der Kunststoff zählt und warum man bifunktionelle Comonomer-Moleküle zusetzt.

b) Entwickeln Sie eine Hypothese, warum man zum Anätzen der Oberfläche vor dem Anbringen einer Compositefüllung Phosphorsäure benutzt, bei der Infiltration jedoch Salzsäure (**M1** und **M6**).

4 Fluoride in der Zahncreme

a) Beschreiben Sie den Aufbau eines Olaflur-Moleküls (**M5**) und erläutern Sie die genannten Eigenschaften von Olaflur unter Berücksichtigung von Struktur-Eigenschafts-Beziehungen. Skizzieren Sie dazu die Anordnung der Olaflur-Moleküle auf der Zahnoberfläche.

b) In einigen Ländern wird auch das Trinkwasser mit Fluoriden versetzt (**M7**). Diskutieren Sie diese Maßnahme auch durch geeignete Berechnungen zur empfohlenen täglichen Fluoridzufuhr.

M1 Ein Angriff auf den Zahnschmelz

Der Zahnschmelz ist die härteste Substanz des menschlichen Körpers. Er besteht zu 95 % aus *Hydroxylapatit* $Ca_{10}(PO_4)_6(OH)_2$. Es liegt folgendes Gleichgewicht vor:

$$Ca_{10}(PO_4)_6(OH)_2(s) \rightleftharpoons 10\ Ca^{2+}(aq) + 6\ PO_4^{3-} + 2\ OH^-(aq)$$

Den Abbau von Zahnschmelz bezeichnet man als Karies. Ursache sind Säuren, die mit der Nahrung aufgenommen werden oder durch den Stoffwechsel der Bakterien im Plaque im Mund entstehen. Fällt der pH-Wert des Speichels unter 5,5, droht Karies. Zahnschmelz wird vom Körper nur einmal gebildet, nämlich bei der Entwicklung der Zähne selbst. Daher ist eine Reparatur von Zahnschmelzschäden auf natürlichem Wege nur in engen Grenzen möglich.

M2 Eine Batterie im Mund?

Autsch, das tat weh. Ein zuckender Schmerz geht vom Zahn aus. Der Grund: Eine Batterie im Mund. Diese entsteht, wenn beispielsweise eine Goldkrone mit einer Füllung aus Amalgam in Berührung kommt. Zwischen Krone und der quecksilberhaltigen Amalgamfüllung fließt dann ein Strom, der die Schmerzreaktion auslöst. Häufig reichen schon mehrere nebeneinander liegende Amalgamfüllungen. Diese unterscheiden sich in ihrem Gehalt an Quecksilber, sodass dort auch eine Stromschlag erfolgen kann.

Das gleiche Prinzip liegt vor, wenn man mit einer Amalgamfüllung auf ein Stanniolpapier beißt. Stanniolpapier ist Papier mit einer sehr dünnen Folie aus Zinn. Es wurde zum Einwickeln von Bonbons verwendet. Heute nutzt man eine dünne Alufolie anstelle des teureren Zinns. Der Schmerz ist aber derselbe.

M3 Materialien für Zahnfüllungen

Amalgam	Composite	Dentalgold
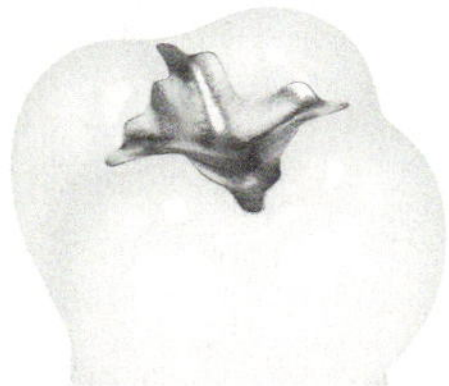	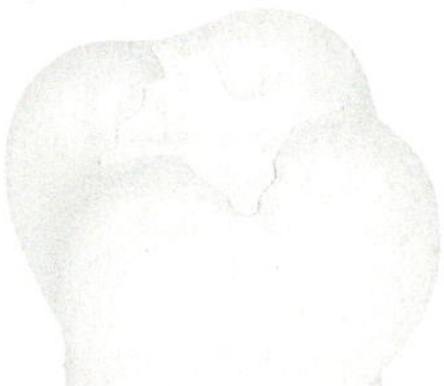	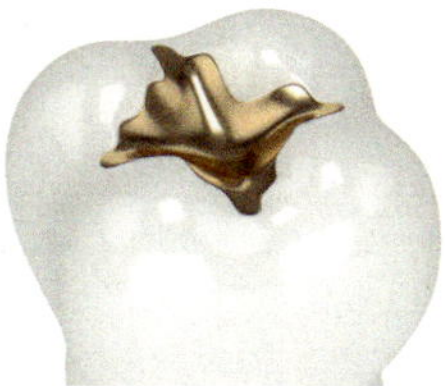
silbrig glänzende Legierung aus Silber, Zinn und Kupfer sowie geringen Mengen an Quecksilber (maximal 3 %), Zink, Indium, Platin oder Palladium sehr fest und haltbar, leicht zu verarbeiten, korrosionsbeständig, preiswert Hg^{2+}-Ionen im Speichel nachweisbar (bis zu 5 μg · l^{-1}) Grenzwert für Trinkwasser: 1 μg · l^{-1}	weißlich, verschiedene Farbtöne passend zur Zahnfarbe möglich Zusammensetzung: 20 % organische Phase aus Kunststoffmonomeren und Hilfsmitteln, 80 % anorganische Phase mit Pigmenten und Füllstoffen, mäßige Haltbarkeit und Festigkeit, preiswert, leicht zu verarbeiten schrumpft beim Auspolymersieren	gelbe glänzende Legierung aus 55 – 95 % Gold und geringen Mengen an Silber, Kupfer, Platin, Palladium oder Zink sehr fest, sehr haltbar, korrosionsbeständig, unempfindlich gegenüber sauren Lösungen, durch Zinkzusatz wenig empfindlich gegen Schwefeleinwirkungen aus Proteinen, teuer, wird als genaue Form gegossen

M4 Edukte für Composite

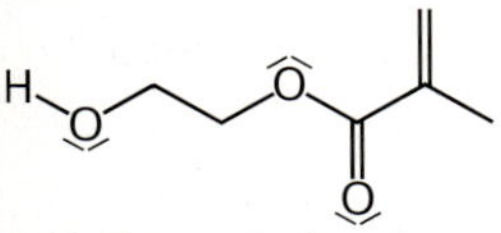

2-Hydroxyethylmethacrylat (HEMA)

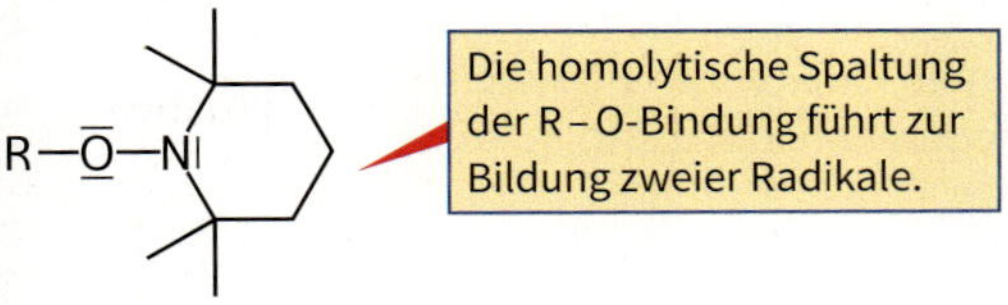

2,2,6,6-Tetramethylpiperidinyoxyl (TEMPO)

M5 Olaflur

Anstelle anorganischer Fluoridverbindungen wie Natriumfluorid wird einigen Zahncremes Olaflur zugegeben.

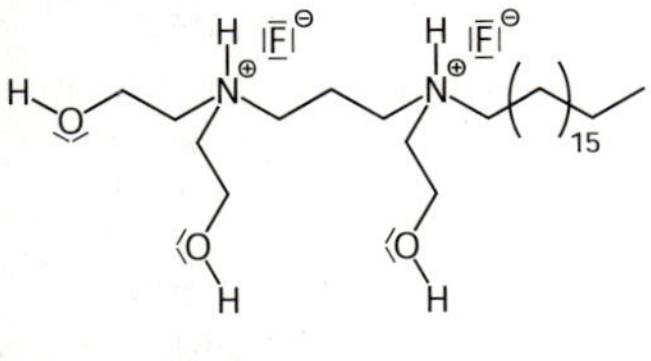

Eigenschaften:
- F^--Ionen werden leichter freisetzt,
- gute Haftung an der überwiegend negativ geladenen Schmelzoberfläche des Zahnes,
- Herabsetzung der Benetzung der Zahnoberfläche mit Speichel; dadurch längere Haftung auf der Zahnoberfläche.

M6 Infiltration gegen Karies

Oberflächliche Kariesdefekte mit ersten porösen Stellen im Zahnschmelz bohrt man nicht aus, denn der Schaden würde unverhältnismäßig größer werden. In diesen Fällen kann Karies durch die Infiltrationstechnik gestoppt werden. Der Zahnschmelz muss für die Behandlung an der Oberfläche so porös sein, dass flüssiger Kunststoff in die kariöse Stelle eindringen kann. Dazu wird mit 15 %iger Salzsäure der Zahnschmelz angeätzt und zweimal infiltriert, indem flüssiger Kunststoff auf die Stelle aufgebracht und durch Belichtung polymerisiert wird. Der ausgehärtete Kunststoff bildet für Säuren und Zucker eine undurchlässige Barriere.

M7 Fluoride härten den Zahnschmelz

Viele Zahnpflegeprodukte enthalten Fluoride. Die F^--Ionen darin ersetzen die OH^--Ionen im Hydroxylapatit. Das entstehende Fluoroapatit ist in sauren Lösungen nicht löslich. Die gleiche Härtung des Zahnschmelzes zur Vorbeugung von Karies versucht man durch die Verwendung von Fluoriden in Zahncremes, in Speisesalz und sogar im Trinkwasser zu erreichen. Überdosierungen führen zu Verfärbungen an den Zähnen (Zahnfluorose) und zur Änderung der Schmelzstruktur, die die Härte verringern. Fluoridhaltige Zahncremes dürfen maximal 1500 ppm F^--Ionen bezogen auf die Masse nicht überschreiten, Trinkwasser nicht mehr als 1,5 mg · l^{-1}. Eine zugeführte Menge von 1 mg F^--Ionen pro Tag gilt heute als optimale Kariesprophylaxe.

Thema 8 Lebensmittel haltbar gemacht – Konservierungsstoffe

Viele Nahrungsmittel sind von Verderbnis bedroht, denn die darin enthaltenen Nährstoffe sind ein „gefundenes Fressen“ für viele Mikroorganismen wie Schimmelpilze und Bakterien. Diese wachsen und vermehren sich besonders gut unter feuchtwarmen Bedingungen. Um Nahrungsmittel vor der Verderbnis zu schützen und länger haltbar zu machen, nutzen Menschen schon seit mehreren tausend Jahren verschiedene Verfahren der Konservierung. Aber nicht nur Lebensmittel werden konserviert, auch Kosmetika enthalten Konservierungsstoffe.

Aufgaben zur Bearbeitung des Themas

1 Benzoesäure als Konservierungsmittel

a) Erklären Sie die Unterschiede in den Löslichkeiten von Benzoesäure in den verschiedenen Medien (**M1**) anhand der Struktur der Moleküle.

b) Mit Essig sauer eingelegtes Gemüse oder eingelegter Fisch werden häufig zusätzlich mit Natriumbenzoat konserviert. Begründen Sie diese Wahl des Natriumsalzes der Benzoesäure anstelle der Benzoesäure mithilfe der Angaben aus **M1** und **M2** und Ihrer Kenntnisse über Protolysegleichgewichte. Erklären Sie auch die Bedeutung des Essigs, den man erst nach der Konservierung der Lebensmittel zugibt.

c) Berechnen Sie die Standardbildungsenthalpie für Benzoesäure aus experimentellen Daten (**M3**). Ermitteln Sie dazu zunächst die Reaktionsenthalpie für die vollständige Verbrennung. Skizzieren Sie den Aufbau eines für den Versuch geeigneten Kalorimeters.

2 Vitamin C konserviert auf natürliche Weise

a) Begründen Sie mithilfe der Strukturformeln in **M4** und anhand von Oxidationszahlen, dass Vitamin C ein Reduktionsmittel ist.

b) Übernehmen Sie die Reaktionsgleichungen aus **M5** und ergänzen Sie die stöchiometrischen Faktoren. Geben Sie an, welche Art von Reaktion bei der Bildung des Oxidationsmittels vorliegt. Begründen Sie.

c) Leiten Sie aus den Reaktionsgleichungen folgende Stoffmengenverhältnisse ab. Partner A: $n(IO_3^-) : n(I_2)$; Partner B: $n(C_6H_8O_6) : n(I_2)$; Partner C: $n(IO_3^-) : n(C_6H_8O_6)$. Diskutieren Sie Ihre Ergebnisse.

d) Berechnen Sie die Masse an Vitamin C in einer Flasche Bier anhand der in **M6** gegebenen Werte. Berechnen Sie, wie viele Flaschen man trinken müsste, um den Tagesbedarf an Vitamin C über den Zusatz im Bier zu decken.

3 Konservierung durch Salze

a) Zeichnen Sie die Strukturformeln von Nitrat- und Nitrit-Ionen (**M7**) und geben Sie Grenzformeln an.

b) Beschreiben Sie, wie Sie in einer Probe Wurst die in **M7** genannten Ionensorten nachweisen könnten.

c) Stellen Sie eine Hypothese auf, nach welcher Reaktion die Nitrosaminbildung erfolgt. Nutzen Sie **M7**.

M1 Benzoesäure und Natriumbenzoat

Verbindung	Benzoesäure	Natriumbenzoat
Formel	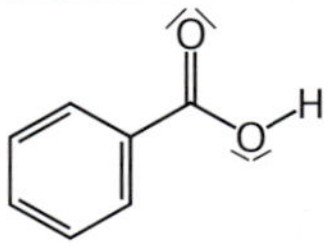	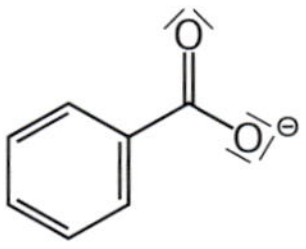
E-Nummer	E 210	E 211
pK_S	4,2	
Löslichkeiten in ...		
Wasser	$3\ g \cdot l^{-1}$	$> 600\ g \cdot l^{-1}$
Aceton (Propanon)	$> 500\ g \cdot l^{-1}$	$0{,}5\ mg \cdot l^{-1}$
alkalischer Lösung	$> 600\ g \cdot l^{-1}$	$> 600\ g \cdot l^{-1}$
saurer Lösung	$2{,}7\ g \cdot l^{-1}$	$2{,}8\ g \cdot l^{-1}$

M2 Konservierende Wirkung von Benzoesäure

Benzoesäure hemmt in sauren Lebensmitteln das Wachstum von Bakterien und Hefepilzen. Nur ungeladene Benzoesäure-Moleküle können durch die Zellmembran hindurch gelangen und in der Zelle den Stoffwechsel der Mikroorganismen so beeinflussen, dass sie sterben.

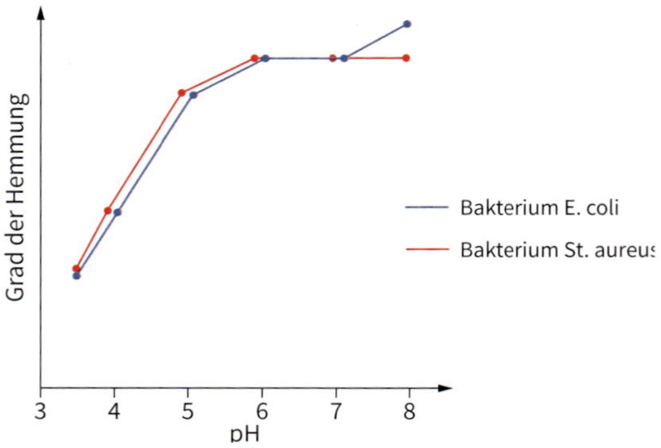

M3 Enthalpie der Verbrennung von Benzoesäure
In einem Verbrennungskalorimeter wird eine kleine Portion Benzoesäure ($m = 0{,}25$ g) vollständig verbrannt. Das Wasser im Kalorimeter ($m = 500$ g) erwärmt sich dabei um 2,75 K. Die Wärmekapazität des Kalorimeters wurde zuvor experimentell bestimmt. Sie beträgt $118\ J \cdot K^{-1}$. Gehen Sie vereinfachend davon aus, dass das bei der Verbrennung entstehende Wasser nach der Reaktion als Gas vorliegt.

M4 Vitamin C
Vitamin C (Ascorbinsäure) wirkt im Stoffwechsel als Antioxidans. Als Lebensmittelzusatz verhindert Vitamin C die Oxidation von Stoffen und bewirkt, dass die Lebensmittel länger frisch aussehen und es nicht so schnell zu unangenehmen Gerüchen kommt.

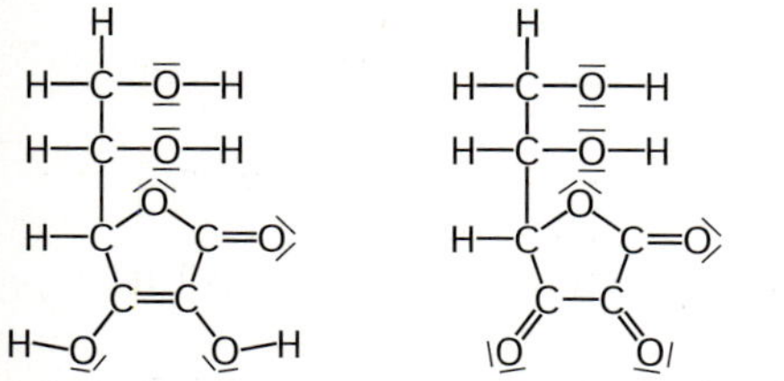

M5 Iodometrische Bestimmung von Vitamin C
Der Gehalt an Vitamin C in einem Lebensmittel kann iodometrisch bestimmt werden. Dabei laufen folgende Reaktionen ab. Achtung, bei den Reaktionsgleichungen fehlen die stöchiometrischen Faktoren.

I. Bildung des Oxidationsmittels:
$IO_3^-(aq) + I^-(aq) + H^+(aq) \rightarrow I_2(aq) + H_2O(l)$

II. Oxidation der Ascorbinsäure:
$C_6H_8O_6(aq) + I_2(aq) \rightarrow C_6H_6O_6(aq) + I^-(aq) + H^+(aq)$

Wissenswertes: Der Name Ascorbinsäure
Unter Seefahrern war bis weit ins 18. Jahrhundert die *Skorbut* eine gefürchtete Krankheit, die mit Zahnausfall und Muskelschwund einherging. Die Suche nach dem „Antiskorbutfaktor" führte schließlich zu Vitamin C-haltigem Obst und Gemüse. Zur damaligen Zeit war die Substanz Vitamin C jedoch noch nicht bekannt, sodass man davon sprach, dass in den Früchten ein Wirkstoff gegen Skorbut – *a scorbutus* – enthalten sei. Der Name Ascorbinsäure leitet sich von diesem Namen ab.

M6 Gehalt an Vitamin C in Bier
Normalerweise enthält Bier kein Vitamin C, da die geringen Mengen dieses Vitamins, die in der Braugerste enthalten sind, beim Brauprozess abgebaut werden. Industriell hergestellten Bieren und besonders Biermischgetränken werden jedoch geringe Mengen an Vitamin C als Antioxidans zugesetzt.

Für die Gehaltsbestimmung durch Iodometrie nimmt man eine Probe Bier ($V = 20$ ml) und verdünnt mit Wasser auf 100 ml. Diese Probelösung wird mit 3 ml Schwefelsäure ($c = 2\ mol \cdot l^{-1}$), 1 ml Kaliumiodidlösung ($c = 2\ mol \cdot l^{-1}$) und 1 ml Stärkelösung versetzt. Mit Kaliumiodatlösung ($c = 3 \cdot 10^{-4}\ mol \cdot l^{-1}$) als Maßlösung wird die Probe bis zur bleibenden Blaufärbung titriert. Es wurden 6,9 ml Maßlösung verbraucht.

M7 Nitrite und Nitrate
Nitrite (NO_2^-)und Nitrate (NO_3^-) werden überwiegend als Konservierungsmittel für Fleisch eingesetzt, da sie zusammen mit Kochsalz über eine antimikrobielle Wirkung verfügen. Das Gemisch aus Kochsalz und Nitriten oder Nitraten bezeichnet man als Nitritpökelsalz. Es soll besonders nichtsterile Fleischerzeugnisse wie Wurstwaren vor dem Verderb durch das Bakterium *Clostridium botulinum* schützen. Nitrate und Nitrite dienen auch dem Erhalt der roten Farbe des Fleisches, damit die Produkte länger frisch erscheinen (Umrötung). Für die Umrötung von Fleisch sind 5 – 20 mg Nitrit pro Kilogramm Fleisch, für die Ausbildung des charakteristischen Pökelgeschmacks 50 mg pro Kilogramm nötig. Antimikrobielle Effekte treten erst auf, wenn man etwa 100 mg Nitrit pro Kilogramm Fleisch zufügt. Nitritpökelsalz ist nur bei Aufnahme größerer Mengen (Grammmaßstäbe) akut toxisch. Weitaus gefährlicher ist die Bildung von Nitrosaminen, die sehr wirksame cancerogene Verbindungen sind. Diese entstehen in saurer Lösung aus Nitrit-Ionen und Amino-Gruppen. Als reaktives Teilchen bildet sich zunächst ein Nitrosyl-Kation (NO^+).

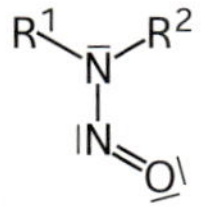

Thema 9 Wie speichert man Ökostrom?

Elektrische Energie wird heute mehr und mehr durch Nutzung erneuerbarer Energieträger bereitgestellt. So betrug der Anteil im Stromsektor 2021 etwa 41 %. Diese umfassende Nutzung erfordert Technologien, die wetterbedingte Schwankungen in der Stromproduktion abfedern und dem Bedarf entsprechend anpassen.

Aufgaben zur Bearbeitung des Projekts:

1 Das Power-to-Gas-Konzept – Energetik und Gleichgewicht

a) Beschreiben Sie das in **M1** dargestellte Schema in einem Fließtext. Stellen Sie das Prinzip des Power-to-Gas-Konzepts heraus und zeigen Sie die Bedeutung der Technologie in Bezug auf **M2** auf.

b) Stellen Sie die Reaktionsgleichungen für die Elektrolyse und die Methanisierung auf und kennzeichnen Sie durch Oxidationszahlen jeweils den Oxidations- und den Reduktionsschritt.

c) Berechnen Sie für die beiden Reaktionen aus b) jeweils die molaren Standardreaktionsenthalpien aus den Werten für die Standardbildungsenthalpien im Anhang des Buches. Bearbeiten Sie jeweils eine Reaktion. Stellen Sie sich gegenseitig die Ergebnisse vor und diskutieren Sie Ihre Lösungswege.

d) Ermitteln Sie für beide Reaktionen die Werte für die molaren Standardreaktionsentropien. Beurteilen Sie den Einfluss der Temperatur auf den Reaktionsablauf unter anderem, indem Sie die Temperatur bestimmen, bei der die molare freie Standardreaktionsenthalpie $\Delta_r G_m^0$ gerade den Wert Null erreicht.

e) Die Methanisierung von Kohlenstoffdioxid aus Aufgabe b) ist eine Gleichgewichtsreaktion, die an Katalysatoren aus Nickel oder Ruthenium bei Temperaturen um 300 °C und unter erhöhtem Druck durchgeführt werden. Bei der Methanisierung wir ständig die Prozesswärme abgeführt. Beurteilen Sie die genannten Reaktionsbedingungen anhand Ihrer Kenntnisse zum chemischen Gleichgewicht. Gehen Sie dabei auch auf die Bedeutung des Katalysators ein.

2 Elektrolyse von Wasser quantitativ betrachtet

a) Zeichnen Sie eine Apparatur der Elektrolyse von Wasser. Erklären Sie, weshalb man dem Wasser kleine Mengen an verdünnter Schwefelsäure zugibt. Stellen Sie die Teilgleichungen für die Elektrodenreaktionen auf.

b) Berechnen Sie mithilfe von **M3** die elektrische Ladung Q, die für die Abscheidung von 1000 l Wasserstoff nötig sind. Ermitteln Sie die erforderliche Stromstärke, damit in einer Stunde jeweils 10 l Wasserstoff gebildet werden können. Gehen Sie vereinfacht von Standardbedingungen aus.

3 Analytik der Gase

a) Um die Effektivität der Methanisierung zu beurteilen, prüft man die Zusammensetzung der Gasgemische vor und nach der Reaktion durch Gaschromatografie. Beschreiben Sie Aufbau und Funktionsweise eines Gaschromatografen mithilfe von **M4.** Erläutern Sie das Trennprinzip.

b) Werten Sie das Gaschromatogramm in **M5** qualitativ sowie quantitativ aus und schätzen Sie daran die Wirksamkeit der Methanisierung ab.

M1 Schema einer Power-to-Gas-Anlage

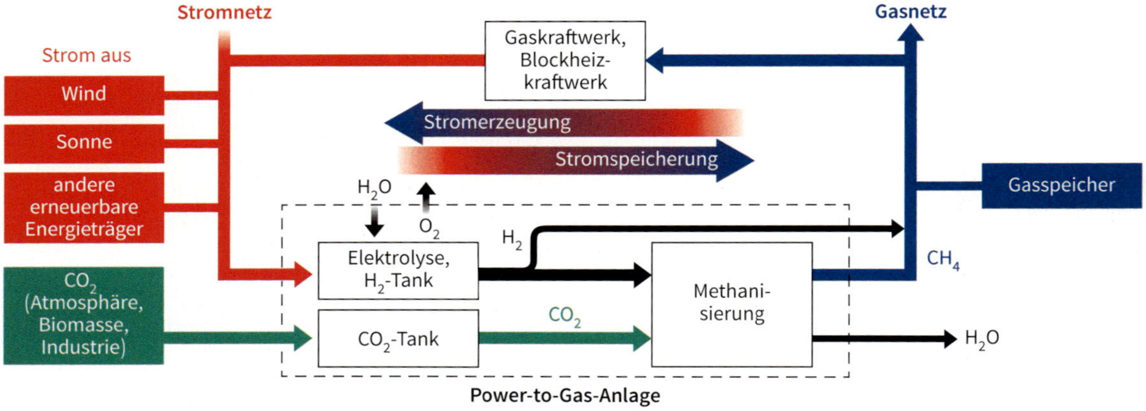

M2 Strombedarf im Tagesgang

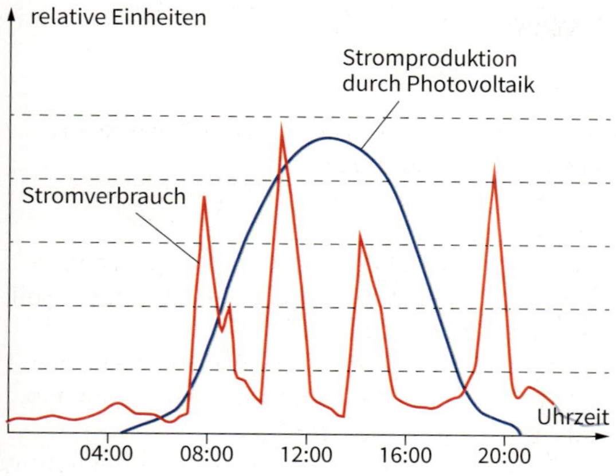

M5 Gaschromatogramm der Methanisierung

In einem Modellversuch wurde die Zusammensetzung der Edukt- und der Produktgasgemische untersucht. Kohlenstoffdioxid und Wasser wurden dabei nicht erfasst.

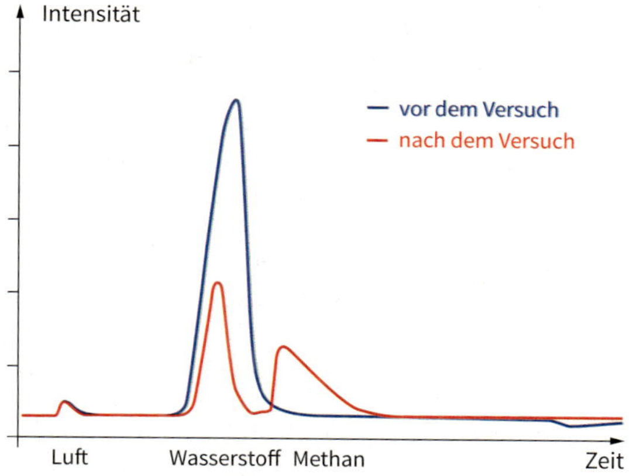

M3 Faradayschen Gesetze

Für technische Elektrolysen ist die Frage nach dem Strombedarf und den abgeschiedenen Massen der Produkte wichtig. Die Faradayschen Gesetze ermöglichen eine Quantifizierung. Sie lauten:

1. Faradaysches Gesetz: Die elektrolytisch abgeschiedenen Stoffmengen n sind proportional zu der durch den Elektrolyten geflossenen Ladung Q. Es gilt zusätzlich: $Q = I \cdot t$

2. Faradaysches Gesetz: Für die Abscheidung von 1 mol Teilchen ist die Ladung 1 mol $\cdot z \cdot F$ erforderlich. Dabei ist z die Zahl der Elektronen, die bei der Abscheidung eines Teilchens an der Elektrode ausgetauscht werden. F ist das Symbol für die Faraday-Konstante; ihr Wert beträgt 96 485 C $\cdot$ mol^{-1} (1 C (1 Coulomb) = 1 A $\cdot$ s).
Für die abgeschiedene Stoffmenge n gilt:
$n = \frac{I \cdot t}{z \cdot F}$ mit I = Stromstärke in A und t = Zeit in s

M4 Aufbau eines Gaschromatografen

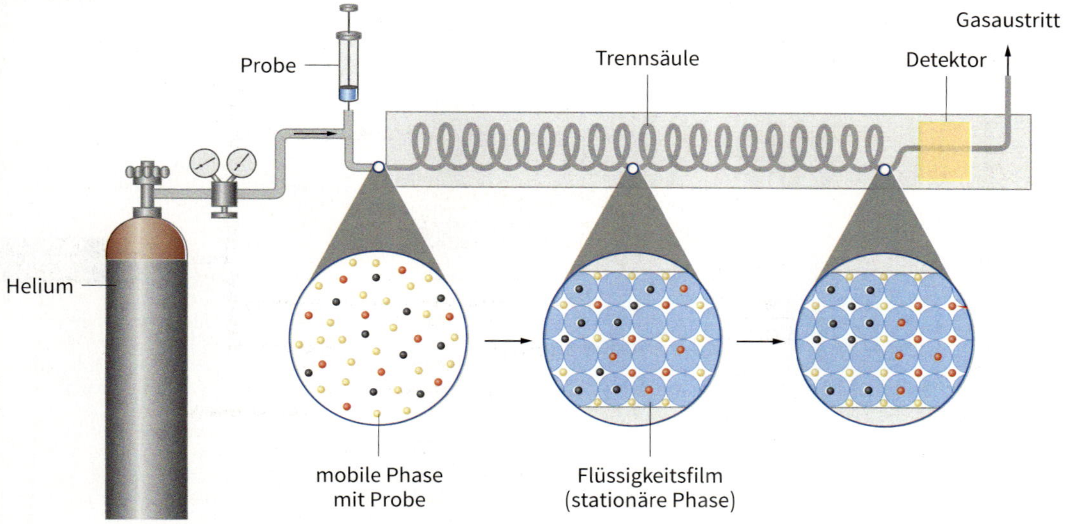

Gefahrenhinweise (H-Sätze)

Physikalische Gefahren

H 200	Instabil, explosiv
H 201	Explosiv, Gefahr der Massenexplosion.
H 202	Explosiv; große Gefahr durch Splitter, Spreng- und Wurfstücke.
H 203	Explosiv; Gefahr durch Feuer, Luftdruck oder Splitter, Spreng- und Wurfstücke.
H 204	Gefahr durch Feuer oder Splitter, Spreng- und Wurfstücke.
H 205	Gefahr der Massenexplosion bei Feuer.
H 220	Extrem entzündbares Gas.
H 221	Entzündbares Gas.
H 222	Extrem entzündbares Aerosol.
H 223	Entzündbares Aerosol.
H 224	Flüssigkeit und Dampf extrem entzündbar.
H 225	Flüssigkeit und Dampf leicht entzündbar.
H 226	Flüssigkeit und Dampf entzündbar.
H 228	Entzündbarer Feststoff.
H 240	Erwärmung kann Explosion verursachen.
H 241	Erwärmung kann Brand oder Explosion verursachen.
H 242	Erwärmung kann Brand verursachen.
H 250	Entzündet sich in Berührung mit Luft von selbst.
H 251	Selbsterhitzungsfähig; kann in Brand geraten.
H 252	In großen Mengen selbsterhitzungsfähig; kann in Brand geraten.
H 260	In Berührung mit Wasser entstehen entzündbare Gase, die sich spontan entzünden können.
H 261	In Berührung mit Wasser entstehen entzündbare Gase.
H 270	Kann Brand verursachen oder verstärken; Oxidationsmittel.
H 271	Kann Brand oder Explosion verursachen; starkes Oxidationsmittel.
H 272	Kann Brand verstärken; Oxidationsmittel.
H 280	Enthält Gas unter Druck; kann bei Erwärmung explodieren.
H 281	Enthält tiefgekühltes Gas; kann Kälteverbrennungen oder -verletzungen verursachen.
H 290	Kann gegenüber Metallen korrosiv sein.

Gesundheitsgefahren

H 300	Lebensgefahr bei Verschlucken.
H 301	Giftig bei Verschlucken.
H 302	Gesundheitsschädlich bei Verschlucken.
H 304	Kann bei Verschlucken und Eindringen in die Atemwege tödlich sein.
H 310	Lebensgefahr bei Hautkontakt.
H 311	Giftig bei Hautkontakt.
H 312	Gesundheitsschädlich bei Hautkontakt.
H 314	Verursacht schwere Verätzungen der Haut und schwere Augenschäden.
H 315	Verursacht Hautreizungen.
H 317	Kann allergische Hautreaktionen verursachen.
H 318	Verursacht schwere Augenschäden.
H 319	Verursacht schwere Augenreizung.
H 330	Lebensgefahr bei Einatmen.
H 331	Giftig bei Einatmen.
H 332	Gesundheitsschädlich bei Einatmen.
H 334	Kann bei Einatmen Allergie, asthmaartige Symptome oder Atembeschwerden verursachen.
H 335	Kann die Atemwege reizen.
H 336	Kann Schläfrigkeit und Benommenheit verursachen.
H 340	Kann genetische Defekte verursachen.
H 341	Kann vermutlich genetische Defekte verursachen.
H 350	Kann Krebs erzeugen.
H 351	Kann vermutlich Krebs erzeugen.
H 360	Kann die Fruchtbarkeit beeinträchtigen oder das Kind im Mutterleib schädigen.
H 360 F	Kann die Fruchtbarkeit beeinträchtigen.
H 360 D	Kann das Kind im Mutterleib schädigen.
H 360 FD	Kann die Fruchtbarkeit beeinträchtigen. Kann das Kind im Mutterleib schädigen.
H 360 Fd	Kann die Fruchtbarkeit beeinträchtigen. Kann vermutlich das Kind im Mutterleib schädigen.
H 360 Df	Kann das Kind im Mutterleib schädigen. Kann vermutlich die Fruchtbarkeit beeinträchtigen.
H 361	Kann vermutlich die Fruchtbarkeit beeinträchtigen oder das Kind im Mutterleib schädigen.
H 361 f	Kann vermutlich die Fruchtbarkeit beeinträchtigen.
H 361 d	Kann vermutlich das Kind im Mutterleib schädigen.
H 361 fd	Kann vermutlich die Fruchtbarkeit beeinträchtigen. Kann vermutlich das Kind im Mutterleib schädigen.
H 362	Kann Säuglinge über die Muttermilch schädigen.
H 370	Schädigt die Organe.
H 371	Kann die Organe schädigen.
H 372	Schädigt die Organe bei längerer oder wiederholter Exposition.
H 373	Kann die Organe schädigen bei längerer oder wiederholter Exposition.

Umweltgefahren

H 400	Sehr giftig für Wasserorganismen.
H 410	Sehr giftig für Wasserorganismen mit langfristiger Wirkung.
H 411	Giftig für Wasserorganismen, mit langfristiger Wirkung.
H 412	Schädlich für Wasserorganismen, mit langfristiger Wirkung.
H 413	Kann für Wasserorganismen schädlich sein, mit langfristiger Wirkung.
H420	Schädigt die öffentliche Gesundheit und die Umwelt durch Ozonabbau in der äußeren Atmosphäre.

EUH-Sätze

EUH 001	In trockenem Zustand explosiv.
EUH 006	Mit und ohne Luft explosionsfähig.
EUH 014	Reagiert heftig mit Wasser.
EUH 018	Kann bei Verwendung explosionsfähige / entzündbare Dampf / Luft-Gemische bilden.
EUH 019	Kann explosionsfähige Peroxide bilden.
EUH 044	Explosionsgefahr bei Erhitzen unter Einschluss.
EUH 029	Entwickelt bei Berührung mit Wasser giftige Gase.
EUH 031	Entwickelt bei Berührung mit Säure giftige Gase.
EUH 032	Entwickelt bei Berührung mit Säure sehr giftige Gase.
EUH 066	Wiederholter Kontakt kann zu spröder oder rissiger Haut führen.
EUH 070	Giftig bei Berührung mit den Augen.
EUH 071	Wirkt ätzend auf die Atemwege.
EUH 201	Enthält Blei. Nicht für den Anstrich von Gegenständen verwenden, die von Kindern gekaut oder gelutscht werden könnten.
EUH 201 A	Achtung! Enthält Blei.
EUH 202	Cyanacrylat. Gefahr. Klebt innerhalb von Sekunden Haut und Augenlider zusammen. Darf nicht in die Hände von Kindern gelangen.
EUH 203	Enthält Chrom(VI). Kann allergische Reaktionen hervorrufen.
EUH 204	Enthält Isocyanate. Kann allergische Reaktionen hervorrufen.
EUH 205	Enthält epoxidhaltige Verbindungen. Kann allergische Reaktionen hervorrufen.
EUH 206	Achtung! Nicht zusammen mit anderen Produkten verwenden, da gefährliche Gase (Chlor) freigesetzt werden können.
EUH 207	Achtung! Enthält Cadmium. Bei der Verwendung entstehen gefährliche Dämpfe. Hinweise des Herstellers beachten. Sicherheitsanweisungen einhalten.
EUH 208	Enthält (Name des sensibilisierenden Stoffes). Kann allergische Reaktionen hervorrufen.
EUH 209	Kann bei Verwendung leicht entzündbar werden.
EUH 209 A	Kann bei Verwendung entzündbar werden.
EUH 210	Sicherheitsdatenblatt auf Anfrage erhältlich.
EUH 401	Zur Vermeidung von Risiken für Mensch und Umwelt die Gebrauchsanleitung einhalten.

Sicherheitshinweise (P-Sätze)

Allgemeines

P 101	Ist ärztlicher Rat erforderlich, Verpackung oder Kennzeichnungsetikett bereithalten.
P 102	Darf nicht in die Hände von Kindern gelangen.
P 103	Vor Gebrauch Kennzeichnungsetikett lesen.

Prävention

P 201	Vor Gebrauch besondere Anweisungen einholen.
P 202	Vor Gebrauch alle Sicherheitshinweise lesen und verstehen.
P 210	Von Hitze / Funken / offener Flamme / heißen Oberflächen fernhalten. Nicht rauchen.
P 211	Nicht gegen offene Flamme oder andere Zündquelle sprühen.
P 220	Von Kleidung / … / brennbaren Materialien fernhalten / entfernt aufbewahren.
P 221	Mischen mit brennbaren Stoffen / … unbedingt verhindern.
P 222	Kontakt mit Luft nicht zulassen.
P 223	Kontakt mit Wasser wegen heftiger Reaktion und möglichem Aufflammen unbedingt verhindern.
P 230	Feucht halten mit …
P 231	Unter inertem Gas handhaben.
P 232	Vor Feuchtigkeit schützen.
P 233	Behälter dicht verschlossen halten.
P 234	Nur im Originalbehälter aufbewahren.
P 235	Kühl halten.
P 240	Behälter und zu befüllende Anlage erden.
P 241	Explosionsgeschützte elektrische Betriebsmittel / Lüftungsanlagen / Beleuchtung / … verwenden.
P 242	Nur funkenfreies Werkzeug verwenden.
P 243	Maßnahmen gegen elektrostatische Aufladungen treffen.
P 244	Druckminderer frei von Fett und Öl halten.
P 250	Nicht schleifen / stoßen / … / reiben.
P 251	Behälter steht unter Druck: Nicht durchstechen oder verbrennen, auch nicht nach der Verwendung.
P 260	Staub / Rauch / Gas / Nebel / Dampf / Aerosol nicht einatmen.
P 261	Einatmen von Staub / Rauch / Gas / Nebel / Dampf / Aerosol vermeiden.
P 262	Nicht in die Augen, auf die Haut oder auf die Kleidung gelangen lassen.
P 263	Kontakt während der Schwangerschaft / und der Stillzeit vermeiden.
P 264	Nach Gebrauch … gründlich waschen.
P 270	Bei Gebrauch nicht essen, trinken oder rauchen.
P 271	Nur im Freien oder in gut belüfteten Räumen verwenden.
P 272	Kontaminierte Arbeitskleidung nicht außerhalb des Arbeitsplatzes tragen.
P 273	Freisetzung in die Umwelt vermeiden.
P 280	Schutzhandschuhe / Schutzkleidung / Augenschutz / Gesichtsschutz tragen.
P 281	Vorgeschriebene persönliche Schutzausrüstung verwenden.
P 282	Schutzhandschuhe / Gesichtsschild / Augenschutz mit Kälteisolierung tragen.
P 283	Schwer entflammbare / flammhemmende Kleidung tragen.
P 284	Atemschutz tragen.
P 285	Bei unzureichender Belüftung Atemschutz tragen.
P 231 + P 232	Unter inertem Gas handhaben. Vor Feuchtigkeit schützen.
P 235 + P 410	Kühl halten. Vor Sonnenbestrahlung schützen.

Reaktion

P 301	Bei Verschlucken:
P 302	Bei Berührung mit der Haut:
P 303	Bei Berührung mit der Haut (oder dem Haar):
P 304	Bei Einatmen:
P 305	Bei Kontakt mit den Augen:
P 306	Bei kontaminierter Kleidung:
P 307	Bei Exposition:
P 308	Bei Exposition oder falls betroffen:
P 309	Bei Exposition oder Unwohlsein:
P 310	Sofort Giftinformationszentrum oder Arzt anrufen.
P 311	Giftinformationszentrum oder Arzt anrufen.
P 312	Bei Unwohlsein Giftinformationszentrum oder Arzt anrufen.
P 313	Ärztlichen Rat einholen / ärztliche Hilfe hinzuziehen.
P 314	Bei Unwohlsein ärztlichen Rat einholen / ärztliche Hilfe hinzuziehen.
P 315	Sofort ärztlichen Rat einholen / ärztliche Hilfe hinzuziehen.
P 320	Besondere Behandlung dringend erforderlich (siehe … auf diesem Kennzeichnungsetikett).
P 321	Besondere Behandlung (siehe … auf diesem Kennzeichnungsetikett).
P 322	Gezielte Maßnahmen (siehe … auf diesem Kennzeichnungsetikett).
P 330	Mund ausspülen.
P 331	Kein Erbrechen herbeiführen.
P 332	Bei Hautreizung:
P 333	Bei Hautreizung oder -ausschlag:
P 334	In kaltes Wasser tauchen / nassen Verband anlegen.
P 335	Lose Partikel von der Haut abbürsten.
P 336	Vereiste Bereiche mit lauwarmem Wasser auftauen. Betroffenen Bereich nicht reiben.
P 337	Bei anhaltender Augenreizung:
P 338	Eventuell vorhandene Kontaktlinsen nach Möglichkeit entfernen. Weiter ausspülen.
P 340	Die betroffene Person an die frische Luft bringen und in einer Position ruhigstellen, die das Atmen erleichtert.
P 341	Bei Atembeschwerden an die frische Luft bringen und in einer Position ruhigstellen, die das Atmen erleichtert.
P 342	Bei Symptomen der Atemwege:
P 350	Behutsam mit viel Wasser und Seife waschen.
P 351	Einige Minuten lang behutsam mit Wasser ausspülen.
P 352	Mit viel Wasser und Seife waschen.
P 353	Haut mit Wasser abwaschen / duschen.
P 360	Kontaminierte Kleidung und Haut sofort mit viel Wasser abwaschen und danach Kleidung ausziehen.
P 361	Alle kontaminierten Kleidungsstücke sofort ausziehen.
P 362	Kontaminierte Kleidung ausziehen und vor erneutem Tragen waschen.
P 363	Kontaminierte Kleidung vor erneutem Tragen waschen.
P 370	Bei Brand:
P 371	Bei Großbrand und großen Mengen:
P 372	Explosionsgefahr bei Brand.
P 373	Keine Brandbekämpfung, wenn das Feuer explosive Stoffe / Gemische / Erzeugnisse erreicht.
P 374	Brandbekämpfung mit üblichen Vorsichtsmaßnahmen aus angemessener Entfernung.
P 375	Wegen Explosionsgefahr Brand aus der Entfernung bekämpfen.
P 376	Undichtigkeit beseitigen, wenn gefahrlos möglich.
P 377	Brand von ausströmendem Gas: Nicht löschen, bis Undichtigkeit gefahrlos beseitigt werden kann.
P 378	… zum Löschen verwenden.
P 380	Umgebung räumen.
P 381	Alle Zündquellen entfernen, wenn gefahrlos möglich.
P 390	Verschüttete Mengen aufnehmen, um Materialschäden zu vermeiden.
P 391	Verschüttete Mengen aufnehmen.
P 301 + P 310	Bei Verschlucken: Sofort Giftinformationszentrum oder Arzt anrufen.
P 301 + P 312	Bei Verschlucken: Bei Unwohlsein Giftinformationszentrum oder Arzt anrufen.

P 301 + P 330 + P 331	Bei Verschlucken: Mund ausspülen. Kein Erbrechen herbeiführen.
P 302 + P 334	Bei Kontakt mit der Haut: In kaltes Wasser tauchen / nassen Verband anlegen.
P 302 + P 350	Bei Kontakt mit der Haut: Behutsam mit viel Wasser und Seife waschen.
P 302 + P 352	Bei Kontakt mit der Haut: Mit viel Wasser und Seife waschen.
P 303 + P 361 + P 353	Bei Kontakt mit der Haut (oder dem Haar): Alle beschmutzten, getränkten Kleidungsstücke sofort ausziehen. Haut mit Wasser abwaschen / duschen.
P 304 + P 340	Bei Einatmen: An die frische Luft bringen und in einer Position ruhigstellen, die das Atmen erleichtert.
P 304 + P 341	Bei Einatmen: Bei Atembeschwerden an die frische Luft bringen und in einer Position ruhigstellen, die das Atmen erleichtert.
P 305 + P 351 + P 338	Bei Kontakt mit den Augen: Einige Minuten lang behutsam mit Wasser spülen. Vorhandene Kontaktlinsen nach Möglichkeit entfernen. Weiter spülen.
P 306 + P 360	Bei Kontakt mit der Kleidung: Kontaminierte Kleidung und Haut sofort mit viel Wasser abwaschen und danach Kleidung ausziehen.
P 307 + P 311	Bei Exposition: Giftinformationszentrum oder Arzt anrufen.
P 308 + P 313	Bei Exposition oder falls betroffen: Ärztlichen Rat Einholen / ärztliche Hilfe hinzuziehen.
P 309 + P 311	Bei Exposition oder Unwohlsein: Giftinformationszentrum oder Arzt anrufen.
P 332 + P 313	Bei Hautreizung: Ärztlichen Rat einholen / ärztliche Hilfe hinzuziehen.
P 333 + P 313	Bei Hautreizung oder -ausschlag: Ärztlichen Rat einholen / ärztliche Hilfe hinzuziehen.
P 335 + P 334	Lose Partikel von der Haut abbürsten. In kaltes Wasser tauchen / nassen Verband anlegen.
P 337 + P 313	Bei anhaltender Augenreizung: Ärztlichen Rat einholen / ärztliche Hilfe hinzuziehen.
P 342 + P 311	Bei Symptomen der Atemwege: Giftinformationszentrum oder Arzt anrufen.
P 370 + P 376	Bei Brand: Undichtigkeit beseitigen, wenn gefahrlos möglich.
P 370 + P 378	Bei Brand: … zum Löschen verwenden.
P 370 + P 380	Bei Brand: Umgebung räumen.
P 370 + P 380 + P 375	Bei Brand: Umgebung räumen. Wegen Explosionsgefahr Brand aus der Entfernung bekämpfen.
P 371 + P 380 + P 375	Bei Großbrand und großen Mengen: Umgebung räumen. Wegen Explosionsgefahr Brand aus der Entfernung bekämpfen.

Aufbewahrung

P401	… aufbewahren.
P402	An einem trockenen Ort aufbewahren.
P403	An einem gut belüfteten Ort aufbewahren.
P404	In einem geschlossenen Behälter aufbewahren.
P405	Unter Verschluss aufbewahren.
P406	In korrosionsbeständigem / … Behälter mit korrosionsbeständiger Auskleidung aufbewahren.
P407	Luftspalt zwischen Stapeln / Paletten lassen.
P410	Vor Sonnenbestrahlung schützen.
P411	Bei Temperaturen von nicht mehr als … °C / … aufbewahren.
P412	Nicht Temperaturen von mehr als 50 °C aussetzen.
P413	Schüttgut in Mengen von mehr als … kg bei Temperaturen von nicht mehr als … °C aufbewahren
P420	Von anderen Materialien entfernt aufbewahren.
P422	Inhalt in / unter … aufbewahren
P402 + P404	In einem geschlossenen Behälter an einem trockenen Ort aufbewahren.
P403 + P233	Behälter dicht verschlossen an einem gut belüfteten Ort aufbewahren.
P403 + P235	Kühl an einem gut belüfteten Ort aufbewahren.
P410 + P403	Vor Sonnenbestrahlung geschützt an einem gut belüfteten Ort aufbewahren.
P410 + P412	Vor Sonnenbestrahlung schützen und nicht Temperaturen von mehr als 50 °C aussetzen.
P411 + P235	Kühl und bei Temperaturen von nicht mehr als … °C aufbewahren.

Entsorgung

P501	Inhalt / Behälter … zuführen.

Stoffliste

Die Daten in der Stoffliste stammen von den gängigen Inverkehrbringern. Nichtkommerziell erhältliche Lösungen und Zubereitungen wurden von der GBK Gefahrgut Büro GmbH, Ingelheim auf Grundlage der verfügbaren Daten eingestuft. Alle Daten wurden geprüft und überarbeitet.

Die neue CLP-Verordnung erlaubt den Inverkehrbringern über die Mindesteinstufung (Anhang 6, Tabelle 3.1 der Verordnung (EU) Nr. 286/2011) hinaus abweichende Einstufungen aufgrund eigener Tests oder Klassifizierungen zu vergeben. Die Gebindekennzeichnungen verschiedener Inverkehrbringer können daher untereinander und von den hier vorliegenden Daten abweichen.

Haftungsausschluss: Trotz sorgfältiger Prüfung ist es möglich, dass bei der Zusammenstellung Fehler aufgetreten sind. Die gegebenen Daten sind daher von jeder Lehrkraft zu prüfen.

Hinweis: Der Zusatz (R) in der ersten Spalte weist auf ein Rezept zur Herstellung der betreffenden Lösung in der Tabelle „Reagenzlösungen" hin. Das Zeichen X in der letzten Spalte zeigt an, dass die Entsorgung der konkreten Situation angepasst werden muss.

Stoff	GHS-Piktogramme H-Sätze			Signalwort	Sicherheitssymbole, Entsorgungssymbole
Aceton siehe Propanon					
Alizarin	H302 H319			Achtung	3
Aluminiumchlorid	H314			Gefahr	1
Aluminiumchloridlösung 1 %	H319			Gefahr	1
Aluminiumgries	H228, H261			Gefahr	
Ammoniaklösung 1 % ≤ w < 3 %	H315 H318			Gefahr	
Ammoniaklösung 3 % ≤ w < 5 %	H315 H318			Gefahr	1
Ammoniaklösung w ≥ 5 %	H314	H335	H400	Gefahr	1
Ammoniumchlorid	H302 H319			Achtung	
Ammoniumchloridlösung	H302 H319			Achtung	
Ammoniumthiocyanat	H318	H312+H332+ H332	H412	Gefahr	1
Äpfelsäure	H319			Achtung	1
Baeyer-Reagenz (R)	H319	H412		Achtung	2
Bariumhydroxid-Octahydrat	H314	H302, H332		Gefahr	2
1-Brombutan	H225	H315, H319, H335	H411	Gefahr	4
2-Brombutan	H225	H412		Gefahr	4

Stoff	GHS-Piktogramme H-Sätze				Signalwort	Sicherheitssymbole, Entsorgungssymbole
Bromlösung $w = 0{,}1\,\%$ in Heptan	H225	H315, H336	H304	H410	Gefahr	4
2-Brom-2-methylpropan	H225				Gefahr	4
Bromthymolblaulösung	H225	H319			Gefahr	4
Bromwasser $w < 5\,\%$	H318	H315, H332			Gefahr	X
Butan-1-ol	H226	H318	H302, H315, H335, H336		Gefahr	3
Butan-2-ol	H226	H319, H335, H336			Achtung	3
Butansäure (Buttersäure)	H314	H302			Gefahr	3
Butylethanoat	H226	H336			Achtung	3
Calciumchlorid	H319				Achtung	
Calciumchloridlösung $c = 1{,}0\ mol \cdot l^{-1}$	H319				Achtung	
Calciumhydroxid	H318	H315, H335			Gefahr	1
ε-Caprolactam	H302 + H332, H315, H319, H335				Achtung	3
Citronensäure	H319				Achtung	3
Cumolhydroperoxidlösung $w = 80\,\%$ in Cumol	H242	H314	H302 + H312, H331	H373	Gefahr	3
Cyclohexen	H225	H302	H304	H411	Gefahr	3
1,6-Diaminohexan	H314	H302, H312, H335			Gefahr	3
Dimethylbenzol (Xylol, Isomerengemisch)	H226	H312, H315, H319, H332, H335	H304, H373		Gefahr	3
1,3-Dimethylbenzol (*m*-Xylol)	H226	H312, H315, H319, H332, H335	H304	H412	Gefahr	3
Dimethylgelb $w \geq 0{,}2\,\%$ in Ethanol	H225	H319			Gefahr	3
Eisen (Pulver)	H228				Achtung	
Eisen(III)-chloridlösung $w = 1\,\%$	H290, H318	H302, H315			Gefahr	2
Eisen(III)-chloridlösung $w = 0{,}1\,\%$	H290, H318	H302, H315			Gefahr	2
Eosin	H319				Achtung	4

Stoff	GHS-Piktogramme H-Sätze				Signalwort	Sicherheitssymbole, Entsorgungssymbole
Essigsäure (Eisessig, Ethansäure)	H226	H314			Gefahr	1
Essigsäure (Ethansäure), 25 % ≤ w < 90 %	H314				Gefahr	1
Essigsäure (Ethansäure), 10 % ≤ *w* < 25 %	H315, H319				Achtung	
Essigsäureanhydrid (Ethansäureanhydrid)	H226	H314	H302, H332, H335		Gefahr	X
Ethan-1,2-diol (Ethylenglykol)	H302	H373			Achtung	3
Ethanol	H225	H319			Gefahr	3
Ethylethanoat (Essigsäureethylester)	H225	H319, H336			Gefahr	3
Ethylmethanoat (Essigsäuremethylester)	H225	H319, H336			Gefahr	3
n-Heptan	H225	H315, H336	H304	H410	Gefahr	3
Hexandisäuredichlorid (Adipinsäuredichlorid)	H314	EUH044			Gefahr	X
Indigo	H315, H319, H335				Achtung	3
Iodethan	H226	H302, H315, H319, H335			Gefahr	4
Iod-Kaliumiodidlösung	H373				Achtung	4
Kaliumhydroxidlösung (Kalilauge), *w* ≥ 2 %	H314	H302			Gefahr	1
Kaliumhydroxidlösung (alkoholisch, $c = 0{,}1 \cdot l^{-1}$)	H225	H314	H315		Gefahr	2
Kaliumpermanganat	H272	H314	H302	H361d, H373	Gefahr	2
	H410					
Kaliumpermanganatlösung $c = 0{,}02\ mol \cdot l^{-1}$	H411				–	2
Kalkwasser (R)	H314, H318				Gefahr	
Kohlenstoffdioxid	H280				Achtung	
Kupfer (Pulver)	H228	H410			Gefahr	
Kupfer(II)-sulfat	H318	H302, H315	H410		Gefahr	2
Kupfer(II)-sulfatlösung $c = 0{,}1\ mol \cdot l^{-1}$	H411					2

Stoff	GHS-Piktogramme H-Sätze				Signalwort	Sicherheitssymbole, Entsorgungssymbole
Kupfer(II)-sulfatlösung, $w \geq 10\,\%$	H315, H319	H411			Achtung	2
Magnesium (Band)	H228, H261				Gefahr	X
Mangan(II)-chlorid	H302	H411			Achtung	2
Mangandioxid (Braunstein)	H302+H332	H373			Gefahr	2
Methanol	H225	H301, H311, H331	H370		Gefahr	3
Methylorangelösung $w = 0{,}1\,\%$ in Ethanol	H225	H319			Gefahr	3
2-Methylpropan-2-ol (*tert*-Butanol)	H225	H315, H319, H332			Gefahr	3
Methylrotlösung (0,1 g in 100 ml 90 %igem Ethanol)	H225	H319			Gefahr	3
Milchsäure (2-Hydroxypropansäure)	H315, H318				Gefahr	
Natriumcarbonat (wasserfrei)	H319				Achtung	
Natriumcarbonatlösung $w = 10\,\%$	H319				Achtung	
Natriumdithionit	H251	H302	EUH031		Gefahr	
Natriumhydrogensulfat-lösung $c = 1{,}0\ mol \cdot l^{-1}$	H318				Gefahr	
Natriumhydroxid (Plätzchen)	H314				Gefahr	1
Natriumlaurylsulfat	H228	H318	H302 + H332, H315, H335	H412	Gefahr	3
Natriumnitrat	H272	H319			Achtung	X
Natriumnitratlösung $c = 1{,}0\ mol \cdot l^{-1}$	H302				Achtung	X
Natriumnitritlösung $w \geq 4{,}2\,\%$	H302	H411			Achtung	2
Natriumsulfit	(EUH031)				–	1
Natronlauge, $w \geq 2\,\%$	H314				Gefahr	1
Natronlauge, $0{,}5\,\% \leq w < 2\,\%$	H315, H319				Achtung	1
Oct-1-en	H225	H315, H319	H304	H411	Gefahr	3
Oxalsäure	H318	H302 + H312			Gefahr	1

Stoff	GHS-Piktogramme H-Sätze	Signalwort	Sicherheitssymbole, Entsorgungssymbole
Pentan	H225; H336; H304; H411, EUH066	Gefahr	3
Pentan-1-ol (*n*-Amylalkohol)	H226; H318; H315, H332, H335	Achtung	3
Pentylethanoat	H226	Achtung	3
Phenol	H314; H301, H311, H331; H341, H373; H411	Gefahr	3
Phenolphthaleinlösung, alkoholisch, $w < 0{,}1\,\%$, (R)	H225; H319	Gefahr	
Phosphorsäure $w = 85\,\%$	H290, H314	Gefahr	1
Phthalsäureanhydrid	H318; H302, H315, H317, H334; H335	Gefahr	3
Propanon (Aceton)	H225; H319, H336	Gefahr	3
Propansäure (Propionsäure) $w \geq 25\,\%$	H226; H314; H335	Gefahr	3
Prop-2-en-1-ol	H225; H301, H310, H330; H315, H319, H335; H400, H412	Gefahr	3
Pyrrol	H226; H318; H301, H332	Gefahr	3
Salzsäure, $w \geq 25\,\%$	H314; H335	Gefahr	1
Salzsäure, $10\,\% \leq w < 25\,\%$	H315, H319, H335	Achtung	1
Salzsäure, $w \leq 10\,\%$	H290	Achtung	1
Sauerstoff	H270	Gefahr	
Sauerstoffbleiche	H302, H319	Achtung	X
Schwefel (Pulver)	H228; H315	Achtung	
Schwefelsäure, $w \geq 15\,\%$	H314	Gefahr	1
Schwefelsäure, $5\,\% \leq w < 15\,\%$	H290	Achtung	1
Silbernitratlösung $1\,\% \leq w < 3\,\%$	H315, H319; H412	Achtung	
Silbernitratlösung $w < 1\,\%$	H412	Achtung	
Silberoxid	H271; H318; H410	Gefahr	2
Stearinsäure	H315	Achtung	

Stoff	GHS-Piktogramme H-Sätze				Signalwort	Sicherheitssymbole, Entsorgungssymbole
Styrol (Phenylethen)	H226	H315, H319, H332	H361d, H372		Gefahr	3
Thymolblaulösung $w < 0,1\,\%$ in Ethanol	H225	H319			Gefahr	3
Universalindikatorlösung	H225	H319			Gefahr	3
Waschbenzin	H225	H336	H304	H411	Gefahr	3
Wasserstoff	H220				Gefahr	
Wasserstoffperoxidlösung, $8\,\% \leq w < 35\,\%$	H318				Gefahr	
Wasserstoffperoxidlösung, $5\,\% \leq w < 8\,\%$	H319				Achtung	
Zinkacetat-Dihydrat	H302, H319	H410			Achtung	2
Zinkchlorid	H314	H302	H410		Gefahr	2
Zinkiodidlösung $c = 1\ mol \cdot l^{-1}$	H314	H410			Gefahr	2
Zinkoxid	H410				Achtung	
Zinkpulver, stabilisiert	H410				Achtung	
Zinksulfat-Heptahydrat	H318	H302	H410		Gefahr	2
Zinksulfatlösung $c = 1,0\ mol \cdot l^{-1}$	H318	H411			Gefahr	2
Zinksulfatlösung $c = 0,3\ mol \cdot l^{-1}$	H318	H411			Gefahr	2
Zinksulfatlösung $c = 0,1\ mol \cdot l^{-1}$	H319	H411			Gefahr	2
Zinn(II)-chlorid-Dihydrat	H290	H317, H332, H335	H373	H412	Gefahr	2
Zinn(II)-chloridlösung $w = 1\,\%$	H290	H317, H332, H335	H373	H412	Gefahr	2

Die folgenden Stoffe stellen nach GHS keine gefährlichen Stoffe dar:
AH-Salz (Salz aus Adipinsäure und Hexamethylendiamin), Aktivkohle, Aluminiumblech, Aluminiumfolie, Dinatriumhydrogenphosphat, Eisenblech, Eisen(II)-sulfatlöung ($c = 0{,}1\ mol \cdot l^{-1}$), Eisenwolle, Essig (Speiseessig), Graphitpulver, Graphitstab, Iodlösung ($c = 0{,}025\ mol \cdot l^{-1}$), Kaliumchlorid, Kaliumchloridlösung (gesättigt), Kaliumhexacyanidoferrat(III) (rotes Blutlaugensalz), Kaliumhydrogencarbonalösung, Kaliumiodid, Kaliumiodidlösung, Kaliumnatriumtartrat-Tetrahydrat (Seignette-Salz), Kaliumnitratlösung ($c = 0{,}1\ mol \cdot l^{-1}$), Kupferblech, Kupferspäne, Lackmuslösung, Magnesiumsulfatlösung, Mangansulfatlösung ($c = 0{,}02\ mol \cdot l^{-1}$), Methylrotlösung ($w = 0{,}1\ \%$, wässrig), Natriumacetat, Natriumchlorid, Natriumchloridlösung, Natriumdihydrogenphosphat, Natriumhydrogencarbonat, Natriumsulfitlösung (verdünnt), Natriumthiosulfatlösung (verdünnt), Paraffinöl, Platinblech, Propan-1,2,3-triol (Glycerin), Silberblech, Stärkelösung, Stickstoff, Zinkblech, Zinkgranalien

Reagenzlösungen (Einstufung nach GHS siehe Stoffliste)

Lösung	Rezeptur
Bromwasser:	Gesättigtes Bromwasser mit dem vierfachen Volumen an Wasser verdünnen. *Hinweis:* Die Laborarbeit wird erleichtert, wenn man gesättigtes Bromwasser mit einem Überschuss an Brom vorrätig hält. Man gibt dazu beispielsweise 10 ml Brom auf 200 ml Wasser. Nach Entnahme von Lösung wird dann jeweils nur Wasser nachgefüllt, um den Vorrat zu ergänzen: 10 ml Brom ergeben insgesamt mehr als 750 ml an gesättigter Lösung.
Bromlösung in Heptan:	1 ml Brom in 200 ml Heptan lösen.
Iod-Kaliumiodidlösung:	2 g Kaliumiodid in wenig Wasser vollständig lösen und 1 g Iod zugeben. Nach dem Lösen auf 300 ml auffüllen und in brauner Flasche aufbewahren.
Fehling-Lösung I:	7 g Kupfersulfat ($CuSO_4 \cdot 5\ H_2O$) in 100 ml Wasser lösen.
Fehling-Lösung II:	35 g Kaliumnatriumtartrat (Seignette-Salz) und 10 g Natriumhydroxid in 100 ml Wasser lösen.
Kalkwasser:	1 g Calciumoxid in 500 ml destilliertem Wasser schütteln und filtrieren (0,02 $mol \cdot l^{-1}$).
Silbernitratlösung:	17 g Silbernitrat auf 1 Liter auffüllen (0,1 $mol \cdot l^{-1}$).
Bromthymolblaulösung:	0,1 g in 100 ml 20%igem Ethanol.
Methylrotlösung:	0,1 g in 100 ml 90%igem Ethanol.
Phenolphthaleinlösung:	8 ml handelsübliche Lösung (0,9 %) mit 50%igem Ethanol auf 100 ml verdünnen.
Methylorange:	0,1 g in 100 ml Wasser.
Thymolblau:	0,1 g in 100 ml 20%igem Ethanol.
Baeyer-Reagenz:	10%ige Sodalösung mit einer verdünnten Kaliumpermanganatlösung versetzen, bis die Lösung kräftig violett gefärbt ist.
Tollens-Reagenz:	(ammoniakalische Silbernitratlösung): Silbernitratlösung (0,1 $mol \cdot l^{-1}$) mit etwa einem Zehntel des Volumens verdünnter Natronlauge versetzen. Anschließend unter Schütteln Ammoniaklösung (25 %) zutropfen, bis sich der Silberoxidniederschlag gerade wieder löst. Die Reagenzlösung wird jeweils frisch zubereitet. Sie darf nicht aufbewahrt werden, da sich Silberazid bilden könnte (Explosionsgefahr). Reste der Reagenzlösung ansäuern und über den Behälter B2 entsorgen.
Schiff-Reagenz:	(fuchsinschweflige Säure): 0,25 g Fuchsin in 1 l Wasser lösen (Rotfärbung); unter ständigem Rühren schweflige Säure (oder angesäuerte Lösung von $Na_2S_2O_5$) zutropfen, bis Entfärbung eintritt.

Größen und ihre Einheiten

Größe		Einheit		
Name	**Zeichen**	**Name**	**Zeichen**	**Beziehungen**
Masse	m	Kilogramm	kg	1 kg = 1000 g 1 g = 1000 mg
Volumen	V	Kubikmeter	m^3	$1\ m^3 = 1000\ dm^3$ 1 l = 1000 ml
		Liter	l	1 l = 1000 ml $1\ ml = 1\ cm^3$
Dichte	ϱ	$\frac{\text{Kilogramm}}{\text{Kubikmeter}}$	$\frac{kg}{m^3}$	$1\ \frac{g}{cm^3} = 1000\ \frac{kg}{m^3}$
		$\frac{\text{Gramm}}{\text{Liter}}$	$\frac{g}{l}$	$1\ \frac{g}{l} = 0{,}001\ \frac{g}{m^3}$
Druck	p	Pascal	Pa	$1\ Pa = 1\ \frac{N}{m^2}$ 100 Pa = 1 hPa
		Bar	bar	1 bar = 100 000 Pa 1 mbar = 100 Pa
Energie	E	Joule	J	$1\ J = 1\ N \cdot m = 1\ \frac{kg \cdot m^2}{s^2}$
Elektrizitätsmenge	Q	Coulomb	C	$1\ C = 1\ A \cdot s$
Anzahl	N			
Stoffmenge	n	Mol	mol	1 mol enthält $6{,}022 \cdot 10^{23}$ Teilchen
molare Masse	M	$\frac{\text{Gramm}}{\text{Mol}}$	$\frac{g}{mol}$	
Stoffmengenkonzentration	c	$\frac{\text{Mol}}{\text{Liter}}$	$\frac{mol}{l}$	
Temperatur	ϑ	Grad Celsius	°C	
	T	Kelvin	K	0 °C = 273,15 K

Konstanten

Atomare Masseneinheit	u	$1{,}661 \cdot 10^{-27}\ kg$
Avogadro-Konstante	N_A	$6{,}022 \cdot 10^{23}\ \frac{1}{mol}$
Molares Volumen eines idealen Gases (bei 1013 hPa und 20 °C)	V_m	$24{,}056\ \frac{l}{mol}$
Ladung eines Elektrons	e	$1{,}602 \cdot 10^{-19}\ C$
Masse eines Elektrons	m_e	$9{,}109 \cdot 10^{-31}\ kg$
Masse eines Protons	m_p	$1{,}673 \cdot 10^{-27}\ kg$
Masse eines Neutrons	m_n	$1{,}675 \cdot 10^{-27}\ kg$
Faraday-Konstante	F	$96\,485\ \frac{C}{mol}$

Gehaltsangaben für Mischungen und Lösungen (nach DIN 1310)

Masse einer Stoffportion:	m_i	Massenkonzentration:	$\beta_i = \frac{m_i}{V}$
Volumen einer Stoffportion:	V_i	Volumenkonzentration:	$\sigma_i = \frac{V_i}{V}$
Stoffmenge einer Stoffportion:	n_i	Stoffmengenkonzentration:	$c_i = \frac{n_i}{V}$
Teilchenzahl einer Stoffportion:	N_i	Teilchenkonzentration:	$C_i = \frac{N_i}{V}$
		(V: Gesamtvolumen nach dem Mischen)	

Massenanteil (früher: Gewichtsprozent): $w_i = \frac{m_i}{m}$

Gesamtmasse $m = m_1 + m_2 + \ldots$

Volumenanteil (früher: Volumenprozent): $\varphi_i = \frac{V_i}{V_0}$

Gesamtvolumen $V_0 = V_1 + V_2 + \ldots$ (vor dem Mischen)

Stoffmengenanteil: $x_i = \frac{n_i}{n}$

Gesamtstoffmenge $n = n_1 + n_2 + \ldots$

Teilchenzahlanteil: $X_i = \frac{N_i}{N}$

Gesamtteilchenanzahl $N = N_1 + N_2 + \ldots$

Das Wort Gehalt wird als Oberbegriff bei der qualitativen Beschreibung
verwendet. Beispiel: der Wassergehalt einer Probe

Dezimale Teile/Vielfache

Potenz	Vorsilbe	Symbol	Potenz	Vorsilbe	Symbol
10^{-1}	Dezi	d	10	Deka	da
10^{-2}	Zenti	c	10^2	Hekto	h
10^{-3}	Milli	m	10^3	Kilo	k
10^{-6}	Mikro	μ	10^6	Mega	M
10^{-9}	Nano	n	10^9	Giga	G
10^{-12}	Piko	p	10^{12}	Tera	T
10^{-15}	Femto	f	10^{15}	Peta	P
10^{-18}	Atto	a			

Eigenschaften von Gasen

Name	Dichte bei 20 °C (1013 hPa) in $g \cdot l^{-1}$	Schmelztemperatur (1013 hPa) in °C	Siedetemperatur (1013 hPa) in °C	Löslichkeit bei 25 °C in 1 l Wasser in l
Wasserstoff (H_2)	0,084	−259	−253	0,019
Stickstoff (N_2)	1,17	−210	−196	0,015
Sauerstoff (O_2)	1,33	−219	−183	0,028
Fluor (F_2)	1,58	−220	−188	–
Chlor (Cl_2)	2,95	−101	−35	2,2
Helium (He)	0,17	−272	−269	0,09
Neon (Ne)	0,84	−249	−246	0,016
Argon (Ar)	1,66	−189	−186	0,032
Krypton (Kr)	3,48	−157	−152	0,071
Luft	1,20	–	–	0,0063* 0,012**
Ammoniak (NH_3)	0,71	−78	−33	680
Chlorwasserstoff (HCl)	1,52	−114	−85	466
Schwefelwasserstoff (H_2S)	1,42	−83	−62	2,41
Schwefeldioxid (SO_2)	2,67	−73	−10	35
Kohlenstoffmonooxid (CO)	1,17	−205	−190	0,023
Kohlenstoffdioxid (CO_2)	1,83	−78 (sublimiert)		0,80
Methan (CH_4)	0,67	−182	−162	0,032
Ethan (C_2H_6)	1,25	−183	−89	0,043
Propan (C_3H_8)	1,84	−188	−42	0,06
Butan (C_4H_{10})	2,47	−138	−1	0,14
Ethen (C_2H_4)	1,17	−169	−104	0,13
Ethin (C_2H_2)	1,06	−84 (sublimiert)		0,95

* von Sauerstoff aus der Luft; ** von Stickstoff aus der Luft

Saure und alkalische Lösungen

Lösung	gelöster Stoff	Stoffmengenkonzentration in $mol \cdot l^{-1}$	verdünnt Massenanteil	*Dichte in $g \cdot ml^{-1}$	konzentriert Massenanteil	*Dichte in $g \cdot ml^{-1}$
Salzsäure	HCl (g)	2	7 %	1,033	36 %	1,179
Schwefelsäure	H_2SO_4 (l)	1	9 %	1,059	98 %	1,836
Salpetersäure	HNO_3 (l)	2	12 %	1,066	68 %	1,391
Phosphorsäure	H_3PO_4 (s)	1	10 %	1,05	85 %	1,71
Essigsäure	CH_3COOH (l)	2	12 %	1,015	99 %	1,052
Natronlauge	NaOH (s)	2	8 %	1,087	30 %	1,328
Kalilauge	KOH (s)	2	11%	1,100	27 %	1,256
Kalkwasser	$Ca(OH)_2$ (s)		0,16 %**	1,001**		
Barytwasser	$Ba(OH)_2$ (s)		3,4 %**	1,04**		
Ammoniaklösung	NH_3 (g)	2	3 %	0,981	25 %	0,907

* Dichtewerte für 20 °C; ** Angaben für gesättigte Lösungen

Standardelektrodenpotentiale U^0 einiger Redoxpaare

Man bezeichnet diese Reihe auch als **Spannungsreihe** oder **Redoxreihe.** Mit zunehmendem Standardelektrodenpotential nimmt die reduzierende Wirkung ab, die oxidierende Wirkung dagegen zu.

Tabellierungsbedingungen: 25 °C (298 K) und 1000 hPa
s: fester Stoff; g: gasförmig, l: flüssig, aq: in wässriger Lösung

oxidierte Form	⇋	**reduzierte Form**	U^0(V)
Li^+(aq) + e^-	⇋	Li(s)	–3,04
K^+(aq) + e^-	⇋	K(s)	–2,92
Ca^{2+}(aq) + e^-	⇋	Ca(s)	–2,87
Na^+(aq) + e^-	⇋	Na(s)	–2,71
Mg^{2+}(aq) + 2 e^-	⇋	Mg(s)	–2,36
Al^{3+}(aq) + 3 e^-	⇋	Al(s)	–1,66
Mn^{2+}(aq) + 2 e^-	⇋	Mn(s)	–1,18
2 H_2O(l) + 2 e^-	⇋	H_2(g) + 2 OH^-(aq)	–0,83
Zn^{2+}(aq) + 2 e^-	⇋	Zn(s)	–0,76
Cr^{3+}(aq) + 3 e^-	⇋	Cr(s)	–0,74
S(s) + 2 e^-	⇋	S^{2-}(aq)	–0,48
Fe^{2+}(aq) + 2 e^-	⇋	Fe(s)	–0,44
Cr^{3+}(aq) + e^-	⇋	Cr^{2+}(aq)	–0,41
Cd^{2+}(aq) + 2 e^-	⇋	Cd(s)	–0,40
Co^{2+}(aq) + 2 e^-	⇋	Co(s)	–0,28
Ni^{2+}(aq) + 2 e^-	⇋	Ni(s)	–0,25
Sn^{2+}(aq) + 2 e^-	⇋	Sn(s)	–0,14
Pb^{2+}(aq) + 2 e^-	⇋	Pb(s)	–0,13
2 H^+(aq) + 2 e^-	⇋	H_2(g)	0,00
SO_4^{2-}(aq) + 4 H^+(aq) + 2 e^-	⇋	SO_2(aq) + 2 H_2O(l)	0,16
Cu^{2+}(aq) + e^-	⇋	Cu^+(aq)	0,16
S(s) + 2 H^+(aq) + 2 e^-	⇋	H_2S(g)	0,17
Cu^{2+}(aq) + 2 e^-	⇋	Cu(s)	0,34
O_2(g) + 2 H_2O(l) + 4 e^-	⇋	4 OH^-(aq)	0,40
Cu^+(aq) + e^-	⇋	Cu(s)	0,52
I_2(aq) + 2 e^-	⇋	2 I^-(aq)	0,62
Fe^{3+}(aq) + e^-	⇋	Fe^{2+}(aq)	0,77
Ag^+(aq) + e^-	⇋	Ag(s)	0,80
Hg^{2+}(aq) + 2 e^-	⇋	Hg(l)	0,85
NO_3^-(aq) + 4 H^+(aq) + 3 e^-	⇋	NO(g) + 2 H_2O(l)	0,96
Br_2(aq) + 2 e^-	⇋	2 Br^-(aq)	1,09
Pt^{2+}(aq) + 2 e^-	⇋	Pt(s)	1,20
O_2(g) + 4 H^+(aq) + 4 e^-	⇋	2 H_2O(l)	1,23
MnO_2(s) + 4 H^+(aq) + 2 e^-	⇋	Mn^{2+}(aq) + 2 H_2O(l)	1,23
$Cr_2O_7^{2-}$(aq) + 14 H^+(aq) + 6 e^-	⇋	2 Cr^{3+}(aq) + 7 H_2O(l)	1,33
Cl_2(g) + 2 e^-	⇋	2 Cl^-(aq)	1,36
PbO_2(s) + 4 H^+(aq) + 2 e^-	⇋	Pb^{2+}(aq) + 2 H_2O(l)	1,46
Au^{3+}(aq) + 3 e^-	⇋	Au(s)	1,50
MnO_4^-(aq) + 8 H^+(aq) + 5 e^-	⇋	Mn^{2+}(aq) + 4 H_2O(l)	1,51
H_2O_2(aq) + 2 H^+(aq) + 2 e^-	⇋	2 H_2O(l)	1,77
$S_2O_8^{2-}$(aq) + 2 e^-	⇋	2 SO_4^{2-}(aq)	2,01
F_2(g) + 2 e^-	⇋	2 F^-(aq)	2,85

Thermodynamische Daten

Tabellierungsbedingungen: 25 °C (298 K) und 1000 hPa
Aggregatzustand: s = fest; l = flüssig; g = gasförmig, aq = in wässriger Lösung bei einer Konzentration von 1 $mol \cdot l^{-1}$

Elemente und anorganische Verbindungen

Formel	Zustand	$\Delta_f H_m^0$ in $kJ \cdot mol^{-1}$	$\Delta_f G_m^0$ in $kJ \cdot mol^{-1}$	S_m^0 in $J \cdot K^{-1} \cdot mol^{-1}$
Ag	s	0	0	43
Ag^+	aq	106	77	73
AgBr	s	–101	–98	107
AgCl	s	–127	–110	96
AgI	s	–62	–66	116
$AgNO_3$	s	–124	–33	141
Al	s	0	0	28
Al^{3+}	aq	–531	–481	–321
$AlCl_3$	s	–585	–571	315
Al_2O_3	s	–1676	–1582	51
Ba^{2+}	aq	–538	–561	10
$BaCl_2 \cdot 2\,H_2O$	s	–1460	–1296	203
$BaSO_4$	s	–1473	–1362	132
Br_2	g	31	3	245
Br_2	l	0	0	152
Br^-	aq	–121	–104	83
C (Diamant)	s	2	3	2
C (Graphit)	s	0	0	6
CO_2	g	–394	–394	214
CO	g	–111	–137	198
CO_3^{2-}	aq	–675	–528	–50
Ca^{2+}	aq	–543	–533	–56
CaC_2	s	–59	–64	70
$CaCO_3$ (Calcit)	s	–1208	–1130	93
$CaCl_2 \cdot 6\,H_2O$	s	–2608		
$Ca(OH)_2$	s	–986	–898	83
CaO	s	–635	–603	38
$CaSO_4 \cdot 2\,H_2O$	s	–2023	–1797	194
Cl_2	g	0	0	223
Cl^-	aq	–167	–131	57
Cu	s	0	0	33
Cu^+	aq	72	50	41
Cu^{2+}	aq	65	66	–98
$CuCl_2 \cdot 2\,H_2O$	s	–821	–656	167
$[Cu(NH_3)_4]^{2+}$	aq	–349	–111	232
Cu_2O	s	–171	–148	92
CuO	s	–156	–129	43
$CuSO_4$	s	–770	–661	109
$CuSO_4 \cdot 5\,H_2O$	s	–2280	–1880	300
Cu_2S	s	–80	–86	121

Formel	Zustand	$\Delta_f H_m^0$ in $kJ \cdot mol^{-1}$	$\Delta_f G_m^0$ in $kJ \cdot mol^{-1}$	S_m^0 in $J \cdot K^{-1} \cdot mol^{-1}$
F_2	g	0	0	203
F^-	aq	–335	–281	–14
Fe	s	0	0	27
Fe^{2+}	aq	–89	–85	–138
Fe^{3+}	aq	–49	–10	–316
FeO	s	–266	–245	59
Fe_2O_3	s	–823	–741	87
Fe_3O_4	s	–1116	–1013	146
FeS	s	–102	–102	60
FeS_2	s	–172	–161	53
H_2	g	0	0	131
H^+	aq	0	0	0
HBr	g	–36	–53	199
HCl	g	–92	–95	187
HCO_3^-	aq	–692	–587	95
HF	g	–271	–275	174
HI	g	26	2	207
HNO_3	l	–174	–81	156
H_2O	g	–242	–229	189
H_2O	l	–286	–237	70
H_2O_2	l	–188	–120	110
H_3PO_4	s	–1279	–1119	110
H_2S	g	–21	–35	206
H_2SO_4	l	–814	–690	157
I_2	g	62	19	260
I_2	s	0	0	116
I^-	aq	–55	–52	106
K	s	0	0	65
K^+	aq	–252	–284	101
KBr	s	–394	–381	96
KCl	s	–437	–409	83
$K_2Cr_2O_7$	s	–2062	–1882	291
KOH	s	–425	–379	79
KNO_3	s	–495	–395	133
$KMnO_4$	s	–837	–738	172
Li^+	aq	–278	–293	12
LiCl	s	–309	–384	655
Mg	s	0	0	33
Mg^{2+}	aq	–467	–455	–137
$MgCO_3$	s	–1112	–1028	66

Formel	Zustand	$\Delta_f H_m^0$ in $kJ \cdot mol^{-1}$	$\Delta_f G_m^0$ in $kJ \cdot mol^{-1}$	S_m^0 in $J \cdot K^{-1} \cdot mol^{-1}$
$MgCl_2$	s	–644	–595	90
$Mg(OH)_2$	s	–925	–834	63
MgO	s	–601	–568	27
$MgSO_4 \cdot 7\,H_2O$	s	–3389	–2872	372
Mn^{2+}	aq	–221	–228	–74
MnO_2	s	–522	–467	53
MnO_4^-	aq	–541	–447	191
N_2	g	0	0	192
NH_3	g	–46	–16	193
NH_3	aq	–80	–27	111
NH_4^+	aq	–133	–79	111
NH_4Cl	s	–314	–203	95
NH_4NO_3	s	–366	–184	151
N_2O	g	82	104	220
NO	g	90	87	211
NO_2	g	33	51	240
NO_3^-	aq	–207	–111	147
Na	s	0	0	51
Na^+	aq	–240	–262	58
$NaBr$	s	–361	–349	87
$NaCl$	s	–411	–384	72
Na_2CO_3	s	–1131	–1044	135
$NaHCO_3$	s	–936	–836	102
$NaNO_3$	s	–468	–367	117
$NaOH$	s	–425	–379	64
O_2	g	0	0	205

Formel	Zustand	$\Delta_f H_m^0$ in $kJ \cdot mol^{-1}$	$\Delta_f G_m^0$ in $kJ \cdot mol^{-1}$	S_m^0 in $J \cdot K^{-1} \cdot mol^{-1}$
O_3	g	143	163	239
OH^-	aq	–230	–157	–11
Pb	s	0	0	65
Pb^{2+}	aq	1	–24	18
$PbCl_2$	s	–359	–314	136
$Pb(NO_3)_2$	s	–457	–264	225
PbO_2	s	–274	–215	72
PbS	s	–98	–97	91
$PbSO_4$	s	–920	–813	149
PO_4^{3-}	aq	–1277	–1019	–220
P_4O_{10}	s	–3010	–2726	229
S (rhombisch)	s	0	0	32
S_8	g	98	46	430
S^{2-}	aq	33	86	–15
SO_2	g	–297	–300	248
SO_3	g	–396	–371	257
SO_3^{2-}	aq	–635	–487	–29
SO_4^{2-}	aq	–909	–744	19
$S_2O_3^{2-}$	aq	–652	–522	67
SiO_2 (Quarz)	s	–911	–856	41
Zn	s	0	0	42
Zn^{2+}	aq	–153	–147	–110
$ZnCl_2$	s	–415	–369	111
ZnO	s	–350	–320	44
ZnS	s	–205	–202	58

Organische Verbindungen

Name	Formel	Zustand	$\Delta_f H_m^0$ in $kJ \cdot mol^{-1}$
Methan	CH_4	g	–74
Ethan	C_2H_6	g	–84
Propan	C_3H_8	g	–105
Butan	C_4H_{10}	g	–126
Pentan	C_5H_{12}	g	–173
Hexan	C_6H_{14}	l	–199
Heptan	C_7H_{16}	l	–224
Octan	C_8H_{18}	l	–250
Nonan	C_9H_{20}	l	–276
Decan	$C_{10}H_{22}$	l	–301
Ethen	$CH_2{=}CH_2$	g	52
Propen	$CH_3{-}CH{=}CH_2$	g	20
Ethin	$CH{\equiv}CH$	g	228

Name	Formel	Zustand	$\Delta_f H_m^0$ in $kJ \cdot mol^{-1}$
Propin	$CH_3{-}C{\equiv}CH$	g	185
Methanol	CH_3OH	g	–201
Methanol	CH_3OH	l	–239
Ethanol	$CH_3{-}CH_2OH$	g	–235
Ethanol	$CH_3{-}CH_2OH$	l	–278
Propan-1-ol	$CH_2OH{-}CH_2{-}CH_3$	l	–304
Propan-2-ol	$CH_3{-}CHOH{-}CH_3$	g	–273
Propan-2-ol	$CH_3{-}CHOH{-}CH_3$	l	–318
Ethandiol (Glykol)	$HO{-}CH_2{-}CH_2{-}OH$	l	–455
Methansäure (Ameisensäure)	$HCOOH$	l	–423
Ethansäure (Essigsäure)	CH_3COOH	l	–485
Acetat-Ion	CH_3COO^-	aq	–486
Formiat-Ion	$HCOO^-$	aq	–426

Löslichkeitsprodukte bei 25 °C

Stoff	*K*	Stoff	*K*
AgBr	$5{,}0 \cdot 10^{-13}$	$CaSO_4$	$2{,}4 \cdot 10^{-5}$
Ag_2CO_3	$8{,}1 \cdot 10^{-12}$	CuBr	$5{,}0 \cdot 10^{-9}$
$AgC_2H_3O_2$	$2{,}0 \cdot 10^{-3}$	CuCl	$1{,}9 \cdot 10^{-7}$
AgCl	$1{,}8 \cdot 10^{-10}$	CuI	$1{,}0 \cdot 10^{-12}$
Ag_2CrO_4	$2{,}6 \cdot 10^{-12}$	$Cu(OH)_2$	$4{,}8 \cdot 10^{-20}$
Ag_2SO_4	$1{,}5 \cdot 10^{-5}$	$Fe(OH)_2$	$4{,}1 \cdot 10^{-15}$
AgS	$8{,}0 \cdot 10^{-51}$	$Fe(OH)_3$	$2{,}0 \cdot 10^{-39}$
$Al(OH)_3$	$3{,}0 \cdot 10^{-34}$	$Fe_3(PO_4)_2$	$1{,}0 \cdot 10^{-36}$
$BaCO_3$	$2{,}0 \cdot 10^{-9}$	$FePO_4$	$4{,}0 \cdot 10^{-27}$
$BaCrO_4$	$2{,}1 \cdot 10^{-10}$	FeS	$8{,}0 \cdot 10^{-19}$
$Ba(OH)_2$	$3{,}0 \cdot 10^{-4}$	$MgCO_3$	$2{,}0 \cdot 10^{-5}$
$BaSO_4$	$1{,}1 \cdot 10^{-10}$	$PbCO_3$	$7{,}4 \cdot 10^{-14}$
$CaCO_3$	$3{,}3 \cdot 10^{-9}$	$PbCl_2$	$1{,}7 \cdot 10^{-5}$
CaC_2O_4	$4{,}0 \cdot 10^{-9}$	$PbCrO_4$	$2{,}5 \cdot 10^{-13}$
CaF_2	$3{,}2 \cdot 10^{-11}$	PbI_2	$8{,}0 \cdot 10^{-9}$
$Ca(OH)_2$	$6{,}4 \cdot 10^{-6}$	$PbSO_4$	$1{,}6 \cdot 10^{-8}$
$Ca_3(PO_4)_2$	$1{,}2 \cdot 10^{-29}$	$Zn(OH)_2$	$3{,}8 \cdot 10^{-17}$

Aminosäuren

Aminosäuren mit unpolaren Seitenketten

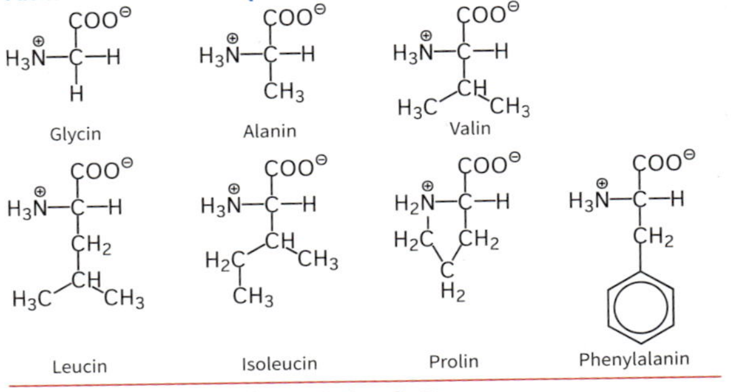

Aminosäuren mit polaren Seitenketten

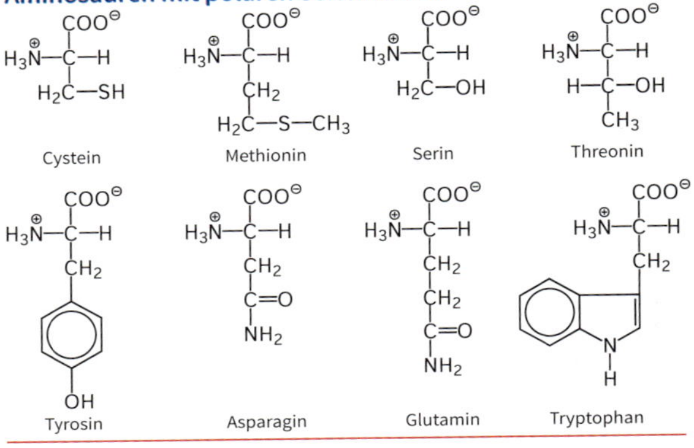

Aminosäuren mit sauren Seitenketten

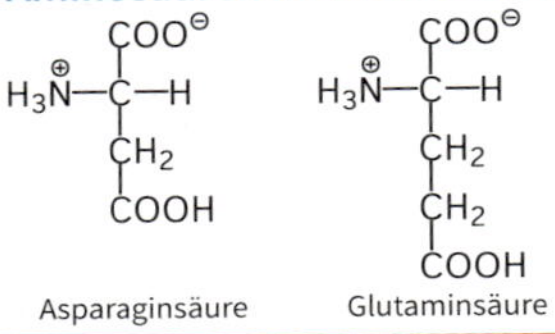

Aminosäuren mit basischen Seitenketten

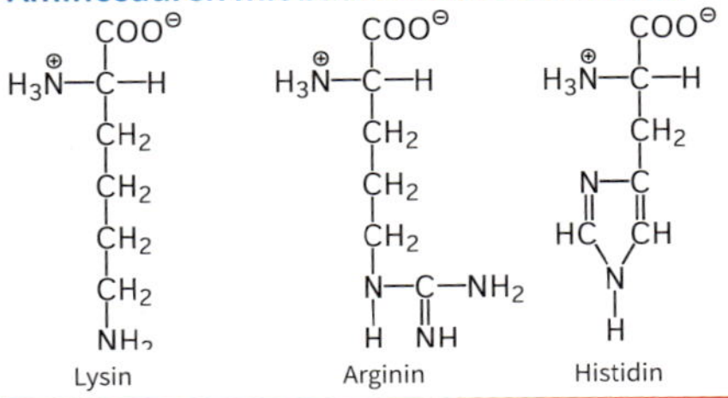

Stichwortverzeichnis

Bildquellen:

|Alamy Stock Photo, Abingdon/Oxfordshire: AnnMedia 93.16; Blaize Pascall 147.2; Damkier, Mikael 91.1. |Alamy Stock Photo (RMB), Abingdon/Oxfordshire: BaldCla50 234.1; daphnusia 234.2; Helen Sessions 164.2; IanDagnall Computing 142.2; Ilya Starikov 247.3; imageBROKER 88.1; Leudej Rodjanapaitoon 240.1; Panther Media GmbH 235.2; Rother, Jens 56.1; sciencephotos 30.1; Serg64 246.2; Xaume Olleros 148.1. |Beltz Bad Langensalza GmbH, Bad Langensalza: 18.1, 222.1, 222.2, 222.3, 238.2, 238.6. |Biermann-Schickling, Birgitt, Hannover: 3.4, 9.1, 9.2, 9.3, 9.4, 9.5, 10.1, 11.1, 11.2, 11.3, 11.4, 11.5, 12.1, 13.1, 13.2, 14.1, 14.8, 14.9, 15.7, 19.1, 19.2, 19.3, 20.2, 21.1, 27.1, 28.1, 31.1, 33.3, 35.5, 38.3, 38.4, 39.2, 43.1, 46.3, 49.1, 51.8, 52.2, 54.1, 56.2, 57.6, 58.1, 58.2, 61.1, 62.3, 63.1, 64.2, 65.1, 68.1, 68.2, 70.3, 72.1, 72.2, 73.1, 73.2, 74.3, 82.4, 85.1, 85.2, 86.1, 87.2, 91.3, 94.1, 94.2, 94.3, 95.4, 96.1, 96.5, 96.6, 96.7, 106.2, 107.2, 107.3, 108.1, 109.7, 112.1, 115.4, 117.3, 118.2, 118.3, 119.1, 119.2, 119.3, 119.5, 120.3, 120.4, 121.1, 122.1, 122.2, 125.2, 126.2, 127.1, 132.1, 137.2, 138.1, 138.2, 139.3, 141.2, 143.1, 147.1, 150.2, 151.2, 152.2, 153.3, 158.1, 159.1, 162.1, 165.4, 166.2, 166.6, 167.1, 167.2, 168.3, 170.1, 172.2, 172.3, 178.1, 182.1, 182.2, 183.2, 186.1, 186.2, 190.1, 190.3, 194.2, 195.1, 200.4, 201.3, 202.2, 204.5, 205.3, 206.3, 210.7, 210.10, 222.4, 222.5, 226.9, 231.4, 236.2, 236.4, 238.1, 244.2, 245.1, 248.3, 252.1, 252.2, 253.1, 258.5, 261.5, 267.8, 269.8, 274.3, 274.4, 274.5, 275.3, 279.6, 286.8, 294.2, 295.1, 309.3. |Casper, Enrico, Braunschweig: LAYOUTELEMENT 2.1. |CMS - Cross Media Solutions GmbH, Würzburg: 4.2, 4.3, 4.4, 14.2, 14.3, 14.4, 14.5, 14.6, 14.7, 18.2, 18.3, 18.4, 18.5, 18.6, 18.7, 18.8, 20.4, 22.1, 51.1, 51.2, 51.3, 53.2, 88.3, 88.4, 89.2, 89.3, 99.2, 99.3, 165.1, 165.2, 165.3, 166.1, 166.3, 166.4, 166.5, 166.7, 166.8, 166.9, 167.3, 167.4, 167.5, 167.6, 167.7, 167.8, 167.9, 167.10, 167.13, 167.14, 167.15, 167.16, 167.18, 167.19, 168.4, 168.5, 168.6, 168.7, 169.3, 171.1, 171.2, 171.3, 171.4, 171.5, 171.6, 171.7, 171.8, 171.9, 171.13, 171.14, 171.15, 171.16, 171.17, 171.18, 173.4, 173.6, 176.5, 176.7, 176.9, 176.11, 177.2, 178.2, 178.3, 178.4, 178.5, 179.1, 179.2, 179.3, 179.6, 180.1, 180.2, 180.3, 180.4, 180.5, 180.6, 180.7, 180.8, 180.9, 180.10, 180.11, 180.12, 180.13, 181.4, 181.5, 181.6, 182.3, 182.4, 182.5, 182.6, 192.5, 195.2, 195.5, 195.6, 195.7, 195.8, 195.9, 196.2, 197.1, 197.2, 197.3, 198.1, 198.2, 198.3, 201.2, 201.5, 201.6, 205.1, 205.6, 205.9, 205.10, 205.11, 206.4, 206.5, 207.1, 207.2, 207.3, 207.4, 207.5, 207.6, 207.7, 207.9, 209.2, 210.4, 210.5, 210.6, 210.8, 210.9, 212.1, 212.2, 212.3, 212.4, 213.1, 213.4, 213.5, 213.6, 213.7, 214.1, 214.2, 214.3, 216.1, 216.2, 217.1, 218.1, 218.2, 218.3, 218.4, 220.1, 220.2, 220.3, 220.4, 220.5, 220.6, 220.7, 220.8, 220.9, 221.3, 221.4, 221.5, 221.6, 221.7, 221.8, 221.9, 221.10, 221.12, 221.14, 221.15, 221.17, 221.18, 221.19, 224.1, 224.2, 224.3, 224.4, 224.5, 224.6, 224.7, 224.8, 224.9, 225.1, 225.2, 225.3, 225.4, 225.5, 225.6, 225.7, 225.8, 226.2, 226.3, 226.4, 226.5, 226.6, 226.7, 226.8, 227.1, 227.2, 228.3, 228.4, 229.2, 231.2, 231.3, 236.3, 236.5, 236.6, 236.7, 238.3, 238.4, 238.5, 238.7, 238.8, 239.3, 239.4, 239.5, 239.6, 239.7, 239.8, 239.9, 239.10, 240.2, 240.3, 240.4, 241.1, 241.3, 241.4, 241.6, 241.7, 241.8, 242.2, 242.3, 242.4, 242.5, 242.6, 243.1, 243.2, 243.3, 243.4, 243.5, 243.7, 243.8, 244.1, 244.3, 244.4, 249.3, 249.5, 249.6, 249.7, 256.1, 256.2, 257.1, 257.2, 257.3, 257.4, 257.5, 258.1, 258.2, 258.3, 259.1, 259.2, 259.3, 259.4, 259.5, 261.1, 261.2, 261.3, 261.4, 268.1, 268.2, 268.3, 268.4, 269.1, 269.2, 269.3, 269.4, 269.5, 269.6, 269.7, 269.11, 269.12, 269.13, 269.14, 269.15, 271.5, 273.27, 276.2, 276.3, 277.3, 278.1, 278.2, 278.3, 278.4, 278.5, 278.6, 278.7, 278.8, 278.9, 278.10, 278.11, 278.12, 278.13, 278.14, 278.15, 278.16, 278.17, 278.18, 278.19, 281.17, 283.6, 284.2, 284.3, 284.5, 284.7, 284.8, 286.6, 287.2, 290.2, 290.3, 290.4, 298.3, 300.4, 300.5, 301.2, 302.4, 305.4, 305.5, 305.6, 306.2, 306.3, 307.1, 307.2, 326.1, 326.2, 326.3, 326.4, 326.5. |Colourbox.com, Odense: 155.10; Maxx-Studio 90.2. |fotolia.com, New York: A Rochau 267.1; afe207 276.1; Burlingham 53.1; Franz Pfluegl 91.2; gold36 230.2; jianghaistudio 136.2; Peter Hermes Furian 233.2, 256.3; Pixel & Création 5.1, 90.1; Scheel, Sebastian 150.1; Taffi 20.1; vladimirfloyd 282.1. |Hardel, Thorsten/www.39punkt.de, Wees: Cartoon: THODDY aus dem Buch „Thoddys Garnelen-Cocktail“ Dähne Verlag, ISBN 978-3935175852 62.1. |Interfoto, München: Victoria & Albert Museum London 242.1. |iStockphoto.com, Calgary: ayax 111.7; baranozdemir 128.1; BrianAJackson 254.1; Coleman515 229.1; ksevgi 250.18; Lebazele 109.6; Maartje van Caspel Titel; nullplus 275.1; onurdongel 128.2; vitranc 228.1. |Karnath, Brigitte, Wiesbaden: 6.3, 23.2, 29.1, 30.2, 32.1, 36.2, 38.1, 38.2, 41.1, 41.2, 44.2, 48.1, 51.7, 53.5, 59.1, 66.1, 67.14, 71.1, 74.1, 74.2, 78.1, 79.1, 80.2, 88.2, 106.1, 107.1, 108.2, 110.1, 110.6, 110.7, 110.8, 113.6, 114.1, 117.1, 118.1, 120.1, 120.2, 124.1, 124.2, 125.1, 126.1, 130.1, 131.1, 134.1, 137.1, 139.6, 142.1, 143.3, 144.12, 145.6, 153.1, 160.1, 181.1, 188.10, 196.1, 210.1, 210.2, 210.3, 223.1, 223.2, 232.1, 232.2, 233.1, 233.5, 248.2, 249.1, 249.2, 258.4, 262.1, 263.1, 263.2, 266.1, 275.4, 284.1, 284.4, 284.6, 293.3, 293.4, 295.2, 297.8, 297.9, 297.10, 297.11, 301.1. |König, Dr. Dr. Axel, Troisdorf: 204.2, 204.3, 204.4. |Mall, Karin, Berlin: 17.1, 17.2, 17.3. |mauritius images GmbH, Mittenwald: imageBROKER/Jochen Tack 4.5, 50.1. |PantherMedia GmbH (panthermedia.net), München: bwf211 163.2; jgroup 26.2. |Schlierf, Birgit und Olaf, Lachendorf: 2.2, 6.2, 20.3, 23.1, 24.1, 24.2, 24.7, 24.8, 24.9, 24.10, 24.11, 24.12, 24.13, 24.14, 24.15, 28.2, 35.1, 36.1, 36.3, 36.4, 37.3, 37.4, 37.7, 37.8, 40.2, 40.3, 40.6, 40.11, 42.2, 42.3, 43.2, 44.1, 45.1, 46.1, 46.2, 48.2, 66.2, 66.3, 66.4, 67.1, 67.2, 67.5, 67.6, 67.9, 67.10, 69.4, 71.2, 75.1, 76.5, 76.8, 76.9, 76.10, 77.2, 77.5, 78.3, 78.4, 80.1, 81.1, 81.3, 83.2, 83.3, 83.4, 83.5, 83.7, 83.10, 87.1, 87.3, 92.1, 92.2, 92.3, 92.4, 93.1, 93.2, 93.3, 93.4, 93.5, 93.8, 93.9, 93.10, 93.11, 95.1, 98.1, 98.2, 98.3, 98.4, 98.7, 98.8, 98.11, 98.12, 98.13, 98.14, 103.3, 103.4, 103.5, 103.6, 103.7, 104.1, 104.2, 104.3, 104.4, 104.8, 104.9, 104.10, 104.13, 104.14, 104.15, 104.16, 105.1, 109.1, 110.2, 110.3, 111.1, 111.2, 111.9, 111.10, 111.11, 111.12, 111.13, 113.1, 113.2, 116.1, 116.2, 116.5, 116.6, 117.4, 117.5, 123.1, 123.2, 123.6, 123.10, 127.2, 128.3, 129.1, 139.5, 139.8, 140.1, 141.1, 144.1, 144.2, 144.3, 144.4, 144.7, 144.8, 144.13, 144.14, 144.15, 145.1, 145.2, 145.3, 145.7, 145.8, 145.9, 146.1, 146.2, 149.1, 149.2, 149.3, 149.7, 152.1, 154.1, 154.4, 155.1, 155.2, 155.3, 155.6, 155.7, 156.1, 156.2, 156.5, 156.6, 156.7, 157.1, 157.4, 157.5, 157.6, 157.10, 157.11, 157.12, 169.1, 172.1, 173.1, 174.1, 174.2, 174.3, 174.4, 174.5, 174.6, 174.7, 174.8, 174.9, 174.18, 174.19, 174.20, 174.21, 175.1, 175.2, 175.3, 175.4, 175.9, 175.10, 175.11, 175.12, 175.17, 175.18, 175.19, 178.6, 184.1, 184.2, 184.3, 184.4, 184.7, 184.8, 184.9, 184.10, 184.11, 185.1, 185.2, 185.3, 185.4, 185.5, 185.6, 185.7, 185.8, 188.2, 188.3, 188.4, 188.5, 188.11, 188.12, 188.13, 188.14, 189.1, 189.2, 189.3, 189.4, 189.5, 189.10, 189.11, 189.12, 189.13, 189.14, 190.2, 191.1, 194.1, 196.3, 199.1, 199.2, 199.3, 199.4, 199.5, 199.10, 199.11, 199.12, 199.13, 199.14, 199.15, 199.20, 199.21, 199.22, 199.23, 199.24, 199.25, 200.1, 200.2, 200.3, 201.1, 202.1, 202.3, 203.1, 206.1, 206.6, 208.1, 208.2, 209.1, 211.1, 215.1, 215.2, 215.3, 215.4, 215.8, 215.9, 215.10, 215.11, 215.15, 215.16, 215.17, 215.18, 231.1, 234.3, 235.1, 236.1, 237.1, 237.2, 237.3, 250.1, 250.2, 250.3, 250.8, 250.9, 250.10, 250.11, 250.12, 250.13, 251.1, 251.2, 251.3, 251.8, 251.9, 254.2, 254.3, 254.4, 254.5, 254.9, 255.1, 265.6, 265.7, 265.12, 265.13, 267.9, 270.1, 270.2, 271.1, 272.1, 273.1, 273.2, 273.3, 273.4, 273.5, 273.6, 273.7, 273.8, 273.9, 273.10, 273.19, 273.20, 273.21, 273.22, 273.26, 274.1, 274.6, 277.1, 279.1, 279.4, 280.1, 280.2, 280.3, 280.4, 280.5, 280.11, 280.12, 280.17, 280.18, 280.19, 281.3, 281.4, 281.5, 281.11, 281.12, 281.13, 283.1, 283.2, 283.3, 286.5, 286.7, 291.1, 291.2, 291.3, 291.4, 291.5, 291.7, 291.8, 291.9, 291.10, 291.11, 292.1, 292.4, 293.1, 293.2, 293.5, 296.1, 296.2, 296.3, 296.4, 296.8, 296.9, 296.10, 296.11, 296.15, 296.16, 296.17, 296.18, 297.1, 297.2, 297.3, 297.4, 299.1, 300.3, 303.1, 303.2, 306.4, 308.3, 309.1, 309.2, 313.1, 313.4, 313.7, 313.10, 313.13, 313.16, 313.20, 313.21, 313.22, 313.26, 313.29, 313.32, 313.33, 313.36, 313.39, 313.42, 313.43, 313.46, 313.47, 313.48, 313.51, 314.1, 314.2, 314.3, 314.4, 314.7, 314.10, 314.11, 314.14, 314.15, 314.17, 314.18, 314.19, 314.22, 314.23, 314.26, 314.27, 314.31, 314.32, 314.35, 314.38, 314.41, 314.42, 314.45, 314.49, 314.52, 314.53, 314.54, 314.55, 314.58, 314.59, 314.60, 314.61, 314.64, 314.65, 314.68, 314.69, 314.70, 314.73, 314.74, 314.75, 314.78, 314.79, 314.83, 314.86, 314.87, 314.90, 314.91, 314.94, 315.1,

315.2, 315.5, 315.9, 315.12, 315.13, 315.14, 315.16, 315.17, 315.20, 315.21, 315.25, 315.26, 315.29, 315.30, 315.33, 315.34, 315.35, 315.36, 315.39, 315.41, 315.44, 315.45, 315.48, 315.51, 315.52, 315.55, 315.56, 315.57, 315.60, 315.61, 315.62, 315.63, 315.66, 315.70, 315.72, 315.74, 315.75, 315.78, 315.79, 315.80, 315.83, 315.86, 315.87, 316.1, 316.3, 316.4, 316.7, 316.8, 316.12, 316.13, 316.14, 316.17, 316.18, 316.21, 316.22, 316.25, 316.26, 316.29, 316.32, 316.35, 316.38, 316.39, 316.42, 316.45, 316.48, 316.49, 316.50, 316.53, 316.54, 316.56, 316.58, 316.59, 316.64, 316.67, 316.70, 316.71, 316.72, 316.73, 316.76, 316.77, 316.80, 316.81, 316.82, 316.83, 317.1, 317.2, 317.5, 317.8, 317.9, 317.10, 317.11, 317.15, 317.16, 317.18, 317.21, 317.22, 317.23, 317.26, 317.27, 317.30, 317.31, 317.32, 317.35, 317.36, 317.37, 317.38, 317.41, 317.42, 317.43, 317.46, 317.47, 317.51, 317.54, 317.57, 317.59, 317.61, 317.64, 317.67, 317.70, 317.71, 317.74, 317.77, 317.78, 317.79, 317.82, 317.85, 317.86, 317.87, 318.1, 318.2, 318.5, 318.6, 318.9, 318.10, 318.11, 318.12, 318.15, 318.17, 318.20, 318.23, 318.24, 318.27, 318.28, 318.29, 318.32, 318.33, 318.36, 318.39, 318.42, 318.43, 318.44, 318.47, 318.48, 318.51, 318.52, 318.55, 318.56, 318.59, 318.60, 318.61, 318.64, 318.65, 318.66. |Science Photo Library, München: 177.1; Alfred Pasieka 206.2; Chillmaid, Martyn F. 42.1, 176.4, 204.1; Pasieka/SPL 274.2; Trevor Clifford Photography 248.1; Turtle Rock Scientific 64.1. |Science Photo Library (RF), München: Sciepro 89.1. |Shutterstock.com, New York: 3523studio 5.2, 136.1; Africa Studio 40.1; Pavel_Klimenko 4.1, 26.1. |Simper, Manfred, Wennigsen: 50.2. |STEINEL Vertrieb GmbH, Herzebrock-Clarholz: Anwendung mit STEINEL Professional Heißluftgebläse 287.1. |stock.adobe.com, Dublin: alexlmx 92.7; Anelo 135.1; Bauer, Alex 188.1; biker3 102.1; Coloures-Pic 288.2; Denis Tabler 295.3; digitalstock 7.2, 260.1; Elnur 295.4; igradesign 286.4; ipag 228.2; Lehotkaym, Martin 235.5; luckybusiness 8.1, 288.1; M. Jenkins 286.1; madamlead 6.1, 164.1; moquai86 286.3; Photocreatief 163.1; PhotoSG 7.1, 230.1; pictoores 305.1, 305.2, 305.3; pit24 235.4; rc-fotostock 286.2; Sirer 235.3; Thomas Söllner 260.2; Viktor 246.1. |Tegen, Hans, Hambühren: 12.2, 12.3, 12.4, 12.5, 12.6, 12.7, 15.1, 15.2, 15.3, 15.4, 15.5, 15.6, 39.5, 39.6, 51.4, 51.5, 51.6, 52.1, 55.1, 70.1, 70.2, 76.3, 83.1, 96.2, 96.3, 96.4, 98.18, 103.1, 139.1, 168.1, 168.2, 176.1, 176.2, 176.3, 176.6, 176.8, 176.10, 192.1, 192.2, 192.3, 192.4, 226.1. |tiff.any, Berlin: LAYOUTELEMENT 93.14, 174.13, 174.17, 174.25, 175.8, 175.16, 175.23, 189.9, 264.3, 264.4, 265.17, 280.9, 280.10, 281.9; LAYOUTELEMENTE 3.1, 3.2, 3.3, 3.5, 24.3, 24.4, 24.5, 24.6, 25.1, 25.2, 25.3, 25.4, 25.5, 25.6, 25.7, 25.8, 29.2, 29.3, 29.4, 31.2, 33.1, 33.2, 33.4, 33.5, 35.2, 35.3, 35.4, 36.5, 36.6, 36.7, 37.1, 37.2, 37.5, 37.6, 37.9, 37.10, 37.11, 37.12, 39.1, 39.3, 39.4, 40.4, 40.5, 40.7, 40.8, 40.9, 40.10, 40.12, 40.13, 40.14, 41.3, 43.3, 43.4, 43.5, 53.3, 53.4, 55.2, 55.3, 55.4, 55.5, 57.1, 57.2, 57.3, 57.4, 57.5, 57.7, 59.2, 59.3, 59.4, 61.2, 61.3, 61.4, 61.5, 61.6, 61.7, 61.8, 61.9, 62.2, 63.2, 63.3, 63.4, 64.3, 64.4, 64.5, 64.6, 65.2, 66.5, 66.6, 66.7, 66.8, 67.3, 67.4, 67.7, 67.8, 67.11, 67.12, 67.13, 69.1, 69.2, 69.3, 69.5, 69.6, 70.4, 70.5, 71.3, 73.3, 73.4, 73.5, 75.2, 75.3, 75.4, 75.5, 75.6, 75.7, 76.1, 76.2, 76.4, 76.6, 76.7, 76.11, 76.12, 76.13, 77.1, 77.3, 77.4, 77.6, 77.7, 77.8, 77.9, 78.2, 78.5, 78.6, 78.7, 78.8, 78.9, 81.2, 81.4, 81.5, 82.1, 82.2, 82.3, 83.6, 83.8, 83.9, 83.11, 92.5, 92.6, 93.6, 93.7, 93.12, 93.13, 93.15, 95.2, 95.3, 97.1, 97.2, 97.3, 97.4, 97.5, 98.5, 98.6, 98.9, 98.10, 98.15, 98.16, 98.17, 98.19, 99.1, 101.1, 101.2, 101.3, 101.4, 103.2, 103.8, 103.9, 103.10, 103.11, 104.5, 104.6, 104.7, 104.11, 104.12, 104.17, 104.18, 104.19, 105.2, 105.3, 105.4, 107.4, 107.5, 107.6, 109.2, 109.3, 109.4, 109.5, 110.4, 110.5, 110.9, 111.3, 111.4, 111.5, 111.6, 111.8, 111.14, 111.15, 112.2, 112.3, 112.4, 113.3, 113.4, 113.5, 115.1, 115.2, 115.3, 115.5, 115.6, 116.3, 116.4, 116.7, 116.8, 116.9, 117.2, 117.6, 117.7, 119.4, 119.6, 119.7, 121.2, 121.3, 122.3, 122.4, 123.3, 123.4, 123.5, 123.7, 123.8, 123.9, 123.11, 123.12, 123.13, 123.14, 125.3, 125.4, 125.5, 139.2, 139.4, 139.7, 141.3, 141.4, 143.2, 143.4, 143.5, 143.6, 144.5, 144.6, 144.9, 144.10, 144.11, 144.16, 144.17, 145.4, 145.5, 145.10, 145.11, 145.12, 149.4, 149.5, 149.6, 149.8, 149.9, 149.10, 151.1, 151.3, 153.2, 153.4, 153.5, 154.2, 154.3, 155.4, 155.5, 155.8, 155.9, 156.3, 156.4, 156.8, 156.9, 156.10, 157.2, 157.3, 157.7, 157.8, 157.9, 157.13, 157.14, 159.2, 159.3, 159.4, 159.5, 167.11, 167.12, 167.17, 169.2, 169.4, 169.5, 171.10, 171.11, 171.12, 171.19, 173.2, 173.3, 173.5, 174.10, 174.11, 174.12, 174.14, 174.15, 174.16, 174.22, 174.23, 174.24, 174.26, 175.5, 175.6, 175.7, 175.13, 175.14, 175.15, 175.20, 175.21, 175.22, 177.3, 179.4, 179.5, 179.7, 179.8, 179.9, 181.2, 181.3, 181.7, 181.8, 181.9, 183.1, 183.3, 183.4, 183.5, 184.5, 184.6, 184.12, 184.13, 184.14, 184.15, 184.16, 184.17, 184.18, 185.9, 185.10, 185.11, 185.12, 185.13, 187.1, 187.2, 187.3, 188.6, 188.7, 188.8, 188.9, 188.15, 188.16, 188.17, 188.18, 188.19, 189.6, 189.7, 189.8, 189.15, 189.16, 189.17, 193.1, 193.2, 193.3, 193.4, 195.3, 195.4, 197.4, 199.6, 199.7, 199.8, 199.9, 199.16, 199.17, 199.18, 199.19, 199.26, 199.27, 199.28, 199.29, 201.4, 201.7, 203.2, 203.3, 205.2, 205.4, 205.5, 205.7, 205.8, 207.8, 207.10, 211.2, 211.3, 211.4, 213.2, 213.3, 215.5, 215.6, 215.7, 215.12, 215.13, 215.14, 215.19, 215.20, 215.21, 217.2, 217.3, 221.1, 221.2, 221.11, 221.13, 221.16, 223.3, 233.3, 233.4, 233.6, 233.7, 235.6, 235.7, 239.1, 239.2, 241.2, 241.5, 243.6, 245.2, 245.3, 245.4, 247.1, 247.2, 249.4, 250.4, 250.5, 250.6, 250.7, 250.14, 250.15, 250.16, 250.17, 251.4, 251.5, 251.6, 251.7, 251.10, 251.11, 251.12, 254.6, 254.7, 254.8, 255.2, 255.3, 255.4, 263.3, 263.4, 264.1, 264.2, 264.5, 264.6, 264.7, 264.8, 265.1, 265.2, 265.3, 265.4, 265.5, 265.8, 265.9, 265.10, 265.11, 265.14, 265.15, 265.16, 265.18, 265.19, 265.20, 265.21, 267.2, 267.3, 267.4, 267.5, 267.6, 267.7, 269.9, 269.10, 271.2, 271.3, 271.4, 272.2, 272.3, 272.4, 272.5, 273.11, 273.12, 273.13, 273.14, 273.15, 273.16, 273.17, 273.18, 273.23, 273.24, 273.25, 275.2, 277.2, 277.4, 279.2, 279.3, 279.5, 279.7, 279.8, 280.6, 280.7, 280.8, 280.13, 280.14, 280.15, 280.16, 280.20, 280.21, 280.22, 280.23, 280.24, 280.25, 280.26, 281.1, 281.2, 281.6, 281.7, 281.8, 281.10, 281.14, 281.15, 281.16, 283.4, 283.5, 290.1, 291.6, 291.12, 291.13, 291.14, 291.15, 291.16, 291.17, 291.18, 291.19, 292.2, 292.3, 292.5, 294.1, 296.5, 296.6, 296.7, 296.12, 296.13, 296.14, 296.19, 296.20, 296.21, 297.5, 297.6, 297.7, 298.1, 298.2, 300.1, 300.2, 302.1, 302.2, 302.3, 304.1, 304.2, 306.1, 308.1, 308.2, 313.2, 313.3, 313.5, 313.6, 313.8, 313.9, 313.11, 313.12, 313.14, 313.15, 313.17, 313.18, 313.19, 313.23, 313.24, 313.25, 313.27, 313.28, 313.30, 313.31, 313.34, 313.35, 313.37, 313.38, 313.40, 313.41, 313.44, 313.45, 313.49, 313.50, 313.52, 313.53, 314.5, 314.6, 314.8, 314.9, 314.12, 314.13, 314.16, 314.20, 314.21, 314.24, 314.25, 314.28, 314.29, 314.30, 314.33, 314.34, 314.36, 314.37, 314.39, 314.40, 314.43, 314.44, 314.46, 314.47, 314.48, 314.50, 314.51, 314.56, 314.57, 314.62, 314.63, 314.66, 314.67, 314.71, 314.72, 314.76, 314.77, 314.80, 314.81, 314.82, 314.84, 314.85, 314.88, 314.89, 314.92, 314.93, 314.95, 314.96, 315.3, 315.4, 315.6, 315.7, 315.8, 315.10, 315.11, 315.15, 315.18, 315.19, 315.22, 315.23, 315.24, 315.27, 315.28, 315.31, 315.32, 315.37, 315.38, 315.40, 315.42, 315.43, 315.46, 315.47, 315.49, 315.50, 315.53, 315.54, 315.58, 315.59, 315.64, 315.65, 315.67, 315.68, 315.69, 315.71, 315.73, 315.76, 315.77, 315.81, 315.82, 315.84, 315.85, 315.88, 315.89, 316.2, 316.5, 316.6, 316.9, 316.10, 316.11, 316.15, 316.16, 316.19, 316.20, 316.23, 316.24, 316.27, 316.28, 316.30, 316.31, 316.33, 316.34, 316.36, 316.37, 316.40, 316.41, 316.43, 316.44, 316.46, 316.47, 316.51, 316.52, 316.55, 316.57, 316.60, 316.61, 316.62, 316.63, 316.65, 316.66, 316.68, 316.69, 316.74, 316.75, 316.78, 316.79, 316.84, 316.85, 317.3, 317.4, 317.6, 317.7, 317.12, 317.13, 317.14, 317.17, 317.19, 317.20, 317.24, 317.25, 317.28, 317.29, 317.33, 317.34, 317.39, 317.40, 317.44, 317.45, 317.48, 317.49, 317.50, 317.52, 317.53, 317.55, 317.56, 317.58, 317.60, 317.62, 317.63, 317.65, 317.66, 317.68, 317.69, 317.72, 317.73, 317.75, 317.76, 317.80, 317.81, 317.83, 317.84, 317.88, 317.89, 317.90, 318.3, 318.4, 318.7, 318.8, 318.13, 318.14, 318.16, 318.18, 318.19, 318.21, 318.22, 318.25, 318.26, 318.30, 318.31, 318.34, 318.35, 318.37, 318.38, 318.40, 318.41, 318.45, 318.46, 318.49, 318.50, 318.53, 318.54, 318.57, 318.58, 318.62, 318.63, 318.67, 318.68.

Periodensystem der Elemente

Legende (Beispiel Gold):

Nukleonenzahl der häufigsten Isotope	197
Häufigkeit in %	100
Ordnungszahl	79
Symbol	Au
Kristallstruktur (krz: kubisch raumzentriert; r: rhomboedrisch)	kub. dicht.
Atomradius in pm	144
Elektronegativität (PAULING)	2,5
Ionenradius in pm (Ladung) (nach Shannon, Prewitt (1969))	151(1 +)
1. Ionisierungsenergie im MJ · mol⁻¹	0,896
kovalenter Radius in pm	134
2. Ionisierungsenergie im MJ · mol⁻¹	1,98
Elektronenkonfiguration	$[Xe]\,4f^{14}5d^{10}6s^{1}$

Periode / Schale: 1 K, 2 L, 3 M, 4 N, 5 O, 6 P, 7 Q

Hauptgruppen I–VIII; Nebengruppen (Übergangsmetalle) III, IV, V, VI, VII, VIII, I, II

Ordnungszahl	Symbol	Periode (Schale)	Gruppe	Nukleonenzahl	Häufigkeit in %	Kristallstruktur	Atomradius in pm	Ionenradius in pm (Ladung)	kovalenter Radius in pm	Elektronegativität	1. Ionisierungsenergie	2. Ionisierungsenergie	Elektronenkonfiguration
1	H	1 (K)	I	1 2	99,98 0,02	hex. dicht.	–	208(1 –)	37	2,2	1,318	–	$1s^1$
2	He	1 (K)	VIII	3 4	0,0001 100	krz	150	–	–	–	2,379	5,257	$1s^2$
3	Li	2 (L)	I	6 7	7,4 92,6	krz	152	74(1 +)	134	1,0	0,526	7,305	$[He]\,2s^1$
4	Be	2 (L)	II	9	100	hex. dicht.	112	59(2 +)	90	1,5	0,906	1,763	$[He]\,2s^2$
5	B	2 (L)	III	10 11	19,9 80,1	r	98	25(3 +)	79	2,0	0,807	2,433	$[He]\,2s^2p^1$
6	C	2 (L)	IV	12 13 14	98,9 1,1 Spuren	Diamant	91	29(4 +)	71	2,5	1,093	2,359	$[He]\,2s^2p^2$
7	N	2 (L)	V	14 15	99,6 0,4	hex. dicht.	–	30(3 +)	73	3,0	1,407	2,862	$[He]\,2s^2p^3$
8	O	2 (L)	VI	16 17 18	99,8 0,04 0,2	kub.	–	126(2 –)	74	3,4	1,320	3,395	$[He]\,2s^2p^4$
9	F	2 (L)	VII	19	100	kub.	–	119(1 –)	71	4,0	1,687	3,381	$[He]\,2s^2p^5$
10	Ne	2 (L)	VIII	20 21 22	90,4 0,3 9,3	kub. dicht.	160	–	–	–	2,087	3,959	$[He]\,2s^2p^6$
11	Na	3 (M)	I	23	100	krz	186	116(1 +)	154	0,9	0,502	4,569	$[Ne]\,3s^1$
12	Mg	3 (M)	II	24 25 26	79,0 10,0 11,0	hex. dicht.	160	86(2 +)	136	1,3	0,744		$[Ne]\,3s^2$
13	Al	3 (M)	III	27	100	kub. dicht.	143	67,5(3 +)	118	1,6	0,584	1,823	$[Ne]\,3s^2p^1$
14	Si	3 (M)	IV	28 29 30	92,2 4,7 3,1	Diamant	132	54(4 +)	118	1,9	0,793	1,583	$[Ne]\,3s^2p^2$
15	P	3 (M)	V	31	100	kub.	128	58(3 +)	110	2,2	1,018	1,909	$[Ne]\,3s^2p^3$
16	S	3 (M)	VI	32 33 34	95,0 0,8 4,2	orthorhomb.	127	170(2 –)	102	2,6	1,006	2,257	$[Ne]\,3s^2p^4$
17	Cl	3 (M)	VII	35 37	75,8 24,2	orthorhomb.	–	167(1 –)	99	3,2	1,257	2,303	$[Ne]\,3s^2p^5$
18	Ar	3 (M)	VIII	36 38 40	0,3 0,1 99,6	kub. dicht.	190	–	–	–	1,527	2,672	$[Ne]\,3s^2p^6$
19	K	4 (N)	I	39 40 41	93,3 0,01 6,7	krz	227	152(1 +)	196	0,8	0,425	3,058	$[Ar]\,4s^1$
20	Ca	4 (N)	II	40 42 44	97,0 0,6 2,1	kub. dicht.	197	114(2 +)	174	1,0	0,596	1,152	$[Ar]\,4s^2$
21	Sc	4 (N)	Nebengruppe III	45	100	hex. dicht.	161	88,5(3 +)	144	1,4	0,637	1,241	$[Ar]\,3d^1 4s^2$
22	Ti	4 (N)	Nebengruppe IV	46 47 48	8,3 7,4 74,0	hex. dicht.	145	74,5(4 +)	132	1,5	0,664	1,316	$[Ar]\,3d^2 4s^2$
23	V	4 (N)	Nebengruppe V	50 51	0,2 99,8	krz	131	68(5 +)	122	1,6	0,656	1,420	$[Ar]\,3d^3 4s^2$
24	Cr	4 (N)	Nebengruppe VI	50 52 53	4,3 83,8 9,5	krz	125	75,5(3 +)	118	1,7	0,659	1,598	$[Ar]\,3d^5 4s^1$
25	Mn	4 (N)	Nebengruppe VII	55	100	krz	137	97(2 +)	117	1,6	0,724	1,515	$[Ar]\,3d^5 4s^2$
26	Fe	4 (N)	Nebengruppe VIII	54 56 57	5,8 91,7 2,2	krz	124	78,5(3 +)	117	1,8	0,766	1,567	$[Ar]\,3d^6 4s^2$
27	Co	4 (N)	Nebengruppe VIII	59	100	hex. dicht.	125	79(2 +)	116	1,9	0,765	1,652	$[Ar]\,3d^7 4s^2$
28	Ni	4 (N)	Nebengruppe VIII	58 60 62	68,0 26,2 3,6	kub. dicht.	125	83(2 +)	115	1,9	0,743	1,759	$[Ar]\,3d^8 4s^2$
29	Cu	4 (N)	Nebengruppe I	63 65	69,2 30,8	kub. dicht.	128	87(2 +)	117	1,9	0,752	1,964	$[Ar]\,3d^{10} 4s^1$
30	Zn	4 (N)	Nebengruppe II	64 66 68	48,6 27,9 18,7	hex. dicht.	133	88(2 +)	125	1,7	0,913	1,740	$[Ar]\,3d^{10} 4s^2$
31	Ga	4 (N)	III	69 71	60,1 39,8	orthorhomb.	122	76(3 +)	126	1,8	0,585	1,985	$[Ar]\,3d^{10} 4s^2p^1$
32	Ge	4 (N)	IV	70 72 74	20,5 27,5 36,3	Diamant	123	67(4 +)	121	2,0	0,768	1,544	$[Ar]\,3d^{10} 4s^2p^2$
33	As	4 (N)	V	75	100	r	125	72(3 +)	122	2,2	0,953	1,804	$[Ar]\,3d^{10} 4s^2p^3$
34	Se	4 (N)	VI	78 80 82	23,7 49,6 9,2	hexagonal	116	184(2 –)	116	2,6	0,947	2,51	$[Ar]\,3d^{10} 4s^2p^4$
35	Br	4 (N)	VII	79 81	50,6 49,3	orthorhomb.	–	182(1 –)	114	3,0	1,146	2,11	$[Ar]\,3d^{10} 4s^2p^5$
36	Kr	4 (N)	VIII	82 84 86	11,6 57,0 17,3	kub. dicht.	200	–	–	–	1,357	2,374	$[Ar]\,4s^2p^6$
37	Rb	5 (O)	I	85 87	72,2 27,8	krz	248	166(1 +)	216	0,8	0,409	2,638	$[Kr]\,5s^1$
38	Sr	5 (O)	II	86 87 88	9,9 7,0 82,5	kub. dicht.	215	132(2 +)	191	1,0	0,556	1,071	$[Kr]\,5s^2$
39	Y	5 (O)	Nebengruppe III	89	100	hex. dicht.	178	104(3 +)	162	1,2	0,622	1,187	$[Kr]\,4d^1 5s^2$
40	Zr	5 (O)	Nebengruppe IV	90 92 94	51,5 17,1 17,4	hex. dicht.	159	86(4 +)	145	1,3	0,666	1,273	$[Kr]\,4d^2 5s^2$
41	Nb	5 (O)	Nebengruppe V	93	100	krz	143	78(5 +)	134	1,6	0,670	1,388	$[Kr]\,4d^4 5s^1$
42	Mo	5 (O)	Nebengruppe VI	92 96 98	14,8 16,7 24,1	krz	136	73(6 +)	130	2,2	0,691	1,564	$[Kr]\,4d^5 5s^1$
43	Tc	5 (O)	Nebengruppe VII	–	–	hex. dicht.	135	–	127	1,9	0,708	1,478	$[Kr]\,4d^6 5s^1$
44	Ru	5 (O)	Nebengruppe VIII	101 102 104	17,1 31,5 18,6	hex. dicht.	133	76(4 +)	125	2,2	0,717	1,623	$[Kr]\,4d^7 5s^1$
45	Rh	5 (O)	Nebengruppe VIII	103	100	kub. dicht.	134	80,5(3 +)	125	2,3	0,726	1,751	$[Kr]\,4d^8 5s^1$
46	Pd	5 (O)	Nebengruppe VIII	105 16 108	22,3 27,3 26,4	kub. dicht.	138	100(2 +)	128	2,2	0,811	1,881	$[Kr]\,4d^{10}$
47	Ag	5 (O)	Nebengruppe I	107 109	51,8 48,1	kub. dicht.	144	129(1 +)	134	1,9	0,737	2,080	$[Kr]\,4d^{10} 5s^1$
48	Cd	5 (O)	Nebengruppe II	111 112 114	12,8 24,1 28,7	hex. dicht.	149	109(2 +)	148	1,7	0,874	1,638	$[Kr]\,4d^{10} 5s^2$
49	In	5 (O)	III	113 115	4,3 95,7	hex. dicht.	136	94(3 +)	144	1,8	0,565	1,827	$[Kr]\,4d^{10} 5s^2p^1$
50	Sn	5 (O)	IV	116 118 120	14,5 24,2 32,6	tetragonal	151	83(4 +)	141	1,8	0,715	1,418	$[Kr]\,4d^{10} 5s^2p^2$
51	Sb	5 (O)	V	121 123	57,2 42,8	r	145	90(3 +)	140	2,1	0,840	1,601	$[Kr]\,4d^{10} 5s^2p^3$
52	Te	5 (O)	VI	127 128 130	18,8 31,7 34,0	hex.	143	207(2 –)	136	2,1	0,876	1,80	$[Kr]\,4d^{10} 5s^2p^4$
53	I	5 (O)	VII	127	100	othorhomb.	–	206(1 –)	133	2,7	1,015	1,852	$[Kr]\,4d^{10} 5s^2p^5$
54	Xe	5 (O)	VIII	128 131 132	26,4 21,2 26,9	kub. dicht.	220	–	–	2,6	1,177	2,053	$[Kr]\,4d^{10} 5s^2 5p^6$
55	Cs	6 (P)	I	133	100	krz	265	181(1 +)	235	0,8	0,382	2,43	$[Xe]\,6s^1$
56	Ba	6 (P)	II	136 137 138	7,8 11,2 71,7	krz	217	149(2 +)	198	0,9	0,509	0,972	$[Xe]\,6s^2$
57–71	La-Lu	6 (P)	Nebengruppe III										*
72	Hf	6 (P)	Nebengruppe IV	177 178 180	18,6 27,3 35,0	hex. dicht.	156	72(4 +)	144	1,3	0,66	1,44	$[Xe]\,4f^{14} 5d^2 6s^2$
73	Ta	6 (P)	Nebengruppe V	180 181	0,01 99,99	krz	143	78(5 +)	134	1,5	0,767	–	$[Xe]\,4f^{14} 5d^3 6s^2$
74	W	6 (P)	Nebengruppe VI	182 184 186	26,5 30,6 28,4	krz	137	80(4 +)	130	2,4	0,776	–	$[Xe]\,4f^{14} 5d^4 6s^2$
75	Re	6 (P)	Nebengruppe VII	185 187	37,4 62,6	hex. dicht.	137	77(4 +)	128	1,9	0,766	–	$[Xe]\,4f^{14} 5d^5 6s^2$
76	Os	6 (P)	Nebengruppe VIII	189 190 192	16,1 26,3 40,8	hex. dicht.	134	77(4 +)	126	2,2	0,85	–	$[Xe]\,4f^{14} 5d^6 6s^2$
77	Ir	6 (P)	Nebengruppe VIII	191 193	37,3 62,7	kub. dicht.	136	76,5(4 +)	127	2,2	0,88	–	$[Xe]\,4f^{14} 5d^7 6s^2$
78	Pt	6 (P)	Nebengruppe VIII	194 195 196	32,9 33,8 25,2	kub. dicht.	139	94(2 +)	130	2,2	0,87	1,797	$[Xe]\,4f^{14} 5d^9 6s^1$
79	Au	6 (P)	Nebengruppe I	197	100	kub. dicht.	144	151(1 +)	134	2,5	0,896	1,98	$[Xe]\,4f^{14} 5d^{10} 6s^1$
80	Hg	6 (P)	Nebengruppe II	199 200 202	16,8 23,1 29,8	r	150	116(2 +)	149	2,0	1,013	1,816	$[Xe]\,4f^{14} 5d^{10} 6s^2$
81	Tl	6 (P)	III	203 205	29,5 70,5	hex. dicht.	170	164(1 +)	148	2,0	0,596	1,977	$[Xe]\,4f^{14} 5d^{10} 6s^2p^1$
82	Pb	6 (P)	IV	206 207 208	24,1 22,1 52,4	kub. dicht.	175	133(2 +)	147	1,9	0,722	1,457	$[Xe]\,4f^{14} 5d^{10} 6s^2p^2$
83	Bi	6 (P)	V	209	100	r	155	117(3 +)	146	2,0	0,710	1,616	$[Xe]\,4f^{14} 5d^{10} 6s^2p^3$
84	Po	6 (P)	VI	–	–	kub.	167	81(6 +)	146	2,0	0,818	–	$[Xe]\,4f^{14} 5d^{10} 6s^2p^4$
85	At	6 (P)	VII	–	–		–	–	145	2,2	–	–	$[Xe]\,4f^{14} 5d^{10} 6s^2p^5$
86	Rn	6 (P)	VIII	–	–	kub. dicht.	–	–	–	–	1,043	–	$[Xe]\,4f^{14} 5d^{10} 6s^2p^6$
87	Fr	7 (Q)	I	–	–	krz	–	194(1 +)	–	0,7	–	–	$[Rn]\,7s^1$
88	Ra	7 (Q)	II	–	–	kub. dicht.	–	162(2 +)	–	0,9	0,516	0,985	$[Rn]\,7s^2$
89–103	Ac-Lr	7 (Q)	Nebengruppe III										**
104	Rf	7 (Q)	Nebengruppe IV	–	–		–	–	–	–	–	–	–
105	Db	7 (Q)	Nebengruppe V	–	–		–	–	–	–	–	–	–
106	Sg	7 (Q)	Nebengruppe VI	–	–		–	–	–	–	–	–	–
107	Bh	7 (Q)	Nebengruppe VII	–	–		–	–	–	–	–	–	–
108	Hs	7 (Q)	Nebengruppe VIII	–	–		–	–	–	–	–	–	–
109	Mt	7 (Q)	Nebengruppe VIII	–	–		–	–	–	–	–	–	–
110	Ds	7 (Q)	Nebengruppe VIII	–	–		–	–	–	–	–	–	–
111	Rg	7 (Q)	Nebengruppe I	–	–		–	–	–	–	–	–	–
112	Cp	7 (Q)	Nebengruppe II	–	–		–	–	–	–	–	–	–
113	Nh	7 (Q)	III	–	–		–	–	–	–	–	–	–
114	Fl	7 (Q)	IV	–	–		–	–	–	–	–	–	–
115	Mc	7 (Q)	V	–	–		–	–	–	–	–	–	–
116	Lv	7 (Q)	VI	–	–		–	–	–	–	–	–	–
117	Ts	7 (Q)	VII	–	–		–	–	–	–	–	–	–
118	Og	7 (Q)	VIII	–	–		–	–	–	–	–	–	–

* Elemente der Lanthan-Reihe

Ordnungszahl	Symbol	Nukleonenzahl	Häufigkeit in %	Kristallstruktur	Atomradius in pm	Ionenradius in pm (Ladung)	kovalenter Radius in pm	Elektronegativität	1. Ionisierungsenergie	2. Ionisierungsenergie	Elektronenkonfiguration
57	La	138 139	0,1 99,9	hex. dicht.	187	117,2(3 +)	169	1,1	0,544	1,073	$[Xe]\,5d^1 6s^2$
58	Ce	136 170 142	0,2 88,5 11,2	kub. dicht.	183	115(3 +)	165	1,1	0,541	1,053	$[Xe]\,4f^2 5d^1 6s^2$
59	Pr	–	–	hex. dicht.	132	113(3 +)	165	1,1	0,533	1,024	$[Xe]\,4f^3 6s^2$
60	Nd	142 144 146	27,2 23,8 17,2	hex. dicht.	181	112(3 +)	164	1,2	0,539	1,042	$[Xe]\,4f^4 6s^2$
61	Pm	–	–		135	111(3 +)	163	–	0,542	4,056	$[Xe]\,4f^5 6s^2$
62	Sm	147 152 154	15,0 26,7 22,7	r	179	109,8(3 +)	162	1,2	0,551	1,074	$[Xe]\,4f^6 6s^2$
63	Eu	151 153	47,8 52,5	krz	199	131(2 +)	185	–	0,553	1,092	$[Xe]\,4f^7 6s^2$
64	Gd	156 158 160	20,5 24,8 21,9	hex. dicht.	179	107,8(3 +)	161	1,1	0,600	1,17	$[Xe]\,4f^{14} 5d^1 6s^2$
65	Tb	159	100	hex. dicht.	176	106,3(3 +)	159	1,2	0,570	1,118	$[Xe]\,4f^9 6s^2$
66	Dy	162 163 164	25,5 24,9 28,2	hex. dicht.	175	105,2(3 +)	159	1,2	0,579	1,132	$[Xe]\,4f^{10} 6s^2$
67	Ho	165	100	hex. dicht.	174	104,1(3 +)	158	1,2	0,587	1,145	$[Xe]\,4f^{11} 6s^2$
68	Er	166 167 168	33,6 22,9 26,8	hex. dicht.	173	103(3 +)	157	1,2	0,596	1,157	$[Xe]\,4f^{12} 6s^2$
69	Tm	169	100	hex. dicht.	177	102(3 +)	156	1,2	0,603	1,169	$[Xe]\,4f^{13} 6s^2$
70	Yb	172 173 174	21,8 16,1 31,8	kub. dicht.	194	100,8(3 +)	174	1,1	0,601	1,180	$[Xe]\,4f^{14} 6s^2$
71	Lu	175 176	97,4 2,6	hex. dicht.	172	100,1(3 +)	156	1,2	0,530	1,35	$[Xe]\,4f^{14} 5d^1 6s^2$

** Elemente der Actinium-Reihe

Ordnungszahl	Symbol	Nukleonenzahl	Häufigkeit in %	Kristallstruktur	Atomradius in pm	Ionenradius in pm (Ladung)	kovalenter Radius in pm	Elektronegativität	1. Ionisierungsenergie	2. Ionisierungsenergie	Elektronenkonfiguration
89	Ac	–	–		188	126(3 +)	–	1,1	0,51	1,17	$[Rn]\,6d^1 7s^2$
90	Th	232	100	kub. dicht.	180	108(4 +)	165	1,3	0,59	1,12	$[Rn]\,6d^2 7s^2$
91	Pa	231	100		161	118(3 +)	–	1,5	0,57	–	$[Rn]\,5f^2 6d^1 7s^2$
92	U	234 235 238	0,01 0,7 99,3	hex. dicht.	139	87(6 +)	142	1,7	0,604	–	$[Rn]\,5f^3 6d^1 7s^2$
93	Np	–	–		130	101(4 +)	–	1,3	0,61	–	$[Rn]\,5f^4 6d^1 7s^2$
94	Pu	–	–		151	100(4 +)	–	1,3	0,591	–	$[Rn]\,5f^6 7s^2$
95	Am	–	–		182	111,5(3 +)	–	1,3	0,584	–	$[Rn]\,5f^7 7s^2$
96	Cm	–	–		–	111(3 +)	–	–	–	–	$[Rn]\,5f^7 6d^1 7s^2$
97	Bk	–	–		–	–	–	–	–	–	$[Rn]\,5f^9 7s^2$
98	Cf	–	–		–	–	–	–	–	–	$[Rn]\,5f^{10} 7s^2$
99	Es	–	–		–	–	–	–	–	–	$[Rn]\,5f^{11} 7s^2$
100	Fm	–	–		–	–	–	–	–	–	$[Rn]\,5f^{12} 7s^2$
101	Md	–	–		–	–	–	–	–	–	$[Rn]\,5f^{13} 7s^2$
102	No	–	–		–	–	–	–	–	–	$[Rn]\,5f^{14} 7s^2$
103	Lr	–	–		–	–	–	–	–	–	$[Rn]\,5f^{14} 6d^1 7s^2$

Atommasse in u (Nukleonenzahl eines wichtigen Isotops in Klammern)

Ordnungszahl (Protonenzahl)

Siedetemperatur in °C (Schätzwerte in Klammern)

Schmelztemperatur in °C (Schätzwerte in Klammern)

196,97	III, I
79	**Au**
2600	
1064	19,3
Gold	

häufigste Oxidationszahl(en)

Elementsymbol

feste Elemente
flüssige Elemente
gasförmige Elemente

★= natürliche radioaktive Elemente
☆= künstliche Elemente

Dichte in g · cm⁻³ bei 25 °C (bei Gasen in g · l^{-1})

Metalle — Halbmetalle — Nichtmetalle — Chemie unbekannt

Periode / Schale	Hauptgruppen I	Hauptgruppen II	Nebengruppen III	IV	V	VI	VII	VIII	VIII	VIII	I	II	Hauptgruppen III	IV	V	VI	VII	VIII
1 K	1,008 I, −I **1 H** −253 −259 0,084 Wasserstoff																	4,003 – **2 He** −269 −270 0,17 Helium
2 L	6,94 I **3 Li** 1347 181 0,53 Lithium	9,01 II **4 Be** 2480 1287 1,85 Beryllium											10,81 III **5 B** (3860) (2080) 2,34 Bor	12,01 IV **6 C** 4830 3730 2,26 Kohlenstoff	14,01 V, −III **7 N** −196 −210 1,17 Stickstoff	15,99 −II, −I **8 O** −183 −219 1,33 Sauerstoff	18,99 −I **9 F** −188 −220 1,58 Fluor	20,18 – **10 Ne** −246 −249 0,84 Neon
3 M	22,99 I **11 Na** 883 98 0,97 Natrium	24,31 II **12 Mg** 1093 650 1,74 Magnesium											26,98 III **13 Al** 2450 660 2,70 Aluminium	28,09 IV **14 Si** 3220 1420 2,33 Silicium	30,97 V, −III **15 P** 280 44 1,82 Phosphor	32,06 −II, VI **16 S** 445 115 2,07 Schwefel	35,45 −I, VII **17 Cl** −34 −101 2,95 Chlor	39,95 – **18 Ar** −186 −189 1,66 Argon
4 N	39,10 I **19 K** 759 63 0,86 Kalium	40,08 II **20 Ca** 1484 842 1,55 Calcium	44,96 III **21 Sc** 2730 1540 3,0 Scandium	47,88 IV, II **22 Ti** 3350 1670 4,5 Titan	50,94 V, II **23 V** 3400 1920 5,8 Vanadium	52,00 III, VI **24 Cr** 2680 1860 7,19 Chrom	54,94 II, VII **25 Mn** 2060 1246 7,43 Mangan	55,85 III, II **26 Fe** 2860 1536 7,86 Eisen	58,93 II, III **27 Co** 2900 1495 8,90 Cobalt	58,69 II, III **28 Ni** 2880 1455 8,90 Nickel	63,55 II, I **29 Cu** 2570 1085 8,96 Kupfer	65,39 II **30 Zn** 907 420 7,14 Zink	69,72 III **31 Ga** 2200 30 5,91 Gallium	72,60 IV, II **32 Ge** 2833 938 5,32 Germanium	74,92 III, V **33 As** 614 817 5,72 Arsen	78,96 −II, IV **34 Se** 685 220 4,80 Selen	79,90 −I **35 Br** 59 −7 3,12 Brom	83,80 – **36 Kr** −152 −157 3,48 Krypton
5 O	85,47 I **37 Rb** 688 39 1,53 Rubidium	87,62 II **38 Sr** 1412 777 2,6 Strontium	88,91 III **39 Y** 2930 1500 4,5 Yttrium	91,22 IV **40 Zr** 4400 1850 6,49 Zirconium	92,91 V, III **41 Nb** 4850 2480 8,55 Niob	95,94 VI, V **42 Mo** 4680 2620 10,2 Molybdän	98,91 VII **43 Tc★** (4600) 2140 11,5 Technetium	101,07 IV, III **44 Ru** 3900 2300 12,2 Ruthenium	102,91 III, II **45 Rh** 3730 1970 12,4 Rhodium	106,4 II, IV **46 Pd** 3125 1550 12,0 Palladium	107,87 I **47 Ag** 2200 962 10,5 Silber	112,41 II **48 Cd** 767 321 8,65 Cadmium	114,82 III **49 In** 2080 157 7,31 Indium	118,71 IV, II **50 Sn** 2602 232 7,30 Zinn	121,75 III, V **51 Sb** 1587 631 7,0 Antimon	127,60 −II, IV **52 Te** 990 450 6,24 Tellur	126,90 −I **53 I** 184 114 4,94 Iod	131,29 – **54 Xe** −108 −112 5,49 Xenon
6 P	132,91 I **55 Cs** 668 28 1,87 Caesium	137,34 II **56 Ba** 1845 727 3,5 Barium	**57-71 La-Lu** *	178,49 IV **72 Hf** 4700 2230 13,3 Hafnium	180,95 V **73 Ta** 5500 2990 16,7 Tantal	183,85 VI, V **74 W** 5650 3410 19,3 Wolfram	186,2 VII **75 Re** 5630 3180 21,0 Rhenium	190,2 IV, VIII **76 Os** 5500 3000 22,4 Osmium	192,22 II, IV **77 Ir** 4500 2450 22,5 Iridium	195,08 IV, II **78 Pt** 3825 1770 21,4 Platin	196,97 III, I **79 Au** 2600 1064 19,3 Gold	200,59 II, I **80 Hg** 357 −39 13,53 Quecksilber	204,38 I, III **81 Tl** 1457 304 11,85 Thallium	207,2 II, IV **82 Pb** 1746 327 11,3 Blei	208,98 III, V **83 Bi** 1560 271 9,8 Bismut	(209) II, IV **84 Po★** 962 254 9,4 Polonium	(210) −I, III **85 At★** 335 302 – Astat	(222) – **86 Rn★** −62 −71 9,23 Radon
7 Q	(223) I **87 Fr★** (680) (27) – Francium	226,03 II **88 Ra★** 1530 700 5 Radium	**89-103 Ac★-Lr☆** **	(261) – **104 Rf☆** – – – Rutherfordium	(262) – **105 Db☆** – – – Dubnium	(266) – **106 Sg☆** – – – Seaborgium	(264) – **107 Bh☆** – – – Bohrium	(269) – **108 Hs☆** – – – Hassium	(268) – **109 Mt☆** – – – Meitnerium	(271) – **110 Ds☆** – – – Darmstadtium	(272) – **111 Rg☆** – – – Roentgenium	(277) – **112 Cp☆** – – – Copernicium	(287) – **113 Nh☆** – – – Nihonium	(289) – **114 Fl☆** – – – Flerovium	(288) – **115 Mc☆** – – – Moscovium	(293) – **116 Lv☆** – – – Livermorium	(292) – **117 Ts☆** – – – Tenness	(294) – **118 Og☆** – – – Oganesson

* **Elemente der Lanthan-Reihe**	138,91 III **57 La** 3450 920 6,17 Lanthan	140,12 III, IV **58 Ce** 3424 799 6,78 Cer	140,91 III, IV **59 Pr** 3130 935 6,77 Praseodym	144,24 III **60 Nd** 3030 1020 7,00 Neodym	(145) III **61 Pm★** (2730) (1030) – Promethium	150,4 III, II **62 Sm** 1900 1070 7,54 Samarium	151,96 III, II **63 Eu** 1440 826 5,26 Europium	157,25 III **64 Gd** 3000 1310 7,89 Gadolinium	158,93 III, IV **65 Tb** 2800 1360 8,27 Terbium	162,50 III **66 Dy** 2600 1410 8,54 Dysprosium	164,93 III **67 Ho** 2600 1460 8,80 Holmium	167,26 III **68 Er** 2900 1500 9,05 Erbium	168,93 III, II **69 Tm** 1730 1550 9,33 Thulium	173,04 III, II **70 Yb** 1430 824 6,98 Ytterbium	174,97 III **71 Lu** 3330 1650 9,84 Lutetium
** **Elemente der Actinium-Reihe**	(227) III **89 Ac★** 3200 1050 – Actinium	232,04 IV **90 Th★** 4200 1700 11,7 Thorium	231,04 III, IV **91 Pa★** – (1230) 15,4 Protactinium	238,03 VI, V **92 U★** 3820 1130 18,90 Uran	237,05 VI, V **93 Np★** – 640 20,4 Neptunium	(244) VI, VI **94 Pu★** 3230 640 19,8 Plutonium	(243) III, II **95 Am☆** 2600 850 11,7 Americium	(247) III **96 Cm☆** – – 7 Curium	(247) III, IV **97 Bk☆** – – – Berkelium	(251) III **98 Cf☆** – – – Californium	(254) – **99 Es☆** – – – Einsteinium	(253) – **100 Fm☆** – – – Fermium	(258) – **101 Md☆** – – – Mendelevium	(256) – **102 No☆** – – – Nobelium	(256) – **103 Lr☆** – – – Lawrencium